物理学核心课程习题精讲系列

Solved Problems of Electrodynamics

电动力学题解

（第三版）

（Third Edition）

林璇英　张之翔　编著

Lin Xuanying and Zhang Zhixiang

科学出版社

北　京

内 容 简 介

本书与目前的教学大纲密切配合，共分电磁现象的普遍规律、静电场和静磁场、电磁波的传播、电磁波的辐射、狭义相对论、带电粒子与电磁场的相互作用等. 在题解中，本书既注重物理上的分析，也注意数学演算，有些题还给出了多种解法，并加以讨论. 本书还收入了国内硕士、博士研究生入学试题和1979～1988年李政道教授主持的中国赴美物理研究生考试(CUSPEA)的有关试题.

相比于第二版，本版除了对一些题目和解答做了增删修改外，还增加了一些题. 所增加的部分主要为电动力学基本内容的题，除少数自编外，大部分改编自电动力学的世界名著的例题和习题.

本书可作为理工科以及师范院校的师生学习电动力学课程以及报考相关专业研究生的辅导用书.

图书在版编目(CIP)数据

电动力学题解/林璇英，张之翔编著. —3版. —北京：科学出版社，2018.6

物理学核心课程习题精讲系列

ISBN 978-7-03-057276-9

Ⅰ. ①电… Ⅱ. ①林…②张… Ⅲ. ①电动力学-高等学校-题解
Ⅳ. ①O442-44

中国版本图书馆CIP数据核字(2018)第083826号

责任编辑：昌 盛 罗 吉 窦京涛 / 责任校对：张凤琴
责任印制：赵 博 / 封面设计：华路天然工作室

科学出版社 出版
北京东黄城根北街16号
邮政编码：100717
http://www.sciencep.com

三河市春园印刷有限公司印刷

科学出版社发行 各地新华书店经销

*

1999年8月第 一 版 开本：720×1000 1/16
2007年6月第 二 版 印张：41 1/2
2018年6月第 三 版 字数：810 000
2025年1月第十五次印刷

定价：89.00元

第三版说明

这次对《电动力学题解(第二版)》2009年6月第二次印刷本的修订，改正了几处错排的字母和一些欠妥的地方，增加了十一道题和解.

编著者

2018年2月

第二版序

本书第二版除对第一版中的一些题目和解答作了增删修改外，还增加了85道题，全书共计有333道习题和解答.所增加的题主要是电动力学基本内容方面的题，只有少数较难的题或需要较多数学知识的题，后者可供有特殊兴趣的读者参考.增加的85道题目中，除少数是我们自己编写的以外，大部分取自电动力学的一些世界名著，其中约有一半取自J. D.杰克逊的《经典电动力学》中的习题，还有些分别取自W. R.斯迈思的《静电学和电动力学》，J. A.斯特莱顿的《电磁理论》，Л. Д.朗道和E. M.栗弗席兹的《场论》和《连续媒质电动力学》，B. B.巴蒂金等的《电动力学习题集》等书.所有取来的题目我们都作了不同程度的增删修改，以便适合我国的教学情况.至于解答，则都是我们自己编写的.由于我们水平有限，不妥或错误之处，自知不免，我们热忱地欢迎读者指教.

北京大学吴崇试教授从数学物理方程的角度，对本书第一版第二章中一些题的解答提出过宝贵意见，我们谨在此向他表示深切的谢意.

编著者

2004年10月

第一版序

电动力学是研究电磁场的基本性质、运动规律以及它与物质相互作用的一门学科. 由于它的重要性，目前我国高等学校理科、工科和师范院校等的物理类专业，都开设了电动力学课，而且是一门重要的基础理论课. 为了配合这门课，国内出版了多种电动力学教材供选用. 但作为这门课程参考书的电动力学习题解，却很少出版. 我们有鉴于此，在多年教学经验的基础上，编写了这本《电动力学题解》. 为了与目前的教学大纲密切配合，我们按电磁现象的普遍规律、静电场和静磁场、电磁波的传播、电磁波的辐射、狭义相对论、带电粒子与电磁场的相互作用等六章内容，编写了 246 道习题和解答；其中有基本题、典型题、较难的题和联系实际的题. 在题解中，既注重物理上的分析，也注意数学演算. 有不少题还给出了不同解法，甚至几种解法；并在一些题解后附加讨论，以阐明有关的方方面面.

我们希望，本书不仅对学生学习电动力学有用，而且对他们考研究生也有用. 所以在编写习题时，除了注重电动力学基础方面的习题外，也收入了一些国内硕士、博士研究生的入学试题，而且还收入了 1979～1988 年李政道教授主持的中国赴美物理研究生考试(CUSPEA)的有关试题(共 24 题). 此外，我们还希望本书能为初教电动力学的教师提供一些参考资料，所以在许多题解里，将我们多年的教学经验和心得体会都写了进去.

为了方便读者，我们在书前面的目录里，写出了每个习题的标题；书后的附录给出了所需的数学知识，并列出了一些基本物理常数值.

本书编写完时，恰逢北京大学一百周年校庆. 它作为我们在北京大学和汕头大学多年辛勤教学工作的一点成果，能作为北大一百年来各方面成就的汪洋大海中的涓滴，使我们感到欣慰.

汕头大学林揆训教授和王可达副教授参加了本书的部分工作.

由于我们的学识所限，不免会有不妥和错误之处，欢迎读者指教.

编著者

1998 年 5 月 4 日

目　　录

第一章　电磁现象的普遍规律

1.1　在正交曲线坐标系(u_1,u_2,u_3)中,梯度、散度和旋度的表达式分别为

$$\nabla\varphi=\frac{1}{h_1}\frac{\partial\varphi}{\partial u_1}\boldsymbol{e}_1+\frac{1}{h_2}\frac{\partial\varphi}{\partial u_2}\boldsymbol{e}_2+\frac{1}{h_3}\frac{\partial\varphi}{\partial u_3}\boldsymbol{e}_3$$

$$\nabla\cdot\boldsymbol{A}=\frac{1}{h_1h_2h_3}\left[\frac{\partial}{\partial u_1}(h_2h_3A_1)+\frac{\partial}{\partial u_2}(h_3h_1A_2)+\frac{\partial}{\partial u_3}(h_1h_2A_3)\right]$$

$$\begin{aligned}\nabla\times\boldsymbol{A}=&\frac{1}{h_2h_3}\left[\frac{\partial}{\partial u_2}(h_3A_3)-\frac{\partial}{\partial u_3}(h_2A_2)\right]\boldsymbol{e}_1+\frac{1}{h_3h_1}\left[\frac{\partial}{\partial u_3}(h_1A_1)-\frac{\partial}{\partial u_1}(h_3A_3)\right]\boldsymbol{e}_2\\&+\frac{1}{h_1h_2}\left[\frac{\partial}{\partial u_1}(h_2A_2)-\frac{\partial}{\partial u_2}(h_1A_1)\right]\boldsymbol{e}_3\end{aligned}$$

式中 $\boldsymbol{e}_1$、$\boldsymbol{e}_2$ 和 $\boldsymbol{e}_3$ 为正交曲线坐标系的三个基矢;h_1、h_2 和 h_3 为标度因子(scale factor),或拉梅(Lamé)系数;φ 为空间的标量函数,$\boldsymbol{A}$ 为空间的矢量函数.

试根据上面的公式,分别写出$\nabla\varphi$、$\nabla\cdot\boldsymbol{A}$ 和$\nabla\times\boldsymbol{A}$ 在柱坐标系中和球坐标系中的表达式.

【解】 (1) 柱坐标系

$$u_1=r,\quad u_2=\phi,\quad u_3=z \tag{1.1.1}$$

$$h_1=1,\quad h_2=r,\quad h_3=1 \tag{1.1.2}$$

$$\boldsymbol{e}_1=\boldsymbol{e}_r,\quad \boldsymbol{e}_2=\boldsymbol{e}_\phi,\quad \boldsymbol{e}_3=\boldsymbol{e}_z \tag{1.1.3}$$

$$\nabla\varphi=\frac{\partial\varphi}{\partial r}\boldsymbol{e}_r+\frac{1}{r}\frac{\partial\varphi}{\partial\phi}\boldsymbol{e}_\phi+\frac{\partial\varphi}{\partial z}\boldsymbol{e}_z \tag{1.1.4}$$

$$\begin{aligned}\nabla\cdot\boldsymbol{A}&=\frac{1}{r}\left[\frac{\partial}{\partial r}(rA_r)+\frac{\partial A_\phi}{\partial\phi}+\frac{\partial}{\partial z}(rA_z)\right]\\&=\frac{1}{r}\frac{\partial}{\partial r}(rA_r)+\frac{1}{r}\frac{\partial A_\phi}{\partial\phi}+\frac{\partial A_z}{\partial z}\end{aligned} \tag{1.1.5}$$

$$\begin{aligned}\nabla\times\boldsymbol{A}&=\frac{1}{r}\left[\frac{\partial A_z}{\partial\phi}-\frac{\partial}{\partial z}(rA_\phi)\right]\boldsymbol{e}_r+\left[\frac{\partial A_r}{\partial z}-\frac{\partial A_z}{\partial r}\right]\boldsymbol{e}_\phi+\frac{1}{r}\left[\frac{\partial}{\partial r}(rA_\phi)-\frac{\partial A_r}{\partial\phi}\right]\boldsymbol{e}_z\\&=\left[\frac{1}{r}\frac{\partial A_z}{\partial\phi}-\frac{\partial A_\phi}{\partial z}\right]\boldsymbol{e}_r+\left[\frac{\partial A_r}{\partial z}-\frac{\partial A_z}{\partial r}\right]\boldsymbol{e}_\phi+\frac{1}{r}\left[\frac{\partial}{\partial r}(rA_\phi)-\frac{\partial A_r}{\partial\phi}\right]\boldsymbol{e}_z\end{aligned} \tag{1.1.6}$$

(2) 球坐标系

$$u_1=r,\quad u_2=\theta,\quad u_3=\phi \tag{1.1.7}$$

$$h_1=1,\quad h_2=r,\quad h_3=r\sin\theta \tag{1.1.8}$$

$$\boldsymbol{e}_1=\boldsymbol{e}_r,\quad \boldsymbol{e}_2=\boldsymbol{e}_\theta,\quad \boldsymbol{e}_3=\boldsymbol{e}_\phi \tag{1.1.9}$$

$$\nabla\varphi=\frac{\partial\varphi}{\partial r}\boldsymbol{e}_r+\frac{1}{r}\frac{\partial\varphi}{\partial\theta}\boldsymbol{e}_\theta+\frac{1}{r\sin\theta}\frac{\partial\varphi}{\partial\phi}\boldsymbol{e}_\phi \tag{1.1.10}$$

$$\begin{aligned}\nabla\cdot\boldsymbol{A}&=\frac{1}{r^2\sin\theta}\left[\frac{\partial}{\partial r}(r^2\sin\theta A_r)+\frac{\partial}{\partial\theta}(r\sin\theta A_\theta)+\frac{\partial}{\partial\phi}(rA_\phi)\right]\\&=\frac{1}{r^2}\frac{\partial(r^2A_r)}{\partial r}+\frac{1}{r\sin\theta}\frac{\partial(\sin\theta A_\theta)}{\partial\theta}+\frac{1}{r\sin\theta}\frac{\partial A_\phi}{\partial\phi}\end{aligned} \tag{1.1.11}$$

$$\begin{aligned}\nabla\times\boldsymbol{A}&=\frac{1}{r^2\sin\theta}\left[\frac{\partial}{\partial\theta}(r\sin\theta A_\phi)-\frac{\partial}{\partial\phi}(rA_\theta)\right]\boldsymbol{e}_r+\frac{1}{r\sin\theta}\left[\frac{\partial A_r}{\partial\phi}-\frac{\partial}{\partial r}(r\sin\theta A_\phi)\right]\boldsymbol{e}_\theta\\&\quad+\frac{1}{r}\left[\frac{\partial}{\partial r}(rA_\theta)-\frac{\partial A_r}{\partial\theta}\right]\boldsymbol{e}_\phi\\&=\frac{1}{r\sin\theta}\left[\frac{\partial(\sin\theta A_\phi)}{\partial\theta}-\frac{\partial A_\theta}{\partial\phi}\right]\boldsymbol{e}_r+\frac{1}{r}\left[\frac{1}{\sin\theta}\frac{\partial A_r}{\partial\phi}-\frac{\partial(rA_\phi)}{\partial r}\right]\boldsymbol{e}_\theta\\&\quad+\frac{1}{r}\left[\frac{\partial(rA_\theta)}{\partial r}-\frac{\partial A_r}{\partial\theta}\right]\boldsymbol{e}_\phi\end{aligned} \tag{1.1.12}$$

1.2 $\nabla^2\varphi$ 定义为空间的标量函数 φ 的梯度的散度，即 $\nabla^2\varphi=\nabla\cdot(\nabla\varphi)$. 试根据这个定义，推导出在正交曲线坐标系中 $\nabla^2\varphi$ 的表达式，并由此写出 $\nabla^2\varphi$ 在柱坐标系和球坐标系中的表达式.

【解】 根据 1.1 题中 $\nabla\varphi$ 和 $\nabla\cdot\boldsymbol{A}$ 的表达式和 $\nabla^2\varphi$ 的定义，得

$$\nabla^2\varphi=\frac{1}{h_1h_2h_3}\left[\frac{\partial}{\partial u_1}\left(\frac{h_2h_3}{h_1}\frac{\partial\varphi}{\partial u_1}\right)+\frac{\partial}{\partial u_2}\left(\frac{h_3h_1}{h_2}\frac{\partial\varphi}{\partial u_2}\right)+\frac{\partial}{\partial u_3}\left(\frac{h_1h_2}{h_3}\frac{\partial\varphi}{\partial u_3}\right)\right] \tag{1.2.1}$$

根据 1.1 题所列的标度因子，在柱坐标系

$$\begin{aligned}\nabla^2\varphi&=\frac{1}{r}\left[\frac{\partial}{\partial r}\left(r\frac{\partial\varphi}{\partial r}\right)+\frac{\partial}{\partial\phi}\left(\frac{1}{r}\frac{\partial\varphi}{\partial\phi}\right)+\frac{\partial}{\partial z}\left(r\frac{\partial\varphi}{\partial z}\right)\right]\\&=\frac{1}{r}\frac{\partial}{\partial r}\left(r\frac{\partial\varphi}{\partial r}\right)+\frac{1}{r^2}\frac{\partial^2\varphi}{\partial\phi^2}+\frac{\partial^2\varphi}{\partial z^2}\end{aligned} \tag{1.2.2}$$

在球坐标系

$$\begin{aligned}\nabla^2\varphi&=\frac{1}{r^2\sin\theta}\left[\frac{\partial}{\partial r}\left(r^2\sin\theta\frac{\partial\varphi}{\partial r}\right)+\frac{\partial}{\partial\theta}\left(\frac{r\sin\theta}{r}\frac{\partial\varphi}{\partial\theta}\right)+\frac{\partial}{\partial\phi}\left(\frac{r}{r\sin\theta}\frac{\partial\varphi}{\partial\phi}\right)\right]\\&=\frac{1}{r^2}\frac{\partial}{\partial r}\left(r^2\frac{\partial\varphi}{\partial r}\right)+\frac{1}{r^2\sin\theta}\frac{\partial}{\partial\theta}\left(\sin\theta\frac{\partial\varphi}{\partial\theta}\right)+\frac{1}{r^2\sin^2\theta}\frac{\partial^2\varphi}{\partial\phi^2}\end{aligned} \tag{1.2.3}$$

1.3 以 ∇^2 表示拉普拉斯算符，试证明

$$\nabla^2(uv)=v\nabla^2u+u\nabla^2v+2(\nabla u)\cdot(\nabla v)$$

【证法一】 在一般正交曲线坐标系中，∇^2f 的表达式为(见 1.2 题)

$$\nabla^2f=\frac{1}{h_1h_2h_3}\left[\frac{\partial}{\partial u_1}\left(\frac{h_2h_3}{h_1}\frac{\partial f}{\partial u_1}\right)+\frac{\partial}{\partial u_2}\left(\frac{h_3h_1}{h_2}\frac{\partial f}{\partial u_2}\right)+\frac{\partial}{\partial u_3}\left(\frac{h_1h_2}{h_3}\frac{\partial f}{\partial u_3}\right)\right]$$

式中 h_1、h_2 和 h_3 是拉梅系数，它们一般都是 u_1、u_2 和 u_3 的函数. 令 $f=uv$，上式的第一项为

$$\begin{aligned}
\frac{1}{h_1h_2h_3}\frac{\partial}{\partial u_1}\left[\frac{h_2h_3}{h_1}\frac{\partial(uv)}{\partial u_1}\right] &= \frac{1}{h_1h_2h_3}\left[\frac{\partial}{\partial u_1}\left(\frac{h_2h_3}{h_1}\right)\frac{\partial(uv)}{\partial u_1}\right]+\frac{1}{h_1^2}\frac{\partial^2(uv)}{\partial u_1^2}\\
&= \frac{1}{h_1h_2h_3}\left[\frac{\partial}{\partial u_1}\left(\frac{h_2h_3}{h_1}\right)\left(v\frac{\partial u}{\partial u_1}+u\frac{\partial v}{\partial u_1}\right)\right]\\
&\quad +\frac{1}{h_1^2}\left(v\frac{\partial^2 u}{\partial u_1^2}+2\frac{\partial u}{\partial u_1}\frac{\partial v}{\partial u_1}+u\frac{\partial^2 v}{\partial u_1^2}\right)\\
&= \frac{v}{h_1h_2h_3}\frac{\partial}{\partial u_1}\left(\frac{h_2h_3}{h_1}\right)\frac{\partial u}{\partial u_1}+\frac{u}{h_1h_2h_3}\frac{\partial}{\partial u_1}\left(\frac{h_2h_3}{h_1}\right)\frac{\partial v}{\partial u_1}\\
&\quad +\frac{v}{h_1^2}\frac{\partial^2 u}{\partial u_1^2}+\frac{2}{h_1^2}\frac{\partial u}{\partial u_1}\frac{\partial v}{\partial u_1}+\frac{u}{h_1^2}\frac{\partial^2 v}{\partial u_1^2}\\
&= \frac{v}{h_1h_2h_3}\left[\frac{\partial}{\partial u_1}\left(\frac{h_2h_3}{h_1}\frac{\partial u}{\partial u_1}\right)-\frac{h_2h_3}{h_1}\frac{\partial^2 u}{\partial u_1^2}\right]\\
&\quad +\frac{u}{h_1h_2h_3}\left[\frac{\partial}{\partial u_1}\left(\frac{h_2h_3}{h_1}\frac{\partial v}{\partial u_1}\right)-\frac{h_2h_3}{h_1}\frac{\partial^2 v}{\partial u_1^2}\right]\\
&\quad +\frac{v}{h_1^2}\frac{\partial^2 u}{\partial u_1^2}+\frac{2}{h_1^2}\frac{\partial u}{\partial u_1}\frac{\partial v}{\partial u_1}+\frac{u}{h_1^2}\frac{\partial^2 v}{\partial u_1^2}\\
&= \frac{v}{h_1h_2h_3}\frac{\partial}{\partial u_1}\left(\frac{h_2h_3}{h_1}\frac{\partial u}{\partial u_1}\right)+\frac{u}{h_1h_2h_3}\frac{\partial}{\partial u_1}\left(\frac{h_2h_3}{h_1}\frac{\partial v}{\partial u_1}\right)\\
&\quad +\frac{2}{h_1^2}\frac{\partial u}{\partial u_1}\frac{\partial v}{\partial u_1}
\end{aligned}$$

可见它等于 $v\nabla^2u+u\nabla^2v+2(\nabla u)\cdot(\nabla v)$ 的第一项. 同样可证得第二、三项也分别相等. 于是本题得证.

【证法二】 根据定义，$\nabla^2(uv)$ 等于梯度 $\nabla(uv)$ 的散度，故

$$\begin{aligned}
\nabla^2(uv) &= \nabla\cdot[\nabla(uv)] = \nabla\cdot(v\nabla u+u\nabla v)\\
&= (\nabla v)\cdot(\nabla u)+v\nabla^2u+(\nabla u)\cdot(\nabla v)+u\nabla^2v\\
&= v\nabla^2u+u\nabla^2v+2(\nabla u)\cdot(\nabla v)
\end{aligned}$$

1.4 设 $F=F(u)$，u 是空间坐标 $\boldsymbol{r}$ 的函数，即 $u=u(\boldsymbol{r})$. 试求 ∇^2F.

【解】 依定义

$$\begin{aligned}
\nabla^2F &= \nabla\cdot(\nabla F) = \nabla\cdot\left(\frac{\partial F}{\partial u}\nabla u\right)\\
&= \left(\nabla\frac{\partial F}{\partial u}\right)\cdot\nabla u+\frac{\partial F}{\partial u}\nabla\cdot\nabla u\\
&= \left[\left(\frac{\partial}{\partial u}\frac{\partial F}{\partial u}\right)\nabla u\right]\cdot\nabla u+\frac{\partial F}{\partial u}\nabla^2u\\
&= \frac{\partial^2F}{\partial u^2}(\nabla u)^2+\frac{\partial F}{\partial u}\nabla^2u
\end{aligned}$$

1.5 试证明下列公式：

(1) $\nabla(\boldsymbol{f}\cdot\boldsymbol{g})=(\boldsymbol{f}\cdot\nabla)\boldsymbol{g}+(\boldsymbol{g}\cdot\nabla)\boldsymbol{f}+\boldsymbol{f}\times(\nabla\times\boldsymbol{g})+\boldsymbol{g}\times(\nabla\times\boldsymbol{f})$

(2) $\nabla\cdot(\boldsymbol{f}\times\boldsymbol{g})=\boldsymbol{g}\cdot(\nabla\times\boldsymbol{f})-\boldsymbol{f}\cdot(\nabla\times\boldsymbol{g})$

(3) $\nabla\times(\boldsymbol{f}\times\boldsymbol{g})=\boldsymbol{f}(\nabla\cdot\boldsymbol{g})-\boldsymbol{g}(\nabla\cdot\boldsymbol{f})+(\boldsymbol{g}\cdot\nabla)\boldsymbol{f}-(\boldsymbol{f}\cdot\nabla)\boldsymbol{g}$

【说明】 在证明公式之前，先讲一下算符∇的性质. ∇是矢量算符，它兼有矢量和求导两种性质. 作为矢量，它和其他矢量一样，遵守矢量代数的运算规则；作为求导算符，它对在它右边的每个量起作用，但不对在它左边的量起作用. 因此，在运算时，它的位置不能随便交换.

【证】 (1) $\nabla(\boldsymbol{f}\cdot\boldsymbol{g})$中的$\nabla$既要对$\boldsymbol{f}$求导，也要对$\boldsymbol{g}$求导. 以$\nabla_f$表明$\nabla$只对$\boldsymbol{f}$求导，$\nabla_g$表明$\nabla$只对$\boldsymbol{g}$求导，则有

$$\nabla(\boldsymbol{f}\cdot\boldsymbol{g})=\nabla_f(\boldsymbol{f}\cdot\boldsymbol{g})+\nabla_g(\boldsymbol{f}\cdot\boldsymbol{g}) \tag{1.5.1}$$

因∇是矢量，它遵守矢量代数的运算规则. 由矢量代数的三重积公式

$$\boldsymbol{a}\times(\boldsymbol{b}\times\boldsymbol{c})=\boldsymbol{b}(\boldsymbol{c}\cdot\boldsymbol{a})-(\boldsymbol{a}\cdot\boldsymbol{b})\boldsymbol{c} \tag{1.5.2}$$

令$\boldsymbol{b}=\nabla_f$, $\boldsymbol{c}=\boldsymbol{f}$, $\boldsymbol{a}=\boldsymbol{g}$，便得

$$\nabla_f(\boldsymbol{f}\cdot\boldsymbol{g})=(\boldsymbol{g}\cdot\nabla_f)\boldsymbol{f}+\boldsymbol{g}\times(\nabla_f\times\boldsymbol{f}) \tag{1.5.3}$$

在(1.5.1)式的$\nabla_g(\boldsymbol{f}\cdot\boldsymbol{g})$中，$\boldsymbol{f}$和$\boldsymbol{g}$都不是算符，它们的位置可以交换，即

$$\nabla_g(\boldsymbol{f}\cdot\boldsymbol{g})=\nabla_g(\boldsymbol{g}\cdot\boldsymbol{f}) \tag{1.5.4}$$

因此，在(1.5.2)式中，令$\boldsymbol{b}=\nabla_g$, $\boldsymbol{a}=\boldsymbol{f}$, $\boldsymbol{c}=\boldsymbol{g}$，便得

$$\nabla_g(\boldsymbol{g}\cdot\boldsymbol{f})=(\boldsymbol{f}\cdot\nabla_g)\boldsymbol{g}+\boldsymbol{f}\times(\nabla_g\times\boldsymbol{g}) \tag{1.5.5}$$

在(1.5.3)式右边有两个∇_f，它们的右边都只有$\boldsymbol{f}$，因此，∇_f只作用于$\boldsymbol{f}$，不会混淆，故下标f可以去掉. 同样理由，(1.5.5)式右边两个∇_g的下标g也可以去掉. 于是(1.5.3)、(1.5.5)两式可以分别写成

$$\nabla_f(\boldsymbol{f}\cdot\boldsymbol{g})=(\boldsymbol{g}\cdot\nabla)\boldsymbol{f}+\boldsymbol{g}\times(\nabla\times\boldsymbol{f}) \tag{1.5.6}$$

$$\nabla_g(\boldsymbol{g}\cdot\boldsymbol{f})=(\boldsymbol{f}\cdot\nabla)\boldsymbol{g}+\boldsymbol{f}\times(\nabla\times\boldsymbol{g}) \tag{1.5.7}$$

将(1.5.6)、(1.5.7)两式代入(1.5.1)式，并利用(1.5.4)式，即得

$$\nabla(\boldsymbol{f}\cdot\boldsymbol{g})=(\boldsymbol{f}\cdot\nabla)\boldsymbol{g}+(\boldsymbol{g}\cdot\nabla)\boldsymbol{f}+\boldsymbol{f}\times(\nabla\times\boldsymbol{g})+\boldsymbol{g}\times(\nabla\times\boldsymbol{f}) \tag{1.5.8}$$

(2) $\nabla\cdot(\boldsymbol{f}\times\boldsymbol{g})$. 按前面所说

$$\nabla\cdot(\boldsymbol{f}\times\boldsymbol{g})=\nabla_f\cdot(\boldsymbol{f}\times\boldsymbol{g})+\nabla_g\cdot(\boldsymbol{f}\times\boldsymbol{g}) \tag{1.5.9}$$

根据矢量的三重积公式

$$\boldsymbol{a}\cdot(\boldsymbol{b}\times\boldsymbol{c})=\boldsymbol{c}\cdot(\boldsymbol{a}\times\boldsymbol{b}) \tag{1.5.10}$$

令$\boldsymbol{a}=\nabla_f$, $\boldsymbol{b}=\boldsymbol{f}$, $\boldsymbol{c}=\boldsymbol{g}$，便得

$$\nabla_f\cdot(\boldsymbol{f}\times\boldsymbol{g})=\boldsymbol{g}\cdot(\nabla_f\times\boldsymbol{f}) \tag{1.5.11}$$

同样有

$$\nabla_g\cdot(\boldsymbol{f}\times\boldsymbol{g})=-\nabla_g\cdot(\boldsymbol{g}\times\boldsymbol{f})=-\boldsymbol{f}\cdot(\nabla_g\times\boldsymbol{g}) \tag{1.5.12}$$

将(1.5.11)和(1.5.12)两式代入(1.5.9)式便得

$$\nabla\cdot(\boldsymbol{f}\times\boldsymbol{g})=\boldsymbol{g}\cdot(\nabla_f\times\boldsymbol{f})-\boldsymbol{f}\cdot(\nabla_g\times\boldsymbol{g}) \tag{1.5.13}$$

在(1.5.13)式中,$(\nabla_f\times\boldsymbol{f})$已表明算符$\nabla_f$只作用于$\boldsymbol{f}$,故$(\nabla_f\times\boldsymbol{f})$中$\nabla_f$的下标$f$可以去掉;同样,$(\nabla_g\times\boldsymbol{g})$中$\nabla_g$的下标$g$也可以去掉,于是便得

$$\nabla\cdot(\boldsymbol{f}\times\boldsymbol{g})=\boldsymbol{g}\cdot(\nabla\times\boldsymbol{f})-\boldsymbol{f}\cdot(\nabla\times\boldsymbol{g}) \tag{1.5.14}$$

(3) $\nabla\times(\boldsymbol{f}\times\boldsymbol{g})$. 按前面所说

$$\nabla\times(\boldsymbol{f}\times\boldsymbol{g})=\nabla_f\times(\boldsymbol{f}\times\boldsymbol{g})+\nabla_g\times(\boldsymbol{f}\times\boldsymbol{g}) \tag{1.5.15}$$

为了适用于(1.5.15)式,将前面矢量三重积公式(1.5.2)式写成

$$\boldsymbol{a}\times(\boldsymbol{b}\times\boldsymbol{c})=(\boldsymbol{c}\cdot\boldsymbol{a})\boldsymbol{b}-\boldsymbol{c}(\boldsymbol{a}\cdot\boldsymbol{b}) \tag{1.5.16}$$

令 $\boldsymbol{a}=\nabla_f$, $\boldsymbol{b}=\boldsymbol{f}$, $\boldsymbol{c}=\boldsymbol{g}$,便得

$$\nabla_f\times(\boldsymbol{f}\times\boldsymbol{g})=(\boldsymbol{g}\cdot\nabla_f)\boldsymbol{f}-\boldsymbol{g}(\nabla_f\cdot\boldsymbol{f}) \tag{1.5.17}$$

因

$$\nabla_g\times(\boldsymbol{f}\times\boldsymbol{g})=-\nabla_g\times(\boldsymbol{g}\times\boldsymbol{f}) \tag{1.5.18}$$

故在(1.5.16)式中令 $\boldsymbol{a}=\nabla_g$,$\boldsymbol{b}=\boldsymbol{g}$,$\boldsymbol{c}=\boldsymbol{f}$,便得

$$\nabla_g\times(\boldsymbol{f}\times\boldsymbol{g})=-(\boldsymbol{f}\cdot\nabla_g)\boldsymbol{g}+\boldsymbol{f}(\nabla_g\cdot\boldsymbol{g}) \tag{1.5.19}$$

在(1.5.17)和(1.5.19)两式右边,∇_f和∇_g的作用对象都明确,不会混淆,故它们的下标f和g都可以去掉.最后代入(1.5.15)式,便得

$$\nabla\times(\boldsymbol{f}\times\boldsymbol{g})=\boldsymbol{f}(\nabla\cdot\boldsymbol{g})-\boldsymbol{g}(\nabla\cdot\boldsymbol{f})+(\boldsymbol{g}\cdot\nabla)\boldsymbol{f}-(\boldsymbol{f}\cdot\nabla)\boldsymbol{g} \tag{1.5.20}$$

【别证】 取笛卡儿坐标系(x,y,z),用分量式计算.

(1) $\nabla(\boldsymbol{f}\cdot\boldsymbol{g})$. 用下标$x,y,z$表示分量,$\nabla(\boldsymbol{f}\cdot\boldsymbol{g})$的$x,y,z$三个分量分别如下:

$$\begin{aligned}
[\nabla(\boldsymbol{f}\cdot\boldsymbol{g})]_x&=\frac{\partial}{\partial x}(f_xg_x+f_yg_y+f_zg_z)\\
&=\frac{\partial f_x}{\partial x}g_x+f_x\frac{\partial g_x}{\partial x}+\frac{\partial f_y}{\partial x}g_y+f_y\frac{\partial g_y}{\partial x}+\frac{\partial f_z}{\partial x}g_z+f_z\frac{\partial g_z}{\partial x}\\
&=f_x\frac{\partial g_x}{\partial x}+f_y\frac{\partial g_x}{\partial y}+f_z\frac{\partial g_x}{\partial z}+g_x\frac{\partial f_x}{\partial x}+g_y\frac{\partial f_x}{\partial y}+g_z\frac{\partial f_x}{\partial z}\\
&\quad+f_y\left(\frac{\partial g_y}{\partial x}-\frac{\partial g_x}{\partial y}\right)-f_z\left(\frac{\partial g_x}{\partial z}-\frac{\partial g_z}{\partial x}\right)\\
&\quad+g_y\left(\frac{\partial f_y}{\partial x}-\frac{\partial f_x}{\partial y}\right)-g_z\left(\frac{\partial f_x}{\partial z}-\frac{\partial f_z}{\partial x}\right)\\
&=[(\boldsymbol{f}\cdot\nabla)\boldsymbol{g}]_x+[(\boldsymbol{g}\cdot\nabla)\boldsymbol{f}]_x\\
&\quad+[\boldsymbol{f}\times(\nabla\times\boldsymbol{g})]_x+[\boldsymbol{g}\times(\nabla\times\boldsymbol{f})]_x
\end{aligned} \tag{1.5.21}$$

$$[\nabla(\boldsymbol{f}\cdot\boldsymbol{g})]_y=\frac{\partial}{\partial y}(f_xg_x+f_yg_y+f_zg_z)$$

$$
\begin{aligned}
&= \frac{\partial f_x}{\partial y}g_x + f_x\frac{\partial g_x}{\partial y} + \frac{\partial f_y}{\partial y}g_y + f_y\frac{\partial g_y}{\partial y} + \frac{\partial f_z}{\partial y}g_z + f_z\frac{\partial g_z}{\partial y} \\
&= f_x\frac{\partial g_y}{\partial x} + f_y\frac{\partial g_y}{\partial y} + f_z\frac{\partial g_y}{\partial z} + g_x\frac{\partial f_y}{\partial x} + g_y\frac{\partial f_y}{\partial y} + g_z\frac{\partial f_y}{\partial z} \\
&\quad + f_z\left(\frac{\partial g_z}{\partial y} - \frac{\partial g_y}{\partial z}\right) - f_x\left(\frac{\partial g_y}{\partial x} - \frac{\partial g_x}{\partial y}\right) \\
&\quad + g_z\left(\frac{\partial f_z}{\partial y} - \frac{\partial f_y}{\partial z}\right) - g_x\left(\frac{\partial f_y}{\partial x} - \frac{\partial f_x}{\partial y}\right) \\
&= [(\boldsymbol{f}\cdot\nabla)\boldsymbol{g}]_y + [(\boldsymbol{g}\cdot\nabla)\boldsymbol{f}]_y \\
&\quad + [\boldsymbol{f}\times(\nabla\times\boldsymbol{g})]_y + [\boldsymbol{g}\times(\nabla\times\boldsymbol{f})]_y
\end{aligned}
\tag{1.5.22}
$$

$$
\begin{aligned}
[\nabla(\boldsymbol{f}\cdot\boldsymbol{g})]_z &= \frac{\partial}{\partial z}(f_x g_x + f_y g_y + f_z g_z) \\
&= \frac{\partial f_x}{\partial z}g_x + f_x\frac{\partial g_x}{\partial z} + \frac{\partial f_y}{\partial z}g_y + f_y\frac{\partial g_y}{\partial z} + \frac{\partial f_z}{\partial z}g_z + f_z\frac{\partial g_z}{\partial z} \\
&= f_x\frac{\partial g_z}{\partial x} + f_y\frac{\partial g_z}{\partial y} + f_z\frac{\partial g_z}{\partial z} + g_x\frac{\partial f_z}{\partial x} + g_y\frac{\partial f_z}{\partial y} + g_z\frac{\partial f_z}{\partial z} \\
&\quad + f_x\left(\frac{\partial g_x}{\partial z} - \frac{\partial g_z}{\partial x}\right) - f_y\left(\frac{\partial g_z}{\partial y} - \frac{\partial g_y}{\partial z}\right) \\
&\quad + g_x\left(\frac{\partial f_x}{\partial z} - \frac{\partial f_z}{\partial x}\right) - g_y\left(\frac{\partial f_z}{\partial y} - \frac{\partial f_y}{\partial z}\right) \\
&= [(\boldsymbol{f}\cdot\nabla)\boldsymbol{g}]_z + [(\boldsymbol{g}\cdot\nabla)\boldsymbol{f}]_z \\
&\quad + [\boldsymbol{f}\times(\nabla\times\boldsymbol{g})]_z + [\boldsymbol{g}\times(\nabla\times\boldsymbol{f})]_z
\end{aligned}
\tag{1.5.23}
$$

综合(1.5.21)、(1.5.22)、(1.5.23)三式，即得(1.5.8)式.

(2) $\nabla\cdot(\boldsymbol{f}\times\boldsymbol{g})$.

$$
\begin{aligned}
\nabla\cdot(\boldsymbol{f}\times\boldsymbol{g}) &= \frac{\partial}{\partial x}(f_y g_z - f_z g_y) + \frac{\partial}{\partial y}(f_z g_x - f_x g_z) + \frac{\partial}{\partial z}(f_x g_y - f_y g_x) \\
&= \frac{\partial f_y}{\partial x}g_z + f_y\frac{\partial g_z}{\partial x} - \frac{\partial f_z}{\partial x}g_y - f_z\frac{\partial g_y}{\partial x} + \frac{\partial f_z}{\partial y}g_x + f_z\frac{\partial g_x}{\partial y} \\
&\quad - \frac{\partial f_x}{\partial y}g_z - f_x\frac{\partial g_z}{\partial y} + \frac{\partial f_x}{\partial z}g_y + f_x\frac{\partial g_y}{\partial z} - \frac{\partial f_y}{\partial z}g_x - f_y\frac{\partial g_x}{\partial z} \\
&= g_x\left(\frac{\partial f_z}{\partial y} - \frac{\partial f_y}{\partial z}\right) + g_y\left(\frac{\partial f_x}{\partial z} - \frac{\partial f_z}{\partial x}\right) + g_z\left(\frac{\partial f_y}{\partial x} - \frac{\partial f_x}{\partial y}\right) \\
&\quad - f_x\left(\frac{\partial g_z}{\partial y} - \frac{\partial g_y}{\partial z}\right) - f_y\left(\frac{\partial g_x}{\partial z} - \frac{\partial g_z}{\partial x}\right) - f_z\left(\frac{\partial g_y}{\partial x} - \frac{\partial g_x}{\partial y}\right) \\
&= \boldsymbol{g}\cdot(\nabla\times\boldsymbol{f}) - \boldsymbol{f}\cdot(\nabla\times\boldsymbol{g})
\end{aligned}
\tag{1.5.24}
$$

(3) $\nabla\times(\boldsymbol{f}\times\boldsymbol{g})$. $\nabla\times(\boldsymbol{f}\times\boldsymbol{g})$的 x,y,z 三个分量分别如下：

$$
\begin{aligned}
[\nabla\times(\boldsymbol{f}\times\mathbf{g})]_x &= \frac{\partial}{\partial y}(f_x g_y - f_y g_x) - \frac{\partial}{\partial z}(f_z g_x - f_x g_z) \\
&= \frac{\partial f_x}{\partial y}g_y + f_x\frac{\partial g_y}{\partial y} - \frac{\partial f_y}{\partial y}g_x - f_y\frac{\partial g_x}{\partial y} \\
&\quad - \frac{\partial f_z}{\partial z}g_x - f_z\frac{\partial g_x}{\partial z} + \frac{\partial f_x}{\partial z}g_z + f_x\frac{\partial g_z}{\partial z} \\
&= f_x\left(\frac{\partial g_x}{\partial x} + \frac{\partial g_y}{\partial y} + \frac{\partial g_z}{\partial z}\right) - g_x\left(\frac{\partial f_x}{\partial x} + \frac{\partial f_y}{\partial y} + \frac{\partial f_z}{\partial z}\right) \\
&\quad + g_x\frac{\partial f_x}{\partial x} + g_y\frac{\partial f_x}{\partial y} + g_z\frac{\partial f_x}{\partial z} \\
&\quad - f_x\frac{\partial g_x}{\partial x} - f_y\frac{\partial g_x}{\partial y} - f_z\frac{\partial g_x}{\partial z} \\
&= [\boldsymbol{f}(\nabla\cdot\mathbf{g})]_x - [\mathbf{g}(\nabla\cdot\boldsymbol{f})]_x \\
&\quad + [(\mathbf{g}\cdot\nabla)\boldsymbol{f}]_x - [(\boldsymbol{f}\cdot\nabla)\mathbf{g}]_x
\end{aligned} \tag{1.5.25}
$$

$$
\begin{aligned}
[\nabla\times(\boldsymbol{f}\times\mathbf{g})]_y &= \frac{\partial}{\partial z}(f_y g_z - f_z g_y) - \frac{\partial}{\partial x}(f_x g_y - f_y g_x) \\
&= \frac{\partial f_y}{\partial z}g_z + f_y\frac{\partial g_z}{\partial z} - \frac{\partial f_z}{\partial z}g_y - f_z\frac{\partial g_y}{\partial z} \\
&\quad - \frac{\partial f_x}{\partial x}g_y - f_x\frac{\partial g_y}{\partial x} + \frac{\partial f_y}{\partial x}g_x + f_y\frac{\partial g_x}{\partial x} \\
&= f_y\left(\frac{\partial g_x}{\partial x} + \frac{\partial g_y}{\partial y} + \frac{\partial g_z}{\partial z}\right) - g_y\left(\frac{\partial f_x}{\partial x} + \frac{\partial f_y}{\partial y} + \frac{\partial f_z}{\partial z}\right) \\
&\quad + g_x\frac{\partial f_y}{\partial x} + g_y\frac{\partial f_y}{\partial y} + g_z\frac{\partial f_y}{\partial z} \\
&\quad - f_x\frac{\partial g_y}{\partial x} - f_y\frac{\partial g_y}{\partial y} - f_z\frac{\partial g_y}{\partial z} \\
&= [\boldsymbol{f}(\nabla\cdot\mathbf{g})]_y - [\mathbf{g}(\nabla\cdot\boldsymbol{f})]_y \\
&\quad + [(\mathbf{g}\cdot\nabla)\boldsymbol{f}]_y - [(\boldsymbol{f}\cdot\nabla)\mathbf{g}]_y
\end{aligned} \tag{1.5.26}
$$

$$
\begin{aligned}
[\nabla\times(\boldsymbol{f}\times\mathbf{g})]_z &= \frac{\partial}{\partial x}(f_z g_x - f_x g_z) - \frac{\partial}{\partial y}(f_y g_z - f_z g_y) \\
&= \frac{\partial f_z}{\partial x}g_x + f_z\frac{\partial g_x}{\partial x} - \frac{\partial f_x}{\partial x}g_z - f_x\frac{\partial g_z}{\partial x} \\
&\quad - \frac{\partial f_y}{\partial y}g_z - f_y\frac{\partial g_z}{\partial y} + \frac{\partial f_z}{\partial y}g_y + f_z\frac{\partial g_y}{\partial y} \\
&= f_z\left(\frac{\partial g_x}{\partial x} + \frac{\partial g_y}{\partial y} + \frac{\partial g_z}{\partial z}\right) - g_z\left(\frac{\partial f_x}{\partial x} + \frac{\partial f_y}{\partial y} + \frac{\partial f_z}{\partial z}\right)
\end{aligned}
$$

$$
\begin{aligned}
&+g_x\frac{\partial f_z}{\partial x}+g_y\frac{\partial f_z}{\partial y}+g_z\frac{\partial f_z}{\partial z}\\
&-f_x\frac{\partial g_z}{\partial x}-f_y\frac{\partial g_z}{\partial y}-f_z\frac{\partial g_z}{\partial z}\\
=&[\boldsymbol{f}(\nabla\cdot\boldsymbol{g})]_z-[\boldsymbol{g}(\nabla\cdot\boldsymbol{f})]_z\\
&+[(\boldsymbol{g}\cdot\nabla)\boldsymbol{f}]_z-[(\boldsymbol{f}\cdot\nabla)\boldsymbol{g}]_z
\end{aligned}\tag{1.5.27}
$$

综合(1.5.25)、(1.5.26)、(1.5.27)三式,即得(1.5.20)式.

1.6　试证明:$\nabla\times(\nabla\times\boldsymbol{f})=\nabla(\nabla\cdot\boldsymbol{f})-\nabla^2\boldsymbol{f}$.

【证】　∇是矢量算符,它兼有矢量和求导两种性质.作为矢量,它遵守矢量代数的运算规则;作为求导算符,它要对它右边的每个量起作用.

根据矢量代数的三重积公式

$$\boldsymbol{a}\times(\boldsymbol{b}\times\boldsymbol{c})=\boldsymbol{b}(\boldsymbol{a}\cdot\boldsymbol{c})-(\boldsymbol{a}\cdot\boldsymbol{b})\boldsymbol{c}\tag{1.6.1}$$

令$\boldsymbol{a}=\nabla,\boldsymbol{b}=\nabla,\boldsymbol{c}=\boldsymbol{f}$,代入上式便得

$$\nabla\times(\nabla\times\boldsymbol{f})=\nabla(\nabla\cdot\boldsymbol{f})-\nabla^2\boldsymbol{f}\tag{1.6.2}$$

【别证】　取笛卡儿坐标系,用分量式证明.　用下标x,y,z分别表示分量,$\nabla\times(\nabla\times\boldsymbol{f})$的$x,y,z$分量分别为

$$
\begin{aligned}
[\nabla\times(\nabla\times\boldsymbol{f})]_x&=\frac{\partial}{\partial y}\left(\frac{\partial f_y}{\partial x}-\frac{\partial f_x}{\partial y}\right)-\frac{\partial}{\partial z}\left(\frac{\partial f_x}{\partial z}-\frac{\partial f_z}{\partial x}\right)\\
&=\frac{\partial^2 f_y}{\partial y\partial x}-\frac{\partial^2 f_x}{\partial y^2}-\frac{\partial^2 f_x}{\partial z^2}+\frac{\partial^2 f_z}{\partial z\partial x}\\
&=\frac{\partial}{\partial x}\left(\frac{\partial f_x}{\partial x}+\frac{\partial f_y}{\partial y}+\frac{\partial f_z}{\partial z}\right)-\frac{\partial^2 f_x}{\partial x^2}-\frac{\partial^2 f_x}{\partial y^2}-\frac{\partial^2 f_x}{\partial z^2}\\
&=[\nabla(\nabla\cdot\boldsymbol{f})]_x-[\nabla^2\boldsymbol{f}]_x
\end{aligned}\tag{1.6.3}
$$

$$
\begin{aligned}
[\nabla\times(\nabla\times\boldsymbol{f})]_y&=\frac{\partial}{\partial z}\left(\frac{\partial f_z}{\partial y}-\frac{\partial f_y}{\partial z}\right)-\frac{\partial}{\partial x}\left(\frac{\partial f_y}{\partial x}-\frac{\partial f_x}{\partial y}\right)\\
&=\frac{\partial^2 f_z}{\partial z\partial y}-\frac{\partial^2 f_y}{\partial z^2}-\frac{\partial^2 f_y}{\partial x^2}+\frac{\partial^2 f_x}{\partial x\partial y}\\
&=\frac{\partial}{\partial y}\left(\frac{\partial f_x}{\partial x}+\frac{\partial f_y}{\partial y}+\frac{\partial f_z}{\partial z}\right)-\frac{\partial^2 f_y}{\partial x^2}-\frac{\partial^2 f_y}{\partial y^2}-\frac{\partial^2 f_y}{\partial z^2}\\
&=[\nabla(\nabla\cdot\boldsymbol{f})]_y-[\nabla^2\boldsymbol{f}]_y
\end{aligned}\tag{1.6.4}
$$

$$
\begin{aligned}
[\nabla\times(\nabla\times\boldsymbol{f})]_z&=\frac{\partial}{\partial x}\left(\frac{\partial f_x}{\partial z}-\frac{\partial f_z}{\partial x}\right)-\frac{\partial}{\partial y}\left(\frac{\partial f_z}{\partial y}-\frac{\partial f_y}{\partial z}\right)\\
&=\frac{\partial^2 f_x}{\partial x\partial z}-\frac{\partial^2 f_z}{\partial x^2}-\frac{\partial^2 f_z}{\partial y^2}+\frac{\partial^2 f_y}{\partial y\partial z}\\
&=\frac{\partial}{\partial z}\left(\frac{\partial f_x}{\partial x}+\frac{\partial f_y}{\partial y}+\frac{\partial f_z}{\partial z}\right)-\frac{\partial^2 f_z}{\partial x^2}-\frac{\partial^2 f_z}{\partial y^2}-\frac{\partial^2 f_z}{\partial z^2}
\end{aligned}
$$

$$= [\nabla(\nabla\cdot\boldsymbol{f})]_z - [\nabla^2\boldsymbol{f}]_z \tag{1.6.5}$$

1.7　用高斯公式证明：$\int_V \mathrm{d}V\nabla\times\boldsymbol{f} = \oint_S \mathrm{d}\boldsymbol{S}\times\boldsymbol{f}$.

【证】　用非零的任意常矢量 $\boldsymbol{c}$ 点乘上式左边得

$$\boldsymbol{c}\cdot\int_V \mathrm{d}V\nabla\times\boldsymbol{f} = \int_V \mathrm{d}V[\boldsymbol{c}\cdot(\nabla\times\boldsymbol{f})] \tag{1.7.1}$$

根据矢量分析公式

$$\nabla\cdot(\boldsymbol{A}\times\boldsymbol{B}) = (\nabla\times\boldsymbol{A})\cdot\boldsymbol{B} - \boldsymbol{A}\cdot(\nabla\times\boldsymbol{B}) \tag{1.7.2}$$

令其中的 $\boldsymbol{A}=\boldsymbol{f}$, $\boldsymbol{B}=\boldsymbol{c}$,便得

$$\nabla\cdot(\boldsymbol{f}\times\boldsymbol{c}) = (\nabla\times\boldsymbol{f})\cdot\boldsymbol{c} = \boldsymbol{c}\cdot(\nabla\times\boldsymbol{f}) \tag{1.7.3}$$

因此(1.7.1)式右边

$$\int_V \mathrm{d}V[\boldsymbol{c}\cdot(\nabla\times\boldsymbol{f})] = \int_V \mathrm{d}V\nabla\cdot(\boldsymbol{f}\times\boldsymbol{c}) \tag{1.7.4}$$

又由高斯公式有

$$\begin{aligned}\int_V \mathrm{d}V\nabla\cdot(\boldsymbol{f}\times\boldsymbol{c}) &= \oint_S(\boldsymbol{f}\times\boldsymbol{c})\cdot\mathrm{d}\boldsymbol{S} = \oint_S(\boldsymbol{f}\times\boldsymbol{c})\cdot\boldsymbol{n}\mathrm{d}S \\ &= \oint_S \boldsymbol{c}\cdot(\boldsymbol{n}\times\boldsymbol{f})\mathrm{d}S = \boldsymbol{c}\cdot\oint_S \mathrm{d}\boldsymbol{S}\times\boldsymbol{f}\end{aligned} \tag{1.7.5}$$

所以

$$\boldsymbol{c}\cdot\int_V \mathrm{d}V\nabla\times\boldsymbol{f} = \boldsymbol{c}\cdot\oint_S \mathrm{d}\boldsymbol{S}\times\boldsymbol{f} \tag{1.7.6}$$

因 $\boldsymbol{c}$ 为非零的任意常矢量,故得

$$\int_V \mathrm{d}V\nabla\times\boldsymbol{f} = \oint_S \mathrm{d}\boldsymbol{S}\times\boldsymbol{f} \tag{1.7.7}$$

1.8　用斯托克斯公式证明：$\int_S \mathrm{d}\boldsymbol{S}\times\nabla\varphi = \oint_L \varphi\mathrm{d}\boldsymbol{l}$.

【证】　$\int_S \mathrm{d}\boldsymbol{S}\times\nabla\varphi = \oint_L \varphi\mathrm{d}\boldsymbol{l}$

设 $\boldsymbol{a}$ 为非零的任意常矢量,令 $\boldsymbol{F}=\varphi\boldsymbol{a}$ 代入斯托克斯公式

$$\int_S \nabla\times\boldsymbol{F}\cdot\mathrm{d}\boldsymbol{S} = \oint_L \boldsymbol{F}\cdot\mathrm{d}\boldsymbol{l} \tag{1.8.1}$$

的左边,则有

$$\begin{aligned}\int_S \nabla\times(\varphi\boldsymbol{a})\cdot\mathrm{d}\boldsymbol{S} &= \int_S[\nabla\varphi\times\boldsymbol{a} + \varphi(\nabla\times\boldsymbol{a})]\cdot\mathrm{d}\boldsymbol{S} \\ &= \int_S \nabla\varphi\times\boldsymbol{a}\cdot\mathrm{d}\boldsymbol{S} = -\int_S \boldsymbol{a}\times\nabla\varphi\cdot\mathrm{d}\boldsymbol{S} \\ &= -\int_S \boldsymbol{a}\cdot\nabla\varphi\times\mathrm{d}\boldsymbol{S} = \int_S \boldsymbol{a}\cdot\mathrm{d}\boldsymbol{S}\times\nabla\varphi \\ &= \boldsymbol{a}\cdot\int_S \mathrm{d}\boldsymbol{S}\times\nabla\varphi\end{aligned} \tag{1.8.2}$$

代入(1.8.1)式的右边,则有

$$\oint_L \varphi \boldsymbol{a}\cdot \mathrm{d}\boldsymbol{l}=\boldsymbol{a}\cdot\oint_L \varphi \mathrm{d}\boldsymbol{l} \tag{1.8.3}$$

于是得

$$\boldsymbol{a}\cdot\left[\int_S \mathrm{d}\boldsymbol{S}\times\nabla\varphi-\oint_L \varphi \mathrm{d}\boldsymbol{l}\right]=0 \tag{1.8.4}$$

因 $\boldsymbol{a}$ 为非零的任意常矢量,故得

$$\int_S \mathrm{d}\boldsymbol{S}\times\nabla\varphi=\oint_L \varphi \mathrm{d}\boldsymbol{l} \tag{1.8.5}$$

1.9 用斯托克斯公式证明:$\oint_L(\boldsymbol{a}\times\boldsymbol{r})\cdot\mathrm{d}\boldsymbol{l}=2\int_S \boldsymbol{a}\cdot\mathrm{d}\boldsymbol{S}$,式中 $\boldsymbol{a}$ 为常矢量.

【证】 由矢量分析公式有

$$\begin{aligned}\nabla\times(\boldsymbol{a}\times\boldsymbol{r})&=(\boldsymbol{r}\cdot\nabla)\boldsymbol{a}-(\boldsymbol{a}\cdot\nabla)\boldsymbol{r}+(\nabla\cdot\boldsymbol{r})\boldsymbol{a}-(\nabla\cdot\boldsymbol{a})\boldsymbol{r}\\&=-\boldsymbol{a}+3\boldsymbol{a}=2\boldsymbol{a}\end{aligned} \tag{1.9.1}$$

令 $\boldsymbol{F}=\boldsymbol{a}\times\boldsymbol{r}$,则由斯托克斯公式(1.8.1)式和(1.9.1)式得

$$\oint_L \boldsymbol{a}\times\boldsymbol{r}\cdot\mathrm{d}\boldsymbol{l}=\int_S \nabla\times(\boldsymbol{a}\times\boldsymbol{r})\cdot\mathrm{d}\boldsymbol{S}=2\int_S \boldsymbol{a}\cdot\mathrm{d}\boldsymbol{S} \tag{1.9.2}$$

1.10 有人得出“磁感强度 $\boldsymbol{B}$ 恒等于零”的结论.他的论证如下:因为 $\nabla\cdot\boldsymbol{B}=0$,所以由矢量分析可知,必定有矢势 $\boldsymbol{A}$ 存在,使得 $\boldsymbol{B}=\nabla\times\boldsymbol{A}$;又由 $\oint_S \boldsymbol{B}\cdot\mathrm{d}\boldsymbol{S}=0$ 和斯托克斯公式得

$$\oint_S \boldsymbol{B}\cdot\mathrm{d}\boldsymbol{S}=\oint_S \nabla\times\boldsymbol{A}\cdot\mathrm{d}\boldsymbol{S}=\oint_L \boldsymbol{A}\cdot\mathrm{d}\boldsymbol{l}=0$$

又由矢量分析,若 $\oint_L \boldsymbol{A}\cdot\mathrm{d}\boldsymbol{l}=0$,则必有标势 φ 存在,使得 $\boldsymbol{A}=\nabla\varphi$.于是得

$$\boldsymbol{B}=\nabla\times\boldsymbol{A}=\nabla\times(\nabla\varphi)\equiv 0.$$

他的结论显然是错误的.试分析他的错误在什么地方.

【解】 错在 $\oint_S \nabla\times\boldsymbol{A}\cdot\mathrm{d}\boldsymbol{S}=\oint_L \boldsymbol{A}\cdot\mathrm{d}\boldsymbol{l}$.因为斯托克斯公式中的面积分是以 L 为边界的曲面积分,而不是封闭曲面积分.

1.11 利用适当坐标系中的狄拉克 δ 函数,将下列电荷分布表示成三维电荷量密度 $\rho(\boldsymbol{r})$:(1) 在球坐标系中,电荷量 Q 均匀分布在半径为 R 的球面上;(2) 在柱坐标系中,电荷均匀分布在半径为 a 的圆柱面上,沿轴线单位长度的电荷量为 λ;(3) 在柱坐标系中,电荷量 Q 均匀分布在半径为 R 的平面圆盘上,盘的厚度可略去不计;(4) 同(3),但用球坐标系.

【解】 (1)以球心为原点,取球坐标系 (r,θ,ϕ).因电荷分布在半径为 R 的球面上,故 $\rho(\boldsymbol{r})$ 应含有 r 的 δ 函数因子 $\delta(r-R)$;又因电荷分布的球对称性,$\rho(\boldsymbol{r})$ 应与 θ 和 ϕ 都无关,于是得

$$\rho(\boldsymbol{r}) = C_1\delta(r-R) \tag{1.11.1}$$

式中 C_1 是一个常数，其值由球面上的电荷量 Q 决定如下：

$$\begin{aligned} Q &= \int_V \rho(\boldsymbol{r})\mathrm{d}V = C_1\int_0^\infty\int_0^\pi\int_0^{2\pi}\delta(r-R)r^2\sin\theta\mathrm{d}r\mathrm{d}\theta\mathrm{d}\phi \\ &= C_1\int_0^\infty r^2\delta(r-R)\mathrm{d}r\int_0^\pi\sin\theta\mathrm{d}\theta\int_0^{2\pi}\mathrm{d}\phi = 4\pi R^2C_1 \end{aligned} \tag{1.11.2}$$

故得所求的电荷量密度为

$$\rho(\boldsymbol{r}) = \frac{Q}{4\pi R^2}\delta(r-R) \tag{1.11.3}$$

(2)以圆柱轴线上一点为原点，取柱坐标系(r,ϕ,z). 因电荷分布在圆柱面上，故 $\rho(\boldsymbol{r})$应含有 r 的δ 函数因子$\delta(r-a)$；又因电荷分布的轴对称性，$\rho(\boldsymbol{r})$应与 ϕ 和 z 都无关，于是得

$$\rho(\boldsymbol{r}) = C_2\delta(r-a) \tag{1.11.4}$$

式中 C_2 是一个常数，其值由圆柱面上单位长度的电荷量 λ 决定如下：

$$\begin{aligned} \lambda &= \int_V \rho(\boldsymbol{r})\mathrm{d}V = C_2\int_0^\infty\int_0^{2\pi}\int_{-\frac{1}{2}}^{\frac{1}{2}}\delta(r-a)r\mathrm{d}r\mathrm{d}\phi\mathrm{d}z \\ &= C_2\int_0^\infty r\delta(r-a)\mathrm{d}r\int_0^{2\pi}\mathrm{d}\phi\int_{-\frac{1}{2}}^{\frac{1}{2}}\mathrm{d}z = 2\pi aC_2 \end{aligned} \tag{1.11.5}$$

故得所求的电荷量密度为

$$\rho(\boldsymbol{r}) = \frac{\lambda}{2\pi a}\delta(r-a) \tag{1.11.6}$$

(3)以圆盘中心为原点，轴线为 z 轴，取柱坐标系(r,ϕ,z). 因电荷分布在 $z=0$ 的圆盘上，故 $\rho(\boldsymbol{r})$应含有 z 的δ 函数因子$\delta(z)$；因电荷分布的轴对称性，$\rho(\boldsymbol{r})$应与 ϕ 无关；又因电荷均匀分布在 $0\leqslant r\leqslant R$ 的范围内，$\rho(\boldsymbol{r})$应含有 r 的阶跃函数因子 $u(R-r)$，于是得

$$\rho(\boldsymbol{r}) = C_3u(R-r)\delta(z) \tag{1.11.7}$$

式中 C_3 是一个常数，阶跃函数 $u(x)$的定义如下：

$$u(x) = \begin{cases} 1, & x>0 \\ 0, & x<0 \end{cases} \tag{1.11.8}$$

常数 C_3 的值由圆盘上的电荷量 Q 决定如下：

$$\begin{aligned} Q &= \int_V \rho(\boldsymbol{r})\mathrm{d}V = C_3\int_0^\infty\int_0^{2\pi}\int_{-\infty}^\infty u(R-r)\delta(z)r\mathrm{d}r\mathrm{d}\phi\mathrm{d}z \\ &= C_3\int_0^\infty ru(R-r)\mathrm{d}r\int_0^{2\pi}\mathrm{d}\phi\int_{-\infty}^\infty\delta(z)\mathrm{d}z = \pi R^2C_3 \end{aligned} \tag{1.11.9}$$

故得所求的电荷量密度为

$$\rho(\boldsymbol{r})=\frac{Q}{\pi R^2}u(R-r)\delta(z) \tag{1.11.10}$$

(4)以圆盘中心为原点,轴线为极轴,取球坐标系(r,θ,ϕ). 因电荷分布在$\theta=\frac{\pi}{2}$的圆盘上,故$\rho(\boldsymbol{r})$应含有θ的δ函数因子$\frac{\delta\left(\theta-\frac{\pi}{2}\right)}{r}$;因电荷分布的轴对称性,$\rho(\boldsymbol{r})$应与$\phi$无关;又因电荷均匀分布在$0\leqslant r\leqslant R$的圆盘上,$\rho(\boldsymbol{r})$应含有$r$的阶跃函数因子$u(R-r)$,于是得

$$\rho(\boldsymbol{r})=C_4u(R-r)\frac{\delta\left(\theta-\frac{\pi}{2}\right)}{r} \tag{1.11.11}$$

式中C_4是一个常数,其值由圆盘上的电荷量Q决定如下:

$$\begin{aligned}Q&=\int_V\rho(\boldsymbol{r})\mathrm{d}V=C_4\int_0^{\infty}\int_0^{\pi}\int_0^{2\pi}u(R-r)\frac{\delta\left(\theta-\frac{\pi}{2}\right)}{r}r^2\sin\theta\mathrm{d}r\mathrm{d}\theta\mathrm{d}\phi\\&=C_4\int_0^{\infty}ru(R-r)\mathrm{d}r\int_0^{\pi}\sin\theta\delta\left(\theta-\frac{\pi}{2}\right)\mathrm{d}\theta\int_0^{2\pi}\mathrm{d}\phi=\pi R^2C_4\end{aligned} \tag{1.11.12}$$

故得所求的电荷量密度为

$$\rho(\boldsymbol{r})=\frac{Q}{\pi R^2}u(R-r)\frac{\delta\left(\theta-\frac{\pi}{2}\right)}{r} \tag{1.11.13}$$

【讨论】 (1)阶跃函数$u(R-r)$在(1.11.10)式和(1.11.13)式中出现是必要的,如果不出现,则积分结果就会出现无穷大. 例如,若将(1.11.10)式改为

$$\rho(\boldsymbol{r})=\frac{Q}{\pi R^2}\delta(z) \tag{1.11.14}$$

则

$$\begin{aligned}\int_V\rho(\boldsymbol{r})\mathrm{d}V&=\frac{Q}{\pi R^2}\int_0^{\infty}\int_0^{2\pi}\int_{-\infty}^{\infty}\delta(z)r\mathrm{d}r\mathrm{d}\phi\mathrm{d}z=\frac{Q}{\pi R^2}\int_0^{\infty}r\mathrm{d}r\int_0^{2\pi}\mathrm{d}\phi\int_{-\infty}^{\infty}\delta(z)\mathrm{d}z\\&=\frac{2Q}{R^2}\int_0^{\infty}r\mathrm{d}r\to\infty\end{aligned} \tag{1.11.15}$$

(2)在(1.11.11)式里,θ的δ函数的形式是$\frac{\delta\left(\theta-\frac{\pi}{2}\right)}{r}$,而不是$\delta\left(\theta-\frac{\pi}{2}\right)$. 这是因为,在长度元分别为$h_1\mathrm{d}\xi_1$、$h_3\mathrm{d}\xi_2$、$h_3\mathrm{d}\xi_3$的正交坐标系$(\xi_1,\xi_2,\xi_3)$里,狄拉克$\delta$函数的形式为

$$\delta(\boldsymbol{r}-\boldsymbol{r}')=\frac{\delta(\xi_1-\xi_1')\delta(\xi_2-\xi_2')\delta(\xi_3-\xi_3')}{h_1h_2h_3} \tag{1.11.16}$$

在球坐标系里,长度元分别为 $\mathrm{d}r$、$r\mathrm{d}\theta$、$r\sin\theta\mathrm{d}\phi$,故 θ 的 δ 函数应为$\dfrac{\delta\left(\theta-\frac{\pi}{2}\right)}{r}$,而不是 $\delta(\theta-\frac{\pi}{2})$. 或者,由 δ 函数的公式

$$\delta(ax)=\frac{1}{|a|}\delta(x) \tag{1.11.17}$$

得

$$\delta\left[r(\theta-\frac{\pi}{2})\right]=\frac{1}{r}\delta\left(\theta-\frac{\pi}{2}\right) \tag{1.11.18}$$

1.12　一电偶极矩为 $\boldsymbol{p}$ 的电偶极子位于 $\boldsymbol{r}_0$ 处. 利用狄拉克 δ 函数的导数的性质,试证明:对于计算一个电偶极子产生的电势和计算它处在外电场中的电势能来说,该电偶极子的有效电荷量密度可以写作:$\rho_{\mathrm{eff}}(\boldsymbol{r})=-\boldsymbol{p}\cdot\nabla\delta(\boldsymbol{r}-\boldsymbol{r}_0)$.

【证】　$\boldsymbol{r}_0$ 处的电偶极矩 $\boldsymbol{p}$ 在 $\boldsymbol{r}'$处产生的电势为[参看图 1.12(1)]

$$\varphi(\boldsymbol{r}')=\frac{1}{4\pi\varepsilon_0}\frac{\boldsymbol{p}\cdot(\boldsymbol{r}'-\boldsymbol{r}_0)}{|\boldsymbol{r}'-\boldsymbol{r}_0|^3} \tag{1.12.1}$$

图 1.12(1)

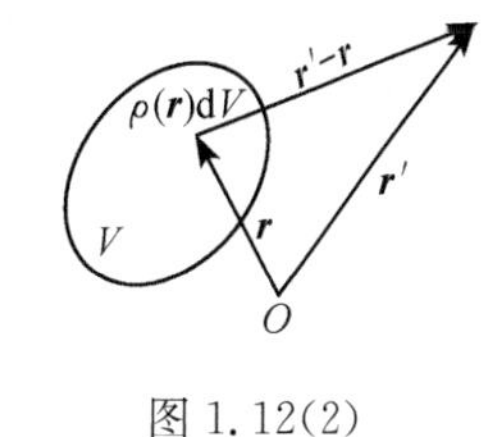

图 1.12(2)

体积 V 内的电荷[电荷量密度为 $\rho(\boldsymbol{r})$]在 $\boldsymbol{r}'$处产生的电势为[参看图 1.12(2)]

$$\varphi(\boldsymbol{r}')=\frac{1}{4\pi\varepsilon_0}\int_V\frac{\rho(\boldsymbol{r})\mathrm{d}V}{|\boldsymbol{r}'-\boldsymbol{r}|} \tag{1.12.2}$$

狄拉克 δ 函数的导数的性质为

$$\int_V f(\boldsymbol{r})\,\nabla\delta(\boldsymbol{r}-\boldsymbol{r}')\mathrm{d}V=-\left[\nabla f(\boldsymbol{r})\right]_{r=r'},\qquad \boldsymbol{r}'\in V \tag{1.12.3}$$

电偶极矩为 $\boldsymbol{p}$ 的电偶极子位于 $\boldsymbol{r}_0$,设它的电荷量密度为

$$\rho_{\mathrm{eff}}(\boldsymbol{r})=-\boldsymbol{p}\cdot\nabla\delta(\boldsymbol{r}-\boldsymbol{r}_0) \tag{1.12.4}$$

先用 $\rho_{\mathrm{eff}}(\boldsymbol{r})$计算 $\boldsymbol{p}$ 产生的电势. 将 $\rho_{\mathrm{eff}}(\boldsymbol{r})$代入(1.12.2)式,并利用(1.12.3)式得:$\rho_{\mathrm{eff}}(\boldsymbol{r})$在 $\boldsymbol{r}'$处产生的电势为

$$\begin{aligned}
\varphi_{\mathrm{eff}}(\boldsymbol{r}')&=\frac{1}{4\pi\varepsilon_0}\int_V\frac{\rho_{\mathrm{eff}}(\boldsymbol{r})\mathrm{d}V}{|\boldsymbol{r}'-\boldsymbol{r}|}=\frac{1}{4\pi\varepsilon_0}\int_V\frac{-\boldsymbol{p}\cdot\nabla\delta(\boldsymbol{r}-\boldsymbol{r}_0)\mathrm{d}V}{|\boldsymbol{r}'-\boldsymbol{r}|}\\
&=-\frac{1}{4\pi\varepsilon_0}\boldsymbol{p}\cdot\int_V\frac{\nabla\delta(\boldsymbol{r}-\boldsymbol{r}_0)\mathrm{d}V}{|\boldsymbol{r}'-\boldsymbol{r}|}=-\frac{1}{4\pi\varepsilon_0}\boldsymbol{p}\cdot\left[-\nabla\frac{1}{|\boldsymbol{r}'-\boldsymbol{r}|}\right]_{r=r_0}\\
&=\frac{1}{4\pi\varepsilon_0}\boldsymbol{p}\cdot\left[\nabla\frac{1}{|\boldsymbol{r}'-\boldsymbol{r}|}\right]_{r=r_0}=\frac{1}{4\pi\varepsilon_0}\boldsymbol{p}\cdot\left[\frac{\boldsymbol{r}'-\boldsymbol{r}}{|\boldsymbol{r}'-\boldsymbol{r}|^3}\right]_{r=r_0}\\
&=\frac{1}{4\pi\varepsilon_0}\frac{\boldsymbol{p}\cdot(\boldsymbol{r}'-\boldsymbol{r}_0)}{|\boldsymbol{r}'-\boldsymbol{r}_0|^3}
\end{aligned} \tag{1.12.5}$$

比较(1.12.1)、(1.12.5)两式可见,$\varphi_{\text{eff}}(\boldsymbol{r}')=\varphi(\boldsymbol{r}')$.

再用 $\rho_{\text{eff}}(\boldsymbol{r})$计算 $\boldsymbol{p}$ 在外电场中的电势能.已知 $\boldsymbol{r}_0$ 处的 $\boldsymbol{p}$ 在外电场$\boldsymbol{E}(\boldsymbol{r}_0)$中的电势能为

$$W=-\boldsymbol{p}\cdot\boldsymbol{E}(\boldsymbol{r}_0) \tag{1.12.6}$$

体积 V 内的电荷在外电场[电势为 $\varphi(\boldsymbol{r})$]中的电势能为

$$W=\int_V\varphi(\boldsymbol{r})\rho(\boldsymbol{r})\mathrm{d}V \tag{1.12.7}$$

将 $\rho_{\text{eff}}(\boldsymbol{r})$代入(1.12.7)式,并利用(1.12.3)式,得到 $\rho_{\text{eff}}(\boldsymbol{r})$在外电场中的电势能为

$$\begin{aligned}W_{\text{eff}}&=\int_V\varphi(\boldsymbol{r})[-\boldsymbol{p}\cdot\nabla\delta(\boldsymbol{r}-\boldsymbol{r}_0)]\mathrm{d}V=-\boldsymbol{p}\cdot\int_V\varphi(\boldsymbol{r})\nabla\delta(\boldsymbol{r}-\boldsymbol{r}_0)\mathrm{d}V\\&=\boldsymbol{p}\cdot[\nabla\varphi(\boldsymbol{r})]_{\boldsymbol{r}=\boldsymbol{r}_0}=\boldsymbol{p}\cdot[-\boldsymbol{E}(\boldsymbol{r})]_{\boldsymbol{r}=\boldsymbol{r}_0}\\&=-\boldsymbol{p}\cdot\boldsymbol{E}(\boldsymbol{r}_0)\end{aligned} \tag{1.12.8}$$

比较(1.12.6)、(1.12.8)两式可见,$W_{\text{eff}}=W$.

图 1.12(3)

【讨论】 用 δ 函数表示电偶极子 $\boldsymbol{p}=q\boldsymbol{l}$ 的电荷量密度亦可导出如下(如图 1.12(3)).

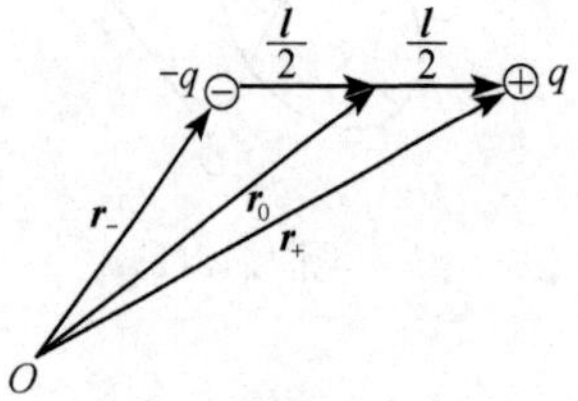

$$\begin{aligned}\rho&=\rho_++\rho_-=q\delta(\boldsymbol{r}-\boldsymbol{r}_+)+(-q)\delta(\boldsymbol{r}-\boldsymbol{r}_-)\\&=q\delta\left(\boldsymbol{r}-\boldsymbol{r}_0-\frac{\boldsymbol{l}}{2}\right)-q\delta\left(\boldsymbol{r}-\boldsymbol{r}_0+\frac{\boldsymbol{l}}{2}\right)\\&=q\left\{\delta\left(\boldsymbol{r}-\boldsymbol{r}_0-\frac{\boldsymbol{l}}{2}\right)-\delta\left(\boldsymbol{r}-\boldsymbol{r}_0+\frac{\boldsymbol{l}}{2}\right)\right\}\end{aligned} \tag{1.12.9}$$

由公式

$$\mathrm{d}f=\nabla f\cdot\mathrm{d}\boldsymbol{r} \tag{1.12.10}$$

得

$$\begin{aligned}\rho&=q[\nabla\delta(\boldsymbol{r}-\boldsymbol{r}_0)]\cdot\left(-\frac{\boldsymbol{l}}{2}-\frac{\boldsymbol{l}}{2}\right)=q[\nabla\delta(\boldsymbol{r}-\boldsymbol{r}_0)]\cdot(-\boldsymbol{l})\\&=-q\boldsymbol{l}\cdot[\nabla\delta(\boldsymbol{r}-\boldsymbol{r}_0)]=-\boldsymbol{p}\cdot\nabla\delta(\boldsymbol{r}-\boldsymbol{r}_0)\end{aligned} \tag{1.12.11}$$

1.13 电荷系统的电偶极矩定义为

$$\boldsymbol{p}(t)=\int_V\rho(\boldsymbol{r}',t)\boldsymbol{r}'\mathrm{d}V'$$

试用电荷守恒定律,证明 $\boldsymbol{p}$ 对时间的变化率为

$$\frac{\mathrm{d}\boldsymbol{p}}{\mathrm{d}t}=\int_V\boldsymbol{j}(\boldsymbol{r}',t)\mathrm{d}V'$$

【证】

$$\frac{\mathrm{d}\boldsymbol{p}}{\mathrm{d}t}=\frac{\mathrm{d}}{\mathrm{d}t}\int_V\rho(\boldsymbol{r}',t)\boldsymbol{r}'\mathrm{d}V'=\int_V\frac{\partial}{\partial t}[\rho(\boldsymbol{r}',t)\boldsymbol{r}']\mathrm{d}V'$$

$$=\int_V \frac{\partial\rho(\boldsymbol{r}',t)}{\partial t}\boldsymbol{r}'\mathrm{d}V'=\int_V[-\nabla'\cdot\boldsymbol{j}]\boldsymbol{r}'\mathrm{d}V'$$

$$=-\int_V(\nabla'\cdot\boldsymbol{j})x'\mathrm{d}V'\boldsymbol{e}_x-\int_V(\nabla'\cdot\boldsymbol{j})y'\mathrm{d}V'\boldsymbol{e}_y$$

$$-\int_V(\nabla'\cdot\boldsymbol{j})z'\mathrm{d}V'\boldsymbol{e}_z$$

第一项

$$\int_V(\nabla'\cdot\boldsymbol{j})x'\mathrm{d}V'=\int_V x'(\nabla'\cdot\boldsymbol{j})\mathrm{d}V'$$

$$=\int_V[\nabla'\cdot(x'\boldsymbol{j})-(\nabla'x')\cdot\boldsymbol{j}]\mathrm{d}V'$$

$$=\oint_S x'\boldsymbol{j}\cdot\mathrm{d}\boldsymbol{S}'-\int_V j_x\mathrm{d}V'$$

上式中封闭曲面 S 为电荷系统的边界，电流不能流出这边界，故 $\oint_S x'\boldsymbol{j}\cdot\mathrm{d}\boldsymbol{S}'=0$.

因此

$$\int_V(\nabla'\cdot\boldsymbol{j})x'\mathrm{d}V'=-\int_V j_x\mathrm{d}V'$$

对第二、三项同样可得

$$\int_V(\nabla'\cdot\boldsymbol{j})y'\mathrm{d}V'=-\int_V j_y\mathrm{d}V',\qquad \int_V(\nabla'\cdot\boldsymbol{j})z'\mathrm{d}V'=-\int_V j_z\mathrm{d}V'$$

于是

$$-\int_V[\nabla'\cdot\boldsymbol{j}]\boldsymbol{r}'\mathrm{d}V'=\int_V\boldsymbol{j}\,\mathrm{d}V'$$

所以

$$\frac{\mathrm{d}\boldsymbol{p}}{\mathrm{d}t}=\int_V\boldsymbol{j}(\boldsymbol{r}',t)\mathrm{d}V'$$

1.14　设 $\boldsymbol{m}$ 是一常矢量，$\boldsymbol{r}$ 是坐标原点到场点的位矢. 试证明：除 $\boldsymbol{r}=0$ 点以外，矢量 $\boldsymbol{A}=\frac{\boldsymbol{m}\times\boldsymbol{r}}{r^3}$ 的旋度等于标量 $\varphi=\frac{\boldsymbol{m}\cdot\boldsymbol{r}}{r^3}$ 的负梯度，即

$$\nabla\times\boldsymbol{A}=-\nabla\varphi$$

【证】　因

$$\nabla\frac{1}{r}=-\frac{\boldsymbol{r}}{r^3}\tag{1.14.1}$$

故

$$\nabla\times\boldsymbol{A}=\nabla\times\left(\frac{\boldsymbol{m}\times\boldsymbol{r}}{r^3}\right)=-\nabla\times\left[\boldsymbol{m}\times\left(\nabla\frac{1}{r}\right)\right]$$

$$=\nabla\times\left[\left(\nabla\frac{1}{r}\right)\times\boldsymbol{m}\right]$$

$$= (\nabla \cdot \boldsymbol{m}) \nabla \frac{1}{r} + (\boldsymbol{m} \cdot \nabla) \nabla \frac{1}{r} - \left[\nabla \cdot \left(\nabla \frac{1}{r}\right)\right]\boldsymbol{m} - \left[\left(\nabla \frac{1}{r}\right) \cdot \nabla\right]\boldsymbol{m}$$

$$= (\boldsymbol{m} \cdot \nabla) \nabla \frac{1}{r} - \left[\nabla^2 \frac{1}{r}\right]\boldsymbol{m} \tag{1.14.2}$$

其中

$$\nabla^2 \frac{1}{r} = \sum_{i=1}^{3} \frac{\partial}{\partial x_i^2} \frac{1}{r} = \sum_{i=1}^{3} \frac{\partial}{\partial x_i}\left(-\frac{1}{r^2} \frac{\partial r}{\partial x_i}\right) = -\sum_{i=1}^{3} \frac{\partial}{\partial x_i}\left(\frac{x_i}{r^3}\right)$$

$$= -\sum_{i=1}^{3}\left(\frac{1}{r^3} - \frac{3x_i}{r^4} \frac{\partial r}{\partial x_i}\right) = -\frac{3}{r^3} + \frac{3r^2}{r^5} = 0, \quad r \neq 0 \tag{1.14.3}$$

所以

$$\nabla \times \boldsymbol{A} = (\boldsymbol{m} \cdot \nabla) \nabla \frac{1}{r}, \quad \boldsymbol{r} \neq 0 \tag{1.14.4}$$

又

$$\nabla \varphi = \nabla\left(\frac{\boldsymbol{m} \cdot \boldsymbol{r}}{r^3}\right) = -\nabla\left[\boldsymbol{m} \cdot \left(\nabla \frac{1}{r}\right)\right]$$

$$= -\boldsymbol{m} \times \left[\nabla \times \left(\nabla \frac{1}{r}\right)\right] - \left(\nabla \frac{1}{r}\right) \times (\nabla \times \boldsymbol{m}) - (\boldsymbol{m} \cdot \nabla) \nabla \frac{1}{r} - \left(\left(\nabla \frac{1}{r}\right) \cdot \nabla\right)\boldsymbol{m}$$

$$= -(\boldsymbol{m} \cdot \nabla) \nabla \frac{1}{r} \tag{1.14.5}$$

比较(1.14.4)和(1.14.5)两式即得:当 $\boldsymbol{r} \neq 0$ 时,便有

$$\nabla \times \boldsymbol{A} = -\nabla \varphi \tag{1.14.6}$$

【别证】 选取坐标系,使 $\boldsymbol{m}$ 沿 z 轴,即

$$\boldsymbol{m} = m\boldsymbol{e}_z \tag{1.14.7}$$

于是

$$\nabla\left(\frac{\boldsymbol{m} \cdot \boldsymbol{r}}{r^3}\right) = \nabla\left(\frac{m\boldsymbol{e}_z \cdot \boldsymbol{r}}{r^3}\right) = \nabla\left(\frac{mz}{r^3}\right) = m\nabla\left(\frac{z}{r^3}\right) \tag{1.14.8}$$

而

$$\nabla \times \left(\frac{\boldsymbol{m} \times \boldsymbol{r}}{r^3}\right) = \boldsymbol{m}\left[\nabla \cdot \left(\frac{\boldsymbol{r}}{r^3}\right)\right] - (\boldsymbol{m} \cdot \nabla) \frac{\boldsymbol{r}}{r^3} \tag{1.14.9}$$

因为 $r \neq 0$ 时,$\nabla \cdot \left(\frac{\boldsymbol{r}}{r^3}\right) = 0$,所以

$$\nabla \times \left(\frac{\boldsymbol{m} \times \boldsymbol{r}}{r^3}\right) = -(\boldsymbol{m} \cdot \nabla) \frac{\boldsymbol{r}}{r^3} = -m \frac{\partial}{\partial z} \frac{\boldsymbol{r}}{r^3}$$

$$= m \frac{\partial}{\partial z} \nabla \frac{1}{r} = m\nabla \frac{\partial}{\partial z} \frac{1}{r} = -m\nabla\left(\frac{z}{r^3}\right) \tag{1.14.10}$$

比较(1.14.8)和(1.14.10)两式即得(1.14.6)式.

1.15　设 $\boldsymbol{a}$ 和 $\boldsymbol{b}$ 均为常矢量，$\boldsymbol{r}$ 为位置矢量. 试问：(1)电势为 $\varphi=\boldsymbol{a}\cdot\boldsymbol{r}$ 的电场是什么样的电场？(2)矢势为 $\boldsymbol{A}=\boldsymbol{b}\times\boldsymbol{r}$ 的磁场是什么样的磁场？

【解答】　(1) 根据电场强度 $\boldsymbol{E}$ 与电势 φ 的关系和矢量分析公式得，这个电场的电场强度为

$$\boldsymbol{E}=-\nabla\varphi=-\nabla(\boldsymbol{a}\cdot\boldsymbol{r})=-[\boldsymbol{a}\times(\nabla\times\boldsymbol{r})+\boldsymbol{r}\times(\nabla\times\boldsymbol{a})+(\boldsymbol{a}\cdot\nabla)\boldsymbol{r}+(\boldsymbol{r}\cdot\nabla)\boldsymbol{a}]$$
$$=-(\boldsymbol{a}\cdot\nabla)\boldsymbol{r}=-\boldsymbol{a} \tag{1.15.1}$$

因为 $\boldsymbol{a}$ 是常矢量，故 $\varphi=\boldsymbol{a}\cdot\boldsymbol{r}$ 所表示的是一个均匀电场，其电场强度为 $-\boldsymbol{a}$.

(2) 根据磁感强度 $\boldsymbol{B}$ 与矢势 $\boldsymbol{A}$ 的关系和矢量分析公式得，这个磁场的磁感强度为

$$\boldsymbol{B}=\nabla\times\boldsymbol{A}=\nabla\times(\boldsymbol{b}\times\boldsymbol{r})=(\boldsymbol{r}\cdot\nabla)\boldsymbol{b}-(\boldsymbol{b}\cdot\nabla)\boldsymbol{r}+(\nabla\cdot\boldsymbol{r})\boldsymbol{b}-(\nabla\cdot\boldsymbol{b})\boldsymbol{r}$$
$$=-(\boldsymbol{b}\cdot\nabla)\boldsymbol{r}+(\nabla\cdot\boldsymbol{r})\boldsymbol{b}=-\boldsymbol{b}+3\boldsymbol{b}=2\boldsymbol{b} \tag{1.15.2}$$

因为 $\boldsymbol{b}$ 是常矢量，故 $\boldsymbol{A}=\boldsymbol{b}\times\boldsymbol{r}$ 所表示的是一个均匀磁场，其磁感强度为 $2\boldsymbol{b}$.

【别解】　取笛卡儿坐标系，用分量式计算.

(1) $$\boldsymbol{E}=-\nabla\varphi=-\nabla(\boldsymbol{a}\cdot\boldsymbol{r})=-\left(\boldsymbol{e}_x\frac{\partial}{\partial x}+\boldsymbol{e}_y\frac{\partial}{\partial y}+\boldsymbol{e}_z\frac{\partial}{\partial z}\right)(a_x x+a_y y+a_z z)$$
$$=-a_x\boldsymbol{e}_x-a_y\boldsymbol{e}_y-a_z\boldsymbol{e}_z=-\boldsymbol{a} \tag{1.15.3}$$

(2) $$\begin{aligned}\boldsymbol{B}&=\nabla\times\boldsymbol{A}=\nabla\times(\boldsymbol{b}\times\boldsymbol{r})=\nabla\times[(b_y z-b_z y)\boldsymbol{e}_x\\&\quad+(b_z x-b_x z)\boldsymbol{e}_y+(b_x y-b_y x)\boldsymbol{e}_z]\\&=\left[\frac{\partial}{\partial y}(b_x y-b_y x)-\frac{\partial}{\partial z}(b_z x-b_x z)\right]\boldsymbol{e}_x\\&\quad+\left[\frac{\partial}{\partial z}(b_y z-b_z y)-\frac{\partial}{\partial x}(b_x y-b_y x)\right]\boldsymbol{e}_y\\&\quad+\left[\frac{\partial}{\partial x}(b_z x-b_x z)-\frac{\partial}{\partial y}(b_y z-b_z y)\right]\boldsymbol{e}_x\\&=(b_x+b_x)\boldsymbol{e}_x+(b_y+b_y)\boldsymbol{e}_y+(b_z+b_z)\boldsymbol{e}_z=2\boldsymbol{b}\end{aligned} \tag{1.15.4}$$

【讨论】　由本题结果可见：电场强度为 $\boldsymbol{E}$ 的均匀电场，其电势可表示为

$$\varphi=-\boldsymbol{E}\cdot\boldsymbol{r} \tag{1.15.5}$$

磁感强度为 $\boldsymbol{B}$ 的均匀磁场，其矢势可表示为

$$\boldsymbol{A}=\frac{1}{2}\boldsymbol{B}\times\boldsymbol{r} \tag{1.15.6}$$

1.16　(1)试证明：在笛卡儿坐标系中，三个矢势 $\boldsymbol{A}=\frac{1}{2}B(-y\boldsymbol{e}_x+x\boldsymbol{e}_y)$，$\boldsymbol{A}'=-By\boldsymbol{e}_x$ 和 $\boldsymbol{A}''=Bx\boldsymbol{e}_y$ 都是磁感强度为 $\boldsymbol{B}=B\boldsymbol{e}_z$ 的均匀磁场的矢势；(2)试求矢势 $\boldsymbol{A}$ 在柱坐标系的表达式；(3)试求矢势 $\boldsymbol{A}$ 在球坐标系的表达式.

【解】　(1) 由笛卡儿坐标系的旋度公式

$$\nabla\times\boldsymbol{A}=\left(\frac{\partial A_z}{\partial y}-\frac{\partial A_y}{\partial z}\right)\boldsymbol{e}_x+\left(\frac{\partial A_x}{\partial z}-\frac{\partial A_z}{\partial x}\right)\boldsymbol{e}_y+\left(\frac{\partial A_y}{\partial x}-\frac{\partial A_x}{\partial y}\right)\boldsymbol{e}_z \tag{1.16.1}$$

得 $\boldsymbol{A}$ 的旋度为

$$\nabla\times\boldsymbol{A}=\left(\frac{\partial A_y}{\partial x}-\frac{\partial A_x}{\partial y}\right)\boldsymbol{e}_z=\left(\frac{1}{2}B+\frac{1}{2}B\right)\boldsymbol{e}_z=B\boldsymbol{e}_z \tag{1.16.2}$$

$\boldsymbol{A}'$的旋度为

$$\nabla\times\boldsymbol{A}'=-\frac{\partial A'_x}{\partial y}\boldsymbol{e}_z=B\boldsymbol{e}_z \tag{1.16.3}$$

$\boldsymbol{A}''$的旋度为

$$\nabla\times\boldsymbol{A}''=\frac{\partial A''_y}{\partial x}\boldsymbol{e}_z=B\boldsymbol{e}_z \tag{1.16.4}$$

可见 $\boldsymbol{A}$、$\boldsymbol{A}'$和$\boldsymbol{A}''$三者都是均匀磁场$\boldsymbol{B}=B\boldsymbol{e}_z$ 的矢势.

(2) 根据由笛卡儿坐标系到柱坐标系的矢量变换公式[参见本书末(Ⅳ.6)式]得

$$\begin{aligned}A_r&=A_x\cos\phi+A_y\sin\phi=\frac{1}{2}B(-y\cos\phi+x\sin\phi)\\&=\frac{1}{2}B(-r\sin\phi\cos\phi+r\cos\phi\sin\phi)=0\end{aligned} \tag{1.16.5}$$

$$\begin{aligned}A_\phi&=-A_x\sin\phi+A_y\cos\phi=\frac{1}{2}B(y\sin\phi+x\cos\phi)\\&=\frac{1}{2}B(r\sin^2\phi+r\cos^2\phi)=\frac{1}{2}Br\end{aligned} \tag{1.16.6}$$

$$A_z=A_z=0 \tag{1.16.7}$$

故在柱坐标系中,矢势 $\boldsymbol{A}$ 的表达式为

$$\boldsymbol{A}=\frac{1}{2}Br\boldsymbol{e}_\phi \tag{1.16.8}$$

(3) 根据由笛卡儿坐标系到球坐标系的矢量变换公式[参见本书末(Ⅳ.12)式]得

$$\begin{aligned}A_r&=A_x\sin\theta\cos\phi+A_y\sin\theta\sin\phi+A_z\cos\theta\\&=\frac{1}{2}B(-y\sin\theta\cos\phi+x\sin\theta\sin\phi)\\&=\frac{1}{2}B(-r\sin\theta\sin\phi\sin\theta\cos\phi+r\sin\theta\cos\phi\sin\theta\sin\phi)=0\end{aligned} \tag{1.16.9}$$

$$\begin{aligned}A_\theta&=A_x\cos\theta\cos\phi+A_y\cos\theta\sin\phi-A_z\sin\theta\\&=\frac{1}{2}B(-y\cos\theta\cos\phi+x\cos\theta\sin\phi)\\&=\frac{1}{2}B(-r\sin\theta\sin\phi\cos\theta\cos\phi+r\sin\theta\cos\phi\cos\theta\sin\phi)=0\end{aligned} \tag{1.16.10}$$

$$A_\phi=-A_x\sin\phi+A_y\cos\phi=\frac{1}{2}B(y\sin\phi+x\cos\phi)$$

$$= \frac{1}{2}B(r\sin\theta\sin^2\phi + r\sin\theta\cos^2\phi) = \frac{1}{2}Br\sin\theta \tag{1.16.11}$$

故在球坐标系中,矢势 $\boldsymbol{A}$ 的表达式为

$$\boldsymbol{A} = \frac{1}{2}Br\sin\theta\boldsymbol{e}_\phi \tag{1.16.12}$$

【讨论】 根据本书末数学附录中的公式(Ⅳ.6)和(Ⅳ.12),可以推得:在柱坐标系和球坐标系中,矢势 $\boldsymbol{A}'$和 $\boldsymbol{A}''$的表达式分别为

柱坐标系

$$\boldsymbol{A}' = Br\sin\phi(-\cos\phi\boldsymbol{e}_r + \sin\phi\boldsymbol{e}_\phi) \tag{1.16.13}$$

$$\boldsymbol{A}'' = Br\cos\phi(\sin\phi\boldsymbol{e}_r + \cos\phi\boldsymbol{e}_\phi) \tag{1.16.14}$$

球坐标系

$$\boldsymbol{A}' = Br\sin\theta\sin\phi(-\sin\theta\cos\phi\boldsymbol{e}_r - \cos\theta\cos\phi\boldsymbol{e}_\theta + \sin\phi\boldsymbol{e}_\phi) \tag{1.16.15}$$

$$\boldsymbol{A}'' = Br\sin\theta\cos\phi(\sin\theta\sin\phi\boldsymbol{e}_r + \cos\theta\sin\phi\boldsymbol{e}_\theta + \cos\phi\boldsymbol{e}_\phi) \tag{1.16.16}$$

1.17 设 n 维正交坐标系的基矢为 $\boldsymbol{e}_1, \boldsymbol{e}_2, \cdots, \boldsymbol{e}_n$,则 n 维矢量 $\boldsymbol{a}$ 可写作 $\boldsymbol{a} = \sum\limits_{i=1}^{n} a_i\boldsymbol{e}_i$, n 维二阶张量 $\boldsymbol{A}$ 可写作 $\boldsymbol{A} = \sum\limits_{i,j=1}^{n} A_{ij}\boldsymbol{e}_i\boldsymbol{e}_j$. 试证明:

(1) 矢量与张量的点乘一般不遵守交换律:$\boldsymbol{a}\cdot\boldsymbol{A} \neq \boldsymbol{A}\cdot\boldsymbol{a}$ 和 $\boldsymbol{a}\cdot(\boldsymbol{A}\cdot\boldsymbol{b}) \neq \boldsymbol{b}\cdot(\boldsymbol{A}\cdot\boldsymbol{a})$;

(2) 若 $\boldsymbol{A}$ 为对称张量(即 $A_{ij} = A_{ji}$),则有 $\boldsymbol{a}\cdot\boldsymbol{A} = \boldsymbol{A}\cdot\boldsymbol{a}$ 和 $\boldsymbol{a}\cdot(\boldsymbol{A}\cdot\boldsymbol{b}) = \boldsymbol{b}\cdot(\boldsymbol{A}\cdot\boldsymbol{a})$.

【证】 (1) 矢量与张量的点乘

$$\boldsymbol{a}\cdot\boldsymbol{A} = \Big(\sum_{i=1}^{n} a_i\boldsymbol{e}_i\Big)\cdot\Big(\sum_{j,k=1}^{n} A_{jk}\boldsymbol{e}_j\boldsymbol{e}_k\Big) = \sum_{i,j,k=1}^{n} a_iA_{jk}(\boldsymbol{e}_i\cdot\boldsymbol{e}_j)\boldsymbol{e}_k$$

$$= \sum_{i,j,k=1}^{n} a_iA_{jk}\delta_{ij}\boldsymbol{e}_k = \sum_{i,k=1}^{n} a_iA_{ik}\boldsymbol{e}_k \tag{1.17.1}$$

$$\boldsymbol{A}\cdot\boldsymbol{a} = \Big(\sum_{i,j=1}^{n} A_{ij}\boldsymbol{e}_i\boldsymbol{e}_j\Big)\cdot\Big(\sum_{k=1}^{n} a_k\boldsymbol{e}_k\Big) = \sum_{i,j,k=1}^{n} A_{ij}a_k\boldsymbol{e}_i(\boldsymbol{e}_j\cdot\boldsymbol{e}_k)$$

$$= \sum_{i,j,k=1}^{n} A_{ij}a_k\boldsymbol{e}_i\delta_{jk} = \sum_{i,k=1}^{n} a_kA_{ik}\boldsymbol{e}_i = \sum_{i,k=1}^{n} a_iA_{ki}\boldsymbol{e}_k \tag{1.17.2}$$

比较(1.17.1)、(1.17.2)两式右边,可见,一般地

$$\boldsymbol{a}\cdot\boldsymbol{A} \neq \boldsymbol{A}\cdot\boldsymbol{a} \tag{1.17.3}$$

由(1.17.2)式得

$$\boldsymbol{a}\cdot(\boldsymbol{A}\cdot\boldsymbol{b}) = \Big(\sum_{i=1}^{n} a_i\boldsymbol{e}_i\Big)\cdot\Big(\sum_{j,k=1}^{n} A_{jk}b_k\boldsymbol{e}_j\Big) = \sum_{i,j,k=1}^{n} a_iA_{jk}b_k\delta_{ij}$$

$$= \sum_{j,k=1}^{n} a_jA_{jk}b_k \tag{1.17.4}$$

将上式中 $\boldsymbol{a}$ 与 $\boldsymbol{b}$ 互换便得

$$\boldsymbol{b}\cdot(\mathbf{A}\cdot\boldsymbol{a})=\sum_{j,k=1}^{n}b_jA_{jk}a_k=\sum_{j,k=1}^{n}a_kA_{jk}b_j=\sum_{j,k=1}^{n}a_jA_{kj}b_k \tag{1.17.5}$$

比较(1.17.4)、(1.17.5)两式右边可见，一般地

$$\boldsymbol{a}\cdot(\mathbf{A}\cdot\boldsymbol{b})\neq\boldsymbol{b}\cdot(\mathbf{A}\cdot\boldsymbol{a}) \tag{1.17.6}$$

(2) 若 $\mathbf{A}$ 为对称张量，即 $A_{ij}=A_{ji}$，则(1.17.2)式便可写作

$$\mathbf{A}\cdot\boldsymbol{a}=\sum_{i,k=1}^{n}a_iA_{ki}\boldsymbol{e}_k=\sum_{i,k}^{n}a_iA_{ik}\boldsymbol{e}_k \tag{1.17.7}$$

比较(1.17.1)、(1.17.7)两式右边可见

$$\boldsymbol{a}\cdot\mathbf{A}=\mathbf{A}\cdot\boldsymbol{a}\qquad(\mathbf{A}\text{ 为对称张量}) \tag{1.17.8}$$

这时，(1.17.5)式可写作

$$\boldsymbol{b}\cdot(\mathbf{A}\cdot\boldsymbol{a})=\sum_{j,k=1}^{n}a_jA_{kj}b_k=\sum_{j,k=1}^{n}a_jA_{jk}b_k \tag{1.17.9}$$

比较(1.17.4)、(1.17.9)两式右边可见

$$\boldsymbol{a}\cdot(\mathbf{A}\cdot\boldsymbol{b})=\boldsymbol{b}\cdot(\mathbf{A}\cdot\boldsymbol{a})\qquad(\mathbf{A}\text{ 为对称张量}) \tag{1.17.10}$$

1.18 设电磁场的能量密度为 $w=\frac{1}{2}(\boldsymbol{E}\cdot\boldsymbol{D}+\boldsymbol{H}\cdot\boldsymbol{D})$，能流密度为 $\boldsymbol{S}=\boldsymbol{E}\times\boldsymbol{H}$.

(1) 试由麦克斯韦方程证明：对于各向同性的绝缘介质来说，$\nabla\cdot\boldsymbol{S}+\frac{\partial w}{\partial t}=0$；

(2) 对于电各向异性的绝缘介质来说，电容率 $\boldsymbol{\varepsilon}$ 是三维二阶张量：$\boldsymbol{\varepsilon}=\sum_{i,j=1}^{3}\varepsilon_{ij}\boldsymbol{e}_i\boldsymbol{e}_j$，式中 $\boldsymbol{e}_i$ 和 $\boldsymbol{e}_j$ 都是正交坐标系的基矢. 试证明：$\boldsymbol{\varepsilon}$ 是对称张量，即 $\varepsilon_{ij}=\varepsilon_{ji}$.

【证】 (1) 对绝缘介质来说，电导率 $\sigma=0$. 这时麦克斯韦方程为

$$\nabla\times\boldsymbol{E}=-\frac{\partial\boldsymbol{B}}{\partial t} \tag{1.18.1}$$

$$\nabla\times\boldsymbol{H}=\frac{\partial\boldsymbol{D}}{\partial t} \tag{1.18.2}$$

由矢量分析公式

$$\nabla\cdot(\boldsymbol{f}\times\boldsymbol{g})=(\nabla\times\boldsymbol{f})\cdot\boldsymbol{g}-\boldsymbol{f}\cdot(\nabla\times\boldsymbol{g}) \tag{1.18.3}$$

得

$$\nabla\cdot\boldsymbol{S}=\nabla\cdot(\boldsymbol{E}\times\boldsymbol{H})=(\nabla\times\boldsymbol{E})\cdot\boldsymbol{H}-\boldsymbol{E}\cdot(\nabla\times\boldsymbol{H}) \tag{1.18.4}$$

将(1.18.1)、(1.18.2)两式代入上式得

$$\nabla\cdot\boldsymbol{S}=-\frac{\partial\boldsymbol{B}}{\partial t}\cdot\boldsymbol{H}-\boldsymbol{E}\cdot\frac{\partial\boldsymbol{D}}{\partial t}=-\left(\boldsymbol{E}\cdot\frac{\partial\boldsymbol{D}}{\partial t}+\boldsymbol{H}\cdot\frac{\partial\boldsymbol{B}}{\partial t}\right) \tag{1.18.5}$$

对于各向同性的介质来说，

$$\boldsymbol{D}=\varepsilon\boldsymbol{E},\qquad\boldsymbol{B}=\mu\boldsymbol{H} \tag{1.18.6}$$

电容率 ε 和磁导率 μ 都是常量，故有

$$\boldsymbol{E}\cdot\frac{\partial \boldsymbol{D}}{\partial t}=\boldsymbol{E}\cdot\varepsilon\frac{\partial \boldsymbol{E}}{\partial t}=\varepsilon\boldsymbol{E}\cdot\frac{\partial \boldsymbol{E}}{\partial t}=\boldsymbol{D}\cdot\frac{\partial \boldsymbol{E}}{\partial t}=\frac{\partial}{\partial t}\left(\frac{1}{2}\boldsymbol{E}\cdot\boldsymbol{D}\right)\tag{1.18.7}$$

$$\boldsymbol{H}\cdot\frac{\partial \boldsymbol{B}}{\partial t}=\boldsymbol{H}\cdot\mu\frac{\partial \boldsymbol{H}}{\partial t}=\mu\boldsymbol{H}\cdot\frac{\partial \boldsymbol{H}}{\partial t}=\boldsymbol{B}\cdot\frac{\partial \boldsymbol{H}}{\partial t}=\frac{\partial}{\partial t}\left(\frac{1}{2}\boldsymbol{H}\cdot\boldsymbol{B}\right)\tag{1.18.8}$$

将(1.18.7)、(1.18.8)两式代入(1.18.5)式便得

$$\nabla\cdot\boldsymbol{S}=-\frac{\partial}{\partial t}\frac{1}{2}(\boldsymbol{E}\cdot\boldsymbol{D}+\boldsymbol{H}\cdot\boldsymbol{B})=-\frac{\partial w}{\partial t}\tag{1.18.9}$$

所以

$$\nabla\cdot\boldsymbol{S}+\frac{\partial w}{\partial t}=0\tag{1.18.10}$$

(2) 对于电各向异性的绝缘介质来说，电位移 $\boldsymbol{D}$ 与电场强度 $\boldsymbol{E}$ 的关系为

$$\begin{aligned}\boldsymbol{D}=\boldsymbol{\varepsilon}\cdot\boldsymbol{E}&=\left(\sum_{i,j=1}^{3}\varepsilon_{ij}\boldsymbol{e}_i\boldsymbol{e}_j\right)\cdot\left(\sum_{k=1}^{3}E_k\boldsymbol{e}_k\right)\\&=\sum_{i,j=1}^{3}\varepsilon_{ij}E_j\boldsymbol{e}_i\end{aligned}\tag{1.18.11}$$

所以

$$\boldsymbol{E}\cdot\frac{\partial \boldsymbol{D}}{\partial t}=\boldsymbol{E}\cdot\left(\sum_{i,j=1}^{3}\varepsilon_{ij}\frac{\partial E_j}{\partial t}\boldsymbol{e}_i\right)=\sum_{i,j=1}^{3}\varepsilon_{ij}E_i\frac{\partial E_j}{\partial t}\tag{1.18.12}$$

由(1.18.5)式至(1.18.9)式可见，$\boldsymbol{E}\cdot\frac{\partial \boldsymbol{D}}{\partial t}$应代表电场能量密度$\frac{1}{2}\boldsymbol{E}\cdot\boldsymbol{D}$对时间的变化率，即

$$\boldsymbol{E}\cdot\frac{\partial \boldsymbol{D}}{\partial t}=\frac{\partial}{\partial t}\left(\frac{1}{2}\boldsymbol{E}\cdot\boldsymbol{D}\right)=\frac{1}{2}\frac{\partial \boldsymbol{E}}{\partial t}\cdot\boldsymbol{D}+\frac{1}{2}\boldsymbol{E}\cdot\frac{\partial \boldsymbol{D}}{\partial t}\tag{1.18.13}$$

所以

$$\boldsymbol{E}\cdot\frac{\partial \boldsymbol{D}}{\partial t}=\frac{\partial \boldsymbol{E}}{\partial t}\cdot\boldsymbol{D}\tag{1.18.14}$$

即

$$\sum_{i,j=1}^{3}\varepsilon_{ij}E_i\frac{\partial E_j}{\partial t}=\sum_{i,j=1}^{3}\varepsilon_{ij}\frac{\partial E_i}{\partial t}E_j\tag{1.18.15}$$

(1.18.15)式右边可写成

$$\sum_{i,j=1}^{3}\varepsilon_{ij}\frac{\partial E_i}{\partial t}E_j=\sum_{i,j=1}^{3}\varepsilon_{ij}E_j\frac{\partial E_i}{\partial t}=\sum_{i,j=1}^{3}\varepsilon_{ji}E_i\frac{\partial E_j}{\partial t}\tag{1.18.16}$$

由(1.18.15)、(1.18.16)两式得

$$\sum_{i,j=1}^{3}(\varepsilon_{ij}-\varepsilon_{ji})E_i\frac{\partial E_j}{\partial t}=0\tag{1.18.17}$$

不论 $\boldsymbol{E}$ 和$\frac{\partial \boldsymbol{E}}{\partial t}$的值如何，上式总应成立. 于是便得

$$\varepsilon_{ij} = \varepsilon_{ji} \tag{1.18.18}$$

即 $\boldsymbol{\varepsilon}$ 为对称张量.

【别证】 (1.18.14)式两边可写作

$$\boldsymbol{E} \cdot \frac{\partial \boldsymbol{D}}{\partial t} = \boldsymbol{E} \cdot \frac{\partial}{\partial t}(\boldsymbol{\varepsilon} \cdot \boldsymbol{E}) = \boldsymbol{E} \cdot \left(\boldsymbol{\varepsilon} \cdot \frac{\partial \boldsymbol{E}}{\partial t}\right) \tag{1.18.19}$$

$$\frac{\partial \boldsymbol{E}}{\partial t} \cdot \boldsymbol{D} = \frac{\partial \boldsymbol{E}}{\partial t} \cdot (\boldsymbol{\varepsilon} \cdot \boldsymbol{E}) \tag{1.18.20}$$

$\boldsymbol{E}$ 和$\frac{\partial \boldsymbol{E}}{\partial t}$是两个不同的矢量,根据前面 1.17 题的(1.17.6)式,在一般情况下,

$$\boldsymbol{E} \cdot \left(\boldsymbol{\varepsilon} \cdot \frac{\partial \boldsymbol{E}}{\partial t}\right) \neq \frac{\partial \boldsymbol{E}}{\partial t} \cdot (\boldsymbol{\varepsilon} \cdot \boldsymbol{E}) \tag{1.18.21}$$

根据该题的(1.17.10)式,若要

$$\boldsymbol{E} \cdot \left(\boldsymbol{\varepsilon} \cdot \frac{\partial \boldsymbol{E}}{\partial t}\right) = \frac{\partial \boldsymbol{E}}{\partial t} \cdot (\boldsymbol{\varepsilon} \cdot \boldsymbol{E}) \tag{1.18.22}$$

则 $\boldsymbol{\varepsilon}$ 必须是对称张量.

【讨论】 除等轴晶系的晶体是电各向同性的以外,其他五种晶系(正方、六方、斜方、单斜、三斜)的晶体都是电各向异性的,实验表明,它们的电容率都是二阶对称张量.

1.19 电场的麦克斯韦应力张量为 $\boldsymbol{T}=\varepsilon_0\left(\frac{1}{2}E^2\boldsymbol{I}-\boldsymbol{E}\boldsymbol{E}\right)$,式中 $\boldsymbol{E}$ 为电场强度,$E^2=\boldsymbol{E}\cdot\boldsymbol{E}$, $\boldsymbol{I}$ 为单位张量. 试证明:

$$\nabla \cdot \boldsymbol{T} = \varepsilon_0 [\boldsymbol{E} \times (\nabla \times \boldsymbol{E}) - \boldsymbol{E}(\nabla \cdot \boldsymbol{E})]$$

【证】 $\boldsymbol{T}$ 的第一项的散度为

$$\nabla \cdot \left(\frac{1}{2}E^2\boldsymbol{I}\right) = \frac{1}{2}(\nabla E^2) \cdot \boldsymbol{I} + \frac{1}{2}E^2\, \nabla \cdot \boldsymbol{I} \tag{1.19.1}$$

因 $\boldsymbol{I}$ 是单位张量,故

$$(\nabla E^2) \cdot \boldsymbol{I} = \nabla E^2 \tag{1.19.2}$$

$$\nabla \cdot \boldsymbol{I} = 0 \tag{1.19.3}$$

于是得

$$\nabla \cdot \left(\frac{1}{2}E^2\boldsymbol{I}\right) = \frac{1}{2}\nabla E^2 = \frac{1}{2}\nabla(\boldsymbol{E} \cdot \boldsymbol{E}) \tag{1.19.4}$$

由矢量分析公式

$$\nabla(\boldsymbol{f} \cdot \boldsymbol{g}) = (\boldsymbol{f} \cdot \nabla)\boldsymbol{g} + (\boldsymbol{g} \cdot \nabla)\boldsymbol{f} + \boldsymbol{f} \times (\nabla \times \boldsymbol{g}) + \boldsymbol{g} \times (\nabla \times \boldsymbol{f}) \tag{1.19.5}$$

得

$$\frac{1}{2}\nabla(\boldsymbol{E} \cdot \boldsymbol{E}) = (\boldsymbol{E} \cdot \nabla)\boldsymbol{E} + \boldsymbol{E} \times (\nabla \times \boldsymbol{E}) \tag{1.19.6}$$

$\boldsymbol{T}$ 的第二项的散度为

$$\nabla\cdot(\boldsymbol{EE})=(\nabla\cdot\boldsymbol{E})\boldsymbol{E}+(\boldsymbol{E}\cdot\nabla)\boldsymbol{E}=\boldsymbol{E}(\nabla\cdot\boldsymbol{E})+(\boldsymbol{E}\cdot\nabla)\boldsymbol{E}\tag{1.19.7}$$

由(1.19.1)至(1.19.7)诸式得

$$\nabla\cdot\boldsymbol{T}=\varepsilon_0\,\nabla\cdot\left(\frac{1}{2}E^2\boldsymbol{I}-\boldsymbol{EE}\right)=\varepsilon_0[\boldsymbol{E}\times(\nabla\times\boldsymbol{E})-\boldsymbol{E}(\nabla\cdot\boldsymbol{E})]\tag{1.19.8}$$

【别证】 取笛卡儿坐标系(x,y,z),用分量式计算. $\nabla\cdot\left(\frac{1}{2}E^2\boldsymbol{I}\right)$的三个分量分别为

$$\left[\nabla\cdot\left(\frac{1}{2}E^2\boldsymbol{I}\right)\right]_x=\frac{1}{2}\frac{\partial}{\partial x}E^2=E_x\frac{\partial E_x}{\partial x}+E_y\frac{\partial E_y}{\partial x}+E_z\frac{\partial E_z}{\partial x}\tag{1.19.9}$$

$$\left[\nabla\cdot\left(\frac{1}{2}E^2\boldsymbol{I}\right)\right]_y=\frac{1}{2}\frac{\partial}{\partial y}E^2=E_x\frac{\partial E_x}{\partial y}+E_y\frac{\partial E_y}{\partial y}+E_z\frac{\partial E_z}{\partial y}\tag{1.19.10}$$

$$\left[\nabla\cdot\left(\frac{1}{2}E^2\boldsymbol{I}\right)\right]_z=\frac{1}{2}\frac{\partial}{\partial z}E^2=E_x\frac{\partial E_x}{\partial z}+E_y\frac{\partial E_y}{\partial z}+E_z\frac{\partial E_z}{\partial z}\tag{1.19.11}$$

$\nabla\cdot(\boldsymbol{EE})$的三个分量分别为

$$[\nabla\cdot(\boldsymbol{EE})]_x=\left[\frac{\partial}{\partial x}(E_x\boldsymbol{E})+\frac{\partial}{\partial y}(E_y\boldsymbol{E})+\frac{\partial}{\partial z}(E_z\boldsymbol{E})\right]_x$$

$$=\frac{\partial E_x}{\partial x}E_x+E_x\frac{\partial E_x}{\partial x}+\frac{\partial E_y}{\partial y}E_x+E_y\frac{\partial E_x}{\partial y}+\frac{\partial E_z}{\partial z}E_x+E_z\frac{\partial E_x}{\partial z}\tag{1.19.12}$$

$$[\nabla\cdot(\boldsymbol{EE})]_y=\left[\frac{\partial}{\partial x}(E_x\boldsymbol{E})+\frac{\partial}{\partial y}(E_y\boldsymbol{E})+\frac{\partial}{\partial z}(E_z\boldsymbol{E})\right]_y$$

$$=\frac{\partial E_x}{\partial x}E_y+E_x\frac{\partial E_y}{\partial x}+\frac{\partial E_y}{\partial y}E_y+E_y\frac{\partial E_y}{\partial y}+\frac{\partial E_z}{\partial z}E_y+E_z\frac{\partial E_y}{\partial z}\tag{1.19.13}$$

$$[\nabla\cdot(\boldsymbol{EE})]_z=\left[\frac{\partial}{\partial x}(E_x\boldsymbol{E})+\frac{\partial}{\partial y}(E_y\boldsymbol{E})+\frac{\partial}{\partial z}(E_z\boldsymbol{E})\right]_z$$

$$=\frac{\partial E_x}{\partial x}E_z+E_x\frac{\partial E_z}{\partial x}+\frac{\partial E_y}{\partial y}E_z+E_y\frac{\partial E_z}{\partial y}+\frac{\partial E_z}{\partial z}E_z+E_z\frac{\partial E_z}{\partial z}\tag{1.19.14}$$

$[\boldsymbol{E}\times(\nabla\times\boldsymbol{E})]$的三个分量分别为

$$[\boldsymbol{E}\times(\nabla\times\boldsymbol{E})]_x=E_y\left(\frac{\partial E_y}{\partial x}-\frac{\partial E_x}{\partial y}\right)-E_z\left(\frac{\partial E_x}{\partial z}-\frac{\partial E_z}{\partial x}\right)$$

$$=E_y\frac{\partial E_y}{\partial x}-E_y\frac{\partial E_x}{\partial y}-E_z\frac{\partial E_x}{\partial z}+E_z\frac{\partial E_z}{\partial x}\tag{1.19.15}$$

$$[\boldsymbol{E}\times(\nabla\times\boldsymbol{E})]_y=E_z\left(\frac{\partial E_z}{\partial y}-\frac{\partial E_y}{\partial z}\right)-E_x\left(\frac{\partial E_y}{\partial x}-\frac{\partial E_x}{\partial y}\right)$$

$$=E_z\frac{\partial E_z}{\partial y}-E_z\frac{\partial E_y}{\partial z}-E_x\frac{\partial E_y}{\partial x}+E_x\frac{\partial E_x}{\partial y}\tag{1.19.16}$$

$$[\boldsymbol{E}\times(\nabla\times\boldsymbol{E})]_z=E_x\left(\frac{\partial E_x}{\partial z}-\frac{\partial E_z}{\partial x}\right)-E_y\left(\frac{\partial E_z}{\partial y}-\frac{\partial E_y}{\partial z}\right)$$

$$= E_x \frac{\partial E_x}{\partial z} - E_x \frac{\partial E_z}{\partial x} - E_y \frac{\partial E_z}{\partial y} + E_y \frac{\partial E_y}{\partial z} \qquad (1.19.17)$$

$\boldsymbol{E}(\nabla \cdot \boldsymbol{E})$的三个分量分别为

$$[\boldsymbol{E}(\nabla \cdot \boldsymbol{E})]_x = E_x \frac{\partial E_x}{\partial x} + E_x \frac{\partial E_y}{\partial y} + E_x \frac{\partial E_z}{\partial z} \qquad (1.19.18)$$

$$[\boldsymbol{E}(\nabla \cdot \boldsymbol{E})]_y = E_y \frac{\partial E_x}{\partial x} + E_y \frac{\partial E_y}{\partial y} + E_y \frac{\partial E_z}{\partial z} \qquad (1.19.19)$$

$$[\boldsymbol{E}(\nabla \cdot \boldsymbol{E})]_z = E_z \frac{\partial E_x}{\partial x} + E_z \frac{\partial E_y}{\partial y} + E_z \frac{\partial E_z}{\partial z} \qquad (1.19.20)$$

由(1.19.9)至(1.19.20)诸式可以看出:$\nabla \cdot \left(\frac{1}{2}E^2\boldsymbol{I} - \boldsymbol{E}\boldsymbol{E}\right)$与$[\boldsymbol{E}\times(\nabla\times\boldsymbol{E}) - \boldsymbol{E}(\nabla\cdot\boldsymbol{E})]$的三个分量分别相等.

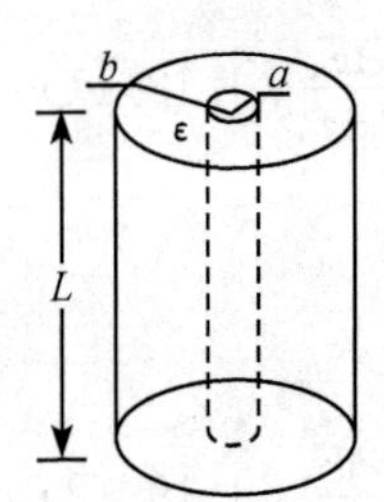

图 1.20(1)

1.20 如图 1.20(1),一个长为 L 的圆筒形电容器,其内部是一半径为 a 的导线,外部是一半径为 b 的薄导体壳. 两者之间的空间充满电容率为 ε 的绝缘材料.

(1) 当电容器带电荷量 Q 时,略去边缘效应,求电场作为径向位置的函数.

(2) 求电容.

(3) 假定在这电容器接到电势差为 V 的蓄电池上时,电介质被部分地拉出电容器. 略去边缘效应. 求使电介质处于这个位置所需的力. 力必须作用在什么方向上? [本题系中国赴美物理研究生考试(CUSPEA)1981 年试题.]

【解】 (1) 在介质内作一半径为 r、长为 l 的同轴圆筒面 S,由高斯定理得

$$\oint_S \boldsymbol{D}\cdot \mathrm{d}\boldsymbol{S} = 2\pi r l D = \frac{Q}{L} l$$

$$D = \frac{Q}{2\pi r L} \qquad (1.20.1)$$

于是得电场强度为

$$\boldsymbol{E} = \frac{\boldsymbol{D}}{\varepsilon} = \frac{Q}{2\pi\varepsilon L}\frac{\boldsymbol{r}}{r^2} \qquad (1.20.2)$$

(2) 电容器两极板的电势差为

$$U = \int_a^b \boldsymbol{E}\cdot \mathrm{d}\boldsymbol{r} = \frac{Q}{2\pi\varepsilon L}\ln\frac{b}{a}$$

所以

$$C = \frac{Q}{U} = \frac{2\pi\varepsilon L}{\ln(b/a)} \qquad (1.20.3)$$

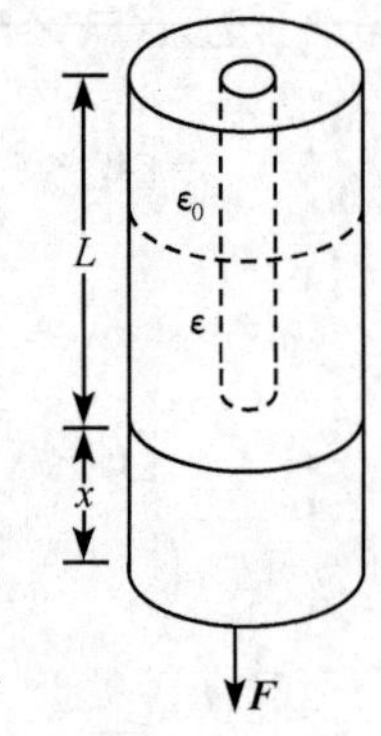

图 1.20(2)

(3) 设介质被拉出的一段长为 x,这时电容器的电容便等于有介质部分的电容与无介质部分的电容并联而成的电容,即

$$C=\frac{2\pi\varepsilon(L-x)}{\ln(b/a)}+\frac{2\pi\varepsilon_0 x}{\ln(b/a)}$$

$$=\frac{2\pi}{\ln(b/a)}[\varepsilon L-(\varepsilon-\varepsilon_0)x] \tag{1.20.4}$$

因电容器两极板的电势差为 V,这时电容器所储蓄的能量便为

$$W=\frac{1}{2}CV^2=\frac{\pi V^2}{\ln(b/a)}[\varepsilon L-(\varepsilon-\varepsilon_0)x] \tag{1.20.5}$$

于是拉出介质(即欲使 x 增大)的力便为

$$F=-\frac{\partial W}{\partial x}=\frac{\pi V^2}{\ln(b/a)}(\varepsilon-\varepsilon_0)=\frac{\pi\varepsilon_0 V^2}{\ln(b/a)}\left(\frac{\varepsilon}{\varepsilon_0}-1\right) \tag{1.20.6}$$

这就是所求的力,力的方向平行于轴线并向外.

1.21　由麦克斯韦方程组出发,求电导率为 σ、电容率为 ε 的均匀介质内部自由电荷量的密度 ρ 与时间 t 的关系.

【解】　设在这介质内部,由于某种原因,在 $t=0$ 时刻,有自由电荷分布,电荷量的密度为 ρ_0;到 t 时刻,电荷量的密度变为 ρ,则由麦克斯韦方程组得

$$\frac{\partial\rho}{\partial t}=\frac{\partial}{\partial t}\nabla\cdot\boldsymbol{D}=\nabla\cdot\frac{\partial\boldsymbol{D}}{\partial t}=\nabla\cdot(\nabla\times\boldsymbol{H}-\boldsymbol{j})$$

$$=-\nabla\cdot\boldsymbol{j}=-\sigma\nabla\cdot\boldsymbol{E}=-\frac{\sigma}{\varepsilon}\nabla\cdot\boldsymbol{D}=-\frac{\sigma}{\varepsilon}\rho$$

$$\frac{1}{\rho}\frac{\partial\rho}{\partial t}=-\frac{\sigma}{\varepsilon}$$

求解,并利用初始条件便得

$$\rho=\rho_0 e^{-\frac{\sigma}{\varepsilon}t}$$

这便是所要求的关系式.

由这个关系式可见,当 $t\to\infty$ 时,$\rho\to 0$. 这表明,在静电平衡时,电导率 $\sigma\neq 0$ 的均匀介质内自由电荷量的密度为零.

【讨论】　介质内的电荷量密度由 ρ_0 减少到 ρ_0/e 所需的时间叫做弛豫时间,以 τ 表示. 由前面结果可见,$\tau=\varepsilon/\sigma$. 一般金属的 τ 都非常短,如铜,$\tau=1.5\times10^{-19}$ 秒. 海水,$\tau=2\times10^{-10}$ 秒. 绝缘体的 τ 较长,最长的是熔凝石英,$\tau\approx10^6$ 秒(十多天).

1.22　试由麦克斯韦方程组导出电荷守恒定律.

【解】

$$\frac{\partial\rho}{\partial t}=\frac{\partial}{\partial t}\nabla\cdot\boldsymbol{D}=\nabla\cdot\frac{\partial\boldsymbol{D}}{\partial t}=\nabla\cdot(\nabla\times\boldsymbol{H}-\boldsymbol{j})=-\nabla\cdot\boldsymbol{j}$$

所以

$$\frac{\partial\rho}{\partial t}+\nabla\cdot\boldsymbol{j}=0$$

这便是电荷守恒定律.

1.23 试证明:在各向同性的均匀介质内部,极化电荷量密度 ρ_P 与自由电荷量密度 ρ 的关系为 $\rho_P=\left(\frac{\varepsilon_0}{\varepsilon}-1\right)\rho$,式中 ε 是介质的电容率.

【证】

$$\begin{aligned}\rho_P &= -\nabla\cdot\boldsymbol{P} = -\nabla\cdot(\chi_e\varepsilon_0\boldsymbol{E})\\ &= -\nabla\cdot[(\varepsilon-\varepsilon_0)\boldsymbol{E}] = -\nabla\cdot\left[\frac{\varepsilon-\varepsilon_0}{\varepsilon}\boldsymbol{D}\right]\\ &= \left(\frac{\varepsilon_0}{\varepsilon}-1\right)\nabla\cdot\boldsymbol{D} = \left(\frac{\varepsilon_0}{\varepsilon}-1\right)\rho\end{aligned}$$

【注】 这个结果很有用.例如,在各向同性的均匀介质内部某处出现一个由自由电荷构成的电偶极子 $\boldsymbol{p}$,则由这个结果就可知道,介质内同一地方,便存在一个由极化电荷构成的电偶极子 $\boldsymbol{p}_P=\left(\frac{\varepsilon_0}{\varepsilon}-1\right)\boldsymbol{p}$.

1.24 一平行板电容器由图 1.24(1)所示的圆形板组成,两板间的电压(如图由一无电阻的长直导线供给)与时间的关系为 $V=V_0\cos\omega t$. 假定 $d\ll a\ll\frac{c}{\omega}$,以致电场的边缘效应和推迟效应都可以略去.

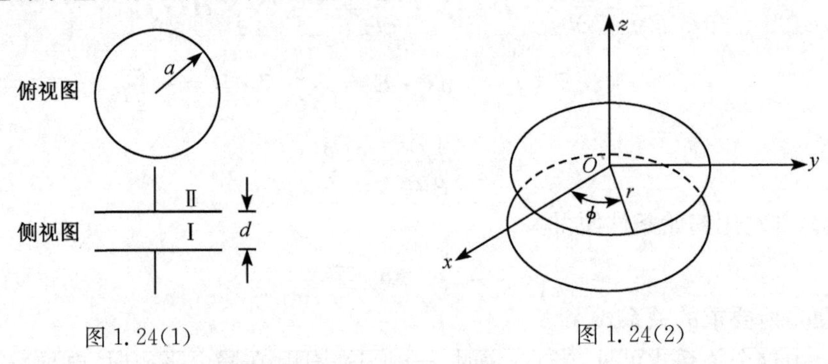

图 1.24(1)　　图 1.24(2)

(1) 用麦克斯韦方程组(及对称性的论证)求出区域Ⅰ中的电磁场作为时间的函数.

(2) 求导线中的电流和平行板中的电流密度作为时间的函数.

(3) 求区域Ⅱ中的磁场,并求出板上下两面 $\boldsymbol{B}$ 的不连续性与板中面电流之间的关系.[本题系中国赴美物理研究生考试(CUSPEA)1981 年试题.]

【解】 (1) 以导线为 z 轴取柱坐标系,参见图 1.24(2).设上下两板的电势差为 V,在 t 时刻,上板下面带正电荷,下板上面带负电荷,则在区域Ⅰ内近似地有

$$E_z^{(\mathrm{I})} = -\frac{V}{d} = -\frac{V_0}{d}\cos\omega t \tag{1.24.1}$$

这里负号是由于,我们规定电场 $\boldsymbol{E}^{(\mathrm{I})}$ 的 z 分量向上为正. $\boldsymbol{E}^{(\mathrm{I})}$ 的其他分量均为零.

根据麦克斯韦方程组,在区域Ⅰ内有

$$\nabla \times \boldsymbol{B} = \varepsilon_0 \mu_0 \frac{\partial \boldsymbol{E}}{\partial t} \tag{1.24.2}$$

故

$$\oint_l \boldsymbol{B} \cdot \mathrm{d}\boldsymbol{l} = \int_S \nabla \times \boldsymbol{B} \cdot \mathrm{d}\boldsymbol{S} = \varepsilon_0 \mu_0 \int_S \frac{\partial \boldsymbol{E}}{\partial t} \cdot \mathrm{d}\boldsymbol{S} \tag{1.24.3}$$

由对称性知，$\boldsymbol{B}$ 线一定是圆心在 z 轴上的同心圆，所以只有 $B_\phi^{(\mathrm{I})}$ 不为零. 于是

$$B_\phi^{(\mathrm{I})} \cdot 2\pi r = \varepsilon_0 \mu_0 \frac{V_0}{d} \omega \sin\omega t \cdot \pi r^2$$

$$B_\phi^{(\mathrm{I})} = \frac{\varepsilon_0 \mu_0 \omega V_0}{2d} r \sin\omega t \tag{1.24.4}$$

(2) 在上板上，总电荷量为

$$Q = CV = \frac{\varepsilon_0 \pi a^2}{d} V = \frac{\pi \varepsilon_0 a^2}{d} V_0 \cos\omega t \tag{1.24.5}$$

在导线上，电流为

$$I = \frac{\mathrm{d}Q}{\mathrm{d}t} = -\frac{\pi \varepsilon_0 a^2}{d} \omega V_0 \sin\omega t \tag{1.24.6}$$

这个电流在电容器极板上呈辐射状散开，如图 1.24(3)所示.

上极板的电荷量面密度为

$$\sigma = \frac{Q}{\pi a^2} = \frac{\varepsilon_0}{d} V_0 \cos\omega t \tag{1.24.7}$$

在半径为 r 的圆外是一环带，这环带上的电荷量为

$$Q(r) = \pi(a^2 - r^2)\sigma = \frac{\pi(a^2 - r^2)\varepsilon_0}{d} V_0 \cos\omega t \tag{1.24.8}$$

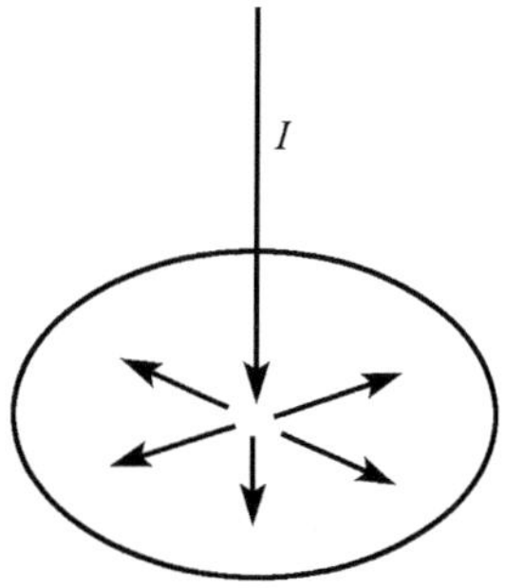

图 1.24(3)

单位时间内，这环带上电荷量的增量为

$$\frac{\mathrm{d}Q(r)}{\mathrm{d}t} = -\frac{\pi(a^2 - r^2)\varepsilon_0}{d} \omega V_0 \sin\omega t$$

这个值就等于流过圆周 $2\pi r$ 的电流强度 I_r. 因此，所求的面电流密度便为

$$K_r(r) = \frac{I_r}{2\pi r} = -\frac{(a^2 - r^2)\varepsilon_0}{2rd} \omega V_0 \sin\omega t \tag{1.24.9}$$

(3) 因为 $\oint_l \boldsymbol{B} \cdot \mathrm{d}\boldsymbol{l} = -\mu_0 I$，这里的负号是因为电流 I 的方向与 z 轴方向相反，所以在区域 Ⅱ 中，有

$$B_\phi^{(\mathrm{II})} = -\frac{\mu_0 I}{2\pi r} = \frac{a^2 \varepsilon_0 \mu_0}{2rd} \omega V_0 \sin\omega t \tag{1.24.10}$$

$\boldsymbol{B}^{(\mathrm{II})}$ 的其他分量为零. 由此可列出 $\boldsymbol{B}$ 和 $\boldsymbol{K}$ 的边值关系为

$$\boldsymbol{n} \times (\Delta \boldsymbol{B}) = \mu_0 \boldsymbol{K} \tag{1.24.11}$$

或

$$B_{\phi}^{(\mathrm{I})} - B_{\phi}^{(\mathrm{II})} = \mu_0 K_r \tag{1.24.12}$$

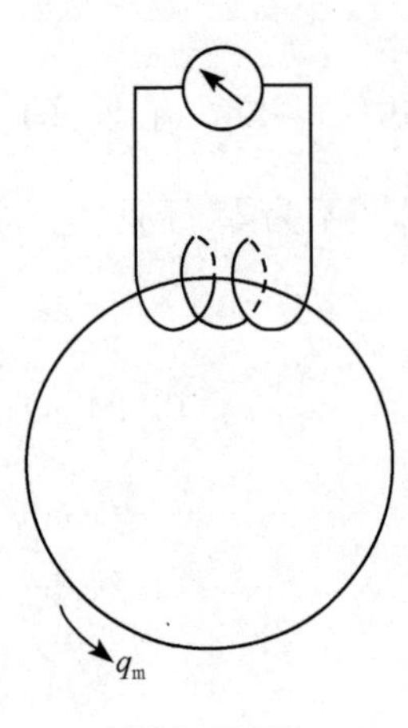

图 1.25(1)

1.25 (1) 设想存在孤立磁荷(磁单极子). 试改写麦克斯韦方程组以包括磁荷量密度 ρ_{m} 和磁流密度 $\boldsymbol{j}_{\mathrm{m}}$ 的贡献. 假定除了源之外,处处都是真空.

(2) 阿尔瓦雷兹(Alvarez)等人用许多块物质一个接一个地连续通过一个 n 匝线圈来寻找物质中的磁单极子,如图 1.25(1)所示. 线圈的电阻为 R,假定磁荷运动得足够慢,使得它的感应效应很小. 当磁单极子 q_{m} 沿图中环路穿过线圈 N 次后,计算有多少电荷量 Q 流过线圈.

(3) 设想线圈是由超导体制成的,因而电阻为零,只有它的电感 L 限制了它的感应电流. 假定线圈中初始电流为零,试计算磁单极子 q_{m} 穿过线圈 N 次后,线圈里的电流是多少. [本题系中国赴美物理研究生考试(CUSPEA)1984 年试题.]

【解】 (1) 在没有磁单极子时,麦克斯韦方程组为

$$\nabla \cdot \boldsymbol{D} = \rho \tag{1.25.1}$$

$$\nabla \cdot \boldsymbol{B} = 0 \tag{1.25.2}$$

$$\nabla \times \boldsymbol{E} = -\frac{\partial \boldsymbol{B}}{\partial t} \tag{1.25.3}$$

$$\nabla \times \boldsymbol{H} = \frac{\partial \boldsymbol{D}}{\partial t} + \boldsymbol{j} \tag{1.25.4}$$

在有磁单极子时,设磁荷量密度为 ρ_{m},则磁场的高斯定理便不再是(1.25.2)式,而是

$$\nabla \cdot \boldsymbol{B} = \rho_{\mathrm{m}} \tag{1.25.5}$$

这时 $\nabla \times \boldsymbol{E} = -\frac{\partial \boldsymbol{B}}{\partial t}$ 便不再正确. 因为对两边取散度,左边为 $\nabla \cdot (\nabla \times \boldsymbol{E}) = 0$,而右边为 $-\nabla \cdot \frac{\partial \boldsymbol{B}}{\partial t} = -\frac{\partial \rho_{\mathrm{m}}}{\partial t} \neq 0$. 为了解决这个矛盾,利用磁流的连续性方程

$$\frac{\partial \rho_{\mathrm{m}}}{\partial t} + \nabla \cdot \boldsymbol{j}_{\mathrm{m}} = 0 \tag{1.25.6}$$

把 $\nabla \times \boldsymbol{E} = -\frac{\partial \boldsymbol{B}}{\partial t}$ 式的右边改为 $-\frac{\partial \boldsymbol{B}}{\partial t} - \boldsymbol{j}_{\mathrm{m}}$,即

$$\nabla \times \boldsymbol{E} = -\frac{\partial \boldsymbol{B}}{\partial t} - \boldsymbol{j}_{\mathrm{m}} \tag{1.25.7}$$

于是便得出有磁单极子时的麦克斯韦方程组为

$$\nabla \cdot \boldsymbol{D} = \rho \tag{1.25.8}$$

$$\nabla \cdot \boldsymbol{B} = \rho_{\mathrm{m}} \tag{1.25.9}$$

$$\nabla \times \boldsymbol{E} = -\frac{\partial \boldsymbol{B}}{\partial t} - \boldsymbol{j}_{\mathrm{m}} \tag{1.25.10}$$

$$\nabla \times \boldsymbol{H} = \frac{\partial \boldsymbol{D}}{\partial t} + \boldsymbol{j} \tag{1.25.11}$$

(2) 设使用的线圈仅有一匝,以 L'表示线圈的回路,L''表示磁单极子运动的环路,如图 1.25(2)所示. 把(1.25.10)式在以 L'为边界的曲面 S 上积分,即

$$\int_S \nabla \times \boldsymbol{E} \cdot \mathrm{d}\boldsymbol{S} = -\frac{\partial}{\partial t}\int_S \boldsymbol{B} \cdot \mathrm{d}\boldsymbol{S} - \int_S \boldsymbol{j}_{\mathrm{m}} \cdot \mathrm{d}\boldsymbol{S}$$

再用斯托克斯公式,把上式变为

$$\oint_{L'} \boldsymbol{E} \cdot \mathrm{d}\boldsymbol{l} = -\frac{\partial}{\partial t}\Phi - I_{\mathrm{m}} \tag{1.25.12}$$

图 1.25(2)

式中 I_{m} 是沿 L''通过 S 的磁流. 因为

$$\oint_{L'} \boldsymbol{E} \cdot \mathrm{d}\boldsymbol{l} = V \tag{1.25.13}$$

是线圈回路 L'中的电动势,并且 $V=IR$,故在任何时刻都有

$$IR = -\frac{\partial \Phi}{\partial t} - I_{\mathrm{m}} \tag{1.25.14}$$

对时间积分

$$\int IR\,\mathrm{d}t = QR$$

$$\int \frac{\partial \Phi}{\partial t}\mathrm{d}t = \Delta\Phi = 0 \text{(当磁单极子远离 } L'' \text{ 时)}$$

$$\int I_{\mathrm{m}}\,\mathrm{d}t = q_{\mathrm{m}}$$

于是得

$$Q = -\frac{q_{\mathrm{m}}}{R} \tag{1.25.15}$$

当线圈为 n 匝、q_{m} 穿过线圈 N 次时,便有

$$Q = -\frac{nN}{R}q_{\mathrm{m}} \tag{1.25.16}$$

(3) 因为 $R=0$,所以$\oint_{L'} \boldsymbol{E} \cdot \mathrm{d}l = 0$. 这时感应电流 I 所产生的磁通量$\Phi = LI$ 抵消了磁单极子所产生的磁通量,即

$$-\Phi - q_{\mathrm{m}} = -LI - q_{\mathrm{m}} = 0 \tag{1.25.17}$$

当线圈为 n 匝, q_{m} 穿过线圈 N 次时,便为

$$-LI - nNq_{\mathrm{m}} = 0 \tag{1.25.18}$$

于是所求的电流便为

$$I=-\frac{nN}{L}q_{\mathrm{m}} \tag{1.25.19}$$

1.26 若磁单极子存在，且静止磁荷之间的相互作用力遵守磁库仑定律 $F=\frac{1}{4\pi\mu_0}\frac{g_1g_2}{r^2}$，式中 g_1 和 g_2 分别是两个磁单极子的磁荷.(1) 试求磁荷量 g 的单位；(2) 磁荷量为 g 的磁单极子处在磁场中时，它的受力公式是 $\boldsymbol{F}=g\boldsymbol{H}$ 还是 $\boldsymbol{F}=g\boldsymbol{B}$？(3) 试写出符合磁荷量守恒的麦克斯韦方程组.

【解】 (1) 由题给的磁库仑定律，得磁荷量的单位为

$$\begin{aligned}[g]&=\sqrt{[F][\mu_0][r^2]}=\sqrt{\text{牛}\cdot(\text{亨}/\text{米})\cdot\text{米}^2}=\sqrt{\text{牛}\cdot\text{亨}\cdot\text{米}}\\&=\sqrt{\text{牛}\cdot(\text{牛}\cdot\text{米}/\text{安}^2)\cdot\text{米}}=\text{牛}\cdot\text{米}/\text{安}=\text{牛}\cdot\text{米}\cdot\text{秒}/\text{库}\\&=\text{伏}\cdot\text{秒}\end{aligned} \tag{1.26.1}$$

故得 g 的单位为1伏特·秒.

(2) 磁库仑定律中 $g/4\pi\mu_0r^2$ 的单位为

$$\begin{aligned}\left[\frac{g}{4\pi\mu_0r^2}\right]&=\frac{[g]}{[\mu_0][r^2]}=\frac{\text{伏}\cdot\text{秒}}{(\text{亨}/\text{米})\cdot\text{米}^2}=\frac{\text{伏}\cdot\text{秒}}{\text{亨}\cdot\text{米}}\\&=\frac{\text{亨}\cdot\text{安}}{\text{亨}\cdot\text{米}}=\text{安}/\text{米}\end{aligned} \tag{1.26.2}$$

这是磁场强度 $\boldsymbol{H}$ 的单位，故知 g 在磁场中的受力公式为

$$\boldsymbol{F}=g\boldsymbol{H} \tag{1.26.3}$$

(3) 磁单极子存在时的麦克斯韦方程组为

$$\nabla\cdot\boldsymbol{D}=\rho \tag{1.26.4}$$

$$\nabla\cdot\boldsymbol{B}=\rho_{\mathrm{m}} \tag{1.26.5}$$

$$\nabla\times\boldsymbol{E}=-\frac{\partial\boldsymbol{B}}{\partial t}-\boldsymbol{j}_{\mathrm{m}} \tag{1.26.6}$$

$$\nabla\times\boldsymbol{H}=\frac{\partial\boldsymbol{D}}{\partial t}+\boldsymbol{j} \tag{1.26.7}$$

式中 ρ_{m} 为磁荷量密度，$\boldsymbol{j}_{\mathrm{m}}$ 为磁荷流密度.

由电荷量守恒定律

$$\nabla\cdot\boldsymbol{j}+\frac{\partial\rho}{\partial t}=0 \tag{1.26.8}$$

知磁荷量守恒定律为

$$\nabla\cdot\boldsymbol{j}_{\mathrm{m}}+\frac{\partial\rho_{\mathrm{m}}}{\partial t}=0 \tag{1.26.9}$$

根据矢量分析公式，由(1.26.5)、(1.26.6)两式得

$$\nabla\cdot(\nabla\times\boldsymbol{E})=-\nabla\cdot\frac{\partial\boldsymbol{B}}{\partial t}-\nabla\cdot\boldsymbol{j}_{\mathrm{m}}=-\frac{\partial}{\partial t}\nabla\cdot\boldsymbol{B}-\nabla\cdot\boldsymbol{j}_{\mathrm{m}}=-\left(\frac{\partial\rho_{\mathrm{m}}}{\partial t}+\nabla\cdot\boldsymbol{j}_{\mathrm{m}}\right)=0$$

可见(1.26.4)、(1.26.5)、(1.26.6)、(1.26.7)式是满足磁荷量守恒的麦克斯韦方程组.

1.27 一组粒子,某观察者对它们的描述是:其中第 i 个粒子带有真实电荷量 q_i' 和真实磁荷量 g_i'. 在这里,我们考虑同一观察者对这组粒子给出另外一种等效描述的可能性.

(1) 首先,考虑两个静止的粒子,每一个粒子带有电荷量 q_1' 和磁荷量 g_1'. 求在第二种描述中,当 $g_1=0$,q_1 取什么值时,所给出的两粒子间的作用力与前一种描述所给出的两粒子间的作用力相同?

(2) 再考虑两组粒子,其中一组的每个粒子带电荷量 q_1' 和磁荷量 g_1',另一组的每个粒子带电荷量 q_2' 和磁荷量 g_2'. 问:上述这些电荷量和磁荷量必须满足什么条件,才能使另一种描述(第一组的粒子带电荷量 q_1,磁荷量 $g_1=0$;第二组的粒子带电荷量 q_2,磁荷量 $g_2=0$)所给出的两个同组静止粒子间的作用力以及两个异组静止粒子间的作用力与前一种描述所给出的作用力相同?

(3) 一组粒子,其中每一个带电荷量 q,磁荷量 $g=0$. 这些粒子分布在 z 轴上 $-\infty$到$+\infty$的范围内,每单位长度有 n 个粒子. 另一个完全相同的粒子(用 p 表示),在特定时刻 t_0,位于 x 轴上距离 z 轴为 r 处,以速度 $\boldsymbol{v}$ 平行于 z 轴运动. 已知 r 远大于 z 轴上粒子之间的距离,因而 z 轴上的粒子的电荷量密度可近似当作是一个均匀分布的线密度 λ. 求 t_0 时刻这组粒子作用在粒子 p 上的力 $\boldsymbol{F}$.

(4) 位于 z 轴上的这组粒子,也可以(不是唯一的)描述成带有适当选定数值的电荷量 q' 和磁荷量 g'. 粒子 p 同样也带有电荷量 q' 和磁荷量 g'. 作用在粒子 p 上的力应与刚才求得的力相同. 在有电场 $\boldsymbol{E}'$ 和磁场 $\boldsymbol{B}'$ 时,粒子 p 由于带有电荷量 q' 而受到的作用力必须是洛伦兹力;在有磁场 $\boldsymbol{B}'$ 时,粒子 p 由于带有磁荷量 g' 而受到的作用力必须是 $g'\boldsymbol{B}'$. 一个磁荷量为 g' 的磁单极子在电场 $\boldsymbol{E}'$ 中以速度 $\boldsymbol{v}$ 运动时所受的力应如何?[本题系中国赴美物理研究生考试(CUSPEA)1986 年试题.]

【解】 (1) 因为对这两个粒子的第一种描述(q_1',g_1')和第二种描述(q_1,$g_1=0$)是等效的,所以两粒子间的作用力 $|\boldsymbol{F}|$ 应为

$$|\boldsymbol{F}|=\frac{1}{4\pi\varepsilon_0}\frac{q_1'^2}{r^2}+\frac{\mu_0}{4\pi}\frac{g_1'^2}{r^2}=\frac{1}{4\pi\varepsilon_0}\frac{q_1^2}{r^2}\tag{1.27.1}$$

即

$$\frac{q_1^2}{\varepsilon_0}=\frac{q_1'^2}{\varepsilon_0}+\mu_0 g_1'^2\tag{1.27.2}$$

故得所求的数值为

$$q_1=(q_1'^2+\varepsilon_0\mu_0 g_1'^2)^{1/2}=\left[q_1'^2+\left(\frac{g_1'}{c}\right)^2\right]^{1/2}\tag{1.27.3}$$

(2) 为使同组的两个粒子间的作用力在两种描述中相同,必须满足下列两式:

$$|\boldsymbol{F}|=\frac{1}{4\pi\varepsilon_0}\frac{q_1'^2}{r^2}+\frac{\mu_0}{4\pi}\frac{g_1'^2}{r^2}=\frac{1}{4\pi\varepsilon_0}\frac{q_1^2}{r^2} \tag{1.27.4}$$

和

$$|\boldsymbol{F}|=\frac{1}{4\pi\varepsilon_0}\frac{q_2'^2}{r^2}+\frac{1}{4\pi\mu_0}\frac{g_2'^2}{r^2}=\frac{1}{4\pi\varepsilon_0}\frac{q_2^2}{r^2} \tag{1.27.5}$$

由(1.27.4)式得

$$q_1=\left[q_1'^2+\left(\frac{g_1'}{c}\right)^2\right]^{1/2} \tag{1.27.6}$$

由(1.27.5)式得

$$q_2=\left[q_2'^2+\left(\frac{g_2'}{c}\right)^2\right]^{1/2} \tag{1.27.7}$$

为使两个异组粒子间的作用力在两种描述中相同,必须满足下式:

$$|\boldsymbol{F}|=\frac{1}{4\pi\varepsilon_0}\frac{q_1q_2}{r^2}=\frac{1}{4\pi\varepsilon_0}\frac{q_1'q_2'}{r^2}+\frac{\mu_0}{4\pi}\frac{g_1'g_2'}{r^2} \tag{1.27.8}$$

即

$$q_1q_2=q_1'q_2'+\varepsilon_0\mu_0g_1'g_2'=q_1'q_2'+\left(\frac{g_1'}{c}\right)\left(\frac{g_2'}{c}\right) \tag{1.27.9}$$

把(1.27.6)和(1.27.7)两式代入上式,消去 q_1 和 q_2 得

$$\left[q_1'^2+\left(\frac{g_1'}{c}\right)^2\right]^{1/2}\left[q_2'^2+\left(\frac{g_2'}{c}\right)^2\right]^{1/2}=q_1'q_2'+\left(\frac{g_1'}{c}\right)\left(\frac{g_2'}{c}\right)$$

两边平方后得

$$q_1'^2\left(\frac{g_2'}{c}\right)^2+q_2'^2\left(\frac{g_1}{c}\right)^2=2q_1'q_2'\left(\frac{g_1'}{c}\right)\left(\frac{g_2'}{c}\right)$$

$$(q_1'g_2'-q_2'g_1')^2=0 \tag{1.27.10}$$

于是得出,q_1'、g_1' 和 q_2'、g_2' 必须满足的条件为

$$\frac{g_2'}{q_2'}=\frac{g_1'}{q_1'} \tag{1.27.11}$$

在更一般的情况下,对于不同种类的粒子来说,必须有

$$g_i'/q_i'=\text{const.} \tag{1.27.12}$$

(3) z 轴上电荷量的线密度为 $\lambda=nq$. 应用高斯定理得出,这线电荷在粒子 p 处产生的电场为

$$\boldsymbol{E}=\frac{\lambda}{2\pi\varepsilon_0 r}\boldsymbol{e}_x=\frac{nq}{2\pi\varepsilon_0 r}\boldsymbol{e}_x \tag{1.27.13}$$

磁场为

$$\boldsymbol{B}=0 \tag{1.27.14}$$

故得作用在粒子 p 上的力为

$$\boldsymbol{F}=q\boldsymbol{E}=\frac{nq^{2}}{2\pi\varepsilon_{0}r}\boldsymbol{e}_{x} \tag{1.27.15}$$

对于另一种描述(q',g')来说，q 与 q' 和 g' 的关系为(1.27.3)式. 把这种关系代入上式便得

$$\boldsymbol{F}=\frac{n}{2\pi\varepsilon_{0}r}\left[q'^{2}+\left(\frac{g'}{c}\right)^{2}\right]\boldsymbol{e}_{x} \tag{1.27.16}$$

(4)z 轴上的电荷量线密度为 $\lambda'=nq'$，磁荷量的线密度为 $\gamma'=ng'$. 所以在粒子 p 处的电场 $\boldsymbol{E}'$ 和磁场 $\boldsymbol{B}'$ 便分别为

$$\boldsymbol{E}'=\frac{\lambda'}{2\pi\varepsilon_{0}r}\boldsymbol{e}_{x}=\frac{nq'}{2\pi\varepsilon_{0}r}\boldsymbol{e}_{x} \tag{1.27.17}$$

和

$$\boldsymbol{B}'=\frac{\mu_{0}\gamma'}{2\pi r}\boldsymbol{e}_{x}=\frac{\mu_{0}ng'}{2\pi r}\boldsymbol{e}_{x} \tag{1.27.18}$$

在上面(3)中求出的力(1.27.16)式表明，如果采用另一种描述(q',g')，则作用在粒子 p 上的力应为

$$\boldsymbol{F}=\frac{nq'^{2}}{2\pi\varepsilon_{0}r}\boldsymbol{e}_{x}+\frac{\mu_{0}ng'^{2}}{2\pi r}\boldsymbol{e}_{x} \tag{1.27.19}$$

利用(1.27.17)和(1.27.18)两式，上式可化为

$$\boldsymbol{F}=q'\boldsymbol{E}'+g'\boldsymbol{B}' \tag{1.27.20}$$

因为粒子 p 在场 $\boldsymbol{E}'$ 和 $\boldsymbol{B}'$ 中以速度 $\boldsymbol{v}$ 运动，参见图 1.27，它所受到的作用力 $\boldsymbol{F}$ 又可表示为

$$\boldsymbol{F}=q'(\boldsymbol{E}'+\boldsymbol{v}\times\boldsymbol{B}')+\boldsymbol{F}_{g'} \tag{1.27.21}$$

式中 $\boldsymbol{F}_{g'}$ 是运动的磁单极 g' 在场 $\boldsymbol{E}'$ 和 $\boldsymbol{B}'$ 中所受的力，可表示为

$$\boldsymbol{F}_{g'}=g'\boldsymbol{B}'+\boldsymbol{F}''(g',\boldsymbol{E}',\boldsymbol{v}) \tag{1.27.22}$$

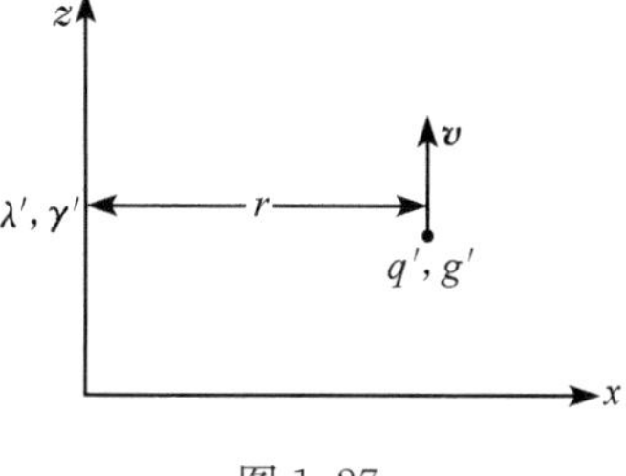

图 1.27

式中 $\boldsymbol{F}''$ 就是我们所要求的、以速度 $\boldsymbol{v}$ 运动的磁单极 g' 在电场 $\boldsymbol{E}'$ 中所受的力. 由(1.27.20)、(1.27.21)和(1.27.22)三式得

$$\begin{aligned}\boldsymbol{F}&=q'\boldsymbol{E}'+g'\boldsymbol{B}'\\&=q'\boldsymbol{E}'+g'\boldsymbol{v}\times\boldsymbol{B}'+g'\boldsymbol{B}'+\boldsymbol{F}''\end{aligned} \tag{1.27.23}$$

所以

$$\boldsymbol{F}''=-q'\boldsymbol{v}\times\boldsymbol{B}' \tag{1.27.24}$$

现在需要用 $\boldsymbol{E}'$ 来表示 $\boldsymbol{F}''$. 由(1.27.17)和(1.27.18)两式得

$$\varepsilon_{0}g'\boldsymbol{E}'=\frac{q'}{\mu_{0}}\boldsymbol{B}'$$

$$\boldsymbol{B}' = \varepsilon_0\mu_0 \frac{g'}{q'}\boldsymbol{E}' = \frac{1}{c^2}\frac{g'}{q'}\boldsymbol{E}' \tag{1.27.25}$$

把上式代入(1.27.24)式便得

$$\boldsymbol{F}'' = -q'\boldsymbol{v}\times\left(\frac{g'}{c^2 q'}\boldsymbol{E}'\right) = -\frac{g'}{c^2}\boldsymbol{v}\times\boldsymbol{E}' \tag{1.27.26}$$

于是最后得出:作用在以速度 $\boldsymbol{v}$ 运动的电荷量 q 上的洛伦兹力为

$$\boldsymbol{F} = q(\boldsymbol{E}+\boldsymbol{v}\times\boldsymbol{B}) \tag{1.27.27}$$

作用在以速度 $\boldsymbol{v}$ 运动的磁荷量 g 上的洛伦兹力为

$$\boldsymbol{F} = g\left(\boldsymbol{B}-\frac{1}{c^2}\boldsymbol{v}\times\boldsymbol{E}\right) \tag{1.27.28}$$

【讨论】 以上是按题意,磁荷量 g 在磁场 $\boldsymbol{B}$ 中所受的力为

$$\boldsymbol{F} = g\boldsymbol{B} \tag{Ⅰ}$$

即由下列形式的磁库仑定律

$$|\boldsymbol{F}| = \frac{\mu_0}{4\pi}\frac{g_1 g_2}{r^2} \tag{Ⅱ}$$

定义磁荷量,所得出的结果.这样在磁荷的洛伦兹力公式(1.27.28)中就出现了$\frac{1}{c^2}$.

如果规定磁荷量 g 在磁场 $\boldsymbol{H}$ 中所受的力为

$$\boldsymbol{F} = g\boldsymbol{H} \tag{Ⅰ′}$$

即由下列形式的磁库仑定律

$$|\boldsymbol{F}| = \frac{1}{4\pi\mu_0}\frac{g_1 g_2}{r^2} \tag{Ⅱ′}$$

定义磁荷量,则得出的磁荷的洛伦兹力公式便是另一种形式.

下面我们就从(Ⅰ′)和(Ⅱ′)两式出发重解本题.

(1) 两种描述所给出的力相等,即

$$\frac{1}{4\pi\varepsilon_0}\frac{q_1'^2}{r^2}+\frac{1}{4\pi\mu_0}\frac{g_1'^2}{r^2} = |\boldsymbol{F}| = \frac{1}{4\pi\varepsilon_0}\frac{q_1^2}{r^2} \tag{1′}$$

$$q_1 = \left(q_1'^2+\frac{\varepsilon_0}{\mu_0}g_1'^2\right)^{1/2} \tag{2′}$$

(2) 两种描述所给出的两个同组粒子之间的作用力相等,即

$$\frac{1}{4\pi\varepsilon_0}\frac{q_1'^2}{r^2}+\frac{1}{4\pi\mu_0}\frac{g_1'^2}{r^2} = \frac{1}{4\pi\varepsilon_0}\frac{q_1^2}{r^2} \tag{3′}$$

和

$$\frac{1}{4\pi\varepsilon_0}\frac{q_2'^2}{r^2}+\frac{1}{4\pi\mu_0}\frac{g_2'^2}{r^2} = \frac{1}{4\pi\varepsilon_0}\frac{q_2^2}{r^2} \tag{4′}$$

由以上两式得

$$q_1 = \left(q_1'^2 + \frac{\varepsilon_0}{\mu_0} g_1'^2\right)^{1/2} \tag{5'}$$

$$q_2 = \left(q_2'^2 + \frac{\varepsilon_0}{\mu_0} g_2'^2\right)^{1/2} \tag{6'}$$

两种描述所给出的两个异组粒子之间的作用力相等,即

$$\frac{1}{4\pi\varepsilon_0}\frac{q_1'q_2'}{r^2} + \frac{1}{4\pi\mu_0}\frac{g_1'g_2'}{r^2} = \frac{1}{4\pi\varepsilon_0}\frac{q_1q_2}{r^2} \tag{7'}$$

$$q_1q_2 = q_1'q_2' + \frac{\varepsilon_0}{\mu_0}g_1'g_2' \tag{8'}$$

把(5′)、(6′)两式代入(8′)式消去 q_1q_2,便得

$$\left(q_1'^2 + \frac{\varepsilon_0}{\mu_0}g_1'^2\right)\left(q_2'^2 + \frac{\varepsilon_0}{\mu_0}g_2'^2\right) = \left(q_1'q_2' + \frac{\varepsilon_0}{\mu_0}g_1'g_2'\right)^2 \tag{9'}$$

$$q_1'^2 g_2'^2 + q_2'^2 g_1'^2 = 2q_1'q_2'g_1'g_2'$$

即

$$(q_1'g_2' - q_2'g_1')^2 = 0$$

于是得出,q_1'、g_1' 和 q_2'、g_2' 必须满足的条件为

$$\frac{g_2'}{q_2'} = \frac{g_1'}{q_1'} \tag{10'}$$

(3) 沿 z 轴的线电荷 $\lambda = nq$ 在粒子 p 外产生的电场和磁场分别为

$$\boldsymbol{E} = \frac{nq}{2\pi\varepsilon_0 r}\boldsymbol{e}_x \tag{11'}$$

$$\boldsymbol{H} = 0 \tag{12'}$$

故粒子 p 所受的作用力为

$$\boldsymbol{F} = q\boldsymbol{E} = \frac{nq^2}{2\pi\varepsilon_0 r}\boldsymbol{e}_x \tag{13'}$$

对于另一种描述(q', g')来说,q 与 q' 和 g' 的关系为(2′)式. 把(2′)式代入(13′)式便得

$$\boldsymbol{F} = \frac{n}{2\pi\varepsilon_0 r}\left(q'^2 + \frac{\varepsilon_0}{\mu_0}g'^2\right)\boldsymbol{e}_x \tag{14'}$$

(4) 沿 z 轴的线电荷 $\lambda' = nq'$ 在粒子 p 处产生的电场和磁场分别为

$$\left.\begin{aligned} \boldsymbol{E}_q' &= \frac{nq'}{2\pi\varepsilon_0 r}\boldsymbol{e}_x \\ \boldsymbol{H}_q' &= 0 \end{aligned}\right\} \tag{15'}$$

沿 z 轴的线磁荷 $\gamma' = ng'$ 在粒子 p 处产生的电场和磁场分别为

$$\left.\begin{aligned} \boldsymbol{E}_g' &= 0 \\ \boldsymbol{H}_g' &= \frac{ng'}{2\pi\mu_0 r}\boldsymbol{e}_x \end{aligned}\right\} \tag{16'}$$

故粒子 p 所在处的电场和磁场便为

$$\boldsymbol{E}' = \boldsymbol{E}'_q + \boldsymbol{E}'_g = \frac{nq'}{2\pi\varepsilon_0 r}\boldsymbol{e}_x \tag{17'}$$

$$\boldsymbol{H}' = \boldsymbol{H}'_q + \boldsymbol{H}'_g = \frac{ng'}{2\pi\mu_0 r}\boldsymbol{e}_x \tag{18'}$$

于是粒子 p 所受的作用力便为

$$\boldsymbol{F} = q'(\boldsymbol{E}' + \boldsymbol{v}\times\boldsymbol{B}') + \boldsymbol{F}'_g \tag{19'}$$

式中 $\boldsymbol{E}'$由(17′)式表示;$\boldsymbol{B}'=\mu_0\boldsymbol{H}'$,$\boldsymbol{H}'$则由(18′)式表示. $\boldsymbol{F}'_g$ 便是以速度 $\boldsymbol{v}$ 运动的磁荷量 g'在场$\boldsymbol{E}'$、$\boldsymbol{H}'$中所受的作用力. 根据(Ⅰ′)式,这力可写作

$$\boldsymbol{F}'_g = g'\boldsymbol{H}' + \boldsymbol{F}''(g', \boldsymbol{v}, \boldsymbol{E}') \tag{20'}$$

这 $\boldsymbol{F}''(g', \boldsymbol{v}, \boldsymbol{E}')$便是我们所要求的、以速度 $\boldsymbol{v}$ 在电场$\boldsymbol{E}'$中运动的磁荷量 g'所受的力. 于是(19′)式可写作

$$\boldsymbol{F} = q'\boldsymbol{E}' + g'\boldsymbol{H}' + q'\boldsymbol{v}\times\boldsymbol{B}' + \boldsymbol{F}''(g', \boldsymbol{v}, \boldsymbol{E}') \tag{21'}$$

按题意,这个力应与(14′)式所表示的力相同. 由(17′)和(18′)两式,(14′)式可写作

$$\boldsymbol{F} = q'\boldsymbol{E}' + g'\boldsymbol{H}' \tag{22'}$$

于是由(21′)和(22′)两式得

$$q'\boldsymbol{v}\times\boldsymbol{B}' + \boldsymbol{F}''(g', \boldsymbol{v}, \boldsymbol{E}') = 0 \tag{23'}$$

$$\boldsymbol{F}''(g', \boldsymbol{v}, \boldsymbol{E}') = -q'\boldsymbol{v}\times\boldsymbol{B}' \tag{24'}$$

又由(17′)和(18′)两式得

$$\begin{aligned}\boldsymbol{B}' = \mu_0\boldsymbol{H}' &= \frac{ng'}{2\pi r}\boldsymbol{e}_x = \varepsilon_0\,\frac{g'}{q'}\,\frac{nq'}{2\pi\varepsilon_0 r}\boldsymbol{e}_x \\ &= \varepsilon_0\,\frac{g'}{q'}\boldsymbol{E}'\end{aligned} \tag{25'}$$

把这个关系代入(24′)式便得

$$\begin{aligned}\boldsymbol{F}''(g', \boldsymbol{v}, \boldsymbol{E}') &= -\varepsilon_0 g'\boldsymbol{v}\times\boldsymbol{E}' = -g'\boldsymbol{v}\times(\varepsilon_0\boldsymbol{E}') \\ &= -g'\boldsymbol{v}\times\boldsymbol{D}'\end{aligned} \tag{26'}$$

这就是所要求的磁荷量 g'以速度 $\boldsymbol{v}$ 在电场中运动时所受的力.

于是最后得出:作用在以速度 $\boldsymbol{v}$ 运动的电荷量 q 上的洛伦兹力为

$$\boldsymbol{F} = q(\boldsymbol{E} + \boldsymbol{v}\times\boldsymbol{B}) \tag{27'}$$

作用在以速度 $\boldsymbol{v}$ 运动的磁荷量 g 上的洛伦兹力为

$$\boldsymbol{F} = g(\boldsymbol{H} - \boldsymbol{v}\times\boldsymbol{D}) \tag{28'}$$

我们觉得,在形式上,(27′)和(28′)两式的对称性比(1.27.27)和(1.27.28)两式的对称性要好一些.

(1.27.28)式与(28′)式的差别来源于磁库仑定律中(Ⅱ)式与(Ⅱ′)式的差别. 由(Ⅱ′)定义的磁荷量等于由(Ⅱ)式定义的磁荷量的 μ_0 倍. 因此,把(1.27.28)式

中的 g 换成 g/μ_0 便得(28′)式;反过来,把(28′)式中的 g 换成 $\mu_0 g$ 便得(1.27.28)式.

此外,由(Ⅰ′)式定义磁荷量 g 受的力,再由狭义相对论关于电磁场和力的变换关系,即可推出(28′)式.参见《大学物理》,1988 年 11 期,第 5 页.或张之翔《电磁学教学参考》(北京大学出版社,2015),§3.10,172 页.

1.28　圆柱形计数器由一根细长的导线和套住导线的同轴金属圆筒构成,导线的半径为 r_0,圆筒的半径为 R,导线维持在高的正电势 V_0,圆筒则接地,如图 1.28(1)所示.靠近导线表面处,电场很强,电离辐射的出现在这里引起"雪崩".设想在导线表面有 N 个电子从它们的原子上离开.这样生成的 N 个离子在电场的作用下开始离开导线运动.假定离子的迁移率(速度除以电场强度)w 为常数,且离子构成包围导线的圆柱形薄层.

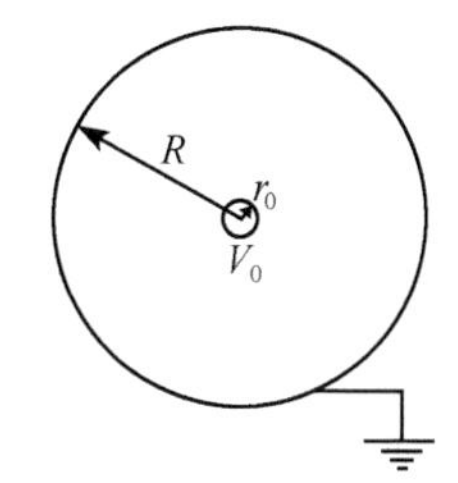

图 1.28(1)

(1) 试证明:作为时间 t(从离子在导线表面形成的时刻开始计算)的函数,离子的径向位置 r 可以写成

$$r^2 = K(t + t_0)$$

式中 K 和 t_0 都是常数,它们的值与 V_0 和 w 以及各种几何尺寸等都有关.试给出常数 K 和 t_0 的表达式,并证明 t_0 约等于离子在导线半径量级的距离上的漂移时间.在计算离子运动时略去由于雪崩造成的电场变化.

(2) 如果电势差 V_0 保持不变,当离子沿径向漂移时,必定有电荷量 Q 流向导线.已知全部离子的电荷量为 Q_i,试计算电荷量 Q 作为时间 t 的函数.[本题系中国赴美物理研究生考试(CUSPEA)1984 年试题.]

【解】　(1) 先求电势差 V_0 与导线单位长度上电荷量 λ 的关系.由高斯定理得导线与圆筒间的电场强度为

$$\boldsymbol{E} = \frac{\lambda}{2\pi\varepsilon_0 r}\boldsymbol{e}_r \tag{1.28.1}$$

式中 $\boldsymbol{e}_r$ 是导线表面外法线方向上的单位矢量.由此得

$$V_0 = \int_{r_0}^{R} \frac{\lambda}{2\pi\varepsilon_0 r}\mathrm{d}r = \frac{\lambda}{2\pi\varepsilon_0}\ln\frac{R}{r_0} \tag{1.28.2}$$

$$\lambda = \frac{2\pi\varepsilon_0 V_0}{\ln(R/r_0)} \tag{1.28.3}$$

在半径为 $r \gg r_0$ 处,离子的速度为

$$\frac{\mathrm{d}r}{\mathrm{d}t} = wE = \frac{\lambda w}{2\pi\varepsilon_0 r} \tag{1.28.4}$$

式中 E 是电场强度 $\boldsymbol{E}$ 的大小.由此得

$$r\mathrm{d}r = \frac{\lambda\omega}{2\pi\varepsilon_0}\mathrm{d}t \tag{1.28.5}$$

积分

$$\int_{r_0}^{r} r\mathrm{d}r = \frac{\lambda w}{2\pi\varepsilon_0}\int_0^t \mathrm{d}t$$

得到

$$\frac{1}{2}(r^2 - r_0^2) = \frac{\lambda w}{2\pi\varepsilon_0}t \tag{1.28.6}$$

于是

$$\begin{aligned} r^2 &= \frac{\lambda w}{\pi\varepsilon_0}t + r_0^2 = \frac{\lambda w}{\pi\varepsilon_0}(t + t_0) = \frac{2V_0}{\ln(R/r_0)}w(t + t_0) \\ &= K(t + t_0) \end{aligned} \tag{1.28.7}$$

式中

$$K = \frac{2V_0 w}{\ln(R/r_0)} \tag{1.28.8}$$

$$t_0 = \frac{\pi\varepsilon_0 r_0^2}{\lambda w} = \frac{r_0^2\ln(R/r_0)}{2V_0 w} \tag{1.28.9}$$

这就是所要求的 K 和 t_0 的表达式. t_0 的表达式可化为

$$\begin{aligned} t_0 &= \frac{\pi\varepsilon_0 r_0^2}{\lambda w} = \frac{1}{2}\frac{r_0}{w\left(\dfrac{\lambda}{2\pi\varepsilon_0 r_0}\right)} \\ &= \frac{1}{2}\times(\text{漂移过距离为 } r_0 \text{ 的时间}) \end{aligned} \tag{1.28.10}$$

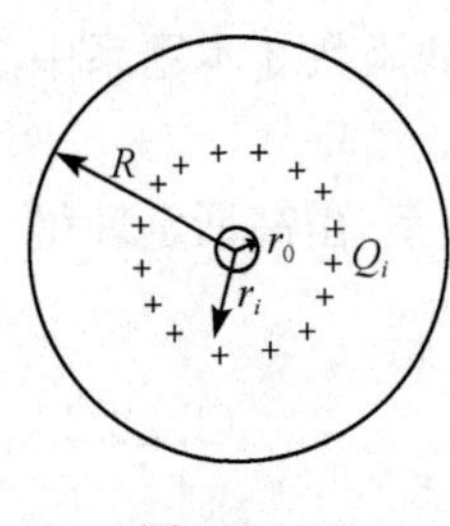

图 1.28(2)

(2) 导线表面附近的原子电离后,电子奔向中心电势高的导线,而离子则向电势低的圆筒移动. 离子的总电荷量为 Q_i,电子的总电荷量为 $-Q_i$. 按题意,离子环绕导线形成一个均匀的圆柱形薄层. 设这层的半径为 r_i[图 1.28(2)],计数器的长度为 L,则在这薄层与导线间,便有一个由于电子和离子而引起的附加反向电场

$$\boldsymbol{E}_i = -\frac{Q_i}{2\pi\varepsilon_0 Lr}\boldsymbol{e}_r, \qquad r_0 < r < r_i \tag{1.28.11}$$

这个电场使得导线与圆筒间产生一个电势差

$$\begin{aligned} \Delta V_i &= \int_{r_0}^{r_i} \boldsymbol{E}_i \cdot \mathrm{d}\boldsymbol{r} = -\frac{Q_i}{2\pi\varepsilon_0 L}\int_{r_0}^{r_i}\frac{\mathrm{d}r}{r} \\ &= -\frac{Q_i}{2\pi\varepsilon_0 L}\ln\frac{r_i}{r_0} \end{aligned} \tag{1.28.12}$$

式中负号表示,由于电离所产生的电荷分离,导线的电势降低了. 由于导线与圆筒间的电势差 V_0 由电源维持不变,故必有正电荷量 Q 自电源流到导线上(同时有 $-Q$自电源流到圆筒上),以抵消由于电离而产生的 ΔV_i. 电荷量 Q 所产生的附加电势差为

$$\Delta V=\frac{Q}{2\pi\varepsilon_0 L}\ln\frac{R}{r_0} \tag{1.28.13}$$

$$\Delta V+\Delta V_i=0 \tag{1.28.14}$$

故得

$$Q\ln\frac{R}{r_0}=Q_i\ln\frac{r_i}{r_0} \tag{1.28.15}$$

所以

$$Q=Q_i\frac{\ln(r_i/r_0)}{\ln(R/r_0)} \tag{1.28.16}$$

又由前面的(1.28.7)式有

$$r_i=\sqrt{K(t+t_0)} \tag{1.28.17}$$

$$r_0=\sqrt{Kt_0} \tag{1.28.18}$$

消去 r_i 便得

$$Q=\frac{Q_i}{2\ln(R/r_0)}\ln\left(\frac{t+t_0}{t_0}\right) \tag{1.28.19}$$

这个结果只适用于 $r_i\leqslant R$,即只适用于

$$t\leqslant\frac{R^2}{K}-t_0$$

在 $t=\dfrac{R^2}{K}-t$ 以后,$Q=Q_i$.

1.29　在电容率为 ε 的均匀介质中,有 n 个导体,当它们分别带有电荷量 Q_1,Q_2,…,Q_n 时,它们的电势分别为 $U_1,U_2,\cdots,U_n$;当它们分别带有电荷量 Q_1',Q_2',…,Q_n' 时,它们的电势分别为 $U_1',U_2',\cdots,U_n'$. 试证明:$\sum\limits_{i=1}^{n}Q_iU_i'=\sum\limits_{i=1}^{n}Q_i'U_i$.(这个关系式通常叫做格林倒易定理.)

【证】　取一封闭曲面 S 包住这 n 个导体,S 内导体以外的空间区域为 V,V 的边界便是 S 和各导体的表面 $S_i(i=1,2,\cdots,n)$. 设 V 内充满电容率为 ε 的均匀介质. 当第 i 个导体上的电荷量为 $Q_i(i=1,2,\cdots,n)$时,V 内的电势为 U;当第 i 个导体上的电荷量为 $Q_i'(i=1,2,\cdots,n)$时,V 内的电势为 U'. 因为电荷都在导体表面上,故在 V 内有

$$\nabla^2U=0,\qquad \nabla^2U'=0 \tag{1.29.1}$$

第 i 个导体表面上电荷量的面密度分别为

$$\sigma_i=D_{ni}=-\varepsilon\frac{\partial U_i}{\partial n_i},\quad 当电荷量为 Q_i 时 \tag{1.29.2}$$

$$\sigma_i'=D_{ni}'=-\varepsilon\frac{\partial U_i'}{\partial n_i},\quad 当电荷量为 Q_i' 时 \tag{1.29.3}$$

式中$\frac{\partial U_i}{\partial n_i}$和$\frac{\partial U'_i}{\partial n_i}$分别是$U$和$U'$在第$i$个导体表面外法线方向上的微商.

在现在的情况下,格林定理为

$$\int_V (\varphi\nabla^2\psi - \psi\nabla^2\varphi)\mathrm{d}V = \oint_S (\varphi\nabla\psi - \psi\nabla\varphi)\cdot \mathrm{d}\boldsymbol{S} + \sum_{i=1}^{n}\oint_{S_i}(\varphi\nabla\psi - \psi\nabla\varphi)\cdot \mathrm{d}\boldsymbol{S}_i \tag{1.29.4}$$

令

$$\varphi = U, \quad \psi = \varepsilon U' \tag{1.29.5}$$

代入(1.29.4)式左边,并利用(1.29.1)式,便得

$$\int_V (U\varepsilon\nabla^2 U' - \varepsilon U'\nabla^2 U)\mathrm{d}V = 0 \tag{1.29.6}$$

将(1.29.5)式代入(1.29.4)式右边第一项,然后令$S\to\infty$,便得

$$\lim_{S\to\infty}\oint_S (U\varepsilon\nabla' U - \varepsilon U'\nabla U)\cdot \mathrm{d}\boldsymbol{S} = 0 \tag{1.29.7}$$

这是因为,导体都在有限区域内,当$S\to\infty$时,$S\to r^2$,U和$U'\to r^{-1}$,∇U和$\nabla U'\to r^{-2}$,故积分的值随r^{-1}趋于零.

将(1.29.5)式代入(1.29.4)式右边第二项,注意$\mathrm{d}\boldsymbol{S}_i$的方向是空间$V$的边界面的外法线方向,与导体表面的外法线方向正好相反,因此

$$\varepsilon\nabla U'\cdot \mathrm{d}\boldsymbol{S}_i = -\varepsilon\frac{\partial U'_i}{\partial n_i}\mathrm{d}S_i = \sigma'_i\mathrm{d}S_i \tag{1.29.8}$$

$$\varepsilon\nabla U\cdot \mathrm{d}\boldsymbol{S}_i = -\varepsilon\frac{\partial U_i}{\partial n_i}\mathrm{d}S_i = \sigma_i\mathrm{d}S_i \tag{1.29.9}$$

于是得

$$\begin{aligned}\sum_{i=1}^{n}\oint_{S_i}(U\varepsilon\nabla U' - \varepsilon U'\nabla U)\cdot \mathrm{d}\boldsymbol{S}_i &= \sum_{i=1}^{n}\oint_{S_i}(U_i\sigma'_i - U'_i\sigma_i)\mathrm{d}S_i \\ &= \sum_{i=1}^{n}\left(U_i\oint_{S_i}\sigma'_i\mathrm{d}S_i - U'_i\oint_{S_i}\sigma_i\mathrm{d}S_i\right) \\ &= \sum_{i=1}^{n}(U_iQ'_i - U'_iQ_i)\end{aligned} \tag{1.29.10}$$

由(1.29.4)、(1.29.6)、(1.29.7)和(1.29.10)四式得

$$\sum_{i=1}^{n}Q_iU'_i = \sum_{i=1}^{n}Q'_iU_i \tag{1.29.11}$$

【别证】 先证明点电荷的情况.设在电容率为ε的均匀介质中有n个点:P_1,P_2,P_3,…,P_n;其中$P_i(i=1,2,\cdots,n)$点有电荷量为$q_i(i=1,2,\cdots,n)$的点电荷.除本身电荷q_i外,其他$n-1$个点电荷在P_i点产生的电势为

$$U_i = \sum_{\substack{j=1\\ j\neq i}}^{n}\frac{q_j}{4\pi\varepsilon r_{ij}} \tag{1.29.12}$$

式中 r_{ij} 为 P_i 与 P_j 之间的距离.

如果将电荷 q 换成电荷 q',即 $P_i(i=1,2,\cdots,n)$ 点的电荷量为 $q_i'(i=1,2,\cdots,n)$,则除本身电荷 q_i' 外,其他 $n-1$ 个点电荷在 P_i 点产生的电势为

$$U_i' = \sum_{\substack{j=1\\j\neq i}}^{n} \frac{q_j'}{4\pi\varepsilon r_{ij}} \tag{1.29.13}$$

以 q_i' 乘 U_i,便得

$$q_i'U_i = \sum_{\substack{j=1\\j\neq i}}^{n} \frac{q_i'q_j}{4\pi\varepsilon r_{ij}} \tag{1.29.14}$$

分别令(1.29.14)式中的 $i=1,2,\cdots,n$,便得如下的 n 个等式:

$$q_1'U_1 = 0+\frac{q_1'q_2}{4\pi\varepsilon r_{12}}+\frac{q_1'q_3}{4\pi\varepsilon r_{13}}+\cdots+\frac{q_1'q_n}{4\pi\varepsilon r_{1n}} \tag{1.29.15}$$

$$q_2'U_2 = \frac{q_2'q_1}{4\pi\varepsilon r_{21}}+0+\frac{q_2'q_3}{4\pi\varepsilon r_{23}}+\cdots+\frac{q_2'q_n}{4\pi\varepsilon r_{2n}} \tag{1.29.16}$$

$$q_3'U_3 = \frac{q_3'q_1}{4\pi\varepsilon r_{31}}+\frac{q_3'q_2}{4\pi\varepsilon r_{32}}+0+\cdots+\frac{q_3'q_n}{4\pi\varepsilon r_{3n}} \tag{1.29.17}$$

……

$$q_n'U_n = \frac{q_n'q_1}{4\pi\varepsilon r_{n1}}+\frac{q_n'q_2}{4\pi\varepsilon r_{n2}}+\frac{q_n'q_3}{4\pi\varepsilon r_{n3}}+\cdots+0 \tag{1.29.18}$$

由上列(1.29.15)至(1.29.18)诸式可以看出,如果将它们等号右边的第 1 项相加,即得

$$0+\frac{q_2'q_1}{4\pi\varepsilon r_{21}}+\frac{q_3'q_1}{4\pi\varepsilon r_{31}}+\cdots+\frac{q_n'q_1}{4\pi\varepsilon r_{n1}} = U_1'q_1 = q_1U_1' \tag{1.29.19}$$

同样,将(1.29.15)至(1.29.18)诸式等号右边第 $2,3,\cdots,n$ 项分别相加,即得

$$\frac{q_1'q_2}{4\pi\varepsilon r_{12}}+0+\frac{q_3'q_2}{4\pi\varepsilon r_{32}}+\cdots+\frac{q_n'q_2}{4\pi\varepsilon r_{n2}} = U_2'q_2 = q_2U_2' \tag{1.29.20}$$

$$\frac{q_1'q_3}{4\pi\varepsilon r_{13}}+\frac{q_2'q_3}{4\pi\varepsilon r_{23}}+0+\cdots+\frac{q_n'q_3}{4\pi\varepsilon r_{n3}} = U_3'q_3 = q_3U_3' \tag{1.29.21}$$

……

$$\frac{q_1'q_n}{4\pi\varepsilon r_{1n}}+\frac{q_2'q_n}{4\pi\varepsilon r_{2n}}+\frac{q_3'q_n}{4\pi\varepsilon r_{3n}}+\cdots+0 = U_n'q_n = q_nU_n' \tag{1.29.22}$$

由(1.29.15)至(1.29.22)诸式可见,在点电荷的情况下,我们得出

$$\sum_{i=1}^{n} q_iU_i' = \sum_{i=1}^{n} q_i'U_i \tag{1.29.23}$$

再证明带电导体的情况. 设共有 n 个导体,其中第 i 个导体上带有电荷量 Q_i(或 Q_i');因导体上的电荷都分布在表面上,故表面上的面积元 $\mathrm{d}S_i$ 所具有的电荷量为 $\mathrm{d}Q_i=\sigma_i\mathrm{d}S_i$(或 $\mathrm{d}Q_i'=\sigma_i'\mathrm{d}S_i$),此处 σ_i(或 σ_i')为单位表面积上的电荷量. $\mathrm{d}Q_i$(或

$\mathrm{d}Q'_i$)可当作点电荷.于是由(1.29.23)式得出,这时有

$$\sum_{i=1}^{n}\oint_{S_i}\mathrm{d}Q_iU'_i=\sum_{i=1}^{n}\oint_{S_i}\mathrm{d}Q'_iU_i \tag{1.29.24}$$

由于每个导体都是等势体,故有

$$\oint_{S_i}\mathrm{d}Q_iU'_i=\left(\oint_{S_i}\mathrm{d}Q_i\right)U'_i=Q_iU'_i \tag{1.29.25}$$

$$\oint_{S_i}\mathrm{d}Q'_iU_i=\left(\oint_{S_i}\mathrm{d}Q'_i\right)U_i=Q'_iU_i \tag{1.29.26}$$

将(1.29.25)和(1.29.26)两式代入(1.29.24)式便得

$$\sum_{i=1}^{n}Q_iU'_i=\sum_{i=1}^{n}Q'_iU_i \tag{1.29.27}$$

【讨论】 (1) 格林倒易定理有一个重要结论:若导体 A 带有电荷量 Q 时,在不带电的导体 B 上产生的电势为 U,则当导体 B 带有电荷量 Q 时,在不带电的导体 A 上产生的电势也是 U.请读者自己由格林倒易定理推出上述结论.

(2) 将格林倒易定理应用于有点电荷的情况下,有一点需要注意:点电荷 q_i 所在处的电势 U_i 是除 q_i 以外其他所有电荷产生的电势.从(1.29.12)式到(1.29.23)式的证明中,可以看出这一点.

1.30 两个平行的无穷大导体平面,相距为 d,在离其中一导体表面为 a 处的 P 点,有一电荷量为 q 的点电荷.已知两导体的电势都是零,试分别求两导体平面上的感应电荷量.

【解】 用格林倒易定理求解.当 P 点有电荷 q 时,设导体上的电荷量分别为 Q_1 和 Q_2.如图 1.30(1)所示,Q_1 和 Q_2 在 P 点产生的电势为 φ.再设另一种情况,当 P 点没有电荷时,导体相向的两面都均匀带电,电荷量的面密度分别为 σ 和 $-\sigma$,带 $-\sigma$ 的导体电势为零,如图 1.30(2)所示.这时带 σ 的导体其电势为

$$\varphi'_2=Ed=\frac{\sigma}{\varepsilon_0}d \tag{1.30.1}$$

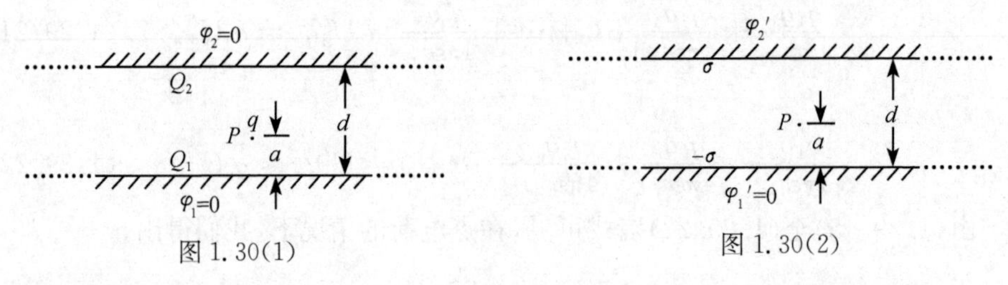

图 1.30(1)　　图 1.30(2)

P 点的电势为

$$\varphi'=Ea=\frac{\sigma}{\varepsilon_0}a \tag{1.30.2}$$

于是由格林倒易定理得

$$q\varphi'+Q_1\varphi_1'+Q_2\varphi_2'=q\frac{\sigma}{\varepsilon_0}a+Q_1\cdot 0+Q_2\cdot\frac{\sigma}{\varepsilon_0}d=q\frac{\sigma}{\varepsilon_0}a+Q_2\frac{\sigma}{\varepsilon_0}d$$
$$=q'\varphi+Q_1'\varphi_1+Q_2'\varphi_2=0\cdot\varphi+Q_i'\cdot 0+Q_i'\cdot 0$$
$$=0 \tag{1.30.3}$$

所以

$$Q_2=-\frac{a}{d}q \tag{1.30.4}$$

当 P 点没有电荷时,再设带 σ 的导体电势为零,如图 1.30(3)所示. 这时带 $-\sigma$ 的导体电势为

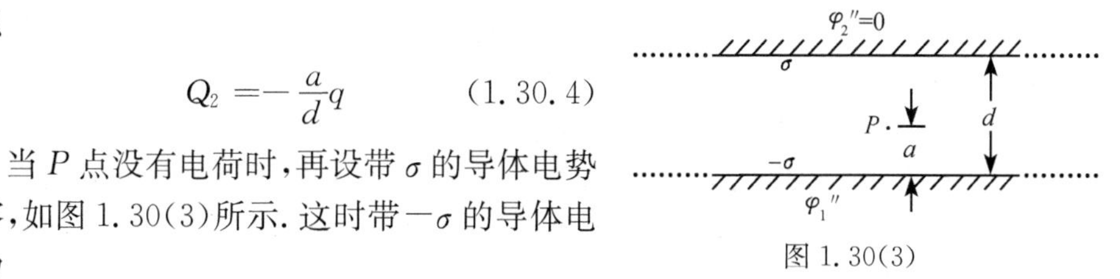

图 1.30(3)

$$\varphi_1''=-Ed=-\frac{\sigma}{\varepsilon_0}d \tag{1.30.5}$$

P 点的电势为

$$\varphi''=-E(d-a)=-\frac{\sigma}{\varepsilon_0}(d-a) \tag{1.30.6}$$

再由格林倒易定理得

$$q\varphi''+Q_1\varphi_1''+Q_2\varphi_2''=q\left[-\frac{\sigma}{\varepsilon_0}(d-a)\right]+Q_1\left(-\frac{\sigma}{\varepsilon_0}d\right)+Q_2\cdot 0$$
$$=q''\varphi+Q_1''\varphi_1+Q_2''\varphi_2=0\cdot\varphi+Q_1''\cdot 0+Q_2''\cdot 0$$
$$=0 \tag{1.30.7}$$

所以

$$Q_1=-\frac{d-a}{d}q \tag{1.30.8}$$

【讨论】 求出 Q_2 后,根据对称性,可知 Q_1 应为(1.30.8)式;或由高斯定理得出 $q+Q_1+Q_2=0$,从而得出 $Q_1=-(q+Q_2)$.

1.31 设空间有许多导体,它们的形状、大小和位置都已给定,现在把任意给定的电荷放到每个导体上;除这些导体外,还有固定不变的电荷分布在空间. 则当达到静电平衡时,导体上的电荷只能有唯一的一种分布. 这是静电学中的一种唯一性定理. 试证明这个定理.

【证】 我们分两种情况,用不同方法来证明它.

(1) 没有介质的情况.

证明如下:对于所有电荷来说,假定有两种分布,一种分布是导体上面电荷密度为 σ_1,加上导体外所有固定不变的电荷;另一种分布是导体上面电荷密度为 σ_2,加上导体外所有固定不变的电荷. 则根据叠加原理,这两种分布相减,也是一种分布. 由于相减时导体外所有固定不变的电荷都减掉了,所以这样得出的分布除了导体表面上以外,别的地方就没有电荷. 这时导体上的面电荷密 度为 $\sigma_1-\sigma_2$,每个导体上电荷的代数和都是零. 因此,每个导体发出的电场线的数目必定等于终止在它

上面的电场线的数目.一个导体既发出电场线,又有电场线终止在它上面,那它的电势就要高于最低的电势,又要低于最高的电势.现在每个导体都如此,所以就不可能有电势最高的导体(如果有,它们就只能发出电场线,而不能有电场线终止在它们上面),也不可能有电势最低的导体(如果有,它们就不能发出电场线).要满足这个要求,唯一可能的就是每个导体的电势都相等.这样,从任何一个导体上发出的电场线,就不可能到达别的导体上.又因为电场线不能在没有电荷的地方终止,而现在除了导体以外,别的地方都没有电荷,所以只可能是每个导体都不向外发出电场线,也没有电场线终止在它上面.也就是说,每个导体表面上处处面电荷密度为零,也就是 $\sigma_1=\sigma_2$.这就证明了,当达到静电平衡时,每个导体上的电荷都只能有唯一的一种分布.

(2) 有介质的情况.

证明如下:考虑导体以外的全部空间,这个空间的边界是与所有导体相接触的介质的表面加上无穷远处.假定在上述给定情况下,电荷有两种分布,这两种分布在上述空间里产生的电势分别为 V_1 和 V_2.由高斯定理,在这两种分布下,分别有

$$\nabla\cdot\boldsymbol{D}_1=-\nabla\cdot(\varepsilon\nabla V_1)=\rho \tag{1.31.1}$$

$$\nabla\cdot\boldsymbol{D}_2=-\nabla\cdot(\varepsilon\nabla V_2)=\rho \tag{1.31.2}$$

式中 ρ 是分布在上述空间的固定不变的电荷.根据叠加原理,这两种分布相减也是一种分布,这种分布在上述空间里产生的电势为

$$V=V_1-V_2 \tag{1.31.3}$$

(1.31.1)式减去(1.31.2)式,并利用(1.31.3)式,得

$$\nabla\cdot(\varepsilon\nabla V)=0 \tag{1.31.4}$$

注意,由于在不同介质的交界处,电容率 ε 发生突变,所以只有刨去这些交界处,(1.31.1)、(1.31.2)和(1.31.4)三式才在上述空间里普遍成立.为此,我们把上述空间分成许多区域,每种介质所占住的地方作为一个区域,导体和介质以外的真空也作为一个区域.这样一来,在每个区域里,(1.31.1)、(1.31.2)和(1.31.4)三式便都成立.现在,在每个区域的边界上,求矢量 $V\varepsilon\nabla V$ 的面积分,其中第 i 个为

$$\oint_{S_i}V\varepsilon_i\nabla V\cdot\mathrm{d}\boldsymbol{S}_i \tag{1.31.5}$$

把所有这些面积分加在一起,即

$$\sum_i\oint_{S_i}V\varepsilon_i\nabla V\cdot\mathrm{d}\boldsymbol{S}_i \tag{1.31.6}$$

这些积分有三种情况.第一种是无穷远处,因为我们所考虑的电荷都在有限的范围内,故无穷远处 $V_1=V_2=0$,所以 $V=0$,结果这部分积分为零.第二种是与导体接触的介质表面上,在这些地方

$$V\varepsilon_i\nabla V\cdot\mathrm{d}\boldsymbol{S}_i=V_k\varepsilon_i(-\boldsymbol{E})\cdot\mathrm{d}\boldsymbol{S}=-V_k\boldsymbol{D}\cdot\mathrm{d}\boldsymbol{S}=-V_k\sigma_k\mathrm{d}S \tag{1.31.7}$$

式中 V_k 和 σ_k 分别是与介质 ε_i 接触的第 k 个导体的电势和面电荷密度.由于积分之和(1.31.6)式包括了每个导体的所有表面,而每个导体上电荷的代数和都是零,

因此,这部分积分之和为零.第三种是两个不同介质交界处各自的表面上.在这些表面上,ε_i 的一边为

$$V\varepsilon_i \nabla V \cdot d\boldsymbol{S}_i = -V_i\varepsilon_i\boldsymbol{E}_i \cdot d\boldsymbol{S}_i = -V_i\boldsymbol{D}_i \cdot d\boldsymbol{S}_i \tag{1.31.8}$$

ε_j 的一边为

$$V\varepsilon_j \nabla V \cdot d\boldsymbol{S}_j = -V_j\varepsilon_j\boldsymbol{E}_j \cdot d\boldsymbol{S}_j = -V_j\boldsymbol{D}_j \cdot d\boldsymbol{S}_j \tag{1.31.9}$$

因为 $d\boldsymbol{S}_j = -d\boldsymbol{S}_i$(参看图 1.31),故两者之和便为

$$-V_i\boldsymbol{D}_i \cdot d\boldsymbol{S}_i - V_j\boldsymbol{D}_j \cdot d\boldsymbol{S}_j = -(V_i\boldsymbol{D}_i - V_j\boldsymbol{D}_j) \cdot d\boldsymbol{S}_i \tag{1.31.10}$$

由于 V 在跨过边界时是连续函数,故 $V_i = V_j$;又由于在现在的情况下,两介质交界处只可能有极化电荷,故电位移 $\boldsymbol{D}$ 的法向分量是连续的,因此,(1.31.10)式为零,结果在不同介质的交界处,积分为零.于是我们最后得出,积分之和(1.31.6)式为零,即

$$\sum_i \oint_{S_i} V\varepsilon_i \nabla V \cdot d\boldsymbol{S}_i = 0 \tag{1.31.11}$$

另一方面,我们可以利用高斯公式把封闭面积分(1.31.6)式化为体积分

$$\sum_i \oint_{S_i} V\varepsilon_i \nabla V \cdot d\boldsymbol{S}_i = \sum_i \int_{\tau_i} \nabla\cdot(V\varepsilon_i \nabla V) d\tau_i \tag{1.31.12}$$

式中 τ_i 是第 i 个区域的体积,根据矢量分析公式,有

$$\nabla \cdot (V\varepsilon_i \nabla V) = \varepsilon_i(\nabla V)^2 + V \nabla \cdot (\varepsilon_i \nabla V) \tag{1.31.13}$$

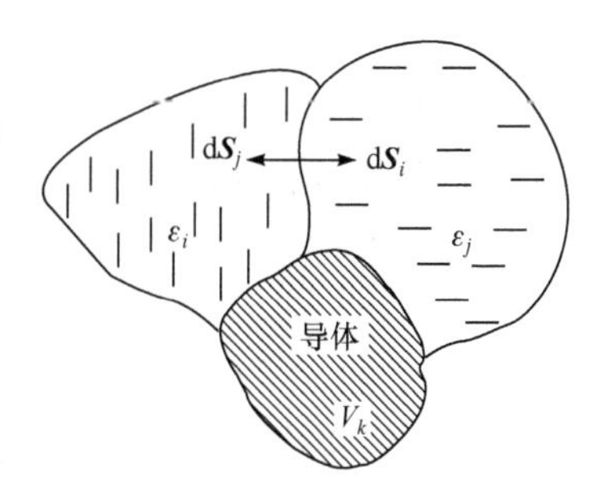

图 1.31　$d\boldsymbol{S}_i$ 是介质 ε_i 表面上的面积元,方向是外法线方向

因为有(1.31.4)式,故得

$$\nabla \cdot (V\varepsilon_i \nabla V) = \varepsilon_i(\nabla V)^2 \tag{1.31.14}$$

由(1.31.11)、(1.31.12)和(1.31.14)三式,得

$$\sum_i \int_{\tau_i} \varepsilon_i(\nabla V)^2 d\tau_i = 0 \tag{1.31.15}$$

由于 ε_i 和 $(\nabla V)^2$ 都是正数,故要(1.31.15)式成立,唯一可能的就是处处

$$\nabla V = 0 \tag{1.31.16}$$

由此,得

$$\boldsymbol{E} = 0 \tag{1.31.17}$$

也就是在上述空间里没在电场存在.因导体外靠近面电荷密度 σ 处的电场强度为

$$\boldsymbol{E} = \frac{\sigma}{\varepsilon}\boldsymbol{n} \tag{1.31.18}$$

式中 $\boldsymbol{n}$ 是该处导体表面外法线方向上的单位矢量,现在 $\boldsymbol{E}$ 处处为零,故每个导体上处处面电荷密度为零,这样就证明了导体上电荷的两种分布完全相同,也就证明了只有唯一的一种分布.

1.32　试证明汤姆孙(W. Thomson)定理:在介质中有一些固定的导体,将电荷分别放到这些导体上,当达到静电平衡时,电荷在导体表面上是这样分布的,使电场能量为最小.

【证】　在静电平衡时,每个导体表面都是一个等势面,导体内部的电场强度为零.因此,电场能量 W 便是导体外空间里的电场能量,即

$$W=\frac{1}{2}\int_V \boldsymbol{E}\cdot\boldsymbol{D}\mathrm{d}V \tag{1.32.1}$$

积分体积 V 为导体以外的区域,V 的边界就是导体的表面 $S_i(i=1,2,\cdots,n)$ 和无穷远处的封闭曲面 S. 这时第 i 个导体上的电势为

$$\varphi_i=\text{常量} \tag{1.32.2}$$

电荷量为

$$\oint_{S_i}\sigma_i\mathrm{d}S_i=Q_i \tag{1.32.3}$$

除导体上的电荷 $Q_i(i=1,2,\cdots,n)$ 外,介质中还可能有自由电荷量密度 ρ. 于是介质中的电场满足下列方程:

$$\nabla\times\boldsymbol{E}=0 \tag{1.32.4}$$

$$\nabla\cdot\boldsymbol{D}=\rho \tag{1.32.5}$$

$$\boldsymbol{D}=\varepsilon\boldsymbol{E} \tag{1.32.6}$$

现在假定每个导体上的电荷量 $Q_i(i=1,2,\cdots,n)$ 都不变,介质中的 ρ 也不变,只是导体表面的电荷量密度由 σ_i 变为 $\sigma_i'(i=1,2,\cdots,n)$. 设这时 V 内的电场为 $\boldsymbol{E}'$ 和 $\boldsymbol{D}'$,它们满足(1.32.3)、(1.32.4)、(1.32.5)、(1.32.6)诸式,其电场能量为

$$W'=\frac{1}{2}\int_V \boldsymbol{E}'\cdot\boldsymbol{D}'\mathrm{d}V \tag{1.32.7}$$

由(1.32.7)、(1.32.1)两式得

$$W'-W=\frac{1}{2}\int_V(\boldsymbol{E}'\cdot\boldsymbol{D}'-\boldsymbol{E}\cdot\boldsymbol{D})\mathrm{d}V \tag{1.32.8}$$

因为

$$(\boldsymbol{E}'-\boldsymbol{E})\cdot(\boldsymbol{D}'-\boldsymbol{D})=\boldsymbol{E}'\cdot\boldsymbol{D}'-\boldsymbol{E}'\cdot\boldsymbol{D}-\boldsymbol{E}\cdot\boldsymbol{D}'+\boldsymbol{E}\cdot\boldsymbol{D} \tag{1.32.9}$$

其中

$$\boldsymbol{E}'\cdot\boldsymbol{D}=\boldsymbol{E}'\cdot(\varepsilon\boldsymbol{E})=\varepsilon\boldsymbol{E}'\cdot\boldsymbol{E}=\boldsymbol{D}'\cdot\boldsymbol{E}=\boldsymbol{E}\cdot\boldsymbol{D}' \tag{1.32.10}$$

所以

$$\begin{aligned}\boldsymbol{E}'\cdot\boldsymbol{D}'-\boldsymbol{E}\cdot\boldsymbol{D}&=(\boldsymbol{E}'-\boldsymbol{E})\cdot(\boldsymbol{D}'-\boldsymbol{D})+2\boldsymbol{E}\cdot\boldsymbol{D}'-2\boldsymbol{E}\cdot\boldsymbol{D}\\&=(\boldsymbol{E}'-\boldsymbol{E})\cdot(\boldsymbol{D}'-\boldsymbol{D})+2\boldsymbol{E}\cdot(\boldsymbol{D}'-\boldsymbol{D})\end{aligned} \tag{1.32.11}$$

故得

$$\begin{aligned}W'-W&=\frac{1}{2}\int_V(\boldsymbol{E}'-\boldsymbol{E})\cdot(\boldsymbol{D}'-\boldsymbol{D})\mathrm{d}V+\int_V\boldsymbol{E}\cdot(\boldsymbol{D}'-\boldsymbol{D})\mathrm{d}V\\&=\frac{1}{2}\int_V\varepsilon(\boldsymbol{E}'-\boldsymbol{E})^2\mathrm{d}V+\int_V\boldsymbol{E}\cdot(\boldsymbol{D}'-\boldsymbol{D})\mathrm{d}V\end{aligned} \tag{1.32.12}$$

由(1.32.4)式有

$$\boldsymbol{E}=-\nabla\varphi \tag{1.32.13}$$

故(1.32.12)式的第二项积分可化为

$$\int_V \boldsymbol{E}\cdot(\boldsymbol{D}'-\boldsymbol{D})\mathrm{d}V=\int_V \nabla\varphi\cdot(\boldsymbol{D}-\boldsymbol{D}')\mathrm{d}V \tag{1.32.14}$$

由矢量分析公式

$$\nabla\cdot[\varphi(\boldsymbol{D}-\boldsymbol{D}')]=\nabla\varphi\cdot(\boldsymbol{D}-\boldsymbol{D}')+\varphi\nabla\cdot(\boldsymbol{D}-\boldsymbol{D}') \tag{1.32.15}$$

和

$$\nabla\cdot(\boldsymbol{D}-\boldsymbol{D}')=\nabla\cdot\boldsymbol{D}-\nabla\cdot\boldsymbol{D}'=\rho-\rho=0 \tag{1.32.16}$$

得

$$\begin{aligned}\int_V \boldsymbol{E}\cdot(\boldsymbol{D}'-\boldsymbol{D})\mathrm{d}V&=\int_V \nabla\cdot[\varphi(\boldsymbol{D}-\boldsymbol{D}')]\mathrm{d}V\\&=\oint_S\varphi(\boldsymbol{D}-\boldsymbol{D}')\mathrm{d}\boldsymbol{S}+\sum_{i=1}^{n}\oint_{S_i}\varphi(\boldsymbol{D}-\boldsymbol{D}')\cdot\mathrm{d}\boldsymbol{S}_i\end{aligned} \tag{1.32.17}$$

式中 S 是无穷远处的封闭曲面，S_i 是第 i 个导体的表面. 因为电荷都在有限区域内，当 S 趋于无穷大时，$S\to r^2$，$\varphi\to r^{-1}$，$\boldsymbol{D}$ 和 $\boldsymbol{D}'\to r^{-2}$，故(1.32.17)式的第一项积分为

$$\lim_{S\to\infty}\oint_S\varphi(\boldsymbol{D}-\boldsymbol{D}')\cdot\mathrm{d}\boldsymbol{S}=0 \tag{1.32.18}$$

因为在静电平衡时有(1.32.2)式，故

$$\begin{aligned}\oint_{S_i}\varphi(\boldsymbol{D}-\boldsymbol{D}')\cdot\mathrm{d}\boldsymbol{S}_i&=\varphi_i\oint_{S_i}(\boldsymbol{D}-\boldsymbol{D}')\cdot\mathrm{d}\boldsymbol{S}_i=\varphi_i\oint_{S_i}(\sigma_i-\sigma_i')\mathrm{d}S_i\\&=\varphi_i\left(\oint_{S_i}\sigma_i\mathrm{d}S_i-\oint_{S_i}\sigma_i'\mathrm{d}S_i\right)=\varphi_i(Q_i-Q_i)=0\end{aligned} \tag{1.32.19}$$

将(1.32.18)、(1.32.19)两式代入(1.32.17)式得

$$\int_V \boldsymbol{E}\cdot(\boldsymbol{D}'-\boldsymbol{D})\mathrm{d}V=0 \tag{1.32.20}$$

将(1.32.20)式代入(1.32.12)式，由于被积函数是正数或零，故得

$$W'-W=\frac{1}{2}\int_V\varepsilon(\boldsymbol{E}'-\boldsymbol{E})^2\mathrm{d}V\geqslant 0 \tag{1.32.21}$$

最后得出

$$W\leqslant W' \tag{1.32.22}$$

这就表明，静电平衡时电场能量 W 为最小.

【讨论】 在上面的证明中，将 $\boldsymbol{E}$、$\boldsymbol{D}$ 与 $\boldsymbol{E}'$、$\boldsymbol{D}'$ 互换，能否得出

$$W-W'=\frac{1}{2}\int_V\varepsilon(\boldsymbol{E}-\boldsymbol{E}')^2\mathrm{d}V\geqslant 0 \tag{1.32.23}$$

的结果来？答案是不行. 说明如下. 将 $\boldsymbol{E}$、$\boldsymbol{D}$ 与 $\boldsymbol{E}'$、$\boldsymbol{D}'$ 互换，(1.32.8)式至(1.32.18)式都可用，但(1.32.19)式有问题. 因为这时

$$\oint_{S_i} \varphi'(\boldsymbol{D}'-\boldsymbol{D}) \cdot \mathrm{d}\boldsymbol{S}_i = \oint_{S_i} \varphi_i'(\sigma_i'-\sigma_i)\mathrm{d}S_i$$

由于σ_i'与静电平衡时的σ_i不同，导体表面就不是等势面(因为根据唯一性定理，在静电平衡时，导体上的电荷只能有唯一的一种分布)，所以φ_i'不是常量，因此不能当作常数拿到积分号外面去，这样就不能得出积分为零的结果，也就得不出(1.32.23)式来.

1.33 试证明：在恒定电流的情况下，导体内的电流分布遵守欧姆定律时，所产生的焦耳热为最小.

【证】 设导体的电阻率为ρ，则在恒定电流的情况下，导体内的电流分布遵守欧姆定律时，电流密度为

$$\boldsymbol{j} = \frac{1}{\rho}\boldsymbol{E} \tag{1.33.1}$$

式中$\boldsymbol{E}$是稳恒电场的电场强度. 这时整个导体内产生的焦耳热为

$$P = \int_V \boldsymbol{j} \cdot \boldsymbol{E}\mathrm{d}V = \int_V \rho j^2 \mathrm{d}V \tag{1.33.2}$$

式中V是整个载流导体的体积.

现在假定导体内有另一种电流分布，它也是恒定电流，但不遵守欧姆定律，它的电流密度为

$$\boldsymbol{j}' = \boldsymbol{j} + \delta\boldsymbol{j} = \frac{1}{\rho}\boldsymbol{E} + \delta\boldsymbol{j} \tag{1.33.3}$$

这种分布在整个导体内产生的焦耳热为

$$\begin{aligned} P' &= \int_V \rho j'^2 \mathrm{d}V = \int_V \rho(\boldsymbol{j}+\delta\boldsymbol{j})^2 \mathrm{d}V \\ &= \int_V \rho j^2 \mathrm{d}V + \int_V \rho(\delta j)^2 \mathrm{d}V + 2\int_V \rho\boldsymbol{j} \cdot \delta\boldsymbol{j}\mathrm{d}V \end{aligned} \tag{1.33.4}$$

因为是恒定电流，故存在电势φ，使得

$$\boldsymbol{E} = -\nabla\varphi \tag{1.33.5}$$

故(1.33.4)式右边最后一项的被积函数可化为

$$\rho\boldsymbol{j} \cdot \delta\boldsymbol{j} = \boldsymbol{E} \cdot \delta\boldsymbol{j} = -\nabla\varphi \cdot \delta\boldsymbol{j} \tag{1.33.6}$$

由矢量分析公式

$$\nabla \cdot (\varphi\boldsymbol{f}) = \nabla\varphi \cdot \boldsymbol{f} + \varphi\nabla \cdot \boldsymbol{f} \tag{1.33.7}$$

得

$$\nabla\varphi \cdot \delta\boldsymbol{j} = \nabla \cdot (\varphi\delta\boldsymbol{j}) - \varphi\nabla \cdot \delta\boldsymbol{j} \tag{1.33.8}$$

因为是恒定电流，电流密度的散度应为零，即

$$\nabla \cdot \boldsymbol{j}' = \nabla \cdot \boldsymbol{j} + \nabla \cdot \delta\boldsymbol{j} = 0 \tag{1.33.9}$$

已知

$$\nabla \cdot \boldsymbol{j} = 0 \tag{1.33.10}$$

所以

$$\nabla \cdot \delta \boldsymbol{j} = 0 \tag{1.33.11}$$

于是(1.33.4)式右边最后一项的积分为

$$\begin{aligned}\int_V \rho \boldsymbol{j} \cdot \delta \boldsymbol{j} \mathrm{d}V &= -\int_V \nabla \varphi \cdot \delta \boldsymbol{j} \mathrm{d}V = -\int_V \nabla \cdot (\varphi \delta \boldsymbol{j}) \mathrm{d}V \\ &= -\oint_S \varphi \delta \boldsymbol{j} \cdot \mathrm{d}\boldsymbol{S} = 0 \end{aligned} \tag{1.33.12}$$

上式最后的面积分为零,是因为 S 是整个载流导体的表面,在恒定电流的情况下,电流不能流出或流入导体的表面,故在导体表面上,处处有 $\delta \boldsymbol{j} \cdot \mathrm{d}\boldsymbol{S}=0$.

将(1.33.12)式代入(1.33.4)式得

$$P' = \int_V \rho j^2 \mathrm{d}V + \int_V \rho (\delta j)^2 \mathrm{d}V = P + \int_V \rho (\delta j)^2 \mathrm{d}V \tag{1.33.13}$$

由于电阻率 $\rho>0$,$(\delta j)^2 \geqslant 0$,故

$$\int_V \rho (\delta j)^2 \mathrm{d}V \geqslant 0 \tag{1.33.14}$$

所以

$$P' \geqslant P \tag{1.33.15}$$

其中等号仅用于 $\delta \boldsymbol{j}=0$ 时.

这就证明了,在恒定电流的情况下,导体内的电流分布遵守欧姆定律时,所产生的热量为最小.

1.34　将一个不带电的导体引入到一组固定的带电导体的电场中,电场的能量将减少. 试证明上述论断.

【证】　设原来的电场强度为 $\boldsymbol{E}$,电场所占据的空间为 V,电场的能量为 W;引入不带电的导体后,电场强度为 $\boldsymbol{E}'$,电场所占据的空间为 V',电场的能量为 W',则电场能量之差为

$$\begin{aligned} W - W' &= \frac{1}{2}\int_V \varepsilon E^2 \mathrm{d}V - \frac{1}{2}\int_{V'} \varepsilon E'^2 \mathrm{d}V \\ &= \frac{1}{2}\int_{V-V'} \varepsilon E^2 \mathrm{d}V + \frac{1}{2}\int_{V'} \varepsilon (E^2 - E'^2) \mathrm{d}V \\ &= \frac{1}{2}\int_{V-V'} \varepsilon E^2 \mathrm{d}V + \frac{1}{2}\int_{V'} \varepsilon (\boldsymbol{E} - \boldsymbol{E}')^2 \mathrm{d}V - \\ &\quad \int_{V'} \varepsilon \boldsymbol{E}' \cdot (\boldsymbol{E}' - \boldsymbol{E}) \mathrm{d}V \end{aligned} \tag{1.34.1}$$

因为是静电场,故

$$\boldsymbol{E} = -\nabla \varphi, \qquad \boldsymbol{E}' = -\nabla \varphi' \tag{1.34.2}$$

于是(1.34.1)式最后一项的积分可化为

$$\begin{aligned}\int_{V'} \varepsilon \boldsymbol{E}' \cdot (\boldsymbol{E}' - \boldsymbol{E}) \mathrm{d}V &= \int_{V'} \varepsilon \nabla \varphi' \cdot (\boldsymbol{E} - \boldsymbol{E}') \mathrm{d}V = \int_{V'} \nabla \varphi' \cdot (\boldsymbol{D} - \boldsymbol{D}') \mathrm{d}V \\ &= \int_{V'} \nabla \cdot [\varphi' (\boldsymbol{D} - \boldsymbol{D}')] \mathrm{d}V \end{aligned}$$

$$-\int_{V'}\varphi'(\nabla\cdot\boldsymbol{D}-\nabla\cdot\boldsymbol{D}')\mathrm{d}V \tag{1.34.3}$$

因为

$$\nabla\cdot\boldsymbol{D}=\rho,\quad \nabla\cdot\boldsymbol{D}'=\rho' \tag{1.34.4}$$

式中 ρ 和 ρ' 分别是引入不带电导体前后介质中的自由电荷量密度. 由于我们所考虑的是引入不带电导体所产生的电场能量变化,而不是 ρ 的变化所产生的电场能量变化,所以取

$$\rho'=\rho \tag{1.34.5}$$

这样,(1.34.3)式的第二项便为

$$\int_{V'}\varphi'(\nabla\cdot\boldsymbol{D}-\nabla\cdot\boldsymbol{D}')\mathrm{d}V=\int_{V'}\varphi'(\rho-\rho')\mathrm{d}V=0 \tag{1.34.6}$$

(1.34.3)式的第一项可化为

$$\int_{V'}\nabla\cdot[\varphi'(\boldsymbol{D}-\boldsymbol{D}')]\mathrm{d}V=\oint_S\varphi'(\boldsymbol{D}-\boldsymbol{D}')\cdot\mathrm{d}\boldsymbol{S}+\sum_i\oint_{S_i}\varphi'(\boldsymbol{D}-\boldsymbol{D}')\cdot\mathrm{d}\boldsymbol{S}_i \tag{1.34.7}$$

式中 S 是在无穷远处的封闭曲面,是 V' 的外边界. 当 S 趋于无穷远时,$S\to r^2$,$\varphi'\to r^{-1}$,$D\to r^{-2}$,故

$$\lim_{S\to\infty}\oint_S\varphi'(\boldsymbol{D}-\boldsymbol{D}')\cdot\mathrm{d}\boldsymbol{S}=0 \tag{1.34.8}$$

(1.34.7)式中第二项里的 S_i 是第 i 个导体的表面,它们是 V' 的内边界. 这些边界上的积分为

$$\begin{aligned}\sum_i\oint_{S_i}\varphi'(\boldsymbol{D}-\boldsymbol{D}')\cdot\mathrm{d}\boldsymbol{S}_i&=\sum_i\oint_{S_i}\varphi_i'(\sigma_i-\sigma_i')\mathrm{d}S_i\\&=\sum_i\varphi_i'\oint_{S_i}(\sigma_i-\sigma_i')\mathrm{d}S_i=\sum_i\varphi_i'(Q_i-Q_i')=0\end{aligned} \tag{1.34.9}$$

其中利用了导体是等势体,φ_i' 为常量;$Q_i=Q_i'$,是引入不带电导体后,各导体上的电荷量不变.

将(1.34.6)、(1.34.8)、(1.34.9)三式代入(1.34.3)式得

$$\int_{V'}\varepsilon\boldsymbol{E}'\cdot(\boldsymbol{E}'-\boldsymbol{E})\mathrm{d}V=0 \tag{1.34.10}$$

将(1.34.10)式代入(1.34.1)式便得

$$W-W'=\frac{1}{2}\int_{V-V'}\varepsilon E^2\mathrm{d}V+\frac{1}{2}\int_{V'}\varepsilon(\boldsymbol{E}-\boldsymbol{E}')^2\mathrm{d}V \tag{1.34.11}$$

因为被积函数恒为正,故定积分的值必为正. 于是得

$$W>W' \tag{1.34.12}$$

1.35 在电容率为 ε 的介质中,有电场强度为 $\boldsymbol{E}$ 的静电场,产生 $\boldsymbol{E}$ 的电荷都在有限范围内并保持不变. 将体积为 v、电容率为 ε' 的绝缘体 A 引入到介质 ε 中,结果电场强度由 $\boldsymbol{E}$ 变为 $\boldsymbol{E}'$. 试求电场能量的变化.

【解】 引入 A 前,电场能量为

$$W=\frac{1}{2}\int_V \boldsymbol{E}\cdot\boldsymbol{D}\mathrm{d}V \tag{1.35.1}$$

式中 $\boldsymbol{D}=\varepsilon\boldsymbol{E}$. 引入 A 后,电场能量为

$$W'=\frac{1}{2}\int_V \boldsymbol{E}'\cdot\boldsymbol{D}'\mathrm{d}V \tag{1.35.2}$$

式中 $\boldsymbol{D}'$在 A 内为 $\boldsymbol{D}'=\varepsilon'\boldsymbol{E}'$,在 A 外为 $\boldsymbol{D}'=\varepsilon\boldsymbol{E}'$.

由于引入 A 而产生的电场能量的增量为

$$\begin{aligned}\Delta W=W'-W&=\frac{1}{2}\int_V \boldsymbol{E}'\cdot\boldsymbol{D}'\mathrm{d}V-\frac{1}{2}\int_V \boldsymbol{E}\cdot\boldsymbol{D}\mathrm{d}V\\&=\frac{1}{2}\int_V \boldsymbol{E}'\cdot(\boldsymbol{D}'-\boldsymbol{D})\mathrm{d}V+\frac{1}{2}\int_V (\boldsymbol{E}'-\boldsymbol{E})\cdot\boldsymbol{D}\mathrm{d}V\end{aligned} \tag{1.35.3}$$

先看(1.35.3)式的第一项. 因为 $\boldsymbol{E}'$是静电场,故可写成电势 φ'的负梯度

$$\boldsymbol{E}'=-\nabla\varphi' \tag{1.35.4}$$

于是

$$\begin{aligned}\int_V \boldsymbol{E}'\cdot(\boldsymbol{D}'-\boldsymbol{D})\mathrm{d}V&=\int_V \nabla\varphi'\cdot(\boldsymbol{D}-\boldsymbol{D}')\mathrm{d}V\\&=\int_V \nabla\cdot[\varphi'(\boldsymbol{D}-\boldsymbol{D}')]\mathrm{d}V\\&\quad-\int_V \varphi'\,\nabla\cdot(\boldsymbol{D}-\boldsymbol{D}')\mathrm{d}V\end{aligned} \tag{1.35.5}$$

因为我们所考虑的电场能量增量 ΔW,是在保持产生 $\boldsymbol{E}$ 的电荷不变的情况下,引入 A 而引起的,所以 $\rho'=\rho$. 于是(1.35.5)式的第二项为

$$\int_V \varphi'(\nabla\cdot\boldsymbol{D}-\nabla\cdot\boldsymbol{D}')\mathrm{d}V=\int_V \varphi'(\rho-\rho')\mathrm{d}V=0 \tag{1.35.6}$$

(1.35.5)式的第一项可化为

$$\begin{aligned}\int_V \nabla\cdot[\varphi'(\boldsymbol{D}-\boldsymbol{D}')]\mathrm{d}V&=\int_{V-v} \nabla\cdot[\varphi'(\boldsymbol{D}-\boldsymbol{D}')]\mathrm{d}V+\int_v \nabla\cdot[\varphi'(\boldsymbol{D}-\boldsymbol{D}')]\mathrm{d}V\\&=\oint_S \varphi'(\boldsymbol{D}-\boldsymbol{D}')\mathrm{d}V+\oint_{S_{A+}} \varphi'(\boldsymbol{D}-\boldsymbol{D}')\cdot\mathrm{d}\boldsymbol{S}_{A+}+\\&\quad\oint_{S_{A-}} \varphi'(\boldsymbol{D}-\boldsymbol{D}')\cdot\mathrm{d}\boldsymbol{S}_{A-}\end{aligned} \tag{1.35.7}$$

式中 S 是无穷远处的封闭曲面;S_{A+} 是 $V-v$ 的边界面,S_{A-} 是 v 的边界面. 因产生 $\boldsymbol{E}$ 的源都在有限区域内,故当 S 趋于无穷远时,$S\to r^2$,$\varphi\to r^{-1}$,$\boldsymbol{D}$ 和 $\boldsymbol{D}'\to r^{-2}$,所以(1.35.7)式第一项为

$$\lim_{S\to\infty}\oint_S \varphi'(\boldsymbol{D}-\boldsymbol{D}')\cdot\mathrm{d}\boldsymbol{S}=0 \tag{1.35.8}$$

因为跨过边界面 S_A 时,电势是连续的,电位移的法向分量也是连续的,故(1.35.7)式第二、三两项之和为零.

将(1.35.6)、(1.35.7)、(1.35.8)三式代入(1.35.5)式得

$$\int_V \boldsymbol{E}' \cdot (\boldsymbol{D}' - \boldsymbol{D}) \mathrm{d}V = 0 \tag{1.35.9}$$

将(1.35.9)式代入(1.35.3)式便得

$$\begin{aligned}\Delta W &= \frac{1}{2}\int_V (\boldsymbol{E}' - \boldsymbol{E}) \cdot \boldsymbol{D} \mathrm{d}V \\ &= \frac{1}{2}\int_{V-v} (\boldsymbol{E}' - \boldsymbol{E}) \cdot \boldsymbol{D} \mathrm{d}V + \frac{1}{2}\int_v (\boldsymbol{E}' - \boldsymbol{E}) \cdot \boldsymbol{D} \mathrm{d}V\end{aligned} \tag{1.35.10}$$

式(1.35.10)第一项积分在介质 ε 内进行,这时 $\boldsymbol{D}=\varepsilon\boldsymbol{E}$,$\boldsymbol{D}'=\varepsilon\boldsymbol{E}'$,故

$$\begin{aligned}\int_{V-v} (\boldsymbol{E}' - \boldsymbol{E}) \cdot \boldsymbol{D} \mathrm{d}V &= \int_{V-v} (\boldsymbol{E}' - \boldsymbol{E}) \cdot \varepsilon\boldsymbol{E} \mathrm{d}V \\ &= \int_{V-v} (\boldsymbol{D}' - \boldsymbol{D}) \cdot \boldsymbol{E} \mathrm{d}V \\ &= \int_{V-v} \boldsymbol{E} \cdot (\boldsymbol{D}' - \boldsymbol{D}) \mathrm{d}V\end{aligned} \tag{1.35.11}$$

仿(1.35.5)式到(1.35.9)式的推导,可得

$$\int_V \boldsymbol{E} \cdot (\boldsymbol{D}' - \boldsymbol{D}) \mathrm{d}V = \int_{V-v} \boldsymbol{E} \cdot (\boldsymbol{D}' - \boldsymbol{D}) \mathrm{d}V + \int_v \boldsymbol{E} \cdot (\boldsymbol{D}' - \boldsymbol{D}) \mathrm{d}V = 0 \tag{1.35.12}$$

故(1.35.11)式右边可化为

$$\int_{V-v} \boldsymbol{E} \cdot (\boldsymbol{D}' - \boldsymbol{D}) \mathrm{d}V = -\int_v \boldsymbol{E} \cdot (\boldsymbol{D}' - \boldsymbol{D}) \mathrm{d}V \tag{1.35.13}$$

将(1.35.13)式代入(1.35.11)式,再将结果代入(1.35.10)式,便得

$$\begin{aligned}\Delta W &= -\frac{1}{2}\int_v \boldsymbol{E} \cdot (\boldsymbol{D}' - \boldsymbol{D}) \mathrm{d}V + \frac{1}{2}\int_v (\boldsymbol{E}' - \boldsymbol{E}) \cdot \boldsymbol{D} \mathrm{d}V \\ &= \frac{1}{2}\int_v (\boldsymbol{E}' \cdot \boldsymbol{D} - \boldsymbol{E} \cdot \boldsymbol{D}') \mathrm{d}V = \frac{1}{2}\int_v (\boldsymbol{E}' \cdot \varepsilon\boldsymbol{E} - \boldsymbol{E} \cdot \varepsilon'\boldsymbol{E}') \mathrm{d}V \\ &= \frac{1}{2}\int_v (\varepsilon - \varepsilon') \boldsymbol{E} \cdot \boldsymbol{E}' \mathrm{d}V\end{aligned} \tag{1.35.14}$$

这便是所要求的结果.

【讨论】 (1.35.14)式表明,若 $\varepsilon'>\varepsilon$,则 $\Delta W<0$. 这就是说,在保持自由电荷不变的情况下,将电容率较大的绝缘体引入到电容率较小的介质中,电场的能量便要减少. 一个大家熟知的例子便是,电容为 C_0 的空气电容器充电后,断开电源,保持电荷量 Q 不变,这时电场能量为

$$W = \frac{Q^2}{2C_0} \tag{1.35.15}$$

再将介电常量为 $\varepsilon_r>1$ 的绝缘介质放入这电容器的两极板间,电容就增大为 $C=\varepsilon_r C_0$,电场的能量便为

$$W' = \frac{Q^2}{2C} = \frac{1}{\varepsilon_r}W < W \tag{1.35.16}$$

即放入介质后，电场能量减少了.

从物理上看，电场能量减少的原因是，电场力对外做了功. 当介质将放入电容器的两极板间时，极板上的自由电荷 Q 和 $-Q$ 所产生的电场 $\boldsymbol{E}$ 会使介质极化，极化电荷受 $\boldsymbol{E}$ 的作用力是吸引力，因此，在介质进入极板间的过程中，电场便做了正功，所以电场能量便要减少.

1.36　试证明恩肖(R. S. Earnshaw)定理：只受静电力作用的电荷，不可能处在静止的稳定平衡状态.

【证】　根据力学原理，在势场中的物体只有在势能为极小值处才可能达到静止的稳定平衡状态. 当一个电荷量为 q 的点电荷处在外电场中时，设外电场在 q 点的电势为 φ，则 q 所具有的电势能便为

$$W = q\varphi$$

因此，要使 q 处在静止的稳定平衡状态，当 $q>0$，φ 应该是极小值才行；若 $q<0$，则 φ 应该是极大值才行. 但 q 所在的地方，并没有外电场的电荷存在，根据后面 2.2 题的结论，这时 φ 既不可能是极大值，也不可能是极小值. 这就说明，q 的电势能 W 不满足力学原理关于达到静止的稳定平衡状态的要求. 所以，若 q 只受静电力的作用，不可能处在静止的稳定平衡状态.

【讨论】　电荷在只受静电力的作用下，是可以处在静止的平衡状态的，但不是稳定平衡. 例如图 1.36 所示的三个点电荷 q、$-\frac{4}{9}q$ 和 $4q$ 在一直线上，q 和 $4q$ 相距为 l，$-\frac{4}{9}q$在它们中间离 q 为$\frac{l}{3}$处. 这时三个电荷中任何一个受另外两个的静电力之和都是零.

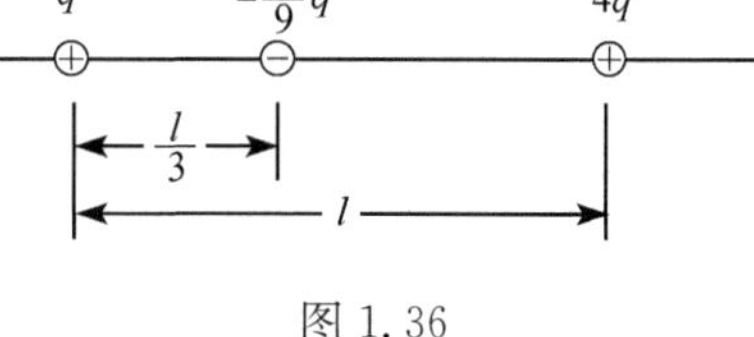

图 1.36

因此，它们可以处在静止的平衡状态. 但这个平衡是不稳定的，因为其中任何一个电荷稍微离开平衡位置，另外两个电荷作用在它上面的静电力都不会使它回到平衡位置. 所以这种平衡是不稳定平衡. 又如电荷均匀分布在球面上时，将另外一个点电荷 q 放在球面内任何地方，球面电荷作用在 q 上的静电力均为零，因此，在静电力的作用下，q 可以在球面内任一点静止不动，即达到平衡. 但这种平衡是随遇平衡，而不是稳定平衡，因为 q 离开平衡点后，静电力不会使它回到原来的平衡点.

1.37　电偶极矩为 $\boldsymbol{p}$ 的电偶极子在外静电场 $\boldsymbol{E}$ 中的能量(电势能)为 $W=-\boldsymbol{p}\cdot\boldsymbol{E}$，试由矢量分析中的 $\nabla(\boldsymbol{A}\cdot\boldsymbol{B})$ 的公式证明，$\boldsymbol{p}$ 在 $\boldsymbol{E}$ 中所受的力为 $\boldsymbol{F}=(\boldsymbol{p}\cdot\nabla)\boldsymbol{E}$.

【证】　$\boldsymbol{p}$ 在 $\boldsymbol{E}$ 中所受的力为

$$\begin{aligned}\boldsymbol{F} &= -\nabla W = \nabla(\boldsymbol{p}\cdot\boldsymbol{E})\\ &= \boldsymbol{p}\times(\nabla\times\boldsymbol{E}) + \boldsymbol{E}\times(\nabla\times\boldsymbol{p}) + (\boldsymbol{p}\cdot\nabla)\boldsymbol{E} + (\boldsymbol{E}\cdot\nabla)\boldsymbol{p}\end{aligned}$$

因 $\boldsymbol{E}$ 为静电场，故 $\nabla\times\boldsymbol{E}=0$；又因 $\boldsymbol{p}$ 为常矢量，故 $\nabla\times\boldsymbol{p}=0$，$(\boldsymbol{E}\cdot\nabla)\boldsymbol{p}=0$. 于是得

$$\boldsymbol{F}=(\boldsymbol{p}\cdot\nabla)\boldsymbol{E}$$

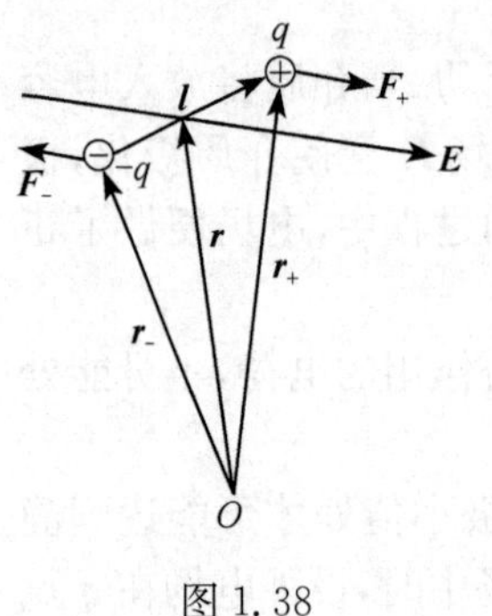

图 1.38

1.38 试求电偶极矩为 $\boldsymbol{p}$ 的电偶子在非均匀外电场 $\boldsymbol{E}$ 中所受的力矩.

【解】 如图 1.38 所示，设 $\boldsymbol{p}=q\boldsymbol{l}$，则作用在 $\boldsymbol{p}$ 上的力为 $\boldsymbol{F}_+=q\boldsymbol{E}_+$ 和 $\boldsymbol{F}_-=-q\boldsymbol{E}_-$，式中 $\boldsymbol{E}_+$ 和 $\boldsymbol{E}_-$ 分别为 $\boldsymbol{p}$ 的正电荷和负电荷所在处的外电场强度. 这两个力对 O 点的力矩依定义为

$$\begin{aligned}\boldsymbol{M}&=\boldsymbol{r}_+\times\boldsymbol{F}_+-\boldsymbol{r}_-\times\boldsymbol{F}_-=q(\boldsymbol{r}_+\times\boldsymbol{E}_+-\boldsymbol{r}_-\times\boldsymbol{E}_-)\\&=q\left(\boldsymbol{r}+\frac{1}{2}\boldsymbol{l}\right)\times\boldsymbol{E}_+-q\left(\boldsymbol{r}-\frac{1}{2}\boldsymbol{l}\right)\times\boldsymbol{E}_-\\&=q\boldsymbol{r}\times(\boldsymbol{E}_+-\boldsymbol{E}_-)+\frac{1}{2}q\boldsymbol{l}\times(\boldsymbol{E}_++\boldsymbol{E}_-)\end{aligned}\tag{1.38.1}$$

l 很小，故

$$\boldsymbol{l}\times\frac{1}{2}(\boldsymbol{E}_++\boldsymbol{E}_-)=\boldsymbol{l}\times\boldsymbol{E}\tag{1.38.2}$$

式中 $\boldsymbol{E}$ 为 $\boldsymbol{p}$ 的中心（即 $\boldsymbol{p}$ 所在处）的外电场强度. 又

$$\boldsymbol{E}_+=\boldsymbol{E}+\frac{1}{2}(\boldsymbol{l}\cdot\nabla)\boldsymbol{E}\tag{1.38.3}$$

$$\boldsymbol{E}_-=\boldsymbol{E}-\frac{1}{2}(\boldsymbol{l}\cdot\nabla)\boldsymbol{E}\tag{1.38.4}$$

$$\boldsymbol{E}_+-\boldsymbol{E}_-=(\boldsymbol{l}\cdot\nabla)\boldsymbol{E}\tag{1.38.5}$$

于是得所求力矩为

$$\begin{aligned}\boldsymbol{M}&=\boldsymbol{r}\times[(q\boldsymbol{l}\cdot\nabla)\boldsymbol{E}]+q\boldsymbol{l}\times\boldsymbol{E}\\&=\boldsymbol{r}\times[(\boldsymbol{p}\cdot\nabla)\boldsymbol{E}]+\boldsymbol{p}\times\boldsymbol{E}\end{aligned}\tag{1.38.6}$$

1.39 电偶极矩分别为 $\boldsymbol{p}_1$ 和 $\boldsymbol{p}_2$ 的两个电偶极子，相距为 r，位置矢量 $\boldsymbol{r}$ 的方向从 $\boldsymbol{p}_1$ 到 $\boldsymbol{p}_2$，如图 1.39(1)所示.（1）求它们之间的电势能 W；（2）求 $\boldsymbol{p}_2$ 所受 $\boldsymbol{p}_1$ 的作用力 $\boldsymbol{F}_{21}$.

【解】 根据定义和基本公式求解.

（1）以 $\boldsymbol{p}_1$ 为极轴方向，取球坐标系，则 $\boldsymbol{p}_1$ 可分解为[参看图 1.39(2)]

$$\begin{aligned}\boldsymbol{p}_1&=(\boldsymbol{p}_1\cdot\boldsymbol{e}_r)\boldsymbol{e}_r+(\boldsymbol{p}_1\cdot\boldsymbol{e}_\theta)\boldsymbol{e}_\theta\\&=p_1\cos\theta\boldsymbol{e}_r-p_1\sin\theta\boldsymbol{e}_\theta\end{aligned}\tag{1.39.1}$$

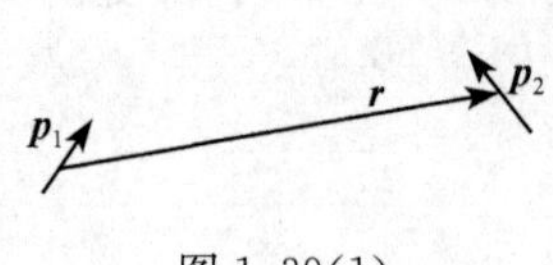

图 1.39(1)

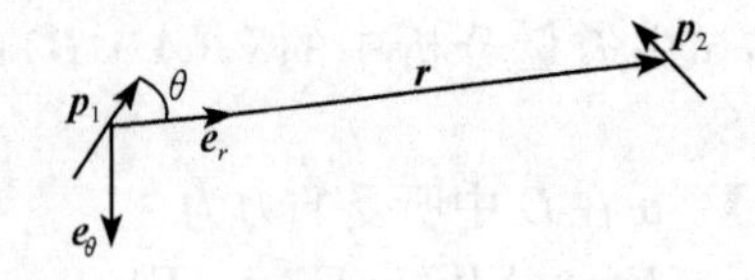

图 1.39(2)

$\boldsymbol{p}_1$ 和 $\boldsymbol{p}_2$ 间的电势能便是 $\boldsymbol{p}_2$ 在 $\boldsymbol{p}_1$ 的电场中的电势能，或 $\boldsymbol{p}_1$ 在 $\boldsymbol{p}_2$ 的电场中的电势能. 设 $\boldsymbol{p}_2 = q_2\boldsymbol{l}_2$，$\boldsymbol{p}_1$ 在 q_2 处产生的电势为 φ_{1+}，在 $-q_2$ 处产生的电势为 φ_{1-}，则 $\boldsymbol{p}_2$ 在 $\boldsymbol{p}_1$ 的电场中的电势能为

$$
\begin{aligned}
W &= q_2\varphi_{1+} + (-q_2)\varphi_{1-} = q_2(\varphi_{1+} - \varphi_{1-}) = q_2\,\nabla\varphi_1 \cdot \boldsymbol{l}_2 \\
&= q_2\boldsymbol{l}_2 \cdot \nabla\varphi_1 = \boldsymbol{p}_2 \cdot \nabla\varphi_1 = \boldsymbol{p}_2 \cdot \nabla\left(\frac{\boldsymbol{p}_1 \cdot \boldsymbol{r}}{4\pi\varepsilon_0 r^3}\right) \\
&= \frac{1}{4\pi\varepsilon_0}\boldsymbol{p}_2 \cdot \nabla\left(\frac{p_1\cos\theta}{r^2}\right) = \frac{p_1}{4\pi\varepsilon_0}\boldsymbol{p}_2 \cdot \nabla\left(\frac{\cos\theta}{r^2}\right) \\
&= \frac{p_1}{4\pi\varepsilon_0}\boldsymbol{p}_2 \cdot \left[\frac{\partial}{\partial r}\left(\frac{\cos\theta}{r^2}\right)\boldsymbol{e}_r + \frac{1}{r}\frac{\partial}{\partial\theta}\left(\frac{\cos\theta}{r^2}\right)\boldsymbol{e}_\theta + \frac{1}{r\sin\theta}\frac{\partial}{\partial\phi}\left(\frac{\cos\theta}{r^2}\right)\boldsymbol{e}_\phi\right] \\
&= \frac{p_1}{4\pi\varepsilon_0}\boldsymbol{p}_2 \cdot \left[-\frac{2\cos\theta}{r^3}\boldsymbol{e}_r + \frac{1}{r^3}(-\sin\theta)\boldsymbol{e}_\theta\right] \\
&= \frac{1}{4\pi\varepsilon_0 r^3}\boldsymbol{p}_2 \cdot (-3p_1\cos\theta\boldsymbol{e}_r + p_1\cos\theta\boldsymbol{e}_r - p_1\sin\theta\boldsymbol{e}_\theta) \\
&= \frac{1}{4\pi\varepsilon_0 r^3}\boldsymbol{p}_2 \cdot \left(-\frac{3\boldsymbol{p}_1 \cdot \boldsymbol{r}}{r}\boldsymbol{e}_r + \boldsymbol{p}_1\right) \\
&= \frac{1}{4\pi\varepsilon_0 r^3}\left[-\frac{3(\boldsymbol{p}_1 \cdot \boldsymbol{r})(\boldsymbol{p}_2 \cdot \boldsymbol{r})}{r^2} + \boldsymbol{p}_1 \cdot \boldsymbol{p}_2\right] \\
&= \frac{1}{4\pi\varepsilon_0 r^5}[r^2(\boldsymbol{p}_1 \cdot \boldsymbol{p}_2) - 3(\boldsymbol{p}_1 \cdot \boldsymbol{r})(\boldsymbol{p}_2 \cdot \boldsymbol{r})]
\end{aligned}
\tag{1.39.2}
$$

（2）设 $\boldsymbol{p}_1$ 在 $\boldsymbol{p}_2$ 处产生的电场强度为 $\boldsymbol{E}_1$，则 $\boldsymbol{p}_1$ 在 $\boldsymbol{p}_2$ 的正负电荷所在处产生的电场强度便分别为

$$\boldsymbol{E}_{1+} = \boldsymbol{E}_1 + \left(\frac{1}{2}\boldsymbol{l}_2 \cdot \nabla\right)\boldsymbol{E}_1 \tag{1.39.3}$$

和

$$\boldsymbol{E}_{1-} = \boldsymbol{E}_1 + \left(-\frac{1}{2}\boldsymbol{l}_2 \cdot \nabla\right)\boldsymbol{E}_1 \tag{1.39.4}$$

故 $\boldsymbol{p}_2$ 所受的力便为

$$
\begin{aligned}
\boldsymbol{F}_{21} &= q_2\boldsymbol{E}_{1+} + (-q_2)\boldsymbol{E}_{1-} = q_2(\boldsymbol{E}_{1+} - \boldsymbol{E}_{1-}) \\
&= q_2(\boldsymbol{l}_2 \cdot \nabla)\boldsymbol{E}_1 = (\boldsymbol{p}_2 \cdot \nabla)\boldsymbol{E}_1
\end{aligned}
\tag{1.39.5}
$$

由矢量分析公式

$$
\begin{aligned}
\nabla(p_2 \cdot \boldsymbol{E}_1) = \boldsymbol{p}_2 \times (\nabla \times \boldsymbol{E}_1) + \boldsymbol{E}_1 \times (\nabla \times \boldsymbol{p}_2) \\
+ (\boldsymbol{p}_2 \cdot \nabla)\boldsymbol{E}_1 + (\boldsymbol{E}_1 \cdot \nabla)\boldsymbol{p}_2
\end{aligned}
$$

$$\nabla \times \boldsymbol{E}_1 = 0,\quad \nabla \times \boldsymbol{p}_2 = 0,\quad (\boldsymbol{E}_1 \cdot \nabla)\boldsymbol{p}_2 = 0$$

$$(\boldsymbol{p}_2 \cdot \nabla)\boldsymbol{E}_1 = \nabla(\boldsymbol{p}_2 \cdot \boldsymbol{E}_1) \tag{1.39.6}$$

故(1.39.5)式可写成

$$\boldsymbol{F}_{21} = \nabla(\boldsymbol{p}_2 \cdot \boldsymbol{E}_1) \tag{1.39.7}$$

因

$$\boldsymbol{E}_1=\frac{1}{4\pi\varepsilon_0 r^5}[3(\boldsymbol{p}_1\cdot\boldsymbol{r})\boldsymbol{r}-r^2\boldsymbol{p}_1] \tag{1.39.8}$$

于是得

$$\begin{aligned}
\boldsymbol{F}_{21}&=\nabla(\boldsymbol{p}_2\cdot\boldsymbol{E}_1)\\
&=\frac{1}{4\pi\varepsilon_0}\nabla\left\{\frac{3(\boldsymbol{p}_1\cdot\boldsymbol{r})(\boldsymbol{p}_2\cdot\boldsymbol{r})-r^2(\boldsymbol{p}_1\cdot\boldsymbol{p}_2)}{r^5}\right\}\\
&=\frac{1}{4\pi\varepsilon_0}\left\{\frac{3(\boldsymbol{p}_2\cdot\boldsymbol{r})\nabla(\boldsymbol{p}_1\cdot\boldsymbol{r})}{r^5}+\frac{3(\boldsymbol{p}_1\cdot\boldsymbol{r})\nabla(\boldsymbol{p}_2\cdot\boldsymbol{r})}{r^5}-\right.\\
&\quad\left.\frac{15(\boldsymbol{p}_1\cdot\boldsymbol{r})(\boldsymbol{p}_2\cdot\boldsymbol{r})\boldsymbol{r}}{r^7}+\frac{3(\boldsymbol{p}_1\cdot\boldsymbol{p}_2)\boldsymbol{r}}{r^5}\right\}\\
&=\frac{1}{4\pi\varepsilon_0 r^7}\{3(\boldsymbol{p}_2\cdot\boldsymbol{r})r^2\boldsymbol{p}_1+3(\boldsymbol{p}_1\cdot\boldsymbol{r})r^2\boldsymbol{p}_2-15(\boldsymbol{p}_1\cdot\boldsymbol{r})(\boldsymbol{p}_2\cdot\boldsymbol{r})\boldsymbol{r}+3(\boldsymbol{p}_1\cdot\boldsymbol{p}_2)r^2\boldsymbol{r}\}\\
&=\frac{3}{4\pi\varepsilon_0 r^7}\{[(\boldsymbol{p}_2\cdot\boldsymbol{r})\boldsymbol{p}_1+(\boldsymbol{p}_1\cdot\boldsymbol{r})\boldsymbol{p}_2]r^2+[(\boldsymbol{p}_1\cdot\boldsymbol{p}_2)r^2-5(\boldsymbol{p}_1\cdot\boldsymbol{r})(\boldsymbol{p}_2\cdot\boldsymbol{r})]\boldsymbol{r}\}
\end{aligned}$$

$$\boldsymbol{F}_{21}=\frac{3}{4\pi\varepsilon_0 r^7}\{[(\boldsymbol{p}_1\cdot\boldsymbol{r})\boldsymbol{p}_2+(\boldsymbol{p}_2\cdot\boldsymbol{r})\boldsymbol{p}_1+(\boldsymbol{p}_1\cdot\boldsymbol{p}_2)\boldsymbol{r}]r^2-5(\boldsymbol{p}_1\cdot\boldsymbol{r})(\boldsymbol{p}_2\cdot\boldsymbol{r})\boldsymbol{r}\} \tag{1.39.9}$$

【别解】 利用已知结果求解.

(1) 电偶极矩为 $\boldsymbol{p}$ 的电偶极子在外电场 $\boldsymbol{E}$ 中的电势能为

$$W=-\boldsymbol{p}\cdot\boldsymbol{E} \tag{1.39.10}$$

电偶子产生的电场为

$$\boldsymbol{E}=\frac{1}{4\pi\varepsilon_0}\frac{3(\boldsymbol{p}\cdot\boldsymbol{r})\boldsymbol{r}-r^2\boldsymbol{p}}{r^5} \tag{1.39.11}$$

故 $\boldsymbol{p}_2$ 在 $\boldsymbol{p}_1$ 的电场中的电势能便为

$$\begin{aligned}
W&=-\boldsymbol{p}_2\cdot\boldsymbol{E}_1=-\frac{1}{4\pi\varepsilon_0 r^5}\boldsymbol{p}_2\cdot[3(\boldsymbol{p}_1\cdot\boldsymbol{r})\boldsymbol{r}-r^2\boldsymbol{p}_1]\\
&=\frac{1}{4\pi\varepsilon_0 r^5}[r^2(\boldsymbol{p}_1\cdot\boldsymbol{p}_2)-3(\boldsymbol{p}_1\cdot\boldsymbol{r})(\boldsymbol{p}_2\cdot\boldsymbol{r})]
\end{aligned} \tag{1.39.12}$$

(2) 电场力做的功为

$$\mathrm{d}A=q\boldsymbol{E}\cdot\mathrm{d}\boldsymbol{r}=\boldsymbol{F}\cdot\mathrm{d}\boldsymbol{r} \tag{1.39.13}$$

因电场力做的功等于电势能减少的值,即

$$\mathrm{d}A=-\mathrm{d}W \tag{1.39.14}$$

而

$$\mathrm{d}W=\nabla W\cdot\mathrm{d}\boldsymbol{r} \tag{1.39.15}$$

故得

$$\boldsymbol{F}=-\nabla W \tag{1.39.16}$$

将(1.39.12)式代入上式,经过计算[参考(1.39.9)式的推导过程],便得

$$\boldsymbol{F}_{21}=\frac{3}{4\pi\varepsilon_0 r^7}\{[(\boldsymbol{p}_1\cdot\boldsymbol{r})\boldsymbol{p}_2+(\boldsymbol{p}_2\cdot\boldsymbol{r})\boldsymbol{p}_1+(\boldsymbol{p}_1\cdot\boldsymbol{p}_2)\boldsymbol{r}]r^2-5(\boldsymbol{p}_1\cdot\boldsymbol{r})(\boldsymbol{p}_2\cdot\boldsymbol{r})\boldsymbol{r}\}$$

这便是(1.39.9)式.

【讨论】 (1) 在两电偶极子间的电势能 W 中,将 $\boldsymbol{r}$ 换成 $-\boldsymbol{r}$,W 的值不变;将 $\boldsymbol{p}_1$ 与 $\boldsymbol{p}_2$ 交换,W 的值也不变.

(2) $\boldsymbol{p}_2$ 受 $\boldsymbol{p}_1$ 的作用力 $\boldsymbol{F}_{21}$ 中,将 $\boldsymbol{p}_1$ 与 $\boldsymbol{p}_2$ 对换,同时将 $\boldsymbol{r}$ 换成 $-\boldsymbol{r}$,便得 $\boldsymbol{p}_1$ 受 $\boldsymbol{p}_2$ 的作用力 $\boldsymbol{F}_{12}$,即

$$\boldsymbol{F}_{12}=\frac{3}{4\pi\varepsilon_0 r^7}\{[-(\boldsymbol{p}_2\cdot\boldsymbol{r})\boldsymbol{p}_1-(\boldsymbol{p}_1\cdot\boldsymbol{r})\boldsymbol{p}_2-(\boldsymbol{p}_1\cdot\boldsymbol{p}_2)\boldsymbol{r}]r^2+5(\boldsymbol{p}_1\cdot\boldsymbol{r})(\boldsymbol{p}_2\cdot\boldsymbol{r})\boldsymbol{r}\} \tag{1.39.17}$$

比较(1.39.9)式和(1.39.17)式可见:$\boldsymbol{F}_{12}=-\boldsymbol{F}_{21}$.

(3) 特殊情况.

① $\boldsymbol{p}_1$ 和 $\boldsymbol{p}_2$ 在同一直线上.

(i) $\boldsymbol{p}_1$ 与 $\boldsymbol{p}_2$ 同方向.

$$W=\frac{1}{4\pi\varepsilon_0 r^5}[r^2(\boldsymbol{p}_1\cdot\boldsymbol{p}_2)-3(\boldsymbol{p}_1\cdot\boldsymbol{r})(\boldsymbol{p}_2\cdot\boldsymbol{r})]=-\frac{p_1p_2}{2\pi\varepsilon_0 r^3} \tag{1.39.18}$$

$$\boldsymbol{F}_{21}=\frac{3}{4\pi\varepsilon_0 r^7}\{[p_1p_2\boldsymbol{r}+p_1p_2\boldsymbol{r}+p_1p_2\boldsymbol{r}]r^2-5p_1p_2r^2\boldsymbol{r}\}$$

$$=-\frac{3p_1p_2\boldsymbol{r}}{2\pi\varepsilon_0 r^5} \tag{1.39.19}$$

$\boldsymbol{F}_{21}$与 $\boldsymbol{r}$ 方面相反,表示是吸引力.

(ii) $\boldsymbol{p}_1$ 与 $\boldsymbol{p}_2$ 反方向.

$$W=\frac{1}{4\pi\varepsilon_0 r^5}[-r^2p_1p_2-3(p_1r)(-p_2r)]=\frac{p_1p_2}{2\pi\varepsilon_0 r^3} \tag{1.39.20}$$

$$\boldsymbol{F}_{21}=\frac{3}{4\pi\varepsilon_0 r^7}\{[-p_1p_2\boldsymbol{r}-p_1p_2\boldsymbol{r}-p_1p_2\boldsymbol{r}]r^2-5(p_1r)(-p_2r)\boldsymbol{r}\}$$

$$=\frac{3p_1p_2\boldsymbol{r}}{2\pi\varepsilon_0 r^5} \tag{1.39.21}$$

② $\boldsymbol{p}_2$ 在 $\boldsymbol{p}_1$ 的中垂线上.

(i) $\boldsymbol{p}_2$ 向 $\boldsymbol{p}_1$,如图 1.39(3)所示.这时 $\boldsymbol{p}_1\cdot\boldsymbol{r}=0$, $\boldsymbol{p}_2\cdot\boldsymbol{r}=-p_2r$, $\boldsymbol{p}_1\cdot\boldsymbol{p}_2=0$. 分别代入(1.39.2)式和(1.39.9)式得

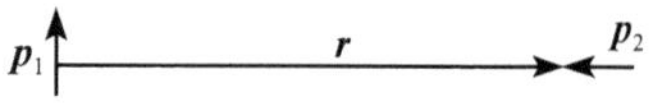

p_1　r　p_2

图 1.39(3)

$$W=0 \tag{1.39.22}$$

$$\boldsymbol{F}_{21}=-\frac{3p_2\boldsymbol{p}_1}{4\pi\varepsilon_0 r^4} \tag{1.39.23}$$

(ii) $\boldsymbol{p}_2$ 背向 $\boldsymbol{p}_1$,这时 $\boldsymbol{p}_2$ 与图 1.39(2)中的 $\boldsymbol{p}_2$ 方向相反. $\boldsymbol{p}_1\cdot\boldsymbol{r}=0$, $\boldsymbol{p}_2\cdot\boldsymbol{r}=p_2r$, $\boldsymbol{p}_1\cdot\boldsymbol{p}=0$. 于是

$$W = 0 \tag{1.39.24}$$

$$\boldsymbol{F}_{21} = \frac{3p_2\boldsymbol{p}_1}{4\pi\varepsilon_0 r^4} \tag{1.39.25}$$

(iii) $\boldsymbol{p}_2$ 与 $\boldsymbol{p}_1$ 平行,这时 $\boldsymbol{p}_1 \cdot \boldsymbol{r}=0$, $\boldsymbol{p}_2 \cdot \boldsymbol{r}=0$, $\boldsymbol{p}_1 \cdot \boldsymbol{p}_2 = p_1p_2$. 结果为

$$W = \frac{p_1p_2}{4\pi\varepsilon_0 r^3} \tag{1.39.26}$$

$$F_{21} = \frac{3p_1p_2\boldsymbol{r}}{4\pi\varepsilon_0 r^5} \tag{1.39.27}$$

(iv) $\boldsymbol{p}_2$ 与 $\boldsymbol{p}_1$ 反平行. 这时 $\boldsymbol{p}_1 \cdot \boldsymbol{r}=0$, $\boldsymbol{p}_2 \cdot \boldsymbol{r}=0$, $\boldsymbol{p}_1 \cdot \boldsymbol{p}_2 = -p_1p_2$. 结果为

$$W = -\frac{p_1p_2}{4\pi\varepsilon_0 r^3} \tag{1.39.28}$$

$$\boldsymbol{F}_{21} = -\frac{3p_1p_2\boldsymbol{r}}{4\pi\varepsilon_0 r^5} \tag{1.39.29}$$

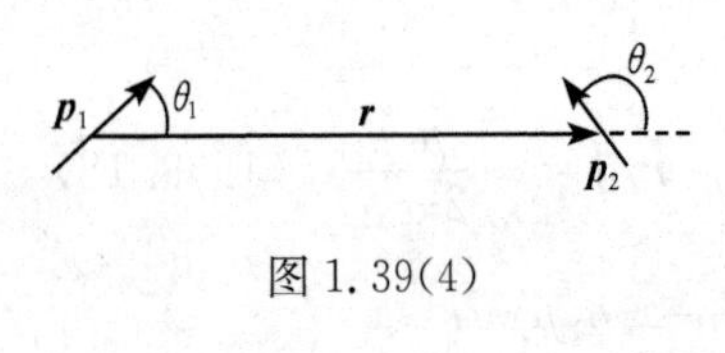

图 1.39(4)

③ $\boldsymbol{p}_1$ 和 $\boldsymbol{p}_2$ 在同一平面内,$\boldsymbol{p}_1$ 和 $\boldsymbol{p}_2$ 与 $\boldsymbol{r}$ 的夹角分别为 θ_1 和 θ_2,如图 1.39(4)所示. 这时

$$\begin{aligned} W &= \frac{1}{4\pi\varepsilon_0 r^5}[r^2(\boldsymbol{p}_1 \cdot \boldsymbol{p}_2) - 3(\boldsymbol{p}_1 \cdot \boldsymbol{r})(\boldsymbol{p}_2 \cdot \boldsymbol{r})] \\ &= \frac{p_1p_2}{4\pi\varepsilon_0 r^3}[\cos(\theta_2 - \theta_1) - 3\cos\theta_1\cos\theta_2] \\ &= \frac{p_1p_2}{4\pi\varepsilon_0 r^3}(\sin\theta_1\sin\theta_2 - 2\cos\theta_1\cos\theta_2) \end{aligned} \tag{1.39.30}$$

$$\begin{aligned} \boldsymbol{F}_{21} &= \frac{3}{4\pi\varepsilon_0 r^7}\{[(\boldsymbol{p}_1 \cdot \boldsymbol{r})\boldsymbol{p}_2 + (\boldsymbol{p}_2 \cdot \boldsymbol{r})\boldsymbol{p}_1 + (\boldsymbol{p}_1 \cdot \boldsymbol{p}_2)\boldsymbol{r}]r^2 - 5(\boldsymbol{p}_1 \cdot \boldsymbol{r})(\boldsymbol{p}_2 \cdot \boldsymbol{r})\boldsymbol{r}\} \\ &= \frac{3}{4\pi\varepsilon_0 r^5}\{(p_1\cos\theta_1\boldsymbol{p}_2 + p_2\cos\theta_2\boldsymbol{p}_1)r + p_1p_2(\sin\theta_1\sin\theta_2 - 4\cos\theta_1\cos\theta_2)\boldsymbol{r}\} \end{aligned} \tag{1.39.31}$$

1.40 真空中有两个点电荷,相距为 $2a$,在下列两种情况下,试用麦克斯韦应力张量分别计算它们中垂面上的应力:(1) 电荷量均为 q;(2) 电荷量分别为 $-q$ 和 q.

【解】 (1) 先求中垂面上的电场强度. 以两 q 连线的中点 O 为原点,取笛卡儿坐标系,使两电荷在 x 轴上,如图 1.40(1)所示. 这时两 q 的中垂面即 yz 平面,亦即 $x=0$ 平面. 这平面上任一点 $P(0,y,z)$,到两 q 的距离相等,其值为

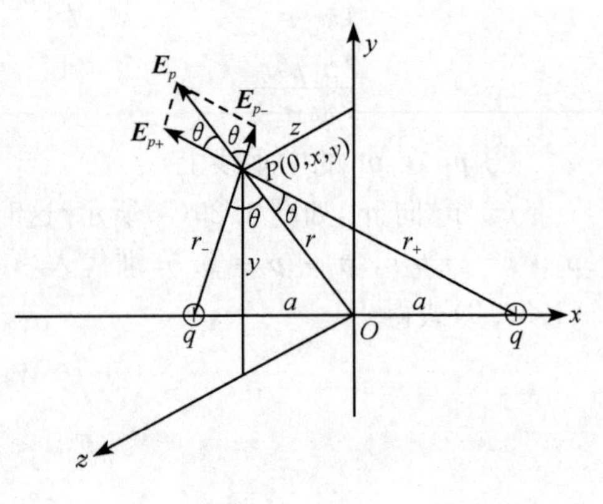

图 1.40(1)

$$r_+ = r_- = \sqrt{a^2+y^2+z^2} = \sqrt{a^2+r^2} \tag{1.40.1}$$

它们在 P 点产生的电场强度大小相等,其值为

$$E_{P+} = E_{P-} = \frac{q}{4\pi\varepsilon_0}\frac{1}{a^2+r^2} \tag{1.40.2}$$

合场强 $\boldsymbol{E}_P$ 的方向为 $O\to P$ 方向,其大小为

$$E_P = 2E_{P+}\cos\theta = 2E_{P+}\frac{r}{\sqrt{a^2+r^2}} = \frac{q}{2\pi\varepsilon_0}\frac{r}{(a^2+r^2)^{3/2}} \tag{1.40.3}$$

$\boldsymbol{E}_P$ 的三个分量为

$$E_{Px} = 0 \tag{1.40.4}$$

$$E_{Py} = E_P\frac{y}{r} = \frac{q}{2\pi\varepsilon_0}\frac{y}{(a^2+r^2)^{3/2}} \tag{1.40.5}$$

$$E_{Pz} = E_P\frac{z}{r} = \frac{q}{2\pi\varepsilon_0}\frac{z}{(a^2+r^2)^{3/2}} \tag{1.40.6}$$

在 P 点,麦克斯韦应力张量为

$$\begin{aligned}\boldsymbol{T} &= \varepsilon_0\left(\frac{1}{2}E_P^2\boldsymbol{I} - \boldsymbol{E}_P\boldsymbol{E}_P\right)\\ &= \frac{\varepsilon_0}{2}E_P^2(\boldsymbol{e}_x\boldsymbol{e}_x + \boldsymbol{e}_y\boldsymbol{e}_y + \boldsymbol{e}_z\boldsymbol{e}_z)\\ &\quad - \varepsilon_0(E_{Py}^2\boldsymbol{e}_y\boldsymbol{e}_y + E_{Pz}^2\boldsymbol{e}_z\boldsymbol{e}_z) - \varepsilon_0 E_{Py}E_{Pz}(\boldsymbol{e}_y\boldsymbol{e}_z + \boldsymbol{e}_z\boldsymbol{e}_y)\end{aligned} \tag{1.40.7}$$

在中垂面上 P 点处取面元 $\mathrm{d}\boldsymbol{S}=\mathrm{d}S\boldsymbol{e}_x$,按麦克斯韦应力张量的意义,$x>0$ 处的电场通过 $\mathrm{d}\boldsymbol{S}$ 作用在 $x<0$ 处的电场的应力为

$$\begin{aligned}\mathrm{d}\boldsymbol{F} &= -\boldsymbol{T}\cdot\mathrm{d}\boldsymbol{S} = -\Big[\frac{\varepsilon_0}{2}E_P^2(\boldsymbol{e}_x\boldsymbol{e}_x + \boldsymbol{e}_y\boldsymbol{e}_y + \boldsymbol{e}_z\boldsymbol{e}_z)\\ &\quad - \varepsilon_0(E_{Py}^2\boldsymbol{e}_y\boldsymbol{e}_y + E_{Pz}^2\boldsymbol{e}_z\boldsymbol{e}_z) - \varepsilon_0 E_{Py}E_{Pz}(\boldsymbol{e}_y\boldsymbol{e}_z + \boldsymbol{e}_z\boldsymbol{e}_y)\Big]\cdot\mathrm{d}S\boldsymbol{e}_x\\ &= -\frac{\varepsilon_0}{2}E_P^2\mathrm{d}S\boldsymbol{e}_x = -\frac{\varepsilon_0}{2}\left(\frac{q}{2\pi\varepsilon_0}\right)^2\frac{r^2\mathrm{d}S}{(a^2+r^2)^3}\boldsymbol{e}_x\end{aligned} \tag{1.40.8}$$

根据对称性,中垂面上到 O 的距离相等处,应力 $\mathrm{d}\boldsymbol{F}$ 相等. 因此可取 $\mathrm{d}S=2\pi r\mathrm{d}r$,代入上式便得

$$\mathrm{d}\boldsymbol{F} = -\frac{\varepsilon_0}{2}\left(\frac{q}{2\pi\varepsilon_0}\right)^2\frac{r^2\cdot 2\pi r\mathrm{d}r}{(a^2+r^2)^3}\boldsymbol{e}_x = -\frac{\pi\varepsilon_0}{2}\left(\frac{q}{2\pi\varepsilon_0}\right)^2\frac{r^2\mathrm{d}r^2}{(a^2+r^2)^3}\boldsymbol{e}_x \tag{1.40.9}$$

积分便得整个中垂面上的应力为

$$\begin{aligned}\boldsymbol{F} &= -\frac{\pi\varepsilon_0}{2}\left(\frac{q}{2\pi\varepsilon_0}\right)^2\int_0^\infty\frac{r^2\mathrm{d}r^2}{(a^2+r^2)^3}\boldsymbol{e}_x\\ &= -\frac{\pi\varepsilon_0}{2}\left(\frac{q}{2\pi\varepsilon_0}\right)^2\left[-\frac{1}{a^2+r^2} + \frac{a^2}{2(a^2+r^2)^2}\right]_0^\infty\boldsymbol{e}_x\\ &= -\frac{q^2}{4\pi\varepsilon_0(2a)^2}\boldsymbol{e}_x\end{aligned} \tag{1.40.10}$$

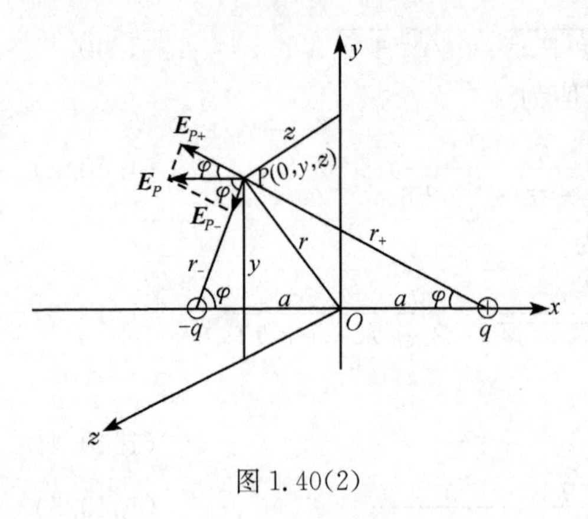

图 1.40(2)

负号表示，$\boldsymbol{F}$ 的方向与 $\boldsymbol{e}_x$ 方向相反. 这表明，$x>0$ 处的电场对 $x<0$ 处的电场的作用力是压力，也就是排斥力；换句话说，这两处电场在中垂面上的相互作用力是排斥力. (1.40.10)式还表明，$\boldsymbol{F}$ 与由库仑定律算出的两电荷间的作用力相同.

(2) 先求中垂面上的电场强度. 以两电荷连线的中点 O 为原点，取笛卡儿坐标系，使两电荷在 x 轴上，q 在 $x=a$ 处，$-q$ 在 $x=-a$ 处如图 1.40(2)所示. 这时，两电荷的中垂面即 yz 平面($x=0$ 平面). 两电荷在中垂面上任一点 $P(0,y,z)$ 产生的电场强度的大小相等，其值由(1.40.2)式表示. 根据对称性可知，合场强 $\boldsymbol{E}_P$ 的方向为 $-\boldsymbol{e}_x$ 方向，其大小为

$$\begin{aligned}E_P &= E_{P+}\cos\varphi + E_{P-}\cos\varphi \\ &= 2E_{P+}\cos\varphi = 2E_{P+}\frac{a}{\sqrt{a^2+r^2}} \\ &= \frac{qa}{2\pi\varepsilon_0}\frac{1}{(a^2+r^2)^{3/2}}\end{aligned} \tag{1.40.11}$$

$\boldsymbol{E}_P$ 的三个分量为

$$E_{Px} = E_P \tag{1.40.12}$$

$$E_{Py} = E_{Pz} = 0 \tag{1.40.13}$$

于是得 P 点的麦克斯韦应力张量为

$$\begin{aligned}\boldsymbol{T} &= \varepsilon_0\left(\frac{1}{2}E_P^2\boldsymbol{I} - \boldsymbol{E}_P\boldsymbol{E}_P\right) = \frac{\varepsilon_0}{2}E_P^2(\boldsymbol{e}_x\boldsymbol{e}_x + \boldsymbol{e}_y\boldsymbol{e}_y + \boldsymbol{e}_z\boldsymbol{e}_z) - \varepsilon_0 E_P^2\boldsymbol{e}_x\boldsymbol{e}_x \\ &= \frac{\varepsilon_0}{2}E_P^2(-\boldsymbol{e}_x\boldsymbol{e}_x + \boldsymbol{e}_y\boldsymbol{e}_y + \boldsymbol{e}_z\boldsymbol{e}_z)\end{aligned} \tag{1.40.14}$$

$x>0$ 处的电场通过中垂面上 P 点处的面元 $\mathrm{d}\boldsymbol{S}=\mathrm{d}S\boldsymbol{e}_x$ 作用在 $x<0$ 处的电场的应力为

$$\begin{aligned}\mathrm{d}\boldsymbol{F} &= -\boldsymbol{T}\cdot\mathrm{d}\boldsymbol{S} = -\frac{\varepsilon_0}{2}E_P^2(-\boldsymbol{e}_x\boldsymbol{e}_x + \boldsymbol{e}_y\boldsymbol{e}_y + \boldsymbol{e}_z\boldsymbol{e}_z)\cdot\mathrm{d}S\boldsymbol{e}_x \\ &= \frac{\varepsilon_0}{2}E_P^2\mathrm{d}S\boldsymbol{e}_x = \frac{\varepsilon_0}{2}\left(\frac{qa}{2\pi\varepsilon_0}\right)^2\frac{\mathrm{d}S}{(a^2+r^2)^3}\boldsymbol{e}_x\end{aligned} \tag{1.40.15}$$

根据对称性，取 $\mathrm{d}S=2\pi r\mathrm{d}r$，代入上式求积分，便得

$$\begin{aligned}\boldsymbol{F} &= \frac{\varepsilon_0}{2}\left(\frac{qa}{2\pi\varepsilon_0}\right)^2\int_0^\infty\frac{2\pi r\mathrm{d}r}{(a^2+r^2)^2}\boldsymbol{e}_x = \frac{\pi\varepsilon_0}{2}\left(\frac{qa}{2\pi\varepsilon_0}\right)^2\int_0^\infty\frac{\mathrm{d}r^2}{(a^2+r^2)^3}\boldsymbol{e}_x \\ &= \frac{\pi\varepsilon_0}{2}\left(\frac{qa}{2\pi\varepsilon_0}\right)^2\left[-\frac{1}{2(a^2+r^2)^2}\right]_0^\infty\boldsymbol{e}_x = \frac{q^2}{4\pi\varepsilon_0(2a)^2}\boldsymbol{e}_x\end{aligned} \tag{1.40.16}$$

$\boldsymbol{F}$ 与 $\boldsymbol{e}_x$ 同方向，表明 $x>0$ 处的电场对 $x<0$ 处的电场的作用力是张力，也就是吸引力；换句话说，这两处电场在中垂面上的相互作用力是吸引力.(1.40.16)式还表明，$\boldsymbol{F}$ 与由库仑定律算出的两电荷间的作用力相同.

【讨论】 有些书上将麦克斯韦应力张量定义为

$$\boldsymbol{T}' = \varepsilon_0\left(\boldsymbol{EE} - \frac{1}{2}E^2\boldsymbol{I}\right) \tag{1.40.17}$$

与我们这里的(1.40.7)或(1.40.14)式差一负号.因此，他们定义 $x>0$ 处的电场通过中垂面上 P 点处的面元 $\mathrm{d}\boldsymbol{S}=\mathrm{d}S\boldsymbol{e}_x$ 作用在 $x<0$ 处的电场的应力为

$$\mathrm{d}\boldsymbol{F} = \mathrm{d}\boldsymbol{S}\cdot\boldsymbol{T}' = \mathrm{d}S\boldsymbol{e}_x\cdot\boldsymbol{T}' \tag{1.40.18}$$

这样，算出的 $\mathrm{d}\boldsymbol{F}$ 与(1.40.8)式或(1.40.15)式相同.

1.41 已知一静电场的电势为 $\varphi=\lambda(x^2+y^2)$，其中 λ 是实数.设某一时刻，在 (x_0,y_0,z_0) 点沿 z 轴方向把带电粒子注入到这电场中，带电粒子的质量为 m，电荷量为 e，注入的初速度为 $v_0(v_0\ll c)$.试求粒子的运动方程的解，并说明所得的解的物理意义.

【解】 这静电场的电场强度为

$$\boldsymbol{E} = -\nabla\varphi = -\lambda\nabla(x^2+y^2) = -2\lambda x\boldsymbol{e}_x - 2\lambda y\boldsymbol{e}_y \tag{1.41.1}$$

带电粒子的运动方程为

$$m\frac{\mathrm{d}^2\boldsymbol{r}}{\mathrm{d}t^2} = e\boldsymbol{E} = -2e\lambda x\boldsymbol{e}_x - 2e\lambda y\boldsymbol{e}_y \tag{1.41.2}$$

$$\frac{\mathrm{d}^2x}{\mathrm{d}t^2} = -\frac{2e\lambda}{m}x \tag{1.41.3}$$

$$\frac{\mathrm{d}^2y}{\mathrm{d}t^2} = -\frac{2e\lambda}{m}y \tag{1.41.4}$$

$$\frac{\mathrm{d}^2z}{\mathrm{d}t^2} = 0 \tag{1.41.5}$$

解上列方程并利用初始条件 $t=0$ 时，$\boldsymbol{r}_0=(x_0,y_0,z_0)$，$\boldsymbol{v}_0=(0,0,v_0)$，便得

$$x = x_0\cos\omega t \tag{1.41.6}$$

$$y = y_0\cos\omega t \tag{1.41.7}$$

$$z = z_0 + v_0 t \tag{1.41.8}$$

式中

$$\omega = \sqrt{\frac{2e\lambda}{m}} \tag{1.41.9}$$

这便是所要求的解.

这个解表明，被注入的带电粒子沿 z 轴的方向前进，同时在 x，y 两个方向上作同频率的简谐振动.

1.42 在空间有互相垂直的均匀电场 $\boldsymbol{E}$ 和均匀磁场 $\boldsymbol{B}$，$\boldsymbol{B}$ 沿 x 轴方向，$\boldsymbol{E}$ 沿 z 轴方向.一电子(质量为 m，电荷量为 e)开始从原点出发，以速度 v 向 y 轴方向前

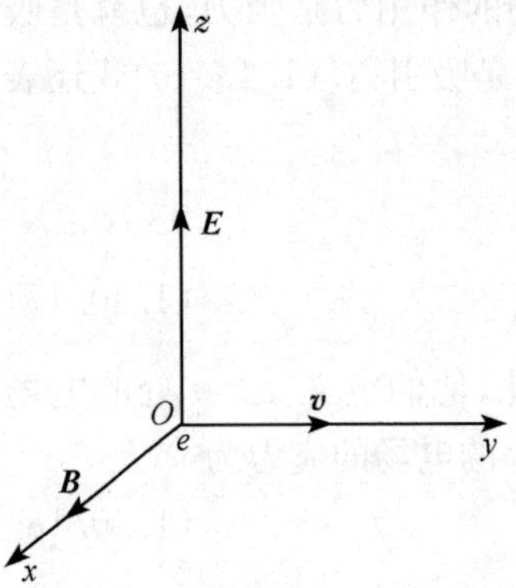

进，如图 1.42 所示. 试求电子运动的轨迹.

图 1.42

【解】 已知

$$\boldsymbol{E}=(0,0,E) \tag{1.42.1}$$

$$\boldsymbol{B}=(B,0,0) \tag{1.42.2}$$

$t=0$ 时

$$\boldsymbol{r}_0=(0,0,0), \qquad \boldsymbol{v}_0=(0,v,0) \tag{1.42.3}$$

电子的运动方程为

$$m\frac{\mathrm{d}^2\boldsymbol{r}}{\mathrm{d}t^2}=e\left(\boldsymbol{E}+\frac{\mathrm{d}\boldsymbol{r}}{\mathrm{d}t}\times\boldsymbol{B}\right) \tag{1.42.4}$$

$$m\frac{\mathrm{d}^2x}{\mathrm{d}t^2}=0 \tag{1.42.5}$$

$$m\frac{\mathrm{d}^2y}{\mathrm{d}t^2}=eB\frac{\mathrm{d}z}{\mathrm{d}t} \tag{1.42.6}$$

$$m\frac{\mathrm{d}^2z}{\mathrm{d}t^2}=eE-eB\frac{\mathrm{d}y}{\mathrm{d}t} \tag{1.42.7}$$

解(1.42.5)式并利用初始条件得

$$x=0 \tag{1.42.8}$$

这表明电子在 y-z 平面内运动.

将(1.42.6)式对时间积分，并利用初始条件得

$$m\frac{\mathrm{d}y}{\mathrm{d}t}=eBz+mv \tag{1.42.9}$$

将上式代入(1.42.7)式便得

$$m\frac{\mathrm{d}^2z}{\mathrm{d}t^2}=-\frac{e^2B^2}{m}\left(z-\frac{mE}{eB^2}+\frac{mv}{eB}\right) \tag{1.42.10}$$

解得

$$z-\frac{mE}{eB^2}+\frac{mv}{eB}=A\cos\left(\frac{eB}{m}t+\varphi_0\right) \tag{1.42.11}$$

利用初始条件定出常数 A 和 φ_0，便得

$$z=\frac{m}{eB}\left(v-\frac{E}{B}\right)\left(\cos\frac{eB}{m}t-1\right) \tag{1.42.12}$$

将上式的 z 代入(1.42.9)式得

$$m\frac{\mathrm{d}y}{\mathrm{d}t}=\left(mv-\frac{mE}{B}\right)\cos\frac{eB}{m}t+\frac{mE}{B} \tag{1.42.13}$$

积分并利用初始条件得

$$y=\frac{m}{eB}\left(v-\frac{E}{B}\right)\sin\frac{eB}{m}t+\frac{E}{B}t \tag{1.42.14}$$

(1.42.8)式、(1.42.12)式和(1.42.14)式表明，电子的轨迹是 y-z 平面里的一条摆线(旋轮线).

1.43　一无限大平行板电容器充电后，两板板间产生一均匀电场 $\boldsymbol{E}$；另有一均匀磁场 $\boldsymbol{B}$ 与 $\boldsymbol{E}$ 垂直，如图 1.43(1)所示. 一电子(质量为 m，电荷量为 e)从负极板出来，初速很小，可当作零. 不计重力. 试证明：当两极板间的距离 $d>\frac{2mE}{|e|B^2}$ 时，它不可能到达正极板.

【解】　取坐标如图 1.43(2)，电场和磁场便为

$$\boldsymbol{E}=(-E,0,0) \tag{1.43.1}$$

$$\boldsymbol{B}=(0,0,B) \tag{1.43.2}$$

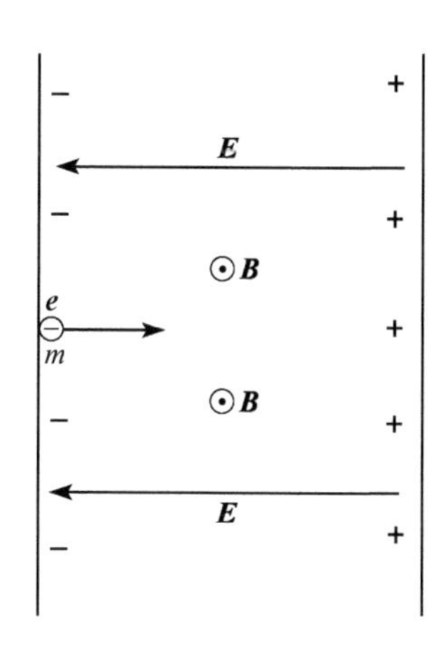

图 1.43(1)

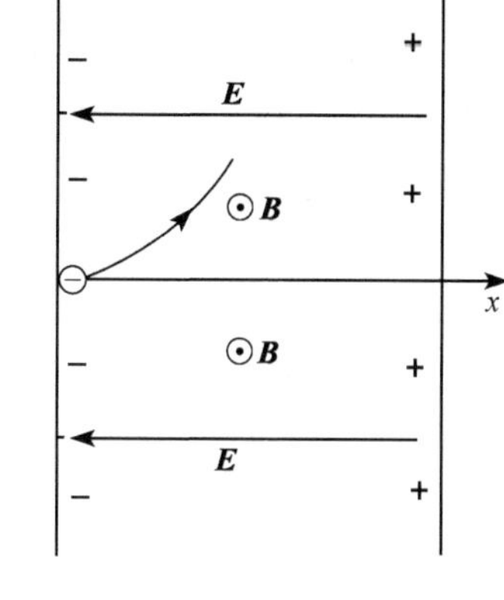

图 1.43(2)

电子的运动方程为

$$m\frac{\mathrm{d}^2\boldsymbol{r}}{\mathrm{d}t^2}=e\boldsymbol{E}+e\frac{\mathrm{d}\boldsymbol{r}}{\mathrm{d}t}\times\boldsymbol{B} \tag{1.43.3}$$

$$m\frac{\mathrm{d}^2x}{\mathrm{d}t^2}=-eE+eB\frac{\mathrm{d}y}{\mathrm{d}t} \tag{1.43.4}$$

$$m\frac{\mathrm{d}^2y}{\mathrm{d}t^2}=-eB\frac{\mathrm{d}x}{\mathrm{d}t} \tag{1.43.5}$$

$$m\frac{\mathrm{d}^2z}{\mathrm{d}t^2}=0 \tag{1.43.6}$$

将(1.43.5)式积分并利用初始条件得

$$m\frac{\mathrm{d}y}{\mathrm{d}t}=-eBx \tag{1.43.7}$$

将(1.43.7)式代入(1.43.4)式得

$$m\frac{\mathrm{d}^2x}{\mathrm{d}t^2}=-\frac{e^2B^2}{m}\left(x+\frac{mE}{eB^2}\right) \tag{1.43.8}$$

求解并利用初始条件得

$$x=\frac{mE}{eB^2}\left[\cos\left(\frac{eB}{m}t\right)-1\right] \tag{1.43.9}$$

x 的最大值为

$$x_{\max}=-\frac{2mE}{eB^2}=\frac{2mE}{|e|B^2}\qquad(\text{因为 } e<0) \tag{1.43.10}$$

当 $x_{\max}<d$ 时，电子就不可能到达正极板.

【别解】 由(1.43.3)式得

$$m\frac{\mathrm{d}v_x}{\mathrm{d}t}=-eE+ev_yB \tag{1.43.11}$$

$$m\frac{\mathrm{d}v_y}{\mathrm{d}t}=-ev_xB \tag{1.43.12}$$

相除得

$$\frac{\mathrm{d}v_x}{\mathrm{d}v_y}=\frac{E-Bv_y}{Bv_x} \tag{1.43.13}$$

$$Bv_x\mathrm{d}v_x=(E-Bv_y)\mathrm{d}v_y \tag{1.43.14}$$

积分并利用初始条件得

$$\frac{1}{2}Bv_x^2=Ev_y-\frac{1}{2}Bv_y^2 \tag{1.43.15}$$

电子回头时，$v_x=0$，这时

$$v_y=\frac{2E}{B} \tag{1.43.16}$$

这时电子的动能为

$$\frac{1}{2}mv^2=\frac{1}{2}mv_y^2=-eEx_{\max} \tag{1.43.17}$$

所以

$$x_{\max}=-\frac{m}{2eE}v_y^2=-\frac{m}{2eE}\left(\frac{2E}{B}\right)^2=\frac{2mE}{|e|B^2} \tag{1.43.18}$$

故 $d>\dfrac{2mE}{|e|B^2}=x_{\max}$时，电子不可能到达正极板.

1.44 (1) 当两种绝缘介质的交界面上没有自由电荷时，交界面两侧电场线与交界面法线的夹角 θ_1 和 θ_2 满足 $\tan\theta_1/\tan\theta_2=\varepsilon_{1r}/\varepsilon_{2r}$，式中 ε_{1r}和ε_{2r}分别为两介质的介电常量. 试证明上述结论. (2) 当两种导电介质内都有恒定电流时，交界面两侧电场线与交界面法线的夹角 θ_1 和 θ_2 满足 $\tan\theta_1/\tan\theta_2=\sigma_1/\sigma_2$，式中 σ_1 和 σ_2 分别为两介质的电导率. 试证明上述结论. (3) 当导体(电导率为 σ)与绝缘体(电容率为 ε)

接触时,交界面两侧电场线与法线的夹角又如何?

【解】 (1) 因为交界面上没有自由电荷,故边值关系为

$$E_{1t}=E_{2t} \tag{1.44.1}$$

$$D_{1n}=D_{2n} \tag{1.44.2}$$

$\boldsymbol{D}=\varepsilon\boldsymbol{E}$,故由(1.44.2)式得

$$\varepsilon_1 E_{1n}=\varepsilon_2 E_{2n} \tag{1.44.3}$$

由图 1.44 可见

$$\tan\theta_i=\frac{E_{it}}{E_{in}},\quad i=1,2 \tag{1.44.4}$$

$$\frac{\tan\theta_1}{\tan\theta_2}=\frac{E_{1t}/E_{1n}}{E_{2t}/E_{2n}}=\frac{E_{2n}}{E_{1n}}=\frac{\varepsilon_1}{\varepsilon_2}=\frac{\varepsilon_{1r}}{\varepsilon_{2r}} \tag{1.44.5}$$

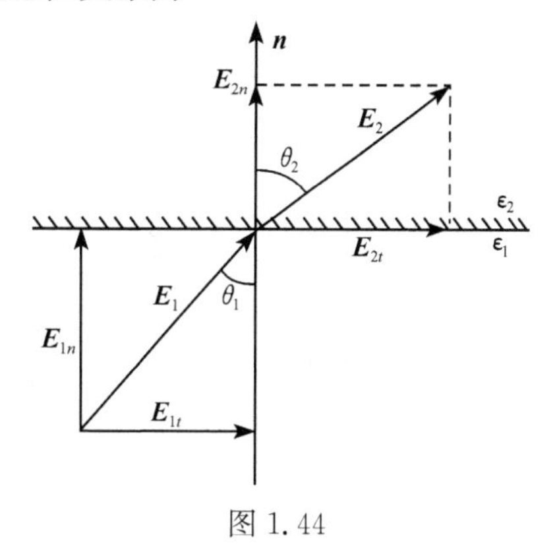

图 1.44

(2) 在恒定电流的情况下,在导电介质内有$\dfrac{\partial\rho}{\partial t}=0$,根据电荷守恒定律可知,这时$\nabla\cdot\boldsymbol{j}=0$. 因此,在交界面上便有

$$j_{1n}=j_{2n} \tag{1.44.6}$$

由欧姆定律 $\boldsymbol{j}=\sigma\boldsymbol{E}$ 可知

$$\sigma_1 E_{1n}=\sigma_2 E_{2n} \tag{1.44.7}$$

又因为 $E_{1t}=E_{2t}$,故得

$$\frac{\tan\theta_1}{\tan\theta_2}=\frac{E_{1t}/E_{1n}}{E_{2t}/E_{2n}}=\frac{E_{2n}}{E_{1n}}=\frac{\sigma_1}{\sigma_2} \tag{1.44.8}$$

(3) 这时需要分两种情况分析如下:

(a) 在静电情况下,导体内 $\boldsymbol{E}_1=0$,故谈不上 $\boldsymbol{E}_1$ 与法线的夹角. 在介质一侧,由边值关系 $E_{2t}=E_{1t}=0$,故电场强度 $\boldsymbol{E}_2$ 垂直于交界面,即 $\boldsymbol{E}_2$ 与法线的夹角为零.

(b) 在恒定电流的情况下,设导体一侧的电流密度为 $\boldsymbol{j}_1$,则因绝缘体中的电流密度 $\boldsymbol{j}_2=0$,故

$$j_{1n}=j_{2n}=0 \tag{1.44.9}$$

由 $\boldsymbol{j}_1=\sigma\boldsymbol{E}_1$($\sigma$ 为导体的电导率)知

$$E_{1n}=0 \tag{1.44.10}$$

故这时导体一侧的电场强度 $\boldsymbol{E}_1$ 与交界面法线的夹角为 90°.

在绝缘体一侧,由边值关系

$$E_{2t}=E_{1t} \tag{1.44.11}$$

$$D_{2n}-D_{1n}=D_{2n}=\varepsilon_2 E_{2n}=\alpha \tag{1.44.12}$$

式中 α 为导体表面上自由电荷量的面密度. 于是得 $\boldsymbol{E}_2$ 与交界面法线的夹角 θ_2 满足

$$\tan\theta_2 = \frac{E_{2t}}{E_{2n}} = \frac{E_{1t}}{\alpha/\varepsilon_2} = \frac{\varepsilon_2}{\alpha\sigma}j_1 \tag{1.44.13}$$

式中 ε_2 为绝缘体的电容率.

1.45 电流稳定地流过两个导电介质的交界面,已知两导电介质的电容率和电导率分别为 ε_1、σ_1 和 ε_2、σ_2,交界面上的电流密度分别为 $\boldsymbol{j}_1$ 和 $\boldsymbol{j}_2$. 试求交界面上自由电荷量的面密度 α.

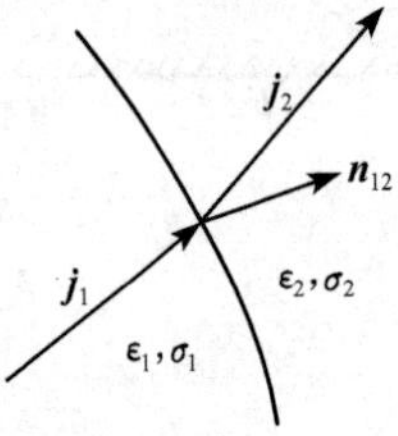

图 1.45

【解】 因为是稳定电流,故由电荷守恒定律得

$$\boldsymbol{j}_1 \cdot \boldsymbol{n}_{12} = \boldsymbol{j}_2 \cdot \boldsymbol{n}_{12} = j_n \tag{1.45.1}$$

式中 $\boldsymbol{n}_{12}$ 为从介质 1 到介质的法线方向上的单位矢量(图1.45).

由高斯定理得出,交界面上自由电荷量的面密度为

$$\alpha = D_{2n} - D_{1n} = \varepsilon_2 E_{2n} - \varepsilon_1 E_{1n} \tag{1.45.2}$$

因

$$\boldsymbol{j} = \sigma\boldsymbol{E} \tag{1.45.3}$$

故得

$$\begin{aligned}\alpha &= \varepsilon_2 E_{2n} - \varepsilon_1 E_{1n} = \frac{\varepsilon_2}{\sigma_2}j_{2n} - \frac{\varepsilon_1}{\sigma_1}j_{1n} \\ &= \left(\frac{\varepsilon_2}{\sigma_2} - \frac{\varepsilon_1}{\sigma_1}\right)j_n\end{aligned} \tag{1.45.4}$$

1.46 试论证,电场强度 $\boldsymbol{E}$ 在经过真空中的电偶极层时是连续的.

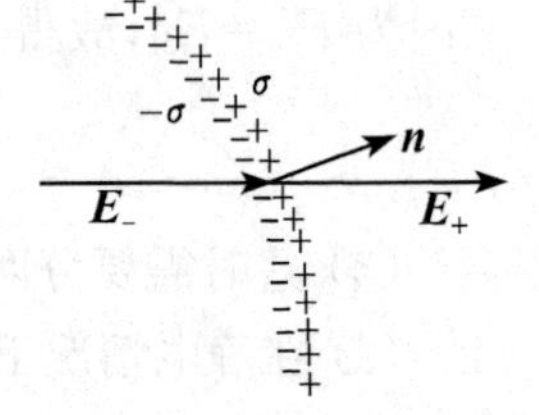

图 1.46

【解】 如图 1.46 所示,设 $\boldsymbol{n}$ 为电偶极层法线方向上的单位矢量,则由高斯定理得

$$\boldsymbol{E}_+ \cdot \boldsymbol{n} - \boldsymbol{E}_- \cdot \boldsymbol{n} = \frac{1}{\varepsilon_0}(\sigma - \sigma) = 0$$

所以

$$E_{+n} = E_{-n} \tag{1.46.1}$$

$\boldsymbol{E}_+$ 和 $\boldsymbol{E}_-$ 分别为电偶极层正负电荷两侧的电场强度. $\boldsymbol{E}_+$ 和 $\boldsymbol{E}_-$ 以及电偶极层中的电场强度 $\boldsymbol{E}_0$ 均由三部分组成,即当地的 σ 和 $-\sigma$ 所产生的和除当地的 σ 和 $-\sigma$ 外其他电荷所产生的. 当地的 σ 和 $-\sigma$ 所产生的电场强度平行于电偶极层的法线 $\boldsymbol{n}$,其他电荷所产生的电场强度在经过电偶极层时是连续的. 因此,在电偶极层的中间和两侧,电场强度的切向分量都相等,即

$$E_{+t} = E_{0t} = E_{-t} \tag{1.46.2}$$

由(1.46.1)式和(1.46.2)式便得

$$\boldsymbol{E}_+ = \boldsymbol{E}_- \tag{1.46.3}$$

1.47 以半径为 a 的长直载流导线为例说明:

(1) 在载流导线表面上,坡印亭矢量 $\boldsymbol{S}$ 的方向处处垂直于表面,并指向导体

内部；

（2）由 $\boldsymbol{S}$ 传输给导体的能量等于导体内的焦耳热.

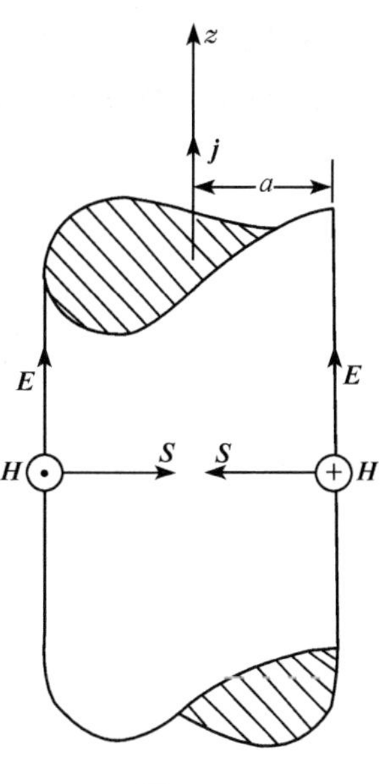

图 1.47

【解】（1）如图 1.47 所示，在柱坐标系中，电流密度 $\boldsymbol{j}$ 沿导线的轴向 $\boldsymbol{e}_z$ 方向流动，由欧姆定律 $\boldsymbol{j}=\sigma\boldsymbol{E}$ 可知，导线表面上的电场强度为

$$\boldsymbol{E}=\frac{\boldsymbol{j}}{\sigma}=\frac{j}{\sigma}\boldsymbol{e}_z \tag{1.47.1}$$

又根据对称性分析和安培环路定理可知，导线表面的磁场强度为

$$\boldsymbol{H}=\frac{I}{2\pi a}\boldsymbol{e}_\phi \tag{1.47.2}$$

式中 $I=\pi a^2 j$ 为导线中的电流强度. 因此，坡印亭矢量为

$$\boldsymbol{S}=\boldsymbol{E}\times\boldsymbol{H}=\frac{Ij}{2\pi a\sigma}\boldsymbol{e}_z\times\boldsymbol{e}_\phi$$

$$=-\frac{Ij}{2\pi a\sigma}\boldsymbol{e}_r \tag{1.47.3}$$

这表明，在导线表面上，$\boldsymbol{S}$ 垂直于导线表面并指向导线内部.

（2）单位时间内，由 $\boldsymbol{S}$ 传输给长为 l 的一段导线的功率为

$$P=2\pi alS=2\pi al\frac{Ij}{2\pi a\sigma}=\frac{Ilj}{\sigma}=\frac{Il}{\sigma}\frac{I}{\pi a^2}$$

$$=\frac{I^2 l}{\sigma\cdot\pi a^2}=I^2R \tag{1.47.4}$$

式中 R 是长为 l 的一段导线的电阻，可见 $\boldsymbol{S}$ 传输给导体的能量等于导体内的焦耳热.

1.48　试以平行板电容器(图 1.48(1))为例说明：电容器充电时，坡印亭矢量 $\boldsymbol{S}$ 指向电容器内；放电时，$\boldsymbol{S}$ 指向电容器外. 并证明：充电时，由 $\boldsymbol{S}$ 输入电容器的电磁场能量等于电容器充电所储蓄的静电能量.

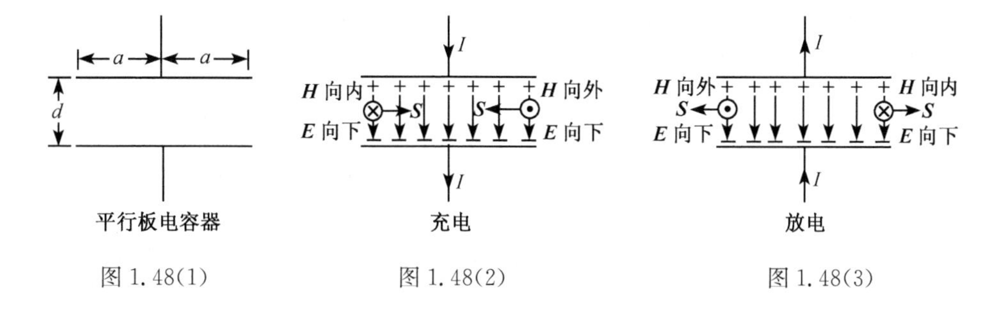

图 1.48(1)　　图 1.48(2)　　图 1.48(3)

【解】 设平行板电容器两极板都是半径为 a 的圆形，相距为 d. 充电时，当两极板上的电荷量分别为 Q 和 $-Q$ 时，极板间的电场强度 $\boldsymbol{E}$ 的方向从正极板指向负极板，其大小为

$$E=\frac{Q}{\varepsilon_0\pi a^2} \tag{1.48.1}$$

由安培环路定理得，充电电流 I 在极板边缘处产生的磁场强度 $\boldsymbol{H}$ 的大小为

$$H=\frac{I}{2\pi a} \tag{1.48.2}$$

其方向为 I 的右手螺旋方向，如图 1.48(2)所示. 坡印亭矢量定义为

$$\boldsymbol{S}=\boldsymbol{E}\times\boldsymbol{H} \tag{1.48.3}$$

由 $\boldsymbol{E}$ 和 $\boldsymbol{H}$ 的方向可知，这时在两极板间的边缘处，$\boldsymbol{S}$ 处处都指向电容器内. 这表明，电容器充电时，电磁场的能量流入电容器.

放电时，当极板上的电荷量分别为 Q 和 $-Q$ 时，极板间的电场强度 $\boldsymbol{E}$ 的方向从正极板指向负极板，其大小仍如(1.48.1)式. 这时在极板边缘处，磁场强度 $\boldsymbol{H}$ 的大小仍如(1.48.2)式，但 $\boldsymbol{H}$ 的方向则如图 1.48(3)所示. 由(1.48.3)式得，这时在两极板间的边缘处，$\boldsymbol{S}$ 处处都指向电容器外. 这表明，电容器放电时，电磁场的能量流出电容器.

由(1.48.1)、(1.48.2)、(1.48.3)三式得：充电时，坡印亭矢量的大小为

$$S=EH=\frac{Q}{\varepsilon_0\pi a^2}\cdot\frac{I}{2\pi a}=\frac{Q}{2\pi^2\varepsilon_0 a^3}\frac{\mathrm{d}Q}{\mathrm{d}t} \tag{1.48.4}$$

故单位时间内流入电容器的电磁场能量为

$$\frac{\mathrm{d}W}{\mathrm{d}t}=S\cdot 2\pi ad=\frac{Qd}{\pi\varepsilon_0 a^2}\frac{\mathrm{d}Q}{\mathrm{d}t} \tag{1.48.5}$$

所以

$$\mathrm{d}W=\frac{Qd}{\pi\varepsilon_0 a^2}\mathrm{d}Q=\frac{Q}{C}\mathrm{d}Q \tag{1.48.6}$$

式中

$$C=\frac{\varepsilon_0\pi a^2}{d} \tag{1.48.7}$$

是平行板电容器的电容. 积分便得电容器充电到正极板上的电荷量为 Q 时，流入电容器的电磁场能量为

$$W=\int_0^Q\frac{Q}{C}\mathrm{d}Q=\frac{Q^2}{2C} \tag{1.48.8}$$

这个结果表明，充电时，由坡印亭矢量 $\boldsymbol{S}$ 输入电容器的电磁场能量等于电容器所储蓄的静电能量.

1.49 如图 1.49(1)，一螺线管长为 l，横截面的半径为 a，由 N 匝表面绝缘的细导线密绕而成. 导线中载有电流 I. 试说明：当 I 增大时，电磁场的能量从管外流

入管内；当 I 减小时，电磁场的能量从管内流出管外. 并证明：当电流从零增大到 I 时，从管外流入管内的电磁场能量等于螺线管的自感磁能.

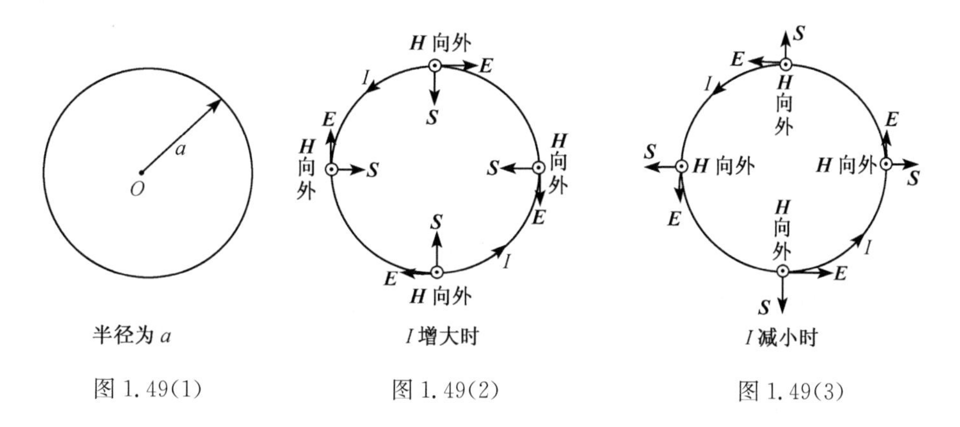

图 1.49(1)　图 1.49(2)　图 1.49(3)

【解】 当导线中载有电流 I 时，管内磁场强度 $\boldsymbol{H}$ 的大小为

$$H=\frac{N}{l}I \tag{1.49.1}$$

$\boldsymbol{H}$ 的方向为 I 的右旋进方向.

当 I 增大时，H 增大；由于 H 增大而产生的感应电场（涡旋电场）$\boldsymbol{E}$ 其方向与电流 I 的方向相反，如图 1.49(2)所示. 电磁场的能流密度为

$$\boldsymbol{S}=\boldsymbol{E}\times\boldsymbol{H} \tag{1.49.2}$$

这时在管壁上 $\boldsymbol{S}$ 的方向向螺线管内. 这表明，I 增大时电磁场的能量从管外流入管内.

当 I 减小时，H 减小；由于 H 减小而产生的感应电场 $\boldsymbol{E}$ 其方向与电流 I 的方向相同，如图 1.49(3)所示. 这时在管壁上 $\boldsymbol{S}$ 的方向向螺线管外. 这表明，I 减小时电磁场的能量从管内流出管外.

当电流 I 增大时，在管壁上产生的感应电场 $\boldsymbol{E}$ 的大小为

$$\begin{aligned}E&=\frac{1}{2\pi a}\frac{\mathrm{d}\Phi}{\mathrm{d}t}=\frac{1}{2\pi a}\frac{\mathrm{d}}{\mathrm{d}t}(\mu_0 H\cdot\pi a^2)\\&=\frac{1}{2\pi a}\frac{\mathrm{d}}{\mathrm{d}t}\left(\mu_0\frac{NI}{l}\cdot\pi a^2\right)=\frac{\mu_0 Na}{2l}\frac{\mathrm{d}I}{\mathrm{d}t}\end{aligned} \tag{1.49.3}$$

单位时间内流入螺线管内的电磁场能量为

$$\frac{\mathrm{d}W}{\mathrm{d}t}=S\cdot 2\pi al=2\pi alEH \tag{1.49.4}$$

由(1.49.1)、(1.49.3)两式得

$$EH=\frac{\mu_0 N^2 aI}{2l^2}\frac{\mathrm{d}I}{\mathrm{d}t} \tag{1.49.5}$$

于是得单位时间内从管外流入管内的电磁场能量为

$$\frac{\mathrm{d}W}{\mathrm{d}t}=\frac{\pi\mu_0 N^2 a^2 I}{l}\frac{\mathrm{d}I}{\mathrm{d}t} \tag{1.49.6}$$

所以

$$\mathrm{d}W=\frac{\mu_0 \pi a^2 N^2 I}{l}\mathrm{d}I=LI\mathrm{d}I \tag{1.49.7}$$

式中

$$L=\frac{\mu_0 \pi a^2 N^2}{l} \tag{1.49.8}$$

是螺线管的自感.将(1.49.7)式积分便得

$$W=\int_0^I LI\mathrm{d}I=\frac{1}{2}LI^2 \tag{1.49.9}$$

这个结果表明,电流从零增大到 I 时,从管外流入管内的电磁场能量等于螺线管的自感磁能.

1.50 端电压为 V 的电源,通过一同轴电缆向负载电阻 R 供电,如图 1.50 所示.同轴电缆由一根长直金属导线和套在它外面的同轴金属圆筒构成.设边缘效应以及电缆本身所消耗的能量均可略去不计,试证明:电缆内导线与圆筒间的电磁场向负载 R 传输的功率等于负载 R 消耗的功率.

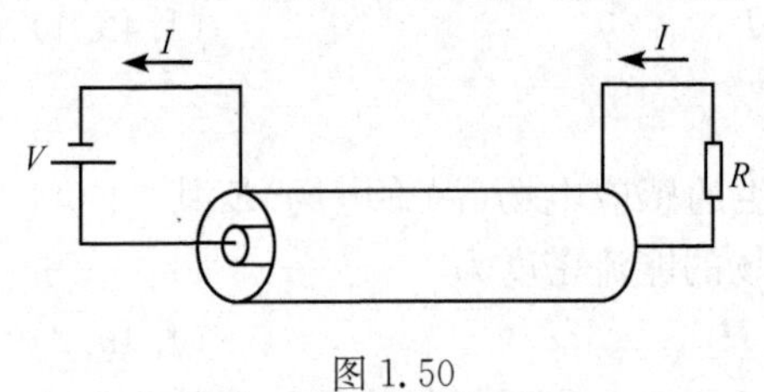

图 1.50

【证】 先计算导线与圆筒间电磁场的能流密度 $\boldsymbol{S}=\boldsymbol{E}\times\boldsymbol{H}$.为此,先求电场强度 $\boldsymbol{E}$.以导线的轴线为 z 轴取柱坐标系.设导线的半径为 a,表面上的电荷量面密度为 σ,在导线与圆筒间取一长为 l、半径为 r 的同轴圆柱面 S,则由对称性和高斯定理得

$$\oint_S D\cdot\mathrm{d}\boldsymbol{S}=2\pi rlD=2\pi al\sigma$$

$$D=\frac{\sigma a}{r} \tag{1.50.1}$$

故得导线与圆筒间的电场强度为

$$\boldsymbol{E}=\frac{\sigma a}{\varepsilon r}\boldsymbol{e}_r \tag{1.50.2}$$

式中 ε 是导线与圆筒间介质的电容率,$\boldsymbol{e}_r$ 是垂直于导线表面并向外的单位矢量.现在需要用已知量来表示 σ.设圆筒的内半径为 b,则导线与圆筒的电势差为

$$V=\int_a^b E\cdot\mathrm{d}\boldsymbol{r}=\frac{\sigma a}{\varepsilon}\int_a^b\frac{\boldsymbol{e}_r\cdot\mathrm{d}\boldsymbol{r}}{r}=\frac{\sigma a}{\varepsilon}\ln\frac{b}{a}$$

$$\sigma = \frac{\varepsilon V}{a\ln(b/a)} \tag{1.50.3}$$

代入(1.50.2)式得

$$\boldsymbol{E} = \frac{V}{r\ln(b/a)}\boldsymbol{e}_r \tag{1.50.4}$$

再求磁场强度 $\boldsymbol{H}$. 设导线中的电流强度为 I,则由安培环路定理得

$$\boldsymbol{H} = \frac{I}{2\pi r}\boldsymbol{e}_\phi \tag{1.50.5}$$

式中 $\boldsymbol{e}_\phi$ 是柱坐标系中 ϕ 方向上的单位矢量.

于是得导线与圆筒间电磁场的能流密度为

$$\boldsymbol{S} = \boldsymbol{E}\times\boldsymbol{H} = \frac{IV}{2\pi r^2\ln(b/a)}\boldsymbol{e}_z \tag{1.50.6}$$

通过电缆横截面的电磁场功率为

$$P = \int_a^b\int_0^{2\pi}\boldsymbol{S}\cdot(r\mathrm{d}r\mathrm{d}\phi\boldsymbol{e}_z) = \frac{IV}{\ln(b/a)}\int_a^b\frac{\mathrm{d}r}{r} = IV \tag{1.50.7}$$

因为

$$V = IR \tag{1.50.8}$$

所以

$$P = I^2R \tag{1.50.9}$$

1.51　一电荷分布的电荷量密度为

$$\rho(x,y,z) = -\delta(x)\delta(y)\frac{\mathrm{d}\delta(z)}{\mathrm{d}z}$$

试求这电荷所产生的电势.

【解】　这电荷所产生的电势为

$$\begin{aligned}
\varphi(x,y,z) &= \frac{1}{4\pi\varepsilon_0}\int_V\frac{\rho(\boldsymbol{r}')\mathrm{d}V'}{|\boldsymbol{r}-\boldsymbol{r}'|}\\
&= -\frac{1}{4\pi\varepsilon_0}\iiint_{-\infty}^{\infty}\frac{\delta(x')\delta(y')\frac{\mathrm{d}}{\mathrm{d}z'}\delta(z')}{\sqrt{(x-x')^2+(y-y')^2+(z-z')^2}}\mathrm{d}x'\mathrm{d}y'\mathrm{d}z'\\
&= -\frac{1}{4\pi\varepsilon_0}\int_{-\infty}^{\infty}\frac{1}{\sqrt{x^2+y^2+(z-z')^2}}\frac{\mathrm{d}}{\mathrm{d}z'}\delta(z')\mathrm{d}z'\\
&= -\frac{1}{4\pi\varepsilon_0}\int_{-\infty}^{\infty}\left\{\frac{\mathrm{d}}{\mathrm{d}z'}\left[\frac{1}{\sqrt{x^2+y^2+(z-z')^2}}\delta(z')\right]\right.\\
&\qquad\left.-\left[\frac{\mathrm{d}}{\mathrm{d}z'}\frac{1}{\sqrt{x^2+y^2+(z-z')^2}}\right]\delta(z')\right\}\mathrm{d}z'\\
&= -\frac{1}{4\pi\varepsilon_0}\left[\frac{1}{\sqrt{x^2+y^2+(z-z')^2}}\delta(z')\right]_{z'=-\infty}^{z'=\infty}
\end{aligned}$$

$$+\frac{1}{4\pi\varepsilon_0}\int_{-\infty}^{\infty}\left[\frac{\mathrm{d}}{\mathrm{d}z'}\frac{1}{\sqrt{x^2+y^2+(z-z')^2}}\right]\delta(z')\mathrm{d}z'$$

$$=\frac{1}{4\pi\varepsilon_0}\int_{-\infty}^{\infty}\left[\frac{(z-z')}{(\sqrt{x^2+y^2+(z-z')^2})^3}\right]\delta(z')\mathrm{d}z'$$

$$=\frac{1}{4\pi\varepsilon_0}\frac{z}{(x^2+y^2+z^2)^{3/2}}$$

$$=\frac{1}{4\pi\varepsilon_0}\frac{\boldsymbol{r}\cdot\boldsymbol{e}_z}{r^3}$$

【讨论】 由前面 1.12 题可知,本题所给的电荷量密度是一个电偶极子的电荷量密度,它位于坐标原点,沿 z 轴方向,它的电偶极矩为 1.

1.52 一电偶极子的电偶极矩为 $\boldsymbol{p}$,如图 1.52(1)所示,试求它在 $\boldsymbol{r}$ 处的 P 点所产生的电势 $\varphi(\boldsymbol{r})$ 和电场强度 $\boldsymbol{E}(\boldsymbol{r})$.

【解】 电偶极矩 $\boldsymbol{p}$ 在 P 点产生的电势,就是它的正负电荷在 P 点产生的电势之和. 设 $\boldsymbol{p}=q\boldsymbol{l}$,则它在 P 点产生的电势便为

$$\varphi(\boldsymbol{r})=\frac{q}{4\pi\varepsilon_0}\left(\frac{1}{r_+}-\frac{1}{r_-}\right)\tag{1.52.1}$$

式中[参看图 1.52(2)]

$$\left.\begin{aligned}r_+&=\sqrt{r^2+\left(\frac{l}{2}\right)^2-rl\cos\theta}\\ r_-&=\sqrt{r^2+\left(\frac{l}{2}\right)^2+rl\cos\theta}\end{aligned}\right\}\tag{1.52.2}$$

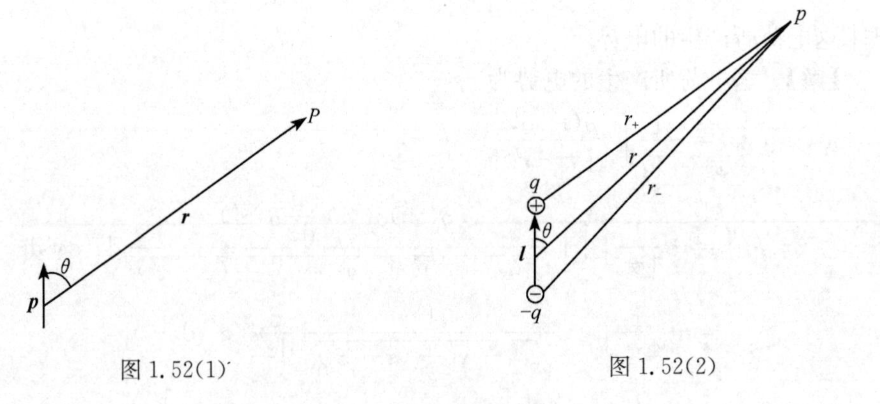

图 1.52(1)　　　　图 1.52(2)

根据电偶极子的定义,$r\gg l$,故上式中的 l^2 项可略去. 即

$$\left.\begin{aligned}r_+&=\sqrt{r^2-rl\cos\theta}=r\sqrt{1-\frac{l}{r}\cos\theta}=r\left(1-\frac{l}{2r}\cos\theta\right)\\ r_-&=\sqrt{r^2+rl\cos\theta}=r\sqrt{1+\frac{l}{r}\cos\theta}=r\left(1+\frac{l}{2r}\cos\theta\right)\end{aligned}\right\}\tag{1.52.3}$$

所以

$$\varphi(\boldsymbol{r})=\frac{q}{4\pi\varepsilon_0 r}\left(\frac{1}{1-\frac{l}{2r}\cos\theta}-\frac{1}{1+\frac{l}{2r}\cos\theta}\right)$$

$$=\frac{ql\cos\theta}{4\pi\varepsilon_0 r^2}=\frac{p\cos\theta}{4\pi\varepsilon_0 r^2} \tag{1.52.4}$$

写成矢量形式即

$$\varphi(\boldsymbol{r})=\frac{\boldsymbol{p}\cdot\boldsymbol{r}}{4\pi\varepsilon_0 r^3} \tag{1.52.5}$$

这就是电偶子产生的电势的标准形式.

由 $\varphi(\boldsymbol{r})$可求得电偶极子所产生的电场强度为

$$\boldsymbol{E}(\boldsymbol{r})=-\nabla\varphi(\boldsymbol{r})=-\frac{1}{4\pi\varepsilon_0}\nabla\left(\frac{\boldsymbol{p}\cdot\boldsymbol{r}}{r^3}\right)$$

$$=-\frac{p}{4\pi\varepsilon_0}\nabla\left(\frac{\cos\theta}{r^2}\right)$$

$$=-\frac{p}{4\pi\varepsilon_0}\left[\frac{\partial}{\partial r}\left(\frac{\cos\theta}{r^2}\right)\boldsymbol{e}_r+\frac{1}{r}\frac{\partial}{\partial\theta}\left(\frac{\cos\theta}{r^2}\right)\boldsymbol{e}_\theta\right]$$

$$=\frac{p}{4\pi\varepsilon_0 r^3}(2\cos\theta\boldsymbol{e}_r+\sin\theta\boldsymbol{e}_\theta) \tag{1.52.6}$$

因为

$$\boldsymbol{p}=p\cos\theta\boldsymbol{e}_r-p\sin\theta\boldsymbol{e}_\theta \tag{1.52.7}$$

故(1.52.6)式可化为

$$\boldsymbol{E}(\boldsymbol{r})=\frac{3(\boldsymbol{p}\cdot\boldsymbol{r})\boldsymbol{r}-r^2\boldsymbol{p}}{4\pi\varepsilon_0 r^5} \tag{1.52.8}$$

这就是电偶极子产生的电场强度的标准形式.

1.53　在球坐标系的原点,有一电偶极矩为 $\boldsymbol{p}$ 的电偶极子,$\boldsymbol{p}$ 与极轴 z 的夹角为 α,$\boldsymbol{p}$ 的方位角为 β,如图 1.53 所示. 试求这电偶极子在 $P(r,\theta,\phi)$点产生的电势 φ 和电场强度 $\boldsymbol{E}$.

【解】　在球坐标系中,设两位置矢量 $\boldsymbol{r}(r,\theta,\phi)$和 $\boldsymbol{r}'(r',\theta',\phi')$之间的夹角为 ψ,则有

$$\cos\psi=\frac{\boldsymbol{r}}{r}\cdot\frac{\boldsymbol{r}'}{r'}$$

$$=(\sin\theta\cos\phi\boldsymbol{e}_x+\sin\theta\sin\phi\boldsymbol{e}_y+\cos\theta\boldsymbol{e}_z)\cdot(\sin\theta'\cos\phi'\boldsymbol{e}_x+\sin\theta'\sin\phi'\boldsymbol{e}_y+\cos\theta'\boldsymbol{e}_z)$$

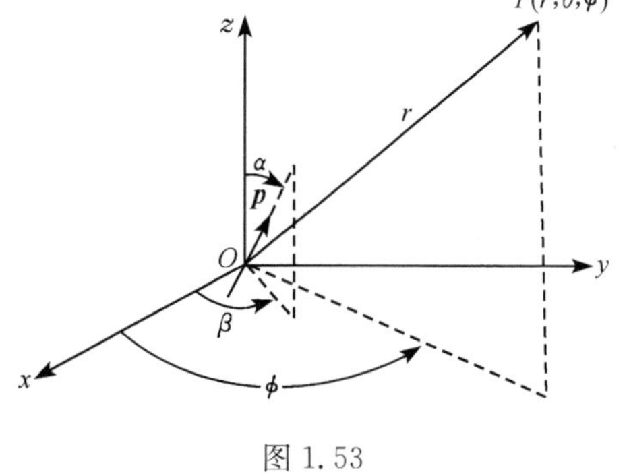

图 1.53

$$= \cos\theta\cos\theta' + \sin\theta\sin\theta'\cos(\phi - \phi') \tag{1.53.1}$$

由上式得出，$\boldsymbol{p}$ 与 $\boldsymbol{r}$ 之间的夹角 ψ 满足

$$\cos\psi = \cos\alpha\cos\theta + \sin\alpha\sin\theta\cos(\phi - \beta) \tag{1.53.2}$$

于是由 $\boldsymbol{p}$ 产生电势的公式[参见 1.52 题的(1.52.5)式]得 $P(r,\theta,\phi)$ 点的电势为

$$\varphi = \frac{\boldsymbol{p}\cdot\boldsymbol{r}}{4\pi\varepsilon_0 r^3} = \frac{p\cos\psi}{4\pi\varepsilon_0 r^2} = \frac{p[\cos\alpha\cos\theta + \sin\alpha\sin\theta\cos(\phi-\beta)]}{4\pi\varepsilon_0 r^2} \tag{1.53.3}$$

P 点的电场强度为

$$\boldsymbol{E} = -\nabla\varphi = -\frac{\partial\varphi}{\partial r}\boldsymbol{e}_r - \frac{1}{r}\frac{\partial\varphi}{\partial\theta}\boldsymbol{e}_\theta - \frac{1}{r\sin\theta}\frac{\partial\varphi}{\partial\phi}\boldsymbol{e}_\phi \tag{1.53.4}$$

把(1.53.3)式代入上式，经过计算得

$$\boldsymbol{E} = \frac{p}{4\pi\varepsilon_0 r^3}\{2[\cos\alpha\cos\theta + \sin\alpha\sin\theta\cos(\phi-\beta)]\boldsymbol{e}_r + [\cos\alpha\sin\theta - \sin\alpha\cos\theta\cos(\phi-\beta)]\boldsymbol{e}_\theta + \sin\alpha\sin(\phi-\beta)\boldsymbol{e}_\phi\} \tag{1.53.5}$$

【别解】 $\boldsymbol{p}$ 在 P 点产生的电势的公式为

$$\varphi = \frac{\boldsymbol{p}\cdot\boldsymbol{r}}{4\pi\varepsilon_0 r^3} \tag{1.53.6}$$

电场强度的公式为

$$\boldsymbol{E} = \frac{3(\boldsymbol{p}\cdot\boldsymbol{r})\boldsymbol{r} - r^2\boldsymbol{p}}{4\pi\varepsilon_0 r^5} \tag{1.53.7}$$

将 $\boldsymbol{p}$ 沿 $\boldsymbol{e}_r,\boldsymbol{e}_\theta,\boldsymbol{e}_\phi$ 方向分解得

$$\boldsymbol{p} = p[\cos\alpha\cos\theta + \sin\alpha\sin\theta\cos(\phi-\beta)]\boldsymbol{e}_r - p[\cos\alpha\sin\theta - \sin\alpha\cos\theta\cos(\phi-\beta)]\boldsymbol{e}_\theta - p[\sin\alpha\sin(\phi-\beta)]\boldsymbol{e}_\phi \tag{1.53.8}$$

将此式和(1.53.2)式分别代入(1.53.6)式和(1.53.7)式，便可得出(1.53.3)式和(1.53.5)式.

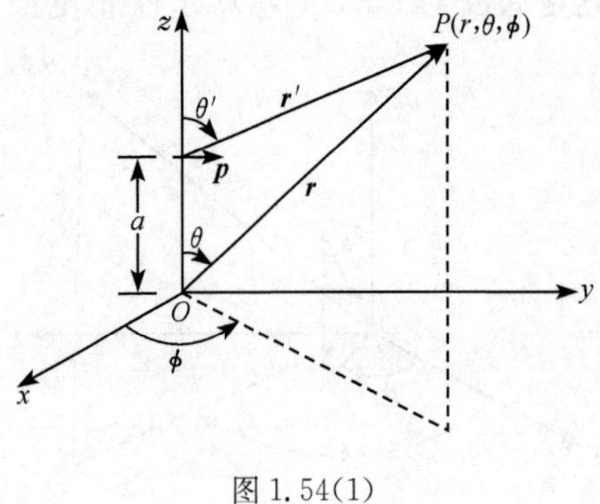

图 1.54(1)

1.54 一电偶极矩为 $\boldsymbol{p}$ 的电偶极子位于球坐标系的极轴(z 轴)上离原点 O 为 a 处，$\boldsymbol{p}$ 与极轴垂直并在 y-z 平面内，如图 1.54(1)所示. 求 $\boldsymbol{p}$ 在 $\boldsymbol{r}$ 处的 $P(r,\theta,\phi)$ 点所产生的电势 φ 和电场强度 $\boldsymbol{E}$.

【解】 原始算法. 用 $\boldsymbol{p}$ 的正负电荷所产生的电势之和求 P 点的电势 φ，再用 $\boldsymbol{E}=-\nabla\varphi$ 求电场强度 $\boldsymbol{E}$.

设 $\boldsymbol{p}=q\boldsymbol{l}$ 到 P 点的位矢为 $\boldsymbol{r}'$，则 $\boldsymbol{p}$ 在

P 点产生的电势为

$$\varphi = \frac{q}{4\pi\varepsilon_0}\left(\frac{1}{r'_+} - \frac{1}{r'_-}\right) \qquad (1.54.1)$$

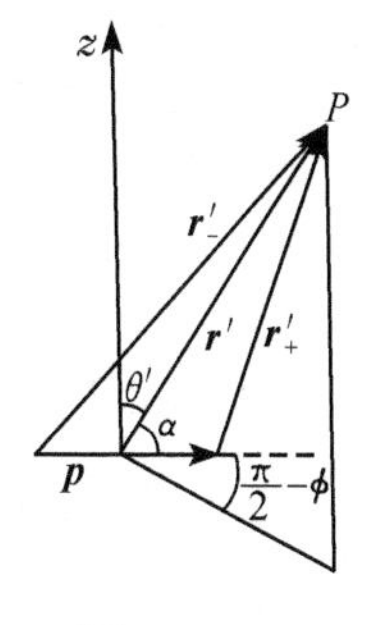

图 1.54(2)

式中 r'_+ 和 r'_- 分别为 $\boldsymbol{p}$ 的正、负电荷到 P 点的距离. 由图 1.54(1)和图 1.54(2)可见，$\boldsymbol{r}'$ 与 $\boldsymbol{p}$ 间的夹角 α 满足

$$\cos\alpha = \cos\theta'\cos\theta_p + \sin\theta'\sin\theta_p\cos(\phi - \phi_p) = \sin\theta'\sin\phi$$

$$r'_+ = \sqrt{r'^2 + \frac{l^2}{4} - lr'\cos\alpha} = \sqrt{r'^2 + \frac{l^2}{4} - lr'\sin\theta'\sin\phi}$$

因为是电偶极子，故 $l \ll r'$，上式中根号内 l 的平方项可略去，然后展开取近似得

$$r'_+ = r'\sqrt{1 - \frac{l}{r'}\sin\phi\sin\theta'} = r'\left(1 - \frac{l}{2r'}\sin\theta'\sin\phi\right) \qquad (1.54.2)$$

同样可得

$$r'_- = r'\sqrt{1 + \frac{l}{r'}\sin\phi\sin\theta'} = r'\left(1 + \frac{l}{2r'}\sin\theta'\sin\phi\right) \qquad (1.54.3)$$

所以

$$\varphi = \frac{q}{4\pi\varepsilon_0 r'}\left(\frac{1}{1 - \frac{l}{2r'}\sin\theta'\sin\phi} - \frac{1}{1 + \frac{l}{2r'}\sin\theta'\sin\phi}\right)$$

$$= \frac{p\sin\theta'\sin\phi}{4\pi\varepsilon_0 r'^2} \qquad (1.54.4)$$

φ 也可以写成矢量形式

$$\varphi = \frac{\boldsymbol{p} \cdot \boldsymbol{r}'}{4\pi\varepsilon_0 r'^3} \qquad (1.54.5)$$

再由 φ 求电场强度 $\boldsymbol{E}$. 为此，先要将 r' 和 θ' 用 r、a 和 θ 等表示. 由图 1.54 可见

$$r' = \sqrt{r^2 + a^2 - 2ar\cos\theta} \qquad (1.54.6)$$

$$\sin\theta' = \frac{r}{r'}\sin\theta \qquad (1.54.7)$$

$$\frac{\sin\theta'}{r'^2} = \frac{r\sin\theta}{r'^3} = \frac{r\sin\theta}{(r^2 + a^2 - 2ar\cos\theta)^{3/2}} \qquad (1.54.8)$$

代入(1.54.4)式便得

$$\varphi = \frac{p}{4\pi\varepsilon_0}\frac{r\sin\theta\sin\phi}{(r^2 + a^2 - 2ar\cos\theta)^{3/2}} \qquad (1.54.9)$$

于是得

$$\boldsymbol{E} = -\nabla\varphi = -\frac{\partial\varphi}{\partial r}\boldsymbol{e}_r - \frac{1}{r}\frac{\partial\varphi}{\partial\theta}\boldsymbol{e}_\theta - \frac{1}{r\sin\theta}\frac{\partial\varphi}{\partial\phi}\boldsymbol{e}_\phi$$

$$=\frac{p}{4\pi\varepsilon_0(r^2+a^2-2ar\cos\theta)^{5/2}}[(2r^2-a^2-ar\cos\theta)\sin\theta\sin\phi\boldsymbol{e}_r$$
$$+(3ar-ar\cos^2\theta-r^2\cos\theta-a^2\cos\theta)\sin\phi\boldsymbol{e}_\theta$$
$$-(r^2+a^2-2ar\cos\theta)\cos\phi\boldsymbol{e}_\phi] \qquad (1.54.10)$$

【别解】 用公式计算. 如图 1.54(3)所示,位于 $\boldsymbol{r}'$点的电偶极子 $\boldsymbol{p}$ 在 $\boldsymbol{r}$ 点产生的电势和电场强度的公式分别为[参看前面 1.52 题的(1.52.5)式和(1.52.8)式]

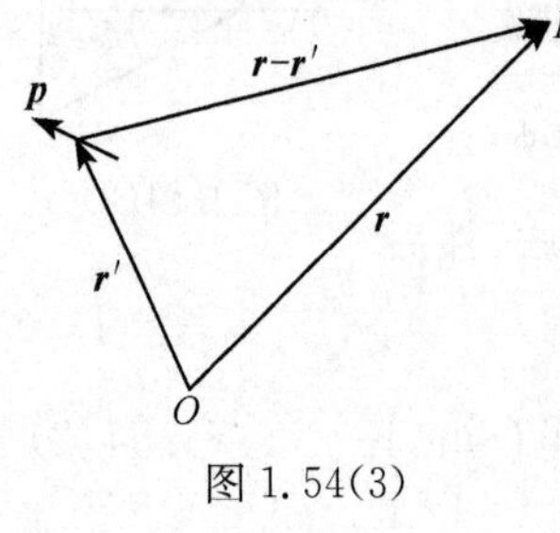

图 1.54(3)

$$\varphi=\frac{\boldsymbol{p}\cdot(\boldsymbol{r}-\boldsymbol{r}')}{4\pi\varepsilon_0|\boldsymbol{r}-\boldsymbol{r}'|^3} \qquad (1.54.11)$$

和

$$\boldsymbol{E}=\frac{3[\boldsymbol{p}\cdot(\boldsymbol{r}-\boldsymbol{r}')](\boldsymbol{r}-\boldsymbol{r}')-|\boldsymbol{r}-\boldsymbol{r}'|^2\boldsymbol{p}}{4\pi\varepsilon_0|\boldsymbol{r}-\boldsymbol{r}'|^5} \qquad (1.54.12)$$

现在,由图 1.54(1)可得

$$\boldsymbol{r}'=a\cos\theta\boldsymbol{e}_r-a\sin\theta\boldsymbol{e}_\theta \qquad (1.54.13)$$

$$\boldsymbol{p}=p\sin\theta\sin\phi\boldsymbol{e}_r+p\cos\theta\sin\phi\boldsymbol{e}_\theta+p\cos\phi\boldsymbol{e}_\phi \qquad (1.54.14)$$

将以上两式分别代入(1.54.11)式和(1.54.12)式,经过计算,便得出前面的(1.54.9)式和(1.54.10)式.

1.55 电荷量 q 均匀地分布在长为 $2l$ 的直线上,以这线段的中点 O 为原点取笛卡儿坐标系,使线段在 x 轴上,如图 1.55 所示. 设 $P(x,y,z)$为这线段外的空间任一点,求 q 在 P 点产生的电势 $\varphi(x,y,z)$.

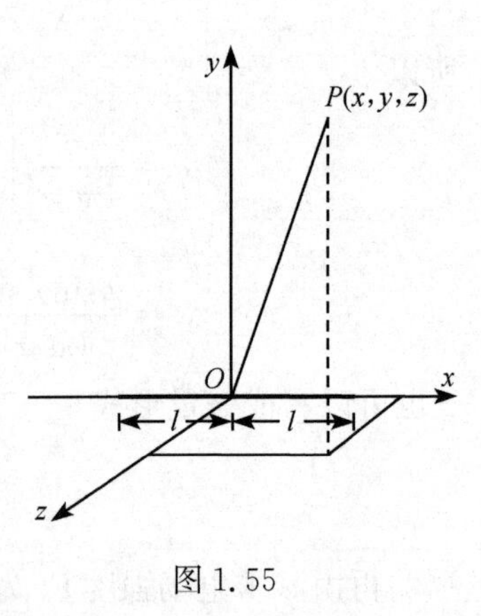

图 1.55

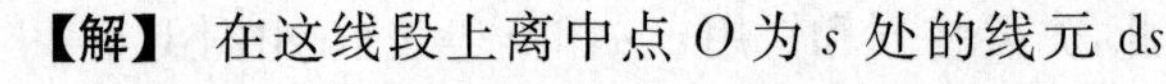

【解】 在这线段上离中点 O 为 s 处的线元 $\mathrm{d}s$ 上,电荷量为 $\mathrm{d}q=\frac{q}{2l}\mathrm{d}s$,它在 P 点产生的电势为

$$\mathrm{d}\varphi(x,y,z)=\frac{\mathrm{d}q}{4\pi\varepsilon_0 r}=\frac{q}{8\pi\varepsilon_0 l}\frac{\mathrm{d}s}{\sqrt{(x-s)^2+y^2+z^2}} \qquad (1.55.1)$$

于是 q 在 P 点产生的电势便为

$$\varphi(x,y,z)=\frac{q}{8\pi\varepsilon_0 l}\int_{-l}^{l}\frac{\mathrm{d}s}{\sqrt{(x-s)^2+y^2+z^2}} \qquad (1.55.2)$$

用积分公式

$$\int\frac{\mathrm{d}u}{\sqrt{u^2+a^2}}=\ln(u+\sqrt{u^2+a^2})+C \qquad (1.55.3)$$

算出(1.55.2)式中的积分便得

$$\varphi(x,y,z)=\frac{q}{8\pi\varepsilon_0 l}\ln\left[\frac{\sqrt{(x+l)^2+y^2+z^2}+x+l}{\sqrt{(x-l)^2+y^2+z^2}+x-l}\right] \tag{1.55.4}$$

另外,若用积分公式

$$\int\frac{\mathrm{d}s}{\sqrt{as^2+bs+c}}=\frac{1}{\sqrt{a}}\ln\left[\sqrt{as^2+bs+c}+\sqrt{a}s+\frac{b}{2\sqrt{a}}\right]+C' \tag{1.55.5}$$

算出(1.54.2)式中的积分,结果便得

$$\varphi(x,y,z)=\frac{q}{8\pi\varepsilon_0 l}\ln\left[\frac{\sqrt{(x-l)^2+y^2+z^2}-x+l}{\sqrt{(x+l)^2+y^2+z^2}-x-l}\right] \tag{1.55.6}$$

还有,根据对称性,由(1.55.4)式可得

$$\varphi(x,y,z)=\frac{q}{8\pi\varepsilon_0 l}\ln\left[\frac{\sqrt{(|x|+l)^2+y^2+z^2}+|x|+l}{\sqrt{(|x|-l)^2+y^2+z^2}+|x|-l}\right] \tag{1.55.7}$$

容易证明,(1.55.4)、(1.55.6)和(1.55.7)三式都相等.

1.56　设基态氢原子中电子电荷量的密度分布为

$$\rho(r)=-\frac{e}{\pi a^3}\mathrm{e}^{-\frac{2r}{a}}$$

式中 a 是玻尔半径,e 是电子电荷量的大小,r 是到氢核(质子)的距离.试求电子电荷在 r 处产生的电势 φ_e 和电场强度 $\boldsymbol{E}_e$,以及包括氢核在内的总电势 φ 和总电场强度 $\boldsymbol{E}$.

【解】　以氢核为原点,半径为 r 的球面内的电子电荷量为

$$\begin{aligned}Q_e(r)&=\int_V\rho(r)\mathrm{d}V=\int_0^r\rho(r)\cdot4\pi r^2\mathrm{d}r=-\frac{4e}{a^3}\int_0^r r^2\mathrm{e}^{-\frac{2r}{a}}\mathrm{d}r\\&=e\left[\left(2\frac{r^2}{a^2}+2\frac{r}{a}+1\right)\mathrm{e}^{-\frac{2r}{a}}-1\right]\end{aligned} \tag{1.56.1}$$

根据对称性,由高斯定理得

$$\boldsymbol{E}_e=\frac{Q_e(r)}{4\pi\varepsilon_0 r^3}\boldsymbol{r}=\frac{e}{4\pi\varepsilon_0}\left[\left(2\frac{r^2}{a^2}+2\frac{r}{a}+1\right)\mathrm{e}^{-\frac{2r}{a}}-1\right]\frac{\boldsymbol{r}}{r^3} \tag{1.56.2}$$

由 $\boldsymbol{E}_e$ 得

$$\begin{aligned}\varphi_e&=\int_r^\infty\boldsymbol{E}\cdot\mathrm{d}\boldsymbol{r}=\frac{e}{4\pi\varepsilon_0}\int_0^\infty\left[\left(2\frac{r^2}{a^2}+2\frac{r}{a}+1\right)\mathrm{e}^{-\frac{2r}{a}}-1\right]\frac{\mathrm{d}r}{r^2}\\&=\frac{e}{4\pi\varepsilon_0}\left[\left(\frac{1}{a}+\frac{1}{r}\right)\mathrm{e}^{-\frac{2r}{a}}-\frac{1}{r}\right]\end{aligned} \tag{1.56.3}$$

总电势为

$$\varphi = \varphi_e + \frac{e}{4\pi\varepsilon_0 r} = \frac{e}{4\pi\varepsilon_0}\left(\frac{1}{a}+\frac{1}{r}\right)\mathrm{e}^{-\frac{2r}{a}} \tag{1.56.4}$$

总电场强度为

$$\boldsymbol{E} = \boldsymbol{E}_e + \frac{e\boldsymbol{r}}{4\pi\varepsilon_0 r^3} = \frac{e}{4\pi\varepsilon_0}\left(2\frac{r^2}{a^2}+2\frac{r}{a}+1\right)\mathrm{e}^{-\frac{2r}{a}}\frac{\boldsymbol{r}}{r^3} \tag{1.56.5}$$

【别解】 电荷量分布在无界空间里产生电势的公式为

$$\varphi = \frac{1}{4\pi\varepsilon_0}\int_V \frac{\rho(\boldsymbol{r}')\mathrm{d}V'}{|\boldsymbol{r}-\boldsymbol{r}'|} \tag{1.56.6}$$

式中

$$|\boldsymbol{r}-\boldsymbol{r}'| = \sqrt{r^2+r'^2-2\boldsymbol{r}\cdot\boldsymbol{r}'} > 0 \tag{1.56.7}$$

是点源 $\boldsymbol{r}'$ 到场点 $\boldsymbol{r}$ 的距离. 故电子电荷产生的电势为(参看图 1.56)

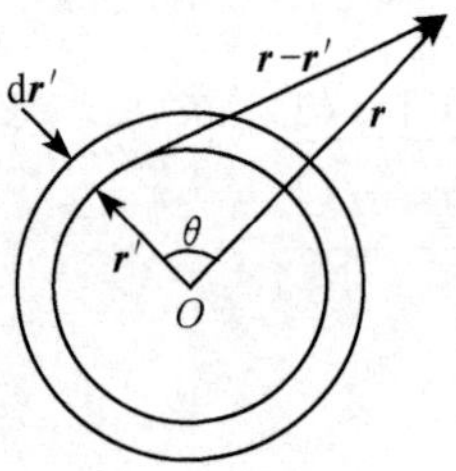

图 1.56

$$\begin{aligned}\varphi_e &= \frac{1}{4\pi\varepsilon_0}\int_V \frac{\rho(\boldsymbol{r}')\mathrm{d}V'}{|\boldsymbol{r}-\boldsymbol{r}'|}\\ &= -\frac{e}{4\pi^2\varepsilon_0 a^3}\int_V \frac{\mathrm{e}^{-\frac{2r'}{a}}\mathrm{d}V'}{\sqrt{r^2+r'^2-2\boldsymbol{r}\cdot\boldsymbol{r}'}}\\ &= -\frac{e}{4\pi^2\varepsilon_0 a^3}\int_0^\infty\int_0^\pi\int_0^{2\pi} \frac{\mathrm{e}^{-\frac{2r'}{a}}r'^2\sin\theta\mathrm{d}r'\mathrm{d}\theta\mathrm{d}\phi}{\sqrt{r^2+r'^2-2rr'\cos\theta}}\\ &= -\frac{e}{2\pi\varepsilon_0 a^3 r}\int_0^\infty \mathrm{e}^{-\frac{2r'}{a}}r'\left[\sqrt{r^2+r'^2-2rr'\cos\theta}\right]_0^\pi \mathrm{d}r'\end{aligned}$$

由于(1.56.7)式, 在 $r'<r$ 时, $\sqrt{r^2+r'^2-2rr'}=r-r'$; 而在 $r'>r$ 时, 则应取 $\sqrt{r^2+r'^2-2rr'}=r'-r$. 故上面的积分便为

$$\begin{aligned}\varphi_e &= -\frac{e}{2\pi\varepsilon_0 a^3 r}\int_0^r \mathrm{e}^{-\frac{2r'}{a}}r'[r+r'-(r-r')]\mathrm{d}r' - \frac{e}{2\pi\varepsilon_0 a^3 r}\int_r^\infty \mathrm{e}^{-\frac{2r'}{a}}r'[r+r'-(r'-r)]\mathrm{d}r'\\ &= -\frac{e}{\pi\varepsilon_0 a^3 r}\int_0^r \mathrm{e}^{-\frac{2r'}{a}}r'^2\mathrm{d}r' - \frac{e}{\pi\varepsilon_0 a^3}\int_r^\infty \mathrm{e}^{-\frac{2r'}{a}}r'\mathrm{d}r'\\ &= \frac{e}{4\pi\varepsilon_0}\left[\left(\frac{1}{a}+\frac{1}{r}\right)\mathrm{e}^{-\frac{2r}{a}}-\frac{1}{r}\right]\end{aligned} \tag{1.56.8}$$

电子电荷产生的电场强度为

$$\begin{aligned}\boldsymbol{E}_e &= -\nabla\varphi_e = -\frac{e}{4\pi\varepsilon_0}\nabla\left[\left(\frac{1}{a}+\frac{1}{r}\right)\mathrm{e}^{-\frac{2r}{a}}-\frac{1}{r}\right]\\ &= \frac{e}{4\pi\varepsilon_0}\left[\left(2\frac{r^2}{a^2}+2\frac{r}{a}+1\right)\mathrm{e}^{-\frac{2r}{a}}-1\right]\frac{\boldsymbol{r}}{r^3}\end{aligned} \tag{1.56.9}$$

根据叠加原理即可得出 φ 和 $\boldsymbol{E}$.

1.57 设基态氢原子中电子电荷量的密度分布为

$$\rho(r)=-\frac{e}{\pi a^3}e^{-\frac{2r}{a}}$$

式中 a 是玻尔半径，e 是电子电荷量的大小，r 是到氢核（质子）的距离. 试求：(1) 这种电荷量分布本身所具有的静电能 W_{es}；(2)这种电荷量分布在氢核电场中的电势能 W_{ep}；(3) 整个基态氢原子的静电能 W_e.

【解】 (1) 电子电荷量分布本身所具有的静电能为

$$W_{es}=\frac{1}{2}\int_e\varphi_e\mathrm{d}q=\frac{1}{2}\int_V\varphi_e\rho\mathrm{d}V \tag{1.57.1}$$

式中 φ_e 为电子电荷所产生的电势. 由 1.56 题的(1.56.3)式，得

$$\varphi_e=\frac{e}{4\pi\varepsilon_0}\left[\left(\frac{1}{a}+\frac{1}{r}\right)e^{-\frac{2r}{a}}-\frac{1}{r}\right] \tag{1.57.2}$$

代入(1.57.1)式得

$$\begin{aligned}W_{es}&=\frac{1}{2}\int_0^\infty\frac{e}{4\pi\varepsilon_0}\left[\left(\frac{1}{a}+\frac{1}{r}\right)e^{-\frac{2r}{a}}-\frac{1}{r}\right]\left(-\frac{e}{\pi a^3}e^{-\frac{2r}{a}}\right)\cdot 4\pi r^2\mathrm{d}r\\&=-\frac{e^2}{2\pi\varepsilon_0 a^3}\left[\int_0^\infty\left(\frac{1}{a}r^2+r\right)e^{-\frac{4r}{a}}\mathrm{d}r-\int_0^\infty e^{-\frac{2r}{a}}r\mathrm{d}r\right]\\&=\frac{5e^2}{64\pi\varepsilon_0 a}\end{aligned} \tag{1.57.3}$$

(2) 电子电荷分布在氢核电场中的电势能为

$$\begin{aligned}W_{ep}&=\int_e\varphi_p\mathrm{d}q=\int_V\varphi_p\rho\mathrm{d}V=\int_0^\infty\frac{e}{4\pi\varepsilon_0 r}\left(-\frac{e}{\pi a^3}e^{-\frac{2r}{a}}\right)\cdot 4\pi r^2\mathrm{d}r\\&=-\frac{e^2}{\pi\varepsilon_0 a^3}\int_0^\infty e^{-\frac{2r}{a}}r\mathrm{d}r=-\frac{e^2}{4\pi\varepsilon_0 a}\end{aligned} \tag{1.57.4}$$

这个结果表明，W_{ep} 等于整个电子电荷都在玻尔轨道上所具有的电势能.

(3) 整个基态氢原子的静电能为

$$W_e=W_{es}+W_{ep}=\frac{5e^2}{64\pi\varepsilon_0 a}-\frac{e^2}{4\pi\varepsilon_0 a}=-\frac{11e^2}{64\pi\varepsilon_0 a} \tag{1.57.5}$$

基态氢原子的能量为

$$E_1=-\frac{e^2}{8\pi\varepsilon_0 a} \tag{1.57.6}$$

以上结果表明：$W_e<E_1$.

1.58 在体积 V 内有电荷量密度为 $\rho(\boldsymbol{r})$ 的电荷分布，这电荷处在电势为 $\varphi_e(\boldsymbol{r})$ 的外电场中. 试证明：当外电场为均匀电场时，这电荷在外电场中的电势能为 $W=-\boldsymbol{p}\cdot\boldsymbol{E}_e$，式中 $\boldsymbol{E}_e$ 为外电场的电场强度，$\boldsymbol{p}$ 为这电荷分布的电偶极矩.

【解】 元电荷量 $\mathrm{d}q=\rho(\boldsymbol{r})\mathrm{d}V$ 在外电场中的电势能为

$$\mathrm{d}W=\varphi_e(\boldsymbol{r})\mathrm{d}q=\varphi_e(\boldsymbol{r})\rho(\boldsymbol{r})\mathrm{d}V \tag{1.58.1}$$

对于均匀电场有

$$\varphi_e(\boldsymbol{r})=-\int_0^r \boldsymbol{E}(\boldsymbol{r})\cdot \mathrm{d}\boldsymbol{r}=-\boldsymbol{E}_e\cdot \boldsymbol{r} \tag{1.58.2}$$

$$\mathrm{d}W=-\boldsymbol{E}_e\cdot \boldsymbol{r}\rho(\boldsymbol{r})\mathrm{d}V$$

积分便得

$$W=-\int_V \boldsymbol{E}_e\cdot \boldsymbol{r}\rho(\boldsymbol{r})\mathrm{d}V=-\boldsymbol{E}_e\cdot \int_V \rho(\boldsymbol{r})\boldsymbol{r}\mathrm{d}V$$

$$=-\boldsymbol{p}\cdot \boldsymbol{E}_e \tag{1.58.3}$$

1.59 两条无穷长的平行直导线相距为 d,载有大小相等而方向相反的恒定电流 I. 空间任一点 P 到两线的距离分别为 a 和 b,如图 1.59(1)所示. 试求 P 点的矢势 $\boldsymbol{A}$ 和磁感强度 $\boldsymbol{B}$.

【解】 以两导线构成的平面为 z-x 平面,到两导线距离相等的 O 点作原点,取笛卡儿坐标系,使 z 轴与两导线平行,x 轴穿过两导线,如图 1.59(2)所示. 由于对称性,$\boldsymbol{A}$ 和 $\boldsymbol{B}$ 都与 z 无关,故取 $z=0$ 平面内一点 $P(x,y)$ 作为场点来计算 $\boldsymbol{A}$ 和 $\boldsymbol{B}$. $x=\dfrac{d}{2}$ 的导线上 z 处电流元 $I\mathrm{d}\boldsymbol{l}=I\mathrm{d}z\boldsymbol{e}_z$ 在 P 点产生的矢势为

$$\mathrm{d}\boldsymbol{A}_+=\frac{\mu_0 I\mathrm{d}z}{4\pi\sqrt{z^2+a^2}}\boldsymbol{e}_z=\frac{\mu_0 I\boldsymbol{e}_z}{4\pi}\frac{\mathrm{d}z}{\sqrt{z^2+a^2}} \tag{1.59.1}$$

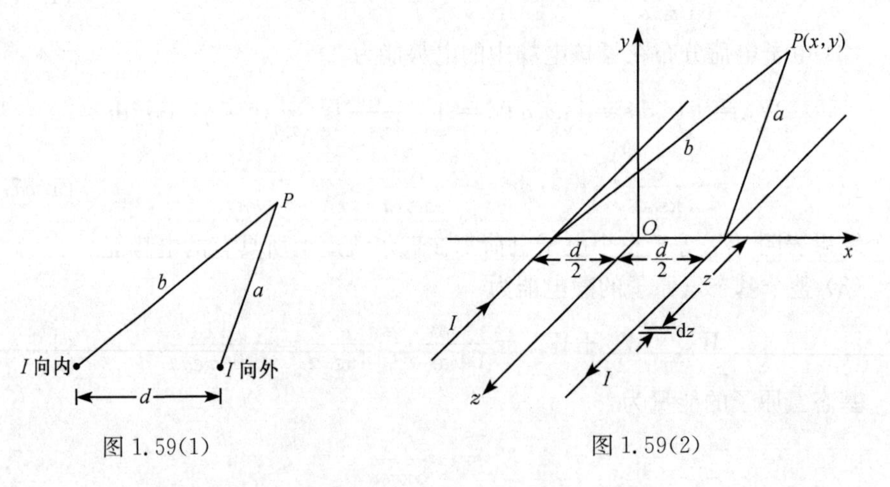

图 1.59(1)　　　　图 1.59(2)

整条线电流在 P 点产生的矢势便为

$$\boldsymbol{A}_+=\frac{\mu_0 I\boldsymbol{e}_z}{4\pi}\int_{-\infty}^{\infty}\frac{\mathrm{d}z}{\sqrt{z^2+a^2}} \tag{1.59.2}$$

P 点的矢势是两条线电流所产生的矢势之和,即

$$\boldsymbol{A}=\boldsymbol{A}_+ +\boldsymbol{A}_-=\frac{\mu_0 I\boldsymbol{e}_z}{4\pi}\int_{-\infty}^{\infty}\frac{\mathrm{d}z}{\sqrt{z^2+a^2}}-\frac{\mu_0 I\boldsymbol{e}_z}{4\pi}\int_{-\infty}^{\infty}\frac{\mathrm{d}z}{\sqrt{z^2+b^2}}$$

$$= \frac{\mu_0 I \boldsymbol{e}_z}{4\pi} \lim_{z\to\infty} \left[\ln \frac{\sqrt{z^2+a^2}+z}{\sqrt{z^2+a^2}-z} - \ln \frac{\sqrt{z^2+b^2}+z}{\sqrt{z^2+b^2}-z} \right]$$

$$= \frac{\mu_0 I \boldsymbol{e}_z}{4\pi} \lim_{z\to\infty} \ln \left[\frac{\sqrt{z^2+a^2}+z}{\sqrt{z^2+a^2}-z} \frac{\sqrt{z^2+b^2}-z}{\sqrt{z^2+b^2}+z} \right]$$

$$= \frac{\mu_0 I \boldsymbol{e}_z}{4\pi} \lim_{z\to\infty} \ln \left[\frac{\sqrt{1+\left(\frac{a}{z}\right)^2}+1}{\sqrt{1+\left(\frac{b}{z}\right)^2}+1} \frac{\sqrt{1+\left(\frac{b}{z}\right)^2}-1}{\sqrt{1+\left(\frac{a}{z}\right)^2}-1} \right]$$

$$= \frac{\mu_0 I}{2\pi} \left(\ln \frac{b}{a} \right) \boldsymbol{e}_z \tag{1.59.3}$$

或者，由于

$$a = \sqrt{\left(x-\frac{d}{2}\right)^2 + y^2}, \qquad b = \sqrt{\left(x+\frac{d}{2}\right)^2 + y^2} \tag{1.59.4}$$

用坐标表示为

$$\boldsymbol{A} = \frac{\mu_0 I}{4\pi} \left[\ln \frac{\left(x+\frac{d}{2}\right)^2 + y^2}{\left(x-\frac{d}{2}\right)^2 + y^2} \right] \boldsymbol{e}_z \tag{1.59.5}$$

P 点的磁感强度为

$$\boldsymbol{B} = \nabla \times \boldsymbol{A}$$

$$= \left(\frac{\partial A_z}{\partial y} - \frac{\partial A_y}{\partial z} \right) \boldsymbol{e}_x + \left(\frac{\partial A_x}{\partial z} - \frac{\partial A_z}{\partial x} \right) \boldsymbol{e}_y + \left(\frac{\partial A_y}{\partial x} - \frac{\partial A_x}{\partial y} \right) \boldsymbol{e}_z$$

$$= \frac{\partial A_z}{\partial y} \boldsymbol{e}_x - \frac{\partial A_z}{\partial x} \boldsymbol{e}_y$$

$$= \frac{\mu_0 I}{4\pi} \left\{ \frac{\partial}{\partial y} \left[\ln \frac{\left(x+\frac{d}{2}\right)^2 + y^2}{\left(x-\frac{d}{2}\right)^2 + y^2} \right] \right\} \boldsymbol{e}_x - \frac{\mu_0 I}{4\pi} \left\{ \frac{\partial}{\partial x} \left[\ln \frac{\left(x+\frac{d}{2}\right)^2 + y^2}{\left(x-\frac{d}{2}\right)^2 + y^2} \right] \right\} \boldsymbol{e}_y$$

$$= \frac{\mu_0 I}{2\pi} \left\{ \frac{y}{\left(x+\frac{d}{2}\right)^2 + y^2} - \frac{y}{\left(x-\frac{d}{2}\right)^2 + y^2} \right\} \boldsymbol{e}_x$$

$$- \frac{\mu_0 I}{2\pi} \left\{ \frac{x+\frac{d}{2}}{\left(x+\frac{d}{2}\right)^2 + y^2} - \frac{x-\frac{d}{2}}{\left(x-\frac{d}{2}\right)^2 + y^2} \right\} \boldsymbol{e}_y \tag{1.59.6}$$

若用 a 和 b 表示，利用关系式(1.59.4)式便得

$$\boldsymbol{B} = \frac{\mu_0 I}{4\pi a^2 b^2 d} \{ (a^2 - b^2) \sqrt{[(a+d)^2 - b^2][b^2 - (a-d)^2]}\, \boldsymbol{e}_x$$

$$-[(a^2+b^2)d^2-(a^2-b^2)^2]\boldsymbol{e}_y\}\tag{1.59.7}$$

$\boldsymbol{B}$ 的大小为

$$B=\frac{\mu_0 Id}{2\pi ab}\tag{1.59.8}$$

1.60 有一半径为 a 的圆环电流 I,取圆心 O 为原点,圆环的轴线为 z 轴,如图1.60(1)所示,P 为 $\boldsymbol{r}$ 处的一点.(1) 求这圆环电流在 P 点所产生的矢势 $\boldsymbol{A}(\boldsymbol{r})$ 的积分表达式,算出 $r\gg a$ 处的 $\boldsymbol{A}(\boldsymbol{r})$;(2) 由 $\boldsymbol{A}(\boldsymbol{r})$ 计算 $r\gg a$ 处的磁感强度 $\boldsymbol{B}(\boldsymbol{r})$;(3) 设用磁矩为 $\boldsymbol{m}$ 的磁偶极子代替圆环电流,求 $\boldsymbol{m}$ 在 P 点产生的矢势和磁感强度.

【解】 (1) 由定义,沿闭合回路 L 流动的电流 I 在 $\boldsymbol{r}$ 点[图 1.60(2)]产生的矢势为

$$\boldsymbol{A}(\boldsymbol{r})=\frac{\mu_0 I}{4\pi}\oint_L\frac{\mathrm{d}\boldsymbol{l}'}{|\boldsymbol{r}-\boldsymbol{r}'|}\tag{1.60.1}$$

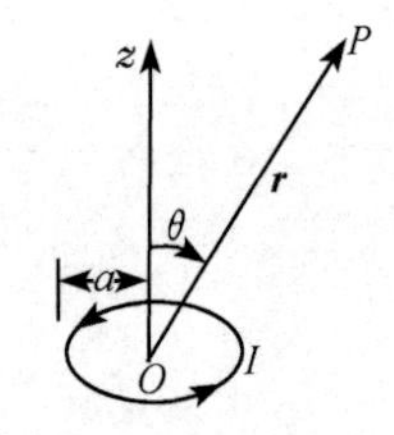

图 1.60(1)

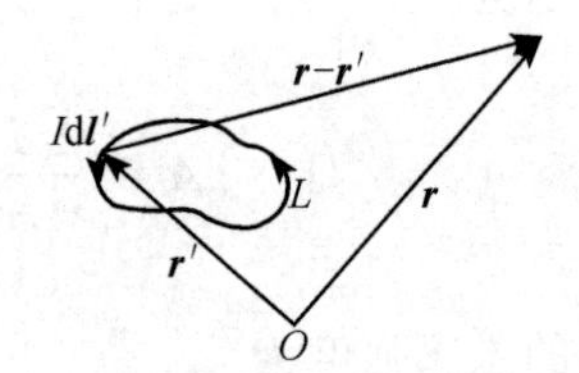

图 1.60(2)

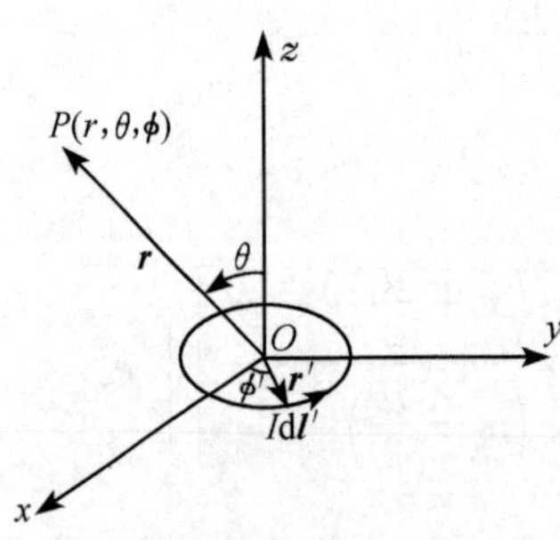

图 1.60(3)

对圆环电流 I 来说,由于对称性,在以 z 轴为圆心的圆周(此圆周在 $z=$常数的平面内)上,任何一点,$\boldsymbol{A}$ 的大小 A 都应相同. 因此,A 应与方位角 ϕ 无关. 为方便,我们求 $\phi=0$ 处 $P(r,\theta,0)$ 点的 $\boldsymbol{A}$. 如图 1.60(3) 所示,电流元 $I\mathrm{d}\boldsymbol{l}'$ 的线元为

$$\mathrm{d}\boldsymbol{l}'=a\mathrm{d}\phi'(-\sin\phi'\boldsymbol{e}_x+\cos\phi'\boldsymbol{e}_y)\tag{1.60.2}$$

电流元到 P 点的距离为

$$|\boldsymbol{r}-\boldsymbol{r}'|=\sqrt{r^2+a^2-2ar\cos\alpha}\tag{1.60.3}$$

式中 α 为 $\boldsymbol{r}$ 和 $\boldsymbol{r}'$ 之间的夹角. 球坐标系中任意两矢量 $\boldsymbol{r}(r,\theta,\phi)$ 与 $\boldsymbol{r}'(r',\theta',\phi')$ 之间夹角 α 的公式为

$$\cos\alpha=\cos\theta\cos\theta'+\sin\theta\sin\theta'\cos(\phi-\phi')\tag{1.60.4}$$

今 $\phi=0$, $\theta'=\pi/2$,故

$$\cos\alpha=\sin\theta\cos\phi'\tag{1.60.5}$$

由以上五式得

$$\boldsymbol{A}(\boldsymbol{r})=\frac{\mu_0 Ia}{4\pi}\int_0^{2\pi}\frac{(-\sin\phi'\boldsymbol{e}_x+\cos\phi'\boldsymbol{e}_y)\mathrm{d}\phi'}{\sqrt{r^2+a^2-2ar\sin\theta\cos\phi'}} \tag{1.60.6}$$

式中

$$\int_0^{2\pi}\frac{\sin\phi'\mathrm{d}\phi'}{\sqrt{r^2+a^2-2ar\sin\theta\cos\phi'}}=-\frac{1}{ar\sin\theta}\sqrt{r^2+a^2-2ar\sin\theta\cos\phi'}\Big|_0^{2\pi}=0$$

于是得

$$\boldsymbol{A}(\boldsymbol{r})=\frac{\mu_0 Ia}{4\pi}\boldsymbol{e}_y\int_0^{2\pi}\frac{\cos\phi'\mathrm{d}\phi'}{\sqrt{r^2+a^2-2ar\sin\theta\cos\phi'}} \tag{1.60.7}$$

由图 1.60(3)可见，在球坐标系中，P 点的 $\boldsymbol{e}_y=\boldsymbol{e}_\phi$，故 $\boldsymbol{A}(\boldsymbol{r})$可写作

$$\boldsymbol{A}(\boldsymbol{r})=\frac{\mu_0 Ia}{4\pi}\boldsymbol{e}_\phi\int_0^{2\pi}\frac{\cos\phi'\mathrm{d}\phi'}{\sqrt{r^2+a^2-2ar\sin\theta\cos\phi'}} \tag{1.60.8}$$

这便是圆环电流在 P 点产生的矢势的积分表达式. 在一般情况下，式中的积分是椭圆积分.

下面求 $r\gg a$ 处的$\boldsymbol{A}(\boldsymbol{r})$. 这时，(1.60.8)式中的被积函数里 a^2 项可以略去. 然后按公式

$$(1-X)^{-1/2}=1+\frac{1}{2}X+\frac{1\cdot 3}{2\cdot 4}X^2+\frac{1\cdot 3\cdot 5}{2\cdot 4\cdot 6}X^3+\cdots\quad (X^2<1) \tag{1.60.9}$$

展开如下：

$$\begin{aligned}\frac{1}{\sqrt{r^2+a^2-2ar\sin\theta\cos\phi'}}&=\frac{1}{r}\left(1-2\frac{a}{r}\sin\theta\cos\phi'\right)^{-1/2}\\&=\frac{1}{r}\left(1+\frac{a}{r}\sin\theta\cos\phi'\right)\end{aligned} \tag{1.60.10}$$

把(1.60.10)式代入(1.60.8)式，第一项积分为零. 于是便得所求的$\boldsymbol{A}(\boldsymbol{r})$值为

$$\boldsymbol{A}(\boldsymbol{r})=\frac{\mu_0 Ia}{4\pi}\frac{a\sin\theta}{r^2}\boldsymbol{e}_\phi\int_0^{2\pi}\cos^2\phi'\mathrm{d}\phi'=\frac{\mu_0 Ia^2\sin\theta}{4r^2}\boldsymbol{e}_\phi \tag{1.60.11}$$

(2) 由上面$\boldsymbol{A}(\boldsymbol{r})$的值计算磁感强度$\boldsymbol{B}(\boldsymbol{r})$如下：

$$\begin{aligned}\boldsymbol{B}(\boldsymbol{r})=\nabla\times\boldsymbol{A}(\boldsymbol{r})&=\frac{\mu_0 Ia^2}{4}\nabla\times\left(\frac{\sin\theta}{r^2}\boldsymbol{e}_\phi\right)\\&=\frac{\mu_0 Ia^2}{4}\left\{\left[\frac{1}{r\sin\theta}\frac{\partial}{\partial\theta}\left(\frac{\sin^2\theta}{r^2}\right)\right]\boldsymbol{e}_r-\left[\frac{1}{r}\frac{\partial}{\partial r}\left(\frac{\sin\theta}{r}\right)\right]\boldsymbol{e}_\theta\right\}\\&=\frac{\mu_0 Ia^2}{4r^3}(2\cos\theta\boldsymbol{e}_r+\sin\theta\boldsymbol{e}_\theta)\end{aligned} \tag{1.60.12}$$

(3) 圆环电流的磁矩依定义为

$$\boldsymbol{m}=\pi a^2 I\boldsymbol{e}_z \tag{1.60.13}$$

故(1.60.11)式可写作

$$\boldsymbol{A}(\boldsymbol{r})=\frac{\mu_0 m\sin\theta}{4\pi r^2}\boldsymbol{e}_\phi=\frac{\mu_0\boldsymbol{m}\times\boldsymbol{r}}{4\pi r^3} \tag{1.60.14}$$

(1.60.12)式可写作

$$\begin{aligned}\boldsymbol{B}(\boldsymbol{r})&=\frac{\mu_0 m}{4\pi r^3}[2\cos\theta\boldsymbol{e}_r+\sin\theta\boldsymbol{e}_\theta]\\&=\frac{\mu_0}{4\pi r^3}[3m\cos\theta\boldsymbol{e}_r-(m\cos\theta\boldsymbol{e}_r-m\sin\theta\boldsymbol{e}_\theta)]\\&=\frac{\mu_0}{4\pi r^3}[3(\boldsymbol{m}\cdot\boldsymbol{e}_r)\boldsymbol{e}_r-\boldsymbol{m}]\\&=\frac{\mu_0[(\boldsymbol{m}\cdot\boldsymbol{r})\boldsymbol{r}-r^2\boldsymbol{m}]}{4\pi r^5}\end{aligned} \tag{1.60.15}$$

因此,用磁矩为 $\boldsymbol{m}$ 的磁偶极子代替圆环电流,$\boldsymbol{m}$ 在 P 点产生的矢势和磁感强度分别由(1.60.14)式和(1.60.15)式表示.

【讨论】 圆环电流的矢势的准确表达式.

圆环电流的矢势(1.60.8)式一般是椭圆积分,可以化为用全椭圆积分来表示.为此,令 $\phi'=\pi+2\Psi$,则 $\cos\phi'=2\sin^2\Psi-1$,代入(1.60.8)式便得

$$\begin{aligned}\boldsymbol{A}(\boldsymbol{r})&=\frac{\mu_0 Ia}{4\pi}\boldsymbol{e}_\phi\int_{-\pi/2}^{\pi/2}\frac{2(2\sin^2\Psi-1)\mathrm{d}\Psi}{\sqrt{r^2+a^2+2ar\sin\theta-4ar\sin\theta\sin^2\Psi}}\\&=\frac{\mu_0 Ia}{\pi}\boldsymbol{e}_\phi\int_0^{\pi/2}\frac{(2\sin^2\Psi-1)\mathrm{d}\Psi}{\sqrt{r^2+a^2+2ar\sin\theta-4ar\sin\theta\sin^2\Psi}}\end{aligned} \tag{1.60.16}$$

令

$$h=\sqrt{r^2+a^2+2ar\sin\theta},\quad k=\sqrt{\frac{4ar\sin\theta}{r^2+a^2+2ar\sin\theta}} \tag{1.60.17}$$

则(1.60.16)式便可化为

$$\begin{aligned}\boldsymbol{A}(\boldsymbol{r})&=\frac{\mu_0 Ia}{\pi h}\boldsymbol{e}_\phi\int_0^{\pi/2}\frac{(2\sin^2\Psi-1)\mathrm{d}\Psi}{\sqrt{1-k^2\sin^2\Psi}}\\&=\frac{\mu_0 Ia}{\pi h}\boldsymbol{e}_\phi\left[\int_0^{\pi/2}\frac{2\sin^2\Psi\mathrm{d}\Psi}{\sqrt{1-k^2\sin^2\Psi}}-\int_0^{\pi/2}\frac{\mathrm{d}\Psi}{\sqrt{1-k^2\sin^2\Psi}}\right]\end{aligned} \tag{1.60.18}$$

式中

$$\begin{aligned}\int_0^{\pi/2}\frac{\mathrm{d}\Psi}{\sqrt{1-k^2\sin^2\Psi}}&=\mathrm{K}\\&=\frac{\pi}{2}\left[1+\left(\frac{1}{2}\right)^2k^2+\left(\frac{1\cdot3}{2\cdot4}\right)^2k^4\right.\\&\qquad\left.+\left(\frac{1\cdot3\cdot5}{2\cdot4\cdot6}\right)^2k^6+\cdots\right]\end{aligned} \tag{1.60.19}$$

称为第一种全椭圆积分.另一项为

$$\int_0^{\pi/2}\frac{2\sin^2\Psi\mathrm{d}\Psi}{\sqrt{1-k^2\sin^2\Psi}}=\frac{2}{k^2}\left[\int_0^{\pi/2}\frac{\mathrm{d}\Psi}{\sqrt{1-k^2\sin^2\Psi}}-\int_0^{\pi/2}\frac{(1-k^2\sin^2\Psi)\mathrm{d}\Psi}{\sqrt{1-k^2\sin^2\Psi}}\right]$$

$$= \frac{2}{k^2}\left[\int_0^{\pi/2} \frac{\mathrm{d}\Psi}{\sqrt{1-k^2\sin^2\Psi}} - \int_0^{\pi/2} \sqrt{1-k^2\sin^2\Psi}\mathrm{d}\Psi\right]$$

$$= \frac{2}{k^2}(\mathrm{K}-\mathrm{E}) \tag{1.60.20}$$

式中

$$\int_0^{\pi/2} \sqrt{1-k^2\sin^2\Psi}\mathrm{d}\Psi = \mathrm{E}$$

$$= \frac{\pi}{2}\left[1-\left(\frac{1}{2}\right)^2 k^2 - \left(\frac{1\cdot 3}{2\cdot 4}\right)^2 \frac{k^4}{3} - \left(\frac{1\cdot 3\cdot 5}{2\cdot 4\cdot 6}\right)^2 \frac{k^6}{5} - \cdots\right] \tag{1.60.21}$$

称为第二种全椭圆积分. 把(1.60.19)、(1.60.20)和(1.60.21)式代入(1.60.18)式,最后便得圆环电流在 P 点产生的矢势的准确表达式为

$$\boldsymbol{A}(\boldsymbol{r}) = \frac{\mu_0 Ia}{\pi h}\left[\frac{2}{k^2}(\mathrm{K}-\mathrm{E})-\mathrm{K}\right]\boldsymbol{e}_\phi$$

$$= \frac{\mu_0 I\sqrt{r^2+a^2+2ar\sin\theta}}{2\pi r\sin\theta}\left(\frac{r^2+a^2}{r^2+a^2+2ar\sin\theta}\mathrm{K}-\mathrm{E}\right)\boldsymbol{e}_\phi \tag{1.60.22}$$

1.61　电荷量 Q 均匀分布在半径为 a 的圆盘上,圆盘的厚度可略去不计. 当这圆盘以匀角速度 ω 绕它的几何轴旋转时,以盘心 O 为原点,旋转轴为极轴,取球坐标系如图 1.61(1)所示. 求它在 $\boldsymbol{r}$ 处的 P 点所产生的矢势 $\boldsymbol{A}(\boldsymbol{r})$ 的积分表达式,并计算在 $r\gg a$ 处的矢势和磁感强度.

【解】　在圆盘上取半径为 r' 和 $r'+\mathrm{d}r'$ 的环带[图 1.61(2)],圆盘转动时,这环带的电流为

$$\mathrm{d}I = \frac{\omega}{2\pi}\mathrm{d}Q = \frac{\omega}{2\pi}\frac{Q}{\pi a^2}\cdot 2\pi r'\mathrm{d}r'$$

$$= \frac{Q\omega}{\pi a^2}r'\mathrm{d}r' \tag{1.61.1}$$

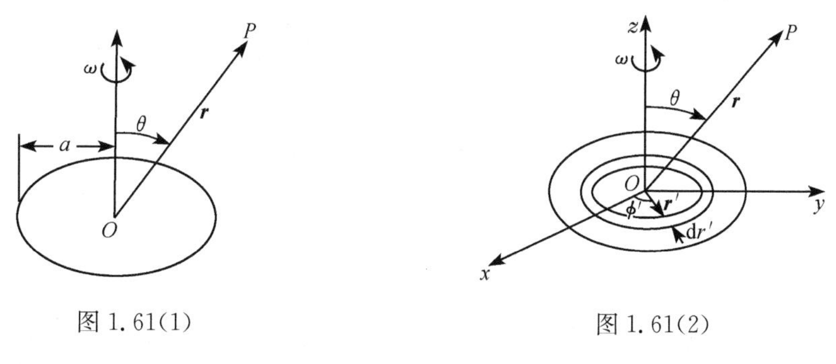

图 1.61(1)　　图 1.61(2)

由圆环电流产生矢势的公式[参看 1.60 题的(1.60.8)式]

$$\boldsymbol{A}(\boldsymbol{r}) = \frac{\mu_0 I a}{4\pi}\boldsymbol{e}_\phi\int_0^{2\pi}\frac{\cos\phi'\mathrm{d}\phi'}{\sqrt{r^2+a^2-2ar\sin\theta\cos\phi'}} \tag{1.61.2}$$

得此环带产生的矢势为

$$\mathrm{d}\boldsymbol{A}(\boldsymbol{r}) = \frac{\mu_0 Q\omega}{4\pi^2 a^2}\boldsymbol{e}_\phi r'^2\mathrm{d}r'\int_0^{2\pi}\frac{\cos\phi'\mathrm{d}\phi'}{\sqrt{r^2+r'^2-2rr'\sin\theta\cos\phi'}} \tag{1.61.3}$$

积分便得圆盘旋转时在 $\boldsymbol{r}$ 处的 P 点所产生的矢势的积分表达式为

$$\boldsymbol{A}(\boldsymbol{r}) = \frac{\mu_0 Q\omega}{4\pi^2 a^2}\boldsymbol{e}_\phi\int_0^a\int_0^{2\pi}\frac{r'^2\cos\phi'\mathrm{d}r'\mathrm{d}\phi'}{\sqrt{r^2+r'^2-2rr'\sin\theta\cos\phi'}} \tag{1.61.4}$$

在 $r\gg a$ 处,上式的被积函数可由展开式取近似得

$$\begin{aligned}\frac{1}{\sqrt{r^2+r'^2-2rr'\sin\theta\cos\phi'}} &= \frac{1}{r}\left[1+\left(\frac{r'}{r}\right)^2-2\frac{r'}{r}\sin\theta\cos\phi'\right]^{-1/2} \\ &= \frac{1}{r}\left(1+\frac{r'}{r}\sin\theta\cos\phi'\right)\end{aligned} \tag{1.61.5}$$

把它代入(1.61.4)式得矢势为

$$\begin{aligned}\boldsymbol{A}(\boldsymbol{r}) &= \frac{\mu_0 Q\omega}{4\pi^2 a^2 r}\boldsymbol{e}_\phi\int_0^a\int_0^{2\pi}r'^2\left(1+\frac{r'}{r}\sin\theta\cos\phi'\right)\cos\phi'\mathrm{d}r'\mathrm{d}\phi' \\ &= \frac{\mu_0 Q\omega a^2\sin\theta}{16\pi r^2}\boldsymbol{e}_\phi\end{aligned} \tag{1.61.6}$$

$\boldsymbol{A}(\boldsymbol{r})$还可以用圆盘电荷旋转时的磁矩 $\boldsymbol{m}$ 来表示. $\boldsymbol{m}$ 依定义为

$$\boldsymbol{m} = \int(\mathrm{d}I)S'\boldsymbol{e}_z = \int_0^a\frac{Q\omega}{\pi a^2}r'\mathrm{d}r'\cdot\pi r'^2\boldsymbol{e}_z = \frac{Q\omega a^2}{4}\boldsymbol{e}_z \tag{1.61.7}$$

故(1.61.6)式可写作

$$\boldsymbol{A}(\boldsymbol{r}) = \frac{\mu_0\boldsymbol{m}\times\boldsymbol{r}}{4\pi r^3} \tag{1.61.8}$$

由 $\boldsymbol{A}(\boldsymbol{r})$计算磁感强度 $\boldsymbol{B}(\boldsymbol{r})$如下:

$$\begin{aligned}\boldsymbol{B}(\boldsymbol{r}) &= \nabla\times\boldsymbol{A}(\boldsymbol{r}) = \frac{\mu_0}{4\pi}\nabla\times\left(\frac{\boldsymbol{m}\times\boldsymbol{r}}{r^3}\right) \\ &= \frac{\mu_0}{4\pi}\left(\nabla\frac{1}{r^3}\right)\times(\boldsymbol{m}\times\boldsymbol{r})+\frac{\mu_0}{4\pi r^3}\nabla\times(\boldsymbol{m}\times\boldsymbol{r}) \\ &= \frac{\mu_0}{4\pi r^5}[3(\boldsymbol{m}\cdot\boldsymbol{r})\boldsymbol{r}-r^2\boldsymbol{m}]\end{aligned} \tag{1.61.9}$$

把(1.61.7)式的 $\boldsymbol{m}$ 代入上式便得

$$\boldsymbol{B}(\boldsymbol{r}) = \frac{\mu_0 Q\omega a^2}{16\pi r^3}(2\cos\theta\boldsymbol{e}_r+\sin\theta\boldsymbol{e}_\theta) \tag{1.61.10}$$

1.62 电荷量 Q 均匀地分布在半径为 a 的球体内,当这球体以匀角速度 ω 绕它的直径旋转时,以球心 O 为原点,如图 1.62(1)所示,求球外 $\boldsymbol{r}$ 处 P 点的矢势

$\boldsymbol{A}(\boldsymbol{r})$的积分表达式，并计算 $r \gg a$ 处的矢势和磁感强度.

【解】 我们根据电流产生矢势的公式

$$\boldsymbol{A}(\boldsymbol{r}) = \frac{\mu_0}{4\pi}\int_V \frac{\boldsymbol{j}(\boldsymbol{r}')\mathrm{d}V'}{|\boldsymbol{r}-\boldsymbol{r}'|} \tag{1.62.1}$$

求矢势 $\boldsymbol{A}(\boldsymbol{r})$的积分表达式. 由图 1.62(2)可得

$$\begin{aligned}\boldsymbol{j}(\boldsymbol{r}') &= \rho(\boldsymbol{r}')\boldsymbol{v}' = \frac{3Q}{4\pi a^3}\boldsymbol{\omega}\times\boldsymbol{r}' \\ &= \frac{3Q}{4\pi a^3}\omega r'\sin\theta'(-\sin\phi'\boldsymbol{e}_x + \cos\phi'\boldsymbol{e}_y)\end{aligned} \tag{1.62.2}$$

代入(1.62.1)式得

$$\begin{aligned}\boldsymbol{A}(\boldsymbol{r}) &= \frac{3\mu_0 Q\omega}{(4\pi)^2 a^3}\int_V \frac{r'\sin\theta'(-\sin\phi'\boldsymbol{e}_x+\cos\phi'\boldsymbol{e}_y)\mathrm{d}V'}{|\boldsymbol{r}-\boldsymbol{r}'|} \\ &= \frac{3\mu_0 Q\omega}{(4\pi)^2 a^3}\int_0^a\int_0^\pi\int_0^{2\pi}\frac{r'^3\sin^2\theta'(-\sin\phi'\boldsymbol{e}_x+\cos\phi'\boldsymbol{e}_y)\mathrm{d}r'\mathrm{d}\theta'\mathrm{d}\phi'}{\sqrt{r^2+r'^2-2rr'[\cos\theta\cos\theta'+\sin\theta\sin\theta'\cos(\phi-\phi')]}}\end{aligned} \tag{1.62.3}$$

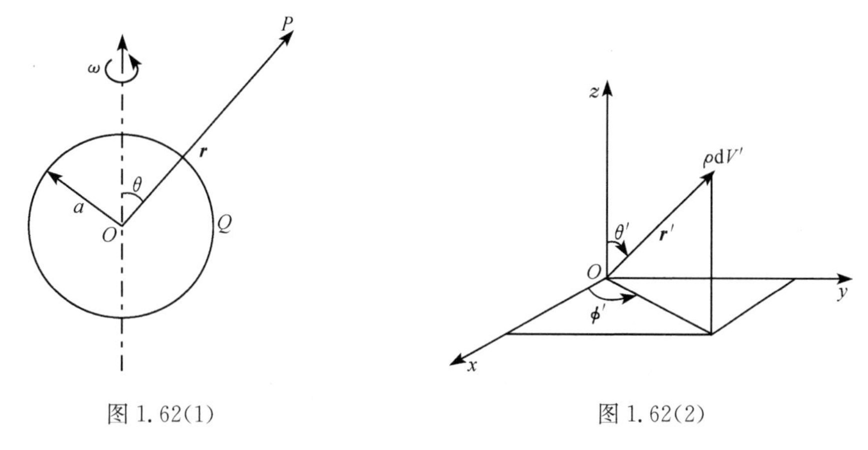

图 1.62(1)　　图 1.62(2)

由于轴对称性，对于 r 和 θ 相同而 ϕ 不同的各点，$\boldsymbol{A}$ 的方向虽不同，但 $\boldsymbol{A}$ 的大小$|\boldsymbol{A}|=A$ 是相同的. 因此，为计算方便，我们取 P 点的方位角为 $\phi=0$(即以 $\boldsymbol{r}$ 和 z 轴构成的平面为 z-x 平面). 这样，上式便化为

$$\boldsymbol{A}(\boldsymbol{r}) = \frac{3\mu_0 Q\omega}{(4\pi)^2 a^3}\int_0^a\int_0^\pi\int_0^{2\pi}\frac{r'^3\sin^2\theta'(-\sin\phi'\boldsymbol{e}_x+\cos\phi'\boldsymbol{e}_y)\mathrm{d}r'\mathrm{d}\theta'\mathrm{d}\phi'}{\sqrt{r^2+r'^2-2rr'(\cos\theta\cos\theta'+\sin\theta\sin\theta'\cos\phi')}} \tag{1.62.4}$$

因为

$$\int_0^{2\pi}\frac{-\sin\phi'\mathrm{d}\phi'}{\sqrt{r^2+r'^2-2rr'(\cos\theta\cos\theta'+\sin\theta\sin\theta'\cos\phi')}} = 0 \tag{1.62.5}$$

故利用这时 $\boldsymbol{e}_y=\boldsymbol{e}_\phi$,(1.62.4)式便化为

$$\boldsymbol{A}(\boldsymbol{r})=\frac{3\mu_0 Q\omega}{(4\pi)^2 a^3}\boldsymbol{e}_\phi\int_0^a\int_0^\pi\int_0^{2\pi}\frac{r'^3\sin^2\theta'\cos\phi'\mathrm{d}r'\mathrm{d}\theta'\mathrm{d}\phi'}{\sqrt{r^2+r'^2-2rr'(\cos\theta\cos\theta'+\sin\theta\sin\theta'\cos\phi')}} \tag{1.62.6}$$

这便是所要求的矢势的积分表达式.

下面计算 $r\gg a$ 处的$\boldsymbol{A}(\boldsymbol{r})$. 这时,被积函数中的根式可取如下近似:

$$\frac{1}{\sqrt{r^2+r'^2-2rr'(\cos\theta\cos\theta'+\sin\theta\sin\theta'\cos\phi')}}$$
$$=\frac{1}{r}\left[1+\frac{r'}{r}(\cos\theta\cos\theta'+\sin\theta\sin\theta'\cos\phi')\right]$$

代入(1.62.6)式,第一项积分为零. 于是便得

$$\begin{aligned}\boldsymbol{A}(\boldsymbol{r})&=\frac{3\mu_0 Q\omega}{(4\pi)^2 a^3 r^2}\boldsymbol{e}_\phi\int_0^a\int_0^\pi\int_0^{2\pi}(\cos\theta\cos\theta'+\sin\theta\sin\theta'\cos\phi')r'^4\sin^2\theta'\cos\phi'\mathrm{d}r'\mathrm{d}\theta'\mathrm{d}\phi'\\&=\frac{\mu_0 Q\omega a^2}{20\pi}\frac{\sin\theta}{r^2}\boldsymbol{e}_\phi\end{aligned} \tag{1.62.7}$$

由上式计算磁感强度如下:

$$\begin{aligned}\boldsymbol{B}(\boldsymbol{r})&=\nabla\times\boldsymbol{A}(\boldsymbol{r})=\frac{\mu_0 Q\omega a^2}{20\pi}\nabla\times\left(\frac{\sin\theta}{r^2}\boldsymbol{e}_\phi\right)\\&=\frac{\mu_0 Q\omega a^2}{20\pi}\left\{\left[\frac{1}{r\sin\theta}\frac{\partial}{\partial\theta}\left(\frac{\sin^2\theta}{r^2}\right)\right]\boldsymbol{e}_r-\left[\frac{1}{r}\frac{\partial}{\partial r}\left(\frac{\sin\theta}{r}\right)\right]\boldsymbol{e}_\theta\right\}\\&=\frac{\mu_0 Q\omega a^2}{20\pi r^3}(2\cos\theta\boldsymbol{e}_r+\sin\theta\boldsymbol{e}_\theta)\end{aligned} \tag{1.62.8}$$

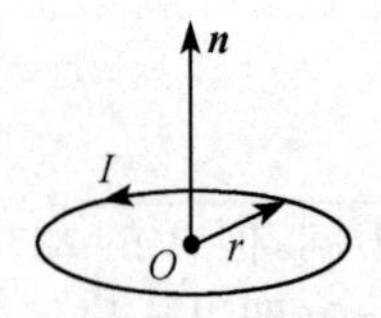

图 1.62(3)

【讨论】 也可以用旋转带电球的磁矩来表示它的$\boldsymbol{A}(\boldsymbol{r})$和$\boldsymbol{B}(\boldsymbol{r})$. 这磁矩可计算如下. 半径为 r 的圆环电流 I 的磁矩定义为[图 1.62(3)]

$$\boldsymbol{m}=\pi r^2 I\boldsymbol{n} \tag{1.62.9}$$

根据这个定义,半径为 a 的均匀带电圆盘(所带电荷量为 q)以匀角速度 $\boldsymbol{\omega}$ 绕它的几何轴旋转时,其磁矩为

$$\begin{aligned}\boldsymbol{m}&=\int_I\pi r^2\mathrm{d}I\boldsymbol{n}=\pi\int_q r^2\frac{\omega\mathrm{d}q}{2\pi}\boldsymbol{n}=\frac{\boldsymbol{\omega}}{2}\int_q r^2\mathrm{d}q\\&=\frac{\boldsymbol{\omega}}{2}\int_0^a r^2\frac{q}{\pi a^2}\cdot 2\pi r\mathrm{d}r=\frac{qa^2\boldsymbol{\omega}}{4}\end{aligned} \tag{1.62.10}$$

由此可算出半径为 a 的均匀带电球体以匀角速度 $\boldsymbol{\omega}$ 旋转时的磁矩为

$$\begin{aligned}\boldsymbol{m} &= \frac{\boldsymbol{\omega}}{4}\int_Q r^2 \mathrm{d}q = \frac{\boldsymbol{\omega}}{4}\int_V r^2 \rho \mathrm{d}V = \frac{3Q\boldsymbol{\omega}}{16\pi a^3}\int_{-a}^{a} r^2 \cdot \pi r^2 \mathrm{d}z \\ &= \frac{3Q\boldsymbol{\omega}}{16a^3}\int_{-a}^{a} r^4 \mathrm{d}z = \frac{3Q\boldsymbol{\omega}}{16a^3}\int_{-a}^{a}(a^2 - z^2)^2 \mathrm{d}z \\ &= \frac{Qa^2}{5}\boldsymbol{\omega} \end{aligned} \tag{1.62.11}$$

于是(1.62.7)式可写作

$$\boldsymbol{A}(\boldsymbol{r}) = \frac{\mu_0}{4\pi}\frac{\boldsymbol{m}\times\boldsymbol{r}}{r^3} \tag{1.62.12}$$

(1.62.8)式可写作

$$\boldsymbol{B}(\boldsymbol{r}) = \frac{\mu_0[3(\boldsymbol{m}\cdot\boldsymbol{r})\boldsymbol{r} - r^2\boldsymbol{m}]}{4\pi r^5} \tag{1.62.13}$$

1.63　有一半径为 a 的圆环电流 I，以圆心 O 为原点，圆环的轴线为 z 轴，取笛卡儿坐标系，试用毕奥-萨伐尔定律计算空间任一点 P 的磁感强度 $\boldsymbol{B}$，然后分别用球坐标和柱坐标表示 $\boldsymbol{B}$.

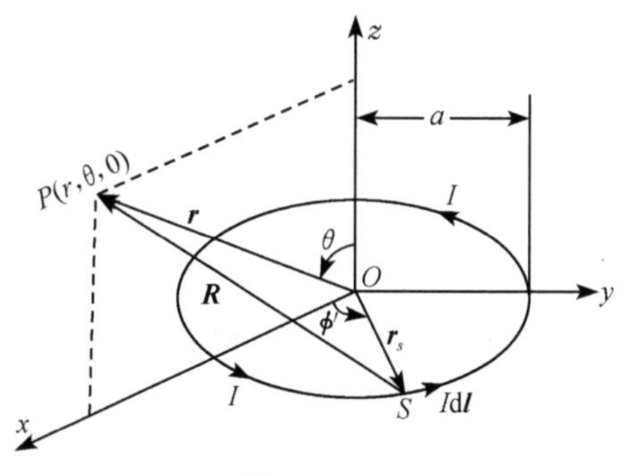

图 1.63(1)

【解】　由对称性可知，这圆环电流 I 在空间任一点 $P(r,\theta,\phi)$ 产生的磁感强度 $\boldsymbol{B}$ 其大小与 P 点的方位角 ϕ 无关. 因此，为方便起见，取 $\phi=0$，如图 1.63(1)所示. 这样，源(电流元 $I\mathrm{d}\boldsymbol{l}$)点 S 和场点 P 的位矢分别为

$$\text{源点 } S:\quad \boldsymbol{r}_S = a\cos\phi'\boldsymbol{e}_x + a\sin\phi'\boldsymbol{e}_y \tag{1.63.1}$$

$$\text{场点 } P:\quad \boldsymbol{r} = r\sin\theta\boldsymbol{e}_x + r\cos\theta\boldsymbol{e}_z \tag{1.63.2}$$

于是得

$$\boldsymbol{R} = \boldsymbol{r} - \boldsymbol{r}_S = (r\sin\theta - a\cos\phi')\boldsymbol{e}_x - a\sin\phi'\boldsymbol{e}_y + r\cos\theta\boldsymbol{e}_z \tag{1.63.3}$$

$$R^2 = a^2 + r^2 - 2ar\sin\theta\cos\phi' \tag{1.63.4}$$

圆环上 S 处的电流元为

$$I\mathrm{d}\boldsymbol{l} = -Ia\sin\phi'\mathrm{d}\phi'\boldsymbol{e}_x + Ia\cos\phi'\mathrm{d}\phi'\boldsymbol{e}_y \tag{1.63.5}$$

根据毕奥-萨伐尔定律，圆环电流 I 在 P 点产生的磁感强度为

$$\boldsymbol{B} = \frac{\mu_0}{4\pi}\oint\frac{I\mathrm{d}\boldsymbol{l}\times\boldsymbol{R}}{R^3} \tag{1.63.6}$$

由(1.63.5)、(1.63.3)两式得

$$\mathrm{d}\boldsymbol{l}\times\boldsymbol{R}=[r\cos\theta\cos\phi'\boldsymbol{e}_x+r\cos\theta\sin\phi'\boldsymbol{e}_y+(a-r\sin\theta\cos\phi')\boldsymbol{e}_z]a\mathrm{d}\phi' \tag{1.63.7}$$

将(1.63.4)式和(1.63.7)式代入(1.63.6)式便得

$$\boldsymbol{B}=\frac{\mu_0 Ia}{4\pi}\int_0^{2\pi}\frac{r\cos\theta\cos\phi'\boldsymbol{e}_x+r\cos\theta\sin\phi'\boldsymbol{e}_y+(a-r\sin\theta\cos\phi')\boldsymbol{e}_z}{(a^2+r^2-2ar\sin\theta\cos\phi')^{3/2}}\mathrm{d}\phi' \tag{1.63.8}$$

于是得 $\boldsymbol{B}$ 的三个分量分别为

$$B_x=\frac{\mu_0 Iar\cos\theta}{4\pi}\int_0^{2\pi}\frac{\cos\phi'\mathrm{d}\phi'}{(a^2+r^2-2ar\sin\theta\cos\phi')^{3/2}} \tag{1.63.9}$$

$$B_y=\frac{\mu_0 Iar\cos\theta}{4\pi}\int_0^{2\pi}\frac{\sin\phi'\mathrm{d}\phi'}{(a^2+r^2-2ar\sin\theta\cos\phi')^{3/2}} \tag{1.63.10}$$

$$B_z=\frac{\mu_0 Ia}{4\pi}\int_0^{2\pi}\frac{(a-r\sin\theta\cos\phi')\mathrm{d}\phi'}{(a^2+r^2-2ar\sin\theta\cos\phi')^{3/2}} \tag{1.63.11}$$

因为

$$\int_0^{2\pi}\frac{\sin\phi'\mathrm{d}\phi'}{(a^2+r^2-2ar\sin\theta\cos\phi')^{3/2}}=\frac{1}{ar\sin\theta}\frac{1}{\sqrt{a^2+r^2-2ar\sin\theta\cos\phi'}}\Bigg|_{\phi'=0}^{\phi'=2\pi}=0 \tag{1.63.12}$$

故

$$B_y=0 \tag{1.63.13}$$

为了求出 B_x 和 B_z,先求下列两个积分.第一个积分为

$$\begin{aligned}
&\int_0^{2\pi}\frac{\mathrm{d}\phi'}{(a^2+r^2-2ar\sin\theta\cos\phi')^{3/2}}\\
&=\frac{1}{(a^2+r^2)^2-(-2ar\sin\theta)^2}\int_0^{2\pi}\frac{a^2+r^2-2ar\sin\theta\cos\phi'}{\sqrt{a^2+r^2-2ar\sin\theta\cos\phi'}}\mathrm{d}\phi'\\
&=\frac{1}{(a^2+r^2+2ar\sin\theta)(a^2+r^2-2ar\sin\theta)}\int_0^{2\pi}\sqrt{a^2+r^2-2ar\sin\theta\cos\phi'}\,\mathrm{d}\phi'
\end{aligned} \tag{1.63.14}$$

令 $\phi'=\pi-2x$,则(1.63.14)式中的积分化为

$$\begin{aligned}
&\int_0^{2\pi}\sqrt{a^2+r^2-2ar\sin\theta\cos\phi'}\,\mathrm{d}\phi'=2\int_{-\pi/2}^{\pi/2}\sqrt{a^2+r^2+2ar\sin\theta-4ar\sin\theta\sin^2x}\,\mathrm{d}x\\
&=2\sqrt{a^2+r^2+2ar\sin\theta}\int_{-\pi/2}^{\pi/2}\sqrt{1-k^2\sin^2x}\,\mathrm{d}x=4\sqrt{a^2+r^2+2ar\sin\theta}\,\mathrm{E}
\end{aligned} \tag{1.63.15}$$

式中

$$k^2=\frac{4ar\sin\theta}{a^2+r^2+2ar\sin\theta} \tag{1.63.16}$$

$$\mathrm{E}=\int_0^{\pi/2}\sqrt{1-k^2\sin^2 x}\mathrm{d}x=\frac{\pi}{2}\left[1-\left(\frac{1}{2}\right)^2k^2-\left(\frac{1\cdot 3}{2\cdot 4}\right)^2\frac{k^4}{3}-\left(\frac{1\cdot 3\cdot 5}{2\cdot 4\cdot 6}\right)^2\frac{k^6}{5}-\cdots\right] \tag{1.63.17}$$

是第二种全椭圆积分.于是得

$$\int_0^{2\pi}\frac{\mathrm{d}\phi'}{(a^2+r^2-2ar\sin\theta\cos\phi')^{3/2}}=\frac{4\mathrm{E}}{\sqrt{a^2+r^2+2ar\sin\theta}(a^2+r^2-2ar\sin\theta)} \tag{1.63.18}$$

第二个积分为

$$\begin{aligned}&\int_0^{2\pi}\frac{\cos\phi'\mathrm{d}\phi'}{(a^2+r^2-2ar\sin\theta\cos\phi')^{3/2}}\\&=\frac{a^2+r^2}{2ar\sin\theta}\int_0^{2\pi}\frac{\mathrm{d}\phi'}{(a^2+r^2-2ar\sin\theta\cos\phi')^{3/2}}\\&\quad-\frac{1}{2ar\sin\theta}\int_0^{2\pi}\frac{\mathrm{d}\phi'}{\sqrt{a^2+r^2-2ar\sin\theta\cos\phi'}}\end{aligned} \tag{1.63.19}$$

其中前一个积分即(1.63.18)式;令 $\phi'=\pi-2x$,后一个积分便化为

$$\begin{aligned}\int_0^{2\pi}\frac{\mathrm{d}\phi'}{\sqrt{a^2+r^2-2ar\sin\theta\cos\phi'}}&=2\int_{-\pi/2}^{\pi/2}\frac{\mathrm{d}x}{\sqrt{a^2+r^2+2ar\sin\theta-4ar\sin\theta\sin^2 x}}\\&=\frac{4}{\sqrt{a^2+r^2+2ar\sin\theta}}\int_0^{\pi/2}\frac{\mathrm{d}x}{\sqrt{1-k^2\sin^2 x}}\\&=\frac{4}{\sqrt{a^2+r^2+2ar\sin\theta}}\mathrm{K}\end{aligned} \tag{1.63.20}$$

式中

$$\mathrm{K}=\int_0^{\pi/2}\frac{\mathrm{d}x}{\sqrt{1-k^2\sin^2 x}}=\frac{\pi}{2}\left[1+\left(\frac{1}{2}\right)^2k^2+\left(\frac{1\cdot 3}{2\cdot 4}\right)^2k^4+\left(\frac{1\cdot 3\cdot 5}{2\cdot 4\cdot 6}\right)^2k^6+\cdots\right] \tag{1.63.21}$$

是第一种全椭圆积分.将(1.63.18)式和(1.63.20)式代入(1.63.19)式得

$$\begin{aligned}&\int_0^{2\pi}\frac{\cos\phi'\mathrm{d}\phi'}{(a^2+r^2-2ar\sin\theta\cos\phi')^{3/2}}\\&=\frac{2}{ar\sin\theta\sqrt{a^2+r^2+2ar\sin\theta}}\left(\frac{a^2+r^2}{a^2+r^2-2ar\sin\theta}\mathrm{E}-\mathrm{K}\right)\end{aligned} \tag{1.63.22}$$

将(1.63.22)式代入(1.63.9)式得

$$B_x=\frac{\mu_0 I}{4\pi}\frac{2\cos\theta}{\sin\theta\sqrt{a^2+r^2+2ar\sin\theta}}\left(\frac{a^2+r^2}{a^2+r^2-2ar\sin\theta}\mathrm{E}-\mathrm{K}\right) \tag{1.63.23}$$

将(1.63.18)式和(1.63.22)式代入(1.63.11)式得

$$B_z=\frac{\mu_0 I}{4\pi}\frac{2}{\sqrt{a^2+r^2+2ar\sin\theta}}\left(\frac{a^2-r^2}{a^2+r^2-2ar\sin\theta}\mathrm{E}+\mathrm{K}\right) \tag{1.63.24}$$

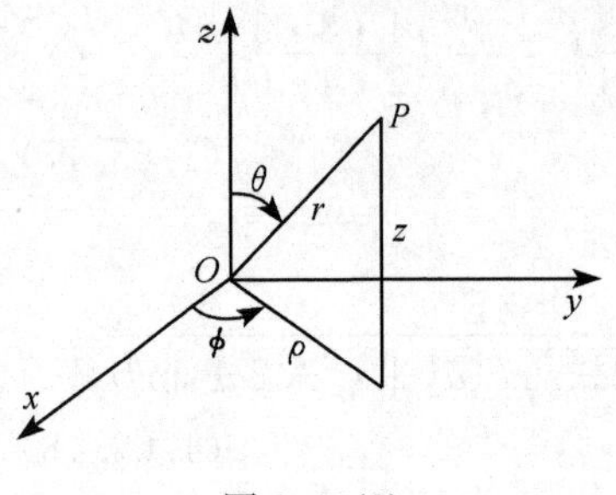

图 1.63(2)

(1.63.23)、(1.63.13)和(1.63.24)三式便是所求的磁感强度 $\boldsymbol{B}$ 在笛卡儿坐标系中的三个分量.

用柱坐标表示 $\boldsymbol{B}$. 如图 1.63(2),变换到柱坐标系,有 $\rho=r\sin\theta, z=r\cos\theta$;取 $\phi=0$,便得 $\boldsymbol{B}$ 的分量为

$$B_\rho = B_x\cos\phi + B_y\sin\phi = B_x = \frac{\mu_0 I}{2\pi}\frac{z}{\rho\sqrt{(a+\rho)^2+z^2}}\left[\frac{a^2+\rho^2+z^2}{(a-\rho)^2+z^2}\mathrm{E}-\mathrm{K}\right] \tag{1.63.25}$$

$$B_\phi = -B_x\sin\phi + B_y\cos\phi = 0 \tag{1.63.26}$$

$$B_z = \frac{\mu_0 I}{2\pi}\frac{1}{\sqrt{(a+\rho)^2+z^2}}\left[\frac{a^2-\rho^2-z^2}{(a-\rho)^2+z^2}\mathrm{E}+\mathrm{K}\right] \tag{1.63.27}$$

将 $\boldsymbol{B}$ 的分量式(1.63.23)、(1.63.13)和(1.63.24)变换到球坐标系,分别为

$$B_r = B_x\sin\theta\cos\phi + B_y\sin\theta\sin\phi + B_z\cos\theta = B_x\sin\theta + B_z\cos\theta = \frac{\mu_0 I}{\pi}\frac{a^2\cos\theta}{\sqrt{a^2+r^2+2ar\sin\theta}}\frac{\mathrm{E}}{a^2+r^2-2ar\sin\theta} \tag{1.63.28}$$

$$B_\theta = B_x\cos\theta\cos\phi + B_y\cos\theta\sin\phi - B_z\sin\theta = B_x\cos\theta - B_z\sin\theta = \frac{\mu_0 I}{2\pi}\frac{1}{\sin\theta\sqrt{a^2+r^2+2ar\sin\theta}}\left(\frac{a^2+r^2-2a^2\sin^2\theta}{a^2+r^2-2ar\sin\theta}\mathrm{E}-\mathrm{K}\right) \tag{1.63.29}$$

$$B_\phi = -B_x\sin\phi + B_y\cos\phi = 0 \tag{1.63.30}$$

1.64 一载有电流 I 的导线弯成椭圆形,椭圆的方程为 $x^2/a^2+y^2/b^2=1$, $a>b$. 试求 I 在椭圆中心 O 产生的磁感强度 $\boldsymbol{B}_0$.

【解】 根据毕奥-萨伐尔定律,椭圆上的电流元 $I\mathrm{d}\boldsymbol{l}$ 在椭圆中心 O 产生的磁感强度为

$$\mathrm{d}\boldsymbol{B}_0 = \frac{\mu_0 I\mathrm{d}\boldsymbol{l}\times\boldsymbol{r}}{4\pi r^3} \tag{1.64.1}$$

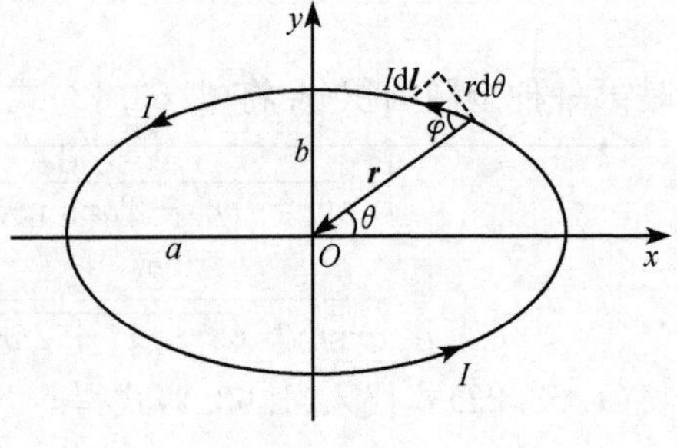

图 1.64

式中 $\boldsymbol{r}$ 是电流元 $I\mathrm{d}\boldsymbol{l}$ 到 O 的矢量,$r=|\boldsymbol{r}|$,如图 1.64 所示. 由图可见

$$\mathrm{d}\boldsymbol{l}\times\boldsymbol{r} = (\mathrm{d}l)r\sin\varphi\boldsymbol{e}_I \tag{1.64.2}$$

式中 $\boldsymbol{e}_I$ 为垂直于椭圆面向外的单位矢量,并且有

$$(\mathrm{d}l)\sin\varphi = r\mathrm{d}\theta \tag{1.64.3}$$

将(1.64.2)、(1.64.3)两式代入(1.64.1)式,便得

$$\mathrm{d}\boldsymbol{B}_0 = \frac{\mu_0 I}{4\pi}\frac{\mathrm{d}\theta}{r}\boldsymbol{e}_I \tag{1.64.4}$$

为了便于积分，换成用极坐标表示. 以椭圆中心 O 为极点，x 轴为极轴，便有

$$x = r\cos\theta, \qquad y = r\sin\theta \tag{1.64.5}$$

代入椭圆方程

$$\frac{x^2}{a^2} + \frac{y^2}{b^2} = 1 \tag{1.64.6}$$

得出

$$\frac{1}{r} = \frac{1}{ab}\sqrt{b^2\cos^2\theta + a^2\sin^2\theta} \tag{1.64.7}$$

代入(1.64.4)式得所求的磁感强度为

$$\boldsymbol{B}_0 = \frac{\mu_0 I}{4\pi ab}\int_0^{2\pi}\sqrt{b^2\cos^2\theta + a^2\sin^2\theta}\,\mathrm{d}\theta\,\boldsymbol{e}_I \tag{1.64.8}$$

这个积分是一种椭圆积分，为了化成标准形式，作如下变换：

$$\psi = \theta + \frac{\pi}{2} \tag{1.64.9}$$

所以

$$\begin{aligned} b^2\cos^2\theta + a^2\sin^2\theta &= b^2\sin^2\psi + a^2\cos^2\psi \\ &= a^2 - (a^2 - b^2)\sin^2\psi \end{aligned} \tag{1.64.10}$$

代入(1.64.8)式，并由 $\sqrt{a^2-(a^2-b^2)\sin^2\psi}$ 是 ψ 的以 π 为周期的函数，便得

$$\begin{aligned} \boldsymbol{B}_0 &= \frac{\mu_0 I}{4\pi ab}\int_{\pi/2}^{2\pi+\pi/2}\sqrt{a^2-(a^2-b^2)\sin^2\psi}\,\mathrm{d}\psi\,\boldsymbol{e}_I \\ &= \frac{\mu_0 I}{4\pi ab}\int_0^{2\pi}\sqrt{a^2-(a^2-b^2)\sin^2\psi}\,\mathrm{d}\psi\,\boldsymbol{e}_I \\ &= \frac{\mu_0 I}{4\pi b}\int_0^{2\pi}\sqrt{1-\frac{a^2-b^2}{a^2}\sin^2\psi}\,\mathrm{d}\psi\,\boldsymbol{e}_I \\ &= \frac{\mu_0 I}{\pi b}\int_0^{\pi/2}\sqrt{1-e^2\sin^2\psi}\,\mathrm{d}\psi\,\boldsymbol{e}_I \end{aligned} \tag{1.64.11}$$

式中

$$e = \frac{\sqrt{a^2-b^2}}{a} \tag{1.64.12}$$

是椭圆的偏心率. (1.64.11)式中的积分叫做第二种全椭圆积分，其值为

$$\mathrm{E} = \int_0^{\pi/2}\sqrt{1-e^2\sin^2\psi}\,\mathrm{d}\psi = \frac{\pi}{2}\left[1-\left(\frac{1}{2}\right)^2 e^2 - \left(\frac{1\cdot 3}{2\cdot 4}\right)^2\frac{e^4}{3} - \left(\frac{1\cdot 3\cdot 5}{2\cdot 4\cdot 6}\right)^2\frac{e^6}{5} - \cdots\right] \tag{1.64.13}$$

最后得所求的磁感强度为

$$\boldsymbol{B}_0 = \frac{\mu_0 \mathrm{E} I}{\pi b} \boldsymbol{e}_I \tag{1.64.14}$$

【讨论】 当 $e=0$ 时，$a=b$，椭圆化为圆，这时 $\mathrm{E}=\pi/2$，由(1.64.14)式得

$$\boldsymbol{B}_0 = \frac{\mu_0 I}{2a} \boldsymbol{e}_I \tag{1.64.15}$$

这正是圆电流 I 在圆心产生的磁感强度.

椭圆的周长 L 和面积 S 分别为

$$L = 4a\mathrm{E}, \quad S = \pi ab \tag{1.64.16}$$

故(1.64.14)式可化为

$$\boldsymbol{B}_0 = \frac{\mu_0 I}{4} \frac{L}{S} \boldsymbol{e}_I = \frac{\mu_0 I}{4} \frac{\text{周长}}{\text{面积}} \boldsymbol{e}_I \tag{1.64.17}$$

这个公式对于圆电流和椭圆电流都适用.

1.65 半径为 a_1 的圆环载有电流 I_1，半径为 a_2 的圆环载有电流 I_2，两圆环共轴，它们的环心相距为 b. 试求圆环电流 I_1 作用在圆环电流 I_2 上的安培力.

【解】 本题分两步求解：第一步，求其中一个圆环电流产生的磁感强度 $\boldsymbol{B}$；第二步，由安培力公式求 $\boldsymbol{B}$ 对另一个圆环电流的作用力.

第一步，求磁感强度. 以圆环电流 I_1 的环心为原点，轴线为 z 轴，取柱坐标系，则圆环电流 I_1 在空间任一点 $P(\rho,\phi,z)$ 产生的磁感强度为(具体计算，参见前面1.63题)

$$B_\rho = \frac{\mu_0 I_1}{2\pi} \frac{z}{\rho\sqrt{(a_1+\rho)^2+z^2}} \left[\frac{a_1^2+\rho^2+z^2}{(a_1-\rho)^2+z^2}\mathrm{E} - \mathrm{K}\right] \tag{1.65.1}$$

$$B_\phi = 0 \tag{1.65.2}$$

$$B_z = \frac{\mu_0 I_1}{2\pi} \frac{1}{\sqrt{(a_1+\rho)^2+z^2}} \left[\frac{a_1^2-\rho^2-z^2}{(a_1-\rho)^2+z^2}\mathrm{E} + \mathrm{K}\right] \tag{1.65.3}$$

式中

$$\mathrm{K} = \frac{\pi}{2}\left[1 + \left(\frac{1}{2}\right)^2 k^2 + \left(\frac{1\cdot 3}{2\cdot 4}\right)^2 k^4 + \left(\frac{1\cdot 3\cdot 5}{2\cdot 4\cdot 6}\right)^2 k^6 + \cdots\right] \tag{1.65.4}$$

$$\mathrm{E} = \frac{\pi}{2}\left[1 - \left(\frac{1}{2}\right)^2 k^2 - \left(\frac{1\cdot 3}{2\cdot 4}\right)^2 \frac{k^4}{3} - \left(\frac{1\cdot 3\cdot 5}{2\cdot 4\cdot 6}\right)^2 \frac{k^6}{5} - \cdots\right] \tag{1.65.5}$$

$$k^2 = \frac{4a_1\rho}{(a_1+\rho)^2+z^2} \tag{1.65.6}$$

K 叫做第一种全椭圆积分，E 叫做第二种全椭圆积分，k 叫做模数.

第二步，求安培力. 如图 1.65，由(1.65.1)、(1.65.2)、(1.65.3)三式得，I_1 在 I_2 处产生的磁感强度为

$$B_\rho = \frac{\mu_0 I_1}{2\pi}\frac{b}{a_2\sqrt{(a_1+a_2)^2+b^2}} \times\left[\frac{a_1^2+a_2^2+b^2}{(a_1-a_2)^2+b^2}\mathrm{E}-\mathrm{K}\right] \quad (1.65.7)$$

$$B_\phi = 0 \quad (1.65.8)$$

$$B_z = \frac{\mu_0 I_1}{2\pi}\frac{1}{\sqrt{(a_1+a_2)^2+b^2}} \times\left[\frac{a_1^2-a_2^2-b^2}{(a_1-a_2)^2+b^2}\mathrm{E}+\mathrm{K}\right] \quad (1.65.9)$$

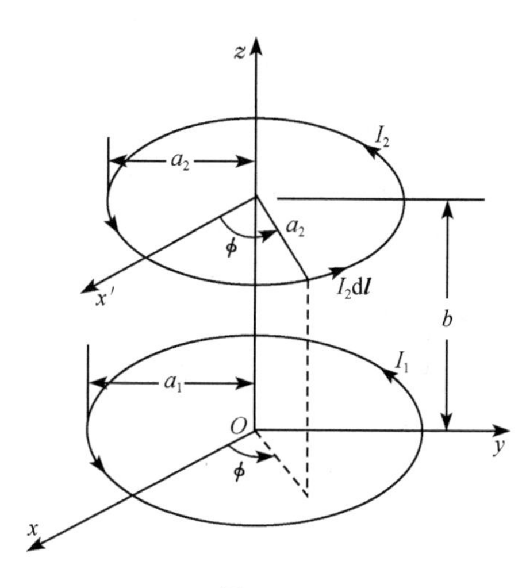

图 1.65

根据安培力公式，I_2 上的电流元 $I_2\mathrm{d}\boldsymbol{l}$ 所受的安培力为

$$\begin{aligned}\mathrm{d}\boldsymbol{F} &= I_2\mathrm{d}\boldsymbol{l}\times\boldsymbol{B} = I_2a_2\mathrm{d}\phi\boldsymbol{e}_\phi\times\boldsymbol{B}\\ &= I_2a_2\mathrm{d}\phi\boldsymbol{e}_\phi\times(B_\rho\boldsymbol{e}_\rho+B_\phi\boldsymbol{e}_\phi+B_z\boldsymbol{e}_z)\\ &= I_2a_2\mathrm{d}\phi\boldsymbol{e}_\phi\times(B_\rho\boldsymbol{e}_\rho+B_z\boldsymbol{e}_z)\\ &= -I_2a_2B_\rho\mathrm{d}\phi\boldsymbol{e}_z+I_2a_2B_z\mathrm{d}\phi\boldsymbol{e}_\rho\end{aligned} \quad (1.65.10)$$

式中 $\mathrm{d}\boldsymbol{F}_z=-I_2a_2B_\rho\mathrm{d}\phi\boldsymbol{e}_z$ 沿 $\boldsymbol{e}_z$ 的负方向，由图 1.65 可见，是 I_1 吸引 $I_2\mathrm{d}\boldsymbol{l}$ 的力；而 $\mathrm{d}\boldsymbol{F}_\rho=I_2a_2B_z\mathrm{d}\phi\boldsymbol{e}_\rho$ 沿 $\boldsymbol{e}_\rho$ 的方向，是 I_1 作用在 $I_2\mathrm{d}\boldsymbol{l}$ 上的张力. 积分得

$$\begin{aligned}F_z &= I_2a_2\oint B_\rho\mathrm{d}\phi = I_2a_2B_\rho\oint\mathrm{d}\phi = 2\pi I_2a_2B_\rho\\ &= \frac{\mu_0I_1I_2b}{\sqrt{(a_1+a_2)^2+b^2}}\left[\frac{a_1^2+a_2^2+b^2}{(a_1-a_2)^2+b^2}\mathrm{E}-\mathrm{K}\right]\end{aligned} \quad (1.65.11)$$

$$F_\rho = |\boldsymbol{F}_\rho| = \left|I_2a_2\oint B_z\mathrm{d}\phi\boldsymbol{e}_\rho\right| = 0 \quad (1.65.12)$$

$\mathrm{d}\boldsymbol{F}_\rho$ 在 I_2 环内产生的张力其大小为

$$\begin{aligned}T &= \frac{1}{2}\int_{-\pi/2}^{\pi/2}(I_2a_2B_z\mathrm{d}\phi)\cos\phi = I_2a_2B_z\\ &= \frac{\mu_0I_1I_2a_2}{2\pi\sqrt{(a_1+a_2)^2+b^2}}\left[\frac{a_1^2-a_2^2-b^2}{(a_1-a_2)^2+b^2}\mathrm{E}+\mathrm{K}\right]\end{aligned} \quad (1.65.13)$$

(1.65.11)和(1.65.13)两式便是所求的结果.

对于亥姆霍兹线圈来说，$a_1=a_2=b$. 这时，由(1.65.11)和(1.65.13)两式得

$$F_z = \frac{\mu_0I_1I_2}{\sqrt{5}}(3\mathrm{E}-\mathrm{K}) \quad (1.65.14)$$

$$T=\frac{\mu_0 I_1 I_2}{2\sqrt{5}\pi}(\mathrm{K}-\mathrm{E}) \tag{1.65.15}$$

以上是 I_2 与 I_1 同方向的情况(如图 1.65 所示). 若 I_2 与 I_1 反方向,则 F_z 和 T 的大小都不变,仍分别由(1.65.11)式和(1.65.13)式表示,但方向则都相反,即这时 $\boldsymbol{F}_z$ 为排斥力,T 为压力.

1.66 两导线圆环共轴,半径分别为 a_1 和 a_2,环心相距为 b. 试求它们间的互感系数.

【解】 设所求的互感系数为 M,则当圆环 1 载有电流 I_1 时,通过圆环 2 的磁通量便为

$$\Phi_{21}=MI_1 \tag{1.66.1}$$

式中

$$\Phi_{21}=\int_{S_2}\boldsymbol{B}_{21}\cdot\mathrm{d}\boldsymbol{S}_2=\int_{S_2}\nabla\times\boldsymbol{A}_{21}\cdot\mathrm{d}\boldsymbol{S}_2=\oint_{L_2}\boldsymbol{A}_{21}\cdot\mathrm{d}\boldsymbol{l}_2 \tag{1.66.2}$$

$\boldsymbol{A}_{21}$是电流 I_1 在圆环 2 处产生的矢势. 由以上两式得

$$M=\frac{1}{I_1}\oint_{L_2}\boldsymbol{A}_{21}\cdot\mathrm{d}\boldsymbol{l}_2 \tag{1.66.3}$$

因此,只需知道 $\boldsymbol{A}_{21}$,便可以求出 M 来. 关于圆环电流的矢势,在前面 1.60 题的讨论中,已有详细计算,得出了准确表达式[(1.60.22)式]

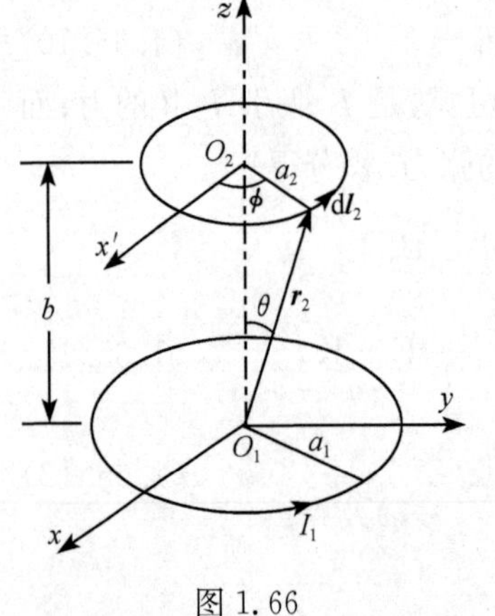

图 1.66

$$\boldsymbol{A}(\boldsymbol{r})=\frac{\mu_0 Ia}{\pi\sqrt{r^2+a^2+2ar\sin\theta}}\left[\frac{2}{k^2}(\mathrm{K}-\mathrm{E})-\mathrm{K}\right]\boldsymbol{e}_\phi \tag{1.66.4}$$

式中

$$k^2=\frac{4ar\sin\theta}{r^2+a^2+2ar\sin\theta} \tag{1.66.5}$$

K 和 E 分别是第一和第二两种全椭圆积分. 在现在的情况下,由图 1.66 可见,$\boldsymbol{A}_{21}(\boldsymbol{r}_2)$中的 $a=a_1$,$r^2=r_2^2=a_2^2+b^2$,$r\sin\theta=r_2\sin\theta=a_2$,故

$$k^2=\frac{4a_1a_2}{a_2^2+b^2+a_1^2+2a_1a_2}=\frac{4a_1a_2}{(a_1+a_2)^2+b^2} \tag{1.66.6}$$

$$\sqrt{r^2+a^2+2ar\sin\theta}=\frac{2\sqrt{a_1a_2}}{k} \tag{1.66.7}$$

于是得

$$\boldsymbol{A}_{21}(\boldsymbol{r}_2)=\frac{\mu_0 I_1 a_1 k}{2\pi\sqrt{a_1a_2}}\left[\frac{2}{k^2}(\mathrm{K}-\mathrm{E})-\mathrm{K}\right]\boldsymbol{e}_\phi$$

$$= \frac{\mu_0 I_1}{2\pi}\sqrt{\frac{a_1}{a_2}}\left[\left(\frac{2}{k}-k\right)\mathrm{K}-\frac{2}{k}\mathrm{E}\right]\boldsymbol{e}_\phi \tag{1.66.8}$$

将(1.66.8)式代入(1.66.3)式，便得

$$M=\frac{\mu_0}{2\pi}\oint_{L_2}\sqrt{\frac{a_1}{a_2}}\left[\left(\frac{2}{k}-k\right)\mathrm{K}-\frac{2}{k}\mathrm{E}\right]\boldsymbol{e}_\phi\cdot \mathrm{d}\boldsymbol{l}_2$$

$$=\frac{\mu_0}{2\pi}\sqrt{\frac{a_1}{a_2}}\left[\left(\frac{2}{k}-k\right)\mathrm{K}-\frac{2}{k}\mathrm{E}\right]\cdot 2\pi a_2$$

$$=\mu_0\sqrt{a_1 a_2}\left[\left(\frac{2}{k}-k\right)\mathrm{K}-\frac{2}{k}\mathrm{E}\right] \tag{1.66.9}$$

【讨论】 我们在前面是通过磁通量求互感，也可以通过磁场能量求互感，得出公式(参见后面1.67题)

$$M_{ij}=\frac{\mu_0}{4\pi}\oint_{l_i}\oint_{l_j}\frac{\mathrm{d}\boldsymbol{l}_i\cdot \mathrm{d}\boldsymbol{l}_j}{|\boldsymbol{r}_i-\boldsymbol{r}_j|} \tag{1.66.10}$$

由于

$$A_{ij}(\boldsymbol{r})=\frac{\mu_0}{4\pi}\oint_{l_j}\frac{I_i\mathrm{d}\boldsymbol{l}_j}{|\boldsymbol{r}_i-\boldsymbol{r}_j|} \tag{1.66.11}$$

故得

$$M_{ij}=\frac{1}{I_j}\oint_{l_i}\boldsymbol{A}_{ij}\cdot \mathrm{d}\boldsymbol{l}_i \tag{1.66.12}$$

这便是前面的(1.66.3)式.

1.67 真空中有一电流系统，分布在有限区域 V 内，电流密度为 $\boldsymbol{j}(\boldsymbol{r})$.

(1) 试证明这电流系统的磁场能量为

$$W_\mathrm{m}=\frac{\mu_0}{8\pi}\int_V\int_V\frac{\boldsymbol{j}(\boldsymbol{r})\cdot\boldsymbol{j}(\boldsymbol{r}')}{|\boldsymbol{r}-\boldsymbol{r}'|}\mathrm{d}V\mathrm{d}V'$$

(2) 如果该电流系统是由 n 个载流回路组成的，它们的电流分别为 $I_1, I_2, \cdots, I_n$，试证明其磁场能量可表示为

$$W_\mathrm{m}=\frac{1}{2}\sum_{i=1}^{n}L_iI_i^2+\sum_{i=1}^{n}\sum_{j=1}^{n}M_{ij}I_iI_j(1-\delta_{ij})$$

并写出自感系数 L_i 和互感系数 M_{ij} 的积分表达式.

【证】 (1) 磁场能量为

$$W_\mathrm{m}=\frac{1}{2}\int\boldsymbol{H}\cdot\boldsymbol{B}\mathrm{d}V \tag{1.67.1}$$

式中积分遍及电流所产生的全部磁场.

电流密度 $\boldsymbol{j}$ 所产生的矢势为

$$\boldsymbol{A}(\boldsymbol{r})=\frac{\mu_0}{4\pi}\int_V\frac{\boldsymbol{j}(\boldsymbol{r}')\mathrm{d}V'}{|\boldsymbol{r}-\boldsymbol{r}'|} \tag{1.67.2}$$

磁感强度 $\boldsymbol{B}$ 与 $\boldsymbol{A}$ 的关系为

$$\boldsymbol{B}=\nabla\times\boldsymbol{A} \tag{1.67.3}$$

由静磁场的麦克斯韦方程

$$\nabla\times\boldsymbol{H}=\boldsymbol{j} \tag{1.67.4}$$

和矢量分析公式

$$\nabla\cdot(\boldsymbol{f}\times\boldsymbol{g})=(\nabla\times\boldsymbol{f})\cdot\boldsymbol{g}-\boldsymbol{f}\cdot(\nabla\times\boldsymbol{g}) \tag{1.67.5}$$

得

$$\begin{aligned}\boldsymbol{H}\cdot\boldsymbol{B}&=\boldsymbol{H}\cdot(\nabla\times\boldsymbol{A})=(\nabla\times\boldsymbol{H})\cdot\boldsymbol{A}-\nabla\cdot(\boldsymbol{H}\times\boldsymbol{A})\\&=\boldsymbol{j}\cdot\boldsymbol{A}-\nabla\cdot(\boldsymbol{H}\times\boldsymbol{A})\end{aligned} \tag{1.67.6}$$

代入(1.67.1)式得

$$W_{\mathrm{m}}=\frac{1}{2}\int\boldsymbol{j}\cdot\boldsymbol{A}\mathrm{d}V-\frac{1}{2}\int\nabla\cdot(\boldsymbol{H}\times\boldsymbol{A})\mathrm{d}V \tag{1.67.7}$$

因为 $\boldsymbol{j}$ 分布在有限区域内,故离 $\boldsymbol{j}$ 很远处,$|\boldsymbol{H}|\sim1/r^2$,$|\boldsymbol{A}|\sim1/r$,所以(1.67.7)式的第二个积分为

$$\int\nabla\cdot(\boldsymbol{H}\times\boldsymbol{A})\mathrm{d}V=\oint(\boldsymbol{H}\times\boldsymbol{A})\cdot\mathrm{d}\boldsymbol{S}\approx\frac{1}{r^2}\cdot\frac{1}{r}\cdot r^2=\frac{1}{r}\to0,\text{当 } r\to\infty \text{ 时} \tag{1.67.8}$$

将(1.67.2)式和(1.67.8)式代入(1.67.7)式即得

$$W_{\mathrm{m}}=\frac{1}{2}\int\boldsymbol{j}(\boldsymbol{r})\cdot\boldsymbol{A}(\boldsymbol{r})\mathrm{d}V=\frac{\mu_0}{8\pi}\int_V\int_V\frac{\boldsymbol{j}(\boldsymbol{r})\cdot\boldsymbol{j}(\boldsymbol{r}')}{|\boldsymbol{r}-\boldsymbol{r}'|}\mathrm{d}V\mathrm{d}V' \tag{1.67.9}$$

(2) 如果电流系统是一些分立的载流回路,则电流元 $j\mathrm{d}V\to I\mathrm{d}\boldsymbol{l}$,这时(1.67.9)式化为

$$\begin{aligned}W_{\mathrm{m}}&=\frac{\mu_0}{8\pi}\sum_{i=1}^{n}\sum_{j=1}^{n}\oint_{l_i}\oint_{l_j}\frac{(I_i\mathrm{d}\boldsymbol{l}_i)\cdot(I_j\mathrm{d}\boldsymbol{l}_j)}{|\boldsymbol{r}_i-\boldsymbol{r}_j|}\\&=\frac{\mu_0}{8\pi}\sum_{i=1}^{n}\sum_{j=1}^{n}\oint_{l_i}\oint_{l_j}\frac{\mathrm{d}\boldsymbol{l}_i\cdot\mathrm{d}\boldsymbol{l}_j}{|\boldsymbol{r}_i-\boldsymbol{r}_j|}I_iI_j\\&=\frac{1}{2}\sum_{i=1}^{n}L_iI_i^2+\sum_{i=1}^{n}\sum_{j=1}^{n}M_{ij}I_iI_j(1-\delta_{ij})\end{aligned} \tag{1.67.10}$$

式中

$$L_i=\frac{\mu_0}{4\pi}\oint_{l_i}\oint_{l_i}\frac{\mathrm{d}\boldsymbol{l}_i\cdot\mathrm{d}\boldsymbol{l}_i'}{|\boldsymbol{r}_i-\boldsymbol{r}_i'|} \tag{1.67.11}$$

$$M_{ij}=\frac{\mu_0}{4\pi}\oint_{l_i}\oint_{l_j}\frac{\mathrm{d}\boldsymbol{l}_i\cdot\mathrm{d}\boldsymbol{l}_j}{|\boldsymbol{r}_i-\boldsymbol{r}_j|} \tag{1.67.12}$$

1.68 设一静磁场完全是由永久磁化强度 $\boldsymbol{M}(\boldsymbol{r})$ 的定域分布产生的.

(1) 给出相应的麦克斯韦方程组所采取的形式,进一步给出为使问题可解所必须的本构关系,即场与 $\boldsymbol{M}$ 之间的关系.

(2) 用磁标势 $\varphi_m(\boldsymbol{r})$ 和 $\boldsymbol{M}(\boldsymbol{r})$ 表示出 $\boldsymbol{B}(\boldsymbol{r})$ 和 $\boldsymbol{H}(\boldsymbol{r})$，并求出仅含 φ_m 和 $\boldsymbol{M}$ 的方程.

(3) 试证明

$$\int \boldsymbol{B}(\boldsymbol{r}) \cdot \boldsymbol{H}(\boldsymbol{r}) \mathrm{d}V = 0$$

式中的积分遍及全部空间.［本题系中国赴美物理研究生考试(CUSPEA)1986 年试题.］

【解】 (1) 因为 $\boldsymbol{M}(\boldsymbol{r})$ 给定，分布在一定区域内，并与时间无关；以及 $\rho=0, \boldsymbol{j}=0$. 故相应的麦克斯韦方程组为

$$\nabla \cdot \boldsymbol{B} = 0 \tag{1.68.1}$$

$$\nabla \times \boldsymbol{H} = 0 \tag{1.68.2}$$

$$\boldsymbol{E} = 0, \qquad \boldsymbol{D} = 0 \tag{1.68.3}$$

本构关系为

$$\boldsymbol{B} = \mu_0 \boldsymbol{H} + \mu_0 \boldsymbol{M} \tag{1.68.4}$$

(2) 因为 $\nabla \times \boldsymbol{H}=0$，故有磁标势 φ_m 存在，使得

$$\boldsymbol{H} = -\nabla\varphi_m \tag{1.68.5}$$

这里 φ_m 是空间的标量函数. 代入(1.68.4)式得

$$\boldsymbol{B} = -\mu_0 \nabla\varphi_m + \mu_0 \boldsymbol{M} \tag{1.68.6}$$

(1.68.5)和(1.68.6)两式便是我们所要求的、用 φ_m 和 $\boldsymbol{M}$ 表示 $\boldsymbol{B}(\boldsymbol{r})$ 和 $\boldsymbol{H}(\boldsymbol{r})$ 的式子.

由(1.68.1)式和(1.68.6)式得

$$\nabla \cdot \boldsymbol{B} = -\mu_0 \nabla^2\varphi_m + \mu_0 \nabla \cdot \boldsymbol{M} = 0$$

$$\nabla^2\varphi_m = \nabla \cdot \boldsymbol{M} \tag{1.68.7}$$

这就是所要求的仅含 φ_m 和 $\boldsymbol{M}$ 的方程.

(3) 由(1.68.4)式和(1.68.5)式得

$$\begin{aligned}\int \boldsymbol{B} \cdot \boldsymbol{H} \mathrm{d}V &= \int (\mu_0 \boldsymbol{H} + \mu_0 \boldsymbol{M}) \cdot \boldsymbol{H} \mathrm{d}V = \int (\mu_0 \boldsymbol{H}^2 + \mu_0 \boldsymbol{M} \cdot \boldsymbol{H}) \mathrm{d}V \\ &= \mu_0 \int [(-\nabla\varphi_m) \cdot (-\nabla\varphi_m) - (\nabla\varphi_m) \cdot \boldsymbol{M}] \mathrm{d}V\end{aligned} \tag{1.68.8}$$

用分部积分法并利用

$$\left.\begin{aligned}\nabla \cdot (\varphi_m \nabla \varphi_m) &= (\nabla \varphi_m) \cdot (\nabla \varphi_m) + \varphi_m \nabla^2 \varphi_m \\ \nabla \cdot (\varphi_m \boldsymbol{M}) &= \boldsymbol{M} \cdot \nabla \varphi_m + \varphi_m \nabla \cdot \boldsymbol{M}\end{aligned}\right\} \tag{1.68.9}$$

(1.68.8)式可化为

$$\mu_0 \int \{[\nabla \cdot (\varphi_m \nabla \varphi_m) - \varphi_m \nabla^2 \varphi_m] - [\nabla \cdot (\varphi_m \boldsymbol{M}) - \varphi_m \nabla \cdot \boldsymbol{M}]\} \mathrm{d}V$$

$$= \mu_0 \int [\nabla \cdot (\varphi_m \nabla \varphi_m) - \nabla \cdot (\varphi_m \boldsymbol{M})] \mathrm{d}V - \mu_0 \int (\varphi_m \nabla^2 \varphi_m - \varphi_m \nabla \cdot \boldsymbol{M}) \mathrm{d}V$$

$$= \mu_0 \oint_S \varphi_m \nabla \varphi_m \cdot d\boldsymbol{S} - \mu_0 \oint_S \varphi_m \boldsymbol{M} \cdot d\boldsymbol{S} - \mu_0 \int \varphi_m (\nabla^2 \varphi_m - \nabla \cdot \boldsymbol{M}) dV \quad (1.68.10)$$

因为体积分遍及全部空间，所以(1.68.10)式中第一项和第二项的面积分遍及无穷远面，这时由于 $\varphi_m \sim \frac{1}{r}$，$\nabla \varphi_m \sim \frac{1}{r^2}$，而面积 $S \sim r^2$，所以第一项当 $r \to \infty$ 时，面积分趋于零；又因为 $\boldsymbol{M}$ 仅分布在有限区域内，故在界面上有 $\boldsymbol{M}=0$，所以第二项的面积分也等于零. 于是(1.68.8)式便化为

$$\int \boldsymbol{B} \cdot \boldsymbol{H} dV = -\mu_0 \int \varphi_m (\nabla^2 \varphi_m - \nabla \cdot \boldsymbol{M}) dV \quad (1.68.11)$$

由(1.68.7)式，被积函数应等于零. 于是最后得出

$$\int \boldsymbol{B} \cdot \boldsymbol{H} dV = 0 \quad (1.68.12)$$

1.69 电流为 I 的回路 L' 产生的磁场强度为 $\boldsymbol{H}$，将 $\boldsymbol{H}$ 沿任意闭合环路 L 积分，所得结果为

$$\oint_L \boldsymbol{H} \cdot d\boldsymbol{l} = \begin{cases} 0, & \text{当} L \text{不套住} L' \text{时} \\ I, & \text{当} L \text{套住} L' \text{时} \end{cases}$$

这便是安培环路定理. 试在一般情况下，证明这个定理.

【证】 如图 1.69(1)，根据毕奥-萨伐尔定律，载有电流 I 的闭合回路 L' 在空间 P 点产生的磁场强度为

$$\boldsymbol{H} = \frac{I}{4\pi} \oint_{L'} \frac{d\boldsymbol{l}' \times (\boldsymbol{r} - \boldsymbol{r}')}{|\boldsymbol{r} - \boldsymbol{r}'|^3} \quad (1.69.1)$$

将 $\boldsymbol{H}$ 对空间任意闭合环路 L 求线积分[图 1.69(2)]，即得

$$\oint_L \boldsymbol{H} \cdot d\boldsymbol{l} = \frac{I}{4\pi} \oint_L \oint_{L'} \frac{d\boldsymbol{l}' \times (\boldsymbol{r} - \boldsymbol{r}') \cdot d\boldsymbol{l}}{|\boldsymbol{r} - \boldsymbol{r}'|^3} \quad (1.69.2)$$

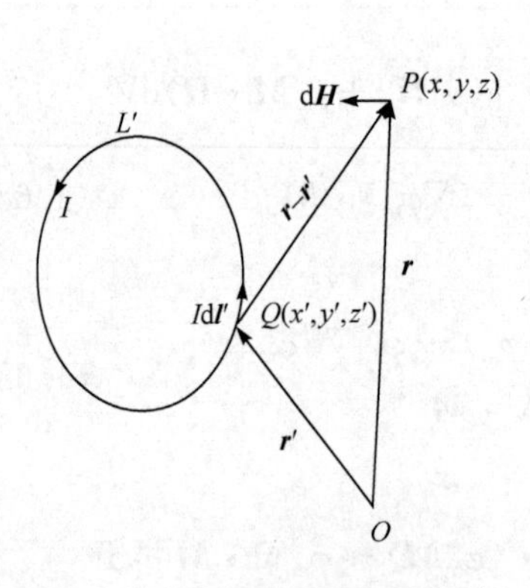

$Q(x', y', z')$ 点的电流元 $Id\boldsymbol{l}'$
在 $P(x, y, z)$ 点产生磁场强度 $d\boldsymbol{H}$
图 1.69(1)

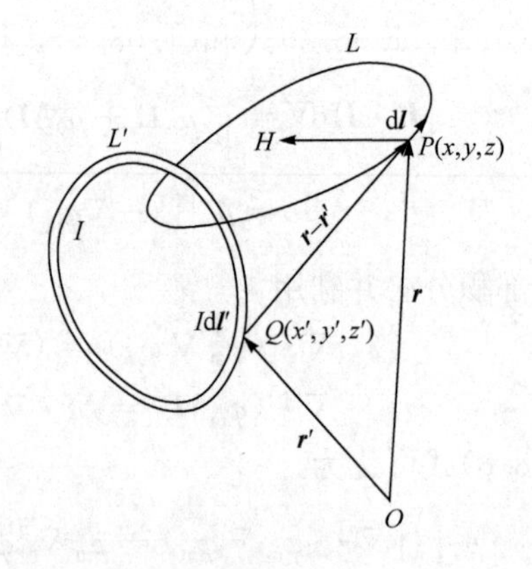

磁场强度 $\boldsymbol{H}$ 沿环路 L 的线积分
图 1.69(2)

因

$$\frac{\boldsymbol{r}-\boldsymbol{r}'}{|\boldsymbol{r}-\boldsymbol{r}'|^3}=-\nabla\frac{1}{|\boldsymbol{r}-\boldsymbol{r}'|}=\nabla'\frac{1}{|\boldsymbol{r}-\boldsymbol{r}'|} \tag{1.69.3}$$

故(1.69.2)式右边的积分可写作

$$\oint_L\oint_{L'}\left[\mathrm{d}\boldsymbol{l}'\times\nabla'\frac{1}{|\boldsymbol{r}-\boldsymbol{r}'|}\right]\cdot\mathrm{d}\boldsymbol{l} \tag{1.69.4}$$

由矢量分析公式(参见本题后面的1.70题)

$$\oint_L\mathrm{d}\boldsymbol{l}\times\boldsymbol{A}=\iint_S\nabla(\boldsymbol{A}\cdot\mathrm{d}\boldsymbol{S})-\iint_S\mathrm{d}\boldsymbol{S}\,\nabla\cdot\boldsymbol{A} \tag{1.69.5}$$

和

$$\nabla(\boldsymbol{A}\cdot\mathrm{d}\boldsymbol{S})=(\mathrm{d}\boldsymbol{S}\cdot\nabla)\boldsymbol{A}+\mathrm{d}\boldsymbol{S}\times(\nabla\times\boldsymbol{A}) \tag{1.69.6}$$

得

$$\oint_L\mathrm{d}\boldsymbol{l}\times\boldsymbol{A}=\iint_S(\mathrm{d}\boldsymbol{S}\cdot\nabla)\boldsymbol{A}+\iint_S\mathrm{d}\boldsymbol{S}\times(\nabla\times\boldsymbol{A})-\iint_S(\nabla\cdot\boldsymbol{A})\mathrm{d}\boldsymbol{S} \tag{1.69.7}$$

利用(1.69.7)式,(1.69.4)式可化为

$$\begin{aligned}\oint_L\oint_{L'}\mathrm{d}\boldsymbol{l}'\times\left(\nabla'\frac{1}{|\boldsymbol{r}-\boldsymbol{r}'|}\right)\cdot\mathrm{d}\boldsymbol{l}=&\oint_L\iint_{S'}(\mathrm{d}\boldsymbol{S}'\cdot\nabla')\left(\nabla'\frac{1}{|\boldsymbol{r}-\boldsymbol{r}'|}\right)\cdot\mathrm{d}\boldsymbol{l}\\&+\oint_L\iint_{S'}\mathrm{d}\boldsymbol{S}'\times\left[\nabla'\times\left(\nabla'\frac{1}{|\boldsymbol{r}-\boldsymbol{r}'|}\right)\right]\cdot\mathrm{d}\boldsymbol{l}\\&-\oint_L\iint_{S'}\nabla'\cdot\left(\nabla'\frac{1}{|\boldsymbol{r}-\boldsymbol{r}'|}\right)\mathrm{d}\boldsymbol{S}'\cdot\mathrm{d}\boldsymbol{l}\end{aligned} \tag{1.69.8}$$

因

$$\begin{aligned}(\mathrm{d}\boldsymbol{S}'\cdot\nabla')\left(\nabla'\frac{1}{|\boldsymbol{r}-\boldsymbol{r}'|}\right)\cdot\mathrm{d}\boldsymbol{l}&=(\mathrm{d}\boldsymbol{S}'\cdot\nabla')\frac{\boldsymbol{r}-\boldsymbol{r}'}{|\boldsymbol{r}-\boldsymbol{r}'|^3}\cdot\mathrm{d}\boldsymbol{l}\\&=-\mathrm{d}\boldsymbol{S}'\cdot\nabla\frac{\boldsymbol{r}-\boldsymbol{r}'}{|\boldsymbol{r}-\boldsymbol{r}'|^3}\cdot\mathrm{d}\boldsymbol{l}=-\mathrm{d}\boldsymbol{S}'\cdot\mathrm{d}\left(\frac{\boldsymbol{r}-\boldsymbol{r}'}{|\boldsymbol{r}-\boldsymbol{r}'|^3}\right)\end{aligned} \tag{1.69.9}$$

故(1.69.8)式右边第一项沿环路L的积分为

$$\mathrm{d}\boldsymbol{S}'\cdot\oint_L\mathrm{d}\left(\frac{\boldsymbol{r}-\boldsymbol{r}'}{|\boldsymbol{r}-\boldsymbol{r}'|^3}\right)=0 \tag{1.69.10}$$

(1.69.8)式右边第二项因被积函数

$$\nabla'\times\left(\nabla'\frac{1}{|\boldsymbol{r}-\boldsymbol{r}'|}\right)=0 \tag{1.69.11}$$

故积分为零. 于是(1.69.8)式化为

$$\oint_L\oint_{L'}\mathrm{d}\boldsymbol{l}'\times\left(\nabla'\frac{1}{|\boldsymbol{r}-\boldsymbol{r}'|}\right)\cdot\mathrm{d}\boldsymbol{l}=-\oint_L\iint_{S'}\nabla'\cdot\left(\nabla'\frac{1}{|\boldsymbol{r}-\boldsymbol{r}'|}\right)\mathrm{d}\boldsymbol{S}'\cdot\mathrm{d}\boldsymbol{l} \tag{1.69.12}$$

由公式

$$\nabla' \cdot \left(\nabla' \frac{1}{|\boldsymbol{r}-\boldsymbol{r}'|}\right)=\nabla'^2 \frac{1}{|\boldsymbol{r}-\boldsymbol{r}'|}=\nabla^2\frac{1}{|\boldsymbol{r}-\boldsymbol{r}'|}=-4\pi\delta(\boldsymbol{r}-\boldsymbol{r}') \quad (1.69.13)$$

得

$$\oint_L\oint_{L'} \mathrm{d}\boldsymbol{l}' \times \left(\nabla' \frac{1}{|\boldsymbol{r}-\boldsymbol{r}'|}\right)\cdot \mathrm{d}\boldsymbol{l} = 4\pi\oint_L\iint_{S'}\delta(\boldsymbol{r}-\boldsymbol{r}')\mathrm{d}\boldsymbol{S}'\cdot \mathrm{d}\boldsymbol{l} \quad (1.69.14)$$

当 L 套住 L' 时,L 必定要穿过以 L' 为边界的曲面 S',也就是积分要经过 $\boldsymbol{r}=\boldsymbol{r}'$ 的点,故

$$\oint_L\iint_{S'}\delta(\boldsymbol{r}-\boldsymbol{r}')\mathrm{d}\boldsymbol{S}'\cdot \mathrm{d}\boldsymbol{l}=1 \quad (1.69.15)$$

当 L 不套住 L' 时,可以选择这样的 S',使 L 不穿过 S',这时积分就不经过 $\boldsymbol{r}=\boldsymbol{r}'$ 的点,故 $\delta(\boldsymbol{r}-\boldsymbol{r}')=0$,结果积分为零,即

$$\oint_L\iint_{S'}\delta(\boldsymbol{r}-\boldsymbol{r}')\mathrm{d}\boldsymbol{S}'\cdot \mathrm{d}\boldsymbol{l}=0 \quad (1.69.16)$$

将(1.69.15)、(1.69.16)两式代入(1.69.14)式,再代入(1.69.4)式,最后代入(1.69.2)式,便得题给的公式.

1.70 试证明下列两公式:

(1) $\oint_L \mathrm{d}\boldsymbol{l}\times\boldsymbol{f}=\int_S(\mathrm{d}\boldsymbol{S}\times\nabla)\times\boldsymbol{f}$

(2) $\oint_L \mathrm{d}\boldsymbol{l}\times\boldsymbol{f}=\int_S\nabla(\boldsymbol{f}\cdot\mathrm{d}\boldsymbol{S})-\int_S\mathrm{d}\boldsymbol{S}(\nabla\cdot\boldsymbol{f})$

【证】 (1) 先证明第一个公式.为简便,使用笛卡儿坐标系,坐标为 x_1,x_2,x_3,基矢为 $\boldsymbol{e}_1,\boldsymbol{e}_2,\boldsymbol{e}_3$.由斯托克斯公式[见本书末《数学附录》(Ⅰ.29)式)]

$$\oint_L\boldsymbol{f}\cdot\mathrm{d}\boldsymbol{l}=\int_S(\nabla\times\boldsymbol{f})\cdot\mathrm{d}\boldsymbol{S} \quad (1.70.1)$$

令

$$\boldsymbol{f}=f_2\boldsymbol{e}_1 \quad (1.70.2)$$

便得(1.70.1)式左边为

$$\oint_L(f_2\boldsymbol{e}_1)\cdot\mathrm{d}\boldsymbol{l}=\oint_L f_2\mathrm{d}l_1 \quad (1.70.3)$$

右边为

$$\begin{aligned}\int_S(\nabla\times\boldsymbol{f})\cdot\mathrm{d}\boldsymbol{S}&=\int_S\left(\frac{\partial f_2}{\partial x_3}\boldsymbol{e}_2-\frac{\partial f_2}{\partial x_2}\boldsymbol{e}_3\right)\cdot\mathrm{d}\boldsymbol{S}=\int_S\left(\frac{\partial f_2}{\partial x_3}\mathrm{d}S_2-\frac{\partial f_2}{\partial x_2}\mathrm{d}S_3\right)\\&=\int_S\left(\mathrm{d}S_2\frac{\partial}{\partial x_3}-\mathrm{d}S_3\frac{\partial}{\partial x_2}\right)f_2=\int_S(\mathrm{d}\boldsymbol{S}\times\nabla)_1 f_2\end{aligned} \quad (1.70.4)$$

式中 $(\mathrm{d}\boldsymbol{S}\times\nabla)_1$ 代表 $\mathrm{d}\boldsymbol{S}\times\nabla$ 的第一个分量.于是得

$$\oint_L f_2\mathrm{d}l_1=\int_S(\mathrm{d}\boldsymbol{S}\times\nabla)_1 f_2 \quad (1.70.5)$$

令

$$\boldsymbol{f}=f_1\boldsymbol{e}_2 \quad (1.70.6)$$

便得(1.70.1)式左边为

$$\oint_L (f_1 \boldsymbol{e}_2) \cdot \mathrm{d}\boldsymbol{l} = \oint_L f_1 \mathrm{d}l_2 \tag{1.70.7}$$

右边为

$$\begin{aligned}\int_S (\nabla \times \boldsymbol{f}) \cdot \mathrm{d}\boldsymbol{S} &= \int_S \left(-\frac{\partial f_1}{\partial x_3}\boldsymbol{e}_1 + \frac{\partial f_1}{\partial x_1}\boldsymbol{e}_3\right) \cdot \mathrm{d}\boldsymbol{S} = \int_S \left(\frac{\partial f_1}{\partial x_1}\mathrm{d}S_3 - \frac{\partial f_1}{\partial x_3}\mathrm{d}S_1\right) \\ &= \int_S \left(\mathrm{d}S_3 \frac{\partial}{\partial x_1} - \mathrm{d}S_1 \frac{\partial}{\partial x_3}\right) f_1 = \int_S (\mathrm{d}\boldsymbol{S} \times \nabla)_2 f_1\end{aligned} \tag{1.70.8}$$

式中$(\mathrm{d}\boldsymbol{S}\times\nabla)_2$代表 $\mathrm{d}\boldsymbol{S}\times\nabla$的第二个分量. 于是得

$$\oint_L f_1 \mathrm{d}l_2 = \int_S (\mathrm{d}\boldsymbol{S} \times \nabla)_2 f_1 \tag{1.70.9}$$

(1.70.5)式减(1.70.9)式,便得

$$\oint_L (f_2 \mathrm{d}l_1 - f_1 \mathrm{d}l_2) = \int_S [(\mathrm{d}\boldsymbol{S} \times \nabla)_1 f_2 - (\mathrm{d}\boldsymbol{S} \times \nabla)_2 f_1] \tag{1.70.10}$$

式中

$$f_2 \mathrm{d}l_1 - f_1 \mathrm{d}l_2 = (\mathrm{d}l_1) f_2 - (\mathrm{d}l_2) f_1 = (\mathrm{d}\boldsymbol{l} \times \boldsymbol{f})_3$$

为 $\mathrm{d}\boldsymbol{l}\times\boldsymbol{f}$ 的第三个分量;

$$(\mathrm{d}\boldsymbol{S}\times\nabla)_1 f_2 - (\mathrm{d}\boldsymbol{S}\times\nabla)_2 f_1 = [(\mathrm{d}\boldsymbol{S}\times\nabla)\times f\,]_3$$

为$(\mathrm{d}\boldsymbol{S}\times\nabla)\times\boldsymbol{f}$ 的第三个分量. 于是得

$$\oint_L (\mathrm{d}\boldsymbol{l} \times \boldsymbol{f})_3 = \int_S [(\mathrm{d}\boldsymbol{S} \times \nabla) \times \boldsymbol{f}]_3 \tag{1.70.11}$$

仿此,分别令 $\boldsymbol{f}=f_3\boldsymbol{e}_2$ 和 $\boldsymbol{f}=f_2\boldsymbol{e}_3$,代入斯托克斯公式(1.70.1),得出的两式相减,便得

$$\oint_L (\mathrm{d}\boldsymbol{l} \times \boldsymbol{f})_1 = \int_S [(\mathrm{d}\boldsymbol{S} \times \nabla) \times \boldsymbol{f}]_1 \tag{1.70.12}$$

分别令 $\boldsymbol{f}=f_1\boldsymbol{e}_3$ 和 $\boldsymbol{f}=f_3\boldsymbol{e}_1$,代入斯托克斯公式(1.70.1),得出的两式相减,便得

$$\oint_L (\mathrm{d}\boldsymbol{l} \times \boldsymbol{f})_2 = \int_S [(\mathrm{d}\boldsymbol{S} \times \nabla) \times \boldsymbol{f}]_2 \tag{1.70.13}$$

(1.70.11)、(1.70.12)、(1.70.13)三式相加,便得

$$\oint_L \mathrm{d}\boldsymbol{l} \times \boldsymbol{f} = \int_S (\mathrm{d}\boldsymbol{S} \times \nabla) \times \boldsymbol{f} \tag{1.70.14}$$

证毕.

(2) 上面我们证明了题给的第一个公式,下面来证明题给的第二个公式. 采用的方法是,证明第二个公式右边的积分等于第一个公式右边的积分. 为方便,略去积分符号. 第二个公式右边积分的第一个分量为

$$\begin{aligned}[\nabla(\boldsymbol{f}\cdot\mathrm{d}\boldsymbol{S}) - \mathrm{d}\boldsymbol{S}(\nabla\cdot\boldsymbol{f})]_1 &= \frac{\partial}{\partial x_1}(\boldsymbol{f}\cdot\mathrm{d}\boldsymbol{S}) - (\nabla\cdot\boldsymbol{f})\mathrm{d}S_1 \\ &= \frac{\partial f_1}{\partial x_1}\mathrm{d}S_1 + \frac{\partial f_2}{\partial x_1}\mathrm{d}S_2 + \frac{\partial f_3}{\partial x_1}\mathrm{d}S_3 - \frac{\partial f_1}{\partial x_1}\mathrm{d}S_1 - \frac{\partial f_2}{\partial x_2}\mathrm{d}S_1 - \frac{\partial f_3}{\partial x_3}\mathrm{d}S_1\end{aligned}$$

$$=\frac{\partial f_2}{\partial x_1}\mathrm{d}S_2+\frac{\partial f_3}{\partial x_1}\mathrm{d}S_3-\frac{\partial f_2}{\partial x_2}\mathrm{d}S_1-\frac{\partial f_3}{\partial x_3}\mathrm{d}S_1 \tag{1.70.15}$$

第二个分量为

$$\begin{aligned}[\nabla(\boldsymbol{f}\cdot\mathrm{d}\boldsymbol{S})-\mathrm{d}\boldsymbol{S}(\nabla\cdot\boldsymbol{f})]_2 &=\frac{\partial}{\partial x_2}(\boldsymbol{f}\cdot\mathrm{d}\boldsymbol{S})-(\nabla\cdot\boldsymbol{f})\mathrm{d}S_2\\ &=\frac{\partial f_1}{\partial x_2}\mathrm{d}S_1+\frac{\partial f_2}{\partial x_2}\mathrm{d}S_2+\frac{\partial f_3}{\partial x_2}\mathrm{d}S_3-\frac{\partial f_1}{\partial x_1}\mathrm{d}S_2-\frac{\partial f_2}{\partial x_2}\mathrm{d}S_2-\frac{\partial f_3}{\partial x_3}\mathrm{d}S_2\\ &=\frac{\partial f_1}{\partial x_2}\mathrm{d}S_1+\frac{\partial f_3}{\partial x_2}\mathrm{d}S_3-\frac{\partial f_1}{\partial x_1}\mathrm{d}S_2-\frac{\partial f_3}{\partial x_3}\mathrm{d}S_2 \end{aligned}\tag{1.70.16}$$

第三个分量为

$$\begin{aligned}[\nabla(\boldsymbol{f}\cdot\mathrm{d}\boldsymbol{S})-\mathrm{d}\boldsymbol{S}(\nabla\cdot\boldsymbol{f})]_3 &=\frac{\partial}{\partial x_3}(\boldsymbol{f}\cdot\mathrm{d}\boldsymbol{S})-(\nabla\cdot\boldsymbol{f})\mathrm{d}S_3\\ &=\frac{\partial f_1}{\partial x_3}\mathrm{d}S_1+\frac{\partial f_2}{\partial x_3}\mathrm{d}S_2+\frac{\partial f_3}{\partial x_3}\mathrm{d}S_3-\frac{\partial f_1}{\partial x_1}\mathrm{d}S_3-\frac{\partial f_2}{\partial x_2}\mathrm{d}S_3-\frac{\partial f_3}{\partial x_3}\mathrm{d}S_3\\ &=\frac{\partial f_1}{\partial x_3}\mathrm{d}S_1+\frac{\partial f_2}{\partial x_3}\mathrm{d}S_2-\frac{\partial f_1}{\partial x_1}\mathrm{d}S_3-\frac{\partial f_2}{\partial x_2}\mathrm{d}S_3 \end{aligned}\tag{1.70.17}$$

题给的第一个公式,其右边积分的第一个分量为

$$\begin{aligned}[(\mathrm{d}\boldsymbol{S}\times\nabla)\times\boldsymbol{f}]_1 &=(\mathrm{d}\boldsymbol{S}\times\nabla)_2 f_3-(\mathrm{d}\boldsymbol{S}\times\nabla)_3 f_2\\ &=\left(\mathrm{d}S_3\frac{\partial}{\partial x_1}-\mathrm{d}S_1\frac{\partial}{\partial x_3}\right)f_3-\left(\mathrm{d}S_1\frac{\partial}{\partial x_2}-\mathrm{d}S_2\frac{\partial}{\partial x_1}\right)f_2\\ &=\mathrm{d}S_2\frac{\partial f_2}{\partial x_1}+\mathrm{d}S_3\frac{\partial f_3}{\partial x_1}-\mathrm{d}S_1\frac{\partial f_2}{\partial x_2}-\mathrm{d}S_1\frac{\partial f_3}{\partial x_3} \end{aligned}\tag{1.70.18}$$

第二个分量为

$$\begin{aligned}[(\mathrm{d}\boldsymbol{S}\times\nabla)\times\boldsymbol{f}]_2 &=(\mathrm{d}\boldsymbol{S}\times\nabla)_3 f_1-(\mathrm{d}\boldsymbol{S}\times\nabla)_1 f_3\\ &=\left(\mathrm{d}S_1\frac{\partial}{\partial x_2}-\mathrm{d}S_2\frac{\partial}{\partial x_1}\right)f_1-\left(\mathrm{d}S_2\frac{\partial}{\partial x_3}-\mathrm{d}S_3\frac{\partial}{\partial x_2}\right)f_3\\ &=\mathrm{d}S_1\frac{\partial f_1}{\partial x_2}+\mathrm{d}S_3\frac{\partial f_3}{\partial x_2}-\mathrm{d}S_2\frac{\partial f_1}{\partial x_1}-\mathrm{d}S_2\frac{\partial f_3}{\partial x_3} \end{aligned}\tag{1.70.19}$$

第三个分量为

$$\begin{aligned}[(\mathrm{d}\boldsymbol{S}\times\nabla)\times\boldsymbol{f}]_3 &=(\mathrm{d}\boldsymbol{S}\times\nabla)_1 f_2-(\mathrm{d}\boldsymbol{S}\times\nabla)_2 f_1\\ &=\left(\mathrm{d}S_2\frac{\partial}{\partial x_3}-\mathrm{d}S_3\frac{\partial}{\partial x_2}\right)f_2-\left(\mathrm{d}S_3\frac{\partial}{\partial x_1}-\mathrm{d}S_1\frac{\partial}{\partial x_3}\right)f_1\\ &=\mathrm{d}S_2\frac{\partial f_2}{\partial x_3}+\mathrm{d}S_1\frac{\partial f_1}{\partial x_3}-\mathrm{d}S_3\frac{\partial f_2}{\partial x_2}-\mathrm{d}S_3\frac{\partial f_1}{\partial x_1} \end{aligned}\tag{1.70.20}$$

对比可见:(1.70.18)式等于(1.70.15)式,(1.70.19)等于(1.70.16),(1.70.20)式等于(1.70.17)式.这就证明了第二个公式右边的积分等于第一个公式右边的积分.由于两个公式左边的积分相同,前面已证明了第一个公式成立,故第二个公式也成立.证毕.

第二章　静电场和静磁场

2.1　在无界空间里，取球坐标系，电荷量分布 ρ 所产生的电势为 $\varphi=\dfrac{q}{4\pi\varepsilon_0}\times\left[\left(\dfrac{1}{a}+\dfrac{1}{r}\right)e^{-\frac{2r}{a}}-\dfrac{1}{r}\right]$，式中 q 和 a 都是常量，r 是场点到原点的距离；试求 ρ. 如果换成另一种电荷量分布 ρ'，所产生的电势为 $\varphi'=\dfrac{q}{4\pi\varepsilon_0}\left(\dfrac{1}{a}+\dfrac{1}{r}\right)e^{-\frac{2r}{a}}$；试求 ρ'.

【解】　由泊松方程

$$\nabla^2\varphi=-\frac{\rho}{\varepsilon_0} \tag{2.1.1}$$

得电荷量的分布为

$$\begin{aligned}\rho&=-\varepsilon_0\nabla^2\varphi=-\frac{q}{4\pi}\nabla^2\left(\frac{1}{a}+\frac{1}{r}\right)e^{-\frac{2r}{a}}+\frac{q}{4\pi}\nabla^2\frac{1}{r}\\&=-\frac{q}{4\pi a}\nabla^2 e^{-\frac{2r}{a}}-\frac{q}{4\pi}\nabla^2\left(\frac{e^{-\frac{2r}{a}}}{r}\right)+\frac{q}{4\pi}[-4\pi\delta(\boldsymbol{r})]\end{aligned} \tag{2.1.2}$$

式中

$$\begin{aligned}\nabla^2 e^{-\frac{2r}{a}}&=\frac{1}{r^2}\frac{\partial}{\partial r}\left(r^2\frac{\partial e^{-\frac{2r}{a}}}{\partial r}\right)=-\frac{2}{ar^2}\frac{\partial}{\partial r}\left(r^2 e^{-\frac{2r}{a}}\right)\\&=\frac{4}{a}\left(\frac{1}{a}-\frac{1}{r}\right)e^{-\frac{2r}{a}}\end{aligned} \tag{2.1.3}$$

$$\begin{aligned}\nabla^2\left(\frac{e^{-\frac{2r}{a}}}{r}\right)&=e^{-\frac{2r}{a}}\nabla^2\frac{1}{r}+\frac{1}{r}\nabla^2 e^{-\frac{2r}{a}}+2\left(\nabla\frac{1}{r}\right)\cdot\left(\nabla e^{-\frac{2r}{a}}\right)\\&=e^{-\frac{2r}{a}}[-4\pi\delta(\boldsymbol{r})]+\frac{4}{ar}\left(\frac{1}{a}-\frac{1}{r}\right)e^{-\frac{2r}{a}}+2\left(-\frac{\boldsymbol{r}}{r^3}\right)\cdot\left(-\frac{2\boldsymbol{r}}{ar}e^{-\frac{2r}{a}}\right)\\&=-4\pi e^{-\frac{2r}{a}}\delta(\boldsymbol{r})+\frac{4}{a^2 r}e^{-\frac{2r}{a}}\end{aligned} \tag{2.1.4}$$

把以上两式代入(2.1.2)式便得

$$\begin{aligned}\rho&=-\frac{q}{4\pi}\frac{4}{a^2}\left(\frac{1}{a}-\frac{1}{r}\right)e^{-\frac{2r}{a}}-\frac{q}{4\pi}\left[-4\pi e^{-\frac{2r}{a}}\delta(\boldsymbol{r})+\frac{4}{a^2 r}e^{-\frac{2r}{a}}\right]-q\delta(\boldsymbol{r})\\&=-\frac{q}{\pi a^3}e^{-\frac{2r}{a}}+\left(e^{-\frac{2r}{a}}-1\right)q\delta(\boldsymbol{r})\end{aligned} \tag{2.1.5}$$

因

$$\left(e^{-\frac{2r}{a}}-1\right)\delta(\boldsymbol{r})=0 \tag{2.1.6}$$

故得

$$\rho=-\frac{q}{\pi a^3}e^{-\frac{2r}{a}} \tag{2.1.7}$$

再求 ρ'. 因

$$\varphi'=\varphi+\frac{q}{4\pi\varepsilon_0 r} \tag{2.1.8}$$

故得

$$\begin{aligned}\rho'&=-\varepsilon_0\nabla^2\varphi'=-\varepsilon_0\nabla^2\left(\varphi+\frac{q}{4\pi\varepsilon_0 r}\right)\\&=-\varepsilon_0\nabla^2\varphi-\frac{q}{4\pi}\nabla^2\frac{1}{r}=\rho-\frac{q}{4\pi}[-4\pi\delta(\boldsymbol{r})]\\&=-\frac{q}{\pi a^3}e^{-\frac{2r}{a}}+q\delta(\boldsymbol{r})\end{aligned} \tag{2.1.9}$$

这个结果表明,分布 ρ' 等于分布 ρ 加上原点有一个电荷量为 q 的点电荷.

【讨论】 在用球坐标系的公式

$$\nabla^2\varphi=\frac{1}{r^2}\frac{\partial}{\partial r}\left(r^2\frac{\partial\varphi}{\partial r}\right)+\frac{1}{r^2\sin\theta}\frac{\partial}{\partial\theta}\left(\sin\theta\frac{\partial\varphi}{\partial\theta}\right)+\frac{1}{r^2\sin^2\theta}\frac{\partial^2\varphi}{\partial\phi^2} \tag{2.1.10}$$

计算时,应注意

$$\frac{1}{r^2}\frac{\partial}{\partial r}\left[r^2\frac{\partial}{\partial r}\left(\frac{1}{r}\right)\right]=\frac{1}{r^2}\frac{\partial}{\partial r}\left[r^2\left(-\frac{1}{r^2}\right)\right]=0$$

不适用于 $r=0$. 在 $r=0$ 点,有

$$\nabla^2\frac{1}{r}=-4\pi\delta(\boldsymbol{r}) \tag{2.1.11}$$

2.2 试论证:在没有电荷的地方,电势既不能达到极大值,也不能达到极小值.

【解】 在真空中,电势 φ 满足泊松方程,在笛卡儿坐标系中,这个方程为

$$\frac{\partial^2\varphi}{\partial x^2}+\frac{\partial^2\varphi}{\partial y^2}+\frac{\partial^2\varphi}{\partial z^2}=-\frac{\rho}{\varepsilon_0} \tag{2.2.1}$$

在没有电荷的地方,$\rho=0$,故

$$\frac{\partial^2\varphi}{\partial x^2}+\frac{\partial^2\varphi}{\partial y^2}+\frac{\partial^2\varphi}{\partial z^2}=0 \tag{2.2.2}$$

如果 φ 为极大,则 $\frac{\partial^2\varphi}{\partial x^2}<0$, $\frac{\partial^2\varphi}{\partial y^2}<0$, $\frac{\partial^2\varphi}{\partial z^2}<0$. 这不满足(2.2.2)式. 可见 $\rho=0$ 处 φ 不能有极大值. 如果 φ 为极小,则 $\frac{\partial^2\varphi}{\partial x^2}>0$, $\frac{\partial^2\varphi}{\partial y^2}>0$, $\frac{\partial^2\varphi}{\partial z^2}>0$. 这也不满足(2.2.2)式. 可见 $\rho=0$ 处 φ 不能有极小值.

在介质中，如为均匀介质，则电势 φ 满足

$$\frac{\partial^2\varphi}{\partial x^2}+\frac{\partial^2\varphi}{\partial y^2}+\frac{\partial^2\varphi}{\partial z^2}=-\frac{\rho}{\varepsilon} \tag{2.2.3}$$

式中 ρ 是自由电荷量密度，ε 是介质的电容率. 在没有自由电荷的地方，$\rho=0$，(2.2.3)式便化为(2.2.2)式. 这时仿前面的分析可得，在这样的地方，电势 φ 既不能有极大值，也不能有极小值.

因为在均匀介质中，极化电荷量密度为

$$\rho_{\mathrm{p}}=-\left(1-\frac{1}{\varepsilon_{\mathrm{r}}}\right)\rho \tag{2.2.4}$$

故在 $\rho=0$ 处，$\rho_{\mathrm{p}}=0$. 即，无自由电荷处，也无极化电荷.

如果介质为非均匀介质，则电势 φ 满足下列方程：

$$\nabla^2\varphi=-\frac{1}{\varepsilon}(\rho+\nabla\varepsilon\cdot\nabla\varphi) \tag{2.2.5}$$

在没有自由电荷的地方，$\rho=0$，故得

$$\frac{\partial^2\varphi}{\partial x^2}+\frac{\partial^2\varphi}{\partial y^2}+\frac{\partial^2\varphi}{\partial z^2}=-\frac{1}{\varepsilon}\left(\frac{\partial\varepsilon}{\partial x}\frac{\partial\varphi}{\partial x}+\frac{\partial\varepsilon}{\partial y}\frac{\partial\varphi}{\partial y}+\frac{\partial\varepsilon}{\partial z}\frac{\partial\varphi}{\partial z}\right) \tag{2.2.6}$$

在 φ 有极大值或极小值的地方，应有

$$\frac{\partial\varphi}{\partial x}=\frac{\partial\varphi}{\partial y}=\frac{\partial\varphi}{\partial z}=0 \tag{2.2.7}$$

这时(2.2.6)式便化为(2.2.2)式. 仿前面的分析，同样可得：在没有电荷的地方，电势 φ 既不能有极大值，也不能有极小值.

2.3　一平行板电容器两板板相距为 d，其间为空气；已知一极板电势为零，另一极板电势为 U. 略去边缘效应，试由解拉普拉斯方程，求两极板间的电势 φ，并由 φ 求电场强度 $\boldsymbol{E}$ 和两极板上电荷量的面密度.

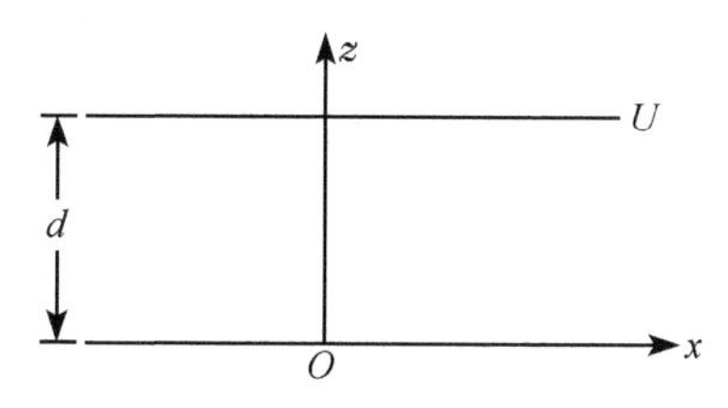

图 2.3

【解】　以电势为零的极板的表面为 x-y 平面，取笛卡儿坐标系如图 2.3. 两极板间的电势 φ 满足拉普拉斯方程

$$\nabla^2\varphi=\frac{\partial^2\varphi}{\partial x^2}+\frac{\partial^2\varphi}{\partial y^2}+\frac{\partial^2\varphi}{\partial z^2}=0 \tag{2.3.1}$$

由对称性可知，φ 与 x，y 无关. 故上式化为

$$\frac{\mathrm{d}^2\varphi}{\mathrm{d}z^2}=0 \tag{2.3.2}$$

解得

$$\varphi=C_1z+C_2 \tag{2.3.3}$$

利用边界条件 $z=0$ 时 $\varphi=0$；$z=d$ 时，$\varphi=U$，定出上式中的系数 C_1 和 C_2，便得

$$\varphi = \frac{U}{d} z \tag{2.3.4}$$

由电势 φ 得两极板间的电场强度为

$$\boldsymbol{E} = -\nabla\varphi = -\frac{U}{d}\boldsymbol{e}_z \tag{2.3.5}$$

式中 $\boldsymbol{e}_z$ 是 z 方向上的单位矢量. 上式表明,两极板间的电场是向下的均匀电场.

由高斯定理得两极板上电荷量的面密度分别为

$$\sigma_0 = -\varepsilon_0 \frac{U}{d} \tag{2.3.6}$$

和

$$\sigma_d = \varepsilon_0 \frac{U}{d} \tag{2.3.7}$$

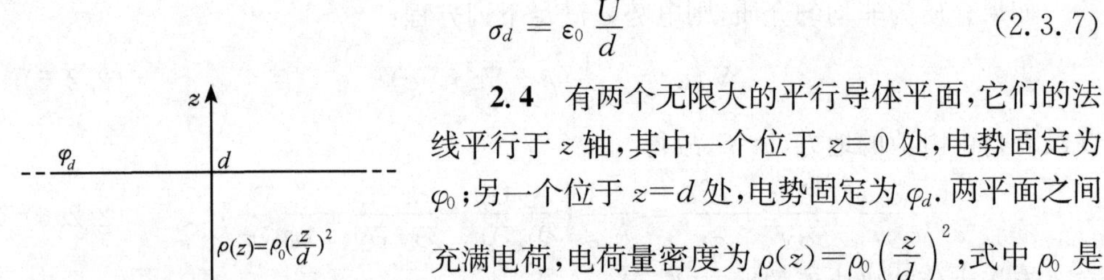

图 2.4

2.4 有两个无限大的平行导体平面,它们的法线平行于 z 轴,其中一个位于 $z=0$ 处,电势固定为 φ_0;另一个位于 $z=d$ 处,电势固定为 φ_d. 两平面之间充满电荷,电荷量密度为 $\rho(z)=\rho_0\left(\frac{z}{d}\right)^2$,式中 ρ_0 是常量,如图 2.4 所示. 试用泊松方程求区域 $0\leqslant z\leqslant d$ 内的电势分布和每个平面上电荷量的面密度.

【解】 两面间的电势 φ 满足泊松方程

$$\nabla^2\varphi = \frac{\partial^2\varphi}{\partial x^2} + \frac{\partial^2\varphi}{\partial y^2} + \frac{\partial^2\varphi}{\partial z^2} = -\frac{\rho}{\varepsilon_0} \tag{2.4.1}$$

根据对称性可知,φ 与 x, y 无关,仅是 z 的函数,故(2.4.1)式化为

$$\frac{\mathrm{d}^2\varphi}{\mathrm{d}z^2} = -\frac{\rho_0}{\varepsilon_0 d^2} z^2 \tag{2.4.2}$$

积分并利用边界条件得

$$\varphi = -\frac{\rho_0}{12\varepsilon_0 d^2} z^4 + \left(\frac{\varphi_d - \varphi_0}{d} + \frac{\rho_0 d}{12\varepsilon_0}\right) z + \varphi_0 \tag{2.4.3}$$

或

$$\varphi = \varphi_0 + \frac{z}{d}\left\{\varphi_d - \varphi_0 + \frac{\rho_0 d^2}{12\varepsilon_0}\left[1 - \left(\frac{z}{d}\right)^3\right]\right\} \tag{2.4.4}$$

两面间的电场强度为

$$\boldsymbol{E} = -\frac{\partial\varphi}{\partial z}\boldsymbol{e}_z = \left(\frac{\rho_0}{3\varepsilon_0 d^2} z^3 - \frac{\varphi_d - \varphi_0}{d} - \frac{\rho_0 d}{12\varepsilon_0}\right)\boldsymbol{e}_z \tag{2.4.5}$$

两面上电荷量的面密度分别为

$$\sigma_0 = \boldsymbol{e}_z \cdot \boldsymbol{D}_0 = \varepsilon_0 E_0 = -\frac{\varepsilon_0}{d}(\varphi_d - \varphi_0) - \frac{\rho_0 d}{12} \qquad (2.4.6)$$

和

$$\sigma_d = -\boldsymbol{e}_z \cdot \boldsymbol{D}_d = -\varepsilon_0 E_d = \frac{\varepsilon_0}{d}(\varphi_d - \varphi_0) - \frac{1}{4}\rho_0 d \qquad (2.4.7)$$

2.5　导体带电时，在静电情况下，试证明：导体表面外靠近导体表面处，电场强度的法向导数$\frac{\partial E}{\partial n}$满足

$$\frac{1}{E}\frac{\partial E}{\partial n} = -\left(\frac{1}{R_1} + \frac{1}{R_2}\right)$$

式中 R_1 和 R_2 分别是该处导体表面的两个主曲率半径.

【证】　在导体表面外靠近导体表面处，有

$$\nabla \cdot \boldsymbol{D} = \varepsilon \nabla \cdot \boldsymbol{E} = 0 \qquad (2.5.1)$$

取笛卡儿坐标系(x_1, x_2, x_3)，使 x_3 轴沿导体表面外法线方向，x_1 轴和 x_2 轴分别平行于导体表面的两个主方向，则由(2.5.1)式得

$$\nabla \cdot \boldsymbol{E} = \frac{\partial E_1}{\partial x_1} + \frac{\partial E_2}{\partial x_2} + \frac{\partial E_3}{\partial x_3} = 0 \qquad (2.5.2)$$

因为在静电情况下，导体表面外附近的电场强度

$$\boldsymbol{E} = E_1 \boldsymbol{e}_1 + E_2 \boldsymbol{e}_2 + E_3 \boldsymbol{e}_3 \qquad (2.5.3)$$

垂直于导体表面，故

$$E_1 = E_2 = 0, \qquad E_3 = E = |\boldsymbol{E}| \qquad (2.5.4)$$

于是得

$$\frac{\partial E_3}{\partial x_3} = \frac{\partial E}{\partial x_3} = \frac{\partial E}{\partial n} \qquad (2.5.5)$$

虽然 $E_1 = E_2 = 0$，但一般地$\frac{\partial E_1}{\partial x_1} \neq 0$，$\frac{\partial E_2}{\partial x_2} \neq 0$. 如图 2.5 所示，有

$$|\Delta \boldsymbol{E}_1| = |\boldsymbol{E}| \Delta\theta_1 = E\Delta\theta_1 = E\frac{\Delta s_1}{R_1} \qquad (2.5.6)$$

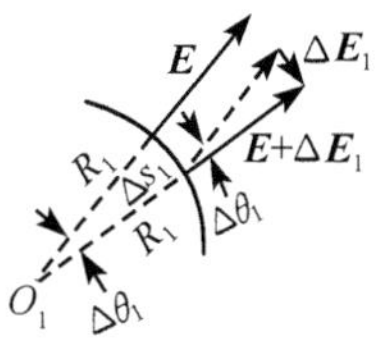

图 2.5

同样，对于 $\Delta \boldsymbol{E}_2$ 有

$$|\Delta \boldsymbol{E}_2| = |\boldsymbol{E}| \Delta\theta_2 = E\Delta\theta_2 = E\frac{\Delta s_2}{R_2} \qquad (2.5.7)$$

于是得

$$\frac{\partial E_1}{\partial x_1} = \lim_{\Delta x_1 \to 0} \frac{|\Delta \boldsymbol{E}_1|}{\Delta x_1} = \lim_{\Delta s_1 \to 0} \frac{|\Delta \boldsymbol{E}_1|}{\Delta s_1} = \frac{E}{R_1} \qquad (2.5.8)$$

$$\frac{\partial E_2}{\partial x_2} = \lim_{\Delta x_2 \to 0} \frac{|\Delta \boldsymbol{E}_2|}{\Delta x_2} = \lim_{\Delta s_2 \to 0} \frac{|\Delta \boldsymbol{E}_2|}{\Delta s_2} = \frac{E}{R_2} \qquad (2.5.9)$$

由(2.5.2)、(2.5.5)、(2.5.8)、(2.5.9)四式得

$$\frac{\partial E}{\partial n}=-\left(\frac{\partial E}{\partial x_1}+\frac{\partial E}{\partial x_2}\right)=-\left(\frac{E}{R_1}+\frac{E}{R_2}\right) \tag{2.5.10}$$

于是最后得

$$\frac{1}{E}\frac{\partial E}{\partial n}=-\left(\frac{1}{R_1}+\frac{1}{R_2}\right) \tag{2.5.11}$$

2.6　在电容率为 ε 的无限大均匀介质内，有一带电荷量 q 的导体椭球，它的表面方程为 $x^2/a^2+y^2/b^2+z^2/c^2=1$. 试求这导体椭球面上电荷量的面密度 σ.

【解】　用椭球坐标系求解. 为此，先介绍椭球坐标系.

导体椭球面的方程为

$$\frac{x^2}{a^2}+\frac{y^2}{b^2}+\frac{z^2}{c^2}=1 \tag{2.6.1}$$

与这椭球面共焦的二次曲面为

$$\frac{x^2}{a^2+\lambda}+\frac{y^2}{b^2+\lambda}+\frac{z^2}{c^2+\lambda}=1 \tag{2.6.2}$$

这是 λ 的一个三次方程，给定一组 x,y,z 的值，λ 有三个不同的实根：$\lambda_1=\xi,\lambda_2=\eta,\lambda_3=\zeta$. 设 $a>b>c$，这三个根按大小排列，它们的范围如下：

$$\xi>-c^2>\eta>-b^2>\zeta>-a^2 \tag{2.6.3}$$

与这三个根相应的三个二次曲面为

$$\frac{x^2}{a^2+\xi}+\frac{y^2}{b^2+\xi}+\frac{z^2}{c^2+\xi}=1 \qquad (\xi>-c^2) \tag{2.6.4}$$

$$\frac{x^2}{a^2+\eta}+\frac{y^2}{b^2+\eta}+\frac{z^2}{c^2+\eta}=1 \qquad (-c^2>\eta>-b^2) \tag{2.6.5}$$

$$\frac{x^2}{a^2+\zeta}+\frac{y^2}{b^2+\zeta}+\frac{z^2}{c^2+\zeta}=1 \qquad (-b^2>\zeta>-a^2) \tag{2.6.6}$$

(2.6.4)式是椭球面，(2.6.5)式是单叶双曲面，(2.6.6)式是双叶双曲面.

对于空间的每一点 (x,y,z)，都有唯一的一组 (ξ,η,ζ) 值；因此，通过空间的每一点 (x,y,z)，都有上述三种曲面，而且它们都是彼此互相正交的曲面. 所以 ξ,η,ζ 构成一个正交曲面坐标系，称为椭球坐标系. 由(2.6.4)、(2.6.5)、(2.6.6)三式可以得出，用 ξ,η,ζ 表示 x,y,z 如下：

$$x=\pm\sqrt{\frac{(\xi+a^2)(\eta+a^2)(\zeta+a^2)}{(b^2-a^2)(c^2-a^2)}} \tag{2.6.7}$$

$$y=\pm\sqrt{\frac{(\xi+b^2)(\eta+b^2)(\zeta+b^2)}{(c^2-b^2)(a^2-b^2)}} \tag{2.6.8}$$

$$z=\pm\sqrt{\frac{(\xi+c^2)(\eta+c^2)(\zeta+c^2)}{(a^2-c^2)(b^2-c^2)}} \tag{2.6.9}$$

在椭球坐标系(ξ,η,ζ)中，电势φ的拉普拉斯方程为

$$(\eta-\zeta)R_\xi\frac{\partial}{\partial\xi}\left(R_\xi\frac{\partial\varphi}{\partial\xi}\right)+(\zeta-\xi)R_\eta\frac{\partial}{\partial\eta}\left(R_\eta\frac{\partial\varphi}{\partial\eta}\right)+(\xi-\eta)R_\zeta\frac{\partial}{\partial\zeta}\left(R_\zeta\frac{\partial\varphi}{\partial\zeta}\right)=0 \tag{2.6.10}$$

式中

$$R_\lambda=\sqrt{(\lambda+a^2)(\lambda+b^2)(\lambda+c^2)},\qquad \lambda=\xi,\ \eta,\ \zeta \tag{2.6.11}$$

φ的边界条件是：在(2.6.1)式的椭球面上，$\varphi=\varphi_C$（常量）；而在离导体椭球非常远处，φ趋于点电荷q的电势.

由(2.6.4)式可见，ξ是一个椭球面族的参数，$\xi=0$就是导体椭球面. 在导体椭球面上，电势φ_C是与η和ζ均无关的常量. 因此，如果φ只是ξ的函数$\varphi(\xi)$，就可以满足这个边界条件. 这时拉普拉斯方程(2.6.10)式就化为

$$\frac{\mathrm{d}}{\mathrm{d}\xi}\left(R_\xi\frac{\mathrm{d}\varphi}{\mathrm{d}\xi}\right)=0 \tag{2.6.12}$$

式中

$$R_\xi=\sqrt{(\xi+a^2)(\xi+b^2)(\xi+c^2)} \tag{2.6.13}$$

解(2.6.12)式得

$$\varphi=\varphi(\xi)=C\int_\xi^\infty\frac{\mathrm{d}\xi}{R_\xi} \tag{2.6.14}$$

式中C是积分常数. 下面就用无穷远处的边界条件来定这个常数.

由(2.6.13)式可见，当ξ很大(即$\xi\gg a^2$)时，$R_\xi\to\xi^{3/2}$. 这时由(2.6.14)式得

$$\varphi=\varphi(\xi)\to C\int_\xi^\infty\frac{\mathrm{d}\xi}{\xi^{3/2}}=\frac{2C}{\sqrt{\xi}} \tag{2.6.15}$$

为了看出ξ与$r=\sqrt{x^2+y^2+z^2}$的关系，将(2.6.4)式写成

$$\frac{x^2}{1+\frac{a^2}{\xi}}+\frac{y^2}{1+\frac{b^2}{\xi}}+\frac{z^2}{1+\frac{c^2}{\xi}}=\xi \tag{2.6.16}$$

可见当ξ很大($\xi\gg a^2$)时，$\xi\to x^2+y^2+z^2=r^2$. 故得

$$\varphi=\varphi(\xi)\to\frac{2C}{r} \tag{2.6.17}$$

当$r\to\infty$时，导体椭球上的电荷q所产生的电势为

$$\varphi\to\frac{q}{4\pi\varepsilon r} \tag{2.6.18}$$

比较(2.6.17)、(2.6.18)两式，得积分常数为

$$C=\frac{q}{8\pi\varepsilon} \tag{2.6.19}$$

代入(2.6.14)式便得

$$\varphi = \varphi(\xi) = \frac{q}{8\pi\varepsilon}\int_{\xi}^{\infty} \frac{\mathrm{d}\xi}{R_{\xi}} \tag{2.6.20}$$

这便是导体椭球上的电荷 q 所产生的电势.

下面求导体椭球面上电荷量的面密度 σ. 设导体椭球面外法线方向上的单位矢量为 $\boldsymbol{n}$,则有

$$\sigma = \boldsymbol{n} \cdot \boldsymbol{D} = D_n = \varepsilon E_n = -\varepsilon\left(\frac{\partial\varphi}{\partial n}\right)_{\xi=0} \tag{2.6.21}$$

在椭球坐标系 ξ,η,ζ 中,

$$\frac{\partial\varphi}{\partial n} = \frac{1}{h_{\xi}}\frac{\partial\varphi}{\partial\xi} = \frac{2R_{\xi}}{\sqrt{(\xi-\eta)(\xi-\zeta)}}\frac{\partial\varphi}{\partial\xi} \tag{2.6.22}$$

将(2.6.20)式代入(2.6.22)式得

$$\frac{\partial\varphi}{\partial n} = \frac{2R_{\xi}}{\sqrt{(\xi-\eta)(\xi-\zeta)}}\left(-\frac{q}{8\pi\varepsilon R_{\xi}}\right) = -\frac{q}{4\pi\varepsilon\sqrt{(\xi-\eta)(\xi-\zeta)}} \tag{2.6.23}$$

代入(2.6.21)式便得

$$\sigma = -\varepsilon\left(\frac{\partial\varphi}{\partial n}\right)_{\xi=0} = \frac{q}{4\pi\sqrt{\eta\zeta}} \tag{2.6.24}$$

在(2.6.7)、(2.6.8)、(2.6.9)三式中,令 $\xi=0$,便可得出

$$\eta\zeta = a^2b^2c^2\left(\frac{x^2}{a^4}+\frac{y^2}{b^4}+\frac{z^2}{c^4}\right) \tag{2.6.25}$$

代入(2.6.24)式,最后便得所求导体椭球面上电荷量的面密度为

$$\sigma = \frac{q}{4\pi abc}\frac{1}{\sqrt{\dfrac{x^2}{a^4}+\dfrac{y^2}{b^4}+\dfrac{z^2}{c^4}}} \tag{2.6.26}$$

【讨论】 (1) 关于椭球坐标的较详细论述,参见王竹溪、郭敦仁,《特殊函数概论》(科学出版社,1979),639～642 页.

(2) 本题的另一种解法参见 W. R. 斯迈思著,戴世强译,《静电学和电动力学》,上册(科学出版社,1981),172～176 页.

2.7 在无限大的均匀介质中,有一导体椭球,以椭球中心为原点,取笛卡儿坐标系,椭球面的方程为

$$\frac{x^2}{a^2}+\frac{y^2}{b^2}+\frac{z^2}{c^2}=1$$

当这导体椭球带有电荷 Q 时,它的面电荷密度为[参见前面 2.6 题的(2.6.26)式]

$$\sigma = \frac{Q}{4\pi abc}\frac{1}{\sqrt{\dfrac{x^2}{a^4}+\dfrac{y^2}{b^4}+\dfrac{z^2}{c^4}}}$$

试求 σ 与椭球面的主曲率半径 R_1 和 R_2 的关系.

【解】 为了求椭球面的主曲率半径 R_1 和 R_2，我们先介绍法截线. 设 P 为空间曲面上的一点，曲面在这点的法线单位矢量为 $\boldsymbol{N}$[图 2.7.1(1)]，包含 $\boldsymbol{N}$ 的平面截取曲面所成的曲线称为法截线. 所以法截线是一条平面曲线，它与 $\boldsymbol{N}$ 在同一平面内. 因此，法截线的曲率中心(在曲线的凹侧)与 $\boldsymbol{N}$ 在同一平面内，并且与 $\boldsymbol{N}$ 在同一直线上. 从 P 到曲率中心的连线称为法截线的主法线，主法线单位矢量 $\boldsymbol{n}$ 从 P 指向曲率中心[图 2.7(2)]. 因此，$\boldsymbol{n}$ 与 $\boldsymbol{N}$ 方向相同或相反.

通过曲面上任一点的法截线有无限多条，在一般情况下，这些法截线的曲率半径有大有小. 根据微分几何，在曲面上同一点，曲率半径为极大值 R_1 和极小值 R_2 的两条法截线互相垂直(即它们在该点的切线互相垂直)，这两条法截线称为该点的主法截线，R_1 和 R_2 则称为曲面在该点的主曲率半径.

图 2.7(1)　　　　图 2.7(2)

为了求出椭球面的主曲率半径，我们将椭球面的方程写成

$$z=c\sqrt{1-\frac{x^2}{a^2}-\frac{y^2}{b^2}} \tag{2.7.1}$$

令

$$E=1+\left(\frac{\partial z}{\partial x}\right)^2=1+\left(-\frac{c^2}{a^2}\frac{x}{z}\right)^2=1+\frac{x^2}{a^4}\frac{c^4}{z^2} \tag{2.7.2}$$

$$F=\frac{\partial z}{\partial x}\frac{\partial z}{\partial y}=\left(-\frac{c^2}{a^2}\frac{x}{z}\right)\left(-\frac{c^2}{b^2}\frac{y}{z}\right)=\frac{x}{a^2}\frac{y}{b^2}\frac{c^4}{z^2} \tag{2.7.3}$$

$$G=1+\left(\frac{\partial z}{\partial y}\right)^2=1+\left(-\frac{c^2}{b^2}\frac{y}{z}\right)^2=1+\frac{y^2}{b^4}\frac{c^4}{z^2} \tag{2.7.4}$$

$$p=\sqrt{1+\left(\frac{\partial z}{\partial x}\right)^2+\left(\frac{\partial z}{\partial y}\right)^2}=\sqrt{1+\left(-\frac{c^2}{a^2}\frac{x}{z}\right)^2+\left(-\frac{c^2}{b^2}\frac{y}{z}\right)^2}=\frac{c^2}{z}\sqrt{\frac{x^2}{a^4}+\frac{y^2}{b^4}+\frac{z^2}{c^4}} \tag{2.7.5}$$

$$\begin{aligned}L&=\frac{1}{p}\frac{\partial^2 z}{\partial x^2}=\frac{z}{c^2}\frac{1}{\sqrt{\dfrac{x^2}{a^4}+\dfrac{y^2}{b^4}+\dfrac{z^2}{c^4}}}\left[-\frac{c^4}{a^2z^3}\left(1-\frac{y^2}{b^2}\right)\right]\\&=-\frac{c^2}{a^2z^2}\left(1-\frac{y^2}{b^2}\right)\Big/\sqrt{\frac{x^2}{a^4}+\frac{y^2}{b^4}+\frac{z^2}{c^4}}\end{aligned} \tag{2.7.6}$$

$$M=\frac{1}{p}\frac{\partial^2 z}{\partial x\partial y}=\frac{z}{c^2}\frac{1}{\sqrt{\frac{x^2}{a^4}+\frac{y^2}{b^4}+\frac{z^2}{c^4}}}\left[-\frac{x}{a^2}\frac{y}{b^2}\frac{c^4}{z^3}\right]=-\frac{x}{a^2}\frac{y}{b^2}\frac{c^2}{z^2}\Big/\sqrt{\frac{x^2}{a^4}+\frac{y^2}{b^4}+\frac{z^2}{c^4}} \tag{2.7.7}$$

$$N=\frac{1}{p}\frac{\partial^2 z}{\partial y^2}=\frac{z}{c^2}\frac{1}{\sqrt{\frac{x^2}{a^4}+\frac{y^2}{b^4}+\frac{z^2}{c^4}}}\left[-\frac{c^4}{b^2z^3}\left(1-\frac{x^2}{a^2}\right)\right]$$

$$=-\frac{c^2}{b^2z^2}\left(1-\frac{x^2}{a^2}\right)\Big/\sqrt{\frac{x^2}{a^4}+\frac{y^2}{b^4}+\frac{z^2}{c^4}} \tag{2.7.8}$$

我们规定主曲率半径 $R>0$，根据微分几何，R 满足方程[①、②]

$$(LN-M^2)R^2+(2FM-EN-GL)\boldsymbol{n}\cdot\boldsymbol{N}R+EG-F^2=0 \tag{2.7.9}$$

对于椭球面来说，$\boldsymbol{n}$ 与 $\boldsymbol{N}$ 方向相反，故

$$\boldsymbol{n}\cdot\boldsymbol{N}=-1 \tag{2.7.10}$$

于是，得

$$(LN-M^2)R^2-(2FM-EN-GL)R+EG-F^2=0 \tag{2.7.11}$$

将(2.7.2)、(2.7.3)、(2.7.4)、(2.7.6)、(2.7.7)、(2.7.8)诸式代入(2.7.11)式，得

$$R^2-\left[(a^2+b^2+c^2-x^2-y^2-z^2)\sqrt{\frac{x^2}{a^4}+\frac{y^2}{b^4}+\frac{z^2}{c^4}}\right]R+a^2b^2c^2\left(\frac{x^2}{a^4}+\frac{y^2}{b^4}+\frac{z^2}{c^4}\right)^2=0 \tag{2.7.12}$$

解得

$$R_1=\frac{1}{2}(a^2+b^2+c^2-x^2-y^2-z^2)\sqrt{\frac{x^2}{a^4}+\frac{y^2}{b^4}+\frac{z^2}{c^4}}\times\left[1+\sqrt{1-\frac{4a^2b^2c^2}{(a^2+b^2+c^2-x^2-y^2-z^2)^2}\left(\frac{x^2}{a^4}+\frac{y^2}{b^4}+\frac{z^2}{c^4}\right)}\right] \tag{2.7.13}$$

$$R_2=\frac{1}{2}(a^2+b^2+c^2-x^2-y^2-z^2)\sqrt{\frac{x^2}{a^4}+\frac{y^2}{b^4}+\frac{z^2}{c^4}}\times\left[1-\sqrt{1-\frac{4a^2b^2c^2}{(a^2+b^2+c^2-x^2-y^2-z^2)^2}\left(\frac{x^2}{a^4}+\frac{y^2}{b^4}+\frac{z^2}{c^4}\right)}\right] \tag{2.7.14}$$

这便是椭球面上(z,y,z)点的两个主曲率半径.

求出了椭球面的两个主曲率半径 R_1 和 R_2，下面便来求 σ 与 R_1 和 R_2 的关系.

---

① 斯米尔诺夫著，孙念增译，《高等数学教程》第二卷，第二分册，高等教育出版社(1956)，198-204 页.

② 《数学手册》编写组，《数学手册》，人民教育出版社(1979)，421 页.

由(2.7.13)、(2.7.14)两式，得

$$R_1R_2=a^2b^2c^2\left(\frac{x^2}{a^4}+\frac{y^2}{b^4}+\frac{z^2}{c^4}\right)^2 \tag{2.7.15}$$

将(2.7.15)式代入题给的 σ 表达式，便得

$$\sigma=\frac{Q}{4\pi}\frac{1}{\sqrt{abc\sqrt{R_1R_2}}} \tag{2.7.16}$$

这便是我们所要求的带电导体椭球的面电荷密度 σ 与主曲率半径 R_1 和 R_2 的关系. 这个结果表明：σ 与两个主曲率半径 R_1 和 R_2 之积 R_1R_2 的四次方根成反比.

当 $c=b=a$ 时，椭球面蜕化为球面，这时由(2.7.13)和(2.7.14)两式得 $R_1=R_2=a$. 代入(2.7.16)式，即得

$$\sigma=\frac{Q}{4\pi a^2} \tag{2.7.17}$$

这正是半径为 a 的带电导体球的面电荷密度公式.

也可以用高斯曲率来表示 σ，曲面的高斯曲率定义为

$$K=\frac{1}{R_1R_2} \tag{2.7.18}$$

由(2.7.16)式得，带电导体椭球的面电荷密度 σ 与高斯曲率 K 的关系为

$$\sigma=\frac{Q}{4\pi}\sqrt{\frac{\sqrt{K}}{abc}} \tag{2.7.19}$$

可见 σ 与高斯曲率 K 的四次方根成正比.

2.8　导体椭球的表面方程为

$$\frac{x^2}{a^2}+\frac{y^2}{b^2}+\frac{z^2}{c^2}=1$$

当它带有电荷并处在无限大的均匀介质中时，试证明，其电场的等势面族不是同心椭球面族

$$\frac{x^2}{a^2}+\frac{y^2}{b^2}+\frac{z^2}{c^2}=\lambda$$

而是共焦椭球面族

$$\frac{x^2}{a^2+\lambda}+\frac{y^2}{b^2+\lambda}+\frac{z^2}{c^2+\lambda}=1$$

以上两式中 λ 是参数.

【证】　为了证明上述结论，我们须先求出带参数 λ 的一个空间曲面族是等势面族的条件.

设 $F(x,y,z)$ 是具有连续一二阶偏导数的函数，λ 是一个参数，则

$$F(x,y,z)=\lambda \tag{2.8.1}$$

便表示一空间曲面族.如果它能成为静电场里的等势面族,则对参数 λ 的每一个值,必定有一个电势 φ 的值与之对应,因而 φ 就是 λ 的函数,即

$$\varphi(x,y,z)=f(\lambda) \tag{2.8.2}$$

式中 $f(\lambda)$ 只是 λ 的函数.

由(2.8.1)式看,λ 是 x,y,z 的函数.电势 φ 满足拉普拉斯方程,这就对作为 x,y,z 函数的 λ 提出了要求.由(2.8.2)式有

$$\frac{\partial\varphi}{\partial x}=f'(\lambda)\frac{\partial\lambda}{\partial x},\quad \frac{\partial\varphi}{\partial y}=f'(\lambda)\frac{\partial\lambda}{\partial y},\quad \frac{\partial\varphi}{\partial z}=f'(\lambda)\frac{\partial\lambda}{\partial z} \tag{2.8.3}$$

$$\left.\begin{aligned}\frac{\partial^2\varphi}{\partial x^2}&=f''(\lambda)\left(\frac{\partial\lambda}{\partial x}\right)^2+f'(\lambda)\frac{\partial^2\lambda}{\partial x^2}\\ \frac{\partial^2\varphi}{\partial y^2}&=f''(\lambda)\left(\frac{\partial\lambda}{\partial y}\right)^2+f'(\lambda)\frac{\partial^2\lambda}{\partial y^2}\\ \frac{\partial^2\varphi}{\partial z^2}&=f''(\lambda)\left(\frac{\partial\lambda}{\partial z}\right)^2+f'(\lambda)\frac{\partial^2\lambda}{\partial z^2}\end{aligned}\right\} \tag{2.8.4}$$

φ 满足拉普拉斯方程,故由(2.8.4)式得

$$\frac{\partial^2\varphi}{\partial x^2}+\frac{\partial^2\varphi}{\partial y^2}+\frac{\partial^2\varphi}{\partial z^2}=f''(\lambda)(\nabla\lambda)^2+f'(\lambda)\nabla^2\lambda=0 \tag{2.8.5}$$

于是有

$$\frac{\nabla^2\lambda}{(\nabla\lambda)^2}=-\frac{f''(\lambda)}{f'(\lambda)} \tag{2.8.6}$$

因 $f(\lambda)$ 只是 λ 的函数,故得出结论:$\nabla^2\lambda/(\nabla\lambda)^2$ 只是 λ 的函数.这就是空间曲面族(2.8.1)式成为等势面族的条件.只有满足这个条件,(2.8.1)式才能成为等势面族.下面看两个例子.

例一、同心球面族.以原点为心的同心球面族的表达式为

$$r=\sqrt{x^2+y^2+z^2}=\lambda \tag{2.8.7}$$

由(2.8.7)式得

$$\frac{\partial\lambda}{\partial x}=\frac{x}{r},\quad \frac{\partial\lambda}{\partial y}=\frac{y}{r},\quad \frac{\partial\lambda}{\partial z}=\frac{z}{r} \tag{2.8.8}$$

$$\frac{\partial^2\lambda}{\partial x^2}=\frac{1}{r}-\frac{x^2}{r^3},\quad \frac{\partial^2\lambda}{\partial y^2}=\frac{1}{r}-\frac{y^2}{r^3},\quad \frac{\partial^2\lambda}{\partial z^2}=\frac{1}{r}-\frac{z^2}{r^3} \tag{2.8.9}$$

由以上两式得

$$(\nabla\lambda)^2=\frac{x^2+y^2+z^2}{r^2}=1 \tag{2.8.10}$$

$$\nabla^2\lambda=\frac{3}{r}-\frac{x^2+y^2+z^2}{r^3}=\frac{2}{r} \tag{2.8.11}$$

于是得

$$\frac{\nabla^2\lambda}{(\nabla\lambda)^2}=\frac{2}{r}=\frac{2}{\lambda} \tag{2.8.12}$$

即$\nabla^2\lambda/(\nabla\lambda)^2$ 只是 λ 的函数,故(2.8.7)式可成为等式面族.点电荷或球对称分布的电荷的等势面便属于这种等势面族.

例二、同轴圆柱面族.以 z 轴为轴的同轴圆柱面族的表达式为

$$r=\sqrt{x^2+y^2}=\lambda \tag{2.8.13}$$

由(2.8.13)式得

$$\frac{\partial\lambda}{\partial x}=\frac{x}{r},\quad \frac{\partial\lambda}{\partial y}=\frac{y}{r},\quad \frac{\partial\lambda}{\partial z}=0 \tag{2.8.14}$$

$$\frac{\partial^2\lambda}{\partial x^2}=\frac{1}{r}-\frac{x^2}{r^3},\quad \frac{\partial^2\lambda}{\partial y^2}=\frac{1}{r}-\frac{y^2}{r^3},\quad \frac{\partial^2\lambda}{\partial z^2}=0 \tag{2.8.15}$$

由以上两式得

$$(\nabla\lambda)^2=\left(\frac{x}{r}\right)^2+\left(\frac{y}{r}\right)^2=1 \tag{2.8.16}$$

$$\nabla^2\lambda=\frac{2}{r}-\frac{x^2+y^2}{r^3}=\frac{1}{r} \tag{2.8.17}$$

于是得

$$\frac{\nabla^2\lambda}{(\nabla\lambda)^2}=\frac{1}{r}=\frac{1}{\lambda} \tag{2.8.18}$$

即$\nabla^2\lambda/(\nabla\lambda)^2$ 只是 λ 的函数,故(2.8.13)式可成为等势面族.无穷长均匀带电直线或圆筒的等势面便属于这种等势面族.

下面我们来证明同心椭球面族不是等势面族.同心椭球面族的表达式为

$$\frac{x^2}{a^2}+\frac{y^2}{b^2}+\frac{z^2}{c^2}=\lambda \tag{2.8.19}$$

由(2.8.19)式得

$$\frac{\partial\lambda}{\partial x}=\frac{2x}{a^2},\quad \frac{\partial\lambda}{\partial y}=\frac{2y}{b^2},\quad \frac{\partial\lambda}{\partial z}=\frac{2z}{c^2} \tag{2.8.20}$$

$$\frac{\partial^2\lambda}{\partial x^2}=\frac{2}{a^2},\quad \frac{\partial^2\lambda}{\partial y^2}=\frac{2}{b^2},\quad \frac{\partial^2\lambda}{\partial z^2}=\frac{2}{c^2} \tag{2.8.21}$$

由以上两式得

$$\frac{\nabla^2\lambda}{(\nabla\lambda)^2}=\left(\frac{1}{a^2}+\frac{1}{b^2}+\frac{1}{c^2}\right)\Big/2\left(\frac{x^2}{a^4}+\frac{y^2}{b^4}+\frac{z^2}{c^4}\right) \tag{2.8.22}$$

因$\nabla^2\lambda/(\nabla\lambda)^2$ 不只是 λ 的函数,所以(2.8.19)式所表示的同心椭球面族不能成为等势面族.

最后,我们来证明共焦椭球面族是等势面族.共焦椭球面族的表达式为

$$\frac{x^2}{a^2+\lambda}+\frac{y^2}{b^2+\lambda}+\frac{z^2}{c^2+\lambda}=1 \tag{2.8.23}$$

设 $a>b>c$,则参数 $\lambda>-c^2$. 由(2.8.23)式对 x 求导得

$$\frac{2x}{a^2+\lambda}-\frac{x^2}{(a^2+\lambda)^2}\frac{\partial\lambda}{\partial x}-\frac{y^2}{(b^2+\lambda)^2}\frac{\partial\lambda}{\partial x}-\frac{z^2}{(c^2+\lambda)^2}\frac{\partial\lambda}{\partial x}=0 \tag{2.8.24}$$

所以

$$\frac{\partial\lambda}{\partial x}=\frac{2x}{a^2+\lambda}\frac{1}{A} \tag{2.8.25}$$

式中

$$A=\frac{x^2}{(a^2+\lambda)^2}+\frac{y^2}{(b^2+\lambda)^2}+\frac{z^2}{(c^2+\lambda)^2} \tag{2.8.26}$$

同样可得

$$\frac{\partial\lambda}{\partial y}=\frac{2y}{b^2+\lambda}\frac{1}{A},\quad \frac{\partial\lambda}{\partial z}=\frac{2z}{c^2+\lambda}\frac{1}{A} \tag{2.8.27}$$

由(2.8.25)式再对 x 求导,便得

$$\frac{\partial^2\lambda}{\partial x^2}=\frac{2}{a^2+\lambda}\frac{1}{A}-\frac{2x}{(a^2+\lambda)^2}\frac{1}{A}\frac{\partial\lambda}{\partial x}-\frac{2x}{a^2+\lambda}\frac{1}{A^2}\frac{\partial A}{\partial x}-\frac{2x}{a^2+\lambda}\frac{1}{A^2}\frac{\partial A}{\partial\lambda}\frac{\partial\lambda}{\partial x} \tag{2.8.28}$$

由(2.8.26)式得

$$\frac{\partial A}{\partial\lambda}=-\frac{2x^2}{(a^2+\lambda)^3}-\frac{2y^2}{(b^2+\lambda)^3}-\frac{2z^2}{(c^2+\lambda)^3} \tag{2.8.29}$$

将(2.8.25)式和(2.8.29)式代入(2.8.28)式即得

$$\frac{\partial^2\lambda}{\partial x^2}=\frac{2}{a^2+\lambda}\frac{1}{A}-\frac{8x^2}{(a^2+\lambda)^3}\frac{1}{A^2}+\frac{8x^2}{(a^2+\lambda)^2}\frac{1}{A^3}\left[\frac{x^2}{(a^2+\lambda)^3}+\frac{y^2}{(b^2+\lambda)^3}+\frac{z^2}{(c^2+\lambda)^3}\right] \tag{2.8.30}$$

将(2.8.27)中的两式分别对 y 和 z 求导,同样可得

$$\frac{\partial^2\lambda}{\partial y^2}=\frac{2}{b^2+\lambda}\frac{1}{A}-\frac{8y^2}{(b^2+\lambda)^3}\frac{1}{A^2}+\frac{8y^2}{(b^2+\lambda)^2}\frac{1}{A^3}\left[\frac{x^2}{(a^2+\lambda)^3}+\frac{y^2}{(b^2+\lambda)^3}+\frac{z^2}{(c^2+\lambda)^3}\right] \tag{2.8.31}$$

$$\frac{\partial^2\lambda}{\partial z^2}=\frac{2}{c^2+\lambda}\frac{1}{A}-\frac{8z^2}{(c^2+\lambda)^3}\frac{1}{A^2}+\frac{8z^2}{(c^2+\lambda)^2}\frac{1}{A^3}\left[\frac{x^2}{(a^2+\lambda)^3}+\frac{y^2}{(b^2+\lambda)^3}+\frac{z^2}{(c^2+\lambda)^3}\right] \tag{2.8.32}$$

以上三式相加得

$$\nabla^2\lambda=\left(\frac{2}{a^2+\lambda}+\frac{2}{b^2+\lambda}+\frac{2}{c^2+\lambda}\right)\frac{1}{A} \tag{2.8.33}$$

又由(2.8.25)、(2.8.26)、(2.8.27)三式得

$$(\nabla\lambda)^2=\frac{4x^2}{(a^2+\lambda)^2}\frac{1}{A^2}+\frac{4y^2}{(b^2+\lambda)^2}\frac{1}{A^2}+\frac{4z^2}{(c^2+\lambda)^2}\frac{1}{A^2}=\frac{4}{A} \tag{2.8.34}$$

于是得

$$\frac{\nabla^2\lambda}{(\nabla\lambda)^2}=\frac{1}{2}\left(\frac{1}{a^2+\lambda}+\frac{1}{b^2+\lambda}+\frac{1}{c^2+\lambda}\right) \tag{2.8.35}$$

可见$\nabla^2\lambda/(\nabla\lambda)^2$只是$\lambda$的函数，所以(2.8.23)式表示的共焦椭球面族可以成为等势面族.

由前面的结果我们得出结论：表面方程为

$$\frac{x^2}{a^2}+\frac{y^2}{b^2}+\frac{z^2}{c^2}=1 \tag{2.8.36}$$

的导体椭球，当它带有电荷并处在无限大的均匀介质中时，其电场的等势面族不是(2.8.19)式表示的同心椭球面族，而是(2.8.23)式表示的共焦椭球面族.

2.9 一导体椭球的表面方程为$\frac{x^2}{a^2}+\frac{y^2}{b^2}+\frac{z^2}{c^2}=1$，当它带有电荷量$q$时，表面电荷量的面密度为

$$\sigma=\frac{q}{4\pi abc}\frac{1}{\sqrt{\frac{x^2}{a^4}+\frac{y^2}{b^4}+\frac{z^2}{c^4}}}$$

试由此式求：半径为a的导体圆盘带有电荷量q时，它上面电荷量的面密度.设圆盘的厚度可略去不计.

【解】 考虑$a=b>c$的情况，这是一个旋转体的扁椭球，其电荷量的面密度为

$$\sigma=\frac{q}{4\pi a^2c}\frac{1}{\sqrt{\frac{x^2+y^2}{a^4}+\frac{z^2}{c^4}}} \tag{2.9.1}$$

令$x^2+y^2=r^2$，这扁椭球面的方程为

$$\frac{r^2}{a^2}+\frac{z^2}{c^2}=1 \tag{2.9.2}$$

将(2.9.2)式代入(2.9.1)式得

$$\sigma=\frac{q}{4\pi a^2c}\frac{1}{\sqrt{\frac{r^2}{a^4}+\frac{1}{c^2}\left(1-\frac{r^2}{a^2}\right)}}=\frac{q}{4\pi a^2}\frac{1}{\sqrt{\frac{c^2r^2}{a^4}+1-\frac{r^2}{a^2}}}$$

$$=\frac{q}{4\pi a}\frac{1}{\sqrt{\frac{c^2r^2}{a^2}+a^2-r^2}} \tag{2.9.3}$$

当$c\to 0$时，扁椭球即化为圆盘，于是由(2.9.3)式得出，所求的电荷量的面密度为

$$\sigma = \frac{q}{4\pi a}\frac{1}{\sqrt{a^2 - r^2}},\qquad r \leqslant a \tag{2.9.4}$$

【讨论】 (1) (2.9.4)式是导体圆盘一面的电荷量面密度. 如果将导体圆盘两面电荷量的面密度算在一起,得出的结果便为

$$\sigma = \frac{q}{2\pi a}\frac{1}{\sqrt{a^2 - r^2}},\qquad r \leqslant a \tag{2.9.5}$$

(2) 导体椭球表面电荷量的面密度公式

$$\sigma = \frac{q}{4\pi abc}\frac{1}{\sqrt{\frac{x^2}{a^4} + \frac{y^2}{b^4} + \frac{z^2}{c^4}}}$$

的来源,参见前面 2.6 题.

2.10 两个无穷大平行导体平面,相距为 a,电势都是零. 它们之间有一条无穷长均匀带电直线,单位长度的电荷量为 λ. 这带电直线与导体平面平行,到一面的距离为 b,如图 2.10 所示. 试求两导体平面间的电势.

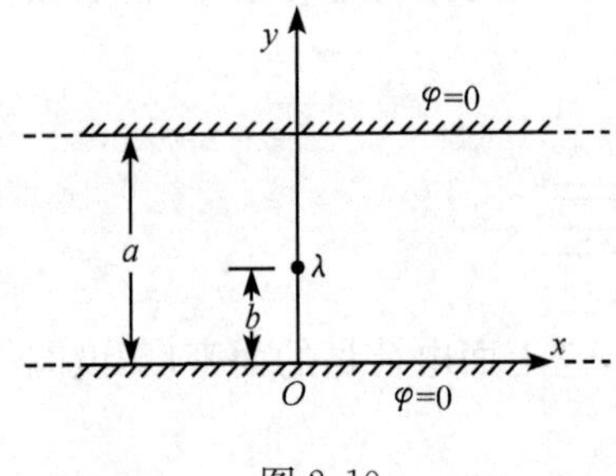

图 2.10

【解】 以一个导体平面为 z-x 平面,取笛卡儿坐标系,使带电直线通过 y 轴并与 z 轴平行,如图 2.10 所示. 根据对称性可知,两面间的电势 φ 与坐标 z 无关,故本题可化为二维问题. 除去 $x=0, y=b$ 一点,φ 满足拉普拉斯方程

$$\nabla^2\varphi = \frac{\partial^2\varphi}{\partial x^2} + \frac{\partial^2\varphi}{\partial y^2} = 0 \tag{2.10.1}$$

用分离变数法求解,令

$$\varphi = X(x)Y(y) \tag{2.10.2}$$

代入(2.10.1)式得

$$\frac{1}{X}\frac{\mathrm{d}^2X}{\mathrm{d}x^2} + \frac{1}{Y}\frac{\mathrm{d}^2Y}{\mathrm{d}y^2} = 0 \tag{2.10.3}$$

考虑到边界条件,令

$$\frac{1}{X}\frac{\mathrm{d}^2X}{\mathrm{d}x^2} = k^2,\qquad \frac{1}{Y}\frac{\mathrm{d}^2Y}{\mathrm{d}y^2} = -k^2 \tag{2.10.4}$$

解得

$$X = A_1\mathrm{e}^{kx} + A_2\mathrm{e}^{-kx} \tag{2.10.5}$$

$$Y = B_1\sin ky + B_2\cos ky \tag{2.10.6}$$

下面由边界条件定系数 A_1、A_2、B_1 和 B_2. 因 $y=0$ 和 $y=a$ 时,$\varphi=0$,故得 $B_2=0$,

$k=\frac{n\pi}{a}(n=0,1,2,\cdots)$. 对于 x 来说，由于在 $x=0$ 处有线电荷 λ，所以要分开来考虑. 令 $x>0$ 处的电势为 φ_+，$x<0$ 处的电势为 φ_-，则当 $x\to\infty$ 时，$\varphi_+\to0$；当 $x\to-\infty$ 时，$\varphi_-\to0$. 故知(2.5.5)式中的系数 $A_{1+}=0$，$A_{2-}=0$. 于是得

$$\varphi_+=\sum_{n=1}^{\infty}C_n^+\sin\left(\frac{n\pi}{a}y\right)e^{-\frac{n\pi}{a}x},\qquad x>0 \tag{2.10.7}$$

$$\varphi_-=\sum_{n=1}^{\infty}C_n^-\sin\left(\frac{n\pi}{a}y\right)e^{\frac{n\pi}{a}x},\qquad x<0 \tag{2.10.8}$$

又当 $x=0$，$y\neq b$ 时，φ 是连续的，故得 $C_n^+=C_n^-=C_n$. 下面用 $x=0$，$y=b$ 处的边界条件定 C_n 的值.

设 $x=0$ 平面上电荷量的面密度为 σ，则有

$$\varepsilon_0\left(\frac{\partial\varphi_-}{\partial x}-\frac{\partial\varphi_+}{\partial x}\right)_{x=0}=\sigma \tag{2.10.9}$$

但实际上在 $x=0$ 处不是面电荷，而是线电荷. 我们可以把这线电荷看作是

$$\sigma=\lambda\delta(y-b) \tag{2.10.10}$$

的面电荷，式中 δ 代表 δ 函数，便得

$$\varepsilon_0\left(\frac{\partial\varphi_-}{\partial x}-\frac{\partial\varphi_+}{\partial x}\right)_{x=0}=\lambda\delta(y-b) \tag{2.10.11}$$

把(2.10.7)和(2.10.8)两式代入上式，便得

$$\sum_{n=1}^{\infty}2C_n\frac{n\pi}{a}\sin\left(\frac{n\pi}{a}y\right)=\frac{\lambda}{\varepsilon_0}\delta(y-b) \tag{2.10.12}$$

两边乘以 $\sin\left(\frac{n\pi}{a}y\right)$，然后对 y 积分，积分极限从 0 到 a，便得

$$2C_n\frac{n\pi}{a}\frac{a}{2}=\frac{\lambda}{\varepsilon_0}\sin\frac{n\pi b}{a}$$

故得

$$C_n=\frac{\lambda}{n\pi\varepsilon_0}\sin\frac{n\pi b}{a} \tag{2.10.13}$$

把 C_n 代入(2.10.7)式和(2.10.8)式便得：除 $y=b$ 外，有

$$\varphi_+=\frac{\lambda}{\pi\varepsilon_0}\sum_{n=1}^{\infty}\frac{1}{n}\sin\left(\frac{n\pi b}{a}\right)e^{-\frac{n\pi}{a}x}\sin\left(\frac{n\pi}{a}y\right),\qquad x>0 \tag{2.10.14}$$

$$\varphi_-=\frac{\lambda}{\pi\varepsilon_0}\sum_{n=1}^{\infty}\frac{1}{n}\sin\left(\frac{n\pi b}{a}\right)e^{\frac{n\pi}{a}x}\sin\left(\frac{n\pi}{a}y\right),\qquad x<0 \tag{2.10.15}$$

这两式可以合写成

$$\varphi=\frac{\lambda}{\pi\varepsilon_0}\sum_{n=1}^{\infty}\frac{1}{n}\sin\left(\frac{n\pi b}{a}\right)e^{-\frac{n\pi}{a}|x|}\sin\left(\frac{n\pi}{a}y\right),\qquad x=0\text{ 时},y\neq b \tag{2.10.16}$$

这便是所要求的两导体平面间的电势.

【别解】 本题中线电荷 λ 的电荷量密度可用 δ 函数表示为

$$\rho = \lambda\delta(x)\delta(y-b) \tag{2.10.17}$$

于是电势 φ 满足的泊松方程为

$$\frac{\partial^2\varphi}{\partial x^2}+\frac{\partial^2\varphi}{\partial y^2}=-\frac{\lambda}{\varepsilon_0}\delta(x)\delta(y-b) \tag{2.10.18}$$

在二维 x,y 空间里,除去 $x=0,y=b$ 一点,上式即化为拉普拉斯方程

$$\frac{\partial^2\varphi}{\partial x^2}+\frac{\partial^2\varphi}{\partial y^2}=0, \qquad x\neq 0 \text{ 或 } y\neq b \tag{2.10.19}$$

用分离变数法求解,求得 φ 满足边界条件($x\to\pm\infty$时,$\varphi\to 0$;$y=0$ 和 a 时,$\varphi=0$)的解为

$$\varphi=\sum_{n=1}^{\infty}\varphi_n=\sum_{n=1}^{\infty}C_n e^{-\frac{n\pi}{a}|x|}\sin\left(\frac{n\pi}{a}y\right) \tag{2.10.20}$$

下面用 $x=0,y=b$ 点的关系定系数 C_n. 由(2.10.20)式得

$$\frac{\partial\varphi}{\partial x}=-\sum_{n=1}^{\infty}\frac{n\pi}{a}C_n e^{-\frac{n\pi}{a}|x|}\sin\left(\frac{n\pi}{a}y\right)\frac{d|x|}{dx} \tag{2.10.21}$$

式中

$$\frac{d|x|}{dx}=u(x)-u(-x) \tag{2.10.22}$$

$u(x)$是阶跃函数,其定义为

$$u(x)=\begin{cases}0, & x<0\\ 1, & x>0\end{cases} \tag{2.10.23}$$

$u(x)$的导数为 δ 函数

$$\frac{du(x)}{dx}=\delta(x), \quad \frac{du(-x)}{dx}=-\delta(-x)=-\delta(x) \tag{2.10.24}$$

于是得

$$\frac{\partial\varphi}{\partial x}=-\sum_{n=1}^{\infty}\frac{n\pi}{a}C_n e^{-\frac{n\pi}{a}|x|}\sin\left(\frac{n\pi}{a}y\right)[u(x)-u(-x)] \tag{2.10.25}$$

$$\begin{aligned}\frac{\partial^2\varphi}{\partial x^2}&=\sum_{n=1}^{\infty}\left(\frac{n\pi}{a}\right)^2C_n e^{-\frac{n\pi}{a}|x|}\sin\left(\frac{n\pi}{a}y\right)[u(x)-u(-x)]^2\\&\quad-\sum_{n=1}^{\infty}2\frac{n\pi}{a}C_n e^{-\frac{n\pi}{a}|x|}\sin\left(\frac{n\pi}{a}y\right)\delta(x)\\&=\sum_{n=1}^{\infty}\frac{n\pi}{a}C_n e^{-\frac{n\pi}{a}|x|}\sin\left(\frac{n\pi}{a}y\right)\left[\frac{n\pi}{a}-2\delta(x)\right]\end{aligned} \tag{2.10.26}$$

$$\frac{\partial^2\varphi}{\partial y^2}=\frac{\partial}{\partial y}\sum_{n=1}^{\infty}\frac{n\pi}{a}C_n e^{-\frac{n\pi}{a}|x|}\cos\left(\frac{n\pi}{a}y\right)=-\sum_{n=1}^{\infty}\left(\frac{n\pi}{a}\right)^2C_n e^{-\frac{n\pi}{a}|x|}\sin\left(\frac{n\pi}{a}y\right) \tag{2.10.27}$$

将(2.10.26)和(2.10.27)两式代入(2.10.18)式得

$$\sum_{n=1}^{\infty}\frac{2n\pi}{a}C_n\mathrm{e}^{-\frac{n\pi}{a}|x|}\sin\left(\frac{n\pi}{a}y\right)\delta(x)=\frac{\lambda}{\varepsilon_0}\delta(x)\delta(y-b) \tag{2.10.28}$$

因

$$\int_{-\infty}^{\infty}\mathrm{e}^{-\frac{n\pi}{a}|x|}\delta(x)\mathrm{d}x=1 \tag{2.10.29}$$

故将(2.10.28)式两边对 x 积分即得

$$\sum_{n=1}^{\infty}\frac{2n\pi}{a}C_n\sin\left(\frac{n\pi}{a}y\right)=\frac{\lambda}{\varepsilon_0}\delta(y-b) \tag{2.10.30}$$

两边乘以 $\sin\left(\frac{m\pi}{a}y\right)$后对 y 积分，即

$$\sum_{n=1}^{\infty}\frac{2n\pi}{a}C_n\int_0^a\sin\left(\frac{m\pi}{a}y\right)\sin\left(\frac{n\pi}{a}y\right)\mathrm{d}y=\frac{\lambda}{\varepsilon_0}\int_0^a\sin\left(\frac{m\pi}{a}y\right)\delta(y-b)\mathrm{d}y$$

$$=\frac{\lambda}{\varepsilon_0}\sin\left(\frac{m\pi}{a}b\right) \tag{2.10.31}$$

式中

$$\int_0^a\sin\left(\frac{m\pi}{a}y\right)\sin\left(\frac{n\pi}{a}y\right)\mathrm{d}y=\left[\frac{\sin\frac{(m-n)\pi}{a}y}{\frac{2(m-n)\pi}{a}}-\frac{\sin\frac{(m+n)\pi}{a}y}{\frac{2(m+n)\pi}{a}}\right]_{y=0}^{y=a}$$

$$=\frac{a}{2}\delta_{mn} \tag{2.10.32}$$

于是得

$$C_n=\frac{\lambda}{\pi\varepsilon_0}\frac{1}{n}\sin\left(\frac{n\pi}{a}b\right) \tag{2.10.33}$$

代入(2.10.20)式即得所求的电势为

$$\varphi=\frac{\lambda}{\pi\varepsilon_0}\sum_{n=1}^{\infty}\frac{1}{n}\sin\left(\frac{n\pi}{a}b\right)\mathrm{e}^{-\frac{n\pi}{a}|x|}\sin\left(\frac{n\pi}{a}y\right) \tag{2.10.34}$$

2.11　一长方形盒，里面空间长为 a，宽为 b，厚为 c. 上盖电势为 φ_0，其他各面电势都是零，如图 2.11 所示. 试求盒内电势 φ.

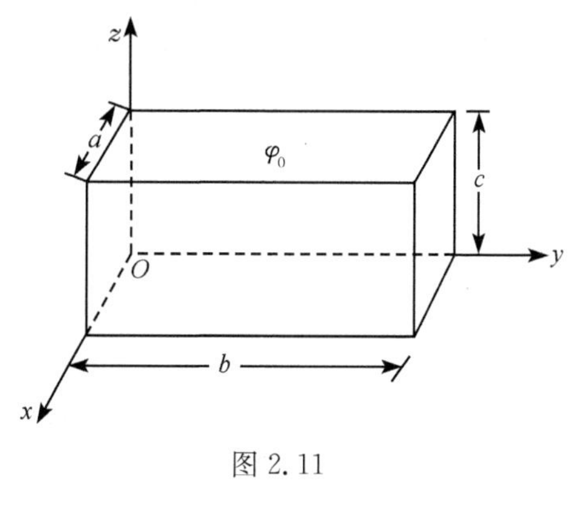

图 2.11

【解】　由几何形状可知，本题用笛卡儿坐标系求解最方便. 取笛卡儿坐标系如图 2.11，盒内电势 φ 满足拉普拉斯方程

$$\nabla^2\varphi=\frac{\partial^2\varphi}{\partial x^2}+\frac{\partial^2\varphi}{\partial y^2}+\frac{\partial^2\varphi}{\partial z^2}=0 \tag{2.11.1}$$

用分离变数法求解,令

$$\varphi(x,y,z)=X(x)Y(y)Z(z) \tag{2.11.2}$$

代入(2.11.1)式得

$$\frac{1}{X}\frac{\mathrm{d}^2X}{\mathrm{d}x^2}+\frac{1}{Y}\frac{\mathrm{d}^2Y}{\mathrm{d}y^2}+\frac{1}{Z}\frac{\mathrm{d}^2Z}{\mathrm{d}z^2}=0 \tag{2.11.3}$$

考虑到边界条件,令

$$\frac{1}{X}\frac{\mathrm{d}^2X}{\mathrm{d}x^2}=-k^2,\qquad \frac{1}{Y}\frac{\mathrm{d}^2Y}{\mathrm{d}y^2}=-l^2 \tag{2.11.4}$$

代入(2.11.3)式解得

$$X=A_1\cos kx+A_2\sin kx \tag{2.11.5}$$

$$Y=B_1\cos ly+B_2\sin ly \tag{2.11.6}$$

$$Z=C_1\mathrm{e}^{\sqrt{k^2+l^2}\,z}+C_2\mathrm{e}^{-\sqrt{k^2+l^2}\,z} \tag{2.11.7}$$

下面由边界条件定系数.因 $x=0,y=0,z=0$ 时 $\varphi=0$,故得 $A_1=0,B_1=0,C_1+C_2=0$.又 $x=a$ 时 $\varphi=0$;$y=b$ 时 $\varphi=0$,故得 $k=\frac{m\pi}{a},l=\frac{n\pi}{b}$,式中 $m,n=0,1,2,\cdots$.于是得所求的解为

$$\begin{aligned}\varphi=&\sum_{m,n=1}^{\infty}\frac{1}{2}C_{mn}\sin\frac{m\pi}{a}x\sin\frac{n\pi}{b}y\\&\times\left[\exp\left(\sqrt{\left(\frac{m\pi}{a}\right)^2+\left(\frac{n\pi}{b}\right)^2}\,z\right)-\exp\left(-\sqrt{\left(\frac{m\pi}{a}\right)^2+\left(\frac{n\pi}{b}\right)^2}\,z\right)\right]\\=&\sum_{m,n=1}^{\infty}C_{mn}\sin\frac{m\pi}{a}x\sin\frac{n\pi}{b}y\sinh\left[\sqrt{\left(\frac{m\pi}{a}\right)^2+\left(\frac{n\pi}{b}\right)^2}\,z\right]\end{aligned} \tag{2.11.8}$$

又当 $z=c$ 时,$\varphi=\varphi_0$,故有

$$\varphi_0=\sum_{m,n=1}^{\infty}C_{mn}\sin\frac{m\pi}{a}x\sin\frac{n\pi}{b}y\sinh\left[\sqrt{\left(\frac{m}{a}\right)^2+\left(\frac{n}{b}\right)^2}\,\pi c\right] \tag{2.11.9}$$

式中系数 C_{mn} 可用下面的方法定出.因

$$\int_0^a\sin\frac{m\pi}{a}x\,\mathrm{d}x=\frac{a}{m\pi}(1-\cos m\pi)=\begin{cases}0, & \text{当 } m \text{ 为偶数时}\\ \dfrac{2a}{m\pi}, & \text{当 } m \text{ 为奇数时}\end{cases}$$

对于 y 也有类似的积分.故将(2.11.9)式两边都乘以 $\sin\frac{m\pi}{a}x\sin\frac{n\pi}{b}y$,然后对 x 和 y 积分,便得:当 m,n 都是奇数时

$$\frac{2a}{m\pi}\frac{2b}{n\pi}\varphi_0=C_{mn}\left(\frac{a}{2}\right)\left(\frac{b}{2}\right)\sinh\left[\sqrt{\left(\frac{m}{a}\right)^2+\left(\frac{n}{b}\right)^2}\,\pi c\right]$$

当 m,n 有一个为偶数时,$C_{mn}=0$.所以

$$C_{mn}=\frac{16\varphi_0}{mn\pi^2\sinh\left(\sqrt{\frac{m^2}{a^2}+\frac{n^2}{b^2}}\,\pi c\right)}\qquad (m,n\text{ 都是奇数})\qquad (2.11.10)$$

于是得

$$C_{mn}=\frac{16\varphi_0}{(2m+1)(2n+1)\pi^2\sinh\left[\sqrt{\frac{(2m+1)^2}{a^2}+\frac{(2n+1)^2}{b^2}}\,\pi c\right]}$$

$$(m,n=0,1,2,\cdots)\qquad (2.11.11)$$

最后得出所求的解为

$$\varphi=\frac{16\varphi_0}{\pi^2}\sum_{m,n=0}^{\infty}\frac{\sin\frac{(2m+1)\pi}{a}x\sin\frac{(2n+1)\pi}{b}y\sinh\left[\sqrt{\frac{(2m+1)^2}{a^2}+\frac{(2n+1)^2}{b^2}}\,\pi z\right]}{(2m+1)(2n+1)\sinh\left[\sqrt{\frac{(2m+1)^2}{a^2}+\frac{(2n+1)^2}{b^2}}\,\pi c\right]}$$

$$(2.11.12)$$

2.12　如图 2.12 所示，高为 h、宽为 d 的一矩形空腔，在 z 方向上是无限长的. 腔内为真空. 在 $x=0$ 的腔壁上电势为 φ_1，另外三个腔壁上的电势均为零，即 $\varphi_2=\varphi_3=\varphi_4=0$. 求腔内的电势分布.

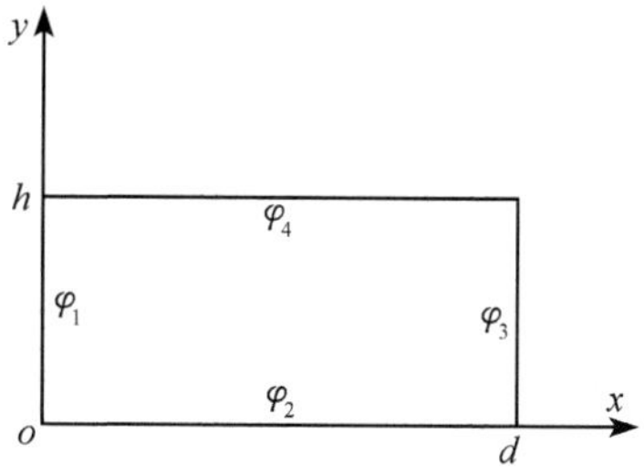

【解】　由对称性可知，腔内电势 φ 与 z 无关，故

$$\nabla^2\varphi=\frac{\partial^2\varphi}{\partial x^2}+\frac{\partial^2\varphi}{\partial y^2}=0\qquad (2.12.1)$$

用分离变数法求解，令

$$\varphi(x,y)=X(x)Y(y)\qquad (2.12.2)$$

便得

$$\frac{1}{X}\frac{\mathrm{d}^2X}{\mathrm{d}x^2}+\frac{1}{Y}\frac{\mathrm{d}^2Y}{\mathrm{d}y^2}=0\qquad (2.12.3)$$

图 2.12

因为 $y=0$ 和 $y=h$ 时，$\varphi=0$，故 Y 应为周期性函数. 因此，令

$$\frac{1}{Y}\frac{\mathrm{d}^2Y}{\mathrm{d}y^2}=-\omega^2\qquad (2.12.4)$$

解得

$$Y=A\cos\omega y+B\sin\omega y\qquad (2.12.5)$$

因 $y=0$ 和 $y=h$ 时，$Y=0$，故得 $A=0$，$\omega=\frac{m\pi}{h}$，m 为整数. 由(2.12.3)式得

$$\frac{1}{X}\frac{\mathrm{d}^2X}{\mathrm{d}x^2}-\left(\frac{m\pi}{h}\right)^2=0\qquad (2.12.6)$$

解得

$$X = C_1 e^{\frac{m\pi}{h}x} + C_2 e^{-\frac{m\pi}{h}x} \tag{2.12.7}$$

因 $x=d$ 时 $X=0$,故 $C_2=-C_1 e^{\frac{2m\pi d}{h}}$. 于是得

$$\begin{aligned} X &= C_1\left(e^{\frac{m\pi}{h}x} - e^{\frac{2m\pi}{h}d-\frac{m\pi}{h}x}\right) = C_1 e^{\frac{m\pi}{h}d}\left[e^{\frac{m\pi}{h}(x-d)} - e^{-\frac{m\pi}{h}(x-d)}\right] \\ &= 2C_1 e^{\frac{m\pi}{h}d}\sinh\frac{m\pi}{h}(x-d) \end{aligned} \tag{2.12.8}$$

于是得

$$\varphi(x,y) = \sum_{m=1}^{\infty} C_m e^{\frac{m\pi}{h}d}\sinh\frac{m\pi}{h}(x-d)\sin\frac{m\pi}{h}y \tag{2.12.9}$$

下面定系数 C_m. 以 $\sin\frac{n\pi}{h}y$ 乘上式两边,然后对 y 积分,即

$$\int_0^h \varphi(x,y)\sin\frac{n\pi}{h}y\,dy = \sum_{m=1}^{\infty} C_m e^{\frac{m\pi}{h}d}\sinh\frac{m\pi}{h}(x-d)\int_0^h \sin\frac{m\pi}{h}y\sin\frac{n\pi}{h}y\,dy \tag{2.12.10}$$

左边积分当 $x=0$ 时为

$$\begin{aligned} \int_0^h \varphi(0,y)\sin\frac{n\pi}{h}y\,dy &= \varphi_1\int_0^h \sin\frac{n\pi}{h}y\,dy \\ &= \begin{cases} 0, & \text{当 } n \text{ 为偶数时} \\ \dfrac{2h}{n\pi}\varphi_1, & \text{当 } n \text{ 为奇数时} \end{cases} \end{aligned} \tag{2.12.11}$$

右边积分为

$$\begin{aligned} \int_0^h \sin\frac{m\pi}{h}y\sin\frac{n\pi}{h}y\,dy &= \left[\frac{\sin\frac{(m-n)\pi}{h}y}{2\frac{(m-n)\pi}{h}} - \frac{\sin\frac{(m+n)\pi}{h}y}{2\frac{(m+n)\pi}{h}}\right]_{y=0}^{y=h} \\ &= \frac{h}{2}\delta_{mn} \end{aligned} \tag{2.12.12}$$

将以上两式代入(2.12.10)式并取 $x=0$,便得

$$\frac{2h}{n\pi}\varphi_1 = \sum_{m=1}^{\infty} C_m \frac{h}{2}\delta_{mn} e^{\frac{m\pi}{h}d}\sinh\left(-\frac{m\pi}{h}d\right) = -\frac{h}{2}C_n e^{\frac{n\pi}{h}d}\sinh\frac{n\pi}{h}d$$

$$C_n = -\frac{4}{\pi}\varphi_1\frac{e^{-\frac{n\pi}{h}d}}{n}\frac{1}{\sinh\frac{n\pi}{h}d} \tag{2.12.13}$$

代入(2.12.9)式便得

$$\varphi(x,y) = \frac{4}{\pi}\varphi_1\sum_{n=1}^{\infty}\frac{1}{n}\frac{\sinh\frac{n\pi(d-x)}{h}}{\sinh\frac{n\pi}{h}d}\sin\frac{n\pi}{h}y,\qquad n\text{ 为奇数} \tag{2.12.14}$$

或者表示为

$$\varphi(x,y)=\frac{4}{\pi}\varphi_1\sum_{n=0}^{\infty}\frac{1}{2n+1}\frac{\sinh\frac{(2n+1)\pi}{h}(d-x)}{\sinh\frac{(2n+1)\pi}{h}d}\sin\frac{(2n+1)\pi}{h}y \tag{2.12.15}$$

2.13　真空中有电场强度为 $\boldsymbol{E}_0$ 的均匀电场，将半径为 R 的一个导体球放到这个电场里. 已知球的电势为 φ_s，求球外的电场和球上的电荷.

【解】　先求球外的电势 φ，然后由 φ 求电场强度 $\boldsymbol{E}$，再求球上的电荷.

在球外，由于没有自由电荷，所以电势 φ 满足拉普拉斯方程. 以球心为原点，$\boldsymbol{E}_0$ 的方向为极轴的方向，取球坐标系. 由问题的对称性可知，电势 φ 只是 r 和 θ 的函数，而与方位角 ϕ 无关. 因为本题所考虑的区域包括极轴（$\theta=0$ 和 $\theta=\pi$）在内，而电势在极轴上应为有限值，故所求的电势（即拉普拉斯方程的解）便为

$$\varphi(r,\theta)=\sum_{l=0}^{\infty}\left(A_l r^l+\frac{B_l}{r^{l+1}}\right)\mathrm{P}_l(\cos\theta) \tag{2.13.1}$$

式中 $\mathrm{P}_l(\cos\theta)$ 是勒让德多项式，A_l 和 B_l 是由边界条件决定的系数. 因此，只要由边界条件定出系数 A_l 和 B_l，问题就解决了.

本题的边界条件有二：

（1）无穷远处的边界条件. 由于只有球上有电荷，故在离球很远处，电场应趋于原来的电场 $\boldsymbol{E}_0$，即当 $z=r\cos\theta\to\infty$ 时，φ 应满足

$$\left.\frac{\partial\varphi}{\partial z}\right|_{z\to\infty}\to -E_0 \tag{2.13.2}$$

$$\varphi(z\to\infty)\to -E_0 z+\varphi_0=-E_0 r\cos\theta+\varphi_0 \tag{2.13.3}$$

式中 φ_0 是一个常量，它的值等于未放入导体球时，电场 $\boldsymbol{E}_0$ 在 $r=0$ 点的电势. 比较（2.13.1）式和（2.13.3）式得出：$A_0=\varphi_0$，$A_1=-E_0$，$A_l=0(l\geqslant 2)$. 于是得

$$\varphi(r,\theta)=\varphi_0-E_0 r\cos\theta+\sum_{l=0}^{\infty}\frac{B_l}{r^{l+1}}\mathrm{P}_l(\cos\theta) \tag{2.13.4}$$

（2）球面上的边界条件. 因为是导体球，故球面是一个等势面，按题意有

$$\varphi(R,\theta)=\varphi_s \tag{2.13.5}$$

即

$$\varphi_0-E_0 R\cos\theta+\sum_{l=0}^{\infty}\frac{B_l}{R^{l+1}}\mathrm{P}_l(\cos\theta)=\varphi_s \tag{2.13.6}$$

因为 $\mathrm{P}_l(\cos\theta)$，$l=0,1,2,\cdots$，是一个完备的正交函数组，故（2.13.6）式两边 $\mathrm{P}_l(\cos\theta)$ 项的系数应相等. 由此得出：$B_0=R(\varphi_s-\varphi_0)$，$B_1=E_0R^3$，$B_l=0(l\geqslant 2)$. 于是最后便得

$$\varphi(r,\theta)=\varphi_0-E_0 r\cos\theta+\frac{(\varphi_s-\varphi_0)R}{r}+\frac{E_0R^3}{r^2}\cos\theta \tag{2.13.7}$$

这就是我们所要求的球外($r\geqslant R$)的电势.

下面求电场强度 $\boldsymbol{E}$. 由 $\boldsymbol{E}=-\nabla\varphi$ 得 $\boldsymbol{E}$ 的三个分量分别为

$$E_r=-\frac{\partial\varphi}{\partial r}=E_0\cos\theta+\frac{(\varphi_s-\varphi_0)R}{r^2}+\frac{2E_0R^3}{r^3}\cos\theta \tag{2.13.8}$$

$$E_\theta=-\frac{1}{r}\frac{\partial\varphi}{\partial\theta}=-E_0\sin\theta+\frac{E_0R^3}{r^3}\sin\theta \tag{2.13.9}$$

$$E_\phi=-\frac{1}{r\sin\theta}\frac{\partial\varphi}{\partial\phi}=0 \tag{2.13.10}$$

于是得

$$\boldsymbol{E}=\left[E_0\cos\theta+\frac{(\varphi_s-\varphi_0)R}{r^2}+\frac{2E_0R^3}{r^3}\cos\theta\right]\boldsymbol{e}_r+\left(-E_0\sin\theta+\frac{E_0R^3}{r^3}\sin\theta\right)\boldsymbol{e}_\theta \tag{2.13.11}$$

又因

$$\boldsymbol{E}_0=E_0\cos\theta\boldsymbol{e}_r-E_0\sin\theta\boldsymbol{e}_\theta \tag{2.13.12}$$

故 $\boldsymbol{E}$ 可写作

$$\boldsymbol{E}=\boldsymbol{E}_0+\frac{(\varphi_s-\varphi_0)R}{r^2}\boldsymbol{e}_r+\frac{R^3}{r^3}(3E_0\cos\theta\boldsymbol{e}_r-\boldsymbol{E}_0) \tag{2.13.13}$$

再求球上的电荷. 球上电荷量的面密度为

$$\sigma(\theta)=\boldsymbol{e}_r\cdot\boldsymbol{D}_R=\boldsymbol{e}_r\cdot(\varepsilon_0\boldsymbol{E}_R)=\varepsilon_0\boldsymbol{e}_r\cdot\boldsymbol{E}_R \tag{2.13.14}$$

式中 $\boldsymbol{E}_R$ 表示 $r=R$(即由球外接近球面)处的电场强度. 令(2.13.13)式中的 $r=R$ 代入上式便得

$$\sigma(\theta)=\frac{\varepsilon_0(\varphi_s-\varphi_0)}{R}+3\varepsilon_0E_0\cos\theta \tag{2.13.15}$$

球面上的总电荷量为

$$Q=\int_0^\pi\sigma(\theta)\cdot2\pi R^2\sin\theta\mathrm{d}\theta=4\pi\varepsilon_0(\varphi_s-\varphi_0)R \tag{2.13.16}$$

【讨论】 (1) 电势 $\varphi(r,\theta)$ 中各项的物理意义.

$\varphi(r,\theta)$ 的表达式(2.13.7)式由三部分组成. 这三部分的物理意义如下.

(i) 第一部分:$\varphi_0-E_0r\cos\theta$.

这是原来电场的电势,其相应的电场强度便是(2.13.13)式中的 $\boldsymbol{E}_0$.

(ii) 第二部分:$\dfrac{(\varphi_s-\varphi_0)R}{r}$.

这是球的电势为 φ_s 所引起的项,它的意义是:球上原来带的电荷量 Q 所产生的电势. 其相应的电场强度便是(2.13.13)式中的 $\dfrac{(\varphi_s-\varphi_0)R}{r^2}\boldsymbol{e}_r$. 这是因为,要使导体球放在均匀电场 $\boldsymbol{E}_0$ 中电势为给定值 φ_s,只有它原来带有适当的电荷量 Q 才行.

这一点令原来的电场 $\boldsymbol{E}_0=0$ 即可看出. 在 $\boldsymbol{E}_0=0$ 的情况下,球上不会有感应电荷,这时的电场便是球上原来的电荷量 Q 所产生的电场.

(iii) 第三部分:$\dfrac{E_0R^3}{r^2}\cos\theta$.

这是导体球在均匀电场 $\boldsymbol{E}_0$ 中感应出的电荷所产生的电势,其相应的电场强度便是(2.13.13)式中的$\dfrac{R^3}{r^3}(3E_0\cos\theta\boldsymbol{e}_r-\boldsymbol{E}_0)$.

(2) 球面上的感应电荷.

由(2.13.15)式可以看出,球面上的电荷有两部分,一部分是球原来带的电荷量 Q,它均匀分布在球面上;另一部分则是导体球在 $\boldsymbol{E}_0$ 中产生的感应电荷,电荷量的面密度为 $3\varepsilon_0E_0\cos\theta$.

球面上的感应电荷在球外产生的电场,相当于在球心有一个电偶极矩为

$$\boldsymbol{p}=4\pi\varepsilon_0R^3\boldsymbol{E}_0 \tag{2.13.17}$$

的电偶极子所产生的电场. 这一点将(2.13.7)式中最后一项与电偶极子产生的电势相比较,便可看出.

(3) 电势的参考点.

在本题中,由于无穷远处 $\boldsymbol{E}_0\neq0$,故不能以(离导体球)无穷远处为电势的参考点,即不能取无穷远处的电势为零. 而只能在有限范围内取某处的电势作为参考点. 我们在解本题时,取未放导体球时 $r=0$ 处的电势为 φ_0,以此作为参考电势. 有些书上,为方便起见,取 $\varphi_0=0$.

(4) 带电荷的导体球放入均匀电场 $\boldsymbol{E}_0$ 中.

如果题目给的不是球的电势 φ_s,而是球上原来带有电荷量 Q,则由前面的分析可见,这时只需把(2.13.7)式和(2.13.13)式中的 $\varphi_s-\varphi_0$ 都换成$\dfrac{Q}{4\pi\varepsilon_0R}$,便可得出相应的电势和电场强度来.

由此可以看出,若 $\varphi_s=\varphi_0$,即放入导体球前后,球心的电势不变,则 $Q=0$,即球原来不带电. 这时球上的电荷便全是感应电荷. 反过来,如果导体球原来不带电(即 $Q=0$),则 $\varphi_s=\varphi_0$,即球放入均匀电场 $\boldsymbol{E}_0$ 中后,球心处的电势不变.

2.14　如图 2.14,半径为 R 的不带电的导体球壳,放入均匀电场 $\boldsymbol{E}_0$ 中. 设想这球壳被垂直于 $\boldsymbol{E}_0$ 的平面分割成两个半球壳. 为了使这两个半球壳不致分开,需要加多大的外力?[本题系中国赴美物理研究生考试(CUSPEA)1988 年试题.]

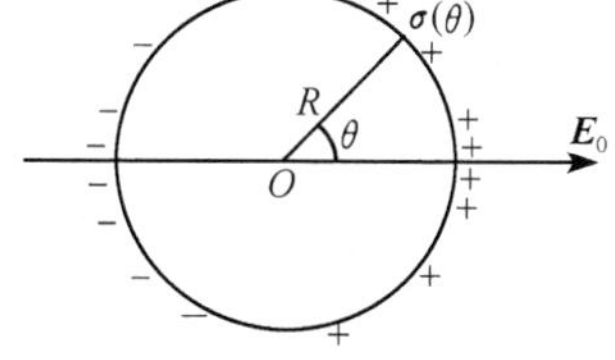

图 2.14

【解】　这导体球壳放入电场 $\boldsymbol{E}_0$ 中后,外表面上便感应出一层电荷,这电荷在电场中要受力. 这个力便是使两个半球壳分开的力. 为了使两个半球壳不致分开,所加外力至少要与这个力大小相等,方向相反. 下面我

们先求电场,然后求球壳上的感应电荷,再求感应电荷所受的力.

球壳外,电势 φ 满足拉普拉斯方程

$$\nabla^2\varphi=0 \tag{2.14.1}$$

求解 φ 的详细过程,可参看前面 2.13 题的解. 下面我们仅写出边界条件和结果. 为简单起见,取球壳的电势为零,即 $r=R$ 时,$\varphi=0$. 在离球壳很远处,电场应趋于 $\boldsymbol{E}_0$,即 $r\to\infty$时,$\varphi\to E_0 r\cos\theta$. 于是得(2.14.1)式的解为

$$\varphi=-E_0\left(r-\frac{R^3}{r^2}\right)\cos\theta \tag{2.14.2}$$

壳外表面上感应电荷量的面密度为

$$\sigma(\theta)=-\varepsilon_0\left(\frac{\partial\varphi}{\partial r}\right)_R=3\varepsilon_0 E_0\cos\theta \tag{2.14.3}$$

元感应电荷所受的力等于它的电荷量乘以它所在处的电场强度. 面电荷所在处的电场强度等于该面两边电场强度极限之和的一半,即

$$\boldsymbol{E}=\frac{1}{2}(\boldsymbol{E}_++\boldsymbol{E}_-) \tag{2.14.4}$$

式中 $\boldsymbol{E}_+$ 和 $\boldsymbol{E}_-$ 分别为从该面两边趋于该面上同一点时电场强度的极限值①. 在本题中

$$\boldsymbol{E}_+=3E_0\cos\theta\boldsymbol{e}_r,\qquad \boldsymbol{E}_-=0$$

故感应电荷所在处的电场强度为

$$\boldsymbol{E}=\frac{3}{2}E_0\cos\theta\boldsymbol{e}_r \tag{2.14.5}$$

由此得出,带正电荷的半球壳上,感应电荷所受的合力 $\boldsymbol{F}_+$ 的大小为

$$\begin{aligned}F_+&=\int_{\text{半球面}}\sigma(\theta)(\boldsymbol{E}\cdot\mathrm{d}\boldsymbol{S})\cos\theta\\&=\int_0^{\pi/2}3\varepsilon_0 E_0\cos\theta\left(\frac{3}{2}E_0\cos\theta\right)\cos\theta\cdot 2\pi R^2\sin\theta\mathrm{d}\theta\\&=\frac{9}{4}\pi\varepsilon_0 E_0^2R^2\end{aligned} \tag{2.14.6}$$

$\boldsymbol{F}_+$ 的方向与 $\boldsymbol{E}_0$ 的方向相同. 根据对称性可知,带负电荷的半球壳上,感应电荷所受的合力为 $\boldsymbol{F}_-=-\boldsymbol{F}_+$.

因此,要使这两个半球壳不分开,必须在它们上面分别加上大小相等而方向相反的外力,外力的作用线沿通过球心的 $\boldsymbol{E}_0$ 线并指向球心,力的大小至少应为 $\frac{9}{4}\pi\varepsilon_0 E_0^2R^2$.

2.15 真空中有电场强度为 $\boldsymbol{E}_0$ 的均匀电场,将半径为 R 的一个均匀介质球

---

① 参见张之翔,《电磁学教学参考》,北京大学出版社(2015),§1.6,20—31 页.

放到这个电场里. 已知球的电容率为 ε,求各处的电场和极化电荷.

【解】 先求电势 φ,然后由 φ 求电场强度 $\boldsymbol{E}$,再求极化电荷.

由于没有自由电荷,所以电势 φ 满足拉普拉斯方程. 以球心为原点、$\boldsymbol{E}_0$ 的方向为极轴方向,取球坐标系. 根据对称性可知,φ 只是 r 和 θ 的函数. 因为所考虑的区域包括极轴($\theta=0$ 和 $\theta=\pi$)在内,φ 在极轴上应为有限值,故所求的电势可写作

$$\varphi(r,\theta)=\sum_{n=0}^{\infty}\left(A_l r^l+\frac{B_l}{r^{l+1}}\right)\mathrm{P}_l(\cos\theta) \tag{2.15.1}$$

剩下的问题是由边界条件定出系数 A_l 和 B_l.

由于球内外是两个不同的区域,电势的表达式可能不同. 令球内的电势为 φ_{i},球外的电势为 φ_0. 再由边界条件分别定出它们的系数.

(1) 无穷远处的边界条件.

在离球无穷远处,电场应趋于原来的电场 $\boldsymbol{E}_0$,即

$$\varphi_0\big|_{r\to\infty}\to -E_0 r\cos\theta \tag{2.15.2}$$

为方便起见,我们把未放入介质球时电场 $\boldsymbol{E}_0$ 在 $r=0$ 点的电势取作零. 比较以上两式的系数,便得

$$A_0=0,\quad A_1=-E_0,\quad A_l=0\qquad(l\geqslant 2)$$

于是

$$\varphi_0(r,\theta)=-E_0 r\cos\theta+\sum_{l=0}^{\infty}\frac{B_l}{r^{l+1}}\mathrm{P}_l(\cos\theta) \tag{2.15.3}$$

(2) 球心的边界条件.

在球心 $r=0$ 处,电势 φ_{i} 应为有限值. 故 φ_{i} 中的系数 $B_l=0$. 于是

$$\varphi_{\mathrm{i}}(r,\theta)=\sum_{l=0}^{\infty}A_l r^l\mathrm{P}_l(\cos\theta) \tag{2.15.4}$$

(3) 球面上的边界条件.

在球面上($r=R$)有

电势连续
$$\varphi_0(R,\theta)=\varphi_{\mathrm{i}}(R,\theta) \tag{2.15.5}$$

$\boldsymbol{D}$ 的法向分量连续
$$\varepsilon_0\left(\frac{\partial\varphi_0}{\partial r}\right)_R=\varepsilon\left(\frac{\partial\varphi_{\mathrm{i}}}{\partial r}\right)_R \tag{2.15.6}$$

把(2.15.3)和(2.15.4)两式代入(2.15.5)式,比较两边 $\mathrm{P}_l(\cos\theta)$ 的系数得出

$$B_1=R^3(A_1+E_0) \tag{2.15.7}$$

$$B_l=R^{2l+1}A_l\qquad(l\neq 1) \tag{2.15.8}$$

把(2.15.3)和(2.15.4)两式代入(2.15.6)式,比较两边 $\mathrm{P}_l(\cos\theta)$ 的系数得出

$$B_1=-\frac{R^3}{2}\left(E_0+\frac{\varepsilon}{\varepsilon_0}A_1\right) \tag{2.15.9}$$

$$B_l=-\frac{l\varepsilon}{(l+1)\varepsilon_0}R^{2l+1}A_l\qquad(l\neq 1) \tag{2.15.10}$$

由(2.15.7)至(2.15.10)式得出

$$A_1 = -\frac{3\varepsilon_0}{\varepsilon + 2\varepsilon_0}E_0, \qquad B_1 = \frac{\varepsilon - \varepsilon_0}{\varepsilon + 2\varepsilon_0}R^3 E_0 \tag{2.15.11}$$

$$A_l = 0, \qquad B_l = 0 \qquad (l \neq 1) \tag{2.15.12}$$

分别代入(2.15.3)和(2.15.4)两式,便得所求的电势为

$$\varphi_0(r,\theta) = -E_0 r\cos\theta + \frac{\varepsilon - \varepsilon_0}{\varepsilon + 2\varepsilon_0}\frac{E_0 R^3}{r^2}\cos\theta, \qquad r \geqslant R \tag{2.15.13}$$

$$\varphi_{\mathrm{i}}(r,\theta) = -\frac{3\varepsilon_0}{\varepsilon + 2\varepsilon_0}E_0 r\cos\theta, \qquad r \leqslant R \tag{2.15.14}$$

下面求电场强度 $\boldsymbol{E}$. 由(2.15.14)式得:球内($r<R$)的电场强度为

$$\begin{aligned}\boldsymbol{E}_{\mathrm{i}} &= -\nabla\varphi_{\mathrm{i}} = \frac{3\varepsilon_0}{\varepsilon + 2\varepsilon_0}E_0\cos\theta\boldsymbol{e}_r - \frac{3\varepsilon_0}{\varepsilon + 2\varepsilon_0}E_0\sin\theta\boldsymbol{e}_\theta \\ &= \frac{3\varepsilon_0}{\varepsilon + 2\varepsilon_0}\boldsymbol{E}_0\end{aligned} \tag{2.15.15}$$

可见球内电场是均匀电场,$\boldsymbol{E}_{\mathrm{i}}$ 的方向与 $\boldsymbol{E}_0$ 的方向相同. 因 $\varepsilon>\varepsilon_0$,故 $\boldsymbol{E}_{\mathrm{i}}<\boldsymbol{E}_0$.

由(2.15.13)式得:球外($r>R$)的电场强度为

$$\boldsymbol{E} = -\nabla\varphi_0 = \boldsymbol{E}_0 + \frac{\varepsilon - \varepsilon_0}{\varepsilon + 2\varepsilon_0}\frac{R^3}{r^3}\left[\frac{3(\boldsymbol{E}_0 \cdot \boldsymbol{r})\boldsymbol{r}}{r^2} - \boldsymbol{E}_0\right] \tag{2.15.16}$$

球的极化强度为

$$\boldsymbol{P} = (\varepsilon - \varepsilon_0)\boldsymbol{E}_{\mathrm{i}} = \frac{3\varepsilon_0(\varepsilon - \varepsilon_0)}{\varepsilon + 2\varepsilon_0}\boldsymbol{E}_0 \tag{2.15.17}$$

球内的极化电荷量密度为

$$\rho_{\mathrm{p}} = -\nabla \cdot \boldsymbol{P} = -\frac{3\varepsilon_0(\varepsilon - \varepsilon_0)}{\varepsilon + 2\varepsilon_0}\nabla \cdot \boldsymbol{E}_0 = 0 \tag{2.15.18}$$

球面上极化电荷量的面密度为

$$\sigma_{\mathrm{p}} = \boldsymbol{e}_r \cdot \boldsymbol{P} = \frac{3\varepsilon_0(\varepsilon - \varepsilon_0)}{\varepsilon + 2\varepsilon_0}E_0\cos\theta \tag{2.15.19}$$

【讨论】 (1) 球外的电场.

由(2.15.16)式可见,球外电场是原来的电场 $\boldsymbol{E}_0$ 加上一个电场

$$\boldsymbol{E}' = \frac{\varepsilon - \varepsilon_0}{\varepsilon + 2\varepsilon_0}\frac{R^3}{r^3}\left[\frac{3(\boldsymbol{E}_0 \cdot \boldsymbol{r})\boldsymbol{r}}{r^2} - \boldsymbol{E}_0\right] \tag{2.15.20}$$

这个电场是球面上的极化面电荷所产生的电场,它相当于一个在球心的电偶极子所产生的电场. 电偶极矩为 $\boldsymbol{p}$ 的电偶极子在真空中所产生的电场为

$$\boldsymbol{E}_p = \frac{1}{4\pi\varepsilon_0 r^3}\left[\frac{3(\boldsymbol{p} \cdot \boldsymbol{r})\boldsymbol{r}}{r^2} - \boldsymbol{p}\right] \tag{2.15.21}$$

比较以上两式得出:对于球外来说,球的极化电荷所起的作用相当于球心有一个电偶极矩为

$$\boldsymbol{p}=\frac{4\pi\varepsilon_0(\varepsilon-\varepsilon_0)R^3}{\varepsilon+2\varepsilon_0}\boldsymbol{E}_0 \tag{2.15.22}$$

的电偶极子所起的作用.由(2.15.17)式得出,整个球的电偶极矩为

$$\frac{4\pi}{3}R^3\boldsymbol{P}=\frac{4\pi\varepsilon_0(\varepsilon-\varepsilon_0)R^3}{\varepsilon+2\varepsilon_0}\boldsymbol{E}_0 \tag{2.15.23}$$

它正好等于 $\boldsymbol{p}$.

(2) 退极化场和退极化因子.

由(2.15.15)式,球内电场可写作

$$\boldsymbol{E}_{\mathrm{i}}=\boldsymbol{E}_0+\boldsymbol{E}_{\mathrm{i}}' \tag{2.15.24}$$

式中

$$\boldsymbol{E}_{\mathrm{i}}'=-\frac{\varepsilon-\varepsilon_0}{\varepsilon+2\varepsilon_0}\boldsymbol{E}_0 \tag{2.15.25}$$

是极化面电荷在球内所产生的电场,它的方向与 $\boldsymbol{E}_0$ 的方向相反,所以称为退极化场.由(2.15.17)式有

$$\boldsymbol{E}_{\mathrm{i}}'=-\frac{1}{3\varepsilon_0}\boldsymbol{P} \tag{2.15.26}$$

通常令

$$\boldsymbol{E}_{\mathrm{i}}'=-L\boldsymbol{P} \tag{2.15.27}$$

式中 L 称为退极化因子.所以本题中的退极化因子为

$$L=\frac{1}{3\varepsilon_0} \tag{2.15.28}$$

(3) 介质球与导体球的关系.

若令本题中介质球的介电常量 $\varepsilon_r=\dfrac{\varepsilon}{\varepsilon_0}\to\infty$,则所得出的电势、电场强度和电荷量的面密度等公式,便与前面 2.13 题的导体球在 $\varphi_s=\varphi_0=0$ 时的公式完全相同.

(4) 电容率为 ε_2 的无穷大均匀介质中有均匀电场 $\boldsymbol{E}_0$,将电容率为 ε_1、半径为 R 的均匀介质球放到这个电场里,求各处的电场和极化电荷.

对于这个题,只需将前面的 φ_{i}、φ_0、$\boldsymbol{E}_{\mathrm{i}}$ 和 $\boldsymbol{E}$ 等表达式中的 ε_0 换成 ε_2、ε 换成 ε_1,便可得出相应的结果来.这时球内介质的极化强度为

$$\boldsymbol{P}_1=(\varepsilon_1-\varepsilon_0)\boldsymbol{E}_{\mathrm{i}}=\frac{3\varepsilon_2(\varepsilon_1-\varepsilon_0)}{\varepsilon_1+2\varepsilon_2}\boldsymbol{E}_0 \tag{2.15.29}$$

球外介质的极化强度为

$$\boldsymbol{P}_2=(\varepsilon_2-\varepsilon_0)\boldsymbol{E}=(\varepsilon_2-\varepsilon_0)\boldsymbol{E}_0+\frac{(\varepsilon_2-\varepsilon_0)(\varepsilon_1-\varepsilon_2)}{\varepsilon_1+2\varepsilon_2}\frac{R^3}{r^3}\left[\frac{3(\boldsymbol{E}_0\cdot\boldsymbol{r})\boldsymbol{r}}{r^2}-\boldsymbol{E}_0\right] \tag{2.15.30}$$

可见球内介质是均匀极化的,而球外介质则不是均匀极化的.

球内外的极化电荷量密度分别为

$$\text{球内}\qquad \rho_{P_1} = -\nabla\cdot\boldsymbol{P}_1 = 0 \tag{2.15.31}$$

$$\text{球外}\qquad \rho_{P_2} = -\nabla\cdot\boldsymbol{P}_2 = 0 \tag{2.15.32}$$

球内介质在球面上极化电荷量的面密度为

$$\sigma_{P_1} = \boldsymbol{e}_r\cdot\boldsymbol{P}_1 = \frac{3\varepsilon_2(\varepsilon_1-\varepsilon_0)}{\varepsilon_1+2\varepsilon_2}E_0\cos\theta \tag{2.15.33}$$

球外介质在球面上极化电荷量的面密度为

$$\sigma_{P_2} = -\boldsymbol{e}_r\cdot(\boldsymbol{P}_2)_{r=R} = -\frac{3\varepsilon_1(\varepsilon_2-\varepsilon_0)}{\varepsilon_1+2\varepsilon_2}E_0\cos\theta \tag{2.15.34}$$

球面上总的极化电荷量面密度为

$$\sigma_{\mathrm{p}} = \boldsymbol{e}_r\cdot(\boldsymbol{P}_1-\boldsymbol{P}_2) = \sigma_{P_1}+\sigma_{P_2} = \frac{3\varepsilon_0(\varepsilon_1-\varepsilon_2)}{\varepsilon_1+2\varepsilon_2}E_0\cos\theta \tag{2.15.35}$$

2.16 真空中有电场强度为$\boldsymbol{E}_0$的均匀电场，一电容率为ε、半径为R的介质球放在这电场中被均匀极化. 设想这个介质球被垂直于$\boldsymbol{E}_0$的平面分割成两个半球，试求每个半球所受的静电力.

【解】 解题思路：在题给的条件下，用分离变数法求电势，由电势算出介质球内外的电场强度，再求出介质球的极化电荷；半球上极化电荷所受的力便是我们所要求的静电力. 由于电势、电场强度和极化电荷等都已在前面2.15题中求出了，请读者查看，这里就不重复了.

根据前面2.15题的(2.15.15)式和(2.15.16)式，介质球内外的电场强度分别为

$$\boldsymbol{E}_{\mathrm{i}} = \frac{3\varepsilon_0}{\varepsilon+2\varepsilon_0}\boldsymbol{E}_0,\qquad r<R \tag{2.16.1}$$

$$\boldsymbol{E} = \boldsymbol{E}_0 + \frac{\varepsilon-\varepsilon_0}{\varepsilon+2\varepsilon_0}\frac{R^3}{r^3}\left[\frac{3(\boldsymbol{E}_0\cdot\boldsymbol{r})\boldsymbol{r}}{r^2}-\boldsymbol{E}_0\right],\qquad r>R \tag{2.16.2}$$

由(2.15.18)式，介质球内的极化电荷量密度为零，故只有极化面电荷；由(2.15.19)式，介质球面上极化电荷量的面密度为

$$\sigma_{\mathrm{p}} = \frac{3\varepsilon_0(\varepsilon-\varepsilon_0)}{\varepsilon+2\varepsilon_0}E_0\cos\theta \tag{2.16.3}$$

式中θ是σ_{p}处的半径与$\boldsymbol{E}_0$的夹角.

介质球被分割开后，当两半球之间相距为很小的狭缝时，它们的极化强度$\boldsymbol{P}$不变，因此，根据(2.15.17)式，两个半球的底面(相向的平面)上极化电荷量的面密度分别为

$$\sigma'_{\mathrm{p}} = \boldsymbol{n}\cdot\boldsymbol{P} = \frac{3\varepsilon_0(\varepsilon-\varepsilon_0)}{\varepsilon+2\varepsilon_0}\boldsymbol{n}\cdot\boldsymbol{E}_0 \tag{2.16.4}$$

式中$\boldsymbol{n}$分别代表各底面外法线方向上的单位矢量. 为明确起见，我们考虑右边的半球，如图2.16(1)所示. 这个半球底面上极化电荷量的面密度由上式为

$$\sigma_p' = -\frac{3\varepsilon_0(\varepsilon-\varepsilon_0)}{\varepsilon+2\varepsilon_0}E_0 \qquad (2.16.5)$$

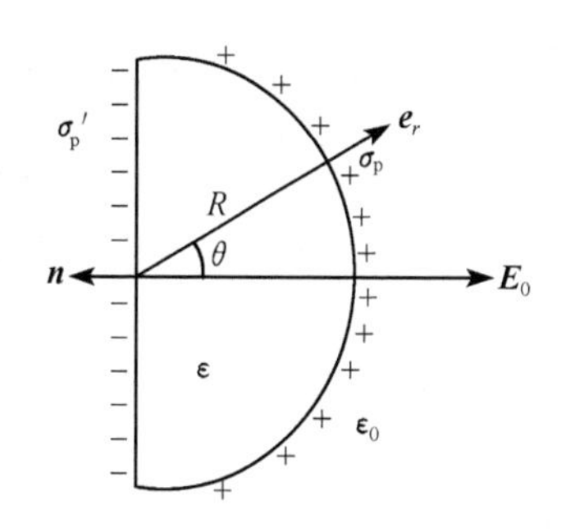

图 2.16(1)

为了求出极化面电荷所受的力，需要求出面电荷所在处的电场强度. 根据公式，面电荷所在处的电场强度为①

$$\boldsymbol{E} = \frac{1}{2}(\boldsymbol{E}_- + \boldsymbol{E}_+) \qquad (2.16.6)$$

式中 $\boldsymbol{E}_-$ 和 $\boldsymbol{E}_+$ 分别是从该面电荷两边趋于该面时电场强度的极限值. 于是由(2.16.1)式和(2.16.2)两式得出，σ_p 所在处的电场强度为

$$\begin{aligned}\boldsymbol{E} &= \frac{1}{2}\left[\frac{3\varepsilon_0}{\varepsilon+2\varepsilon_0}\boldsymbol{E}_0 + \boldsymbol{E}_0 + \frac{\varepsilon-\varepsilon_0}{\varepsilon+2\varepsilon_0}(3\boldsymbol{E}_0\cdot\boldsymbol{e}_r\boldsymbol{e}_r - \boldsymbol{E}_0)\right]\\ &= \frac{3}{2}\frac{\varepsilon-\varepsilon_0}{\varepsilon+2\varepsilon_0}E_0\cos\theta\boldsymbol{e}_r + \frac{3\varepsilon_0}{\varepsilon+2\varepsilon_0}\boldsymbol{E}_0 \end{aligned}\qquad (2.16.7)$$

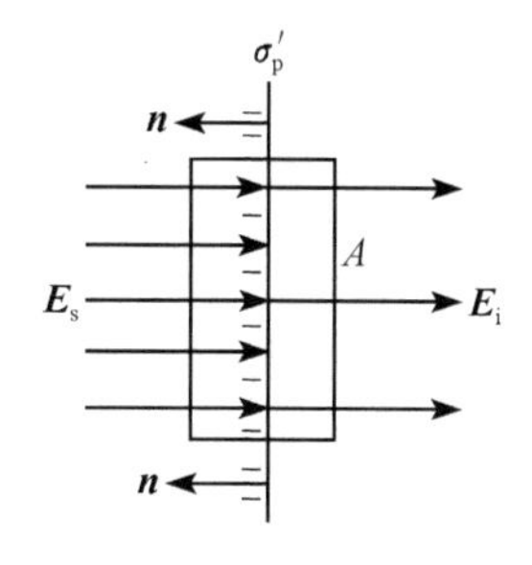

图 2.16(2)

式中 $\boldsymbol{e}_r$ 是球面外法线方向上的单位矢量，如图 2.16(1)所示.

对于 σ_p' 所在处来说，一边是介质半球，其中的电场强度为 $\boldsymbol{E}_i$；另一边是狭缝，设狭缝中的电场强度为 $\boldsymbol{E}_s$，$\boldsymbol{E}_s$ 的方向与 $\boldsymbol{E}_0$ 相同，如图 2.16(2)所示，我们用高斯定理求 $\boldsymbol{E}_s$. 作一扁鼓形高斯面，两底面与半球底面平行，面积均为 A，令 $\boldsymbol{n}$ 表示半球底面外法线方向上的单位矢量，则由高斯定理得

$$\boldsymbol{E}_s\cdot(\boldsymbol{n}A) + \boldsymbol{E}_i\cdot(-\boldsymbol{n}A) = \frac{\sigma_p'}{\varepsilon_0}A \qquad (2.16.8)$$

即

$$-E_sA + E_iA = \frac{\sigma_p'}{\varepsilon_0}A \qquad (2.16.9)$$

所以

$$E_s = E_i - \frac{\sigma_p'}{\varepsilon_0} = \frac{3\varepsilon_0}{\varepsilon+2\varepsilon_0}E_0 + \frac{3(\varepsilon-\varepsilon_0)}{\varepsilon+2\varepsilon_0}E_0 = \frac{3\varepsilon}{\varepsilon+2\varepsilon_0}E_0 \qquad (2.16.10)$$

故得

$$\boldsymbol{E}_s = \frac{3\varepsilon}{\varepsilon+2\varepsilon_0}\boldsymbol{E}_0 \qquad (2.16.11)$$

于是由(2.16.6)式得，σ_p' 所在处的电场强度为

① 参见张之翔，《电磁学教学参考》，北京大学出版社(2015)，§1.6，20—31 页.

$$\boldsymbol{E}'=\frac{1}{2}(\boldsymbol{E}_{\mathrm{s}}+\boldsymbol{E}_{\mathrm{i}})=\frac{1}{2}\left(\frac{3\varepsilon}{\varepsilon+2\varepsilon_0}\boldsymbol{E}_0+\frac{3\varepsilon_0}{\varepsilon+2\varepsilon_0}\boldsymbol{E}_0\right)=\frac{3}{2}\ \frac{\varepsilon+\varepsilon_0}{\varepsilon+2\varepsilon_0}\boldsymbol{E}_0 \tag{2.16.12}$$

有了电场强度,就可以求电荷所受的力.先计算 σ_{p} 所受的力,由对称性可知,半球面上极化电荷所受的合力 $\boldsymbol{F}$ 其方向应在 $\boldsymbol{E}_0$ 的方向上,令 $\boldsymbol{e}_0$ 代表 $\boldsymbol{E}_0$ 方向上的单位矢量,则得 $\boldsymbol{F}$ 的大小为

$$F=\int_{q_{\mathrm{p}}}(\boldsymbol{E}\cdot\boldsymbol{e}_0)\mathrm{d}q_{\mathrm{p}}=\int_S(\boldsymbol{E}\cdot\boldsymbol{e}_0)\sigma_{\mathrm{p}}\mathrm{d}S=\int_0^{\pi/2}(\boldsymbol{E}\cdot\boldsymbol{e}_0)\sigma_{\mathrm{p}}\cdot 2\pi R^2\sin\theta\mathrm{d}\theta \tag{2.16.13}$$

将(2.16.3)和(2.16.7)两式代入(2.16.13)式得

$$\begin{aligned}F&=\int_0^{\pi/2}\left(\frac{3}{2}\ \frac{\varepsilon-\varepsilon_0}{\varepsilon+2\varepsilon_0}E_0\cos^2\theta+\frac{3\varepsilon_0}{\varepsilon+2\varepsilon_0}E_0\right)\left[\frac{3\varepsilon_0(\varepsilon-\varepsilon_0)}{\varepsilon+2\varepsilon_0}E_0\cos\theta\right]\cdot 2\pi R^2\sin\theta\mathrm{d}\theta\\&=\frac{9\pi\varepsilon_0(\varepsilon-\varepsilon_0)R^2E_0^2}{(\varepsilon+2\varepsilon_0)^2}\int_0^{\pi/2}[(\varepsilon-\varepsilon_0)\cos^2\theta+2\varepsilon_0]\cos\theta\sin\theta\mathrm{d}\theta\\&=\frac{9\pi\varepsilon_0(\varepsilon-\varepsilon_0)R^2E_0^2}{(\varepsilon+2\varepsilon_0)^2}\left[-\frac{1}{4}(\varepsilon-\varepsilon_0)\cos^4\theta-\varepsilon_0\cos^2\theta\right]_0^{\pi/2}\\&=\frac{9\pi\varepsilon_0(\varepsilon-\varepsilon_0)(\varepsilon+3\varepsilon_0)}{4(\varepsilon+2\varepsilon_0)^2}R^2E_0^2\end{aligned} \tag{2.16.14}$$

再计算 σ_{p}' 所受的力.半球底面是平面,极化电荷均匀分布在它上面.由(2.16.5)和(2.16.12)两式知,半球底面上的极化电荷所受的力 $\boldsymbol{F}'$ 的方向与 $\boldsymbol{E}_0$ 的方向相反,其大小为

$$\begin{aligned}F'&=\int_{q_{\mathrm{p}}'}(\boldsymbol{E}'\cdot\boldsymbol{e}_0)\mathrm{d}q_{\mathrm{p}}'=\int_{S'}E'\mid\sigma_{\mathrm{p}}'\mid\mathrm{d}S'=E'\mid\sigma_{\mathrm{p}}'\mid\cdot\pi R^2\\&=\frac{3}{2}\ \frac{\varepsilon+\varepsilon_0}{\varepsilon+2\varepsilon_0}E_0\left[\frac{3\varepsilon_0(\varepsilon-\varepsilon_0)}{\varepsilon+2\varepsilon_0}E_0\right]\cdot\pi R^2\\&=\frac{9\pi\varepsilon_0(\varepsilon+\varepsilon_0)(\varepsilon-\varepsilon_0)}{2(\varepsilon+2\varepsilon_0)^2}R^2E_0^2\end{aligned} \tag{2.16.15}$$

最后由(2.16.14)和(2.16.15)两式得,这个半球所受的静电力为

$$\begin{aligned}\boldsymbol{F}_{\mathrm{t}}=(F-F')\boldsymbol{e}_0&=\frac{9\pi\varepsilon_0(\varepsilon-\varepsilon_0)}{4(\varepsilon+2\varepsilon_0)^2}[\varepsilon+3\varepsilon_0-2(\varepsilon+\varepsilon_0)]R^2E_0^2\boldsymbol{e}_0\\&=-\frac{9\pi\varepsilon_0(\varepsilon-\varepsilon_0)^2}{4(\varepsilon+2\varepsilon_0)^2}R^2E_0^2\boldsymbol{e}_0\end{aligned} \tag{2.16.16}$$

式中负号表示,$\boldsymbol{F}_{\mathrm{t}}$ 与 $\boldsymbol{E}_0$ 方向相反.

由对称性或由计算可知,左边半球所受的静电力为 $-\boldsymbol{F}_{\mathrm{t}}$.

以上结果表明,两个介质半球所受的静电力是使它们互相靠拢.

【讨论】 当 $\varepsilon\to\infty$ 时,(2.16.16)式化为

$$\boldsymbol{F}_{\mathrm{t}} \to -\frac{9\pi\varepsilon_0}{4}R^2E_0^2\boldsymbol{e}_0 \tag{2.16.17}$$

如果将介质球换成导体球，则当导体球被垂直于 $\boldsymbol{E}_0$ 的平面分割成两个半球时，由于它们的底面上都没有电荷，结果与前面 2.14 题的情况相同，根据(2.16.6)式，这时右边的导体半球所受的静电力为

$$\boldsymbol{F}_{+} = \frac{9\pi\varepsilon_0}{4}R^2E_0^2\boldsymbol{e}_0 \tag{2.16.18}$$

比较(2.16.17)和(2.16.18)两式可见，导体半球与 $\varepsilon\to\infty$ 的介质半球所受的静电力大小相等，但方向却相反.

2.17　真空中有一电容率为 ε 的均匀介质球，其半径为 a，球外离球心为 b 处，有一电荷量为 q 的点电荷.(1)试求球内外各处的电势；(2)试计算球心附近电场强度在笛卡儿坐标系中的分量；(3)试证明，在 $\varepsilon\to\infty$ 时的极限情况下，本题的结果与导体球的结果一致.

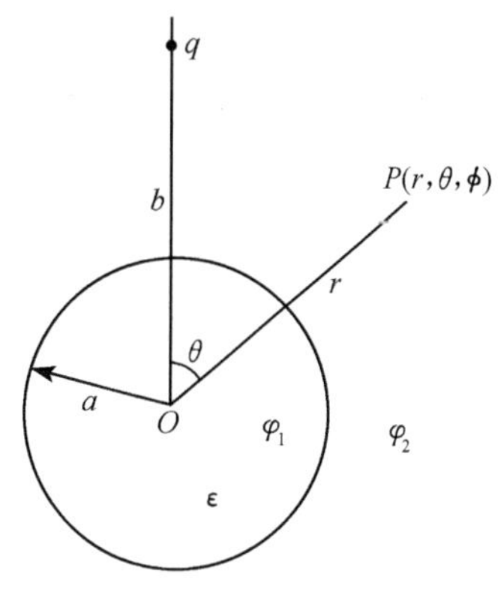

图 2.17

【解】　(1) 求电势. 以球心 O 为原点，取球坐标系，使极轴通过点电荷 q，如图 2.17 所示. 由于对称性，所求的电势 φ 便与方位角 ϕ 无关.

在介质球内，无自由电荷，故电势 φ_1 满足拉普拉斯方程

$$\nabla^2\varphi_1 = \frac{1}{r^2}\frac{\partial}{\partial r}\left(r^2\frac{\partial\varphi_1}{\partial r}\right) + \frac{1}{r^2\sin\theta}\frac{\partial}{\partial\theta}\left(\sin\theta\frac{\partial\varphi_1}{\partial\theta}\right) = 0 \tag{2.17.1}$$

因为在极轴上($\theta=0$ 和 $\theta=\pi$)和 $r=0$ 处，φ_1 均为有限值，故(2.17.1)式符合这些条件的解为

$$\varphi_1 = \sum_{l=0}^{\infty}A_l r^l \mathrm{P}_l(\cos\theta), \qquad r \leqslant a \tag{2.17.2}$$

在介质球外，因为有点电荷 q，电势 φ_2 不是处处满足拉普拉斯方程，故将 φ_2 分为两部分，一部分是点电荷 q 的电势

$$\varphi_q = \frac{q}{4\pi\varepsilon_0}\frac{1}{\sqrt{r^2+b^2-2br\cos\theta}}, \qquad r \geqslant a \tag{2.17.3}$$

另一部分是介质球的极化电荷所产生的电势 φ'，它满足拉普拉斯方程. 因为在极轴上($\theta=0$ 和 $\theta=\pi$)φ'为有限值，且当 $r\to\infty$时，$\varphi'\to 0$，故拉普拉斯方程符合这些条件的解为

$$\varphi' = \sum_{l=0}^{\infty}\frac{B_l}{r^{l+1}}\mathrm{P}_l(\cos\theta), \qquad r \geqslant a \tag{2.17.4}$$

下面由介质球面上的边值关系定系数 A_l 和 B_l. 第一个边值关系是：经过球面

时，电势 φ 连续，即

$$\varphi_1\big|_{r=a}=\varphi_2\big|_{r=a}=[\varphi'+\varphi_q]_{r=a} \tag{2.17.5}$$

为了比较系数，将(2.17.3)式展成 $P_l(\cos\theta)$ 的级数

$$\varphi_q=\frac{q}{4\pi\varepsilon_0 b}\frac{1}{\sqrt{1+\left(\frac{r}{b}\right)^2-2\frac{r}{b}\cos\theta}}=\frac{q}{4\pi\varepsilon_0 b}\sum_{l=0}^{\infty}\left(\frac{r}{b}\right)^l P_l(\cos\theta),\quad r<b \tag{2.17.6}$$

将(2.17.2)、(2.17.4)、(2.17.6)三式代入(2.17.5)式，比较 $P_l(\cos\theta)$ 的系数，便得

$$a^l A_l=\frac{B_l}{a^{l+1}}+\frac{q}{4\pi\varepsilon_0}\frac{a^l}{b^{l+1}} \tag{2.17.7}$$

第二个边值关系是：经过球面时，电位移 $\boldsymbol{D}$ 的法向分量连续，即

$$\varepsilon\left(\frac{\partial\varphi_1}{\partial r}\right)_{r=a}=\varepsilon_0\left(\frac{\partial\varphi_2}{\partial r}\right)_{r=a}=\varepsilon_0\left(\frac{\partial\varphi'}{\partial r}+\frac{\partial\varphi_q}{\partial r}\right)_{r=a} \tag{2.17.8}$$

将(2.17.2)、(2.17.4)、(2.17.6)三式代入(2.17.8)式，比较 $P_l(\cos\theta)$ 的系数，便得

$$\varepsilon l a^{l-1}A_l=-\varepsilon_0\frac{(l+1)B_l}{a^{l+2}}+\frac{q}{4\pi}\frac{l a^{l-1}}{b^{l+1}} \tag{2.17.9}$$

解(2.17.7)、(2.17.9)两式得

$$A_l=\frac{q}{4\pi}\frac{2l+1}{\varepsilon_0(l+1)+\varepsilon l}\frac{1}{b^{l+1}} \tag{2.17.10}$$

$$B_l=\frac{q}{4\pi\varepsilon_0}\frac{(\varepsilon_0-\varepsilon)l}{\varepsilon_0(l+1)+\varepsilon l}\frac{a^{2l+1}}{b^{l+1}} \tag{2.17.11}$$

将 A_l 和 B_l 分别代入(2.17.2)式和(2.17.4)式，即得

$$\varphi_1=\frac{q}{4\pi b}\sum_{l=0}^{\infty}\frac{2l+1}{\varepsilon_0(l+1)+\varepsilon l}\left(\frac{r}{b}\right)^l P_l(\cos\theta),\qquad r\leqslant a \tag{2.17.12}$$

$$\varphi'=\frac{(\varepsilon_0-\varepsilon)q}{4\pi\varepsilon_0 a}\sum_{l=1}^{\infty}\frac{l}{\varepsilon_0(l+1)+\varepsilon l}\left(\frac{a^2}{br}\right)^{l+1}P_l(\cos\theta),\qquad r\geqslant a \tag{2.17.13}$$

φ_1 即所求的球内电势. 球外的电势为

$$\varphi_2=\varphi_q+\varphi'=\frac{q}{4\pi\varepsilon_0\sqrt{r^2+b^2-2br\cos\theta}}$$
$$+\frac{(\varepsilon_0-\varepsilon)q}{4\pi\varepsilon_0 a}\sum_{l=1}^{\infty}\frac{l}{\varepsilon_0(l+1)+\varepsilon l}\left(\frac{a^2}{br}\right)^{l+1}P_l(\cos\theta),\qquad r\geqslant a \tag{2.17.14}$$

(2) 球心附近的电势和电场强度.

球心附近，$r\approx 0$. 由(2.17.12)式可以看出，这时 r 的高次项都可以略去，只需保留到 r 的一次项即可，即

$$\varphi_1 \approx \frac{q}{4\pi b}\left(\frac{1}{\varepsilon_0}+\frac{3}{\varepsilon+2\varepsilon_0}\frac{r}{b}\cos\theta\right) \tag{2.17.15}$$

用笛卡儿坐标表示即为

$$\varphi_1 \approx \frac{q}{4\pi\varepsilon_0 b}\left(1+\frac{3\varepsilon_0}{\varepsilon+2\varepsilon_0}\frac{z}{b}\right) \tag{2.17.16}$$

于是得球心附近的电场强度为

$$\boldsymbol{E}=-\nabla\varphi\approx-\frac{3q}{4\pi(\varepsilon+2\varepsilon_0)b^2}\boldsymbol{e}_z \tag{2.17.17}$$

(3) $\varepsilon\to\infty$时，由(2.17.12)式得

$$\varphi_1=0,\qquad r\leqslant a \tag{2.17.18}$$

这是一个电势为零的导体球的情况.

由(2.17.14)式得

$$\varphi_2=\frac{q}{4\pi\varepsilon_0\sqrt{r^2+b^2-2br\cos\theta}}+\frac{q}{4\pi\varepsilon_0 a}\sum_{l=0}^{\infty}\frac{(\varepsilon_0-\varepsilon)l}{\varepsilon_0(l+1)+\varepsilon l}\left(\frac{a^2}{br}\right)^{l+1}\mathrm{P}_l(\cos\theta) \tag{2.17.19}$$

当$\varepsilon\to\infty$时，利用勒让德多项式$\mathrm{P}_l(x)$的生成函数公式，上式右边第二项可化为

$$\begin{aligned}-\frac{q}{4\pi\varepsilon_0}\sum_{l=0}^{\infty}\frac{a^{2l+1}}{(br)^{l+1}}\mathrm{P}_l(\cos\theta)&=-\frac{q}{4\pi\varepsilon_0}\frac{a}{br}\sum_{l=0}^{\infty}\left(\frac{a^2}{br}\right)^l\mathrm{P}_l(\cos\theta)\\&=-\frac{q}{4\pi\varepsilon_0}\frac{a}{br}\frac{1}{\sqrt{1+\left(\frac{a^2}{br}\right)^2-2\frac{a^2}{br}\cos\theta}}\\&=-\frac{q}{4\pi\varepsilon_0}\frac{1}{\sqrt{\left(\frac{br}{a}\right)^2+a^2-2br\cos\theta}}\end{aligned} \tag{2.17.20}$$

这正是像电荷所产生的电势，参见后面2.55题. 可见当$\varepsilon\to\infty$时，本题的结果与导体球的结果一致.

【讨论】 利用(2.17.6)式，球内电势(2.17.12)式也可以写成

$$\begin{aligned}\varphi_1=&\frac{q}{4\pi\varepsilon_0\sqrt{r^2+b^2-2br\cos\theta}}\\&+\frac{(\varepsilon_0-\varepsilon)q}{4\pi\varepsilon_0 b}\sum_{l=1}^{\infty}\frac{l}{\varepsilon_0(l+1)+\varepsilon l}\left(\frac{r}{b}\right)^l\mathrm{P}_l(\cos\theta),\qquad r\leqslant a\end{aligned} \tag{2.17.21}$$

2.18 驻极体是这样一类电介质，它们在外电场中被极化后，当外电场消失时，仍然能保持一定的极化强度. 设有一个极化强度为$\boldsymbol{P}$、半径为R的驻极体球，球内$\boldsymbol{P}$是均匀的，即球内$\boldsymbol{P}$=常矢量. 将这个球放在真空中，试求各处的电势.

【解】 根据对称性，以球心为原点，沿$\boldsymbol{P}$的方向为极轴，取球坐标系. 由于无

自由电荷，故所求的电势 φ 满足拉普拉斯方程

$$\nabla^2\varphi=0 \tag{2.18.1}$$

因 φ 与方位角 ϕ 无关，而且 φ 在极轴上(包括 $\theta=0$ 和 $\theta=\pi$)应为有限值，故所求的解为

$$\varphi(r,\theta)=\sum_{l=0}^{\infty}\left(A_l r^l+\frac{B_l}{r^{l+1}}\right)\mathrm{P}_l(\cos\theta) \tag{2.18.2}$$

下面由边界条件定系数. 球内电势 φ_{i} 当 $r\to0$ 时为有限值，故

$$\varphi_{\mathrm{i}}(r,\theta)=\sum_{l=0}^{\infty}A_l r^l\mathrm{P}_l(\cos\theta) \tag{2.18.3}$$

球外电势 φ_0 当 $r\to\infty$ 时为零，故

$$\varphi_0(r,\theta)=\sum_{l=0}^{\infty}\frac{B_l}{r^{l+1}}\mathrm{P}_l(\cos\theta) \tag{2.18.4}$$

$r=R$ 时，电势连续，即当 $r=R$ 时，$\varphi_{\mathrm{i}}=\varphi_0$，由此得

$$B_l=R^{2l+1}A_l \tag{2.18.5}$$

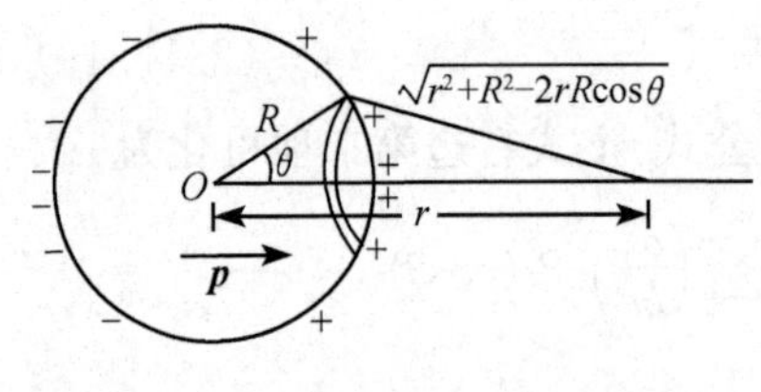

图 2.18

为了定出 A_l 和 B_l 的值，我们计算极轴上离球心为 r 处(见图 2.18)的电势 $\varphi(r,0)$. 因球内 $\boldsymbol{P}$ 是均匀的，故球内无极化电荷. 所以 $\varphi(r,0)$ 便是球面上的极化电荷产生的. 球面上极化电荷量的面密度为

$$\sigma_{\mathrm{P}}=P\cos\theta \tag{2.18.6}$$

于是得

$$\begin{aligned}\varphi(r,0)&=\frac{1}{4\pi\varepsilon_0}\oint_S\frac{\sigma_{\mathrm{P}}\mathrm{d}S}{\sqrt{r^2+R^2-2rR\cos\theta}}\\&=\frac{1}{4\pi\varepsilon_0}\int_0^{\pi}\frac{P\cos\theta\cdot2\pi R^2\sin\theta\mathrm{d}\theta}{\sqrt{r^2+R^2-2rR\cos\theta}}\\&=\frac{R^2P}{2\varepsilon_0}\int_0^{\pi}\frac{\sin\theta\cos\theta\mathrm{d}\theta}{\sqrt{r^2+R^2-2rR\cos\theta}}=\frac{R^3P}{3\varepsilon_0r^2}\end{aligned} \tag{2.18.7}$$

与(2.18.4)式比较，可见 $B_l=0(l\neq1)$，$B_1=\dfrac{R^3P}{3\varepsilon_0}$. 又由(2.18.5)式得 $A_l=0(l\neq1)$，$A_1=\dfrac{P}{3\varepsilon_0}$. 于是得

$$\varphi_{\mathrm{i}}(r,\theta)=\frac{P}{3\varepsilon_0}r\cos\theta,\qquad r\leqslant R \tag{2.18.8}$$

$$\varphi_0(r,\theta)=\frac{R^3P}{3\varepsilon_0}\frac{\cos\theta}{r^2},\qquad r\geqslant R \tag{2.18.9}$$

这就是我们所要求的电势.

2.19　在电容率为 ε 的无限大均匀介质内，有一个半径为 R 的球形空腔和一个外加的均匀电场 $\boldsymbol{E}_0$. 试求空腔内外的电场强度.

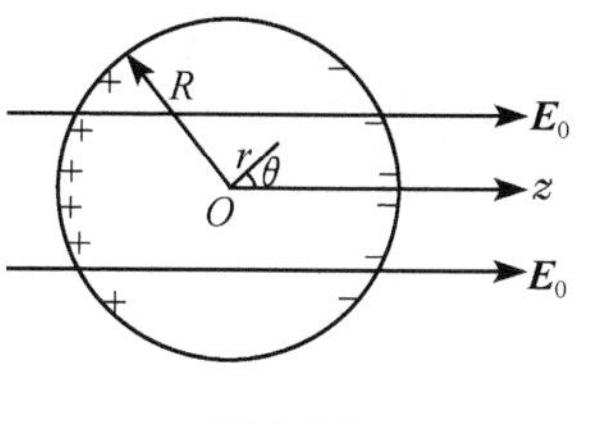

图 2.19

【解】　根据对称性，以球心 O 为原点，$\boldsymbol{E}_0$ 方向为极轴，取球坐标系如图 2.19 所示. 因无自由电荷，故电势 φ 满足拉普拉斯方程

$$\nabla^2\varphi = 0 \tag{2.19.1}$$

由于对称性，φ 与方位角 ϕ 无关；又由于 φ 在极轴上(包括 $\theta=0$ 和 $\theta=\pi$)为有限值，故上式的解为

$$\varphi(r,\theta) = \sum_{n=0}^{\infty}\left(a_n r^n + \frac{b_n}{r^{n+1}}\right)\mathrm{P}_n(\cos\theta) \tag{2.19.2}$$

下面由边界条件定系数. 空腔内的电势 φ_{i} 当 $r\to 0$ 时为有限值，故

$$\varphi_{\mathrm{i}}(r,\theta) = \sum_{n=0}^{\infty} a_n r^n \mathrm{P}_n(\cos\theta), \qquad r\leqslant R \tag{2.19.3}$$

介质中的电势 φ_0 当 $r\to\infty$ 时趋于均匀电场 $\boldsymbol{E}_0$ 的电势，故

$$\varphi_0(r,\theta) = -E_0 r\cos\theta + \sum_{n=0}^{\infty}\frac{b_n}{r^{n+1}}\mathrm{P}_n(\cos\theta), \qquad r\geqslant R \tag{2.19.4}$$

在球面上 $r=R$ 处的边值关系为

$$\varphi_{\mathrm{i}}(R,\theta) = \varphi_0(R,\theta) \tag{2.19.5}$$

$$\varepsilon_0\frac{\partial\varphi_{\mathrm{i}}}{\partial r}\bigg|_R = \varepsilon\frac{\partial\varphi_0}{\partial r}\bigg|_R \tag{2.19.6}$$

把(2.19.3)和(2.19.4)两式分别代入以上两式，比较 $\mathrm{P}_n(\cos\theta)$ 的系数，便得，$a_n=0, b_n=0$，当 $n\neq 1$ 时

$$a_1 = -\frac{3\varepsilon}{2\varepsilon+\varepsilon_0}E_0 \tag{2.19.7}$$

$$b_1 = -\frac{\varepsilon-\varepsilon_0}{2\varepsilon+\varepsilon_0}R^3 E_0 \tag{2.19.8}$$

于是得空腔内外的电势分别为

$$\varphi_{\mathrm{i}}(r,\theta) = -\frac{3\varepsilon}{2\varepsilon+\varepsilon_0}E_0 r\cos\theta, \qquad r\leqslant R \tag{2.19.9}$$

$$\varphi_0(r,\theta) = -E_0 r\cos\theta - \frac{\varepsilon-\varepsilon_0}{2\varepsilon+\varepsilon_0}\frac{R^3}{r^2}E_0\cos\theta, \qquad r\geqslant R \tag{2.19.10}$$

最后得空腔内的电场强度为

$$\boldsymbol{E}_{\mathrm{i}} = -\nabla\varphi_{\mathrm{i}} = -\frac{\partial\varphi_{\mathrm{i}}}{\partial r}\boldsymbol{e}_r - \frac{1}{r}\frac{\partial\varphi_{\mathrm{i}}}{\partial\theta}\boldsymbol{e}_\theta$$

$$= \frac{3\varepsilon}{2\varepsilon+\varepsilon_0}E_0(\cos\theta\boldsymbol{e}_r - \sin\theta\boldsymbol{e}_\theta)$$

$$= \frac{3\varepsilon}{2\varepsilon+\varepsilon_0}\boldsymbol{E}_0, \qquad r < R \tag{2.19.11}$$

可见空腔内的电场是均匀电场.

空腔外的电场强度为

$$\boldsymbol{E} = -\nabla\varphi_0 = -\frac{\partial\varphi_0}{\partial r}\boldsymbol{e}_r - \frac{1}{r}\frac{\partial\varphi_0}{\partial\theta}\boldsymbol{e}_\theta$$

$$= E_0\cos\theta\boldsymbol{e}_r - \frac{2(\varepsilon-\varepsilon_0)}{2\varepsilon+\varepsilon_0}\frac{R^3}{r^3}E_0\cos\theta\boldsymbol{e}_r - E_0\sin\theta\boldsymbol{e}_\theta - \frac{\varepsilon-\varepsilon_0}{2\varepsilon+\varepsilon_0}\frac{R^3}{r^3}E_0\sin\theta\boldsymbol{e}_\theta$$

$$= \boldsymbol{E}_0 - \frac{\varepsilon-\varepsilon_0}{2\varepsilon+\varepsilon_0}\frac{R^3}{r^3}E_0(2\cos\theta\boldsymbol{e}_r + \sin\theta\boldsymbol{e}_\theta)$$

$$= \boldsymbol{E}_0 + \frac{\varepsilon-\varepsilon_0}{2\varepsilon+\varepsilon_0}\frac{R^3}{r^3}E_0(-2\cos\theta\boldsymbol{e}_r - \sin\theta\boldsymbol{e}_\theta)$$

$$= \boldsymbol{E}_0 + \frac{\varepsilon-\varepsilon_0}{2\varepsilon+\varepsilon_0}\frac{R^3}{r^3}\left[\boldsymbol{E}_0 - \frac{3(\boldsymbol{E}_0\cdot\boldsymbol{r})\boldsymbol{r}}{r^2}\right], \qquad r > R \tag{2.19.12}$$

【讨论】 由(2.19.12)式可见,本题中 $\boldsymbol{E}_0$ 是介质内离空腔为无穷远处的电场强度.

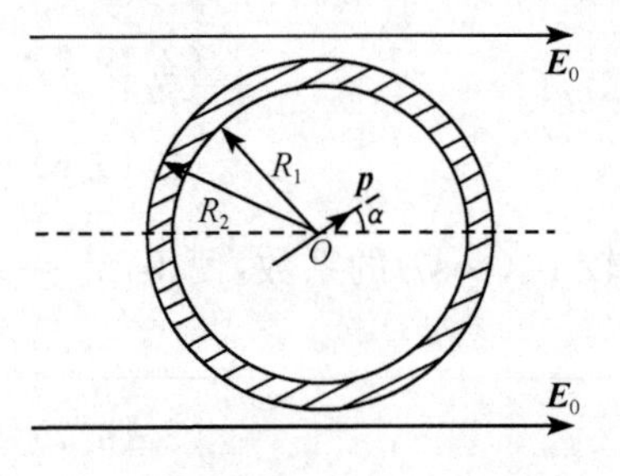

图 2.20

2.20 在均匀外电场 $\boldsymbol{E}_0$ 中放入一个导体球壳,壳的内外半径分别为 R_1 和 R_2. 在球心有一个电偶极矩为 $\boldsymbol{p}$ 的电偶极子,$\boldsymbol{p}$ 与 $\boldsymbol{E}_0$ 的夹角为 α,如图 2.20 所示. 已知导体球壳的电势为 φ_s. 试求:(1) 壳内外的电势;(2) $\boldsymbol{p}$ 在外电场中的能量和所受的力.

【解】 (1) 根据对称性,以球心 O 为原点,$\boldsymbol{E}_0$ 的方向为极轴,取球坐标系. 除 $r=0$ 外,壳内外空间里,电势 φ 满足拉普拉斯方程. 由对称性知 φ 与方位角 ϕ 无关,又因在极轴上(包括 $\theta=0$ 和 $\theta=\pi$)φ 应为有限值,故得拉普拉斯方程的解为

$$\varphi(r,\theta) = \sum_{n=0}^{\infty}\left(a_n r^n + \frac{b_n}{r^{n+1}}\right)\mathrm{P}_n(\cos\theta) \tag{2.20.1}$$

下面由边界条件定系数. 壳外的电势 φ_0 在 $r\to\infty$ 时趋于均匀电场 $\boldsymbol{E}_0$ 的电势 $-E_0 r\cos\theta$,壳内的电势 φ_{i} 在 $r\to 0$ 时趋于电偶极子的电势 $\dfrac{p\cos(\theta-\alpha)}{4\pi\varepsilon_0 r^2}$. 于是得

$$\varphi_0(r,\theta) = -E_0 r\cos\theta + \sum_{n=0}^{\infty}\frac{b_n}{r^{n+1}}\mathrm{P}_n(\cos\theta), \qquad r \geqslant R_2 \tag{2.20.2}$$

$$\varphi_{\mathrm{i}}(r,\theta)=\sum_{n=0}^{\infty}a_n' r^n \mathrm{P}_n[\cos(\theta-\alpha)]+\frac{b_0'}{r}+\frac{p\cos(\theta-\alpha)}{4\pi\varepsilon_0 r^2},\qquad r\leqslant R_1 \tag{2.20.3}$$

当 $r=R_2$ 时

$$\varphi_0(R_2,\theta)=-E_0R_2\cos\theta+\sum_{n=0}^{\infty}\frac{b_n}{R_2^{n+1}}\mathrm{P}_n(\cos\theta)=\varphi_{\mathrm{s}}$$

$$\frac{b_0}{R_2}=\varphi_{\mathrm{s}},\quad -E_0R_2+\frac{b_1}{R_2^2}=0,\quad b_n=0\qquad(n\geqslant 2)$$

于是得

$$\begin{aligned}\varphi_0(r,\theta)&=-E_0r\cos\theta+\frac{R_2}{r}\varphi_{\mathrm{s}}+\frac{R_2^3}{r^2}E_0\cos\theta\\&=-\left(1-\frac{R_2^3}{r^3}\right)E_0r\cos\theta+\frac{R_2}{r}\varphi_{\mathrm{s}},\qquad r\geqslant R_2\end{aligned} \tag{2.20.4}$$

当 $r=R_1$ 时

$$\varphi_{\mathrm{i}}(R_1,\theta)=\sum_{n=0}^{\infty}a_n' R_1^n \mathrm{P}_n[\cos(\theta-\alpha)]+\frac{b_0'}{R_1}+\frac{p\cos(\theta-\alpha)}{4\pi\varepsilon_0 R_1^2}=\varphi_{\mathrm{s}}$$

$$a_0'+\frac{b_0'}{R_1}=\varphi_{\mathrm{s}},\quad a_1'R_1+\frac{p}{4\pi\varepsilon_0R_1^2}=0,\quad a_n'=0\qquad(n\geqslant 2)$$

于是得

$$\varphi_{\mathrm{i}}(r,\theta)=a_0'+(\varphi_{\mathrm{s}}-a_0')\frac{R_1}{r}+\frac{p}{4\pi\varepsilon_0}\left(\frac{1}{r^2}-\frac{r}{R_1^3}\right)\cos(\theta-\alpha),\qquad r\leqslant R_1 \tag{2.20.5}$$

因导体壳内表面上总电荷量为零,故

$$\begin{aligned}-\varepsilon_0\oint_S\left(\frac{\partial\varphi_{\mathrm{i}}}{\partial r}\right)_{R_1}\mathrm{d}S&=-\varepsilon_0\int_0^{\pi}\int_0^{2\pi}\left[-\frac{\varphi_{\mathrm{s}}-a_0'}{R_1}-\frac{3p\cos(\theta-\alpha)}{4\pi\varepsilon_0R_1^3}\right]\\&\quad\times R_1^2\sin(\theta-\alpha)\mathrm{d}(\theta-\alpha)\mathrm{d}\phi\\&=4\pi\varepsilon_0R_1(\varphi_{\mathrm{s}}-a_0')=0\end{aligned}$$

$a_0'=\varphi_{\mathrm{s}}$. 于是得

$$\varphi_{\mathrm{i}}(r,\theta)=\varphi_{\mathrm{s}}-\frac{pr\cos(\theta-\alpha)}{4\pi\varepsilon_0R_1^3}+\frac{p\cos(\theta-\alpha)}{4\pi\varepsilon_0r^2},\qquad r\leqslant R_1 \tag{2.20.6}$$

式中$\dfrac{p\cos(\theta-\alpha)}{4\pi\varepsilon_0r^2}$系 $\boldsymbol{p}$ 所产生的电势.

(2) 对于 $\boldsymbol{p}$ 来说,空腔内的外电场的电势为

$$\varphi_i'(r,\theta)=\varphi_s-\frac{pr\cos(\theta-\alpha)}{4\pi\varepsilon_0 R_1^3} \tag{2.20.7}$$

电场强度为

$$\begin{aligned}\boldsymbol{E}_i'&=-\nabla\varphi_i'=-\frac{\partial\varphi_i'}{\partial r}\boldsymbol{e}_r-\frac{1}{r}\frac{\partial\varphi_i'}{\partial\theta}\boldsymbol{e}_\theta\\&=\frac{p}{4\pi\varepsilon_0 R_1^3}[\cos(\theta-\alpha)\boldsymbol{e}_r-\sin(\theta-\alpha)\boldsymbol{e}_\theta]\\&=\frac{\boldsymbol{p}}{4\pi\varepsilon_0 R_1^3}\end{aligned} \tag{2.20.8}$$

故 $\boldsymbol{p}$ 在外电场中的能量为

$$W=-\boldsymbol{p}\cdot\boldsymbol{E}_i'=-\frac{p^2}{4\pi\varepsilon_0 R_1^3} \tag{2.20.9}$$

它所受的力为

$$\boldsymbol{F}=-\nabla W=0 \tag{2.20.10}$$

2.21 半径为 R、电容率为 ε_1 的均匀介质球的中心有一个由自由电荷组成的电偶极子(其电偶极矩为 $\boldsymbol{p}$),球外充满了电容率为 ε_2 的另一种无穷大均匀介质.试求各处的电势和极化电荷.

【解】 1.两点说明

(1) 极化电荷.根据前面 1.23 题的结果,在均匀介质内部,极化电荷量密度为

$$\rho'=\rho_p=-\left(1-\frac{\varepsilon_0}{\varepsilon}\right)\rho \tag{2.21.1}$$

式中 ρ 是 ρ' 处的自由电荷量密度.因此,在 $\rho=0$ 的地方,$\rho'=0$,即在均匀介质内没有自由电荷的地方,也没有极化电荷.如果在均匀介质内某点放一个电荷量为 q 的自由点电荷,则在同一点将产生一个电荷量为 $q'=-\left(1-\frac{\varepsilon_0}{\varepsilon}\right)q$ 的极化点电荷.因此,在均匀介质内放一个由自由电荷组成的电偶极矩为 $\boldsymbol{p}$ 的电偶极子,则在该点将产生一个电偶极矩为

$$\boldsymbol{p}'=-\left(1-\frac{\varepsilon_0}{\varepsilon}\right)\boldsymbol{p} \tag{2.21.2}$$

的由极化电荷组成的电偶极子.因 $\varepsilon>\varepsilon_0$,故 $\boldsymbol{p}'$ 与 $\boldsymbol{p}$ 方向相反.

(2) 介质中的场.在电容率为 ε 的无限大均匀介质中放入一个电荷量为 q 的自由点电荷,它所产生的电势为

$$\varphi=\frac{q}{4\pi\varepsilon r} \tag{2.21.3}$$

这个电势也可以这样求得,即认为它是 q 和相应的极化电荷 $q'=-\left(1-\frac{\varepsilon_0}{\varepsilon}\right)q$ 在真

空中产生的场的叠加，即

$$\varphi=\frac{q}{4\pi\varepsilon_0 r}+\frac{q'}{4\pi\varepsilon_0 r}=\frac{q}{4\pi\varepsilon_0 r}-\left(1-\frac{\varepsilon_0}{\varepsilon}\right)\frac{q}{4\pi\varepsilon_0 r}=\frac{q}{4\pi\varepsilon r}$$

2. 本题的解

由以上的说明可见，本题中有三种电荷：球心的自由电偶子 $\boldsymbol{p}$ 和极化电偶极子 $\boldsymbol{p}'=-\left(1-\frac{\varepsilon_0}{\varepsilon_1}\right)\boldsymbol{p}$，以及球面上的极化面电荷 σ'.

根据对称性，以球心为原点，$\boldsymbol{p}$ 的方向为极轴方向，取球坐标系. 在球心附近，电势应该趋于球心的电偶极子的电势，即 $\boldsymbol{p}$ 和 $\boldsymbol{p}'$ 在真空中产生的电势的叠加，亦即 $\frac{\boldsymbol{p}\cdot\boldsymbol{r}}{4\pi\varepsilon_1 r^3}$. 因此，球内的电势为

$$\varphi_{\mathrm{i}}=\frac{\boldsymbol{p}\cdot\boldsymbol{r}}{4\pi\varepsilon_1 r^3}+\varphi_{\mathrm{i}}' \tag{2.21.4}$$

式中的 φ_{i}' 是球面上的极化电荷 σ' 在球内产生的电势.

设球外的电势为 φ_0，则因在球面上电势连续，便有 $\varphi_{\mathrm{i}}(R,\theta,\phi)=\varphi_0(R,\theta,\phi)$. 因为 φ_{i} 内含有 $\frac{\boldsymbol{p}\cdot\boldsymbol{r}}{4\pi\varepsilon_1 r^3}$，所以 φ_0 内也应有这一项. 于是 φ_0 便为

$$\varphi_0=\frac{\boldsymbol{p}\cdot\boldsymbol{r}}{4\pi\varepsilon_1 r^3}+\varphi_0' \tag{2.21.5}$$

式中 φ_0' 是球面上的极化电荷 σ' 在球外产生的电势.

φ_{i}' 和 φ_0' 分别在球内外满足拉普拉斯方程. 由于对称性，它们都与方位角 ϕ 无关. 它们在极轴上（$\theta=0$ 和 π）应为有限值. 考虑到 $r\to0$ 时 φ_{i}' 为有限值；$r\to\infty$ 时 $\varphi_0'\to0$. 故拉普拉斯方程的解为

$$\varphi_{\mathrm{i}}'(r,\theta)=\sum_{n=0}^{\infty}a_n r^n \mathrm{P}_n(\cos\theta),\qquad r\leqslant R \tag{2.21.6}$$

$$\varphi_0'(r,\theta)=\sum_{n=0}^{\infty}\frac{b_n}{r^{n+1}}\mathrm{P}_n(\cos\theta),\qquad r\geqslant R \tag{2.21.7}$$

所以

$$\varphi_{\mathrm{i}}(r,\theta)=\frac{\boldsymbol{p}\cdot\boldsymbol{r}}{4\pi\varepsilon_1 r^3}+\sum_{n=0}^{\infty}a_n r^n \mathrm{P}_n(\cos\theta),\qquad r\leqslant R \tag{2.21.8}$$

$$\varphi_0(r,\theta)=\frac{\boldsymbol{p}\cdot\boldsymbol{r}}{4\pi\varepsilon_1 r^3}+\sum_{n=0}^{\infty}\frac{b_n}{r^{n+1}}\mathrm{P}_n(\cos\theta),\qquad r\geqslant R \tag{2.21.9}$$

在 $r=R$ 处（球面上）的边界条件为

$$\varphi_{\mathrm{i}}(R,\theta)=\varphi_0(R,\theta) \tag{2.21.10}$$

$$\varepsilon_1\frac{\partial\varphi_{\mathrm{i}}}{\partial r}\bigg|_R=\varepsilon_2\frac{\partial\varphi_0}{\partial r}\bigg|_R \tag{2.21.11}$$

把(2.21.8)和(2.21.9)两式分别代入以上两式，然后比较 $P_n(\cos\theta)$ 的系数，结果得出

$$a_n=0,\quad b_n=0\quad(n\neq 1)\tag{2.21.12}$$

$$a_1=\frac{(\varepsilon_1-\varepsilon_2)p}{2\pi\varepsilon_1(\varepsilon_1+2\varepsilon_2)R^3},\qquad b_1=R^3a_1\tag{2.21.13}$$

于是得所求的解为

$$\varphi_{\mathrm{i}}(r,\theta)=\frac{p\cos\theta}{4\pi\varepsilon_1r^2}+\frac{(\varepsilon_1-\varepsilon_2)p}{2\pi\varepsilon_1(\varepsilon_1+2\varepsilon_2)R^3}r\cos\theta,\qquad r\leqslant R\tag{2.21.14}$$

$$\begin{aligned}\varphi_0(r,\theta)&=\frac{p\cos\theta}{4\pi\varepsilon_1r^2}+\frac{(\varepsilon_1-\varepsilon_2)p}{2\pi\varepsilon_1(\varepsilon_1+2\varepsilon_2)}\frac{\cos\theta}{r^2}\\&=\frac{3p\cos\theta}{4\pi(\varepsilon_1+2\varepsilon_2)r^2},\qquad r\geqslant R\end{aligned}\tag{2.21.15}$$

这便是所求的电势.下面求极化电荷.

由于在均匀介质内部，在没有自由电荷的地方就没有极化电荷，所以本题除球心有极化电荷构成的电偶极子 $\boldsymbol{p}'$[见(2.21.2)式]外，在两介质内部均无极化电荷.在两介质交界面上，有一层极化面电荷，其电荷量的面密度为

$$\begin{aligned}\sigma'&=\boldsymbol{e}_r\cdot(\boldsymbol{P}_1-\boldsymbol{P}_2)=(\varepsilon_1-\varepsilon_0)\boldsymbol{e}_r\cdot\boldsymbol{E}_{\mathrm{i}}-(\varepsilon_2-\varepsilon_0)\boldsymbol{e}_r\cdot\boldsymbol{E}_0\\&=-(\varepsilon_1-\varepsilon_0)\frac{\partial\varphi_{\mathrm{i}}}{\partial r}\bigg|_R+(\varepsilon_2-\varepsilon_0)\frac{\partial\varphi_0}{\partial r}\bigg|_R\end{aligned}\tag{2.21.16}$$

因为

$$\varepsilon_1\frac{\partial\varphi_{\mathrm{i}}}{\partial r}\bigg|_R=\varepsilon_2\frac{\partial\varphi_0}{\partial r}\bigg|_R$$

所以

$$\sigma'=\varepsilon_0\left(\frac{\partial\varphi_{\mathrm{i}}}{\partial r}-\frac{\partial\varphi_0}{\partial r}\right)_{r=R}\tag{2.21.17}$$

将(2.21.14)和(2.21.15)两式代入上式，经过计算，便得

$$\sigma'=\frac{3\varepsilon_0(\varepsilon_1-\varepsilon_2)p\cos\theta}{2\pi\varepsilon_1(\varepsilon_1+2\varepsilon_2)R^3}\tag{2.21.18}$$

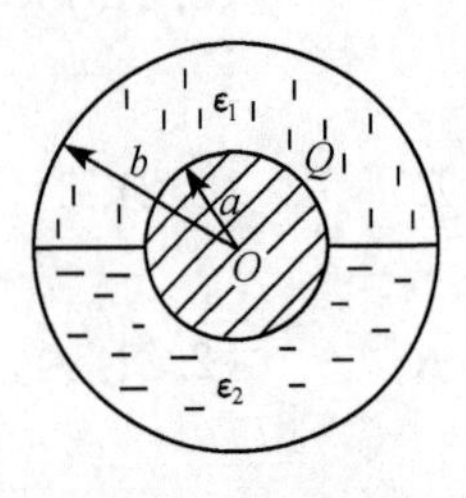

图 2.22

2.22　半径为 a 的金属球带有电荷量 Q，放在半径为 b 的同心金属球壳内；球与壳间充满两种均匀介质，电容率分别为 ε_1 和 ε_2，它们的交界面是通过球心的平面，如图 2.22 所示.已知壳的电势为零.试求：(1) 介质内的电场强度；(2) 球和壳上的自由电荷分布；(3) 介质的极化电荷.

【解】　(1) 根据对称性，以球心 O 为原点，垂直于交界面的直线为极轴，取球坐标系.介质中的电势 φ 满足拉普拉斯方程.由于对称性，φ 与方位角 ϕ 无关，且 φ 在极轴上(包括 $\theta=0$ 和 $\theta=\pi$)应为有限值，故用分离变数法解拉普拉斯方程得

$$\varphi_1=\sum_{n=0}^{\infty}\left(a_n r^n+\frac{b_n}{r^{n+1}}\right)\mathrm{P}_n(\cos\theta),\qquad 0\leqslant\theta\leqslant\pi/2 \tag{2.22.1}$$

$$\varphi_2=\sum_{n=0}^{\infty}\left(c_n r^n+\frac{d_n}{r^{n+1}}\right)\mathrm{P}_n(\cos\theta),\qquad \pi/2\leqslant\theta\leqslant\pi \tag{2.22.2}$$

边界条件为

$$r=a\text{ 时},\quad \varphi_1=\varphi_2=\varphi_a(\text{球的电势}) \tag{2.22.3}$$

$$r=b\text{ 时},\quad \varphi_1=\varphi_2=0(\text{壳的电势}) \tag{2.22.4}$$

于是得:当 $r=a$ 时有

$$\varphi_1=\sum_{n=0}^{\infty}\left(a_n a^n+\frac{b_n}{a^{n+1}}\right)\mathrm{P}_n(\cos\theta)=\varphi_a \tag{2.22.5}$$

$$\varphi_2=\sum_{n=0}^{\infty}\left(c_n a^n+\frac{d_n}{a^{n+1}}\right)\mathrm{P}_n(\cos\theta)=\varphi_a \tag{2.22.6}$$

比较(2.22.5)式两边 $\mathrm{P}_n(\cos\theta)$的系数得

$$a_0+\frac{b_0}{a}=\varphi_a \tag{2.22.7}$$

$$a_n=0,\quad b_n=0\quad (n\geqslant 1) \tag{2.22.8}$$

比较(2.22.6)式两边 $\mathrm{P}_n(\cos\theta)$的系数得

$$c_0+\frac{d_0}{a}=\varphi_a \tag{2.22.9}$$

$$c_n=0,\quad d_n=0\quad (n\geqslant 1) \tag{2.22.10}$$

当 $r=b$ 时有

$$\varphi_1=a_0+\frac{b_0}{b}=0 \tag{2.22.11}$$

$$\varphi_2=c_0+\frac{d_0}{b}=0 \tag{2.22.12}$$

由(2.22.7)、(2.22.9)、(2.22.11)、(2.22.12)四式解得

$$a_0=c_0=-\frac{a}{b-a}\varphi_a \tag{2.22.13}$$

$$b_0=d_0=\frac{ab}{b-a}\varphi_a \tag{2.22.14}$$

于是得所求的电势为

$$\varphi_1=\varphi_2=\frac{a\varphi_a}{b-a}\left(\frac{b}{r}-1\right) \tag{2.22.15}$$

可见两介质中的电势的表达式相同,下面便统一用 φ 表示,即

$$\varphi=\frac{a\varphi_a}{b-a}\left(\frac{b}{r}-1\right) \tag{2.22.16}$$

现在要求用题给的电荷量 Q 来表示 φ_a. 为此,先求电场强度. 由(2.22.16)式

得

$$\boldsymbol{E}=-\nabla\varphi=-\frac{\mathrm{d}\varphi}{\mathrm{d}r}\boldsymbol{e}_r=\frac{ab\varphi_a}{(b-a)r^2}\boldsymbol{e}_r \tag{2.22.17}$$

两介质中的电位移分别为

$$\boldsymbol{D}_1=\varepsilon_1\boldsymbol{E}_1=\frac{\varepsilon_1 ab\varphi_a}{(b-a)r^2}\boldsymbol{e}_r \tag{2.22.18}$$

和

$$\boldsymbol{D}_2=\varepsilon_2\boldsymbol{E}_2=\frac{\varepsilon_2 ab\varphi_a}{(b-a)r^2}\boldsymbol{e}_r \tag{2.22.19}$$

由高斯定理得

$$\begin{aligned}\oint_S\boldsymbol{D}\cdot\mathrm{d}\boldsymbol{S}&=2\pi a^2D_1+2\pi a^2D_2=2\pi a^2(D_1+D_2)\\&=2\pi a^2\frac{(\varepsilon_1+\varepsilon_2)ab\varphi_a}{(b-a)a^2}=\frac{2\pi(\varepsilon_1+\varepsilon_2)ab\varphi_a}{(b-a)}=Q\end{aligned}$$

$$\varphi_a=\frac{(b-a)Q}{2\pi(\varepsilon_1+\varepsilon_2)ab} \tag{2.22.20}$$

代入(2.22.17)、(2.22.18)和(2.22.19)三式,便得所求的电场强度和电位移如下:

$$\boldsymbol{E}=\frac{Q}{2\pi(\varepsilon_1+\varepsilon_2)r^2}\boldsymbol{e}_r \tag{2.22.21}$$

$$\boldsymbol{D}_1=\frac{\varepsilon_1Q}{2\pi(\varepsilon_1+\varepsilon_2)r^2}\boldsymbol{e}_r \tag{2.22.22}$$

$$\boldsymbol{D}_2=\frac{\varepsilon_2Q}{2\pi(\varepsilon_1+\varepsilon_2)r^2}\boldsymbol{e}_r \tag{2.22.23}$$

(2) 球面上两半自由电荷量的面密度分别为

$$\sigma_{1a}=\boldsymbol{e}_r\cdot\boldsymbol{D}_{1a}=\frac{\varepsilon_1Q}{2\pi(\varepsilon_1+\varepsilon_2)a^2} \tag{2.22.24}$$

和

$$\sigma_{2a}=\boldsymbol{e}_r\cdot\boldsymbol{D}_{2a}=\frac{\varepsilon_2Q}{2\pi(\varepsilon_1+\varepsilon_2)a^2} \tag{2.22.25}$$

壳内壁上两半自由电荷量的面密度分别为

$$\sigma_{1b}=-\boldsymbol{e}_r\cdot\boldsymbol{D}_{1b}=-\frac{\varepsilon_1Q}{2\pi(\varepsilon_1+\varepsilon_2)b^2} \tag{2.22.26}$$

和

$$\sigma_{2b}=-\boldsymbol{e}_r\cdot\boldsymbol{D}_{2b}=-\frac{\varepsilon_2Q}{2\pi(\varepsilon_1+\varepsilon_2)b^2} \tag{2.22.27}$$

因壳的电势为零,故壳外电场强度为零,所以壳的外表面上没有电荷.

(3) 在介质 ε_1 中,极化电荷量的密度为

$$\rho_1'=-\nabla\cdot\boldsymbol{P}_1=-(\varepsilon_1-\varepsilon_0)\nabla\cdot\boldsymbol{E}=-\frac{(\varepsilon_1-\varepsilon_0)Q}{2\pi(\varepsilon_1+\varepsilon_2)}\nabla\cdot\left(\frac{1}{r^2}\boldsymbol{e}_r\right)=0 \tag{2.22.28}$$

同样可得介质 ε_2 中极化电荷量的密度 $\rho'_2=0$.

两介质内外表面上极化电荷量的面密度分别计算如下：

$$\sigma'_{1a}=-\boldsymbol{e}_r\cdot\boldsymbol{P}_{1a}=-(\varepsilon_1-\varepsilon_0)\boldsymbol{e}_r\cdot\boldsymbol{E}_{1a}=-\frac{(\varepsilon_1-\varepsilon_0)Q}{2\pi(\varepsilon_1+\varepsilon_2)a^2}\tag{2.22.29}$$

$$\sigma'_{2a}=-\boldsymbol{e}_r\cdot\boldsymbol{P}_{2a}=-\frac{(\varepsilon_2-\varepsilon_0)Q}{2\pi(\varepsilon_1+\varepsilon_2)a^2}\tag{2.22.30}$$

$$\sigma'_{1b}=\boldsymbol{e}_r\cdot\boldsymbol{P}_{1b}=\frac{(\varepsilon_1-\varepsilon_0)Q}{2\pi(\varepsilon_1+\varepsilon_2)b^2}\tag{2.22.31}$$

$$\sigma'_{2b}=\boldsymbol{e}_r\cdot\boldsymbol{P}_{2b}=\frac{(\varepsilon_2-\varepsilon_0)Q}{2\pi(\varepsilon_1+\varepsilon_2)b^2}\tag{2.22.32}$$

【讨论】 在两介质的交界面处，(2.22.1)式的 φ_1 和(2.22.2)式的 φ_2 应满足边值关系

$$\varphi_1\Big|_{\theta=\pi/2}=\varphi_2\Big|_{\theta=\pi/2}\tag{2.22.33}$$

$$\varepsilon_1\frac{\partial\varphi_1}{\partial\theta}\Big|_{\theta=\pi/2}=\varepsilon_2\frac{\partial\varphi_2}{\partial\theta}\Big|_{\theta=\pi/2}\tag{2.22.34}$$

很显然，前面求出的(2.22.15)式满足(2.22.33)式和(2.22.34)式.

【别解】 本题也可由所给条件和对称性用尝试的方法找解. 设介质中的电场强度为

$$\boldsymbol{E}=\frac{A}{r^2}\boldsymbol{e}_r\tag{2.22.35}$$

式中 A 为待定常数. 经过分析可知，这个 $\boldsymbol{E}$ 满足所有的边界条件. 因此，根据唯一性定理，这个 $\boldsymbol{E}$ 便是所求的唯一解. 再由

$$\boldsymbol{D}_1=\frac{\varepsilon_1 A}{r^2}\boldsymbol{e}_r,\qquad \boldsymbol{D}_2=\frac{\varepsilon_2 A}{r^2}\boldsymbol{e}_r\tag{2.22.36}$$

和高斯定理

$$\oint_S\boldsymbol{D}\cdot\mathrm{d}\boldsymbol{S}=Q\tag{2.22.37}$$

定出系数为

$$A=\frac{Q}{2\pi(\varepsilon_1+\varepsilon_2)}\tag{2.22.38}$$

问题便解决了.

2.23 电荷均匀分布在无穷大导体平面上，电荷量的面密度为 σ_0，导体外是真空. 现将一不带电的导体半球平放在导体平面上，如图 2.23(1)所示. 已知导体的电势为 φ_s，导体半球的半径为 R. 试求：(1)导体外的电势；(2)半球面上的电荷量；(3)半球面上电荷所受的力；(4)放上半球后，半球外导体平面上减少的电荷量.

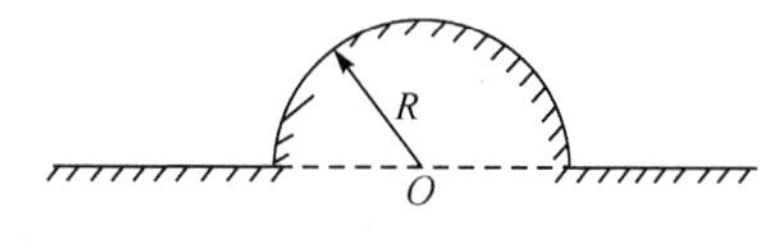

图 2.23(1)

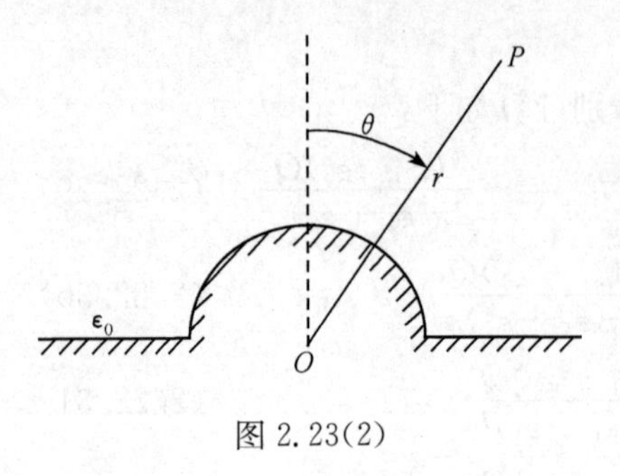

图 2.23(2)

【解】 (1) 因导体外的空间里没有自由电荷,故电势 φ 满足拉普拉斯方程. 以球心为原点,取球坐标系,使极轴垂直于导体平面,如图 2.23(2)所示. 由于对称性,φ 只是 r 和 θ 的函数,与方位角 ϕ 无关;又 φ 在极轴上(即 $\theta=0$ 时)应为有限值,故 φ 的拉普拉斯方程的解为

$$\varphi(r,\theta)=\sum_{n=0}^{\infty}\left(a_n r^n+\frac{b_n}{r^{n+1}}\right)\mathrm{P}_n(\cos\theta) \tag{2.23.1}$$

下面由边界条件定系数. 当 $r\to\infty$ 时,φ 趋于 σ_0 所产生的均匀电场 $\boldsymbol{E}_0$,$\boldsymbol{E}_0$ 的大小为

$$E_0=\frac{D_0}{\varepsilon_0}=\frac{\sigma_0}{\varepsilon_0} \tag{2.23.2}$$

于是得 $a_n=0$,当 $n\geqslant 2$ 时. 故得

$$\varphi(r,\theta)=a_0-\frac{\sigma_0}{\varepsilon_0}r\cos\theta+\sum_{n=0}^{\infty}\frac{b_n}{r^{n+1}}\mathrm{P}_n(\cos\theta) \tag{2.23.3}$$

又当 $r=R$ 时

$$\varphi(R,\theta)=a_0-\frac{\sigma_0}{\varepsilon_0}R\cos\theta+\sum_{n=0}^{\infty}\frac{b_n}{R^{n+1}}\mathrm{P}_n(\cos\theta)=\varphi_{\mathrm{s}} \tag{2.23.4}$$

比较 $P_n(\cos\theta)$ 的系数得 $b_n=0$,当 $n\geqslant 2$ 时. 故得

$$\varphi(r,\theta)=a_0+\frac{R}{r}(\varphi_{\mathrm{s}}-a_0)-\left(1-\frac{R^3}{r^3}\right)\frac{\sigma_0}{\varepsilon_0}r\cos\theta \tag{2.23.5}$$

又当 $\theta=\pi/2$ 和 $r>R$ 时,$\varphi\left(r,\frac{\pi}{2}\right)=\varphi_{\mathrm{s}}$,于是得 $a_0=\varphi_{\mathrm{s}}$. 所以

$$\varphi(r,\theta)=\varphi_{\mathrm{s}}-\left(1-\frac{R^3}{r^3}\right)\frac{\sigma_0}{\varepsilon_0}r\cos\theta \tag{2.23.6}$$

(2) 半球面上电荷量的面密度为

$$\sigma=D_n=\varepsilon_0E_n=\varepsilon_0\left[-\frac{\partial\varphi}{\partial r}\right]_{r=R}=3\sigma_0\cos\theta \tag{2.23.7}$$

半球面上的电荷量为

$$Q=\int_0^{\pi/2}\sigma\cdot 2\pi R^2\sin\theta\mathrm{d}\theta=6\pi R^2\sigma_0\int_0^{\pi/2}\sin\theta\cos\theta\mathrm{d}\theta=3\pi R^2\sigma_0 \tag{2.23.8}$$

(3) 根据对称性,半球面上电荷所受的力 $\boldsymbol{F}$ 的方向沿极轴方向,$\boldsymbol{F}$ 的大小为

$$F=\int(\mathrm{d}F)\cos\theta=\int_S\left(\frac{1}{2}E_R\sigma\mathrm{d}S\right)\cos\theta=\pi R^2\int_0^{\pi/2}E_R\sigma\sin\theta\cos\theta\mathrm{d}\theta$$

$$=\pi R^2\int_0^{\pi/2}\left(-\frac{\partial\varphi}{\partial r}\right)_R\cdot 3\sigma_0\sin\theta\cos^2\theta\mathrm{d}\theta=\frac{9\pi R^2\sigma_0^2}{\varepsilon_0}\int_0^{\pi/2}\sin\theta\cos^3\theta\mathrm{d}\theta$$

$$= \frac{9\pi R^2 \sigma_0^2}{4\varepsilon_0} \tag{2.23.9}$$

（4）放上半球后，导体平面上电荷量的面密度为

$$\sigma' = \boldsymbol{n} \cdot \boldsymbol{D} = -\boldsymbol{e}_\theta \cdot \varepsilon_0 \boldsymbol{E} = \varepsilon_0 \frac{1}{r} \frac{\partial \varphi}{\partial \theta}\bigg|_{\theta=\pi/2} = \sigma_0 \left(1 - \frac{R^3}{r^3}\right) \tag{2.23.10}$$

式中 σ_0 是未放半球前导体平面上电荷量的面密度，$-\sigma_0 \frac{R^3}{r^3}$便是放上半球后电荷量的面密度减少的值.因此，放上半球后，半球外导体平面上减少的电荷量便为

$$\Delta Q = \int_R^\infty \sigma_0 \frac{R^3}{r^3} \cdot 2\pi r \mathrm{d}r = 2\pi\sigma_0 R^3 \left(-\frac{1}{r}\right)_R^\infty = 2\pi R^2 \sigma_0 \tag{2.23.11}$$

与(2.23.8)式比较可见，这些电荷量都跑到半球面上去了.

2.24　设地球表面有垂直于地面的电场强度 $\boldsymbol{E}_0$，现将一个密度为 ρ、半径为 R 的导体半球平放在地面上，已知地面的重力加速度为 g，把地面当作无穷大的导体平面，试问 $\boldsymbol{E}_0$ 的大小 E_0 至少应为多大，才能把这半球从地面拉起来？

【解】　根据上题，半球面上电荷所受的力 $\boldsymbol{F}$ 的大小为

$$F = \frac{9\pi R^2 \sigma_0^2}{4\varepsilon_0} \tag{2.24.1}$$

$\boldsymbol{F}$ 的方向向上.因

$$E_0 = \frac{\sigma_0}{\varepsilon_0} \tag{2.24.2}$$

所以

$$F = \frac{9\pi R^2 \varepsilon_0 E_0^2}{4} \tag{2.24.3}$$

当

$$F > mg = \frac{2}{3}\pi R^3 \rho g \tag{2.24.4}$$

时，便可从地面拉起半球.由以上两式得

$$E_0 > \sqrt{\frac{8\rho g R}{27\varepsilon_0}} \tag{2.24.5}$$

2.25　在一很大的电解槽内充满电导率为 σ_2 的电解液，其中流着均匀的电流，电流密度为 $\boldsymbol{j}_0$.现将一个电导率为 σ_1、半径为 R 的小球放入这电解液中，当电流达到稳定后，(1)试求电解液内和小球内的电流密度；(2)试求电解液和小球交界面上电荷量的面密度；(3)讨论 $\sigma_1 \gg \sigma_2$ 和 $\sigma_1 \ll \sigma_2$ 两种情况下的电流密度和电荷量的面密度.

【解】　本题虽然不是静电问题，但当电流达到稳定后，由于电流密度 $\boldsymbol{j}$ 与电场强度 $\boldsymbol{E}$ 成正比(比例系数为电导率)，所以 $\boldsymbol{E}$ 也是稳定的.这种电场通常称为稳恒电场，它也是无旋场，其电势也满足拉普拉斯方程，因而可以用静电场的方法求解.

(1) 未放入小球时，电流密度 $\boldsymbol{j}_0$ 是均匀的，由 $\boldsymbol{j}_0=\sigma_2\boldsymbol{E}_0$ 可知，稳恒电场 $\boldsymbol{E}_0$ 也是一个均匀场. 因此，在未放入小球时，电解液中的电势 φ_0 便是均匀电场 $\boldsymbol{E}_0$ 的电势. 放入小球后，以球心为原点，$\boldsymbol{E}_0$ 的方向为极轴方向，取球坐标系；为方便起见，以坐标原点为电势零点. 在恒定电流条件下，$\frac{\partial\rho}{\partial t}=0$，故由电荷守恒定律得电流密度 $\boldsymbol{j}$ 满足

$$\nabla\cdot\boldsymbol{j}=0 \tag{2.25.1}$$

由上式可推出恒定电流条件下的边界条件为

$$\boldsymbol{n}\cdot(\boldsymbol{j}_2-\boldsymbol{j}_1)=0 \tag{2.25.2}$$

设小球内的电势为 φ_1，电解液中的电势为 φ_2，则在交界面上有

$$\varphi_1=\varphi_2 \tag{2.25.3}$$

因为 $\boldsymbol{j}=\sigma\boldsymbol{E}$ 和 $\boldsymbol{E}=-\nabla\varphi$，则由 $\nabla\cdot\boldsymbol{j}=0$ 可以得出

$$\nabla\cdot\boldsymbol{j}=\nabla\cdot(\sigma\boldsymbol{E})=-\sigma\nabla\cdot(\nabla\varphi)=-\sigma\nabla^2\varphi=0$$

可见在恒定电流条件下，电势 φ 满足拉普拉斯方程.

由于离球心很远($r\to\infty$)处，仍然是均匀电场 $\boldsymbol{E}_0$，故拉普拉斯方程在球外的解为

$$\varphi_2=-\frac{j_0}{\sigma_2}r\cos\theta+\sum_{l=0}^{\infty}\frac{B_l}{r^{l+1}}\mathrm{P}_l(\cos\theta) \tag{2.25.4}$$

其中利用了 $\boldsymbol{j}_0=\sigma_2\boldsymbol{E}_0$. 在球内，电势 φ_1 在 $r=0$ 点应为有限值，故拉普拉斯方程的解为

$$\varphi_1=\sum_{l=0}^{\infty}A_l r^l\mathrm{P}_l(\cos\theta) \tag{2.25.5}$$

因为选 $r=0$ 处为电势零点，故 $A_0=0$.

在球面上，除(2.25.3)式外，由(2.25.2)式得

$$\sigma_2\left(\frac{\partial\varphi_2}{\partial r}\right)_R=\sigma_1\left(\frac{\partial\varphi_1}{\partial r}\right)_R \tag{2.25.6}$$

把(2.25.4)和(2.25.5)两式代入(2.25.3)式得

$$\sum_{l=0}^{\infty}A_lR^l\mathrm{P}_l(\cos\theta)=-\frac{j_0}{\sigma_2}R\cos\theta+\sum_{l=0}^{\infty}\frac{B_l}{R^{l+1}}\mathrm{P}_l(\cos\theta)$$

代入(2.25.6)式得

$$\sigma_1\sum_{l=0}^{\infty}lA_lR^{l-1}\mathrm{P}_l(\cos\theta)=\sigma_2\left[-\frac{j_0}{\sigma_2}\cos\theta-\sum_{l=0}^{\infty}\frac{(l+1)B_l}{R^{l+2}}\mathrm{P}_l(\cos\theta)\right] \tag{2.25.7}$$

在以上两式中，每一式两边 $\mathrm{P}_l(\cos\theta)$ 的系数都应相等. 由此得出：当 $l\neq1$ 时，$A_l=0$，$B_l=0$；当 $l=1$ 时

$$A_1=-\frac{3j_0}{\sigma_1+2\sigma_2} \tag{2.25.8}$$

$$B_1=\frac{\sigma_1-\sigma_2}{\sigma_1+2\sigma_2}\frac{j_0R^3}{\sigma_2} \tag{2.25.9}$$

于是得

$$\varphi_1=-\frac{3j_0}{\sigma_1+2\sigma_2}r\cos\theta,\qquad r\leqslant R \tag{2.25.10}$$

$$\varphi_2=-\frac{j_0}{\sigma_2}r\cos\theta+\frac{\sigma_1-\sigma_2}{\sigma_1+2\sigma_2}\frac{j_0R^3}{\sigma_2}\frac{\cos\theta}{r^2},\qquad r\geqslant R \tag{2.25.11}$$

(2.25.10)和(2.25.11)两式也可以写成

$$\varphi_1=-\frac{3}{\sigma_1+2\sigma_2}\boldsymbol{j}_0\cdot\boldsymbol{r},\qquad r\leqslant R \tag{2.25.12}$$

$$\varphi_2=-\frac{1}{\sigma_2}\boldsymbol{j}_0\cdot\boldsymbol{r}+\frac{\sigma_1-\sigma_2}{\sigma_1+2\sigma_2}\frac{R^3}{\sigma_2}\frac{\boldsymbol{j}_0\cdot\boldsymbol{r}}{r^3},\qquad r\geqslant R \tag{2.25.13}$$

由(2.25.12)式得球内的电流密度为

$$\boldsymbol{j}_1=\sigma_1\boldsymbol{E}_1=-\sigma_1\nabla\varphi_1=\frac{3\sigma_1}{\sigma_1+2\sigma_2}\nabla(\boldsymbol{j}_0\cdot\boldsymbol{r})$$

$$=\frac{3\sigma_1}{\sigma_1+2\sigma_2}\boldsymbol{j}_0,\qquad r<R \tag{2.25.14}$$

由(2.25.13)式得电解液中的电流密度为

$$\boldsymbol{j}_2=\sigma_2\boldsymbol{E}_2=-\sigma_2\nabla\varphi_2$$

$$=\boldsymbol{j}_0+\frac{\sigma_1-\sigma_2}{\sigma_1+2\sigma_2}R^3\left[\frac{3(\boldsymbol{j}_0\cdot\boldsymbol{r})\boldsymbol{r}}{r^5}-\frac{\boldsymbol{j}_0}{r^3}\right],\qquad r>R \tag{2.25.15}$$

(2) 根据边值关系,两导体交界面上自由电荷量的面密度为

$$\sigma=\boldsymbol{e}_r\cdot(\boldsymbol{D}_2-\boldsymbol{D}_1) \tag{2.25.16}$$

在导体内,电极化强度 $\boldsymbol{P}$ 为零,即

$$\boldsymbol{P}=(\varepsilon-\varepsilon_0)\boldsymbol{E}=0$$

在恒定电流的情况下,$\boldsymbol{E}\neq0$. 故这时的介电常量为

$$\varepsilon=\varepsilon_0 \tag{2.25.17}$$

于是由(2.25.16)式得

$$\sigma=\boldsymbol{e}_r\cdot(\varepsilon_0\boldsymbol{E}_2-\varepsilon_0\boldsymbol{E}_1)=\varepsilon_0\boldsymbol{e}_r\cdot\left(\frac{\boldsymbol{j}_2}{\sigma_2}-\frac{\boldsymbol{j}_1}{\sigma_1}\right) \tag{2.25.18}$$

把(2.25.15)式和(2.25.16)式代入上式,并记住在球面上 $r=R$,便得

$$\sigma=\varepsilon_0\left\{\frac{j_0\cos\theta}{\sigma_2}+\frac{(\sigma_1-\sigma_2)R^3}{(\sigma_1+2\sigma_2)\sigma_2}\left[\frac{3(\boldsymbol{j}_0\cdot\boldsymbol{r})}{r^4}-\frac{j_0\cos\theta}{r^3}\right]_{r=R}-\frac{3\sigma_1j_0\cos\theta}{(\sigma_1+2\sigma_2)\sigma_1}\right\}$$

$$=\frac{3(\sigma_1-\sigma_2)\varepsilon_0}{(\sigma_1+2\sigma_2)\sigma_2}j_0\cos\theta \tag{2.25.19}$$

(3) 当 $\sigma_1 \gg \sigma_2$,即球的电导率比周围电解液的电导率大得多,这时

$$\frac{\sigma_1-\sigma_2}{\sigma_1+2\sigma_2}\approx 1,\qquad \frac{3\sigma_1}{\sigma_1+2\sigma_2}\approx 3$$

代入(2.25.14)式和(2.25.15)式分别得

$$\boldsymbol{j}_1 \approx 3\boldsymbol{j}_0$$

$$\boldsymbol{j}_2 \approx \boldsymbol{j}_0+\frac{R^3}{r^3}\left[\frac{3(\boldsymbol{j}_0\cdot\boldsymbol{r})\boldsymbol{r}}{r^2}-\boldsymbol{j}_0\right] \tag{2.25.20}$$

球面上电荷量的面密度为

$$\sigma \approx \frac{3\varepsilon_0}{\sigma_2}j_0\cos\theta \tag{2.25.21}$$

当 $\sigma_1 \ll \sigma_2$,即球的电导率比周围电解液的电导率小很多,这时

$$\frac{\sigma_1-\sigma_2}{\sigma_1+2\sigma_2}\approx -\frac{1}{2},\qquad \frac{3\sigma_1}{\sigma_1+2\sigma_2}\approx 0$$

代入(2.25.14)式和(2.25.15)式分别得

$$\boldsymbol{j}_1 \approx 0 \tag{2.25.22}$$

$$\boldsymbol{j}_2 \approx \boldsymbol{j}_0-\frac{R^3}{2r^3}\left[\frac{3(\boldsymbol{j}_0\cdot\boldsymbol{r})\boldsymbol{r}}{r^2}-\boldsymbol{j}_0\right] \tag{2.25.23}$$

球面上电荷量的面密度为

$$\sigma \approx -\frac{3\varepsilon_0}{2\sigma_2}j_0\cos\theta \tag{2.25.24}$$

【讨论】 本题与 2.15 题的物理内容不同,但电势所满足的方程相似,对比如下:

本题	2.15 题
$\nabla^2\varphi=0$	$\nabla^2\varphi=0$
$\varphi_1=\varphi_2$(球面上)	$\varphi_i=\varphi_0$(球面上)
$\sigma_2\left(\frac{\partial\varphi_2}{\partial r}\right)_R=\sigma_1\left(\frac{\partial\varphi_1}{\partial r}\right)_R$	$\varepsilon_0\left(\frac{\partial\varphi_0}{\partial r}\right)_R=\varepsilon\left(\frac{\partial\varphi_i}{\partial r}\right)_R$

因此,只需作如下变换:

本题		2.15 题
φ_1	$\longleftrightarrow$	φ_i
φ_2	$\longleftrightarrow$	φ_0
σ_2	$\longleftrightarrow$	ε_0
σ_1	$\longleftrightarrow$	ε
$\frac{j_0}{\sigma_2}$	$\longleftrightarrow$	E_0

便可直接由 2.15 题的解(2.15.13)式和(2.15.14)式分别得出本题的解(2.25.11)式和(2.25.10)式.

2.26 在半径为 R 的球面上，两半球面的电势不相同. 在一半球面上，电势为 φ_0；在另一半球面上，电势为 $-\varphi_0$. 试求球内外空间各点的电势.

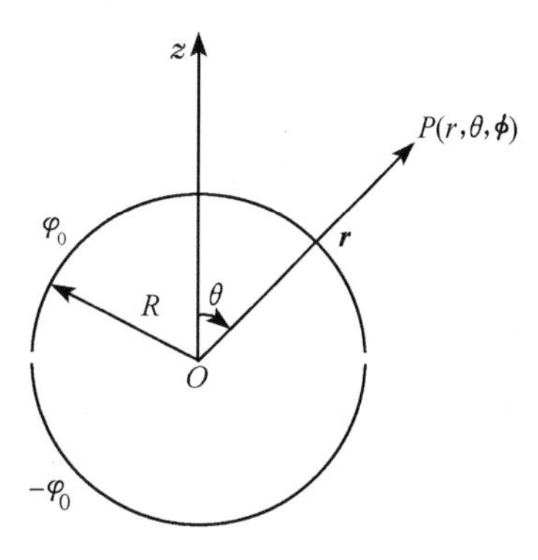

图 2.26

【解】 以球心 O 为原点，取球坐标系如图 2.26所示，使上半球面($0\leqslant\theta<\pi/2$)的电势为 φ_0，下半球面$\left(\frac{\pi}{2}<\theta\leqslant\pi\right)$的电势为 $-\varphi_0$. 由于对称性，所求的电势 φ 便与方位角 ϕ 无关. 又由于球内和球外都无电荷，故 φ 满足拉普拉斯方程. 因为本题所考虑的区域包括极轴($\theta=0$ 和 $\theta=\pi$)在内，φ 在极轴上应为有限值，故 φ(拉普拉斯方程的解)可写作

$$\varphi(r,\theta)=\sum_{l=0}^{\infty}\left(A_l r^l+\frac{B_l}{r^{l+1}}\right)\mathrm{P}_l(\cos\theta) \tag{2.26.1}$$

在球外($r>R$)，当 $r\to\infty$ 时，$\varphi\to 0$，故 $A_l=0$，所以球外电势为

$$\varphi(r,\theta)=\sum_{l=0}^{\infty}\frac{B_l}{r^{l+1}}\mathrm{P}_l(\cos\theta) \tag{2.26.2}$$

在球内($r<R$)，当 $r\to 0$ 时，φ 为有限值，故 $B_l=0$，所以球内电势为

$$\varphi_{\mathrm{i}}(r,\theta)=\sum_{l=0}^{\infty}A_l r^l\mathrm{P}_l(\cos\theta) \tag{2.26.3}$$

在球面上($r=R$)，电势 φ_R 是 θ 的函数

$$\varphi_R=\begin{cases}\varphi_0, & 0\leqslant\theta<\dfrac{\pi}{2} \quad (2.26.4)\\ -\varphi_0, & \dfrac{\pi}{2}<\theta\leqslant\pi \quad (2.26.5)\end{cases}$$

把球面上的电势，即以上两式所表示的函数 φ_R，用勒让德多项式 P_l 展开，然后再与(2.26.2)式和(2.26.3)式在 $r\to R$ 时比较，就可以定出系数 A_l 和 B_l 来. φ_R 的展开式为

$$\varphi_R=\sum_{l=0}^{\infty}C_l\mathrm{P}_l(\cos\theta)=\sum_{l=0}^{\infty}C_l\mathrm{P}_l(x) \tag{2.26.6}$$

先求出这展开式的系数 C_l：根据展开公式①

$$C_l=\frac{2l+1}{2}\int_{-1}^{1}\varphi_R\mathrm{P}_l(x)\mathrm{d}x$$

---

① 参见郭敦仁，《数学物理方法》，人民教育出版社(1978)，287 页.

$$= \frac{2l+1}{2}\varphi_0\left[\int_0^1 \mathrm{P}_l(x)\mathrm{d}x + \int_0^{-1} \mathrm{P}_l(x)\mathrm{d}x\right] \tag{2.26.7}$$

由关系式

$$\mathrm{P}_l(-x) = (-1)^l \mathrm{P}_l(x) \tag{2.26.8}$$

得

$$\int_0^{-1} \mathrm{P}_l(x)\mathrm{d}x = -\int_0^1 \mathrm{P}_l(-y)\mathrm{d}y = (-1)^{l+1}\int_0^1 \mathrm{P}_l(y)\mathrm{d}y$$

$$= (-1)^{l+1}\int_0^1 \mathrm{P}_l(x)\mathrm{d}x \tag{2.26.9}$$

所以 C_l 可表示为

$$C_l = \frac{2l+1}{2}\varphi_0\left[1+(-1)^{l+1}\right]\int_0^1 \mathrm{P}_l(x)\mathrm{d}x \tag{2.26.10}$$

由此式得出，当 l 为偶数时，$C_l=0$；当 l 为奇数时，$C_l=(2l+1)\varphi_0\int_0^1 \mathrm{P}_l(x)\mathrm{d}x$. 利用公式

$$\frac{\mathrm{dP}_{l+1}(x)}{\mathrm{d}x} - \frac{\mathrm{dP}_{l-1}(x)}{\mathrm{d}x} = (2l+1)\mathrm{P}_l(x) \tag{2.26.11}$$

得

$$\int_0^1 \mathrm{P}_l(x)\mathrm{d}x = \frac{1}{2l+1}\left[\mathrm{P}_{l+1}(x) - \mathrm{P}_{l-1}(x)\right]_{x=0}^{x=1}$$

$$= \frac{1}{2l+1}\left[\mathrm{P}_{l+1}(1) - \mathrm{P}_{l-1}(1) - \mathrm{P}_{l+1}(0) + \mathrm{P}_{l-1}(0)\right]$$

因为

$$\mathrm{P}_l(1) = 1$$

$$\mathrm{P}_l(0) = \begin{cases} 0, & \text{当 } l \text{ 为奇数时} \\ (-1)^{\frac{l}{2}}\dfrac{1\cdot 3\cdot 5\cdots(l-1)}{2\cdot 4\cdot 6\cdots l}, & \text{当 } l \text{ 为偶数时} \end{cases}$$

所以当 l 为奇数时，便得

$$C_l = (2l+1)\varphi_0\frac{1}{2l+1}\left[\mathrm{P}_{l-1}(0) - \mathrm{P}_{l+1}(0)\right]$$

$$= \varphi_0\left[(-1)^{\frac{l-1}{2}}\frac{1\cdot 3\cdot 5\cdots(l-2)}{2\cdot 4\cdot 6\cdots(l-1)} - (-1)^{\frac{l+1}{2}}\frac{1\cdot 3\cdot 5\cdots l}{2\cdot 4\cdot 6\cdots(l+1)}\right]$$

$$= (-1)^{\frac{l-1}{2}}\frac{1\cdot 3\cdot 5\cdots(l-2)}{2\cdot 4\cdot 6\cdots(l-1)}\left(\frac{2l+1}{l+1}\right)\varphi_0 \tag{2.26.12}$$

前几个 C_l 值如下：

$$C_1 = \frac{3}{2}\varphi_0$$

$$C_3 = -\frac{7}{8}\varphi_0$$

$$C_5=\frac{11}{16}\varphi_0$$

$$C_7=-\frac{75}{128}\varphi_0$$

求出了 φ_R 的展开式(2.26.6)中的系数 C_l 后，便可利用球面上的边界条件求(2.26.2)式和(2.26.3)式中的系数 B_l 和 A_l. 过程如下：当从球外趋于球面时，由(2.26.2)式和(2.26.6)式得

$$\varphi(R,\theta)=\sum_{l=0}^{\infty}\frac{B_l}{R^{l+1}}\mathrm{P}_l(\cos\theta)=\varphi_R=\sum_{l=0}^{\infty}C_l\mathrm{P}_l(\cos\theta)$$

比较两边 $\mathrm{P}_l(\cos\theta)$ 的系数，便得

$$B_l=R^{l+1}C_l \tag{2.26.13}$$

当从球内趋于球面时，由(2.26.3)式和(2.26.6)式得

$$\varphi_{\mathrm{i}}(R,\theta)=\sum_{l=0}^{\infty}A_lR^l\mathrm{P}_l(\cos\theta)=\varphi_R=\sum_{l=0}^{\infty}C_l\mathrm{P}_l(\cos\theta)$$

比较两边 $\mathrm{P}_l(\cos\theta)$ 的系数，便得

$$A_l=\frac{C_l}{R^l} \tag{2.26.14}$$

于是最后得出所求的电势为

$$\varphi(r,\theta)=\sum_{l=0}^{\infty}C_l\left(\frac{R}{r}\right)^{l+1}\mathrm{P}_l(\cos\theta),\qquad r\geqslant R \tag{2.26.15}$$

$$\varphi_{\mathrm{i}}(r,\theta)=\sum_{l=0}^{\infty}C_l\left(\frac{r}{R}\right)^{l}\mathrm{P}_l(\cos\theta),\qquad r\leqslant R \tag{2.26.16}$$

两式中的系数为

$$C_l=\begin{cases}0, & l\text{ 为偶数}\\ (-1)^{\frac{l-1}{2}}\dfrac{1\cdot3\cdot5\cdots(l-2)}{2\cdot4\cdot6\cdots(l-1)}\left(\dfrac{2l+1}{l+1}\right)\varphi_0, & l\text{ 为奇数}\end{cases} \tag{2.26.17}$$

此外，利用双阶乘公式

$$(2n+1)!!=1\cdot3\cdot5\cdots(2n+1) \tag{2.26.18}$$

$$(2n+2)!!=2\cdot4\cdot6\cdots(2n+2) \tag{2.26.19}$$

可以把(2.26.15)和(2.26.16)两式表示为

$$\varphi(r,\theta)=\sum_{n=0}^{\infty}a_n\left(\frac{R}{r}\right)^{2n+2}\mathrm{P}_{2n+1}(\cos\theta),\qquad r\geqslant R \tag{2.26.20}$$

$$\varphi_{\mathrm{i}}(r,\theta)=\sum_{n=0}^{\infty}a_n\left(\frac{r}{R}\right)^{2n+1}\mathrm{P}_{2n+1}(\cos\theta),\qquad r\leqslant R \tag{2.26.21}$$

式中

$$a_n=(-1)^n\frac{(2n+1)!!}{(2n+2)!!}\left(\frac{4n+3}{2n+1}\right)\varphi_0 \tag{2.26.22}$$

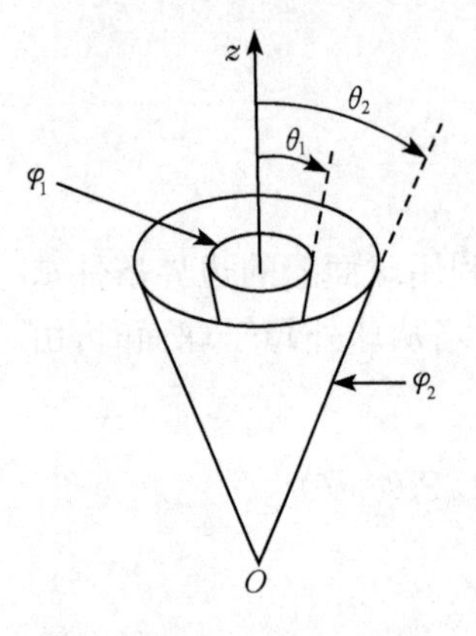

图 2.27

2.27 用理想导体薄片制成的无限长同轴共顶双锥，在顶点 O 是彼此绝缘的，它们的母线与锥轴的夹角分别为 θ_1 和 θ_2，如图 2.27 所示. 已知内锥面的电势为 φ_1，外锥面的电势为 φ_2，试求：(1) 两锥面间的电势；(2) 当外锥面是无限大平面(即 $\theta_2=\pi/2$)时，这平面上电荷量的面密度.

【解】 (1) 以顶点 O 为原点，锥轴为极轴，取球坐标系，如图 2.27 所示. 由对称性可知，所求电势 φ 与方位角 ϕ 无关，只是 r 和 θ 的函数.

本题的边界条件是：不论 r 为什么值，当 $\theta=\theta_1$ 时，电势都应为 φ_1；当 $\theta=\theta_2$ 时，电势都应为 φ_2. 这就表明，如果电势 φ 与 r 有关，则当 $\theta\to\theta_1$ 或 θ_2 时，φ 的值就会与 r 有关. 这就不能满足上述边界条件. 因此，本题的边界条件要求：所求的电势 φ 应与 r 无关.

根据以上分析我们得知，所求的电势 φ 仅仅是 θ 的函数. 因为 φ 满足拉普拉斯方程，故得

$$\nabla^2\varphi=\frac{1}{r^2\sin\theta}\frac{\mathrm{d}}{\mathrm{d}\theta}\left[\sin\theta\frac{\mathrm{d}}{\mathrm{d}\theta}\varphi(\theta)\right]=0$$

所以

$$\frac{\mathrm{d}}{\mathrm{d}\theta}\left[\sin\theta\frac{\mathrm{d}}{\mathrm{d}\theta}\varphi(\theta)\right]=0 \tag{2.27.1}$$

积分两次，并应用积分公式

$$\int\frac{\mathrm{d}x}{\sin x}=\ln\left(\tan\frac{x}{2}\right)+C$$

便得

$$\varphi(\theta)=A\ln\left(\tan\frac{\theta}{2}\right)+B \tag{2.27.2}$$

下面由边界条件定积分常数 A 和 B. 当 $\theta=\theta_1$ 时，$\varphi=\varphi_1$，即得

$$A\ln\left(\tan\frac{\theta_1}{2}\right)+B=\varphi_1 \tag{2.27.3}$$

当 $\theta=\theta_2$ 时，$\varphi=\varphi_2$，即得

$$A\ln\left(\tan\frac{\theta_2}{2}\right)+B=\varphi_2 \tag{2.27.4}$$

由以上两式解得

$$A=\frac{\varphi_1-\varphi_2}{\ln\left(\tan\frac{\theta_1}{2}\right)-\ln\left(\tan\frac{\theta_2}{2}\right)} \tag{2.27.5}$$

$$B = \frac{\varphi_1 \ln\left(\tan\frac{\theta_2}{2}\right) - \varphi_2 \ln\left(\tan\frac{\theta_1}{2}\right)}{\ln\left(\tan\frac{\theta_2}{2}\right) - \ln\left(\tan\frac{\theta_1}{2}\right)} \tag{2.27.6}$$

于是得所求电势为

$$\varphi(\theta) = \frac{(\varphi_1 - \varphi_2)\ln\left(\tan\frac{\theta}{2}\right) - \varphi_1 \ln\left(\tan\frac{\theta_2}{2}\right) + \varphi_2 \ln\left(\tan\frac{\theta_1}{2}\right)}{\ln\left(\tan\frac{\theta_1}{2}\right) - \ln\left(\tan\frac{\theta_2}{2}\right)} \tag{2.27.7}$$

（2）当 $\theta_2 = \frac{\pi}{2}$ 时，外锥面变成无限大平面. 这时(2.27.7)式化为

$$\varphi(\theta) = (\varphi_1 - \varphi_2)\frac{\ln\left(\tan\frac{\theta}{2}\right)}{\ln\left(\tan\frac{\theta_1}{2}\right)} + \varphi_2 \tag{2.27.8}$$

这平面上电荷量的面密度为

$$\begin{aligned}\sigma &= -\boldsymbol{e}_\theta \cdot \boldsymbol{D} = -\boldsymbol{e}_\theta \cdot (\varepsilon_0 \boldsymbol{E}) = -\varepsilon_0 \boldsymbol{e}_\theta \cdot \left(-\frac{1}{r}\frac{\partial \varphi}{\partial \theta}\boldsymbol{e}_\theta\right)_{\theta=\pi/2} \\ &= \frac{\varepsilon_0}{r}\frac{\mathrm{d}\varphi}{\mathrm{d}\theta}\bigg|_{\theta=\pi/2} = \frac{\varepsilon_0(\varphi_1 - \varphi_2)}{r\ln\left(\tan\frac{\theta_1}{2}\right)}\end{aligned} \tag{2.27.9}$$

【讨论】（1）本题所求的电势 φ，虽然具有轴对称性(即 φ 与方位角 ϕ 无关)，但不能由公式

$$\varphi(r,\theta) = \sum_{l=0}^{\infty}\left(A_l r^l + \frac{B_l}{r^{l+1}}\right)\mathrm{P}_l(\cos\theta) \tag{2.27.10}$$

求出. 这是因为，(2.27.10)式虽然是拉普拉斯方程在轴对称情况下的通解，但它要求的边界条件是：$\theta=0$ 和 $\theta=\pi$ 时 $\varphi(r,\theta)$ 为有限值. 而本题并不满足这个边界条件. 本题 θ 的范围为 $\theta_1 \leqslant \theta \leqslant \theta_2$. 本题的边界条件是：不论 r 为什么值，当 $\theta=\theta_1$ 时，$\varphi=\varphi_1$；当 $\theta=\theta_2$ 时，$\varphi=\varphi_2$. 所以 φ 应与 r 无关. 于是拉普拉斯方程就化为(2.27.1)式. (2.27.1)式的解由边界条件定系数，便得出本题的解.

（2）如果作为边界的锥面不是整块导体，则边界面上的电势 φ_1 和 φ_2 便可以不是常量，而是 r 的函数. 这时两锥面间的电势 φ 便不仅是 θ 的函数，而且还是 r 的函数. 因此，问题比较复杂. 有兴趣的读者可参阅 W. R. 斯迈思著，戴世强译，《静电学和电动力学》，上册，科学出版社(1981)，217 页、223～224 页.

2.28　电荷 q 均匀分布在半径为 a 的圆环上，此外都是真空. 试求 q 在空间任一点产生的电场强度 $\boldsymbol{E}$.

【解】 以圆环心 O 为原点，轴线为 z 轴，取坐标系如图 2.28 所示. 根据对称性，凡圆心在 z 轴上、圆面平行于 x-y 平面的圆周上，电场强度 $\boldsymbol{E}$ 的大小都相同. 换句话说，$\boldsymbol{E}$ 的大小与方位角 ϕ 无关. 因此，为方便，取 $\phi=0$ 的 x-z 平面上的 $P(r,\theta,0)$ 点作为场点，来计算均匀圆环电荷 q 在此产生的电场强度 $\boldsymbol{E}$.

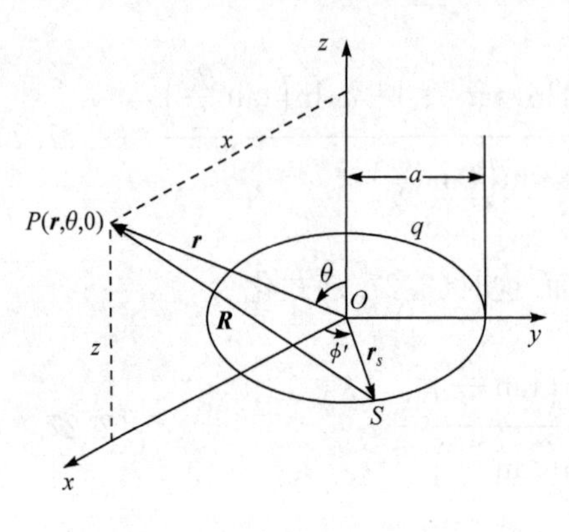

图 2.28

在圆环上 S 处，电荷元为

$$\mathrm{d}q=\frac{q}{2\pi}\mathrm{d}\phi' \tag{2.28.1}$$

由图 2.28，源点 S 和场点 P 的位矢为

源点 S：$\boldsymbol{r}_S=a\cos\phi'\boldsymbol{e}_x+a\sin\phi'\boldsymbol{e}_y$ (2.28.2)

场点 P：$\boldsymbol{r}=r\sin\theta\boldsymbol{e}_x+r\cos\theta\boldsymbol{e}_z$ (2.28.3)

式中 $\boldsymbol{e}_x,\boldsymbol{e}_y,\boldsymbol{e}_z$ 是笛卡儿坐标系的三个基矢. 由(2.28.2)、(2.28.3)两式得源点 S 到场点 P 的位矢为

$$\boldsymbol{R}=\boldsymbol{r}-\boldsymbol{r}_S=(r\sin\theta-a\cos\phi')\boldsymbol{e}_x-a\sin\phi'\boldsymbol{e}_y+r\cos\theta\boldsymbol{e}_z \tag{2.28.4}$$

$$R^2=a^2+r^2-2ar\sin\theta\cos\phi' \tag{2.28.5}$$

根据库仑定律，$\mathrm{d}q$ 在 $P(r,\theta,0)$ 点产生的电场强度为

$$\mathrm{d}\boldsymbol{E}=\frac{\mathrm{d}q}{4\pi\varepsilon_0}\frac{\boldsymbol{R}}{R^3}=\frac{q}{8\pi^2\varepsilon_0}\frac{\boldsymbol{R}}{R^3}\mathrm{d}\phi'=\frac{q}{8\pi^2\varepsilon_0}\frac{(r\sin\theta-a\cos\phi')\boldsymbol{e}_x-a\sin\phi'\boldsymbol{e}_y+r\cos\theta\boldsymbol{e}_z}{(a^2+r^2-2ar\sin\theta\cos\phi')^{3/2}}\mathrm{d}\phi' \tag{2.28.6}$$

积分，便得 P 点的电场强度为

$$\begin{aligned}\boldsymbol{E}&=\frac{q}{8\pi^2\varepsilon_0}\int_0^{2\pi}\frac{(r\sin\theta-a\cos\phi')\boldsymbol{e}_x-a\sin\phi'\boldsymbol{e}_y+r\cos\theta\boldsymbol{e}_z}{(a^2+r^2-2ar\sin\theta\cos\phi')^{3/2}}\mathrm{d}\phi'\\&=\frac{q}{8\pi^2\varepsilon_0}[(r\sin\theta\mathrm{I}_1-a\mathrm{I}_2)\boldsymbol{e}_x-a\mathrm{I}_3\boldsymbol{e}_y+r\cos\theta\mathrm{I}_1\boldsymbol{e}_z]\end{aligned} \tag{2.28.7}$$

式中 $\mathrm{I}_1,\mathrm{I}_2,\mathrm{I}_3$ 是三个不同的积分，比较复杂，下面作专门计算.

(1) 第一个积分

$$\begin{aligned}\mathrm{I}_1&=\int_0^{2\pi}\frac{\mathrm{d}\phi'}{(a^2+r^2-2ar\sin\theta\cos\phi')^{3/2}}\\&=\frac{1}{(a^2+r^2)^2-(-2ar\sin\theta)^2}\int_0^{2\pi}\frac{a^2+r^2-2ar\sin\theta\cos\phi'}{\sqrt{a^2+r^2-2ar\sin\theta\cos\phi'}}\mathrm{d}\phi'\\&=\frac{1}{(a^2+r^2+2ar\sin\theta)(a^2+r^2-2ar\sin\theta)}\int_0^{2\pi}\sqrt{a^2+r^2-2ar\sin\theta\cos\phi'}\,\mathrm{d}\phi'\end{aligned} \tag{2.28.8}$$

令 $\phi'=\pi-2x$，则(2.28.8)式右边的积分便化为

$$\begin{aligned}&\int_0^{2\pi}\sqrt{a^2+r^2-2ar\sin\theta\cos\phi'}\,\mathrm{d}\phi'\\&=2\int_{-\pi/2}^{\pi/2}\sqrt{a^2+r^2+2ar\sin\theta-4ar\sin\theta\sin^2x}\,\mathrm{d}x\\&=2\sqrt{a^2+r^2+2ar\sin\theta}\int_{-\pi/2}^{\pi/2}\sqrt{1-k^2\sin^2x}\,\mathrm{d}x\\&=4\sqrt{a^2+r^2+2ar\sin\theta}\int_0^{\pi/2}\sqrt{1-k^2\sin^2x}\,\mathrm{d}x\\&=4\sqrt{a^2+r^2+2ar\sin\theta}\,\mathrm{E}\end{aligned}\tag{2.28.9}$$

式中

$$k^2=\frac{4ar\sin\theta}{a^2+r^2+2ar\sin\theta}\tag{2.28.10}$$

$$\begin{aligned}\mathrm{E}&=\int_0^{\pi/2}\sqrt{1-k^2\sin^2x}\,\mathrm{d}x\\&=\frac{\pi}{2}\left[1-\left(\frac{1}{2}\right)^2k^2-\left(\frac{1\cdot3}{2\cdot4}\right)^2\frac{k^4}{3}-\left(\frac{1\cdot3\cdot5}{2\cdot4\cdot6}\right)^2\frac{k^6}{5}-\cdots\right]\end{aligned}\tag{2.28.11}$$

E 叫做第二种全椭圆积分. 于是得第一个积分为

$$\mathrm{I}_1=\int_0^{2\pi}\frac{\mathrm{d}\phi'}{(a^2+r^2-2ar\sin\theta\cos\phi')^{3/2}}=\frac{4\mathrm{E}}{\sqrt{a^2+r^2+2ar\sin\theta}(a^2+r^2-2ar\sin\theta)}\tag{2.28.12}$$

(2) 第二个积分

$$\mathrm{I}_2=\int_0^{2\pi}\frac{\cos\phi'\,\mathrm{d}\phi'}{(a^2+r^2-2ar\sin\theta\cos\phi')^{3/2}}\tag{2.28.13}$$

因被积函数可写作

$$\begin{aligned}\frac{\cos\phi'}{(a^2+r^2-2ar\sin\theta\cos\phi')^{3/2}}=&\frac{a^2+r^2}{2ar\sin\theta}\frac{1}{(a^2+r^2-2ar\sin\theta\cos\phi')^{3/2}}\\&-\frac{1}{2ar\sin\theta}\frac{1}{\sqrt{a^2+r^2-2ar\sin\theta\cos\phi'}}\end{aligned}\tag{2.28.14}$$

故得

$$\begin{aligned}\mathrm{I}_2=&\frac{a^2+r^2}{2ar\sin\theta}\int_0^{2\pi}\frac{\mathrm{d}\phi'}{(a^2+r^2-2ar\sin\theta\cos\phi')^{3/2}}\\&-\frac{1}{2ar\sin\theta}\int_0^{2\pi}\frac{\mathrm{d}\phi'}{\sqrt{a^2+r^2-2ar\sin\theta\cos\phi'}}\end{aligned}$$

$$=\frac{a^2+r^2}{2ar\sin\theta}\mathrm{I}_1-\frac{1}{2ar\sin\theta}\int_0^{2\pi}\frac{\mathrm{d}\phi'}{\sqrt{a^2+r^2-2ar\sin\theta\cos\phi'}} \tag{2.28.15}$$

上式中右边的积分可求出如下：令 $\phi'=\pi-2x$，便得

$$\int_0^{2\pi}\frac{\mathrm{d}\phi'}{\sqrt{a^2+r^2-2ar\sin\theta\cos\phi'}}=2\int_{-\pi/2}^{\pi/2}\frac{\mathrm{d}x}{\sqrt{a^2+r^2+2ar\sin\theta-4ar\sin\theta\sin^2 x}}$$

$$=\frac{2}{\sqrt{a^2+r^2+2ar\sin\theta}}\int_{-\pi/2}^{\pi/2}\frac{\mathrm{d}x}{\sqrt{1-k^2\sin^2 x}}=\frac{4\mathrm{K}}{\sqrt{a^2+r^2+2ar\sin\theta}} \tag{2.28.16}$$

式中

$$\mathrm{K}=\int_0^{\pi/2}\frac{\mathrm{d}x}{\sqrt{1-k^2\sin^2 x}}=\frac{\pi}{2}\left[1+\left(\frac{1}{2}\right)^2k^2+\left(\frac{1\cdot 3}{2\cdot 4}\right)^2k^4+\left(\frac{1\cdot 3\cdot 5}{2\cdot 4\cdot 6}\right)^2k^6+\cdots\right] \tag{2.28.17}$$

K 叫做第一种全椭圆积分. 将(2.28.12)式和(2.28.16)式代入(2.28.15)式，得

$$\mathrm{I}_2=\frac{a^2+r^2}{2ar\sin\theta}\frac{4\mathrm{E}}{\sqrt{a^2+r^2+2ar\sin\theta}(a^2+r^2-2ar\sin\theta)}-\frac{1}{2ar\sin\theta}\frac{4\mathrm{K}}{\sqrt{a^2+r^2+2ar\sin\theta}}$$

$$=\frac{2}{ar\sin\theta\sqrt{a^2+r^2+2ar\sin\theta}}\left(\frac{a^2+r^2}{a^2+r^2-2ar\sin\theta}\mathrm{E}-\mathrm{K}\right) \tag{2.28.18}$$

(3) 第三个积分

$$\mathrm{I}_3=\int_0^{2\pi}\frac{\sin\phi'\mathrm{d}\phi'}{(a^2+r^2-2ar\sin\theta\cos\phi')^{3/2}}=\frac{1}{ar\sin\theta}\left.\frac{1}{\sqrt{a^2+r^2-2ar\sin\theta\cos\phi'}}\right|_{\phi'=0}^{\phi'=2\pi}=0 \tag{2.28.19}$$

将上面求出的 I_1，I_2 和 I_3 的值代入(2.28.7)式，便得所求的电场强度 $\boldsymbol{E}$ 的三个分量如下：

$$E_x=\frac{q}{8\pi^2\varepsilon_0}[r\sin\theta\mathrm{I}_1-a\mathrm{I}_2]$$

$$=\frac{q}{8\pi^2\varepsilon_0}\left[\frac{4r\sin\theta\mathrm{E}}{\sqrt{a^2+r^2+2ar\sin\theta}(a^2+r^2-2ar\sin\theta)}\right.$$

$$\left.-\frac{2}{r\sin\theta\sqrt{a^2+r^2+2ar\sin\theta}}\left(\frac{a^2+r^2}{a^2+r^2-2ar\sin\theta}\mathrm{E}-\mathrm{K}\right)\right]$$

$$=\frac{q}{4\pi^2\varepsilon_0}\frac{1}{r\sin\theta\sqrt{a^2+r^2+2ar\sin\theta}}\left(\frac{2r^2\sin^2\theta-a^2-r^2}{a^2+r^2-2ar\sin\theta}\mathrm{E}+\mathrm{K}\right) \tag{2.28.20}$$

$$E_y=\frac{q}{8\pi^2\varepsilon_0}(-a\mathrm{I}_3)=0 \tag{2.28.21}$$

$$E_z=\frac{q}{8\pi^2\varepsilon_0}r\cos\theta \mathrm{I}_1=\frac{q}{4\pi^2\varepsilon_0}\frac{2r\cos\theta}{\sqrt{a^2+r^2+2ar\sin\theta}(a^2+r^2-2ar\sin\theta)}\mathrm{E}$$

(2.28.22)

【讨论】 ***E*** 在柱坐标系和球坐标系的分量

(1) 变换到柱坐标系

坐标变换式为

$$\rho=r\sin\theta,\quad z=r\cos\theta,\quad \rho^2+z^2=r^2 \tag{2.28.23}$$

矢量分量的变换关系为

$$E_\rho=E_x\cos\phi+E_y\sin\phi,\quad E_\phi=-E_x\sin\phi+E_y\cos\phi,\quad E_z=E_z \tag{2.28.24}$$

今 $\phi=0$,故由上列关系式得,用柱坐标表示,***E*** 的三个分量为

$$E_\rho=E_x=\frac{q}{4\pi^2\varepsilon_0}\frac{1}{\rho\sqrt{a^2+\rho^2+z^2+2a\rho}}\left(\frac{\rho^2-a^2-z^2}{a^2+\rho^2+z^2-2a\rho}\mathrm{E}+\mathrm{K}\right) \tag{2.28.25}$$

$$E_\phi=E_y=0 \tag{2.28.26}$$

$$E_z=E_z=\frac{q}{4\pi^2\varepsilon_0}\frac{2z}{\sqrt{a^2+\rho^2+z^2+2a\rho}(a^2+\rho^2+z^2-2a\rho)}\mathrm{E} \tag{2.28.27}$$

其中

$$k^2=\frac{4a\rho}{a^2+\rho^2+z^2+2a\rho}. \tag{2.28.28}$$

(2) 变换到球坐标系

因(2.28.20)、(2.28.21)、(2.28.22)三式的 E_x, E_y, E_z 都是用球坐标系的 r,θ,ϕ 表示,故不用变换. 矢量分量的变换关系为

$$\left.\begin{aligned}E_r&=E_x\sin\theta\cos\phi+E_y\sin\theta\sin\phi+E_z\cos\theta\\E_\theta&=E_x\cos\theta\cos\phi+E_y\cos\theta\sin\phi-E_z\sin\theta\\E_\phi&=-E_x\sin\phi+E_y\cos\phi\end{aligned}\right\} \tag{2.28.29}$$

今 $\phi=0$,故由上列三式得,用球坐标表示,***E*** 的三个分量为

$$E_r=E_x\sin\theta+E_z\cos\theta=\frac{q}{4\pi^2\varepsilon_0}\frac{1}{r\sqrt{a^2+r^2+2ar\sin\theta}}\left(\frac{r^2-a^2}{a^2+r^2-2ar\sin\theta}\mathrm{E}+\mathrm{K}\right)$$

(2.28.30)

$$E_\theta=E_x\cos\theta-E_z\sin\theta=\frac{q}{4\pi^2\varepsilon_0}\frac{\cos\theta}{r\sin\theta\sqrt{a^2+r^2+2ar\sin\theta}}\left(\mathrm{K}-\frac{a^2+r^2}{a^2+r^2-2ar\sin\theta}\mathrm{E}\right)$$

(2.28.31)

$$E_\phi=E_y=0 \tag{2.28.32}$$

2.29 电荷量 q 均匀地分布在半径为 a 的圆环上,此外都是真空. 试求空间任一点的电势.

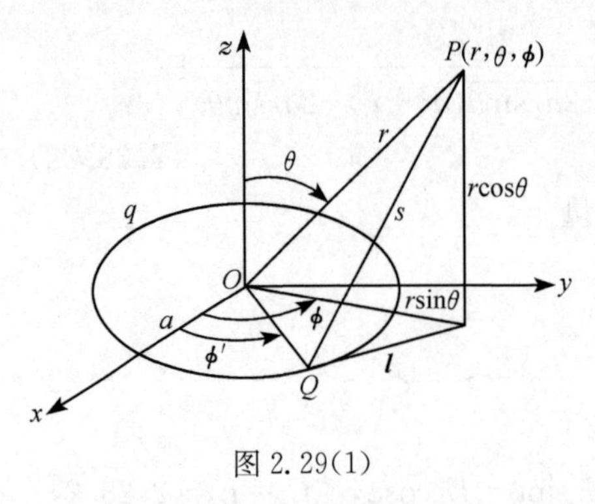

图 2.29(1)

【解】 以圆环心 O 为原点,圆环的轴线为极轴,取球坐标系如图 2.29(1)所示. $P(r,\theta,\varphi)$为空间任一点,圆环上 Q 点的元电荷 $\mathrm{d}q=\dfrac{q}{2\pi}\mathrm{d}\phi'$在 P 点产生的电势为

$$\mathrm{d}\varphi=\frac{\mathrm{d}q}{4\pi\varepsilon_0 s}=\frac{q}{8\pi^2\varepsilon_0}\frac{\mathrm{d}\phi'}{s}\tag{2.29.1}$$

式中 s 为 Q 到 P 之间的距离. 由图 2.29(1)可见

$$\begin{aligned}s^2&=(r\cos\theta)^2+l^2=(r\cos\theta)^2+a^2+(r\sin\theta)^2-2ar\sin\theta\cos(\phi-\phi')\\&=r^2+a^2-2ar\sin\theta\cos(\phi-\phi')\end{aligned}\tag{2.29.2}$$

$$\mathrm{d}\varphi=\frac{q}{8\pi^2\varepsilon_0}\frac{\mathrm{d}\phi'}{\sqrt{r^2+a^2-2ar\sin\theta\cos(\phi-\phi')}}\tag{2.29.3}$$

于是得整个圆环上的电荷在 P 点产生的电势为

$$\varphi=\frac{q}{8\pi^2\varepsilon_0}\int_0^{2\pi}\frac{\mathrm{d}\phi'}{\sqrt{r^2+a^2-2ar\sin\theta\cos(\phi-\phi')}}\tag{2.29.4}$$

式中的积分是一种椭圆积分,不能用初等函数的有限项表示. 我们把它化为标准形式. 作变换

$$\phi-\phi'=2\psi-\pi\tag{2.29.5}$$

并令

$$k^2=\frac{4ar\sin\theta}{r^2+a^2+2ar\sin\theta}\tag{2.29.6}$$

则上述积分便化为

$$\int_0^{2\pi}\frac{\mathrm{d}\phi'}{\sqrt{r^2+a^2-2ar\sin\theta\cos(\phi-\phi')}}=\frac{2}{\sqrt{r^2+a^2+2ar\sin\theta}}\int_{\frac{\phi-\pi}{2}}^{\frac{\phi+\pi}{2}}\frac{\mathrm{d}\psi}{\sqrt{1-k^2\sin^2\psi}}\tag{2.29.7}$$

因$\sqrt{1-k^2\sin^2\psi}$是 ψ 的以 π 为周期的偶函数,故

$$\int_{\frac{\phi-\pi}{2}}^{\frac{\phi+\pi}{2}}\frac{\mathrm{d}\psi}{\sqrt{1-k^2\sin^2\psi}}=\int_{-\pi/2}^{\pi/2}\frac{\mathrm{d}\psi}{\sqrt{1-k^2\sin^2\psi}}=2\int_0^{\pi/2}\frac{\mathrm{d}\psi}{\sqrt{1-k^2\sin^2\psi}}=2\mathrm{K}\tag{2.29.8}$$

式中

$$\mathrm{K}=\int_0^{\pi/2}\frac{\mathrm{d}\psi}{\sqrt{1-k^2\sin^2\psi}}$$

$$= \frac{\pi}{2}\left[1 + \left(\frac{1}{2}\right)^2 k^2 + \left(\frac{1 \cdot 3}{2 \cdot 4}\right)^2 k^4 + \left(\frac{1 \cdot 3 \cdot 5}{2 \cdot 4 \cdot 6}\right)^2 k^6 + \cdots\right] \quad (2.29.9)$$

叫做第一种全椭圆积分.

于是最后得出，P 点的电势为

$$\varphi = \frac{q}{2\pi^2\varepsilon_0} \frac{\mathrm{K}}{\sqrt{r^2 + a^2 + 2ar\sin\theta}} \quad (2.29.10)$$

当 P 点在圆环的轴线上时，$\theta=0$，这时由(2.29.9)式可见，$\mathrm{K}=\frac{\pi}{2}$，于是电势为

$$\varphi = \frac{q}{4\pi\varepsilon_0 \sqrt{r^2 + a^2}} \quad (2.29.11)$$

这正是我们在电磁学中见到的结果.

【别解】 上面的解法是根据电荷在无界空间里产生电势的公式(2.29.1)，直接由积分计算结果. 现在我们换一种方法，由解拉普拉斯方程来计算结果.

因所求的电势 φ 满足拉普拉斯方程，取球坐标系如图 2.29，根据对称性，φ 只是 r 和 θ 的函数，而与方位角 ϕ 无关；又 φ 在 $\theta=0$ 和 π 时为有限值，故得拉普拉斯方程的解为

$$\varphi = \sum_{l=0}^{\infty}\left(a_l r^l + \frac{b_l}{r^{l+1}}\right)\mathrm{P}_l(\cos\theta) \quad (2.29.12)$$

在 $r<a$ 的区域里，$r\to 0$ 时，φ 为有限值，故 $b_l=0$. 于是

$$\varphi = \sum_{l=0}^{\infty} a_l r^l \mathrm{P}_l(\cos\theta), \qquad r < a \quad (2.29.13)$$

在 $r>a$ 的区域里，$r\to\infty$时，$\varphi\to 0$，故 $a_l=0$. 于是

$$\varphi = \sum_{l=0}^{\infty} \frac{b_l}{r^{l+1}} \mathrm{P}_l(\cos\theta), \qquad r > a \quad (2.29.14)$$

下面由 φ 的特殊值定出以上两式中的系数 a_l 和 b_l. 在轴线上(即 $\varphi=0$ 或 π 时)离环心为 r 处，很容易由积分直接算出 φ 的值为

$$\varphi = \frac{q}{4\pi\varepsilon_0 \sqrt{r^2 + a^2}} \quad (2.29.15)$$

在 $r<a$ 的区域里，将上式展开为

$$\begin{aligned}\varphi &= \frac{q}{4\pi\varepsilon_0 a} \frac{1}{\sqrt{1 + (r/a)^2}} \\ &= \frac{q}{4\pi\varepsilon_0 a}\left[1 - \frac{1}{2}\left(\frac{r}{a}\right)^2 + \frac{1 \cdot 3}{2 \cdot 4}\left(\frac{r}{a}\right)^4 - \frac{1 \cdot 3 \cdot 5}{2 \cdot 4 \cdot 6}\left(\frac{r}{a}\right)^6 + \cdots\right]\end{aligned} \quad (2.29.16)$$

这时，$\theta=0$，(2.29.13)式化为

$$\varphi = \sum_{n=0}^{\infty} a_l r^l \mathrm{P}_l(1) = \sum_{l=0}^{\infty} a_l r^l, \qquad r < a \quad (2.29.17)$$

比较(2.29.16)和(2.29.17)两式中 r^l 项的系数得

$$a_l=\begin{cases}0, & \text{当 } l \text{ 为奇数时}\\ \dfrac{q}{4\pi\varepsilon_0 a}(-1)^{\frac{l}{2}}\dfrac{1\cdot3\cdot5\cdots(l-1)}{2\cdot4\cdot6\cdots l}\dfrac{1}{a^l}, & \text{当 } l \text{ 为偶数时}\end{cases}\tag{2.29.18}$$

于是得

$$\varphi=\frac{q}{4\pi\varepsilon_0 a}\sum_{n=0}^{\infty}(-1)^n\frac{1\cdot3\cdot5\cdots(2n-1)}{2\cdot4\cdot6\cdots(2n)}\left(\frac{r}{a}\right)^{2n}\mathrm{P}_{2n}(\cos\theta),\qquad r<a\tag{2.29.19}$$

在 $r>a$ 的区域里，将(2.29.15)式展开为

$$\begin{aligned}\varphi&=\frac{q}{4\pi\varepsilon_0 r}\frac{1}{\sqrt{1+(a/r)^2}}\\&=\frac{q}{4\pi\varepsilon_0 r}\left[1-\frac{1}{2}\left(\frac{a}{r}\right)^2+\frac{1\cdot3}{2\cdot4}\left(\frac{a}{r}\right)^4-\frac{1\cdot3\cdot5}{2\cdot4\cdot6}\left(\frac{a}{r}\right)^6+\cdots\right]\end{aligned}\tag{2.29.20}$$

这时，$\theta=0$，(2.29.14)式化为

$$\varphi=\sum_{l=0}^{\infty}\frac{b_l}{r^{l+1}}\mathrm{P}_l(1)=\sum_{l=0}^{\infty}\frac{b_l}{r^{l+1}},\qquad r>a\tag{2.29.21}$$

比较(2.29.20)和(2.29.21)两式中 $1/r^{l+1}$ 项的系数得

$$b_l=\begin{cases}0, & \text{当 } l \text{ 为奇数时}\\ \dfrac{q}{4\pi\varepsilon_0 r}(-1)^{\frac{l}{2}}\dfrac{1\cdot3\cdot5\cdots(l-1)}{2\cdot4\cdot6\cdots l}a^l, & \text{当 } l \text{ 为偶数时}\end{cases}\tag{2.29.22}$$

于是得

$$\varphi=\frac{q}{4\pi\varepsilon_0 a}\sum_{n=0}^{\infty}(-1)^n\frac{1\cdot3\cdot5\cdots(2n-1)}{2\cdot4\cdot6\cdots(2n)}\left(\frac{a}{r}\right)^{2n+1}\mathrm{P}_{2n}(\cos\theta),\qquad r>a\tag{2.29.23}$$

(2.29.19)式和(2.29.23)式便是所求的电势.

当 P 点在圆环的轴线上时，$\theta=0$，这时

$$\mathrm{P}_{2n}(\cos\theta)=\mathrm{P}_{2n}(1)=1\tag{2.29.24}$$

(2.29.19)式和(2.29.23)式便都化为(2.29.15)式，正是电磁学里得出的结果.

利用

$$\mathrm{P}_{2n}(0)=(-1)^n\frac{(2n)!}{2^{2n}\cdot(n!)^2}=(-1)^n\frac{1\cdot3\cdot5\cdots(2n-1)}{2\cdot4\cdot6\cdots(2n)}\tag{2.29.25}$$

(2.29.19)式和(2.29.23)式可分别写作

$$\varphi=\frac{q}{4\pi\varepsilon_0 a}\sum_{n=0}^{\infty}\left(\frac{r}{a}\right)^{2n}\mathrm{P}_{2n}(0)\mathrm{P}_{2n}(\cos\theta),\qquad r<a\tag{2.29.26}$$

$$\varphi=\frac{q}{4\pi\varepsilon_0 a}\sum_{n=0}^{\infty}\left(\frac{a}{r}\right)^{2n+1}\mathrm{P}_{2n}(0)\mathrm{P}_{2n}(\cos\theta),\qquad r>a\tag{2.29.27}$$

【讨论】 (1) 对于(2.29.19)式我们注明了 $r<a$,而不是 $r\leqslant a$;对于(2.29.23)式我们注明了 $r>a$,而不是 $r\geqslant a$. 这是因为,我们把圆环上的电荷当作是线电荷,在取无穷远处为电势零点的情况下,圆环本身的电势便是无穷大,即 $r=a$ 和 $\theta=\pi/2$ 时,$\varphi\to\infty$. 而在(2.29.19)式和(2.29.23)式中,我们未对 θ 作限制,即 θ 可以等于 $\pi/2$. 故对 r 作限制,即 $r<a$ 和 $r>a$,而不是 $r=a$.

(2) 对于同一个物理问题,由于所用的求解方法不同,所得结果的表达式也可能不同. 例如本题,(2.29.10)式便与(2.29.19)和(2.29.23)两式不同. 这种不同,只是数学表达上的形式不同,而不是数值上的不同. 对于 r 和 θ 的同一组值,由(2.29.10)式算出 φ 值,与由(2.29.19)式或(2.29.23)式算出的 φ 值是相同的. 前面提到的在轴线上 φ 的值便是如此.

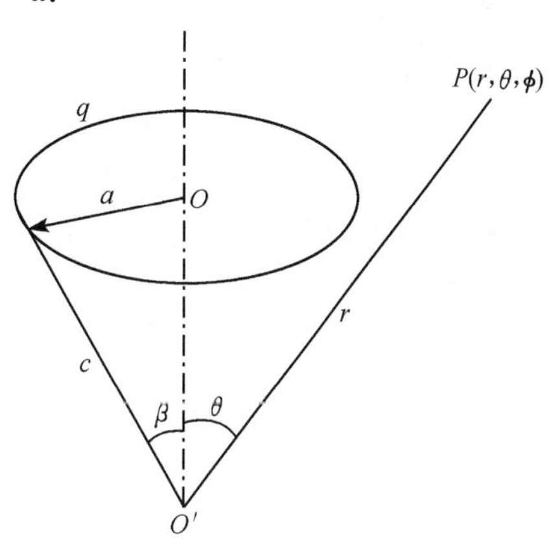

图 2.29(2)

(3) 如果不取圆环心为坐标原点,而取圆环轴线上某一点 O' 为原点,O' 到圆环心 O 的距离为 $c\cos\beta$,c 是 O' 到圆环上任一点的距离,β 是圆环到 O' 的连线与轴线的夹角,如图 2.29(2) 所示,则仍可用前面所讲的两种方法中的任何一种方法求解. 我们在这里就用第二种方法解决这类问题作一些说明.

图 2.29(3)

为此,我们先介绍一个有用的关系式. 设始端在同一点的两个矢量 $\boldsymbol{a}$ 和 $\boldsymbol{b}$,长度分别为 a 和 b,夹角为 β,如图 2.29(3) 所示,则它们的末端间的距离便为 $R=\sqrt{a^2+b^2-2ab\cos\beta}$. 在 $b>a$ 的情况下,R 的倒数可展开如下:

$$\frac{1}{R}=(a^2+b^2-2ab\cos\beta)^{-1/2}=\frac{1}{b}\left[1+\frac{a^2-2ab\cos\beta}{b^2}\right]^{-1/2}$$

$$=\frac{1}{b}\left[1-\frac{1}{2}\frac{a^2-2ab\cos\beta}{b^2}+\frac{1\cdot3}{2\cdot4}\left(\frac{a^2-2ab\cos\beta}{b^2}\right)^2\right.$$

$$\left.-\frac{1\cdot3\cdot5}{2\cdot4\cdot6}\left(\frac{a^2-2ab\cos\beta}{b^2}\right)^3+\cdots\right]$$

$$=\frac{1}{b}\left[1+\frac{a}{b}\cos\beta+\left(\frac{a}{b}\right)^2\frac{3\cos^2\beta-1}{2}+\left(\frac{a}{b}\right)^3\frac{5\cos^3\beta-3\cos\beta}{2}+\cdots\right]$$

$$=\frac{1}{b}\left[\left(\frac{a}{b}\right)^0\mathrm{P}_0(\cos\beta)+\left(\frac{a}{b}\right)\mathrm{P}_1(\cos\beta)\right.$$

$$+\left(\frac{a}{b}\right)^2 \mathrm{P}_2(\cos\beta)+\left(\frac{a}{b}\right)^3 \mathrm{P}_3(\cos\beta)+\cdots\Big]$$

$$=\frac{1}{b}\sum_{n=0}^{\infty}\left(\frac{a}{b}\right)^n \mathrm{P}_n(\cos\beta) \tag{2.29.28}$$

由此可见，$\frac{1}{R}$的展开式中，$\left(\frac{a}{b}\right)^n$ 项的系数便是勒让德多项式 $\mathrm{P}_n(\cos\beta)$. 因此，通常就把 $b=1$ 和 $a<1$ 的$(1+a^2-2a\cos\beta)^{-1/2}$ 叫做勒让德多项式的生成函数. (2.29.28)式是一个很有用的关系式.

现在回到我们的问题上来. 对于有轴对称性的静电学问题来说，如果电势 φ 满足拉普拉斯方程，并且 φ 在对称轴上有确定的值，则以对称轴为极轴，它上面任一点为原点取球坐标系，空间任一点的电势(拉普拉斯方程的解)便为

$$\varphi(r,\theta)=\sum_{n=0}^{\infty}\left(a_n r^n+\frac{b_n}{r^{n+1}}\right)\mathrm{P}_n(\cos\theta) \tag{2.29.29}$$

在对称轴上，$\theta=0$，$\mathrm{P}_n(\cos\theta)=\mathrm{P}_n(1)=1$. 上式便化为

$$\varphi(r,0)=\sum_{n=0}^{\infty}\left(a_n r^n+\frac{b_n}{r^{n+1}}\right) \tag{2.29.30}$$

如果由某种方法，求出了对称轴上任一点 A(A 到原点的距离为 r)的电势 $\varphi_A(r)$，则把 $\varphi_A(r)$展成 r 的幂级数后，同(2.29.30)式比较系数，就可以求出 a_n 或 b_n 来. 于是所求的解便为

$$\varphi(r,\theta)=\sum_{n=0}^{\infty} a_n r^n \mathrm{P}_n(\cos\theta),\qquad r\text{ 较小} \tag{2.29.31}$$

$$\varphi(r,\theta)=\sum_{n=0}^{\infty} \frac{b_n}{r^{n+1}} \mathrm{P}_n(\cos\theta),\qquad r\text{ 较大} \tag{2.29.32}$$

再回到图 2.29(2)，轴上任一点 A 到原点 O'的距离为 r，如图 2.29(4)所示. A 点的电势很容易由积分算出，结果为

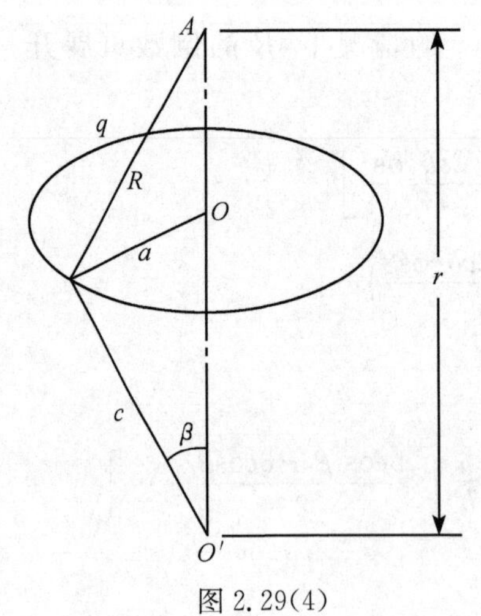

图 2.29(4)

$$\varphi_A=\frac{q}{4\pi\varepsilon_0 R}$$

$$=\frac{q}{4\pi\varepsilon_0}\frac{1}{\sqrt{c^2+r^2-2cr\cos\beta}} \tag{2.29.33}$$

由(2.29.28)式得

$$\varphi_A=\frac{q}{4\pi\varepsilon_0 c}\sum_{n=0}^{\infty}\left(\frac{r}{c}\right)^n \mathrm{P}_n(\cos\beta),\qquad r<c \tag{2.29.34}$$

$$\varphi_A=\frac{q}{4\pi\varepsilon_0 c}\sum_{n=0}^{\infty}\left(\frac{c}{r}\right)^{n+1} \mathrm{P}_n(\cos\beta),\qquad r>c \tag{2.29.35}$$

在轴线上，$\theta=0$，$\mathrm{P}_n(\cos\theta)=\mathrm{P}_n(1)=1$，这时(2.29.31)式和(2.29.32)式就分别化为

$$\varphi(r,0)=\sum_{n=0}^{\infty}a_n r^n,\qquad r\text{较小}\tag{2.29.36}$$

$$\varphi(r,0)=\sum_{n=0}^{\infty}\frac{b_n}{r^{n+1}},\qquad r\text{较大}\tag{2.29.37}$$

比较(2.29.34)与(2.29.36)两式中 r^n 项的系数得

$$a_n=\frac{q}{4\pi\varepsilon_0 c}\frac{1}{c^n}\mathrm{P}_n(\cos\beta)\tag{2.29.38}$$

比较(2.29.35)与(2.29.37)两式中 r^{-n-1}项的系数得

$$b_n=\frac{q}{4\pi\varepsilon_0 c}c^{n+1}\mathrm{P}_n(\cos\beta)\tag{2.29.39}$$

将所求出的 a_n 和 b_n 分别代入(2.29.31)式和(2.29.32)式，最后便得到所求的解为

$$\varphi(r,\theta)=\frac{q}{4\pi\varepsilon_0 c}\sum_{n=0}^{\infty}\left(\frac{r}{c}\right)^n\mathrm{P}_n(\cos\beta)\mathrm{P}_n(\cos\beta),\qquad r<c\tag{2.29.40}$$

$$\varphi(r,\theta)=\frac{q}{4\pi\varepsilon_0 c}\sum_{n=0}^{\infty}\left(\frac{c}{r}\right)^{n+1}\mathrm{P}_n(\cos\beta)\mathrm{P}_n(\cos\beta),\qquad r>c\tag{2.29.41}$$

读者可以自己验证，当原点 O' 与圆环心 O 重合(即 $\beta=\pi/2$，$c=a$)时，因 $\mathrm{P}_{2n+1}(0)=0$，故(2.29.40)式便化为(2.29.19)式，(2.29.41)式便化为(2.29.23)式.

2.30　电荷量 q 均匀分布在半径为 a 的圆盘上，圆盘的厚度可略去不计，圆盘外是真空. 试求圆盘外空间任一点的电势.

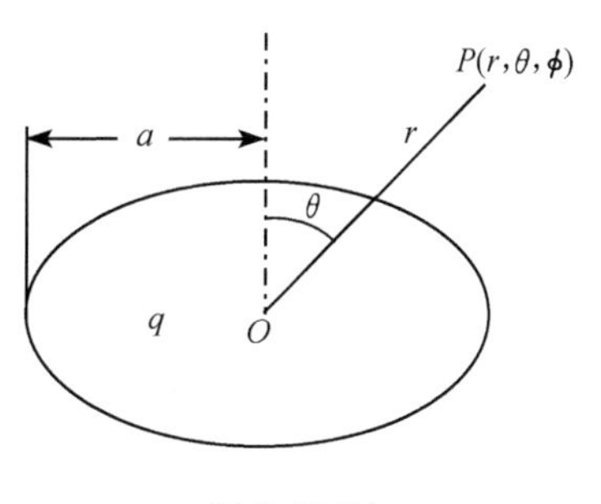

图 2.30(1)

【解法一】　以圆盘中心 O 为原点，轴线为极轴，取球坐标系，如图 2.30(1)所示. 由于轴对称性，所求的电势 φ 与方位角 ϕ 无关. 根据题目所给的条件，我们将空间分为两部分. 在 $r>a$ 的空间里，没有电荷，故 φ 满足拉普拉斯方程；又当 $\theta=0$ 或 π 时，φ 为有限值；$r\to\infty$时，$\varphi\to0$. 故 φ 应为

$$\varphi_0=\sum_{n=0}^{\infty}B_n\left(\frac{a}{r}\right)^{n+1}\mathrm{P}_n(\cos\theta),\qquad r>a\tag{2.30.1}$$

在 $r<a$ 的空间里，φ 满足泊松方程

$$\nabla^2\varphi_{\mathrm{i}}=\frac{1}{r^2}\frac{\partial}{\partial r}\left(r^2\frac{\partial\varphi_{\mathrm{i}}}{\partial r}\right)+\frac{1}{r^2\sin\theta}\frac{\partial}{\partial\theta}\left(\sin\theta\frac{\partial\varphi_{\mathrm{i}}}{\partial\theta}\right)=-\frac{\rho}{\varepsilon_0}$$

$$=-\frac{q}{\pi\varepsilon_0 a^2}\frac{\delta(\theta-\pi/2)}{r}u(a-r) \tag{2.30.2}$$

式中 $u(a-r)$ 是阶跃函数，其值为

$$u(a-r)=\begin{cases}1, & 当\ r<a\\ 0, & 当\ r>a\end{cases} \tag{2.30.3}$$

方程(2.30.2)不是齐次方程. 我们用分离变数法求解. 按相应的齐次方程(拉普拉斯方程)的本征函数 $\mathrm{P}_n(\cos\theta)$ 将 φ_i 和 $\delta(\theta-\pi/2)$ 分别展开为

$$\varphi_\mathrm{i}=\sum_{n=0}^{\infty}R_n(r)\mathrm{P}_n(\cos\theta) \tag{2.30.4}$$

$$\delta(\theta-\pi/2)=\sum_{n=0}^{\infty}\frac{2n+1}{2}\mathrm{P}_n(0)\mathrm{P}_n(\cos\theta) \tag{2.30.5}$$

将(2.30.4)和(2.30.5)两式代入(2.30.2)式得

$$\sum_{n=0}^{\infty}\left[\frac{\mathrm{P}_n}{r^2}\frac{\mathrm{d}}{\mathrm{d}r}\left(r^2\frac{\mathrm{d}R_n}{\mathrm{d}r}\right)+\frac{R_n}{r^2\sin\theta}\frac{\mathrm{d}}{\mathrm{d}\theta}\left(\sin\theta\frac{\mathrm{dP}_n}{\mathrm{d}\theta}\right)\right]=-\frac{q}{\pi\varepsilon_0 a^2 r}\sum_{n=0}^{\infty}\frac{2n+1}{2}\mathrm{P}_n(0)\mathrm{P}_n(\cos\theta) \tag{2.30.6}$$

因为勒让德多项式是正交函数组，故上式两边 $\mathrm{P}_n(\cos\theta)$ 的系数应相等. 于是得

$$\frac{1}{r^2}\frac{\mathrm{d}}{\mathrm{d}r}\left(r^2\frac{\mathrm{d}R_n}{\mathrm{d}r}\right)-n(n+1)\frac{R_n}{r^2}=-\frac{q}{\pi\varepsilon_0 a^2 r}\frac{2n+1}{2}\mathrm{P}_n(0) \tag{2.30.7}$$

其中用到了

$$\frac{1}{\sin\theta}\frac{\mathrm{d}}{\mathrm{d}\theta}\left(\sin\theta\frac{\mathrm{dP}_n}{\mathrm{d}\theta}\right)=-n(n+1)\mathrm{P}_n \tag{2.30.8}$$

于是得 R_n 所满足的方程为

$$\frac{\mathrm{d}}{\mathrm{d}r}\left(r^2\frac{\mathrm{d}R_n}{\mathrm{d}r}\right)-n(n+1)R_n=-\frac{qr}{\pi\varepsilon_0 a^2}\frac{2n+1}{2}\mathrm{P}_n(0) \tag{2.30.9}$$

这是 R_n 的二阶非齐次欧拉方程. 因为在 $r=0$ 处 φ_i 为有限值，故 $R_n(0)$ 应为有限值. (2.30.9)式满足这个条件的解为

$$R_n(r)=A_n\left(\frac{r}{a}\right)^n+\frac{q}{2\pi\varepsilon_0 a}\frac{(2n+1)\mathrm{P}_n(0)}{(n+2)(n-1)}\frac{r}{a} \tag{2.30.10}$$

于是得(2.30.2)式在 $r<a$ 的区域内的解为

$$\varphi_\mathrm{i}=\sum_{n=0}^{\infty}\left[A_n\left(\frac{r}{a}\right)^n+\frac{q}{2\pi\varepsilon_0 a}\frac{(2n+1)\mathrm{P}_n(0)}{(n+2)(n-1)}\frac{r}{a}\right]\mathrm{P}_n(\cos\theta),\quad r<a \tag{2.30.11}$$

下面由边界条件定系数. 边界条件为

$$\varphi_\mathrm{i}(a,\theta)=\varphi_0(a,\theta) \tag{2.30.12}$$

$$\left.\frac{\partial\varphi_{\mathrm{i}}}{\partial r}\right|_{r=a}=\left.\frac{\partial\varphi_{0}}{\partial r}\right|_{r=a} \tag{2.30.13}$$

(2.30.13)式假定了电荷所在处的介质其电容率为 ε_0，即与电荷外的电介质的电容率 ε_0 相等. 换句话说，本题假定电荷量 q 是在真空中均匀分布成一个圆盘形状. 由(2.30.1)、(2.30.11)和(2.30.12)三式得

$$A_n+\frac{q}{2\pi\varepsilon_0 a}\frac{(2n+1)\mathrm{P}_n(0)}{(n+2)(n-1)}=B_n \tag{2.30.14}$$

由(2.30.1)、(2.30.11)和(2.30.13)三式得

$$nA_n+\frac{q}{2\pi\varepsilon_0 a}\frac{(2n+1)\mathrm{P}_n(0)}{(n+2)(n-1)}=-(n+1)B_n \tag{2.30.15}$$

将(2.30.14)式和(2.30.15)式联立解得

$$A_n=-\frac{q}{2\pi\varepsilon_0 a}\frac{\mathrm{P}_n(0)}{n-1},\qquad n\neq 1 \tag{2.30.16}$$

$$B_n=\frac{q}{2\pi\varepsilon_0 a}\frac{\mathrm{P}_n(0)}{n+2},\qquad n\neq 1 \tag{2.30.17}$$

当 $n=1$ 时，(2.30.9)式右边为零，这时由边界条件得相应的系数 A_1 和 B_1 皆为零. 考虑到

$$\mathrm{P}_n(0)=0,\quad \text{当 } n \text{ 为奇数时} \tag{2.30.18}$$

$$\mathrm{P}_n(0)=(-1)^{n/2}\frac{1\cdot3\cdot5\cdots(n-1)}{2\cdot4\cdot6\cdots(n)},\quad \text{当 } n \text{ 为偶数时} \tag{2.30.19}$$

便得所求的解为

$$\varphi_0=\frac{q}{2\pi\varepsilon_0 a}\sum_{n=0}^{\infty}\frac{1}{2n+2}\left(\frac{a}{r}\right)^{2n+1}\mathrm{P}_{2n}(0)\mathrm{P}_{2n}(\cos\theta),\qquad r>a \tag{2.30.20}$$

$$\varphi_{\mathrm{i}}=\frac{q}{2\pi\varepsilon_0 a}\sum_{n=0}^{\infty}\frac{1}{2n-1}\left[\frac{4n+1}{2n+2}\frac{r}{a}-\left(\frac{r}{a}\right)^{2n}\right]\mathrm{P}_{2n}(0)\mathrm{P}_{2n}(\cos\theta),\qquad r<a \tag{2.30.21}$$

φ_{i} 也可写成另一形式. 因

$$|\cos\theta|=-\sum_{n=0}^{\infty}\frac{4n+1}{(2n-1)(2n+2)}\mathrm{P}_{2n}(0)\mathrm{P}_{2n}(\cos\theta) \tag{2.30.22}$$

故得

$$\varphi_{\mathrm{i}}=-\frac{q}{2\pi\varepsilon_0 a}\left[\frac{r}{a}|\cos\theta|+\sum_{n=0}^{\infty}\frac{1}{2n-1}\left(\frac{r}{a}\right)^{2n}\mathrm{P}_{2n}(0)\mathrm{P}_{2n}(\cos\theta)\right],\qquad r<a \tag{2.30.23}$$

【解法二】 根据已知均匀带电圆环所产生的电势，由积分求均匀带电圆盘所产生的电势. 根据 2.29 题的结果，设电荷量 Q 均匀分布在半径为 ρ 的圆环上，则它在空间 $P(r,\theta)$ 点产生的电势为

$$\varphi=\frac{Q}{4\pi\varepsilon_0\rho}\sum_{n=0}^{\infty}\left(\frac{\rho}{r}\right)^{2n+1}\mathrm{P}_{2n}(0)\mathrm{P}_{2n}(\cos\theta),\qquad r>\rho \tag{2.30.24}$$

$$\varphi=\frac{Q}{4\pi\varepsilon_0\rho}\sum_{n=0}^{\infty}\left(\frac{r}{\rho}\right)^{2n}\mathrm{P}_{2n}(0)\mathrm{P}_{2n}(\cos\theta),\qquad r<\rho \tag{2.30.25}$$

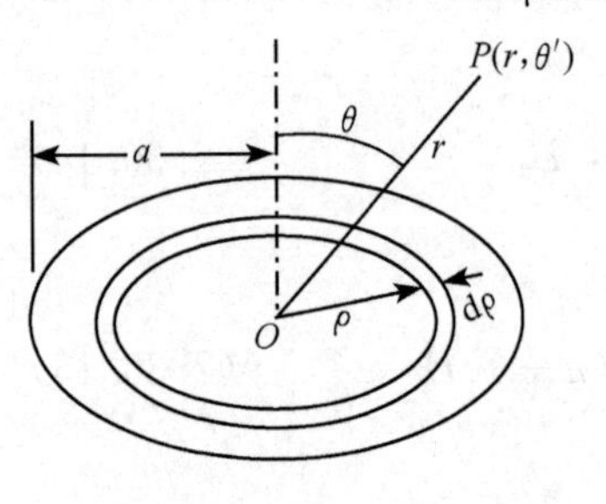

图 2.30(2)

今电荷量 q 均匀分布在半径为 a 的圆盘上，如图 2.30(2)所示，在圆盘上取半径为 ρ，宽为 $\mathrm{d}\rho$ 的环带，将这环带当作一个带电的圆环. 圆盘上电荷量的面密度为 $\sigma=q/\pi a^2$，故环带上的电荷量为

$$\mathrm{d}q=\sigma\cdot 2\pi\rho\mathrm{d}\rho=\frac{2q}{a^2}\rho\mathrm{d}\rho \tag{2.30.26}$$

对于 $r>a>\rho$ 处的 $P(r,\theta)$ 点来说，由(2.30.24)式得 $\mathrm{d}q$ 在 P 点产生的电势为

$$\mathrm{d}\varphi_0=\frac{\mathrm{d}q}{4\pi\varepsilon_0\rho}\sum_{n=0}^{\infty}\left(\frac{\rho}{r}\right)^{2n+1}\mathrm{P}_{2n}(0)\mathrm{P}_{2n}(\cos\theta)=\frac{q}{2\pi\varepsilon_0 a^2}\sum_{n=0}^{\infty}\rho^{2n+1}\mathrm{d}\rho\,\frac{\mathrm{P}_{2n}(0)\mathrm{P}_{2n}(\cos\theta)}{r^{2n+1}}$$

积分便得整个圆盘电荷在 P 点产生的电势为

$$\begin{aligned}\varphi_0&=\frac{q}{2\pi\varepsilon_0 a^2}\sum_{n=0}^{\infty}\int_0^a\rho^{2n+1}\mathrm{d}\rho\,\frac{\mathrm{P}_{2n}(0)\mathrm{P}_{2n}(\cos\theta)}{r^{2n+1}}=\frac{q}{2\pi\varepsilon_0 a^2}\sum_{n=0}^{\infty}\frac{a^{2n+2}}{2n+2}\,\frac{\mathrm{P}_{2n}(0)\mathrm{P}_{2n}(\cos\theta)}{r^{2n+1}}\\&=\frac{q}{4\pi\varepsilon_0 a}\sum_{n=0}^{\infty}\frac{1}{n+1}\left(\frac{a}{r}\right)^{2n+1}\mathrm{P}_{2n}(0)\mathrm{P}_{2n}(\cos\theta),\qquad r>a\end{aligned} \tag{2.30.27}$$

对于 $r<a$ 处的 $P(r,\theta)$ 点来说，对 ρ 的积分要分为两部分：一部分是 $r>\rho$，积分从 0 到 r，这时用(2.30.24)式；另一部分是 $r<\rho$，积分从 r 到 a，这时要用(2.30.25)式. 于是

$$\varphi_{\mathrm{i}}=\frac{q}{2\pi\varepsilon_0 a^2}\sum_{n=0}^{\infty}\int_0^r\rho^{2n+1}\mathrm{d}\rho\,\frac{\mathrm{P}_{2n}(0)\mathrm{P}_{2n}(\cos\theta)}{r^{2n+1}}+\frac{1}{2\pi\varepsilon_0 a^2}\sum_{n=0}^{\infty}\int_r^a\frac{\mathrm{d}\rho}{\rho^{2n}}r^{2n}\mathrm{P}_{2n}(0)\mathrm{P}_{2n}(\cos\theta) \tag{2.30.28}$$

其中积分

$$\int_0^r\rho^{2n+1}\mathrm{d}\rho=\frac{1}{2n+2}r^{2n+2} \tag{2.30.29}$$

$$\int_r^a\frac{\mathrm{d}\rho}{\rho^{2n}}=-\frac{1}{2n-1}\left(\frac{1}{a^{2n-1}}-\frac{1}{r^{2n-1}}\right) \tag{2.30.30}$$

代入(2.30.28)式便得

$$\begin{aligned}\varphi_{\mathrm{i}}&=\frac{q}{2\pi\varepsilon_0 a^2}\sum_{n=0}^{\infty}\left(\frac{r}{2n+2}-\frac{1}{2n-1}\frac{r^{2n}}{a^{2n-1}}+\frac{r}{2n-1}\right)\mathrm{P}_{2n}(0)\mathrm{P}_{2n}(\cos\theta)\\&=\frac{q}{2\pi\varepsilon_0 a}\sum_{n=0}^{\infty}\frac{1}{2n-1}\left[\frac{4n+1}{2n+2}\frac{r}{a}-\left(\frac{r}{a}\right)^{2n}\right]\mathrm{P}_{2n}(0)\mathrm{P}_{2n}(\cos\theta),\qquad r<a\end{aligned} \tag{2.30.31}$$

这就是前面的(2.30.21)式.

【讨论】 本书第一版第一次印刷时,对本题(在第一版中为 2.22 题)的解法如下.

"因为 φ 满足拉普拉斯方程,且在极轴上为有限值,故得

$$\varphi(r,\theta)=\sum_{n=0}^{\infty}\left(a_n r^n+\frac{b_n}{r^{n+1}}\right)\mathrm{P}_n(\cos\theta) \tag{1}$$

由于对称性,有 $\varphi(r,\pi-\theta)=\varphi(r,\theta)$. 因此,只需求出 $0\leqslant\theta\leqslant\pi/2$ 范围内的 $\varphi(r,\theta)$ 就够了. 我们根据 $r\to 0$ 时 φ 为有限值,和 $r\to\infty$ 时,$\varphi\to 0$ 的边界条件,把空分为 $r\leqslant a$ 和 $r\geqslant a$ 两个区域. 由式(1)得出,在这两个区域内,φ 的形式如下:

$$\varphi(r,\theta)=\sum_{n=0}^{\infty}a_n r^n\mathrm{P}_n(\cos\theta),\qquad r\leqslant a,\quad \theta\leqslant\pi/2 \tag{2}$$

$$\varphi(r,\theta)=\sum_{n=0}^{\infty}\frac{b_n}{r^{n+1}}\mathrm{P}_n(\cos\theta),\qquad r>a \text{ 或 } r=a,\quad \theta<\pi/2 \tag{3}$$

在轴线上,$\theta=0$,$\mathrm{P}_n(\cos 0)=\mathrm{P}_n(1)=1$,以上两式分别化为

$$\varphi(r,0)=\sum_{n=0}^{\infty}a_n r^n,\qquad r\leqslant a \tag{4}$$

$$\varphi(r,0)=\sum_{n=0}^{\infty}\frac{b_n}{r^{n+1}},\qquad r\geqslant a \tag{5}$$

另一方面,轴线上离盘心为 r 处的 A 点,其电势 φ_A 可由积分算出如下:

$$\varphi_A=\int_0^a\frac{\sigma\cdot 2\pi R\mathrm{d}R}{4\pi\varepsilon_0\sqrt{r^2+R^2}}=\frac{q}{2\pi\varepsilon_0 a}\left[\sqrt{1+\left(\frac{r}{a}\right)^2}-\frac{r}{a}\right] \tag{6}$$

在 $r<a$ 的区域里,把 φ_A 展成 $\frac{r}{a}$ 的幂级数

$$\begin{aligned}\varphi_A&=\frac{q}{2\pi\varepsilon_0 a}\left[-\frac{r}{a}+\sqrt{1+\left(\frac{r}{a}\right)^2}\right]\\&=\frac{q}{2\pi\varepsilon_0 a}\left[-\frac{r}{a}+1+\sum_{n=1}^{\infty}(-1)^n\frac{1\cdot 1\cdot 3\cdot 5\cdots(2n-3)}{2\cdot 4\cdot 6\cdot 8\cdots(2n)}\left(\frac{r}{a}\right)^{2n}\right]\end{aligned} \tag{7}$$

在 $r>a$ 的区域里,把 φ_A 展成 $\frac{a}{r}$ 的幂级数

$$\begin{aligned}\varphi_A&=\frac{q}{2\pi\varepsilon_0 a}\left[-\frac{r}{a}+\frac{r}{a}\sqrt{1+\left(\frac{a}{r}\right)^2}\right]\\&=\frac{q}{2\pi\varepsilon_0 a}\sum_{n=1}^{\infty}(-1)^{n+1}\frac{1\cdot 1\cdot 3\cdot 5\cdots(2n-3)}{2\cdot 4\cdot 6\cdot 8\cdots(2n)}\left(\frac{a}{r}\right)^{2n-1}\end{aligned} \tag{8}$$

比较式(4)和式(7)两式中 r^n 项的系数,得出系数 a_n 的值后,代入式(2),便得出:在 $r\leqslant a$,$\theta\leqslant\pi/2$ 的区域里,所求的电势为

$$\varphi(r,\theta)=\frac{q}{2\pi\varepsilon_0 a}\left[1-\frac{r}{a}\cos\theta+\sum_{n=1}^{\infty}(-1)^{n+1}\frac{1\cdot1\cdot3\cdot5\cdots(2n-3)}{2\cdot4\cdot6\cdot8\cdots(2n)}\left(\frac{r}{a}\right)^{2n}\mathrm{P}_{2n}(\cos\theta)\right] \tag{9}$$

比较式(5)和式(8)两式中 r^{-n-1} 项的系数，得出系数 b_n 的值后，代入式(3)，便得出：在 $r>a$ 及 $r=a$，$\theta<\pi/2$ 的区域里，所求的电势为

$$\varphi(r,\theta)=\frac{q}{2\pi\varepsilon_0 a}\sum_{n=1}^{\infty}(-1)^{n+1}\frac{1\cdot1\cdot3\cdot5\cdots(2n-3)}{2\cdot4\cdot6\cdot8\cdots(2n)}\left(\frac{a}{r}\right)^{2n-1}\mathrm{P}_{2(n-1)}(\cos\theta) \quad (10)''$$

为了比较和说明，利用关系式

$$(-1)^{n+1}\frac{1\cdot1\cdot3\cdot5\cdots(2n-3)}{2\cdot4\cdot6\cdot8\cdots(2n)}=-\frac{1}{2n-1}\mathrm{P}_{2n}(0) \tag{2.30.32}$$

$$\sum_{n=0}^{\infty}\frac{1}{2n-1}\left(\frac{r}{a}\right)^{2n}\mathrm{P}_{2n}(0)\mathrm{P}_{2n}(\cos\theta)=-1+\sum_{n=1}^{\infty}\frac{1}{2n-1}\left(\frac{r}{a}\right)^{2n}\mathrm{P}_{2n}(0)\mathrm{P}_{2n}(\cos\theta) \tag{2.30.33}$$

将式(9)和式(10)分别化为

$$\varphi(r,\theta)=-\frac{q}{2\pi\varepsilon_0 a}\left[\frac{r}{a}\cos\theta+\sum_{n=0}^{\infty}\frac{1}{2n-1}\left(\frac{r}{a}\right)^{2n}\mathrm{P}_{2n}(0)\mathrm{P}_{2n}(\cos\theta)\right],\quad r\leqslant a,\ \theta\leqslant\pi/2 \tag{2.30.34}$$

$$\varphi(r,\theta)=\frac{q}{2\pi\varepsilon_0 a}\sum_{n=0}^{\infty}\frac{1}{2(n+1)}\left(\frac{a}{r}\right)^{2n+1}\mathrm{P}_{2n}(0)\mathrm{P}_{2n}(\cos\theta),\quad r>a\ 及\ r=a,\ \theta<\pi/2 \tag{2.30.35}$$

比较(2.30.35)和(2.30.20)两式可见，它们完全相同．比较(2.30.34)和(2.30.23)两式可见，它们不尽相同，差别在于：单独项在(2.30.34)式中为 $\cos\theta$，而在(2.30.23)式中则为 $|\cos\theta|$. 由于 $\cos(\pi-\theta)=-\cos\theta$；$|\cos(\pi-\theta)|=\cos\theta$. 故(2.30.23)式满足 $\varphi(r,\pi-\theta)=\varphi(r,\theta)$，而(2.30.34)式则否. 因此，(2.30.23)式在 $0\leqslant\theta\leqslant\pi$ 的范围内都适用，而(2.30.34)式仅适用于 $0\leqslant\theta\leqslant\pi/2$，而不适用于 $\pi/2\leqslant\theta\leqslant\pi$.

上述分析表明，以式(1)为基础，用轴线上的特殊值定出其中的系数，这种解法有问题. 有的书上在用这种方法解本题时，感觉到了这个问题，于是将(2.30.34)式中单独项的 $\cos\theta$ 加上绝对值，使成为 $|\cos\theta|$. [例如，P. M. Morse and H. Feshbach, *Methods of Theoretical Physics*, pp. 1266～1267.]这样做使求得的 φ 在 $0\leqslant\theta\leqslant\pi$ 的范围内都可以适用. 但是，从(2.30.34)式出发，用比较系数的方法，是得不出要对 $\cos\theta$ 加上绝对值的限制的.

那么，问题出在哪里呢？问题出在用式(1)上. 因为式(1)是拉普拉斯方程在轴对称情况下的通解，本题中在 $r>a$ 的区域里，电势 φ 满足拉普拉斯方程，因此，可以用式(1)，由比较系数的方法得出正确的结果，式(10)便是这样. 但本题中在 $r<a$ 的区域里，电势 φ 满足的是泊松方程(2.30.2)式，拉普拉斯方程并非处处成立. 因此，这时用式(1)便失去了依据. 换句话说，在本题中 $r<a$ 的区域里，电势 φ 是不

能写成式(1)那样的形式的. 所以,这时用式(1)由对比系数的方法就不能得出正确的结果.

2. 31　一无穷长圆柱面,其中对轴线张角为$\frac{2\pi}{n}$的一片上电势为φ_1,而其余部分的电势为零,横截面如图 2. 31 所示. 圆柱面内外都是真空. 试求圆柱轴线上的电势.

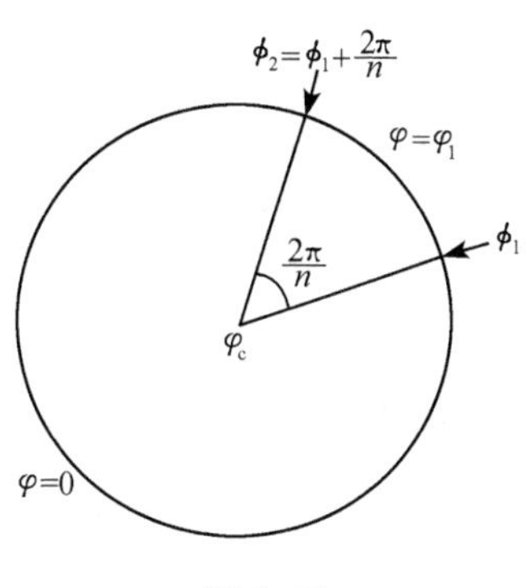

图 2. 31

【解】　以轴线上任一点 O 为原点,轴线为 z 轴,取柱坐标系. 由于对称性,电势 φ 只是 r 和 ϕ 的函数,而与 z 无关. 在圆柱面内,φ 满足拉普拉斯方程

$$\nabla^2\varphi=\frac{1}{r}\frac{\partial}{\partial r}\left(r\frac{\partial\varphi}{\partial r}\right)+\frac{1}{r^2}\frac{\partial^2\varphi}{\partial\phi^2}=0 \tag{2.31.1}$$

φ 应满足单值条件 $\varphi(r,\phi+2\pi)=\varphi(r,\phi)$,并且在轴线上为有限值. 满足这些条件的(2. 31. 1)式的通解为

$$\begin{aligned}\varphi(r,\phi)&=\sum_{n=0}^{\infty}r^n(A_n\cos n\phi+B_n\sin n\phi)\\&=A_0+\sum_{n=1}^{\infty}r^n(A_n\cos n\phi+B_n\sin n\phi)\end{aligned} \tag{2.31.2}$$

设圆柱面的半径为 R,则 $\varphi(r,\phi)$应满足下列边界条件:

$$\varphi(R,\phi)=\varphi_1,\qquad 当\ \phi_1\leqslant\phi\leqslant\phi_2\left(=\phi_1+\frac{2\pi}{n}\right) \tag{2.31.3}$$

$$\varphi(R,\phi)=0,\qquad 当\ 0\leqslant\phi<\phi_1\ 和\ \phi_2<\phi\leqslant 2\pi \tag{2.31.4}$$

轴线上的电势 φ_c 由(2. 31. 2)式为

$$\varphi_c=\varphi(0,\phi)=A_0 \tag{2.31.5}$$

当 $r\to R$ 时,$\varphi(r,\phi)$的值为

$$\varphi(R,\phi)=A_0+\sum_{n=1}^{\infty}R^n(A_n\cos n\phi+B_n\sin n\phi) \tag{2.31.6}$$

将此式对 ϕ 积分便得

$$\begin{aligned}\int_0^{2\pi}A_0\,d\phi&=2\pi A_0\\&=\int_0^{2\pi}\varphi(R,\phi)d\phi-\sum_{n=1}^{\infty}R^n\left(A_n\int_0^{2\pi}\cos n\phi\,d\phi+B_n\int_0^{2\pi}\sin n\phi\,d\phi\right)\\&=\int_0^{2\pi}\varphi(R,\phi)d\phi=\int_{\phi_1}^{\phi_2}\varphi(R,\phi)d\phi\\&=\varphi_1\int_{\phi_1}^{\phi_2}d\varphi=\varphi_1\cdot\frac{2\pi}{n}\end{aligned} \tag{2.31.7}$$

由(2.31.5)和(2.31.7)两式得所求电势为

$$\varphi_c = \frac{\varphi_1}{n} \tag{2.31.8}$$

【讨论】 (1) 上述结果与圆柱面的半径无关.

(2) 读者很容易证明:若圆柱面分为宽度相等的 n 片,每片上有不同的电势 φ_i,则轴线上的电势为

$$\varphi_c = \frac{1}{n}\sum_{i=1}^{n}\varphi_i \tag{2.31.9}$$

这个结果表明,在本题所给条件下,轴线上的电势等于圆柱面上各片电势的平均值.

2.32 试证明静电势的平均值定理:在没有电荷的区域里,任一点静电势的值等于以该点为心的球面上各点电势的平均值.

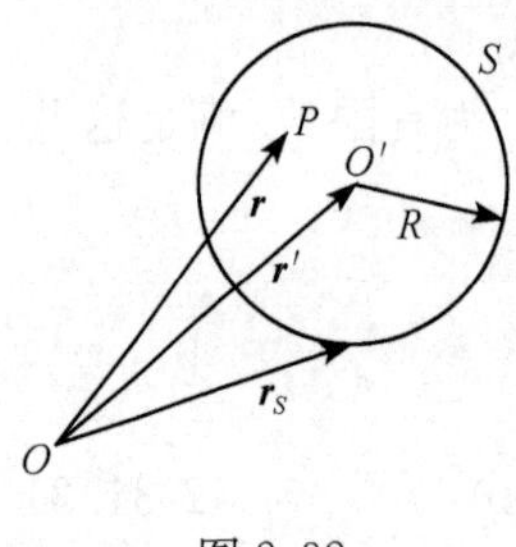

图 2.32

【证法一】 应用体积分与面积分变换的格林公式

$$\int_V (\varphi\nabla^2\psi - \psi\nabla^2\varphi)\mathrm{d}V = \oint_S (\varphi\nabla\psi - \psi\nabla\varphi)\cdot \mathrm{d}\boldsymbol{S} \tag{2.32.1}$$

在空间取任一点 O 为原点,考虑无电荷区域内任一点 O' 的静电势 $\varphi(\boldsymbol{r}')$,$\boldsymbol{r}' = \overrightarrow{OO'}$,如图 2.32 所示.以 O' 为球心,任意长度 R 为半径,作球面 S,使得 S 在无电荷区域内.设 S 内任一点 P 的位矢为 $\boldsymbol{r}$,静电势为 $\varphi(\boldsymbol{r})$,则因 S 在无电荷区域内,故有

$$\nabla^2\varphi(\boldsymbol{r}) = 0 \tag{2.32.2}$$

取

$$\psi(\boldsymbol{r}) = \frac{1}{|\boldsymbol{r} - \boldsymbol{r}'|} \tag{2.32.3}$$

则有

$$\nabla^2\psi(\boldsymbol{r}) = -4\pi\delta(\boldsymbol{r} - \boldsymbol{r}') \tag{2.32.4}$$

由(2.32.2)、(2.32.4)两式得出(2.32.1)式左边为

$$\begin{aligned}\int_V [\varphi(\boldsymbol{r})\nabla^2\psi(\boldsymbol{r}) - \psi(\boldsymbol{r})\nabla^2\varphi(\boldsymbol{r})]\mathrm{d}V &= -4\pi\int_V \varphi(\boldsymbol{r})\delta(\boldsymbol{r} - \boldsymbol{r}')\mathrm{d}V \\ &= -4\pi\varphi(\boldsymbol{r}')\end{aligned} \tag{2.32.5}$$

由电场强度 $\boldsymbol{E}$ 与电势 $\varphi(\boldsymbol{r})$ 的关系,得 P 点的电场强度为

$$\boldsymbol{E}(\boldsymbol{r}) = -\nabla\varphi(\boldsymbol{r}) \tag{2.32.6}$$

由于 S 在无电荷区域内,故由高斯定理得

$$\oint_S \boldsymbol{E}(\boldsymbol{r})\cdot \mathrm{d}\boldsymbol{S} = 0 \tag{2.32.7}$$

于是由(2.32.3)、(2.32.6)、(2.32.7)三式得出，(2.32.1)式右边第一项为

$$\oint_S \varphi(\boldsymbol{r})\,\nabla\psi(\boldsymbol{r})\cdot \mathrm{d}\boldsymbol{S}=\oint_S \varphi(\boldsymbol{r})\left(\nabla\frac{1}{|\boldsymbol{r}-\boldsymbol{r}'|}\right)\cdot \mathrm{d}\boldsymbol{S}=-\oint_S \varphi(\boldsymbol{r})\frac{(\boldsymbol{r}-\boldsymbol{r}')}{|\boldsymbol{r}-\boldsymbol{r}'|^3}\cdot \mathrm{d}\boldsymbol{S}$$

$$=-\oint_S \varphi(\boldsymbol{r})\frac{\mathrm{d}S}{|\boldsymbol{r}-\boldsymbol{r}'|^2}=-\frac{1}{R^2}\oint_S \varphi(\boldsymbol{r}_S)\mathrm{d}S \tag{2.32.8}$$

其中利用了积分是在球面上，故

$$\boldsymbol{r}=\boldsymbol{r}_S,\qquad |\boldsymbol{r}-\boldsymbol{r}'|=|\boldsymbol{r}_S-\boldsymbol{r}'|=R \tag{2.32.9}$$

由(2.32.7)式得出，(2.32.1)式右边第二项为

$$\oint_S \psi(\boldsymbol{r})\,\nabla\varphi(\boldsymbol{r})\cdot \mathrm{d}\boldsymbol{S}=-\oint_S \frac{1}{|\boldsymbol{r}-\boldsymbol{r}'|}\boldsymbol{E}(\boldsymbol{r})\cdot \mathrm{d}\boldsymbol{S}=-\frac{1}{R}\oint_S \boldsymbol{E}(\boldsymbol{r})\cdot \mathrm{d}\boldsymbol{S}$$

$$=0 \tag{2.32.10}$$

综合(2.32.5)式、(2.32.8)式和(2.32.10)式得

$$\varphi(\boldsymbol{r}')=\frac{1}{4\pi R^2}\oint_S \varphi(\boldsymbol{r}_S)\mathrm{d}S \tag{2.32.11}$$

【证法二】 以球心为原点取球坐标系. 由格林公式(2.32.1)得出，拉普拉斯方程

$$\nabla^2\varphi=0 \tag{2.32.12}$$

的解为

$$\varphi(\boldsymbol{r})=-\varepsilon_0\oint_{S'}\varphi(\boldsymbol{r}')\frac{\partial G(\boldsymbol{r},\boldsymbol{r}')}{\partial r'}\mathrm{d}S' \tag{2.32.13}$$

式中 $G(\boldsymbol{r},\boldsymbol{r}')=\psi$ 是球内空间的格林函数

$$G(\boldsymbol{r},\boldsymbol{r}')=\frac{1}{4\pi\varepsilon_0}\left[\frac{1}{\sqrt{r^2+r'^2-2rr'\cos\alpha}}-\frac{1}{\sqrt{R^2+r^2r'^2/R^2-2rr'\cos\alpha}}\right] \tag{2.32.14}$$

式中 $\boldsymbol{r}$ 是场点的位矢，$\boldsymbol{r}'$ 是源点的位矢，α 则是 $\boldsymbol{r}$ 和 $\boldsymbol{r}'$ 的夹角，R 是球面的半径.

由(2.32.14)式得出：当 $r=0, r'=R$ 时

$$\left.\frac{\partial G(\boldsymbol{r},\boldsymbol{r}')}{\partial r'}\right|_{\substack{r=0\\ r'=R}}=-\frac{1}{4\pi\varepsilon_0 R^2} \tag{2.32.15}$$

代入(2.32.13)式便得球心的电势为

$$\varphi_c=\frac{1}{4\pi R^2}\oint_{S'}\varphi(R,\theta,\phi)\mathrm{d}S'=\frac{1}{4\pi}\int_0^{4\pi}\varphi(R,\theta,\phi)\mathrm{d}\Omega \tag{2.32.16}$$

【证法三】 以球心为原点取球坐标系，则在球面内，所求电势 $\varphi(r,\theta,\phi)$ 满足拉普拉斯方程

$$\nabla^2\varphi=\frac{1}{r^2}\frac{\partial}{\partial r}\left(r^2\frac{\partial\varphi}{\partial r}\right)+\frac{1}{r^2\sin\theta}\frac{\partial}{\partial\theta}\left(\sin\theta\frac{\partial\varphi}{\partial\theta}\right)+\frac{1}{r^2\sin^2\theta}\frac{\partial^2\varphi}{\partial\phi^2}=0 \tag{2.32.17}$$

由分离变数法求得它的通解为

$$\varphi(r,\theta,\phi)=\sum_{l=0}^{\infty}\sum_{m=-l}^{l}\left(A_{lm}r^{l}+\frac{B_{lm}}{r^{l+1}}\right)\mathrm{Y}_{lm}(\theta,\phi) \tag{2.32.18}$$

因 $r=0$ 时，$\varphi(0,\theta,\phi)=\varphi_{\mathrm{c}}$ 为有限值，故 $B_{lm}=0$，于是得

$$\varphi(r,\theta,\phi)=\sum_{l=0}^{\infty}\sum_{m=-l}^{l}A_{lm}r^{l}\mathrm{Y}_{lm}(\theta,\phi) \tag{2.32.19}$$

式中 $\mathrm{Y}_{lm}(\theta,\phi)$ 为归一化的球谐函数（$|m|\leqslant l$）

$$\mathrm{Y}_{lm}(\theta,\phi)=(-1)^{m}\sqrt{\frac{2l+1}{4\pi}\frac{(l-m)!}{(l+m)!}}\mathrm{P}_{l}^{m}(\cos\theta)\mathrm{e}^{\mathrm{i}m\phi} \tag{2.32.20}$$

$$\mathrm{Y}_{l,-m}(\theta,\phi)=(-1)^{m}\mathrm{Y}_{lm}^{*}(\theta,\phi) \tag{2.32.21}$$

$\mathrm{P}_{lm}(\cos\theta)$ 是连带勒让德多项式. Y_{lm} 满足正交条件

$$\begin{aligned}\int_{0}^{4\pi}\mathrm{Y}_{l'm'}^{*}(\theta,\phi)\mathrm{Y}_{lm}(\theta,\phi)\mathrm{d}\Omega&=\int_{0}^{\pi}\int_{0}^{2\pi}\mathrm{Y}_{l'm'}^{*}(\theta,\phi)\mathrm{Y}_{lm}(\theta,\phi)\sin\theta\mathrm{d}\theta\mathrm{d}\phi\\&=\delta_{ll'}\delta_{mm'}\end{aligned} \tag{2.32.22}$$

以 $\mathrm{Y}_{l'm'}^{*}(\theta,\phi)$ 乘(2.32.19)式，然后对立体角 Ω 积分，利用(2.32.22)式便得

$$\int_{0}^{4\pi}\mathrm{Y}_{l'm'}^{*}(\theta,\phi)\varphi(r,\theta,\phi)\mathrm{d}\Omega=\sum_{l=0}^{\infty}\sum_{m=-l}^{l}A_{lm}r^{l}\delta_{ll'}\delta_{mm'} \tag{2.32.23}$$

取 $l'=0$，因 $|m'|\leqslant l'$，故得

$$\int_{0}^{4\pi}\mathrm{Y}_{00}^{*}\varphi(r,\theta,\phi)\mathrm{d}\Omega=\sum_{l=0}^{\infty}\sum_{m=-l}^{l}A_{lm}r^{l}\delta_{l0}\delta_{m0}=A_{00} \tag{2.32.24}$$

所以

$$A_{00}=\int_{0}^{4\pi}\mathrm{Y}_{00}^{*}\varphi(r,\theta,\phi)\mathrm{d}\Omega=\frac{1}{\sqrt{4\pi}}\int_{0}^{4\pi}\varphi(r,\theta,\phi)\mathrm{d}\Omega \tag{2.32.25}$$

在球心，$r=0$，由(2.32.19)式得电势为

$$\varphi_{\mathrm{c}}=\varphi(0,\theta,\phi)=A_{00}\mathrm{Y}_{00}(\theta,\phi)=\frac{A_{00}}{\sqrt{4\pi}} \tag{2.32.26}$$

在(2.32.25)式中，令 $r=R$，便得

$$A_{00}=\frac{1}{\sqrt{4\pi}}\int_{0}^{4\pi}\varphi(R,\theta,\phi)\mathrm{d}\Omega \tag{2.32.27}$$

由(2.32.26)和(2.32.27)两式得

$$\varphi_{\mathrm{c}}=\frac{1}{4\pi}\int_{0}^{4\pi}\varphi(R,\theta,\phi)\mathrm{d}\Omega \tag{2.32.28}$$

即球心的电势 φ_{c} 等于球面电势的平均值.

2.33 将一个半径为 a 的无穷长圆柱形导体放入均匀外电场 $\boldsymbol{E}_0$ 中，使圆柱轴线与 $\boldsymbol{E}_0$ 垂直. 以圆柱轴线上一点 O 为原点，轴线为 z 轴，取柱坐标系，使 $\boldsymbol{E}_0$ 方向为 $\phi=0$（横截面如图 2.33 所示）. 已知圆柱的电势为零，试求：(1)圆柱外的电势分

布;(2)圆柱面上电荷量的面密度.

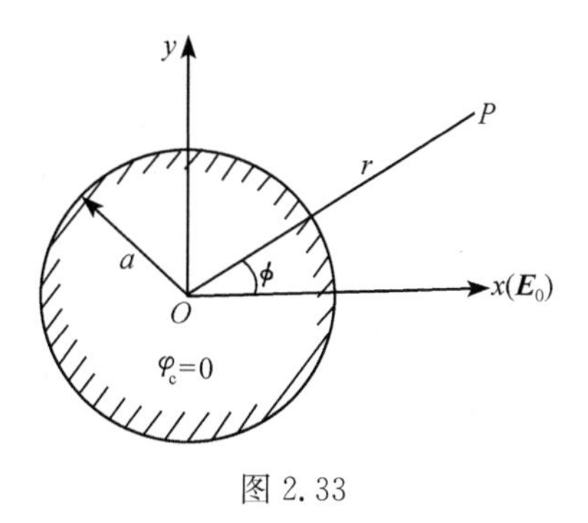

图 2.33

【解】 (1) 由对称性可知,所求电势 φ 只是 r 和 ϕ 的函数,与 z 无关. φ 满足拉普拉斯方程

$$\nabla^2\varphi=\frac{1}{r}\frac{\partial}{\partial r}\left(r\frac{\partial\varphi}{\partial r}\right)+\frac{1}{r^2}\frac{\partial^2\varphi}{\partial\phi^2}=0 \tag{2.33.1}$$

用分离变数法求解.令

$$\varphi=R(r)\Phi(\phi) \tag{2.33.2}$$

代入(2.33.1)式得

$$\frac{r}{R}\frac{\mathrm{d}}{\mathrm{d}r}\left(r\frac{\mathrm{d}R}{\mathrm{d}r}\right)+\frac{1}{\Phi}\frac{\mathrm{d}^2\Phi}{\mathrm{d}\phi^2}=0 \tag{2.33.3}$$

因 φ 应是 ϕ 的以 2π 为周期的单值函数,故令

$$\frac{1}{\Phi}\frac{\mathrm{d}^2\Phi}{\mathrm{d}\phi^2}=-m^2 \tag{2.33.4}$$

解得

$$\Phi=A_m\cos m\phi+B_m\sin m\phi \tag{2.33.5}$$

将(2.33.4)式代入(2.33.3)式得

$$r^2\frac{\mathrm{d}^2R}{\mathrm{d}r^2}+r\frac{\mathrm{d}R}{\mathrm{d}r}-m^2R=0 \tag{2.33.6}$$

这是二阶欧拉方程,可求解如下:令

$$r=\mathrm{e}^u \tag{2.33.7}$$

代入(2.33.6)式,便得

$$\frac{\mathrm{d}^2R}{\mathrm{d}u^2}-m^2R=0 \tag{2.33.8}$$

其解为

$$R=C_m\mathrm{e}^{mu}+D_m\mathrm{e}^{-mu}=C_mr^m+D_mr^{-m} \tag{2.33.9}$$

于是得所求的解为

$$\varphi=C_0\ln r+D_0+\sum_{m=1}^{\infty}(C_mr^m+D_mr^{-m})(A_m\cos m\phi+B_m\sin m\phi) \tag{2.33.10}$$

式中 $C_0\ln r+D_0$ 是 $m=0$ 时(2.33.4)式和(2.33.6)式的解.下面由边界条件定系数.因 $r\to\infty$ 时,$\varphi\to-E_0r\cos\phi$.故得 $C_0=0$,$D_0=0$,$B_m=0$;当 $m>1$ 时,$A_m=0$.于是

$$\varphi=\left(C_1r+\frac{D_1}{r}\right)A_1\cos\phi \tag{2.33.11}$$

式中 $C_1A_1=-E_0$.当 $r=a$ 时,有

$$\varphi=\varphi_c=-E_0 a\cos\phi+\frac{D_1 A_1}{a}\cos\phi=0 \tag{2.33.12}$$

所以 $D_1A_1=E_0a^2$. 于是得所求的电势为

$$\varphi=-\left(1-\frac{a^2}{r^2}\right)E_0 r\cos\phi \tag{2.33.13}$$

(2) 由(2.33.13)式得电场强度为

$$\boldsymbol{E}=-\nabla\varphi=-\frac{\partial\varphi}{\partial r}\boldsymbol{e}_r-\frac{1}{r}\frac{\partial\varphi}{\partial\phi}\boldsymbol{e}_\phi=\left(1+\frac{a^2}{r^2}\right)E_0\cos\phi\boldsymbol{e}_r-\left(1-\frac{a^2}{r^2}\right)E_0\sin\phi\boldsymbol{e}_\phi \tag{2.33.14}$$

在柱面外靠近柱面处,$r\to a$,这时

$$\boldsymbol{E}_a=2\boldsymbol{E}_0\cos\phi\boldsymbol{e}_r \tag{2.33.15}$$

于是得圆柱面上电荷量的面密度为

$$\sigma=\boldsymbol{e}_r\cdot\boldsymbol{D}_a=\varepsilon_0\boldsymbol{e}_r\cdot\boldsymbol{E}_a=2\varepsilon_0E_0\cos\phi \tag{2.33.16}$$

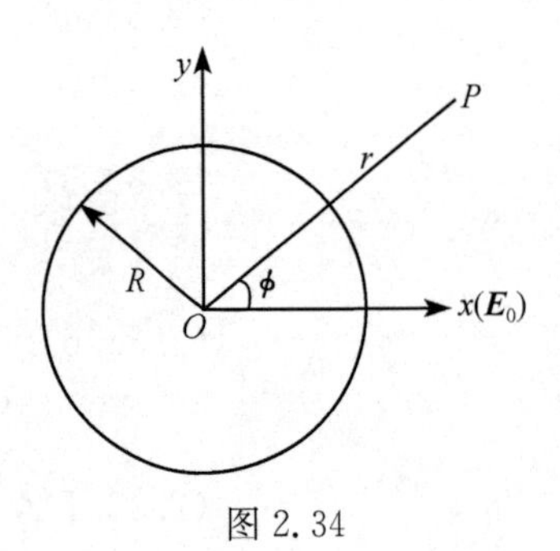

图 2.34

2.34 将一个半径为 R、电容率为 ε 的无限长圆柱形均匀介质放入均匀外电场 $\boldsymbol{E}_0$ 中,圆柱的轴线与 $\boldsymbol{E}_0$ 垂直. 试求介质极化电荷所产生的电势和电场强度.

【解】 以圆柱轴线上一点 O 为原点,轴线为 z 轴,取柱坐标系,使 $\boldsymbol{E}_0$ 的方向为 $\phi=0$ 的方向,如图 2.34 所示. 设介质极化电荷所产生的电势为 φ'. 由于对称性,φ' 与 z 无关. 因为没有自由电荷,φ' 满足拉普拉斯方程

$$\nabla^2\varphi'=\frac{1}{r}\frac{\partial}{\partial r}\left(r\frac{\partial\varphi'}{\partial r}\right)+\frac{1}{r^2}\frac{\partial^2\varphi'}{\partial\phi^2}=0 \tag{2.34.1}$$

由于 φ' 应是 ϕ 的以 2π 为周期的单值函数,因此上式的通解为

$$\varphi'(r,\phi)=C_0\ln r+D_0+\sum_{n=1}^{\infty}\left[r^n(A_n\cos n\phi+B_n\sin n\phi)+r^{-n}(C_n\cos n\phi+D_n\sin n\phi)\right] \tag{2.34.2}$$

放入介质前,原来的电场为 $\boldsymbol{E}_0$,其电势为

$$\varphi_0=-E_0r\cos\phi \tag{2.34.3}$$

选 $r=0$ 处为电势零点,当 $r=0$ 时,$\varphi'=0$;当 $r\to\infty$ 时,$\varphi'\to 0$. 所以 φ' 的形式如下:

介质内($r\leqslant R$)

$$\varphi_1'(r,\phi)=\sum_{n=1}^{\infty}r^n(A_n\cos n\phi+B_n\sin n\phi) \tag{2.34.4}$$

介质外($r\geqslant R$)

$$\varphi_2'(r,\phi)=\sum_{n=1}^{\infty}r^{-n}(C_n\cos n\phi+D_n\sin n\phi) \tag{2.34.5}$$

于是介质内外的总电势便分别为

$$\varphi_1(r,\phi)=\varphi_1'(r,\phi)+\varphi_0=\sum_{n=1}^{\infty}r^n(A_n\cos n\phi+B_n\sin n\phi)-E_0 r\cos\phi,\qquad r\leqslant R \tag{2.34.6}$$

$$\varphi_2(r,\phi)=\varphi_2'(r,\phi)+\varphi_0=\sum_{n=1}^{\infty}r^{-n}(C_n\cos n\phi+D_n\sin\phi)-E_0 r\cos\phi,\qquad r\geqslant R \tag{2.34.7}$$

边界条件为：在柱面上

$$\varphi_1(R,\phi)=\varphi_2(R,\phi) \tag{2.34.8}$$

$$\varepsilon\left(\frac{\partial\varphi_1}{\partial r}\right)_R=\varepsilon_0\left(\frac{\partial\varphi_2}{\partial r}\right)_R \tag{2.34.9}$$

将(2.34.6)和(2.34.7)两式分别代入(2.34.8)和(2.34.9)两式，经过计算，比较 $\cos n\phi$ 和 $\sin n\phi$ 的系数，便得

$$\left.\begin{aligned}&B_n=0,\qquad D_n=0\\&A_n=0,\qquad C_n=0(n\neq1)\\&A_1=\frac{\varepsilon-\varepsilon_0}{\varepsilon+\varepsilon_0}E_0,\qquad C_1=\frac{\varepsilon-\varepsilon_0}{\varepsilon+\varepsilon_0}R^2E_0\end{aligned}\right\} \tag{2.34.10}$$

将这些系数分别代入(2.34.4)和(2.34.5)两式，便得所求的电势为

$$\varphi_1'=\frac{\varepsilon-\varepsilon_0}{\varepsilon+\varepsilon_0}E_0 r\cos\phi,\qquad r\leqslant R \tag{2.34.11}$$

$$\varphi_2'=\frac{\varepsilon-\varepsilon_0}{\varepsilon+\varepsilon_0}\frac{R^2}{r}E_0\cos\phi,\qquad r\geqslant R \tag{2.34.12}$$

所求的电场强度为

$$\begin{aligned}\boldsymbol{E}_1'&=-\nabla\varphi_1'=-\frac{\partial\varphi_1'}{\partial r}\boldsymbol{e}_r-\frac{1}{r}\frac{\partial\varphi_1'}{\partial\phi}\boldsymbol{e}_\phi\\&=-\frac{\varepsilon-\varepsilon_0}{\varepsilon+\varepsilon_0}\boldsymbol{E}_0,\qquad r\leqslant R\end{aligned} \tag{2.34.13}$$

$$\begin{aligned}\boldsymbol{E}'&=-\nabla\varphi_2'=-\frac{\partial\varphi_2'}{\partial r}\boldsymbol{e}_r-\frac{1}{r}\frac{\partial\varphi_2'}{\partial\phi}\boldsymbol{e}_\phi\\&=\frac{\varepsilon-\varepsilon_0}{\varepsilon+\varepsilon_0}\frac{R^2}{r^2}E_0(\cos\phi\boldsymbol{e}_r+\sin\phi\boldsymbol{e}_\phi),\qquad r\geqslant R\end{aligned} \tag{2.34.14}$$

2.35　在无限大的均匀介质中存在均匀电场 $\boldsymbol{E}=E_0\boldsymbol{e}$，电介质均匀极化，电极化强度为 $\boldsymbol{P}_1=P_1\boldsymbol{e}$. 现将一个半径为 a 的无限长介质圆柱放入上述介质中，使圆柱的轴线与 $\boldsymbol{E}_0$ 垂直. 测得圆柱介质被均匀极化，电极化强度为 $\boldsymbol{P}_2=P_2\boldsymbol{e}$. 试求各处的电势.

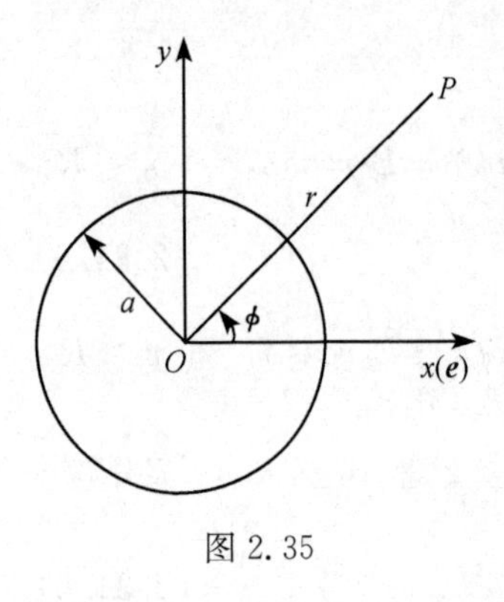

图 2.35

【解】 以圆柱轴线上一点 O 为原点，轴线为 z 轴，取柱坐标系，使 $\boldsymbol{e}$ 的方向为 $\phi=0$ 的方向，如图 2.35 所示. 由于对称性，所求的电势 φ 与 z 无关，只是 r 和 ϕ 的函数. 因为没有自由电荷，φ 满足拉普拉斯方程

$$\nabla^2\varphi=\frac{1}{r}\frac{\partial}{\partial r}\left(r\frac{\partial\varphi}{\partial r}\right)+\frac{1}{r^2}\frac{\partial^2\varphi}{\partial\phi^2}=0 \tag{2.35.1}$$

因为 φ 应是 ϕ 的以 2π 为周期的单值函数，故由分离变数法得出，上式的通解为

$$\varphi=C_0\ln r+D_0+\sum_{m=1}^{\infty}(C_mr^m+D_mr^{-m})(A_m\cos m\phi+B_m\sin m\phi) \tag{2.35.2}$$

为方便起见，取原点($r=0$ 处)的电势为零. 这样，原来电场 $\boldsymbol{E}_0$ 的电势便为

$$\varphi_0=-E_0r\cos\phi \tag{2.35.3}$$

设圆柱外介质的电容率为 ε_1，其中电势为 $\varphi_1(r,\phi)$；圆柱介质的电容率为 ε_2，其中电势为 $\varphi_2(r,\phi)$，则由边界条件

$$r\to\infty\text{ 时，}\quad \varphi_1(r,\phi)\to\varphi_0=-E_0r\cos\phi \tag{2.35.4}$$

$$r\to 0\text{ 时，}\quad \varphi_2(r,\phi)=0 \tag{2.35.5}$$

和(2.35.2)式得

$$\varphi_1(r,\phi)=-E_0r\cos\phi+\sum_{m=1}^{\infty}\frac{D_m}{r^m}(A_m\cos m\phi+B_m\sin m\phi) \tag{2.35.6}$$

$$\varphi_2(r,\phi)=\sum_{m=1}^{\infty}C'_mr^m(A'_m\cos m\phi+B'_m\sin m\phi) \tag{2.35.7}$$

又在边界上 $r=a$ 处有

$$\varphi_2(a,\phi)=\varphi_1(a,\phi) \tag{2.35.8}$$

$$\varepsilon_2\left(\frac{\partial\varphi_2}{\partial r}\right)_a=\varepsilon_1\left(\frac{\partial\varphi_1}{\partial r}\right)_a \tag{2.35.9}$$

将(2.35.6)和(2.35.7)两式分别代入(2.35.8)和(2.35.9)两式，然后比较 $\cos n\phi$ 和 $\sin n\phi$ 的系数，便得

$$\left.\begin{aligned}D_1A_1&=\frac{\varepsilon_2-\varepsilon_1}{\varepsilon_1+\varepsilon_2}a^2E_0\\ C'_1A'_1&=-\frac{2\varepsilon_1}{\varepsilon_1+\varepsilon_2}E_0\end{aligned}\right\} \tag{2.35.10}$$

$$\left.\begin{aligned}&D_mB_m=0,\quad C'_mB'_m=0\\ &D_mA_m=0,\quad C'_mA'_m=0,\quad m>1\end{aligned}\right\} \tag{2.35.11}$$

于是便得所求电势为

$$\varphi_1(r,\phi)=\left(\frac{\varepsilon_2-\varepsilon_1}{\varepsilon_1+\varepsilon_2}\frac{a^2}{r^2}-1\right)E_0r\cos\phi,\qquad r\geqslant a \tag{2.35.12}$$

$$\varphi_2(r,\phi) = -\frac{2\varepsilon_1}{\varepsilon_1+\varepsilon_2}E_0 r\cos\phi, \qquad r\leqslant a \tag{2.35.13}$$

下面求 ε_1 和 ε_2 的值. 因题给 $\boldsymbol{P}_1=(\varepsilon_1-\varepsilon_0)\boldsymbol{E}_0$，故

$$\varepsilon_1 = \frac{P_1+\varepsilon_0 E_0}{E_0} \tag{2.35.14}$$

由(2.35.13)式得圆柱内的电场强度为

$$\boldsymbol{E}_2 = -\nabla\varphi_2 = \frac{2\varepsilon_1}{\varepsilon_1+\varepsilon_2}E_0(\cos\phi\boldsymbol{e}_r - \sin\phi\boldsymbol{e}_\phi) = \frac{2\varepsilon_1}{\varepsilon_1+\varepsilon_2}\boldsymbol{E}_0 \tag{2.35.15}$$

$$P_2 = \frac{2\varepsilon_1}{\varepsilon_1+\varepsilon_2}(\varepsilon_2-\varepsilon_0)E_0 \tag{2.35.16}$$

将(2.35.14)代入(2.35.16)式得

$$\varepsilon_2 = \frac{(P_1+\varepsilon_0 E_0)(P_2+2\varepsilon_0 E_0)}{(2P_1+2\varepsilon_0 E_0-P_2)E_0} \tag{2.35.17}$$

再将求出的 ε_1 和 ε_2 分别代入(2.35.12)和(2.35.13)两式，最后得出所求的电势为

$$\varphi_1(r,\phi) = \left(\frac{P_2-P_1}{P_1+2\varepsilon_0 E_0}\frac{a^2}{r^2}-1\right)E_0 r\cos\phi, \qquad r\geqslant a \tag{2.35.18}$$

$$\varphi_2(r,\phi) = \frac{P_2-2P_1-2\varepsilon_0 E_0}{P_1+2\varepsilon_0 E_0}E_0 r\cos\phi, \qquad r\leqslant a \tag{2.35.19}$$

2.36　一带电的无穷长直导体圆柱，半径为 a，单位长度的电荷量为 λ；柱外一半空间为真空，另一半空间充满电容率为 ε 的均匀介质，它们的交界面是通过圆柱轴线的平面，横截面如图 2.36(1)所示. 求：(1)圆柱外的电场强度；(2)圆柱面上的自由电荷分布；(3)介质的极化电荷分布.

【解】　(1)以圆柱轴线为 z 轴，其上任一点 O 为原点，介质与真空的交界面为 $\phi=0$ 平面，取柱坐标系，如图 2.36(2)所示. 由于对称性，所求的电场和电荷分布都与 z 无关. 设真空中的电势为 $\varphi_0(r,\phi)$，介质中的电势为 $\varphi(r,\phi)$，则有

$$\nabla^2\varphi_0 = 0 \tag{2.36.1}$$

$$\nabla^2\varphi = 0 \tag{2.36.2}$$

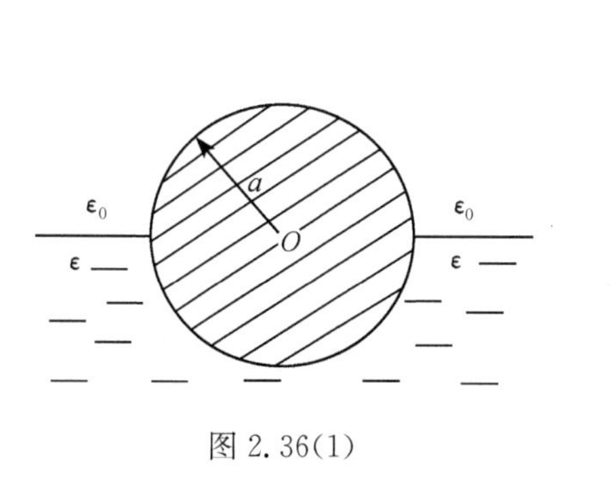

图 2.36(1)

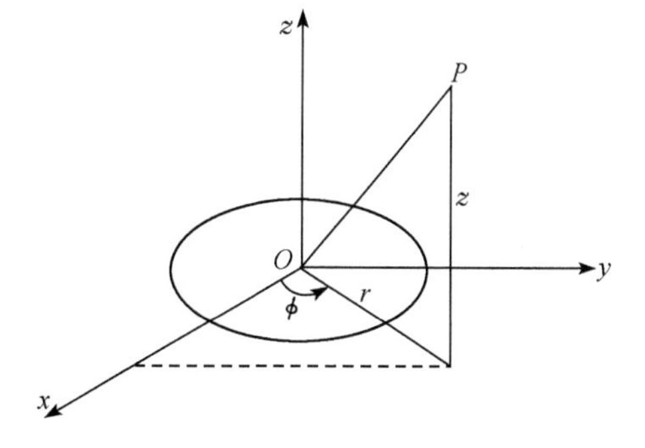

图 2.36(2)

由于方程相同,边界条件相同,故只需解一个方程就够了.我们来解 φ. 在柱坐标系中,(2.36.2)式为

$$\frac{1}{r}\frac{\partial}{\partial r}\left(r\frac{\partial\varphi}{\partial r}\right)+\frac{1}{r^2}\frac{\partial^2\varphi}{\partial\phi^2}=0 \tag{2.36.3}$$

用分离变数法求解.令

$$\varphi(r,\theta)=R(r)\Phi(\phi) \tag{2.36.4}$$

代入(2.36.3)式得

$$\frac{r}{R}\frac{\mathrm{d}}{\mathrm{d}r}\left(r\frac{\mathrm{d}R}{\mathrm{d}r}\right)+\frac{1}{\Phi}\frac{\mathrm{d}^2\Phi}{\mathrm{d}\phi^2}=0 \tag{2.36.5}$$

由于 $\Phi(\phi)$ 应是 ϕ 的以 2π 为周期的单值函数,故取

$$\frac{1}{\Phi}\frac{\mathrm{d}^2\Phi}{\mathrm{d}\phi^2}=-n^2 \tag{2.36.6}$$

解得当 $n\neq0$ 时

$$\Phi=A_n\cos n\phi+B_n\sin n\phi,\qquad n\neq0 \tag{2.36.7}$$

再由

$$\frac{r}{R}\frac{\mathrm{d}}{\mathrm{d}r}\left(r\frac{\mathrm{d}R}{\mathrm{d}r}\right)=n^2 \tag{2.36.8}$$

解得

$$R=C_nr^n+D_nr^{-n} \tag{2.36.9}$$

当 $n=0$ 时,(2.36.6)式的解为

$$\Phi=A_0\phi+B_0 \tag{2.36.10}$$

因为 Φ 应是 ϕ 的以 2π 为周期的函数,故 $A_0=0$. $n=0$ 时(2.36.8)式的解为

$$R=C_0\ln r+D_0 \tag{2.36.11}$$

合起来便得(2.36.5)式的解为

$$\varphi=C_0\ln r+D_0+\sum_{n=1}^{\infty}(C_nr^n+D_nr^{-n})(A_n\cos n\phi+B_n\sin n\phi) \tag{2.36.12}$$

下面由边界条件定系数.当 $r=a$ 时,$\varphi=\varphi_c$(圆柱导体的电势),即

$$C_0\ln a+D_0+\sum_{n=1}^{\infty}(C_na^n+D_na^{-n})(A_n\cos n\phi+B_n\sin n\phi)=\varphi_c \tag{2.36.13}$$

比较两边 $\cos n\phi$ 和 $\sin n\phi$ 的系数得

$$A_n=0,\quad B_n=0,\quad n\neq0 \tag{2.36.14}$$

于是得所求的解为

$$\varphi=C_0\ln r+D_0=C_0\ln r-C_0\ln a+\varphi_c \tag{2.36.15}$$

这个结果也适用于真空中的电势 φ_0(因为在真空与介质的交界面上,$\varphi_0=\varphi$,故 φ_0 中的系数也应是 C_0).

现在用题目给定的条件定系数 C_0. 由(2.36.15)式得电场强度为

$$\boldsymbol{E}=-\nabla\varphi=-\frac{C_0}{r}\boldsymbol{e}_r \tag{2.36.16}$$

真空中和介质中的电位移分别为

$$\boldsymbol{D}_0=\varepsilon_0\boldsymbol{E}=-\frac{\varepsilon_0 C_0}{r}\boldsymbol{e}_r \quad （真空中） \tag{2.36.17}$$

$$\boldsymbol{D}=\varepsilon\boldsymbol{E}=-\frac{\varepsilon C_0}{r}\boldsymbol{e}_r \quad （介质中） \tag{2.36.18}$$

由高斯定理和题目给的条件得

$$\oint_S \boldsymbol{D}\cdot\mathrm{d}\boldsymbol{S}=\pi a\cdot\varepsilon_0 E+\pi a\cdot\varepsilon E=\pi a(\varepsilon_0+\varepsilon)\cdot\frac{-C_0}{a}=\lambda$$

$$C_0=-\frac{\lambda}{\pi(\varepsilon_0+\varepsilon)} \tag{2.36.19}$$

于是得所求电场强度为

$$\boldsymbol{E}=\frac{\lambda}{\pi(\varepsilon_0+\varepsilon)r}\boldsymbol{e}_r,\qquad r>a \tag{2.36.20}$$

(2) 圆柱面上自由电荷量的面密度为

$$\sigma_0=\boldsymbol{e}_r\cdot\boldsymbol{D}_0=\boldsymbol{e}_r\cdot(\varepsilon_0\boldsymbol{E})=\frac{\varepsilon_0\lambda}{\pi(\varepsilon_0+\varepsilon)a} \quad （真空中） \tag{2.36.21}$$

$$\sigma=\boldsymbol{e}_r\cdot\boldsymbol{D}=\boldsymbol{e}_r\cdot(\varepsilon\boldsymbol{E})=\frac{\varepsilon\lambda}{\pi(\varepsilon_0+\varepsilon)a} \quad （介质中） \tag{2.36.22}$$

(3) 介质内极化电荷量密度为

$$\begin{aligned}\rho'&=-\nabla\cdot\boldsymbol{P}=-(\varepsilon-\varepsilon_0)\nabla\cdot\boldsymbol{E}=-(\varepsilon-\varepsilon_0)\frac{1}{r}\frac{\partial}{\partial r}(rE)\\&=-(\varepsilon-\varepsilon_0)\frac{1}{r}\frac{\partial}{\partial r}\left[\frac{\lambda}{\pi(\varepsilon_0+\varepsilon)}\right]=0\end{aligned} \tag{2.36.23}$$

在与圆柱接触的面上，介质极化电荷量的面密度为

$$\begin{aligned}\sigma'&=\boldsymbol{n}\cdot\boldsymbol{P}=-\boldsymbol{e}_r\cdot\boldsymbol{P}=-(\varepsilon-\varepsilon_0)\boldsymbol{e}_r\cdot\boldsymbol{E}\\&=-\frac{(\varepsilon-\varepsilon_0)\lambda}{\pi(\varepsilon+\varepsilon_0)a}\end{aligned} \tag{2.36.24}$$

在介质与真空的交界面上，介质极化电荷量的面密度为

$$\sigma_0'=\boldsymbol{n}\cdot\boldsymbol{P}=-(\varepsilon-\varepsilon_0)\boldsymbol{n}\cdot\boldsymbol{E}=0 \tag{2.36.25}$$

【别解】 本题也可以根据所给条件和对称性求尝试解. 设所求电场强度为

$$\boldsymbol{E}=\frac{A}{r}\boldsymbol{e}_r \tag{2.36.26}$$

经过分析，它满足所有的边界条件. 故根据唯一性定理，可知它就是本题的唯一解. 再由 $\boldsymbol{D}=\varepsilon\boldsymbol{E}$ 和高斯定理定出系数

$$A=\frac{\lambda}{\pi(\varepsilon_0+\varepsilon)} \tag{2.36.27}$$

于是电场强度问题就解决了.

2.37 一半径为 a 的无穷长直圆柱，以它的轴线上的一点为原点，在它的横截面内取极坐标系 (r,ϕ)，它表面上的电势为 $\varphi(a,\phi')$. 试由二维拉普拉斯方程

$$\nabla^2\varphi=\frac{1}{r}\frac{\partial}{\partial r}\left(r\frac{\partial\varphi}{\partial r}\right)+\frac{1}{r^2}\frac{\partial^2\varphi}{\partial r^2}=0$$

的通解

$$\varphi(r,\phi)=A_0+B_0\ln r+\sum_{n=1}^{\infty}(A_nr^n+B_nr^{-n})(C_n\cos n\phi+D_n\sin n\phi)$$

算出其中的系数，然后代入通解，求级数的和，以得出圆柱面内的电势用积分形式表示为

$$\varphi(r,\phi)=\frac{1}{2\pi}\int_0^{2\pi}\varphi(a,\phi')\frac{a^2-r^2}{a^2+r^2-2ar\cos(\phi'-\phi)}\mathrm{d}\phi'$$

这个式子称为泊松(Poisson)积分公式.

【解】 对圆柱面内来说，轴线上 $(r=0)$ 的电势 $\varphi(0,\phi)$ 为有限值，这时通解中的系数 $B_n=0,n=0,1,2,3,\cdots$. 所以电势可以写成

$$\varphi(r,\phi)=A_0+\sum_{n=1}^{\infty}r^n(C_n\cos n\phi+D_n\sin n\phi) \tag{2.37.1}$$

在圆柱面上有

$$\varphi(a,\phi')=A_0+\sum_{n=1}^{\infty}a^n(C_n\cos n\phi'+D_n\sin n\phi') \tag{2.37.2}$$

故得(2.37.1)式中的系数为

$$A_0=\frac{1}{2\pi}\int_0^{2\pi}\varphi(a,\phi')\mathrm{d}\phi' \tag{2.37.3}$$

$$C_n=\frac{1}{\pi a^n}\int_0^{2\pi}\varphi(a,\phi')\cos n\phi'\mathrm{d}\phi' \tag{2.37.4}$$

$$D_n=\frac{1}{\pi a^n}\int_0^{2\pi}\varphi(a,\phi')\sin n\phi'\mathrm{d}\phi' \tag{2.37.5}$$

将(2.37.3)、(2.37.4)、(2.37.5)三式代入(2.37.1)式便得

$$\begin{aligned}\varphi(r,\phi)&=\frac{1}{2\pi}\int_0^{2\pi}\varphi(a,\phi')\mathrm{d}\phi'+\frac{1}{\pi}\sum_{n=1}^{\infty}\left(\frac{r}{a}\right)^n\int_0^{2\pi}\varphi(a,\phi')(\cos n\phi'\cos n\phi+\sin n\phi'\sin n\phi)\mathrm{d}\phi'\\&=\frac{1}{2\pi}\int_0^{2\pi}\varphi(a,\phi')\mathrm{d}\phi'+\frac{1}{\pi}\sum_{n=1}^{\infty}\left(\frac{r}{a}\right)^n\int_0^{2\pi}\varphi(a,\phi')\cos n(\phi'-\phi)\mathrm{d}\phi'\end{aligned} \tag{2.37.6}$$

式中第二项

$$\begin{aligned}&\sum_{n=1}^{\infty}\left(\frac{r}{a}\right)^n\int_0^{2\pi}\varphi(a,\phi')\cos n(\phi'-\phi)\mathrm{d}\phi'=\sum_{n=1}^{\infty}\left(\frac{r}{a}\right)^n\int_0^{2\pi}\varphi(a,\phi')\mathrm{Re}[\mathrm{e}^{in(\phi'-\phi)}]\mathrm{d}\phi'\\&=\sum_{n=1}^{\infty}\int_0^{2\pi}\varphi(a,\phi')\mathrm{Re}\left[\frac{r}{a}\mathrm{e}^{\mathrm{i}(\phi'-\phi)}\right]^n\mathrm{d}\phi'=\int_0^{2\pi}\varphi(a,\phi')\left\{\sum_{n=1}^{\infty}\mathrm{Re}\left[\frac{r}{a}\mathrm{e}^{\mathrm{i}(\phi'-\phi)}\right]^n\right\}\mathrm{d}\phi'\\&=\int_0^{2\pi}\varphi(a,\phi')\mathrm{Re}\left[\frac{r\mathrm{e}^{\mathrm{i}(\phi'-\phi)}}{a-r\mathrm{e}^{\mathrm{i}(\phi'-\phi)}}\right]\mathrm{d}\phi'\end{aligned} \tag{2.37.7}$$

其中

$$\mathrm{Re}\left[\frac{r\mathrm{e}^{\mathrm{i}(\phi'-\phi)}}{a-r\mathrm{e}^{\mathrm{i}(\phi'-\phi)}}\right]=\mathrm{Re}\left[\frac{1}{\frac{a}{r}\mathrm{e}^{-\mathrm{i}(\phi'-\phi)}-1}\right]=\mathrm{Re}\left[\frac{1}{\frac{a}{r}\cos(\phi'-\phi)-\mathrm{i}\,\frac{a}{r}\sin(\phi'-\phi)-1}\right]$$

$$=\mathrm{Re}\left[\frac{\frac{a}{r}\cos(\phi'-\phi)-1+\mathrm{i}\,\frac{a}{r}\sin(\phi'-\phi)}{\left(\frac{a}{r}\cos(\phi'-\phi)-1\right)^2+\left(\frac{a}{r}\sin(\phi'-\phi)\right)^2}\right]$$

$$=\frac{\frac{a}{r}\cos(\phi'-\phi)-1}{\frac{a^2}{r^2}-2\,\frac{a}{r}\cos(\phi'-\phi)+1}$$

$$=\frac{r[a\cos(\phi'-\phi)-r]}{a^2+r^2-2ar\cos(\phi'-\phi)} \tag{2.37.8}$$

将(2.37.8)式代入(2.37.7)式再代入(2.37.6)式便得

$$\varphi(r,\phi)=\frac{1}{2\pi}\int_0^{2\pi}\varphi(a,\phi')\mathrm{d}\phi'+\frac{1}{\pi}\int_0^{2\pi}\varphi(a,\phi')\,\frac{r[a\cos(\phi'-\phi)-r]}{a^2+r^2-2ar\cos(\phi'-\phi)}\mathrm{d}\phi'$$

$$=\frac{1}{\pi}\int_0^{2\pi}\varphi(a,\phi')\,\frac{ar\cos(\phi'-\phi)-r^2+(a^2+r^2)/2-ar\cos(\phi'-\phi)}{a^2+r^2-2ar\cos(\phi'-\phi)}\mathrm{d}\phi'$$

$$=\frac{1}{2\pi}\int_0^{2\pi}\varphi(a,\phi')\,\frac{a^2-r^2}{a^2+r^2-2ar\cos(\phi'-\phi)}\mathrm{d}\phi',\qquad r<a \tag{2.37.9}$$

2.38　一无限长导体圆筒，厚度可略去不计，横截面的半径为 a. 这圆筒分成相等的两片，互相绝缘，一片的电势为 V_0，另一片的电势为 $-V_0$，如图 2.38 所示. 求这圆筒内的电势.

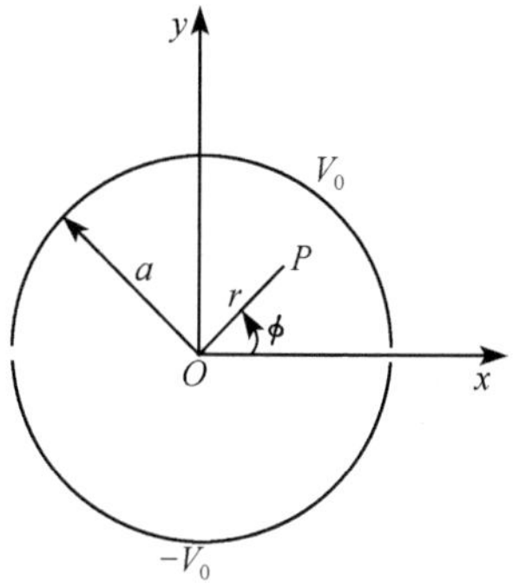

图 2.38

【解】　以圆筒轴线上一点 O 为原点，轴线为 z 轴，取柱坐标系，使两半筒的边界在 $r=a$ 和 $\phi=0$ 以及 $\phi=\pi$ 处，如图 2.38 所示. 根据对称性，知所求的电势 φ 应与 z 无关. 因圆筒内无自由电荷，故 φ 满足拉普拉斯方程

$$\nabla^2\varphi=\frac{1}{r}\,\frac{\partial}{\partial r}\left(r\,\frac{\partial\varphi}{\partial r}\right)+\frac{1}{r^2}\,\frac{\partial^2\varphi}{\partial\phi^2}=0 \tag{2.38.1}$$

边界条件为

$$\left.\begin{aligned}\varphi(a,\phi)&=V_0, & 0<\phi<\pi\\ \varphi(a,\phi)&=-V_0, & \pi<\phi<2\pi\end{aligned}\right\} \tag{2.38.2}$$

φ 应满足单值条件 $\varphi(r,\phi+2\pi)=\varphi(r,\phi)$，并且在 $r=0$ 处应为有限值. 由分离变数法得出，方程(2.38.1)的满足这些条件的通解为

$$\varphi(r,\phi)=\sum_{n=0}^{\infty}r^n(A_n\cos n\phi+B_n\sin n\phi) \tag{2.38.3}$$

下面用边界条件定系数，把(2.38.3)式代入(2.38.2)式得

$$\varphi(a,\phi)=\sum_{n=0}^{\infty}a^n(A_n\cos n\phi+B_n\sin n\phi)$$
$$=\begin{cases}V_0, & 0<\phi<\pi\\ -V_0, & \pi<\phi<2\pi\end{cases}\tag{2.38.4}$$

由三角函数的正交性，有

$$\int_0^{2\pi}\varphi(a,\phi)\cos n\phi\,\mathrm{d}\phi=a^nA_n\int_0^{2\pi}\cos^2 n\phi\,\mathrm{d}\phi,\qquad n=0,1,2,\cdots$$
$$\int_0^{2\pi}\varphi(a,\phi)\sin n\phi\,\mathrm{d}\phi=a^nB_n\int_0^{2\pi}\sin^2 n\phi\,\mathrm{d}\phi,\qquad n=0,1,2,\cdots$$

所以

$$A_n=\frac{1}{a^n}\frac{\int_0^{2\pi}\varphi(a,\phi)\cos n\phi\,\mathrm{d}\phi}{\int_0^{2\pi}\cos^2 n\phi\,\mathrm{d}\phi}=\frac{1}{a^n}\frac{V_0\int_0^{\pi}\cos n\phi\,\mathrm{d}\phi-V_0\int_{\pi}^{2\pi}\cos n\phi\,\mathrm{d}\phi}{\int_0^{2\pi}\cos^2 n\phi\,\mathrm{d}\phi}$$
$$=0,\qquad n=0,1,2,\cdots\tag{2.38.5}$$
$$B_n=\frac{1}{a^n}\frac{\int_0^{2\pi}\varphi(a,\phi)\sin n\phi\,\mathrm{d}\phi}{\int_0^{2\pi}\sin^2 n\phi\,\mathrm{d}\phi}=\frac{1}{a^n}\frac{V_0\int_0^{\pi}\sin n\phi\,\mathrm{d}\phi-V_0\int_{\pi}^{2\pi}\sin n\phi\,\mathrm{d}\phi}{\int_0^{2\pi}\sin^2 n\phi\,\mathrm{d}\phi}$$
$$=\frac{2V_0}{n\pi a^n}[1-(-1)^n],\qquad n=1,2,3,\cdots\tag{2.38.6}$$

由(2.38.6)式得

$$\left.\begin{aligned}&B_{2k}=0, && k=1,2,3,\cdots\\ &B_{2k+1}=\frac{4V_0}{(2k+1)\pi a^{2k+1}}, && k=0,1,2,\cdots\end{aligned}\right\}\tag{2.38.7}$$

代入(2.38.3)式，便得圆筒内的电势，为

$$\varphi(r,\phi)=\frac{4V_0}{\pi}\sum_{k=0}^{\infty}\frac{1}{(2k+1)}\left(\frac{r}{a}\right)^{2k+1}\sin(2k+1)\phi\tag{2.38.8}$$

【讨论】 (1) 因 $r<a$，故根据级数公式[参见 D. H. Menzel, *Fundamental Formulas of Physics*(1955), p. 75, (17)式]

$$\frac{1}{2}\arctan\frac{2\alpha\sin x}{1-\alpha^2}=\sum_{l=1}^{\infty}\frac{\alpha^{2l-1}}{2l-1}\sin(2l-1)x,\qquad |\alpha|<1\tag{2.38.9}$$

所求的电势可写作

$$\varphi(r,\phi)=\frac{4V_0}{\pi}\frac{1}{2}\arctan\left[\frac{2\dfrac{r}{a}\sin\phi}{1-\left(\dfrac{r}{a}\right)^2}\right]=\frac{2V_0}{\pi}\arctan\left(\frac{2ar\sin\phi}{a^2-r^2}\right),\qquad r<a\tag{2.38.10}$$

(2) 由后面 2.39 题的结果(2.39.14)式,令其中 $U_1=V_0$,$U_2=-V_0$,即得

$$\varphi(r,\phi)=\frac{2V_0}{\pi}\arctan\left(\frac{2ar\sin\phi}{a^2-r^2}\right) \quad (2.38.11)$$

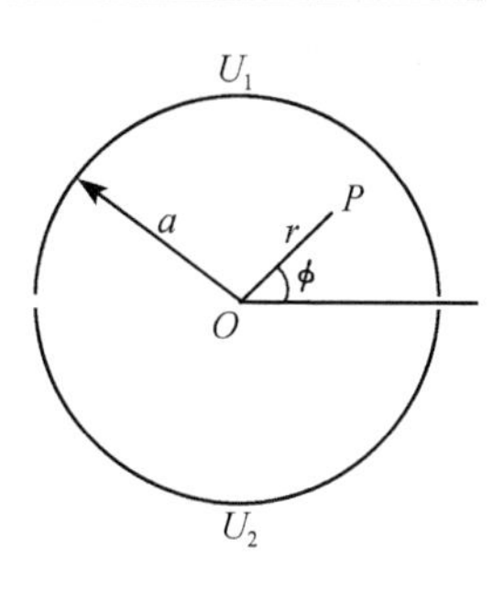

图 2.39

2.39 一无穷长直导体薄圆筒,厚度可略去不计,横截面的半径为 a. 这圆筒分成相等的两片,互相绝缘,一片的电势为 U_1,另一片的电势为 U_2. 试求:(1)圆筒内的电势;(2)圆筒内表面上电荷量的面密度.

【解】 (1) 以圆筒轴线上一点 O 为原点,轴线为 z 轴,取柱坐标系,使两片的边界在 $r=a$ 和 $\phi=0$ 以及 $\phi=\pi$ 处,如图 2.39 所示. 根据对称性,知所求的电势 φ 与 z 无关. 在筒内无自由电荷,故电势 φ 满足拉普拉斯方程

$$\nabla^2\varphi=\frac{1}{r}\frac{\partial}{\partial r}\left(r\frac{\partial\varphi}{\partial r}\right)+\frac{1}{r^2}\frac{\partial^2\varphi}{\partial\phi^2}=0 \quad (2.39.1)$$

φ 应满足单值条件 $\varphi(r,\phi+2\pi)=\varphi(r,\phi)$,并且在 $r=0$ 处为有限值. 由分离变数法得出,方程(2.39.1)的满足这些条件的解为

$$\varphi(r,\phi)=A_0+\sum_{n=1}^{\infty}r^n(A_n\cos n\phi+B_n\sin n\phi) \quad (2.39.2)$$

φ 的边界条件为

$$\varphi(a,\phi')=\begin{cases}U_1, & 0<\phi'<\pi\\ U_2, & \pi<\phi'<2\pi\end{cases} \quad (2.39.3)$$

下面由边界条件定系数,由(2.39.2)、(2.39.3)两式得

$$\varphi(a,\phi')=A_0+\sum_{n=1}^{\infty}a^n(A_n\cos n\phi'+B_n\sin n\phi')=\begin{cases}U_1, & 0<\phi'<\pi\\ U_2, & \pi<\phi'<2\pi\end{cases} \quad (2.39.4)$$

由三角函数的正交性得

$$A_0=\frac{1}{2\pi}\int_0^{2\pi}\varphi(a,\phi')\mathrm{d}\phi'=\frac{1}{2\pi}\left[\int_0^{\pi}U_1\mathrm{d}\phi'+\int_{\pi}^{2\pi}U_2\mathrm{d}\phi'\right]=\frac{U_1+U_2}{2} \quad (2.39.5)$$

$$\int_0^{2\pi}\varphi(a,\phi')\cos n\phi'\mathrm{d}\phi'=a^nA_n\int_0^{2\pi}\cos^2 n\phi'\mathrm{d}\phi'=\pi a^nA_n, \qquad n=1,2,3,\cdots \quad (2.39.6)$$

$$\int_0^{2\pi}\varphi(a,\phi')\sin n\phi'\mathrm{d}\phi'=a^nB_n\int_0^{2\pi}\sin^2 n\phi'\mathrm{d}\phi'=\pi a^nB_n, \qquad n=1,2,3,\cdots \quad (2.39.7)$$

由(2.39.4)、(2.39.6)两式得

$$\begin{aligned}A_n&=\frac{1}{\pi a^n}\int_0^{2\pi}\varphi(a,\phi')\cos n\phi'\mathrm{d}\phi'=\frac{1}{\pi a^n}\left(\int_0^{\pi}U_1\cos n\phi'\mathrm{d}\phi'+\int_{\pi}^{2\pi}U_2\cos n\phi'\mathrm{d}\phi'\right)\\&=\frac{1}{n\pi a^n}\left(U_1\sin n\phi'\Big|_0^{\pi}+U_2\sin n\phi'\Big|_0^{2\pi}\right)=0, \qquad n=1,2,3,\cdots\end{aligned} \quad (2.39.8)$$

由(2.39.4)、(2.39.7)两式得

$$\begin{aligned}B_n&=\frac{1}{\pi a^n}\int_0^{2\pi}\varphi(a,\phi')\sin n\phi'\mathrm{d}\phi'=\frac{1}{\pi a^n}\left(\int_0^{\pi}U_1\sin n\phi'\mathrm{d}\phi'+\int_{\pi}^{2\pi}U_2\sin n\phi'\mathrm{d}\phi'\right)\\&=\frac{1}{n\pi a^n}\left(-U_1\cos n\phi'\Big|_0^{\pi}-U_2\cos n\phi'\Big|_{\pi}^{2\pi}\right)\\&=\frac{U_1}{n\pi a^n}[1-(-1)^n]-\frac{U_2}{n\pi a^n}[1-(-1)^n]\\&=\frac{U_1-U_2}{n\pi a^n}[1-(-1)^n],\qquad n=1,2,3,\cdots\end{aligned}\tag{2.39.9}$$

于是得

$$\left.\begin{aligned}B_{2l}&=0\\B_{2l-1}&=\frac{2(U_1-U_2)}{(2l-1)\pi a^{2l-1}}\end{aligned}\right\}\quad l=1,2,3,\cdots\tag{2.39.10}$$

将所求得的系数 A_0、A_n 和 B_n 代入(2.39.2)式，便得所求的电势为

$$\varphi(r,\phi)=\frac{U_1+U_2}{2}+\frac{2(U_1-U_2)}{\pi}\sum_{l=1}^{\infty}\frac{1}{2l-1}\left(\frac{r}{a}\right)^{2l-1}\sin(2l-1)\phi\tag{2.39.11}$$

因 $r/a<1$，故由级数公式[参见 D. H. Menzel, *Fundamental Formulas of Physics* (1955), p. 75, (17)式]

$$\frac{1}{2}\arctan\left(\frac{2\alpha\sin x}{1-\alpha^2}\right)=\sum_{l=1}^{\infty}\frac{\alpha^{2l-1}}{2l-1}\sin(2l-1)x,\qquad|\alpha|<1\tag{2.39.12}$$

得

$$\begin{aligned}\sum_{l=1}^{\infty}\frac{1}{2l-1}\left(\frac{r}{a}\right)^{2l-1}\sin(2l-1)\phi&=\frac{1}{2}\arctan\frac{2\frac{r}{a}\sin\phi}{1-\left(\frac{r}{a}\right)^2}\\&=\frac{1}{2}\arctan\left(\frac{2ar\sin\phi}{a^2-r^2}\right)\end{aligned}\tag{2.39.13}$$

代入(2.39.11)式，便得所求的电势的另一种表达式为

$$\varphi(r,\phi)=\frac{U_1+U_2}{2}+\frac{U_1-U_2}{\pi}\arctan\left(\frac{2ar\sin\phi}{a^2-r^2}\right)\tag{2.39.14}$$

(2) 圆筒内表面上电荷量的面密度为

$$\begin{aligned}\sigma&=\boldsymbol{n}\cdot\boldsymbol{D}=-\boldsymbol{e}_r\cdot\boldsymbol{D}=\varepsilon_0\boldsymbol{e}_r\cdot\nabla\varphi=\varepsilon_0\frac{\partial\varphi}{\partial r}\bigg|_{r=a}\\&=\frac{\varepsilon_0(U_1-U_2)}{\pi}\frac{\partial}{\partial r}\left[\arctan\left(\frac{2ar\sin\phi}{a^2-r^2}\right)\right]\bigg|_{r=a}\\&=\frac{\varepsilon_0(U_1-U_2)}{\pi}\frac{1}{1+\left(\frac{2ar\sin\phi}{a^2-r^2}\right)^2}\frac{1}{(a^2-r^2)^2}\end{aligned}$$

$$\times[(a^2-r^2)\cdot 2a\sin\phi-2ar\sin\phi(-2r)]_{r=a}$$
$$=\frac{2\varepsilon_0(U_1-U_2)}{\pi}\frac{1}{a\sin\phi} \tag{2.39.15}$$

【别解】 由前面 2.37 题的公式

$$\varphi(r,\phi)=\frac{1}{2\pi}\int_0^{2\pi}\varphi(a,\phi')\frac{(a^2-r^2)}{a^2+r^2-2ar\cos(\phi'-\phi)}\mathrm{d}\phi' \tag{2.39.16}$$

得

$$\varphi(r,\phi)=\frac{(a^2-r^2)U_1}{2\pi}\int_0^{\pi}\frac{\mathrm{d}\phi'}{a^2+r^2-2ar\cos(\phi'-\phi)}$$
$$+\frac{(a^2-r^2)U_2}{2\pi}\int_{\pi}^{2\pi}\frac{\mathrm{d}\phi'}{a^2+r^2-2ar\cos(\phi'-\phi)} \tag{2.39.17}$$

由积分公式

$$\int\frac{\mathrm{d}x}{a+b\cos x}=\frac{2}{\sqrt{a^2-b^2}}\arctan\left(\frac{\sqrt{a^2-b^2}}{a+b}\tan\frac{x}{2}\right) \tag{2.39.18}$$

得

$$\int\frac{\mathrm{d}\phi'}{a^2+r^2-2ar\cos(\phi'-\phi)}=\frac{2}{\sqrt{(a^2+r^2)^2-(-2ar)^2}}$$
$$\times\arctan\left[\frac{\sqrt{(a^2+r^2)^2-(-2ar)^2}}{a^2+r^2-2ar}\tan\left(\frac{\phi'-\phi}{2}\right)\right]$$
$$=\frac{2}{a^2-r^2}\arctan\left[\frac{a+r}{a-r}\tan\left(\frac{\phi'-\phi}{2}\right)\right] \tag{2.39.19}$$

$$\int_0^{\pi}\frac{\mathrm{d}\phi'}{a^2+r^2-2ar\cos(\phi'-\phi)}=\frac{2}{a^2-r^2}\left\{\arctan\left[\frac{a+r}{a-r}\tan\left(\frac{\pi-\phi}{2}\right)\right]\right.$$
$$\left.-\arctan\left[\frac{a+r}{a-r}\tan\left(-\frac{\phi}{2}\right)\right]\right\}$$
$$=\frac{2}{a^2-r^2}\left\{\arctan\left[\frac{a+r}{a-r}\frac{1}{\tan\frac{\phi}{2}}\right]+\arctan\left[\frac{a+r}{a-r}\tan\frac{\phi}{2}\right]\right\}$$
$$=\frac{2}{a^2-r^2}\arctan\left\{\frac{1}{1-\left(\frac{a+r}{a-r}\right)^2}\left[\frac{a+r}{a-r}\frac{1}{\tan(\phi/2)}+\frac{a+r}{a-r}\tan\frac{\phi}{2}\right]\right\}$$
$$=\frac{2}{a^2-r^2}\arctan\left\{\frac{(a+r)(a-r)}{-4ar}\left(\frac{1}{\tan(\phi/2)}+\tan\frac{\phi}{2}\right)\right\}$$
$$=\frac{2}{a^2-r^2}\arctan\left\{-\frac{a^2-r^2}{4ar}\frac{2}{\sin\phi}\right\}=\frac{2}{a^2-r^2}\arctan\left(-\frac{a^2-r^2}{2ar\sin\phi}\right) \tag{2.39.20}$$

$$\int_{\pi}^{2\pi}\frac{\mathrm{d}\phi'}{a^2+r^2-2ar\cos(\phi'-\phi)}=\frac{2}{a^2-r^2}\left\{\arctan\left[\frac{a+r}{a-r}\tan\left(\frac{2\pi-\phi}{2}\right)\right]\right.$$

$$\left.-\arctan\left[\frac{a+r}{a-r}\tan\left(\frac{\pi-\phi}{2}\right)\right]\right\}$$

$$=\frac{2}{a^2-r^2}\left\{\arctan\left[\frac{a+r}{a-r}\tan\left(\pi-\frac{\phi}{2}\right)\right]-\arctan\left[\frac{a+r}{a-r}\tan\left(\frac{\pi}{2}-\phi\right)\right]\right\}$$

$$=\frac{2}{a^2-r^2}\left\{\arctan\left[\frac{a+r}{a-r}\left(-\tan\frac{\phi}{2}\right)\right]-\arctan\left[\frac{a+r}{a-r}\frac{1}{\tan(\phi/2)}\right]\right\}$$

$$=\frac{2}{a^2-r^2}\arctan\left(\frac{a^2-r^2}{2ar\sin\phi}\right) \tag{2.39.21}$$

将(2.39.20)、(2.39.21)两式代入(2.39.17)式

$$\varphi(r,\phi)=\frac{(a^2-r^2)U_1}{2\pi}\frac{2}{a^2-r^2}\arctan\left(-\frac{a^2-r^2}{2ar\sin\phi}\right)$$

$$+\frac{(a^2-r^2)U_2}{2\pi}\frac{2}{a^2-r^2}\arctan\left(\frac{a^2-r^2}{2ar\sin\phi}\right)$$

$$=\frac{U_1}{\pi}\arctan\left(-\frac{a^2-r^2}{2ar\sin\phi}\right)+\frac{U_2}{\pi}\arctan\left(\frac{a^2-r^2}{2ar\sin\phi}\right) \tag{2.39.22}$$

由反正切公式

$$\arctan x=\frac{\pi}{2}-\arctan\frac{1}{x} \tag{2.39.23}$$

得

$$\varphi(r,\phi)=\frac{U_1}{\pi}\left[\frac{\pi}{2}-\arctan\left(-\frac{2ar\sin\phi}{a^2-r^2}\right)\right]+\frac{U_2}{\pi}\left[\frac{\pi}{2}-\arctan\frac{2ar\sin\phi}{a^2-r^2}\right]$$

$$=\frac{U_1+U_2}{2}+\frac{U_1}{\pi}\arctan\left(\frac{2ar\sin\phi}{a^2-r^2}\right)-\frac{U_2}{\pi}\arctan\left(\frac{2ar\sin\phi}{a^2-r^2}\right)$$

$$=\frac{U_1+U_2}{2}+\frac{U_1-U_2}{\pi}\arctan\left(\frac{2ar\sin\phi}{a^2-r^2}\right) \tag{2.39.24}$$

【讨论】 若题给两片的电势分别为 U_0 和 $-U_0$，则令 $U_1=U_0, U_2=-U_0$，便由(2.39.11)式得

$$\varphi(r,\phi)=\frac{4U_0}{\pi}\sum_{l=1}^{\infty}\frac{1}{2l-1}\left(\frac{r}{a}\right)^{2l-1}\sin(2l-1)\phi \tag{2.39.25}$$

或由(2.39.14)式或(2.39.24)式得

$$\varphi(r,\phi)=\frac{2U_0}{\pi}\arctan\left(\frac{2ar\sin\phi}{a^2-r^2}\right) \tag{2.39.26}$$

这便是前面 2.38 题的结果(2.38.11)式.

2.40 一无穷长直导体圆筒，其厚度可略去不计，横截面的半径为 a. 这薄圆筒分成相等的四片，彼此互相绝缘，其中相向的两片电势均为 U，另两片的电势均为 $-U$. 试求这圆筒内的电势.

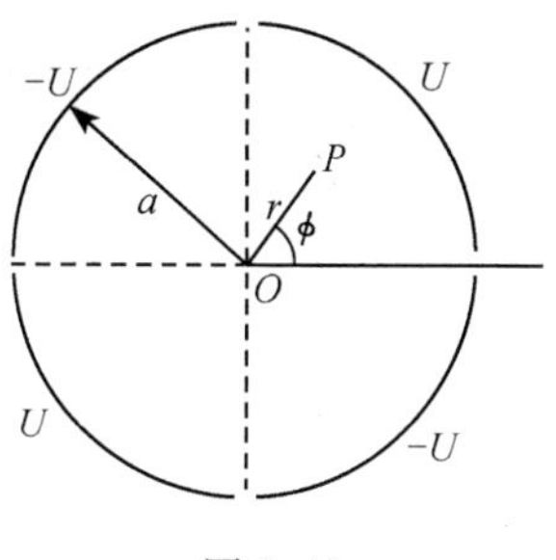

图 2.40

【解】 这圆筒的横截面如图 2.40 所示. 以轴线上一点 O 为原点，取柱坐标系，由于对称性，所求的电势与 z 无关. 因筒内无自由电荷，故电势 φ 满足拉普拉斯方程

$$\nabla^2\varphi=\frac{1}{r}\frac{\partial}{\partial r}\left(r\frac{\partial\varphi}{\partial r}\right)+\frac{1}{r^2}\frac{\partial^2\varphi}{\partial\phi^2}=0 \quad (2.40.1)$$

φ 应满足单值条件 $\varphi(r,\phi+2\pi)=\varphi(r,\phi)$，并且在 $r=0$ 处为有限值. 由分离变数法得出，方程(2.40.1)的满足这些条件的解为

$$\varphi(r,\phi)=A_0+\sum_{n=1}^{\infty}r^n(A_n\cos n\phi+B_n\sin n\phi) \quad (2.40.2)$$

φ 的边界条件为

$$\varphi(a,\phi')=A_0+\sum_{n=1}^{\infty}a^n(A_n\cos n\phi'+B_n\sin n\phi')=\begin{cases}U, & 0<\phi'<\pi/2\\ -U, & \pi/2<\phi'<\pi\\ U, & \pi<\phi'<3\pi/2\\ -U, & 3\pi/2<\phi'<2\pi\end{cases} \quad (2.40.3)$$

下面由边界条件定(2.40.2)式的系数. 由三角函数的正交性得

$$\begin{aligned}A_0&=\frac{1}{2\pi}\int_0^{2\pi}\varphi(a,\phi')\mathrm{d}\phi'=\frac{1}{2\pi}\left[\int_0^{\pi/2}U\mathrm{d}\phi'+\int_{\pi/2}^{\pi}(-U)\mathrm{d}\phi'\right.\\&\quad\left.+\int_{\pi}^{3\pi/2}U\mathrm{d}\phi'+\int_{3\pi/2}^{2\pi}(-U)\mathrm{d}\phi'\right]\\&=0\end{aligned} \quad (2.40.4)$$

$$\int_0^{2\pi}\varphi(a,\phi')\cos n\phi'\mathrm{d}\phi'=a^nA_n\int_0^{2\pi}\cos^2n\phi'\mathrm{d}\phi'=\pi a^nA_n \quad (2.40.5)$$

$$\int_0^{2\pi}\varphi(a,\phi')\sin n\phi'\mathrm{d}\phi'=a^nB_n\int_0^{2\pi}\sin^2n\phi'\mathrm{d}\phi'=\pi a^nB_n \quad (2.40.6)$$

其中

$$\begin{aligned}\int_0^{2\pi}\varphi(a,\phi')\cos n\phi'\mathrm{d}\phi'&=\int_0^{\pi/2}U\cos n\phi'\mathrm{d}\phi'+\int_{\pi/2}^{\pi}(-U)\cos n\phi'\mathrm{d}\phi'\\&\quad+\int_{\pi}^{3\pi/2}U\cos n\phi'\mathrm{d}\phi'+\int_{3\pi/2}^{2\pi}(-U)\cos n\phi'\mathrm{d}\phi'\\&=\frac{U}{n}\left[\sin n\phi'\Big|_0^{\pi/2}-\sin n\phi'\Big|_{\pi/2}^{\pi}+\sin n\phi'\Big|_{\pi}^{3\pi/2}-\sin n\phi'\Big|_{3\pi/2}^{2\pi}\right]\\&=\frac{U}{n}\left[\sin\frac{n\pi}{2}+\sin\frac{n\pi}{2}+\sin\frac{3n\pi}{2}+\sin\frac{3n\pi}{2}\right]=0\end{aligned} \quad (2.40.7)$$

$$\begin{aligned}\int_0^{2\pi}\varphi(a,\phi')\sin n\phi'\mathrm{d}\phi'&=\int_0^{\pi/2}U\sin n\phi'\mathrm{d}\phi'+\int_{\pi/2}^{\pi}(-U)\sin n\phi'\mathrm{d}\phi'\\&\quad+\int_{\pi}^{3\pi/2}U\sin n\phi'\mathrm{d}\phi'+\int_{3\pi/2}^{2\pi}(-U)\sin n\phi'\mathrm{d}\phi'\end{aligned}$$

$$= \frac{U}{n}\left[-\cos n\phi'\Big|_0^{\pi/2} + \cos n\phi'\Big|_{\pi/2}^{\pi} - \cos n\phi'\Big|_{\pi}^{3\pi/2} + \cos n\phi'\Big|_{3\pi/2}^{2\pi}\right]$$

$$= \begin{cases} \dfrac{8U}{n}, & \text{当 } n = 2,6,10,14,\cdots \\ 0, & \text{当 } n \neq 2,6,10,14,\cdots \end{cases} \tag{2.40.8}$$

由(2.40.5)、(2.40.7)两式得

$$A_n = 0, \qquad n = 1,2,3,\cdots \tag{2.40.9}$$

由(2.40.6)、(2.40.8)两式得

$$B_n = \begin{cases} \dfrac{8U}{n\pi a^n}, & \text{当 } n = 2,6,10,14,\cdots \\ 0, & \text{当 } n \neq 2,6,10,14,\cdots \end{cases} \tag{2.40.10}$$

(2.40.10)式又可写成

$$B_{2(2n-1)} = \frac{4U}{(2n-1)\pi a^{2(2n-1)}}, \qquad n = 1,2,3,\cdots \tag{2.40.11}$$

将(2.40.4)、(2.40.9)、(2.40.11)三式代入(2.40.2)式,便得所求的电势为

$$\varphi(r,\phi) = \frac{4U}{\pi}\sum_{n=1}^{\infty}\frac{1}{2n-1}\left(\frac{r}{a}\right)^{2(2n-1)}\sin 2(2n-1)\phi \tag{2.40.12}$$

$\varphi(r,\phi)$还可以表示成另一种形式.由级数公式[参见 D. H. Menzel, *Fundamental Formulas of Physics*(1955), p. 75,(17)式]

$$\frac{1}{2}\arctan\left(\frac{2\alpha\sin x}{1-\alpha^2}\right) = \sum_{n=1}^{\infty}\frac{\alpha^{2n-1}}{2n-1}\sin(2n-1)x, \qquad |\alpha| < 1 \tag{2.40.13}$$

得

$$\varphi(r,\phi) = \frac{4U}{\pi}\sum_{n=1}^{\infty}\frac{1}{2n-1}\left[\left(\frac{r}{a}\right)^2\right]^{2n-1}\sin[(2n-1)2\phi]$$

$$= \frac{4U}{\pi}\frac{1}{2}\arctan\left[\frac{2(r/a)^2\sin 2\phi}{1-(r/a)^4}\right]$$

$$= \frac{2U}{\pi}\arctan\left(\frac{2a^2r^2\sin 2\phi}{a^4-r^4}\right) \tag{2.40.14}$$

2.41 一无穷长直导体圆筒,其厚度可略去不计,横截面的半径为 a.这圆筒分成相等的四片,彼此互相绝缘,其中相向的两片电势分别为 U 和 $-U$,另两片电势均为零,横截面如图 2.41 所示.试求筒内 $P(r,\phi)$点的电势 φ.

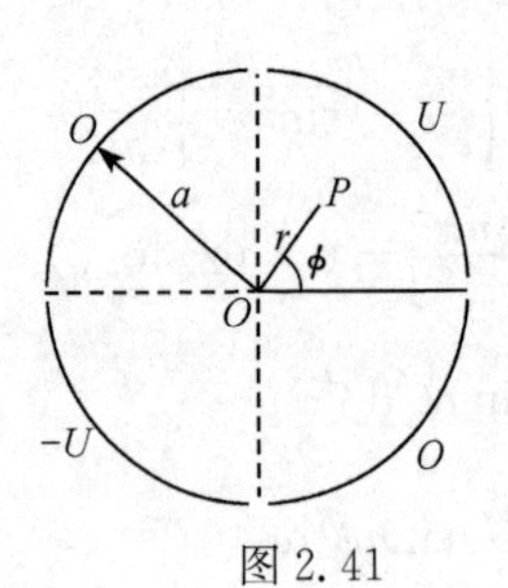

图 2.41

【解】 因筒内无自由电荷,故电势 φ 满足拉普拉斯方程

$$\nabla^2\varphi = \frac{1}{r}\frac{\partial}{\partial r}\left(r\frac{\partial\varphi}{\partial r}\right)+\frac{1}{r^2}\frac{\partial^2\varphi}{\partial\phi^2} = 0 \tag{2.41.1}$$

φ 应满足单值条件 $\varphi(r,\phi+2\pi)=\varphi(r,\phi)$，并且在轴线上（$r=0$）为有限值. 由分离变数法，方程(2.41.1)的满足这些条件的解为

$$\varphi(r,\phi) = A_0 + \sum_{n=1}^{\infty} r^n(A_n\cos n\phi + B_n\sin n\phi) \tag{2.41.2}$$

φ 的边界条件为

$$\varphi(a,\phi') = A_0 + \sum_{n=1}^{\infty} a^n(A_n\cos n\phi' + B_n\sin n\phi') = \begin{cases} U, & 0<\phi'<\pi/2 \\ 0, & \pi/2<\phi'<\pi \\ -U, & \pi<\phi'<3\pi/2 \\ 0, & 3\pi/2<\phi'<2\pi \end{cases} \tag{2.41.3}$$

下面由边界条件定(2.41.2)式的系数. 由三角函数的正交性得

$$A_0 = \frac{1}{2\pi}\int_0^{2\pi}\varphi(a,\phi')\mathrm{d}\phi' = \frac{1}{2\pi}\left[\int_0^{\pi/2}U\mathrm{d}\phi' + \int_{\pi}^{3\pi/2}(-U)\mathrm{d}\phi'\right] = 0 \tag{2.41.4}$$

$$\int_0^{2\pi}\varphi(a,\phi')\cos n\phi'\mathrm{d}\phi' = a^nA_n\int_0^{2\pi}\cos^2 n\phi'\mathrm{d}\phi' = \pi a^nA_n \tag{2.41.5}$$

$$\int_0^{2\pi}\varphi(a,\phi')\sin n\phi'\mathrm{d}\phi' = a_nB_n\int_0^{2\pi}\sin^2 n\phi'\mathrm{d}\phi' = \pi a^nB_n \tag{2.41.6}$$

其中

$$\begin{aligned}\int_0^{2\pi}\varphi(a,\phi')\cos n\phi'\mathrm{d}\phi' &= \int_0^{\pi/2}U\cos n\phi'\mathrm{d}\phi' + \int_{\pi}^{3\pi/2}(-U)\cos n\phi'\mathrm{d}\phi' \\ &= \frac{U}{n}\sin n\phi'\Big|_0^{\pi/2} - \frac{U}{n}\sin n\phi'\Big|_{\pi}^{3\pi/2} = \frac{U}{n}\left(\sin n\frac{\pi}{2} - \sin n\frac{3\pi}{2}\right) \\ &= \frac{2U}{n}\sin\left(-n\frac{\pi}{2}\right)\cos n\pi \\ &= \begin{cases}\dfrac{2U}{n}(-1)^{\frac{3n+1}{2}}, & \text{当 } n=1,3,5,\cdots \\ 0, & \text{当 } n=2,4,6,\cdots\end{cases}\end{aligned} \tag{2.41.7}$$

$$\begin{aligned}\int_0^{2\pi}\varphi(a,\phi')\sin n\phi'\mathrm{d}\phi' &= \int_0^{\pi/2}U\sin n\phi'\mathrm{d}\phi' + \int_{\pi}^{3\pi/2}(-U)\sin n\phi'\mathrm{d}\phi' \\ &= \frac{U}{n}(-\cos n\phi')\Big|_0^{\pi/2} - \frac{U}{n}(-\cos n\phi')\Big|_{\pi}^{3\pi/2} \\ &= \frac{U}{n}\left(1-\cos n\frac{\pi}{2} + \cos n\frac{3\pi}{2} - \cos n\pi\right) \\ &= \frac{U}{n}\left[1-(-1)^n - 2\sin n\pi\sin n\frac{\pi}{2}\right] = \frac{U}{n}[1-(-1)^n]\end{aligned}$$

$$= \begin{cases} \dfrac{2U}{n}, & \text{当 } n = 1,3,5,\cdots \\ 0, & \text{当 } n = 2,4,6,\cdots \end{cases} \tag{2.41.8}$$

令 $n=2l-1$,(2.41.7)、(2.41.8)两式可分别写成

$$\int_0^{2\pi} \varphi(a,\phi')\cos n\phi' \mathrm{d}\phi' = \frac{2U}{2l-1}(-1)^{3l-1} = \frac{2U}{2l-1}(-1)^{l-1}, \qquad l = 1,2,3,\cdots \tag{2.41.9}$$

$$\int_0^{2\pi} \varphi(a,\phi')\sin n\phi' \mathrm{d}\phi' = \frac{2U}{2l-1}, \qquad l = 1,2,3,\cdots \tag{2.41.10}$$

于是由(2.41.5)、(2.41.6)两式得

$$A_n = \frac{2U}{\pi}\frac{(-1)^{l-1}}{2l-1}\frac{1}{a^{2l-1}} \tag{2.41.11}$$

$$B_n = \frac{2U}{\pi}\frac{1}{2l-1}\frac{1}{a^{2l-1}} \tag{2.41.12}$$

将(2.41.4)、(2.41.11)、(2.41.12)三式代入(2.41.2)式,便得所求的电势为

$$\varphi(r,\phi) = \frac{2U}{\pi}\sum_{l=1}^{\infty}\left[\frac{(-1)^{2l-1}}{2l-1}\left(\frac{r}{a}\right)^{2l-1}\cos(2l-1)\phi + \frac{1}{2l-1}\left(\frac{r}{a}\right)^{2l-1}\sin(2l-1)\phi\right] \tag{2.41.13}$$

根据级数公式[参见 D. H. Menzel, *Fundamental Formulas of Physics* (1955), p. 75,(17)和(18)式]

$$\frac{1}{2}\arctan\left(\frac{2\alpha\sin x}{1-\alpha^2}\right) = \sum_{l=1}^{\infty}\frac{\alpha^{2l-1}}{2l-1}\sin(2l-1)x, \qquad |\alpha| < 1 \tag{2.41.14}$$

$$\frac{1}{2}\arctan\left(\frac{2\alpha\cos x}{1-\alpha^2}\right) = \sum_{l=1}^{\infty}(-1)^{l-1}\frac{\alpha^{2l-1}}{2l-1}\cos(2l-1)x, \qquad |\alpha| < 1 \tag{2.41.15}$$

$\varphi(r,\phi)$可以表示成另一形式

$$\varphi(r,\phi) = \frac{U}{\pi}\left[\arctan\left(\frac{2ar\cos\phi}{a^2-r^2}\right) + \arctan\left(\frac{2ar\sin\phi}{a^2-r^2}\right)\right] \tag{2.41.16}$$

【讨论】 如果用笛卡儿坐标表示,则由

$$x = r\cos\phi, \qquad y = r\sin\phi \tag{2.41.17}$$

所求的电势便为

$$\varphi(x,y) = \frac{U}{\pi}\left(\arctan\frac{2ax}{a^2-x^2-y^2} + \arctan\frac{2ay}{a^2-x^2-y^2}\right) \tag{2.41.18}$$

2.42 一圆筒内是真空,长为 l,横截面的半径为 a. 已知它的底面和侧面的电势均为零,顶面的电势为 U. 以底面中心为原点,轴线为 z 轴,取柱坐标系,试求筒内任一点 $P(r,\phi,z)$的电势.

【解】 由于筒内无自由电荷,故筒内的电势 φ 满足拉普拉斯方程;因为轴对称

性,φ 应与方位角 ϕ 无关.于是得

$$\nabla^2\varphi=\frac{1}{r}\frac{\partial}{\partial r}\left(r\frac{\partial\varphi}{\partial r}\right)+\frac{\partial^2\varphi}{\partial z^2}=0 \tag{2.42.1}$$

用分离变数法求解,令

$$\varphi=R(r)Z(z) \tag{2.42.2}$$

代入(2.42.1)式并除以 φ,即得

$$\frac{1}{rR}\frac{\mathrm{d}}{\mathrm{d}r}\left(r\frac{\mathrm{d}R}{\mathrm{d}r}\right)+\frac{1}{Z}\frac{\mathrm{d}^2Z}{\mathrm{d}z^2}=0 \tag{2.42.3}$$

根据边界条件,令

$$\frac{1}{Z}\frac{\mathrm{d}^2Z}{\mathrm{d}z^2}=k^2\quad(\text{常数}) \tag{2.42.4}$$

解得

$$Z(z)=C_1\mathrm{e}^{kz}+C_2\mathrm{e}^{-kz} \tag{2.42.5}$$

由边界条件:$z=0$ 时 $Z=0$,得 $C_2=-C_1$.令 $C=2C_1$ 便得

$$Z(z)=C\sinh(kz) \tag{2.42.6}$$

将(2.42.4)式代入(2.42.3)式得

$$\frac{\mathrm{d}^2R}{\mathrm{d}r^2}+\frac{1}{r}\frac{\mathrm{d}R}{\mathrm{d}r}+k^2R=0 \tag{2.42.7}$$

这是零阶贝塞耳方程,它在 $r=0$ 处的有界解为零阶贝塞耳函数

$$R(r)=\mathrm{J}_0(kr)=\sum_{m=0}^{\infty}\frac{(-1)^m}{(m!)^2}\left(\frac{kr}{2}\right)^{2m} \tag{2.42.8}$$

要求这个解满足边界条件:$r=a$ 时 $R(a)=0$,即

$$\mathrm{J}_0(ka)=0 \tag{2.42.9}$$

所以

$$k_na=x_n \tag{2.42.10}$$

式中 x_n 是 $\mathrm{J}_0(x)$的第 n 个零点.$\mathrm{J}_0(x)$有无穷多个零点,其前 5 个零点如下[参见《数学手册》(人民教育出版社,1979),1326 页]:

$$x_1=2.4048,\quad x_2=5.5201,\quad x_3=8.6537,\quad x_4=11.7915,\quad x_5=14.9309$$

于是得

$$R_n(r)=\mathrm{J}_0(k_nr)=\mathrm{J}_0\left(\frac{x_n}{a}r\right) \tag{2.42.11}$$

把(2.42.10)式代入(2.42.6)式得

$$Z_n(z)=C_n\sinh\left(\frac{x_n}{a}z\right) \tag{2.42.12}$$

由此得满足边界条件($z=0$ 时或 $r=a$ 时,$\varphi=0$)的特解为

$$\varphi_n=\varphi_n(r,z)=C_n\mathrm{J}_0\left(\frac{x_n}{a}r\right)\sinh\left(\frac{x_n}{a}z\right),\qquad n=1,2,\cdots \tag{2.42.13}$$

为了得出满足边界条件($z=l$ 时,$\varphi=U$)的解,把(2.42.13)式叠加起来

$$\varphi(r,z)=\sum_{n=1}^{\infty}\varphi_n(r,z)=\sum_{n=1}^{\infty}C_n\mathrm{J}_0\left(\frac{x_n}{a}r\right)\sinh\left(\frac{x_n}{a}z\right) \tag{2.42.14}$$

下面由边界条件

$$U=\sum_{n=1}^{\infty}C_n\mathrm{J}_0\left(\frac{x_n}{a}r\right)\sinh\left(\frac{x_n}{a}l\right) \tag{2.42.15}$$

定系数 C_n. 由正交归一关系

$$\int_0^a\mathrm{J}_0(k_nr)\mathrm{J}_0(k_{n'}r)r\mathrm{d}r=\frac{a^2}{2}\mathrm{J}_1^2(x_n)\delta_{nn'} \tag{2.42.16}$$

将(2.42.15)式两边都乘以 $\mathrm{J}_0(k_nr)r\mathrm{d}r$,然后对 r 从 0 到 a 积分,左边为

$$\int_0^a U\mathrm{J}_0(k_nr)r\mathrm{d}r=U\frac{a}{k_n}\mathrm{J}_1(k_na)=U\frac{a^2}{x_n}\mathrm{J}_1(x_n) \tag{2.42.17}$$

右边为

$$\sum_{n=1}^{\infty}C_n\sinh\left(\frac{x_n}{a}l\right)\frac{a^2}{2}\mathrm{J}_1^2(x_n)\delta_{nn'}=\frac{a^2}{2}C_n\sinh\left(\frac{x_n}{a}l\right)\mathrm{J}_1^2(x_n) \tag{2.42.18}$$

由(2.42.17)、(2.42.18)两式得

$$C_n=\frac{2U}{x_n}\frac{1}{\mathrm{J}_1(x_n)\sinh\left(\frac{x_n}{a}l\right)} \tag{2.42.19}$$

将(2.42.19)式代入(2.42.14)式,便得所求的电势为

$$\varphi(r,z)=\sum_{n=1}^{\infty}\frac{2U}{x_n}\frac{\mathrm{J}_0\left(\frac{x_n}{a}r\right)\sinh\left(\frac{x_n}{a}z\right)}{\mathrm{J}_1(x_n)\sinh\left(\frac{x_n}{a}l\right)} \tag{2.42.20}$$

2.43 一圆筒内是真空,长为 l,横截面的半径为 a. 已知它的底面和顶面的电势均为零,侧面的电势为 U. 以底面中心为原点,轴线为 z 轴,取柱坐标系,试求筒内任一点 $P(r,\phi,z)$的电势.

【解】 由于筒内无自由电荷,故筒内的电势 φ 满足拉普拉斯方程;因为轴对称性,φ 应与方位角 ϕ 无关. 于是得

$$\nabla^2\varphi=\frac{1}{r}\frac{\partial}{\partial r}\left(r\frac{\partial\varphi}{\partial r}\right)+\frac{\partial^2\varphi}{\partial z^2}=0 \tag{2.43.1}$$

用分离变数法求解. 令

$$\varphi=R(r)Z(z) \tag{2.43.2}$$

代入(2.43.1)式并除以 φ,即得

$$\frac{1}{rR}\frac{\mathrm{d}}{\mathrm{d}r}\left(r\frac{\mathrm{d}R}{\mathrm{d}r}\right)+\frac{1}{Z}\frac{\mathrm{d}^2Z}{\mathrm{d}z^2}=0 \tag{2.43.3}$$

根据边界条件,令

$$\frac{1}{Z}\frac{\mathrm{d}^2Z}{\mathrm{d}z^2}=-k^2\quad(\text{常数}) \tag{2.43.4}$$

解得

$$Z(z) = A\cos kz + B\sin kz \tag{2.43.5}$$

由边界条件 $z=0$ 时 $Z=0$ 和 $z=l$ 时 $Z=0$,得出 $A=0$,和

$$kl = n\pi, \qquad n = 1,2,\cdots \tag{2.43.6}$$

于是得

$$Z_n(z) = B_n \sin\left(\frac{n\pi}{l}z\right) \tag{2.43.7}$$

将(2.43.4)式代入(2.43.3)式得

$$\frac{1}{rR}\frac{\mathrm{d}}{\mathrm{d}r}\left(r\frac{\mathrm{d}R}{\mathrm{d}r}\right) = k^2 = \left(\frac{n\pi}{l}\right)^2 \tag{2.43.8}$$

令 $k_n = \frac{n\pi}{l}$,则得

$$\frac{\mathrm{d}^2R}{\mathrm{d}r^2} + \frac{1}{r}\frac{\mathrm{d}R}{\mathrm{d}r} - k_n^2 R = 0 \tag{2.43.9}$$

这是零阶变型贝塞耳方程,它在 $r=0$ 处有界的解为

$$R = \mathrm{I}_0(k_n r) \tag{2.43.10}$$

$\mathrm{I}_0(x)$叫做零阶变型贝塞耳函数,它的表达式为

$$\mathrm{I}_0(x) = \sum_{l=0}^{\infty} \frac{1}{(l!)^2}\left(\frac{x}{2}\right)^{2l} \tag{2.43.11}$$

所以

$$\mathrm{I}_0(k_n r) = \sum_{l=0}^{\infty} \frac{1}{(l!)^2}\left(\frac{k_n r}{2}\right)^{2l} \tag{2.43.12}$$

于是得出,满足边界条件($z=0$ 或 $z=l$ 时 $\varphi=0$)的特解为

$$\varphi_n = \varphi_n(r,z) = B_n \mathrm{I}_0(k_n r)\sin\left(\frac{n\pi}{l}z\right) \tag{2.43.13}$$

为了得出满足边界条件($r=a$ 时,$\varphi=U$)的解,将(2.43.13)式叠加得

$$\varphi(r,z) = \sum_{n=1}^{\infty}\varphi_n = \sum_{n=1}^{\infty} B_n \mathrm{I}_0(k_n r)\sin\left(\frac{n\pi}{l}z\right) \tag{2.43.14}$$

下面由边界条件

$$U = \sum_{n=1}^{\infty} B_n \mathrm{I}_0(k_n a)\sin\left(\frac{n\pi}{l}z\right) \tag{2.43.15}$$

定系数 B_n.(2.43.15)式表明:$B_n\mathrm{I}_0(k_n a)$是 U 的傅里叶正弦展开系数,即

$$\begin{aligned} B_n \mathrm{I}_0(k_n a) &= \frac{2}{l}\int_0^l U\sin\left(\frac{n\pi}{l}z\right)\mathrm{d}z \\ &= \frac{2U}{n\pi}\left[-\cos\left(\frac{n\pi}{l}z\right)\right]_0^l = \frac{2U}{n\pi}[1-(-1)^n] \end{aligned} \tag{2.43.16}$$

于是得

$$B_n = \begin{cases} \dfrac{4U}{n\pi \mathrm{I}_0(k_n a)}, & \text{当 } n \text{ 为奇数时} \\ 0, & \text{当 } n \text{ 为偶数时} \end{cases} \tag{2.43.17}$$

代入(2.43.14)式,最后得所求的电势为

$$\varphi(r,z)=\frac{4U}{\pi}\sum_{n=0}^{\infty}\frac{\sin\left[\frac{(2n+1)\pi}{l}z\right]}{2n+1}\frac{\mathrm{I}_0\left[\frac{(2n+1)\pi}{l}r\right]}{\mathrm{I}_0\left[\frac{(2n+1)\pi}{l}a\right]}\tag{2.43.18}$$

【讨论】 同是用分离变数法求解柱坐标系的拉普拉斯方程,在前面 2.42 题中令

$$\frac{1}{Z}\frac{\mathrm{d}^2Z}{\mathrm{d}z^2}=k^2\tag{2.43.19}$$

而在本题中则令

$$\frac{1}{Z}\frac{\mathrm{d}^2Z}{\mathrm{d}z^2}=-k^2\tag{2.43.20}$$

这是因为,本题与 2.42 题的边界条件不同.本题的边界条件是 $z=0$ 和 l 时,所求的电势 φ 均为零.只有(2.43.20)式的解(2.43.7)式能满足这些条件.如果用(2.43.19)式,它的解为

$$Z(z)=C_1\mathrm{e}^{kz}+C_2\mathrm{e}^{-kz}\tag{2.43.21}$$

此式不能满足 $z=l$ 时 $\varphi=0$ 的条件.而 2.42 题的边界条件是 $z=0$ 时 $\varphi=0$;$z=l$ 时 $\varphi=U$,(2.43.21)式可以满足这些条件,所以在 2.42 题中就用(2.43.19)式,即(2.42.4)式.

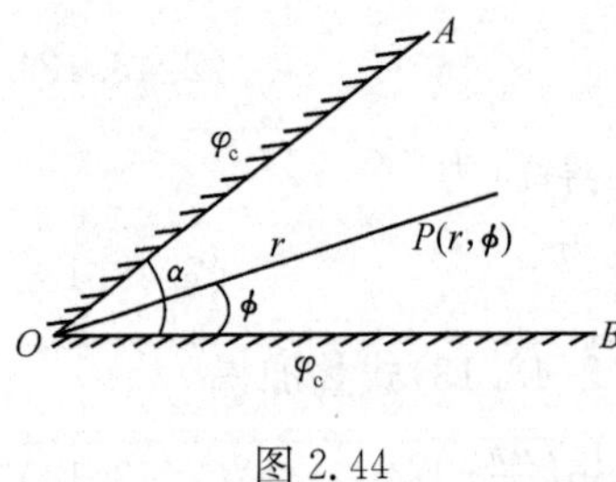

图 2.44

2.44 两个无穷大的导体平面 AO 和 BO 在 O 处相交,它们的夹角为 α,其横截面如图 2.44 所示.已知导体的电势为 φ_c.(1)试求在这个夹角区域内的电势 φ;(2)在靠近角尖 O 处,取电势 φ 的一级近似,计算电场强度 $\boldsymbol{E}$ 和导体表面上电荷量的面密度 σ_A 和 σ_B;(3)讨论 $\alpha=\pi$ 和 $\alpha=2\pi$ 的情况.

【解】 (1) 在这个夹角区域内,没有自由电荷,故电势 φ 满足拉普拉斯方程.以 O 为原点,两平面的交线为 z 轴取柱坐标系,由于 φ 与 z 无关,故有

$$\nabla^2\varphi=\frac{1}{r}\frac{\partial}{\partial r}\left(r\frac{\partial\varphi}{\partial r}\right)+\frac{1}{r^2}\frac{\partial^2\varphi}{\partial\phi^2}=0\tag{2.44.1}$$

由分离变量法,取

$$\varphi=\varphi(r,\phi)=R(r)\Phi(\phi)\tag{2.44.2}$$

令

$$\frac{1}{\Phi}\frac{\mathrm{d}^2\Phi}{\mathrm{d}\phi^2}=-\nu^2\quad(常量)\tag{2.44.3}$$

解得:当 $\nu\geqslant1$ 时

$$R(r)=Ar^{\nu}+Br^{-\nu}\tag{2.44.4}$$

$$\Phi(\phi)=C\cos\nu\phi+D\sin\nu\phi \tag{2.44.5}$$

当 $\nu=0$ 时

$$R_0(r)=A_0+B_0\ln r \tag{2.44.6}$$

$$\Phi_0(\phi)=C_0+D_0\phi \tag{2.44.7}$$

于是得(2.44.1)式的解为当 $\nu\geqslant 1$ 时

$$\varphi_\nu=(Ar^\nu+Br^{-\nu})(C\cos\nu\phi+D\sin\nu\phi) \tag{2.44.8}$$

当 $\nu=0$ 时

$$\varphi_0=(A_0+B_0\ln r)(C_0+D_0\phi) \tag{2.44.9}$$

边界条件为

$$\phi=0\text{ 时},\qquad \varphi(r,0)=\varphi_c \tag{2.44.10}$$

$$\phi=\alpha\text{ 时},\qquad \varphi(r,\alpha)=\varphi_c \tag{2.44.11}$$

下面根据题给的边界条件来确定所求的解. 先看 φ_0. 因为 $r\to 0$ 时, $\ln r\to\infty$, 故(2.44.9)式中的 $B_0=0$; 又由(2.44.10)、(2.44.11)两式知 $D_0=0$. 故得 $\varphi_0=A_0C_0$, 这是一个常量, 可以令它等于导体的电势 φ_c. 于是得满足边界条件的 $\nu=0$ 的解为

$$\varphi_0=\varphi_c \tag{2.44.12}$$

再看 φ_ν. 当 $r\to 0$ 时, $r^{-\nu}\to\infty$, 故(2.44.8)式的 $B=0$. 因已取 $\varphi_0=\varphi_c$, 故由叠加原理知 $\phi=0$ 和 α 时, $\varphi_\nu=0$, 于是得出(2.44.8)式的 $C=0$, 且

$$\nu\alpha=m\pi,\qquad m=1,2,3,\cdots \tag{2.44.13}$$

最后得出:满足边界条件的解为

$$\varphi(r,\phi)=\varphi_c+\sum_{m=1}^{\infty}C_m r^{\frac{m\pi}{\alpha}}\sin\frac{m\pi}{\alpha}\phi \tag{2.44.14}$$

式中 C_m 是常量, 其值由两导体面以外的边界条件决定; 因为题目里未给这个边界条件, 所以 C_m 只能是待定系数.

(2) 在靠近 O 处, r 很小, 在(2.44.14)式中, $\frac{m\pi}{\alpha}=\nu\geqslant 1$, 故 m 越大, $r^{\frac{m\pi}{\alpha}}$ 就越小, 所以在一般情况下, $m=1$ 的项便最大. 下面就取它来计算电场强度和电荷量的面密度. 由(2.44.14)式得

$$\varphi=\varphi_c+C_1r^{\frac{\pi}{\alpha}}\sin\frac{\pi}{\alpha}\phi \tag{2.44.15}$$

电场强度 $\boldsymbol{E}$ 的两个分量为

$$E_r=-\frac{\partial\varphi}{\partial r}=-\frac{\pi C_1}{\alpha}r^{\frac{\pi}{\alpha}-1}\sin\frac{\pi}{\alpha}\phi \tag{2.44.16}$$

$$E_\phi=-\frac{1}{r}\frac{\partial\varphi}{\partial\phi}=-\frac{\pi C_1}{\alpha}r^{\frac{\pi}{\alpha}-1}\cos\frac{\pi}{\alpha}\phi \tag{2.44.17}$$

两面上电荷量的面密度分别为

$$\sigma_B = \boldsymbol{n}_{OB} \cdot \boldsymbol{D} = \boldsymbol{e}_\phi \cdot \varepsilon_0 \boldsymbol{E} = \varepsilon_0 E_\phi \mid_{\phi=0} = -\frac{\pi\varepsilon_0 C_1}{\alpha} r^{\frac{\pi}{\alpha}-1} \tag{2.44.18}$$

$$\sigma_A = \boldsymbol{n}_{OA} \cdot \boldsymbol{D} = -\boldsymbol{e}_\phi \cdot \varepsilon_0 \boldsymbol{E} = -\varepsilon_0 E_\phi \mid_{\phi=\alpha} = -\frac{\pi\varepsilon_0 C_1}{\alpha} r^{\frac{\pi}{\alpha}-1} \tag{2.44.19}$$

由(2.44.16)式可以看出：靠近 AO 和 OB 两导体表面处，$E_r=0$，这与导体表面外 $\boldsymbol{E}$ 垂直于导体表面的普遍规律符合.

由(2.44.16)和(2.44.17)两式可以看出，越靠近夹角尖(图中 O 处)，$\boldsymbol{E}$ 越小；由(2.44.18)和(2.44.19)两式可以看出，越靠近夹角尖，电荷量的面密度越小. 当 $r\to 0$ 时，$\boldsymbol{E}$ 和 σ_A、σ_B 都趋于零.

(3) 当 $\alpha=\pi$ 时，AOB 便是一个导体平面. 由(2.44.15)、(2.44.16)、(2.44.17)三式得电势和电场强度的两个分量如下：

$$\varphi = \varphi_c + C_1 r\sin\phi \tag{2.44.20}$$

$$E_r = -C_1 \sin\phi \tag{2.44.21}$$

$$E_\phi = -C_1 \cos\phi \tag{2.44.22}$$

这是一个与 r 无关的匀强电场，$\boldsymbol{E}$ 与导体表面垂直. 这时由(2.44.18)、(2.44.19)两式得

$$\sigma_A = \sigma_B = -\varepsilon_0 C_1 \tag{2.44.23}$$

即导体平面上电荷量的面密度处处相同，正应如此.

当 $\alpha=2\pi$ 时，便是一个无限大的平面导体薄片，我们所考虑的区域就是薄片边缘周围地区. 这时由(2.44.15)式得

$$\varphi = \varphi_c + C_1 r^{\frac{1}{2}} \sin\frac{1}{2}\phi \tag{2.44.24}$$

由(2.44.16)、(2.44.17)两式得电场强度的两个分量为

$$E_r = -\frac{C_1}{2} r^{-\frac{1}{2}} \sin\frac{1}{2}\phi \tag{2.44.25}$$

$$E_\phi = -\frac{C_1}{2} r^{-\frac{1}{2}} \cos\frac{1}{2}\phi \tag{2.44.26}$$

由(2.44.18)、(2.44.19)两式得导体表面上电荷量的面密度为

$$\sigma_A = \sigma_B = -\frac{1}{2}\varepsilon_0 C_1 r^{-\frac{1}{2}} \tag{2.44.27}$$

这些结果表明，当 $r\to 0$(即靠近导体薄片边缘)时，电场强度和电荷量的面密度都趋于无穷.

2.45 以导体的三个表面为边界的区域如图 2.45 所示，其中 MN 和 RS 都是垂直于纸面的平面，它们的夹角为 α，NR 是轴线垂直于纸面的圆柱面，其半径为 a，其轴线就是 MN 和 RS 两平面延长的交线(图 2.45 中的 O). 这三个导体面的电势均为零. r 很大处的电势由一些电荷分布和(或)电势固定的导体等决定. (1)试求这个区

域内的电势 φ(即拉普拉斯方程的满足边界条件的解)；(2)只保留最低的非零项，试计算电场强度 $\boldsymbol{E}$ 的分量 E_r 和 E_ϕ 以及三个边界面上电荷量的面密度 $\sigma(r,0)$，$\sigma(r,\alpha)$ 和 $\sigma(a,\phi)$；(3)当 $\alpha=\pi$ 时，就是半圆柱导体放在导体平面上的情况. 证明在远离半圆柱处，最低的非零项给出一个垂直于导体平面的匀强电场. 对于远离平面的固定电场强度来说，证明半圆柱导体上的电荷量等于半圆柱导体不存在时，宽度为 $2a$ 的导体平面上电荷量的两倍. 证明这超出的电荷量是从附近导体平面上拉过来的，因此宽度比 a 大很多的导体平面条带上，电荷量并不因为半圆柱导体的存在与否而发生大的变化.

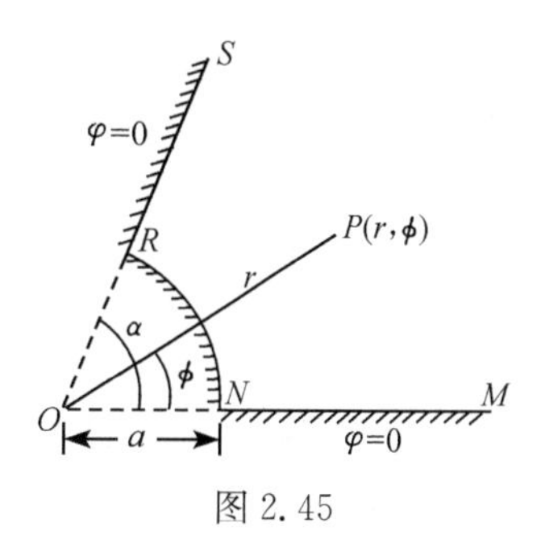

图 2.45

【解】 (1) 因区域内无自由电荷，故电势 φ 满足拉普拉斯方程

$$\nabla^2\varphi=\frac{1}{r}\frac{\partial}{\partial r}\left(r\frac{\partial\varphi}{\partial r}\right)+\frac{1}{r^2}\frac{\partial^2\varphi}{\partial\phi^2}=0 \tag{2.45.1}$$

由分离变量法，取

$$\varphi=\varphi(r,\phi)=R(r)\Phi(\phi) \tag{2.45.2}$$

令

$$\frac{1}{\Phi}\frac{\mathrm{d}^2\Phi}{\mathrm{d}\phi^2}=-\nu^2\quad(常量) \tag{2.45.3}$$

解得：当 $\nu\geqslant1$ 时

$$R(r)=Ar^{\nu}+Br^{-\nu} \tag{2.45.4}$$

$$\Phi(\phi)=C\cos\nu\phi+D\sin\nu\phi \tag{2.45.5}$$

当 $\nu=0$ 时

$$R_0(r)=A_0+B_0\ln r \tag{2.45.6}$$

$$\Phi_0(\phi)=C_0+D_0\phi \tag{2.45.7}$$

于是得(2.45.1)式的解为当 $\nu\geqslant1$ 时

$$\varphi_\nu=(Ar^{\nu}+Br^{-\nu})(C\cos\nu\phi+D\sin\nu\phi) \tag{2.45.8}$$

当 $\nu=0$ 时

$$\varphi_0=(A_0+B_0\ln r)(C_0+D_0\phi) \tag{2.45.9}$$

φ 的边界条件为

$$MN\ 面\qquad \varphi(r,0)=0 \tag{2.45.10}$$

$$NR\ 面\qquad \varphi(a,\phi)=0 \tag{2.45.11}$$

$$RS\ 面\qquad \varphi(r,\alpha)=0 \tag{2.45.12}$$

下面由边界条件定系数. 先看 φ_0. 由边界条件(2.45.10)式知 $C_0=0$；由边界条件(2.45.12)式知 $D_0=0$. 故得 $\varphi_0=0$，即本题不存在 $\nu=0$ 的解.

再看 φ_ν. 由于 $\cos\nu\phi$ 不满足边界条件(2.45.10)式，故知(2.45.8)式中的 $C=0$；要满足(2.45.11)式，(2.45.8)式的第一个因子应为零，即

$$Aa^{\nu}+Ba^{-\nu}=0$$

所以

$$B=-Aa^{2\nu} \tag{2.45.13}$$

于是(2.45.8)式化为

$$\varphi_\nu=ADa^{\nu}\left[\left(\frac{r}{a}\right)^{\nu}-\left(\frac{a}{r}\right)^{\nu}\right]\sin\nu\phi \tag{2.45.14}$$

再由边界条件(2.45.12)式得 $\sin\nu\alpha=0$,故有

$$\nu=\frac{m\pi}{\alpha},\quad m=1,2,3,\cdots \tag{2.45.15}$$

令 $ADa^{\frac{m\pi}{\alpha}}=C_m$,则(2.45.14)式可写作

$$\varphi_m=C_m\left[\left(\frac{r}{a}\right)^{\frac{m\pi}{\alpha}}-\left(\frac{a}{r}\right)^{\frac{m\pi}{\alpha}}\right]\sin\frac{m\pi}{\alpha}\phi \tag{2.45.16}$$

式中 C_m 是待定系数,它的值由远处的电势决定.

最后得所求的电势为

$$\varphi(r,\phi)=\sum_{m=1}^{\infty}C_m\left[\left(\frac{r}{a}\right)^{\frac{m\pi}{\alpha}}-\left(\frac{a}{r}\right)^{\frac{m\pi}{\alpha}}\right]\sin\frac{m\pi}{\alpha}\phi \tag{2.45.17}$$

(2) 最低的非零项为

$$\varphi_1=C_1\left[\left(\frac{r}{a}\right)^{\frac{\pi}{\alpha}}-\left(\frac{a}{r}\right)^{\frac{\pi}{\alpha}}\right]\sin\frac{\pi}{\alpha}\phi \tag{2.45.18}$$

由 φ_1 得电场强度 $\boldsymbol{E}$ 的两个分量为

$$E_r=-\frac{\partial\varphi_1}{\partial r}=-\frac{\pi C_1}{\alpha a}\left[\left(\frac{r}{a}\right)^{\frac{\pi}{\alpha}-1}+\left(\frac{a}{r}\right)^{\frac{\pi}{\alpha}+1}\right]\sin\frac{\pi}{\alpha}\phi \tag{2.45.19}$$

$$E_\phi=-\frac{1}{r}\frac{\partial\varphi_1}{\partial\phi}=-\frac{\pi C_1}{\alpha a}\left[\left(\frac{r}{a}\right)^{\frac{\pi}{\alpha}-1}-\left(\frac{a}{r}\right)^{\frac{\pi}{\alpha}+1}\right]\cos\frac{\pi}{\alpha}\phi \tag{2.45.20}$$

三个面上电荷量的面密度分别为

MN 面

$$\sigma(r,0)=\boldsymbol{n}_{MN}\cdot\boldsymbol{D}=\boldsymbol{e}_\phi\cdot\boldsymbol{D}=-\varepsilon_0\frac{1}{r}\frac{\partial\varphi_1}{\partial\phi}\bigg|_{\phi=0}$$

$$=-\frac{\pi\varepsilon_0 C_1}{\alpha r}\left[\left(\frac{r}{a}\right)^{\frac{\pi}{\alpha}}-\left(\frac{a}{r}\right)^{\frac{\pi}{\alpha}}\right] \tag{2.45.21}$$

NR 面

$$\sigma(a,\phi)=\boldsymbol{n}_{NR}\cdot\boldsymbol{D}=\boldsymbol{e}_r\cdot\boldsymbol{D}=-\varepsilon_0\frac{\partial\varphi_1}{\partial r}\bigg|_{r=a}$$

$$=-\frac{2\pi\varepsilon_0 C_1}{\alpha a}\sin\frac{\pi}{\alpha}\phi \tag{2.45.22}$$

RS 面

$$\sigma(r,\alpha)=\boldsymbol{n}_{RS}\cdot\boldsymbol{D}=-\boldsymbol{e}_\phi\cdot\boldsymbol{D}=\varepsilon_0\frac{1}{r}\frac{\partial\varphi_1}{\partial\phi}\bigg|_{\phi=\alpha}$$

$$=-\frac{\pi\varepsilon_0 C_1}{\alpha r}\left[\left(\frac{r}{a}\right)^{\frac{\pi}{\alpha}}-\left(\frac{a}{r}\right)^{\frac{\pi}{\alpha}}\right] \tag{2.45.23}$$

(3) $\alpha=\pi$ 的情况. 这时电势由(2.45.17)式为

$$\varphi(r,\phi)=\sum_{m=1}^{\infty}C_m\left[\left(\frac{r}{a}\right)^m-\left(\frac{a}{r}\right)^m\right]\sin m\phi \tag{2.45.24}$$

最低项的非零解为

$$\varphi_1=C_1\left[\frac{r}{a}-\frac{a}{r}\right]\sin\phi \tag{2.45.25}$$

由此得电场强度的两个分量如下:

$$E_r=-\frac{\partial\varphi_1}{\partial r}=-C_1\left[\frac{1}{a}+\frac{a}{r^2}\right]\sin\phi=-\frac{C_1}{a}\left[1+\frac{a^2}{r^2}\right]\sin\phi \tag{2.45.26}$$

$$E_\phi=-\frac{1}{r}\frac{\partial\varphi_1}{\partial\phi}=-C_1\left[\frac{1}{a}-\frac{a}{r^2}\right]\cos\phi=-\frac{C_1}{a}\left[1-\frac{a^2}{r^2}\right]\cos\phi \tag{2.45.27}$$

在远离半圆柱处, $r\gg a$, a^2/r^2 项可以略去,这时的电场强度为

$$\boldsymbol{E}=-\frac{C_1}{a}(\sin\phi\boldsymbol{e}_r+\cos\phi\boldsymbol{e}_\phi)=-\frac{C_1}{a}\boldsymbol{n} \tag{2.45.28}$$

式中 $\boldsymbol{n}=\sin\phi\boldsymbol{e}_r+\cos\phi\boldsymbol{e}_\phi$ 是导体平面外法线方向上的单位矢量,所以这个电场便是垂直于导体平面的匀强电场.

由(2.45.26)和(2.45.27)两式得,三个面上电荷量的面密度分别为

$$\sigma(r,0)=\varepsilon_0E_\phi\Big|_{\phi=0}=-\frac{\varepsilon_0C_1}{a}\left(1-\frac{a^2}{r^2}\right) \tag{2.45.29}$$

$$\sigma(r,\pi)=-\varepsilon_0E_\phi\Big|_{\phi=\pi}=-\frac{\varepsilon_0C_1}{a}\left(1-\frac{a^2}{r^2}\right) \tag{2.45.30}$$

$$\sigma(a,\phi)=\varepsilon_0E_r\Big|_{r=a}=-\frac{2\varepsilon_0C_1}{a}\sin\phi \tag{2.45.31}$$

半圆柱面上单位长度的电荷量为

$$\lambda=\int_0^\pi\sigma(a,\phi)a\,\mathrm{d}\phi=-2\varepsilon_0C_1\int_0^\pi\sin\phi\,\mathrm{d}\phi=-4\varepsilon_0C_1 \tag{2.45.32}$$

由(2.45.28)式得,宽为 $2a$ 的导体平面上单位长度的电荷量为

$$\lambda'=\varepsilon_0E\cdot2a=-2\varepsilon_0C_1 \tag{2.45.33}$$

由(2.45.32)和(2.45.33)两式可见: $\lambda'=\lambda/2$.

由(2.45.29)和(2.45.30)两式可以看出,由于半圆柱体的存在,它两边导体平面上电荷量的面密度减少了,减少的部分与 r^2 成反比,在 $r=a$ 处,减少到零,离得越远,就减少得越小. 整个导体平面单位长度减少的电荷量为

$$-2\frac{\varepsilon_0C_1}{a}\int_a^\infty\frac{a^2}{r^2}\mathrm{d}r=-2\varepsilon_0C_1 \tag{2.45.34}$$

其值正好等于半圆柱面上超出的电荷量. 这证明了半圆柱上超出的电荷量是从附近导体平面上拉过来的.

再考虑半圆柱面上和它两边导体平面上宽为 b 的两个条带,它们上面单位长

度的总电荷量为

$$
\begin{aligned}
\lambda_t &= -4\varepsilon_0 C_1 + 2\int_a^b \left[-\frac{\varepsilon_0 C_1}{a}\left(1-\frac{a^2}{r^2}\right)\right]\mathrm{d}r \\
&= -4\varepsilon_0 C_1 - 2\varepsilon_0 C_1\left[\frac{b-a}{a}+a\left(\frac{1}{b}-\frac{1}{a}\right)\right] \\
&= -2\varepsilon_0 C_1\,\frac{b}{a}\left(1+\frac{a^2}{b^2}\right)
\end{aligned}
\tag{2.45.35}
$$

如果半圆柱体不存在，导体平面上都是由(2.45.28)式表示的匀强电场，则宽为$2(a+b)$的条带上单位长度的电荷量为

$$
\lambda_t' = -\frac{\varepsilon_0 C_1}{a}\cdot 2(a+b) = -2\varepsilon_0 C_1\,\frac{b}{a}\left(1+\frac{a}{b}\right) \tag{2.45.36}
$$

比较λ_t和λ_t'可见，在$b\gg a$的情况下，两者相差很小.

【讨论】 根据唯一性定理，一个区域内的电势由该区域内的自由电荷分布和该区域边界上的电势唯一地确定. 本题区域边界上的电势只有导体表面上的电势给定，而导体外的边界上的电势则题目未给，所以区域内的电势便不能完全确定，因此，(2.45.17)式和(2.45.24)式中的C_m只能是待定系数.

2.46 导体上有一圆锥形坑，坑的轴线与母线的夹角为α，如图2.46(1)所示. 在远离坑处，有不变的电荷分布. 已知导体的电势为零. (1)试分析坑内底尖区域里的电势和电场强度的一般性质；(2)讨论$\alpha=\pi/2$时的情况；(3)试分析$\alpha\to\pi$时的情况.

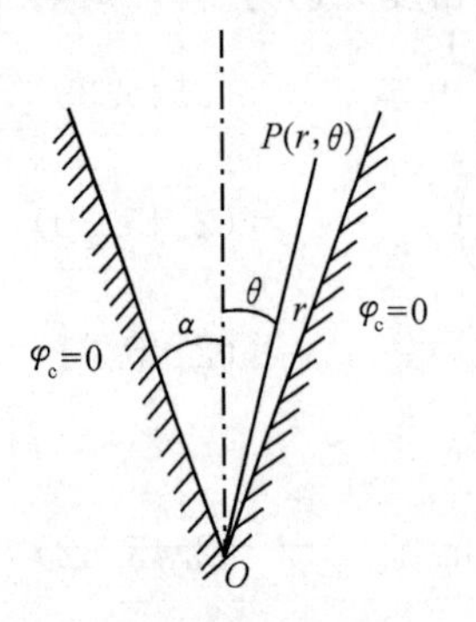

图 2.46(1)

【解】 (1) 以坑底尖O为原点，轴线为极轴，取球坐标系，由于对称性，所求的电势φ与方位角ϕ无关. 除锥壁上外，坑内无自由电荷，故电势φ满足拉普拉斯方程

$$
\nabla^2\varphi = \frac{1}{r^2}\frac{\partial}{\partial r}\left(r^2\frac{\partial\varphi}{\partial r}\right)+\frac{1}{r^2\sin\theta}\frac{\partial}{\partial\theta}\left(\sin\theta\frac{\partial\varphi}{\partial\theta}\right)=0 \tag{2.46.1}
$$

用分离变量法，令

$$
\varphi=\varphi(r,\phi)=R(r)\Theta(\theta) \tag{2.46.2}
$$

代入(2.46.1)式得

$$
\frac{1}{R}\frac{\mathrm{d}}{\mathrm{d}r}\left(r^2\frac{\mathrm{d}R}{\mathrm{d}r}\right)+\frac{1}{\Theta\sin\theta}\frac{\mathrm{d}}{\mathrm{d}\theta}\left(\sin\theta\frac{\mathrm{d}\Theta}{\mathrm{d}\theta}\right)=0 \tag{2.46.3}
$$

令

$$
\frac{1}{R}\frac{\mathrm{d}}{\mathrm{d}r}\left(r^2\frac{\mathrm{d}R}{\mathrm{d}r}\right)=\nu(\nu+1) \tag{2.46.4}
$$

式中 ν 为常量.解得

$$R = Ar^{\nu} + Br^{-\nu-1} \tag{2.46.5}$$

将(2.46.4)式代入(2.46.3)式,并令 $x=\cos\theta$, $\Theta(\theta)=\mathrm{P}(x)$,便得

$$\frac{\mathrm{d}}{\mathrm{d}x}\left[(1-x^2)\frac{\mathrm{dP}}{\mathrm{d}x}\right]+\nu(\nu+1)\mathrm{P}=0 \tag{2.46.6}$$

这是勒让德方程,它在 $\cos\alpha\leqslant x\leqslant 1$(即 $\alpha\leqslant\theta\leqslant 0$)的区间内有界且单值的解是勒让德函数 $\mathrm{P}_{\nu}(x)$,是一种超几何级数:

$$\begin{aligned}\mathrm{P}_{\nu}(x) &= F\left(-\nu,\nu+1;1;\frac{1-x}{2}\right)\\ &= 1+\frac{-\nu(\nu+1)}{(1!)^2}\left(\frac{1-x}{2}\right)+\frac{-\nu(-\nu+1)(\nu+1)(\nu+2)}{(2!)^2}\left(\frac{1-x}{2}\right)^2\\ &\quad+\frac{-\nu(-\nu+1)(-\nu+2)(\nu+1)(\nu+2)(\nu+3)}{(3!)^2}\left(\frac{1-x}{2}\right)^3+\cdots\end{aligned} \tag{2.46.7}$$

或者,用 θ 表示为

$$\begin{aligned}\mathrm{P}_{\nu}(\cos\theta) &= F\left(-\nu,\nu+1;1;\sin^2\frac{\theta}{2}\right)\\ &= 1-\frac{\nu(\nu+1)}{(1!)^2}\sin^2\frac{\theta}{2}+\frac{\nu(\nu-1)(\nu+1)(\nu+2)}{(2!)^2}\sin^4\frac{\theta}{2}\\ &\quad-\frac{\nu(\nu-1)(\nu-2)(\nu+1)(\nu+2)(\nu+3)}{(3!)^2}\sin^6\frac{\theta}{2}+\cdots\end{aligned} \tag{2.46.8}$$

在特殊情况下,当 ν 为零或正整数时,$\mathrm{P}_{\nu}(x)$便是勒让德多项式.在本题的情况下,由于不包括 $x=-1$(即 $\theta=\pi$)的点,ν 就可以是非整数,这时 $\mathrm{P}_{\nu}(x)$一般就不是勒让德多项式.

因为在 $r=0$ 处,电势 φ 有界,故所求的电势为

$$\varphi_{\nu} = \varphi_{\nu}(r,\theta) = Ar^{\nu}\mathrm{P}_{\nu}(\cos\theta) \tag{2.46.9}$$

式中 A 为常量.为了满足导体电势为零的边界条件,在 $\theta=\alpha$ 时,必须有

$$\mathrm{P}_{\nu}(\cos\alpha) = 0 \tag{2.46.10}$$

满足(2.46.10)式的 ν 可能有多个,设为 ν_i($i=1,2,3,\cdots$).于是得所求的解为

$$\varphi(r,\theta) = \sum_i \varphi_{\nu_i} = \sum_i A_i r^{\nu_i}\mathrm{P}_{\nu_i}(\cos\theta) \tag{2.46.11}$$

式中系数 A_i 由导体外的边界条件决定.

我们所要求的是在 $r=0$ 的邻域内电势和电场的一般性质,而不是问题的全解.由于 $r\approx 0$,故(2.46.11)式中最大的一项便可代表 φ 的一般性质.设 ν_i($i=1,2,3,\cdots$)中最小的为 $\nu_{\min}$,则(2.46.11)式中最大的一项即为 $r^{\nu_{\min}}$ 项.故在 $r=0$ 的领域内有

$$\varphi(r,\theta) \approx Ar^{\nu_{\min}}\mathrm{P}_{\nu_{\min}}(\cos\theta) \tag{2.46.12}$$

这时电场强度 $\boldsymbol{E}$ 的两个分量为

$$E_r = -\frac{\partial\varphi}{\partial r} \approx -\nu_{\min} A r^{\nu_{\min}-1} \mathrm{P}_{\nu_{\min}}(\cos\theta) \tag{2.46.13}$$

$$E_\theta = -\frac{1}{r}\frac{\partial\varphi}{\partial\theta} \approx A r^{\nu_{\min}-1} \sin\theta \mathrm{P}'_{\nu_{\min}}(\cos\theta) \tag{2.46.14}$$

式中 $\mathrm{P}' = \frac{\mathrm{dP}}{\mathrm{d}\theta}$. 由此得圆锥壁上电荷量的面密度为

$$\sigma = \boldsymbol{n}\cdot\boldsymbol{D} = -\boldsymbol{e}_\theta\cdot\boldsymbol{D} = -\varepsilon_0 E_\theta|_{\theta=\alpha} = -\varepsilon_0 A r^{\nu_{\min}-1}\sin\alpha \mathrm{P}'_{\nu_{\min}}(\cos\alpha) \tag{2.46.15}$$

当 $\theta=\alpha$ 时,由(2.46.13)和(2.46.10)两式知 $E_r=0$. 这表示锥壁上的电场强度 $\boldsymbol{E}$ 垂直于导体表面,正应如此. 在 $r=0$ 的邻域内,电场强度 $\boldsymbol{E}$ 的大小 E 与 $r^{\nu_{\min}-1}$ 成正比,锥壁上电荷量的面密度 σ 也与 $r^{\nu_{\min}-1}$ 成正比. 当 $r\to0$ 时,$\boldsymbol{E}$ 和 σ 都趋于零. 当 α 很小(即 $\alpha\ll1$ 弧度)时,$\nu_{\min}$ 的值为[参见下一页附注]

$$\nu_{\min} \approx \frac{2.405}{\alpha} - \frac{1}{2} \tag{2.46.16}$$

由这个近似公式可以算出,$\alpha=10°$($\alpha\approx0.1745$ 弧度)时,$\nu_{\min}\approx13.3$;$\alpha=1°$($\alpha\approx0.01745$ 弧度)时,$\nu_{\min}\approx137.3$. 根据(2.46.13)和(2.46.14)式,这时 $E\propto r^{\nu_{\min}-1}$,可见随着 α 的减小,电场强度 $\boldsymbol{E}$ 和锥壁上电荷量的面密度 σ 都减小得很快.

(2) $\alpha=\pi/2$ 时,便是一个导体平面. 这时由(2.46.8)式可见,$\nu=1$ 满足(2.46.10)式. 于是得

$$\varphi = A r \mathrm{P}_1(\cos\theta) = A r\cos\theta \tag{2.46.17}$$

$$E_r = -\frac{\partial\varphi}{\partial r} = -A\cos\theta \tag{2.46.18}$$

$$E_\theta = -\frac{1}{r}\frac{\partial\varphi}{\partial\theta} = A\sin\theta \tag{2.46.19}$$

$$\sigma = \boldsymbol{n}\cdot\boldsymbol{D} = -\boldsymbol{e}_\theta\cdot\boldsymbol{D} = \varepsilon_0 E_\theta|_{\theta=\pi/2} = \varepsilon_0 A \tag{2.46.20}$$

(2.46.17)、(2.46.18)、(2.46.19)三式表明,这时电场是均匀电场. 当 $\theta=\pi/2$ 时,$E_r=0$,即 $\boldsymbol{E}$ 垂直于导体平面,正应如此. (2.46.20)式表明,这时导体表面(平面)上电荷量的面密度是均匀的,也应如此.

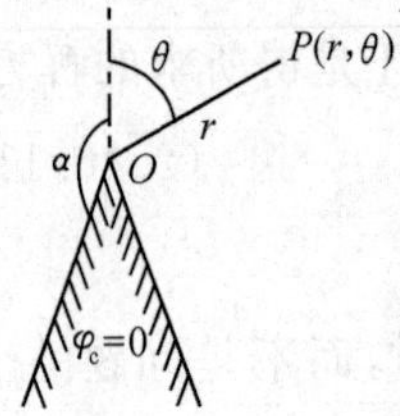

图 2.46(2)

(3) 当 $\alpha>\pi/2$ 时,便是一个导体圆锥,如图 2.46(2)所示. 当 α 接近 π 时,就像一根针尖. 根据对(2.46.7)式的研究得出[参见①J. D. 杰克逊著,朱培豫译,《经典电动力学》,上册,人民教育出版社(1978),107 页;②R. N. Hall, *J. Appl. Phys.* 20, 925(1949)]:当 $\alpha<\pi/2$ 时,$\nu_{\min}>1$;当 $\alpha>\pi/2$ 时,$\nu_{\min}<1$;当 $\alpha\to\pi$ 时,$\nu_{\min}\to0$. $\alpha\approx\pi$ 时,$\nu_{\min}$ 的近似值为

$$\nu_{\min} \approx \frac{1}{\ln\left(\frac{2}{1+\cos\alpha}\right)} \tag{2.46.21}$$

由这个近似公式可以算出,$\alpha=170°$时,$\nu_{\min}=0.205$;$\alpha=179°$时,$\nu_{\min}=0.105$. 由于

这时电场强度 $\boldsymbol{E}$ 的大小 $E\propto r^{\nu_{\min}-1}$，故 $\alpha=170^\circ$ 时，$E\propto r^{-0.795}$；$\alpha=179^\circ$ 时，$E\propto r^{-0.895}$；当 $\alpha\to180^\circ$ 时，$E\to r^{-1}$.

【附注】 利用零阶贝塞耳函数 $J_0(x)$ 的最小根求勒让德函数 $P_\nu(x)$ 的 $\nu_{\min}$.

$$\begin{aligned}J_0(x) &= \sum_{k=0}^{\infty}(-1)^k\frac{1}{(k!)^2}\left(\frac{x}{2}\right)^{2k}\\ &=1-\frac{1}{(1!)^2}\left(\frac{x}{2}\right)^2+\frac{1}{(2!)^2}\left(\frac{x}{2}\right)^4-\frac{1}{(3!)^2}\left(\frac{x}{2}\right)^6+\cdots\end{aligned}\tag{2.46.22}$$

由上式得

$$\begin{aligned}J_0\left[(2\nu+1)\sin\frac{\theta}{2}\right]&=1-\frac{1}{(1!)^2}\left[\left(\nu+\frac{1}{2}\right)\sin\frac{\theta}{2}\right]^2+\frac{1}{(2!)^2}\left[\left(\nu+\frac{1}{2}\right)\sin\frac{\theta}{2}\right]^4\\ &\quad-\frac{1}{(3!)^2}\left[\left(\nu+\frac{1}{2}\right)\sin\frac{\theta}{2}\right]^6+\cdots\\ &=1-\frac{\left(\nu+\frac{1}{2}\right)^2}{(1!)^2}\sin^2\frac{\theta}{2}+\frac{\left(\nu+\frac{1}{2}\right)^4}{(2!)^2}\sin^4\frac{\theta}{2}\\ &\quad-\frac{\left(\nu+\frac{1}{2}\right)^6}{(3!)^2}\sin^6\frac{\theta}{2}+\cdots\end{aligned}\tag{2.46.23}$$

当 $\theta\ll1$ 弧度时，$\nu\gg1$，这时(2.46.8)式和(2.46.23)式可分别近似为

$$P_\nu(\cos\theta)\approx1-\frac{\nu^2}{(1!)^2}\sin^2\frac{\theta}{2}+\frac{\nu^4}{(2!)^2}\sin^4\frac{\theta}{2}-\frac{\nu^6}{(3!)^2}\sin^6\frac{\theta}{2}+\cdots\tag{2.46.24}$$

$$J_0\left[(2\nu+1)\sin\frac{\theta}{2}\right]\approx1-\frac{\nu^2}{(1!)^2}\sin^2\frac{\theta}{2}+\frac{\nu^4}{(2!)^2}\sin^4\frac{\theta}{2}-\frac{\nu^6}{(3!)^2}\sin^6\frac{\theta}{2}+\cdots\tag{2.46.25}$$

可见当 θ 很小时，$\nu\gg1$，这时便有

$$P_\nu(\cos\theta)\approx J_0\left[(2\nu+1)\sin\frac{\theta}{2}\right]\tag{2.46.26}$$

因为 $J_0(x)$ 的最小根是知道的，即

$$J_0(x)=0\tag{2.46.27}$$

的最小根为[参见本书末数学附录Ⅷ的附表 1]

$$x_{\min}=2.405\tag{2.46.28}$$

所以

$$(2\nu_{\min}+1)\sin\frac{\alpha}{2}=2.405\tag{2.46.29}$$

因 α 很小,故 $\sin\frac{\alpha}{2}\approx\frac{\alpha}{2}$,代入上式便得

$$\nu_{\min}\approx\frac{2.405}{\alpha}-\frac{1}{2} \tag{2.46.30}$$

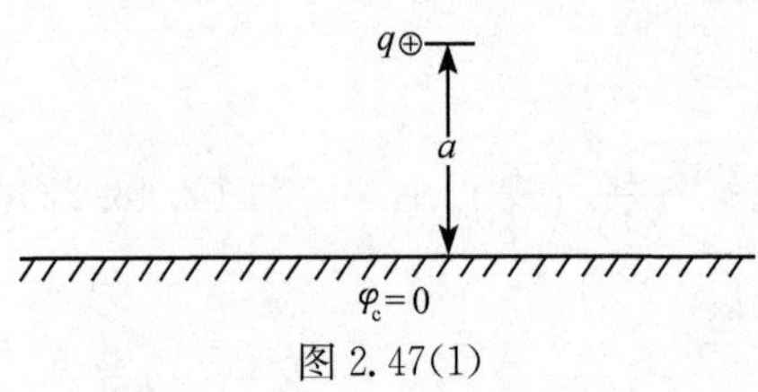

图 2.47(1)

2.47 真空中有一电荷量为 q 的点电荷,它到一无限大导体平面的距离为 a. 已知导体的电势为 $\varphi_c=0$,如图 2.47(1)所示. 试求:(1)导体外的电势分布;(2)导体面上的电荷分布;(3)q 受导体上电荷的作用力.

【解】 本题用电像法求解最方便.

(1) 以导体平面为 x-y 平面,通过 q 的法线为 z 轴,取笛卡儿坐标系如图 2.47(2)所示. 设想导体不存在,而在 z 轴上 $z=-a$ 处有一电荷量为 $-q$ 的点电荷 q',则边界条件 $z=0$ 处 $\varphi_c=0$ 便能得到满足. q' 便是 q 的像电荷. 于是根据唯一性定理,便得导体外任一点 $P(x,y,z)$的电势,为

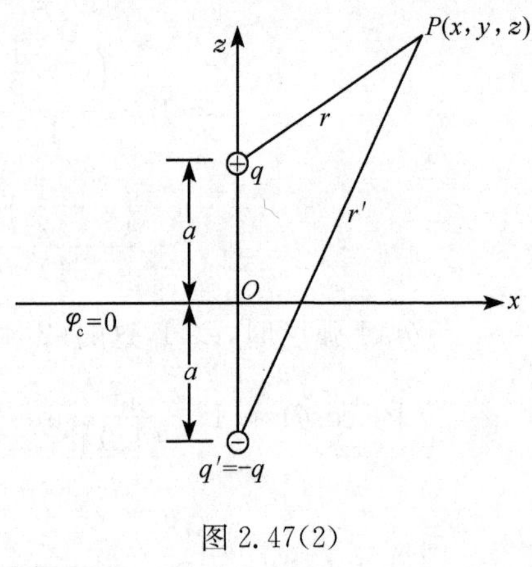

图 2.47(2)

$$\begin{aligned}\varphi(x,y,z)&=\frac{1}{4\pi\varepsilon_0}\left(\frac{q}{r}+\frac{q'}{r'}\right)\\&=\frac{q}{4\pi\varepsilon_0}\left[\frac{1}{\sqrt{x^2+y^2+(z-a)^2}}\right.\\&\quad\left.-\frac{1}{\sqrt{x^2+y^2+(z+a)^2}}\right],\quad z\geqslant 0\end{aligned} \tag{2.47.1}$$

(2) 导体上电荷量的面密度为

$$\begin{aligned}\sigma&=\boldsymbol{n}\cdot\boldsymbol{D}=-\boldsymbol{n}\cdot\varepsilon_0\nabla\varphi=-\varepsilon_0\left(\frac{\partial\varphi}{\partial z}\right)_{z=0}\\&=-\frac{q}{4\pi}\left[\left(-\frac{1}{2}\right)\frac{2(z-a)}{\{x^2+y^2+(z-a)^2\}^{3/2}}+\frac{1}{2}\frac{2(z+a)}{\{x^2+y^2+(z+a)^2\}^{3/2}}\right]_{z=0}\\&=-\frac{q}{2\pi}\frac{a}{(x^2+y^2+a^2)^{3/2}}\end{aligned} \tag{2.47.2}$$

(3) 根据对称性,以原点 O 为圆心,在导体表面取半径为 $r=\sqrt{x^2+y^2}$、宽为 $\mathrm{d}r$ 的环带,这环带上的电荷量为 $\mathrm{d}q=\sigma\cdot 2\pi r\mathrm{d}r=2\pi\sigma r\mathrm{d}r$,它作用在 q 上的库仑力为

$$\mathrm{d}\boldsymbol{F}=\frac{1}{4\pi\varepsilon_0}\frac{q\mathrm{d}q}{r^2+a^2}\cos\theta\boldsymbol{e}_z=-\frac{q^2a^2}{4\pi\varepsilon_0}\frac{r\mathrm{d}r}{(r^2+a^2)^3}\boldsymbol{e}_z$$

于是得 q 受导体上电荷的作用力为

$$\boldsymbol{F}=-\frac{q^2a^2}{4\pi\varepsilon_0}\int_0^\infty\frac{r\mathrm{d}r}{(r^2+a^2)^3}\boldsymbol{e}_z=-\frac{q^2}{16\pi\varepsilon_0a^2}\boldsymbol{e}_z \tag{2.47.3}$$

【讨论】 (1) 导体表面的总电荷量.

由(2.47.2)式得导体表面的总电荷量为

$$q_i=\int_0^\infty\sigma\cdot 2\pi r\mathrm{d}r=-qa\int_0^\infty\frac{r\mathrm{d}r}{(r^2+a^2)^{3/2}}=-q \tag{2.47.4}$$

这个结果表明,导体表面的总电荷量等于像电荷的电荷量 q'.

(2) 电荷 q 受力的简单算法.

导体表面电荷作用在 q 上的力等于像电荷 q' 作用在 q 上的力,即

$$\boldsymbol{F}=\frac{1}{4\pi\varepsilon_0}\frac{qq'}{(2a)^2}\boldsymbol{e}_z=-\frac{q^2}{16\pi\varepsilon_0a^2}\boldsymbol{e}_z \tag{2.47.5}$$

(3) 导体表面电荷所受的力.

导体表面半径为 r、宽为 $\mathrm{d}r$ 的环带上电荷所受的力为

$$\mathrm{d}\boldsymbol{F}_\sigma=\boldsymbol{E}_\sigma\mathrm{d}q=2\pi r\sigma\boldsymbol{E}_\sigma\mathrm{d}r \tag{2.47.6}$$

式中 $\boldsymbol{E}_\sigma$ 是 σ 所在处的电场强度,其值为①

$$\boldsymbol{E}_\sigma=\frac{1}{2}\left[\lim_{z\to-0}\boldsymbol{E}+\lim_{z\to+0}\boldsymbol{E}\right]=\frac{1}{2}\lim_{z\to+0}\boldsymbol{E} \tag{2.47.7}$$

用高斯定理,由(2.47.2)式得

$$\boldsymbol{E}=\frac{\sigma}{\varepsilon_0}\boldsymbol{e}_z=-\frac{q}{2\pi\varepsilon_0}\frac{a}{(r^2+a^2)^{3/2}}\boldsymbol{e}_z \tag{2.47.8}$$

由以上三式得

$$\mathrm{d}\boldsymbol{F}_\sigma=\frac{q^2a^2}{4\pi\varepsilon_0}\frac{r\mathrm{d}r}{(r^2+a^2)^3}\boldsymbol{e}_z \tag{2.47.9}$$

$$\boldsymbol{F}_\sigma=\frac{q^2a^2}{4\pi\varepsilon_0}\int_0^\infty\frac{r\mathrm{d}r}{(r^2+a^2)^3}\boldsymbol{e}_z=\frac{q^2}{16\pi\varepsilon_0a^2}\boldsymbol{e}_z \tag{2.47.10}$$

这与根据牛顿第三定律由(2.47.5)式算出的结果相同.

2.48 真空中有一电荷量为 q 的点电荷,它到一无限大导体平面的距离为 a. 已知导体的电势为零. 试求:(1)将 q 从该处移到离导体平面为无穷远处所需的功;(2) q 与它的像电荷之间的电势能,将所得结果与上面(1)的答案比较并加以讨论;(3)当 q 是一个电子, $a=1\text{Å}(1\text{Å}=10^{-10}\text{m})$ 时,算出所需的功的数值(以电子伏特为单位).

【解】 本题用电像法求解,计算简单,所要求的 q 的电像 q' 和 q 所受的电场力 $\boldsymbol{F}$ 在前面 2.47 题都已求出,请查阅,这里就不重复.

(1) 根据前面 2.47 题的(2.47.5)式, q 在离导体平面为 z 处时,受导体上电荷的作用力(电场力)为

① 参见张之翔,《电磁学教学参考》,北京大学出版社(2015),§1.6,20—31 页.

$$\boldsymbol{F}=-\frac{q^2}{16\pi\varepsilon_0 z^2}\boldsymbol{e}_z \tag{2.48.1}$$

要使 q 远离导体,设所用的外力为 $\boldsymbol{F}_{外}$,则应有

$$\boldsymbol{F}_{外}+\boldsymbol{F}\geqslant 0 \tag{2.48.2}$$

所以将 q 从 $z=a$ 移到 $z=\infty$,外力 $\boldsymbol{F}_{外}$ 做的功应为

$$\begin{aligned} W_{外} &= \int_a^\infty \boldsymbol{F}_{外}\cdot\boldsymbol{e}_z\mathrm{d}z \geqslant \int_a^\infty(-\boldsymbol{F}\cdot\boldsymbol{e}_z)\mathrm{d}z \\ &= \frac{q^2}{16\pi\varepsilon_0}\int_a^\infty\frac{\mathrm{d}z}{z^2}=\frac{q^2}{16\pi\varepsilon_0 a} \end{aligned} \tag{2.48.3}$$

同时,q 从 $z=a$ 到 $z=\infty$,电场力 $\boldsymbol{F}$ 做的功为

$$W=\int_a^\infty(\boldsymbol{F}\cdot\boldsymbol{e}_z)\mathrm{d}z=-\frac{q^2}{16\pi\varepsilon_0}\int_a^\infty\frac{\mathrm{d}z}{z^2}=-\frac{q^2}{16\pi\varepsilon_0 a} \tag{2.48.4}$$

(2) q 在 $z=a$ 处,它与像电荷 q'之间的电势能为

$$W_a=\frac{1}{4\pi\varepsilon_0}\frac{qq'}{2a}=-\frac{q^2}{8\pi\varepsilon_0 a} \tag{2.48.5}$$

q 在 $z=\infty$处,它与像电荷 q 之间的电势能为

$$W_\infty=0 \tag{2.48.6}$$

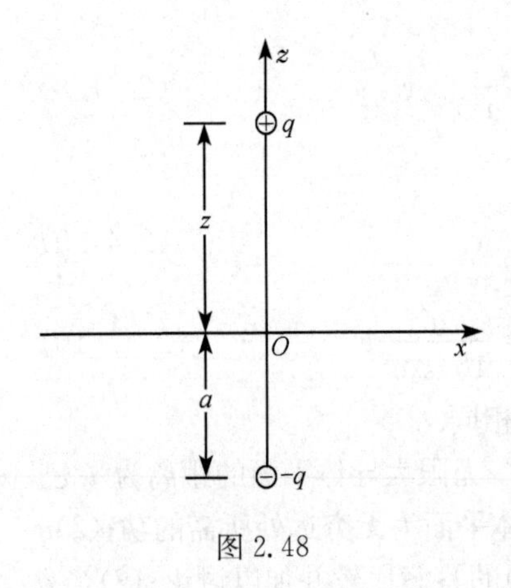

图 2.48

根据静电学,q 在静电场中从 $z=a$ 移到 $z=\infty$,它的电势能减少的值应等于电场力做的功.但是,由(2.48.4)、(2.48.5)、(2.48.6)三式可见,$W_a-W_\infty\neq W$. 这是为什么?这是因为,当 q 远离导体表面时,它的像电荷 q'也在往反方向离开导体表面,这时作用在 q 上的电场力并不是一个静电场力,所以由它算出的 W 就不等于 W_a-W_∞. 为了清楚地了解这一点,我们假定导体不存在,而在 $z=-a$ 处有一个固定不动的点电荷 $-q$,如图 2.48 所示. 这时,q 在 z 处所受的电场力便为

$$\boldsymbol{F}'=-\frac{1}{4\pi\varepsilon_0}\frac{q^2}{(z+a)^2}\boldsymbol{e}_z \tag{2.48.7}$$

当 q 从 $z=a$ 移到 $z=\infty$时,静电场力 $\boldsymbol{F}'$做的功便为

$$\begin{aligned} W' &= \int_a^\infty(\boldsymbol{F}'\cdot\boldsymbol{e}_z)\mathrm{d}z=-\frac{q^2}{4\pi\varepsilon_0}\int_a^\infty\frac{\mathrm{d}z}{(z+a)^2} \\ &= \frac{q^2}{4\pi\varepsilon_0}\frac{1}{z+a}\bigg|_a^\infty=-\frac{q^2}{8\pi\varepsilon_0 a} \end{aligned} \tag{2.48.8}$$

这时 q 在 $z=a$ 和 $z=\infty$ 两处与 $-q$ 之间的电势能分别为

$$W'_a=-\frac{q^2}{8\pi\varepsilon_0 a} \tag{2.48.9}$$

$$W'_\infty=0 \tag{2.48.10}$$

可见这时有

$$W'_a-W'_\infty=W' \tag{2.48.11}$$

(3) 将一个电子从距离导体表面为 1Å 处移到无穷远处,外力所需做的功. 由(2.48.3)式得

$$W_{外}\geqslant\frac{e^2}{16\pi\varepsilon_0 a}=\frac{(1.602\times10^{-19})^2}{16\pi\times8.854\times10^{-12}\times1\times10^{-10}}=5.77\times10^{-19}(\mathrm{J})$$

$$=\frac{5.77\times10^{-19}\mathrm{J}}{1.602\times10^{-19}\mathrm{J/eV}}=3.6\mathrm{eV} \tag{2.48.12}$$

即外力至少要做 3.6eV 的功.

2.49　一无穷大导体平面上有一半径为 a 的半球形鼓包,这导体不带电. 现将一电荷量为 q 的点电荷放在鼓包的正上方离球心为 $b(>a)$ 处,这时导体电势为零. 试求这鼓包上的感应电荷量 q_i 和导体平面上的感应电荷量 q_c.

【解】　为了求感应电荷,须先求导体外的电势 φ. 我们用电像法求 φ. 如图 2.49,为了使导体平面 AB 的电势为零,应在半球心正下方距离为 b 处有一电荷量为 $-q$ 的像电荷;为了使半球面电势为零,应在球心正上方距离为 c 处有一电荷量为 q' 的像电荷

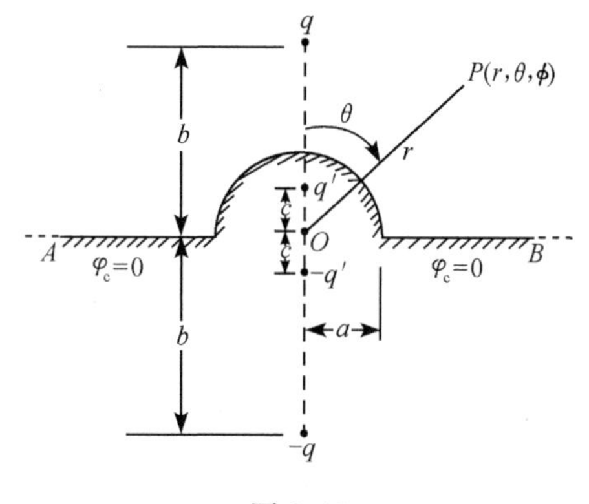

图 2.49

$$c=\frac{a^2}{b} \tag{2.49.1}$$

$$q'=-\frac{a}{b}q \tag{2.49.2}$$

为了保持 AB 面的电势为零,应在球心正下方距离为 c 处有一像电荷 $-q'$. 这四个点电荷 q、$-q$、q' 和 $-q'$ 便满足了边界条件:AB 平面和半球面的电势均为零.

以球心 O 为原点,取球坐标系,由于对称性,所求的电势 φ 与方位角 ϕ 无关. 于是得导体外一点 $P(r,\theta,\phi)$ 处的电势为

$$\varphi=\frac{1}{4\pi\varepsilon_0}\left[\frac{q}{\sqrt{r^2+b^2-2br\cos\theta}}+\frac{-q}{\sqrt{r^2+b^2+2br\cos\theta}}\right.$$

$$+\frac{q'}{\sqrt{r^2+\left(\frac{a^2}{b}\right)^2-2\frac{a^2}{b}r\cos\theta}}+\frac{-q'}{\sqrt{r^2+\left(\frac{a^2}{b}\right)^2+2\frac{a^2}{b}r\cos\theta}}\Bigg]$$

$$=\frac{q}{4\pi\varepsilon_0}\left[\frac{1}{\sqrt{r^2+b^2-2br\cos\theta}}-\frac{1}{\sqrt{r^2+b^2+2br\cos\theta}}\right.$$

$$\left.-\frac{1}{\sqrt{\frac{b^2}{a^2}r^2+a^2-2br\cos\theta}}+\frac{1}{\sqrt{\frac{b^2}{a^2}r^2+a^2+2br\cos\theta}}\right] \tag{2.49.3}$$

设 $\boldsymbol{n}$ 为导体外法线方向上的单位矢量,便得鼓包上电荷量的面密度为

$$\sigma_{\mathrm{i}}=\boldsymbol{n}\cdot\boldsymbol{D}=\boldsymbol{e}_r\cdot\boldsymbol{D}=\boldsymbol{e}_r\cdot\varepsilon_0\boldsymbol{E}=-\varepsilon_0\boldsymbol{e}_r\cdot\nabla\varphi=-\varepsilon_0\frac{\partial\varphi}{\partial r}\bigg|_{r=a}$$

$$=\frac{q}{4\pi}\left[\frac{a-b\cos\theta}{(a^2+b^2-2ab\cos\theta)^{3/2}}-\frac{a+b\cos\theta}{(a^2+b^2+2ab\cos\theta)^{3/2}}\right.$$

$$\left.-\frac{\frac{b^2}{a}-b\cos\theta}{(b^2+a^2-2ab\cos\theta)^{3/2}}+\frac{\frac{b^2}{a}+b\cos\theta}{(b^2+a^2+2ab\cos\theta)^{3/2}}\right]$$

$$=\frac{(b^2-a^2)q}{4\pi a}\left[\frac{1}{(a^2+b^2+2ab\cos\theta)^{3/2}}-\frac{1}{(a^2+b^2-2ab\cos\theta)^{3/2}}\right] \tag{2.49.4}$$

鼓包上的感应电荷量为

$$q_{\mathrm{i}}=\int_\delta\sigma_{\mathrm{i}}\mathrm{d}S=\int_0^{\pi/2}\sigma_{\mathrm{i}}\cdot 2\pi a^2\sin\theta\mathrm{d}\theta$$

$$=\frac{a(b^2-a^2)q}{2}\left[\int_0^{\pi/2}\frac{\sin\theta\mathrm{d}\theta}{(a^2+b^2+2ab\cos\theta)^{3/2}}-\int_0^{\pi/2}\frac{\sin\theta\mathrm{d}\theta}{(a^2+b^2-2ab\cos\theta)^{3/2}}\right]$$

$$=\frac{a(b^2-a^2)q}{2}\left[\frac{1}{ab}\left(\frac{1}{\sqrt{a^2+b^2}}-\frac{1}{a+b}\right)+\frac{1}{ab}\left(\frac{1}{\sqrt{a^2+b^2}}-\frac{1}{b-a}\right)\right]$$

$$=-q\left(1-\frac{b^2-a^2}{b\sqrt{a^2+b^2}}\right) \tag{2.49.5}$$

再计算导体平面上的感应电荷量 q_{c}. 先计算导体平面上电荷量的面密度

$$\sigma_{\mathrm{c}}=\boldsymbol{n}\cdot\boldsymbol{D}=-\boldsymbol{e}_\theta\cdot\boldsymbol{D}=-\varepsilon_0\boldsymbol{e}_\theta\cdot\boldsymbol{E}=\varepsilon_0\boldsymbol{e}_\theta\cdot\nabla\varphi=\varepsilon_0\frac{1}{r}\frac{\partial\varphi}{\partial\theta}\bigg|_{\theta=\pi/2}$$

$$=\frac{q}{4\pi r}\left[-\frac{br}{(r^2+b^2)^{3/2}}-\frac{br}{(r^2+b^2)^{3/2}}+\frac{br}{\left(\frac{b^2}{a^2}r^2+a^2\right)^{3/2}}+\frac{br}{\left(\frac{b^2}{a^2}r^2+a^2\right)^{3/2}}\right]$$

$$=-\frac{bq}{2\pi}\left[\frac{1}{(r^2+b^2)^{3/2}}-\frac{1}{\left(\frac{b^2}{a^2}r^2+a^2\right)^{3/2}}\right] \tag{2.49.6}$$

于是得

$$q_c=\int_a^{\infty}\sigma_c\cdot 2\pi r\mathrm{d}r=-bq\left[\int_a^{\infty}\frac{r\mathrm{d}r}{(r^2+b^2)^{3/2}}-\int_a^{\infty}\frac{r\mathrm{d}r}{\left(\frac{b^2}{a^2}r^2+a^2\right)^{3/2}}\right]$$

$$=-bq\left[-\frac{1}{\sqrt{r^2+b^2}}+\frac{a^2}{b^2}\frac{1}{\sqrt{\frac{b^2}{a^2}r^2+a^2}}\right]_{r=a}^{r=\infty}=-\frac{(b^2-a^2)q}{b\sqrt{b^2+a^2}} \quad (2.49.7)$$

由(2.49.5)、(2.49.7)两式得

$$q_i+q_c=-q \quad (2.49.8)$$

即整个导体面上的感应电荷量等于 q 的负值，正应如此.

【讨论】 在(2.49.5)式的计算过程中，$\sqrt{a^2+b^2-2ab}=b-a$，而不是 $a-b$. 这是因为 $\sqrt{a^2+b^2-2ab}$代表距离，其值为正，今 $b>a$，故开方后取 $b-a$，而不能取 $a-b$.

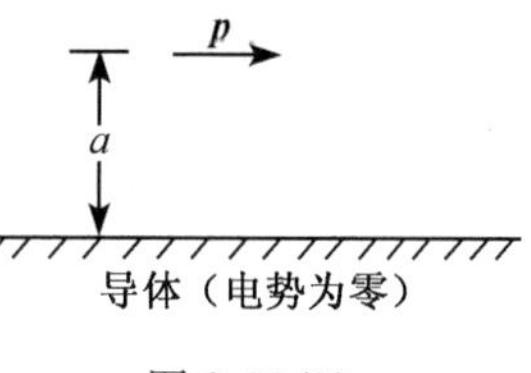

图 2.50(1)

2.50 一无穷大导体平面外有一电偶极矩为 $\boldsymbol{p}$ 的电偶极子，$\boldsymbol{p}$ 与导体平面平行，到导体表面的距离为 a，如图 2.50(1)所示. 已知导体的电势为零. 试求：(1)导体外的电场强度；(2)$\boldsymbol{p}$ 受导体上电荷的作用力；(3)$\boldsymbol{p}$ 与导体的相互作用能.

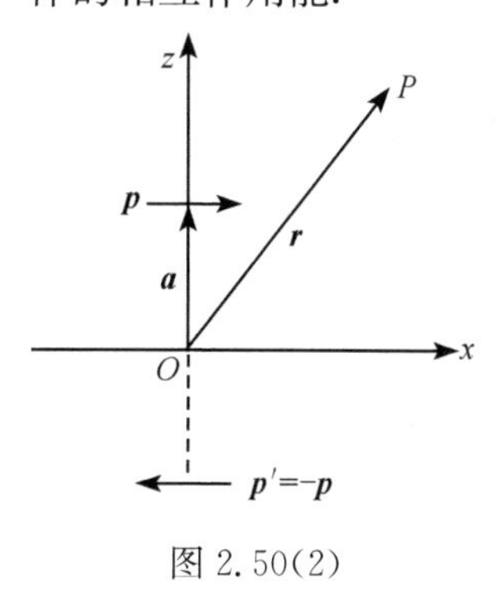

图 2.50(2)

【解】 (1) 以导体表面为 x-y 平面，穿过 $\boldsymbol{p}$ 中心的导体表面外法线为 z 轴取笛卡儿坐标系，使 $\boldsymbol{p}$ 平行于 x 轴，如图 2.50(2)所示. 根据电像法，设想导体不存在，而在 $z=-a$ 处有一个电偶极矩为 $\boldsymbol{p}'=-\boldsymbol{p}$ 的电偶极子，即可满足题给的边界条件：$z=0$ 处电势为零. $\boldsymbol{p}'$便是 $\boldsymbol{p}$ 的电像. 因此，根据唯一性定理，$z>0$ 空间的电场便等于 $\boldsymbol{p}$ 和它的电像 $\boldsymbol{p}'$所产生的电场的叠加.

根据电偶极子 $\boldsymbol{p}$ 所产生的电场强度的矢量公式

$$\boldsymbol{E}_p=\frac{3(\boldsymbol{p}\cdot\boldsymbol{r})\boldsymbol{r}-r^2\boldsymbol{p}}{4\pi\varepsilon_0 r^5} \quad (2.50.1)$$

得出图 2.50(2)中 P 点的电场强度为

$$\boldsymbol{E}=\boldsymbol{E}_p+\boldsymbol{E}_{p'}=\frac{3[\boldsymbol{p}\cdot(\boldsymbol{r}-\boldsymbol{a})](\boldsymbol{r}-\boldsymbol{a})-|\boldsymbol{r}-\boldsymbol{a}|^2\boldsymbol{p}}{4\pi\varepsilon_0|\boldsymbol{r}-\boldsymbol{a}|^5}$$

$$+\frac{3[\boldsymbol{p}'\cdot(\boldsymbol{r}+\boldsymbol{a})](\boldsymbol{r}+\boldsymbol{a})-|\boldsymbol{r}+\boldsymbol{a}|^2\boldsymbol{p}'}{4\pi\varepsilon_0|\boldsymbol{r}+\boldsymbol{a}|^5}$$

式中 $\boldsymbol{a}=a\boldsymbol{e}_z$. 因

$$\boldsymbol{p}'=-\boldsymbol{p},\quad \boldsymbol{p}\cdot\boldsymbol{a}=0,\quad \boldsymbol{p}'\cdot\boldsymbol{a}=0 \quad (2.50.2)$$

故上式可写成

$$\boldsymbol{E}=\frac{1}{4\pi\varepsilon_0}\left\{\frac{3(\boldsymbol{p}\cdot\boldsymbol{r})(\boldsymbol{r}-\boldsymbol{a})-|\boldsymbol{r}-\boldsymbol{a}|^2\boldsymbol{p}}{|\boldsymbol{r}-\boldsymbol{a}|^5}-\frac{3(\boldsymbol{p}\cdot\boldsymbol{r})(\boldsymbol{r}+\boldsymbol{a})-|\boldsymbol{r}+\boldsymbol{a}|^2\boldsymbol{p}}{|\boldsymbol{r}+\boldsymbol{a}|^5}\right\} \tag{2.50.3}$$

这便是所要求的导体外 $\boldsymbol{r}$ 处(P 点)的电场强度.

(2) $\boldsymbol{p}$ 受导体上电荷的作用力等于它受像电偶极矩 $\boldsymbol{p}'$ 的作用力. 根据 $\boldsymbol{p}$ 在外电场中受力的公式(参见前面 1.37 题),$\boldsymbol{p}$ 所受的力为

$$\begin{aligned}\boldsymbol{F}&=(\boldsymbol{p}\cdot\nabla)\boldsymbol{E}_{p'}\\&=p\frac{\partial}{\partial x}\left\{\frac{3[\boldsymbol{p}'\cdot(\boldsymbol{r}+\boldsymbol{a})](\boldsymbol{r}+\boldsymbol{a})-|\boldsymbol{r}+\boldsymbol{a}|^2\boldsymbol{p}'}{4\pi\varepsilon_0|\boldsymbol{r}+\boldsymbol{a}|^5}\right\}\bigg|_{\boldsymbol{r}=\boldsymbol{a}}\\&=-p\frac{\partial}{\partial x}\left\{\frac{3(\boldsymbol{p}\cdot\boldsymbol{r})(\boldsymbol{r}+\boldsymbol{a})-|\boldsymbol{r}+\boldsymbol{a}|^2\boldsymbol{p}}{4\pi\varepsilon_0|\boldsymbol{r}+\boldsymbol{a}|^5}\right\}\bigg|_{\boldsymbol{r}=\boldsymbol{a}}\end{aligned} \tag{2.50.4}$$

式中右端的符号表示,在对 x 求导后再取 $\boldsymbol{r}=\boldsymbol{a}$($\boldsymbol{p}$ 的位矢). 因

$$\boldsymbol{p}\cdot\boldsymbol{r}=px,\quad \frac{\partial}{\partial x}\left(\frac{1}{|\boldsymbol{r}+\boldsymbol{a}|^5}\right)\bigg|_{\boldsymbol{r}=\boldsymbol{a}}=0,\quad \frac{\partial}{\partial x}\left(\frac{\boldsymbol{p}}{|\boldsymbol{r}+\boldsymbol{a}|^3}\right)\bigg|_{\boldsymbol{r}=\boldsymbol{a}}=0$$

故得

$$\begin{aligned}\boldsymbol{F}&=-p\frac{\partial}{\partial x}\left\{\frac{3px(\boldsymbol{r}+\boldsymbol{a})}{4\pi\varepsilon_0|\boldsymbol{r}+\boldsymbol{a}|^5}\right\}\bigg|_{\boldsymbol{r}=\boldsymbol{a}}=-\frac{3p^2}{4\pi\varepsilon_0}\frac{\boldsymbol{r}+\boldsymbol{a}}{|\boldsymbol{r}+\boldsymbol{a}|^5}\bigg|_{\boldsymbol{r}=\boldsymbol{a}}\\&=-\frac{3p^2\boldsymbol{a}}{64\pi\varepsilon_0a^5}=-\frac{3p^2}{64\pi\varepsilon_0a^4}\boldsymbol{n}\end{aligned} \tag{2.50.5}$$

式中 $\boldsymbol{n}$ 代表导体表面外法线方向上的单位矢量. 负号表明,$\boldsymbol{p}$ 所受的力 $\boldsymbol{F}$ 指向导体表面.

(3) $\boldsymbol{p}$ 与导体的相互作用能等于 $\boldsymbol{p}$ 与它的电像 $\boldsymbol{p}'$ 的相互作用能,即 $\boldsymbol{p}$ 在 $\boldsymbol{p}'$ 的电场中的电势能. $\boldsymbol{p}'$ 在 $\boldsymbol{p}$ 处产生的电场强度为

$$\begin{aligned}E_{p'}&=\frac{3[\boldsymbol{p}'\cdot(\boldsymbol{a}+\boldsymbol{a})](\boldsymbol{a}+\boldsymbol{a})-|\boldsymbol{a}+\boldsymbol{a}|^2\boldsymbol{p}'}{4\pi\varepsilon_0|\boldsymbol{a}+\boldsymbol{a}|^5}\\&=-\frac{\boldsymbol{p}'}{4\pi\varepsilon_0|2\boldsymbol{a}|^3}=-\frac{\boldsymbol{p}'}{32\pi\varepsilon_0a^3}\end{aligned} \tag{2.50.6}$$

$\boldsymbol{p}$ 在这电场中的电势能为

$$\boldsymbol{W}=-\boldsymbol{p}\cdot\boldsymbol{E}_{p'}=\frac{\boldsymbol{p}\cdot\boldsymbol{p}'}{32\pi\varepsilon_0a^3}=-\frac{p^2}{32\pi\varepsilon_0a^3} \tag{2.50.7}$$

【别解】 由于 $\boldsymbol{p}$ 与导体的相互作用力和相互作用能分别等于 $\boldsymbol{p}$ 与它的像电偶极矩 $\boldsymbol{p}'$ 的相互作用力和相互作用能,故可由两个电偶极子间相互作用力和相互作用能的公式(参见前面 1.39 题)直接算出如下:

$$\boldsymbol{F}=\frac{3}{4\pi\varepsilon_0r^7}\{[(\boldsymbol{p}_1\cdot\boldsymbol{r})\boldsymbol{p}_2+(\boldsymbol{p}_2\cdot\boldsymbol{r})\boldsymbol{p}_1+(\boldsymbol{p}_1\cdot\boldsymbol{p}_2)\boldsymbol{r}]r^2-5(\boldsymbol{p}_1\cdot\boldsymbol{r})(\boldsymbol{p}_2\cdot\boldsymbol{r})\boldsymbol{r}\}$$

$$= \frac{3}{4\pi\varepsilon_0(2a)^7}\{[\boldsymbol{p}'\cdot(2\boldsymbol{a})\boldsymbol{p}+\boldsymbol{p}\cdot(2\boldsymbol{a})\boldsymbol{p}'+(\boldsymbol{p}\cdot\boldsymbol{p}')(2\boldsymbol{a})]$$

$$\times(2a)^2-5[\boldsymbol{p}'\cdot(2\boldsymbol{a})][\boldsymbol{p}\cdot(2\boldsymbol{a})](2\boldsymbol{a})\}$$

$$= \frac{3[(\boldsymbol{p}\cdot\boldsymbol{p}')(2\boldsymbol{a})](2a)^2}{4\pi\varepsilon_0(2a)^7} = -\frac{3p^2}{64\pi\varepsilon_0 a^4}\boldsymbol{n} \tag{2.50.8}$$

$$W = \frac{1}{4\pi\varepsilon_0 r^5}[r^2(\boldsymbol{p}_1\cdot\boldsymbol{p}_2)-3(\boldsymbol{p}_1\cdot\boldsymbol{r})(\boldsymbol{p}_2\cdot\boldsymbol{r})]$$

$$= \frac{(2a)^2(-p^2)}{4\pi\varepsilon_0(2a)^5} = -\frac{p^2}{32\pi\varepsilon_0 a^3} \tag{2.50.9}$$

2.51　一无穷大导体平面外有一电偶极矩为 $\boldsymbol{p}$ 的电偶极子，$\boldsymbol{p}$ 到导体表面的距离为 a，与导体表面法线的夹角为 α，如图 2.51(1)所示. 已知导体电势为零，试求 $\boldsymbol{p}$ 受到导体表面电荷的作用力.

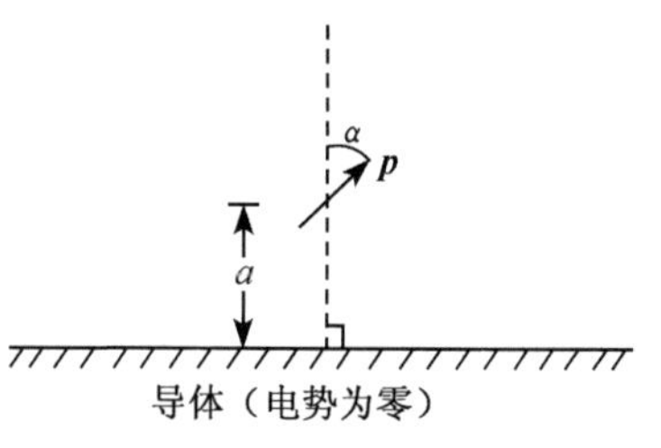

图 2.51(1)

【解】　本题用电像法求解. 因为导体电势为零，故由电像法知导体外的电场等于 $\boldsymbol{p}$ 和它的电像 $\boldsymbol{p}'$ 所产生的电场之和. 具体计算方法有以下几种：

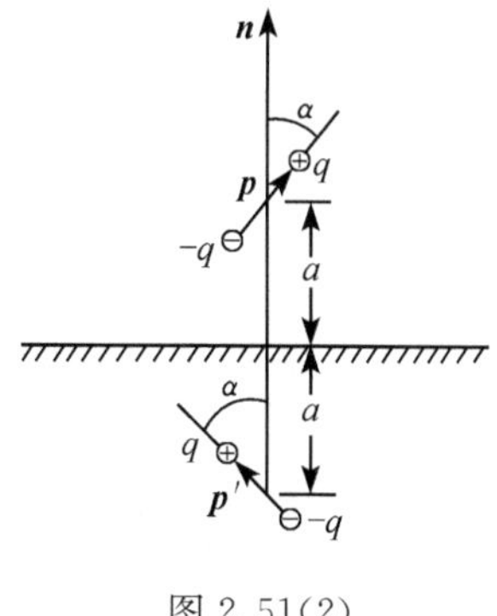

图 2.51(2)

【算法一】　用原始方法计算，即用电荷之间的库仑力计算 $\boldsymbol{p}$ 所受的力. 设 $\boldsymbol{p}=q\boldsymbol{l}$，导体表面外法线方向的单位矢量为 $\boldsymbol{n}$，则 $\boldsymbol{p}$ 的电像 $\boldsymbol{p}'$ 便如图 2.51(2)所示. $\boldsymbol{p}$ 所受导体表面电荷的作用力便等于它的正负电荷所受 $\boldsymbol{p}'$ 的作用力之和. $\boldsymbol{p}$ 的正电荷 q 所受的作用力有两个

$$\boldsymbol{F}_{+-} = -\frac{q^2}{4\pi\varepsilon_0(2a+l\cos\alpha)^2}\boldsymbol{n} \tag{2.51.1}$$

$$\boldsymbol{F}_{++} = \frac{q^2}{4\pi\varepsilon_0[(2a)^2+(l\sin\alpha)^2]}\boldsymbol{e} \tag{2.51.2}$$

式中 $\boldsymbol{e}$ 为从 $\boldsymbol{p}'$ 的正电荷到 $\boldsymbol{p}$ 的正电荷方向上的单位矢量. $\boldsymbol{p}$ 的负电荷所受的力也有两个

$$\boldsymbol{F}_{-+} = -\frac{q^2}{4\pi\varepsilon_0(2a-l\cos\alpha)^2}\boldsymbol{n} \tag{2.51.3}$$

$$\boldsymbol{F}_{--} = \frac{q^2}{4\pi\varepsilon_0[(2a)^2+(l\sin\alpha)^2]}\boldsymbol{e}' \tag{2.51.4}$$

式中 $\boldsymbol{e}'$ 为从 $\boldsymbol{p}'$ 的负电荷到 $\boldsymbol{p}$ 的负电荷方向上的单位矢量. 于是 $\boldsymbol{p}$ 所受导体表面电荷的作用力便为

$$\boldsymbol{F} = \boldsymbol{F}_{+-}+\boldsymbol{F}_{++}+\boldsymbol{F}_{-+}+\boldsymbol{F}_{--} \tag{2.51.5}$$

由于 $\boldsymbol{F}_{++}$ 和 $\boldsymbol{F}_{--}$ 大小相等，与 $\boldsymbol{n}$ 的夹角相等(设此角为 β)，故它们之和便只有 $\boldsymbol{n}$ 方

向的分量，即

$$\boldsymbol{F}_{++}+\boldsymbol{F}_{--}=2F_{++}\cos\beta\boldsymbol{n} \tag{2.51.6}$$

由图 2.51(1)所示的几何关系可得

$$\cos\beta=\frac{2a}{\sqrt{(2a)^2+(l\sin\alpha)^2}} \tag{2.51.7}$$

将(2.51.1)至(2.51.4)式和以上两式都代入(2.51.5)式，便得

$$\begin{aligned}\boldsymbol{F}&=\frac{q^2\boldsymbol{n}}{4\pi\varepsilon_0}\left\{-\frac{1}{(2a+l\cos\alpha)^2}-\frac{1}{(2a-l\cos\alpha)^2}+\frac{4a}{(4a^2+l^2\sin^2\alpha)^{3/2}}\right\}\\&=-\frac{q^2\boldsymbol{n}}{16\pi\varepsilon_0a^2}\left\{\left(1+\frac{l}{2a}\cos\alpha\right)^{-2}+\left(1-\frac{l}{2a}\cos\alpha\right)^{-2}-2\left(1+\frac{l^2}{4a^2}\sin^2\alpha\right)^{-3/2}\right\}\end{aligned}$$

展开并取近似到$\left(\frac{l}{a}\right)^2$项，大括号中的值便为

$$\begin{aligned}&1-\frac{l}{a}\cos\alpha+\frac{3l^2}{4a^2}\cos^2\alpha+1+\frac{l}{a}\cos\alpha+\frac{3l^2}{4a^2}\cos^2\alpha-2\left(1-\frac{3l^2}{8a^2}\sin^2\alpha\right)\\&=\frac{3l^2}{2a^2}\cos^2\alpha+\frac{3l^2}{4a^2}\sin^2\alpha=\frac{3l^2}{4a^2}(1+\cos^2\alpha)\end{aligned}$$

代入上式便得所求的力为

$$\begin{aligned}\boldsymbol{F}&=-\frac{3q^2l^2}{64\pi\varepsilon_0a^4}(1+\cos^2\alpha)\boldsymbol{n}\\&=-\frac{3p^2(1+\cos^2\alpha)}{64\pi\varepsilon_0a^4}\boldsymbol{n}\end{aligned} \tag{2.51.8}$$

【算法二】 由电偶极矩 $\boldsymbol{p}$ 在外电场中受力的公式计算．　$\boldsymbol{p}$ 在 $\boldsymbol{p}'$ 产生的电场 $\boldsymbol{E}'$ 中所受的力由前面 1.37 题的公式得

$$\begin{aligned}\boldsymbol{F}&=(\boldsymbol{p}\cdot\nabla)\boldsymbol{E}'=(\boldsymbol{p}\cdot\nabla)\left[\frac{3(\boldsymbol{p}'\cdot\boldsymbol{r})\boldsymbol{r}-r^2\boldsymbol{p}'}{4\pi\varepsilon_0r^5}\right]\\&=\frac{3}{4\pi\varepsilon_0r^5}[(\boldsymbol{p}\cdot\nabla)(\boldsymbol{p}'\cdot\boldsymbol{r})]\boldsymbol{r}+\frac{3(\boldsymbol{p}'\cdot\boldsymbol{r})(\boldsymbol{p}\cdot\nabla)\boldsymbol{r}}{4\pi\varepsilon_0r^5}\\&\quad+\frac{3(\boldsymbol{p}'\cdot\boldsymbol{r})\boldsymbol{r}}{4\pi\varepsilon_0}(\boldsymbol{p}\cdot\nabla)\frac{1}{r^5}-\frac{\boldsymbol{p}'}{4\pi\varepsilon_0}(\boldsymbol{p}\cdot\nabla)\frac{1}{r^3}\\&=\frac{3(\boldsymbol{p}\cdot\boldsymbol{p}')\boldsymbol{r}}{4\pi\varepsilon_0r^5}+\frac{3(\boldsymbol{p}'\cdot\boldsymbol{r})\boldsymbol{p}}{4\pi\varepsilon_0r^5}-\frac{15(\boldsymbol{p}'\cdot\boldsymbol{r})(\boldsymbol{p}\cdot\boldsymbol{r})}{4\pi\varepsilon_0r^7}\boldsymbol{r}+\frac{3(\boldsymbol{p}\cdot\boldsymbol{r})\boldsymbol{p}'}{4\pi\varepsilon_0r^5}\\&=\frac{3p^2\cos2\alpha}{4\pi\varepsilon_0r^5}\boldsymbol{r}+\frac{3p\cos\alpha}{4\pi\varepsilon_0r^4}\boldsymbol{p}-\frac{15p^2\cos^2\alpha}{4\pi\varepsilon_0r^5}\boldsymbol{r}+\frac{3p\cos\alpha}{4\pi\varepsilon_0r^4}\boldsymbol{p}'\\&=\frac{3p^2(2\cos^2\alpha-1)}{4\pi\varepsilon_0r^5}\boldsymbol{r}-\frac{15p^2\cos^2\alpha}{4\pi\varepsilon_0r^5}\boldsymbol{r}+\frac{3p\cos\alpha}{4\pi\varepsilon_0r^4}(\boldsymbol{p}+\boldsymbol{p}')\end{aligned}$$

因 $\boldsymbol{p}+\boldsymbol{p}'=2p\cos\alpha\boldsymbol{n}$，令 $r=2a$ 代入上式即得

$$\boldsymbol{F}=\frac{3p^2(2\cos^2\alpha-1)}{4\pi\varepsilon_0(2a)^4}\boldsymbol{n}-\frac{15p^2\cos^2\alpha}{4\pi\varepsilon_0(2a)^4}\boldsymbol{n}+\frac{6p^2\cos^2\alpha}{4\pi\varepsilon_0(2a)^4}\boldsymbol{n}=-\frac{3p^2(1+\cos^2\alpha)}{64\pi\varepsilon_0a^4}\boldsymbol{n}$$

【算法三】 用两个电偶极子的相互作用力公式计算. 由前面 1.39 题的公式(1.39.9)得 $\boldsymbol{p}$ 受到 $\boldsymbol{p}'$ 的作用力为

$$\begin{aligned}\boldsymbol{F}&=\frac{3}{4\pi\varepsilon_0r^7}\{[(\boldsymbol{p}\cdot\boldsymbol{r})\boldsymbol{p}'+(\boldsymbol{p}'\cdot\boldsymbol{r})\boldsymbol{p}+(\boldsymbol{p}\cdot\boldsymbol{p}')\boldsymbol{r}]r^2-5(\boldsymbol{p}\cdot\boldsymbol{r})(\boldsymbol{p}'\cdot\boldsymbol{r})\boldsymbol{r}\}\\&=\frac{3}{4\pi\varepsilon_0r^4}\{p\cos\alpha\boldsymbol{p}'+p\cos\alpha\boldsymbol{p}+p^2\cos2\alpha\boldsymbol{e}_r-5p^2\cos^2\alpha\boldsymbol{e}_r\}\\&=\frac{3}{4\pi\varepsilon_0r^4}\{2p^2\cos^2\alpha\boldsymbol{n}+p^2\cos^2\alpha\boldsymbol{n}-5p^2\cos^2\alpha\boldsymbol{n}\}\\&=-\frac{3p^2}{4\pi\varepsilon_0(2a)^4}\{2\cos^2\alpha+2\cos^2\alpha-1-5\cos^2\alpha\}\boldsymbol{n}\\&=-\frac{3p^2(1+\cos^2\alpha)}{64\pi\varepsilon_0a^4}\boldsymbol{n}\end{aligned}$$

【算法四】 用力等于电偶极子相互作用能的负梯度计算. 由前面 1.39 题两个电偶极子相互作用能的公式(1.39.2)得：$\boldsymbol{p}$ 受到 $\boldsymbol{p}'$ 的作用力为

$$\begin{aligned}\boldsymbol{F}&=-\nabla W=-\nabla\left[\frac{r^2(\boldsymbol{p}\cdot\boldsymbol{p}')-3(\boldsymbol{p}\cdot\boldsymbol{r})(\boldsymbol{p}'\cdot\boldsymbol{r})}{4\pi\varepsilon_0r^5}\right]\\&=-\frac{\boldsymbol{p}\cdot\boldsymbol{p}'}{4\pi\varepsilon_0}\nabla\frac{1}{r^3}+\frac{3}{4\pi\varepsilon_0}\nabla\left[\frac{(\boldsymbol{p}\cdot\boldsymbol{r})(\boldsymbol{p}'\cdot\boldsymbol{r})}{r^5}\right]\\&=\frac{3p^2\cos^2\alpha}{4\pi\varepsilon_0r^5}\boldsymbol{r}+\frac{3}{4\pi\varepsilon_0}\left[\frac{(\boldsymbol{p}\cdot\boldsymbol{r})}{r^5}\nabla(\boldsymbol{p}'\cdot\boldsymbol{r})\right.\\&\qquad\left.+\frac{(\boldsymbol{p}'\cdot\boldsymbol{r})}{r^5}\nabla(\boldsymbol{p}\cdot\boldsymbol{r})+(\boldsymbol{p}\cdot\boldsymbol{r})(\boldsymbol{p}'\cdot\boldsymbol{r})\nabla\frac{1}{r^5}\right]\\&=\frac{3p^2\cos^2\alpha}{4\pi\varepsilon_0r^5}\boldsymbol{r}+\frac{3}{4\pi\varepsilon_0}\left[\frac{p\cos\alpha}{r^4}(\boldsymbol{p}+\boldsymbol{p}')-\frac{5p^2\cos^2\alpha}{r^5}\boldsymbol{r}\right]\\&=\frac{3p^2}{4\pi\varepsilon_0r^5}[\cos^2\alpha+2\cos^2\alpha-5\cos^2\alpha]\boldsymbol{r}\\&=\frac{3p^2}{4\pi\varepsilon_0(2a)^4}[2\cos^2\alpha-1+2\cos^2\alpha-5\cos^2\alpha]\boldsymbol{n}\\&=-\frac{3p^2(1+\cos^2\alpha)}{64\pi\varepsilon_0a^4}\boldsymbol{n}\end{aligned}$$

2.52 真空中两条圆柱形无穷长平行直导线，横截面的半径分别为 R_1 和 R_2，中心线相距为 $d(d>R_1+R_2)$. 试求它们间单位长度的电容.

【解】 我们用电像法求本题的准确解.

设这两条导线都带电,单位长度的电荷量分别为 λ 和 $-\lambda$. 由于静电感应作用,电荷在导线表面的分布是内侧密度大,外侧密度小. 所以由电荷直接计算电场颇非易事. 但由于在静电情况下,导线是等势体,因而我们可设想用偶极线(两条无穷长的均匀带电平行直线,单位长度的电荷量分别为 λ 和 $-\lambda$)来取代这两条圆柱形带电导线,适当地选择偶极线的位置,使它们所产生的两个等势面恰好与原来两导线的表面重合. 这样就满足了边界条件. 这偶极线便是原来两带电导线的电像,于是就可以计算电势,从而求出电容来. 为此,先求偶极线的等势面.

以偶极线所在的平面为 z-x 平面,取笛卡儿坐标系,使偶极线对称地处在 z 轴的两侧,它们到 z 轴的距离都是 a,如图 2.52(1)所示. 这偶极线所产生的电势便为

$$\varphi = \varphi_1 + \varphi_2 = \frac{\lambda}{2\pi\varepsilon_0}\ln\frac{r'_1}{r_1} - \frac{\lambda}{2\pi\varepsilon_0}\ln\frac{r'_2}{r_2}$$

$$= \frac{\lambda}{2\pi\varepsilon_0}\ln\left(\frac{r_2}{r_1}\frac{r'_1}{r'_2}\right) \tag{2.52.1}$$

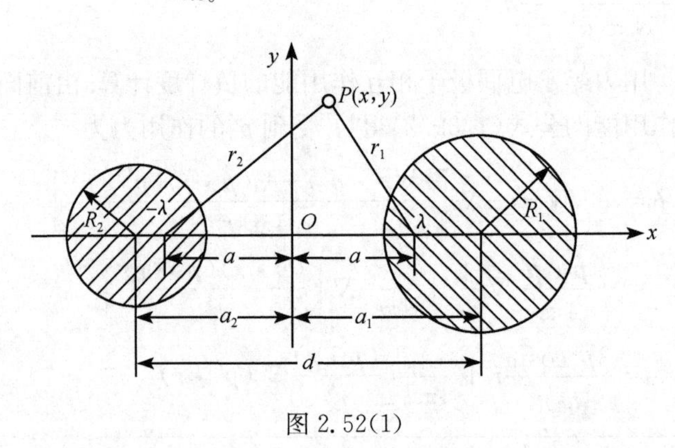

图 2.52(1)

式中 r'_1 和 r'_2 分别是偶极线 λ 和 $-\lambda$ 到某个电势参考点的距离. 为方便起见,我们取 z 轴上的电势为零. 这样,$r'_1 = r'_2 = a$. 于是(2.52.1)式便化为

$$\varphi = \frac{\lambda}{2\pi\varepsilon_0}\ln\frac{r_2}{r_1} \tag{2.52.2}$$

由于对称性,平行于 z 轴的任何一条直线都是偶极线的等势线. 所以我们只需考虑 x-y 平面内任意一点 $P(x, y)$ 的电势即可. 于是

$$\varphi = \frac{\lambda}{2\pi\varepsilon_0}\ln\frac{r_2}{r_1} = \frac{\lambda}{4\pi\varepsilon_0}\ln\frac{(x+a)^2+y^2}{(x-a)^2+y^2} \tag{2.52.3}$$

故偶极线的等势面方程便为

$$\frac{(x+a)^2+y^2}{(x-a)^2+y^2} = k^2 \tag{2.52.4}$$

式中

$$k^2 = \mathrm{e}^{\frac{4\pi\varepsilon_0\varphi}{\lambda}} \tag{2.52.5}$$

令

$$c = \frac{k^2+1}{k^2-1}a \tag{2.52.6}$$

则(2.52.4)式可化为

$$(x-c)^2 + y^2 = \frac{4k^2}{(k^2-1)^2}a^2 \tag{2.52.7}$$

这表明,偶极线的等势面都是轴线平行于 z 轴的圆柱面,它们的轴线都在 x 轴上 $x=c$处,其横截面的半径为

$$R = \left|\frac{2k}{k^2-1}\right|a \tag{2.52.8}$$

这个结果表明,我们可以找到偶极线的两个等势面,使它们分别与原来两导线的表面重合.这只要下列等式成立就可以了:

$$a_1 = |c_1| = \left|\frac{k_1^2+1}{k_1^2-1}\right|a \tag{2.52.9}$$

$$R_1 = \left|\frac{2k_1}{k_1^2-1}\right|a \tag{2.52.10}$$

$$a_2 = |c_2| = \left|\frac{k_2^2+1}{k_2^2-1}\right|a \tag{2.52.11}$$

$$R_2 = \left|\frac{2k_2}{k_2^2-1}\right|a \tag{2.52.12}$$

$$d = a_1 + a_2 \tag{2.52.13}$$

由(2.52.9)式至(2.52.12)式得

$$a_1^2 - R_1^2 = a^2 = a_2^2 - R_2^2 \tag{2.52.14}$$

原来两导线表面的方程分别为

$$R_1:\quad (x-a_1)^2 + y^2 = R_1^2 \tag{2.52.15}$$

$$R_2:\quad (x+a_2)^2 + y^2 = R_2^2 \tag{2.52.16}$$

利用(2.52.14)式,可以把(2.52.15)和(2.52.16)两式分别化为

$$R_1:\quad x^2 + y^2 + a^2 = 2a_1x \tag{2.52.17}$$

$$R_2:\quad x^2 + y^2 + a^2 = -2a_2x \tag{2.52.18}$$

利用(2.52.17)和(2.52.18)两式,由(2.52.3)式得出:半径为 R_1 和 R_2 的两导线的电势分别为

$$\varphi_1 = \frac{\lambda}{4\pi\varepsilon_0}\ln\frac{(x+a)^2+y^2}{(x-a)^2+y^2} = \frac{\lambda}{4\pi\varepsilon_0}\ln\frac{a_1+a}{a_1-a} \tag{2.52.19}$$

$$\varphi_2 = \frac{\lambda}{4\pi\varepsilon_0}\ln\frac{(x+a)^2+y^2}{(x-a)^2+y^2} = \frac{\lambda}{4\pi\varepsilon_0}\ln\frac{a_2-a}{a_2+a} \tag{2.52.20}$$

于是两导线的电势差便为

$$U=\varphi_1-\varphi_2=\frac{\lambda}{4\pi\varepsilon_0}\ln\frac{(a_1+a)(a_2+a)}{(a_1-a)(a_2-a)}$$

$$=\frac{\lambda}{4\pi\varepsilon_0}\ln\frac{(a_1+a)^2(a_2+a)^2}{(a_1^2-a^2)(a_2^2-a^2)}=\frac{\lambda}{4\pi\varepsilon_0}\ln\frac{(a_1+a)^2(a_2+a)^2}{R_1^2R_2^2}$$

$$=\frac{\lambda}{2\pi\varepsilon_0}\ln\frac{(a_1+a)(a_2+a)}{R_1R_2}\tag{2.52.21}$$

下面要消去未知数 a_1、a_2 和 a,用已知数 R_1、R_2 和 d 来表示 U. 也就是用 R_1、R_2 和 d 来表示$(a_1+a)(a_2+a)$. 因

$$(a_1+a)(a_2+a)=a_1a_2+(a_1+a_2)a+a^2$$

$$=a^2+a_1a_2+ad\tag{2.52.22}$$

先求 $a^2+a_1a_2$. 由(2.52.14)式有

$$2a^2=a_1^2-R_1^2+a_2^2-R_2^2=(a_1+a_2)^2-2a_1a_2-R_1^2-R_2^2$$

$$=d^2-2a_1a_2-R_1^2-R_2^2$$

所以

$$a^2+a_1a_2=\frac{1}{2}(d^2-R_1^2-R_2^2)\tag{2.52.23}$$

再求 ad. 由(2.52.13)式有

$$a^2d^2=a^2(a_1+a_2)^2=a^2(a_1^2+a_2^2)+2a^2a_1a_2\tag{2.52.24}$$

其中

$$a^2(a_1^2+a_2^2)=a^2(a^2+R_1^2+a_2^2)=a^4+a^2(R_1^2+a_2^2)$$

$$=a^4+(a_1^2-R_1^2)(R_1^2+a_2^2)$$

$$=a^4+a_1^2a_2^2-R_1^2(R_1^2-a_1^2+a_2^2)$$

$$=a^4+a_1^2a_2^2-R_1^2(-a^2+a_2^2)$$

$$=a^4+a_1^2a_2^2-R_1^2R_2^2$$

把这个关系代入(2.52.24)式便得

$$a^2d^2=a^4+a_1^2a_2^2-R_1^2R_2^2+2a^2a_1a_2$$

$$=(a^2+a_1a_2)^2-R_1^2R_2^2\tag{2.52.25}$$

开方并利用(2.52.23)式便得

$$ad=\sqrt{\frac{1}{4}(d^2-R_1^2-R_2^2)^2-R_1^2R_2^2}\tag{2.52.26}$$

把(2.52.23)和(2.52.26)两式代入(2.52.22)式便得

$$(a_1+a)(a_2+a)=\frac{1}{2}(d^2-R_1^2-R_2^2)+\sqrt{\frac{1}{4}(d^2-R_1^2-R_2^2)^2-R_1^2R_2^2}\tag{2.52.27}$$

把上式代入(2.52.21)式，便得出用已知量 R_1、R_2 和 d 表示的两导线的电势差为

$$U=\frac{\lambda}{2\pi\varepsilon_0}\ln\left[\frac{d^2-R_1^2-R_2^2}{2R_1R_2}+\sqrt{\left(\frac{d^2-R_1^2-R_2^2}{2R_1R_2}\right)^2-1}\right] \qquad (2.52.28)$$

最后得出，原来两导线长为 l 一段的电容为

$$C=\frac{Q}{U}=\frac{\lambda l}{U}$$

$$=\frac{2\pi\varepsilon_0 l}{\ln\left[\frac{d^2-R_1^2-R_2^2}{2R_1R_2}+\sqrt{\left(\frac{d^2-R_1^2-R_2^2}{2R_1R_2}\right)^2-1}\right]} \qquad (2.52.29)$$

单位长度的电容为

$$c=\frac{2\pi\varepsilon_0}{\ln\left[\frac{d^2-R_1^2-R_2^2}{2R_1R_2}+\sqrt{\left(\frac{d^2-R_1^2-R_2^2}{2R_1R_2}\right)^2-1}\right]} \qquad (2.52.30)$$

这就是本题的准确解.

为简洁起见，通常用反双曲余弦来表示 c. 反双曲余弦的公式为

$$\operatorname{arcosh}x=\ln(x+\sqrt{x^2-1}) \qquad (2.52.31)$$

故(2.52.30)式可化为

$$c=\frac{2\pi\varepsilon_0}{\operatorname{arcosh}\left(\frac{d^2-R_1^2-R_2^2}{2R_1R_2}\right)} \qquad (2.52.32)$$

这便是一般手册上的公式.

【讨论】 (1)半径相等的两条长直导线间的电容. 把它们当作无穷长，这时 $R_1=R_2=R$，(2.52.32)式便化为

$$c=\frac{2\pi\varepsilon_0}{\operatorname{arcosh}\left(\frac{d^2}{2R^2}-1\right)}=\frac{\pi\varepsilon_0}{\operatorname{arcosh}\left(\frac{d}{2R}\right)} \qquad (2.52.33)$$

(2)平行于地面的导线与大地间的电容.

设导线的半径为 R，其轴线到地面的高度为 h，如图 2.52(2)所示. 把导线当作无穷长直导线，地面当作无穷大导体平面. 在图 2.52(1)中，令 $R_1=R$，$d=h+R_2$，则

$$\frac{d^2-R_1^2-R_2^2}{2R_1R_2}=\frac{h^2-R^2}{2RR_2}+\frac{h}{R} \qquad (2.52.34)$$

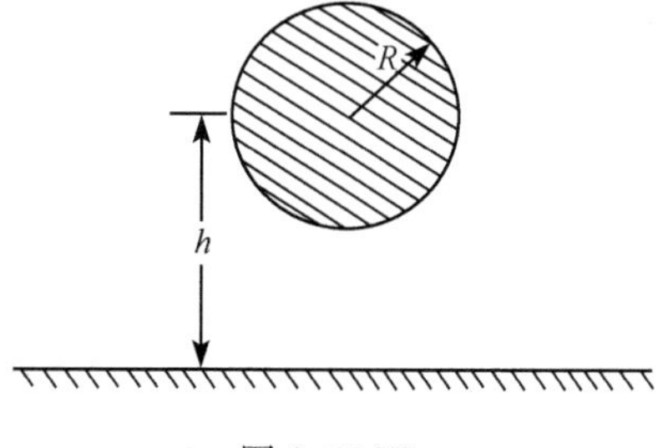

图 2.52(2)

当 $R_2\to\infty$ 时，图 2.52(1)便变成图 2.52(2). 这时由(3.52.34)式得

$$\lim_{R_2\to\infty}\frac{d^2-R_1^2-R_2^2}{2R_1R_2}=\frac{h}{R} \tag{2.52.35}$$

把(2.52.35)式代入(2.52.32)式,便得单位长度的电容为

$$c=\frac{2\pi\varepsilon_0}{\operatorname{arcosh}\left(\frac{h}{R}\right)} \tag{2.52.36}$$

例如,直径为1.0mm的长直导线平行于地面,离地面的高度为10m时,它与大地间单位长度的电容为

$$c=\frac{2\pi\varepsilon_0}{\operatorname{arcosh}\left(\frac{h}{R}\right)}=\frac{2\pi\varepsilon_0}{\ln\left[\frac{h}{R}+\sqrt{\left(\frac{h}{R}\right)^2-1}\right]}$$

$$=\frac{2\pi\times 8.854\times10^{-12}}{\ln\left[\frac{10\times10^3}{0.5}+\sqrt{\left(\frac{10\times10^3}{0.5}\right)^2-1}\right]}=5.2(\mathrm{pF/m}) \tag{2.52.37}$$

(3)当 $d\gg R_1, R_2$ 时

$$d^2-R_1^2-R_2^2\approx d^2 \tag{2.52.38}$$

令

$$R=\sqrt{R_1R_2} \tag{2.52.39}$$

则由(2.52.30)式得

$$c=\frac{2\pi\varepsilon_0}{\ln\left(\frac{d^2}{R^2}\right)}=\frac{\pi\varepsilon_0}{\ln\left(\frac{d}{R}\right)} \tag{2.52.40}$$

2.53 一无穷长直细导线与一无限大导体平面平行,导线到导体平面的距离为 a. 已知导体的电势为零,导线均匀带电,单位长度的电荷量为 λ. 试求:(1)导体表面上电荷量的面密度;(2)在沿导线方向上,导体表面上单位长度的电荷量;(3)导线单位长度所受的库仑力.

【解】 (1) 以导体平面为 y-z 平面,取笛卡儿坐标系,使 x 轴指向导体内部,导线在 z-x 平面内,如图2.53所示. 根据电像法可知,如果导体不存在,而在 $x=$

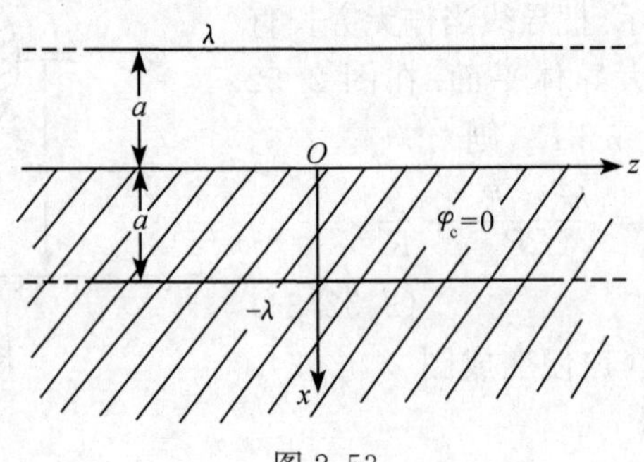

图 2.53

a 处有一条 $-\lambda$ 的线电荷(像电荷),便可满足导体表面电势 $\varphi_c=0$ 的边界条件. 因此,导体外的电场便等于 λ 和 $-\lambda$ 所产生的电场之和.

无穷长的均匀直线电荷 λ 在距离该线为 r 处所产生的电场强度由高斯定理得出为

$$\boldsymbol{E}=\frac{\lambda \boldsymbol{r}}{2\pi\varepsilon_0 r^2} \tag{2.53.1}$$

式中 $\boldsymbol{r}$ 是从该线到场点的位矢,$\boldsymbol{r}$ 与该线垂直. $\boldsymbol{r}_2$ 和 $\boldsymbol{r}_1$ 两处的电势差为

$$\varphi_2-\varphi_1=\int_2^1 \boldsymbol{E}\cdot \mathrm{d}\boldsymbol{l}=\frac{\lambda}{2\pi\varepsilon_0}\int_2^1\frac{\mathrm{d}r}{r}=\frac{\lambda}{2\pi\varepsilon_0}\ln\frac{r_1}{r_2} \tag{2.53.2}$$

因题给图 2.53 中 $x=0$ 处电势为零,即 $r=a$ 处电势为零,故令 $r_2=r'=\sqrt{(x+a)^2+y^2}$,便得 r' 处的电势为

$$\varphi'=\frac{\lambda}{2\pi\varepsilon_0}\ln\frac{a}{r'} \tag{2.53.3}$$

同样可得,$-\lambda$ 线电荷在 $r''=\sqrt{(x-a)^2+y^2}$ 处产生的电势为

$$\varphi''=-\frac{\lambda}{2\pi\varepsilon_0}\ln\frac{a}{r''}=\frac{\lambda}{2\pi\varepsilon_0}\ln\frac{r''}{a} \tag{2.53.4}$$

于是得 λ 和 $-\lambda$ 在 x、y 点产生的电势便为

$$\varphi=\varphi'+\varphi''=\frac{\lambda}{2\pi\varepsilon_0}\ln\frac{r''}{r'} \tag{2.53.5}$$

导体表面上电荷量的面密度为

$$\begin{aligned}\sigma&=\boldsymbol{n}\cdot\boldsymbol{D}=-\boldsymbol{e}_x\cdot\varepsilon_0\left(-\frac{\partial\varphi}{\partial x}\right)_0=\varepsilon_0\left(\frac{\partial\varphi}{\partial x}\right)_0=\frac{\lambda}{2\pi}\frac{\partial}{\partial x}\ln\frac{r''}{r'}\bigg|_{x=0}\\&=\frac{\lambda}{2\pi r'r''}\left(r'\frac{\partial r''}{\partial x}-r''\frac{\partial r'}{\partial x}\right)\bigg|_{x=0}\\&=\frac{\lambda}{2\pi r'^2r''^2}\left[r'^2(x+a)-r''^2(x-a)\right]_{x=0}\\&=\frac{\lambda a}{\pi r'^2r''^2}(x^2-y^2-a^2)_{x=0}\\&=-\frac{\lambda a}{\pi(y^2+a^2)}\end{aligned} \tag{2.53.6}$$

(2) 沿导线方向,导体表面上单位长度的电荷量为

$$\lambda_c=\int_{-\infty}^{\infty}\sigma\mathrm{d}y=-\frac{\lambda a}{\pi}\int_{-\infty}^{\infty}\frac{\mathrm{d}y}{y^2+a^2}=-\lambda \tag{2.53.7}$$

(3) 像电荷 $-\lambda$ 在导线处产生的电场强度为

$$\boldsymbol{E}'=-\frac{\lambda}{2\pi\varepsilon_0}\frac{\boldsymbol{r}''}{r''^2}\bigg|_{\substack{x=-a\\y=0}}=\frac{\lambda}{4\pi\varepsilon_0 a}\boldsymbol{e}_x \tag{2.53.8}$$

故导线单位长度所受的库仑力为

$$\boldsymbol{F}=\lambda\boldsymbol{E}''=\frac{\lambda^2}{4\pi\varepsilon_0 a}\boldsymbol{e}_x \tag{2.53.9}$$

式中 $\boldsymbol{e}_x$ 是沿 x 轴方向的单位矢量.

2.54 一无穷长直线均匀带电,单位长度的电荷量为 λ,这直线与一半径为 R 的无穷长直导体圆柱的轴线平行,相距为 $a(>R)$;导体圆柱保持固定的电势,使得离导体圆柱无穷远处的电势为零.试求:(1)圆柱外的电势 φ;(2)离圆柱很远处 φ 的渐近式;(3)圆柱表面上电荷量的面密度 σ;(4)导线单位长度所受的力.

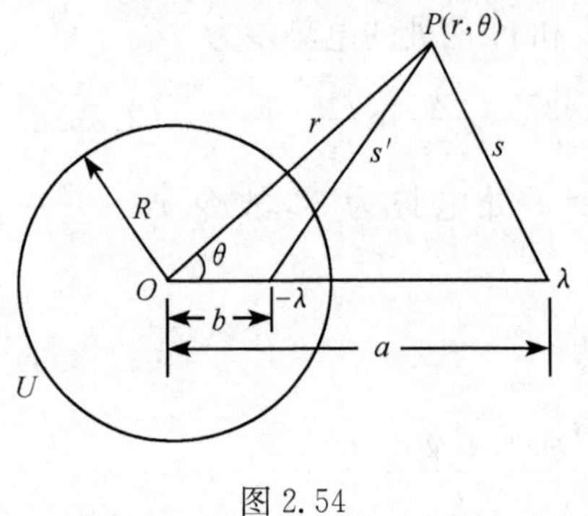

图 2.54

【解】 (1) 用电像法求解.设在带电线与圆柱轴线构成的平面内,有一与轴线平行的像电荷,单位长度的电荷量为 $-\lambda'$,到轴线的距离为 b,它们的横截面如图 2.54 所示.假定像电荷为 $-\lambda'$,是为了使 $-\lambda'\lambda<0$,即像电荷必须与 λ 异号,才能满足圆柱面为等势面的边界条件.

以轴线上一点 O 为原点,取平面极坐标系.空间任一点 $P(r,\theta)$ 到 λ 和 $-\lambda'$ 的距离分别为 s 和 s',则 P 点的电势为

$$\begin{aligned}\varphi(r,\theta)&=\frac{1}{2\pi\varepsilon_0}\ln\left(\frac{s'^{\lambda'}}{s^{\lambda}}\right)=\frac{1}{2\pi\varepsilon_0}\ln\left[\frac{(r^2+b^2-2br\cos\theta)^{\lambda'/2}}{(r^2+a^2-2ar\cos\theta)^{\lambda/2}}\right]\\&=\frac{1}{4\pi\varepsilon_0}\ln\left[\frac{(r^2+b^2-2br\cos\theta)^{\lambda'}}{(r^2+a^2-2ar\cos\theta)^{\lambda}}\right]\end{aligned} \tag{2.54.1}$$

当 $r=R$ 时,$\varphi(R,\theta)=U$ 便是导体圆柱的电势,它是常量.由(2.54.1)式得

$$\frac{(R^2+b^2-2bR\cos\theta)^{\lambda'}}{(R^2+a^2-2aR\cos\theta)^{\lambda}}=\mathrm{e}^{4\pi\varepsilon_0 U} \tag{2.54.2}$$

因 U 与 θ 无关,故由(2.54.2)式得出

$$\lambda'=\lambda \tag{2.54.3}$$

$$b=a\mathrm{e}^{\frac{4\pi\varepsilon_0 U}{\lambda}}=\frac{R^2}{a} \tag{2.54.4}$$

将(2.54.3)、(2.54.4)两式代入(2.54.1)式,便得所求的电势为

$$\varphi(r,\theta)=\frac{\lambda}{4\pi\varepsilon_0}\ln\left(\frac{r^2+R^4/a^2-2R^2r\cos\theta/a}{r^2+a^2-2ar\cos\theta}\right) \tag{2.54.5}$$

(2) 离圆柱很远处,$r/a\to\infty$,根据展开公式

$$\ln(1+x)=x-\frac{1}{2}x^2+\frac{1}{3}x^3-\frac{1}{4}x^4+\cdots\qquad(x^2<1) \tag{2.54.6}$$

由(2.54.5)式得

$$\varphi(r,\theta)=\frac{\lambda}{4\pi\varepsilon_0}\ln\left(1+\frac{R^4/a^2-2R^2r\cos\theta/a-a^2+2ar\cos\theta}{r^2+a^2-2ar\cos\theta}\right)$$

$$\approx \frac{\lambda}{4\pi\varepsilon_0}\ln\left[1+\frac{2(a^2-R^2)\cos\theta}{ar}\right]$$

$$\approx \frac{\lambda}{4\pi\varepsilon_0}\frac{2(a^2-R^2)\cos\theta}{ar}=\frac{\lambda}{2\pi\varepsilon_0}\frac{a^2-R^2}{a}\frac{\cos\theta}{r} \tag{2.54.7}$$

(3) 设 $\boldsymbol{n}$ 为圆柱表面外法线方向上的单位矢量，则圆柱表面上电荷量的面密度为

$$\sigma=\boldsymbol{n}\cdot\boldsymbol{D}=\boldsymbol{e}_r\cdot\boldsymbol{D}=-\varepsilon_0\left.\frac{\partial\varphi}{\partial r}\right|_{r=R}$$

$$=-\frac{\lambda}{4\pi}\frac{r^2+a^2-2ar\cos\theta}{r^2+R^4/a^2-2R^2r\cos\theta/a}\frac{1}{(r^2+a^2-2ar\cos\theta)^2}$$

$$\times[(r^2+a^2-2ar\cos\theta)(2r-2R^2\cos\theta/a)$$

$$\left.-(r^2+R^4/a^2-2R^2r\cos\theta/a)(2r-2a\cos\theta)]\right|_{r=R}$$

$$=-\frac{\lambda}{2\pi}\frac{a^2-R^2}{R(a^2+R^2-2aR\cos\theta)} \tag{2.54.8}$$

(4) 导线单位长度所受的力等于像电荷对它的单位长度电荷的作用力，即

$$\boldsymbol{f}=\lambda\boldsymbol{E}'=\lambda\left[\frac{-\lambda}{2\pi\varepsilon_0(a-b)}\boldsymbol{e}_r\right]=-\frac{a\lambda^2}{2\pi\varepsilon_0(a^2-R^2)}\boldsymbol{e}_r \tag{2.54.9}$$

2.55　真空中有一半径为 R 的导体球，球外有一电荷量为 q 的点电荷，q 到球心的距离为 $a(a>R)$，如图 2.55(1)所示. 已知球的电势为零，试求：(1)球外的电势分布；(2)球面上电荷量的面密度；(3) q 受球上电荷的作用力.

【解】　本题是电像法的典型题之一，除求解外，我们还在后面作一些讨论.

(1) 设导体球不存在，而在原来球内有一电荷量为 q' 的点电荷(像电荷)，q' 在 q 与原球心 O 的连线上离 O 为 a' 处，如图 2.55(1)所示. 利用边界条件求出 q' 和 a'，问题就解决了. 边界条件是球面上电势为零. 由图 2.55(1)得 q 和 q' 在球面上产生的电势为

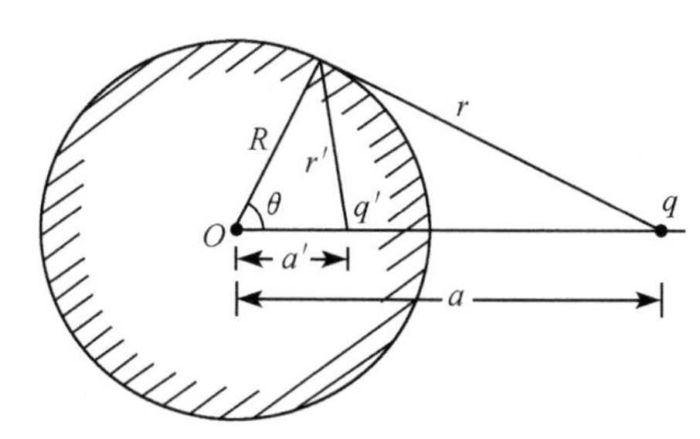

图 2.55(1)

$$\varphi_S=\frac{1}{4\pi\varepsilon_0}\frac{q}{r}+\frac{1}{4\pi\varepsilon_0}\frac{q'}{r'} \tag{2.55.1}$$

令 $\varphi_S=0$ 便得

$$r'q=-rq' \tag{2.55.2}$$

即

$$\sqrt{R^2+a'^2-2Ra'\cos\theta}\,q=-\sqrt{R^2+a^2-2Ra\cos\theta}\,q' \tag{2.55.3}$$

所以

$$(R^2+a'^2-2Ra'\cos\theta)q^2=(R^2+a^2-2Ra\cos\theta)q'^2 \tag{2.55.4}$$

要上式对任何 θ 都成立，它两边 $\cos\theta$ 的系数必须相等，即

$$a'q^2=aq'^2 \tag{2.55.5}$$

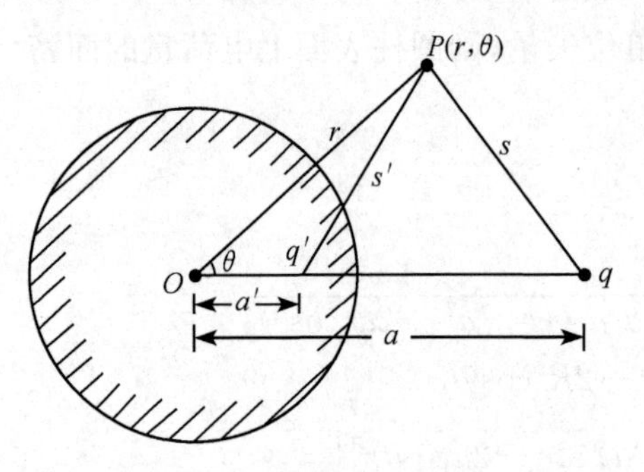

图 2.55(2)

把(2.55.5)式代入(2.55.4)式便得

$$a'=\frac{R^2}{a} \tag{2.55.6}$$

由(2.55.5)和(2.55.6)两式得

$$q'=-\frac{R}{a}q \tag{2.55.7}$$

本来 $q'=\sqrt{\frac{R^2}{a^2}q^2}=\pm\frac{R}{a}q$，这里只能取负号，否则球面电势不能为零.

于是得球外任意一点 $P(r,\theta)$ 的电势便为[参见图 2.55(2)]

$$\begin{aligned}\varphi(r,\theta)&=\frac{1}{4\pi\varepsilon_0}\frac{q}{s}+\frac{1}{4\pi\varepsilon_0}\frac{q'}{s'}\\&=\frac{1}{4\pi\varepsilon_0}\left[\frac{q}{\sqrt{r^2+a^2-2ar\cos\theta}}+\frac{q'}{\sqrt{r^2+a'^2-2a'r\cos\theta}}\right]\end{aligned} \tag{2.55.8}$$

把上面求出的 a' 和 q' 值代入，便得所求的电势为

$$\varphi(r,\theta)=\frac{q}{4\pi\varepsilon_0}\left[\frac{1}{\sqrt{r^2+a^2-2ar\cos\theta}}-\frac{1}{\sqrt{R^2+\left(\frac{ar}{R}\right)^2-2ar\cos\theta}}\right],\qquad r\geqslant R \tag{2.55.9}$$

(2) 球面上电荷量的面密度为

$$\begin{aligned}\sigma(\theta)&=\boldsymbol{n}\cdot\boldsymbol{D}=\varepsilon_0E_n=-\varepsilon_0\left(\frac{\partial\varphi}{\partial r}\right)_{r=R}\\&=-\frac{q}{4\pi}\frac{a^2-R^2}{R(R^2+a^2-2aR\cos\theta)^{3/2}}\end{aligned} \tag{2.55.10}$$

由此式得

$$\sigma(\pi)=-\frac{q}{4\pi}\frac{a-R}{R(a+R)^2}<0 \tag{2.55.11}$$

这表明，球面上离 q 最远处也是负电荷. 球面上的总电荷量为

$$\begin{aligned}q_t&=\int_0^{\pi}\sigma(\theta)\cdot2\pi R\sin\theta\cdot R\mathrm{d}\theta\\&=-\frac{q}{2}R(a^2-R^2)\int_0^{\pi}\frac{\sin\theta\mathrm{d}\theta}{(R^2+a^2-2aR\cos\theta)^{3/2}}\end{aligned}$$

$$=-\frac{R}{a}q = q' \tag{2.55.12}$$

即球面上的总电荷量等于像电荷的电荷量.

(3) q 受球上电荷的作用力等于像电荷 q' 作用在 q 上的力,即

$$\boldsymbol{F} = \frac{1}{4\pi\varepsilon_0}\frac{qq'}{(a-a')^2}\boldsymbol{n} = -\frac{aRq^2}{4\pi\varepsilon_0(a^2-R^2)^2}\boldsymbol{n} \tag{2.55.13}$$

式中 $\boldsymbol{n}$ 为球面通过 q 的法线方向上的单位矢量. 负号表示 q 被球上电荷吸引.

【讨论】 (1)若题不是给球的电势为零,而是给球上的电荷量为 Q.

由前面的分析可知,在距离球心为 $a(a>R)$ 处放一电荷量为 q 的点电荷,如果球上带有电荷量为 $q'=-\frac{R}{a}q$ 的电荷,则球的电势便为零. 这时,如果再把电荷量 $Q+\frac{R}{a}q$ 放到球上,则球上的电荷量便为 Q 了. 根据叠加原理,这加上去的电荷量 $Q+\frac{R}{a}q$ 应均匀分布在球面上. 因此,对于球外任一点 $P(r,\theta)$,这电荷所产生的电势便等于它集中在球心所产生的电势.

由此可见,若题不是给球的电势为零,而是给球上的电荷量为 Q 时,则所求的电势便为

$$\begin{aligned}\varphi(r,\theta) &= \frac{1}{4\pi\varepsilon_0}\left(\frac{q}{s}+\frac{q'}{s'}+\frac{Q+Rq/a}{r}\right)\\ &= \frac{q}{4\pi\varepsilon_0}\left[\frac{1}{\sqrt{r^2+a^2-2ar\cos\theta}}-\frac{1}{\sqrt{R^2+\left(\frac{ar}{R}\right)^2-2ar\cos\theta}}\right]+\frac{Q+Rq/a}{4\pi\varepsilon_0 r}\end{aligned} \tag{2.55.14}$$

这时 q 所受的力为

$$\begin{aligned}\boldsymbol{F} &= \frac{1}{4\pi\varepsilon_0}\frac{qq'}{(a-a')^2}\boldsymbol{n}+\frac{1}{4\pi\varepsilon_0}\frac{q(Q+Rq/a)}{a^2}\boldsymbol{n}\\ &= \frac{q}{4\pi\varepsilon_0 a^2}\left[Q-\frac{R^3(2a^2-R^2)}{a(a^2-R^2)^2}q\right]\boldsymbol{n}\end{aligned} \tag{2.55.15}$$

当 $Q<\frac{R^3(2a^2-R^2)}{a(a^2-R^2)^2}q$ 时,为吸引力. 可见只要 Q 足够小,或 $a-R$ 足够小(即 q 很靠近球),q 受到的便是吸引力.

(2) 若题不是给球的电势为零,而是给球的电势为 φ_S.

由前面的分析可知,当球上的电荷量为 $Q+\frac{R}{a}q$ 时,由(2.55.14)式和(2.55.1)式得出:球的电势为

$$\varphi_S = \frac{Q + Rq/a}{4\pi\varepsilon_0 R} \tag{2.55.16}$$

这是 q 存在时，球上的电荷量与球的电势之间的关系式. 由这个关系得出：在已知 φ_S 时，只需将(2.55.14)式中的 $Q + Rq/a$ 换成 $4\pi\varepsilon_0 R\varphi_S$，便可得出所求的电势来. 结果为

$$\varphi(r,\theta) = \frac{q}{4\pi\varepsilon_0}\left[\frac{1}{\sqrt{r^2 + a^2 - 2ar\cos\theta}} - \frac{1}{\sqrt{R^2 + \left(\frac{ar}{R}\right)^2 - 2ar\cos\theta}}\right] + \frac{R\varphi_S}{r} \tag{2.55.17}$$

这时 q 所受的力只需将(2.55.15)式中的 $Q + \frac{Rq}{a}$ 换成 $4\pi\varepsilon_0 R\varphi_S$ 即得.

2.56 导体内有一半径为 R 的球形空腔，腔内充满电容率为 ε 的均匀电介质. 现将电荷量为 q 的点电荷放在腔内离球心为 $a\,(a < R)$ 处，如图 2.56(1) 所示. 已知导体的电势为零. 试求：(1) 腔内任一点 $P(r,\theta)$ 的电势 φ；(2) 腔壁上感应电荷量的面密度；(3) 介质极化电荷量的密度和面密度.

【解】 用电像法求解.

(1) 设导体不存在，整个空间都充满了电容率为 ε 的均匀介质；在从球心 O 到 q 的延长线上离 O 为 b 处，有一电荷量为 q' 的点电荷(像电荷)，使腔壁的电势为零，如图 2.56(2) 所示，即

$$\varphi_c = \frac{1}{4\pi\varepsilon}\left(\frac{q}{s} + \frac{q'}{s'}\right) = 0 \tag{2.56.1}$$

$$s'q = -sq', \qquad s'^2q^2 = s^2q'^2$$

$$(b^2 + R^2 - 2bR\cos\theta)q^2 = (a^2 + R^2 - 2aR\cos\theta)q'^2 \tag{2.56.2}$$

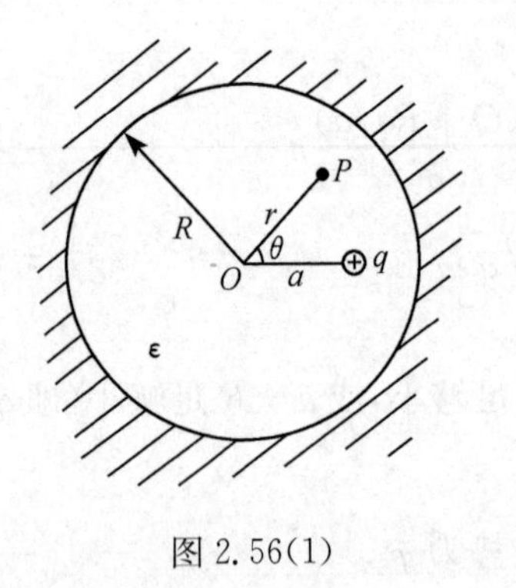

图 2.56(1)

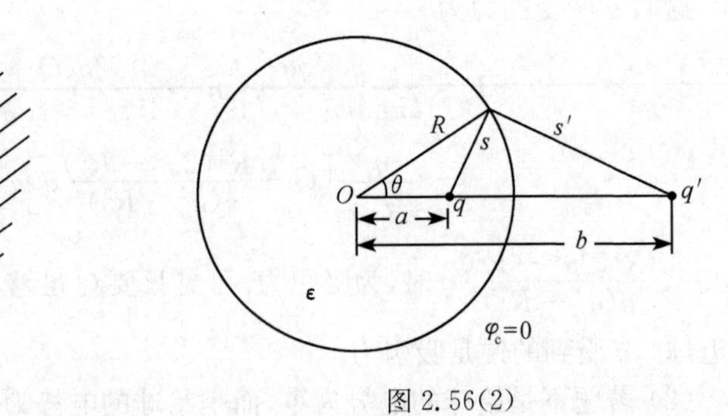

图 2.56(2)

要使上式对任何 θ 都成立，上式两边 $\cos\theta$ 的系数必须相等，于是得

$$bq^2 = aq'^2 \tag{2.56.3}$$

把(2.56.3)式代入(2.56.2)式得

$$b = \frac{R^2}{a} \tag{2.56.4}$$

$$q' = -\frac{R}{a}q \tag{2.56.5}$$

由此得介质内任一点 $P(r,\theta)$ 的电势为

$$\begin{aligned}\varphi &= \frac{1}{4\pi\varepsilon}\left[\frac{q}{\sqrt{r^2+a^2-2ar\cos\theta}} + \frac{q'}{\sqrt{r^2+b^2-2br\cos\theta}}\right] \\ &= \frac{q}{4\pi\varepsilon}\left[\frac{1}{\sqrt{r^2+a^2-2ar\cos\theta}} - \frac{1}{\sqrt{R^2+\left(\frac{ar}{R}\right)^2-2ar\cos\theta}}\right]\end{aligned} \tag{2.56.6}$$

(2) 腔壁上感应电荷量的面密度为

$$\begin{aligned}\sigma &= \boldsymbol{n}\cdot\boldsymbol{D} = -\boldsymbol{e}_r\cdot(\varepsilon\boldsymbol{E}) = \varepsilon\boldsymbol{e}_r\cdot\nabla\varphi = \varepsilon\left(\frac{\partial\varphi}{\partial r}\right)_R \\ &= -\frac{(R^2-a^2)q}{4\pi R(R^2+a^2-2aR\cos\theta)^{3/2}}\end{aligned} \tag{2.56.7}$$

(3) 介质内极化电荷量的密度为

$$\begin{aligned}\rho_P &= -\nabla\cdot\boldsymbol{P} = -\nabla\cdot(\varepsilon-\varepsilon_0)\boldsymbol{E} = (\varepsilon-\varepsilon_0)\nabla^2\varphi \\ &= (\varepsilon-\varepsilon_0)\left(-\frac{\rho}{\varepsilon}\right) = -\left(1-\frac{\varepsilon_0}{\varepsilon}\right)\rho\end{aligned} \tag{2.56.8}$$

式中 ρ 是自由电荷量密度. 当 $r=a,\theta=0$ 时,有自由点电荷 q,故这点有极化点电荷,其电荷量为

$$q_P = -\left(1-\frac{\varepsilon_0}{\varepsilon}\right)q \tag{2.56.9}$$

在腔内其他点,无自由电荷(即 $\rho=0$),故

$$\rho_P = 0 \tag{2.56.10}$$

介质表面极化电荷量的面密度为

$$\begin{aligned}\sigma_P &= \boldsymbol{n}\cdot\boldsymbol{P} = \boldsymbol{e}_r\cdot(\varepsilon-\varepsilon_0)\boldsymbol{E} = -(\varepsilon-\varepsilon_0)\left(\frac{\partial\varphi}{\partial r}\right)_R \\ &= \frac{(\varepsilon-\varepsilon_0)(R^2-a^2)q}{4\pi\varepsilon R(R^2+a^2-2aR\cos\theta)^{3/2}}\end{aligned} \tag{2.56.11}$$

【讨论】 腔壁上感应电荷的总量为

$$\begin{aligned}q_i &= \int_0^\pi \sigma\cdot 2\pi R^2\sin\theta d\theta \\ &= -\frac{R(R^2-a^2)}{2}\int_0^\pi \frac{\sin\theta d\theta}{(R^2+a^2-2aR\sin\theta)^{3/2}} = -q\end{aligned} \tag{2.56.12}$$

这个结果由高斯定理也很容易得出.

介质表面极化电荷的总量为

$$q'_{\mathrm{P}} = \int_0^{\pi} \sigma_{\mathrm{P}} \cdot 2\pi R^2 \sin\theta \mathrm{d}\theta = \left(1 - \frac{\varepsilon_0}{\varepsilon}\right) q \tag{2.56.13}$$

这个结果也可以由(2.56.9)式和电荷守恒定律

$$q_{\mathrm{P}} + q'_{\mathrm{P}} = 0 \tag{2.56.14}$$

得出.

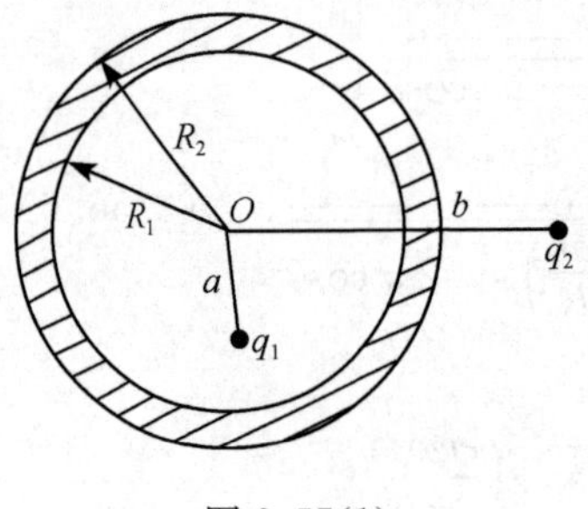

图 2.57(1)

2.57　一金属球壳的内外半径分别为 R_1 和 R_2，在壳内离球心 O 为 a 处有一点电荷，其电荷量为 q_1；在球壳外离球心为 b 处有另一点电荷，其电荷量为 q_2，如图 2.57(1)所示. 已知球壳上总电荷量为零. 试求 q_1、q_2 和球壳三者各自所受的库仑力.

【解】 由于球壳是封闭导体，故壳外所有电荷(包括壳的外表面上的电荷)在壳内产生的电场强度之和为零，壳内所有电荷(包括壳的内表面上的电荷)在壳外产生的电场强度之和为零(静电屏蔽). 因此，壳内 q_1 所受的库仑力 $\boldsymbol{F}_1$ 便等于壳内壁上所有电荷对它的作用力之和，壳外 q_2 所受的库仑力 $\boldsymbol{F}_2$ 便等于壳外表面上所有电荷对它的作用力之和，而壳所受的库仑力 $\boldsymbol{F}$ 便等于 q_1 和 q_2 对它的作用力之和.

根据电像法，q_1 的电像(参见 2.56 题)为

$$q'_1 = -\frac{R_1}{a} q_1 \tag{2.57.1}$$

它到球心 O 的距离[如图 2.57(2)所示]为

$$a' = \frac{R_1^2}{a} \tag{2.57.2}$$

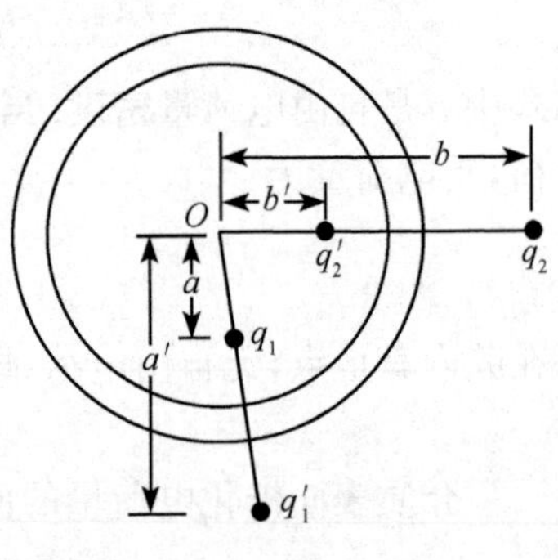

图 2.57(2)

q_2 的电像 q'_2 及其到球心的距离分别为

$$q'_2 = -\frac{R^2}{b} q_2 \tag{2.57.3}$$

$$b' = \frac{R_2^2}{b} \tag{2.57.4}$$

q_1 所受的库仑力 $\boldsymbol{F}_1$ 便等于它的像电荷 q'_1 对它的作用力，即

$$\boldsymbol{F}_1 = \frac{q_1 q'_1}{4\pi\varepsilon_0 (a' - a)^2}(-\boldsymbol{n}_1) = \frac{q_1\left(-\dfrac{R_1 q_1}{a}\right)}{4\pi\varepsilon_0\left(\dfrac{R_1^2}{a} - a\right)^2}(-\boldsymbol{n}_1)$$

$$= \frac{a R_1 q_1^2}{4\pi\varepsilon_0 (R_1^2 - a^2)^2}\boldsymbol{n}_1 \tag{2.57.5}$$

式中 $\boldsymbol{n}_1$ 为从球心到 q_1 方向上的单位矢量.

q_2 所受的库仑力等于壳的外表面上所有电荷对它的作用力之和.壳的外表面上有以下几种电荷:因壳的内表面上出现 $-q_1$ 而在壳的外表面上出现的电荷 q_1;因 q_2 而产生的感应电荷(像电荷)$-\frac{R^2}{b}q_2$;因壳内外的总电荷量为零,故外表面上除 q_1 和 $-\frac{R^2}{b}q_2$ 外,还有$\frac{R^2}{b}q_2$.其中 $-\frac{R^2}{b}q_2$ 是根据静电感应规律分布在外表面上,而 q_1 和$\frac{R^2}{b}q_2$ 则均匀地分布在外表面上.因此,q_2 所受的库仑力便为

$$\begin{aligned}\boldsymbol{F}_2&=\frac{q_2}{4\pi\varepsilon_0}\frac{q_2'}{(b-b')^2}\boldsymbol{n}_2+\frac{q_2}{4\pi\varepsilon_0}\frac{q_1+\frac{R_2}{b}q_2}{b^2}\boldsymbol{n}_2\\&=\frac{q_2}{4\pi\varepsilon_0}\frac{-R_2q_2/b}{(b-R_2^2/b)^2}\boldsymbol{n}_2+\frac{q_2(bq_1+R_2q_2)}{4\pi\varepsilon_0 b^3}\boldsymbol{n}_2\\&=\frac{q_2}{4\pi\varepsilon_0}\left[\frac{bq_1+R_2q_2}{b^3}-\frac{bR_2q_2}{(b^2-R_2^2)^2}\right]\boldsymbol{n}_2\end{aligned}\tag{2.57.6}$$

式中 $\boldsymbol{n}_2$ 为从球心到 q_2 方向上的单位矢量.

因静电的库仑力遵守牛顿第三定律,故球壳所受的库仑力便为

$$\begin{aligned}\boldsymbol{F}&=-\boldsymbol{F}_1-\boldsymbol{F}_2\\&=-\frac{aR_1q_1^2}{4\pi\varepsilon_0(R_1^2-a^2)^2}\boldsymbol{n}_1-\frac{q_2}{4\pi\varepsilon_0}\left[\frac{bq_1+R_2q_2}{b^3}-\frac{bR_2q_2}{(b^2-R_2^2)^2}\right]\boldsymbol{n}_2\\&=-\frac{aR_1q_1^2}{4\pi\varepsilon_0(R_1^2-a^2)^2}\boldsymbol{n}_1+\frac{q_2}{4\pi\varepsilon_0}\left[\frac{bR_2q_2}{(b^2-R_2^2)^2}-\frac{bq_1+R_2q_2}{b^3}\right]\boldsymbol{n}_2\end{aligned}\tag{2.57.7}$$

2.58　一球形放电器由两个相同的金属球构成,球的半径都是 2.0cm,两球中心相距为 10.0cm.已知空气的介电强度为 30kV/cm,问这放电器放在空气中时,两球间的电压达到什么值时空气便会击穿?试估算到一级近似.

【解】　先考虑零级近似,即把两个球当做都在球心的两个点电荷,电荷量分别为 q 和 $-q$,求它们所产生的电场强度和电势差.设两球的电荷量分别为 q 和 $-q$,电势分别为 φ_+ 和 φ_-,则

$$\varphi_-=-\varphi_+\tag{2.58.1}$$

两球的电势差为

$$U=\varphi_+-\varphi_-=2\varphi_+\tag{2.58.2}$$

因两球内侧的电场强度最大,设其值为 E_m,则在两球内侧,q 和 $-q$(都在球心)所产生的 E_m 和电势分别为(参见图 2.58)

$$E_m=\frac{q}{4\pi\varepsilon_0a^2}-\frac{-q}{4\pi\varepsilon_0(l-a)^2}=\frac{q}{4\pi\varepsilon_0}\left[\frac{1}{a^2}+\frac{1}{(l-a)^2}\right]$$

$$= \frac{q}{4\pi\varepsilon_0}\left[\frac{1}{2.0^2}+\frac{1}{(10.0-2.0)^2}\right]=\frac{17}{64}\frac{q}{4\pi\varepsilon_0} \tag{2.58.3}$$

$$\varphi_+ = \frac{q}{4\pi\varepsilon_0 a}+\frac{-q}{4\pi\varepsilon_0(l-a)}=\frac{q}{4\pi\varepsilon_0}\left(\frac{1}{a}+\frac{1}{l-a}\right)$$

$$= \frac{q}{4\pi\varepsilon_0}\left(\frac{1}{2.0}-\frac{1}{8.0}\right)=\frac{3}{8}\frac{q}{4\pi\varepsilon_0} \tag{2.58.4}$$

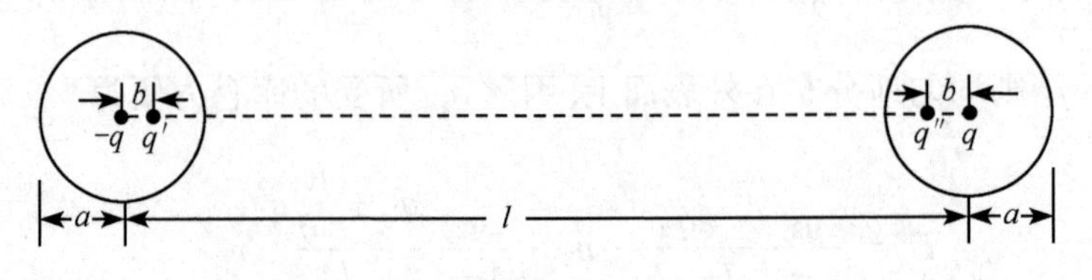

图 2.58

用以上两式消去 $\frac{q}{4\pi\varepsilon_0}$,并取 $E_m = 30\text{kV/cm}$(题给的值),便得

$$\varphi_+ = \frac{64}{17}\times\frac{3}{8}E_m = \frac{24}{17}\times 30 = 42.4(\text{kV}) \tag{2.58.5}$$

于是由(2.58.2)式得零级近似为

$$U_0 = 2\varphi_+ = 85\text{kV} \tag{2.58.6}$$

再考虑一级近似,即考虑 q 和 $-q$ 所产生的第一级电像.由电像法得出,这两个电像的电荷量和位置(到最近球心的距离 b,参见图 2.58)分别为(参见 2.55 题)

$$q' = -\frac{a}{l}q, \quad q'' = -\frac{a}{l}(-q) = \frac{a}{l}q \tag{2.58.7}$$

$$b = \frac{a^2}{l} = \frac{4.0}{10.0} = 0.40(\text{cm}) \tag{2.58.8}$$

在两球内侧处,四个点电荷(q、$-q$、q' 和 q'')所产生的电场强度的值 E_m 和电势分别为

$$E_m = \frac{q}{4\pi\varepsilon_0 a^2}+\frac{q''}{4\pi\varepsilon_0(a-b)^2}-\frac{-q}{4\pi\varepsilon_0(l-a)^2}-\frac{q'}{4\pi\varepsilon_0(l-a-b)^2}$$

$$= \frac{q}{4\pi\varepsilon_0}\left[\frac{1}{a^2}+\frac{a}{l(a-b)^2}+\frac{1}{(l-a)^2}+\frac{a}{l(l-a-b)^2}\right]$$

$$= \frac{q}{4\pi\varepsilon_0}\left[\frac{1}{2.0^2}+\frac{2.0}{10(2.0-0.4)^2}+\frac{1}{(10-2.0)^2}+\frac{2.0}{10(10-2.0-0.4)^2}\right]$$

$$= 0.347\left(\frac{q}{4\pi\varepsilon_0}\right) \tag{2.58.9}$$

$$\varphi_+ = \frac{q}{4\pi\varepsilon_0}\left[\frac{1}{a}+\frac{a}{l(a-b)}-\frac{1}{l-a}-\frac{a}{l(l-a-b)}\right]$$

$$= \frac{q}{4\pi\varepsilon_0}\left[\frac{1}{2.0} + \frac{2.0}{10(2-0.4)} - \frac{1}{10-2.0} - \frac{2.0}{10(10-2.0-0.4)}\right]$$

$$= 0.474\left(\frac{q}{4\pi\varepsilon_0}\right) \tag{2.58.10}$$

消去$\frac{q}{4\pi\varepsilon_0}$,便得一级近似为

$$U_1 = 2\varphi_+ = 2\times 0.474\left(\frac{E_m}{0.347}\right) = 2\times 0.474\times\frac{30}{0.347}$$

$$= 82(\text{kV}) \tag{2.58.11}$$

2.59 电容率分别为 ε_1 和 ε_2 的两无穷大均匀介质的交界面是一无穷大平面. 在介质 ε_1 中,离交界面为 a 处,有一电荷量为 q 的点电荷(自由电荷). 试求:(1) 两介质中的电势;(2) 交界面上极化电荷量的面密度和极化电荷量;(3)q 所受的库仑力.

【解】 用电像法求解.

(1)以两介质的交界面为 x-y 平面取笛卡儿坐标系,使 ε_1 在 $z>0$ 处,ε_2 在 $z<0$ 处,且 q 在 $z=a$ 处,如图 2.59 所示.

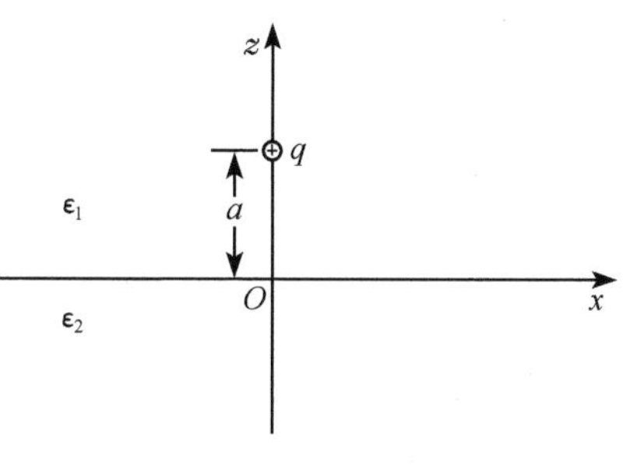

图 2.59

先考虑介质 ε_1 中的电势 φ_1. 设 $z<0$ 空间的介质 ε_2 全部换为介质 ε_1,并在 z 轴上 $z=-a$处有 q 的像电荷 q',则 $z\geqslant 0$ 空间里任一点 $P(x,y,z)$的电势便为

$$\varphi_1 = \frac{1}{4\pi\varepsilon_1}\frac{q}{\sqrt{x^2+y^2+(z-a)^2}} + \frac{1}{4\pi\varepsilon_1}\frac{q'}{\sqrt{x^2+y^2+(z+a)^2}} \tag{2.59.1}$$

再考虑介质 ε_2 中的电势 φ_2. 这时我们不能用上面的像电荷 q'来计算 ε_2 区域内的电势. 这是因为,按照电像法,像电荷必须在所考虑的区域之外. 所以,我们现在把在 ε_2 区域外的电荷 q 及其引起的极化电荷合起来,用 ε_2 区域外的一个像电荷 q''来统一考虑. 设 $z>0$ 空间的介质 ε_1 全部换为介质 ε_2,并在 z 轴上 $z=b$ 处有一电荷 q'',则 $z\leqslant 0$ 空间里任一点 $P(x,y,z)$的电势便为

$$\varphi_2 = \frac{1}{4\pi\varepsilon_2}\frac{q''}{\sqrt{x^2+y^2+(z-b)^2}} \tag{2.59.2}$$

下面由边界条件定 q'、q''和 b. 边界条件为

$$(\varphi_1)_{z=0} = (\varphi_2)_{z=0} \tag{2.59.3}$$

$$\varepsilon_1\left(\frac{\partial\varphi_1}{\partial z}\right)_{z=0} = \varepsilon_2\left(\frac{\partial\varphi_2}{\partial z}\right)_{z=0} \tag{2.59.4}$$

$$E_{1t}=E_{2t},\qquad 即\left(\frac{\partial\varphi_1}{\partial x}\right)_{z=0}=\left(\frac{\partial\varphi_2}{\partial x}\right)_{z=0}\tag{2.59.5}$$

将(2.59.1)和(2.59.2)两式的 φ_1 和 φ_2 代入(2.59.3)式并取 $x=y=0$,便得

$$\frac{q}{\varepsilon_1 a}+\frac{q'}{\varepsilon_1 a}=\frac{q''}{\varepsilon_2 b}\tag{2.59.6}$$

将 φ_1 和 φ_2 代入(2.59.4)式并取 $x=y=0$,便得

$$-\frac{q}{a^2}+\frac{q'}{a^2}=-\frac{q''}{b^2}\tag{2.59.7}$$

将 φ_1 和 φ_2 代入(2.59.5)式,消去分子中的 x 后,再取 $x=y=z=0$,便得

$$\frac{q}{\varepsilon_1 a^3}+\frac{q'}{\varepsilon_1 a^3}=\frac{q''}{\varepsilon_2 b^3}\tag{2.59.8}$$

由以上三式解得

$$a=b\tag{2.59.9}$$

$$q'=\frac{\varepsilon_1-\varepsilon_2}{\varepsilon_1+\varepsilon_2}q\tag{2.59.10}$$

$$q''=\frac{2\varepsilon_2}{\varepsilon_1+\varepsilon_2}q\tag{2.59.11}$$

将这些值分别代入(2.59.1)和(2.59.2)两式,便得所求的电势为

$$\varphi_1=\frac{q}{4\pi\varepsilon_1}\left[\frac{1}{\sqrt{x^2+y^2+(z-a)^2}}+\frac{\varepsilon_1-\varepsilon_2}{\varepsilon_1+\varepsilon_2}\frac{1}{\sqrt{x^2+y^2+(z+a)^2}}\right],\qquad z\geqslant 0\tag{2.59.12}$$

$$\varphi_2=\frac{q}{2\pi(\varepsilon_1+\varepsilon_2)}\frac{1}{\sqrt{x^2+y^2+(z-a)^2}},\qquad z\leqslant 0\tag{2.59.13}$$

(2) 交界面上极化电荷量的面密度为

$$\begin{aligned}\sigma_{\mathrm{p}}&=\sigma_{\mathrm{P}_1}+\sigma_{\mathrm{P}_2}=\boldsymbol{n}_1\cdot\boldsymbol{P}_1+\boldsymbol{n}_2\cdot\boldsymbol{P}_2\\&=-\boldsymbol{e}_z\cdot(\varepsilon_1-\varepsilon_0)\boldsymbol{E}_1+\boldsymbol{e}_z\cdot(\varepsilon_2-\varepsilon_0)\boldsymbol{E}_2\\&=(\varepsilon_1-\varepsilon_0)\boldsymbol{e}_z\cdot\nabla\varphi_1-(\varepsilon_2-\varepsilon_0)\boldsymbol{e}_z\cdot\nabla\varphi_2\\&=(\varepsilon_1-\varepsilon_0)\left(\frac{\partial\varphi_1}{\partial z}\right)_{z=0}-(\varepsilon_2-\varepsilon_0)\left(\frac{\partial\varphi_2}{\partial z}\right)_{z=0}\\&=\frac{(\varepsilon_1-\varepsilon_2)\varepsilon_0 qa}{2\pi\varepsilon_1(\varepsilon_1+\varepsilon_2)(x^2+y^2+a^2)^{3/2}}\end{aligned}\tag{2.59.14}$$

交界面上的极化电荷量为

$$\begin{aligned}q_{\mathrm{P}}&=\int_0^\infty\sigma_{\mathrm{P}}\cdot 2\pi r\mathrm{d}r=\frac{(\varepsilon_1-\varepsilon_2)\varepsilon_0 qa}{\varepsilon_1(\varepsilon_1+\varepsilon_2)}\int_0^\infty\frac{r\mathrm{d}r}{(r^2+a^2)^{3/2}}\\&=\frac{(\varepsilon_1-\varepsilon_2)\varepsilon_0}{(\varepsilon_1+\varepsilon_2)\varepsilon_1}q\end{aligned}\tag{2.59.15}$$

(3) q 所受的库仑力等于它的像电荷 q' 对它的作用力，即

$$\boldsymbol{F}=\frac{qq'}{4\pi\varepsilon_1(2a)^2}\boldsymbol{e}_z=\frac{(\varepsilon_1-\varepsilon_2)q^2}{16\pi\varepsilon_1(\varepsilon_1+\varepsilon_2)a^2}\boldsymbol{e}_z \tag{2.59.16}$$

【讨论】 上述结果表明，当 $\varepsilon_1>\varepsilon_2$ 时，q' 与 q 同号，q 受的是排斥力；当 $\varepsilon_1<\varepsilon_2$ 时，q' 与 q 异号，q 受的是吸引力.

2.60 考虑 $z\geqslant0$ 的半空间里的电势问题，附带的条件是在 $z=0$ 平面上和无穷远处满足第一类边界条件(Dirichlet 边界条件).(1) 写出合适的格林函数 $G(\boldsymbol{r},\boldsymbol{r}')$；(2) 如果对 $z=0$ 平面上的电势规定如下：在以原点为圆心、a 为半径的圆内，$\varphi=U$，而在圆外则 $\varphi=0$. 试求以柱坐标(r,ϕ,z)标明的点上电势 φ 的积分表达式；(3) 证明在 z 轴上的电势为 $\varphi=U\left(1-\frac{z}{\sqrt{a^2+z^2}}\right)$；(4) 证明在 $r^2+z^2\gg a^2$ 处，φ 可以展成$(r^2+z^2)^{-1}$的幂级数，前几项为

$$\varphi=\frac{Ua^2}{2}\frac{z}{(r^2+z^2)^{3/2}}\left[1-\frac{3a^2}{4(r^2+z^2)}+\frac{5a^2(3r^2+a^2)}{8(r^2+z^2)^2}-\cdots\right]$$

(5) 验证前面的(3)和(4)在它们共同有效的区域内，彼此是一致的.

【解】 (1) 在笛卡儿坐标系里，上半空间的格林函数为

$$G(\boldsymbol{r},\boldsymbol{r}')=\frac{1}{4\pi\varepsilon_0}\left[\frac{1}{\sqrt{(x-x')^2+(y-y')^2+(z-z')^2}}\right.$$
$$\left.-\frac{1}{\sqrt{(x-x')^2+(y-y')^2+(z+z')^2}}\right] \tag{2.60.1}$$

由笛卡儿坐标系到柱坐标系的变换式得

$$\begin{aligned}&(x-x')^2+(y-y')^2+(z\pm z')^2\\&=(r\cos\phi-r'\cos\phi')^2+(r\sin\phi-r'\sin\phi')^2+(z\pm z')^2\\&=r^2+r'^2-2rr'\cos(\phi-\phi')+(z\pm z')^2\end{aligned} \tag{2.60.2}$$

将(2.60.2)式代入(2.60.1)式，便得所要求的格林函数为

$$G(\boldsymbol{r},\boldsymbol{r}')=\frac{1}{4\pi\varepsilon_0}\left[\frac{1}{\sqrt{r^2+r'^2-2rr'\cos(\phi-\phi')+(z-z')^2}}-\right.$$
$$\left.\frac{1}{\sqrt{r^2+r'^2-2rr'\cos(\phi-\phi')+(z+z')^2}}\right] \tag{2.60.3}$$

(2) 题给出了电势 φ 在边界上的值，这时由格林函数(2.60.3)式，得所求的电势 φ 的积分表达式为

$$\varphi=\int_V\rho(\boldsymbol{r}')G(\boldsymbol{r},\boldsymbol{r}')\mathrm{d}V'-\varepsilon_0\oint_S\varphi(\boldsymbol{r}')\frac{\partial G}{\partial n}\mathrm{d}S' \tag{2.60.4}$$

因 $\rho(\boldsymbol{r}')=0$ 和在无穷远处 $\varphi=0$，故得

$$\varphi=-\varepsilon_0\oint_S\varphi(\boldsymbol{r}')\frac{\partial G}{\partial n}\mathrm{d}S'=\varepsilon_0\int_S\left.\frac{\partial G}{\partial z'}\right|_{z'=0}\mathrm{d}S'=\varepsilon_0\int_0^a\int_0^{2\pi}\left.\frac{\partial G}{\partial z'}\right|_{z'=0}r'\mathrm{d}r'\mathrm{d}\phi' \tag{2.60.5}$$

式中用到了$\frac{\partial G}{\partial n'}=-\frac{\partial G}{\partial z'}$,这是因为,$\boldsymbol{n}'$是空间$V$的边界面的外法线方向,与$z$轴方向相反. 由(2.60.3)式得

$$\left.\frac{\partial G}{\partial z'}\right|_{z'=0}=\frac{z}{2\pi\varepsilon_0}\frac{1}{[r^2+r'^2-2rr'\cos(\phi-\phi')+z^2]^{3/2}} \tag{2.60.6}$$

将(2.60.6)式代入(2.60.5)式,便得所求的电势的积分表达式为

$$\varphi=\frac{Uz}{2\pi}\int_0^a\int_0^{2\pi}\frac{r'\mathrm{d}r'\mathrm{d}\phi'}{[r^2+r'^2-2rr'\cos(\phi-\phi')+z^2]^{3/2}} \tag{2.60.7}$$

因

$$r^2+r'^2+z^2>2rr' \tag{2.60.8}$$

故(2.60.7)式的积分一般是椭圆积分,不能用有限项的初等函数表示.

(3) 在轴线上z处, $r=0$,在这种特殊情况下,(2.60.7)式的积分可以用初等函数表示. 这时

$$\begin{aligned}\varphi&=\frac{Uz}{2\pi}\int_0^a\int_0^{2\pi}\frac{r'\mathrm{d}r'\mathrm{d}\phi'}{(r'^2+z^2)^{3/2}}=Uz\int_0^a\frac{r'\mathrm{d}r'}{(r'^2+z^2)^{3/2}}\\&=Uz\left[-\frac{1}{\sqrt{r'^2+z^2}}\right]_0^a=U\left(1-\frac{z}{\sqrt{a^2+z^2}}\right)\end{aligned} \tag{2.60.9}$$

(4) 在$r^2+z^2\gg a^2$处,$r^2+z^2>r'^2-2rr'\cos(\phi-\phi')$,故(2.60.7)式中被积函数可以展开,由展开公式

$$(1+x)^{-3/2}=1-\frac{3}{2}x+\frac{15}{8}x^2-\frac{35}{16}x^3+\cdots \tag{2.60.10}$$

得

$$\begin{aligned}&[r^2+r'^2-2rr'\cos(\phi-\phi')+z^2]^{-3/2}\\&=(r^2+z^2)^{-3/2}\left[1+\frac{r'^2-2rr'\cos(\phi-\phi')}{r^2+z^2}\right]^{-3/2}\\&=(r^2+z^2)^{-3/2}\left\{1-\frac{3}{2}\frac{r'^2-2rr'\cos(\phi-\phi')}{r^2+z^2}+\frac{15}{8}\left[\frac{r'^2-2rr'\cos(\phi-\phi')}{r^2+z^2}\right]^2-\cdots\right\}\end{aligned} \tag{2.60.11}$$

将(2.60.11)式代入(2.60.7)式得

$$\begin{aligned}\varphi&=\frac{Uz}{2\pi}\frac{1}{(r^2+z^2)^{3/2}}\int_0^a\int_0^{2\pi}\left\{1-\frac{3}{2}\frac{r'^2-2rr'\cos(\phi-\phi')}{r^2+z^2}\right.\\&\quad\left.+\frac{15}{8}\left[\frac{r'^2-2rr'\cos(\phi-\phi')}{r^2+z^2}\right]^2-\cdots\right\}r'\mathrm{d}r'\mathrm{d}\phi'\\&=\frac{Uz}{2\pi}\frac{1}{(r^2+z^2)^{3/2}}\left[\pi a^2-\frac{3}{2}\frac{1}{r^2+z^2}\frac{\pi a^4}{2}+\frac{15}{8}\frac{1}{(r^2+z^2)^2}\frac{\pi a^4(a^2+3r^2)}{3}-\cdots\right]\\&=\frac{Ua^2}{2}\frac{z}{(r^2+z^2)^{3/2}}\left[1-\frac{3a^2}{4(r^2+z^2)}+\frac{5a^2(a^2+3r^2)}{8(r^2+z^2)^2}-\cdots\right]\end{aligned} \tag{2.60.12}$$

(5) $r=0$ 和 $z^2 \gg a^2$ 是(3)和(4)共同有效的区域,这时(2.60.12)式化为

$$\varphi=\frac{Ua^2}{2}\frac{1}{z^2}\left(1-\frac{3a^2}{4z^2}+\cdots\right)\approx\frac{U}{2}\frac{a^2}{z^2} \tag{2.60.13}$$

这时(2.60.9)式可化为

$$\begin{aligned}\varphi &= U\left[1-\left(1+\frac{a^2}{z^2}\right)^{-1/2}\right]=U\left[1-\left(1-\frac{1}{2}\frac{a^2}{z^2}+\frac{3}{8}\frac{a^4}{z^4}-\cdots\right)\right] \\ &\approx \frac{U}{2}\frac{a^2}{z^2}\end{aligned} \tag{2.60.14}$$

可见两者是一致的.

2.61　试证明:球对称分布的电荷系,对于球心的电偶极矩和电四极矩均为零.

【证】　依定义,电荷系的分布 $\rho(\boldsymbol{r})$,即电荷量密度,对球心 $\boldsymbol{r}_c=0$ 的电偶极矩 $\boldsymbol{p}$ 和电四极矩 $\boldsymbol{Q}$ 分别为

$$\boldsymbol{p}=\int_V \boldsymbol{r}\rho(\boldsymbol{r})\mathrm{d}V \tag{2.61.1}$$

和

$$\boldsymbol{Q}=\int_V (3\boldsymbol{rr}-r^2\boldsymbol{I})\rho(\boldsymbol{r})\mathrm{d}V \tag{2.61.2}$$

式中 $\boldsymbol{I}$ 为单位张量,用笛卡儿坐标表示为

$$\boldsymbol{I}=\boldsymbol{e}_1\boldsymbol{e}_1+\boldsymbol{e}_2\boldsymbol{e}_2+\boldsymbol{e}_3\boldsymbol{e}_3 \tag{2.61.3}$$

由于球对称分布,故 $\rho(-\boldsymbol{r})=\rho(\boldsymbol{r})$,于是

$$\boldsymbol{r}\rho(\boldsymbol{r})\mathrm{d}V+(-\boldsymbol{r})\rho(-\boldsymbol{r})\mathrm{d}V=0 \tag{2.61.4}$$

由(2.61.4)式可知,这时由(2.61.1)式定义的 $\boldsymbol{p}$ 为零.

电四极矩 $\boldsymbol{Q}$ 在笛卡儿坐标系的分量式为

$$Q_{ij}=\int_V (3x_ix_j-r^2\delta_{ij})\rho(\boldsymbol{r})\mathrm{d}V \tag{2.61.5}$$

当 $i\neq j$ 时

$$Q_{ij}=3\int_V x_ix_j\rho(\boldsymbol{r})\mathrm{d}V \tag{2.61.6}$$

由于球对称分布,故有

$$\left.\begin{aligned} x_ix_j\rho(\boldsymbol{r})\mathrm{d}V+(-x_i)x_j\rho(\boldsymbol{r})\mathrm{d}V=0 \\ x_ix_j\rho(\boldsymbol{r})\mathrm{d}V+x_i(-x_j)\rho(\boldsymbol{r})\mathrm{d}V=0 \end{aligned}\right\} \tag{2.61.7}$$

所以

$$Q_{ij}=0 \tag{2.61.8}$$

当 $i=j$ 时

$$Q_{ii}=\int (3x_ix_i-r^2)\rho(\boldsymbol{r})\mathrm{d}V \tag{2.61.9}$$

因球对称,故有

$$Q_{11}=Q_{22}=Q_{33} \tag{2.61.10}$$

又由(2.61.9)式有

$$Q_{11}+Q_{22}+Q_{33}=0 \tag{2.61.11}$$

所以

$$Q_{11}=Q_{22}=Q_{33}=0 \tag{2.61.12}$$

于是得

$$\boldsymbol{Q}=0 \tag{2.61.13}$$

2.62　设电荷分布在有限区域 V 内,并且是轴对称分布的,则取对称轴上任一点为原点,以对称轴为 z 轴时,电荷量密度 ρ 便只是 r 和 θ 的函数.(1)试证明这电荷分布对原点的电偶极矩为 $\boldsymbol{p}=p\boldsymbol{e}_z$,式中 $\boldsymbol{e}_z$ 为 z 轴方向上的单位矢量,并求 p 的表达式;(2)试证明这电荷分布对原点的电四极矩 $\boldsymbol{Q}$ 的分量式为:当 $i\neq j$ 时,$Q_{ij}=0$;当 $i=j$ 时,$Q_{11}=Q_{22}=-\frac{1}{2}Q_{33}$,并求 Q_{33} 的积分表达式.

【解】 (1) 由电偶极矩的定义

$$\boldsymbol{p}=\int_V \boldsymbol{r}\rho(\boldsymbol{r})\mathrm{d}V \tag{2.62.1}$$

得

$$\begin{aligned}\boldsymbol{p}&=\int_V \rho(r,\theta)\boldsymbol{r}\mathrm{d}V\\&=\int_0^r\int_0^\pi\int_0^{2\pi}\rho(r,\theta)(r\sin\theta\cos\phi\boldsymbol{e}_x+r\sin\theta\sin\phi\boldsymbol{e}_y+r\cos\theta\boldsymbol{e}_z)r^2\sin\theta\mathrm{d}r\mathrm{d}\theta\mathrm{d}\phi\\&=2\pi\int_0^r\int_0^\pi r^3\rho(r,\theta)\sin\theta\cos\theta\mathrm{d}r\mathrm{d}\theta\boldsymbol{e}_z\end{aligned} \tag{2.62.2}$$

$$\boldsymbol{p}=p\boldsymbol{e}_z \tag{2.62.3}$$

其中

$$p=2\pi\int_0^r\int_0^\pi r^3\rho(r,\theta)\sin\theta\cos\theta\mathrm{d}r\mathrm{d}\theta \tag{2.62.4}$$

(2) 由电四极矩的定义式

$$\boldsymbol{Q}=\int_V(3\boldsymbol{rr}-r^2\boldsymbol{I})\rho(\boldsymbol{r})\mathrm{d}V \tag{2.62.5}$$

得它的分量式为

$$Q_{ij}=\int_V(3x_ix_j-r^2\delta_{ij})\rho(\boldsymbol{r})\mathrm{d}V \tag{2.62.6}$$

当 $i\neq j$ 时

$$\begin{aligned}Q_{ij}&=3\int_V x_ix_j\rho(r,\theta)\mathrm{d}V\\&=3\int_0^r\int_0^\pi\int_0^{2\pi}x_ix_jr^2\rho(r,\theta)\sin\theta\mathrm{d}r\mathrm{d}\theta\mathrm{d}\phi\\&=Q_{ji}\end{aligned} \tag{2.62.7}$$

因 $i\neq j$,故 x_i 和 x_j 有一个是 z 时,由于

$$\int_0^{2\pi}\sin\phi\mathrm{d}\phi=0,\qquad \int_0^{2\pi}\cos\phi\mathrm{d}\phi=0$$

故得

$$Q_{13}=Q_{31}=Q_{23}=Q_{32}=0 \tag{2.62.8}$$

当 x_i 和 x_j 全不是 z 时,由于

$$\int_0^{2\pi}\sin\phi\cos\phi\mathrm{d}\phi=0$$

故得

$$Q_{12}=Q_{21}=0 \tag{2.62.9}$$

又由(2.62.6)式得

$$\begin{aligned}Q_{11}&=\int_V(3x_1^2-r^2)\rho(r,\theta)\mathrm{d}V\\&=\int_0^r\int_0^\pi\int_0^{2\pi}(3\sin^2\theta\cos^2\phi-1)\rho(r,\theta)r^4\sin\theta\mathrm{d}r\mathrm{d}\theta\mathrm{d}\phi\\&=2\pi\int_0^r\int_0^\pi\rho(r,\theta)r^4\left(\frac{3}{2}\sin^2\theta-1\right)\sin\theta\mathrm{d}r\mathrm{d}\theta\end{aligned} \tag{2.62.10}$$

$$\begin{aligned}Q_{22}&=\int_V(3x_2^2-r^2)\rho(r,\theta)\mathrm{d}V\\&=\int_0^r\int_0^\pi\int_0^{2\pi}(3\sin^2\theta\sin^2\phi-1)\rho(r,\theta)r^4\sin\theta\mathrm{d}r\mathrm{d}\theta\mathrm{d}\phi\\&=2\pi\int_0^r\int_0^\pi\rho(r,\theta)r^4\left(\frac{3}{2}\sin^2\theta-1\right)\sin\theta\mathrm{d}r\mathrm{d}\theta=Q_{11}\end{aligned} \tag{2.62.11}$$

$$Q_{11}+Q_{22}+Q_{33}=0 \tag{2.62.12}$$

故得

$$Q_{11}=Q_{22}=-\frac{1}{2}Q_{33} \tag{2.62.13}$$

Q_{33}的表达式为

$$\begin{aligned}Q_{33}&=\int_V(3z^2-r^2)\rho(r,\theta)\mathrm{d}V\\&=\int_0^r\int_0^\pi\int_0^{2\pi}(3\cos^2\theta-1)\rho(r,\theta)r^4\sin\theta\mathrm{d}r\mathrm{d}\theta\mathrm{d}\phi\\&=2\pi\int_0^r\int_0^\pi\rho(r,\theta)r^4(3\cos^2\theta-1)\sin\theta\mathrm{d}r\mathrm{d}\theta\end{aligned} \tag{2.62.14}$$

2.63　如图 2.63 所示,在 z 轴上 $-l\leqslant z\leqslant l$ 区域内有任意线电荷分布 $\lambda(z)$,线电荷外是真空. 试利用勒让德多项式的生成函数导出这线电荷外 $r>l$ 空间内任意一点 $P(r,\theta)$ 的电势 $\varphi(r,\theta)$,并讨论前三项的物理意义.

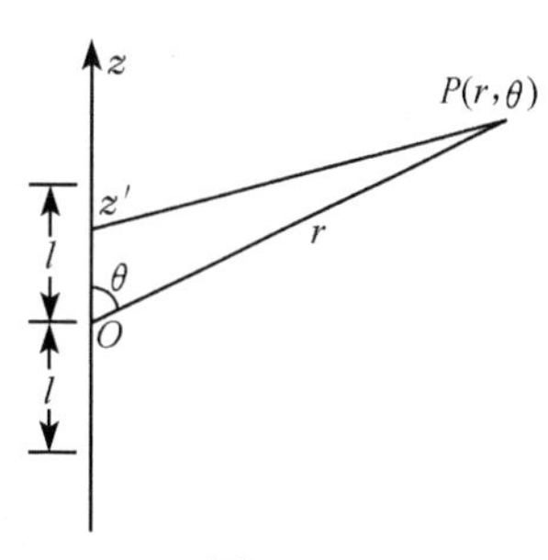

图 2.63

【解】　如图 2.63,z'处的电荷元 $\mathrm{d}q=\lambda(z')\mathrm{d}z'$ 在 $P(r,\theta)$ 点产生的电势为

$$
\begin{aligned}
\mathrm{d}\varphi(r,\theta) &= \frac{1}{4\pi\varepsilon_0}\frac{\lambda(z')\mathrm{d}z'}{\sqrt{r^2+z'^2-2rz'\cos\theta}} \\
&= \frac{1}{4\pi\varepsilon_0 r}\frac{\lambda(z')\mathrm{d}z'}{\sqrt{1+\left(\frac{z'}{r}\right)^2-2\frac{z'}{r}\cos\theta}}
\end{aligned} \tag{2.63.1}
$$

整个电荷在 $P(r,\theta)$ 点产生的电势为

$$
\varphi(r,\theta) = \frac{1}{4\pi\varepsilon_0 r}\int_{-l}^{l}\frac{\lambda(z')\mathrm{d}z'}{\sqrt{1+\left(\frac{z'}{r}\right)^2-2\frac{z'}{r}\cos\theta}} \tag{2.63.2}
$$

勒让德多项式$\{\mathrm{P}_n(x)\}_{0\leqslant n\leqslant\infty}$的生成函数为

$$
\frac{1}{\sqrt{1-2sx+x^2}} = \sum_{n=0}^{\infty}\mathrm{P}_n(x)s^n, \qquad |s|<1 \tag{2.63.3}
$$

故得

$$
\begin{aligned}
\varphi(r,\theta) &= \frac{1}{4\pi\varepsilon_0 r}\int_{-l}^{l}\sum_{n=0}^{\infty}\mathrm{P}_n(\cos\theta)\left(\frac{z'}{r}\right)^n\lambda(z')\mathrm{d}z' \\
&= \frac{1}{4\pi\varepsilon_0}\sum_{n=0}^{\infty}\frac{\mathrm{P}_n(\cos\theta)}{r^{n+1}}\int_{-l}^{l}z'^n\lambda(z')\mathrm{d}z'
\end{aligned} \tag{2.63.4}
$$

前三项的物理意义如下：

第一项，$n=0$

$$
\varphi_0(r,\theta) = \frac{1}{4\pi\varepsilon_0}\frac{1}{r}\int_{-l}^{l}\lambda(z')\mathrm{d}z' = \frac{Q}{4\pi\varepsilon_0 r} \tag{2.63.5}
$$

它等于整个电荷都集中在原点时所产生的电势.

第二项，$n=1$

$$
\varphi_1(r,\theta) = \frac{1}{4\pi\varepsilon_0}\frac{\cos\theta}{r^2}\int_{-l}^{l}z'\lambda(z')\mathrm{d}z' = \frac{p\cos\theta}{4\pi\varepsilon_0 r^2} \tag{2.63.6}
$$

式中 $p=\int_{-l}^{l}z'\lambda(z')\mathrm{d}z'$ 是电荷分布 $\lambda(z)$ 对原点的电偶极矩. 这个结果表明，第二项 $\varphi_1(r,\theta)$ 等于原点有一电偶极矩为 $\boldsymbol{p}=p\boldsymbol{e}_z$ 的电偶极子所产生的电势.

第三项，$n=2$

$$
\begin{aligned}
\varphi_2(r,\theta) &= \frac{3\cos^2\theta-1}{8\pi\varepsilon_0 r^3}\int_{-l}^{l}z'^2\lambda(z')\mathrm{d}z' \\
&= \frac{3z^2-r^2}{8\pi\varepsilon_0 r^5}\int_{-l}^{l}z'^2\lambda(z')\mathrm{d}z'
\end{aligned} \tag{2.63.7}
$$

此式可化为

$$
\varphi_2(r,\theta) = \frac{\sum_{ij}x_iQ_{ij}x_j}{8\pi\varepsilon_0 r^5} = \frac{\boldsymbol{r}\cdot\boldsymbol{Q}\cdot\boldsymbol{r}}{8\pi\varepsilon_0 r^5} \tag{2.63.8}
$$

式中 Q_{ij} 是电四极矩张量 $\boldsymbol{Q}$ 的分量，它的表示式为

$$Q_{ij}=\int_{-l}^{l}(3x_i'x_j'-r'^2\delta_{ij})\lambda(z')\mathrm{d}z' \tag{2.63.9}$$

这个结果表明，第三项 $\varphi_2(r,\theta)$ 等于原点有一电四极矩为 $\boldsymbol{Q}$ 的电四极子所产生的电势.

2.64　电荷量 q 均匀地分布在长为 l 的一段直线上，以这线段为 z 轴取笛卡儿坐标系，试求下列两种情况下这段线电荷对原点的电偶极矩和电四极矩：(1)原点在线段中点，如图 2.64 所示；(2)原点在线段的一端.

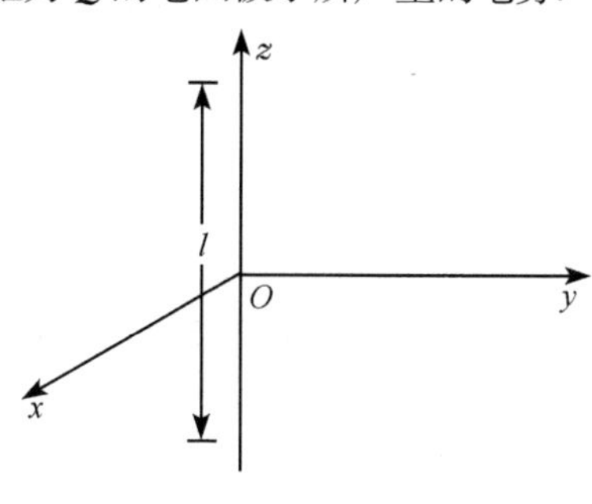

图 2.64

【解】　(1) 原点在线段中点. 令 $\lambda=q/l$ 为电荷量的线密度. 对原点的电偶极矩为

$$\boldsymbol{p}=\int_q\boldsymbol{r}'\mathrm{d}q=\int_{-l/2}^{l/2}z'\boldsymbol{e}_z\lambda\,\mathrm{d}z'=\lambda\boldsymbol{e}_z\int_{-l/2}^{l/2}z'\mathrm{d}z'=0 \tag{2.64.1}$$

对原点的电四极矩分量为

$$\begin{aligned}Q_{ij}&=\int_q(3x_i'x_j'-r'^2\delta_{ij})\mathrm{d}q\\&=\int_{-l/2}^{l/2}(3x_i'x_j'-r'^2\delta_{ij})\lambda\mathrm{d}z'\\&=0,\qquad 当\ i\neq j\end{aligned} \tag{2.64.2}$$

$$Q_{33}=\int_q(3z'^2-z'^2)\lambda\mathrm{d}z'=\frac{2}{3}\lambda z'^3\Big|_{-l/2}^{l/2}=\frac{1}{6}\lambda l^3=\frac{1}{6}ql^2 \tag{2.64.3}$$

$$\begin{aligned}Q_{11}&=\int_q(3x'^2-r'^2)\lambda\mathrm{d}z'=-\lambda\int_{-l/2}^{l/2}z'^2\mathrm{d}z'\\&=-\frac{1}{12}\lambda l^3=-\frac{1}{12}ql^2\end{aligned} \tag{2.64.4}$$

$$\begin{aligned}Q_{22}&=\int_q(3y'^2-r'^2)\lambda\mathrm{d}z'=-\lambda\int_{-l/2}^{l/2}z'^2\mathrm{d}z'\\&=Q_{11}=-\frac{1}{12}ql^2\end{aligned} \tag{2.64.5}$$

故所求的电四极矩 $\boldsymbol{Q}$ 用矩阵表示为

$$\boldsymbol{Q}=\frac{1}{12}ql^2\begin{pmatrix}-1&0&0\\0&-1&0\\0&0&2\end{pmatrix} \tag{2.64.6}$$

(2) 原点在一端.　设带电线段在 $z\geqslant0$ 处. 对原点的电偶极矩为

$$\boldsymbol{p}=\int_q\boldsymbol{r}'\mathrm{d}q=\int_0^l z'\boldsymbol{e}_z\lambda\,\mathrm{d}z'=\lambda\boldsymbol{e}_z\int_0^l z'\mathrm{d}z'=\frac{1}{2}ql\boldsymbol{e}_z \tag{2.64.7}$$

对原点的电四极矩分量为

$$Q_{ij}=\int_q(3x_i'x_j'-r'^2\delta_{ij})\mathrm{d}q=\int_0^l(3x_i'x_j'-r'^2\delta_{ij})\lambda\mathrm{d}z'$$
$$=0,\qquad 当\ i\neq j \tag{2.64.8}$$

$$Q_{33}=\int_q(3z'^2-r'^2)\mathrm{d}q=\int_0^l(3z'^2-z'^2)\lambda\mathrm{d}z'=\frac{2}{3}ql^2 \tag{2.64.9}$$

$$Q_{11}=\int_q(3x'^2-r'^2)\mathrm{d}q=-\int_0^l z'^2\lambda\mathrm{d}z'=-\frac{1}{3}ql^2 \tag{2.64.10}$$

$$Q_{22}=\int_q(3y'^2-r'^2)\mathrm{d}q=-\int_0^l z'^2\lambda\mathrm{d}z'=-\frac{1}{3}ql^2 \tag{2.64.11}$$

故所求的电四极矩 $\boldsymbol{Q}$ 用矩阵表示为

$$\boldsymbol{Q}=\frac{1}{3}ql^2\begin{pmatrix}-1&0&0\\0&-1&0\\0&0&2\end{pmatrix} \tag{2.64.12}$$

设带电线在 $z\leqslant0$ 处,则仍有 $Q_{ij}=0$,当 $i\neq j$. 这时

$$Q_{33}=\int_q(3z'^2-r'^2)\mathrm{d}q=\int_{-l}^0 2z'^2\lambda\mathrm{d}z'=\frac{2}{3}ql^2 \tag{2.64.13}$$

$$Q_{11}=Q_{22}=\int_{-l}^0(-z'^2)\mathrm{d}q=-\lambda\int_{-l}^0 z'^2\mathrm{d}z'=-\frac{1}{3}ql^2 \tag{2.64.14}$$

可见结果 $\boldsymbol{Q}$ 与带电线在 $z\geqslant0$ 处相同. 这时电偶极矩为

$$\boldsymbol{p}=\int_q\boldsymbol{r}'\mathrm{d}q=\int_{-l}^0 z'\boldsymbol{e}_z\lambda\mathrm{d}z'$$
$$=-\frac{1}{2}l^2\boldsymbol{e}_z=-\frac{1}{2}ql\boldsymbol{e}_z \tag{2.64.15}$$

可见 $\boldsymbol{p}$ 与带电线在 $z\geqslant0$ 处时大小相等而方向相反.

【讨论】 设带电线上端在 $z=a$,下端在 $z=b$ 处,则对原点的电偶极矩为

$$\boldsymbol{p}=\int_q\boldsymbol{r}'\mathrm{d}q=\int_b^a z'\boldsymbol{e}_z\lambda\mathrm{d}z'=\frac{1}{2}\lambda(a^2-b^2)\boldsymbol{e}_z=\frac{1}{2}q(a+b)\boldsymbol{e}_z \tag{2.64.16}$$

电四极矩的分量为

$$Q_{ij}=\int_b^a(3x_i'x_j'-r'^2\delta_{ij})\lambda\mathrm{d}z'=0,\qquad 当\ i\neq j \tag{2.64.17}$$

$$Q_{33}=\int_b^a(3z'^2-z'^2)\lambda\mathrm{d}z'=\frac{2}{3}\lambda(a^3-b^3)=\frac{2}{3}q(a^2+ab+b^2) \tag{2.64.18}$$

$$Q_{11}=Q_{22}=-\int_b^a z'^2\lambda\mathrm{d}z'=-\frac{1}{3}q(a^2+ab+b^2) \tag{2.64.19}$$

$$\boldsymbol{Q}=\frac{1}{3}q(a^2+ab+b^2)\begin{pmatrix}-1&0&0\\0&-1&0\\0&0&2\end{pmatrix} \tag{2.64.20}$$

2.65　一均匀带电圆环，电荷量为 q，半径为 a. 环外为真空. 试求它在离环心为 $r(r\gg a)$ 处产生的电势(到二级近似)，并与 2.29 题的结果比较.

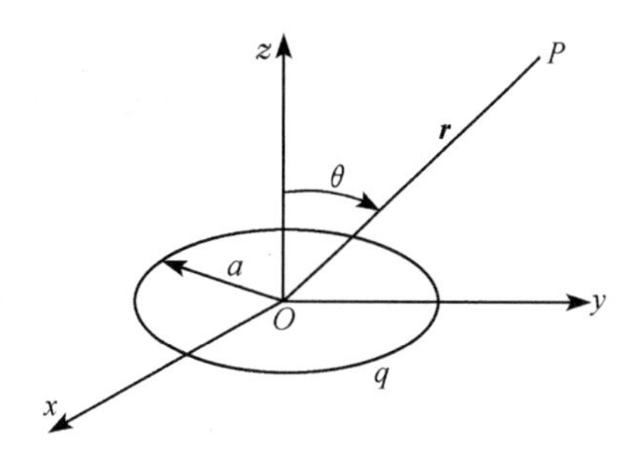

图 2.65

【解】　以环心 O 为原点，环的轴线为 z 轴，取坐标系如图 2.65 所示.

所求电势的零级近似为

$$\varphi^{(0)}(r,\theta)=\frac{q}{4\pi\varepsilon_0 r}\qquad(2.65.1)$$

一级近似为

$$\varphi^{(1)}(r,\theta)=\frac{\boldsymbol{p}\cdot\boldsymbol{r}}{4\pi\varepsilon_0 r^3}\qquad(2.65.2)$$

式中 $\boldsymbol{p}$ 为环上电荷对环心的电偶极矩，由定义得

$$\boldsymbol{p}=\int_q \boldsymbol{r}\mathrm{d}q=\lambda a\int_0^{2\pi}\boldsymbol{r}\mathrm{d}\phi=0\qquad(2.65.3)$$

所以

$$\varphi^{(1)}(r,\theta)=0\qquad(2.65.4)$$

二级近似为

$$\varphi^{(2)}(r,\theta)=\frac{1}{8\pi\varepsilon_0}\frac{\sum\limits_{ij}x_iQ_{ij}x_j}{r^5}\qquad(2.65.5)$$

为此，先求环上电荷对环心的电四极矩分量

$$Q_{ij}=\int_q(3x_i'x_j'-r'^2\delta_{ij})\mathrm{d}q\qquad(2.65.6)$$

因电荷都在 x-y 平面上，故由上式得 $x_3'=z'=0$，于是

$$Q_{13}=Q_{31}=Q_{23}=Q_{32}=0\qquad(2.65.7)$$

$$Q_{12}=Q_{21}=3\int_0^{2\pi}x'y'\lambda a\,\mathrm{d}\phi=3a^3\lambda\int_0^{2\pi}\sin\phi\cos\phi\mathrm{d}\phi=0\qquad(2.65.8)$$

$$Q_{11}=\int_q(3x'^2-a^2)\mathrm{d}q=3\lambda a^3\int_0^{2\pi}\cos^2\phi\mathrm{d}\phi-a^2q=\frac{1}{2}qa^2\qquad(2.65.9)$$

$$Q_{22}=\int_q(3y'^2-a^2)\mathrm{d}q=3\lambda a^3\int_0^{2\pi}\sin^2\phi\mathrm{d}\phi-a^2q=\frac{1}{2}qa^2\qquad(2.65.10)$$

$$Q_{33}=-\int_q r'^2\mathrm{d}q=-a^2q\qquad(2.65.11)$$

将以上诸式代入(2.65.5)式，便得二级近似为

$$\varphi^{(2)}(r,\theta)=\frac{1}{8\pi\varepsilon_0 r^5}(Q_{11}x^2+Q_{22}y^2+Q_{33}z^2)$$

$$= \frac{1}{8\pi\varepsilon_0 r^5}\left(\frac{1}{2}qa^2x^2 + \frac{1}{2}qa^2y^2 - qa^2z^2\right)$$

$$= \frac{qa^2}{16\pi\varepsilon_0 r^5}(x^2 + y^2 - 2z^2)$$

$$= \frac{qa^2}{16\pi\varepsilon_0 r^3}(1 - 3\cos^2\theta) \tag{2.65.12}$$

于是得所求电势为

$$\varphi(r,\theta) = \varphi^{(0)}(r,\theta) + \varphi^{(1)}(r,\theta) + \varphi^{(2)}(r,\theta)$$

$$= \frac{q}{4\pi\varepsilon_0 r} + \frac{qa^2(1 - 3\cos^2\theta)}{16\pi\varepsilon_0 r^3} \tag{2.65.13}$$

与 2.29 题的结果比较. 2.29 题的(2.29.23)式是 $r>a$ 时的准确解,该式的前两项分别为

$$\varphi_1 = \frac{q}{4\pi\varepsilon_0 a}\left(\frac{a}{r}\right)P_0 = \frac{q}{4\pi\varepsilon_0 r} \tag{2.65.14}$$

$$\varphi_2 = \frac{q}{4\pi\varepsilon_0 a}\left(-\frac{1}{2}\right)\left(\frac{a}{r}\right)^3 P_2(\cos\theta) = \frac{qa^2(1 - 3\cos^2\theta)}{16\pi\varepsilon_0 r^3} \tag{2.65.15}$$

比较以上三式可见,两种方法所得结果相同.

2.66　一半径为 a 的带电圆环,总电荷量为 q,以环心 O 为原点,环的几何轴为 z 轴(如图 2.66 所示),环上单位长度的电荷量为

$$\lambda = \frac{q}{2\pi a}(1 + \sin\phi)$$

试求这环上电荷对环心的电偶极矩 $\boldsymbol{p}$ 和电四极矩 $\boldsymbol{Q}$.

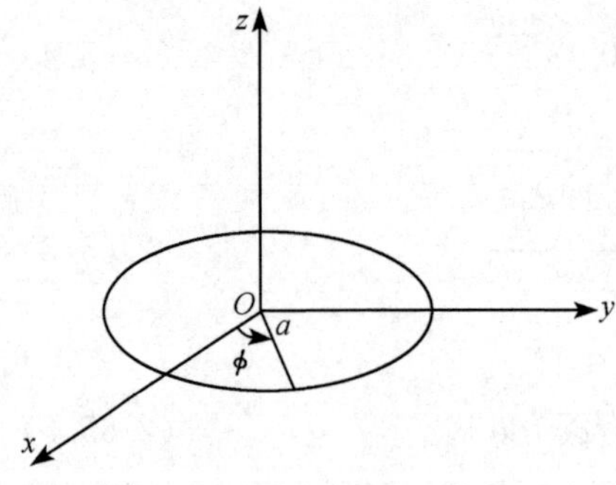

图 2.66

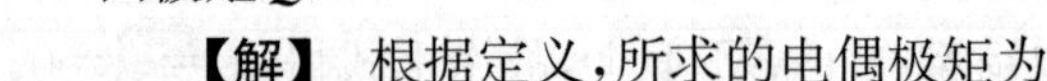

【解】　根据定义,所求的电偶极矩为

$$\boldsymbol{p} = \int_q \boldsymbol{r}\,\mathrm{d}q = \oint (x\boldsymbol{e}_x + y\boldsymbol{e}_y)\lambda\,\mathrm{d}l$$

$$= \frac{q}{2\pi a}\int_0^{2\pi}(a\cos\phi\boldsymbol{e}_x + a\sin\phi\boldsymbol{e}_y)(1 + \sin\phi)a\,\mathrm{d}\phi$$

$$= \frac{qa\boldsymbol{e}_x}{2\pi}\int_0^{2\pi}(1 + \sin\phi)\cos\phi\,\mathrm{d}\phi + \frac{qa\boldsymbol{e}_y}{2\pi}\int_0^{2\pi}(1 + \sin\phi)\sin\phi\,\mathrm{d}\phi$$

$$= \frac{qa\boldsymbol{e}_y}{2\pi}\int_0^{2\pi}\sin^2\phi\,\mathrm{d}\phi = \frac{1}{2}qa\boldsymbol{e}_y \tag{2.66.1}$$

根据定义,所求的电四极矩 $\boldsymbol{Q}$ 的分量为

$$Q_{ij} = \int_q (3x'_i x'_j - r'^2\delta_{ij})\,\mathrm{d}q = 3\int_q x'_i x'_j\,\mathrm{d}q, \qquad i \neq j \tag{2.66.2}$$

现在电荷都在 $z=0$ 平面上,故由上式知

$$Q_{13}=Q_{31}=Q_{23}=Q_{32}=0 \tag{2.66.3}$$

$$\begin{aligned}Q_{12}=Q_{21}&=3\int_q x_1' x_2' \mathrm{d}q\\&=3\int_0^{2\pi} a\cos\phi \cdot a\sin\phi \cdot \frac{q}{2\pi a}(1+\sin\phi)a\mathrm{d}\phi=0\end{aligned} \tag{2.66.4}$$

$$\begin{aligned}Q_{11}&=\int_q (3x_1'^2-a^2)\mathrm{d}q\\&=\int_0^{2\pi}(3a^2\cos^2\phi-a^2)\cdot\frac{q}{2\pi a}(1+\sin\phi)a\mathrm{d}\phi\\&=\frac{1}{2}qa^2\end{aligned} \tag{2.66.5}$$

$$\begin{aligned}Q_{22}&=\int_q (3x_2'^2-a^2)\mathrm{d}q\\&=\int_0^{2\pi}(3a^2\sin^2\phi-a^2)\cdot\frac{q}{2\pi a}(1+\sin\phi)a\mathrm{d}\phi\\&=\frac{1}{2}qa^2\end{aligned}$$

$$Q_{33}=\int_q (3x_3'^2-a^2)\mathrm{d}q=-a^2\int_q \mathrm{d}q=-qa^2 \tag{2.66.6}$$

故所求的电四极矩用矩阵表示为

$$\boldsymbol{Q}=\frac{1}{2}qa^2\begin{pmatrix}1&0&0\\0&1&0\\0&0&-2\end{pmatrix} \tag{2.66.7}$$

2.67　已知电四极矩 $\boldsymbol{Q}$ 在 $\boldsymbol{r}$ 处产生的电势为

$$\varphi(\boldsymbol{r})=\frac{1}{4\pi\varepsilon_0}\frac{\boldsymbol{r}\cdot\boldsymbol{Q}\cdot\boldsymbol{r}}{2r^5}$$

试求它在 $\boldsymbol{r}$ 处产生的电场强度.

【解】　根据电场强度与电势的关系得

$$\begin{aligned}\boldsymbol{E}&=-\nabla\varphi(\boldsymbol{r})=-\frac{1}{8\pi\varepsilon_0}\nabla\left(\frac{\boldsymbol{r}\cdot\boldsymbol{Q}\cdot\boldsymbol{r}}{r^5}\right)\\&=-\frac{1}{8\pi\varepsilon_0}\left[(\boldsymbol{r}\cdot\boldsymbol{Q}\cdot\boldsymbol{r})\nabla\left(\frac{1}{r^5}\right)+\frac{1}{r^5}\nabla(\boldsymbol{r}\cdot\boldsymbol{Q}\cdot\boldsymbol{r})\right]\end{aligned} \tag{2.67.1}$$

式中

$$\begin{aligned}\nabla(\boldsymbol{r}\cdot\boldsymbol{Q}\cdot\boldsymbol{r})&=\nabla\left(\sum_{ij}Q_{ij}x_i x_j\right)=\sum_k \boldsymbol{e}_k\frac{\partial}{\partial x_k}\left(\sum_{ij}Q_{ij}x_i x_j\right)\\&=\sum_k \boldsymbol{e}_k\left(\sum_{ij}Q_{ij}\delta_{ki}x_j+\sum_{ij}Q_{ij}x_i\delta_{kj}\right)\\&=\sum_k \boldsymbol{e}_k\left(\sum_j Q_{kj}x_j+\sum_i Q_{ik}x_i\right)\end{aligned}$$

$$= \sum_k \boldsymbol{e}_k \left(\sum_j Q_{kj} x_j + \sum_j Q_{jk} x_j \right)$$

$$= \sum_k \boldsymbol{e}_k \sum_j (Q_{kj} + Q_{jk}) x_j$$

$$= 2 \sum_{jk} Q_{jk} x_j \boldsymbol{e}_k = 2 \sum_{jk} x_j Q_{jk} \boldsymbol{e}_k$$

$$= 2\boldsymbol{r} \cdot \boldsymbol{Q} = 2\boldsymbol{Q} \cdot \boldsymbol{r} \tag{2.67.2}$$

在上面计算过程中,利用了电四极矩张 $\boldsymbol{Q}$ 是对称张量的特性

$$Q_{ij} = Q_{ji} \quad 和 \quad \boldsymbol{r} \cdot \boldsymbol{Q} = \boldsymbol{Q} \cdot \boldsymbol{r}$$

最后得出所求的电场强度为

$$\boldsymbol{E} = \frac{1}{8\pi\varepsilon_0 r^7} [5(\boldsymbol{r} \cdot \boldsymbol{Q} \cdot \boldsymbol{r})\boldsymbol{r} - 2r^2 \boldsymbol{Q} \cdot \boldsymbol{r}] \tag{2.67.3}$$

或

$$\boldsymbol{E} = \frac{1}{8\pi\varepsilon_0 r^4} [5(\boldsymbol{e}_r \cdot \boldsymbol{Q} \cdot \boldsymbol{e}_r)\boldsymbol{e}_r - 2\boldsymbol{Q} \cdot \boldsymbol{e}_r] \tag{2.67.4}$$

式中 $\boldsymbol{e}_r = \boldsymbol{r}/r$ 为 $\boldsymbol{r}$ 方向上的单位矢量.

2.68 真空中有电荷量分别为 $-q$、$2q$ 和 $-q$ 的三个点电荷在同一直线上,其间距离都是 a,如图 2.68(1) 所示. 对于 $r \gg a$ 的区域来说,这三个点电荷构成一个线性电四极子. 试求这线性电四极子在 P 点产生的电势 φ.

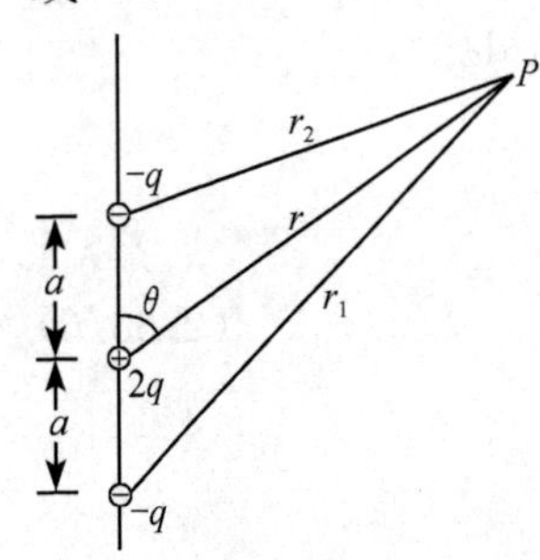

图 2.68(1)

【解法一】 由点电荷的电势叠加求 φ.

如图 2.68(1),所求的电势为

$$\varphi = \frac{1}{4\pi\varepsilon_0} \left(\frac{-q}{r_1} + \frac{2q}{r} + \frac{-q}{r_2} \right)$$

$$= \frac{q}{4\pi\varepsilon_0} \left(\frac{2}{r} - \frac{1}{\sqrt{r^2 + a^2 - 2ar\cos\theta}} - \frac{1}{\sqrt{r^2 + a^2 + 2ar\cos\theta}} \right) \tag{2.68.1}$$

根据展开式

$$(1 \pm x)^{-1/2} = 1 \mp \frac{1}{2}x + \frac{3}{8}x^2 \mp \frac{5}{16}x^3 + \cdots, \qquad x^2 < 1 \tag{2.68.2}$$

在 $r \gg a$ 处,展开(2.68.1)式中的两个根号,并保留 $\frac{1}{r^3}$ 项,即

$$\frac{1}{\sqrt{r^2 + a^2 \pm 2ar\cos\theta}} = \frac{1}{r} \left[1 - \frac{1}{2} \left(\frac{a^2}{r^2} \pm \frac{2a\cos\theta}{r} \right) + \frac{3}{8} \left(\frac{a^2}{r^2} \pm \frac{2a\cos\theta}{r} \right)^2 \right]$$

$$= \frac{1}{r} \left(1 \mp \frac{a\cos\theta}{r} - \frac{a^2}{2r^2} + \frac{3a^2\cos^2\theta}{2r^2} \right) \tag{2.68.3}$$

代入(2.68.1)式便得 P 点的电势为

$$\varphi = \frac{q}{4\pi\varepsilon_0 r}\left[\frac{a^2}{r^2} - \frac{3a^2\cos^2\theta}{r^2}\right] = -\frac{qa^2(3\cos^2\theta - 1)}{4\pi\varepsilon_0 r^3} \tag{2.68.4}$$

【解法二】 由两个电偶极子的电势叠加求 φ.

在 $r \gg a$ 的条件下,我们可以把这三个点电荷当作方向相反的两个电偶极子 $\boldsymbol{p}_1$ 和 $\boldsymbol{p}_2$,如图 2.68(2)所示.于是所求的电势便为

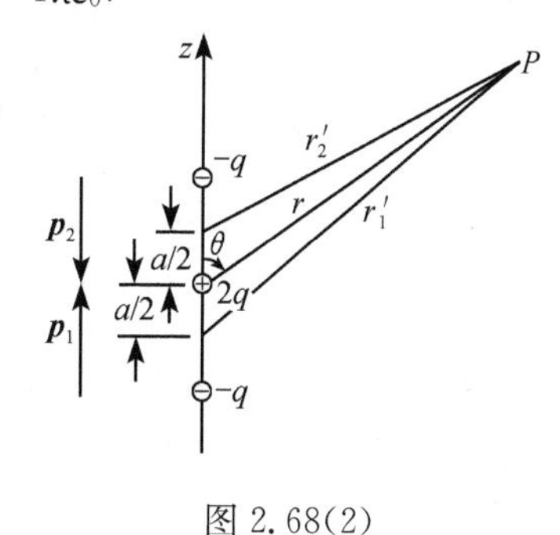

图 2.68(2)

$$\varphi = \varphi_1 + \varphi_2 = \frac{\boldsymbol{p}_1 \cdot \boldsymbol{r}_1'}{4\pi\varepsilon_0 r_1'^3} + \frac{\boldsymbol{p}_2 \cdot \boldsymbol{r}_2'}{4\pi\varepsilon_0 r_2'^3}$$

$$= \frac{qa}{4\pi\varepsilon_0}\left(\frac{\boldsymbol{e}_z \cdot \boldsymbol{r}_1'}{r_1'^3} - \frac{\boldsymbol{e}_z \cdot \boldsymbol{r}_2'}{r_2'^3}\right) \tag{2.68.5}$$

式中

$$\boldsymbol{e}_z \cdot \boldsymbol{r}_1' = r\cos\theta + \frac{1}{2}a, \boldsymbol{e}_z \cdot \boldsymbol{r}_2' = r\cos\theta - \frac{a}{2} \tag{2.68.6}$$

$$\frac{1}{r_1'^3} = \frac{1}{\left[r^2 + \left(\frac{a}{2}\right)^2 + ar\cos\theta\right]^{3/2}} \approx \frac{1}{r^3}\left(1 + \frac{a}{r}\cos\theta\right)^{-3/2}$$

$$\approx \frac{1}{r^3}\left(1 - \frac{3}{2}\frac{a}{r}\cos\theta\right) \tag{2.68.7}$$

$$\frac{1}{r_2'^3} = \frac{1}{\left[r^2 + \left(\frac{a}{2}\right)^2 - ar\cos\theta\right]^{3/2}} \approx \frac{1}{r^3\left(1 - \frac{a}{r}\cos\theta\right)^{3/2}}$$

$$\approx \frac{1}{r^3}\left(1 + \frac{3}{2}\frac{a}{r}\cos\theta\right) \tag{2.68.8}$$

将以上三式代入(2.68.5)式便得

$$\varphi = \frac{qa}{4\pi\varepsilon_0 r^3}\left[\left(r\cos\theta + \frac{1}{2}a\right)\left(1 - \frac{3}{2}\frac{a}{r}\cos\theta\right) - \left(r\cos\theta - \frac{1}{2}a\right)\left(1 + \frac{3}{2}\frac{a}{r}\cos\theta\right)\right]$$

$$= -\frac{qa^2(3\cos^2\theta - 1)}{4\pi\varepsilon_0 r^3} \tag{2.68.9}$$

【解法三】 由电四极子产生电势的公式求 φ.

根据对称性,这个电荷系的总电荷量为零,电偶极矩之和也为零,因此,它在 $r \gg a$ 处产生的电势便等于它的电四极矩 $\boldsymbol{Q}$ 所产生的电势,即

$$\varphi = \frac{1}{4\pi\varepsilon_0}\frac{\sum_{ij} x_i Q_{ij} x_j}{2r^5} \tag{2.68.10}$$

式中

$$Q_{ij} = \sum_{n=1}^{4}(3x_{ni}'x_{nj}' - r_n'^2\delta_{ij})q_n \tag{2.68.11}$$

因 $x_n'=0, y_n'=0$，故

$$Q_{ij}=0, \qquad 当\ i\neq j \tag{2.68.12}$$

$$Q_{11}=\sum_{n=1}^{4}(3x_n'^2-r_n'^2)q_n=-\sum_{n=1}^{4}r_n'^2 q_n=2qa^2 \tag{2.68.13}$$

$$Q_{22}=\sum_{n=1}^{4}(3y_n'^2-r_n'^2)q_n=-\sum_{n=1}^{4}r_n'^2 q_n=2qa^2 \tag{2.68.14}$$

$$Q_{33}=-(Q_{11}+Q_{22})=-4qa^2 \tag{2.68.15}$$

将 Q_{ij} 值代入(2.68.10)式，便得所求电势为

$$\varphi=\frac{Q_{11}x^2+Q_{22}y^2+Q_{33}z^2}{8\pi\varepsilon_0 r^5}=\frac{qa^2(x^2+y^2-2z^2)}{4\pi\varepsilon_0 r^5}$$

$$=-\frac{qa^2(3\cos^2\theta-1)}{4\pi\varepsilon_0 r^3} \tag{2.68.16}$$

2.69　长为 a 的正方形的四个顶点上各有一个点电荷，它们的电荷量依次为 $q,-q,q$ 和 $-q$，如图 2.69(1)所示. 对于 $r\gg a$ 的区域来说，这四个点电荷构成一个平面电四极子. 试求这平面电四极子在 P 点（P 点与平面电四极子在同一平面内）产生的电势 φ.

【解法一】　由点电荷的电势叠加求 φ.

如图 2.69(2)，所求的电势为

$$\varphi=\frac{q}{4\pi\varepsilon_0}\left(\frac{1}{r_1}-\frac{1}{r_2}+\frac{1}{r_3}-\frac{1}{4_4}\right) \tag{2.69.1}$$

式中

$$r_1=\sqrt{r^2+\left(\frac{a}{\sqrt{2}}\right)^2-2r\frac{a}{\sqrt{2}}\cos(135^\circ-\theta)}$$

$$=r\sqrt{1+\frac{1}{2}\left(\frac{a}{r}\right)^2+\sqrt{2}\frac{a}{r}\cos(\theta+45^\circ)}$$

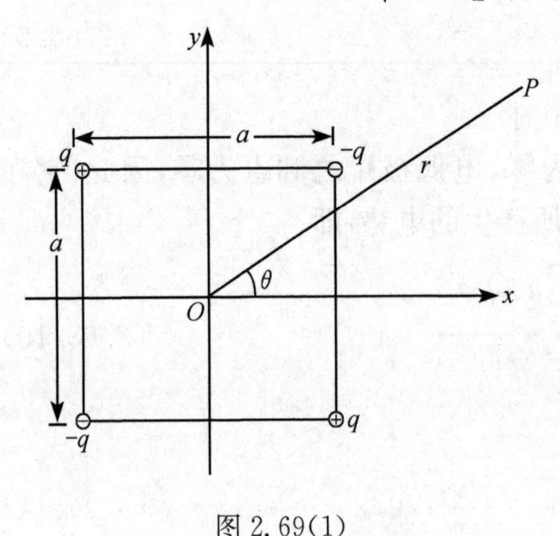

图 2.69(1)

图 2.69(2)

即得

$$\frac{r}{r_1}=\left[1+\frac{1}{2}\left(\frac{a}{r}\right)^2+\sqrt{2}\,\frac{a}{r}\cos(\theta+45°)\right]^{-1/2} \tag{2.69.2}$$

与此类似得

$$\frac{r}{r_2}=\left[1+\frac{1}{2}\left(\frac{a}{r}\right)^2-\sqrt{2}\,\frac{a}{r}\cos(\theta-45°)\right]^{-1/2} \tag{2.69.3}$$

$$\frac{r}{r_3}=\left[1+\frac{1}{2}\left(\frac{a}{r}\right)^2-\sqrt{2}\,\frac{a}{r}\cos(\theta+45°)\right]^{-1/2} \tag{2.69.4}$$

$$\frac{r}{r_4}=\left[1+\frac{1}{2}\left(\frac{a}{r}\right)^2+\sqrt{2}\,\frac{a}{r}\cos(\theta-45°)\right]^{-1/2} \tag{2.69.5}$$

用公式

$$(1\pm x)^{-1/2}=1\mp\frac{1}{2}x+\frac{1\cdot 3}{2\cdot 4}x^2\mp\frac{1\cdot 3\cdot 5}{2\cdot 4\cdot 6}x^3+\cdots,\qquad x^2<1 \tag{2.69.6}$$

将以上四式展开，取到$\left(\frac{a}{r}\right)^2$项得

$$\frac{r}{r_1}=1-\frac{1}{4}\left(\frac{a}{r}\right)^2-\frac{\sqrt{2}}{2}\frac{a}{r}\cos(\theta+45°)+\frac{3}{4}\left(\frac{a}{r}\right)^2\cos^2(\theta+45°) \tag{2.69.7}$$

$$\frac{r}{r_2}=1-\frac{1}{4}\left(\frac{a}{r}\right)^2+\frac{\sqrt{2}}{2}\frac{a}{r}\cos(\theta-45°)+\frac{3}{4}\left(\frac{a}{r}\right)^2\cos^2(\theta-45°) \tag{2.69.8}$$

$$\frac{r}{r_3}=1-\frac{1}{4}\left(\frac{a}{r}\right)^2+\frac{\sqrt{2}}{2}\frac{a}{r}\cos(\theta+45°)+\frac{3}{4}\left(\frac{a}{r}\right)^2\cos^2(\theta+45°) \tag{2.69.9}$$

$$\frac{r}{r_4}=1-\frac{1}{4}\left(\frac{a}{r}\right)^2-\frac{\sqrt{2}}{2}\frac{a}{r}\cos(\theta-45°)+\frac{3}{4}\left(\frac{a}{r}\right)^2\cos^2(\theta-45°) \tag{2.69.10}$$

所以

$$\begin{aligned}\frac{r}{r_1}-\frac{r}{r_2}+\frac{r}{r_3}-\frac{r}{r_4}&=\frac{3}{2}\left(\frac{a}{r}\right)^2\left[\cos^2(\theta+45°)-\cos^2(\theta-45°)\right]\\&=-3\left(\frac{a}{r}\right)^2\sin\theta\cos\theta\end{aligned} \tag{2.69.11}$$

代入(2.69.1)式便得所求电势为

$$\varphi=-\frac{3qa^2\sin\theta\cos\theta}{4\pi\varepsilon_0 r^3} \tag{2.69.12}$$

【解法二】 由电偶极子的电势叠加求 φ.

根据图 2.69(1)，我们把这四个点电荷看作是两个电偶极子，位于 $\boldsymbol{r}'_1=\frac{a}{2}\boldsymbol{e}_y$ 处的 $\boldsymbol{p}_1=-qa\boldsymbol{e}_x$，和位于 $\boldsymbol{r}'_2=-\frac{a}{2}\boldsymbol{e}_y$ 处的 $\boldsymbol{p}_2=qa\boldsymbol{e}_x$.

由 1.54 题的(1.54.11)式，它们产生的电势分别为

$$\varphi_1=\frac{\boldsymbol{p}_1\cdot(\boldsymbol{r}-\boldsymbol{r}'_1)}{4\pi\varepsilon_0\ |\boldsymbol{r}-\boldsymbol{r}'_1|^3}=\frac{-qa\boldsymbol{e}_x\cdot\left(\boldsymbol{r}-\dfrac{a}{2}\boldsymbol{e}_y\right)}{4\pi\varepsilon_0\left|\boldsymbol{r}-\dfrac{a}{2}\boldsymbol{e}_y\right|^3}=-\frac{qa\cos\theta}{4\pi\varepsilon_0 r^2}\left(1-\frac{a}{r}\sin\theta\right)^{-3/2} \tag{2.69.13}$$

其中略去了$\left(\dfrac{a}{r}\right)^2$项. 同样得

$$\varphi_2=\frac{\boldsymbol{p}_2(\boldsymbol{r}-\boldsymbol{r}'_2)}{4\pi\varepsilon_0\ |\boldsymbol{r}-\boldsymbol{r}'_2|^3}=\frac{qa\cos\theta}{4\pi\varepsilon_0 r^2}\left(1+\frac{a}{r}\sin\theta\right)^{-3/2} \tag{2.69.14}$$

于是得所求的电势为

$$\begin{aligned}\varphi&=\varphi_1+\varphi_2\\&=\frac{qa\cos\theta}{4\pi\varepsilon_0 r^2}\left[-\left(1-\frac{a}{r}\sin\theta\right)^{-3/2}+\left(1+\frac{a}{2}r\sin\theta\right)^{-3/2}\right]\\&\approx\frac{qa\cos\theta}{4\pi\varepsilon_0 r^2}\left[-1-\frac{3}{2}\frac{a}{r}\sin\theta+1-\frac{3}{2}\frac{a}{r}\sin\theta\right]\\&=-\frac{3qa^2\sin\theta\cos\theta}{4\pi\varepsilon_0 r^3}\end{aligned} \tag{2.69.15}$$

【解法三】 由电四极子产生电势的公式求φ.

这个电荷系的总电荷量为零,电偶极矩之和也为零. 因此,它在$r\gg a$处产生的电势便等于它的电四极矩$\boldsymbol{Q}$所产生的电势,即

$$\varphi=\frac{1}{4\pi\varepsilon_0}\frac{\sum\limits_{ij}x_iQ_{ij}x_j}{2r^5} \tag{2.69.16}$$

式中Q_{ij}是$\boldsymbol{Q}$的分量

$$Q_{ij}=\sum_{n=1}^{4}(3x'_{ni}x'_{nj}-r'^2_n\delta_{ij})q_n \tag{2.69.17}$$

其值为

$$\begin{aligned}Q_{11}&=\sum_{n=1}^{4}(3x'^2_n-r'^2_n)q_n\\&=\left[3\left(-\frac{a}{2}\right)^2-(\sqrt{2}a)^2\right]q+\left[3\left(-\frac{a}{2}\right)^2-(\sqrt{2}a)^2\right](-q)\\&\quad+\left[3\left(\frac{a}{2}\right)^2-(\sqrt{2}a)^2\right]q+\left[3\left(\frac{a}{2}\right)^2-(\sqrt{2}a)^2\right](-q)=0\end{aligned} \tag{2.69.18}$$

同样可得

$$Q_{22}=Q_{33}=0 \tag{2.69.19}$$

$$Q_{12}=Q_{21}=\sum_{n=1}^{4}3x'_n y'_n q_n$$
$$=3\left(-\frac{a}{2}\right)\frac{a}{2}q+3\left(-\frac{a}{2}\right)\left(-\frac{a}{2}\right)(-q)$$
$$+3\left(\frac{a}{2}\right)\left(-\frac{a}{2}\right)q+3\,\frac{a}{2}\cdot\frac{a}{2}(-q)$$
$$=-3qa^2 \tag{2.69.20}$$

$$Q_{13}=Q_{31}=Q_{23}=Q_{32}=-\sum_{n=1}^{4}r_n'^2 q_n=0 \tag{2.69.21}$$

代入(2.51.16)式便得所求电势为

$$\varphi=\frac{Q_{12}xy+Q_{21}yx}{8\pi\varepsilon_0 r^5}=-\frac{3qa^2xy}{4\pi\varepsilon_0 r^5}$$
$$=-\frac{3qa^2\sin\theta\cos\theta}{4\pi\varepsilon_0 r^3} \tag{2.69.22}$$

2.70　一正方形的平面电四极子，边长为 a，电荷量依次为 q、$-q$、q 和 $-q$，如图 2.70 所示. 以中心 O 为原点取笛卡儿坐标系，使四个电荷都在 x-y 平面内，两正电荷的对角线与 x 轴夹角为 θ. 试求这电四极子对中心 O 的电四极矩.

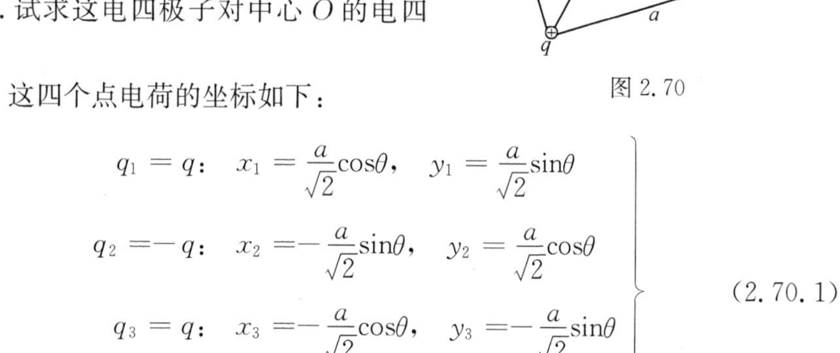

图 2.70

【解】　这四个点电荷的坐标如下：

$$\left.\begin{aligned}
q_1&=q: & x_1&=\frac{a}{\sqrt{2}}\cos\theta, & y_1&=\frac{a}{\sqrt{2}}\sin\theta\\
q_2&=-q: & x_2&=-\frac{a}{\sqrt{2}}\sin\theta, & y_2&=\frac{a}{\sqrt{2}}\cos\theta\\
q_3&=q: & x_3&=-\frac{a}{\sqrt{2}}\cos\theta, & y_3&=-\frac{a}{\sqrt{2}}\sin\theta\\
q_4&=-q: & x_4&=\frac{a}{\sqrt{2}}\sin\theta, & y_4&=-\frac{a}{\sqrt{2}}\cos\theta
\end{aligned}\right\} \tag{2.70.1}$$

把这些值代入电四极矩 $\boldsymbol{Q}$ 的分量公式

$$Q_{ij}=\sum_{n=1}^{4}(3x_{ni}x_{nj}-r_n^2\delta_{ij})q_n \tag{2.70.2}$$

并利用 $r_n^2=\left(\frac{a}{\sqrt{2}}\right)^2=\frac{a^2}{2}$，便得

$$
\left.\begin{aligned}
Q_{11} &= \sum_{n=1}^{4}(3x_n^2 - r_n^2)q_n = 3qa^2\cos2\theta \\
Q_{12} &= Q_{21} = 3\sum_{n=1}^{4} x_n y_n q_n = 3qa^2\sin2\theta \\
Q_{22} &= \sum_{n=1}^{4}(3y_n^2 - r_n^2)q_n = -3qa^2\cos2\theta \\
Q_{13} &= Q_{31} = Q_{23} = Q_{32} = 0 \\
Q_{33} &= -\sum_{n=1}^{4} r_n^2 q_n = 0
\end{aligned}\right\} \tag{2.70.3}
$$

于是得所求的电四极矩 $\boldsymbol{Q}$ 用矩阵表示为

$$
\boldsymbol{Q} = 3qa^2\begin{pmatrix} \cos2\theta & \sin2\theta & 0 \\ \sin2\theta & -\cos2\theta & 0 \\ 0 & 0 & 0 \end{pmatrix} \tag{2.70.4}
$$

用并矢表示为

$$
\boldsymbol{Q} = 3qa^2(\cos2\theta\boldsymbol{e}_x\boldsymbol{e}_x + \sin2\theta\boldsymbol{e}_x\boldsymbol{e}_y + \sin2\theta\boldsymbol{e}_y\boldsymbol{e}_x - \cos2\theta\boldsymbol{e}_y\boldsymbol{e}_y) \tag{2.70.5}
$$

2.71 真空中有一半径为 R 的导体球，带有电荷量 Q，并以匀角速度 $\boldsymbol{\omega}$ 绕它的一个固定的直径旋转. 设球内外的磁导率都是 μ_0，试求球内外的磁场.

【解法一】 磁标势法.

以球心为原点，$\boldsymbol{\omega}$ 为极轴，取球坐标系. 把空间划分为球面内和球面外两个区域. 磁标势在这两个区域里都满足拉普拉斯方程. 设球面内的磁标势为 φ_1，球面外的磁标势为 φ_2. 应用 $r\to\infty$ 时 $\varphi_2\to0$ 和 $r\to0$ 时，φ_1 为有限值这两个边界条件，便得

$$
\varphi_1 = \sum_{l=0}^{\infty} a_l r^l \mathrm{P}_l(\cos\theta), \qquad r < R \tag{2.71.1}
$$

$$
\varphi_2 = \sum_{l=0}^{\infty} \frac{b_l}{r^{l+1}} \mathrm{P}_l(\cos\theta), \qquad r > R \tag{2.71.2}
$$

旋转的球面电荷构成球面电流，其面电流密度为

$$
\boldsymbol{K} = \sigma\boldsymbol{v} = \frac{Q}{4\pi R^2}\omega R\sin\theta\boldsymbol{e}_\phi = \frac{Q\omega}{4\pi R}\sin\theta\boldsymbol{e}_\phi \tag{2.71.3}
$$

在 $r=R$ 处(球面上)，边值关系为

$$
\boldsymbol{e}_r\cdot(\boldsymbol{B}_2 - \boldsymbol{B}_1) = 0 \tag{2.71.4}
$$

$$
\boldsymbol{e}_r\times(\boldsymbol{H}_2 - \boldsymbol{H}_1) = \boldsymbol{K} \tag{2.71.5}
$$

式中下标 1 表示球面内，下标 2 表示球面外. 由(2.71.4)式得

$$
\left(\frac{\partial\varphi_1}{\partial r}\right)_R = \left(\frac{\partial\varphi_2}{\partial r}\right)_R \tag{2.71.6}
$$

用 $\boldsymbol{e}_\phi$ 点乘(2.71.5)式两边，得

$$\begin{aligned}
&\boldsymbol{e}_\phi \cdot [\boldsymbol{e}_r \times (\boldsymbol{H}_2 - \boldsymbol{H}_1)] \\
&= (\boldsymbol{H}_2 - \boldsymbol{H}_1) \cdot (\boldsymbol{e}_\phi \times \boldsymbol{e}_r) = (\boldsymbol{H}_2 - \boldsymbol{H}_1) \cdot \boldsymbol{e}_\theta \\
&= (-\nabla\varphi_2 + \nabla\varphi_1) \cdot \boldsymbol{e}_\theta = -\frac{1}{R}\left(\frac{\partial\varphi_2}{\partial\theta}\right)_R + \frac{1}{R}\left(\frac{\partial\varphi_1}{\partial\theta}\right)_R \\
&= \frac{Q\omega}{4\pi R}\sin\theta
\end{aligned}$$

所以

$$\left(\frac{\partial\varphi_1}{\partial\theta}\right)_R - \left(\frac{\partial\varphi_2}{\partial\theta}\right)_R = \frac{Q\omega}{4\pi}\sin\theta \tag{2.71.7}$$

把(2.71.1)和(2.71.2)两式代入(2.71.6)式，然后比较两边 $\mathrm{P}_l(\cos\theta)$ 的系数，便得

$$b_l = -\frac{l}{l+1}R^{2l+1}a_l \tag{2.71.8}$$

把(2.71.1)和(2.71.2)两式代入(2.71.7)式，然后比较 $\frac{\mathrm{d}}{\mathrm{d}\theta}\mathrm{P}_l(\cos\theta)$ 的系数，便得

$$b_l = R^{2l+1}a_l, \qquad l \neq 1 \tag{2.71.9}$$

$$b_1 = R^3 a_1 + \frac{Q\omega}{4\pi}R^2 \tag{2.71.10}$$

由(2.71.7)、(2.71.8)和(2.71.9)三式得

$$a_l = 0, \quad b_l = 0, \quad l \neq 1 \tag{2.71.11}$$

$$a_l = -\frac{Q\omega}{6\pi R}, \qquad b_l = \frac{Q\omega R^2}{12\pi} \tag{2.71.12}$$

于是所求的磁标势为

$$\varphi_1 = -\frac{Q\omega}{6\pi R}r\cos\theta = -\frac{Q}{6\pi R}\boldsymbol{\omega} \cdot \boldsymbol{r}, \qquad r < R \tag{2.71.13}$$

$$\varphi_2 = \frac{Q\omega R^2}{12\pi}\frac{\cos\theta}{r^2} = \frac{QR^2}{12\pi}\frac{\boldsymbol{\omega} \cdot \boldsymbol{r}}{r^3}, \qquad r > R \tag{2.71.14}$$

所求的磁感强度为

$$\boldsymbol{B}_1 = -\mu_0 \nabla\varphi_1 = \frac{\mu_0 Q}{6\pi R}\nabla(\boldsymbol{\omega} \cdot \boldsymbol{r}) = \frac{\mu_0 Q}{6\pi R}\boldsymbol{\omega}, \qquad r < R \tag{2.71.15}$$

$$\begin{aligned}
\boldsymbol{B}_2 &= -\mu_0 \nabla\varphi_2 = -\frac{\mu_0 QR^2}{12\pi}\left[\frac{1}{r^3}\nabla(\boldsymbol{\omega} \cdot \boldsymbol{r}) + (\boldsymbol{\omega} \cdot \boldsymbol{r})\nabla\frac{1}{r^3}\right] \\
&= \frac{\mu_0 QR^2}{12\pi r^3}\left[\frac{3(\boldsymbol{\omega} \cdot \boldsymbol{r})\boldsymbol{r}}{r^2} - \boldsymbol{\omega}\right], \qquad r > R
\end{aligned} \tag{2.71.16}$$

或者写成

$$\boldsymbol{B}_2 = \frac{\mu_0}{4\pi r^3}\left[\frac{3(\boldsymbol{m}\cdot\boldsymbol{r})\boldsymbol{r}}{r^2} - \boldsymbol{m}\right], \qquad r > R \tag{2.71.17}$$

式中

$$\boldsymbol{m} = \int (\mathrm{d}I)\boldsymbol{S} = \int_0^\pi KR\,\mathrm{d}\theta \cdot \pi(R\sin\theta)^2\,\frac{\boldsymbol{\omega}}{\omega} = \frac{QR^2\boldsymbol{\omega}}{4}\int_0^\pi \sin^3\theta\,\mathrm{d}\theta = \frac{1}{3}QR^2\boldsymbol{\omega} \tag{2.71.18}$$

是球上电荷在旋转时的磁矩.

由以上结果可见,球内磁场 $\boldsymbol{B}_1$ 是一个均匀磁场;球外磁场则是一个磁矩为 $\boldsymbol{m}$ 的磁偶极子的磁场.

【解法二】 矢势法.

球面上的面电流密度 $\boldsymbol{K}$ 在 $\boldsymbol{r}$ 处产生的矢势为

$$\boldsymbol{A}(\boldsymbol{r}) = \frac{\mu_0}{4\pi}\int_V \frac{\boldsymbol{j}(\boldsymbol{r}')\mathrm{d}V'}{|\boldsymbol{r}-\boldsymbol{r}'|} = \frac{\mu_0}{4\pi}\int_S \frac{\boldsymbol{K}\mathrm{d}S}{|\boldsymbol{r}-\boldsymbol{r}'|} \tag{2.71.19}$$

式中 $\boldsymbol{K}$ 沿 $\boldsymbol{e}_\phi$ 方向. 由于轴对称性,由此式可见,$\boldsymbol{A}(\boldsymbol{r})$ 仅有 $\boldsymbol{e}_\phi$ 方向的分量,并且与方位角 ϕ 无关,即

$$\boldsymbol{A}(\boldsymbol{r}) = A_\phi(r,\theta)\boldsymbol{e}_\phi \tag{2.71.20}$$

下面我们就根据题给的条件求 A_ϕ. 由上式得磁场为

$$\boldsymbol{B} = \nabla\times\boldsymbol{A} = \frac{1}{r\sin\theta}\left[\frac{\partial}{\partial\theta}(\sin\theta A_\phi)\right]\boldsymbol{e}_r - \frac{1}{r}\left[\frac{\partial}{\partial r}(rA_\phi)\right]\boldsymbol{e}_\theta \tag{2.71.21}$$

球面上的边界条件为前面的(2.71.4)和(2.71.5)两式. 把(2.71.21)式代入(2.71.4)式得

$$\frac{\partial}{\partial\theta}(\sin\theta A_{\phi1}) = \frac{\partial}{\partial\theta}(\sin\theta A_{\phi2}) \tag{2.71.22}$$

因此式要对任何 θ 都成立,故得

$$A_{\phi1}(R,\theta) = A_{\phi2}(R,\theta) \tag{2.71.23}$$

把(2.71.21)式代入(2.71.5)式并利用关系式 $\boldsymbol{B}=\mu_0\boldsymbol{H}$ 得

$$\frac{1}{\mu_0 R}\left[\frac{\partial}{\partial r}(rA_{\phi1})\right]_{r=R} - \frac{1}{\mu_0 R}\left[\frac{\partial}{\partial r}(rA_{\phi2})\right]_{r=R} = \frac{Q\omega}{4\pi R}\sin\theta \tag{2.71.24}$$

再利用(2.71.23)式便得

$$\left(\frac{\partial A_{\phi1}}{\partial r}\right)_{r=R} - \left(\frac{\partial A_{\phi2}}{\partial r}\right)_{r=R} = \frac{\mu_0 Q\omega}{4\pi R}\sin\theta \tag{2.71.25}$$

由此可见,A_ϕ 的形式为

$$A_\phi(r,\theta) = F(r)\sin\theta \tag{2.71.26}$$

式中 $F(r)$ 仅是 r 的函数. 下面便来求 $F(r)$.

因本题的磁场是稳定磁场,且在球面内和球面外都没有自由电流,故 $\nabla\times\boldsymbol{H}=0$,即

$$\nabla\times\boldsymbol{B}=\nabla\times(\nabla\times\boldsymbol{A})=0 \tag{2.71.27}$$

由于 $\boldsymbol{A}$ 只有 ϕ 分量 A_ϕ，而 A_ϕ 又与 ϕ 无关，故由(2.71.26)式得

$$\begin{aligned}\nabla\times\boldsymbol{A}&=\frac{1}{r\sin\theta}\left[\frac{\partial}{\partial\theta}(F\sin^2\theta)\right]\boldsymbol{e}_r-\frac{1}{r}\left[\frac{\partial}{\partial r}(rF\sin\theta)\right]\boldsymbol{e}_\theta\\&=2\frac{F}{r}\cos\theta\boldsymbol{e}_r-\frac{\sin\theta}{r}\left[\frac{\mathrm{d}}{\mathrm{d}r}(rF)\right]\boldsymbol{e}_\theta\end{aligned} \tag{2.71.28}$$

由此式得

$$\begin{aligned}\nabla\times(\nabla\times\boldsymbol{A})&=\frac{1}{r}\left\{\frac{\partial}{\partial r}\left[-\sin\theta\frac{\mathrm{d}}{\mathrm{d}r}(rF)\right]\right\}\boldsymbol{e}_\phi-\frac{1}{r}\left[\frac{\partial}{\partial\theta}\left(2\frac{F}{r}\cos\theta\right)\right]\boldsymbol{e}_\phi\\&=\frac{\sin\theta}{r^3}\left[2rF-r^2\frac{\mathrm{d}^2}{\mathrm{d}r^2}(rF)\right]\boldsymbol{e}_\phi\end{aligned} \tag{2.71.29}$$

由(2.71.27)和(2.71.29)两式得

$$r^2\frac{\mathrm{d}^2}{\mathrm{d}r^2}(rF)-2rF=0 \tag{2.71.30}$$

这个微分方程的解为

$$F(r)=c_1r+\frac{c_2}{r^2} \tag{2.71.31}$$

因为在 $r\to0$ 时 F_1 应为有限值，故得

$$F_1(r)=c_1r,\qquad r<R \tag{2.71.32}$$

因为在 $r\to\infty$ 时 $F_2(r)$ 应为零，故得

$$F_2(r)=\frac{c_2}{r^2},\qquad r>R \tag{2.71.33}$$

代入(2.71.26)式便得

$$A_{\phi1}(r,\theta)=c_1r\sin\theta,\qquad r<R \tag{2.71.34}$$

$$A_{\phi2}(r,\theta)=\frac{c_2}{r^2}\sin\theta,\qquad r>R \tag{2.71.35}$$

把这两式代入(2.71.23)式得

$$c_2=R^3c_1 \tag{2.71.36}$$

把(2.71.34)和(2.71.35)两式代入(2.71.25)式得

$$c_1+\frac{2c_2}{R^3}=\frac{\mu_0Q\omega}{4\pi R} \tag{2.71.37}$$

由以上两式解得

$$c_1=\frac{\mu_0Q\omega}{12\pi R},\qquad c_2=\frac{\mu_0Q\omega R^2}{12\pi} \tag{2.71.38}$$

分别代入(2.71.34)和(2.71.35)两式，便得所求的矢势为

$$\boldsymbol{A}_1(r,\theta)=\frac{\mu_0Q\omega}{12\pi R}r\sin\theta\boldsymbol{e}_\phi=\frac{\mu_0Q}{12\pi R}\boldsymbol{\omega}\times\boldsymbol{r},\qquad r<R \tag{2.71.39}$$

$$\boldsymbol{A}_2(r,\theta)=\frac{\mu_0 Q\omega R^2\sin\theta}{12\pi r^2}\boldsymbol{e}_\phi=\frac{\mu_0}{4\pi}\frac{\boldsymbol{m}\times\boldsymbol{r}}{r^3},\qquad r>R \tag{2.71.40}$$

式中 $\boldsymbol{m}=\frac{1}{3}QR^2\boldsymbol{\omega}$.

有了矢势 $\boldsymbol{A}$,就可以求出磁场.

$$\boldsymbol{B}_1=\nabla\times\boldsymbol{A}_1=\frac{\mu_0 Q}{12\pi R}\nabla\times(\boldsymbol{\omega}\times\boldsymbol{r})=\frac{\mu_0 Q}{6\pi R}\boldsymbol{\omega},\qquad r<R \tag{2.71.41}$$

$$\begin{aligned}\boldsymbol{B}_2&=\nabla\times\boldsymbol{A}_2=\frac{\mu_0}{4\pi}\nabla\times\left(\frac{\boldsymbol{m}\times\boldsymbol{r}}{r^3}\right)\\&=\frac{\mu_0}{4\pi}\left[\frac{1}{r^3}\nabla\times(\boldsymbol{m}\times\boldsymbol{r})+\left(\nabla\frac{1}{r^3}\right)\times(\boldsymbol{m}\times\boldsymbol{r})\right]\\&=\frac{\mu_0}{4\pi}\left[\frac{2\boldsymbol{m}}{r^3}-\frac{3\boldsymbol{r}\times(\boldsymbol{m}\times\boldsymbol{r})}{r^5}\right]\\&=\frac{\mu_0}{4\pi r^3}\left[\frac{3(\boldsymbol{m}\cdot\boldsymbol{r})\boldsymbol{r}}{r^2}-\boldsymbol{m}\right],\qquad r>R\end{aligned} \tag{2.71.42}$$

【讨论】 关于电子自旋的经典模型.

假定电子电荷 $-e$ 均匀分布在半径为 a 的球面上,这球面以匀角速度 $\boldsymbol{\omega}$ 绕通过球心的轴旋转,则由前面的(2.71.18)式,电子自旋的磁矩应为

$$\boldsymbol{m}=-\frac{1}{3}ea^2\boldsymbol{\omega} \tag{2.71.43}$$

假定电子电荷 $-e$ 均匀分布在半径为 a 的球体内,这球体以匀角速度 $\boldsymbol{\omega}'$ 绕通过球心的轴旋转,则由前面 1.62 题的(1.62.11)式,电子自旋的磁矩应为

$$\boldsymbol{m}'=-\frac{1}{5}ea^2\boldsymbol{\omega}' \tag{2.71.44}$$

实验测出,电子自旋磁矩的大小为

$$m_{\mathrm{s}}=9.28\times10^{-24}\,\mathrm{J}\cdot\mathrm{T}^{-1} \tag{2.71.45}$$

已知经典电子半径为

$$r_e=\frac{e^2}{4\pi\varepsilon_0 m_e c^2}=2.8\times10^{-15}\,\mathrm{m} \tag{2.71.46}$$

如果电子电荷均匀分布在半径为 r_e 的球面上,则由(2.71.43)、(2.71.45)和(2.71.46)三式,电子自旋在赤道上的线速度大小为

$$\begin{aligned}v&=\omega r_e=\frac{3m_{\mathrm{s}}}{er_e}=\frac{3\times9.28\times10^{-24}}{1.6\times10^{-19}\times2.8\times10^{-15}}\\&=6.2\times10^{10}\,\mathrm{m/s}>c(=3\times10^8\,\mathrm{m/s})\end{aligned} \tag{2.71.47}$$

如果电子电荷均匀分布在半径为 r_e 的球体内,则由(2.71.44)、(2.71.45)和(2.71.46)三式,电子自旋在赤道上的线速度大小为

$$v' = \omega' r_e = \frac{5m_s}{er_e} = \frac{5 \times 9.28 \times 10^{-24}}{1.6 \times 10^{-19} \times 2.8 \times 10^{-15}}$$

$$= 1.0 \times 10^{11} \mathrm{m/s} > c \tag{2.71.48}$$

可见无论是(2.71.43)式还是(2.71.44)式,所给出的电子自旋在赤道上的线速度大小都超过真空中的光速 c,这都违反了狭义相对论.由此可见,经典电动力学所描述的电子自旋的模型是不正确的.量子力学得出,电子自旋是一种相对论性的量子效应,它不具有经典形象,换句话说,电子自旋不存在经典模型.

2.72　真空中有磁场强度为 $\boldsymbol{H}_0$ 的均匀磁场,将半径为 R 的一个均匀介质球放到这个磁场里.已知球的磁导率为 μ.试求:(1)球内外的磁感强度 $\boldsymbol{B}$;(2)球的磁矩 $\boldsymbol{M}$;(3)球内的磁化电流密度 $\boldsymbol{j}_M$ 和球面上的磁化面电流密度 $\boldsymbol{K}_M$.

【解】　因为没有自由电流,故本题用磁标势求解较简单.

(1) 以球心为原点,$\boldsymbol{H}_0$ 方向为极轴,取球坐标系.因磁标势 φ_m 满足拉普拉斯方程,且 φ_m 在极轴上应为有限值,故得

$$\varphi_m = \sum_{l=0}^{\infty}\left(a_l r^l + \frac{b_l}{r^{l+1}}\right)\mathrm{P}_l(\cos\theta) \tag{2.72.1}$$

在球外,当 $r \to \infty$ 时,$\varphi_m \to -H_0 r\cos\theta$,故

$$\varphi_{m2} = \sum_{l=0}^{\infty}\frac{b_l}{r^{l+1}}\mathrm{P}_l(\cos\theta) - H_0 r\cos\theta, \qquad r \geqslant R \tag{2.72.2}$$

在球内,当 $r \to 0$ 时,φ_m 为有限,故

$$\varphi_{m1} = \sum_{l=0}^{\infty} a_l r^l \mathrm{P}_l(\cos\theta), \qquad r \leqslant R \tag{2.72.3}$$

下面用边值关系定系数 a_l 和 b_l.当 $r=R$ 时,$\varphi_{m2}=\varphi_{m1}$,故

$$\sum_{l=0}^{\infty}\frac{b_l}{R^{l+1}}\mathrm{P}_l(\cos\theta) - H_0 R\cos\theta = \sum_{l=0}^{\infty} a_l R^l \mathrm{P}_l(\cos\theta) \tag{2.72.4}$$

又当 $r=R$ 时,$\mu_0 \dfrac{\partial \varphi_{m2}}{\partial r} = \mu \dfrac{\partial \varphi_{m1}}{\partial r}$,故

$$-\sum_{l=0}^{\infty}\frac{\mu_0 (l+1) b_l}{R^{l+2}}\mathrm{P}_l(\cos\theta) - \mu_0 H_0 \cos\theta = \mu \sum_{l=0}^{\infty} l a_l R^{l-1} \mathrm{P}_l(\cos\theta) \tag{2.72.5}$$

由以上两式得出:当 $l \neq 1$ 时

$$b_l = R^{2l+1} a_l, \qquad b_l = -\frac{\mu l}{\mu_0 (l+1)} R^{2l+1} a_l \tag{2.72.6}$$

当 $l=1$ 时

$$b_1 = R^3 (a_1 + H_0), \qquad b_1 = -\frac{R^3}{2\mu_0}(\mu a_1 + \mu_0 H_0) \tag{2.72.7}$$

解得

$$a_l = 0, \quad b_l = 0, \quad l \neq 1 \tag{2.72.8}$$

$$a_1 = -\frac{3\mu_0}{\mu + 2\mu_0}H_0, \qquad b_1 = \frac{\mu - \mu_0}{\mu + 2\mu_0}R^3 H_0 \tag{2.72.9}$$

于是得磁标势为

$$\varphi_{m1} = -\frac{3\mu_0}{\mu + 2\mu_0}H_0 r\cos\theta, \qquad r \leqslant R \tag{2.72.10}$$

$$\varphi_{m2} = \frac{\mu - \mu_0}{\mu + 2\mu_0}\frac{R^3}{r^2}H_0\cos\theta - H_0 r\cos\theta, \qquad r \geqslant R \tag{2.72.11}$$

磁场强度为

$$\begin{aligned}\boldsymbol{H}_1 &= -\nabla\varphi_{m1} = \frac{3\mu_0}{\mu + 2\mu_0}H_0(\cos\theta\boldsymbol{e}_r - \sin\theta\boldsymbol{e}_\theta) \\ &= \frac{3\mu_0}{\mu + 2\mu_0}\boldsymbol{H}_0, \qquad r < R\end{aligned} \tag{2.72.12}$$

$$\begin{aligned}\boldsymbol{H}_2 &= -\nabla\varphi_{m2} = -\frac{\mu - \mu_0}{\mu + 2\mu_0}R^3 H_0 \nabla\left(\frac{\cos\theta}{r^2}\right) - H_0\nabla(r\cos\theta) \\ &= \frac{\mu - \mu_0}{\mu + 2\mu_0}\left(\frac{R}{r}\right)^3 H_0(2\cos\theta\boldsymbol{e}_r + \sin\theta\boldsymbol{e}_\theta) + \boldsymbol{H}_0 \\ &= \frac{\mu - \mu_0}{\mu + 2\mu_0}\left(\frac{R}{r}\right)^3\left[\frac{3(\boldsymbol{H}_0\cdot\boldsymbol{r})\boldsymbol{r}}{r^2} - \boldsymbol{H}_0\right] + \boldsymbol{H}_0, \qquad r > R\end{aligned} \tag{2.72.13}$$

磁感强度为

$$\begin{aligned}\boldsymbol{B}_1 &= \mu\boldsymbol{H}_1 = \frac{3\mu\mu_0}{\mu + 2\mu_0}\boldsymbol{H}_0, \qquad r < R \\ \boldsymbol{B}_2 &= \mu_0\boldsymbol{H}_2 = \frac{(\mu - \mu_0)\mu_0}{\mu + 2\mu_0}\left(\frac{R}{r}\right)^3\left[\frac{3(\boldsymbol{H}_0\cdot\boldsymbol{r})\boldsymbol{r}}{r^2} - \boldsymbol{H}_0\right] + \mu_0\boldsymbol{H}_0, \qquad r > R\end{aligned} \tag{2.72.14}$$

(2) 球的磁化强度为

$$\boldsymbol{M} = \chi_m\boldsymbol{H}_1 = \frac{\mu - \mu_0}{\mu_0}\boldsymbol{H}_1 = \frac{3(\mu - \mu_0)}{\mu + 2\mu_0}\boldsymbol{H}_0 \tag{2.72.15}$$

由于球的磁化是均匀的,故得球的磁矩为

$$\boldsymbol{m} = \frac{4\pi}{3}R^3\boldsymbol{M} = \frac{4\pi(\mu - \mu_0)}{\mu + 2\mu_0}R^3\boldsymbol{H}_0 \tag{2.72.16}$$

(3) 球内磁化电流密度为

$$\boldsymbol{j}_M = \nabla\times\boldsymbol{M} = \frac{4\pi(\mu - \mu_0)}{\mu + 2\mu_0}R^3\,\nabla\times\boldsymbol{H}_0 = 0 \tag{2.72.17}$$

球面上磁化电流的面密度为

$$\boldsymbol{K}_M = -\boldsymbol{n}\times\boldsymbol{M} = -\frac{3(\mu - \mu_0)}{\mu + 2\mu_0}\boldsymbol{n}\times\boldsymbol{H}_0 \tag{2.72.18}$$

式中 $\boldsymbol{n}$ 为球面的外法线方向上的单位矢量. $\boldsymbol{K}_M$ 又可写作

$$\boldsymbol{K}_M = \frac{3(\mu-\mu_0)}{\mu+2\mu_0}H_0\sin\theta\boldsymbol{e}_\phi \tag{2.72.19}$$

式中 $\boldsymbol{e}_\phi$ 为 $\boldsymbol{H}_0$ 的右旋方向的单位矢量.

【讨论】 将本题与 2.15 题比较,便可看出,只要把 2.15 题里介质球内外的电势和电场强度公式中的 $\boldsymbol{E}_0$、ε_0 和 ε,分别换成 $\boldsymbol{H}_0$、μ_0 和 μ,便可得出本题介质球内外的磁标势和磁场强度来. 这是因为,这两题的势满足相同的微分方程和边界条件,故它们的结果在形式上必然是相同的.

2.73 把磁导率为 μ、半径为 R 的均匀介质球放入不随时间变化的均匀磁场 $\boldsymbol{B}_0=B_0\boldsymbol{e}_z$ 中. 球内外的介电常数 ε_r 都等于 1. (a)求空间各处的磁感强度 $\boldsymbol{B}$(应用磁标势法);(b)简要地叙述球外($r>R$)$\boldsymbol{B}$ 场的性质. [本题系中国赴美物理研究生考试(CUSPEA)1986 年试题.]

【解】 (a) 因为自由电荷量密度 $\rho(\boldsymbol{r})=0$,自由电流密度 $\boldsymbol{j}(\boldsymbol{r})=0$,且磁场 $\boldsymbol{B}$ 不随时间变化,所以麦克斯韦方程组便为

$$\left.\begin{aligned}\nabla\cdot\boldsymbol{E}&=0\\ \nabla\times\boldsymbol{E}&=0\\ \nabla\cdot\boldsymbol{B}&=0\\ \nabla\times\boldsymbol{H}&=0\end{aligned}\right\} \tag{2.73.1}$$

在球内的磁场为 $\boldsymbol{B}=\mu\boldsymbol{H}$,在球外,磁场为 $\boldsymbol{B}=\mu_0\boldsymbol{H}$;而电场在球内处处都等于零,即 $\boldsymbol{E}\equiv 0$. 当 $r\to\infty$ 时,$\boldsymbol{B}\to\boldsymbol{B}_0$.

由 $\nabla\times\boldsymbol{H}=0$ 可知,有磁标势 φ_{m} 存在,它满足

$$\boldsymbol{H}=-\nabla\varphi_{\mathrm{m}} \tag{2.73.2}$$

又由 $\nabla\cdot\boldsymbol{B}=0$ 得

$$\nabla^2\varphi_{\mathrm{m}}=0 \tag{2.73.3}$$

这表示磁标势 φ_{m} 处处满足拉普拉斯方程.

以球心为原点,$\boldsymbol{B}_0$ 的方向为极轴取球坐标系. 由于 φ_{m} 具有轴对称性,且在极轴上应为有限值,故 φ_{m} 的通解形式为

$$\varphi_{\mathrm{m}}(\boldsymbol{r})=\sum_{l=0}^{\infty}\left(a_l r^l+\frac{b_l}{r^{l+1}}\right)\mathrm{P}_l(\cos\theta) \tag{2.73.4}$$

在球内原点处,即 $r\to 0$ 处,φ_{m} 应为有限值,故

$$\varphi_{\mathrm{m1}}=\sum_{l=0}^{\infty}a_l r^l\mathrm{P}_l(\cos\theta),\qquad r\leqslant R \tag{2.73.5}$$

在球外,当 $r\to\infty$ 时,$\varphi_{\mathrm{m}}\to -H_0 r\cos\theta$,故

$$\varphi_{\mathrm{m2}}=\sum_{l=0}^{\infty}\frac{b_l}{r^{l+1}}\mathrm{P}_l(\cos\theta)-H_0 r\cos\theta,\qquad r\geqslant R \tag{2.73.6}$$

$$-\nabla(-H_0 r\cos\theta) = H_0 \boldsymbol{e}_z \tag{2.73.7}$$

故磁标势 φ_{m2} 中的 $-H_0 r\cos\theta$ 项所对应的是 $\boldsymbol{H}_0 = H_0 \boldsymbol{e}_z$，即原来的磁场.

由于在(2.73.5)和(2.73.6)两式中，$-H_0 r\cos\theta$ 是仅有的策动项(driving term)，故当 $l \neq 1$ 时，可令

$$a_l = 0, \quad b_l = 0 \tag{2.73.8}$$

于是(2.73.5)和(2.73.6)两式便化为

$$\varphi_{m1} = a_1 r\cos\theta, \quad r \leqslant R \tag{2.73.9}$$

$$\varphi_{m2} = \left(\frac{b_1}{r^2} - H_0 r\right)\cos\theta, \quad r \geqslant R \tag{2.73.10}$$

在 $r=R$ 处，$\boldsymbol{H}$ 的切向分量连续，即

$$-\frac{1}{r}\frac{\partial}{\partial\theta}(a_1 r\cos\theta)\bigg|_{r=R} = -\frac{1}{r}\frac{\partial}{\partial\theta}\left(\frac{b_1}{r^2} - H_0 r\right)\cos\theta\bigg|_{r=R}$$

由此得

$$a_1 = \frac{b_1}{R^3} - H_0 \tag{2.73.11}$$

在 $r=R$ 处，$\boldsymbol{B}$ 的法向分量连续，即

$$-\mu\frac{\partial}{\partial r}(a_1 r\cos\theta)\bigg|_{r=R} = -\mu_0\frac{\partial}{\partial r}\left(\frac{b_1}{r^2} - H_0 r\right)\cos\theta\bigg|_{r=R}$$

由此得

$$\mu a_1 = -\mu_0\left(\frac{2b_1}{R^3} + H_0\right) \tag{2.73.12}$$

由(2.73.11)和(2.73.12)两式解出

$$a_1 = -\frac{3\mu_0}{\mu + 2\mu_0} H_0, \quad b_1 = \frac{\mu - \mu_0}{\mu + 2\mu_0} R^3 H_0 \tag{2.73.13}$$

代入(2.73.5)和(2.73.6)两式便得

$$\varphi_{m1} = -\frac{3\mu_0}{\mu + 2\mu_0} H_0 r\cos\theta, \quad r \leqslant R \tag{2.73.14}$$

$$\varphi_{m2} = \frac{\mu - \mu_0}{\mu + 2\mu_0}\frac{R^3}{r^2} H_0 \cos\theta - H_0 r\cos\theta, \quad r \geqslant R \tag{2.73.15}$$

这就是所求的磁标势. 下面用它们来求磁场.

在球内，由(2.73.14)式得磁场强度为

$$\boldsymbol{H}_1 = -\nabla\varphi_{m1} = \frac{3\mu_0}{\mu + 2\mu_0} H_0 \nabla(r\cos\theta) = \frac{3\mu_0}{\mu + 2\mu_0}\boldsymbol{H}_0, \quad r < R \tag{2.73.16}$$

这个结果表明，球内的磁场是均匀磁场.

在球外，由(2.73.15)式得磁场强度为

$$\boldsymbol{H}_2 = -\nabla\varphi_{m2} = -\frac{\mu - \mu_0}{\mu + 2\mu_0} R^3 H_0 \nabla\left(\frac{\cos\theta}{r^2}\right) + H_0 \nabla(r\cos\theta)$$

$$= \frac{\mu - \mu_0}{\mu + 2\mu_0}\left(\frac{R}{r}\right)^3 H_0(2\cos\theta \boldsymbol{e}_r + \sin\theta \boldsymbol{e}_\theta) + \boldsymbol{H}_0$$

$$= \frac{\mu - \mu_0}{\mu + 2\mu_0}\left(\frac{R}{r}\right)^3 [3(\boldsymbol{H}_0 \cdot \boldsymbol{e}_r)\boldsymbol{e}_r - \boldsymbol{H}_0] + \boldsymbol{H}_0, \qquad r > R \qquad (2.73.17)$$

最后得所求的磁感强度为

$$\boldsymbol{B}_1 = \mu \boldsymbol{H}_1 = \frac{3\mu_0\mu}{\mu + 2\mu_0}\boldsymbol{H}_0 = \frac{3\mu}{\mu + 2\mu_0}\boldsymbol{B}_0, \qquad r < R \qquad (2.73.18)$$

$$\boldsymbol{B}_2 = \mu_0 \boldsymbol{H}_2 = \frac{\mu - \mu_0}{\mu + 2\mu_0}\left(\frac{R}{r}\right)^3 [3(\boldsymbol{B}_0 \cdot \boldsymbol{e}_r)\boldsymbol{e}_r - \boldsymbol{B}_0] + \boldsymbol{B}_0, \qquad r > R$$

(2.73.19)

作为对上述解的一种检验，可令介质球的磁导率 $\mu \to \mu_0$. 这时，由(2.73.18)和(2.73.19)两式可见，磁感强度处处等于 $\boldsymbol{B}_0$，即

$$\boldsymbol{B} = \boldsymbol{B}_0, \qquad r < R \quad 和 \quad r > R$$

这与实际物理情况符合.

(b) 磁矩为 $\boldsymbol{m}$ 的磁偶极子处在原点，所产生的磁标势为

$$\varphi_{\mathrm{m}}(\boldsymbol{r}) = \frac{1}{4\pi}\frac{\boldsymbol{m} \cdot \boldsymbol{r}}{r^3} \qquad (2.73.20)$$

若 $\boldsymbol{m}$ 沿 z 轴方向，上式可化为

$$\varphi_{\mathrm{m}}(\boldsymbol{r}) = \frac{1}{4\pi}\frac{m\cos\theta}{r^2} \qquad (2.73.21)$$

与(2.73.15)式对比可见，球外($r>R$)的磁标势 $\varphi_{\mathrm{m}2}$ 是策动场(driving field)$\boldsymbol{B}_0 = \mu_0 \boldsymbol{H}_0$ 的磁标势和感生偶极子(induced dipole)

$$\boldsymbol{m} = 4\pi \frac{\mu - \mu_0}{\mu + 2\mu_0} R^3 \boldsymbol{H}_0 \qquad (2.73.22)$$

产生的磁标势叠加而成，即

$$\varphi_{\mathrm{m}2} = \frac{1}{4\pi}\frac{m\cos\theta}{r^2} - H_0 r\cos\theta \qquad (2.73.23)$$

式中 $\boldsymbol{m}$ 由(2.73.22)式表示，$\boldsymbol{m}$ 是放在均匀外磁场 $\boldsymbol{B}_0$ 中的介质球因磁化而具有的磁矩. 这磁矩也可以用下面的方法求出：介质球的磁化强度为

$$\boldsymbol{M} = \chi_{\mathrm{m}} \boldsymbol{H}_1 = (\mu_r - 1)\boldsymbol{H}_1$$

$$= \frac{\mu - \mu_0}{\mu_0}\boldsymbol{H}_1 = \frac{\mu - \mu_0}{\mu_0}\frac{3\mu_0}{\mu + 2\mu_0}\boldsymbol{H}_0 = \frac{3(\mu - \mu_0)}{\mu + 2\mu_0}\boldsymbol{H}_0 \qquad (2.73.24)$$

这个结果表明，介质球是均匀磁化的. 故球的磁矩为

$$\boldsymbol{m} = \frac{4\pi}{3}R^3 \boldsymbol{M} = \frac{4\pi(\mu - \mu_0)}{\mu + 2\mu_0}R^3 \boldsymbol{H}_0$$

这正是(2.73.22)式.

于是我们得出结论：球外的磁场 $\boldsymbol{B}_2$ 是策动磁场($\boldsymbol{B}_0$)与介质磁化后所产生的磁场之和.

【讨论】 关于磁场能量的增量.

磁场的能量由下式给出：

$$W=\frac{1}{2}\int_V \boldsymbol{H}\cdot\boldsymbol{B}\mathrm{d}V \tag{2.73.25}$$

在没有介质时，磁场 $\boldsymbol{B}_0$ 是均匀的. 介质球出现后，为使介质球磁化，外界所做的功 ΔW 应等于磁场能量的增量. 由(2.73.25)式得

$$2\Delta W=\int_V(\boldsymbol{H}\cdot\boldsymbol{B}-\boldsymbol{H}_0\cdot\boldsymbol{B}_0)\mathrm{d}V=\int_V(\mu H^2-\mu_0 H_0^2)\mathrm{d}V \tag{2.73.26}$$

此式适用于球内($r<R$)；对于球外($r>R$)，因磁导率为 μ_0，故上式中的 μ 应换为 μ_0. 于是得磁场能量的增量 ΔW 满足

$$2\Delta W=\int_{V_{1(r<R)}}(\mu H_1^2-\mu_0 H_0^2)\mathrm{d}V+\int_{V_{2(r>R)}}\mu_0(H_2^2-H_0^2)\mathrm{d}V \tag{2.73.27}$$

把(2.73.16)和(2.73.17)两式代入上式，便得

$$\begin{aligned}2\Delta W=&\int_{V_{1(r<R)}}\left[\mu\left(\frac{3\mu_0}{\mu+2\mu_0}H_0\right)^2-\mu_0 H_0^2\right]\mathrm{d}V\\&+\int_{V_{2(v>R)}}\mu_0\left\{\left[\frac{\mu-\mu_0}{\mu+2\mu_0}\left(\frac{R}{r}\right)^3(3\boldsymbol{H}_0\cdot\boldsymbol{e}_r\boldsymbol{e}_r-\boldsymbol{H}_0)+\boldsymbol{H}_0\right]^2-H_0^2\right\}\mathrm{d}V\\=&I_1+I_2\end{aligned} \tag{2.73.28}$$

式中球内积分为

$$\begin{aligned}I_1=&\left[\mu\left(\frac{3\mu_0}{\mu+2\mu_0}H_0\right)^2-\mu_0 H_0^2\right]\int_{V_{1(r<R)}}\mathrm{d}V\\=&\frac{4\pi}{3}R^3\mu_0 H_0^2\left[\frac{9\mu\mu_0}{(\mu+2\mu_0)^2}-1\right]\end{aligned} \tag{2.73.29}$$

球外积分为

$$\begin{aligned}I_2=&\int_{V_{2(r>R)}}\mu_0\left\{\left[\frac{\mu-\mu_0}{\mu+2\mu_0}\left(\frac{R}{r}\right)^3 H_0(2\cos\theta\boldsymbol{e}_r+\sin\theta\boldsymbol{e}_\theta)\right.\right.\\&\left.\left.+H_0(\cos\theta\boldsymbol{e}_r-\sin\theta\boldsymbol{e}_\theta)\right]^2-H_0^2\right\}\mathrm{d}V\\=&\mu_0 H_0^2\int_{V_{2(r>R)}}\left\{\left[\frac{\mu-\mu_0}{\mu+2\mu_0}\left(\frac{R}{r}\right)^3(2\cos\theta\boldsymbol{e}_r+\sin\theta\boldsymbol{e}_\theta)\right.\right.\\&\left.\left.+(\cos\theta\boldsymbol{e}_r-\sin\theta\boldsymbol{e}_\theta)\right]^2-1\right\}\mathrm{d}V\\=&2\pi\mu_0 H_0^2\int_R^\infty\int_0^\pi\left\{\left(\frac{\mu-\mu_0}{\mu+2\mu_0}\right)^2\frac{R^6}{r^6}(3\cos^2\theta+1)\right.\\&\left.+2\frac{\mu-\mu_0}{\mu+2\mu_0}\frac{R^3}{r^3}(3\cos^2\theta-1)\right\}r^2\sin\theta\mathrm{d}r\mathrm{d}\theta\end{aligned}$$

其中

$$\int_0^{\pi}(3\cos^2\theta-1)\sin\theta\mathrm{d}\theta=0$$

$$I_2=2\pi\mu_0H_0^2R^6\left(\frac{\mu-\mu_0}{\mu+2\mu_0}\right)^2\int_R^{\infty}\frac{\mathrm{d}r}{r^4}\int_0^{\pi}(3\cos^2\theta+1)\sin\theta\mathrm{d}\theta$$

$$=\frac{8\pi}{3}R^3\mu_0H_0^2\left(\frac{\mu-\mu_0}{\mu+2\mu_0}\right)^2 \tag{2.73.30}$$

将 I_1 和 I_2 代入(2.73.28)式，最后得出磁场能量的增量为

$$\Delta W=\frac{1}{2}(I_1+I_2)=\frac{2\pi}{3}\frac{\mu-\mu_0}{\mu_0(\mu+2\mu_0)}R^3B_0^2 \tag{2.73.31}$$

由上式可见，当 $\mu=\mu_0$ 时，$\Delta W=0$，即磁场的能量不变，外力做的功为零. 当 $\mu>\mu_0$ 时，$\Delta W>0$，这时放入介质球后，磁场的能量增加，外力做的功为正. 当 $\mu<\mu_0$ 时，$\Delta W<0$，这时放入介质球后，磁场的能量减少，外力做的功为负.

2.74 真空中有一半径为 a 的均匀磁化球，磁化强度为 $\boldsymbol{M}$. 试求它的磁标势和磁感强度.

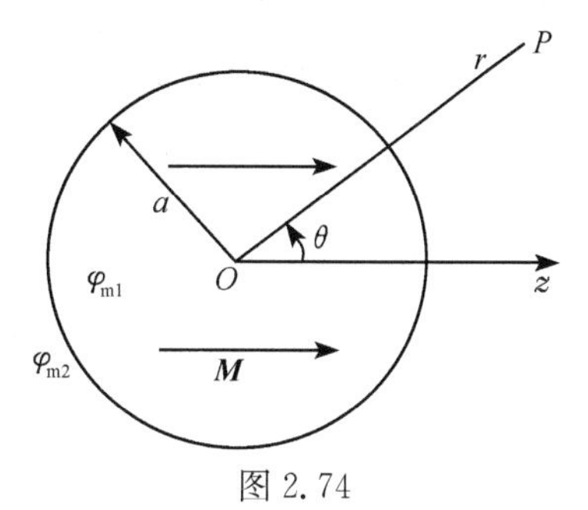

图 2.74

【解】 以球心 O 为原点，$\boldsymbol{M}$ 方向为极轴，取球坐标系如图 2.74 所示. 因为没有自由电流，故 $\nabla\times\boldsymbol{H}=0$，所以存在磁标势 φ_m，使得 $\boldsymbol{H}=-\nabla\varphi_m$. 又因 $\nabla\cdot\boldsymbol{B}=0$，故知球内外的 φ_m 都满足拉普拉斯方程

$$\nabla^2\varphi_m=0 \tag{2.74.1}$$

因 φ_m 在极轴上应有确定值，故得上式的通解为

$$\varphi_m=\sum_{l=0}^{\infty}\left(c_lr^l+\frac{b_l}{r^{l+1}}\right)\mathrm{P}_l(\cos\theta) \tag{2.74.2}$$

在球内，$r\to0$ 时，φ_m 有限，故

$$\varphi_{m1}=\sum_{l=0}^{\infty}c_lr^l\mathrm{P}_l(\cos\theta),\qquad r\leqslant a \tag{2.74.3}$$

在球外，$r\to\infty$ 时，$\varphi_m\to0$，故

$$\varphi_{m2}=\sum_{l=0}^{\infty}\frac{b_l}{r^{l+1}}\mathrm{P}_l(\cos\theta),\qquad r\geqslant a \tag{2.74.4}$$

下面用边界条件定系数. 当 $r=a$ 时，$\varphi_{m1}=\varphi_{m2}$，故得

$$b_l=a^{2l+1}c_l \tag{2.74.5}$$

当 $r=a$ 时，$B_{n1}=B_{n2}$，即 $H_{n1}+M_n=H_{n2}$，故有

$$-\left.\frac{\partial\varphi_{m1}}{\partial r}\right|_{r=a}+M\cos\theta=-\left.\frac{\partial\varphi_m}{\partial r}\right|_{r=a}$$

$$-\sum_{l=0}^{\infty}lc_la^{l-1}\mathrm{P}_l(\cos\theta)+M\cos\theta=\sum_{l=0}^{\infty}\frac{(l+1)b_l}{a^{l+2}}\mathrm{P}_l(\cos\theta)$$

比较两边 $P_l(\cos\theta)$ 的系数得

$$b_l = -\frac{l}{l+1}a^{2l+1}c_l, \qquad l \neq 1 \tag{2.74.6}$$

$$b_1 = -\frac{1}{2}a^3 c_1 + \frac{1}{2}a^3 M \tag{2.74.7}$$

解(2.74.5)、(2.74.6)和(2.74.7)三式得

$$\left.\begin{aligned} &c_l = 0, \quad b_l = 0, \quad \text{当 } l \neq 1 \text{ 时} \\ &c_1 = \frac{1}{3}M, \qquad b_1 = \frac{1}{3}a^3 M \end{aligned}\right\} \tag{2.74.8}$$

于是得所求的磁标势为

$$\varphi_{m1} = \frac{1}{3}Mr\cos\theta, \qquad r \leqslant a \tag{2.74.9}$$

$$\varphi_{m2} = \frac{1}{3}\frac{a^3}{r^3}M\cos\theta, \qquad r \geqslant a \tag{2.74.10}$$

所求的磁感强度为

$$\begin{aligned} \boldsymbol{B}_1 &= \mu_0 \boldsymbol{H}_1 + \mu_0 \boldsymbol{M} = -\mu_0 \nabla \varphi_{m1} + \mu_0 \boldsymbol{M} \\ &= -\mu_0 \nabla \left(\frac{1}{3}Mr\cos\theta\right) + \mu_0 \boldsymbol{M} \\ &= \frac{2}{3}\mu_0 \boldsymbol{M}, \qquad r < a \end{aligned} \tag{2.74.11}$$

$$\begin{aligned} \boldsymbol{B}_2 &= \mu_0 \boldsymbol{H}_2 = -\mu_0 \nabla \varphi_{m2} = -\mu_0 \nabla \left(\frac{1}{3}\frac{a^3}{r^3}M\cos\theta\right) \\ &= \frac{\mu_0}{3}\frac{a^3}{r^3}(2M\cos\theta \boldsymbol{e}_r + M\sin\theta \boldsymbol{e}_\theta) \\ &= \frac{\mu_0}{3}\frac{a^3}{r^3}\left[\frac{3(\boldsymbol{M}\cdot\boldsymbol{r})\boldsymbol{r}}{r^2} - \boldsymbol{M}\right], \qquad r > a \end{aligned} \tag{2.74.12}$$

2.75 真空中有一半径为 a 的均匀磁化球，磁化强度为 $\boldsymbol{M}$. 试求它的矢势和磁感强度.

【解】 由 $\nabla\times\boldsymbol{H}=\boldsymbol{j}$ 和 $\boldsymbol{B}=\nabla\times\boldsymbol{A}$ 导出矢势 $\boldsymbol{A}$ 的微分方程如下：

$$\begin{aligned} \nabla\times\boldsymbol{H} &= \nabla\times\left(\frac{\boldsymbol{B}}{\mu}\right) = \left(\nabla\frac{1}{\mu}\right)\times\boldsymbol{B} + \frac{1}{\mu}\nabla\times\boldsymbol{B} \\ &= -\frac{1}{\mu^2}(\nabla\mu)\times(\nabla\times\boldsymbol{A}) + \frac{1}{\mu}\nabla\times(\nabla\times\boldsymbol{A}) = \boldsymbol{j} \end{aligned} \tag{2.75.1}$$

因为

$$\nabla\times(\nabla\times\boldsymbol{A}) = \nabla(\nabla\cdot\boldsymbol{A}) - \nabla^2\boldsymbol{A} \tag{2.75.2}$$

所以

$$\nabla^2\boldsymbol{A} - \nabla(\nabla\cdot\boldsymbol{A}) + \frac{1}{\mu^2}(\nabla\mu)\times(\nabla\times\boldsymbol{A}) = -\mu\boldsymbol{j} \tag{2.75.3}$$

这就是静磁场的矢势 $\boldsymbol{A}$ 所满足的微分方程. 取库仑规范

$$\nabla\cdot\boldsymbol{A}=0 \tag{2.75.4}$$

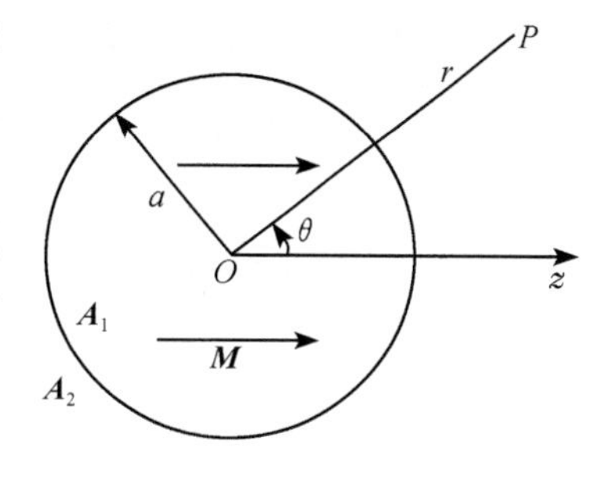

图 2.75

在本题中,介质球是均匀的,球外是真空,故 $\nabla\mu=0$;没有自由电流,故 $\boldsymbol{j}=0$. 于是矢势的微分方程(2.75.3)式便化为

$$\nabla^2\boldsymbol{A}=0 \tag{2.75.5}$$

以球心为原点,$\boldsymbol{M}$ 的方向为极轴,取球坐标系如图 2.75 所示. $\boldsymbol{A}$ 的分量式为

$$\boldsymbol{A}=A_r\boldsymbol{e}_r+A_\theta\boldsymbol{e}_\theta+A_\phi\boldsymbol{e}_\phi \tag{2.75.6}$$

因轴对称性,故 $\boldsymbol{A}$ 与方位角 ϕ 无关,即

$$\boldsymbol{A}=\boldsymbol{A}(r,\theta) \tag{2.75.7}$$

在球坐标系中,$\nabla^2\boldsymbol{A}$ 的公式为

$$\begin{aligned}\nabla^2\boldsymbol{A}=&\left\{\nabla^2A_r-\frac{2}{r^2}\left[A_r+\frac{1}{\sin\theta}\frac{\partial}{\partial\theta}(\sin\theta A_\theta)+\frac{1}{\sin\theta}\frac{\partial A_\phi}{\partial\phi}\right]\right\}\boldsymbol{e}_r\\&+\left[\nabla^2A_\theta+\frac{2}{r^2}\left(\frac{\partial A_r}{\partial\theta}-\frac{A_\theta}{2\sin^2\theta}-\frac{\cos\theta}{\sin^2\theta}\frac{\partial A_\phi}{\partial\phi}\right)\right]\boldsymbol{e}_\theta\\&+\left[\nabla^2A_\phi+\frac{2}{r^2\sin\theta}\left(\frac{\partial A_r}{\partial\phi}+\frac{\cos\theta}{\sin\theta}\frac{\partial A_\theta}{\partial\phi}-\frac{A_\phi}{2\sin\theta}\right)\right]\boldsymbol{e}_\phi\end{aligned} \tag{2.75.8}$$

另一方面,可以把 $\boldsymbol{M}$ 看成是球面上的一层磁化面电流产生的;根据电流产生矢势的公式

$$\boldsymbol{A}=\frac{\mu_0}{4\pi}\int_V\frac{\boldsymbol{j}(\boldsymbol{r}')\mathrm{d}V}{|\boldsymbol{r}-\boldsymbol{r}'|} \tag{2.75.9}$$

知 $\mathrm{d}\boldsymbol{A}$ 平行于 $\boldsymbol{j}(\boldsymbol{r}')\mathrm{d}V$. 现在磁化面电流密度为 $\boldsymbol{K}_\mathrm{m}=-\boldsymbol{n}\times\boldsymbol{M}=\boldsymbol{M}\times\boldsymbol{n}=M\sin\theta\boldsymbol{e}_\phi$,故由(2.75.9)式知

$$\boldsymbol{A}=A_\phi\boldsymbol{e}_\phi=A(r,\theta)\boldsymbol{e}_\phi,\quad A_r=0,\quad A_\theta=0 \tag{2.75.10}$$

代入(2.75.8)式便得

$$\nabla^2A-\frac{A}{r^2\sin^2\theta}=0 \tag{2.75.11}$$

球坐标系中有

$$\nabla^2A=\frac{1}{r^2}\frac{\partial}{\partial r}\left(r^2\frac{\partial A}{\partial r}\right)+\frac{1}{r^2\sin\theta}\frac{\partial}{\partial\theta}\left(\sin\theta\frac{\partial A}{\partial\theta}\right)+\frac{1}{r^2\sin^2\theta}\frac{\partial^2A}{\partial\phi^2} \tag{2.75.12}$$

代入(2.75.11)式并利用$\dfrac{\partial A}{\partial\phi}=0$,便得

$$\frac{1}{r^2}\frac{\partial}{\partial r}\left(r^2\frac{\partial A}{\partial r}\right)+\frac{1}{r^2\sin\theta}\frac{\partial}{\partial\theta}\left(\sin\theta\frac{\partial A}{\partial\theta}\right)-\frac{A}{r^2\sin^2\theta}=0 \tag{2.75.13}$$

下面用分离变数法求解. 令

$$A(r,\theta) = R(r)\Theta(\theta) \tag{2.75.14}$$

代入(2.75.13)式得

$$\frac{1}{R}\frac{\mathrm{d}}{\mathrm{d}r}\left(r^2\frac{\mathrm{d}R}{\mathrm{d}r}\right)+\frac{1}{\Theta\sin\theta}\frac{\mathrm{d}}{\mathrm{d}\theta}\left(\sin\theta\frac{\mathrm{d}\Theta}{\mathrm{d}\theta}\right)-\frac{1}{\sin^2\theta}=0 \tag{2.75.15}$$

令

$$\frac{1}{R}\frac{\mathrm{d}}{\mathrm{d}r}\left(r^2\frac{\mathrm{d}R}{\mathrm{d}r}\right)=C \tag{2.75.16}$$

$$r^2\frac{\mathrm{d}^2R}{\mathrm{d}r^2}+2r\frac{\mathrm{d}R}{\mathrm{d}r}-CR=0 \tag{2.75.17}$$

这是二阶欧拉方程,它的解为

$$R=c_1r^{\frac{\sqrt{1+4C}-1}{2}}+c_2r^{-\frac{\sqrt{1+4C}+1}{2}} \tag{2.75.18}$$

当 $r\to\infty$时,球是一个磁偶极子,它的 $\boldsymbol{A}$ 应具有

$$A\to\frac{1}{r^2} \tag{2.75.19}$$

的性质. 由此得(2.75.16)式中的常数 $C=2$. 于是(2.75.18)式便为

$$R=c_1r+\frac{c_2}{r^2} \tag{2.75.20}$$

再求 Θ. 由(2.75.15)式得

$$\frac{1}{\Theta\sin\theta}\frac{\mathrm{d}}{\mathrm{d}\theta}\left(\sin\theta\frac{\mathrm{d}\Theta}{\mathrm{d}\theta}\right)+\left(2-\frac{1}{\sin^2\theta}\right)=0 \tag{2.75.21}$$

作变换 $x=\cos\theta$, $y=\Theta$,上式便化为

$$\frac{\mathrm{d}}{\mathrm{d}x}\left[(1-x^2)\frac{\mathrm{d}y}{\mathrm{d}x}\right]+\left(2-\frac{1}{1-x^2}\right)y=0 \tag{2.75.22}$$

与连带勒让德方程

$$\frac{\mathrm{d}}{\mathrm{d}x}\left[(1-x^2)\frac{\mathrm{d}y}{\mathrm{d}x}\right]+\left[l(l+1)-\frac{m^2}{1-x^2}\right]y=0 \tag{2.75.23}$$

比较,可见(2.75.22)是 $l=1$,$m=1$ 的连带勒让德方程. (2.75.23)式的有界解为

$$\mathrm{P}_l^m(x)=(1-x^2)^{\frac{m}{2}}\frac{\mathrm{d}^m}{\mathrm{d}x^m}\mathrm{P}_l(x),\qquad 0\leqslant m\leqslant l \tag{2.75.24}$$

由此得(2.75.23)式的解为

$$\Theta=(1-\cos^2\theta)^{\frac{1}{2}}=\sin\theta \tag{2.75.25}$$

结合(2.75.10)、(2.75.14)、(2.75.20)和(2.75.25)四式以及边界条件(2.75.19)式和 $r\to0$ 时 A 为有限,便得

$$\boldsymbol{A}_1=c_1r\sin\theta\boldsymbol{e}_\phi,\qquad r<a \tag{2.75.26}$$

$$\boldsymbol{A}_2=\frac{c_2}{r^2}\sin\theta\boldsymbol{e}_\phi,\qquad r>a \tag{2.75.27}$$

于是得所求的磁感强度为

$$\begin{aligned}\boldsymbol{B}_1 &= \nabla\times\boldsymbol{A}_1\\ &= c_1\,\nabla\times(r\sin\theta\boldsymbol{e}_\phi) = c_1\,\nabla(r\sin\theta)\times\boldsymbol{e}_\phi + c_1 r\sin\theta\nabla\times\boldsymbol{e}_\phi\\ &= c_1\left[\frac{\partial}{\partial r}(r\sin\theta)\boldsymbol{e}_r + \frac{1}{r}\frac{\partial}{\partial\theta}(r\sin\theta)\boldsymbol{e}_\theta\right]\times\boldsymbol{e}_\phi + c_1 r\sin\theta\left(\frac{1}{r\sin\theta}\cos\theta\boldsymbol{e}_r - \frac{1}{r}\boldsymbol{e}_\theta\right)\\ &= 2c_1(\cos\theta\boldsymbol{e}_r - \sin\theta\boldsymbol{e}_\theta),\qquad r<a \end{aligned}\tag{2.75.28}$$

$$\begin{aligned}\boldsymbol{B}_2 &= \nabla\times\boldsymbol{A}_2 = c_2\,\nabla\times\left(\frac{\sin\theta}{r^2}\boldsymbol{e}_\phi\right)\\ &= c_2\left(\nabla\frac{\sin\theta}{r^2}\right)\times\boldsymbol{e}_\phi + c_2\frac{\sin\theta}{r^2}\nabla\times\boldsymbol{e}_\phi\\ &= c_2\left[\frac{\partial}{\partial r}\left(\frac{\sin\theta}{r^2}\right)\boldsymbol{e}_r + \frac{1}{r}\frac{\partial}{\partial\theta}\left(\frac{\sin\theta}{r^2}\right)\boldsymbol{e}_\theta\right]\times\boldsymbol{e}_\phi + c_2\frac{\sin\theta}{r^2}\left(\frac{\cos\theta}{r\sin\theta}\boldsymbol{e}_r - \frac{1}{r}\boldsymbol{e}_\theta\right)\\ &= \frac{c_2}{r^3}(2\cos\theta\boldsymbol{e}_r + \sin\theta\boldsymbol{e}_\theta),\qquad r>a \end{aligned}\tag{2.75.29}$$

或者，直接由球坐标系的旋度公式计算 $\boldsymbol{B}_1$ 和 $\boldsymbol{B}_2$，还要简单些.

现在由边界条件定系数 c_1 和 c_2. 边界条件为 $r=a$ 时

$$B_{1n} = B_{2n}\tag{2.75.30}$$

$$H_{1t} = H_{2t}\tag{2.75.31}$$

由(2.75.28)、(2.75.29)和(2.75.30)三式得

$$c_2 = a^3 c_1\tag{2.75.32}$$

由(2.75.28)、(2.75.29)两式得

$$\begin{aligned}\boldsymbol{H}_1 &= \frac{\boldsymbol{B}_1}{\mu_0} - \boldsymbol{M} = \frac{2c_1}{\mu_0}(\cos\theta\boldsymbol{e}_r - \sin\theta\boldsymbol{e}_\theta) - M(\cos\theta\boldsymbol{e}_r - \sin\theta\boldsymbol{e}_\theta)\\ &= \left(\frac{2c_1}{\mu_0} - M\right)(\cos\theta\boldsymbol{e}_r - \sin\theta\boldsymbol{e}_\theta)\end{aligned}\tag{2.75.33}$$

$$\boldsymbol{H}_2 = \frac{\boldsymbol{B}_2}{\mu_0} = \frac{c_2}{\mu_0 r^3}(2\cos\theta\boldsymbol{e}_r + \sin\theta\boldsymbol{e}_\theta)\tag{2.75.34}$$

代入(2.75.31)式便得

$$c_2 = \mu_0 a^3\left(M - \frac{2c_1}{\mu_0}\right)\tag{2.75.35}$$

解(2.75.32)和(2.75.35)两式得

$$c_1 = \frac{1}{3}\mu_0 M,\qquad c_2 = \frac{1}{3}\mu_0 a^3 M\tag{2.75.36}$$

于是最后得所求的矢势为

$$\boldsymbol{A}_1 = \frac{1}{3}\mu_0 M r\sin\theta\boldsymbol{e}_\phi,\qquad r<a\tag{2.75.37}$$

$$\boldsymbol{A}_2 = \frac{1}{3}\frac{\mu_0 M a^3}{r^2}\sin\theta\boldsymbol{e}_\phi,\qquad r>a\tag{2.75.38}$$

或者写成

$$\boldsymbol{A}_1=\frac{1}{3}\mu_0\boldsymbol{M}\times\boldsymbol{r},\qquad r<a \tag{2.75.39}$$

$$\boldsymbol{A}_2=\frac{1}{3}\mu_0\left(\frac{a}{r}\right)^3\boldsymbol{M}\times\boldsymbol{r},\qquad r>a \tag{2.75.40}$$

所求的磁感强度为

$$\boldsymbol{B}_1=\frac{2}{3}\mu_0 M(\cos\theta\boldsymbol{e}_r-\sin\theta\boldsymbol{e}_\theta)=\frac{2}{3}\mu_0\boldsymbol{M},\qquad r<a \tag{2.75.41}$$

$$\begin{aligned}\boldsymbol{B}_2&=\frac{1}{3}\ \mu_0 M\frac{a^3}{r^3}(2\cos\theta\boldsymbol{e}_r+\sin\theta\boldsymbol{e}_\theta)\\&=\frac{1}{3}\mu_0\left(\frac{a}{r}\right)^3\left[\frac{3(\boldsymbol{M}\cdot\boldsymbol{r})\boldsymbol{r}}{r^2}-\boldsymbol{M}\right],\qquad r>a\end{aligned} \tag{2.75.42}$$

【讨论】 (1)上题(2.74 题)与本题是同一题,上题是由磁标势 φ_{m} 求 $\boldsymbol{B}$,本题则是由矢势 $\boldsymbol{A}$ 求 $\boldsymbol{B}$. 两题的结果为

球内: $\varphi_{\mathrm{m}1}=\dfrac{1}{3}\boldsymbol{M}\cdot\boldsymbol{r},\qquad \boldsymbol{A}_1=\dfrac{\mu_0}{3}\boldsymbol{M}\times\boldsymbol{r}$

球外: $\varphi_{\mathrm{m}2}=\dfrac{1}{3}\left(\dfrac{a}{r}\right)^3\boldsymbol{M}\cdot\boldsymbol{r},\qquad \boldsymbol{A}_2=\dfrac{\mu_0}{3}\left(\dfrac{a}{r}\right)^3\boldsymbol{M}\times\boldsymbol{r}$

由前面的解可见,求 $\boldsymbol{A}$ 比求 φ_{m} 复杂. 因此,知道了 $\boldsymbol{A}$ 与 φ_{m} 的上述关系,便可先求 φ_{m},求出 φ_{m} 后,利用上述关系直接写出 $\boldsymbol{A}$ 来. 这样比直接求 $\boldsymbol{A}$ 简单些.

(2) φ_{m} 的梯度与 $\boldsymbol{A}$ 的旋度的关系,参见前面第一章的 1.14 题.

2.76 中子星是超新星爆发所产生的一种天体,具有很强的磁场. 假设中子星是由中子密集构成的球体,它的磁场来自中子的磁矩 μ,μ 都沿同一方向排列. 已知中子的半径为 $a=8\times10^{-16}\,\mathrm{m}$,中子磁矩的大小为 $\mu=9.65\times10^{-27}\,\mathrm{A\cdot m^2}$. 试求中子星表面磁场最强处磁感强度的值.

【解】 中子的体积为

$$v=\frac{4\pi}{3}a^3=\frac{4\pi}{3}\times(8\times10^{-16})^3=2\times10^{-45}(\mathrm{m}^3) \tag{2.76.1}$$

在中子星里,中子是密集的,故单位体积(一立方米)内的中子数便为

$$n=\frac{1}{v}=5\times10^{44}\ \text{个}/\mathrm{m}^3 \tag{2.76.2}$$

于是得中子星的磁化强度 $\boldsymbol{M}=n\mu$ 的大小为

$$M=n\mu=5\times10^{44}\times9.65\times10^{-27}=5\times10^{18}(\mathrm{A/m}) \tag{2.76.3}$$

我们把中子星的磁场看作是磁化电流产生的,磁化电流与磁化强度的关系为

$$\text{磁化电流密度}\qquad \boldsymbol{j}_{\mathrm{M}}=\nabla\times\boldsymbol{M} \tag{2.76.4}$$

$$\text{磁化面电流密度}\qquad \boldsymbol{K}_{\mathrm{M}}=\boldsymbol{M}\times\boldsymbol{n} \tag{2.76.5}$$

由于中子星内的中子是密集的，故磁化是均匀的，$\boldsymbol{j}_{\mathrm{M}}=0$，因而只有一层面电流 $\boldsymbol{K}_{\mathrm{M}}$，如图 2.76(1) 所示. 中子星表面磁场最强处在 N、S 两极. 下面我们就由面电流 $\boldsymbol{K}_{\mathrm{M}}$ 求 N 极的磁感强度 $B_{\max}$.

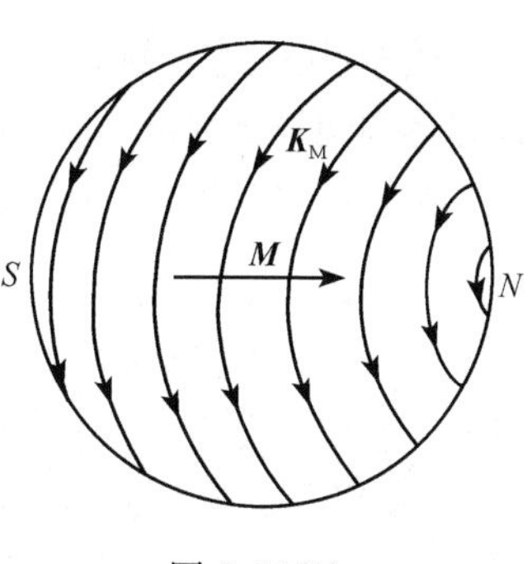

图 2.76(1)

半径为 r 的圆环电流 $\mathrm{d}I$ 在轴线上离环心为 x 处产生的磁感强度 $\mathrm{d}\boldsymbol{B}$ 的大小为

$$\mathrm{d}B=\frac{\mu_0 r^2\mathrm{d}I}{2(r^2+x^2)^{3/2}} \qquad (2.76.6)$$

如图 2.76(2)，中子星表面 θ 处的圆电流 $\mathrm{d}I=K_{\mathrm{M}}R\mathrm{d}\theta=MR\sin\theta\mathrm{d}\theta$ 在 N 点产生的磁感强度的大小依上式为

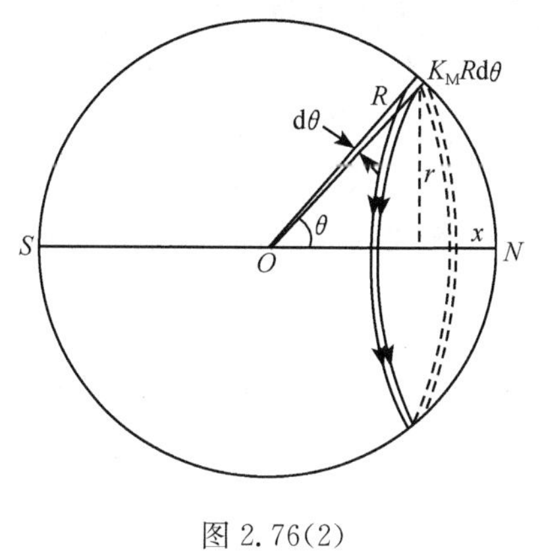

图 2.76(2)

$$\begin{aligned}\mathrm{d}B_{\max}&=\frac{\mu_0(R\sin\theta)^2MR\sin\theta\mathrm{d}\theta}{2[(R\sin\theta)^2+(R-R\cos\theta)^2]^{3/2}}\\&=\frac{\sqrt{2}\mu_0M}{8}\frac{\sin^3\theta\mathrm{d}\theta}{(1-\cos\theta)^{3/2}}\end{aligned} \qquad (2.76.7)$$

积分便得整个中子星在 N 点产生的磁感强度的大小为

$$B_{\max}=\frac{\sqrt{2}\mu_0M}{8}\int_0^{\pi}\frac{\sin^3\theta\mathrm{d}\theta}{(1-\cos\theta)^{3/2}} \qquad (2.76.8)$$

令 $y=\cos\theta$，则(2.76.8)式中的积分结果如下：

$$\begin{aligned}\int_0^{\pi}\frac{\sin^3\theta\mathrm{d}\theta}{(1-\cos\theta)^{3/2}}&=-\int_1^{-1}\frac{(1-y^2)\mathrm{d}y}{(1-y)^{3/2}}=\int_{-1}^{1}\frac{1+y}{\sqrt{1-y}}\mathrm{d}y\\&=\left[-2\sqrt{1-y}-\frac{2}{3}(2+y)\sqrt{1-y}\right]_{-1}^{1}=\frac{8\sqrt{2}}{3}\end{aligned} \qquad (2.76.9)$$

代入(2.76.8)式便得所求的值为

$$B_{\max}=\frac{2}{3}\mu_0M \qquad (2.76.10)$$

把(2.76.3)式的 M 值代入上式便得

$$B_{\max}=\frac{2}{3}\times4\pi\times10^{-7}\times5\times10^{18}=4\times10^{12}(\mathrm{T}) \qquad (2.76.11)$$

这就是由上述简单模型得出的中子星磁感强度的极限值.

【别解】 由已知的磁化强度，用磁标势计算，具体算法见前面 2.74 题，得出(2.74.12)式后，令其中 $r=a$，即得 $\boldsymbol{B}_{\max}=\frac{2}{3}\mu_0\boldsymbol{M}$.

或者,用矢势计算,具体算法见前面 2.75 题,得出(2.75.42)式后,令其中 $r=a$,亦得到同样结果.

比较可以看出,三种算法,以本题算法为最简单,磁标势算法次之,矢势算法最复杂.

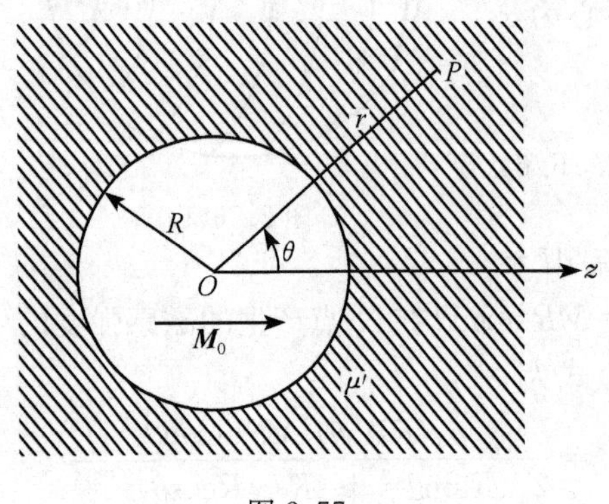

图 2.77

2.77　设理想铁磁体的磁化规律为 $\boldsymbol{B}=\mu\boldsymbol{H}+\mu_0\boldsymbol{M}_0$,$\boldsymbol{M}_0$ 是与 $\boldsymbol{H}$ 无关的恒量.现将这种理想铁磁体做成的半径为 R 的磁化球,放入磁导率为 μ' 的无限大均匀介质中,试求各处的磁感强度和磁化电流.

【解】　用磁标势求解.以球心 O 为原点,$\boldsymbol{M}_0$ 的方向为极轴,取球坐标系如图 2.77 所示.因为整个空间没有自由电流,故存在磁标势 φ_m 且 φ_m 满足拉普拉斯方程.由于轴对称性和 φ_m 在极轴上应为有限值,故磁标势的形式为

$$\varphi_m=\sum_{l=0}^{\infty}\left(a_l r^l+\frac{b_l}{r^{l+1}}\right)\mathrm{P}_l(\cos\theta) \tag{2.77.1}$$

在球内,$r\to 0$ 时,φ_m 为有限值,因此有

$$\varphi_{m1}=\sum_{l=0}^{\infty}a_l r^l\mathrm{P}_l(\cos\theta),\qquad r\leqslant R \tag{2.77.2}$$

在球外,$r\to\infty$时,$\varphi_m\to 0$,因此有

$$\varphi_{m2}=\sum_{l=0}^{\infty}\frac{b_l}{r^{l+1}}\mathrm{P}_l(\cos\theta),\qquad r\geqslant R \tag{2.77.3}$$

下面由边界条件定系数 a_l 和 b_l.因在球面上有 $\varphi_{m1}=\varphi_{m2}$,故由(2.77.2)和(2.77.3)两式得

$$b_l=R^{2l+1}a_l \tag{2.77.4}$$

又在球面上 $\boldsymbol{B}$ 的法向分量是连续的,即

$$-\mu\left.\frac{\partial\varphi_{m1}}{\partial r}\right|_{r=R}+\mu_0 M_0\cos\theta=-\mu'\left.\frac{\partial\varphi_{m2}}{\partial r}\right|_{r=R} \tag{2.77.5}$$

把(2.77.2)和(2.77.3)两式代入上式,然后比较两边 $\mathrm{P}_l(\cos\theta)$ 的系数,便得

$$b_1=\frac{R^3}{2\mu'}(-\mu a_1+\mu_0 M_0) \tag{2.77.6}$$

$$b_l=-\frac{\mu l R^{2l+1}}{\mu'(l+1)}a_l,\qquad l\neq 1 \tag{2.77.7}$$

由(2.77.4)、(2.77.6)和(2.77.7)三式解得

$$a_1=\frac{\mu_0}{\mu+2\mu'}M_0,\qquad b_1=\frac{\mu_0}{\mu+2\mu'}R^3M_0 \tag{2.77.8}$$

$$a_l=0,\quad b_l=0,\quad l\neq 1 \tag{2.77.9}$$

于是得所求的磁标势为

$$\varphi_{m1}=\frac{\mu_0}{\mu+2\mu'}M_0 r\cos\theta=\frac{\mu_0}{\mu+2\mu'}\boldsymbol{M}_0\cdot\boldsymbol{r},\qquad r\leqslant R \tag{2.77.10}$$

$$\varphi_{m2}=\frac{\mu_0}{\mu+2\mu'}\frac{R^3}{r^2}M\cos\theta=\frac{\mu_0}{\mu+2\mu'}\left(\frac{R}{r}\right)^3\boldsymbol{M}\cdot\boldsymbol{r},\qquad r\geqslant R \tag{2.77.11}$$

故得球内的磁感强度为

$$\begin{aligned}\boldsymbol{B}_1&=\mu\boldsymbol{H}_1+\mu_0\boldsymbol{M}_0=-\mu\nabla\varphi_{m1}+\mu_0\boldsymbol{M}_0\\&=\frac{\mu\mu_0}{\mu+2\mu'}\boldsymbol{M}_0+\mu_0\boldsymbol{M}_0-\frac{2\mu'\mu_0}{\mu+2\mu'}\boldsymbol{M}_0,\qquad r<R\end{aligned} \tag{2.77.12}$$

球外的磁感强度为

$$\begin{aligned}\boldsymbol{B}_2&=\mu'\boldsymbol{H}=-\mu'\nabla\varphi_{m2}=-\mu'\frac{\mu_0}{\mu+2\mu'}\nabla\left[\left(\frac{R}{r}\right)^3\boldsymbol{M}_0\cdot\boldsymbol{r}\right]\\&=\frac{\mu'\mu_0R^3}{(\mu+2\mu')r^3}\left[\frac{3(\boldsymbol{M}_0\cdot\boldsymbol{r})\boldsymbol{r}}{r^2}-\boldsymbol{M}_0\right],\qquad r>R\end{aligned} \tag{2.77.13}$$

下面求磁化电流，为此，先求磁化强度. 在球内，磁感强度为

$$\boldsymbol{B}_1=\mu_0(\boldsymbol{H}_1+\boldsymbol{M}_1)=\mu\boldsymbol{H}_1+\mu_0\boldsymbol{M}_0 \tag{2.77.14}$$

故得球的磁化强度为

$$\begin{aligned}\boldsymbol{M}_1&=\boldsymbol{M}_0+\frac{\mu-\mu_0}{\mu_0}\boldsymbol{H}_1=\boldsymbol{M}_0+\frac{\mu-\mu_0}{\mu_0}\frac{\boldsymbol{B}_1-\mu_0\boldsymbol{M}_0}{\mu}\\&=\boldsymbol{M}_0-\frac{\mu-\mu_0}{\mu}\boldsymbol{M}_0+\frac{\mu-\mu_0}{\mu\mu_0}\boldsymbol{B}_1\\&=\frac{\mu_0}{\mu}\boldsymbol{M}_0+\frac{\mu-\mu_0}{\mu\mu_0}\frac{2\mu'\mu_0}{\mu+2\mu'}\boldsymbol{M}_0\\&=\frac{\mu_0+2\mu'}{\mu+2\mu'}\boldsymbol{M}_0\end{aligned} \tag{2.77.15}$$

球外介质的磁化强度为

$$\begin{aligned}\boldsymbol{M}_2&=\frac{\boldsymbol{B}_2}{\mu_0}-\boldsymbol{H}_2=\frac{\boldsymbol{B}_2}{\mu_0}-\frac{\boldsymbol{B}_2}{\mu'}=\frac{\mu'-\mu_0}{\mu'\mu_0}\boldsymbol{B}_2\\&=\frac{\mu'-\mu_0}{\mu+2\mu'}\left(\frac{R}{r}\right)^3\left[\frac{3(\boldsymbol{M}_0\cdot\boldsymbol{r})\boldsymbol{r}}{r^2}-\boldsymbol{M}_0\right]\end{aligned} \tag{2.77.16}$$

最后得磁化电流密度如下：

球内　$\boldsymbol{j}_{\mathrm{M1}}=\nabla\times\boldsymbol{M}_1=\dfrac{\mu_0+2\mu'}{\mu+2\mu'}\nabla\times\boldsymbol{M}_0=0$　(2.77.17)

球外　$\boldsymbol{j}_{\mathrm{M2}}=\nabla\times\boldsymbol{M}_2=\dfrac{\mu'-\mu_0}{\mu+2\mu'}R^3\nabla\times\left[\dfrac{3(\boldsymbol{M}_0\cdot\boldsymbol{r})\boldsymbol{r}}{r^5}-\dfrac{\boldsymbol{M}_0}{r^3}\right]$

$$=0 \tag{2.77.18}$$

在球与介质的交界面上有一层面电流，这层面电流密度为

$$\begin{aligned}\boldsymbol{K}_{\mathrm{M}}&=\boldsymbol{e}_r\times(\boldsymbol{M}_2-\boldsymbol{M}_1)=\boldsymbol{e}_r\times\boldsymbol{M}_2\Big|_{r=R}-\boldsymbol{e}_r\times\boldsymbol{M}_1\\&=\frac{\mu'-\mu_0}{\mu+2\mu'}\boldsymbol{M}_0\times\boldsymbol{e}_r+\frac{\mu_0+2\mu'}{\mu+2\mu'}\boldsymbol{M}_0\times\boldsymbol{e}_r\\&=\frac{3\mu'}{\mu+2\mu'}\boldsymbol{M}_0\sin\theta\boldsymbol{e}_\phi\end{aligned}\tag{2.77.19}$$

2.78　半径为 a 的无穷长介质圆柱被均匀磁化，磁化强度为 $\boldsymbol{M}_0$，$\boldsymbol{M}_0$ 与圆柱的轴线垂直. 圆柱外是真空. 试求这圆柱产生的磁场强度.

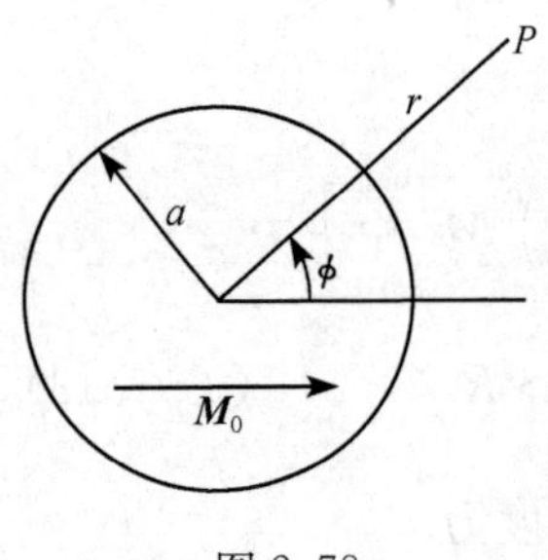

图 2.78

【解】　用磁标势求解. 以圆柱轴线上任一点 O 为原点，圆柱轴线为 z 轴，$\boldsymbol{M}_0$ 的方向为 $\phi=0$ 的方向，取柱坐标系. 圆柱的横截面如图 2.78 所示. 因无自由电流，故存在磁标势 φ_{m}，且 φ_{m} 满足拉普拉斯方程. 由于轴对称性，φ_{m} 与 z 无关. 于是得

$$\nabla^2\varphi_{\mathrm{m}}=\frac{1}{r}\frac{\partial}{\partial r}\left(r\frac{\partial\varphi_{\mathrm{m}}}{\partial r}\right)+\frac{1}{r^2}\frac{\partial\varphi_{\mathrm{m}}}{\partial\phi}=0 \tag{2.78.1}$$

用分离变量法求解. 令

$$\varphi_{\mathrm{m}}=R(r)\Phi(\phi) \tag{2.78.2}$$

代入(2.78.1)式便得

$$\frac{1}{R}r\frac{\mathrm{d}}{\mathrm{d}r}\left(r\frac{\mathrm{d}R}{\mathrm{d}r}\right)+\frac{1}{\Phi}\frac{\mathrm{d}^2\Phi}{\mathrm{d}\phi^2}=0 \tag{2.78.3}$$

因 Φ 应是 ϕ 的以 2π 为周期的函数，故取

$$\frac{1}{\Phi}=\frac{\mathrm{d}^2\Phi}{\mathrm{d}\phi^2}=-m^2 \tag{2.78.4}$$

式中 m 为整数，解得

$$\Phi=A_m\cos m\phi+B_m\sin m\phi \tag{2.78.5}$$

将(2.78.4)式代入(2.78.3)式得

$$r^2\frac{\mathrm{d}^2R}{\mathrm{d}r^2}+r\frac{\mathrm{d}R}{\mathrm{d}r}-m^2R=0 \tag{2.78.6}$$

这是二阶欧拉方程,其解为

$$R = C_m r^m + D_m r^{-m} \tag{2.78.7}$$

于是得(2.78.1)式的通解为

$$\varphi_{\rm m} = C_0 \ln r + D_0 + \sum_{m=1}^{\infty} (C_m r^m + D_m r^{-m})(A_m \cos m\phi + B_m \sin m\phi) \tag{2.78.8}$$

在柱内,$r \to 0$ 时,$\varphi_{\rm m}$ 有限,故可写作

$$\varphi_{\rm m1} = D_0 + \sum_{m=1}^{\infty} r^m (A_m \cos m\phi + B_m \sin m\phi), \qquad r \leqslant a \tag{2.78.9}$$

在柱外,$r \to \infty$时,$\varphi_{\rm m} \to 0$,故

$$\varphi_{\rm m2} = \sum_{m=1}^{\infty} r^{-m} (A'_m \cos m\phi + B'_m \sin m\phi), \qquad r \geqslant a \tag{2.78.10}$$

$r=a$ 时,$\varphi_{\rm m1} = \varphi_{\rm m2}$,故得

$$A'_m = a^{2m} A_m, \qquad B'_m = a^{2m} B_m \tag{2.78.11}$$

$r=a$ 时,$\boldsymbol{B}$ 的法向分量连续,$B_{1n} = B_{2n}$,故得

$$-\left.\frac{\partial \varphi_{\rm m1}}{\partial r}\right|_{r=a} + M_0 \cos\phi = -\left.\frac{\partial \varphi_{\rm m2}}{\partial r}\right|_{r=a}$$

将(2.78.9)和(2.78.10)式代入上式,然后比较 $\cos m\phi$ 和 $\sin m\phi$ 的系数,便得

$$A'_m = -a^{2m} A_m, \quad B'_m = -a^{2m} B_m, \quad m \neq 1 \tag{2.78.12}$$

$$-A_1 + M_0 = \frac{1}{a^2} A'_1, \quad -B_1 = \frac{1}{a^2} B'_1 \tag{2.78.13}$$

由(2.78.11)、(2.78.12)和(2.78.13)解得

$$A_m = 0, \quad A'_m = 0, \quad B_m = 0, \quad B'_m = 0, \quad m \neq 1 \tag{2.78.14}$$

$$A_1 = \frac{1}{2} M_0, \quad A'_1 = \frac{1}{2} a^2 M_0, \quad B_1 = 0, \quad B'_1 = 0 \tag{2.78.15}$$

于是得所求的磁标势为

$$\varphi_{\rm m1} = \frac{1}{2} M_0 r \cos\phi, \qquad r \leqslant a \tag{2.78.16}$$

$$\varphi_{\rm m2} = \frac{1}{2} \frac{a^2}{r} M_0 \cos\phi, \qquad r \geqslant a \tag{2.78.17}$$

最后得出所求的磁场强度为

$$\boldsymbol{H}_1 = -\nabla \varphi_{\rm m1} = -\frac{1}{2} M_0 \nabla (r\cos\phi) = -\frac{1}{2} \boldsymbol{M}_0, \qquad r < a \tag{2.78.18}$$

$$\begin{aligned} \boldsymbol{H}_2 &= -\nabla \varphi_{\rm m2} = -\frac{1}{2} M_0 a^2 \nabla \left(\frac{\cos\phi}{r}\right) \\ &= \frac{1}{2} M_0 \left(\frac{a}{r}\right)^2 (\cos\phi \boldsymbol{e}_r + \sin\phi \boldsymbol{e}_\phi), \qquad r > a \end{aligned} \tag{2.78.19}$$

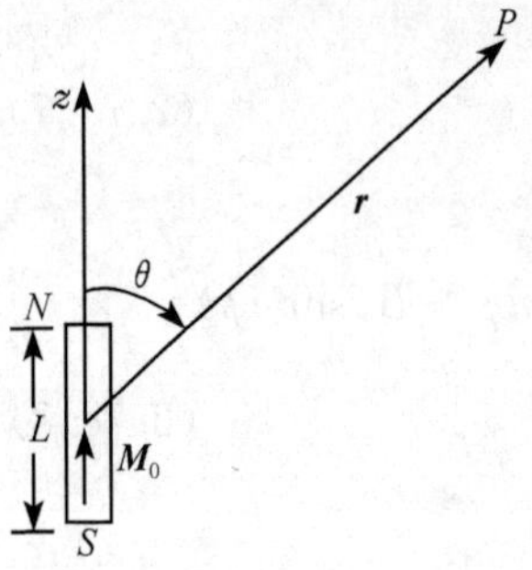

图 2.79

2.79　一长度为 L、半径为 a 的长磁棒已被均匀磁化,磁化强度为 $\boldsymbol{M}_0$,$\boldsymbol{M}_0$ 与轴线平行.以棒的中心为原点,$\boldsymbol{M}_0$ 的方向为极轴,取球坐标系如图 2.79 所示.试求 $r\gg L$ 处的磁感强度.

【解】　在 $r\gg L$ 处,这磁棒可当作一个磁偶极子,它的磁矩为

$$\boldsymbol{m}=V\boldsymbol{M}_0=\pi a^2L\boldsymbol{M}_0 \tag{2.79.1}$$

磁标势为

$$\varphi_{\mathrm{m}}=\frac{\boldsymbol{m}\cdot\boldsymbol{r}}{4\pi r^3}=\frac{a^2L\boldsymbol{M}_0\cdot\boldsymbol{r}}{4r^3} \tag{2.79.2}$$

于是得所求的磁感强度为

$$\begin{aligned}\boldsymbol{B}&=\mu_0\boldsymbol{H}=-\mu_0\nabla\left(\frac{a^2L\boldsymbol{M}_0\cdot\boldsymbol{r}}{4r^3}\right)\\&=-\frac{\mu_0a^2L}{4}\nabla\left(\frac{\boldsymbol{M}_0\cdot\boldsymbol{r}}{r^3}\right)\\&=-\frac{\mu_0a^2L}{4}\left[\left(\nabla\frac{1}{r^3}\right)(\boldsymbol{M}_0\cdot\boldsymbol{r})+\frac{1}{r^3}\nabla(\boldsymbol{M}_0\cdot\boldsymbol{r})\right]\\&=\frac{\mu_0a^2L}{4}\left[\frac{3(\boldsymbol{M}_0\cdot\boldsymbol{r})\boldsymbol{r}}{r^5}-\frac{1}{r^3}\boldsymbol{M}_0\right]\\&=\frac{\mu_0a^2L}{4r^3}\left[\frac{3(\boldsymbol{M}_0\cdot\boldsymbol{r})\boldsymbol{r}}{r^2}-\boldsymbol{M}_0\right]\end{aligned} \tag{2.79.3}$$

或写成

$$\boldsymbol{B}=\frac{\mu_0a^2LM_0}{4r^3}(2\cos\theta\boldsymbol{e}_r+\sin\theta\boldsymbol{e}_\theta) \tag{2.79.4}$$

2.80　一螺线管由表面绝缘的细导线密绕而成,管长为 L,横截面的半径为 a,单位长度的匝数为 n,导线中载有电流 I.以管的中心为原点,轴线为极轴,取球坐标系,管外一点 P 到原点的距离为 r,如图 2.80 所示,试求 $r\gg L$、a 处的磁感强度.

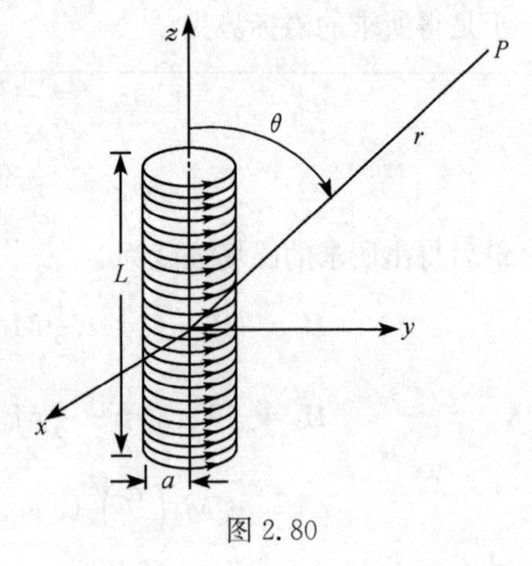

图 2.80

【解】　用磁标势法求解.在螺线管外,没有自由电流,故存在磁标势 φ_{m},且 φ_{m} 满足拉普拉斯方程.当 $r\to\infty$ 时,$\varphi_{\mathrm{m}}\to0$,故拉普拉斯方程的解为

$$\varphi_{\mathrm{m}}=\sum_{l=0}^{\infty}\frac{b_l}{r^{l+1}}\mathrm{P}_l(\cos\theta),\qquad r>L \tag{2.80.1}$$

下面用边界条件定系数. 圆环电流 I 在轴线上离圆环心为 z 处产生的磁场强度的大小为

$$H=\frac{Ia^2}{2(z^2+a^2)^{3/2}} \tag{2.80.2}$$

用这式子求轴线上离线圈很远处的 H 得

$$\begin{aligned} H&=\int \mathrm{d}H=\int_{z-\frac{L}{2}}^{z+\frac{L}{2}}\frac{nIa^2\mathrm{d}z}{2(z^2+a^2)^{3/2}}=\frac{nIa^2}{2}\int_{z-\frac{L}{2}}^{z+\frac{L}{2}}\frac{\mathrm{d}z}{(z^2+a^2)^{3/2}}\\ &=\frac{nI}{2}\left[\frac{z+\frac{L}{2}}{\sqrt{\left(z+\frac{L}{2}\right)^2+a^2}}-\frac{z-\frac{L}{2}}{\sqrt{\left(z-\frac{L}{2}\right)^2+a^2}}\right] \end{aligned} \tag{2.80.3}$$

下面展开上式求近似：

$$\begin{aligned} H&=\frac{nI}{2}\left\{\left[1+\left(\frac{a}{z+\frac{L}{2}}\right)^2\right]^{-\frac{1}{2}}-\left[1+\left(\frac{a}{z-\frac{L}{2}}\right)^2\right]^{-\frac{1}{2}}\right\}\\ &=\frac{nI}{2}\left\{1-\frac{1}{2}\left(\frac{a}{z+\frac{L}{2}}\right)^2+\cdots-\left[1-\frac{1}{2}\left(\frac{a}{z-\frac{L}{2}}\right)^2+\cdots\right]\right\}\\ &\approx\frac{nI}{2}\left\{\frac{a^2}{2}\left[\frac{1}{\left(z-\frac{L}{2}\right)^2}+\frac{1}{\left(z+\frac{L}{2}\right)^2}\right]\right\}\approx\frac{nIa^2L}{2z^3} \end{aligned} \tag{2.80.4}$$

由(2.80.1)式得磁场强度 $\boldsymbol{H}$ 在 $\boldsymbol{r}$ 方向上的分量为

$$H_r=-\frac{\partial\varphi_{\mathrm{m}}}{\partial r}=\sum_{l=0}^{\infty}\frac{(l+1)b_l}{r^{l+2}}\mathrm{P}_l(\cos\theta) \tag{2.80.5}$$

在轴线上，$\theta=0$，$\cos\theta=1$，$\mathrm{P}_l(1)=1$，故上式化为

$$H_r=\sum_{l=0}^{\infty}\frac{(l+1)b_l}{z^{l+2}} \tag{2.80.6}$$

比较(2.80.4)和(2.80.6)两式得

$$b_1=\frac{nIa^2L}{4};\quad b_l=0,\quad l\neq 1 \tag{2.80.7}$$

于是得

$$\varphi_{\mathrm{m}}=\frac{nIa^2L}{4}\frac{\cos\theta}{r^2} \tag{2.80.8}$$

由此得出所求的磁感强度为

$$\begin{aligned} \boldsymbol{B}&=\mu_0\boldsymbol{H}=-\mu_0\nabla\varphi_{\mathrm{m}}=-\frac{\mu_0 nIa^2L}{4}\nabla\left(\frac{\cos\theta}{r^2}\right)\\ &=\frac{\mu_0 nIa^2L}{4r^3}(2\cos\theta\boldsymbol{e}_r+\sin\theta\boldsymbol{e}_\theta) \end{aligned} \tag{2.80.9}$$

【别解】 在 $r \gg L$ 处，这螺线管可看做一个磁偶极子，其磁矩为

$$\boldsymbol{m} = nIL \cdot \pi a^2 \boldsymbol{e}_z = n\pi I a^2 L \boldsymbol{e}_z \tag{2.80.10}$$

它所产生的磁标势为

$$\varphi_{\mathrm{m}} = \frac{\boldsymbol{m} \cdot \boldsymbol{r}}{4\pi r^3} = \frac{nIa^2 L}{4} \frac{\cos\theta}{r^2}$$

这就是(2.80.8)式.故所求的磁感强度即为(2.80.9)式.

或者，直接由磁偶极子的磁场公式计算如下：

$$\begin{aligned}\boldsymbol{B} &= \frac{\mu_0}{4\pi r^3}\left[\frac{3(\boldsymbol{m} \cdot \boldsymbol{r})\boldsymbol{r}}{r^2} - \boldsymbol{m}\right] \\ &= \frac{\mu_0 nIa^2 L}{4r^3}\left[3(\boldsymbol{e}_z \cdot \boldsymbol{e}_r)\boldsymbol{e}_r - (\cos\theta \boldsymbol{e}_r - \sin\theta \boldsymbol{e}_\theta)\right] \\ &= \frac{\mu_0 nIa^2 L}{4r^3}(2\cos\theta \boldsymbol{e}_r + \sin\theta \boldsymbol{e}_\theta)\end{aligned}$$

2.81 真空中有磁感强度为 $\boldsymbol{B}_0$ 的均匀磁场，现将一无穷长的均匀介质圆柱放入这磁场中，圆柱的半径为 a，磁导率为 μ，轴线与 $\boldsymbol{B}_0$ 垂直.试求各处的磁感强度.

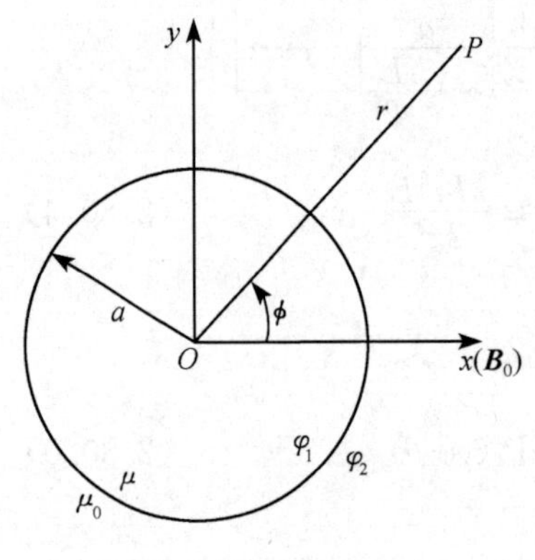

图 2.81

【解】 以圆柱轴线上任一点 O 为原点，圆柱轴线为 z 轴，$\boldsymbol{B}_0$ 的方向为 $\phi=0$ 的方向，取柱坐标系，如图 2.81 所示.因无自由电流，故存在磁标势 φ，且 φ 满足拉普拉斯方程.由于轴对称性，φ 与 z 无关.于是得

$$\nabla^2 \varphi = \frac{1}{r}\frac{\partial}{\partial r}\left(r\frac{\partial \varphi}{\partial r}\right) + \frac{1}{r^2}\frac{\partial^2 \varphi}{\partial \phi^2} = 0 \tag{2.81.1}$$

用分离变量法求解.令

$$\varphi = R(r)\Phi(\phi) \tag{2.81.2}$$

代入(2.81.1)式便得

$$\frac{r}{R}\frac{\mathrm{d}}{\mathrm{d}r}\left(r\frac{\mathrm{d}R}{\mathrm{d}r}\right) + \frac{1}{\Phi}\frac{\mathrm{d}^2\Phi}{\mathrm{d}\phi^2} = 0 \tag{2.81.3}$$

因 Φ 应是 ϕ 的以 2π 为周期的函数，故取

$$\frac{1}{\Phi}\frac{\mathrm{d}^2\Phi}{\mathrm{d}\phi^2} = -n^2 \tag{2.81.4}$$

式中 n 为整数.解得

$$\Phi = A_n \cos n\phi + B_n \sin n\phi \tag{2.81.5}$$

由于对称性，$\Phi(-\phi) = \Phi(\phi)$，故 $B_n = 0$.所以

$$\Phi = A_n \cos n\phi \tag{2.81.6}$$

将(2.81.4)式代入(2.81.3)式得

$$r^2\frac{d^2R}{dr^2}+r\frac{dR}{dr}-n^2R=0 \tag{2.81.7}$$

这是二阶欧拉方程，其解为

$$R=C_nr^n+D_nr^{-n} \tag{2.81.8}$$

于是得(2.81.1)式的通解为

$$\varphi=C_0\ln r+D_0+\sum_{n=1}^{\infty}(C_nr^n+D_nr^{-n})\cos n\phi \tag{2.81.9}$$

式中 $C_0\ln r+D_0$ 是 $n=0$ 时的解. 在柱内，$r\to0$ 时，φ 有限，故可写作

$$\varphi_1=D_0+\sum_{n=1}^{\infty}C_nr^n\cos n\phi,\qquad r\leqslant a \tag{2.81.10}$$

在柱外，$r\to\infty$时，$\varphi\to-\frac{B_0}{\mu_0}r\cos\phi$($\boldsymbol{B}_0$ 的磁标势)，故

$$\varphi_2=\sum_{n=1}^{\infty}\frac{D_n}{r^n}\cos n\phi-\frac{B_0}{\mu_0}r\cos\phi,\qquad r\geqslant a \tag{2.81.11}$$

$r=a$ 时，$\varphi_1=\varphi_2$，比较两边 $\cos n\phi$ 的系数得

$$\left.\begin{aligned}&D_0=0;\ D_n=a^{2n}C_n,\qquad n\neq1\\&D_1=a^2C_1+a^2\frac{B_0}{\mu_0}\end{aligned}\right\} \tag{2.81.12}$$

又 $r=a$ 时，$\boldsymbol{B}$ 的法向分量连续，$B_{1n}=B_{2n}$，即

$$-\mu\left.\frac{\partial\varphi_1}{\partial r}\right|_{r=a}=-\mu_0\left.\frac{\partial\varphi_2}{\partial r}\right|_{r=a} \tag{2.81.13}$$

将 φ_1 和 φ_2 代入上式计算，然后比较 $\cos n\phi$ 的系数得

$$\left.\begin{aligned}&D_n=-\frac{\mu}{\mu_0}a^{2n}C_n,\qquad n\neq1\\&-\mu C_1=\mu_0a^{-2}D_1+B_0\end{aligned}\right\} \tag{2.81.14}$$

解(2.81.12)和(2.81.14)两式，得

$$\left.\begin{aligned}&C_n=0,\quad D_n=0,\quad n\neq1\\&C_1=-\frac{2}{\mu+\mu_0}B_0,\quad D_1=\frac{\mu-\mu_0}{(\mu+\mu_0)\mu_0}a^2B_0\end{aligned}\right\} \tag{2.81.15}$$

于是得

$$\varphi_1=-\frac{2}{\mu+\mu_0}B_0r\cos\phi,\qquad r\leqslant a \tag{2.81.16}$$

$$\begin{aligned}\varphi_2&=\frac{\mu-\mu_0}{(\mu+\mu_0)\mu_0}\frac{a^2B_0}{r}\cos\phi-\frac{B_0}{\mu_0}r\cos\phi\\&=\left[\frac{\mu-\mu_0}{\mu+\mu_0}\left(\frac{a}{r}\right)^2-1\right]\frac{B_0}{\mu_0}r\cos\phi,\qquad r\geqslant a\end{aligned} \tag{2.81.17}$$

最后得所求的磁感强度为

$$\boldsymbol{B}_1 = \mu\boldsymbol{H}_1 = -\mu\nabla\varphi_1 = \frac{2\mu}{\mu+\mu_0}B_0\nabla(r\cos\phi)$$

$$= \frac{2\mu}{\mu+\mu_0}\boldsymbol{B}_0, \quad r < a \tag{2.81.18}$$

$$\boldsymbol{B}_2 = \mu_0\boldsymbol{H}_2 = -\mu_0\nabla\varphi_2$$

$$= -\frac{\mu-\mu_0}{\mu+\mu_0}a^2B_0\nabla\left(\frac{\cos\phi}{r}\right) + B_0\nabla(r\cos\phi)$$

$$= \frac{\mu-\mu_0}{\mu+\mu_0}B_0\left(\frac{a}{r}\right)^2(\cos\phi\boldsymbol{e}_r + \sin\phi\boldsymbol{e}_\phi) + \boldsymbol{B}_0, \quad r > a \tag{2.81.19}$$

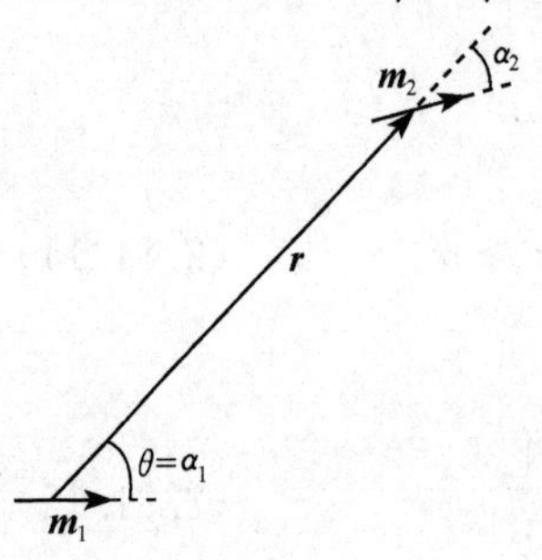

图 2.82

2.82 两个磁偶极子 $\boldsymbol{m}_1$ 和 $\boldsymbol{m}_2$ 位于同一平面内，$\boldsymbol{m}_1$ 固定不动，$\boldsymbol{m}_2$ 则可以在该平面内绕自己的中心自由转动；从 $\boldsymbol{m}_1$ 到 $\boldsymbol{m}_2$ 的位矢为 $\boldsymbol{r}$，$\boldsymbol{m}_1$ 与 $\boldsymbol{r}$ 的夹角为 α_1. 设 $\boldsymbol{m}_2$ 在平衡时与 $\boldsymbol{r}$ 的夹角为 α_2，试求 α_2 与 α_1 的关系(图 2.82).

【解】 设 $\boldsymbol{m}_1$ 和 $\boldsymbol{m}_2$ 分别代表两磁偶极子的磁矩，则它们间的相互作用能量为

$$W_{\mathrm{i}} = \boldsymbol{m}_2\cdot\boldsymbol{B}_1 = \boldsymbol{m}_2\cdot\left(-\mu_0\nabla\frac{\boldsymbol{m}_1\cdot\boldsymbol{r}}{4\pi r^3}\right)$$

$$= -\frac{\mu_0 m_1}{4\pi}\boldsymbol{m}_2\cdot\nabla\left(\frac{\cos\theta}{r^2}\right)$$

$$= \frac{\mu_0 m_1}{4\pi r^3}(2\cos\theta\boldsymbol{m}_2\cdot\boldsymbol{e}_r + \sin\theta\boldsymbol{m}_2\cdot\boldsymbol{e}_\theta)$$

$$= \frac{\mu_0 m_1}{4\pi r^3}\left[2\cos\theta\cdot m_2\cos\alpha_2 + \sin\theta\cdot m_2\cos\left(\frac{\pi}{2}+\alpha_2\right)\right]$$

$$= \frac{\mu_0 m_1 m_2}{4\pi r^3}(2\cos\alpha_1\cos\alpha_2 - \sin\alpha_1\sin\alpha_2) \tag{2.82.1}$$

当 m_2 达到平衡时

$$\frac{\partial W_{\mathrm{i}}}{\partial\alpha_2} = 0 \tag{2.82.2}$$

即

$$\frac{\partial}{\partial\alpha_2}(2\cos\alpha_1\cos\alpha_2 - \sin\alpha_1\sin\alpha_2) = 2\cos\alpha_1(-\sin\alpha_2) - \sin\alpha_1\cos\alpha_2 = 0$$

$$\tan\alpha_2 = -\frac{1}{2}\tan\alpha_1 \tag{2.82.3}$$

这便是所求的关系.

第三章　电磁波的传播

3.1　设在电容率为 ε、磁导率为 μ 的各向同性的均匀线性介质中，既无自由电荷，亦无自由电流，取笛卡儿坐标系，试证明：在这介质中，麦克斯韦方程组的解如果只与坐标 z 和时间 t 有关，则这个解便是由 (E_x, H_y) 和 (E_y, H_x) 两组互相独立的解组成的.

【证】　因为所有的场量都只与 z 和 t 有关，故麦克斯韦方程组便简化为

$$-\frac{\partial E_y}{\partial z}\boldsymbol{e}_x+\frac{\partial E_x}{\partial z}\boldsymbol{e}_y=-\mu\frac{\partial \boldsymbol{H}}{\partial t} \tag{3.1.1}$$

$$-\frac{\partial H_y}{\partial z}\boldsymbol{e}_x+\frac{\partial H_x}{\partial z}\boldsymbol{e}_y=\varepsilon\frac{\partial \boldsymbol{E}}{\partial t} \tag{3.1.2}$$

$$\frac{\partial E_z}{\partial z}=0 \tag{3.1.3}$$

$$\frac{\partial H_z}{\partial z}=0 \tag{3.1.4}$$

由(3.1.1)和(3.1.2)两式可得，$\frac{\partial H_z}{\partial t}=0$，$\frac{\partial E_z}{\partial t}=0$. 这表明，$E_z$ 和 H_z 都与时间 t 无关. (3.1.3)和(3.1.4)两式表明，E_z 和 H_z 都与 z 无关. 因此，E_z 和 H_z 都是常量. 因为它们与其他量不相关，在无源存在时，可令其为零，即 $E_z=0$，$H_z=0$. 于是由(3.1.1)和(3.1.2)两式得出

$$\left.\begin{aligned}\frac{\partial E_x}{\partial z}&=-\mu\frac{\partial H_y}{\partial t}\\ \frac{\partial H_y}{\partial z}&=-\varepsilon\frac{\partial E_x}{\partial t}\end{aligned}\right\} \tag{3.1.5}$$

$$\left.\begin{aligned}\frac{\partial E_y}{\partial z}&=\mu\frac{\partial H_x}{\partial t}\\ \frac{\partial H_x}{\partial z}&=\varepsilon\frac{\partial E_y}{\partial t}\end{aligned}\right\} \tag{3.1.6}$$

这是两组互相独立的方程组.

消去(3.1.5)式中的 H_y 便得

$$\frac{\partial^2 E_x}{\partial z^2}-\frac{1}{v^2}\frac{\partial^2 E_x}{\partial t^2}=0 \tag{3.1.7}$$

式中

$$v = \frac{1}{\sqrt{\varepsilon\mu}} \tag{3.1.8}$$

是波速. 由(3.1.7)式解出 E_x,它只是 z 和 t 的函数. 把它代回(3.1.5)式便可求出相应的 H_y 来,这样求出的 H_y 也只是 z 和 t 的函数. 这是一组解.

消去(3.1.6)式中的 H_x 便得

$$\frac{\partial^2 E_y}{\partial z^2} - \frac{1}{v^2}\frac{\partial^2 E_y}{\partial t^2} = 0 \tag{3.1.9}$$

由此式解出 E_y,它只是 z 和 t 的函数. 把它代回(3.1.6)式便可求出相应的 H_x 来,这样求出的 H_x 也只是 z 和 t 的函数. 这又是一组解.

以上两组解是互相独立的,都只与 z 和 t 有关.

【讨论】 上述结果表明,如果麦克斯韦方程组的解是沿 z 方向传播的平面波解,则这个解便由两个互相独立的平面波(E_x,H_y)和(E_y,H_x)叠加而成.

这个结论说明了我们在光学里所观测到的事实:在各向同性的均匀线性介质中,沿任何一个方向传播的平面光波都可以有两个互相独立的偏振态.

3.2 在电容率为 ε、磁导率为 μ 的均匀介质中,有一个沿 x 轴传播的单色平面电磁波. 已知它的电场强度为 $\boldsymbol{E}=\boldsymbol{E}_0\cos(kx-\omega t)$,式中 $\boldsymbol{E}_0$、k 和 ω 都与 x,y,z,t 无关. 试求它的:(1)磁场强度 $\boldsymbol{H}$;(2)场能密度的瞬时值和平均值;(3)坡印亭矢量 $\boldsymbol{S}$ 的瞬时值和平均值.

【解】 (1)求 $\boldsymbol{H}$.

$$\begin{aligned}-\frac{\partial \boldsymbol{B}}{\partial t} = -\mu\frac{\partial \boldsymbol{H}}{\partial t} &= \nabla\times\boldsymbol{E} = \nabla\times[\boldsymbol{E}_0\cos(kx-\omega t)] \\ &= \nabla\cos(kx-\omega t)\times\boldsymbol{E}_0 + \cos(kx-\omega t)\,\nabla\times\boldsymbol{E}_0 \\ &= -k\sin(kx-\omega t)\boldsymbol{e}_x\times\boldsymbol{E}_0\end{aligned}$$

所以

$$\begin{aligned}\boldsymbol{H} &= \frac{k}{\mu}\int\sin(kx-\omega t)\mathrm{d}t\boldsymbol{e}_x\times\boldsymbol{E}_0 \\ &= \frac{k}{\omega\mu}\boldsymbol{e}_x\times\boldsymbol{E}_0\cos(kx-\omega t)\end{aligned} \tag{3.2.1}$$

式中积分常数是与 t 无关的量,不属于电磁波,故略去. 又 $k\boldsymbol{e}_x=\boldsymbol{k}$ 是传播矢量,故得

$$\boldsymbol{H} = \frac{1}{\omega\mu}\boldsymbol{k}\times\boldsymbol{E}_0\cos(kx-\omega t) \tag{3.2.2}$$

或者,直接由单色平面电磁波的公式

$$\boldsymbol{H} = \frac{1}{\omega\mu}\boldsymbol{k}\times\boldsymbol{E} \tag{3.2.3}$$

写出上式亦可.

（2）场能密度的瞬时值为

$$w=\frac{1}{2}(\boldsymbol{E}\cdot\boldsymbol{D}+\boldsymbol{H}\cdot\boldsymbol{B})=\varepsilon E^2=\varepsilon E_0^2\cos^2(kx-\omega t) \tag{3.2.4}$$

场能密度的平均值为

$$\begin{aligned}\bar{w}&=\frac{1}{T}\int_0^T w\mathrm{d}t=\frac{\varepsilon E_0^2}{T}\int_0^T\cos^2(kx-\omega t)\mathrm{d}t\\&=\frac{1}{2}\varepsilon E_0^2\end{aligned} \tag{3.2.5}$$

（3）坡印亭矢量（能流密度）的瞬时值为

$$\begin{aligned}\boldsymbol{S}&=\mathrm{Re}\boldsymbol{E}\times\mathrm{Re}\boldsymbol{H}=\boldsymbol{E}_0\cos(kx-\omega t)\times\left[\frac{\boldsymbol{k}\times\boldsymbol{E}_0}{\omega\mu}\cos(kx-\omega t)\right]\\&=\frac{\boldsymbol{k}}{\omega\mu}E_0^2\cos^2(kx-\omega t)\end{aligned} \tag{3.2.6}$$

坡印亭矢量的平均值为

$$\begin{aligned}\bar{\boldsymbol{S}}&=\frac{1}{T}\int_0^T\boldsymbol{S}\mathrm{d}t=\frac{E_0^2\boldsymbol{k}}{\omega\mu T}\int_0^T\cos^2(kx-\omega t)\mathrm{d}t\\&=\frac{E_0^2}{2\omega\mu}\boldsymbol{k}\end{aligned} \tag{3.2.7}$$

或由公式计算

$$\begin{aligned}\bar{\boldsymbol{S}}&=\frac{1}{2}\mathrm{Re}(\boldsymbol{E}\times\boldsymbol{H}^*)=\frac{1}{2}\boldsymbol{E}\times\boldsymbol{H}^*=\frac{1}{2}\boldsymbol{E}\times\left(\frac{\boldsymbol{k}\times\boldsymbol{E}}{\omega\mu}\right)\\&=\frac{E_0^2}{2\omega\mu}\boldsymbol{k}\end{aligned} \tag{3.2.8}$$

3.3　有两个互相独立的单色平面电磁波，在真空中沿同一方向传播，它们的频率和振幅都相同. 以它们的传播方向为 z 轴方向，取笛卡儿坐标系，它们的场量分别为(E_x,H_y)和(E_y,H_x). 假定这两个波的相位差为 ϕ，试以电场为例，说明下列三种情况下合成的电磁波的偏振（极化）状态：（1）ϕ 为某一确定的值；（2）$\phi=0$；（3）$\phi=\pm\frac{\pi}{2}$.

【解】（1）依题意，在空间任一点，这两个波的电场强度随时间变化的关系可表示为

$$E_x=E_{x0}\cos\omega t \tag{3.3.1}$$

$$E_y=E_{y0}\cos(\omega t+\phi) \tag{3.3.2}$$

式中 ω 是它们的角频率，E_{x0} 和 E_{y0} 分别是它们的振幅. 于是在这一点的合成电场便为

$$\boldsymbol{E}=E_{x0}\cos\omega t\boldsymbol{e}_x+E_{y0}\cos(\omega t+\phi)\boldsymbol{e}_y \tag{3.3.3}$$

由(3.3.1)和(3.3.2)两式得

$$\cos\omega t = E_x/E_{x0} \tag{3.3.4}$$

$$\sin\omega t = \frac{\cos\omega t\cos\phi - E_y/E_{y0}}{\sin\phi} \tag{3.3.5}$$

由以上两式消去 t 得

$$\sin^2\omega t + \cos^2\omega t = \left(\frac{E_x}{E_{x0}}\right)^2 + \frac{1}{\sin^2\phi}\left[\frac{E_x}{E_{x0}}\cos\phi - \frac{E_y}{E_{y0}}\right]^2 = 1$$

所以

$$\left(\frac{E_x}{E_{x0}}\right)^2 + \left(\frac{E_y}{E_{y0}}\right)^2 - 2\frac{E_xE_y}{E_{x0}E_{y0}}\cos\phi = \sin^2\phi \tag{3.3.6}$$

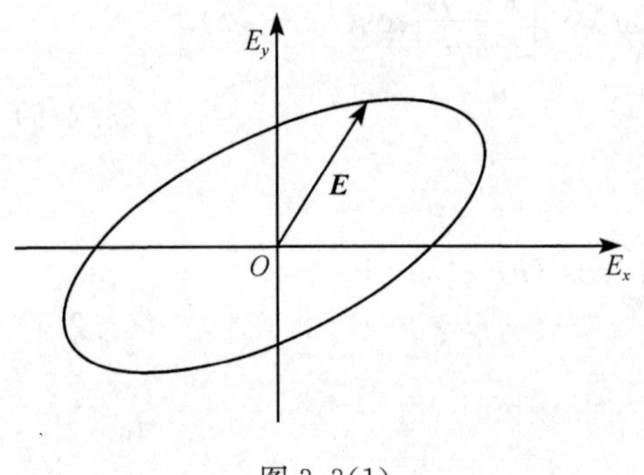

图 3.3(1)

这是一个椭圆方程，它的图形如图 3.3(1)所示. 由此可见，具有确定相位差 ϕ 的两个互相独立的线偏振波(或称线极化波)叠加而成的波是一个椭圆偏振波. 当时间经过一个周期，其电场矢量 $\boldsymbol{E}$ 的尖端便在椭圆上扫描一圈.

(2) $\phi=0$，即 E_x 和 E_y 的相位相同，这时(3.3.6)式便化为

$$E_x/E_{x0} = E_y/E_{y0} \tag{3.3.7}$$

这时椭圆蜕化为一条直线，即电场矢量 $\boldsymbol{E}$ 沿着一条固定的直线段随时间振荡. 这条直线段与 x 轴的夹角 θ 满足

$$\tan\theta = \frac{E_y}{E_x} = \frac{E_{y0}}{E_{x0}} \tag{3.3.8}$$

(3) $\phi=\pm\frac{\pi}{2}$. 这时(3.3.6)式化为

$$\left(\frac{E_x}{E_{x0}}\right)^2 + \left(\frac{E_y}{E_{y0}}\right)^2 = 1 \tag{3.3.9}$$

这是一个正椭圆，其长短轴分别在 x 和 y 方向上.

当 $\phi=\pm\frac{\pi}{2}$，且 $E_{x0}=E_{y0}=E_0$ 时，(3.3.9)式便成为一个圆的方程

$$E_x^2 + E_y^2 = E_0^2 \tag{3.3.10}$$

在这种情况下，当时间经历一个周期，电场矢量 $\boldsymbol{E}$ 的尖端便在这圆上描画一圈，如图 3.3(2)所示. 当 $\phi=\frac{\pi}{2}$时，电场矢量 $\boldsymbol{E}$ 沿顺时针方向转动，如图中的(a)所示，这种波称为右旋圆偏振(极化)波. 当 $\phi=-\frac{\pi}{2}$时，电场矢量 $\boldsymbol{E}$ 沿逆时针方向转动，如图中的(b)所示，这种波称为左旋圆偏振(极化)波.

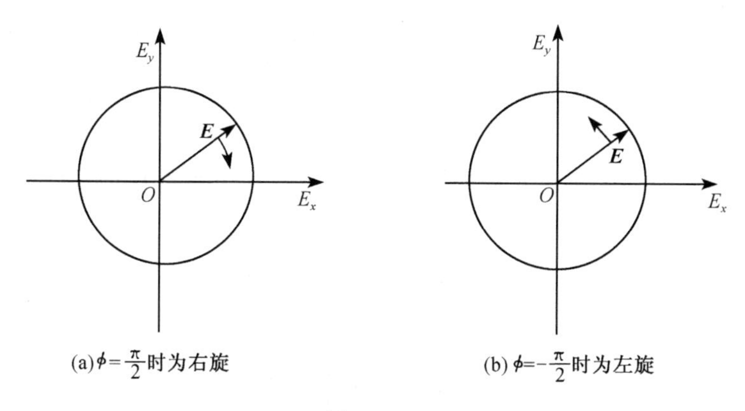

图 3.3(2)

3.4　平面电磁波的能量传播速度 $\boldsymbol{u}$ 定义为

$$\boldsymbol{u}=\boldsymbol{S}/w$$

式中 $\boldsymbol{S}$ 是波印亭矢量，w 是电磁场的能量密度. 试证明：在无色散介质中，能量速度 $\boldsymbol{u}$ 等于相速度 $\boldsymbol{v}$.

【证】　电磁波的相速度 $\boldsymbol{v}$ 定义为

$$\boldsymbol{v}=\frac{1}{\sqrt{\varepsilon\mu}}\boldsymbol{n} \tag{3.4.1}$$

式中 ε 和 μ 分别为介质的电容率和磁导率，$\boldsymbol{n}$ 是电磁波的传播方向上的单位矢量.

平面电磁波的波印亭矢量为

$$\begin{aligned}\boldsymbol{S}&=\boldsymbol{E}\times\boldsymbol{H}=\boldsymbol{E}\times\frac{1}{\omega\mu}(\boldsymbol{k}\times\boldsymbol{E})=\frac{1}{\omega\mu}E^2\boldsymbol{k}\\&=\frac{1}{\omega\mu}E^2k\boldsymbol{n}=\frac{1}{\omega\mu}E^2\omega\sqrt{\varepsilon\mu}\boldsymbol{n}=\varepsilon E^2\boldsymbol{v}\\&=w\boldsymbol{v}\end{aligned} \tag{3.4.2}$$

所以

$$\boldsymbol{u}=\boldsymbol{S}/w=\boldsymbol{v} \tag{3.4.3}$$

3.5　在电容率为 ε、电导率为 σ、磁导率为 μ 的导电介质中，有一沿 z 方向传播的电磁波

$$\boldsymbol{E}=E(z)\mathrm{e}^{-\mathrm{i}\omega t}\boldsymbol{e}_x,\qquad \boldsymbol{H}=H(z)\mathrm{e}^{-\mathrm{i}\omega t}\boldsymbol{e}_y$$

已知这介质中无净电荷(即 $\rho=0$). 试证明：这介质的波阻抗为

$$\eta=\frac{E}{H}=\sqrt{\frac{\omega\mu}{\omega\varepsilon+\mathrm{i}\sigma}}$$

【证】　由麦克斯韦方程得

$$\nabla\times\boldsymbol{E}=-\frac{\partial\boldsymbol{B}}{\partial t}=-\mu\frac{\partial\boldsymbol{H}}{\partial t}=\mathrm{i}\omega\mu\boldsymbol{H} \tag{3.5.1}$$

$$\nabla\times\boldsymbol{H}=\frac{\partial\boldsymbol{D}}{\partial t}+\boldsymbol{j}=-\mathrm{i}\omega\varepsilon\boldsymbol{E}+\sigma\boldsymbol{E}$$

$$= -\mathrm{i}\omega\left(\varepsilon + \mathrm{i}\,\frac{\sigma}{\omega}\right)\boldsymbol{E} \tag{3.5.2}$$

又

$$\nabla\times(\nabla\times\boldsymbol{E}) = \mathrm{i}\omega\mu\nabla\times\boldsymbol{H} = \omega^2\left(\varepsilon + \mathrm{i}\,\frac{\sigma}{\omega}\right)\mu\boldsymbol{E}$$
$$= \nabla(\nabla\cdot\boldsymbol{E}) - \nabla^2\boldsymbol{E} = -\nabla^2\boldsymbol{E}$$

所以

$$\nabla^2\boldsymbol{E} + \omega^2\left(\varepsilon + \mathrm{i}\,\frac{\sigma}{\omega}\right)\mu\boldsymbol{E} = 0 \tag{3.5.3}$$

同样可得

$$\nabla^2\boldsymbol{H} + \omega^2\left(\varepsilon + \mathrm{i}\,\frac{\sigma}{\omega}\right)\mu\boldsymbol{H} = 0 \tag{3.5.4}$$

解(3.5.3)和(3.5.4)两式得

$$\boldsymbol{E} = E_0\,\mathrm{e}^{\mathrm{i}(k'z-\omega t)}\,\boldsymbol{e}_x \tag{3.5.5}$$
$$\boldsymbol{H} = H_0\,\mathrm{e}^{\mathrm{i}(k'z-\omega t)}\,\boldsymbol{e}_y \tag{3.5.6}$$

式中

$$k' = \omega\sqrt{\mu\left(\varepsilon + \mathrm{i}\,\frac{\sigma}{\omega}\right)} \tag{3.5.7}$$

由(3.5.5)式得

$$\nabla\times\boldsymbol{E} = E_0\left[\nabla\mathrm{e}^{\mathrm{i}(k'z-\omega t)}\right]\times\boldsymbol{e}_x = \mathrm{i}k'E_0\,\mathrm{e}^{\mathrm{i}(k'z-\omega t)}\,\boldsymbol{e}_y$$
$$= \mathrm{i}k'E\boldsymbol{e}_y \tag{3.5.8}$$

由(3.5.1)和(3.5.8)两式得

$$\frac{E}{H} = \frac{\omega\mu}{k'} = \frac{\omega\mu}{\omega\sqrt{\mu\left(\varepsilon + \mathrm{i}\,\frac{\sigma}{\omega}\right)}} = \sqrt{\frac{\omega\mu}{\omega\varepsilon + \mathrm{i}\sigma}} \tag{3.5.9}$$

所以

$$\eta = \frac{E}{H} = \sqrt{\frac{\omega\mu}{\omega\varepsilon + \mathrm{i}\sigma}} \tag{3.5.10}$$

3.6　电磁场的赫兹矢量 $\boldsymbol{\Pi}$ 由 $\mathbf{A} = \varepsilon\mu\,\dfrac{\partial\boldsymbol{\Pi}}{\partial t}$ 定义，式中 ε 和 μ 分别是介质的电容率和磁导率，$\mathbf{A}$ 是电磁场的矢势. 在没有自由电荷和电流的均匀介质内，试由麦克斯韦方程导出 $\boldsymbol{\Pi}$ 的波动方程，并证明对于单色电磁波来说，$\boldsymbol{\Pi}$ 满足亥姆霍兹方程.

【解】　电磁场的电场强度 $\boldsymbol{E}$ 和磁感强度 $\boldsymbol{B}$ 与矢势 $\mathbf{A}$ 和标势 φ 的关系为

$$\boldsymbol{E} = -\nabla\varphi - \frac{\partial\mathbf{A}}{\partial t} \tag{3.6.1}$$

$$\boldsymbol{B} = \nabla\times\mathbf{A} \tag{3.6.2}$$

现在

$$\mathbf{A} = \varepsilon\mu\,\frac{\partial\boldsymbol{\Pi}}{\partial t} \tag{3.6.3}$$

故

$$\boldsymbol{E}=-\nabla\varphi-\varepsilon\mu\frac{\partial^2\boldsymbol{\Pi}}{\partial t^2} \tag{3.6.4}$$

$$\boldsymbol{B}=\nabla\times\left(\varepsilon\mu\frac{\partial\boldsymbol{\Pi}}{\partial t}\right)=\frac{\partial}{\partial t}(\varepsilon\mu\nabla\times\boldsymbol{\Pi}) \tag{3.6.5}$$

在没有自由电荷和电流的均匀介质内，由麦克斯韦方程得

$$\nabla\times\boldsymbol{H}=\frac{\partial\boldsymbol{D}}{\partial t} \tag{3.6.6}$$

$$\nabla\times\boldsymbol{B}=\varepsilon\mu\frac{\partial\boldsymbol{E}}{\partial t} \tag{3.6.7}$$

将(3.6.4)、(3.6.5)两式代入(3.6.7)式得

$$\varepsilon\mu\frac{\partial}{\partial t}\left[\nabla\times(\nabla\times\boldsymbol{\Pi})+\nabla\varphi+\varepsilon\mu\frac{\partial^2\boldsymbol{\Pi}}{\partial t^2}\right]=0 \tag{3.6.8}$$

因为没有自由电荷，故 φ 可以任意选择，现在令它为

$$\varphi=-\nabla\cdot\boldsymbol{\Pi} \tag{3.6.9}$$

于是由(3.6.8)式得

$$\nabla\times(\nabla\times\boldsymbol{\Pi})-\nabla(\nabla\cdot\boldsymbol{\Pi})+\varepsilon\mu\frac{\partial^2\boldsymbol{\Pi}}{\partial t^2}=C \tag{3.6.10}$$

式中 C 是积分常数，它与时间无关，故不属于随时间变化的电磁场，可取 $C=0$. 于是得

$$\nabla\times(\nabla\times\boldsymbol{\Pi})-\nabla(\nabla\cdot\boldsymbol{\Pi})+\varepsilon\mu\frac{\partial^2\boldsymbol{\Pi}}{\partial t^2}=0 \tag{3.6.11}$$

因

$$\nabla\times(\nabla\times\boldsymbol{\Pi})=\nabla(\nabla\cdot\boldsymbol{\Pi})-\nabla^2\boldsymbol{\Pi} \tag{3.6.12}$$

故得

$$\nabla^2\boldsymbol{\Pi}-\frac{1}{v^2}\frac{\partial^2\boldsymbol{\Pi}}{\partial t^2}=0 \tag{3.6.13}$$

这便是 $\boldsymbol{\Pi}$ 的波动方程，式中

$$v=\frac{1}{\sqrt{\varepsilon\mu}} \tag{3.6.14}$$

是电磁波在介质中的传播速率.

对于单色电磁波来说，磁感强度为

$$\boldsymbol{B}=\boldsymbol{B}(\boldsymbol{r})\mathrm{e}^{-\mathrm{i}\omega t} \tag{3.6.15}$$

式中 ω 是角频率，由(3.6.2)、(3.6.3)两式可知，这时 $\boldsymbol{\Pi}$ 必定含有 $\mathrm{e}^{-\mathrm{i}\omega t}$ 因子，即

$$\boldsymbol{\Pi}=\boldsymbol{\Pi}(\boldsymbol{r})\mathrm{e}^{-\mathrm{i}\omega t} \tag{3.6.16}$$

所以

$$\frac{\partial^2 \boldsymbol{\Pi}}{\partial t^2} = -\omega^2 \boldsymbol{\Pi} \tag{3.6.17}$$

代入(3.6.13)式即得亥姆霍兹方程

$$\nabla^2 \boldsymbol{\Pi} + k^2 \boldsymbol{\Pi} = 0 \tag{3.6.18}$$

式中

$$k = \omega\sqrt{\varepsilon\mu} = \frac{\omega}{v} \tag{3.6.19}$$

是单色电磁波的传播常数.

3.7 在各向异性的晶体(例如,除等轴晶系外的各种晶体)中,麦克斯韦方程组最简单的解是平面波解,其场量为

$$\boldsymbol{E} = \boldsymbol{E}_0 e^{i(\boldsymbol{k}\cdot\boldsymbol{r}-\omega t)}, \qquad \boldsymbol{D} = \boldsymbol{D}_0 e^{i(\boldsymbol{k}\cdot\boldsymbol{r}-\omega t)}$$

$$\boldsymbol{H} = \boldsymbol{H}_0 e^{i(\boldsymbol{k}\cdot\boldsymbol{r}-\omega t)}, \qquad \boldsymbol{B} = \mu\boldsymbol{H}$$

式中 $\boldsymbol{E}_0$、$\boldsymbol{D}_0$ 和 $\boldsymbol{H}_0$ 都是常矢量,$\boldsymbol{k}$ 是波矢量(传播矢量),它的方向便是波面法线的方向;ω 是角频率,μ 是磁导率(一般地 $\mu=\mu_0$). 在一般情况下,电位移 $\boldsymbol{D}$ 和电场强度 $\boldsymbol{E}$ 是不同方向的. 令 $\boldsymbol{n}=\boldsymbol{k}/k$ 代表波法线方向上的单位矢量,$v=\omega/k$ 表示相速度(波的相位沿 $\boldsymbol{n}$ 的传播速度). (1)试由麦克斯韦方程组和上述平面波解导出晶体光学的第一基本方程

$$v^2\mu\boldsymbol{D} = \boldsymbol{E} - (\boldsymbol{n}\cdot\boldsymbol{E})\boldsymbol{n}$$

(2) 说明晶体的离散角($\boldsymbol{D}$ 与 $\boldsymbol{E}$ 之间的夹角)等于波矢量 $\boldsymbol{k}$ 与坡印亭矢量 $\boldsymbol{S}$ 之间的夹角.

【解】 (1)根据矢量分析公式

$$\nabla\times(\nabla\times\boldsymbol{E}) = \nabla(\nabla\cdot\boldsymbol{E}) - \nabla^2\boldsymbol{E} \tag{3.7.1}$$

由麦克斯韦方程组和题给的平面波解求出其中各项如下:

$$\begin{aligned}\nabla\times(\nabla\times\boldsymbol{E}) &= \nabla\times\left(-\frac{\partial\boldsymbol{B}}{\partial t}\right) = -\mu\nabla\times\left(\frac{\partial\boldsymbol{H}}{\partial t}\right)\\ &= -\mu\frac{\partial}{\partial t}(\nabla\times\boldsymbol{H}) = -\mu\frac{\partial}{\partial t}\frac{\partial\boldsymbol{D}}{\partial t}\\ &= -\mu\frac{\partial^2\boldsymbol{D}}{\partial t^2} = \omega^2\mu\boldsymbol{D}\end{aligned} \tag{3.7.2}$$

$$\nabla\cdot\boldsymbol{E} = \nabla\cdot\left[\boldsymbol{E}_0 e^{i(\boldsymbol{k}\cdot\boldsymbol{r}-\omega t)}\right] = i\boldsymbol{k}\cdot\boldsymbol{E} \tag{3.7.3}$$

$$\begin{aligned}\nabla(\nabla\cdot\boldsymbol{E}) &= i\nabla(\boldsymbol{k}\cdot\boldsymbol{E}) = i\nabla\left[\boldsymbol{k}\cdot\boldsymbol{E}_0 e^{i(\boldsymbol{k}\cdot\boldsymbol{r}-\omega t)}\right]\\ &= -(\boldsymbol{k}\cdot\boldsymbol{E})\boldsymbol{k}\end{aligned} \tag{3.7.4}$$

$$\nabla^2\boldsymbol{E} = \nabla^2\left[\boldsymbol{E}_0 e^{i(\boldsymbol{k}\cdot\boldsymbol{r}-\omega t)}\right] = -k^2\boldsymbol{E} \tag{3.7.5}$$

将(3.7.2)～(3.7.5)各式代入(3.7.1)式便得

$$\omega^2\mu\boldsymbol{D} = -(\boldsymbol{k}\cdot\boldsymbol{E})\boldsymbol{k} + k^2\boldsymbol{E} \tag{3.7.6}$$

以 k^2 除上式便得

$$v^2\mu\boldsymbol{D}=\boldsymbol{E}-(\boldsymbol{n}\cdot\boldsymbol{E})\boldsymbol{n} \tag{3.7.7}$$

(2) 根据$\boldsymbol{B}=\mu\boldsymbol{H}$知$\boldsymbol{B}$与$\boldsymbol{H}$同方向. 由$\boldsymbol{S}=\boldsymbol{E}\times\boldsymbol{H}$知坡印亭矢量$\boldsymbol{S}$与$\boldsymbol{E}$和$\boldsymbol{H}$都垂直. 由麦克斯韦方程组和题给的平面波解得

$$\nabla\cdot\boldsymbol{D}=\mathrm{i}\boldsymbol{k}\cdot\boldsymbol{D}=0 \tag{3.7.8}$$

$$\nabla\cdot\boldsymbol{B}=\mathrm{i}\mu\boldsymbol{k}\cdot\boldsymbol{H}=0 \tag{3.7.9}$$

$$\nabla\times\boldsymbol{E}=\mathrm{i}\boldsymbol{k}\times\boldsymbol{E}=-\frac{\partial\boldsymbol{B}}{\partial t}=\mathrm{i}\omega\mu\boldsymbol{H} \tag{3.7.10}$$

可见$\boldsymbol{k}$与$\boldsymbol{D}$垂直,$\boldsymbol{H}$与$\boldsymbol{k}$和$\boldsymbol{E}$都垂直. 故得$\boldsymbol{H}$与$\boldsymbol{S}$、$\boldsymbol{k}$、$\boldsymbol{E}$都垂直. 又由晶体光学的第一基本方程(3.7.7)式知$\boldsymbol{D}$、$\boldsymbol{E}$、$\boldsymbol{k}$三者在同一平面内. 于是得出:$\boldsymbol{E}$、$\boldsymbol{D}$、$\boldsymbol{S}$和$\boldsymbol{k}$四个矢量都在同一平面内,$\boldsymbol{H}$则垂直于这个平面,如图 3.7 所示. 因$\boldsymbol{S}\perp\boldsymbol{E}$, $\boldsymbol{k}\perp\boldsymbol{D}$,故得$\boldsymbol{D}$与$\boldsymbol{E}$之间的夹角$\delta$等于$\boldsymbol{k}$与$\boldsymbol{S}$之间的夹角.

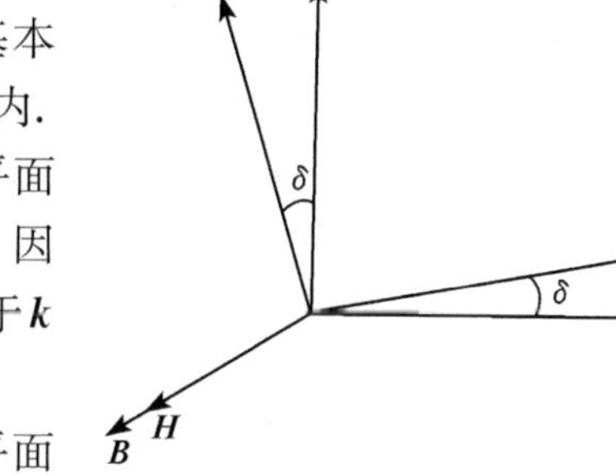

图 3.7

3.8　在各向异性晶体中传播的单色平面电磁波的电磁场为

$$\boldsymbol{E}=\boldsymbol{E}_0\mathrm{e}^{\mathrm{i}(\boldsymbol{k}\cdot\boldsymbol{r}-\omega t)},\qquad \boldsymbol{D}=\boldsymbol{D}_0\mathrm{e}^{\mathrm{i}(\boldsymbol{k}\cdot\boldsymbol{r}-\omega t)}$$

$$\boldsymbol{H}=\boldsymbol{H}_0\mathrm{e}^{\mathrm{i}(\boldsymbol{k}\cdot\boldsymbol{r}-\omega t)},\qquad \boldsymbol{B}=\mu_0\boldsymbol{H}$$

式中电位移$\boldsymbol{D}$与电场强度$\boldsymbol{E}$的关系为$\boldsymbol{D}=\boldsymbol{\varepsilon}\cdot\boldsymbol{E}$,这里的电容率$\boldsymbol{\varepsilon}$是对称张量,取主轴坐标系,$\boldsymbol{\varepsilon}=\varepsilon_1\boldsymbol{e}_1\boldsymbol{e}_1+\varepsilon_2\boldsymbol{e}_2\boldsymbol{e}_2+\varepsilon_3\boldsymbol{e}_3\boldsymbol{e}_3$,式中$\varepsilon_1$、$\varepsilon_2$、$\varepsilon_3$为主电容率,$\boldsymbol{e}_1$、$\boldsymbol{e}_2$、$\boldsymbol{e}_3$为主轴坐标系的基矢. 电磁场的能量密度为$w=\frac{1}{2}(\boldsymbol{E}\cdot\boldsymbol{D}+\boldsymbol{H}\cdot\boldsymbol{B})=\boldsymbol{E}\cdot\boldsymbol{D}$,电磁波的能流密度为$\boldsymbol{S}=\boldsymbol{E}\times\boldsymbol{H}=w\boldsymbol{u}$, $\boldsymbol{u}$是电磁波能量传播的速度. (1)试导出$\boldsymbol{E}$、$\boldsymbol{D}$、$\boldsymbol{S}$之间的关系(也称为晶体光学的第二基本方程)

$$\frac{1}{u^2\mu_0}\boldsymbol{E}=\boldsymbol{D}-(\boldsymbol{s}\cdot\boldsymbol{D})\boldsymbol{s}$$

式中$\boldsymbol{s}$是$\boldsymbol{S}$方向上的单位矢量;(2)试论证:这种介质中的电磁波都是线偏振的.

【解】　(1)在这种介质中,由于电容率$\boldsymbol{\varepsilon}$是张量,故同一点的$\boldsymbol{D}$和$\boldsymbol{E}$一般是不同方向的. 根据麦克斯韦方程,有

$$\nabla\times\boldsymbol{H}=\nabla\times[\boldsymbol{H}_0\mathrm{e}^{\mathrm{i}(\boldsymbol{k}\cdot\boldsymbol{r}-\omega t)}]=\mathrm{i}\boldsymbol{k}\times\boldsymbol{H}=\frac{\partial\boldsymbol{D}}{\partial t}=-\mathrm{i}\omega\boldsymbol{D} \tag{3.8.1}$$

可见$\boldsymbol{D}$与$\boldsymbol{H}$垂直. 又有

$$\nabla\times\boldsymbol{E}=\nabla\times[\boldsymbol{E}_0\mathrm{e}^{\mathrm{i}(\boldsymbol{k}\cdot\boldsymbol{r}-\omega t)}]=\mathrm{i}\boldsymbol{k}\times\boldsymbol{E}=-\frac{\partial\boldsymbol{B}}{\partial t}=\mathrm{i}\omega\mu_0\boldsymbol{H} \tag{3.8.2}$$

可见$\boldsymbol{E}$与$\boldsymbol{H}$垂直.

由矢量分析公式得

$$\boldsymbol{s}\times(\boldsymbol{D}\times\boldsymbol{s})=\boldsymbol{D}-(\boldsymbol{s}\cdot\boldsymbol{D})\boldsymbol{s} \tag{3.8.3}$$

因为

$$\boldsymbol{s}\times(\boldsymbol{D}\times\boldsymbol{s})=\frac{\boldsymbol{S}}{S}\times\left(\boldsymbol{D}\times\frac{\boldsymbol{S}}{S}\right)=\frac{1}{S^2}\boldsymbol{S}\times(\boldsymbol{D}\times\boldsymbol{S})$$

$$=\frac{1}{w^2u^2}\boldsymbol{S}\times(\boldsymbol{D}\times\boldsymbol{S}) \tag{3.8.4}$$

式中

$$\boldsymbol{D}\times\boldsymbol{S}=\boldsymbol{D}\times(\boldsymbol{E}\times\boldsymbol{H})=(\boldsymbol{D}\cdot\boldsymbol{H})\boldsymbol{E}-(\boldsymbol{E}\cdot\boldsymbol{D})\boldsymbol{H}=-(\boldsymbol{E}\cdot\boldsymbol{D})\boldsymbol{H}$$

$$=-w\boldsymbol{H} \tag{3.8.5}$$

所以

$$\boldsymbol{S}\times(\boldsymbol{D}\times\boldsymbol{S})=\boldsymbol{S}\times(-w\boldsymbol{H})=-w\boldsymbol{S}\times\boldsymbol{H}=-w(\boldsymbol{E}\times\boldsymbol{H})\times\boldsymbol{H}$$

$$=-w[(\boldsymbol{E}\cdot\boldsymbol{H})\boldsymbol{H}-H^2\boldsymbol{E}]=wH^2\boldsymbol{E}=\frac{w}{\mu_0}HB\boldsymbol{E}$$

$$=\frac{w^2}{\mu_0}\boldsymbol{E} \tag{3.8.6}$$

代入(3.8.4)式便得

$$\boldsymbol{s}\times(\boldsymbol{D}\times\boldsymbol{s})=\frac{1}{u^2\mu_0}\boldsymbol{E} \tag{3.8.7}$$

由(3.8.7)、(3.8.3)两式得

$$\frac{1}{u^2\mu_0}\boldsymbol{E}=\boldsymbol{D}-(\boldsymbol{s}\cdot\boldsymbol{D})\boldsymbol{s} \tag{3.8.8}$$

(2) 在主轴坐标系里，$\boldsymbol{D}$ 与 $\boldsymbol{E}$ 的关系为

$$\boldsymbol{D}=\boldsymbol{\varepsilon}\cdot\boldsymbol{E}=\varepsilon_1E_1\boldsymbol{e}_1+\varepsilon_2E_2\boldsymbol{e}_2+\varepsilon_3E_3\boldsymbol{e}_3 \tag{3.8.9}$$

这时(3.8.8)式的分量式为

$$\frac{1}{u^2\mu_0}E_i=\varepsilon_iE_i-(\boldsymbol{s}\cdot\boldsymbol{D})s_i,\qquad i=1,2,3 \tag{3.8.10}$$

令

$$v_i=\frac{1}{\sqrt{\varepsilon_i\mu_0}},\qquad i=1,2,3 \tag{3.8.11}$$

v_1、v_2、v_3 通常叫做主速度，它们分别是电磁波沿三个主方向传播时的速度. 将(3.8.11)式代入(3.8.10)式得

$$E_i=u^2\mu_0(\boldsymbol{s}\cdot\boldsymbol{D})\frac{v_i^2s_i}{u^2-v_i^2},\qquad i=1,2,3 \tag{3.8.12}$$

因为 $\boldsymbol{E}$ 与 $\boldsymbol{S}$ 垂直，故由上式得

$$\frac{v_1^2s_1^2}{u^2-v_1^2}+\frac{v_2^2s_2^2}{u^2-v_2^2}+\frac{v_3^2s_3^2}{u^2-v_3^2}=0 \tag{3.8.13}$$

由(3.8.13)式得

$$(v_1^2s_1^2+v_2^2s_2^2+v_3^2s_3^2)(u^2)^2-[(v_2^2+v_3^2)v_1^2s_1^2+(v_3^2+v_1^2)v_2^2s_2^2+(v_1^2+v_2^2)v_3^2s_3^2]u^2 +v_1^2v_2^2v_3^2(s_1^2+s_2^2+s_3^2)=0 \tag{3.8.14}$$

这是 u^2 的二次代数方程，它有两个实根，而且都是正值[参见后面的讨论]. 设这两个根分别为 u_1^2 和 u_2^2，则(3.8.14)式的 u 共有四个实根，分别为 u_1，u_2 和 $-u_1$，$-u_2$，其中 u_1 和 u_2 代表电磁波的能量沿 $\boldsymbol{s}$ 方向传播的速度，而 $-u_1$，$-u_2$ 则代表沿 $-\boldsymbol{s}$ 方向传播的速度. 这个结果表明：在各向异性晶体中，电磁波的能量传播速度 $\boldsymbol{u}$ 的值由传播方向 $\boldsymbol{s}$ 和晶体的特性 $\boldsymbol{\varepsilon}$ 决定.

另一方面，在各向异性晶体中，当电磁波沿 $\boldsymbol{s}=s_1\boldsymbol{e}_1+s_2\boldsymbol{e}_2+s_3\boldsymbol{e}_3$ 的方向传播时，它的电场强度 $\boldsymbol{E}=E\boldsymbol{e}_1+E_2\boldsymbol{e}_2+E_3\boldsymbol{e}_3$ 的方向由三个分量 E_1、E_2、E_3 之比给出. 由(3.8.12)式得

$$E_1:E_2:E_3=\frac{v_1^2s_1}{u^2-v_1^2}:\frac{v_2^2s_2}{u^2-v_2^2}:\frac{v_3^2s_3}{u^2-v_3^2} \tag{3.8.15}$$

可见 $\boldsymbol{E}$ 的方向由传播速度 u 和传播方向 $\boldsymbol{s}$ 确定. 上面已指出，传播速度 u 由传播方向 $\boldsymbol{s}$ 决定. 因此，传播方向给定后，$\boldsymbol{E}$ 的方向也就确定了. 于是得出结论：在各向异性晶体中传播的电磁波都是线偏振的，它的电场强度 $\boldsymbol{E}$ 的方向由晶体的特性 $\boldsymbol{\varepsilon}$ 和传播方向 $\boldsymbol{s}$ 确定.

【讨论】 (1)关于(3.8.14)式的根. (3.8.14)式的两个根为

$$(u^2)_{1,2}=\frac{1}{2(v_1^2s_1^2+v_2^2s_2^2+v_3^2s_3^2)} \times\left\{[\ ]\pm\sqrt{[\ ]^2-4(v_1^2s_1^2+v_2^2s_2^2+v_3^2s_3^2)v_1^2v_2^2v_3^2(s_1^2+s_2^2+s_3^2)}\right\} \tag{3.8.16}$$

式中

$$[\ ]=[(v_2^2+v_3^2)v_1^2s_1^2+(v_3^2+v_1^2)v_2^2s_2^2+(v_1^2+v_2^2)v_3^2s_3^2] \tag{3.8.17}$$

假定 $v_1>v_2>v_3$(这样做并不失去普遍性)，将(3.8.16)式中根号内两项化为

$$\begin{aligned}&[(v_2^2+v_3^2)v_1^2s_1^2+(v_3^2+v_1^2)v_2^2s_2^2+(v_1^2+v_2^2)v_3^2s_3^2]^2\\&\quad-4(v_1^2s_1^2+v_2^2s_2^2+v_3^2s_3^2)v_1^2v_2^2v_3^2(s_1^2+s_2^2+s_3^2)\\&=[(v_2^2-v_3^2)v_1^2s_1^2+(v_3^2-v_1^2)v_2^2s_2^2-(v_1^2-v_2^2)v_3^2s_3^2]^2\\&\quad-4(v_2^2-v_3^2)(v_3^2-v_1^2)v_1^2v_2^2s_1^2s_2^2\end{aligned} \tag{3.8.18}$$

因 $v_1>v_2>v_3$，故

$$-4(v_2^2-v_3^2)(v_3^2-v_1^2)v_1^2v_2^2s_1^2s_2^2>0 \tag{3.8.19}$$

可见(3.8.16)式的根号内为正，故 u^2 的两个根 u_1^2 和 u_2^2 都是实根. 又因

$$[\ ]>\sqrt{[\ ]^2-4(v_1^2s_1^2+v_2^2s_2^2+v_3^2s_3^2)v_1^2v_2^2v_3^2(s_1^2+s_2^2+s_3^2)} \tag{3.8.20}$$

故知(3.8.16)式的 u_1^2 和 u_2^2 都有两个实根，分别为 u_1，$-u_1$ 和 u_2，$-u_2$.

(2) 沿同一方向传播的两种线偏振波它们的电场强度互相垂直. 由于传播方向 $\boldsymbol{s}$ 给定后，能量传播速度 u 有两个值 u_1 和 u_2，与之相应的 $\boldsymbol{E}$ 也就有两个方向 $\boldsymbol{E}'$ 和 $\boldsymbol{E}''$. 这两个方向是互相垂直的，现证明如下：由(3.8.15)式得

$$\boldsymbol{E}'\cdot\boldsymbol{E}''=C\left(\frac{v_1^2s_1}{u_1^2-v_1^2}\frac{v_1^2s_1}{u_2^2-v_1^2}+\frac{v_2^2s_2}{u_1^2-v_2^2}\frac{v_2^2s_2}{u_2^2-v_2^2}+\frac{v_3^2s_3}{u_1^2-v_3^2}\frac{v_3^2s_3}{u_2^2-v_3^2}\right)\tag{3.8.21}$$

式中 C 是比例常数. 因

$$\frac{v_i^2s_i}{u_1^2-v_i^2}\frac{v_i^2s_i}{u_2^2-v_i^2}=\frac{1}{u_1^2-u_2^2}\left(-u_1^2\frac{v_i^2s_i^2}{u_1^2-v_i^2}+u_2^2\frac{v_i^2s_i^2}{u_2^2-v_i^2}\right)\tag{3.8.22}$$

故(3.8.21)式可化为

$$\begin{aligned}\boldsymbol{E}'\cdot\boldsymbol{E}''=&C\left[-\frac{u_1^2}{u_1^2-u_2^2}\left(\frac{v_1^2s_1^2}{u_1^2-v_1^2}+\frac{v_2^2s_2^2}{u_1^2-v_2^2}+\frac{v_3^2s_3^2}{u_1^2-v_3^2}\right)\right.\\&\left.+\frac{u_2^2}{u_1^2-u_2^2}j\left(\frac{v_1^2s_1^2}{u_2^2-v_1^2}+\frac{v_2^2s_2^2}{u_2^2-v_2^2}+\frac{v_3^2s_3^2}{u_2^2-v_3^2}\right)\right]\end{aligned}\tag{3.8.23}$$

因 u_1 和 u_2 都满足(3.8.13)式,故得

$$\boldsymbol{E}'\cdot\boldsymbol{E}''=0\tag{3.8.24}$$

因此,在各向异性晶体中传播的电磁波都是线偏振波;沿任一方向 $\boldsymbol{s}$ 传播的电磁波有两种,它们的速度一般不相同,而电场强度则互相垂直.

3.9 各向异性晶体的电容率是一个二阶对称张量. 用主轴坐标系,可表示为

$$\boldsymbol{\varepsilon}=\varepsilon_1\boldsymbol{e}_1\boldsymbol{e}_1+\varepsilon_2\boldsymbol{e}_2\boldsymbol{e}_2+\varepsilon_3\boldsymbol{e}_3\boldsymbol{e}_3$$

其中 ε_1、ε_2、ε_3 为主电容率,$\boldsymbol{e}_1$、$\boldsymbol{e}_2$、$\boldsymbol{e}_3$ 为主轴坐标系的基矢. 在晶体光学中,定义主速度为

$$v_i=\frac{1}{\sqrt{\varepsilon_i\mu_0}},\quad i=1,2,3$$

试阐明主速度的物理意义.

【解】 取各向异性晶体的主轴坐标系,考虑在各向异性晶体内沿

$$\boldsymbol{s}=\boldsymbol{S}/S=s_1\boldsymbol{e}_1+s_2\boldsymbol{e}_2+s_3\boldsymbol{e}_3\tag{3.9.1}$$

方向传播的光线,式中 $\boldsymbol{S}$ 是坡印亭矢量,S 是它的大小. 根据前面 3.8 题的(3.8.13)式,它满足关系式

$$\frac{v_1^2s_1^2}{u^2-v_1^2}+\frac{v_2^2s_2^2}{u^2-v_2^2}+\frac{v_3^2s_3^2}{u^2-v_3^2}=0\tag{3.9.2}$$

式中 u 是光线速度的大小. 将上式化为另一种形式

$$\begin{aligned}&(u^2-v_2^2)(u^2-v_3^2)v_1^2s_1^2+(u^2-v_3^2)(u^2-v_1^2)v_2^2s_2^2\\&+(u^2-v_1^2)(u^2-v_2^2)v_3^2s_3^2=0\end{aligned}\tag{3.9.3}$$

当光线沿主轴 x_1 传播时,它的 $s_1=1,s_2=s_3=0$,这时上式化为

$$(u^2-v_2^2)(u^2-v_3^2)=0\tag{3.9.4}$$

解得 u 的两个正根为

$$u'=v,\quad u''=v\tag{3.9.5}$$

这个结果表明，v_2 和 v_3 是沿主轴 x_1 方向传播的光线的两种速度. 同样分析可得：v_3 和 v_1 是沿主轴 x_2 方向传播的光线的两种速度；v_1 和 v_2 是沿主轴 x_3 方向传播的光线的两种速度.

根据光的电位移 $\boldsymbol{D}$ 与电场强度 $\boldsymbol{E}$ 之间的关系式

$$\boldsymbol{D}=\boldsymbol{\varepsilon}\cdot\boldsymbol{E}=\varepsilon_1 E_1\boldsymbol{e}_1+\varepsilon_2 E_2\boldsymbol{e}_2+\boldsymbol{\varepsilon}_3 E_3\boldsymbol{e}_3 \tag{3.9.6}$$

有

$$D_1=\varepsilon_1 E_1,\quad D_2=\varepsilon_2 E_2,\quad D_3=\varepsilon_3 E_3 \tag{3.9.7}$$

所以，当光的电场强度 $\boldsymbol{E}$ 沿主轴 x_1 的方向时，$E_2=E_3=0$，这时 $D_2=D_3=0$，$D_1=\varepsilon_1 E_1$，$\boldsymbol{D}$ 与 $\boldsymbol{E}$ 同方向，可见

$$v_1=\frac{1}{\sqrt{\varepsilon_1\mu_0}} \tag{3.9.8}$$

是光的电场强度 $\boldsymbol{E}$ 沿主轴 x_1 方向时的速度. 同样分析可得，v_2 是光的电场强度 $\boldsymbol{E}$ 沿主轴 x_2 方向时的速度，v_3 是光的电场强度 $\boldsymbol{E}$ 沿主轴 x_3 方向时的速度.

综合以上分析，光线沿主轴 x_1 传播时：若它的电场强度 $\boldsymbol{E}$ 沿主轴 x_2 方向，则它的传播速度为 v_2，若它的电场强度 $\boldsymbol{E}$ 沿主轴 x_3 方向，则它的传播速度为 v_3. 对于沿主轴 x_2 和 x_3 传播的光线，可以类推. 于是最后我们得出：主速度 v_1、v_2、v_3 的物理意义，如下表所示：

光线传播的方向	光线速度	光的电场强度 $\boldsymbol{E}$ 的方向
沿主轴 x_1 方向	v_2	沿主轴 x_2 方向
	v_3	沿主轴 x_3 方向
沿主轴 x_2 方向	v_3	沿主轴 x_3 方向
	v_1	沿主轴 x_1 方向
沿主轴 x_3 方向	v_1	沿主轴 x_1 方向
	v_2	沿主轴 x_2 方向

3.10 各向异性晶体内的光都是线偏振光，光的电场强度 $\boldsymbol{E}$ 的方向由光线的进行方向和晶体的特性常量(电容率张量)完全确定. 根据前面 3.8 题的(3.8.15)式，取主轴坐标系，当光的传播方向为 $\boldsymbol{s}=s_1\boldsymbol{e}_1+s_2\boldsymbol{e}_2+s_3\boldsymbol{e}_3$($\boldsymbol{s}$ 是坡印亭矢量方向上的单位矢量)时，它的电场强度 $\boldsymbol{E}$ 的三个分量 E_1、E_2、E_3 之比为

$$E_1:E_2:E_3=\frac{v_1^2 s_1}{u^2-v_1^2}:\frac{v_2^2 s_2}{u^2-v_2^2}:\frac{v_3^2 s_3}{u^2-v_3^2}$$

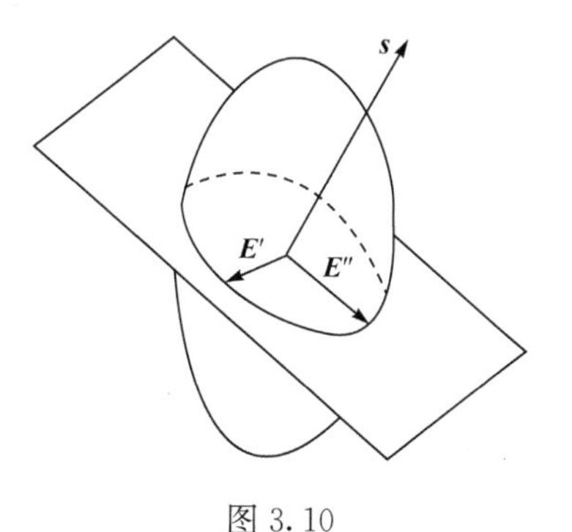

图 3.10

式中 u 是光线速度的大小，v_1、v_2、v_3 是主速度，它们与主电容率 ε_1、ε_2、ε_3 的关系为

$$v_i=\frac{1}{\sqrt{\varepsilon_i\mu_0}},\quad i=1,2,3$$

试证明：与光线传播方向 $\boldsymbol{s}$ 垂直并且通过原点的平面，将椭球面

$$\varepsilon_1 x_1^2+\varepsilon_2 x_2^2+\varepsilon_3 x_3^2=1$$

截出一个椭圆，这椭圆长短轴的方向. 便是光线的电场强度 $\boldsymbol{E}$ 的方向，如图 3.10 所示.

【证】 光的能量密度为

$$\begin{aligned}w&=\boldsymbol{E}\cdot\boldsymbol{D}=E_1D_1+E_2D_2+E_3D_3\\&=\varepsilon_1E_1^2+\varepsilon_2E_2^2+\varepsilon_3E_3^2\end{aligned}\tag{3.10.1}$$

为便于直观地理解，下面我们用主轴坐标 x_1、x_2、x_3 来表示 $\boldsymbol{E}$. 令

$$x_1=E_1/\sqrt{w},\quad x_2=E_2/\sqrt{w},\quad x_3=E_3/\sqrt{w}\tag{3.10.2}$$

代入(3.10.1)式便得

$$\varepsilon_1 x_1^2+\varepsilon_2 x_2^2+\varepsilon_3 x_3^2=1\tag{3.10.3}$$

这是一个椭球面，也叫做菲涅耳椭球面，或光线椭球面.

与光线进行方向 $\boldsymbol{s}$ 垂直并且通过坐标原点的平面为

$$s_1x_1+s_2x_2+s_3x_3=0\tag{3.10.4}$$

由于光的电场强度 $\boldsymbol{E}$ 与 $\boldsymbol{s}$ 垂直，故 $\boldsymbol{E}$ 必在此平面内；又由于 $\boldsymbol{E}$ 满足(3.10.3)式，故 $\boldsymbol{E}$ 的末端便在菲涅耳椭球面上. 因此，沿 $\boldsymbol{s}$ 传播的光，其 $\boldsymbol{E}$ 的末端便在菲涅耳椭球面(3.10.3)式与平面(3.10.4)式的截线上. 可以证明，这截线是一个椭圆. 下面我们就来求这个椭圆长短轴的方向，也就是求它的顶点的坐标.

采用拉格朗日待定乘数法①. 求椭圆半径 r 的极大值和极小值的坐标，也就是求函数

$$r=\sqrt{x_1^2+x_2^2+x_3^2}\tag{3.10.5}$$

在(3.10.3)式和(3.10.4)式两式的约束条件下的极值. 引入待定乘数 λ_1 和 λ_2，作修正函数

$$\begin{aligned}F=&r+\lambda_1(s_1x_1+s_2x_2+s_3x_3)\\&+\lambda_2(\varepsilon_1x_1^2+\varepsilon_2x_2^2+\varepsilon_3x_3^2-1)\end{aligned}\tag{3.10.6}$$

求 r 的极值，就等于求 F 的极值. F 有极值的条件就是它对 x_1、x_2、x_3 的偏导数均为零，即

$$\partial F/\partial x_i=x_i/r+\lambda_1 s_i+2\lambda_2\varepsilon_i x_i=0,\quad i=1,2,3\tag{3.10.7}$$

由此得

① 数学手册编写组，《数学手册》，人民教育出版社(1979)，235 页.

$$\frac{x_1}{r}+\lambda_1 s_1+2\lambda_2\varepsilon_1 x_1=0 \tag{3.10.8}$$

$$\frac{x_2}{r}+\lambda_1 s_2+2\lambda_2\varepsilon_2 x_2=0 \tag{3.10.9}$$

$$\frac{x_3}{r}+\lambda_1 s_3+2\lambda_2\varepsilon_3 x_3=0 \tag{3.10.10}$$

先求 λ_1 和 λ_2. 以 x_1 乘(3.10.8)式、x_2 乘(3.10.9)式、x_3 乘(3.10.10)式,然后将所得三式相加,便得

$$\frac{x_1^2+x_2^2+x_3^2}{r}+\lambda_1(s_1x_1+s_2x_2+s_3x_3)$$
$$+2\lambda_2(\varepsilon_1x_1^2+\varepsilon_2x_2^2+\varepsilon_3x_3^2)=0 \tag{3.10.11}$$

利用(3.10.3)、(3.10.4)、(3.10.5)三式,便得

$$\lambda_2=-\frac{r}{2} \tag{3.10.12}$$

再以 s_1 乘(3.10.8)式、s_2 乘(3.10.9)式、s_3 乘(3.10.10)式,然后将所得三式相加,便得

$$\frac{s_1x_1+s_2x_2+s_3x_3}{r}+\lambda_1(s_1^2+s_2^2+s_3^2)$$
$$+2\lambda_2(s_1\varepsilon_1x_1+s_2\varepsilon_2x_2+s_3\varepsilon_3x_3)=0 \tag{3.10.13}$$

利用(3.10.4)式和(3.10.12)式,以及

$$s_1^2+s_2^2+s_3^2=1 \tag{3.10.14}$$

便得

$$\lambda_1=r(s_1\varepsilon_1x_1+s_2\varepsilon_2x_2+s_3\varepsilon_3x_3) \tag{3.10.15}$$

将 λ_1 和 λ_2 代入(3.10.8)、(3.10.9)、(3.10.10)三式,便得

$$x_i+r^2(s_1\varepsilon_1x_1+s_2\varepsilon_2x_2+s_3\varepsilon_3x_3)s_i-r^2\varepsilon_ix_i=0,\quad i=1,2,3 \tag{3.10.16}$$

这就是椭圆半径 r 为极值时的条件. 解这些方程式求出来的 x_1、x_2、x_3 便是椭圆长短轴的顶点的坐标. 但在我们现在的问题里,并不需要求出 x_1、x_2、x_3 的值来,我们只需要这些方程式就够了.

将

$$D_i=\varepsilon_iE_i,\quad i=1,2,3 \tag{3.10.17}$$

和(3.10.2)式代入(3.10.16)式,便得

$$wE_i+E^2(\boldsymbol{s}\cdot\boldsymbol{D})s_i-E^2\varepsilon_iE_i=0,\quad i=1,2,3 \tag{3.10.18}$$

因

$$w/E^2=wH^2/S^2=1/\mu_0u^2 \tag{3.10.19}$$

便得

$$(1/\mu_0 u^2)E_i = \varepsilon_i E_i - (\boldsymbol{s}\cdot\boldsymbol{D})s_i,\quad i=1,2,3 \tag{3.10.20}$$

利用

$$v_i = \frac{1}{\sqrt{\varepsilon_i\mu_0}},\quad i=1,2,3 \tag{3.10.21}$$

便得

$$E_i = \mu_0 u^2(\boldsymbol{s}\cdot\boldsymbol{D})\frac{v_i^2 s_i}{u^2-v_i^2},\quad i=1,2,3 \tag{3.10.22}$$

最后得到

$$E_1 : E_2 : E_3 = \frac{v_1^2 s_1}{u^2-v_1^2} : \frac{v_2^2 s_2}{u^2-v_2^2} : \frac{v_3^2 s_3}{u^2-v_3^2} \tag{3.10.23}$$

这正是题给的结果. 这样,我们就证明了:与光线 $\boldsymbol{s}$ 垂直并且通过原点的平面[(3.10.4)式],同菲涅耳椭球面[(3.10.3)式]相截而成的椭圆,其长短轴的方向,就是沿 $\boldsymbol{s}$ 传播的、速度不同的两种线偏振光的 $\boldsymbol{E}'$ 和 $\boldsymbol{E}''$ 的方向,如图 3.10 所示.

3.11 各向异性晶体(例如,除等轴晶系外的各种晶体)的磁导率为 μ_0,电容率为对称张量 $\boldsymbol{\varepsilon}$,取主轴坐标系,电容率可写成 $\boldsymbol{\varepsilon}=\varepsilon_1\boldsymbol{e}_1\boldsymbol{e}_1+\varepsilon_2\boldsymbol{e}_2\boldsymbol{e}_2+\varepsilon_3\boldsymbol{e}_3\boldsymbol{e}_3$,式中 ε_1、ε_2、ε_3 为主电容率,$\boldsymbol{e}_1$、$\boldsymbol{e}_2$、$\boldsymbol{e}_3$ 为主轴坐标系的基矢. 试证明:(1)角频率为 ω 的单色平面电磁波在这种晶体中传播时,对于给定的波矢 $\boldsymbol{k}=k\boldsymbol{n}$ 来说,可以有两种不同的传播模式,它们的相速度 $v=\omega/k$ 都满足菲涅耳方程

$$\frac{n_1^2}{v^2-v_1^2}+\frac{n_2^2}{v^2-v_2^2}+\frac{n_3^2}{v^2-v_3^2}=0$$

式中 $v_i=1/\sqrt{\varepsilon_i\mu_0}\,(i=1,2,3)$ 称为主速度,n_i 则是 $\boldsymbol{n}$ 在第 i 个主轴方向上的分量;(2)这两种模式的电位移互相垂直.

【证】 (1)根据矢量分析公式

$$\nabla\times(\nabla\times\boldsymbol{E}) = \nabla(\nabla\cdot\boldsymbol{E})-\nabla^2\boldsymbol{E} \tag{3.11.1}$$

由麦克斯韦方程组和单色平面电磁波的解,得上式各项如下:

$$\nabla\times(\nabla\times\boldsymbol{E}) = \nabla\times\left(-\frac{\partial\boldsymbol{B}}{\partial t}\right) = \mathrm{i}\omega\mu_0\,\nabla\times\boldsymbol{H} = \mathrm{i}\omega\mu_0\frac{\partial\boldsymbol{D}}{\partial t}$$

$$= -\omega^2\mu_0\boldsymbol{D} \tag{3.11.2}$$

$$\nabla(\nabla\cdot\boldsymbol{E}) = \nabla(\mathrm{i}\boldsymbol{k}\cdot\boldsymbol{E}) = -(\boldsymbol{k}\cdot\boldsymbol{E})\boldsymbol{k} \tag{3.11.3}$$

$$\nabla^2\boldsymbol{E} = \nabla^2[\boldsymbol{E}_0\mathrm{e}^{\mathrm{i}(\boldsymbol{k}\cdot\boldsymbol{r}-\omega t)}] = -k^2\boldsymbol{E} \tag{3.11.4}$$

由以上四式得

$$\omega^2\mu_0\boldsymbol{D} = k^2\boldsymbol{E}-(\boldsymbol{k}\cdot\boldsymbol{E})\boldsymbol{k} \tag{3.11.5}$$

除以 k^2 得

$$v^2\mu_0\boldsymbol{D} = \boldsymbol{E}-(\boldsymbol{n}\cdot\boldsymbol{E})\boldsymbol{n} \tag{3.11.6}$$

其第 i 个分量为

$$v^2\mu_0 D_i = E_i - (\boldsymbol{n}\cdot\boldsymbol{E})n_i,\qquad i=1,2,3 \tag{3.11.7}$$

因 $\mu_0\varepsilon_i = 1/v_i^2$,故得

$$\left(\frac{v^2}{v_i^2}-1\right)E_i = -(\boldsymbol{n}\cdot\boldsymbol{E})n_i \tag{3.11.8}$$

所以

$$\frac{n_i v_i^2}{v^2 - v_i^2} = -\frac{E_i}{\boldsymbol{n}\cdot\boldsymbol{E}} \tag{3.11.9}$$

以 n_i 乘上式,然后对 i 求和,便得

$$\frac{n_1^2 v_1^2}{v^2-v_1^2}+\frac{n_2^2 v_2^2}{v^2-v_2^2}+\frac{n_3^2 v_3^2}{v^2-v_3^2} = -1 = -(n_1^2+n_2^2+n_3^2) \tag{3.11.10}$$

因为

$$\frac{n_i^2 v_i^2}{v^2-v_i^2}+n_i^2 = \frac{n_i^2 v^2}{v^2-v_i^2} \tag{3.11.11}$$

于是得

$$\frac{n_1^2}{v^2-v_1^2}+\frac{n_2^2}{v^2-v_2^2}+\frac{n_3^2}{v^2-v_3^2} = 0 \tag{3.11.12}$$

这便是菲涅耳方程.它是 v^2 的二次方程,对给定的传播方向来说,v^2 有两个根:v'^2 和 v''^2;它们的平方根 $\sqrt{v'^2}=\pm v'$ 和 $\sqrt{v''^2}=\pm v''$ 分别代表电磁波沿 $\boldsymbol{n}$ 和 $-\boldsymbol{n}$ 方向传播的两种相速度.

(2) 由(3.11.7)式得

$$v^2\mu_0 D_i = \frac{D_i}{\varepsilon_i} - (\boldsymbol{n}\cdot\boldsymbol{E})n_i = v_i^2\mu_0 D_i - (\boldsymbol{n}\cdot\boldsymbol{E})n_i \tag{3.11.13}$$

所以

$$D_i = -\frac{\boldsymbol{n}\cdot\boldsymbol{E}}{\mu_0}\frac{n_i}{v^2-v_i^2} \tag{3.11.14}$$

于是得电位移 $\boldsymbol{D}$ 的三个分量之比为

$$D_1 : D_2 : D_3 = \frac{n_1}{v^2-v_1^2} : \frac{n_2}{v^2-v_2^2} : \frac{n_3}{v^2-v_3^2} \tag{3.11.15}$$

对给定的各向异性晶体来说,它的主速度 v_1、v_2、v_3 都是一定的,所以 $D_1 : D_2 : D_3$ 仅由传播方向 $\boldsymbol{n}(n_1,n_2,n_3)$ 决定.前面已指出,对给定的 $\boldsymbol{n}$,一般有两种相速度 v' 和 v'',它们都满足(3.11.12)式,因而也都满足(3.11.15)式.设与 v' 和 v'' 相对应的电位移分别为 $\boldsymbol{D}'$ 和 $\boldsymbol{D}''$,则由(3.11.15)式得

$$\boldsymbol{D}'\cdot\boldsymbol{D}'' = C\left[\frac{n_1^2}{(v'^2-v_1^2)(v''^2-v_1^2)}+\frac{n_2^2}{(v'^2-v_2^2)(v''^2-v_2^2)}+\frac{n_2^2}{(v'^2-v_3^2)(v''^2-v_3^2)}\right] \tag{3.11.16}$$

式中 C 是比例常数. 因为

$$\frac{n_i^2}{(v'^2-v_i^2)(v''^2-v_i^2)}=\frac{1}{v''^2-v'^2}\left(\frac{n_i^2}{v'^2-v_i^2}-\frac{n_i^2}{v''^2-v_i^2}\right),\quad i=1,2,3 \tag{3.11.17}$$

故(3.11.16)式可化为

$$\boldsymbol{D}'\cdot\boldsymbol{D}''=C\left[\frac{1}{v''^2-v'^2}\left(\frac{n_i^2}{v'^2-v_1^2}+\frac{n_2^2}{v'^2-v_2^2}+\frac{n_3^2}{v'^2-v_3^2}\right)\right.$$
$$\left.-\frac{1}{v''^2-v'^2}\left(\frac{n_1^2}{v''^2-v_1^2}+\frac{n_2^2}{v''^2-v_2^2}+\frac{n_3^2}{v''^2-v_3^2}\right)\right] \tag{3.11.18}$$

因为 v' 和 v'' 都满足(3.11.12)式,故得

$$\boldsymbol{D}'\cdot\boldsymbol{D}''=0 \tag{3.11.19}$$

即 $\boldsymbol{D}'\perp\boldsymbol{D}''$.

3.12　试证明:(1)单色平面电磁波从一个介质进入另一个介质时频率不变;(2)在两种各向同性介质的交界面上同一点,交界面的法线、入射线、反射线和折射线四者都在同一平面内(这平面就是入射面).

【证】　(1)设入射波、反射波和折射波的电场强度分别为

$$\text{入射波}\qquad \boldsymbol{E}_{\mathrm{i}}=\boldsymbol{E}_{10}\mathrm{e}^{\mathrm{i}(\boldsymbol{k}_1\cdot\boldsymbol{r}-\omega_1 t)} \tag{3.12.1}$$

$$\text{反射波}\qquad \boldsymbol{E}_{\mathrm{r}}=\boldsymbol{E}'_{10}\mathrm{e}^{\mathrm{i}(\boldsymbol{k}'_1\cdot\boldsymbol{r}-\omega'_1 t)} \tag{3.12.2}$$

$$\text{折射波}\qquad \boldsymbol{E}_{\mathrm{t}}=\boldsymbol{E}_{20}\mathrm{e}^{\mathrm{i}(\boldsymbol{k}_2\cdot\boldsymbol{r}-\omega_2 t)} \tag{3.12.3}$$

设 $\boldsymbol{n}_{12}$ 为交界面法线方向上的单位矢量,从介质 1 指向介质 2; ε_1 和 ε_2 分别为介质 1 和 2 的电容率,则由边值关系得

$$\boldsymbol{n}_{12}\cdot(\boldsymbol{D}_2-\boldsymbol{D}_1)=\boldsymbol{n}_{12}\cdot(\varepsilon_2\boldsymbol{E}_2-\varepsilon_1\boldsymbol{E}_1)=0 \tag{3.12.4}$$

因

$$\boldsymbol{E}_1=\boldsymbol{E}_{\mathrm{i}}+\boldsymbol{E}_{\mathrm{r}} \tag{3.12.5}$$

$$\boldsymbol{E}_2=\boldsymbol{E}_{\mathrm{t}} \tag{3.12.6}$$

故由以上三式得

$$\varepsilon_2\boldsymbol{n}_{12}\cdot\boldsymbol{E}_{\mathrm{t}}=\varepsilon_1\boldsymbol{n}_{12}\cdot(\boldsymbol{E}_{\mathrm{i}}+\boldsymbol{E}_{\mathrm{r}}) \tag{3.12.7}$$

将(3.12.1)至(3.12.3)式代入上式便得

$$\varepsilon_2\boldsymbol{n}_{12}\cdot\boldsymbol{E}_{20}\mathrm{e}^{\mathrm{i}\boldsymbol{k}_2\cdot\boldsymbol{r}}=\varepsilon_1\boldsymbol{n}_{12}\cdot\left[\boldsymbol{E}'_{10}\mathrm{e}^{\mathrm{i}\boldsymbol{k}'_1\cdot\boldsymbol{r}}\mathrm{e}^{\mathrm{i}(\omega_2-\omega'_1)t}+\boldsymbol{E}_{10}\mathrm{e}^{\mathrm{i}\boldsymbol{k}_1\cdot\boldsymbol{r}}\mathrm{e}^{\mathrm{i}(\omega_2-\omega_1)t}\right] \tag{3.12.8}$$

式(3.12.8)右边是时间 t 的两个指数函数之和,而左边却与 t 无关;由于 t 是独立变量,故要上式成立,右边也必须与 t 无关.唯一的可能就是

$$\omega_2=\omega'_1=\omega \tag{3.12.9}$$

这个结果表明:折射波的频率等于入射波的频率,即电磁波从一个介质进入另一个介质时频率不变.

(2) 将(3.12.9)式代入(3.12.8)式得

$$\varepsilon_2 \boldsymbol{n}_{12} \cdot \boldsymbol{E}_{20} e^{i\boldsymbol{k}_2 \cdot \boldsymbol{r}} - \varepsilon_1 \boldsymbol{n}_{12} \cdot \boldsymbol{E}'_{10} e^{i\boldsymbol{k}'_1 \cdot \boldsymbol{r}} = \varepsilon_1 \boldsymbol{n}_{12} \cdot \boldsymbol{E}_{10} e^{i\boldsymbol{k}_1 \cdot \boldsymbol{r}} \tag{3.12.10}$$

取笛卡儿坐标系,使交界面为 x-y 平面,入射面为 y-z 平面,如图 3.12 所示. 这时入射波的 $\boldsymbol{k}_1$ 的 x 分量为零,即 $k_{1x}=0$. 又因交界面上 $z=0$,故(3.12.10)式便化为

$$\varepsilon_2 \boldsymbol{n}_{12} \cdot \boldsymbol{E}_{20} e^{i(k_{2x}x+k_{2y}y)} - \varepsilon_1 \boldsymbol{n}_{12} \cdot \boldsymbol{E}'_{10} e^{i(k'_{1x}x+k'_{1y}y)} = \varepsilon_1 \boldsymbol{n}_{12} \cdot \boldsymbol{E}_{10} e^{ik_{1y}y} \tag{3.12.11}$$

这个等式在交界面上任何地方都应成立,在 $y=0$ 处也必定成立. 故得

$$\varepsilon_2 \boldsymbol{n}_{12} \cdot \boldsymbol{E}_{20} e^{ik_{2x}x} - \varepsilon_1 \boldsymbol{n}_{12} \cdot \boldsymbol{E}'_{10} e^{ik'_{1x}x} = \varepsilon_1 \boldsymbol{n}_{12} \cdot \boldsymbol{E}_{10} \tag{3.12.12}$$

这个等式要在 x 为任何值时都成立,唯一的可能是

$$k_{2x} = k'_{1x} = 0 \tag{3.12.13}$$

这个结果表明: $\boldsymbol{k}'_1$ 和 $\boldsymbol{k}_2$ 都在入射面内. 这就证明了交界面的法线(图 3.12 中的 z 轴)、入射线、反射线和折射线四者都在同一平面内.

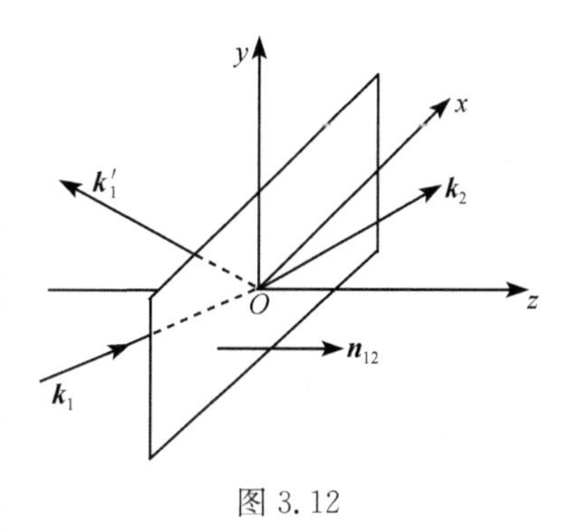

图 3.12

【讨论】 从理论上讲,给定入射波为(3.12.1)式的单色平面波时,反射波和折射波究竟是什么形式的波,还不知道. 但根据傅里叶(Fourier)分析,任何形式的波都可以由各种单色平面波叠加而成,这里的(3.12.2)式和(3.12.3)式,便是其中的一个傅里叶分量. 由于所有的傅里叶分量都必须满足边值关系,结果反射波和折射波就都只能是单色平面波. 所以为方便起见,对于反射波和折射波,我们就都只取它们的一个傅里叶分量[即(3.12.2)式和(3.12.3)式]作计算.

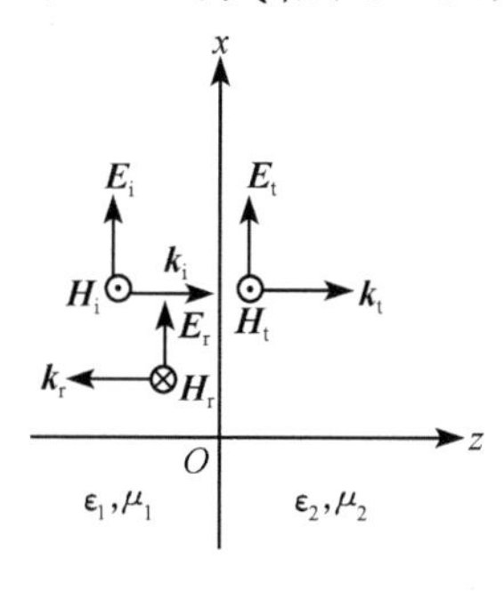

图 3.13

3.13 如图 3.13 所示,在 $z>0$ 区域内充满了电容率为 ε_2、磁导率为 μ_2 的介质,在 $z<0$ 区域内充满了电容率为 ε_1、磁导率为 μ_1 的介质. 有一沿 z 轴正方向传播的单色平面电磁波,从 $z<0$ 区域正入射到这两介质的交界面($z=0$)上. 已知入射波的电场为

$$\boldsymbol{E}_i(z,t) = [E_{i0} e^{i(k_1 z - \omega t)}] \boldsymbol{e}_x$$

试证明:(1) 这单色平面波的反射波和透射波的电场在 $z=0$ 处的振幅 E_{r0} 和 E_{t0} 与入射波电场振幅 E_{i0} 的比值分别为

$$\frac{E_{r0}}{E_{i0}} = \frac{\eta_2 - \eta_1}{\eta_2 + \eta_1} \quad 和 \quad \frac{E_{t0}}{E_{i0}} = \frac{2\eta_2}{\eta_2 + \eta_1}$$

式中 $\eta_1 = \sqrt{\dfrac{\mu_1}{\varepsilon_1}}$, $\eta_2 = \sqrt{\dfrac{\mu_2}{\varepsilon_2}}$.

(2) 在 $z<0$ 区域内,电磁波的能流密度对时间的平均值 $\bar{\boldsymbol{S}}_1$ 等于 $z>0$ 区域内电磁波的能流密度对时间的平均值 $\bar{\boldsymbol{S}}_2$.

【证】 (1)设在 $z<0$ 区域内的入射波($\boldsymbol{E}_\mathrm{i},\boldsymbol{H}_\mathrm{i}$)和反射波($\boldsymbol{E}_\mathrm{r},\boldsymbol{H}_\mathrm{r}$)以及在 $z>0$ 区域内的透射波($\boldsymbol{E}_\mathrm{t},\boldsymbol{H}_\mathrm{t}$)分别表示为

$$\text{入射波}\quad \begin{cases} \boldsymbol{E}_\mathrm{i}(z,t) = E_{\mathrm{i}0}\mathrm{e}^{\mathrm{i}(k_1 z-\omega t)}\boldsymbol{e}_x \\ \boldsymbol{H}_\mathrm{i}(z,t) = \dfrac{E_{\mathrm{i}0}}{\eta_1}\mathrm{e}^{\mathrm{i}(k_1 z-\omega t)}\boldsymbol{e}_y \end{cases} \tag{3.13.1}$$

$$\text{反射波}\quad \begin{cases} \boldsymbol{E}_\mathrm{r}(z,t) = E_{\mathrm{r}0}\mathrm{e}^{-\mathrm{i}(k_1 z+\omega t)}\boldsymbol{e}_x \\ \boldsymbol{H}_\mathrm{r}(z,t) = -\dfrac{E_{\mathrm{r}0}}{\eta_1}\mathrm{e}^{-\mathrm{i}(k_1 z+\omega t)}\boldsymbol{e}_y \end{cases} \tag{3.13.2}$$

式中 $k_1=\omega\sqrt{\varepsilon_1\mu_1}$, $\eta_1=\sqrt{\dfrac{\mu_1}{\varepsilon_1}}$, $z<0$.

$$\text{透射波}\quad \begin{cases} \boldsymbol{E}_\mathrm{t}(z,t) = E_{\mathrm{t}0}\mathrm{e}^{\mathrm{i}(k_2 z-\omega t)}\boldsymbol{e}_x \\ \boldsymbol{H}_\mathrm{t}(z,t) = \dfrac{E_{\mathrm{t}0}}{\eta_2}\mathrm{e}^{\mathrm{i}(k_2 z-\omega t)}\boldsymbol{e}_y \end{cases} \tag{3.13.3}$$

式中 $k_2=\omega\sqrt{\varepsilon_2\mu_2}$, $\eta_2=\sqrt{\dfrac{\mu_2}{\varepsilon_2}}$, $z>0$.

在写出上述表示式时,利用了电场与磁场的振幅关系式 $\sqrt{\varepsilon}E_0=\sqrt{\mu}H_0$ 以及电磁波在反射和透射时频率不变.在(3.13.2)式中反射波的磁场强度的表示式里,等号右边加了负号,是为了满足能流条件:使反射波的能流密度 $\boldsymbol{S}_\mathrm{r}=\boldsymbol{E}_\mathrm{r}\times\boldsymbol{H}_\mathrm{r}$ 沿 z 轴的负方向,与入射波的能流密度 $\boldsymbol{S}_\mathrm{i}=\boldsymbol{E}_\mathrm{i}\times\boldsymbol{H}_\mathrm{i}$ 的方向相反.

下面用边值关系求 $E_{\mathrm{r}0}$ 和 $E_{\mathrm{t}0}$. 在交界面上($z=0$)没有自由电流,因此 $\boldsymbol{E}$ 和 $\boldsymbol{H}$ 的切向分量都是连续的,于是由图 3.13 得

$$\left.\begin{aligned} E_{\mathrm{i}0}+E_{\mathrm{r}0} &= E_{\mathrm{t}0} \\ H_{\mathrm{i}0}-H_{\mathrm{r}0} &= H_{\mathrm{t}0} \end{aligned}\right\} \tag{3.13.4}$$

因 $\eta=\dfrac{E}{H}=\sqrt{\mu/\varepsilon}$,故上式可化为

$$\left.\begin{aligned} E_{\mathrm{i}0}+E_{\mathrm{r}0} &= E_{\mathrm{t}0} \\ \frac{1}{\eta_1}(E_{\mathrm{i}0}-E_{\mathrm{r}0}) &= \frac{1}{\eta_2}E_{\mathrm{t}0} \end{aligned}\right\} \tag{3.13.5}$$

解得

$$\frac{E_{\mathrm{r}0}}{E_{\mathrm{i}0}} = \frac{\eta_2-\eta_1}{\eta_2+\eta_1} \tag{3.13.6}$$

$$\frac{E_{\mathrm{t}0}}{E_{\mathrm{i}0}} = \frac{2\eta_2}{\eta_2+\eta_1} \tag{3.13.7}$$

(2) 在 $z<0$ 区域内,能流密度 $\boldsymbol{S}_1$ 对时间的平均值为

$$\bar{\boldsymbol{S}}_1 = \frac{1}{2}\mathrm{Re}(\boldsymbol{E}_1\times\boldsymbol{H}_1^*)$$

$$= \frac{1}{2}\mathrm{Re}[(\boldsymbol{E}_i + \boldsymbol{E}_r) \times (\boldsymbol{H}_i + \boldsymbol{H}_r)^*]$$

$$= \frac{1}{2}\mathrm{Re}[\boldsymbol{E}_i \times \boldsymbol{H}_i^* + \boldsymbol{E}_i \times \boldsymbol{H}_r^* + \boldsymbol{E}_r \times \boldsymbol{H}_i^* + \boldsymbol{E}_r \times \boldsymbol{H}_r^*]$$

$$= \frac{1}{2\eta_1}\mathrm{Re}[|E_{i0}|^2 - E_{i0}E_{r0}^* \mathrm{e}^{2ik_1 z} + E_{r0}E_{i0}^* \mathrm{e}^{-2ik_1 z} - |E_{r0}|^2]\boldsymbol{e}_z$$

$$= \frac{1}{2\eta_1}[|E_{i0}|^2 - |E_{r0}|^2]\boldsymbol{e}_z \tag{3.13.8}$$

在 $z>0$ 区域内，能流密度 $\boldsymbol{S}_2$ 对时间的平均值为

$$\bar{\boldsymbol{S}}_2 = \frac{1}{2}\mathrm{Re}[\boldsymbol{E}_2 \times \boldsymbol{H}_2^*] = \frac{1}{2}\mathrm{Re}\left[\boldsymbol{E}_{t0} \times \frac{\boldsymbol{E}_{t0}^*}{\eta_2}\right]$$

$$= \frac{1}{2\eta_2}|E_{t0}|^2\boldsymbol{e}_z = \frac{1}{2\eta_2}\left(\frac{2\eta_2}{\eta_2+\eta_1}\right)^2|E_{i0}|^2\boldsymbol{e}_z$$

$$= \frac{2\eta_2}{(\eta_2+\eta_1)^2}|E_{i0}|^2\boldsymbol{e}_z \tag{3.13.9}$$

将(3.13.6)式代入(3.13.8)式得

$$\bar{\boldsymbol{S}}_1 = \frac{1}{2\eta_1}\left[|E_{i0}|^2 - \left(\frac{\eta_2-\eta_1}{\eta_2+\eta_1}\right)^2|E_{i0}|^2\right]\boldsymbol{e}_z$$

$$= \frac{2\eta_2}{(\eta_2+\eta_1)^2}|E_{i0}|^2\boldsymbol{e}_z = \bar{\boldsymbol{S}}_2 \tag{3.13.10}$$

【讨论】　介质的波阻抗．　量 $\eta=\sqrt{\mu/\varepsilon}$ 的量纲与电阻的量纲相同，通常称之为介质的波阻抗．在真空中，其值为

$$\eta_0 = \sqrt{\frac{\mu_0}{\varepsilon_0}} = \sqrt{\frac{4\pi\times10^{-7}}{8.854188\times10^{-12}}} = 376.731(\Omega) \approx 120\pi(\Omega)$$

这个值通常称为真空的本性阻抗，是电磁波传播中的一个重要常量．

由(3.13.6)式可见，如果交界面两边的介质有相同的波阻抗($\eta_1=\eta_2$)，就不会有反射波．

3.14　试用菲涅耳公式证明：在两介质交界面上，反射波的能量与折射波的能量之和等于入射波的能量．

【证】　设入射角为 θ_1，折射角为 θ_2，交界面上的面积为 $\boldsymbol{A}=A\boldsymbol{n}_{12}$（图3.14），则入射波射到 $\boldsymbol{A}$ 上的功率为

$$\boldsymbol{S}_1 \cdot \boldsymbol{A} = (\boldsymbol{E}_1 \times \boldsymbol{H}_1) \cdot \boldsymbol{A}$$

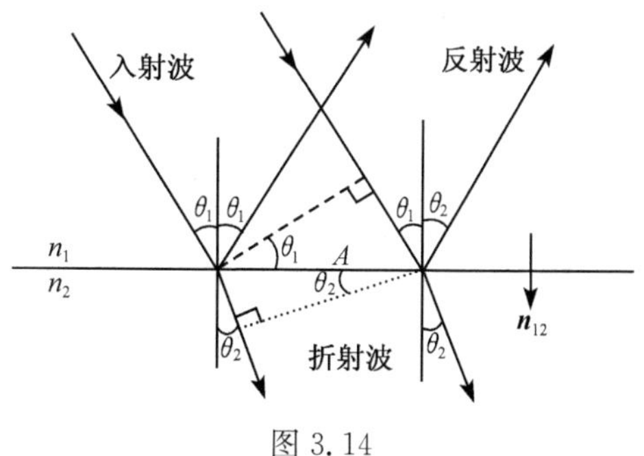

图 3.14

$$=\left[\boldsymbol{E}_1\times\left(\frac{\boldsymbol{k}\times\boldsymbol{E}_1}{\omega\mu_1}\right)\right]\cdot\boldsymbol{A}=\frac{E_1^2}{\omega\mu_1}\boldsymbol{k}\cdot\boldsymbol{A}=\frac{E_1^2}{\omega\mu_1}kA\cos\theta_1$$

$$=\frac{E_1^2}{\omega\mu_1}\cdot\omega\sqrt{\varepsilon_1\mu_1}A\cos\theta_1=\frac{n_1}{\mu_1 c}E_1^2A\cos\theta_1 \tag{3.14.1}$$

式中 ε_1 和 μ_1 分别为介质 1 的电容率和磁导率，$n_1=\frac{c}{v_1}$为介质 1 的折射率，v_1 为电磁波在介质 1 中的相速度，θ_1 为入射角(参见图 3.14).

从 $\boldsymbol{A}$ 上射出的反射波的功率和折射波的功率之和为

$$\boldsymbol{S}_1'\cdot\boldsymbol{A}+\boldsymbol{S}_2\cdot\boldsymbol{A}=\frac{n_1}{\mu_1 c}E_1'^2A\cos\theta_1+\frac{n_2}{\mu_2 c}E_2^2A\cos\theta_2$$

$$=\frac{n_1}{\mu_1 c}(E_{1\perp}'^2+E_{1\parallel}'^2)A\cos\theta_1+\frac{n_2}{\mu_2 c}(E_{2\perp}^2+E_{2\parallel}^2)A\cos\theta_2 \tag{3.14.2}$$

式中 $E'_{1\perp}$ 和 $E'_{1\parallel}$ 分别是 $\boldsymbol{E}'_1$ 垂直于和平行于入射面的分量，$E_{2\perp}$ 和 $E_{2\parallel}$ 则分别是 $\boldsymbol{E}_2$ 垂直于和平行于入射面的分量. 菲涅耳公式为

$$E'_{1\perp}=-\frac{\sin(\theta_1-\theta_2)}{\sin(\theta_1+\theta_2)}E_{1\perp} \tag{3.14.3}$$

$$E'_{1\parallel}=\frac{\tan(\theta_1-\theta_2)}{\tan(\theta_1+\theta_2)}E_{1\parallel} \tag{3.14.4}$$

$$E_{2\perp}=\frac{2\sin\theta_2\cos\theta_1}{\sin(\theta_1+\theta_2)}E_{1\perp} \tag{3.14.5}$$

$$E_{2\parallel}=\frac{2\sin\theta_2\cos\theta_1}{\sin(\theta_1+\theta_2)\cos(\theta_1-\theta_2)}E_{1\parallel} \tag{3.14.6}$$

对于电介质来说，一般有 $\mu_1=\mu_2=\mu_0$. 将这个关系和菲涅耳公式代入(3.14.2)式得

$$\boldsymbol{S}_1'\cdot\boldsymbol{A}+\boldsymbol{S}_2\cdot\boldsymbol{A}=\frac{A}{\mu_0 c}[n_1(E_{1\perp}'^2+E_{1\parallel}'^2)\cos\theta_1+n_2(E_{2\perp}^2+E_{2\parallel}^2)\cos\theta_2]$$

$$=\frac{n_1A}{\mu_0 c}\Big[\frac{\sin^2(\theta_1-\theta_2)}{\sin^2(\theta_1+\theta_2)}E_{1\perp}^2\cos\theta_1+\frac{\tan^2(\theta_1-\theta_2)}{\tan^2(\theta_1+\theta_2)}E_{1\parallel}^2\cos\theta_1$$

$$+\frac{4\sin^2\theta_2\cos^2\theta_1}{\sin^2(\theta_1+\theta_2)}E_{1\perp}^2\left(\frac{\sin\theta_1\cos\theta_2}{\sin\theta_2}\right)$$

$$+\frac{4\sin^2\theta_2\cos^2\theta_1}{\sin^2(\theta_1+\theta_2)\cos^2(\theta_1-\theta_2)}E_{1\parallel}^2\left(\frac{\sin\theta_1\cos\theta_2}{\sin\theta_2}\right)\Big]$$

$$=\frac{n_1A}{\mu_0 c}\Big[\left\{\frac{\sin^2(\theta_1-\theta_2)}{\sin^2(\theta_1+\theta_2)}\cos\theta_1+\frac{4\sin\theta_1\cos^2\theta_1\sin\theta_2\cos\theta_2}{\sin^2(\theta_1+\theta_2)}\right\}E_{1\perp}^2$$

$$+\left\{\frac{\tan^2(\theta_1-\theta_2)}{\tan^2(\theta_1+\theta_2)}\cos\theta_1+\frac{4\sin\theta_1\cos^2\theta_1\sin\theta_2\cos\theta_2}{\sin^2(\theta_1+\theta_2)\cos^2(\theta_1-\theta_2)}\right\}E_{1\parallel}^2\Big] \tag{3.14.7}$$

其中

$$\begin{aligned}&\frac{\sin^2(\theta_1-\theta_2)}{\sin^2(\theta_1+\theta_2)}\cos\theta_1+\frac{4\sin\theta_1\cos^2\theta_1\sin\theta_2\cos\theta_2}{\sin^2(\theta_1+\theta_2)}\\&=\frac{\cos\theta_1}{\sin^2(\theta_1+\theta_2)}[\sin^2(\theta_1-\theta_2)+4\sin\theta_1\cos\theta_1\sin\theta_2\cos\theta_2]\\&=\frac{\cos\theta_1}{\sin^2(\theta_1+\theta_2)}[(\sin\theta_1\cos\theta_2-\cos\theta_1\sin\theta_2)^2+4\sin\theta_1\cos\theta_1\sin\theta_2\cos\theta_2]\\&=\cos\theta_1\end{aligned}\tag{3.14.8}$$

$$\begin{aligned}&\frac{\tan^2(\theta_1-\theta_2)}{\tan^2(\theta_1+\theta_2)}\cos\theta_1+\frac{4\sin\theta_1\cos^2\theta_1\sin\theta_2\cos\theta_2}{\sin^2(\theta_1+\theta_2)\cos^2(\theta_1-\theta_2)}\\&=\frac{\cos\theta_1}{\sin^2(\theta_1+\theta_2)\cos^2(\theta_1-\theta_2)}[\sin^2(\theta_1-\theta_2)\cos^2(\theta_1+\theta_2)+4\sin\theta_1\cos\theta_1\sin\theta_2\cos\theta_2]\\&=\frac{\cos\theta_1}{\sin^2(\theta_1+\theta_2)\cos^2(\theta_1-\theta_2)}\left[\left(\frac{\sin2\theta_1-\sin2\theta_2}{2}\right)^2+\sin2\theta_1\sin2\theta_2\right]\\&=\frac{\cos\theta_1}{\sin^2(\theta_1+\theta_2)\cos^2(\theta_1-\theta_2)}\left[\left(\frac{\sin2\theta_1+\sin2\theta_2}{2}\right)^2\right]\\&=\frac{\cos\theta_1}{\sin^2(\theta_1+\theta_2)\cos^2(\theta_1-\theta_2)}[\sin^2(\theta_1+\theta_2)\cos^2(\theta_1-\theta_2)]\\&=\cos\theta_1\end{aligned}\tag{3.14.9}$$

将(3.14.8)和(3.14.9)两式代入(3.14.7)式便得

$$\begin{aligned}\boldsymbol{S}_1'\cdot\boldsymbol{A}+\boldsymbol{S}_2\cdot\boldsymbol{A}&=\frac{n_1A}{\mu_0c}[(E_{1\perp}^2+E_{1\parallel}^2)\cos\theta_1]\\&=\frac{n_1A}{\mu_0c}E_1^2\cos\theta_1\end{aligned}\tag{3.14.10}$$

比较(3.14.1)和(3.14.10)两式，并取 $\mu_1=\mu_0$ 便得

$$\boldsymbol{S}_1'\cdot\boldsymbol{A}+\boldsymbol{S}_2\cdot\boldsymbol{A}=\boldsymbol{S}_1\cdot\boldsymbol{A}\tag{3.14.11}$$

这就证明了反射波的能量与折射波的能量之和等于入射波的能量.

【讨论】 光是频率很高($\nu\approx10^{14}\sim10^{15}$ Hz)的电磁波，光射到两种介质的交界面上发生反射和折射时，反射光的能量与折射光的能量之和，应等于入射光的能量，这是能量守恒定律所要求的. 但是，在具体问题的计算中，一不小心，就容易出错，把这时的能量守恒定律写成

$$I_1'+I_2=I_1\tag{3.14.12}$$

式中 I_1'、I_2 和 I_1 分别是反射光、折射光和入射光的强度. 光的强度 I 通常定义为坡印亭矢量 $\boldsymbol{S}$ 的大小对时间的平均值，即

$$I=|\bar{\boldsymbol{S}}|=\frac{1}{2}\frac{n}{\mu_0c}E_0^2\tag{3.14.13}$$

式中 $n=\sqrt{\varepsilon_r}$是介质的折射率，E_0 是光的电场强度 $\boldsymbol{E}$ 的振幅.

由本题的(3.14.11)式可见，这时的能量守恒定律应为

$$S_1'A\cos\theta_1 + S_2A\cos\theta_2 = S_1A\cos\theta_1 \tag{3.14.14}$$

即

$$n_1I_1'\cos\theta_1 + n_2I_2\cos\theta_2 = n_1I_1\cos\theta_1 \tag{3.14.15}$$

因

$$n_1\sin\theta_1 = n_2\sin\theta_2 \tag{3.14.16}$$

故得

$$I_1' + \frac{\sin\theta_1\cos\theta_2}{\cos\theta_1\sin\theta_2}I_2 = I_1 \tag{3.14.17}$$

可见(3.14.12)式是错误的.［参见《大学物理》,1983年第12期第29页.］

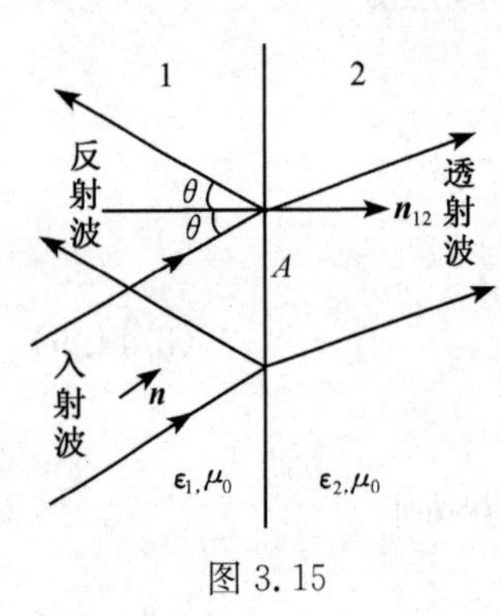

图 3.15

3.15　有一单色平面电磁波，其电场强度为 $\boldsymbol{E}=\boldsymbol{E}_0\cos\omega(t-z/v)$；它从介质1正入射到介质2，两介质的交界面为平面，它们的电容率分别为 ε_1 和 ε_2，磁导率都是 μ_0，如图3.15中的 $\theta=0$. 试求反射率 R 和透射率 T，以及这电磁波在交界面上作用于介质2的辐射压强. R 和 T 的定义分别为

$$R=\frac{|\bar{\boldsymbol{S}}'\cdot\boldsymbol{n}_{12}|}{|\bar{\boldsymbol{S}}_1\cdot\boldsymbol{n}_{12}|}$$

$$T=\frac{|\bar{\boldsymbol{S}}_2\cdot\boldsymbol{n}_{12}|}{|\bar{\boldsymbol{S}}_1\cdot\boldsymbol{n}_{12}|}$$

式中 $\bar{\boldsymbol{S}}_1$、$\bar{\boldsymbol{S}}_1'$ 和 $\bar{\boldsymbol{S}}_2$ 分别为入射波、反射波和透射波的平均能流密度，$\boldsymbol{n}_{12}$ 是交界面法线方向上的单位矢量，从1指向2.

【解】　设入射波电场强度的值为 E_1，则由菲涅耳公式，正入射($\theta_1=\theta_2=0$)时，反射波电场强度的值为

$$E_1'=\left.\frac{\sqrt{\frac{\varepsilon_1}{\varepsilon_2}}\cos\theta_1-\cos\theta_2}{\sqrt{\frac{\varepsilon_1}{\varepsilon_2}}\cos\theta_1+\cos\theta_2}\right|_{\theta_1=\theta_2=0}E_1=\frac{\sqrt{\frac{\varepsilon_1}{\varepsilon_2}}-1}{\sqrt{\frac{\varepsilon_1}{\varepsilon_2}}+1}E_1$$

$$=\frac{1-n_{21}}{1+n_{21}}E_1 \tag{3.15.1}$$

式中

$$n_{21}=\sqrt{\frac{\varepsilon_2}{\varepsilon_1}} \tag{3.15.2}$$

为介质 2 相对于介质 1 的折射率. 透射波电场强度的值为

$$E_2=\left.\frac{2\sqrt{\frac{\varepsilon_1}{\varepsilon_2}}\cos\theta_1}{\sqrt{\frac{\varepsilon_1}{\varepsilon_2}}\cos\theta_1+\cos\theta_2}\right|_{\theta_1=\theta_2=0}E_1=\frac{2\sqrt{\frac{\varepsilon_1}{\varepsilon_2}}}{\sqrt{\frac{\varepsilon_1}{\varepsilon_2}}+1}E_1$$

$$=\frac{2}{1+n_{21}}E_1 \tag{3.15.3}$$

$$|\bar{\boldsymbol{S}}_1\cdot\boldsymbol{n}_{12}|=\overline{E_1H_1}=\sqrt{\frac{\varepsilon_1}{\mu_0}}\frac{E_0^2}{T}\int_0^T\cos^2\omega\left(t-\frac{z}{v}\right)\mathrm{d}t$$

$$=\frac{1}{2}\sqrt{\frac{\varepsilon_1}{\mu_0}}E_0^2 \tag{3.15.4}$$

$$|\bar{\boldsymbol{S}}_1'\cdot\boldsymbol{n}_{12}|=\overline{E_1'H_1'}=\sqrt{\frac{\varepsilon_1}{\mu_0}}\left(\frac{1-n_{21}}{1+n_{21}}\right)^2E_0^2\frac{1}{T}\int_0^T\cos^2\omega\left(t-\frac{z}{v}\right)\mathrm{d}t$$

$$=\frac{1}{2}\sqrt{\frac{\varepsilon_1}{\mu_0}}\left(\frac{1-n_{21}}{1+n_{21}}\right)^2E_0^2 \tag{3.15.5}$$

$$|\bar{\boldsymbol{S}}_2\cdot\boldsymbol{n}_{12}|=\overline{E_2H_2}=\sqrt{\frac{\varepsilon_2}{\mu_0}}\left(\frac{2}{1+n_{21}}\right)^2E_0^2\frac{1}{T}\int_0^T\cos^2\omega\left(t-\frac{z}{v}\right)\mathrm{d}t$$

$$=\frac{1}{2}\sqrt{\frac{\varepsilon_2}{\mu_0}}\left(\frac{2}{1+n_{21}}\right)^2E_0^2 \tag{3.15.6}$$

于是得正入射时，反射率为

$$R=\frac{|\bar{\boldsymbol{S}}_1'\cdot\boldsymbol{n}_{12}|}{|\bar{\boldsymbol{S}}_1\cdot\boldsymbol{n}_{12}|}=\left(\frac{1-n_{21}}{1+n_{21}}\right)^2 \tag{3.15.7}$$

透射率为

$$T=\frac{|\bar{\boldsymbol{S}}_2\cdot\boldsymbol{n}_{12}|}{|\bar{\boldsymbol{S}}_1\cdot\boldsymbol{n}_{12}|}=n_{21}\left(\frac{2}{1+n_{21}}\right)^2=\frac{4n_{21}}{(1+n_{21})^2} \tag{3.15.8}$$

下面求辐射压强. 电磁场的动量密度为

$$\boldsymbol{g}=\boldsymbol{S}/c^2 \tag{3.15.9}$$

它的平均值为

$$\bar{\boldsymbol{g}}=\frac{\bar{\boldsymbol{S}}}{c^2}=\frac{1}{c}\bar{w}\boldsymbol{n} \tag{3.15.10}$$

式中 $\bar{w}$ 为电磁波能量密度的平均值，$\boldsymbol{n}$ 是波法线方向上的单位矢量. 如图 3.15，体积 $V=ctA\cos\theta$ 内电磁波的动量为

$$\bar{\boldsymbol{g}}V=\bar{w}tA\cos\theta\boldsymbol{n} \tag{3.15.11}$$

式中 t 为时间. 这动量在 $\boldsymbol{n}_{12}$ 方向上的分量为

$$(\bar{\boldsymbol{g}}V)\cdot\boldsymbol{n}_{12}=\bar{w}tA\cos\theta\boldsymbol{n}\cdot\boldsymbol{n}_{12}=\bar{w}tA\cos^2\theta \tag{3.15.12}$$

设入射波和反射波能量密度的平均值分别为 $\bar{w}_1$ 和 $\bar{w}_1'$，则由于反射而产生的

动量变化为

$$2(\bar{g}V)\cdot \boldsymbol{n}_{12}=2\overline{w}_1' tA\cos^2\theta \tag{3.15.13}$$

透射部分的动量为$(\overline{w}_1-\overline{w}_1')tA\cos^2\theta$,假定这部分动量全部被介质 2 吸收,则总的动量变化便为

$$2\overline{w}_1' tA\cos^2\theta+(\overline{w}_1-\overline{w}_1')tA\cos^2\theta=(\overline{w}_1+\overline{w}_1')tA\cos^2\theta \tag{3.15.14}$$

单位时间内单位面积上的动量变化便是作用在该面上的压强,于是得电磁波的辐射压强为

$$p=\frac{(\overline{w}_1+\overline{w}_1')tA\cos^2\theta}{tA}=(\overline{w}_1+\overline{w}_1')\cos^2\theta \tag{3.15.15}$$

这是辐射压强的普遍公式.

正入射时,$\theta=0,\cos\theta=1$,这时电磁波在交界面上作用于介质 2 的辐射压强便为

$$\begin{aligned}p&=\overline{w}_1+\overline{w}_1'=\frac{1}{2}\varepsilon_1\mid E_1\mid^2+\frac{1}{2}\varepsilon_1\mid E_1'\mid^2\\&=\frac{1}{2}\varepsilon_1E_0^2+\frac{1}{2}\varepsilon_1\left(\frac{\sqrt{\varepsilon_1}-\sqrt{\varepsilon_2}}{\sqrt{\varepsilon_1}+\sqrt{\varepsilon_2}}\right)^2E_0^2\\&=\frac{\varepsilon_1(\varepsilon_1+\varepsilon_2)}{(\sqrt{\varepsilon_1}+\sqrt{\varepsilon_2})^2}E_0^2\end{aligned} \tag{3.15.16}$$

3.16 介质 1 和 2 的电容率分别为 ε_1 和 ε_2,磁导率都是 μ_0,它们的交界面为无限大平面;一线偏振的平面电磁波从介质 1 射到交界面上,入射角为 θ,偏振方向(电矢量 $\boldsymbol{E}$ 的方向)与入射面的夹角为 α. 试求反射率和反射波的偏振状态.(反射率 R 定义为 $R=|\overline{\boldsymbol{S}}'\cdot\boldsymbol{n}_{12}|/|\overline{\boldsymbol{S}}\cdot\boldsymbol{n}_{12}|$,式中 $\overline{\boldsymbol{S}}'$ 和 $\overline{\boldsymbol{S}}$ 分别是反射波和入射波的平均能流密度,$\boldsymbol{n}_{12}$ 是交界面法线方向上的单位矢量,从 1 指向 2.)

【解】 根据平面电磁波的电矢量 $\boldsymbol{E}$、磁矢量 $\boldsymbol{H}$ 和波矢量 $\boldsymbol{k}$ 的关系式

$$\boldsymbol{H}=\sqrt{\frac{\varepsilon}{\mu}}\frac{\boldsymbol{k}}{k}\times\boldsymbol{E} \tag{3.16.1}$$

得出入射波的平均能流密度为

$$\begin{aligned}\overline{\boldsymbol{S}}&=\frac{1}{2}\mathrm{Re}(\boldsymbol{E}\times\boldsymbol{H}^*)=\frac{1}{2}\mathrm{Re}(\boldsymbol{E}^*\times\boldsymbol{H})\\&=\frac{1}{2}\mathrm{Re}\left[\sqrt{\frac{\varepsilon_1}{\mu_0}}\boldsymbol{E}^*\times\left(\frac{\boldsymbol{k}}{k}\times\boldsymbol{E}\right)\right]\\&=\frac{1}{2}\sqrt{\frac{\varepsilon_1}{\mu_0}}(\boldsymbol{E}^*\cdot\boldsymbol{E})\frac{\boldsymbol{k}}{k}=\frac{1}{2}\sqrt{\frac{\varepsilon_1}{\mu_0}}\mid\boldsymbol{E}\mid^2\frac{\boldsymbol{k}}{k}\end{aligned} \tag{3.16.2}$$

同样,反射波的平均能流密度为

$$\overline{\boldsymbol{S}}'=\frac{1}{2}\sqrt{\frac{\varepsilon_1}{\mu_0}}\mid\boldsymbol{E}'\mid^2\frac{\boldsymbol{k}'}{k'} \tag{3.16.3}$$

式中 $\boldsymbol{E}'$ 和 $\boldsymbol{k}'$ 分别为反射波的电矢量和波矢量.

因为入射波的电矢量 $\boldsymbol{E}$ 与入射面的夹角为 α，故 $\boldsymbol{E}$ 的平行于入射面的分量 $E_{\parallel}$ 和垂直于入射面的分量 $E_{\perp}$ 便分别为

$$E_{\parallel}=E\cos\alpha,\qquad E_{\perp}=E\sin\alpha \tag{3.16.4}$$

根据菲涅耳公式，反射波的电矢量 $\boldsymbol{E}'$ 的相应分量为

$$E'_{\parallel}=\frac{\tan(\theta_1-\theta_2)}{\tan(\theta_1+\theta_2)}E_{\parallel},\qquad E'_{\perp}=-\frac{\sin(\theta_1-\theta_2)}{\sin(\theta_1+\theta_2)}E_{\perp} \tag{3.16.5}$$

式中 $\theta_1=\theta$ 为入射角，θ_2 为折射角. 于是得

$$\begin{aligned}|\boldsymbol{E}'|^2&=(\boldsymbol{E}'^*_{\parallel}+\boldsymbol{E}'^*_{\perp})\cdot(\boldsymbol{E}'_{\parallel}+\boldsymbol{E}'_{\perp})\\&=|\boldsymbol{E}'_{\parallel}|^2+|\boldsymbol{E}'_{\perp}|^2\\&=\frac{\tan^2(\theta_1-\theta_2)}{\tan^2(\theta_1+\theta_2)}|\boldsymbol{E}_{\parallel}|^2+\frac{\sin^2(\theta_1-\theta_2)}{\sin^2(\theta_1+\theta_2)}|\boldsymbol{E}_{\perp}|^2\\&=\left[\frac{\tan^2(\theta_1-\theta_2)}{\tan^2(\theta_1+\theta_2)}\cos^2\alpha+\frac{\sin^2(\theta_1-\theta_2)}{\sin^2(\theta_1+\theta_2)}\sin^2\alpha\right]|\boldsymbol{E}|^2\end{aligned} \tag{3.16.6}$$

代入(3.16.3)式得

$$\overline{\boldsymbol{S}}'=\frac{1}{2}\sqrt{\frac{\varepsilon_1}{\mu_0}}\left[\frac{\tan^2(\theta_1-\theta_2)}{\tan^2(\theta_1+\theta_2)}\cos^2\alpha+\frac{\sin^2(\theta_1-\theta_2)}{\sin^2(\theta_1+\theta_2)}\sin^2\alpha\right]|\boldsymbol{E}|^2\frac{\boldsymbol{k}'}{k'} \tag{3.16.7}$$

于是根据定义，反射率为

$$\begin{aligned}R&=\frac{|\overline{\boldsymbol{S}}'\cdot\boldsymbol{n}_{12}|}{|\overline{\boldsymbol{S}}\cdot\boldsymbol{n}_{12}|}=\frac{|\overline{\boldsymbol{S}}'|}{|\overline{\boldsymbol{S}}|}=\frac{|\boldsymbol{E}'|^2}{|\boldsymbol{E}|^2}\\&=\frac{\tan^2(\theta_1-\theta_2)}{\tan^2(\theta_1+\theta_2)}\cos^2\alpha+\frac{\sin^2(\theta_1-\theta_2)}{\sin^2(\theta_1+\theta_2)}\sin^2\alpha\end{aligned} \tag{3.16.8}$$

式中 θ_2 由下式决定：

$$\sin\theta_2=\sqrt{\frac{\varepsilon_1}{\varepsilon_2}}\sin\theta_1=\sqrt{\frac{\varepsilon_1}{\varepsilon_2}}\sin\theta \tag{3.16.9}$$

再考虑反射波的偏振状态. 因为反射波的电矢量 $\boldsymbol{E}'=\boldsymbol{E}'_{\parallel}+\boldsymbol{E}'_{\perp}$，故由(3.16.4)和(3.16.5)两式得出，反射波的电矢量 $\boldsymbol{E}'$ 与入射面的夹角 β 满足

$$\tan\beta=\frac{E'_{\perp}}{E'_{\parallel}}=-\frac{\cos(\theta_1-\theta_2)}{\cos(\theta_1+\theta_2)}\tan\alpha \tag{3.16.10}$$

由于 θ_1、θ_2 和 α 都是固定值，故 β 也是固定值，因而反射波也是线偏振波.

3.17　太阳光经雨点折射、反射再折射后，每种波长的光都比较集中在各自的最小偏向角的方向上；由于雨点对各种波长的光的折射率不同，使得各种波长的光的最小偏向角都不同，因而形成色散. 虹就是这样形成的. 设雨点都是球形，它对太阳光的折射率为 n(n 是波长的函数)，太阳光射到雨点上的入射角为 θ_1，在雨点内的折射角为 θ_2，偏向角为 ϕ，如图 3.17(1)所示；太阳光的电矢量 $\boldsymbol{E}$ 垂直于入射面

的分量$E_{\perp}$的光强为$I_{\perp}$,平行于入射面的分量$E_{\parallel}$的光强为$I_{\parallel}$,虹的偏振度定义为$P=(I_{\perp}-I_{\parallel})/(I_{\perp}+I_{\parallel})$. 试求:(1)与最小偏向角对应的入射角$\theta_1$;(2)虹的光强比$I_{\perp}/I_{\parallel}$;(3)对于$\lambda=589.3\text{nm}$的黄光,雨点的折射率为1.333,这时$\theta_1$和$P$的值.

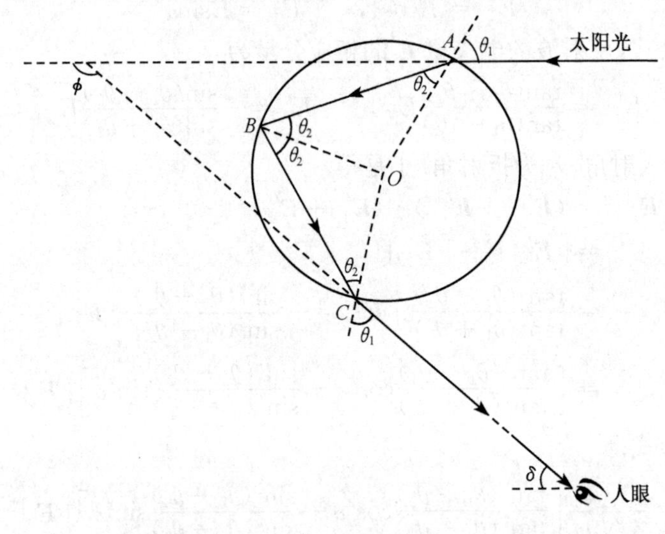

图 3.17(1)

【解】 (1)太阳光在雨点上的入射角为θ_1时,在雨点内的折射角θ_2满足折射定律

$$\sin\theta_1 = n\sin\theta_2 \tag{3.17.1}$$

由于球对称性,光线在雨点内的入射角和反射角便都是θ_2(参见图3.17(1));由(3.17.1)式可知,光线射出雨点时,折射角也是θ_1. 由图3.17可见,光线在A点第一次折射时,偏向角为$\theta_1-\theta_2$;在B点反射时,偏向角为$\pi-2\theta_2$;在C点第二次折射时,偏向角为$\theta_1-\theta_2$. 故光线经过雨点后,总的偏向角便为

$$\phi = \theta_1-\theta_2+\pi-2\theta_2+\theta_1-\theta_2 = 2\theta_1-4\theta_2+\pi \tag{3.17.2}$$

将ϕ对θ_1求导数,最小偏向角应满足

$$\frac{\mathrm{d}\phi}{\mathrm{d}\theta_1}=2-4\frac{\mathrm{d}\theta_2}{\mathrm{d}\theta_1}=0 \tag{3.17.3}$$

$$\frac{\mathrm{d}\theta_2}{\mathrm{d}\theta_1}=\frac{1}{2} \tag{3.17.4}$$

由(3.17.1)式得

$$\cos\theta_1 = n\cos\theta_2\frac{\mathrm{d}\theta_2}{\mathrm{d}\theta_1} \tag{3.17.5}$$

所以

$$n\cos\theta_2 = 2\cos\theta_1 \tag{3.17.6}$$

由(3.17.1)和(3.17.6)两式消去 θ_2 便得

$$\sin\theta_1=\sqrt{\frac{4-n^2}{3}} \tag{3.17.7}$$

$$\theta_1=\arcsin\sqrt{\frac{4-n^2}{3}} \tag{3.17.8}$$

这便是与最小偏向角对应的入射角 θ_1.

(2) 太阳光是自然光,故射到雨点上时,入射光的电矢量垂直于入射面的分量和平行于入射面的分量,其振幅彼此相等,用 E_0 表示,即

$$E_{\perp 0}=E_{\parallel 0}=E_0 \tag{3.17.9}$$

在图 3.17(1)中的 A、B、C 三点,依次用菲涅耳公式,便得到:射出雨点的光,其电矢量垂直于入射面的分量的振幅为

$$\begin{aligned}E_{\perp}&=\frac{2\sin\theta_2\cos\theta_1}{\sin(\theta_1+\theta_2)}\left[-\frac{\sin(\theta_2-\theta_1)}{\sin(\theta_2+\theta_1)}\right]\frac{2\sin\theta_1\cos\theta_2}{\sin(\theta_2+\theta_1)}E_0\\&=\frac{4\sin\theta_1\sin\theta_2\cos\theta_1\cos\theta_2\sin(\theta_1-\theta_2)}{\sin^3(\theta_1+\theta_2)}E_0\end{aligned} \tag{3.17.10}$$

电矢量平行于入射面的分量的振幅为

$$\begin{aligned}E_{\parallel}&=\frac{2\sin\theta_2\cos\theta_1}{\sin(\theta_1+\theta_2)\cos(\theta_1-\theta_2)}\left[\frac{|\tan(\theta_2-\theta_1)|}{\tan(\theta_2+\theta_1)}\right]\frac{2\sin\theta_1\cos\theta_2}{\sin(\theta_2+\theta_1)\cos(\theta_2-\theta_1)}E_0\\&=\frac{4\sin\theta_1\sin\theta_2\cos\theta_1\cos\theta_2\sin(\theta_1-\theta_2)\cos(\theta_1+\theta_2)}{\sin^3(\theta_1+\theta_2)\cos^3(\theta_1-\theta_2)}E_0\end{aligned} \tag{3.17.11}$$

由以上两式得

$$\frac{E_{\perp}}{E_{\parallel}}=\frac{\cos^3(\theta_1-\theta_2)}{\cos(\theta_1+\theta_2)} \tag{3.17.12}$$

因此,所求的光强比为

$$\frac{I_{\perp}}{I_{\parallel}}=\left(\frac{E_{\perp}}{E_{\parallel}}\right)^2=\frac{\cos^6(\theta_1-\theta_2)}{\cos^2(\theta_1+\theta_2)} \tag{3.17.13}$$

(3) 所求的 θ_1 值为

$$\theta_1=\arcsin\sqrt{\frac{4-1.333^2}{3}}=59°25' \tag{3.17.14}$$

相应的 θ_2 值为

$$\theta_2=\arcsin\left(\frac{1}{1.333}\sin59°25'\right)=40°13' \tag{3.17.15}$$

光强比为

$$\frac{I_{\perp}}{I_{\parallel}}=\frac{\cos^6(\theta_1-\theta_2)}{\cos^2(\theta_1+\theta_2)}=\frac{\cos^6(59°25'-40°13')}{\cos^2(59°25'+40°13')}=25.33 \tag{3.17.16}$$

偏振度为

$$P=\frac{I_{\perp}-I_{\parallel}}{I_{\perp}+I_{\parallel}}=\frac{\dfrac{I_{\perp}}{I_{\parallel}}-1}{\dfrac{I_{\perp}}{I_{\parallel}}+1}=\frac{25.33-1}{25.33+1}=92.40\% \tag{3.17.17}$$

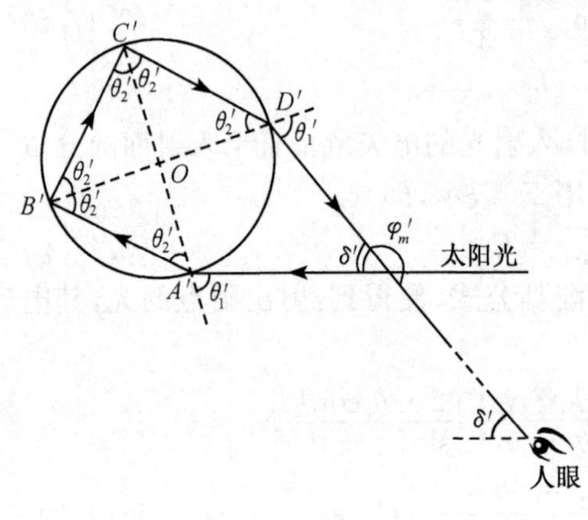

图 3.17(2)

【附】 霓的偏振度 霓是由射在雨点下部的太阳光，在 A' 点折射进入雨点，在雨点内反射两次（B' 点和 C' 点各一次），再在 D' 点折射出雨点形成的，如图 3.17(2) 所示. 设太阳光在雨点上的入射角为 θ_1'，则在雨点内的折射角 θ_2' 便由斯涅耳定律决定. 由于球具有对称性，光线在雨点内的折射角和反射角也都是 θ_2'. 由斯涅耳定律可知，光线射出雨点的折射角为 θ_1'. 故经过雨点后，光线的总偏向角便为

$$\varphi'=2\theta_1'-6\theta_2'+2\pi \tag{3.17.18}$$

将 φ' 对 θ_1' 求导数，最小偏向角应满足

$$\frac{\mathrm{d}\varphi'}{\mathrm{d}\theta_1'}=2-6\frac{\mathrm{d}\theta_2'}{\mathrm{d}\theta_1'}=0 \tag{3.17.19}$$

所以

$$\frac{\mathrm{d}\theta_2'}{\mathrm{d}\theta_1'}=\frac{1}{3} \tag{3.17.20}$$

由斯涅耳定律

$$\sin\theta_1'=n\sin\theta_2' \tag{3.17.21}$$

对 θ_1' 求导数得

$$\cos\theta_1'=n\cos\theta_2'\frac{\mathrm{d}\theta_2'}{\mathrm{d}\theta_1'}=\frac{n}{3}\cos\theta_2' \tag{3.17.22}$$

由(3.17.21)、(3.17.22)两式消去 θ_2'，便得

$$\sin\theta_1'=\sqrt{\frac{9-n^2}{8}} \tag{3.17.23}$$

所以

$$\theta_1'=\arcsin\sqrt{\frac{9-n^2}{8}} \tag{3.17.24}$$

这便是与最小偏向角对应的入射角 θ_1'.

太阳光是自然光，故射到雨点上时，入射光的电矢量垂直于入射面的分量和平行于入射面的分量，其振幅彼此相等，用 E_0' 表示，即

$$E'_{\perp 0}=E'_{\parallel 0}=E'_0 \tag{3.17.25}$$

在图 3.17(1)中的 A'、B'、C'、D'四点，依次用菲涅耳公式，便得到：射出雨点的光，其电矢量垂直于入射面的分量的振幅为

$$\begin{aligned}E'_{\perp}&=\frac{2\sin\theta'_2\cos\theta'_1}{\sin(\theta'_1+\theta'_2)}\left[-\frac{\sin(\theta'_2-\theta'_1)}{\sin(\theta'_2+\theta'_1)}\right]^2\frac{2\sin\theta'_1\cos\theta'_2}{\sin(\theta'_2+\theta'_1)}E'_0\\&=\frac{4\sin\theta'_1\sin\theta'_2\cos\theta'_1\cos\theta'_2\sin^2(\theta'_1-\theta'_2)}{\sin^4(\theta'_1+\theta'_2)}E'_0\end{aligned} \tag{3.17.26}$$

电矢量平行于入射面的分量的振幅为

$$\begin{aligned}E'_{\parallel}&=\frac{2\sin\theta'_2\cos\theta'_1}{\sin(\theta'_1+\theta'_2)\cos(\theta'_1-\theta'_2)}\left[\frac{\tan(\theta'_2-\theta'_1)}{\tan(\theta'_2+\theta'_1)}\right]^2\frac{2\sin\theta'_1\cos\theta'_2}{\sin(\theta'_2+\theta'_1)\cos(\theta'_2-\theta'_1)}E'_0\\&=\frac{4\sin\theta'_1\sin\theta'_2\cos\theta'_1\cos\theta'_2\sin^2(\theta'_1-\theta'_2)\cos^2(\theta'_1+\theta'_2)}{\sin^4(\theta'_1+\theta'_2)\cos^4(\theta'_1-\theta'_2)}E'_0\end{aligned} \tag{3.17.27}$$

由(3.17.26)和(3.17.27)两式得

$$\frac{E'_{\perp}}{E'_{\parallel}}=\frac{\cos^4(\theta'_1-\theta'_2)}{\cos^2(\theta'_1+\theta'_2)} \tag{3.17.28}$$

因此，所求的光强比为

$$\frac{I'_{\perp}}{I'_{\parallel}}=\left(\frac{E'_{\perp}}{E'_{\parallel}}\right)^2=\frac{\cos^8(\theta'_1-\theta'_2)}{\cos^4(\theta'_1+\theta'_2)} \tag{3.17.29}$$

由(3.17.24)式得 θ'_1的值为

$$\theta'_1=\arcsin\sqrt{\frac{9-1.333^2}{8}}=71°51' \tag{3.17.30}$$

相应的 θ'_2值为

$$\theta'_2=\arcsin\left(\frac{\sin 71°51'}{1.333}\right)=45°28' \tag{3.17.31}$$

光强之比为

$$\frac{I'_{\perp}}{I'_{\parallel}}=\frac{\cos^8(\theta'_1-\theta'_2)}{\cos^4(\theta'_1+\theta'_2)}=\frac{\cos^8(71°51'-45°28')}{\cos^4(71°51'+45°28')}=9.367 \tag{3.17.32}$$

于是得霓的偏振度为

$$P'=\frac{I'_{\perp}-I'_{\parallel}}{I'_{\perp}+I'_{\parallel}}=\frac{\dfrac{I'_{\perp}}{I'_{\parallel}}-1}{\dfrac{I'_{\perp}}{I'_{\parallel}}+1}=\frac{9.367-1}{9.367+1}=80.71\% \tag{3.17.33}$$

可见虹霓都是偏振度很高的部分偏振光，霓的偏振度比虹的低一些.

3.18　试说明虹霓在雨点内的反射都不是全反射.

【解】　由上题的图 3.17(1)，形成虹的光线在雨点内反射时，入射角为 θ_2. (3.17.15)式算出 θ_2 的值为

$$\theta_2=40°13'\tag{3.18.1}$$

由上题的图 3.17(2),形成霓的光线在雨点内反射两次,每次入射角都是 θ_2'. (3.17.31)式算出的 θ_2'的值为

$$\theta_2'=45°28'\tag{3.18.2}$$

根据水的折射率 $n=1.333$,从空气到水的临界角为

$$\theta_c=\arcsin\frac{1}{1.333}=48°36'\tag{3.18.3}$$

由以上三式可见

$$\theta_2<\theta_2'<\theta_c\tag{3.18.4}$$

这个结果表明:虹和霓在雨点内反射时,入射角都小于临界角,所以它们的反射都不是全反射.

3.19 介质 1 和介质 2 的电容率和磁导率分别为 ε_1、μ_1 和 ε_2、μ_2,它们的交界面是无限大平面. 线偏振的平面电磁波从介质 1 入射到交界面上,入射角 $\theta_1>\theta_c$(临界角),发生全反射,如图 3.19(1)所示. 试问(1)在什么条件下,反射波也是线偏振的?(2)在什么条件下,反射波将是圆偏振的?

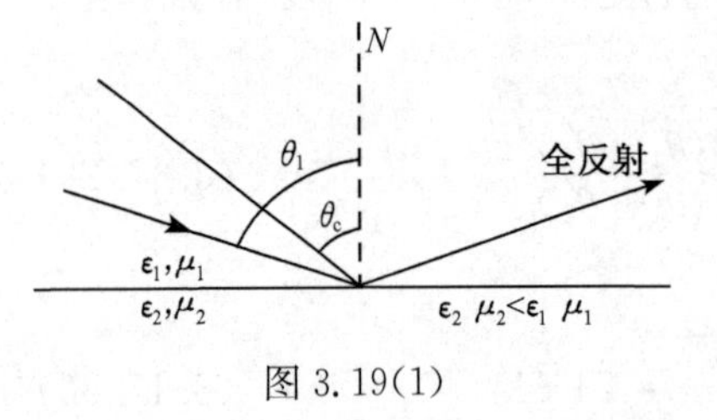

图 3.19(1)

【解】 (1)由斯涅耳定律

$$\sqrt{\varepsilon_1\mu_1}\sin\theta_1=\sqrt{\varepsilon_2\mu_2}\sin\theta_2\tag{3.19.1}$$

可知,当 $\varepsilon_1\mu_1>\varepsilon_2\mu_2$ 时,$\theta_1<\theta_2$. 如果入射角

$$\theta_1\geqslant\theta_c=\arcsin\sqrt{\frac{\varepsilon_2\mu_2}{\varepsilon_1\mu_1}}\tag{3.19.2}$$

便发生全反射,如图 3.19(1)所示.

在发生全反射时,斯涅耳定律和菲涅耳公式仍然成立. 这是因为,这些关系式都是由麦克斯韦方程组和边值关系推导出来的,是普遍成立的. 但这时由斯涅耳定律(3.19.1)式得出的 θ_2 不是实数,所以 θ_2 便失去了“折射角”这个直观的几何意义.

反射波的菲涅耳公式为

$$E_\perp'=-\frac{\sin\theta_1\cos\theta_2-\cos\theta_1\sin\theta_2}{\sin\theta_1\cos\theta_2+\cos\theta_1\sin\theta_2}E_\perp\tag{3.19.3}$$

$$E_\parallel'=\frac{\sin\theta_1\cos\theta_1-\sin\theta_2\cos\theta_2}{\sin\theta_1\cos\theta_1+\sin\theta_2\cos\theta_2}E_\parallel\tag{3.19.4}$$

为方便起见,令

$$n=\sqrt{\frac{\varepsilon_2\mu_2}{\varepsilon_1\mu_1}}\tag{3.19.5}$$

n 代表介质 2 对于介质 1 的相对折射率,把 n 代入(3.19.1)式得

$$\sin\theta_2 = \frac{1}{n}\sin\theta_1 \tag{3.19.6}$$

$$\cos\theta_2 = \sqrt{1-\frac{1}{n^2}\sin^2\theta_1} \tag{3.19.7}$$

由(3.19.2)式知发生全反射时

$$\sin\theta_1 \geqslant n \tag{3.19.8}$$

所以

$$\cos\theta_2 = \mathrm{i}\sqrt{\frac{1}{n^2}\sin^2\theta_1 - 1} \tag{3.19.9}$$

把(3.19.6)和(3.19.9)两式分别代入(3.19.3)和(3.19.4)两式以消去 θ_2，便得

$$E'_{\perp} = \frac{\cos\theta_1 - \mathrm{i}\sqrt{\sin^2\theta_1 - n^2}}{\cos\theta_1 + \mathrm{i}\sqrt{\sin^2\theta_1 - n^2}}E_{\perp} \tag{3.19.10}$$

$$E'_{\parallel} = \frac{n^2\cos\theta_1 - \mathrm{i}\sqrt{\sin^2\theta_1 - n^2}}{n^2\cos\theta_1 + \mathrm{i}\sqrt{\sin^2\theta_1 - n^2}}E_{\parallel} \tag{3.19.11}$$

这便是全反射时的菲涅耳公式，下面我们便从它出发讨论问题.

由(3.19.10)和(3.19.11)两式得

$$|E'_{\perp}| = |E_{\perp}| \tag{3.19.12}$$

$$|E'_{\parallel}| = |E_{\parallel}| \tag{3.19.13}$$

这个结果表明，反射波的电场强度 $\boldsymbol{E}'$ 的两个分量 $\boldsymbol{E}'_{\perp}$ 和 $\boldsymbol{E}'_{\parallel}$，它们的振幅分别等于入射波的两个相应分量 $\boldsymbol{E}_{\perp}$ 和 $\boldsymbol{E}_{\parallel}$ 的振幅. 换句话说，在全反射时，电场强度的两个分量的振幅都不变.

再看相位. 令

$$E'_{\perp} = E_{\perp}\,\mathrm{e}^{\mathrm{i}\delta_{\perp}} \tag{3.19.14}$$

$$E'_{\parallel} = E_{\parallel}\,\mathrm{e}^{\mathrm{i}\delta_{\parallel}} \tag{3.19.15}$$

由(3.19.10)和(3.19.11)两式得

$$\delta_{\perp} = \arctan\frac{2\cos\theta_1\sqrt{\sin^2\theta_1 - n^2}}{\sin^2\theta_1 - n^2 - \cos^2\theta_1} \tag{3.19.16}$$

$$\delta_{\parallel} = \arctan\frac{2n^2\cos\theta_1\sqrt{\sin^2\theta_1 - n^2}}{\sin^2\theta_1 - n^2 - n^4\cos^2\theta_1} \tag{3.19.17}$$

由这两式可见，在全反射时，电场强度垂直于入射面的分量的相位变化 $\delta_{\perp}$，与平行于入射面的分量的相位变化 $\delta_{\parallel}$，是不相等的.

当入射波是线偏振波时，它的两个分量 $\boldsymbol{E}_{\perp}$ 和 $\boldsymbol{E}_{\parallel}$ 的相位是相同的. 经全反射后，反射波的两个分量 $\boldsymbol{E}'_{\perp}$ 和 $\boldsymbol{E}'_{\parallel}$ 的相位便不相同，它们的相位差为

$$\delta = \delta_{\perp} - \delta_{\parallel} \tag{3.19.18}$$

把(3.19.16)和(3.19.17)两式代入(3.19.18)式得

$$\delta = \arctan\left(\frac{2\cos\theta_1\sqrt{\sin^2\theta_1 - n^2}}{\sin^2\theta_1 - n^2 - \cos^2\theta_1}\right) - \arctan\frac{2n^2\cos\theta_1\sqrt{\sin^2\theta_1 - n^2}}{\sin^2\theta_1 - n^2 - n^4\cos^2\theta_1}$$

$$= \arctan\left[\frac{\dfrac{2\cos\theta_1\sqrt{\sin^2\theta_1 - n^2}}{\sin^2\theta_1 - n^2 - \cos^2\theta_1} - \dfrac{2n^2\cos\theta_1\sqrt{\sin^2\theta_1 - n^2}}{\sin^2\theta_1 - n^2 - n^4\cos^2\theta_1}}{1 + \left(\dfrac{2\cos\theta_1\sqrt{\sin^2\theta_1 - n^2}}{\sin^2\theta_1 - n^2 - \cos^2\theta_1}\right)\left(\dfrac{2n^2\cos\theta_1\sqrt{\sin^2\theta_1 - n^2}}{\sin^2\theta_1 - n^2 - n^4\cos^2\theta_1}\right)}\right]$$

$$= \arctan\left[\frac{2\sin^2\theta_1\cos\theta_1\sqrt{\sin^2\theta_1 - n^2}}{\sin^4\theta_1 - \cos^2\theta_1(\sin^2\theta_1 - n^2)}\right] \tag{3.19.19}$$

当δ为π的整数倍时,$\boldsymbol{E}'_\perp$与$\boldsymbol{E}'_\parallel$合成为线偏振波.把这个条件代入(3.19.19)式得出

$$\sin^2\theta_1\cos\theta_1\sqrt{\sin^2\theta_1 - n^2} = 0 \tag{3.19.20}$$

由(3.19.8)式得出(3.19.20)式的解为

$$\sin\theta_1 = n \tag{3.19.21}$$

或

$$\cos\theta_1 = 0 \quad 即 \quad \theta_1 = \frac{\pi}{2} \tag{3.19.22}$$

由此得出结论:只有在刚发生全反射($\sin\theta_1 = n$)时或掠入射($\theta_1 = \pi/2$)时,反射波才是线偏振的.

(2) 在入射波电场强度$\boldsymbol{E}$的两个分量的振幅相等(即$|E_\perp| = |E_\parallel|$)时,由(3.19.12)和(3.19.13)两式知反射波电场强度$\boldsymbol{E}'$的两个分量的振幅也是相等的,即$|E'_\perp| = |E'_\parallel|$.这时,如果相位差

$$\delta = (2m+1)\frac{\pi}{2}, \qquad m = 0,1,2,\cdots \tag{3.19.23}$$

则反射波便是圆偏振波.把(3.19.23)式代入(3.19.19)式,得出所需条件为

$$\sin^4\theta_1 - \cos^2\theta_1(\sin^2\theta_1 - n^2) = 0 \tag{3.19.24}$$

$$2\sin^4\theta_1 - (n^2+1)\sin^2\theta_1 + n^2 = 0 \tag{3.19.25}$$

解得

$$\sin\theta_1 = \frac{1}{2}\sqrt{n^2 + 1 \pm \sqrt{n^4 - 6n^2 + 1}} \tag{3.19.26}$$

最后我们得出结论,当入射波电矢量的两个分量$\boldsymbol{E}_\perp$和$\boldsymbol{E}_\parallel$的振幅相等,并且入射角θ_1和相对折射率n满足(3.19.26)式时,反射波便是圆偏振波.

【讨论】 (1)在光学波段由全反射产生圆偏振的可能性问题.

因为$\sin^2\theta_1$是实数,故由(3.19.26)式得

$$n^4 - 6n^2 + 1 \geqslant 0 \tag{3.19.27}$$

解得

$$\left.\begin{array}{l} n \geqslant \sqrt{3+\sqrt{8}} \\ n \leqslant \sqrt{3-\sqrt{8}} \end{array}\right\} \tag{3.19.28}$$

由(3.19.6)式知发生全反射的条件是 $n<1$，故得所求的相对折射率为

$$n \leqslant \sqrt{3-\sqrt{8}} \approx 0.4142 \tag{3.19.29}$$

设介质 1 是透明物体(如玻璃等)，介质 2 是空气，则要使光从透明物体到空气发生全反射而产生圆偏振光，该物体的折射率便应为

$$\frac{1}{n} \geqslant \frac{1}{0.4142} = 2.414 \tag{3.19.30}$$

除了金刚石的折射率能达到这个值以外，一般透明物体的折射率都比这个值小. 因此我们得出结论：线偏振光从一般透明物质到空气的全反射不可能产生圆偏振光.

注意，上述结论是指一次全反射说的. 它的意义是，在一次这样的全反射中，相位差 δ 达不到 $\frac{\pi}{2}$. 但是，在适当条件下，接连两次全反射，它们各自的 δ 之和，可以达到 $\frac{\pi}{2}$. 菲涅耳就是根据这个道理创造出菲涅耳棱体，使光在其中接连发生两次全反射而产生圆偏振光的，如图3.19(2)所示.

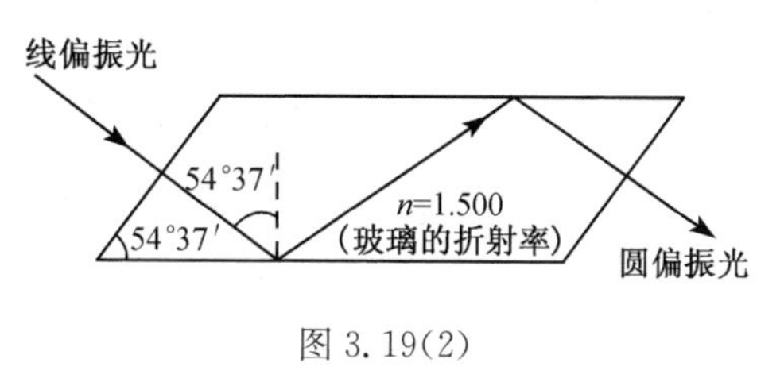

图 3.19(2)

(2) 在无线电波段，物质的折射率 n 可以有较大的值. 例如，对于波长 $\lambda=250\text{cm}$ 的无线电波来说，水对空气的折射率可达 $n=9$. 这时入射角 $\theta_1=44.6°$，可以满足 $\tan\frac{\delta}{2}=1$，线偏振的入射波经一次全反射就可以产生圆偏振波，这已被实验证实. [参见 J. A. STRATTON, *Electromagnetic Theory*(1941), 500.]

3.20　线偏振的单色平行光自空气入射到折射率为 $n=1.500$ 的玻璃平面上，入射光的电矢量 $\boldsymbol{E}$ 在入射面内. 当入射角等于布儒斯特角时，反射光的强度为零. 现在要求反射光的强度小于入射光的强度的百分之一，问入射角与布儒斯特角之差不能超过多少？

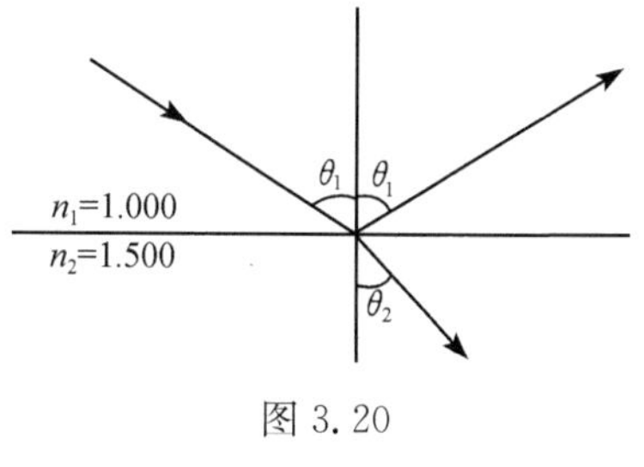

图 3.20

【解】　设入射角为 θ_1，折射角为 θ_2，则当入射角等于布儒斯特角

$$\theta_{\mathrm{b}} = \arctan\frac{n_2}{n_1} = \arctan\frac{1.500}{1.000} = 56.31° \tag{3.20.1}$$

时，折射角为

$$\theta_{2b}=90.00^\circ-56.31^\circ=33.69^\circ \tag{3.20.2}$$

根据菲涅耳公式，这时反射光强与入射光强之比为

$$R_p=\left|\frac{\tan(\theta_1-\theta_2)}{\tan(\theta_1+\theta_2)}\right|^2=\left|\frac{\tan(\theta_b-\theta_{2b})}{\tan(\theta_b+\theta_{2b})}\right|^2=0 \tag{3.20.3}$$

设入射角偏离 θ_b 为 $\Delta\theta$ 时，折射角 θ_2 偏离 θ_{2b} 为 $\Delta\theta_2$. 现在要求 $R_p<0.01$，求 $\Delta\theta$.

由斯涅耳定律 $n_1\sin\theta_1=n_2\sin\theta_2$ 得

$$n_1\cos\theta_1\Delta\theta=n_2\cos\theta_2\Delta\theta_2 \tag{3.20.4}$$

当 $\theta_1=\theta_b$，$\theta_2=\theta_{2b}$时，$\cos\theta_b=\cos\left(\frac{\pi}{2}-\theta_{2b}\right)=\sin\theta_{2b}$；又有 $\tan\theta_{2b}=n_1/n_2$. 于是，当 θ_1 在 θ_b 附近时，由(3.16.4)式便有

$$\Delta\theta_2=\frac{n_1\cos\theta_b}{n_2\cos\theta_{2b}}\Delta\theta=\frac{n_1\sin\theta_{2b}}{n_2\cos\theta_{2b}}\Delta\theta=\left(\frac{n_1}{n_2}\right)^2\Delta\theta \tag{3.20.5}$$

为便于计算，我们把 R_p 写成下列形式：

$$R_p=\left|\frac{\tan(\theta_1-\theta_2)}{\tan(\theta_1+\theta_2)}\right|^2=\left|\frac{n_2\cos\theta_1-n_1\cos\theta_2}{n_2\cos\theta_1+n_1\cos\theta_2}\right|^2 \tag{3.20.6}$$

当入射角为 $\theta_1=\theta_b+\Delta\theta$，折射角为 $\theta_2=\theta_{2b}+\Delta\theta_2=\theta_{2b}+\left(\frac{n_1}{n_2}\right)^2\Delta\theta$ 时，(3.20.6)式的分子中

$$\begin{aligned}n_2\cos\theta_1-n_1\cos\theta_2&=n_2\cos(\theta_b+\Delta\theta)-n_1\cos\left[\theta_{2b}+\left(\frac{n_1}{n_2}\right)^2\Delta\theta\right]\\&=n_2\left[\cos\theta_b\cos\Delta\theta-\sin\theta_b\sin\Delta\theta\right]\\&\quad-n_1\left[\cos\theta_{2b}\cos\left(\frac{n_1^2}{n_2^2}\Delta\theta\right)-\sin\theta_{2b}\sin\left(\frac{n_1^2}{n_2^2}\Delta\theta\right)\right]\end{aligned} \tag{3.20.7}$$

当 $\Delta\theta$ 很小时，$\cos\Delta\theta\approx1$，$\sin\Delta\theta\approx\Delta\theta$，故上式化为

$$n_2\cos\theta_1-n_1\cos\theta_2=n_2\cos\theta_b-n_2\sin\theta_b\Delta\theta-n_1\cos\theta_{2b}+\frac{n_1^3}{n_2^2}\sin\theta_{2b}\Delta\theta$$

由斯涅耳定律得 $n_2\sin\theta_{2b}=n_2\cos\theta_b=n_1\sin\theta_b=n_1\cos\theta_{2b}$，故上式化为

$$\begin{aligned}n_2\cos\theta_1-n_1\cos\theta_2&=\left(\frac{n_1^3}{n_2^2}\sin\theta_{2b}-n_2\sin\theta_b\right)\Delta\theta\\&=\frac{n_1^4-n_2^4}{n_2^3}\sin\theta_b\Delta\theta\end{aligned} \tag{3.20.8}$$

同样，(3.20.6)式分母中可化为

$$n_2\cos\theta_1+n_1\cos\theta_2=n_2\cos\theta_b-n_2\sin\theta_b\Delta\theta+n_1\cos\theta_{2b}-\frac{n_1^3}{n_2^2}\sin\theta_{2b}\Delta\theta$$

$$=2n_2\cos\theta_b-\frac{n_1^4-n_2^4}{n_2^3}\sin\theta_b\Delta\theta \tag{3.20.9}$$

将(3.20.8)和(3.20.9)两式代入(3.20.6)式，便得

$$R_p=\left|\frac{\dfrac{n_1^4-n_2^4}{n_2^3}\sin\theta_b\Delta\theta}{2n_2\cos\theta_b-\dfrac{n_1^4+n_2^4}{n_2^3}\sin\theta_b\Delta\theta}\right|^2=\left|\frac{(n_1^4-n_2^4)\tan\theta_b\Delta\theta}{2n_2^4-(n_1^4+n_2^4)\tan\theta_b\Delta\theta}\right|^2$$

$$=\left|\frac{(n_1^4-n_2^4)\Delta\theta}{2n_1n_2^3-(n_1^4+n_2^4)\Delta\theta}\right|^2<0.01 \tag{3.20.10}$$

因 $n_1<n_2$，故得

$$10(n_2^4-n_1^4)\Delta\theta<2n_1n_2^3-(n_1^4+n_2^4)\Delta\theta \tag{3.20.11}$$

于是得

$$\Delta\theta<\frac{2n_1n_2^3}{11n_2^4-9n_1^2}=\frac{2\times1\times1.5^3}{11\times1.5^4-9\times1}=0.1446\text{ 弧度} \tag{3.20.12}$$

或

$$\Delta\theta<8.28^\circ \tag{3.20.13}$$

由(3.20.5)式得

$$\Delta\theta_2=\frac{8.28^\circ}{1.5^2}=3.68^\circ \tag{3.20.14}$$

令 $\theta_1=\theta_b-\Delta\theta, \theta_2=\theta_{2b}-\Delta\theta_2$ 代入(3.20.6)式计算，得出 $R_p^-<10^{-2}$，满足要求. 但令 $\theta_1=\theta_b+\Delta\theta, \theta_2=\theta_{2b}+\Delta\theta_2$ 代入(3.20.6)式计算，得出 $R_p^+=1.187\times10^{-2}>10^{-2}$，不合要求. 其原因是，在本题中，$\Delta\theta$ 较大，故(3.20.5)式和(3.20.8)式都是过于粗糙的近似.

我们用斯涅耳定律代入(3.20.6)式验算，经试验，入射角 θ_1 与 θ_b 之差为 $\Delta\theta_-\leqslant12.64^\circ$ 时，即 $\theta_1\geqslant\theta_b-\Delta\theta_-=43.67^\circ$ 时，$R_p^-<10^{-2}$；$\Delta\theta_+\leqslant7.81^\circ$ 时，即 $\theta_1=\theta_b+\Delta\theta_+=64.12^\circ$ 时，$R_p^+<10^{-2}$. 由此得出，若要 $R_p<10^{-2}$，入射角的范围应为

$$43.67^\circ\leqslant\theta_1\leqslant64.12^\circ \tag{3.20.15}$$

3.21 电容率分别为 ε_1 和 ε_2 的两介质的交界面为平面，一平面电磁波以入射角 θ_1 自介质 ε_1 射到交界面上并被反射和折射. 用 $n=\sqrt{\varepsilon_1/\varepsilon_2}$ 表示相对折射率，r 表示反射波与入射波的电场强度的振幅之比. 试证明：当电场强度 $\boldsymbol{E}$ 垂直于入射面时，比值为

$$r_\perp=\frac{n\cos\theta_1-\sqrt{1-n^2\sin^2\theta_1}}{n\cos\theta_1+\sqrt{1-n^2\sin^2\theta_1}}$$

当电场强度 $\boldsymbol{E}$ 平行于入射面时，比值为

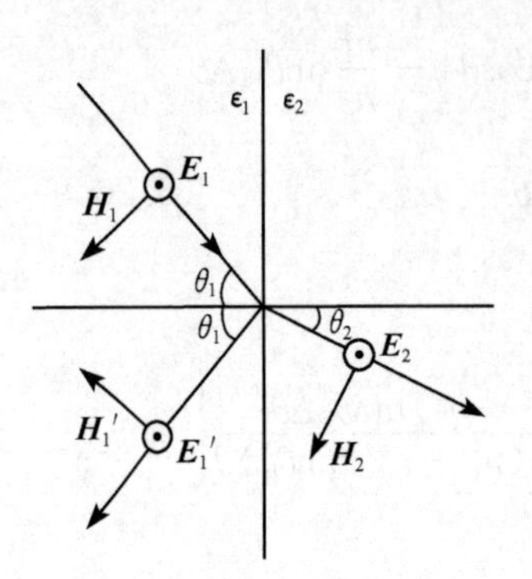

图 3.21(1)

$$r_{\parallel}=\frac{\cos\theta_1-n\sqrt{1-n^2\sin^2\theta_1}}{\cos\theta_1+n\sqrt{1-n^2\sin^2\theta_1}}$$

【证】 设在介质 ε_1 中，入射波和反射波的电场强度的边值分别为 $\boldsymbol{E}_1$、$\boldsymbol{H}_1$ 和 $\boldsymbol{E}_1'$、$\boldsymbol{H}_1'$，在介质 ε_2 中，折射波的电场强度和磁场强度的边值为 $\boldsymbol{E}_2$、$\boldsymbol{H}_2$，则当电场强度垂直于入射面时，根据电磁场的边值关系，由图 3.21(1)可见

$$E_2=E_1+E_1' \tag{3.21.1}$$

$$H_2\cos\theta_2=H_1\cos\theta_1-H'\cos\theta_1 \tag{3.21.2}$$

电磁波的 $\boldsymbol{E}$ 和 $\boldsymbol{H}$ 的振幅关系为

$$\sqrt{\varepsilon}E=\sqrt{\mu}H \tag{3.21.3}$$

在一般情况下，两介质的 $\mu_1=\mu_2=\mu_0$，故由(3.21.2)、(3.21.3)两式得

$$\sqrt{\varepsilon_2}E_2\cos\theta_2=\sqrt{\varepsilon_1}(E_1-E_1')\cos\theta_1 \tag{3.21.4}$$

将(3.21.1)、(3.21.4)两式联立，解得

$$\frac{E_1'}{E_1}=\frac{\sqrt{\frac{\varepsilon_1}{\varepsilon_2}}\cos\theta_1-\cos\theta_2}{\sqrt{\frac{\varepsilon_1}{\varepsilon_2}}\cos\theta_1+\cos\theta_2}=\frac{n\cos\theta_1-\cos\theta_2}{n\cos\theta_1+\cos\theta_2} \tag{3.21.5}$$

根据折射定律

$$n\sin\theta_1=\sin\theta_2 \tag{3.21.6}$$

得

$$\cos\theta_2=\sqrt{1-\sin^2\theta_2}=\sqrt{1-n^2\sin^2\theta_1} \tag{3.21.7}$$

将(3.21.7)式代入(3.21.5)式便得

$$r_{\perp}=\frac{E_1'}{E_1}=\frac{n\cos\theta_1-\sqrt{1-n^2\sin^2\theta_1}}{n\cos\theta_1+\sqrt{1-n^2\sin^2\theta_1}} \tag{3.21.8}$$

当电场强度平行于入射面时，根据电磁场的边值关系，由图 3.21(2)可见

$$H_2=H_1+H_1' \tag{3.21.9}$$

$$E_2\cos\theta_2=E_1\cos\theta_1-E_1'\cos\theta_1 \tag{3.21.10}$$

由(3.21.3)式和(3.21.9)式得

$$\sqrt{\varepsilon_2}E_2=\sqrt{\varepsilon_1}(E_1+E_1') \tag{3.21.11}$$

(3.21.10)和(3.21.11)两式联立，解得这时

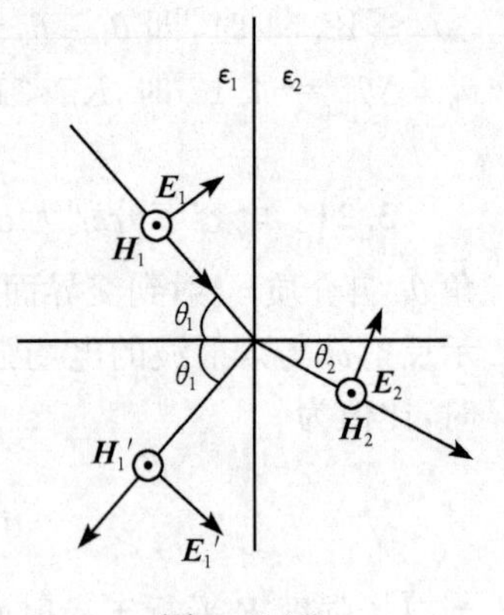

图 3.21(2)

$$\frac{E_1'}{E_1}=\frac{\sqrt{\frac{\varepsilon_2}{\varepsilon_1}}\cos\theta_1-\cos\theta_2}{\sqrt{\frac{\varepsilon_2}{\varepsilon_1}}\cos\theta_1+\cos\theta_2}=\frac{\cos\theta_1-n\cos\theta_2}{\cos\theta_1+n\cos\theta_2} \tag{3.21.12}$$

将(3.21.7)式代入(3.21.12)式，便得

$$r_{\parallel}=\frac{E_1'}{E_1}=\frac{\cos\theta_1-n\sqrt{1-n^2\sin^2\theta_1}}{\cos\theta_1+n\sqrt{1-n^2\sin^2\theta_1}} \tag{3.21.13}$$

3.22　一左旋圆偏振的单色平面电磁波自空气入射到电介质平面上，入射角为 θ_1，电介质的电容率为 ε，磁导率为 μ_0；入射波的电场强度为

$$\boldsymbol{E}(\boldsymbol{r},t)=E_0(\boldsymbol{e}_1+\mathrm{i}\boldsymbol{e}_2)\mathrm{e}^{\mathrm{i}(\boldsymbol{k}\cdot\boldsymbol{r}-\omega t)}$$

式中 $\boldsymbol{e}_1$ 和 $\boldsymbol{e}_2$ 是垂直于波矢 $\boldsymbol{k}$ 的两个单位矢量，且 $\boldsymbol{e}_1\perp\boldsymbol{e}_2$，$\boldsymbol{e}_1\times\boldsymbol{e}_2=\boldsymbol{k}/k$；$k=|\boldsymbol{k}|=\omega\sqrt{\varepsilon_0\mu_0}=\omega/c$.(1)试求反射波和折射波的电场强度；(2)由所得出的电场强度分析反射波和折射波的偏振状态.

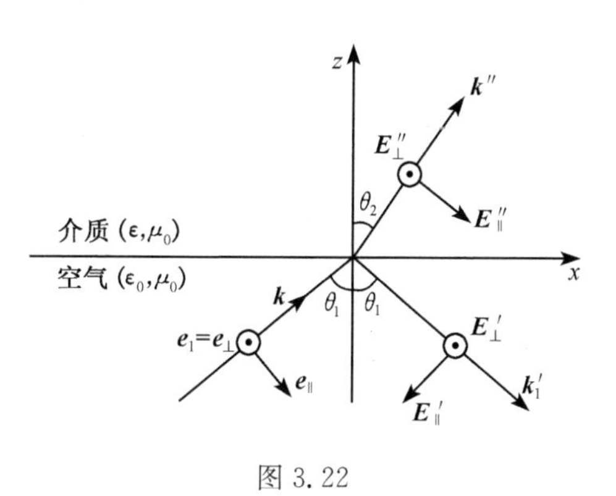

图 3.22

【解】　(1)为方便，取笛卡儿坐标系，使空气与介质的交界面为 x-y 平面，入射面为 z-x 平面，并使 $\boldsymbol{e}_1$ 垂直于入射面向外，如图 3.22 所示. 这样，入射波的波矢便为

$$\boldsymbol{k}=k\sin\theta_1\boldsymbol{e}_x+k\cos\theta_1\boldsymbol{e}_z=\frac{\omega}{c}(\sin\theta_1\boldsymbol{e}_x+\cos\theta_1\boldsymbol{e}_z) \tag{3.22.1}$$

将入射波的电场强度 $\boldsymbol{E}(\boldsymbol{r},t)$ 分解为垂直于入射面的分量 $\boldsymbol{E}_\perp(\boldsymbol{r},t)$ 和平行于入射面的分量 $\boldsymbol{E}_\parallel(\boldsymbol{r},t)$

$$\boldsymbol{E}_\perp(\boldsymbol{r},t)=E_0\mathrm{e}^{\mathrm{i}(\boldsymbol{k}\cdot\boldsymbol{r}-\omega t)}\boldsymbol{e}_\perp \tag{3.22.2}$$

$$\boldsymbol{E}_\parallel(\boldsymbol{r},t)=E_0\mathrm{e}^{\mathrm{i}(\boldsymbol{k}\cdot\boldsymbol{r}-\omega t+\pi/2)}\boldsymbol{e}_\parallel \tag{3.22.3}$$

式中 $\boldsymbol{e}_\perp$ 和 $\boldsymbol{e}_\parallel$ 分别为垂直于和平行于入射面的单位矢量，$\boldsymbol{e}_\perp=\boldsymbol{e}_1$，$\boldsymbol{e}_\parallel=\boldsymbol{e}_2$.

先求反射波的波矢 $\boldsymbol{k}'$ 和折射波的波矢 $\boldsymbol{k}''$. 根据电磁场的边值关系，知 $\boldsymbol{k}'$ 和 $\boldsymbol{k}''$ 都在入射面内(参见前面 3.12 题)，由图 3.22 可见

$$\boldsymbol{k}'=k'\sin\theta_1\boldsymbol{e}_x-k'\cos\theta_1\boldsymbol{e}_z=\frac{\omega}{c}(\sin\theta_1\boldsymbol{e}_x-\cos\theta_1\boldsymbol{e}_z) \tag{3.22.4}$$

$$\boldsymbol{k}''=k''\sin\theta_2\boldsymbol{e}_x+k''\cos\theta_2\boldsymbol{e}_z \tag{3.22.5}$$

由电磁场的边值关系得

$$k''\sin\theta_2=k\sin\theta_1 \tag{3.22.6}$$

因

$$k'' = \omega\sqrt{\varepsilon\mu_0} = \frac{\omega}{c}\sqrt{\frac{\varepsilon}{\varepsilon_0}} = \frac{\omega}{c}n \tag{3.22.7}$$

式中 $n=\sqrt{\varepsilon/\varepsilon_0}$ 是介质的折射率,所以

$$\sin\theta_2 = \frac{1}{n}\sin\theta_1 \tag{3.22.8}$$

于是 $\boldsymbol{k}''$ 可用已知量表示为

$$\boldsymbol{k}'' = \frac{\omega}{c}(\sin\theta_1\boldsymbol{e}_x + \sqrt{n^2-\sin^2\theta_1}\boldsymbol{e}_z) \tag{3.22.9}$$

再求反射波的电场强度 $\boldsymbol{E}'(\boldsymbol{r},t)$ 和折射波的电场强度 $\boldsymbol{E}''(\boldsymbol{r},t)$. 由(3.22.2)、(3.22.3)两式和菲涅耳公式得

$$\begin{aligned}\boldsymbol{E}'(\boldsymbol{r},t) &= \boldsymbol{E}'_\perp(\boldsymbol{r},t) + \boldsymbol{E}'_\parallel(\boldsymbol{r},t)\\ &= E_0\left[-\frac{\sin(\theta_1-\theta_2)}{\sin(\theta_1+\theta_2)}\right]\boldsymbol{e}_\perp\,\mathrm{e}^{\mathrm{i}(\boldsymbol{k}'\cdot\boldsymbol{r}-\omega t)} + \mathrm{i}E_0\left[\frac{\tan(\theta_1-\theta_2)}{\tan(\theta_1+\theta_2)}\right]\boldsymbol{e}_\parallel\,\mathrm{e}^{\mathrm{i}(\boldsymbol{k}'\cdot\boldsymbol{r}-\omega t)}\\ &= E_0\frac{\sin(\theta_1-\theta_2)}{\sin(\theta_1+\theta_2)}\left[-\boldsymbol{e}_\perp + \mathrm{i}\frac{\cos(\theta_1+\theta_2)}{\cos(\theta_1-\theta_2)}\boldsymbol{e}_\parallel\right]\mathrm{e}^{\mathrm{i}(\boldsymbol{k}'\cdot\boldsymbol{r}-\omega t)}\\ &= E_0\frac{\sin(\theta_1-\theta_2)}{\sin(\theta_1+\theta_2)}\left[\mathrm{e}^{\mathrm{i}\pi}\boldsymbol{e}_\perp + \mathrm{e}^{\mathrm{i}\frac{\pi}{2}}\frac{\cos(\theta_1+\theta_2)}{\cos(\theta_1-\theta_2)}\boldsymbol{e}_\parallel\right]\mathrm{e}^{\mathrm{i}(\boldsymbol{k}'\cdot\boldsymbol{r}-\omega t)}\end{aligned} \tag{3.22.10}$$

$$\begin{aligned}\boldsymbol{E}''(\boldsymbol{r},t) &= \boldsymbol{E}''_\perp(\boldsymbol{r},t) + \boldsymbol{E}''_\parallel(\boldsymbol{r},t)\\ &= E_0\left[\frac{2\sin\theta_2\cos\theta_1}{\sin(\theta_1+\theta_2)}\right]\boldsymbol{e}_\perp\,\mathrm{e}^{\mathrm{i}(\boldsymbol{k}''\cdot\boldsymbol{r}-\omega t)} + iE_0\left[\frac{2\sin\theta_2\cos\theta_1}{\sin(\theta_1+\theta_2)\cos(\theta_1-\theta_2)}\right]\boldsymbol{e}_\parallel\,\mathrm{e}^{\mathrm{i}(\boldsymbol{k}''\cdot\boldsymbol{r}-\omega t)}\\ &= E_0\frac{2\sin\theta_2\cos\theta_1}{\sin(\theta_1+\theta_2)}\left[\boldsymbol{e}_\perp + \frac{i}{\cos(\theta_1-\theta_2)}\boldsymbol{e}_\parallel\right]\mathrm{e}^{\mathrm{i}(\boldsymbol{k}''\cdot\boldsymbol{r}-\omega t)}\\ &= E_0\frac{2\sin\theta_2\cos\theta_1}{\sin(\theta_1+\theta_2)}\left[\boldsymbol{e}_\perp + \frac{\mathrm{e}^{\mathrm{i}\frac{\pi}{2}}}{\cos(\theta_1-\theta_2)}\boldsymbol{e}_\parallel\right]\mathrm{e}^{\mathrm{i}(\boldsymbol{k}''\cdot\boldsymbol{r}-\omega t)}\end{aligned} \tag{3.22.11}$$

(2)反射波和折射波的偏振状态,分别由它们垂直于和平行于入射面的两个分量的振幅和相位差决定.

对反射波来说,由于 $\boldsymbol{E}'_\perp(\boldsymbol{r},t)$ 和 $\boldsymbol{E}'_\parallel(\boldsymbol{r},t)$ 的相位差为 $\frac{\pi}{2}$,故它们合成的 $\boldsymbol{E}'(\boldsymbol{r},t)$ 是一个正椭圆偏振波;因 $|\cos(\theta_1+\theta_2)|\leqslant\cos(\theta_1-\theta_2)$,故椭圆的长轴垂直于入射面. 在正入射时,$\theta_1=\theta_2=0$,$\boldsymbol{E}'_\perp(\boldsymbol{r},t)$ 和 $\boldsymbol{E}'_\parallel(\boldsymbol{r},t)$ 的振幅相等,这时 $\boldsymbol{E}'(\boldsymbol{r},t)$ 为圆偏振波.

关于旋转方向,由(3.22.10)式和图 3.22 可见,当 $\theta_1+\theta_2<90°$ 时,$\boldsymbol{E}'_\perp(\boldsymbol{r},t)$ 比 $\boldsymbol{E}'_\parallel(\boldsymbol{r},t)$ 落后 $\pi/2$,故 $\boldsymbol{E}'(\boldsymbol{r},t)$ 为右旋椭圆偏振波. 当 $\theta_1+\theta_2=90°$ 时,$\boldsymbol{E}'_\parallel(\boldsymbol{r},t)=0$,$\boldsymbol{E}'(\boldsymbol{r},t)$ 是垂直于入射面的线偏振波. 当 $\theta_1+\theta_2>90°$ 时,$\boldsymbol{E}'_\parallel(\boldsymbol{r},t)$ 比 $\boldsymbol{E}'_\perp(\boldsymbol{r},t)$ 落后 $\pi/2$,故 $\boldsymbol{E}'(\boldsymbol{r},t)$ 为左旋椭圆偏振波.

对折射波来说,由(3.22.11)式和图 3.22 可见,$\boldsymbol{E}''_\parallel(\boldsymbol{r},t)$ 比 $\boldsymbol{E}''_\perp(\boldsymbol{r},t)$ 落后 $\pi/2$,所以 $\boldsymbol{E}''(\boldsymbol{r},t)$ 是左旋椭圆偏振波. 当 $\theta_1=\theta_2=0$ 时,$\boldsymbol{E}''_\perp(\boldsymbol{r},t)$ 与 $\boldsymbol{E}''_\parallel(\boldsymbol{r},t)$ 振幅相等,这

时 $\boldsymbol{E}''(\boldsymbol{r},t)$是左旋椭圆偏振波. 当 $\theta_1>0$ 时,因 $\cos(\theta_1-\theta_2)<1$,故 $\boldsymbol{E}''(\boldsymbol{r},t)$为长轴平行于入射面的左旋椭圆偏振波.

【讨论】 若入射波是右旋椭圆偏振波,电场强度为 $\boldsymbol{E}(\boldsymbol{r},t)=E_0(\boldsymbol{e}_1-\mathrm{i}\boldsymbol{e}_2)\times \mathrm{e}^{\mathrm{i}(\boldsymbol{k}\cdot\boldsymbol{r}-\omega t)}$,则反射波和折射波的偏振状态除旋转方向与上面所说的相反以外,其余的都与上面所说的相同.

3.23 频率为 ω 的单色平面电磁波在一均匀介质中传播,这介质的电容率为 ε、磁导率为 μ、电导率为 σ. (1)试证明,这电磁波的相速为

$$v=\left[\frac{\varepsilon\mu}{2}\left(\sqrt{\frac{\sigma^2}{\omega^2\varepsilon^2}+1}+1\right)\right]^{-1/2}$$

(2) 试证明,这电磁波的磁场强度在相位上比电场强度落后

$$\gamma=\arctan\left[\frac{\sqrt{\dfrac{\sigma^2}{\omega^2\varepsilon^2}+1}-1}{\sqrt{\dfrac{\sigma^2}{\omega^2\varepsilon^2}+1}+1}\right]^{1/2}$$

(3) 对于良导体和绝缘体来说,v 和 γ 各如何?

【解】 (1)频率为 ω 的单色平面电磁波的电磁场可写作

$$\boldsymbol{E}=\boldsymbol{E}(\boldsymbol{r},t)=\boldsymbol{E}(\boldsymbol{r})\mathrm{e}^{-\mathrm{i}\omega t} \tag{3.23.1}$$

$$\boldsymbol{H}=\boldsymbol{H}(\boldsymbol{r},t)=\boldsymbol{H}(\boldsymbol{r})\mathrm{e}^{-\mathrm{i}\omega t} \tag{3.23.2}$$

由麦克斯韦方程得

$$\nabla\times\boldsymbol{E}=-\frac{\partial\boldsymbol{B}}{\partial t}=-\mu\frac{\partial\boldsymbol{H}}{\partial t}=\mathrm{i}\omega\mu\boldsymbol{H} \tag{3.23.3}$$

$$\nabla\times\boldsymbol{H}=\frac{\partial\boldsymbol{D}}{\partial t}+\boldsymbol{j}=\varepsilon\frac{\partial\boldsymbol{E}}{\partial t}+\sigma\boldsymbol{E}=(\sigma-\mathrm{i}\omega\varepsilon)\boldsymbol{E} \tag{3.23.4}$$

$$\nabla\cdot\boldsymbol{E}=0 \tag{3.23.5}$$

$$\nabla\cdot\boldsymbol{H}=0 \tag{3.23.6}$$

由矢量分析公式

$$\nabla\times(\nabla\times\boldsymbol{f})=\nabla(\nabla\cdot\boldsymbol{f})-\nabla^2\boldsymbol{f} \tag{3.23.7}$$

和(3.23.3)、(3.23.4)、(3.23.5)三式得

$$\begin{aligned}\nabla\times(\nabla\times\boldsymbol{E})&=-\nabla^2\boldsymbol{E}=\nabla\times\left(-\frac{\partial\boldsymbol{B}}{\partial t}\right)=\mathrm{i}\omega\mu\nabla\times\boldsymbol{H}\\&=\mathrm{i}\omega\mu\left(\frac{\partial\boldsymbol{D}}{\partial t}+\boldsymbol{j}\right)=\mathrm{i}\omega\mu(\sigma-\mathrm{i}\omega\varepsilon)\boldsymbol{E}\\&=\omega^2\mu(\varepsilon+\mathrm{i}\frac{\sigma}{\omega})\boldsymbol{E}\end{aligned} \tag{3.23.8}$$

由(3.23.8)式得出 $\boldsymbol{E}$ 的亥姆霍兹方程

$$\nabla^2\boldsymbol{E}+\omega^2\mu\left(\varepsilon+\mathrm{i}\frac{\sigma}{\varepsilon}\right)\boldsymbol{E}=0 \tag{3.23.9}$$

引入复电容率 ε'、复传播常量 k' 和复传播矢量 $\boldsymbol{k}'$

$$\varepsilon' = \varepsilon + \mathrm{i}\frac{\sigma}{\omega} \tag{3.23.10}$$

$$k' = \omega\sqrt{\varepsilon'\mu} = \omega\sqrt{\mu\left(\varepsilon + \mathrm{i}\frac{\sigma}{\omega}\right)} \tag{3.23.11}$$

$$\boldsymbol{k}' = \boldsymbol{\beta} + \mathrm{i}\boldsymbol{\alpha} \tag{3.23.12}$$

则得(3.23.9)式的平面波解为

$$\boldsymbol{E} = \boldsymbol{E}(\boldsymbol{r},t) = \boldsymbol{E}_0\mathrm{e}^{\mathrm{i}(\boldsymbol{k}'\cdot\boldsymbol{r}-\omega t)} = \boldsymbol{E}_0\mathrm{e}^{-\boldsymbol{\alpha}\cdot\boldsymbol{r}}\mathrm{e}^{\mathrm{i}(\boldsymbol{\beta}\cdot\boldsymbol{r}-\omega t)} \tag{3.23.13}$$

同样可得

$$\boldsymbol{H} = \boldsymbol{H}(\boldsymbol{r},t) = \boldsymbol{H}_0\mathrm{e}^{\mathrm{i}(\boldsymbol{k}'\cdot\boldsymbol{r}-\omega t)} = \boldsymbol{H}_0\mathrm{e}^{-\boldsymbol{\alpha}\cdot\boldsymbol{r}}\mathrm{e}^{\mathrm{i}(\boldsymbol{\beta}\cdot\boldsymbol{r}-\omega t)} \tag{3.23.14}$$

式中 $\boldsymbol{E}_0$ 和 $\boldsymbol{H}_0$ 都是常矢量.

由(3.23.12)式得

$$k'^2 = (\boldsymbol{\beta} + \mathrm{i}\boldsymbol{\alpha})^2 = \beta^2 - \alpha^2 + 2\mathrm{i}\boldsymbol{\alpha}\cdot\boldsymbol{\beta} \tag{3.23.15}$$

为简便,考虑 $\boldsymbol{\alpha}$ 与 $\boldsymbol{\beta}$ 同方向的情况. 例如,单色平面电磁波自空气正入射到上述介质中便是这种情况. 这时由(3.23.11)、(3.23.15)两式得

$$\beta^2 - \alpha^2 = \omega^2\varepsilon\mu \tag{3.23.16}$$

$$\alpha\beta = \frac{\omega\mu\sigma}{2} \tag{3.23.17}$$

联立解得

$$\alpha = \omega\sqrt{\varepsilon\mu}\sqrt{\frac{1}{2}\left(\sqrt{\frac{\sigma^2}{\omega^2\varepsilon^2}+1}-1\right)} \tag{3.23.18}$$

$$\beta = \omega\sqrt{\varepsilon\mu}\sqrt{\frac{1}{2}\left(\sqrt{\frac{\sigma^2}{\omega^2\varepsilon^2}+1}+1\right)} \tag{3.23.19}$$

取笛卡儿坐标系,使这单色平面电磁波沿 z 轴传播. 这时

$$\frac{\boldsymbol{\alpha}}{\alpha} = \frac{\boldsymbol{\beta}}{\beta} = \boldsymbol{e}_z \tag{3.23.20}$$

由(3.23.13)式,电场强度 $\boldsymbol{E}$ 的相位为

$$\phi = \beta z - \omega t \tag{3.23.21}$$

相速就是 ϕ 等于常量的传播速度. 于是得

$$\frac{\mathrm{d}\phi}{\mathrm{d}t} = \beta\frac{\mathrm{d}z}{\mathrm{d}t} - \omega = 0 \tag{3.23.22}$$

故所求的相速为

$$v = \frac{\mathrm{d}z}{\mathrm{d}t} = \frac{\omega}{\beta} = \left[\frac{\varepsilon\mu}{2}\left(\sqrt{\frac{\sigma^2}{\omega^2\varepsilon^2}+1}+1\right)\right]^{-\frac{1}{2}} \tag{3.23.23}$$

(2) 由(3.23.3)式得,这电磁波的磁场强度为

$$\boldsymbol{H}=-\frac{\mathrm{i}}{\omega\mu}\nabla\times\boldsymbol{E} \tag{3.23.24}$$

由(3.23.13)式得

$$\nabla\times\boldsymbol{E}=\mathrm{i}\boldsymbol{k}'\times\boldsymbol{E} \tag{3.23.25}$$

代入(3.23.24)式得

$$\begin{aligned}\boldsymbol{H}&=\frac{1}{\omega\mu}\boldsymbol{k}'\times\boldsymbol{E}=\frac{1}{\omega\mu}(\boldsymbol{\beta}+\mathrm{i}\boldsymbol{\alpha})\times\boldsymbol{E}_0\mathrm{e}^{\mathrm{i}(\boldsymbol{k}'\cdot\boldsymbol{r}-\omega t)}\\&=\frac{1}{\omega\mu}(\beta+\mathrm{i}\alpha)\boldsymbol{e}_z\times\boldsymbol{E}_0\mathrm{e}^{-\alpha z}\mathrm{e}^{\mathrm{i}(\beta z-\omega t)}\\&=\frac{\sqrt{\alpha^2+\beta^2}}{\omega\mu}\mathrm{e}^{\mathrm{i}\arctan\frac{\alpha}{\beta}}\boldsymbol{e}_z\times\boldsymbol{E}_0\mathrm{e}^{-\alpha z}\mathrm{e}^{\mathrm{i}(\beta z-\omega t)}\\&=\frac{\sqrt{\alpha^2+\beta^2}}{\omega\mu}\boldsymbol{e}_z\times\boldsymbol{E}_0\mathrm{e}^{-\alpha z}\mathrm{e}^{\mathrm{i}(\beta z-\omega t+\arctan\frac{\alpha}{\beta})}\end{aligned} \tag{3.23.26}$$

于是得出:在相位上,磁场强度 $\boldsymbol{H}$ 比电场强度 $\boldsymbol{E}$ 落后为

$$\gamma=\arctan\frac{\alpha}{\beta}=\arctan\left(\frac{\sqrt{\frac{\sigma^2}{\omega^2\varepsilon^2}+1}-1}{\sqrt{\frac{\sigma^2}{\omega^2\varepsilon^2}+1}+1}\right)^{1/2} \tag{3.23.27}$$

(3) 对于良导体来说,$\frac{\sigma}{\omega\varepsilon}\gg1$,由(3.23.18)、(3.23.19)两式得

$$\alpha\approx\beta\approx\sqrt{\frac{\omega\mu\sigma}{2}} \tag{3.23.28}$$

于是由(3.23.23)和(3.23.27)两式得

$$v=\frac{\omega}{\mu}\approx\sqrt{\frac{2\omega}{\mu\sigma}} \tag{3.23.29}$$

$$\gamma=\arctan\frac{\alpha}{\beta}\approx\arctan1=45^\circ \tag{3.23.30}$$

对于绝缘体来说,$\frac{\sigma}{\omega\varepsilon}\approx0$,由(3.23.18)、(3.23.19)两式得

$$\alpha\approx0 \tag{3.23.31}$$

$$\beta\approx\omega\sqrt{\varepsilon\mu} \tag{3.23.32}$$

于是由(3.23.23)和(3.23.27)两式得

$$v\approx\frac{1}{\sqrt{\varepsilon\mu}} \tag{3.23.33}$$

$$\gamma=\arctan\frac{\alpha}{\beta}\approx\arctan0=0 \tag{3.23.34}$$

3.24　角频率为ω的单色平面电磁波自空气入射到导电介质的平面上，入射角为θ，已知这导电介质的电容率为ε、磁导率为μ、电导率为σ，电磁波进入导电介质时电场强度的振幅为$\boldsymbol{E}_0$.（1）试求折射波的电场强度，并说明折射波的传播情况；（2）试求这电磁波对良导体的穿透深度δ（导体表面到电场强度减小为$\boldsymbol{E}_0/e$处的距离）；（3）铜的$\sigma=5.7\times10^7\,\mathrm{S/m}$，$\mu=4\pi\times10^{-7}\,\mathrm{H/m}$，试计算$\nu=50\,\mathrm{Hz}$、$10^6\,\mathrm{Hz}$、$10^8\,\mathrm{Hz}$、$3\times10^{10}\,\mathrm{Hz}$和$10^{14}\,\mathrm{Hz}$时$\delta$的值.

【解】（1）在导电介质内，单色平面电磁波的电磁场可写作

$$\boldsymbol{E}(\boldsymbol{r},t)=\boldsymbol{E}(\boldsymbol{r})\mathrm{e}^{-\mathrm{i}\omega t},\qquad \boldsymbol{H}(\boldsymbol{r},t)=\boldsymbol{H}(\boldsymbol{r})\mathrm{e}^{-\mathrm{i}\omega t}\tag{3.24.1}$$

$$\boldsymbol{D}(\boldsymbol{r},t)=\varepsilon\boldsymbol{E}(\boldsymbol{r},t),\qquad \boldsymbol{B}(\boldsymbol{r},t)=\mu\boldsymbol{H}(\boldsymbol{r},t)\tag{3.24.2}$$

将以上两式代入麦克斯韦方程得

$$\nabla\times\boldsymbol{E}=-\frac{\partial\boldsymbol{B}}{\partial t}=\mathrm{i}\omega\mu\boldsymbol{H}\tag{3.24.3}$$

$$\nabla\times\boldsymbol{H}=\boldsymbol{j}+\frac{\partial\boldsymbol{D}}{\partial t}=(\sigma-\mathrm{i}\omega\varepsilon)\boldsymbol{E}\tag{3.24.4}$$

由矢量分析公式有

$$\begin{aligned}\nabla\times(\nabla\times\boldsymbol{E})&=\nabla(\nabla\cdot\boldsymbol{E})-\nabla^2\boldsymbol{E}\\&=\frac{1}{\varepsilon}\nabla(\nabla\cdot\boldsymbol{D})-\nabla^2\boldsymbol{E}=-\nabla^2\boldsymbol{E}\end{aligned}\tag{3.24.5}$$

由(3.24.3)、(3.24.4)两式得

$$\begin{aligned}\nabla\times(\nabla\times\boldsymbol{E})&=\mathrm{i}\omega\mu\nabla\times\boldsymbol{H}=\mathrm{i}\omega\mu(\sigma-\mathrm{i}\omega\varepsilon)\boldsymbol{E}\\&=\omega^2\varepsilon\mu\left(1+\mathrm{i}\frac{\sigma}{\omega\varepsilon}\right)\boldsymbol{E}\end{aligned}\tag{3.24.6}$$

由(3.24.5)、(3.24.6)两式得

$$\nabla^2\boldsymbol{E}+k'^2\boldsymbol{E}=0\tag{3.24.7}$$

式中

$$k'=\sqrt{\omega^2\varepsilon\mu\left(1+\mathrm{i}\frac{\sigma}{\omega\varepsilon}\right)}\tag{3.24.8}$$

是电磁波在导电介质里的传播常数.(3.24.7)式是导电介质内的亥姆霍兹方程，它的平面波的解为

$$\boldsymbol{E}(\boldsymbol{r},t)=\boldsymbol{E}_0\mathrm{e}^{\mathrm{i}(\boldsymbol{k}'\cdot\boldsymbol{r}-\omega t)}\tag{3.24.9}$$

式中

$$\boldsymbol{k}'=\boldsymbol{\beta}+\mathrm{i}\boldsymbol{\alpha}\tag{3.24.10}$$

是传播矢量，其值为$|k'|=k'$.于是得导电介质内折射波的电场强度为

$$\boldsymbol{E}(\boldsymbol{r},t)=\boldsymbol{E}_0\mathrm{e}^{-\boldsymbol{\alpha}\cdot\boldsymbol{r}}\mathrm{e}^{\mathrm{i}(\boldsymbol{\beta}\cdot\boldsymbol{r}-\omega t)}\tag{3.24.11}$$

下面求 $\boldsymbol{\alpha}$ 和 $\boldsymbol{\beta}$ 的值. 以空气和导电介质的交界面为 $z=0$ 平面，入射面为 $y=0$平面，取笛卡儿坐标系如图 3.24，则入射波的传播矢量为

$$\boldsymbol{k}=k_x\boldsymbol{e}_x+k_z\boldsymbol{e}_z=k\sin\theta\boldsymbol{e}_x+k\cos\theta\boldsymbol{e}_z \tag{3.24.12}$$

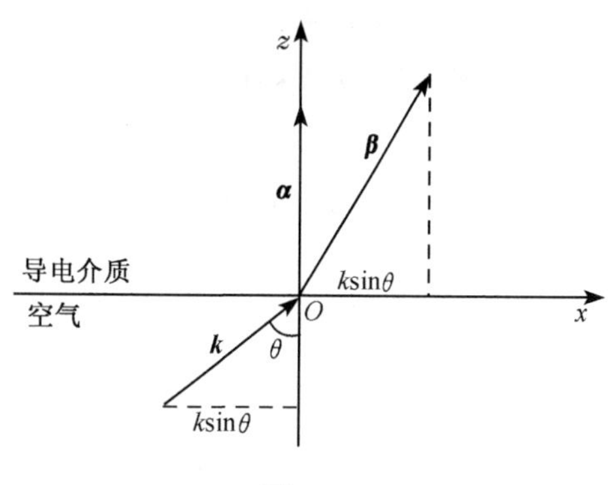

图 3.24

导电介质内的传播矢量为

$$\boldsymbol{k}'=\boldsymbol{\beta}+\mathrm{i}\boldsymbol{\alpha}=(\beta_x+\mathrm{i}\alpha_x)\boldsymbol{e}_x+(\beta_y+\mathrm{i}\alpha_y)\boldsymbol{e}_y+(\beta_z+\mathrm{i}\alpha_z)\boldsymbol{e}_z \tag{3.24.13}$$

传播矢量的边值关系要求

$$k'_x=k_x,\qquad k'_y=k_y \tag{3.24.14}$$

由(3.24.12)、(3.24.13)和(3.24.14)三式得

$$\alpha_x=0,\qquad \alpha_y=0 \tag{3.24.15}$$

$$\beta_x=k\sin\theta,\qquad \beta_y=0 \tag{3.24.16}$$

于是得

$$\boldsymbol{\alpha}=\alpha\boldsymbol{e}_z,\qquad \boldsymbol{\beta}=k\sin\theta\boldsymbol{e}_x+\beta_z\boldsymbol{e}_z \tag{3.24.17}$$

由(3.24.10)式和(3.24.8)式有

$$k'^2=(\boldsymbol{\beta}+\mathrm{i}\boldsymbol{\alpha})^2=\beta^2-\alpha^2+2\mathrm{i}\boldsymbol{\alpha}\cdot\boldsymbol{\beta}=\omega^2\varepsilon\mu+\mathrm{i}\omega\mu\sigma \tag{3.24.18}$$

将(3.24.17)式代入(3.24.18)式，令实部和虚部分别相等，便得

$$k^2\sin^2\theta+\beta_z^2-\alpha^2=\omega^2\varepsilon\mu \tag{3.24.19}$$

$$\alpha\beta_z=\frac{1}{2}\omega\mu\sigma \tag{3.24.20}$$

以上两式联立求解得

$$\alpha=\omega\sqrt{\varepsilon\mu}\sqrt{\frac{1}{2}(\sqrt{a^2+b^2}-a)} \tag{3.24.21}$$

$$\beta_z=\omega\sqrt{\varepsilon\mu}\sqrt{\frac{1}{2}(\sqrt{a^2+b^2}+a)} \tag{3.24.22}$$

式中

$$a=1-\frac{k^2\sin^2\theta}{\omega^2\varepsilon\mu}=1-\frac{\varepsilon_0\mu_0}{\varepsilon\mu}\sin^2\theta \tag{3.24.23}$$

$$b=\frac{\sigma}{\omega\varepsilon} \tag{3.24.24}$$

最后得导电介质中折射波的电场强度为

$$\boldsymbol{E}(\boldsymbol{r},t)=\boldsymbol{E}_0\mathrm{e}^{-\alpha z}\mathrm{e}^{\mathrm{i}(k\sin\theta\cdot x+\beta_z z-\omega t)} \tag{3.24.25}$$

这个结果表明：折射波沿 $\boldsymbol{\beta}=k\sin\theta\boldsymbol{e}_x+\beta_z\boldsymbol{e}_z$ 的方向传播，其振幅则随深入导电介质

的深度 z 作指数衰减.

(2) 良导体的定义是

$$\frac{\sigma}{\omega\varepsilon} \gg 1 \tag{3.24.26}$$

由(3.24.23)、(3.24.24)两式可见,这时

$$b \gg a \approx 1 \tag{3.24.27}$$

于是由(3.24.21)、(3.24.22)两式得

$$\alpha \approx \beta_z \approx \sqrt{\frac{\omega\mu\sigma}{2}} \tag{3.24.28}$$

这时

$$\frac{\beta_x}{\beta_z} = \frac{k\sin\theta}{\beta_z} = \frac{\omega\sqrt{\varepsilon_0\mu_0}\sin\theta}{\sqrt{\omega\mu\sigma/2}} \approx \sqrt{\frac{2\omega\varepsilon}{\sigma}}\sin\theta \ll 1 \tag{3.24.29}$$

这个结果表明:对于良导体来说,不论入射角 θ 取什么值,折射波总是很接近于沿 z 轴(导电介质表面的内法线)向导体内传播.

根据穿透深度 δ 的定义得

$$\delta = \frac{1}{\alpha} = \sqrt{\frac{2}{\omega\mu\sigma}} \tag{3.24.30}$$

可见频率 $\nu(=\omega/2\pi)$ 越高,电导率 σ 越大,穿透深度就越小. 对于 $\sigma\to\infty$ 的理想导体来说,$\delta\to 0$.

将铜的数据代入(3.24.30)式得

$$\delta = \sqrt{\frac{2}{2\pi\nu\times 4\pi\times 10^{-7}\times 5.7\times 10^{7}}} = \frac{6.7\times 10^{-2}}{\sqrt{\nu}}(\text{m}) \tag{3.24.31}$$

由此式算出的结果列于表 3.24.

表 3.24 电磁波对铜的穿透深度

频率 ν(Hz)	50	10^6	10^8	3×10^{10}	10^{14}
穿透深度 δ(m)	9.4×10^{-3}	6.7×10^{-5}	6.7×10^{-6}	3.8×10^{-7}	6.7×10^{-9}

3.25 电场强度的大小为 $E=100\text{mV/m}$ 的单色平面电磁波自空气正入射到海水面上. 已知海水的 $\varepsilon_r=80$, $\mu_r=1$, $\sigma=3.0\text{S/m}$. 假定不考虑色散,试求频率为(1)10kHz,(2)1MHz,(3)100MHz 时,海水中电场强度的大小为 $E_2=1.0\mu\text{V/m}$ 的深度.

【解】 由菲涅耳公式,进入第二介质的电场强度两个分量的大小分别为

$$E_{2\perp} = \frac{2\sqrt{\varepsilon_1}\cos\theta_1}{\sqrt{\varepsilon_1}\cos\theta_1+\sqrt{\varepsilon_2}\cos\theta_2}E_{\perp} \tag{3.25.1}$$

$$E_{2\parallel} = \frac{2\sqrt{\varepsilon_1}\cos\theta_1}{\sqrt{\varepsilon_1}\cos\theta_2+\sqrt{\varepsilon_2}\cos\theta_1}E_{\parallel} \tag{3.25.2}$$

令 $\theta_1=0$，$\theta_2=0$，两者相同，故得

$$E_2=\frac{2\sqrt{\varepsilon_1}}{\sqrt{\varepsilon_1}+\sqrt{\varepsilon_2}}E=\frac{2E}{\sqrt{\varepsilon_2/\varepsilon_1}+1}=\frac{2E}{\sqrt{80+\mathrm{i}\frac{\sigma}{\omega\varepsilon_0}}+1} \tag{3.25.3}$$

其中

$$\left(\frac{\sigma}{\omega\varepsilon_0}\right)_{\min}=\frac{\sigma}{2\pi\nu_{\max}\varepsilon_0}=\frac{3.0}{2\pi\times10^8\times8.854\times10^{-12}}=539>80 \tag{3.25.4}$$

故作为近似，可取

$$\sqrt{80+\mathrm{i}\frac{\sigma}{\omega\varepsilon_0}}\approx\sqrt{\mathrm{i}\frac{\sigma}{\omega\varepsilon_0}}=\sqrt{\frac{\sigma}{\omega\varepsilon_0}}\frac{\mathrm{i}+1}{\sqrt{2}}=\sqrt{\frac{\sigma}{\omega\varepsilon_0}}\mathrm{e}^{\mathrm{i}\frac{\pi}{4}}$$

所以

$$\sqrt{80+\mathrm{i}\frac{\sigma}{\omega\varepsilon_0}}+1\approx\sqrt{\frac{\sigma}{\omega\varepsilon_0}}\mathrm{e}^{\mathrm{i}\frac{\pi}{4}} \tag{3.25.5}$$

于是得

$$\frac{E_2}{E}=\frac{2}{\sqrt{80+\mathrm{i}\frac{\sigma}{\omega\varepsilon}}+1}=\sqrt{\frac{4\omega\varepsilon_0}{\sigma}}\mathrm{e}^{-\mathrm{i}\frac{\pi}{4}} \tag{3.25.6}$$

$$E_2=E\sqrt{\frac{4\omega\varepsilon_0}{\sigma}}\mathrm{e}^{-\alpha z}\mathrm{e}^{\mathrm{i}\left(k_2z-\omega t-\frac{\pi}{4}\right)} \tag{3.25.7}$$

$$|E_2|=|E|\sqrt{\frac{4\omega\varepsilon_0}{\sigma}}\mathrm{e}^{-\alpha z} \tag{3.25.8}$$

由此得

$$\begin{aligned}z&=\frac{1}{\alpha}\ln\left(\sqrt{\frac{4\omega\varepsilon_0}{\sigma}}\frac{|E|}{|E_2|}\right)=\sqrt{\frac{2}{\omega\mu\sigma}}\ln\left(\sqrt{\frac{4\omega\varepsilon_0}{\sigma}}\frac{|E|}{|E_2|}\right)\\&=\frac{1}{\sqrt{\pi\sigma\mu\nu}}\ln\left(\sqrt{\frac{8\pi\varepsilon_0\nu}{3}}\frac{|E|}{|E_2|}\right)\\&=\frac{1}{2\pi\sqrt{\nu}\sqrt{3\times10^{-7}}}\ln\left(\sqrt{\frac{8\pi\nu\times8.854\times10^{-12}}{3}}\frac{100\times10^{-3}}{1\times10^{-6}}\right)\\&=\frac{2.91\times10^2}{\sqrt{\nu}}\ln(0.861\sqrt{\nu})\end{aligned} \tag{3.25.9}$$

$$\nu=10\text{kHz 时},z=\frac{2.91\times10^2}{\sqrt{10^4}}\ln(0.861\times\sqrt{10^4})=13(\text{m}) \tag{3.25.10}$$

$$\nu=1\text{MHz 时},z=\frac{2.91\times10^2}{\sqrt{10^6}}\ln(0.861\times\sqrt{10^6})=2.0(\text{m}) \tag{3.25.11}$$

$$\nu = 10^8\,\text{Hz} 时, z = \frac{2.91\times 10^2}{\sqrt{10^8}}\ln(0.861\times\sqrt{10^8}) = 0.26(\text{m}) \quad (3.25.12)$$

【讨论】 通常说海水的 $\varepsilon_r=80$，应该是静电情况. 本题将它用于高频电磁波，是不合理的. 根据实验，对高频电磁波，海水的 ε_r 小于 80. 尽管本题取 $\varepsilon_r=80$ 是不合理的，但由(3.25.4)和(3.25.5)两式可以看出，在以后的计算里，已经去掉了这种不合理性. 所以结果还是合理的.

3.26 一平面单色电磁波从海水射入空气，它的电场强度垂直于入射面，在海水面上，其大小为 1.0V/m. 对于这电磁波来说，海水的介电常量为 $\varepsilon_r=8.0$，相对磁导率为 $\mu_r=1.0$. 试求：(1)临界角 θ_c；(2)当入射角为 45°时，空气中离海水面为一个波长处电场强度的大小.

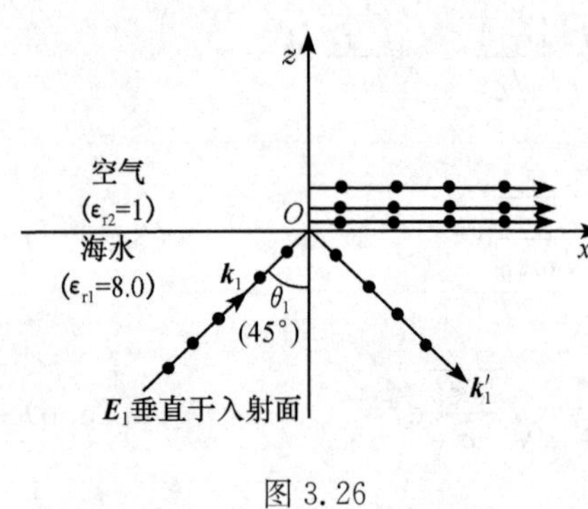

图 3.26

【解】 (1)临界角为

$$\theta_c = \arcsin\frac{n_2}{n_1} = \arcsin\sqrt{\frac{\varepsilon_{r2}}{\varepsilon_{r1}}} = \arcsin\sqrt{\frac{1}{8}}$$

$$= \arcsin 0.3536 = 20.7° \quad (3.26.1)$$

(2) 入射角 $\theta_1=45°>\theta_c=20.7°$，故发生全反射. 取海水与空气的交界面为 x-y 平面，入射面为 z-x 平面，则对入射波来说，电矢量 $\boldsymbol{E}_1$ 只有 y 分量，而波矢量(传播矢量) $\boldsymbol{k}_1$ 的 y 分量为零，如图 3.26 所示. 设空气中电磁波的波矢量为 $\boldsymbol{k}_2$，则根据电场的边值关系得它的分量为

$$k_{2x} = k_{1x}，即\ k_2\sin\theta_2 = k_1\sin\theta_1 \quad (3.26.2)$$

$$k_{2y} = k_{1y} = 0 \quad (3.26.3)$$

$$k_{2z} = \sqrt{k_2^2 - k_{2x}^2 - k_{2y}^2} = \sqrt{\left(k_1\frac{\sin\theta_1}{\sin\theta_2}\right)^2 - (k_1\sin\theta_1)^2}$$

$$= k_1\sqrt{\frac{\varepsilon_{r2}}{\varepsilon_{r1}} - \sin^2\theta_1} = k_1\sqrt{\frac{1}{8.0} - \left(\frac{1}{\sqrt{2}}\right)^2}$$

$$= \sqrt{-\frac{3}{8}}k_1 = \sqrt{\frac{3}{8}}ik_1 \quad (3.26.4)$$

由菲涅耳公式，与水面接触的空气中电场强度的大小为

$$E_2 = \frac{2\sqrt{\dfrac{\varepsilon_1}{\varepsilon_2}}\cos\theta_1}{\sqrt{\dfrac{\varepsilon_1}{\varepsilon_2}}\cos\theta_1 + \cos\theta_2}E_1 = \frac{2\sqrt{8}\cos\theta_1}{\sqrt{8}\cos\theta_1 + \cos\theta_2}E_1 \quad (3.26.5)$$

式中 $\cos\theta_1 = \cos45° = \dfrac{1}{\sqrt{2}}$

$$\cos\theta_2 = \sqrt{1-\sin^2\theta_2} = \sqrt{1-\left(\frac{n_1}{n_2}\sin\theta_1\right)^2} = \sqrt{1-\frac{\varepsilon_1}{\varepsilon_2}\sin^2\theta_1} = \sqrt{1-8.0\times\frac{1}{2}} = \sqrt{3}\mathrm{i}$$

$$E_2 = \frac{2\sqrt{8}/\sqrt{2}}{\sqrt{8}/\sqrt{2}+\sqrt{3}\mathrm{i}}E_1 = \frac{4}{2+\sqrt{3}\mathrm{i}}E_1 = \frac{4}{7}(2-\sqrt{3}\mathrm{i})E_1 \qquad (3.26.6)$$

于是得空气中的电磁波为

$$\boldsymbol{E}_2 = \frac{4}{7}(2-\sqrt{3}\mathrm{i})E_1\mathrm{e}^{\mathrm{i}(\boldsymbol{k}_2\cdot\boldsymbol{r}-\omega t)}\boldsymbol{e}_y = \frac{4}{7}(2-\sqrt{3}\mathrm{i})E_1\mathrm{e}^{\mathrm{i}(k_{2x}x+k_{2z}z-\omega t)}\boldsymbol{e}_y$$

$$= \frac{4}{7}(2-\sqrt{3}\mathrm{i})E_1\mathrm{e}^{\mathrm{i}(k_1\sin\theta_1 x+\sqrt{\frac{3}{8}}\mathrm{i}k_1 z-\omega t)}\boldsymbol{e}_y = \frac{4}{7}(2-\sqrt{3}\mathrm{i})E_1\mathrm{e}^{-\sqrt{\frac{3}{8}}k_1 z}\mathrm{e}^{\mathrm{i}\left(\frac{1}{\sqrt{2}}k_1 x-\omega t\right)}\boldsymbol{e}_y \qquad (3.26.7)$$

这个式子表明，这时空气中的电磁波是沿 x 轴方向（海面）传播的，其电矢量的振幅随离海面的高度 z 成指数下降. 这种波有时称为衰逝波（隐失波）.

由（3.26.7）式得空气中电场强度的大小为

$$|E_2| = \left|\frac{4}{7}(2-\sqrt{3}\mathrm{i})E_1\mathrm{e}^{-\sqrt{\frac{3}{8}}k_1 z}\right| = \frac{4}{\sqrt{7}}|E_1|\mathrm{e}^{-\sqrt{\frac{3}{8}}\sqrt{\frac{\varepsilon_1}{\varepsilon_2}}k_2 z}$$

$$= \frac{4}{\sqrt{7}}|E_1|\mathrm{e}^{-\sqrt{\frac{3}{8}}\cdot\sqrt{8}\frac{2\pi}{\lambda_2}z} = \frac{4}{\sqrt{7}}|E_1|\mathrm{e}^{-2\pi\sqrt{3}\frac{z}{\lambda_2}} \qquad (3.26.8)$$

当 $z=\lambda_2$ 时，便得

$$|E_2| = \frac{4}{\sqrt{7}}\times 1.0\mathrm{e}^{-2\pi\sqrt{3}} = 2.8\times 10^{-5}(\mathrm{V/m}) \qquad (3.26.9)$$

3.27　一平面电磁波正入射到金属表面上. 设金属很厚，试证明：透入金属内部的电磁波能量全部变为焦耳热.

【证】　设 $z>0$ 的半无界空间中充满金属导体，电磁波自 $z<0$ 处正入射到金属表面上，金属中电磁波的电场为

$$\boldsymbol{E} = \boldsymbol{E}_0\mathrm{e}^{-\alpha z}\mathrm{e}^{\mathrm{i}(\beta z-\omega t)} \qquad (3.27.1)$$

式中 $\boldsymbol{E}_0$ 是实数矢量. 于是进入金属的平均能流密度为

$$\bar{\boldsymbol{S}} = \frac{1}{2}\mathrm{Re}(\boldsymbol{E}\times\boldsymbol{H}^*) = \frac{1}{2}\mathrm{Re}\left[\boldsymbol{E}\times\left(\frac{\boldsymbol{k}}{\omega\mu}\times\boldsymbol{E}\right)^*\right]$$

$$= \frac{1}{2}\mathrm{Re}\left(|E_0|^2\frac{\boldsymbol{k}^*}{\omega\mu}\right) = \frac{1}{2\omega\mu}|E_0|^2\boldsymbol{\beta} \qquad (3.27.2)$$

式中 $\boldsymbol{\beta}$ 是复传播矢量 $\boldsymbol{k}$ 的实部，即

$$\boldsymbol{k} = \boldsymbol{\beta}+\mathrm{i}\boldsymbol{\alpha} \qquad (3.27.3)$$

金属单位体积内消耗的焦耳热的平均值为

$$\frac{1}{2}\mathrm{Re}(\boldsymbol{E}\cdot\boldsymbol{j}^*) = \frac{1}{2}\mathrm{Re}(\boldsymbol{E}\cdot\sigma\boldsymbol{E}^*) = \frac{1}{2}\sigma|\boldsymbol{E}|^2$$

$$= \frac{1}{2}\sigma \mid E_0 \mid^2 e^{-2\alpha z} \tag{3.27.4}$$

因此,以金属表面单位面积为底的无穷长柱体所消耗的焦耳热便为

$$\int_0^{\infty} \frac{1}{2}\sigma \mid E_0 \mid^2 e^{-2\alpha z} dz = \frac{\sigma}{4\alpha} \mid E_0 \mid^2 \tag{3.27.5}$$

因为

$$\alpha\beta = \frac{1}{2}\omega\mu\sigma \tag{3.27.6}$$

故得

$$\frac{\sigma}{4\alpha} \mid E_0 \mid^2 = \frac{2\beta}{4\omega\mu} \mid E_0 \mid^2 = \frac{\beta}{2\omega\mu} \mid E_0 \mid^2 \tag{3.27.7}$$

比较(3.27.7)和(3.27.2)式可见,透入金属内的电磁波的能量全部变为焦耳热.

3.28 沿 z 轴正方向传播的单色平面电磁波,其电场强度为 $\boldsymbol{E}_i = E_{i0}\cos(kz - \omega t)\boldsymbol{e}_x$. 这电磁波从真空中正入射到一无限大的理想导体平面上;设导体平面为 $z=0$ 平面,试求导体外的电磁场以及导体表面单位面积上所受的力.

【解】 对于真空中的单色平面电磁波来说,有

$$\sqrt{\varepsilon_0}E = \sqrt{\mu_0}H \tag{3.28.1}$$

故沿 z 方向传播的入射波可表示为

$$\left.\begin{aligned} \boldsymbol{E}_i(z,t) &= \mathrm{Re}\left[E_{i0}e^{i(kz-\omega t)}\right]\boldsymbol{e}_x \\ \boldsymbol{H}_i(z,t) &= \mathrm{Re}\left[\sqrt{\frac{\varepsilon_0}{\mu_0}}E_{i0}e^{i(kz-\omega t)}\right]\boldsymbol{e}_y \end{aligned}\right\} \tag{3.28.2}$$

式中 $k = \omega\sqrt{\varepsilon_0\mu_0}$.

理想导体表面产生的反射波沿 z 轴的负方向传播,可表示为

$$\left.\begin{aligned} \boldsymbol{E}_r(z,t) &= \mathrm{Re}\left[E_{r0}e^{i(-kz-\omega t)}\right]\boldsymbol{e}_x \\ \boldsymbol{H}_r(z,t) &= -\mathrm{Re}\left[\sqrt{\frac{\varepsilon_0}{\mu_0}}E_{r0}e^{i(-kz-\omega t)}\right]\boldsymbol{e}_y \end{aligned}\right\} \tag{3.28.3}$$

式中 $\boldsymbol{H}$ 右边的负号是考虑到反射波的能流密度 $\boldsymbol{S}_r = \boldsymbol{E}_r \times \boldsymbol{H}_r$ 是沿 z 轴的负方向而加的.

导体外的总场等于入射波的场和反射波的场的叠加. 在 $z=0$ 处,总场的切向分量应连续;因理想导体内电场为零,故得

$$E_{i0} + E_{r0} = 0, \qquad 即\ E_{r0} = -E_{i0} \tag{3.28.4}$$

于是所求的导体外的总电场为

$$\begin{aligned} E_x(z,t) &= E_i(z,t) + E_r(z,t) = \mathrm{Re}\left[E_{i0}(e^{ikz} - e^{-ikz})e^{-i\omega t}\right] \\ &= 2E_{i0}\sin kz \sin\omega t \end{aligned} \tag{3.28.5}$$

总磁场为

$$H_y(z,t)=H_{\rm i}(z,t)+H_{\rm r}(z,t)=\text{Re}\left[\sqrt{\frac{\varepsilon_0}{\mu_0}}E_{\rm i0}(\text{e}^{\text{i}kz}+\text{e}^{-\text{i}kz})\text{e}^{-\text{i}\omega t}\right]$$

$$=2\sqrt{\frac{\varepsilon_0}{\mu_0}}E_{\rm i0}\cos kz\cos\omega t \tag{3.28.6}$$

由(3.28.5)和(3.28.6)两式可以看到,无论是在时间上,还是在空间上,电场 E_x 与磁场 H_y 之间都有 $\frac{\pi}{2}$ 的相位差. 还可以看到,在导体外,传播方向相反的两个行波叠加成为一个驻波. 空间各点的电场 $\boldsymbol{E}$ 随时间同步地做正弦振动,其振幅与 z 成正弦关系.

理想导体内 $\boldsymbol{H}=0$. 而由(3.28.6)式,在 $z=0$ 处 $\boldsymbol{H}\neq 0$. 这表明,在 $z=0$ 处 $\boldsymbol{H}$ 的切向分量是不连续的. 由 $\boldsymbol{H}$ 的边值关系

$$\boldsymbol{n}_{12}\times(\boldsymbol{H}_2-\boldsymbol{H}_1)=\boldsymbol{K} \tag{3.28.7}$$

可知,这时理想导体表面上有一层面电流 $\boldsymbol{K}=K\boldsymbol{e}_x$,其值为

$$K=H_y(0,t)=\sqrt{\frac{\varepsilon_0}{\mu_0}}2E_{\rm i0}\cos\omega t \tag{3.28.8}$$

作用在理想导体单位面积上的力为

$$\boldsymbol{f}=\boldsymbol{K}\times\boldsymbol{B}=\mu_0\boldsymbol{K}\times\boldsymbol{H}=\frac{1}{2}\mu_0 H_y^2(0,t)\boldsymbol{e}_z$$

$$=2\varepsilon_0 E_{\rm i0}^2\cos^2\omega t\boldsymbol{e}_z \tag{3.28.9}$$

这也就是作用在理想导体表面上的辐射压强. (3.28.9)式中第三个等号右边的系数 $\frac{1}{2}$ 是考虑到,面电流所在处的磁场强度等于面电流两边磁场强度极限值的平均①,即

$$\boldsymbol{H}=\frac{1}{2}[\boldsymbol{H}(z=0_+)+\boldsymbol{H}(z=0_-)] \tag{3.28.10}$$

在这里,当 $z=0_+$ 时(理想导体内),磁场为零,所以

$$\boldsymbol{H}=\frac{1}{2}\boldsymbol{H}(z=0_-)=\frac{1}{2}H_y\boldsymbol{e}_y \tag{3.28.11}$$

3.29　一线偏振的单色平面电磁波自真空中正入射到介质平面上,已知入射波的电场强度为 $\boldsymbol{E}=\boldsymbol{E}_0\text{e}^{\text{i}(\boldsymbol{k}\cdot\boldsymbol{r}-\omega t)}$,介质的电容率为 ε、磁导率为 μ_0、电导率为 σ. (1)试求反射波的电场强度的振幅和相位差(与 $\boldsymbol{E}$ 的相位差);(2)分别讨论当介质为良导体和不良导体时,反射波电场强度的振幅和相位差;(3)试证明良导体的反

---

① 参见张之翔,《电磁学教学参考》,北京大学出版社(2015),§1.6,20—31页.

射率为 $R\approx1-2\,\dfrac{\omega}{c}\delta$，式中 δ 为趋肤深度，c 为真空中光速.

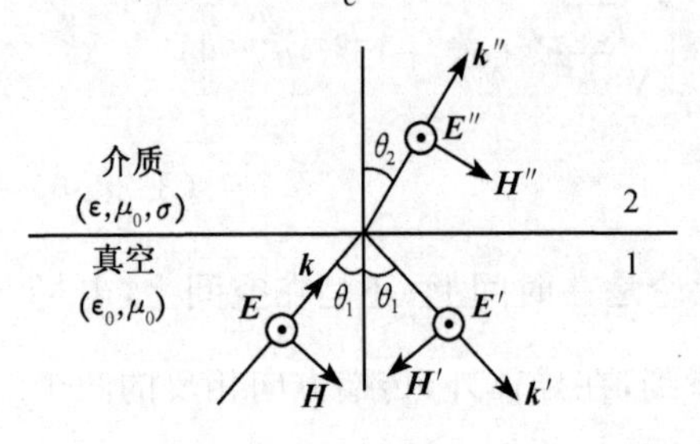

图 3.29

【解】(1)设 $\boldsymbol{e}=\boldsymbol{E}_0/E_0$ 为 $\boldsymbol{E}$ 的振动方向上的单位矢量，则入射波、反射波和透射波的电矢量分别为(参见图 3.29)

$$\boldsymbol{E}=E_0\mathrm{e}^{\mathrm{i}(\boldsymbol{k}\cdot\boldsymbol{r}-\omega t)}\boldsymbol{e} \tag{3.29.1}$$

$$\boldsymbol{E}'=E_0'\mathrm{e}^{\mathrm{i}(\boldsymbol{k}'\cdot\boldsymbol{r}-\omega t)}\boldsymbol{e} \tag{3.29.2}$$

$$\boldsymbol{E}''=E_0''\mathrm{e}^{\mathrm{i}(\boldsymbol{k}''\cdot\boldsymbol{r}-\omega t)}\boldsymbol{e} \tag{3.29.3}$$

为方便起见，取垂直于 $\boldsymbol{e}$ 的平面为入射面，如图 3.29 所示. 根据 $\boldsymbol{E}$ 的边值关系，有

$$E_0''=E_0+E_0' \tag{3.29.4}$$

根据 $\boldsymbol{H}$ 的边值关系，有

$$H_0''\cos\theta_2=H_0\cos\theta_1-H_0'\cos\theta_1 \tag{3.29.5}$$

因为

$$\sqrt{\varepsilon}E=\sqrt{\mu}H \tag{3.29.6}$$

现在 $\varepsilon_1=\varepsilon_0$，$\mu_1=\mu_2=\mu_0$，故由(3.29.5)、(3.29.6)两式得

$$\sqrt{\varepsilon_2}E_0''\cos\theta_2=\sqrt{\varepsilon_0}(E_0-E_0')\cos\theta_1 \tag{3.29.7}$$

由(3.29.4)、(3.29.7)两式消去 E_0'' 得

$$E_0'=\frac{\sqrt{\varepsilon_0/\varepsilon_2}\cos\theta_1-\cos\theta_2}{\sqrt{\varepsilon_0/\varepsilon_2}\cos\theta_1+\cos\theta_2}E_0 \tag{3.29.8}$$

在正入射情况下，$\theta_1=\theta_2=0$，故得

$$E_0'=\frac{\sqrt{\varepsilon_0/\varepsilon_2}-1}{\sqrt{\varepsilon_0/\varepsilon_2}+1}E_0=\frac{1-\sqrt{\varepsilon_2/\varepsilon_0}}{1+\sqrt{\varepsilon_2/\varepsilon_0}}E_0 \tag{3.29.9}$$

式中

$$\varepsilon_2=\varepsilon+\mathrm{i}\,\frac{\sigma}{\omega} \tag{3.29.10}$$

所以

$$\sqrt{\frac{\varepsilon_2}{\varepsilon_0}}=\sqrt{\frac{\varepsilon}{\varepsilon_0}+\mathrm{i}\,\frac{\sigma}{\omega\varepsilon_0}}=n+\mathrm{i}k \tag{3.29.11}$$

式中

$$n=\sqrt{\frac{\varepsilon}{\varepsilon_0}}\sqrt{\frac{1}{2}\left[\sqrt{\left(\frac{\sigma}{\omega\varepsilon}\right)^2+1}+1\right]} \tag{3.29.12}$$

$$k=\sqrt{\frac{\varepsilon}{\varepsilon_0}}\sqrt{\frac{1}{2}\left[\sqrt{\left(\frac{\sigma}{\omega\varepsilon}\right)^2+1}-1\right]} \tag{3.29.13}$$

将(3.29.11)式代入(3.29.9)式得

$$E_0'=\frac{1-n-\mathrm{i}k}{1+n+\mathrm{i}k}E_0=-\frac{n+\mathrm{i}k-1}{n+\mathrm{i}k+1}E_0=-\frac{n^2+k^2-1+2\mathrm{i}k}{(n+1)^2+k^2}E_0$$

$$=\frac{n^2+k^2-1+2\mathrm{i}k}{(n+1)^2+k^2}\mathrm{e}^{\mathrm{i}\pi}E_0=\sqrt{\frac{(n-1)^2+k^2}{(n+1)^2+k^2}}E_0\mathrm{e}^{\mathrm{i}\left[\pi+\arctan\left(\frac{2k}{n^2+k^2-1}\right)\right]} \tag{3.29.14}$$

于是得反射波的电场强度的振幅为

$$E_0'=\sqrt{\frac{(n-1)^2+k^2}{(n+1)^2+k^2}}E_0 \tag{3.29.15}$$

反射波落后于入射波的相位差为

$$\delta_\perp=\pi+\arctan\left(\frac{2k}{n^2+k^2-1}\right) \tag{3.29.16}$$

(2) 对于良导体来说，$\sigma/\omega\varepsilon_0\gg1$. 这时由(3.29.12)、(3.29.13)两式得

$$n\approx k\approx\sqrt{\frac{\sigma}{2\omega\varepsilon_0}} \tag{3.29.17}$$

故有

$$\sqrt{\frac{(n-1)^2+k^2}{(n+1)^2+k^2}}=\sqrt{1-\frac{4n}{(n+1)^2+k^2}}\approx1-\frac{2n}{(n+1)^2+k^2}$$

$$\approx1-\frac{1}{n}=1-\sqrt{\frac{2\omega\varepsilon_0}{\sigma}} \tag{3.29.18}$$

所以

$$E_0'=\left(1-\sqrt{\frac{2\omega\varepsilon_0}{\sigma}}\right)E_0 \tag{3.29.19}$$

$$\delta_\perp=\pi+\arctan\left(\frac{2k}{n^2+k^2-1}\right)\approx\pi+\arctan\frac{1}{n}$$

$$=\pi+\arctan\sqrt{\frac{2\omega\varepsilon_0}{\sigma}} \tag{3.29.20}$$

对于不良导体来说，$\sigma/\omega\varepsilon_0\ll1$. 这时由(3.29.12)、(3.29.13)两式得

$$n\approx\sqrt{\frac{\varepsilon}{\varepsilon_0}},\qquad k\approx0 \tag{3.29.21}$$

故有

$$E_0'\approx\frac{n-1}{n+1}E_0=\frac{\sqrt{\varepsilon/\varepsilon_0}-1}{\sqrt{\varepsilon/\varepsilon_0}+1}E_0 \tag{3.29.22}$$

$$\delta_{\perp} \approx \pi \tag{3.29.23}$$

(3) 证明良导体的反射率. 由反射率的定义和(3.29.19)式得,这时的反射率为

$$\frac{|E_0'|^2}{|E_0|^2} = \left(1 - \sqrt{\frac{2\omega\varepsilon_0}{\sigma}}\right)^2 \approx 1 - 2\sqrt{\frac{2\omega\varepsilon_0}{\sigma}} \tag{3.29.24}$$

因

$$\delta = \sqrt{\frac{2}{\omega\mu_0\sigma}} \tag{3.29.25}$$

故

$$\sqrt{\frac{2\omega\varepsilon_0}{\sigma}} = \sqrt{\omega^2\varepsilon_0\mu_0}\delta = \frac{\omega}{c}\delta \tag{3.29.26}$$

所以

$$\frac{|E_0'|^2}{|E_0|^2} \approx 1 - 2\frac{\omega}{c}\delta \tag{3.29.27}$$

3.30 角频率为 ω 的单色平面电磁波从空气入射到金属平面上,入射角为 θ,已知金属的电容率为 ε、磁导率为 μ、电导率为 σ. 试求反射波的电场强度与入射波的电场强度之间的相位差.

【解】 对于金属中的电磁波来说,传导电流的作用不能略去,这时麦克斯韦方程组中磁场强度 $\boldsymbol{H}$ 的旋度方程为

$$\nabla\times\boldsymbol{H} = \boldsymbol{j} + \frac{\partial\boldsymbol{H}}{\partial t} = \sigma\boldsymbol{E} + \varepsilon\frac{\partial\boldsymbol{E}}{\partial t} = -\mathrm{i}\omega\left(\varepsilon + \mathrm{i}\frac{\sigma}{\omega}\right)\boldsymbol{E} \tag{3.30.1}$$

麦克斯韦方程组的其他三个方程都与绝缘介质中的形式完全相同. 由此可见,只要引入复电容率

$$\varepsilon' = \varepsilon + \mathrm{i}\frac{\sigma}{\omega} \tag{3.30.2}$$

则描述金属中电磁波的所有方程,在形式上便与描述绝缘介质中的相应方程完全相同. 由此得出,只要把对绝缘介质得出的公式中的电容率 ε 换成复电容率 ε',则结果便都适用于金属. 这在数学上很简单,但在物理上就出现了与绝缘介质不同的一些现象.

由(3.30.2)式得,金属的折射率为

$$n' = \sqrt{\varepsilon_r'\mu_r} = \sqrt{\frac{\varepsilon'\mu}{\varepsilon_0\mu_0}} = c\sqrt{\varepsilon'\mu} = c\sqrt{\left(\varepsilon + \mathrm{i}\frac{\sigma}{\omega}\right)\mu} \tag{3.30.3}$$

由上式可见, n' 是复数,可以写成

$$n' = n + \mathrm{i}\kappa \tag{3.30.4}$$

式中

$$n = c\sqrt{\varepsilon\mu}\sqrt{\frac{1}{2}\left(\sqrt{\frac{\sigma^2}{\omega^2\varepsilon^2}+1}+1\right)} \tag{3.30.5}$$

$$\kappa = c\sqrt{\varepsilon\mu}\sqrt{\frac{1}{2}\left(\sqrt{\frac{\sigma^2}{\omega^2\varepsilon^2}+1}-1\right)} \tag{3.30.6}$$

对于一般金属来说，$\sigma/\omega\varepsilon \gg 1$，这时

$$n \approx \kappa \approx c\sqrt{\frac{\mu\sigma}{2\omega}} \tag{3.30.7}$$

当电磁波以入射角 θ 从空气入射到金属平面上时，斯涅耳定律为

$$\sin\theta = n'\sin\theta' \tag{3.30.8}$$

因 n' 是复数，故 $\sin\theta'$ 也是复数，所以这时 θ' 就不再具有折射角的简单几何意义.

设入射波和反射波的电场强度分别为

$$\boldsymbol{E}_{入} = \boldsymbol{E}_{\mathrm{i}}\mathrm{e}^{\mathrm{i}(\boldsymbol{k}_i\cdot\boldsymbol{r}-\omega t)} \tag{3.30.9}$$

$$\boldsymbol{E}_{反} = \boldsymbol{E}_{\mathrm{r}}\mathrm{e}^{\mathrm{i}(\boldsymbol{k}_r\cdot\boldsymbol{r}-\omega t)} \tag{3.30.10}$$

则 $\boldsymbol{E}_{\mathrm{i}}$ 和 $\boldsymbol{E}_{\mathrm{r}}$ 垂直于入射面的分量 $\boldsymbol{E}_{\mathrm{i}\perp}$ 和 $\boldsymbol{E}_{\mathrm{r}\perp}$ 以及平行于入射面的分量 $\boldsymbol{E}_{\mathrm{i}\parallel}$ 和 $\boldsymbol{E}_{\mathrm{r}\parallel}$ 分别满足下列菲涅耳公式：

$$\boldsymbol{E}_{\mathrm{r}\perp} = -\frac{\sin(\theta-\theta')}{\sin(\theta+\theta')}\boldsymbol{E}_{\mathrm{i}\perp} \tag{3.30.11}$$

$$\boldsymbol{n}_{\mathrm{r}}\times\boldsymbol{E}_{\mathrm{r}\parallel} = \frac{\tan(\theta-\theta')}{\tan(\theta+\theta')}\boldsymbol{n}_{\mathrm{i}}\times\boldsymbol{E}_{\mathrm{i}\parallel} \tag{3.30.12}$$

式中 $\boldsymbol{n}_{\mathrm{i}}=\boldsymbol{k}_{\mathrm{i}}/k_{\mathrm{i}}$ 和 $\boldsymbol{n}_{\mathrm{r}}=\boldsymbol{k}_{\mathrm{r}}/k_{\mathrm{r}}$ 分别是入射波和反射波传播方向上的单位矢量. 由于 $\sin\theta'$ 是复数，故(3.30.11)和(3.30.12)两式等号右边的分式便都是复数. 在(3.30.9)、(3.30.10)两式中，复数表示一定的相位差，所以 $\boldsymbol{E}_{\mathrm{r}\perp}$ 与 $\boldsymbol{E}_{\mathrm{i}\perp}$ 之间便有相位差，$\boldsymbol{E}_{\mathrm{r}\parallel}$ 与 $\boldsymbol{E}_{\mathrm{i}\parallel}$ 之间也有相位差. 设这两个相位差分别为 $\delta_\perp$ 和 $\delta_\parallel$，则有

$$-\frac{\sin(\theta-\theta')}{\sin(\theta+\theta')} = \rho_\perp\ \mathrm{e}^{\mathrm{i}\delta_\perp} \tag{3.30.13}$$

$$\frac{\tan(\theta-\theta')}{\tan(\theta+\theta')} = \rho_\parallel\ \mathrm{e}^{\mathrm{i}\delta_\parallel} \tag{3.30.14}$$

式中 $\rho_\perp$ 和 $\rho_\parallel$ 分别是两个复数的模. 下面就来计算 $\delta_\perp$ 和 $\delta_\parallel$. 由(3.30.13)式得

$$\begin{aligned}\rho_\perp\ \mathrm{e}^{\mathrm{i}\delta_\perp} &= -\frac{\sin(\theta-\theta')}{\sin(\theta+\theta')} = -\frac{\sin\theta\cos\theta'-\cos\theta\sin\theta'}{\sin\theta\cos\theta'+\cos\theta\sin\theta'}\\ &= \frac{\cos\theta\sin\theta/n'-\sin\theta\cos\theta'}{\cos\theta\sin\theta/n'+\sin\theta\cos\theta'} = \frac{\cos\theta-n'\cos\theta'}{\cos\theta+n'\cos\theta'}\\ &= \frac{\cos\theta-n'\sqrt{1-\sin\theta'}}{\cos\theta+n'\sqrt{1-\sin\theta'}} = \frac{\cos\theta-\sqrt{n'^2-\sin^2\theta}}{\cos\theta+\sqrt{n'^2-\sin^2\theta}}\end{aligned}$$

$$=\frac{\cos\theta-\sqrt{(n+\mathrm{i}\kappa)^2-\sin^2\theta}}{\cos\theta+\sqrt{(n+\mathrm{i}\kappa)^2-\sin^2\theta}} \tag{3.30.15}$$

令其中

$$\sqrt{(n+\mathrm{i}\kappa)^2-\sin^2\theta}=\sqrt{n^2-\kappa^2-\sin^2\theta+2\mathrm{i}n\kappa}=A+\mathrm{i}B \tag{3.30.16}$$

由公式

$$\sqrt{a+\mathrm{i}b}=\sqrt{\frac{\sqrt{a^2+b^2}+a}{2}}+\mathrm{i}\sqrt{\frac{\sqrt{a^2+b^2}-a}{2}} \tag{3.30.17}$$

得

$$A=\sqrt{\frac{1}{2}\left[\sqrt{(n^2+\kappa^2)^2+(2\kappa^2-2n^2+\sin^2\theta)\sin^2\theta}+n^2-\kappa^2-\sin^2\theta\right]} \tag{3.30.18}$$

$$B=\sqrt{\frac{1}{2}\left[\sqrt{(n^2+\kappa^2)^2+(2\kappa^2-2n^2+\sin^2\theta)\sin^2\theta}-n^2+\kappa^2+\sin^2\theta\right]} \tag{3.30.19}$$

于是(3.30.15)式可化为

$$\begin{aligned}\rho_\perp \mathrm{e}^{\mathrm{i}\delta_\perp}&=\frac{\cos\theta-A-\mathrm{i}B}{\cos\theta+A+\mathrm{i}B}=\frac{\cos^2\theta-(A^2+B^2)-2\mathrm{i}B\cos\theta}{(\cos\theta+A)^2+B^2}\\&=-\frac{A^2+B^2-\cos^2\theta+2\mathrm{i}B\cos\theta}{(\cos\theta+A)^2+B^2}=\mathrm{e}^{\mathrm{i}\pi}\frac{A^2+B^2-\cos^2\theta+2\mathrm{i}B\cos\theta}{(\cos\theta+A)^2+B^2}\end{aligned} \tag{3.30.20}$$

于是求得 $\boldsymbol{E}_{\mathrm{r}\perp}$ 与 $\boldsymbol{E}_{\mathrm{i}\perp}$ 的相位差为

$$\delta_\perp=\pi+\arctan\frac{2B\cos\theta}{A^2+B^2-\cos^2\theta} \tag{3.30.21}$$

再计算 $\delta_\parallel$. 由(3.30.14)式得

$$\begin{aligned}\rho_\parallel \mathrm{e}^{\mathrm{i}\delta_\parallel}&=\frac{\tan(\theta-\theta')}{\tan(\theta+\theta')}=\frac{\sin(\theta-\theta')\cos(\theta+\theta')}{\sin(\theta+\theta')\cos(\theta-\theta')}\\&=\frac{\sin2\theta-\sin2\theta'}{\sin2\theta+\sin2\theta'}=\frac{\sin\theta\cos\theta-\sin\theta'\cos\theta'}{\sin\theta\cos\theta+\sin\theta'\cos\theta'}\\&=\frac{n'\cos\theta-\cos\theta'}{n'\cos\theta+\cos\theta'}=\frac{n'\cos\theta-\sqrt{1-\sin^2\theta'}}{n'\cos\theta+\sqrt{1-\sin\theta'}}\\&=\frac{n'^2\cos\theta-\sqrt{n'^2-\sin^2\theta}}{n'^2\cos\theta+\sqrt{n'^2-\sin^2\theta}}\end{aligned} \tag{3.30.22}$$

将(3.30.16)式代入上式得

$$\rho_\parallel \mathrm{e}^{\mathrm{i}\delta_\parallel}=\frac{n'^2\cos\theta-A-\mathrm{i}B}{n'^2\cos\theta+A+\mathrm{i}B}=\frac{(n^2-\kappa^2)\cos\theta-A+\mathrm{i}(2n\kappa\cos\theta-B)}{(n^2-\kappa^2)\cos\theta+A+\mathrm{i}(2n\kappa\cos\theta+B)} \tag{3.30.23}$$

由公式

$$\frac{a+\mathrm{i}b}{c+\mathrm{i}d}=\frac{ac+bd+\mathrm{i}(bc-ad)}{c^2+d^2} \tag{3.30.24}$$

得

$$\begin{aligned}\delta_{\parallel}&=\arctan\frac{(2n\kappa\cos\theta-B)[(n^2-\kappa^2)\cos\theta+A]-[(n^2-\kappa^2)\cos\theta-A](2n\kappa\cos\theta+B)}{[(n^2-\kappa^2)\cos\theta-A][(n^2-\kappa^2)\cos\theta+A]+(2n\kappa\cos\theta-B)(2n\kappa\cos\theta+B)}\\&=\arctan\frac{2[2n\kappa A-(n^2-\kappa^2)B]\cos\theta}{(n^2+\kappa^2)^2\cos^2\theta-A^2-B^2}\end{aligned} \tag{3.30.25}$$

【讨论】 超前或落后的问题. 由于我们在(3.30.9)、(3.30.10)两式中,取相角的形式为

$$\varphi=\boldsymbol{k}\cdot\boldsymbol{r}-\omega t \tag{3.30.26}$$

$$\boldsymbol{E}_{\mathrm{r}\perp}=-\frac{\sin(\theta-\theta')}{\sin(\theta+\theta')}\boldsymbol{E}_{\mathrm{i}\perp}=\rho_{\perp}\,\mathrm{e}^{\mathrm{i}\delta_{\perp}}\boldsymbol{E}_{\mathrm{i}\perp} \tag{3.30.27}$$

故 $\boldsymbol{E}_{\mathrm{r}\perp}$ 的相角为

$$\varphi_{\mathrm{r}\perp}=\boldsymbol{k}_{\mathrm{r}}\cdot\boldsymbol{r}-\omega t+\delta_{\perp}=\boldsymbol{k}_{\mathrm{r}}\cdot\boldsymbol{r}-\omega\left(t-\frac{\delta_{\perp}}{\omega}\right) \tag{3.30.28}$$

这表明 $\varphi_{\mathrm{r}\perp}$ 要过一段时间 $\delta_{\perp}/\omega$,才等于 t 时刻的 $\varphi_{\mathrm{i}\perp}$,所以 $\boldsymbol{E}_{\mathrm{r}\perp}$ 在相位上比 $\boldsymbol{E}_{\mathrm{i}\perp}$ 落后 $\delta_{\perp}$. 同样,$\boldsymbol{E}_{\mathrm{r}\parallel}$ 在相位上比 $\boldsymbol{E}_{\mathrm{i}\parallel}$ 落后 $\delta_{\parallel}$.

由于 $\delta_{\perp}$ 与 $\delta_{\parallel}$ 不相等,故线偏振光经金属表面反射后,由 $\boldsymbol{E}_{\mathrm{r}\perp}$ 和 $\boldsymbol{E}_{\mathrm{r}\parallel}$ 合成的反射光一般就不是线偏振光,而是椭圆偏振光.

3.31 一无限长直圆柱形导线载有交变电流 $I=I_0\mathrm{e}^{-\mathrm{i}\omega t}$,已知导线横截面的半径为 R,电容率为 ε_0,磁导率为 μ_0,电导率为 σ,电流沿轴线方向流动. 设导线内的位移电流可略去不计,试求电流在导线横截面上的分布(趋肤效应).

【解】 本题只需求导线内的电场强度 $\boldsymbol{E}$,便可由欧姆定律

$$\boldsymbol{j}=\sigma\boldsymbol{E} \tag{3.31.1}$$

求出电流密度 $\boldsymbol{j}$ 来. 由于电流是沿轴线方向流动,故 $\boldsymbol{E}$ 的方向也是沿轴线方向. 因电流为 $I=I_0\mathrm{e}^{-\mathrm{i}\omega t}$,故 $\boldsymbol{E}$ 的大小可写作 $E\mathrm{e}^{-\mathrm{i}\omega t}$,$\boldsymbol{j}$ 和 $\boldsymbol{D}$、$\boldsymbol{H}$、$\boldsymbol{B}$ 等的大小可分别写作 $j\mathrm{e}^{-\mathrm{i}\omega t}$、$D\mathrm{e}^{-\mathrm{i}\omega t}$、$H\mathrm{e}^{-\mathrm{i}\omega t}$、$B\mathrm{e}^{-\mathrm{i}\omega t}$. 这时麦克斯韦方程为

$$\nabla\times\boldsymbol{E}=-\mu_0\frac{\partial\boldsymbol{H}}{\partial t}=\mathrm{i}\omega\mu_0\boldsymbol{H} \tag{3.31.2}$$

$$\nabla\times\boldsymbol{H}=\boldsymbol{j}\qquad\left(\text{略去了位移电流}\frac{\partial\boldsymbol{D}}{\partial t}\right) \tag{3.31.3}$$

$$\nabla\cdot\boldsymbol{D}=\varepsilon_0\nabla\cdot\boldsymbol{E}=0 \tag{3.31.4}$$

由矢量分析公式

$$\nabla\times(\nabla\times\boldsymbol{A})=\nabla(\nabla\cdot\boldsymbol{A})-\nabla^2\boldsymbol{A} \tag{3.31.5}$$

得

$$\nabla\times(\nabla\times\boldsymbol{E})=\nabla(\nabla\cdot\boldsymbol{E})-\nabla^2\boldsymbol{E}=-\nabla^2\boldsymbol{E} \tag{3.31.6}$$

又由(3.31.2)、(3.31.3)两式得

$$\nabla\times(\nabla\times\boldsymbol{E})=\mathrm{i}\omega\mu_0\nabla\times\boldsymbol{H}=\mathrm{i}\omega\mu_0\boldsymbol{j} \tag{3.31.7}$$

所以

$$\nabla^2\boldsymbol{E}=-\mathrm{i}\omega\mu_0\boldsymbol{j} \tag{3.31.8}$$

将(3.31.1)式代入(3.31.8)式得

$$\nabla^2\boldsymbol{j}+\mathrm{i}\omega\mu_0\sigma\boldsymbol{j}=0 \tag{3.31.9}$$

下面便来求这个方程的解. 以导线的轴线为 z 轴取柱坐标系(r,ϕ,z),因 $\boldsymbol{j}$ 只有 z 分量,故可写作

$$\boldsymbol{j}=j\boldsymbol{e}_z \tag{3.31.10}$$

根据轴对称性,知 j 仅是 r 的函数,即

$$j=j(r) \tag{3.31.11}$$

于是由(3.31.9)式得 j 的微分方程为

$$\frac{\mathrm{d}^2j}{\mathrm{d}r^2}+\frac{1}{r}\frac{\mathrm{d}j}{\mathrm{d}r}+\alpha^2j=0 \tag{3.31.12}$$

式中

$$\alpha=\sqrt{\mathrm{i}\omega\mu_0\sigma} \tag{3.31.13}$$

(3.31.12)式是零阶贝塞耳方程,它的通解为

$$j(r)=A\mathrm{J}_0(\alpha r)+B\mathrm{N}_0(\alpha r) \tag{3.31.14}$$

式中 A 和 B 是两个积分常数,$\mathrm{J}_0(\alpha r)$是第一类零阶贝塞耳函数,$\mathrm{N}_0(\alpha r)$是第二类零阶贝塞耳函数,它们的表达式如下:

$$\mathrm{J}_0(\alpha r)=\sum_{l=0}^{\infty}\frac{(-1)^l}{(l!)^2}\left(\frac{\alpha r}{2}\right)^{2l} \tag{3.31.15}$$

$$\mathrm{N}_0(\alpha r)=\frac{2}{\pi}\left[\ln\left(\frac{\alpha r}{2}\right)+\gamma\right]\mathrm{J}_0(\alpha r)-\frac{2}{\pi}\sum_{l=0}^{\infty}\frac{(-1)^l}{(l!)^2}\left(\frac{\alpha r}{2}\right)^{2l}\sum_{m=1}^{l}\frac{1}{m} \tag{3.31.16}$$

式中 γ 是欧拉常数,其值为 $\gamma=0.577215649$.

下面由边界条件定(3.31.14)式中的积分常数 A 和 B. 在本题中,$r=0$ 时 j 为有限值,而 $\mathrm{N}_0(\alpha r)$因含有 $\ln\left(\frac{\alpha r}{2}\right)$,在 $r\to0$ 时 $\mathrm{N}_0(\alpha r)\to\infty$. 故必须取 $B=0$. 于是得所求的解为

$$j(r)=A\mathrm{J}_0(\alpha r) \tag{3.31.17}$$

再定常数 A. 因 $\boldsymbol{E}=E\boldsymbol{e}_z$,故由对称性,知 E 仅是 r 的函数,于是由(3.31.2)式得

$$\nabla \times \boldsymbol{E} = -\frac{\mathrm{d}E}{\mathrm{d}r}\boldsymbol{e}_\phi = \mathrm{i}\omega\mu_0 H\boldsymbol{e}_\phi \tag{3.31.18}$$

因 $j=\sigma E$,故由上式得:在导线表面上

$$\begin{aligned}\left.\frac{\mathrm{d}j}{\mathrm{d}r}\right|_{r=R} &= A\left.\frac{\mathrm{dJ}_0(\alpha r)}{\mathrm{d}r}\right|_{r=R} = -\mathrm{i}\omega\mu_0\sigma H\Big|_{r=R} \\ &= -\mathrm{i}\omega\mu_0\sigma\frac{I_0}{2\pi R}\end{aligned} \tag{3.31.19}$$

根据贝塞耳函数的导数公式

$$\frac{\mathrm{dJ}_0(x)}{\mathrm{d}x} = -\mathrm{J}_1(x) \tag{3.31.20}$$

得

$$\left.\frac{\mathrm{dJ}_0(\alpha r)}{\mathrm{d}r}\right| = -\alpha\mathrm{J}_1(\alpha R) \tag{3.31.21}$$

这里 $\mathrm{J}_1(x)$是一阶贝塞耳函数,$\mathrm{J}_1(\alpha R)$是 $\mathrm{J}_1(\alpha r)$在导线表面上的值.由(3.31.19)和(3.31.21)两式得

$$A = \frac{\mathrm{i}\omega\mu_0\sigma I_0}{2\pi\alpha R\mathrm{J}_1(\alpha R)} = \frac{I_0}{2\pi R}\frac{\alpha}{\mathrm{J}_1(\alpha R)} \tag{3.31.22}$$

于是得所求的解(电流在导线横截面上的分布)为

$$j(r) = \frac{I_0}{2\pi R}\frac{\alpha}{\mathrm{J}_1(\alpha R)}\mathrm{J}_0(\alpha r) \tag{3.31.23}$$

【讨论】 为了看出 $j(r)$与 r 和 ν(频率)的关系,我们来计算相对电流密度 $|j(r)|/|j(R)|$,为此,用穿透深度 δ(参见前面 3.24 题)表示 α,即

$$\delta = \sqrt{\frac{2}{\omega\mu_0\sigma}} \tag{3.31.24}$$

由(3.31.13)式有

$$\alpha = \sqrt{\mathrm{i}\omega\mu_0\sigma} = \frac{\sqrt{2i}}{\delta} \tag{3.31.25}$$

于是(3.31.23)式可写作

$$j(r) = \frac{I_0}{2\pi R}\frac{\sqrt{2\mathrm{i}}}{\mathrm{J}_1\left(\frac{\sqrt{2\mathrm{i}}}{\delta}R\right)\delta}\mathrm{J}_0\left(\frac{\sqrt{2\mathrm{i}}}{\delta}r\right) \tag{3.31.26}$$

由(3.31.26)式得

$$\frac{j(r)}{j(R)} = \frac{\mathrm{J}_0\left(\frac{\sqrt{2\mathrm{i}}}{\delta}r\right)}{\mathrm{J}_0\left(\frac{\sqrt{2\mathrm{i}}}{\delta}R\right)} \tag{3.31.27}$$

由于 $J_0(\alpha r)$ 的宗量 $\alpha r=\frac{\sqrt{2i}}{\delta}r$ 是复数,故由(3.31.15)式可知,$J_0(\alpha r)$ 也是复数. 通常把 $J_0(\sqrt{i}x)$ 的实部写作 $\mathrm{Ber}(x)$,虚部写作 $\mathrm{Bei}(x)$,即

$$J_0(\sqrt{i}x)=\mathrm{Ber}(x)+i\mathrm{Bei}(x) \tag{3.31.28}$$

由(3.31.15)式得

$$\mathrm{Ber}(x)=1-\frac{1}{(2!)^2}\left(\frac{x}{2}\right)^4+\frac{1}{(4!)^2}\left(\frac{x}{2}\right)^8-\cdots \tag{3.31.29}$$

$$\mathrm{Bei}(x)=-\left(\frac{x}{2}\right)^2+\frac{1}{(3!)^2}\left(\frac{x}{2}\right)^6-\frac{1}{(5!)^2}\left(\frac{x}{2}\right)^{10}+\cdots \tag{3.31.30}$$

根据复数绝对值的计算法得

$$\frac{|j(r)|}{|j(R)|}=\frac{\left|J_0\left(\frac{\sqrt{2i}}{\delta}r\right)\right|}{\left|J_0\left(\frac{\sqrt{2i}}{\delta}R\right)\right|}=\sqrt{\frac{\left[\mathrm{Ber}\left(\frac{\sqrt{2}}{\delta}r\right)\right]^2+\left[\mathrm{Bei}\left(\frac{\sqrt{2}}{\delta}r\right)\right]^2}{\left[\mathrm{Ber}\left(\frac{\sqrt{2}}{\delta}R\right)\right]^2+\left[\mathrm{Bei}\left(\frac{\sqrt{2}}{\delta}R\right)\right]^2}} \tag{3.31.31}$$

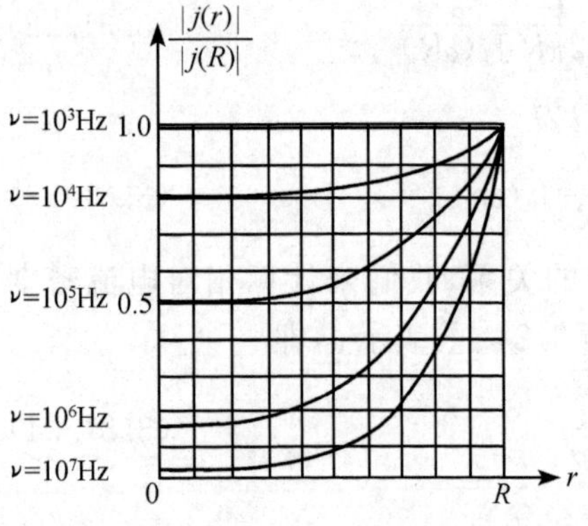

图 3.31

在几个给定频率 ν 的情况下,根据(3.31.31)式画出的相对电流密度 $\frac{|j(r)|}{|j(R)|}$ 与 r 的关系曲线如图 3.31 所示. 由图可见,频率 ν 越高,电流越趋向表面,所以叫做趋肤效应.

当 $R\gg\delta$ 时,利用虚宗量的零阶贝塞耳函数 $J_0(x)$ 在 $x\gg1$ 时的渐近性质,(3.31.31)式可化为

$$\frac{|j(r)|}{|j(R)|}=e^{-\frac{R-r}{\delta}} \tag{3.31.32}$$

由上式可见,当 $R-r=\delta$ 时(即导线内距离导线表面为 δ 处),有

$$|j(r)|=\frac{1}{e}|j(R)| \tag{3.31.33}$$

这表明,在 $R\gg\delta$ 的条件下,上述结果与平面导体的穿透深度一致.(参见前面 3.30 题)

由(3.31.32)式可见,在 $R\gg\delta$ 的情况下,电流密度 $j(r)$ 是以指数形式随 $R-r$ 衰减的,而且频率 ν 越高,衰减得越快;电导率 σ 越大,衰减得也越快. 在理想导体的情况下,电流就成为一层面电流了. 所以在实际情况下,电流的频率越高、导线的半径越大、电导率越高,趋肤效应就越显著.

3.32 厚度为 d 的介质薄层夹在介质 1 和介质 2 之间,它们的电容率和磁导

率分别为 ε、μ，ε_1、μ_1 和 ε_2、μ_2，如图 3.32(1)所示. 现在要使从介质 1 正入射到介质薄层的电磁波的平均能流全部传输到介质 2 中去，试求所需的条件. [这样的介质薄层经常用在光学器件(如透镜)上，以减少不必要的反射光，从而增大透射光的强度，因而叫做增透膜.]

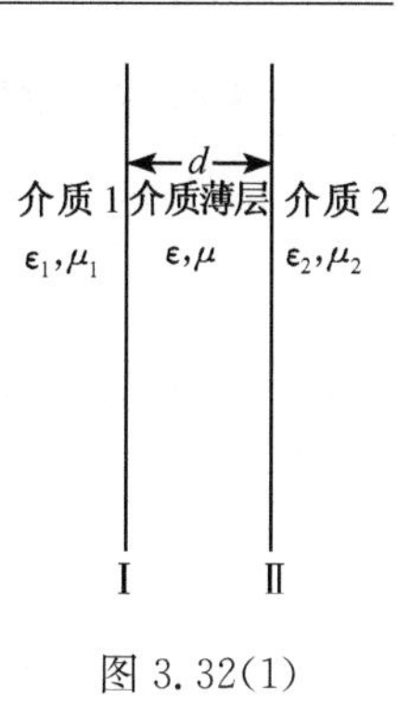

图 3.32(1)

【解】 设入射波为线偏振的单色平面波，以介质 1 与介质薄层的交界面 Ⅰ 为 x-y 平面，入射波的进行方向为 z 轴方向，取笛卡儿坐标系，使入射波的电场 $\boldsymbol{E}_1$ 沿 x 轴方向，磁场 $\boldsymbol{H}_1$ 沿 y 轴方向，则入射波的电磁场可写作

$$\left.\begin{aligned} \boldsymbol{E}_1 &= \mathrm{Re}[E_{10}\mathrm{e}^{\mathrm{i}(k_1 z-\omega t)}]\boldsymbol{e}_x \\ \boldsymbol{H}_1 &= \mathrm{Re}\left[\frac{E_{10}}{\eta_1}\mathrm{e}^{\mathrm{i}(k_1 z-\omega t)}\right]\boldsymbol{e}_y \end{aligned}\right\} \tag{3.32.1}$$

式中 $k_1=\omega\sqrt{\varepsilon_1\mu_1}$，$\eta_1=\sqrt{\mu_1/\varepsilon_1}$，$z\leqslant 0$.

电磁波射入介质薄层后，会在它与介质 2 的交界面 Ⅱ(图 3.32(1))上产生反射波；这反射波射到交界面 Ⅰ 上产生反射波，射到交界面 Ⅱ 上又产生反射波；如此下去，在介质薄层中，便有无穷多个向左和向右进行的电磁波. 我们把向右进行的无穷多个波合成的波写作

$$\left.\begin{aligned} \boldsymbol{E}_+ &= \mathrm{Re}[E_{+0}\mathrm{e}^{\mathrm{i}(kz-\omega t)}]\boldsymbol{e}_x \\ \boldsymbol{H}_+ &= \mathrm{Re}\left[\frac{E_{+0}}{\eta}\mathrm{e}^{\mathrm{i}(kz-\omega t)}\right]\boldsymbol{e}_y \end{aligned}\right\} \tag{3.32.2}$$

式中 $k=\omega\sqrt{\varepsilon\mu}$，$\eta=\sqrt{\mu/\varepsilon}$，$0\leqslant z\leqslant d$. 把向左进行的无穷多个波合成的波写作

$$\left.\begin{aligned} \boldsymbol{E}_- &= \mathrm{Re}[E_{-0}\mathrm{e}^{\mathrm{i}(-kz-\omega t)}]\boldsymbol{e}_x \\ \boldsymbol{H}_- &= -\mathrm{Re}\left[\frac{E_{-0}}{\eta}\mathrm{e}^{\mathrm{i}(-kz-\omega t)}\right]\boldsymbol{e}_y \end{aligned}\right\} \tag{3.32.3}$$

在介质 2 中，只有向右进行的波，我们把它写作

$$\left.\begin{aligned} \boldsymbol{E}_2 &= \mathrm{Re}[E_{20}\mathrm{e}^{\mathrm{i}(k_2 z-\omega t)}]\boldsymbol{e}_x \\ \boldsymbol{H}_2 &= \mathrm{Re}\left[\frac{E_{20}}{\eta_2}\mathrm{e}^{\mathrm{i}(k_2 z-\omega t)}\right]\boldsymbol{e}_y \end{aligned}\right\} \tag{3.32.4}$$

式中 $k_2=\omega\sqrt{\varepsilon_2\mu_2}$，$\eta_2=\sqrt{\mu_2/\varepsilon_2}$，$z\geqslant d$.

由于 E_{+0}、E_{-0} 和 E_{20} 等都可以是复数，因此，凡是与 z 和 t 无关的固定相位差，都已包含在它们里面.

下面用交界面上的边值关系来求我们所要求的条件. 在 $z=0$ 处，$\boldsymbol{E}$ 和 $\boldsymbol{H}$ 的切向分量都是连续的，于是得

$$\left.\begin{aligned} E_{10} &= E_{+0}+E_{-0} \\ \frac{1}{\eta_1}E_{10} &= \frac{1}{\eta}(E_{+0}-E_{-0}) \end{aligned}\right\} \tag{3.32.5}$$

在 $z=d$ 处，$\boldsymbol{E}$ 和 $\boldsymbol{H}$ 的切向分量都是连续的，故得

$$\left.\begin{aligned}E_{+0}\mathrm{e}^{\mathrm{i}kd}+E_{-0}\mathrm{e}^{-\mathrm{i}kd}&=E_{20}\mathrm{e}^{\mathrm{i}k_2 d}\\ \frac{1}{\eta}(E_{+0}\mathrm{e}^{\mathrm{i}kd}-E_{-0}\mathrm{e}^{-\mathrm{i}kd})&=\frac{1}{\eta_2}E_{20}\mathrm{e}^{\mathrm{i}k_2 d}\end{aligned}\right\}\tag{3.32.6}$$

由(3.32.5)的两式得出

$$\left.\begin{aligned}E_{+0}&=\frac{1}{2}\left(1+\frac{\eta}{\eta_1}\right)E_{10}\\ E_{-0}&=\frac{1}{2}\left(1-\frac{\eta}{\eta_1}\right)E_{10}\end{aligned}\right\}\tag{3.32.7}$$

由(3.32.6)的两式消去 $E_{20}\mathrm{e}^{\mathrm{i}k_2 d}$ 得

$$\left(1-\frac{\eta_2}{\eta}\right)E_{+0}\mathrm{e}^{\mathrm{i}kd}+\left(1+\frac{\eta_2}{\eta}\right)E_{-0}\mathrm{e}^{-\mathrm{i}kd}=0\tag{3.32.8}$$

把(3.32.7)式代入(3.32.8)式得

$$\left(1+\frac{\eta}{\eta_1}\right)\left(1-\frac{\eta_2}{\eta}\right)\mathrm{e}^{2\mathrm{i}kd}+\left(1-\frac{\eta}{\eta_1}\right)\left(1+\frac{\eta_2}{\eta}\right)=0\tag{3.32.9}$$

因为这个关系式中含有复数量，所以它的实部和虚部都应等于零. 由于我们考虑的是无损耗介质，故 η、η_1 和 η_2 都是实数量，所以上式的虚部为零，即

$$\left(1+\frac{\eta}{\eta_1}\right)\left(1-\frac{\eta_2}{\eta}\right)\sin 2kd=0\tag{3.32.10}$$

因 $\eta_2\neq\eta$，故得

$$2kd=n\pi,\qquad n=0,1,2,\cdots\tag{3.32.11}$$

于是得出介质薄层的厚度应为

$$d=\frac{1}{4}n\lambda,\qquad n=1,2,3,\cdots\tag{3.32.12}$$

式中 λ 是电磁波在介质薄层中的波长.

由(3.32.9)式的实部为零并考虑(3.32.11)式得

$$\pm\left(1+\frac{\eta}{\eta_1}\right)\left(1-\frac{\eta_2}{\eta}\right)+\left(1-\frac{\eta}{\eta_1}\right)\left(1+\frac{\eta_2}{\eta}\right)=0\tag{3.32.13}$$

当 n 为偶数时，上式取正号，即

$$\left(1+\frac{\eta}{\eta_1}\right)\left(1-\frac{\eta_2}{\eta}\right)+\left(1-\frac{\eta}{\eta_1}\right)\left(1+\frac{\eta_2}{\eta}\right)=0\tag{3.32.14}$$

这个等式唯一的解是

$$\eta_2=\eta_1\tag{3.32.15}$$

这时 $d=\frac{1}{4}n\lambda$，$n=2,4,6,\cdots$. 这个解要求介质 1 和介质 2 的波阻抗相等，介质薄层的厚度 d 为半波长的整数倍. 有的雷达天线罩就是根据这个原理设计的.

当 n 为奇数时，(3.32.13)式取负号，即

$$-\left(1+\frac{\eta}{\eta_1}\right)\left(1-\frac{\eta_2}{\eta}\right)+\left(1+\frac{\eta_2}{\eta}\right)\left(1-\frac{\eta}{\eta_1}\right)=0 \qquad (3.32.16)$$

这个等式唯一的解是

$$\eta=\sqrt{\eta_1\eta_2} \qquad (3.32.17)$$

这时 $d=\frac{1}{4}n\lambda$，$n=1,3,5,\cdots$. 这个解要求介质薄层的波阻抗等于它两边介质波阻抗的几何平均值，介质薄层的厚度 d 为四分之一波长的奇数倍. 一般光学透镜都是在空气中使用，在光学波段，玻璃和它表面镀的增透膜的磁导率都等于 μ_0. 这时由(3.32.17)式得出，膜的电容率 ε 与玻璃电容率 ε_2 之间的关系应为

$$\varepsilon=\sqrt{\varepsilon_2\varepsilon_0} \qquad (3.32.18)$$

膜的厚度应为 $\frac{\lambda}{4}$ 的奇数倍，常用 $\frac{\lambda}{4}$.

【说明】 λ 射波射到交界面Ⅰ上，会产生反射波①和折射波，如图 3.32(2)所示，这折射波射到交界面Ⅱ上，也会产生反射波，这反射波射到交界面Ⅰ上又产生反射波和折射波②. 如此下去，在介质薄层中便有无穷多个向右和向左进行的波，从而在介质 1 中，除了向右进行的入射波外，还有无穷多个向左进行的波①，②，③，….

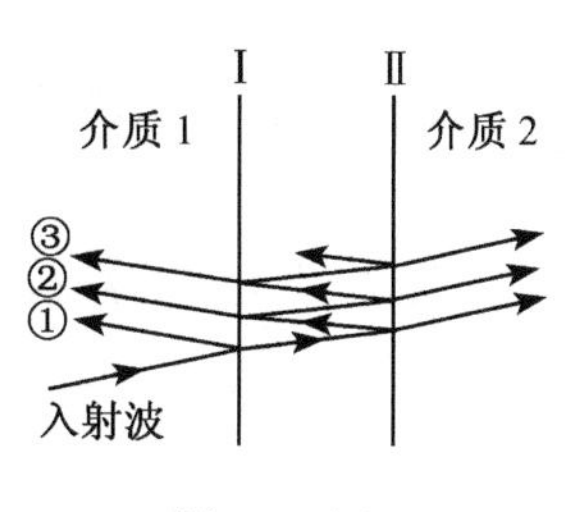

图 3.32(2)

题目要求，从介质 1 正入射到介质薄层的电磁波的平均能流全部传输到介质 2 中去，这就是说，介质 1 中向左进行的波①，②，③，…叠加起来为零(即由于干涉而互相抵消)，因而介质 1 中的波便只有向右进行的入射波了. 所以题解中就没有提介质 1 中向左进行的波.

3.33　一波矢量为 $\boldsymbol{k}=k\boldsymbol{e}_k$ 的平面波入射到法布里-珀罗干涉仪上，这干涉仪是由间隔为 d 的一对平行薄板构成，每个板表面的反射系数为 r(r 是一个实数量，它代表反射波的振幅与入射波的振幅之比).

(a) 假定波矢量 $\boldsymbol{k}$ 的大小 k 固定不变，而方向 $\boldsymbol{e}_k$ 变化，试计算透射波的最大强度与最小强度之比 Q. 结果 Q 与入射波的振幅无关，也与相邻的两条光线[如图 3.33(1)所示的光线(1)和(2)]之间的光程差 Δ 无关；(b) 试计算光程差 Δ. [本题系中国赴美物理研究生考试(CUSPEA) 1986 年试题.]

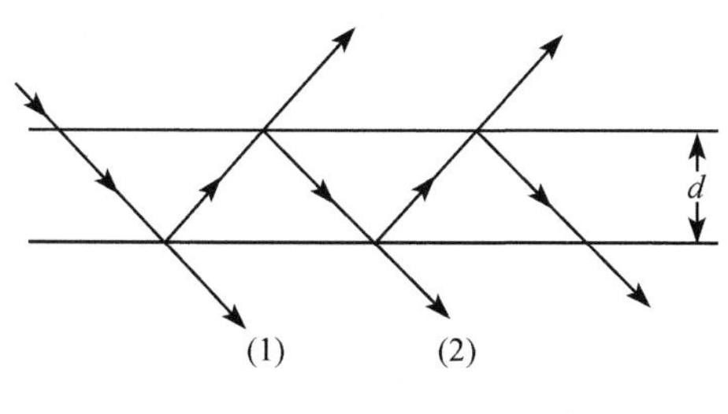

图 3.33(1)

【解】 (a) 如图 3.33(2)，入射波射

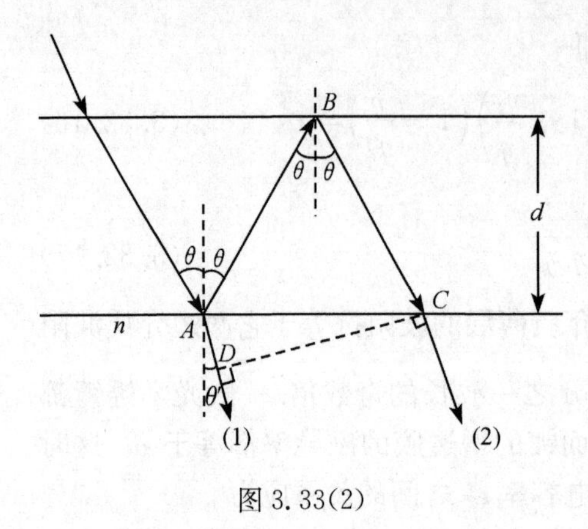

图 3.33(2)

到两板间的间隙时，会在这间隙两边的交界面上发生多次反射和透射. 设第一次透射出间隙的波(1)的振幅为

$$\mathrm{Re}[Ae^{i(\phi-\omega t)}] \tag{3.33.1}$$

其中 A 和 ϕ 都是实数，$\omega=kc$. 第二次透射出间隙的波(2)，与波(1)相比，在交界面上多反射了两次，多走了一段路程 Δ，故波(2)的振幅应为

$$\mathrm{Re}[Ae^{i(\phi-\omega t)}r^2e^{ik\Delta}] \tag{3.33.2}$$

为方便起见，令

$$p=r^2e^{ik\Delta}=Re^{ik\Delta} \tag{3.33.3}$$

则(2)的振幅可写作

$$\mathrm{Re}[Ae^{i(\phi-\omega t)}p] \tag{3.33.4}$$

仿此，第三、四……次透射出间隙的波(3)，(4)，…的振幅依次为

$$\mathrm{Re}[Ae^{i(\phi-\omega t)}p^2],\ \mathrm{Re}[Ae^{i(\phi-\omega t)}p^3],\cdots \tag{3.33.5}$$

透射出间隙的总波是上述所有波(1)，(2)，(3)，(4)，…的叠加，因此，总波的振幅 Ψ 便为

$$\Psi=\mathrm{Re}[Ae^{i(\phi-\omega t)}(1+p+p^2+p^3+\cdots)]=\mathrm{Re}\left[\frac{Ae^{i(\phi-\omega t)}}{1-p}\right] \tag{3.33.6}$$

$$\frac{1}{1-p}=\frac{1-p^*}{(1-p)(1-p^*)}=\frac{1-Re^{-ik\Delta}}{D} \tag{3.33.7}$$

其中

$$D=(1-p)(1-p^*)=1-2R\cos(k\Delta)+R^2 \tag{3.33.8}$$

是实数，故

$$\begin{aligned}\Psi&=\frac{A}{D}\mathrm{Re}[e^{i(\phi-\omega t)}-Re^{i(\phi-\omega t-k\Delta)}]\\&=\frac{A}{D}[\cos(\phi-\omega t)-R\cos(\phi-\omega t-k\Delta)]\\&=\frac{A}{D}[(1-R\cos k\Delta)\cos(\phi-\omega t)-R\sin k\Delta\sin(\phi-\omega t)]\end{aligned} \tag{3.33.9}$$

令

$$\overline{\Psi^2}\equiv\Psi^2\ \text{对时间的平均值}=\frac{1}{T}\int_0^T\Psi^2\mathrm{d}t \tag{3.33.10}$$

则由(3.33.9)式得

$$\overline{\Psi^2}=\frac{1}{2}\frac{A^2}{D^2}[(1-R\cos k\Delta)^2+R^2\sin^2 k\Delta]$$

$$= \frac{1}{2}\frac{A^2}{D^2}(1+R^2-2R\cos k\Delta) = \frac{1}{2}\frac{A^2}{D} \tag{3.33.11}$$

由此得

$$(\overline{\Psi^2})_{\max} = \frac{A^2}{2D_{\min}} = \frac{A^2}{2(1-R)^2} \tag{3.33.12}$$

$$(\overline{\Psi^2})_{\min} = \frac{A^2}{2D_{\max}} = \frac{A^2}{2(1+R)^2} \tag{3.33.13}$$

于是

$$Q = \frac{(\overline{\Psi^2})_{\max}}{(\overline{\Psi^2})_{\min}} = \frac{(1+R)^2}{(1-R)^2} \tag{3.33.14}$$

这个结果表明，Q 与 A、ϕ 和 Δ 都无关.

(b) 设薄板的折射率为 n，间隙是空气，折射率为 1；波自间隙射到薄板上的入射角为 θ，则因间隙两边是平行平面，故相邻的透射波之间的光程差都相等，都是 Δ. 由图 3.33(2)得出，相邻两波之间的光程差为

$$\begin{aligned}\Delta &= \overline{AB}+\overline{BC}-n\overline{AD} = 2\overline{AB}-n\overline{AC}\sin\theta' \\ &= 2\overline{AB}-\overline{AC}\sin\theta = 2\overline{AB}-2\overline{AB}\sin^2\theta \\ &= 2\overline{AB}\cos^2\theta = 2\left(\frac{d}{\cos\theta}\right)\cos^2\theta = 2d\cos\theta\end{aligned} \tag{3.33.15}$$

3.34　真空中有一厚度为 5.0μm 的银箔，振幅为 $E_0 = 100$V/m 的单色平面电磁波正入射到这银箔上. 银的电导率为 $\sigma = 61.7\times 10^6$S/m，磁导率为 μ_0，单色波的频率为 $f = 200$MHz. 试求透过银箔后电磁波的电场强度的振幅 E_{t0}.

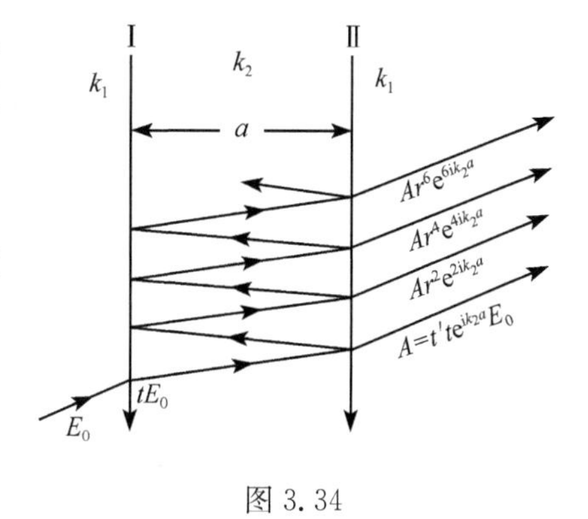

图 3.34

【解】　如图 3.34，已知

$$k_1 = \frac{2\pi f}{c} = \frac{2\pi\times 200\times 10^6}{3\times 10^8} = 4.189(\text{m}^{-1}) \tag{3.34.1}$$

设银箔中的传播常数为

$$k_2 = \beta + \mathrm{i}\alpha \tag{3.34.2}$$

则因正入射，$\theta_1 = 0$，故

$$\alpha = \omega\sqrt{\varepsilon\mu}\sqrt{\frac{1}{2}\left(\sqrt{\frac{\sigma^2}{\omega^2\varepsilon^2}+1}-1\right)} \tag{3.34.3}$$

$$\beta = \omega\sqrt{\varepsilon\mu}\sqrt{\frac{1}{2}\left(\sqrt{\frac{\sigma^2}{\omega^2\varepsilon^2}+1}+1\right)} \tag{3.34.4}$$

其中 ε 可当作 ε_0，于是得

$$\frac{\sigma}{\omega\varepsilon}=\frac{6.17\times10^{7}}{2\pi\times200\times10^{6}\times8.854\times10^{-12}}=5.545\times10^{9}\gg1 \quad (3.34.5)$$

故 α 和 β 的值可很好地近似为

$$\begin{aligned}\alpha=\beta&=\sqrt{\frac{\omega\mu\sigma}{2}}=\sqrt{\pi f\mu_0\sigma}\\&=\sqrt{\pi\times200\times10^{6}\times4\pi\times10^{-7}\times6.17\times10^{7}}\\&=2.21\times10^{5}(\mathrm{m}^{-1})\end{aligned} \quad (3.34.6)$$

于是得

$$k_2=\alpha(1+\mathrm{i}) \quad (3.34.7)$$

由图 3.34 可见，射出银箔的电磁波的电场强度为

$$\begin{aligned}E''&=t't\mathrm{e}^{\mathrm{i}k_2a}E_0(1+r^2\mathrm{e}^{2\mathrm{i}k_2a}+r^4\mathrm{e}^{4\mathrm{i}k_2a}+r^6\mathrm{e}^{6\mathrm{i}k_2a}+\cdots)\\&=t't\mathrm{e}^{\mathrm{i}k_2a}E_0/(1-r^2\mathrm{e}^{2\mathrm{i}k_2a})\end{aligned} \quad (3.34.8)$$

其中 t 是交界面 Ⅰ 处的透射系数，t' 是交界面 Ⅱ 处的透射系数，r 是银箔内的反射系数. 在正入射时，$\theta_1=0$，由菲涅耳公式得

$$t=\frac{2\sqrt{\varepsilon_1}}{\sqrt{\varepsilon_1}+\sqrt{\varepsilon_2}}=\frac{2k_1}{k_1+k_2} \quad (3.34.9)$$

$$t'=\frac{2\sqrt{\varepsilon_2}}{\sqrt{\varepsilon_1}+\sqrt{\varepsilon_2}}=\frac{2k_2}{k_1+k_2} \quad (3.34.10)$$

$$r=\frac{\sqrt{\varepsilon_2}-\sqrt{\varepsilon_1}}{\sqrt{\varepsilon_2}+\sqrt{\varepsilon_1}}=\frac{k_2-k_1}{k_2+k_1} \quad (3.34.11)$$

因 $k_1\ll\alpha$，故

$$\begin{aligned}t't&=\frac{4k_1k_2}{(k_1+k_2)^2}=\frac{4k_1\alpha(1+\mathrm{i})}{(k_1+\alpha+\mathrm{i}\alpha)^2}\approx\frac{4k_1\alpha(1+\mathrm{i})}{[\alpha(1+\mathrm{i})]^2}\\&=\frac{4k_1}{\alpha}\frac{1}{1+\mathrm{i}}=\frac{4\omega}{c\alpha(1+\mathrm{i})}\end{aligned} \quad (3.34.12)$$

$$r=\frac{k_2-k_1}{k_2+k_1}\approx\frac{k_2}{k_2}=1 \quad (3.34.13)$$

将以上两式代入(3.34.8)式得

$$E''=\frac{\frac{4\omega}{c\alpha(1+\mathrm{i})}\mathrm{e}^{\mathrm{i}\alpha(1+\mathrm{i})a}E_0}{1-\mathrm{e}^{2\mathrm{i}\alpha(1+\mathrm{i})a}}=\frac{\frac{4\omega}{c\alpha}E_0\mathrm{e}^{-\alpha a}\frac{\mathrm{e}^{\mathrm{i}\alpha a}}{1+\mathrm{i}}}{1-\mathrm{e}^{-2\alpha a}\mathrm{e}^{2\mathrm{i}\alpha a}} \quad (3.34.14)$$

所以

$$|E''|=\frac{4\omega}{c\alpha}E_0\mathrm{e}^{-\alpha a}\left|\frac{\mathrm{e}^{\mathrm{i}\alpha a}}{(1-\mathrm{e}^{-2\alpha a}\mathrm{e}^{2\mathrm{i}\alpha a})}\frac{1}{1+\mathrm{i}}\right|$$

$$= \frac{2\sqrt{2}\omega}{c\alpha}E_0 \frac{e^{-\alpha a}}{\sqrt{1-2e^{-2\alpha a}\cos 2\alpha a + e^{-4\alpha a}}} \tag{3.34.15}$$

式中

$$\alpha a = 2.21\times 10^5 \times 5.0\times 10^{-6} = 1.11$$

$$e^{-\alpha a} = e^{-1.11} = 0.330, \qquad e^{-2\alpha a} = 0.109$$

$$e^{-4\alpha a} = 0.0119, \qquad \cos 2\alpha a = \cos 2.22 = \cos 127^\circ = -0.602$$

$$\sqrt{1-2e^{-2\alpha a}\cos 2\alpha a + e^{-4\alpha a}} = 1.07;$$

$$\frac{2\sqrt{2}\omega}{c\alpha}E_0 e^{-\alpha a} = \frac{2\sqrt{2}\times 2\pi\times 200\times 10^6}{3\times 10^8\times 2.21\times 10^5}\times 100\times 0.330 = 1.77\times 10^{-3}$$

最后得所求的振幅为

$$E_{t0} = |E''| = \frac{1.77\times 10^{-3}}{1.07} = 1.7\times 10^{-3}(\mathrm{V/m}) \tag{3.34.16}$$

3.35　在矩形波导管中传播的电磁波，其电磁场的横向分量（即垂直于管轴的分量）都可以用纵向分量（即平行于管轴的分量）表示. 试求出这种表达式.

【解】　设矩形波导管中充满电容率为 ε、磁导率为 μ 的均匀介质，其中传播的电磁波的角频率为 ω，则由麦克斯韦方程组得

$$\nabla\times \boldsymbol{E} = \mathrm{i}\omega\mu\boldsymbol{H} \tag{3.35.1}$$

$$\nabla\times \boldsymbol{H} = -\mathrm{i}\omega\varepsilon\boldsymbol{E} \tag{3.35.2}$$

以管的轴线为 z 轴取笛卡儿坐标系，则沿管轴方向传播的电磁波其电场和磁场可写作

$$\boldsymbol{E}(\boldsymbol{r},t) = \boldsymbol{E}(\boldsymbol{r})e^{\mathrm{i}(k_z z-\omega t)} \tag{3.35.3}$$

$$\boldsymbol{H}(\boldsymbol{r},t) = \boldsymbol{H}(\boldsymbol{r})e^{\mathrm{i}(k_z z-\omega t)} \tag{3.35.4}$$

式中 k_z 是传播矢量 $\boldsymbol{k}$ 的 z 分量.

由以上四式得

$$\frac{\partial E_z}{\partial y} - \frac{\partial E_y}{\partial z} = \frac{\partial E_z}{\partial y} - \mathrm{i}k_z E_y = \mathrm{i}\omega\mu H_x \tag{3.35.5}$$

$$\frac{\partial E_x}{\partial z} - \frac{\partial E_z}{\partial x} = \mathrm{i}k_z E_x - \frac{\partial E_z}{\partial x} = \mathrm{i}\omega\mu H_y \tag{3.35.6}$$

$$\frac{\partial E_y}{\partial x} - \frac{\partial E_x}{\partial y} = \mathrm{i}\omega\mu H_z \tag{3.35.7}$$

$$\frac{\partial H_z}{\partial y} - \frac{\partial H_y}{\partial z} = \frac{\partial H_z}{\partial y} - \mathrm{i}k_z H_y = -\mathrm{i}\omega\varepsilon E_x \tag{3.35.8}$$

$$\frac{\partial H_x}{\partial z} - \frac{\partial H_z}{\partial x} = \mathrm{i}k_z H_x - \frac{\partial H_z}{\partial x} = -\mathrm{i}\omega\varepsilon E_y \tag{3.35.9}$$

$$\frac{\partial H_y}{\partial x}-\frac{\partial H_x}{\partial y}=-\mathrm{i}\omega\varepsilon E_z \tag{3.35.10}$$

由(3.35.6)和(3.35.8)两式消去 H_y 得

$$E_x=\frac{\mathrm{i}}{\omega^2\varepsilon\mu-k_z^2}\left(k_z\frac{\partial E_z}{\partial x}+\omega\mu\frac{\partial H_z}{\partial y}\right) \tag{3.35.11}$$

由(3.35.5)和(3.35.9)两式消去 H_x 得

$$E_y=\frac{\mathrm{i}}{\omega^2\varepsilon\mu-k_z^2}\left(k_z\frac{\partial E_z}{\partial y}-\omega\mu\frac{\partial H_z}{\partial x}\right) \tag{3.35.12}$$

由(3.35.5)和(3.35.9)两式消去 E_y 得

$$H_x=\frac{\mathrm{i}}{\omega^2\varepsilon\mu-k_z^2}\left(k_z\frac{\partial H_z}{\partial x}-\omega\varepsilon\frac{\partial E_z}{\partial y}\right) \tag{3.35.13}$$

由(3.35.6)和(3.35.8)两式消去 E_x 得

$$H_y=\frac{\mathrm{i}}{\omega^2\varepsilon\mu-k_z^2}\left(k_z\frac{\partial H_z}{\partial y}+\omega\varepsilon\frac{\partial E_z}{\partial x}\right) \tag{3.35.14}$$

以上四式便是所求的表达式.

3.36 在圆柱形波导管中传播的电磁波,其电磁场的横向分量(即垂直于管轴的分量)都可以用纵向分量(即平行于管轴的分量)表示. 试求出这种表达式.

【解】 设圆柱形波导管中充满电容率为 ε、磁导率为 μ 的均匀介质,其中传播的电磁波的角频率为 ω,则由麦克斯韦方程组得

$$\nabla\times\boldsymbol{E}=\mathrm{i}\omega\mu\boldsymbol{H} \tag{3.36.1}$$

$$\nabla\times\boldsymbol{H}=-\mathrm{i}\omega\varepsilon\boldsymbol{E} \tag{3.36.2}$$

以管的轴线为 z 轴取柱坐标系,则沿管轴方向传播的电磁波其电场和磁场可写作

$$\boldsymbol{E}(\boldsymbol{r},t)=\boldsymbol{E}(\boldsymbol{r})\mathrm{e}^{\mathrm{i}(k_z z-\omega t)} \tag{3.36.3}$$

$$\boldsymbol{H}(\boldsymbol{r},t)=\boldsymbol{H}(\boldsymbol{r})\mathrm{e}^{\mathrm{i}(k_z z-\omega t)} \tag{3.36.4}$$

式中 k_z 是传播矢量 $\boldsymbol{k}$ 的 z 分量.

由以上四式得

$$\frac{1}{r}\frac{\partial E_z}{\partial\phi}-\frac{\partial E_\phi}{\partial z}=\frac{1}{r}\frac{\partial E_z}{\partial\phi}-\mathrm{i}k_zE_\phi=\mathrm{i}\omega\mu H_r \tag{3.36.5}$$

$$\frac{\partial E_r}{\partial z}-\frac{\partial E_z}{\partial r}=\mathrm{i}k_zE_r-\frac{\partial E_z}{\partial r}=\mathrm{i}\omega\mu H_\phi \tag{3.36.6}$$

$$\frac{1}{r}\frac{\partial}{\partial r}(rE_\phi)-\frac{1}{r}\frac{\partial E_r}{\partial\phi}=\mathrm{i}\omega\mu H_z \tag{3.36.7}$$

$$\frac{1}{r}\frac{\partial H_z}{\partial\phi}-\frac{\partial H_\phi}{\partial z}=\frac{1}{r}\frac{\partial H_z}{\partial\phi}-\mathrm{i}k_zH_\phi=-\mathrm{i}\omega\varepsilon E_r \tag{3.36.8}$$

$$\frac{\partial H_r}{\partial z}-\frac{\partial H_z}{\partial r}=\mathrm{i}k_z H_r-\frac{\partial H_z}{\partial r}=-\mathrm{i}\omega\varepsilon E_\phi \tag{3.36.9}$$

$$\frac{1}{r}\frac{\partial}{\partial r}(rH_\phi)-\frac{1}{r}\frac{\partial H_r}{\partial \phi}=-\mathrm{i}\omega\varepsilon E_z \tag{3.36.10}$$

由(3.36.6)和(3.36.8)两式消去 H_ϕ 得

$$E_r=\frac{\mathrm{i}}{\omega^2\varepsilon\mu-k_z^2}\left(k_z\frac{\partial E_z}{\partial r}+\frac{\omega\mu}{r}\frac{\partial H_z}{\partial \phi}\right) \tag{3.36.11}$$

由(3.36.5)和(3.36.9)两式消去 H_r 得

$$E_\phi=\frac{\mathrm{i}}{\omega^2\varepsilon\mu-k_z^2}\left(\frac{k_z}{r}\frac{\partial E_z}{\partial \phi}-\omega\mu\frac{\partial H_z}{\partial r}\right) \tag{3.36.12}$$

由(3.36.5)和(3.36.9)两式消去 E_ϕ 得

$$H_r=\frac{\mathrm{i}}{\omega^2\varepsilon\mu-k_z^2}\left(k_z\frac{\partial H_z}{\partial r}-\frac{\omega\varepsilon}{r}\frac{\partial E_z}{\partial \phi}\right) \tag{3.36.13}$$

由(3.36.6)和(3.36.8)两式消去 E_r 得

$$H_\phi=\frac{\mathrm{i}}{\omega^2\varepsilon\mu-k_z^2}\left(\frac{k_z}{r}\frac{\partial H_z}{\partial \phi}+\omega\varepsilon\frac{\partial E_z}{\partial r}\right) \tag{3.36.14}$$

以上四式便是所求的表达式.

3.37　试论证矩形波导管和圆柱形波导管都不能传播 TEM 波.

【解】　TEM 波是横电磁波,即电场强度 $\boldsymbol{E}$ 和磁场强度 $\boldsymbol{H}$ 都只有横向分量(垂直于波进行方向的分量)而没有纵向分量(平行于波进行方向的分量)的电磁波.

前面的 3.35 题和 3.36 题根据麦克斯韦方程组,分别对矩形波导管和圆柱形波导管中传播的电磁波作了分析,它们的电磁场的横向分量都可以用纵向分量表示,并求出了相应的表达式. 根据这些表达式,若 $\boldsymbol{E}$ 和 $\boldsymbol{H}$ 的纵向分量均为零,则它们的横向分量也必定均为零. 也就是不存在这种电磁波. 于是我们得出结论:矩形波导管和圆柱形波导管都不能传播 TEM 波.

换句话说,这两种波导管中传播的电磁波必有纵向分量.

3.38　用理想导体作管壁的矩形波导管,管内横截面宽为 a,高为 b,取笛卡儿坐标系如图 3.38 所示,z 轴平行于管轴. 试证明:

(1) 在这波导管中不能传播如下的单色波:

$$\boldsymbol{E}=E_0\mathrm{e}^{\mathrm{i}(\boldsymbol{k}\cdot\boldsymbol{r}-\omega t)}\boldsymbol{e}_x$$

式中 $\boldsymbol{k}=k_0\boldsymbol{e}_z$, E_0 和 ω 以及 k_0 都是常量;

(2) 在管壁处,磁感强度 $\boldsymbol{B}$ 的分量满足

$$\frac{\partial B_y}{\partial x}=\frac{\partial B_z}{\partial x}=0,\qquad x=0,\ a$$

$$\frac{\partial B_x}{\partial y}=\frac{\partial B_z}{\partial y}=0,\qquad y=0,\ b$$

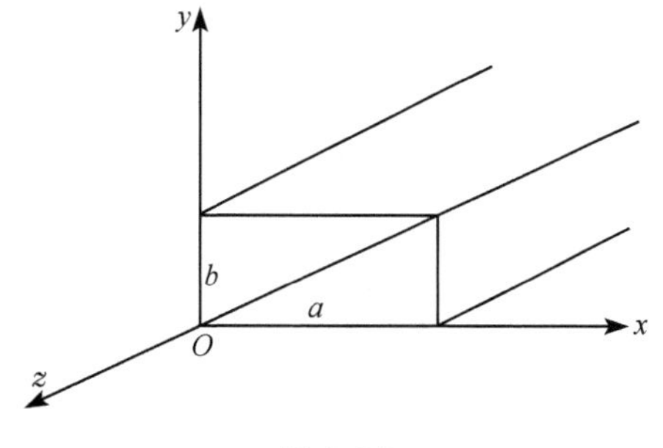

图 3.38

【证】 (1)电场强度为

$$\boldsymbol{E}=E_0\mathrm{e}^{\mathrm{i}(\boldsymbol{k}\cdot\boldsymbol{r}-\omega t)}\boldsymbol{e}_x \tag{3.38.1}$$

的波,其相应的磁感强度为

$$\boldsymbol{B}=-\frac{\mathrm{i}}{\omega}\nabla\times\boldsymbol{E}=\frac{k_0}{\omega}E_0\mathrm{e}^{\mathrm{i}(\boldsymbol{k}\cdot\boldsymbol{r}-\omega t)}\boldsymbol{e}_y \tag{3.38.2}$$

如果上述电磁场是矩形波导管内传播的电磁波,则应满足有关的边界条件.在 $y=0$ 和 $y=b$ 两个边界面上,法线方向的单位矢量分别为 $\boldsymbol{n}_0=\boldsymbol{e}_y$ 和 $\boldsymbol{n}_a=-\boldsymbol{e}_y$,于是由理想导体的边界条件

$$\boldsymbol{n}\times\boldsymbol{E}=0,\qquad \boldsymbol{n}\cdot\boldsymbol{B}=0 \tag{3.38.3}$$

得出

$$E_x=0,\qquad B_y=0 \tag{3.38.4}$$

于是管内的电磁场便为

$$\boldsymbol{E}=E_x\boldsymbol{e}_x=0,\qquad \boldsymbol{B}=B_y\boldsymbol{e}_y=0 \tag{3.38.5}$$

这个结果表明,波导管内不存在由(3.38.1)式所表示的电磁波.

(2) 管内沿 z 方向传播的电磁波,其形式为

$$\boldsymbol{E}(x,y,z,t)=\boldsymbol{E}(x,y)\mathrm{e}^{\mathrm{i}(k_z z-\omega t)} \tag{3.38.6}$$

$$\boldsymbol{B}(x,y,z,t)=\boldsymbol{B}(x,y)\mathrm{e}^{\mathrm{i}(k_z z-\omega t)} \tag{3.38.7}$$

代入

$$\nabla\times\boldsymbol{H}=\frac{\partial\boldsymbol{D}}{\partial t} \tag{3.38.8}$$

得

$$\frac{\partial B_z}{\partial y}-\frac{\partial B_y}{\partial z}=\frac{\partial B_z}{\partial y}-\mathrm{i}k_zB_y=-\mathrm{i}\omega\varepsilon\mu E_x \tag{3.38.9}$$

$$\frac{\partial B_x}{\partial z}-\frac{\partial B_z}{\partial x}=\mathrm{i}k_zB_x-\frac{\partial B_z}{\partial x}=-\mathrm{i}\omega\varepsilon\mu E_y \tag{3.38.10}$$

$$\frac{\partial B_y}{\partial x}-\frac{\partial B_x}{\partial y}=-\mathrm{i}\omega\varepsilon\mu E_z \tag{3.38.11}$$

根据边界条件(3.38.3)式,在 $x=0$ 和 $x=a$ 面上,有

$$E_y=E_z=0,\qquad B_x=0 \tag{3.38.12}$$

代入(3.38.10)式和(3.38.11)式得

$$\frac{\partial B_z}{\partial x}=\frac{\partial B_y}{\partial x}=0 \tag{3.38.13}$$

在 $y=0$ 和 $y=b$ 面上,有

$$E_x=E_z=0,\qquad B_y=0 \tag{3.38.14}$$

代入(3.38.9)式和(3.38.11)式得

$$\frac{\partial B_z}{\partial y} = \frac{\partial B_x}{\partial y} = 0 \tag{3.38.15}$$

3.39　一矩形波导管的管壁可当作理想导体，管的横截面是长为 a、宽为 b 的矩形. 管内有沿 z 方向(管的轴线方向)传播的 TE_{10} 波，其纵向磁场为

$$H_z = H_0 \cos\frac{\pi x}{a} \mathrm{e}^{\mathrm{i}(k_z z - \omega t)}$$

试求：(1)管内 TE_{10} 波电磁场的其他分量和沿 z 方向传输的平均功率 P；(2)管内单位长度电场能量的平均值 W_e 和磁场能量的平均值 W_m；(3)这 TE_{10} 波的相速度 v_p 和群速度 v_g，以及 v_p 与 v_g 的关系.

【解】　(1)根据矩形波导管中传播的电磁波电场强度分量的公式

$$\left.\begin{aligned} E_x &= A_1 \cos\frac{m\pi}{a}x \sin\frac{n\pi}{b}y\, \mathrm{e}^{\mathrm{i}(k_z z - \omega t)} \\ E_y &= A_2 \sin\frac{m\pi}{a}x \cos\frac{n\pi}{b}y\, \mathrm{e}^{\mathrm{i}(k_z z - \omega t)} \\ E_z &= A_3 \sin\frac{m\pi}{a}x \sin\frac{n\pi}{b}y\, \mathrm{e}^{\mathrm{i}(k_z z - \omega t)} \end{aligned}\right\} \tag{3.39.1}$$

TE_{10} 波的 $m=1, n=0$，故得

$$E_x = E_z = 0, \qquad E_y \neq 0 \tag{3.39.2}$$

由麦克斯韦方程

$$\nabla \times \boldsymbol{E} = -\frac{\partial \boldsymbol{B}}{\partial t} = -\mu \frac{\partial \boldsymbol{H}}{\partial t} \tag{3.39.3}$$

的第三分量和(3.39.2)式得

$$\frac{\partial E_y}{\partial x} = -\mu \frac{\partial H_z}{\partial t} \tag{3.39.4}$$

$$E_y = -\mu \int \frac{\partial H_z}{\partial t} \mathrm{d}x = \frac{\mathrm{i}\omega\mu a}{\pi} H_0 \sin\frac{\pi}{a}x\, \mathrm{e}^{\mathrm{i}(k_z z - \omega t)} \tag{3.39.5}$$

又由(3.39.3)式的第一分量和(3.39.2)式得

$$\mu \frac{\partial H_x}{\partial t} = \frac{\partial E_y}{\partial z} \tag{3.39.6}$$

$$H_x = \frac{1}{\mu} \int \frac{\partial E_y}{\partial z} \mathrm{d}t = -\frac{\mathrm{i}k_z a}{\pi} H_0 \sin\frac{\pi}{a}x\, \mathrm{e}^{\mathrm{i}(k_z z - \omega t)} \tag{3.39.7}$$

再由(3.39.3)式的第二分量和(3.39.2)式得

$$\frac{\partial H_y}{\partial t} = 0 \tag{3.39.8}$$

$$H_y = 0 \tag{3.39.9}$$

于是得所求的电磁场的各分量为

$$\left.\begin{aligned}&E_x=0,\ E_y=\frac{\mathrm{i}\omega\mu a}{\pi}H_0\sin\frac{\pi}{a}x\mathrm{e}^{\mathrm{i}(k_z z-\omega t)},\ E_z=0\\&H_x=-\frac{\mathrm{i}k_z a}{\pi}H_0\sin\frac{\pi}{a}x\mathrm{e}^{\mathrm{i}(k_z z-\omega t)}\\&H_y=0,\ H_z=H_0\cos\frac{\pi}{a}x\mathrm{e}^{\mathrm{i}(k_z z-\omega t)}\end{aligned}\right\}\tag{3.39.10}$$

管内沿 z 方向的平均功率为

$$\begin{aligned}P&=\int\bar{\boldsymbol{S}}\cdot\mathrm{d}\boldsymbol{\Sigma}=\frac{1}{2}\mathrm{Re}\int_0^a\int_0^b(\boldsymbol{E}\times\boldsymbol{H}^*)\cdot\boldsymbol{e}_z\mathrm{d}x\mathrm{d}y\\&=\frac{1}{2}\mathrm{Re}\int_0^a\int_0^b(-E_yH_x^*)\mathrm{d}x\mathrm{d}y\\&=\frac{\omega\mu k_z a^2}{2\pi^2}\mid H_0\mid^2\int_0^a\int_0^b\sin^2\frac{\pi}{a}x\mathrm{d}x\mathrm{d}y\\&=\frac{\omega\mu k_z a^3 b}{4\pi^2}\mid H_0\mid^2\end{aligned}\tag{3.39.11}$$

(2) 管内电场和磁场能量密度的平均值分别为

$$w_e=\frac{1}{T}\int_0^T\frac{\varepsilon}{2}(\mathrm{Re}\boldsymbol{E})\cdot(\mathrm{Re}\boldsymbol{E})\mathrm{d}t=\frac{1}{4}\varepsilon\mid\boldsymbol{E}\mid^2\tag{3.39.12}$$

$$w_m=\frac{1}{T}\int_0^T\frac{\mu}{2}(\mathrm{Re}\boldsymbol{H})\cdot(\mathrm{Re}\boldsymbol{H})\mathrm{d}t=\frac{1}{4}\mu\mid\boldsymbol{H}\mid^2\tag{3.39.13}$$

于是得管内单位长度电场能量的平均值为

$$\begin{aligned}W_e&=\int_0^a\int_0^b\int_0^1 w_e\mathrm{d}x\mathrm{d}y\mathrm{d}z=\frac{\varepsilon}{4}\int_0^a\int_0^b\int_0^1\mid E_y\mid^2\mathrm{d}x\mathrm{d}y\mathrm{d}z\\&=\frac{\varepsilon}{4}\left(\frac{w\mu a}{\pi}\right)^2\mid H_0\mid^2\int_0^a\int_0^b\int_0^1\sin^2\frac{\pi}{a}x\mathrm{d}x\mathrm{d}y\mathrm{d}z\\&=\frac{\omega^2\varepsilon\mu^2a^3b}{8\pi^2}\mid H_0\mid^2\end{aligned}\tag{3.39.14}$$

单位长度磁场能量的平均值为

$$\begin{aligned}W_m&=\int_0^a\int_0^b\int_0^1 w_m\mathrm{d}x\mathrm{d}y\mathrm{d}z=\frac{\mu}{4}\int_0^a\int_0^b\int_0^1(H_xH_x^*+H_zH_z^*)\mathrm{d}x\mathrm{d}y\mathrm{d}z\\&=\frac{\mu b}{4}\int_0^a\left[\left(\frac{k_z a}{\pi}\right)^2\mid H_0\mid^2\sin^2\frac{\pi}{a}x+\mid H_0\mid^2\cos^2\frac{\pi}{a}x\right]\mathrm{d}x\\&=\frac{\mu a^3 b}{8\pi^2}\mid H_0\mid^2\left(k_z^2+\frac{\pi^2}{a^2}\right)\end{aligned}\tag{3.39.15}$$

因为是 TE_{10} 波，$k_x=\dfrac{\pi}{a}$，$k_y=0$，故

$$k^2=\left(\frac{\pi}{a}\right)^2+k_z^2=\omega^2\varepsilon\mu\tag{3.39.16}$$

$$W_m = \frac{\mu a^3 b}{8\pi^2} \mid H_0 \mid^2 \omega^2 \varepsilon\mu = W_e \tag{3.39.17}$$

这表明,管内单位长度磁场能量的平均值等于电场能量的平均值.

(3) 这 TE_{10} 波的相速度由(3.39.10)式为

$$v_p = \frac{\omega}{k_z} \tag{3.39.18}$$

群速度 v_g 即能量沿 z 方向传播的速度为

$$v_g = \frac{P}{W_e + W_m} = \frac{P}{2W_e} \tag{3.39.19}$$

把(3.39.11)式和(3.39.14)两式代入上式,便得

$$v_g = \frac{k_z}{\omega\varepsilon\mu} \tag{3.39.20}$$

v_p 与 v_g 的关系为

$$v_p v_g = \frac{1}{\varepsilon\mu} \tag{3.39.21}$$

【讨论】 (1) TE_{10} 波的各分量也可以用(3.39.2)式和前面 3.35 题的(3.35.11)至(3.35.14)等式算出.

(2) 若波导管内是真空或空气,则相速度与群速度的关系为

$$v_p v_g = c^2 \tag{3.39.22}$$

式中 c 为真空中光速.

3.40 一矩形波导管横截面的边长分别是 a=2.0cm,b=1.0cm,其中传输的电磁波的频率为 f=1.0×10^{10}Hz. 如果管内是空气,试问它能够传输的 TE_{10} 波的最大平均功率是多少? 已知空气的击穿场强为 3.0MV/m.

【解】 矩形波导管内传播的电磁波其电场强度分量的公式为

$$\left.\begin{aligned} E_x &= A_1 \cos\frac{m\pi}{a}x \sin\frac{n\pi}{b}y\, e^{i(k_z z - \omega t)} \\ E_y &= A_2 \sin\frac{m\pi}{a}x \cos\frac{n\pi}{b}y\, e^{i(k_z z - \omega t)} \\ E_z &= A_3 \sin\frac{m\pi}{a}x \sin\frac{n\pi}{b}y\, e^{i(k_z z - \omega t)} \end{aligned}\right\} \tag{3.40.1}$$

对于 TE_{10} 波,$m=1$, $n=0$. 由此得出它的表达式为

$$\left.\begin{aligned} & E_x = 0,\ E_y = E_0 \sin\frac{\pi}{a}x\, e^{i(k_z z - \omega t)},\ E_z = 0 \\ & H_x = \frac{k_z}{\omega\mu}E_0 \sin\frac{\pi}{a}x\, e^{i(k_z z - \omega t \pm \pi)},\ H_y = 0 \\ & H_z = \frac{\pi}{\omega\mu a}E_0 \cos\frac{\pi}{a}x\, e^{i(k_z z - \omega t - \frac{\pi}{2})} \end{aligned}\right\} \tag{3.40.2}$$

它的平均能流密度为

$$\bar{\boldsymbol{S}}=\frac{1}{2}\mathrm{Re}(\boldsymbol{E}\times\boldsymbol{H}^*)=\frac{1}{2}\frac{k_z}{\omega\mu}E_0^2\sin^2\frac{\pi}{a}x\boldsymbol{e}_z \tag{3.40.3}$$

由此得

$$|\bar{\boldsymbol{S}}|_{\max}=\frac{1}{2}\frac{k_z}{\omega\mu}E_0^2 \tag{3.40.4}$$

今

$$\begin{aligned}k_z&=\sqrt{\omega^2\varepsilon\mu-\left(\frac{\pi}{a}\right)^2}=\sqrt{4\pi^2f^2\varepsilon_0\mu_0-\left(\frac{\pi}{a}\right)^2}\\&=\sqrt{4\pi^2\times(1.0\times10^{10})^2\times8.854\times10^{-12}\times4\pi\times10^{-7}-\left(\frac{\pi}{2.0\times10^{-2}}\right)^2}\\&=1.39\times10^2(\mathrm{m}^{-1})\end{aligned} \tag{3.40.5}$$

所以

$$\begin{aligned}|\bar{\boldsymbol{S}}|_{\max}&=\frac{1}{2}\frac{1.39\times10^2}{2\pi\times1.0\times10^{10}\times4\pi\times10^{-7}}\times(3.0\times10^6)^2\\&=7.92\times10^9(\mathrm{W/m^2})\end{aligned} \tag{3.40.6}$$

这是管中心$\left(x=\frac{a}{2}\right)$处的值.

这波导管中 TE_{10} 波能传输的最大功率为

$$\begin{aligned}W_{\max}&=\frac{1}{2}\int_0^a\int_0^b\mathrm{Re}(\boldsymbol{E}\times\boldsymbol{H}^*)\cdot\boldsymbol{e}_z\mathrm{d}x\mathrm{d}y\\&=\frac{1}{2}\frac{k_z}{\omega\mu}E_0^2\int_0^a\int_0^b\sin^2\frac{\pi}{a}x\mathrm{d}x\mathrm{d}y=\frac{1}{2}ab\,|\bar{\boldsymbol{S}}|_{\max}\\&=\frac{1}{2}\times2.0\times10^{-2}\times1.0\times10^{-2}\times7.92\times10^9\\&=7.9\times10^5(\mathrm{W})\end{aligned} \tag{3.40.7}$$

3.41　一矩形波导管的管壁可看作理想导体,管内横截面是长为 a、宽为 b 的矩形.这管中有沿管轴(z 轴)方向传播的 TE_{10} 波,其磁场为

$$H_x=\mathrm{Re}\left[-\frac{\mathrm{i}k_za}{\pi}H_0\sin\frac{\pi}{a}x\,\mathrm{e}^{\mathrm{i}(k_zz-\omega t)}\right]$$

$$H_y=0,\ H_z=\mathrm{Re}\left[H_0\cos\frac{\pi}{a}x\,\mathrm{e}^{\mathrm{i}(k_zz-\omega t)}\right]$$

这磁场的磁力线分布如图 3.41(1)所示.试说明:在图中 $z=z_0$ 处,波面上 P_1 至 P_9 各点磁场的偏振状态.

【解】　TE_{10} 波的磁场有两个分量,即纵向分量 H_z 和横向分量 H_x.它们在 z-x 平面内构成的磁力线是图 3.41(1)所示的虚线,介于长方形和椭圆形之间的闭合曲线.

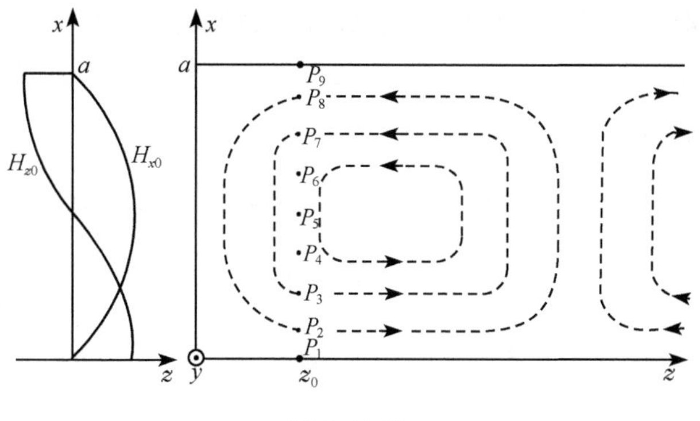

图 3.41(1)

在 $z=z_0$ 处的波面上，磁场的分量为

$$H_z(z_0)=\mathrm{Re}\left[H_0\cos\frac{\pi}{a}x\,\mathrm{e}^{\mathrm{i}(k_z z_0-\omega t)}\right]$$

$$=H_0\cos\frac{\pi}{a}x\cos(k_z z_0-\omega t) \tag{3.41.1}$$

$$H_x(z_0)=\mathrm{Re}\left[-\frac{\mathrm{i}k_z a}{\pi}H_0\sin\frac{\pi}{a}x\,\mathrm{e}^{\mathrm{i}(k_z z_0-\omega t)}\right]$$

$$=\frac{k_z a}{\pi}H_0\sin\frac{\pi}{a}x\sin(k_z z_0-\omega t) \tag{3.41.2}$$

由以上两式消去时间 t 便得

$$\frac{H_x^2}{\left(\frac{k_z a}{\pi}\right)^2 H_0^2\sin^2\frac{\pi}{a}x}+\frac{H_z^2}{H_0^2\cos^2\frac{\pi}{a}x}=1 \tag{3.41.3}$$

这是一个椭圆方程. 它表明，管内的磁场是椭圆偏振的，椭圆的长短轴分别平行于 x 轴和 z 轴；椭圆的两轴长度之比为

$$\frac{a_x}{a_z}=\frac{\frac{k_z a}{\pi}\left|\sin\frac{\pi}{a}x\right|}{\left|\cos\frac{\pi}{a}x\right|}=\frac{k_z a}{\pi}\left|\tan\frac{\pi}{a}x\right| \tag{3.41.4}$$

它是 x 的函数. 当 $x=0$ 和 $x=a$ 时，$\frac{a_x}{a_z}=0$，即 $a_x=0$，这时磁场是线偏振的(平行于 z 轴)；当 $x=\frac{a}{2}$ 时，$\frac{a_x}{a_z}=\infty$，即 $a_z=0$，这时磁场也是线偏振的(平行于 x 轴). 由(3.41.1)和(3.41.2)两式可见：当 $0<x<\frac{a}{2}$ 时，磁场是右旋椭圆偏振的；当 $\frac{a}{2}<x<a$ 时，磁场是左旋椭圆偏振的.

图 3.41(2)给出了 P_1 至 P_9 各点磁场的偏振状态. 可以看出，P_1、P_5 和 P_9 三

点的磁场是线偏振的，P_2、P_3 和 P_4 是右旋椭圆偏振的，而 P_6、P_7 和 P_8 则是左旋椭圆偏振的.

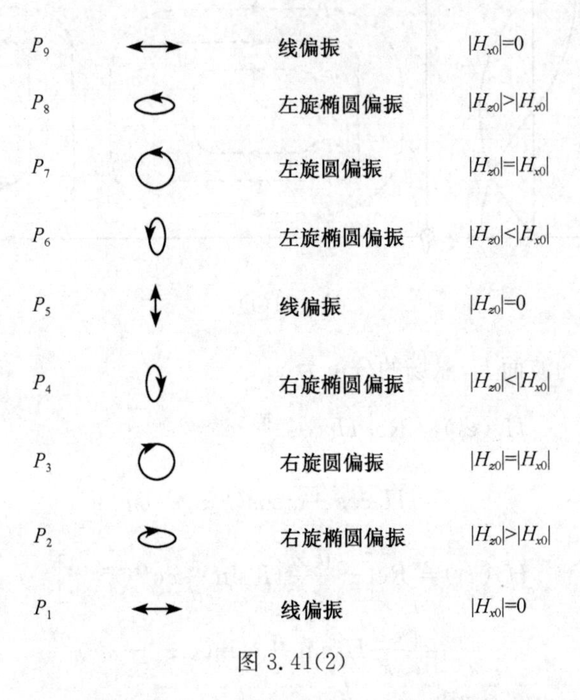

图 3.41(2)

【讨论】 (1) 在光学里，左(或右)旋椭圆偏振光是指光射向观察者时，观察者观察到，光的电矢量 $\boldsymbol{E}$ 的末端在椭圆上逆(或顺)时针方向旋转. 本题解里所说的左(或右)旋椭圆偏振与光学里的有些不同：(i)本题解里讲的是磁矢量 $\boldsymbol{H}$ 而不是电矢量 $\boldsymbol{E}$；(ii)本题解里的观察者不是迎着坡印亭矢量 $\boldsymbol{S}$ 观察(即 $\boldsymbol{S}$ 射向观察者)，而是从侧面观察，也就是往图 3.41(1)中 y 轴的负方向看时，所看到的现象；这时 $\boldsymbol{S}$ 是指向 z 轴的正方向的.

(2) 本题波导管里 TE_{10} 波电场的分量为

$$E_x = 0,\quad E_y = \mathrm{Re}\left[\frac{\mathrm{i}\omega\mu a}{\pi}H_0\sin\frac{\pi}{a}x\,\mathrm{e}^{\mathrm{i}(k_z z-\omega t)}\right],\quad E_z = 0 \qquad (3.41.5)$$

按光学里的规定，这个波是线偏振波，它的电矢量 $\boldsymbol{E}$ 平行于 y 轴振动.

3.42 用黄铜制成一矩形波导管，管内横截面的边长分别为 $a=2.0\mathrm{cm}$ 和 $b=1.0\mathrm{cm}$. 已知黄铜的电导率为 $\sigma=1.6\times10^7\mathrm{S/m}$，试求这波导管在传播频率为 $1.0\times10^{10}\mathrm{Hz}$ 的 TE_{10} 波时功率的衰减情况.

【解】 这波导管对 TE_{10} 波的截止频率为

$$f_{c,10} = \frac{1}{2}\frac{c}{a} = \frac{1}{2}\times\frac{3\times10^8}{2.0\times10^{-2}} = \frac{3}{4}\times10^{10} < 10^{10} \qquad (3.42.1)$$

故 $f=1.0\times10^{10}\mathrm{Hz}$ 的 TE_{10} 波可以在其中传播. 下面求传播时所产生的衰减. 这衰

减来自管壁电流所产生的焦耳热.为此,先求管壁电流.

管中传播 TE_{10} 波的电磁场为

$$\left.\begin{aligned}&E_x=0,\quad E_y=E_0\sin\frac{\pi}{a}x\,\mathrm{e}^{\mathrm{i}(k_z z-\omega t)},\quad E_z=0\\&H_x=-\frac{k_z}{\omega\mu}E_0\sin\frac{\pi}{a}x\,\mathrm{e}^{\mathrm{i}(k_z z-\omega t)},\quad H_y=0,\\&H_z=-\frac{\mathrm{i}\pi E_0}{\omega\mu a}\cos\frac{\pi}{a}x\,\mathrm{e}^{\mathrm{i}(k_z z-\omega t)}\end{aligned}\right\}\tag{3.42.2}$$

由面电流密度与磁场的关系式

$$\boldsymbol{K}=\boldsymbol{n}\times\boldsymbol{H}\tag{3.42.3}$$

得图 3.42(1)中 $x=0$ 和 $x=a$ 两面上的面电流密度为

$$\boldsymbol{K}_1=\boldsymbol{K}_2=\frac{\mathrm{i}\pi}{\omega\mu a}E_0\,\mathrm{e}^{\mathrm{i}(k_z z-\omega t)}\boldsymbol{e}_y\tag{3.42.4}$$

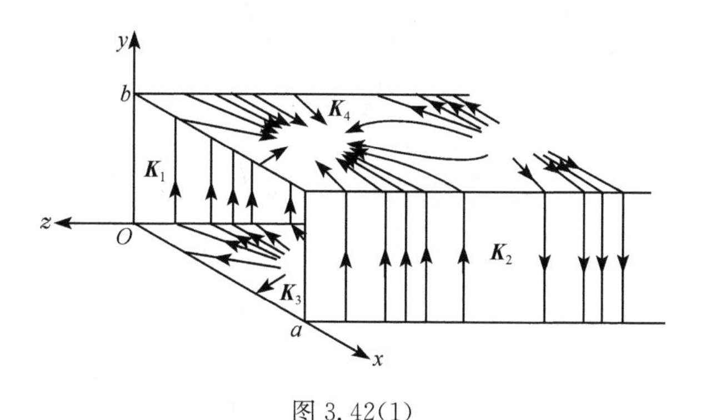

图 3.42(1)

$y=0$ 和 $y=b$ 两面上的面电流密度为

$$\begin{aligned}\boldsymbol{K}_3=-\boldsymbol{K}_4&=H_z\boldsymbol{e}_x-H_x\boldsymbol{e}_z\\&=-\frac{\mathrm{i}\pi}{\omega\mu a}E_0\cos\frac{\pi}{a}x\,\mathrm{e}^{\mathrm{i}(k_z z-\omega t)}\boldsymbol{e}_x+\frac{k_z}{\omega\mu}E_0\sin\frac{\pi}{a}x\,\mathrm{e}^{\mathrm{i}(k_z z-\omega t)}\boldsymbol{e}_z\end{aligned}\tag{3.42.5}$$

我们可以把这面电流看作在管壁上厚为 δ 的一层内流动,如图 3.42(2)所示,δ 是电磁波的穿透深度,其值为

$$\delta=\sqrt{\frac{2}{\omega\mu\sigma}}\tag{3.42.6}$$

于是这层管壁内的电流密度便为

$$\boldsymbol{j}=\frac{1}{\delta}\boldsymbol{K}\tag{3.42.7}$$

图 3.42(2)

这层管壁内相应的电场强度便为

$$\boldsymbol{E}=\frac{1}{\sigma}\boldsymbol{j}=\frac{1}{\sigma\delta}\boldsymbol{K}\tag{3.42.8}$$

由此得出，管壁上单位面积所消耗的平均功率为

$$P_1 = P_2 = \frac{1}{2}\mathrm{Re}(\boldsymbol{E}\cdot\boldsymbol{K}_1^*) = \frac{1}{2\sigma\delta}\mid\boldsymbol{K}_1\mid^2$$

$$= \frac{1}{2\sigma\delta}\left(\frac{\pi E_0}{\omega\mu a}\right)^2 \tag{3.42.9}$$

$$P_3 = P_4 = \frac{1}{2}\mathrm{Re}(\boldsymbol{E}_3\cdot\boldsymbol{K}_3^*) = \frac{1}{2\sigma\delta}\mid\boldsymbol{K}_3\mid^2$$

$$= \frac{1}{2\sigma\delta}(\mid H_x\mid^2 + \mid H_z\mid^2)$$

$$= \frac{E_0^2}{2\omega^2\mu^2\sigma\delta}\left(k_z^2\sin^2\frac{\pi}{a}x + \frac{\pi^2}{a^2}\cos^2\frac{\pi}{a}x\right) \tag{3.42.10}$$

单位长度的一段管壁所消耗的平均功率为

$$P_d = \int_0^b (P_1 + P_2)\mathrm{d}y + \int_0^a (P_3 + P_4)\mathrm{d}x$$

$$= 2\int_0^b P_1\mathrm{d}y + 2\int_0^a P_3\mathrm{d}x$$

$$= \frac{b}{\sigma\delta}\left(\frac{\pi E_0}{\omega\mu a}\right)^2 + \frac{E_0^2}{\omega^2\mu^2\sigma\delta}\left(k_z^2 + \frac{\pi^2}{a^2}\right)\frac{a}{2} \tag{3.42.11}$$

$$k_z^2 = \omega^2\varepsilon\mu - \frac{\pi^2}{a^2} = \frac{\omega^2}{c^2} - \frac{\pi^2}{a^2} \tag{3.42.12}$$

故得

$$P_d = \frac{\pi^2 E_0^2}{\omega^2\mu^2 a^2\sigma\delta}\left[b + \frac{a}{2}\left(\frac{\omega a}{\pi c}\right)^2\right] \tag{3.42.13}$$

波导管所传输的功率为

$$P = \int\bar{\boldsymbol{S}}\cdot\boldsymbol{e}_z\mathrm{d}A = \int_0^a\int_0^b \frac{1}{2}\mathrm{Re}(\boldsymbol{E}\times\boldsymbol{H}^*)\cdot\boldsymbol{e}_z\mathrm{d}x\mathrm{d}y$$

$$= -\frac{1}{2}\int_0^a\int_0^b E_y H_x^*\mathrm{d}x\mathrm{d}y = \frac{1}{2}\frac{k_z}{\omega\mu}E_0^2\int_0^a\int_0^b \sin^2\frac{\pi}{a}x\mathrm{d}x\mathrm{d}y$$

$$= \frac{abk_z}{4\omega\mu}E_0^2 \tag{3.42.14}$$

由(3.42.13)和(3.42.14)两式消去 E_0 得

$$P_d = \frac{4\pi^2}{\omega\mu a^3 bk_z\sigma\delta}\left[b + \frac{a}{2}\left(\frac{\omega a}{\pi c}\right)^2\right]P = \kappa P \tag{3.42.15}$$

式中

$$\kappa = \frac{4\pi^2}{\omega\mu a^3 bk_z\sigma\delta}\left[b + \frac{a}{2}\left(\frac{\omega a}{\pi c}\right)^2\right]$$

$$= \frac{4\pi^2\left[b+\frac{a}{2}\left(\frac{\omega a}{\pi c}\right)^2\right]}{a^3 b\sqrt{2\omega\mu\sigma\left[\left(\frac{\omega}{c}\right)^2-\left(\frac{\pi}{a}\right)^2\right]}} \tag{3.42.16}$$

是一个常量，将题给的数值代入，经过计算得

$$\kappa = 6.2\times10^{-2}\mathrm{m}^{-1} \tag{3.42.17}$$

由(3.42.15)式得：长为 $\mathrm{d}z$ 的一段管壁所消耗的功率为 $\mathrm{d}P_d=\kappa P\mathrm{d}z$，它也就是经过 $\mathrm{d}z$ 段时电磁波的功率减少的值 $-\mathrm{d}P$，即 $\mathrm{d}P_d=\kappa P\mathrm{d}z=-\mathrm{d}P$

$$\mathrm{d}P=-\kappa P\mathrm{d}z \tag{3.42.18}$$

积分得

$$P=P_0\mathrm{e}^{-\kappa z}=P_0\mathrm{e}^{-6.2\times10^{-2}z} \tag{3.42.19}$$

式中 P_0 是 $z=0$ 处电磁场所传输的功率. 这个结果表明，电磁波的功率随传输距离指数下降. 每传播约 11 米时，功率损失将近一半.

3.43　真空中有一宽度为 w、间距为 s 的金属平行板传输线，它的两端：$z=0$ 和 $z=l$ 处，都是金属平面，参见图 3.43.

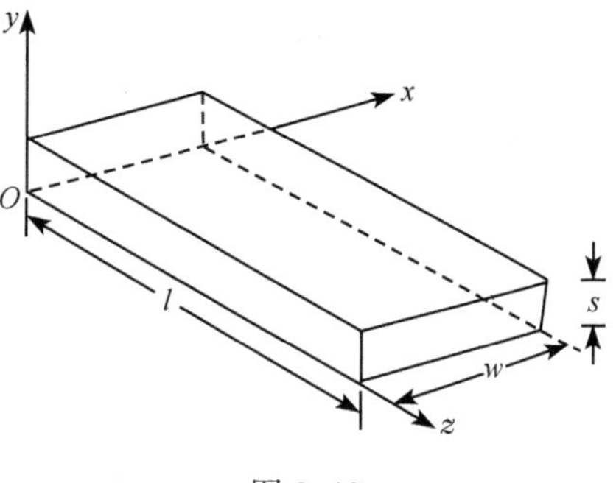

图 3.43

(a) 在这样一段传输线内，最低频率的驻波是横电磁波(TEM)，它在 z 轴方向上没有 $\boldsymbol{E}$ 和 $\boldsymbol{H}$ 的分量. 在开端 $x=0$ 和 $x=w$ 处可以略去边缘效应，还可以假定金属具有理想的电导率. 试求最低频率 TEM 模谐振的频率 f_1.

(b) 已知 E_0 是电场 $\boldsymbol{E}$ 的峰值振幅(peak amplitude)，试写出在 f_1 谐振情形下，场 $\boldsymbol{E}$ 和 $\boldsymbol{H}$ 的笛卡儿坐标分量与空间的关系.

(c) 实际金属具有很大、但是有限的电导率. 用理想电导率的解作为电磁场和面电流的一级(好的)近似，试计算在 f_1 谐振时每个周期的欧姆能量损失(ohmic energy loss). 用 E_0、δ、σ 和线度等表示答案，这里 δ 是频率为 f_1 的趋肤深度(skin depth)，σ 是电导率. 略去在两端平板中的欧姆损耗(因为 $l\gg s$)，并且假定 δ 比板的厚度小很多. 平板的电阻就是厚度为 δ 且具有均匀电导率 σ 的薄层的电阻. [本题系中国赴美物理研究生考试(CUSPEA)1982 年试题.]

【解】　在理想导体的器壁上，标准的边界条件是

$$E_{\mathrm{t}}=0,\qquad H_{\mathrm{n}}=0 \tag{3.43.1}$$

其中 E_{t} 为电场强度在器壁切线方向上的分量，H_{n} 为磁场强度在器壁法线方向上的分量. 显然，在本题中就是

$$E_x=E_z=0,\qquad H_y=0\quad(y=0,\ s) \tag{3.43.2}$$

最低频率的驻波是横电磁波，故它在 z 方向上的分量为

$$E_z=0, \qquad H_z=0 \tag{3.43.3}$$

(a) 这时长度 l 应是半个波长，故所求的频率为

$$f_1=\frac{c}{2l} \tag{3.43.4}$$

(b) 前面已得出电场强度为 $\boldsymbol{E}=(0,E_y,0)$，其中

$$E_y=E_0\sin\frac{\pi}{l}z\mathrm{e}^{-\mathrm{i}\omega t} \tag{3.43.5}$$

然后由 $\nabla\times\boldsymbol{E}=-\dfrac{\partial\boldsymbol{B}}{\partial t}=-\mu_0\dfrac{\partial\boldsymbol{H}}{\partial t}$ 得

$$\begin{aligned}H_x&=\frac{\mathrm{i}\pi}{\omega\mu_0 l}E_0\cos\frac{\pi}{l}z\mathrm{e}^{-\mathrm{i}\omega t}\\&=\mathrm{i}\sqrt{\frac{\varepsilon_0}{\mu_0}}E_0\cos\frac{\pi}{l}z\mathrm{e}^{-\mathrm{i}\omega t}\end{aligned} \tag{3.43.6}$$

可见 $\boldsymbol{E}$ 是 z 的正弦函数，$\boldsymbol{H}$ 是 z 的余弦函数.

(c) 在电导率为 σ 的金属中，设电流密度为 $\boldsymbol{j}\mathrm{e}^{-\mathrm{i}\omega t}$，则单位体积内一个周期里的欧姆损耗是

$$P_1=\frac{1}{2\sigma}|\boldsymbol{j}|^2 \tag{3.43.7}$$

在理想导体的零级近似下，面电流密度为

$$\boldsymbol{K}=\boldsymbol{n}\times\boldsymbol{H} \tag{3.43.8}$$

$\boldsymbol{K}$ 的振幅为

$$K=H=\sqrt{\frac{\varepsilon_0}{\mu_0}}E_0\cos\frac{\pi}{l}z \tag{3.43.9}$$

设想这面电流密度分布在厚度为 δ 的表面层内，则这层内电流密度的振幅便为

$$j=\frac{K}{\delta}=\frac{1}{\delta}\sqrt{\frac{\varepsilon_0}{\mu_0}}E_0\cos\frac{\pi}{l}z \tag{3.43.10}$$

将 j 代入(3.43.7)式，然后对体积 $V=2wl\delta$ 积分(因子 2 的出现是因为积分应在上下两个板上进行)，便得在 f_1 谐振时，每个周期里欧姆能量损失为

$$\begin{aligned}P&=\int_V P_1\mathrm{d}V=\frac{1}{2\sigma}\int_V|\boldsymbol{j}|^2\mathrm{d}V=\frac{w\delta}{\sigma}\int_0^l j^2\mathrm{d}z\\&=\frac{\varepsilon_0 wE_0^2}{\mu_0\sigma\delta}\int_0^l\cos^2\frac{\pi}{l}z\mathrm{d}z=\frac{1}{2}\frac{\varepsilon_0}{\mu_0}\frac{wl}{\sigma\delta}E_0^2\end{aligned} \tag{3.43.11}$$

3.44 一圆柱形波导由无穷长直圆柱形金属管构成，管内充满电容率为 ε、磁导率为 μ 的均匀介质，试求在其中传播的电磁场的纵向分量.

【解】 设在这波导内传播的是角频率为 ω 的单色电磁波，其电场强度为 $\boldsymbol{E}=$

$\boldsymbol{E}(\boldsymbol{r})\mathrm{e}^{-\mathrm{i}\omega t}$,磁场强度为 $\boldsymbol{H}=\boldsymbol{H}(\boldsymbol{r})\mathrm{e}^{-\mathrm{i}\omega t}$,则由麦克斯韦方程得

$$\nabla\times\boldsymbol{E}=\mathrm{i}\omega\mu\boldsymbol{H} \tag{3.44.1}$$

$$\nabla\times\boldsymbol{H}=-\mathrm{i}\omega\varepsilon\boldsymbol{E} \tag{3.44.2}$$

两边取旋度并利用矢量分析公式

$$\nabla\times(\nabla\times\boldsymbol{A})=\nabla(\nabla\cdot\boldsymbol{A})-\nabla^2\boldsymbol{A} \tag{3.44.3}$$

便得

$$\nabla^2\boldsymbol{E}+k^2\boldsymbol{E}=0 \tag{3.44.4}$$

$$\nabla^2\boldsymbol{H}+k^2\boldsymbol{H}=0 \tag{3.44.5}$$

式中

$$k^2=\omega^2\varepsilon\mu \tag{3.44.6}$$

根据对称性,以圆管的轴线为 z 轴取柱坐标系(r,ϕ,z). 这时电磁波的电场强度 $\boldsymbol{E}$ 和磁场强度 $\boldsymbol{H}$ 可写作

$$\boldsymbol{E}=E_r\boldsymbol{e}_r+E_\phi\boldsymbol{e}_\phi+E_z\boldsymbol{e}_z \tag{3.44.7}$$

$$\boldsymbol{H}=H_r\boldsymbol{e}_r+H_\phi\boldsymbol{e}_\phi+H_z\boldsymbol{e}_z \tag{3.44.8}$$

其中 E_z 和 H_z 便是所要求的纵向分量.

下面先求 E_z. 根据柱坐标系的拉普拉斯算符公式[参见本书末数学附录的(Ⅱ.17)式],得

$$\nabla^2\boldsymbol{E}=\left(\nabla^2E_r-\frac{1}{r^2}E_r-\frac{2}{r^2}\frac{\partial E_\phi}{\partial\phi}\right)\boldsymbol{e}_r+\left(\nabla^2E_\phi-\frac{1}{r^2}E_\phi+\frac{2}{r^2}\frac{\partial E_r}{\partial\phi}\right)\boldsymbol{e}_\phi+(\nabla^2E_z)\boldsymbol{e}_z \tag{3.44.9}$$

于是得(3.44.4)式的 z 分量为

$$(\nabla^2\boldsymbol{E})_z+k^2E_z=\nabla^2E_z+k^2E_z=0 \tag{3.44.10}$$

由本书末数学附录的(Ⅱ.16)式,上式即

$$\frac{\partial^2E_z}{\partial r^2}+\frac{1}{r}\frac{\partial E_z}{\partial r}+\frac{1}{r^2}\frac{\partial^2E_z}{\partial\phi^2}+\frac{\partial^2E_z}{\partial z^2}+k^2E_z=0 \tag{3.44.11}$$

这便是 E_z 所满足的微分方程. 下面用分离变数法求解. 令

$$E_z=R(r)\Phi(\phi)\mathrm{e}^{\mathrm{i}(k_zz-\omega t)} \tag{3.44.12}$$

式中 k_z 是传播矢量 $\boldsymbol{k}$ 的 z 分量,$k^2=|\boldsymbol{k}|^2$. 将(3.44.12)式代入(3.44.11)式得

$$\frac{1}{R}\frac{\mathrm{d}^2R}{\mathrm{d}r^2}+\frac{1}{rR}\frac{\mathrm{d}R}{\mathrm{d}r}+\frac{1}{r^2\Phi}\frac{\mathrm{d}^2\Phi}{\mathrm{d}\phi^2}+\omega^2\varepsilon\mu-k_z^2=0 \tag{3.44.13}$$

考虑到边界条件,令其中

$$\frac{1}{\Phi}\frac{\mathrm{d}^2\Phi}{\mathrm{d}\phi^2}=-m^2 \tag{3.44.14}$$

式中 m 为一常数. (3.44.14)式的通解为

$$\Phi(\phi)=A\cos m\phi+B\sin m\phi \tag{3.44.15}$$

因 $\Phi(\phi)$ 应是 ϕ 的以 2π 为周期的函数，故 m 应为整数.

将(3.44.14)代入(3.44.11)式得

$$\frac{\mathrm{d}^2R}{\mathrm{d}r^2}+\frac{1}{r}\frac{\mathrm{d}R}{\mathrm{d}r}+\left(\omega^2\varepsilon\mu-k_z^2-\frac{m^2}{r^2}\right)R=0 \tag{3.44.16}$$

令

$$k_c^2=\omega^2\varepsilon\mu-k_z^2 \tag{3.44.17}$$

有人称 k_c 为横向波数. 以 k_c^2 除(3.44.16)式，便得

$$\frac{\mathrm{d}^2R}{\mathrm{d}(k_cr)^2}+\frac{1}{k_cr}\frac{\mathrm{d}R}{\mathrm{d}(k_cr)}+\left[1-\frac{m^2}{(k_cr)^2}\right]R=0 \tag{3.44.18}$$

这是 m 阶贝塞耳方程，它在 $r=0$ 处有界的解是 m 阶贝塞耳函数，即

$$R(r)=\mathrm{J}_m(k_cr)=\sum_{l=0}^{\infty}\frac{(-1)^l}{l!(l+m)!}\left(\frac{k_cr}{2}\right)^{2l+m} \tag{3.44.19}$$

最后得所求的电场强度 $\boldsymbol{E}$ 的纵向分量为

$$E_z=\mathrm{J}_m(k_cr)(A\cos m\phi+B\sin m\phi)\mathrm{e}^{\mathrm{i}(k_zz-\omega t)},\qquad m=0,1,2,\cdots \tag{3.44.20}$$

用同样方法，可以求得磁场强度 $\boldsymbol{H}$ 的纵向分量为

$$H_z=\mathrm{J}_m(k_cr)(C\cos m\phi+D\sin m\phi)\mathrm{e}^{\mathrm{i}(k_zz-\omega t)},\qquad m=0,1,2,\cdots \tag{3.44.21}$$

式中 A、B、C、D 都是积分常数，其值由输入波导的功率决定.

3.45 用柱坐标表示，圆柱形波导中 TE 波（横电波）的纵向分量为 $H_z=H_0\mathrm{J}_m(k_cr)\cos m\phi\,\mathrm{e}^{\mathrm{i}(k_zz-\omega t)}$，式中 $\mathrm{J}_m(k_cr)=\sum\limits_{l=0}^{\infty}\frac{(-1)^l}{l!(l+m)!}\left(\frac{k_cr}{2}\right)^{2l+m}$ 是以 k_cr 为宗量的 m 阶贝塞耳函数，$k_c=\sqrt{\omega^2\varepsilon\mu-k_z^2}$. (1) 试求这 TE 波的电磁场；(2) 设圆柱形波导横截面的半径为 a，管壁是理想导体，试求它能传播的 TE 波的最低模的电磁场和波长.

【解】 (1) 因为是沿 z 方向传播的单色波，它的电磁场可写作

$$\boldsymbol{E}=\boldsymbol{E}(r,\phi)\mathrm{e}^{\mathrm{i}(k_zz-\omega t)} \tag{3.45.1}$$

$$\boldsymbol{H}=\boldsymbol{H}(r,\phi)\mathrm{e}^{\mathrm{i}(k_zz-\omega t)} \tag{3.45.2}$$

于是由麦克斯韦方程得

$$\nabla\times\boldsymbol{E}=\mathrm{i}\omega\mu\boldsymbol{H} \tag{3.45.3}$$

$$\nabla\times\boldsymbol{H}=-\mathrm{i}\omega\varepsilon\boldsymbol{E} \tag{3.45.4}$$

因为是 TE 波（横电波），故

$$E_z=0 \tag{3.45.5}$$

根据柱坐标系的旋度公式［参见本书末（Ⅱ.15）式］，由(3.45.3)、(3.45.4)、(3.45.5)三式得

$$\frac{1}{r}\frac{\partial E_z}{\partial\phi}-\frac{\partial E_\phi}{\partial z}=-\frac{\partial E_\phi}{\partial z}=-\mathrm{i}k_zE_\phi=\mathrm{i}\omega\mu H_r \tag{3.45.6}$$

$$\frac{\partial E_r}{\partial z}-\frac{\partial E_z}{\partial r}=\frac{\partial E_r}{\partial z}=\mathrm{i}k_zE_r=\mathrm{i}\omega\mu H_\phi \tag{3.45.7}$$

$$\frac{1}{r}\frac{\partial H_z}{\partial\phi}-\frac{\partial H_\phi}{\partial z}=\frac{1}{r}\frac{\partial H_z}{\partial\phi}-\mathrm{i}k_zH_\phi=-\mathrm{i}\omega\varepsilon E_r \tag{3.45.8}$$

$$\frac{\partial H_r}{\partial z}-\frac{\partial H_z}{\partial r}=\mathrm{i}k_zH_r-\frac{\partial H_z}{\partial r}=-\mathrm{i}\omega\varepsilon E_\phi \tag{3.45.9}$$

由(3.45.7)、(3.45.8)两式消去 H_ϕ 得

$$E_r=\frac{\mathrm{i}\omega\mu}{k_c^2r}\frac{\partial H_z}{\partial\phi}=-\frac{\mathrm{i}m\omega\mu}{k_c^2r}H_0\mathrm{J}_m(k_cr)\sin m\phi\,\mathrm{e}^{\mathrm{i}(k_zz-\omega t)} \tag{3.45.10}$$

由(3.45.6)、(3.45.9)两式消去 H_r 得

$$E_\phi=-\frac{\mathrm{i}\omega\mu}{k_c^2}\frac{\partial H_z}{\partial r}=-\frac{\mathrm{i}\omega\mu}{k_c}H_0\mathrm{J}'_m(k_cr)\cos m\phi\,\mathrm{e}^{\mathrm{i}(k_zz-\omega t)} \tag{3.45.11}$$

由(3.45.6)、(3.45.11)两式得

$$H_r=-\frac{k_z}{\omega\mu}E_\phi=\frac{\mathrm{i}k_z}{k_c}H_0\mathrm{J}'_m(k_cr)\cos m\phi\,\mathrm{e}^{\mathrm{i}(k_zz-\omega t)} \tag{3.45.12}$$

由(3.45.7)、(3.45.10)两式得

$$H_\phi=\frac{k_z}{\omega\mu}E_r=-\frac{\mathrm{i}mk_z}{k_c^2r}H_0\mathrm{J}_m(k_cr)\sin m\phi\,\mathrm{e}^{\mathrm{i}(k_zz-\omega t)} \tag{3.45.13}$$

(3.45.5)、(3.45.10)、(3.45.11)、(3.45.12)、(3.45.13)诸式，便是所求的 TE 波的电磁场.

(2) 理想导体的边界条件是:导体外表面处电场强度 $\boldsymbol{E}$ 的切向分量为零.在现在的情况下就是

$$E_\phi\big|_{r=a}=0 \tag{3.45.14}$$

这时由(3.45.11)式得

$$\mathrm{J}'_m(k_ca)=0 \tag{3.45.15}$$

这个方程的根 x'_{mn} 的最小值为[参见本书末数学附录Ⅶ的表 2]

$$x'_{11}=(k_ca)_{11}=1.8412 \tag{3.45.16}$$

故知这圆柱形波导能传播 TE 波的最低模为 TE_{11}，它的电磁场为

$$E_r=-\frac{\mathrm{i}\omega\mu}{k_c^2r}H_0\mathrm{J}_1(k_cr)\sin\phi\,\mathrm{e}^{\mathrm{i}(k_zz-\omega t)} \tag{3.45.17}$$

$$E_\phi=-\frac{\mathrm{i}\omega\mu}{k_c}H_0\mathrm{J}'_1(k_cr)\cos\phi\,\mathrm{e}^{\mathrm{i}(k_zz-\omega t)} \tag{3.45.18}$$

$$E_z=0 \tag{3.45.19}$$

$$H_r=\frac{\mathrm{i}k_z}{k_c}H_0\mathrm{J}'_1(k_cr)\cos\phi\,\mathrm{e}^{\mathrm{i}(k_zz-\omega t)} \tag{3.45.20}$$

$$H_\phi = -\frac{\mathrm{i}k_z}{k_c^2 r} H_0 \mathrm{J}_1(k_c r)\sin\phi \mathrm{e}^{\mathrm{i}(k_z z-\omega t)} \tag{3.45.21}$$

$$H_z = H_0 \mathrm{J}_1(k_c r)\cos\phi \mathrm{e}^{\mathrm{i}(k_z z-\omega t)} \tag{3.45.22}$$

它的波长为 λ_{11},其值由(3.45.16)式为

$$\lambda_{11} = \frac{2\pi}{(k_c)_{11}} = \frac{2\pi a}{x'_{11}} = \frac{2\pi a}{1.8412} = 3.4125a \tag{3.45.23}$$

凡 $\lambda > \lambda_{11}$ 的 TE 波都不能在这圆柱形波导中传播.

【讨论】 求 TE 波的电磁场,也可直接用前面 3.36 题导出的公式计算.

3.46 用柱坐标表示,圆柱形波导中 TM 波(横磁波)的纵向分量为 $E_z = E_0 \mathrm{J}_m(k_c r)\cos m\phi \mathrm{e}^{\mathrm{i}(k_z z-\omega t)}$,式中 $\mathrm{J}_m(k_c r) = \sum_{l=0}^{\infty} \frac{(-1)^l}{l!(l+m)!}\left(\frac{k_c r}{2}\right)^{2l+m}$ 是以 $k_c r$ 为宗量的 m 阶贝塞耳函数,$k_c = \sqrt{\omega^2\varepsilon\mu - k_z^2}$.(1)试求这TM波的电磁场;(2)设圆柱形波导横截面的半径为 a,管壁是理想导体,试求它能传播的 TM 波的最低模的电磁场和波长.

【解】 (1)因为是沿 z 方向传播的单色波,它的电磁场可写作

$$\boldsymbol{E} = \boldsymbol{E}(r,\phi)\mathrm{e}^{\mathrm{i}(k_z z-\omega t)} \tag{3.46.1}$$

$$\boldsymbol{H} = \boldsymbol{H}(r,\phi)\mathrm{e}^{\mathrm{i}(k_z z-\omega t)} \tag{3.46.2}$$

于是由麦克斯韦方程得

$$\nabla \times \boldsymbol{E} = \mathrm{i}\omega\mu\boldsymbol{H} \tag{3.46.3}$$

$$\nabla \times \boldsymbol{H} = -\mathrm{i}\omega\varepsilon\boldsymbol{E} \tag{3.46.4}$$

因为是 TM 波(横磁波),故

$$H_z = 0 \tag{3.46.5}$$

根据柱坐标的旋度公式[参见本书末(Ⅱ.15)式],由(3.46.3)、(3.46.4)、(3.46.5)三式得

$$\frac{1}{r}\frac{\partial E_z}{\partial \phi} - \frac{\partial E_\phi}{\partial z} = \frac{1}{r}\frac{\partial E_z}{\partial \phi} - \mathrm{i}k_z E_\phi = \mathrm{i}\omega\mu H_r \tag{3.46.6}$$

$$\frac{\partial E_r}{\partial z} - \frac{\partial E_z}{\partial r} = \mathrm{i}k_z E_r - \frac{\partial E_z}{\partial r} = \mathrm{i}\omega\mu H_\phi \tag{3.46.7}$$

$$\frac{1}{r}\frac{\partial H_z}{\partial \phi} - \frac{\partial H_\phi}{\partial z} = -\frac{\partial H_\phi}{\partial z} = -\mathrm{i}k_z H_\phi = -\mathrm{i}\omega\varepsilon E_r \tag{3.46.8}$$

$$\frac{\partial H_r}{\partial z} - \frac{\partial H_z}{\partial r} = \frac{\partial H_r}{\partial z} = \mathrm{i}k_z H_r = -\mathrm{i}\omega\varepsilon E_\phi \tag{3.46.9}$$

由(3.46.7)、(3.46.8)两式消去 H_ϕ 得

$$E_r = \frac{\mathrm{i}k_z}{k_c^2}\frac{\partial E_z}{\partial r} = \frac{\mathrm{i}k_z}{k_c}E_0 \mathrm{J}'_m(k_c r)\cos m\phi \mathrm{e}^{\mathrm{i}(k_z z-\omega t)} \tag{3.46.10}$$

由(3.46.6)、(3.46.9)两式消去 H_r 得

$$E_\phi = \frac{\mathrm{i}k_z}{k_c^2 r}\frac{\partial E_z}{\partial \phi} = -\frac{\mathrm{i}mk_z}{k_c^2 r}E_0 \mathrm{J}_m(k_c r)\sin m\phi\, \mathrm{e}^{\mathrm{i}(k_z z-\omega t)} \tag{3.46.11}$$

由(3.46.9)、(3.46.11)两式得

$$H_r = -\frac{\omega\varepsilon}{k_z}E_\phi = \frac{\mathrm{i}m\omega\varepsilon}{k_c^2 r}E_0 \mathrm{J}_m(k_c r)\sin m\phi\, \mathrm{e}^{\mathrm{i}(k_z z-\omega t)} \tag{3.46.12}$$

由(3.46.8)、(3.46.10)两式得

$$H_\phi = \frac{\omega\varepsilon}{k_z}E_r = \frac{\mathrm{i}\omega\varepsilon}{k_c}E_0 \mathrm{J}'_m(k_c r)\cos m\phi\, \mathrm{e}^{\mathrm{i}(k_z z-\omega t)} \tag{3.46.13}$$

(3.46.5)、(3.46.10)、(3.46.11)、(3.46.12)、(3.46.13)诸式便是所求的 TM 波的电磁场.

(2) 理想导体的边界条件是:导体外表面处电场强度 $\boldsymbol{E}$ 的切向分量为零.在现在的情况下就是

$$E_z|_{r=a} = 0, \qquad E_\phi|_{r=a} = 0 \tag{3.46.14}$$

由题给的 E_z 和(3.46.11)式得

$$\mathrm{J}_m(k_c a) = 0 \tag{3.46.15}$$

这个方程的根 x_{mn} 的最小值为[参见本书末数学附录Ⅶ的表 1]

$$x_{01} = 2.4048 \tag{3.46.16}$$

故知这圆柱形波导能传播 TM 波的最低模为 TM_{01} 模,它的电磁场为

$$E_r = \frac{\mathrm{i}k_z}{k_c}E_0 \mathrm{J}'_0(k_c r)\mathrm{e}^{\mathrm{i}(k_z z-\omega t)} \tag{3.46.17}$$

$$E_\phi = 0 \tag{3.46.18}$$

$$E_z = E_0 \mathrm{J}_0(k_c r)\mathrm{e}^{\mathrm{i}(k_z z-\omega t)} \tag{3.46.19}$$

$$H_r = 0 \tag{3.46.20}$$

$$H_\phi = \frac{\mathrm{i}\omega\varepsilon}{k_c}E_0 \mathrm{J}'_0(k_c r)\mathrm{e}^{\mathrm{i}(k_z z-\omega t)} \tag{3.46.21}$$

$$H_z = 0 \tag{3.46.22}$$

(3.46.17)式至(3.46.22)式表明:TM_{01} 模的电磁场与 ϕ 无关,是一种轴对称的电磁场.它的波长为 λ_{01},其值由(3.46.16)式为

$$\lambda_{01} = \frac{2\pi}{(k_c)_{01}} = \frac{2\pi a}{x_{01}} = \frac{2\pi a}{2.4048} = 2.6128a \tag{3.46.23}$$

凡 $\lambda > \lambda_{01}$ 的 TM 波都不能在这圆柱形波导中传播.

【讨论】 (1) 求 TM 波的电磁场,也可直接用前面 3.36 题的公式计算.

(2) 比较本题与前一题的结果可见,圆柱形波导能传播的最长波长的电磁波是 TE_{11} 波.

3.47　一同轴传输线由半径为 a 的金属直线和套在它外面的金属圆筒构成,圆筒的内半径为 b;金属的磁导率为 μ_c,电导率为 σ,趋肤深度为 δ;导线与圆筒间充

满电容率为 ε、磁导率为 μ 的均匀介质. 设这传输线中传播的是 TEM 型主波,它的 $\boldsymbol{E}$ 和 $\boldsymbol{H}$ 都是轴对称的且都无纵向分量. (1)试求 TEM 型主波的电磁场;(2)试证明对时间平均的功率流为

$$P=\pi\sqrt{\frac{\mu}{\varepsilon}}\ |H_0|^2a^2\ln\left(\frac{b}{a}\right)$$

式中 H_0 是导线表面角向磁场的峰值;(3)传输功率沿线衰减的规律为

$$P(z)=P_0\mathrm{e}^{-2\gamma z}$$

试证明

$$\gamma=\frac{1}{2\sigma\delta}\sqrt{\frac{\varepsilon}{\mu}}\frac{\left(\frac{1}{a}+\frac{1}{b}\right)}{\ln\left(\frac{b}{a}\right)}$$

(4) 这传输线的特征阻抗 Z_0 定义为导线与圆筒间的电压与导线上轴向电流之比. 试证明

$$Z_0=\frac{1}{2\pi}\sqrt{\frac{\mu}{\varepsilon}}\ln\left(\frac{b}{a}\right)$$

(5) 试证明这传输线单位长度的串联电阻和自感分别为

$$R=\frac{1}{2\pi\sigma\delta}\left(\frac{1}{a}+\frac{1}{b}\right),\qquad L=\frac{\mu}{2\pi}\ln\left(\frac{b}{a}\right)+\frac{\mu_c\delta}{4\pi}\left(\frac{1}{a}+\frac{1}{b}\right)$$

自感的修正项来源于磁通量穿入导体的深度为 δ.

【解】 (1) 以轴线为 z 轴取柱坐标系,TEM 型主波便是沿 z 方向传播的横电磁波,它的 $E_z=0,H_z=0$,并且 $\boldsymbol{E}$ 和 $\boldsymbol{H}$ 都与方位角 ϕ 无关. 设它的角频率为 ω,则它的电磁场可写作

$$\boldsymbol{E}=(E_r\boldsymbol{e}_r+E_\phi\boldsymbol{e}_\phi)\mathrm{e}^{\mathrm{i}(k_zz-\omega t)} \tag{3.47.1}$$

$$\boldsymbol{H}=(H_r\boldsymbol{e}_r+H_\phi\boldsymbol{e}_\phi)\mathrm{e}^{\mathrm{i}(k_zz-\omega t)} \tag{3.47.2}$$

式中 E_r,E_ϕ,H_r,H_ϕ 都只是 r 的函数. 由麦克斯韦方程得

$$\nabla\times\boldsymbol{E}=\mathrm{i}\omega\mu\boldsymbol{H} \tag{3.47.3}$$

$$\nabla\times\boldsymbol{H}=-\mathrm{i}\omega\varepsilon\boldsymbol{E} \tag{3.47.4}$$

(3.47.3)式的三个分量式为

$$-\frac{\partial E_\phi}{\partial z}=-\mathrm{i}k_zE_\phi=\mathrm{i}\omega\mu H_r \tag{3.47.5}$$

$$\frac{\partial E_r}{\partial z}=\mathrm{i}k_zE_r=\mathrm{i}\omega\mu H_\phi \tag{3.47.6}$$

$$\frac{\partial}{\partial r}(rE_\phi)=\frac{\partial E_r}{\partial\phi}=0 \tag{3.47.7}$$

(3.47.4)式的三个分量式为

$$-\frac{\partial H_\phi}{\partial z}=-\mathrm{i}k_z H_\phi=-\mathrm{i}\omega\varepsilon E_r \tag{3.47.8}$$

$$\frac{\partial H_r}{\partial z}=\mathrm{i}k_z H_r=-\mathrm{i}\omega\varepsilon E_\phi \tag{3.47.9}$$

$$\frac{\partial}{\partial r}(rH_\phi)=\frac{\partial H_r}{\partial \phi}=0 \tag{3.47.10}$$

由(3.47.5)、(3.47.9)两式，或由(3.47.6)、(3.47.8)两式，得

$$k_z^2=\omega^2\varepsilon\mu=k^2 \tag{3.47.11}$$

由(3.47.7)、(3.47.10)两式得

$$E_\phi=\frac{A}{r} \tag{3.47.12}$$

$$H_\phi=\frac{B}{r}=H_0\frac{a}{r} \tag{3.47.13}$$

式中 A、B 都是积分常数，由边界条件 $r=a$ 和 b 时，$E_\phi=0$，得出 $A=0$；再由(3.47.5)式或(3.47.9)式得 $H_r=0$. 因题给导线表面角向磁场的峰值为 H_0，故 $B=aH_0$.

由(3.47.6)式或(3.47.8)式得

$$E_r=\sqrt{\frac{\mu}{\varepsilon}}H_\phi=\sqrt{\frac{\mu}{\varepsilon}}H_0\frac{a}{r} \tag{3.47.14}$$

最后便得所求的 TEM 型主波的电磁场为

$$\boldsymbol{E}=\sqrt{\frac{\mu}{\varepsilon}}H_0\frac{a}{r}\mathrm{e}^{\mathrm{i}(kz-\omega t)}\boldsymbol{e}_r \tag{3.47.15}$$

$$\boldsymbol{H}=H_0\frac{a}{r}\mathrm{e}^{\mathrm{i}(kz-\omega t)}\boldsymbol{e}_\phi \tag{3.47.16}$$

(2) 对时间平均的能流密度为

$$\bar{\boldsymbol{S}}=\frac{1}{2}\mathrm{Re}(\boldsymbol{E}\times\boldsymbol{H}^*)=\frac{1}{2}\sqrt{\frac{\mu}{\varepsilon}}|H_0|^2\frac{a^2}{r^2}\boldsymbol{e}_z \tag{3.47.17}$$

所以对时间平均的功率流为

$$P=\int_a^b\bar{\boldsymbol{S}}\cdot\boldsymbol{e}_z 2\pi r\mathrm{d}r=\pi\sqrt{\frac{\mu}{\varepsilon}}|H_0|^2a^2\int_a^b\frac{r\mathrm{d}r}{r^2}=\pi\sqrt{\frac{\mu}{\varepsilon}}|H_0|^2a^2\ln\left(\frac{b}{a}\right) \tag{3.47.18}$$

(3) 单位长度导线所消耗的功率为

$$\begin{aligned}\frac{\mathrm{d}P_a}{\mathrm{d}z}&=\frac{1}{2}\int_{V_a}\mathrm{Re}(\boldsymbol{E}\cdot\boldsymbol{j}^*)\mathrm{d}V=\frac{1}{2\sigma}\int_{V_a}|\boldsymbol{j}|^2\mathrm{d}V=\frac{1}{2\sigma}\int_{V_a}\left|\frac{\boldsymbol{n}\times\boldsymbol{H}}{\delta}\right|^2\mathrm{d}V\\&=\frac{1}{2\sigma\delta^2}|H_0|^2\cdot 2\pi a\delta=\frac{\pi a|H_0|^2}{\sigma\delta}\end{aligned} \tag{3.47.19}$$

单位长度圆筒所消耗的功率为

$$\frac{\mathrm{d}P_b}{\mathrm{d}z}=\frac{1}{2}\int_{V_b}\mathrm{Re}(\boldsymbol{E}\cdot\boldsymbol{j}^*)\mathrm{d}V=\frac{1}{2\sigma}\int_{V_b}|\boldsymbol{j}|^2\mathrm{d}V=\frac{1}{2\sigma}\int_{V_b}\left|\frac{\boldsymbol{n}\times\boldsymbol{H}}{\delta}\right|^2\mathrm{d}V$$

$$=\frac{1}{2\sigma\delta^2}\left|\frac{H_0a}{b}\right|^2\cdot 2\pi b\delta=\frac{\pi a\,|H_0|^2}{\sigma\delta}\frac{a}{b} \tag{3.47.20}$$

由

$$\frac{\mathrm{d}P(z)}{\mathrm{d}z}=-2\gamma P=-\left(\frac{\mathrm{d}P_a}{\mathrm{d}z}+\frac{\mathrm{d}P_b}{\mathrm{d}z}\right) \tag{3.47.21}$$

得

$$\gamma=\left(\frac{\mathrm{d}P_a}{\mathrm{d}z}+\frac{\mathrm{d}P_b}{\mathrm{d}z}\right)/2P=\frac{\pi a\,|H_0|^2}{\sigma\delta}\left(1+\frac{a}{b}\right)/2\pi\sqrt{\frac{\mu}{\varepsilon}}\,|H_0|^2a^2\ln\left(\frac{b}{a}\right)$$

$$=\frac{1}{2\sigma\delta}\sqrt{\frac{\varepsilon}{\mu}}\frac{\left(\frac{1}{a}+\frac{1}{b}\right)}{\ln\left(\frac{b}{a}\right)} \tag{3.47.22}$$

(4) 特性阻抗

$$Z_0=\frac{U}{I}=\frac{\int_a^b E_r\mathrm{d}r}{2\pi aH|_{r=a}}=\frac{\sqrt{\frac{\mu}{\varepsilon}}H_0a\int_a^b\frac{\mathrm{d}r}{r}}{2\pi aH_0}=\frac{1}{2\pi}\sqrt{\frac{\mu}{\varepsilon}}\ln\left(\frac{b}{a}\right) \tag{3.47.23}$$

(5) 传输线单位长度的电阻为

$$R=\frac{1}{\sigma A_a}+\frac{1}{\sigma A_b}=\frac{1}{\sigma\cdot 2\pi a\delta}+\frac{1}{\sigma\cdot 2\pi b\delta}=\frac{1}{2\pi\sigma\delta}\left(\frac{1}{a}+\frac{1}{b}\right) \tag{3.47.24}$$

下面由磁通量求传输线单位长度的自感. 设 Φ_a、Φ_{ab} 和 Φ_b 分别代表导线内、导线与圆筒间和圆筒内单位长度的磁通量,则有

$$\Phi_a=\int_{S_a}\mu_cH\,\mathrm{d}S=\mu_c\int_{a-\delta}^a H\,\mathrm{d}r=\mu_c\frac{H_0}{2}\delta=\frac{1}{2}\mu_cH_0\delta \tag{3.47.25}$$

上式中的积分是这样考虑的:自导线表面向内,H 实际上是指数下降的,我们把它当作直线下降,在表面上为 H_0,到趋肤深度 δ 处下降到零,故积分的结果为$\frac{H_0}{2}\delta$. 对于圆筒内,也作同样考虑,便得

$$\Phi_b=\int_{S_b}\mu_cH\,\mathrm{d}S=\mu_c\int_b^{b+\delta}H\,\mathrm{d}r=\mu_c\left(\frac{1}{2}H_0\frac{a}{b}\right)\delta=\frac{1}{2}\mu_cH_0\delta\frac{a}{b} \tag{3.47.26}$$

而

$$\Phi_{ab}=\int_{S_{ab}}\mu H\,\mathrm{d}S=\mu\int_a^b H\,\mathrm{d}r=\mu H_0a\int_a^b\frac{\mathrm{d}r}{r}=\mu H_0a\ln\left(\frac{b}{a}\right) \tag{3.47.27}$$

通过的电流为

$$I = 2\pi a \mid \boldsymbol{n} \times \boldsymbol{H} \mid_{r=a} = 2\pi a H_0 \tag{3.47.28}$$

于是得传输线单位长度的自感为

$$L = \frac{\Phi}{I} = \frac{\Phi_{ab} + \Phi_a + \Phi_b}{I} = \frac{\mu}{2\pi}\ln\left(\frac{b}{a}\right) + \frac{\mu_c \delta}{4\pi}\left(\frac{1}{a} + \frac{1}{b}\right) \tag{3.47.29}$$

3.48　如图 3.48 所示. 边长为 a、b、d 的长方体谐振腔,腔壁是用理想导体制成的. 腔内激发的是频率为 ω 的 TE_{101} 波,其电场振幅的最大值为 E_0. TE_{101} 波的 $k_x = \frac{\pi}{a}, k_y = 0, k_z = \frac{\pi}{d}$. 试求这腔内电场的总能量和磁场的总能量对时间的平均值.

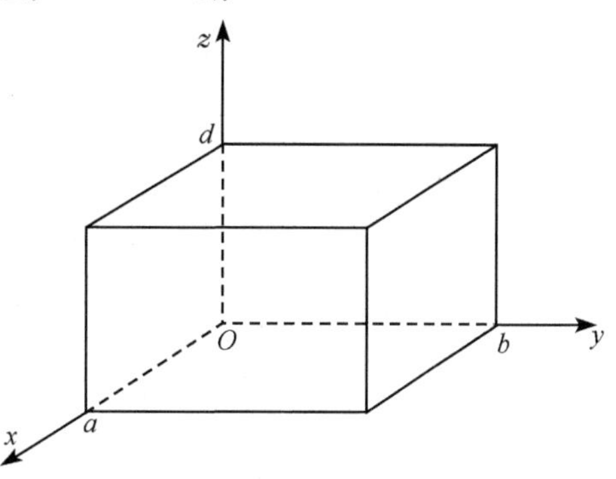

图 3.48

【解】　由解亥姆霍兹方程 $\nabla^2 \boldsymbol{E} + k^2 \boldsymbol{E} = 0$ 得出,矩形谐振腔内的电场强度为

$$\left.\begin{aligned} E_x &= A_1 \cos k_x x \sin k_y y \sin k_z z \, e^{-i\omega t} \\ E_y &= A_2 \sin k_x x \cos k_y y \sin k_z z \, e^{-i\omega t} \\ E_z &= A_3 \sin k_x x \sin k_y y \cos k_z z \, e^{-i\omega t} \end{aligned}\right\} \tag{3.48.1}$$

令 $k_x = \frac{\pi}{a}, k_y = 0, k_z = \frac{\pi}{d}$,故得

$$\left.\begin{aligned} E_x &= 0 \\ E_y &= E_0 \sin \frac{\pi}{a} x \sin \frac{\pi}{d} z \, e^{-i\omega t} \\ E_z &= 0 \end{aligned}\right\} \tag{3.48.2}$$

由 $\boldsymbol{H} = -\frac{i}{\omega \mu_0} \nabla \times \boldsymbol{E}$ 得磁场强度为

$$\left.\begin{aligned} H_x &= \frac{i\pi}{\omega \mu_0 d} E_0 \sin \frac{\pi}{a} x \cos \frac{\pi}{d} z \, e^{-i\omega t} \\ H_y &= 0 \\ H_z &= -\frac{i\pi}{\omega \mu_0 a} E_0 \cos \frac{\pi}{a} x \sin \frac{\pi}{d} z \, e^{-i\omega t} \end{aligned}\right\} \tag{3.48.3}$$

电场能量密度对时间的平均值为

$$\begin{aligned} \overline{w}_e &= \frac{1}{T}\int_0^T w_e \, dt = \frac{1}{T}\int_0^T \frac{1}{2}\varepsilon_0 (\mathrm{Re}\boldsymbol{E})^2 \, dt \\ &= \frac{\varepsilon_0}{2T} E_0^2 \sin^2 \frac{\pi}{a} x \sin^2 \frac{\pi}{d} z \int_0^T \cos^2 \omega t \, dt \\ &= \frac{1}{4}\varepsilon_0 E_0^2 \sin^2 \frac{\pi}{a} x \sin^2 \frac{\pi}{d} z \end{aligned} \tag{3.48.4}$$

电场的总能量对时间的平均值为

$$\overline{W}_e = \int \overline{w}_e \mathrm{d}V$$
$$= \frac{1}{4}\varepsilon_0 E_0^2 \int_0^a \int_0^b \int_0^d \sin^2 \frac{\pi}{a}x \sin^2 \frac{\pi}{d}z \,\mathrm{d}x\mathrm{d}y\mathrm{d}z$$
$$= \frac{1}{16}\varepsilon_0 E_0^2 abd \tag{3.48.5}$$

磁场能量密度对时间的平均值为

$$\overline{w}_m = \frac{1}{T}\int_0^T w_m \mathrm{d}t = \frac{1}{T}\int_0^T \frac{1}{2}\mu_0 (\mathrm{Re}\boldsymbol{H})^2 \mathrm{d}t$$
$$= \frac{\mu_0}{2T}\int_0^T \Big[\Big(\frac{\pi E_0}{\omega\mu_0 d}\Big)^2 \sin^2 \frac{\pi}{a}x \cos^2 \frac{\pi}{d}z \sin^2 \omega t +$$
$$\Big(\frac{\pi E_0}{\omega\mu_0 a^2}\Big)^2 \cos^2 \frac{\pi}{a}x \sin^2 \frac{\pi}{d}z \sin^2 \omega t\Big]\mathrm{d}t$$
$$= \frac{\pi^2 E_0^2}{4\omega^2\mu_0}\Big(\frac{1}{d^2}\sin^2 \frac{\pi}{a}x \cos^2 \frac{\pi}{d}z + \frac{1}{a^2}\cos^2 \frac{\pi}{a}x \sin^2 \frac{\pi}{d}z\Big) \tag{3.48.6}$$

磁场的总能量对时间的平均值为

$$\overline{W}_m = \int \overline{w}_m \mathrm{d}V$$
$$= \frac{\pi^2 E_0^2}{4\omega^2\mu_0}\int_0^a\int_0^b\int_0^d \Big(\frac{1}{d^2}\sin^2 \frac{\pi}{a}x \cos^2 \frac{\pi}{d}z + \frac{1}{a^2}\cos^2 \frac{\pi}{a}x \sin^2 \frac{\pi}{d}z\Big)\mathrm{d}x\mathrm{d}y\mathrm{d}z$$
$$= \frac{\pi^2 E_0^2 b(a^2+d^2)}{16\omega^2\mu_0 ad} \tag{3.48.7}$$

因

$$\omega^2 = c^2 k^2 = c^2\Big(\frac{\pi^2}{a^2} + \frac{\pi^2}{d^2}\Big) = \frac{\pi^2 c^2 (a^2+d^2)}{a^2 d^2} \tag{3.48.8}$$

所以

$$\overline{W}_m = \frac{1}{16\mu_0 c^2}E_0^2 abd = \frac{1}{16}\varepsilon_0 E_0^2 abd \tag{3.48.9}$$

$$\overline{W}_m = \overline{W}_e = \frac{1}{16}\varepsilon_0 E_0^2 abd \tag{3.48.10}$$

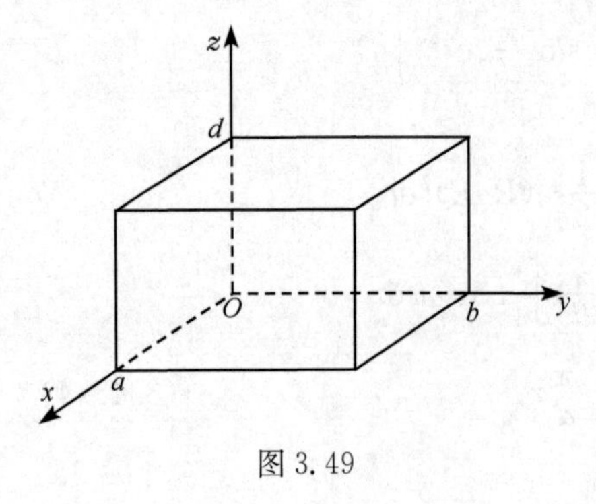

图 3.49

3.49 由金属壁做成的矩形谐振腔，长为 a，宽为 b，高为 d. 以一角 O 为原点，取坐标如图 3.49 所示. 当腔内存在频率为 ω 的 TE_{101} 波时，由于腔壁的损耗，腔内电磁场的总能量 W 将随时间成指数衰减

$$W = W_0 \mathrm{e}^{-2\alpha t}$$

式中 W_0 是 $t=0$ 时刻电磁场的总能量，α 是衰减常数. 谐振腔的品质因数定义为

$$Q = 2\pi \frac{(\text{腔内电磁场的总能量})}{(\text{一个周期内损耗的能量})}$$

(1) 试求 Q 与 α 的关系;(2)设金属腔壁的电导率为 σ,穿透深度为 δ,试求 Q 的表达式.

【解】 (1) 求 Q 与 α 的关系. 由题给的 W 与时间的关系式得

$$\mathrm{d}W = -2\alpha W_0 \mathrm{e}^{-2\alpha t}\mathrm{d}t = -2\alpha W \mathrm{d}t \tag{3.49.1}$$

设 P_d 为腔壁损耗的功率,则有

$$\mathrm{d}W = -P_d \mathrm{d}t \tag{3.49.2}$$

所以

$$\alpha = \frac{P_d}{2W} \tag{3.49.3}$$

依定义得

$$Q = 2\pi \frac{W}{P_d T} = \omega \frac{W}{P_d} = \frac{\omega}{2\alpha} \tag{3.49.4}$$

(2) 求 Q 的表达式. 为了求 Q,先要计算腔壁电流所产生的损耗. TE_{101} 波的电磁场为(参见前面 3.48 题)

$$\left.\begin{aligned}&E_x = 0, E_y = E_0 \sin\frac{\pi}{a}x \sin\frac{\pi}{d}z\,\mathrm{e}^{-\mathrm{i}\omega t}, E_z = 0\\&H_x = \frac{\mathrm{i}\pi E_0}{\omega\mu_0 d}\sin\frac{\pi}{a}x\cos\frac{\pi}{d}z\,\mathrm{e}^{-\mathrm{i}\omega t}, H_y = 0,\\&H_z = -\frac{\mathrm{i}\pi E_0}{\omega\mu_0 a}\cos\frac{\pi}{a}x\sin\frac{\pi}{d}z\,\mathrm{e}^{-\mathrm{i}\omega t}\end{aligned}\right\} \tag{3.49.5}$$

由此得各腔壁上的面电流密度如下:

$z=0$ 面:
$$\boldsymbol{K}_1 = \boldsymbol{e}_z \times \boldsymbol{H} = (H_x)_{z=0}\boldsymbol{e}_y = \frac{\mathrm{i}\pi E_0}{\omega\mu_0 d}\sin\frac{\pi}{a}x\,\mathrm{e}^{-\mathrm{i}\omega t}\boldsymbol{e}_y \tag{3.49.6}$$

$z=d$ 面:
$$\boldsymbol{K}_2 = -\boldsymbol{e}_z \times \boldsymbol{H} = -(H_x)_{z=d}\boldsymbol{e}_y = \frac{\mathrm{i}\pi E_0}{\omega\mu_0 d}\sin\frac{\pi}{a}x\,\mathrm{e}^{-\mathrm{i}\omega t}\boldsymbol{e}_y = \boldsymbol{K}_1 \tag{3.49.7}$$

$x=0$ 面:
$$\boldsymbol{K}_3 = \boldsymbol{e}_x \times \boldsymbol{H} = -(H_z)_{x=0}\boldsymbol{e}_y = \frac{\mathrm{i}\pi E_0}{\omega\mu_0 a}\sin\frac{\pi}{d}z\,\mathrm{e}^{-\mathrm{i}\omega t}\boldsymbol{e}_y \tag{3.49.8}$$

$x=a$ 面:
$$\boldsymbol{K}_4 = -\boldsymbol{e}_x \times \boldsymbol{H} = (H_z)_{x=a}\boldsymbol{e}_y = \frac{\mathrm{i}\pi E_0}{\omega\mu_0 a}\sin\frac{\pi}{d}z\,\mathrm{e}^{-\mathrm{i}\omega t}\boldsymbol{e}_y = \boldsymbol{K}_3 \tag{3.49.9}$$

$y=0$ 面:
$$\boldsymbol{K}_5 = \boldsymbol{e}_y \times \boldsymbol{H} = H_z\boldsymbol{e}_x - H_x\boldsymbol{e}_z = -\frac{\mathrm{i}\pi E_0}{\omega\mu_0}\left(\frac{1}{a}\cos\frac{\pi}{a}x\sin\frac{\pi}{d}z\boldsymbol{e}_x + \frac{1}{d}\sin\frac{\pi}{a}x\cos\frac{\pi}{d}z\boldsymbol{e}_z\right)\mathrm{e}^{-\mathrm{i}\omega t} \tag{3.49.10}$$

$y=b$ 面：$\boldsymbol{K}_6 = -\boldsymbol{e}_y \times \boldsymbol{H} = -H_z\boldsymbol{e}_x + H_x\boldsymbol{e}_z = -\boldsymbol{K}_5$

$$= \frac{\mathrm{i}\pi E_0}{\omega\mu_0}\left(\frac{1}{a}\cos\frac{\pi}{a}x\sin\frac{\pi}{d}z\boldsymbol{e}_x + \frac{1}{d}\sin\frac{\pi}{a}x\cos\frac{\pi}{d}z\boldsymbol{e}_z\right)\mathrm{e}^{-\mathrm{i}\omega t} \tag{3.49.11}$$

设管壁内的电场强度为 $\boldsymbol{E}$，电流密度为 $\boldsymbol{j}$，则有

$$\boldsymbol{E} = \frac{\boldsymbol{j}}{\sigma} = \frac{\boldsymbol{K}}{\sigma\delta} \tag{3.49.12}$$

于是得腔壁上单位面积所消耗的平均功率为

$$P_2 = P_1 = \frac{1}{2}\mathrm{Re}(\boldsymbol{E}_1 \cdot \boldsymbol{j}_1^*) = \frac{1}{2\sigma\delta}\mid \boldsymbol{K}_1 \mid^2$$

$$= \frac{1}{2\sigma\delta}\frac{\pi^2 E_0^2}{\omega^2\mu_0^2 d^2}\sin^2\frac{\pi}{a}x \tag{3.49.13}$$

$$P_4 = P_3 = \frac{1}{2}\mathrm{Re}(\boldsymbol{E}_3 \cdot \boldsymbol{j}_3^*) = \frac{1}{2\sigma\delta}\mid \boldsymbol{K}_3 \mid^2$$

$$= \frac{1}{2\sigma\delta}\frac{\pi^2 E_0^2}{\omega^2\mu_0^2 a^2}\sin^2\frac{\pi}{d}z \tag{3.49.14}$$

$$P_6 = P_5 = \frac{1}{2}\mathrm{Re}(\boldsymbol{E}_5 \cdot \boldsymbol{j}_5^*) = \frac{1}{2\sigma\delta}\mid \boldsymbol{K}_5 \mid^2$$

$$= \frac{1}{2\sigma\delta}\frac{\pi^2 E_0^2}{\omega^2\mu_0^2}\left(\frac{1}{a^2}\cos^2\frac{\pi}{a}x\sin^2\frac{\pi}{d}z + \frac{1}{d^2}\sin^2\frac{\pi}{a}x\cos^2\frac{\pi}{d}z\right) \tag{3.49.15}$$

整个腔壁所消耗的平均功率为

$$\begin{aligned}
P_d &= \int_0^a\int_0^b P_1\,\mathrm{d}x\mathrm{d}y + \int_0^a\int_0^b P_2\,\mathrm{d}x\mathrm{d}y + \int_0^b\int_0^d P_3\,\mathrm{d}y\mathrm{d}z \\
&\quad + \int_0^b\int_0^d P_4\,\mathrm{d}y\mathrm{d}z + \int_0^a\int_0^d P_5\,\mathrm{d}x\mathrm{d}z + \int_0^a\int_0^d P_6\,\mathrm{d}x\mathrm{d}z \\
&= 2b\int_0^a P_1\,\mathrm{d}x + 2b\int_0^d P_3\,\mathrm{d}z + 2\int_0^a\int_0^d P_5\,\mathrm{d}x\mathrm{d}z \\
&= 2b\,\frac{1}{2\sigma\delta}\left(\frac{\pi E_0}{\omega\mu_0 d}\right)^2\frac{a}{2} + 2b\,\frac{1}{2\sigma\delta}\left(\frac{\pi E_0}{\omega\mu_0 a}\right)^2\frac{d}{2} \\
&\quad + \frac{1}{\sigma\delta}\left(\frac{\pi E_0}{\omega\mu_0}\right)^2\left(\frac{1}{a^2}\frac{ad}{4} + \frac{1}{d^2}\frac{ad}{4}\right) \\
&= \frac{\pi^2 E_0^2}{4\sigma\delta\omega^2\mu_0^2 a^2 d^2}\left[2b(a^3 + d^3) + ad(a^2 + d^2)\right]
\end{aligned} \tag{3.49.16}$$

腔内电磁场的能量密度为

$$\omega = \frac{1}{2}\varepsilon_0(\mathrm{Re}\boldsymbol{E})^2 + \frac{1}{2}\mu_0(\mathrm{Re}\boldsymbol{H})^2$$

$$= \frac{1}{2}\varepsilon_0 E_0^2\sin^2\frac{\pi}{a}x\sin^2\frac{\pi}{d}z\cos^2\omega t +$$

$$\frac{1}{2}\mu_0\left[\left(\frac{\pi E_0}{\omega\mu_0 d}\right)^2\sin^2\frac{\pi}{a}x\cos^2\frac{\pi}{d}z+\left(\frac{\pi E_0}{\omega\mu_0 a}\right)^2\cos^2\frac{\pi}{a}x\sin^2\frac{\pi}{d}z\right]\sin^2\omega t \tag{3.49.17}$$

腔内电磁场的总能量为

$$\begin{aligned}W&=\int w\,\mathrm{d}V=\frac{1}{2}\varepsilon_0 E_0^2\cos^2\omega t\int_0^a\int_0^b\int_0^d\sin^2\frac{\pi}{a}x\sin^2\frac{\pi}{d}z\,\mathrm{d}x\mathrm{d}y\mathrm{d}z\\&\quad+\frac{1}{2}\frac{\pi^2E_0^2}{\omega^2\mu_0}\sin^2\omega t\int_0^a\int_0^b\int_0^d\left[\frac{1}{d^2}\sin^2\frac{\pi}{a}x\cos^2\frac{\pi}{d}z\right.\\&\quad\left.+\frac{1}{a^2}\cos^2\frac{\pi}{a}x\sin^2\frac{\pi}{d}z\right]\mathrm{d}x\mathrm{d}y\mathrm{d}z\\&=\frac{1}{8}\varepsilon_0E_0^2abd\cos^2\omega t+\frac{1}{8}\frac{\pi^2E_0^2}{\omega^2\mu_0}abd\left(\frac{1}{d^2}+\frac{1}{a^2}\right)\sin^2\omega t\end{aligned} \tag{3.49.18}$$

因

$$\left(\frac{\pi}{d}^2\right)+\left(\frac{\pi}{a}\right)^2=k^2=\frac{\omega^2}{c^2},\quad \varepsilon_0\mu_0c^2=1 \tag{3.49.19}$$

所以

$$W=\frac{1}{8}\varepsilon_0E_0^2abd \tag{3.49.20}$$

最后,由(3.49.4)、(3.49.16)和(3.49.20)三式得所求的 Q 表达式为

$$Q=\frac{\omega W}{P_d}=\frac{\varepsilon_0\mu_0^2(\omega ad)^3\delta b\sigma}{2\pi^2[2b(a^3+d^3)+ad(a^2+d^2)]} \tag{3.49.21}$$

3.50 在以理想导体为器壁的矩形谐振腔内,电磁场做简谐振动.试证明:腔内单位体积里频率在 ν 到 $\nu+\mathrm{d}\nu$ 之间的场模(波模)数为 $\mathrm{d}n_\nu=\frac{4\pi}{c^3}\nu^2\mathrm{d}\nu$,式中 c 为真空中光速.

【解】 在以理想导体为器壁的矩形谐振腔里,电磁场的电场强度为

$$E_1=E_{01}\cos k_1x_1\sin k_2x_2\sin k_3x_3\,\mathrm{e}^{-\mathrm{i}\omega t} \tag{3.50.1}$$

$$E_2=E_{02}\sin k_1x_1\cos k_2x_2\sin k_3x_3\,\mathrm{e}^{-\mathrm{i}\omega t} \tag{3.50.2}$$

$$E_3=E_{03}\sin k_1x_1\sin k_2x_2\cos k_3x_3\,\mathrm{e}^{-\mathrm{i}\omega t} \tag{3.50.3}$$

其中 k_1、k_2、k_3 满足

$$k_1^2+k_2^2+k_3^2=\left(\frac{\omega}{c}\right)^2=\left(\frac{2\pi\nu}{c}\right)^2 \tag{3.50.4}$$

$$k_1=\frac{n_1\pi}{a_1},\quad k^2=\frac{n_2\pi}{a_2},\quad k_3=\frac{n_3\pi}{a_3} \tag{3.50.5}$$

式中 n_1、n_2、n_3 为整数,a_1、a_2、a_3 为矩形谐振腔三边的长度.

由(3.50.4)、(3.50.5)两式得

$$\frac{n_1^2}{\left(\frac{2a_1\nu}{c}\right)^2}+\frac{n_2^2}{\left(\frac{2a_2\nu}{c}\right)^2}+\frac{n_3^2}{\left(\frac{2a_3\nu}{c}\right)^2}=1 \tag{3.50.6}$$

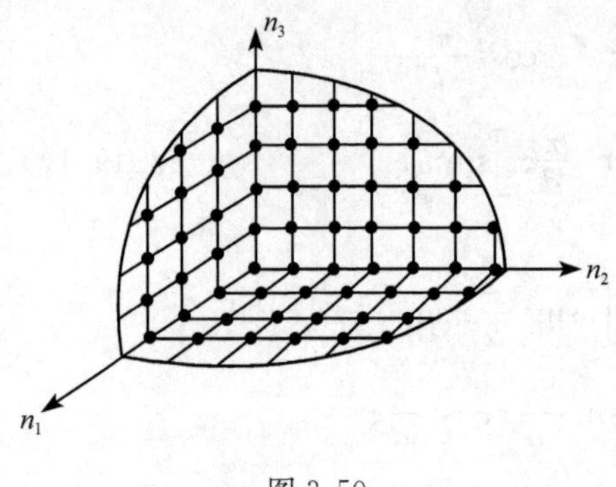

图 3.50

这是 $\boldsymbol{n}=(n_1,n_2,n_3)$ 空间里的一个椭球面方程，椭球的半轴分别为 $\frac{2a_1\nu}{c}$、$\frac{2a_2\nu}{c}$ 和 $\frac{2a_3\nu}{c}$，如图 3.50 所示. 椭球内 n_1、n_2、n_3 为三个整数的一个点便代表腔内电磁场的一个场模(波模). 但负数与正数代表的是同一个场模. 这是因为，$-n_1$、$-n_2$、$-n_3$ 代表与 n_1、n_2、n_3 反方向进行的波，属于同一场模；$-n_1$、n_2、n_3 代表 n_1、n_2、n_3 在 $x_1=a_1$ 面上反射的波，两者也属于同一个场模. 因此，计算腔内的场模数目时，只需取 n_1、n_2、n_3 都是正数的场模就够了；换句话说，只需计算图 3.50 中一个卦限 $\left(\text{椭球体的}\frac{1}{8}\right)$内的 n_1、n_2、n_3 为整数的点数即可. 设腔内场模的总数为 N，则得

$$N=\frac{1}{8}\,\frac{4\pi}{3}\left(\frac{2a_1\nu}{c}\right)\left(\frac{2a_2\nu}{c}\right)\left(\frac{2a_3\nu}{c}\right)=\frac{4\pi}{3}\left(\frac{\nu}{c}\right)^3a_1a_2a_3 \tag{3.50.7}$$

腔内单位体积里的场模数便为

$$n_\nu=\frac{N}{a_1a_2a_3}=\frac{4\pi}{3}\left(\frac{\nu}{c}\right)^3 \tag{3.50.8}$$

由此得腔内单位体积里 ν 到 $\nu+\mathrm{d}\nu$ 之间的场模数为

$$\mathrm{d}n_\nu=\frac{4\pi}{c^3}\nu^2\mathrm{d}\nu \tag{3.50.9}$$

【讨论】 本题只考虑腔内电磁场的场模数. 如果从电磁场的量子态的角度考虑，则由于沿每个方向进行的电磁波都可以有两个偏振态，因此，每个场模都有两个偏振态，故腔内单位体积里 ν 到 $\nu+\mathrm{d}\nu$ 之间电磁场的量子态数为

$$\mathrm{d}n=2\mathrm{d}n_\nu=\frac{8\pi}{c^3}\nu^2\mathrm{d}\nu \tag{3.50.10}$$

3.51 一圆柱形谐振腔，长为 l，半径为 a，两底面都是平面，腔壁是理想导体，腔内是电容率为 ε、磁导率为 μ 的均匀介质. 试求腔内振荡的电磁场.

【解】 设腔内电磁场振荡的角频率为 ω，则电场强度 $\boldsymbol{E}$ 和磁场强度 $\boldsymbol{H}$ 可写作

$$\boldsymbol{E}=\boldsymbol{E}(\boldsymbol{r})\mathrm{e}^{-\mathrm{i}\omega t},\quad \boldsymbol{H}=\boldsymbol{H}(\boldsymbol{r})\mathrm{e}^{-\mathrm{i}\omega t} \tag{3.51.1}$$

由麦克斯韦方程得出，这时

$$\nabla\times\boldsymbol{E}=\mathrm{i}\omega\mu\boldsymbol{H},\quad \nabla\times\boldsymbol{H}=-\mathrm{i}\omega\mu\boldsymbol{E} \tag{3.51.2}$$

$\boldsymbol{E}(\boldsymbol{r})$和 $\boldsymbol{H}(\boldsymbol{r})$都满足亥姆霍兹方程

$$\nabla^2\boldsymbol{E}(\boldsymbol{r})+k^2\boldsymbol{E}(\boldsymbol{r})=0,\quad \nabla^2\boldsymbol{H}(\boldsymbol{r})+k^2\boldsymbol{H}(\boldsymbol{r})=0 \tag{3.51.3}$$

式中

$$k^2 = \omega^2 \varepsilon\mu \tag{3.51.4}$$

以腔的一个底面中心 O 为原点，轴线为 z 轴，取柱坐标系如图 3.51 所示. 腔内振荡的电磁场分两种，一种是电场强度的 z 分量为零，叫做横电模（TE 模）；另一种是磁场强度的 z 分量为零，叫做横磁模（TM 模）. 下面求 TE 模的电磁场.

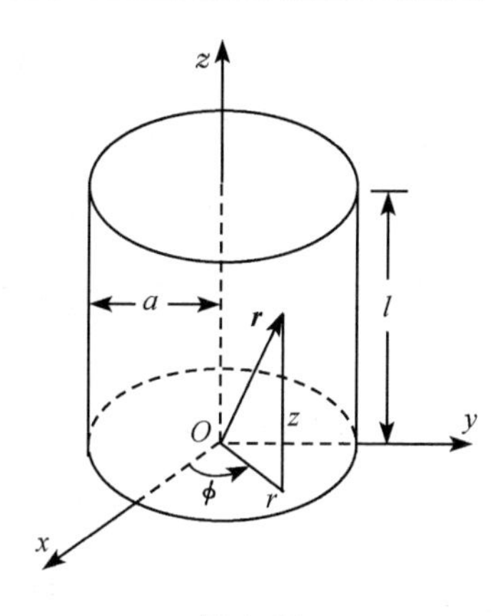

图 3.51

对于 TE 模，有

$$E_z = 0 \tag{3.51.5}$$

由(3.51.3)式得 $\boldsymbol{H}$ 的 z 分量满足亥姆霍兹方程

$$\nabla^2 H_z + k^2 H_z = 0 \tag{3.51.6}$$

即

$$\frac{1}{r}\frac{\partial}{\partial r}\left(r\frac{\partial H_z}{\partial r}\right)+\frac{1}{r^2}\frac{\partial^2 H_z}{\partial\phi^2}+\frac{\partial^2 H_z}{\partial z^2}+k^2 H_z = 0 \tag{3.51.7}$$

因腔壁为理想导体，故边界条件为

$$H_z\big|_{z=0,l} = 0 \tag{3.51.8}$$

用分离变量法求解(3.51.7) 式，令

$$H_z = R(r)\Phi(\phi)Z(z) \tag{3.51.9}$$

代入(3.51.7) 式并除以 H_z 即得

$$\frac{1}{rR}\frac{\mathrm{d}}{\mathrm{d}r}\left(r\frac{\mathrm{d}R}{\mathrm{d}r}\right)+\frac{1}{r^2\Phi}\frac{\mathrm{d}^2\Phi}{\mathrm{d}\phi^2}+\frac{1}{Z}\frac{\mathrm{d}^2 Z}{\mathrm{d}z^2}+k^2 = 0 \tag{3.51.10}$$

因 H_z 应是 ϕ 的以 2π 为周期的函数，故令

$$\frac{1}{\Phi}\frac{\mathrm{d}^2\Phi}{\mathrm{d}\phi^2} = -m^2 \tag{3.51.11}$$

解得

$$\Phi = A_m\cos m\phi + B_m\sin m\phi \tag{3.51.12}$$

适当选取 x 轴（参看图 3.51），可以使 $B_m = 0$，于是得

$$\Phi = H_m\cos m\phi, \qquad m = 0,1,2,\cdots \tag{3.51.13}$$

式中 $H_m = A_m$ 是常量.

根据边界条件，令(3.51.10) 式中

$$\frac{1}{Z}\frac{\mathrm{d}^2 Z}{\mathrm{d}z^2} = -\alpha^2 \tag{3.51.14}$$

这个方程满足边界条件(3.51.8) 式的解为

$$Z = \sin\alpha z = \sin\frac{p\pi}{l}z, \qquad p = 1,2,3,\cdots \tag{3.51.15}$$

将(3.51.11)和(3.51.14)两式代入(3.51.10)式得

$$\frac{d^2R}{dr^2}+\frac{1}{r}\frac{dR}{dr}+\left(k_c^2-\frac{m^2}{r^2}\right)R=0 \tag{3.51.16}$$

式中

$$k_c^2=k^2-\alpha^2=k^2-\left(\frac{p\pi}{l}\right)^2 \tag{3.51.17}$$

(3.51.16) 式是 m 阶贝塞耳方程,它在 $r=0$ 处有界的解是 m 阶贝塞耳函数

$$R(r)=\mathrm{J}_m(k_c r) \tag{3.51.18}$$

$\mathrm{J}_m(x)$ 的表达式为

$$\mathrm{J}_m(x)=\sum_{n=0}^{\infty}(-1)^n\frac{1}{n!\cdot(m+n)!}\left(\frac{x}{2}\right)^{2n+m} \tag{3.51.19}$$

综合(3.51.13)、(3.51.15)、(3.51.18) 三式,再加上振荡因子 $e^{-i\omega t}$,便得

$$H_z=H_m\mathrm{J}_m(k_c r)\cos m\phi\sin\frac{p\pi}{l}z\,e^{-i\omega t} \tag{3.51.20}$$

式中常量 H_m 的值由激发电磁振荡的功率决定.

有了 H_z,便可以求出电磁场的其他分量.由(3.51.2) 式得

$$\frac{1}{r}\frac{\partial E_z}{\partial\phi}-\frac{\partial E_\phi}{\partial z}=i\omega\mu H_r \tag{3.51.21}$$

$$\frac{\partial E_r}{\partial z}-\frac{\partial E_z}{\partial r}=i\omega\mu H_\phi \tag{3.51.22}$$

$$\frac{1}{r}\frac{\partial H_z}{\partial\phi}-\frac{\partial H_\phi}{\partial z}=-i\omega\varepsilon E_r \tag{3.51.23}$$

$$\frac{\partial H_r}{\partial z}-\frac{\partial H_z}{\partial r}=-i\omega\varepsilon E_\phi \tag{3.51.24}$$

令 $E_z=0$,由(3.51.22)、(3.51.23) 两式消去 H_ϕ,便得

$$\frac{\partial^2 E_r}{\partial z^2}+k^2E_r=i\omega\mu\frac{1}{r}\frac{\partial H_z}{\partial\phi}=-\frac{im\omega\mu}{r}H_m\mathrm{J}_m(k_c r)\sin m\phi\sin\frac{p\pi}{l}z\,e^{-i\omega t} \tag{3.51.25}$$

这个微分方程满足边界条件

$$E_r|_{z=0,l}=0 \tag{3.51.26}$$

的解为

$$E_r=-\frac{im\omega\mu}{k_c^2 r}H_m\mathrm{J}_m(k_c r)\sin m\phi\sin\frac{p\pi}{l}z\,e^{-i\omega t} \tag{3.51.27}$$

由(3.51.21)、(3.51.24) 两式消去 H_r 得

$$\frac{\partial^2 E_\phi}{\partial z^2}+k^2E_\phi=-i\omega\mu\frac{\partial H_z}{\partial r}=-i\omega\mu k_c H_m\mathrm{J}'(k_c r)\cos m\phi\sin\frac{p\pi}{l}z\,e^{-i\omega t} \tag{3.51.28}$$

式中

$$J'_m(x) = \frac{\mathrm{d}}{\mathrm{d}x} J_m(x) \tag{3.51.29}$$

(3.51.28)式满足边界条件

$$E_\phi \big|_{z=0,l} = 0 \tag{3.51.30}$$

的解为

$$E_\phi = -\frac{\mathrm{i}\omega\mu}{k_c} H_m J'_m(k_c r) \cos m\phi \sin\frac{p\pi}{l} z \,\mathrm{e}^{-\mathrm{i}\omega t} \tag{3.51.31}$$

由(3.51.21)式和(3.51.27)式得

$$H_r = \frac{\mathrm{i}}{\omega\mu} \frac{\partial E_\phi}{\partial z} = \frac{p\pi}{l k_c} H_m J'_m(k_c r) \cos m\phi \cos\frac{p\pi}{l} z \,\mathrm{e}^{-\mathrm{i}\omega t} \tag{3.51.32}$$

由(3.51.22)式和(3.51.32)式得

$$H_\phi = \frac{1}{\mathrm{i}\omega\mu} \frac{\partial E_r}{\partial z} = -\frac{m p\pi}{l k_c^2 r} H_m J_m(k_c r) \sin m\phi \cos\frac{p\pi}{l} z \,\mathrm{e}^{-\mathrm{i}\omega t} \tag{3.51.33}$$

再求 TM 模的电磁场. 对于 TM 模，有

$$H_z = 0 \tag{3.51.34}$$

由(3.51.3) 式得电场强度 $\boldsymbol{E}$ 的 z 分量满足亥姆霍兹方程

$$\nabla^2 E_z + k^2 E_z = 0 \tag{3.51.35}$$

即

$$\frac{1}{r}\frac{\partial}{\partial r}\left(r \frac{\partial E_z}{\partial r}\right) + \frac{1}{r^2}\frac{\partial^2 E_z}{\partial \phi^2} + \frac{\partial^2 E_z}{\partial z^2} + k^2 E_z = 0 \tag{3.51.36}$$

这时两底面的边界条件为

$$\frac{\partial E_z}{\partial z} \Big|_{z=0,l} = 0 \tag{3.51.37}$$

用分离变法求解(3.51.36)式. 前面(3.51.9)式至(3.51.13)式皆可用，只需将 H_z 换成 E_z，H_m 换成 E_m. 为满足边界条件(3.51.37)式，(3.51.14)式的解这时应为

$$Z = \cos\alpha z = \cos\frac{p\pi}{l} z, \qquad p = 0,1,2,\cdots \tag{3.51.38}$$

前面(3.51.16) 式至(3.51.19) 式皆可用，最后便得

$$E_z = E_m J_m(k_c r) \cos m\phi \cos\frac{p\pi}{l} z \,\mathrm{e}^{-\mathrm{i}\omega t} \tag{3.51.39}$$

式中常量 E_m 的值由激发电磁振荡的功率决定.

有了 E_z，便可由(3.51.21) 式至(3.51.24) 式求电磁场的其他分量. 由(3.51.22)、(3.51.23) 两式消去 H_ϕ，便得

$$\frac{\partial^2 E_r}{\partial z^2} + k^2 E_r = \frac{\partial^2 E_z}{\partial z \partial r} = -k_c \frac{p\pi}{l} E_m J'_m(k_c r) \cos m\phi \sin\frac{p\pi}{l} z \,\mathrm{e}^{-\mathrm{i}\omega t} \tag{3.51.40}$$

这个微分方程满足边界条件(3.51.26) 式的解为

$$E_r = -\frac{p\pi}{l k_c} E_m J'_m(k_c r) \cos m\phi \sin\frac{p\pi}{l} z \,\mathrm{e}^{-\mathrm{i}\omega t} \tag{3.51.41}$$

由(3.51.21)、(3.51.24)两式消去 H_r 得

$$\frac{\partial^2 E_\phi}{\partial z^2}+k^2 E_\phi=\frac{1}{r}\frac{\partial^2 E_z}{\partial z\partial\phi}=\frac{mp\pi}{lr}E_m \mathrm{J}_m(k_c r)\sin m\phi\sin\frac{p\pi}{l}z\,\mathrm{e}^{-\mathrm{i}\omega t} \quad (3.51.42)$$

(3.51.42)式满足边界条件(3.51.30)式的解为

$$E_\phi=\frac{mp\pi}{lk_c^2 r}E_m \mathrm{J}_m(k_c r)\sin m\phi\sin\frac{p\pi}{l}z\,\mathrm{e}^{-\mathrm{i}\omega t} \quad (3.51.43)$$

由(3.51.21)、(3.51.39)、(3.51.43)三式得

$$H_r=\frac{1}{\mathrm{i}\omega\mu}\left(\frac{1}{r}\frac{\partial E_z}{\partial\phi}-\frac{\partial E_\phi}{\partial z}\right)=\frac{\mathrm{i}m\omega\varepsilon}{k_c^2 r}E_m \mathrm{J}_m(k_c r)\sin m\phi\cos\frac{p\pi}{l}z\,\mathrm{e}^{-\mathrm{i}\omega t}$$

(3.51.44)

由(3.51.22)、(3.51.39)、(3.51.41)三式得

$$H_\phi=\frac{1}{\mathrm{i}\omega\mu}\left(\frac{\partial E_r}{\partial z}-\frac{\partial E_z}{\partial r}\right)=\frac{\mathrm{i}\omega\varepsilon}{k_c}E_m \mathrm{J}'_m(k_c r)\cos m\phi\cos\frac{p\pi}{l}z\,\mathrm{e}^{-\mathrm{i}\omega t} \quad (3.51.45)$$

现将所求得的振荡电磁场归纳如下.

TE 模：$\boldsymbol{E}$ 的三个分量分别为(3.51.27)式、(3.51.31)式、(3.51.5)式；

$\boldsymbol{H}$ 的三个分量分别为(3.51.32)式、(3.51.33)式、(3.51.20)式.

TM 模：$\boldsymbol{E}$ 的三个分量分别为(3.51.41)式、(3.51.43)式、(3.51.39)式；

$\boldsymbol{H}$ 的三个分量分别为(3.51.44)式、(3.51.45)式、(3.51.34)式.

3.52 一圆柱形谐振腔，长为 l，半径为 a，两底面都是平面，腔壁是理想导体，腔内是电容率为 ε、磁导率为 μ 的均匀介质.(1)以一个底面中心为原点，轴线为 z 轴，取柱坐标系，试分别写出 TE_{111}、TE_{011} 和 TM_{010} 三种模的电磁场；(2)试分别求 TE 模和 TM 模的谐振频率；(3)试证明：当 $2a/l<0.9848$ 时，TE_{111} 模的频率为最低；(4)若 $\varepsilon=\varepsilon_0$，$\mu=\mu_0$，试计算 $a=2.00\,\mathrm{cm}$，$l=3.00\,\mathrm{cm}$ 时，最低谐振频率的值.

【解】 (1)根据圆柱形谐振腔内振荡电磁场的 TE 模公式[参见前面 3.51 题的(3.51.27)、(3.51.31)、(3.51.5)、(3.51.32)、(3.51.33)、(3.51.20)等6式]，令 $m=1,n=1,p=1$，即得 TE_{111} 模的电磁场为

$$E_r=-\frac{\mathrm{i}\omega_{111}\mu}{k_c^2 r}H_1 \mathrm{J}_1(k_c r)\sin\phi\sin\frac{\pi}{l}z\,\mathrm{e}^{-\mathrm{i}\omega_{111}t} \quad (3.52.1)$$

$$E_\phi=-\frac{\mathrm{i}\omega_{111}\mu}{k_c}H_1 \mathrm{J}'_1(k_c r)\cos\phi\sin\frac{\pi}{l}z\,\mathrm{e}^{-\mathrm{i}\omega_{111}t} \quad (3.52.2)$$

$$E_z=0 \quad (3.52.3)$$

$$H_r=\frac{\pi}{lk_c}H_1 \mathrm{J}'_1(k_c r)\cos\phi\cos\frac{\pi}{l}z\,\mathrm{e}^{-\mathrm{i}\omega_{111}t} \quad (3.52.4)$$

$$H_\phi=-\frac{\pi}{lk_c^2 r}H_1 \mathrm{J}_1(k_c r)\sin\phi\cos\frac{\pi}{l}z\,\mathrm{e}^{-\mathrm{i}\omega_{111}t} \quad (3.52.5)$$

$$H_z = H_1 \mathrm{J}_1(k_c r)\cos\phi \sin\frac{\pi}{l}z\,\mathrm{e}^{-\mathrm{i}\omega_{111}t} \tag{3.52.6}$$

式中

$$k_c^2 = \omega_{111}^2 \varepsilon\mu - \left(\frac{\pi}{l}\right)^2 \tag{3.52.7}$$

再令 $m=0, n=1, p=1$，即得 TE_{011} 模的电磁场为

$$E_r = 0 \tag{3.52.8}$$

$$E_\phi = -\frac{\mathrm{i}\omega_{011}\mu}{k_c} H_0 \mathrm{J}_0'(k_c r)\sin\frac{\pi}{l}z\,\mathrm{e}^{-\mathrm{i}\omega_{011}t} \tag{3.52.9}$$

$$E_z = 0 \tag{3.52.10}$$

$$H_r = \frac{\pi}{lk_c} H_0 \mathrm{J}_0'(k_c r)\cos\frac{\pi}{l}z\,\mathrm{e}^{-\mathrm{i}\omega_{011}t} \tag{3.52.11}$$

$$H_\phi = 0 \tag{3.52.12}$$

$$H_z = H_0 \mathrm{J}_0(k_c r)\sin\frac{\pi}{l}z\,\mathrm{e}^{-\mathrm{i}\omega_{011}t} \tag{3.52.13}$$

式中

$$k_c^2 = \omega_{011}^2 \varepsilon\mu - \left(\frac{\pi}{l}\right)^2 \tag{3.52.14}$$

根据圆柱形谐振腔振荡电磁场的 TM 模公式[参见前面 3.51 题的(3.51.41)、(3.51.43)、(3.51.39)、(3.51.44)、(3.51.45)、(3.51.34) 等 6 式]，令 $m=0, n=1, p=0$，即得 TM_{010} 模的电磁场为

$$E_r = 0 \tag{3.52.15}$$

$$E_\phi = 0 \tag{3.52.16}$$

$$E_z = E_0 \mathrm{J}_0(k_c r)\mathrm{e}^{-\mathrm{i}\omega_{010}t} \tag{3.52.17}$$

$$H_r = 0 \tag{3.52.18}$$

$$H_\phi = \frac{\mathrm{i}\omega_{010}\varepsilon}{k_c} E_0 \mathrm{J}_0'(k_c r)\mathrm{e}^{-\mathrm{i}\omega_{010}t} \tag{3.52.19}$$

$$H_z = 0 \tag{3.52.20}$$

式中

$$k_c^2 = \omega_{010}^2 \varepsilon\mu \tag{3.52.21}$$

(2) 谐振频率. 谐振腔内电磁场的谐振频率由腔壁处的边界条件决定. 两底面的边界条件已含在 $\cos\frac{p\pi}{l}z$ 或 $\sin\frac{p\pi}{l}z$ 中，侧面的边界条件则包含在 $\mathrm{J}_m(k_c r)$ 或 $\mathrm{J}_m'(k_c r)$ 中. 对 TE 模来说，边界条件要求

$$E_\phi\big|_{r=a} = 0, \qquad H_r\big|_{r=a} = 0 \tag{3.52.22}$$

由前面 3.51 题的(3.51.31)和(3.51.32)两式得

$$\mathrm{J}_m'(k_c a) = 0 \tag{3.52.23}$$

即

$$k_c a = x'_{mn} \tag{3.52.24}$$

式中 x'_{mn} 是 $J'_m(x)=0$ 的第 n 个根(零点). 由

$$k_c^2 = \omega^2 \varepsilon\mu - \left(\frac{p\pi}{l}\right)^2 \tag{3.52.25}$$

得 TE 模的谐振频率为

$$\nu'_{mnl} = \frac{\omega'_{mnl}}{2\pi} = \frac{1}{2\pi\sqrt{\varepsilon\mu}}\sqrt{\left(\frac{x'_{mn}}{a}\right)^2 + \left(\frac{p\pi}{l}\right)^2} \tag{3.52.26}$$

式中 $p=1,2,3,\cdots$.

对 TM 模来说,边界条件要求

$$E_\phi\big|_{r=a} = 0, \quad E_z\big|_{r=a} = 0, \quad H_r\big|_{r=a} = 0 \tag{3.52.27}$$

由前面 3.51 题的(3.51.43)、(3.51.39)、(3.51.44) 三式得

$$J_m(k_c a) = 0 \tag{3.52.28}$$

即

$$k_c a = x_{mn} \tag{3.52.29}$$

式中 x_{mn} 是 $J_m(x)=0$ 的第 n 个根(零点). 由(3.52.25)式得 TM 模的谐振频率为

$$\nu_{mnl} = \frac{\omega_{mnl}}{2\pi} = \frac{1}{2\pi\sqrt{\varepsilon\mu}}\sqrt{\left(\frac{x_{mn}}{a}\right)^2 + \left(\frac{p\pi}{l}\right)^2} \tag{3.52.30}$$

式中 $p=0,1,2,3,\cdots$.

(3) 由本书数学附录中贝塞耳函数 $J_m(x)=0$ 的一些根(零点)x_{mn} 和贝塞耳函一阶导数 $J'_m(x)=0$ 的一些根(零点)x'_{mn},可以看出:x'_{mn} 中以 x'_{11} 为最小,故 TE 模的最低频率为 ν'_{111};x_{mn} 中以 x_{01} 为最小,故 TM 模的最低频率为 ν_{010}. 由(3.52.26)式和(3.52.30)式分别得

$$\nu'_{111} = \frac{1}{2\pi a\sqrt{\varepsilon\mu}}\sqrt{x'^2_{11} + \left(\frac{\pi a}{l}\right)^2} = \frac{1}{2\pi a\sqrt{\varepsilon\mu}}\sqrt{1.8412^2 + \left(\frac{\pi a}{l}\right)^2} \tag{3.52.31}$$

$$\nu_{010} = \frac{x_{01}}{2\pi a\sqrt{\varepsilon\mu}} = \frac{2.4048}{2\pi a\sqrt{\varepsilon\mu}} \tag{3.52.32}$$

由以上两式得,若

$$\nu'_{111} < \nu_{010} \tag{3.52.33}$$

则有

$$1.8412^2 + \left(\frac{\pi a}{l}\right)^2 < 2.4048^2$$

所以

$$\frac{2a}{l} < \frac{2}{\pi}\sqrt{2.4048^2 - 1.8412^2} = 0.9848 \tag{3.52.34}$$

(4) 当 $a=2.00\text{cm}, l=3.00\text{cm}$ 时,最低谐振频率为 TM 模的 ν_{010},其值由

(3.52.32)式为

$$\nu_{010}=\frac{2.4048}{2\pi\times 2\times 10^{-2}}\times 2.9979\times 10^{8}=5.74\times 10^{9}(\text{Hz}) \quad (3.52.35)$$

3.53　圆孔的夫琅禾费衍射.单色平面电磁波正入射到半径为 a 的圆孔上，经圆孔衍射后，试求与圆孔轴线成 θ 角的方向上，无穷远处 P 点的相对强度.

【解】　先计算 P 点的电磁振动.如图 3.53(1)，根据惠更斯–菲涅耳原理，设在圆孔下边缘 A 处，圆孔上的波面元 $\mathrm{d}S$ 在 P 点产生的电磁振动为

$$\mathrm{d}x=C\sin 2\pi\left(\frac{t}{T}-\frac{r}{\lambda}\right)\mathrm{d}S \quad (3.53.1)$$

式中 r 是 A 到 P 的距离，λ 是电磁波的波长，T 是振动周期，C 是一个与 r 和 θ 等有关的系数.在本题里，$\theta\approx 0$，θ 变化很小，r 变化也很小，故 C 可以当做一个常数.这样，圆孔上任一波面元 $\mathrm{d}S=\rho\mathrm{d}\rho\mathrm{d}\varphi$，如图 3.53(1) 所示，在 P 点产生的电磁振动便为

$$\mathrm{d}x=C\sin 2\pi\left(\frac{t}{T}-\frac{r+\Delta}{\lambda}\right)\mathrm{d}S \quad (3.53.2)$$

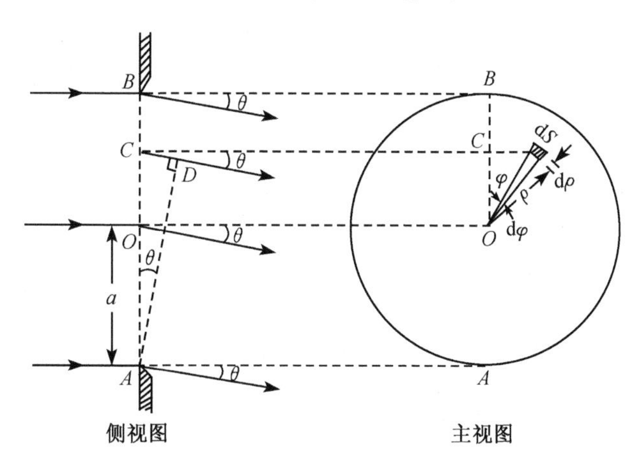

图 3.53(1)

式中 Δ 是面元 $\mathrm{d}S$ 处到 P 点的路程与 A 处到 P 点的路程之间的程差.由图 3.53(1)

$$\Delta=\overline{CD}=\overline{AC}\sin\theta=(a+\rho\cos\varphi)\sin\theta \quad (3.53.3)$$

代入(3.53.2)式便得

$$\mathrm{d}x=C\sin 2\pi\left(\frac{t}{T}-\frac{r+a\sin\theta}{\lambda}-\frac{\rho\cos\varphi\sin\theta}{\lambda}\right)\rho\mathrm{d}\rho\,\mathrm{d}\varphi \quad (3.53.4)$$

P 点的电磁振动 x 是圆孔上所有波面元在 P 点产生的电磁振动 $\mathrm{d}x$ 叠加而成，即

$$x=C\int_0^a\int_0^{2\pi}\sin 2\pi\left(\frac{t}{T}-\frac{r+a\sin\theta}{\lambda}-\frac{\rho\cos\varphi\sin\theta}{\lambda}\right)\rho\mathrm{d}\rho\mathrm{d}\varphi \quad (3.53.5)$$

为了用初等方法计算积分，我们利用三角函数公式，将被积函数化为两项，再

每项展开,然后逐项求积分.过程如下:

$$\sin 2\pi\left(\frac{t}{T}-\frac{r+a\sin\theta}{\lambda}-\frac{p\cos\varphi\sin\theta}{\lambda}\right)=\sin 2\pi\left(\frac{t}{T}-\frac{r+a\sin\theta}{\lambda}\right)\cos\left(\frac{2\pi\rho\cos\varphi\sin\theta}{\lambda}\right)$$
$$-\cos 2\pi\left(\frac{t}{T}-\frac{r+a\sin\theta}{\lambda}\right)\sin\left(\frac{2\pi\rho\cos\varphi\sin\theta}{\lambda}\right)\tag{3.53.6}$$

$$\cos\alpha=1-\frac{\alpha^2}{2!}+\frac{\alpha^4}{4!}-\frac{\alpha^6}{6!}+\cdots\tag{3.53.7}$$

$$\sin\alpha=\alpha-\frac{\alpha^3}{3!}+\frac{\alpha^5}{5!}-\frac{\alpha^7}{7!}+\cdots\tag{3.53.8}$$

由积分公式

$$\int\cos^n\varphi\mathrm{d}\varphi=\frac{1}{n}\cos^{n-1}\varphi\sin\varphi+\frac{n-1}{n}\int\cos^{n-2}\varphi\mathrm{d}\varphi\tag{3.53.9}$$

得:当 n 为奇数时

$$\int_0^{2\pi}\cos^n\varphi\mathrm{d}\varphi=\frac{n-1}{n}\cdot\frac{n-3}{n-2}\cdot\frac{n-5}{n-4}\cdots\frac{4}{5}\cdot\frac{2}{3}\int_0^{2\pi}\cos\varphi\mathrm{d}\varphi=0\tag{3.53.10}$$

当 n 为偶数时

$$\int_0^{2\pi}\cos^n\varphi\mathrm{d}\varphi=\frac{n-1}{n}\cdot\frac{n-3}{n-2}\cdot\frac{n-5}{n-4}\cdots\frac{3}{4}\cdot\frac{1}{2}\int_0^{2\pi}\mathrm{d}\varphi$$
$$=\frac{1\cdot3\cdot5\cdots(n-5)(n-3)(n-1)}{2\cdot4\cdot6\cdots(n-4)(n-2)(n)}\cdot2\pi\tag{3.53.11}$$

将(3.53.6)至(3.53.11)式代入(3.53.5)式,并利用(3.53.10)式,便得

$$x=C\sin 2\pi\left(\frac{t}{T}-\frac{r+a\sin\theta}{\lambda}\right)\int_0^a\int_0^{2\pi}\cos\left(\frac{2\pi\rho\cos\varphi\sin\theta}{\lambda}\right)\rho\mathrm{d}\rho\mathrm{d}\varphi$$
$$=C\sin 2\pi\left(\frac{t}{T}-\frac{r+a\sin\theta}{\lambda}\right)\int_0^a\int_0^{2\pi}\left[1-\frac{1}{2!}\left(\frac{2\pi\rho\sin\theta}{\lambda}\right)^2\cos^2\varphi\right.$$
$$\left.+\frac{1}{4!}\left(\frac{2\pi\rho\sin\theta}{\lambda}\right)^4\cos^4\varphi-\frac{1}{6!}\left(\frac{2\pi\rho\sin\theta}{\lambda}\right)^6\cos^6\varphi+\cdots\right]\rho\mathrm{d}\rho\mathrm{d}\varphi$$
$$=C\sin 2\pi\left(\frac{t}{T}-\frac{r+a\sin\theta}{\lambda}\right)\left[\frac{a^2}{2}\cdot2\pi-\frac{1}{2!}\frac{a^4}{4}\left(\frac{2\pi\sin\theta}{\lambda}\right)^2\cdot\frac{1}{2}\cdot2\pi\right.$$
$$\left.+\frac{1}{4!}\frac{a^6}{6}\left(\frac{2\pi\sin\theta}{\lambda}\right)^4\cdot\frac{1\cdot3}{2\cdot4}\cdot2\pi-\frac{1}{6!}\frac{a^8}{8}\left(\frac{2\pi\sin\theta}{\lambda}\right)^6\cdot\frac{1\cdot3\cdot5}{2\cdot4\cdot6}\cdot2\pi+\cdots\right]$$
$$=\pi Ca^2\left[1-\frac{1}{2}\cdot\frac{1}{2!}\cdot\frac{1}{2}\left(\frac{2\pi a\sin\theta}{\lambda}\right)^2+\frac{1}{3}\cdot\frac{1}{4!}\cdot\frac{1\cdot3}{2\cdot4}\left(\frac{2\pi a\sin\theta}{\lambda}\right)^4\right.$$
$$\left.-\frac{1}{4}\frac{1}{6!}\frac{1\cdot3\cdot5}{2\cdot4\cdot6}\left(\frac{2\pi a\sin\theta}{\lambda}\right)^6+\cdots\right]\sin 2\pi\left(\frac{t}{T}-\frac{r+a\sin\theta}{\lambda}\right)\tag{3.53.12}$$

于是得 P 点电磁波的振幅为

$$A=\pi Ca^2\left[1-\frac{1}{2}\cdot\frac{1}{2!}\cdot\frac{1}{2}\left(\frac{2\pi a\sin\theta}{\lambda}\right)^2+\frac{1}{3}\cdot\frac{1}{4!}\cdot\frac{1\cdot 3}{2\cdot 4}\left(\frac{2\pi a\sin\theta}{\lambda}\right)^4-\frac{1}{4}\cdot\frac{1}{6!}\cdot\frac{1\cdot 3\cdot 5}{2\cdot 4\cdot 6}\left(\frac{2\pi a\sin\theta}{\lambda}\right)^6+\cdots\right] \tag{3.53.13}$$

P 点电磁波的强度为

$$I=A^2=I_0\left[1-\frac{1}{2}\cdot\frac{1}{2!}\cdot\frac{1}{2}\left(\frac{2\pi a\sin\theta}{\lambda}\right)^2+\frac{1}{3}\cdot\frac{1}{4!}\cdot\frac{1\cdot 3}{2\cdot 4}\left(\frac{2\pi a\sin\theta}{\lambda}\right)^4-\frac{1}{4}\cdot\frac{1}{6!}\cdot\frac{1\cdot 3\cdot 5}{2\cdot 4\cdot 6}\left(\frac{2\pi a\sin\theta}{\lambda}\right)^6+\cdots\right]^2 \tag{3.53.14}$$

式中

$$I_0=\pi^2C^2a^4 \tag{3.53.15}$$

是 $\theta=0$ 处电磁波的强度.

上述结果可以用贝塞耳函数表示.因 x 的 n 阶贝塞耳函数为

$$\begin{aligned}\mathrm{J}_n(x)&=\sum_{k=0}^{\infty}(-1)^k\frac{x^{n+2k}}{2^{n+2k}\cdot k!(n+k)!}\\&=\frac{x^n}{2^n\cdot n!}\left[1-\frac{x^2}{2^2\cdot(n+1)}+\frac{x^4}{2^4\cdot 2!(n+1)(n+2)}-\frac{x^6}{2^6\cdot 3!(n+1)(n+2)(n+3)}+\cdots\right]\end{aligned} \tag{3.53.16}$$

x 的一阶贝塞耳函数为

$$\begin{aligned}\mathrm{J}_1(x)&=\sum_{k=0}^{\infty}(-1)^k\frac{x^{2k+1}}{2^{2k+1}\cdot k!(k+1)!}\\&=\frac{x}{2}\left(1-\frac{x^2}{2^2\cdot 2!}+\frac{x^4}{2^4\cdot 2!3!}-\frac{x^6}{2^6\cdot 3!4!}+\cdots\right)\end{aligned} \tag{3.53.17}$$

(3.53.17)式可以写成

$$\frac{2\mathrm{J}_1(x)}{x}=1-\frac{1}{2}\cdot\frac{1}{2!}\cdot\frac{1}{2}x^2+\frac{1}{3}\cdot\frac{1}{4!}\cdot\frac{1\cdot 3}{2\cdot 4}x^4-\frac{1}{4}\cdot\frac{1}{6!}\frac{1\cdot 3\cdot 5}{2\cdot 4\cdot 6}x^6+\cdots \tag{3.53.18}$$

比较(3.53.14)和(3.53.18)两式即得

$$I=I_0\left[\frac{2\mathrm{J}_1\left(\frac{2\pi a\sin\theta}{\lambda}\right)}{\frac{2\pi a\sin\theta}{\lambda}}\right]^2 \tag{3.53.19}$$

这便是所求的圆孔夫琅禾费衍射的强度分布的准确表达式.

由(3.53.19)式算出的圆孔夫琅禾费衍图样的头几级数据如表 3.53 所示,画出的曲线如图 3.53(2)所示.

表 3.53　圆孔夫琅禾费衍射图样的头几级数据

$\dfrac{2\pi a\sin\theta}{\lambda}$	$\dfrac{I}{I_0}$	衍射图样
0	1	中央极大中心
1.220π	0	第一暗环
1.635π	0.0175	第一次极大
2.233π	0	第二暗环
2.679π	0.0042	第二次极大
3.238π	0	第三暗环
3.699π	0.0016	第三次极大

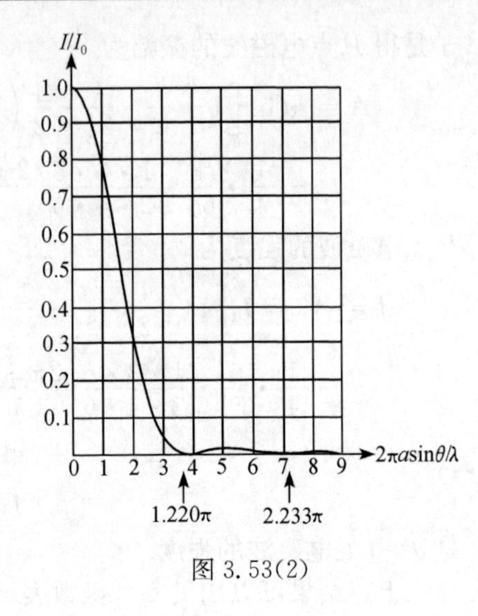

图 3.53(2)

【讨论】 (1)在前面计算(3.53.12)式的积分时,我们用的是初等方法,即将被积函数用公式

$$\cos x = 1 - \frac{x^2}{2!} + \frac{x^4}{4!} - \frac{x^6}{6!} + \cdots \tag{3.53.20}$$

展开,然后逐项求积分. 最后将结果用贝塞耳函数表示. 这样做是为了避免有关贝塞耳函数的一些知识. 如果读者熟悉贝塞耳函数,也可直接用贝塞耳函数计算如下:令(3.53.12)式中的积分为

$$D = \int_0^a\int_0^{2\pi} \cos\left(\frac{2\pi\rho\sin\theta}{\lambda}\cos\varphi\right)\rho\,\mathrm{d}\rho\,\mathrm{d}\varphi \tag{3.53.21}$$

其中

$$\int_0^{2\pi} \cos\left(\frac{2\pi\rho\sin\theta}{\lambda}\cos\varphi\right)\mathrm{d}\varphi = 2\pi \mathrm{J}_0\left(\frac{2\pi\rho\sin\theta}{\lambda}\right) \tag{3.53.22}$$

是以$\dfrac{2\pi\rho\sin\theta}{\lambda}$为宗量的零阶贝塞耳函数. 于是

$$D = 2\pi\int_0^a \mathrm{J}_0\left(\frac{2\pi\rho\sin\theta}{\lambda}\right)\rho\,\mathrm{d}\rho = 2\pi\left(\frac{\lambda}{2\pi\sin\theta}\right)^2\int_0^{2\pi a\sin\theta/\lambda} \mathrm{J}_0(z)z\,\mathrm{d}z \tag{3.53.23}$$

根据贝塞耳函数的递推关系式

$$\frac{\mathrm{d}}{\mathrm{d}z}[z\mathrm{J}_1(z)] = z\mathrm{J}_0(z) \tag{3.53.24}$$

得

$$D = 2\pi\left(\frac{\lambda}{2\pi\sin\theta}\right)^2\left(\frac{2\pi\rho\sin\theta}{\lambda}\right)\mathrm{J}_1\left(\frac{2\pi\rho\sin\theta}{\lambda}\right)\Bigg|_{\rho=0}^{\rho=a}$$

$$=\frac{\lambda a}{\sin\theta}\mathrm{J}_1\left(\frac{2\pi a\sin\theta}{\lambda}\right)\tag{3.53.25}$$

其中用到了贝塞耳函数的性质

$$\mathrm{J}_1(0)=0\tag{3.53.26}$$

(3.53.25)式可以写成

$$D=\pi a^2\frac{2\mathrm{J}_1\left(\frac{2\pi a\sin\theta}{\lambda}\right)}{\frac{2\pi a\sin\theta}{\lambda}}\tag{3.53.27}$$

代入(3.53.12)式便得

$$A=CD=\pi a^2C\frac{2\mathrm{J}_1\left(\frac{2\pi a\sin\theta}{\lambda}\right)}{\frac{2\pi a\sin\theta}{\lambda}}\tag{3.53.28}$$

于是所求的光的强度为

$$I=A^2=\pi^2a^4C^2\left[\frac{2\mathrm{J}_1\left(\frac{2\pi a\sin\theta}{\lambda}\right)}{\frac{2\pi a\sin\theta}{\lambda}}\right]^2=I_0\left[\frac{2\mathrm{J}_1\left(\frac{2\pi a\sin\theta}{\lambda}\right)}{\frac{2\pi a\sin\theta}{\lambda}}\right]^2\tag{3.53.29}$$

这便是前面的(3.53.19)式.

(2)圆孔的夫琅禾费衍射在光学里很重要,它是光学仪器分辨本领的基础.(3.53.19)式是艾里(G. B. Airy)于1835年得出的.因此,圆孔夫琅禾费衍射的中心亮斑现在就通称为艾里斑.

第四章　电磁波的辐射

4.1　在洛伦兹规范下，矢势 $\boldsymbol{A}(\boldsymbol{r},t)$满足非齐次波动方程

$$\nabla^2\boldsymbol{A}-\frac{1}{c^2}\frac{\partial^2\boldsymbol{A}}{\partial t^2}=-\mu_0\boldsymbol{j} \tag{a}$$

式中 $\boldsymbol{j}$ 是电流密度. 在无界空间里，这个方程的格林函数 $G(\boldsymbol{r},t;\boldsymbol{r}',t')$满足下列方程：

$$\nabla^2G(\boldsymbol{r},t;\boldsymbol{r}',t')-\frac{1}{c^2}\frac{\partial^2G(\boldsymbol{r},t;\boldsymbol{r}',t')}{\partial t^2}=-\mu_0\delta(\boldsymbol{r}-\boldsymbol{r}')\delta(t-t') \tag{b}$$

(1) 试求 $G(\boldsymbol{r},t;\boldsymbol{r}',t')$的具体形式；(2) 试用 $G(\boldsymbol{r},t;\boldsymbol{r}',t')$的具体形式，写出(a)式的解，即 $\boldsymbol{A}(\boldsymbol{r},t)$的积分表达式，并说明其物理意义.

【解】　(1) 方程(b)中格林函数 $G(\boldsymbol{r},t;\boldsymbol{r}',t')$的具体形式可以用各种方法求出[①]. 在这里，我们根据它的物理意义，简单导出如下. $G(\boldsymbol{r},t;\boldsymbol{r}',t')$的物理意义是：$\boldsymbol{r}'$处 t'时刻单位强度的源在无界空间里 $\boldsymbol{r}$ 处 t 时刻产生的场. 为了导出 $G(\boldsymbol{r},t;\boldsymbol{r}',t')$的具体形式，采用球坐标系，令

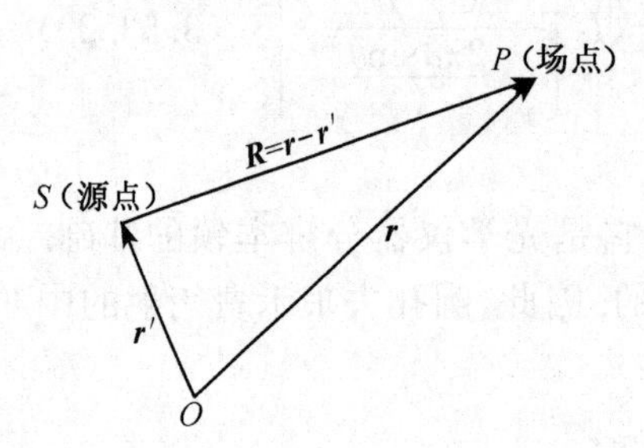

图 4.1

$$\boldsymbol{R}=\boldsymbol{r}-\boldsymbol{r}',\quad T=t-t' \tag{4.1.1}$$

即取源点 S 为球坐标系位矢 $\boldsymbol{R}$ 的原点(图 4.1)，并取 t'时刻为时间 T 的起点. 这时(b)式化为

$$\nabla^2G-\frac{1}{c^2}\frac{\partial^2G}{\partial T^2}=-\mu_0\delta(\boldsymbol{R})\delta(T) \tag{4.1.2}$$

在球坐标系中

$$\nabla^2G=\frac{1}{R}\frac{\partial^2(RG)}{\partial R^2}+\frac{1}{R^2\sin\theta}\frac{\partial}{\partial\theta}\left(\sin\theta\frac{\partial G}{\partial\theta}\right)+\frac{1}{R^2\sin^2\theta}\frac{\partial^2G}{\partial\phi^2} \tag{4.1.3}$$

根据 $G(\boldsymbol{r},t;\boldsymbol{r}',t')$的物理意义，$G$ 应当仅是 R 的函数，与 θ 与 ϕ 都无关. 故(4.1.2)式化为

$$\frac{1}{R}\frac{\partial^2(RG)}{\partial R^2}-\frac{1}{c^2}\frac{\partial^2G}{\partial T^2}=-\mu_0\delta(\boldsymbol{R})\delta(T) \tag{4.1.4}$$

当 $R\neq0$ 时，便得

---

① 例如：(1)郭敦仁，《数学物理方法》(人民教育出版社，1978)，第 358～360 页；(2)J. D. 杰克逊著，朱培豫译.《经典电动力学》(人民教育出版社，1978)，上册，第 245～247 页.

$$\frac{\partial^2 (RG)}{\partial R^2} - \frac{1}{c^2}\frac{\partial^2 (RG)}{\partial T^2} = 0 \tag{4.1.5}$$

这是齐次波动方程,它的通解为

$$RG = f_+\left(T + \frac{R}{c}\right) + f_-\left(T - \frac{R}{c}\right) \tag{4.1.6}$$

式中 f_+ 和 f_- 都是有二阶偏导数的任意函数. 于是得

$$G = \frac{f_+\left(T + \frac{R}{c}\right)}{R} + \frac{f_-\left(T - \frac{R}{c}\right)}{R} \tag{4.1.7}$$

把(4.1.1)式代入上式便得

$$G(\boldsymbol{r},t;\boldsymbol{r}',t') = \frac{f_+\left(t - t' + \frac{|\boldsymbol{r} - \boldsymbol{r}'|}{c}\right)}{|\boldsymbol{r} - \boldsymbol{r}'|} + \frac{f_-\left(t - t' - \frac{|\boldsymbol{r} - \boldsymbol{r}'|}{c}\right)}{|\boldsymbol{r} - \boldsymbol{r}'|} \tag{4.1.8}$$

为了求出 f_+ 和 f_- 的具体形式,把(4.1.2)式对半径为 R 的小球求体积分. 左边两项分别为

$$\begin{aligned}\int_V \nabla^2 G \mathrm{d}V &= \int_V \nabla \cdot (\nabla G)\mathrm{d}V = \oint_S \nabla G \cdot \mathrm{d}\boldsymbol{S} = \oint_S \frac{\partial G}{\partial R}\mathrm{d}S \\ &= 4\pi R^2 \frac{\partial}{\partial R}\left(\frac{f_\pm}{R}\right) = 4\pi\left(R\frac{\partial f_\pm}{\partial R} - f_\pm\right)\end{aligned} \tag{4.1.9}$$

和

$$\int_V \frac{\partial^2 G}{\partial T^2}\mathrm{d}V = \frac{\partial^2 G}{\partial T^2} \cdot \frac{4\pi}{3}R^3 = \frac{4\pi}{3}R^2\frac{\partial^2 f_\pm}{\partial T^2} \tag{4.1.10}$$

右边积分为

$$\int_V \delta(\boldsymbol{R})\delta(T)\mathrm{d}V = \delta(T) = \delta(t - t') \tag{4.1.11}$$

当 $R \to 0$ 时,因 $\frac{\partial f_\pm}{\partial R}$ 和 $\frac{\partial^2 f_\pm}{\partial T^2}$ 均为有限值,故由以上三式得

$$\lim_{R\to 0} f_\pm(T) = \frac{\mu_0}{4\pi}\delta(T) \tag{4.1.12}$$

于是由(4.1.8)式得

$$f_\pm = \frac{\mu_0}{4\pi}\delta\left(t - t' \pm \frac{|\boldsymbol{r} - \boldsymbol{r}'|}{c}\right) \tag{4.1.13}$$

最后得出 $G(\boldsymbol{r},t;\boldsymbol{r}',t')$ 的具体形式为

$$G(\boldsymbol{r},t;\boldsymbol{r}',t') = \frac{\mu_0}{4\pi}\frac{\delta\left(t - t' + \frac{|\boldsymbol{r} - \boldsymbol{r}'|}{c}\right)}{|\boldsymbol{r} - \boldsymbol{r}'|}$$

$$+\frac{\mu_0}{4\pi}\frac{\delta\left(t-t'-\frac{|\boldsymbol{r}-\boldsymbol{r}'|}{c}\right)}{|\boldsymbol{r}-\boldsymbol{r}'|} \tag{4.1.14}$$

(2) 用 $G(\boldsymbol{r},t;\boldsymbol{r}',t')$ 的具体形式写出(a)式的解，即 $\boldsymbol{A}(\boldsymbol{r},t)$ 的积分表达式为

$$\boldsymbol{A}(\boldsymbol{r},t)=\frac{\mu_0}{4\pi}\int_V\frac{\boldsymbol{j}(\boldsymbol{r}',t')\delta\left(t-t'+\frac{|\boldsymbol{r}-\boldsymbol{r}'|}{c}\right)\mathrm{d}V'}{|\boldsymbol{r}-\boldsymbol{r}'|}$$

$$+\frac{\mu_0}{4\pi}\int_V\frac{\boldsymbol{j}(\boldsymbol{r}',t')\delta\left(t-t'-\frac{|\boldsymbol{r}-\boldsymbol{r}'|}{c}\right)\mathrm{d}V'}{|\boldsymbol{r}-\boldsymbol{r}'|} \tag{4.1.15}$$

其中第一项的物理意义是：$\boldsymbol{r}'$ 处 $t'=t+\frac{|\boldsymbol{r}-\boldsymbol{r}'|}{c}$ 时刻的电流密度 $\boldsymbol{j}(\boldsymbol{r}',t')$ 在 $\boldsymbol{r}$ 处 t 时刻所产生的矢势. 由于 $t<t'$，故 t 时刻比 t' 时刻早，所以这一项称为提早势. 第二项的物理意义是：$\boldsymbol{r}'$ 处 $t'=t-\frac{|\boldsymbol{r}-\boldsymbol{r}'|}{c}$ 时刻的电流密度 $\boldsymbol{j}(\boldsymbol{r}',t')$ 在 $\boldsymbol{r}$ 处 t 时刻所产生的矢势. 由于 $t>t'$，故 t 时刻比 t' 时刻迟，所以这一项称为推迟势.

4.2 $\Psi(\boldsymbol{r},t)$ 满足下列非齐次波动方程

$$\left(\nabla^2-\frac{1}{c^2}\frac{\partial^2}{\partial t^2}\right)\Psi(\boldsymbol{r},t)=-4\pi f(\boldsymbol{r},t)$$

我们引入自由空间的格林函数 $G(\boldsymbol{r},t;\boldsymbol{r}',t')$，它是方程

$$\left(\nabla^2-\frac{1}{c^2}\frac{\partial^2}{\partial t^2}\right)G(\boldsymbol{r},t;\boldsymbol{r}',t')=-4\pi\delta(\boldsymbol{r}-\boldsymbol{r}')\delta(t-t')$$

的推迟解.

(a) 若 $f(\boldsymbol{r},t)$ 是 $\Psi(\boldsymbol{r},t)$ 的唯一源，试给出用 G 和 f 表示的解 $\Psi(\boldsymbol{r},t)$.

(b) 试叙述三个不变性，它们限制 G 的允许形式；并给出这些不变性所允许的最普遍的形式.

(c) G 的量纲是什么?

(d) 试求 G_∞，即 $c\to\infty$ 的格林函数.

(e) 令

$$f(\boldsymbol{r},t)=\delta(t-t_0)F(\boldsymbol{r})$$

式中 $F(\boldsymbol{r})$ 在以原点为心、半径为 R 的球外空间的所有点均为零. 试画出 $c\to\infty$ 时和 c 为有限时 $\Psi(\boldsymbol{r},t)$ 的纲要图，对于 r(观察点到球心的距离)$-|\boldsymbol{r}|>R$ 的一点 $\boldsymbol{r}$，$\Psi(\boldsymbol{r},t)$ 作为 t 的函数；在 t 轴上标出适当的时间 t.

(f) $\Psi(\boldsymbol{r},t)$ 由在所有点 $\boldsymbol{r}'$ 的源 f 的值决定. 对于 $c\to\infty$ 来说，对于所有点 $\boldsymbol{r}'$ 都有意义的时间 t' 是 $t'-t$；对于 c 为有限来说，对于一点 $\boldsymbol{r}'$ 有意义的时间 t' 不是 t，而是比 t 早一点的时间 t'，所早的值为光从 $\boldsymbol{r}'$ 传播到 $\boldsymbol{r}$ 所需的时间. 知道了 G_∞，人们

就能够猜出 G 应当是什么样. 请这样作. [本题系中国赴美物理研究生考试(CUSPEA)1986 年试题.]

【解】 (a) 用 G 和 f 表示 $\Psi(\boldsymbol{r},t)$ 的解为

$$\Psi(\boldsymbol{r},t)=\iint G(\boldsymbol{r},t;\boldsymbol{r}',t')f(\boldsymbol{r}',t')\mathrm{d}V'\mathrm{d}t' \tag{4.2.1}$$

(b) 三个不变性限制了格林函数的允许形式,这三个不变性是:空间平移不变性、时间平移不变性和空间转动不变性. 由空间平移不变性得

$$G(\boldsymbol{r},t;\boldsymbol{r}',t')=G(\boldsymbol{r}-\boldsymbol{r}',t,t') \tag{4.2.2}$$

由时间平移不变性得

$$G(\boldsymbol{r},t;\boldsymbol{r}',t')=G(\boldsymbol{r},\boldsymbol{r}',t-t') \tag{4.2.3}$$

所以

$$G(\boldsymbol{r},t;\boldsymbol{r}',t')=G(\boldsymbol{r}-\boldsymbol{r}',t-t') \tag{4.2.4}$$

再由空间转动不变性得

$$G(\boldsymbol{r},t;\boldsymbol{r}',t')=G(|\boldsymbol{r}-\boldsymbol{r}'|,t-t') \tag{4.2.5}$$

(c) G 的量纲. 因

$$\nabla^2=\frac{1}{(\text{长度})^2} \tag{4.2.6}$$

$$\delta(\boldsymbol{r}-\boldsymbol{r}')\delta(t-t')=\frac{1}{(\text{长度})^3}\cdot\frac{1}{(\text{时间})} \tag{4.2.7}$$

故 G 的量纲为

$$G=\frac{1}{(\text{长度})(\text{时间})} \tag{4.2.8}$$

(d) 在 $c\to\infty$ 时,有

$$\nabla^2 G_\infty(\boldsymbol{r},t;\boldsymbol{r}',t')=-4\pi\delta(\boldsymbol{r}-\boldsymbol{r}')\delta(t-t') \tag{4.2.9}$$

令

$$G_\infty(\boldsymbol{r},t;\boldsymbol{r}',t')=g(\boldsymbol{r},\boldsymbol{r}')\delta(t-t') \tag{4.2.10}$$

则

$$\nabla^2 g(\boldsymbol{r},\boldsymbol{r}')=-4\pi\delta(\boldsymbol{r}-\boldsymbol{r}') \tag{4.2.11}$$

由于

$$\nabla^2\frac{1}{|\boldsymbol{r}-\boldsymbol{r}'|}=-4\pi\delta(\boldsymbol{r}-\boldsymbol{r}') \tag{4.2.12}$$

故比较以上两式即得

$$g(\boldsymbol{r},\boldsymbol{r}')=\frac{1}{|\boldsymbol{r}-\boldsymbol{r}'|} \tag{4.2.13}$$

于是便得到

$$G_\infty(\boldsymbol{r},t;\boldsymbol{r}',t')=\frac{1}{|\boldsymbol{r}-\boldsymbol{r}'|}\delta(t-t') \tag{4.2.14}$$

(e) 对于 $c\to\infty$ 来说,响应是即时的,并且

$$\Psi_\infty(\boldsymbol{r},t)\propto\delta(t-t')$$

对于 c 为有限值来说,讯号出现的最早时间为 $t=t_0+\dfrac{r-R}{c}$,最晚时间为 $t=t_0+\dfrac{r+R}{c}$.

在 $c\to\infty$ 的情况下,有

$$\begin{aligned}\Psi_\infty(\boldsymbol{r},t)&=\iint G_\infty(\boldsymbol{r},t;\boldsymbol{r}',t')f(\boldsymbol{r}',t')\mathrm{d}V'\mathrm{d}t'\\&=\iint\frac{1}{|\boldsymbol{r}-\boldsymbol{r}'|}\delta(t-t')\delta(t'-t_0)F(\boldsymbol{r}')\mathrm{d}V'\mathrm{d}t'\\&=H(\boldsymbol{r})\delta(t-t_0)\end{aligned}$$

式中

$$H(\boldsymbol{r})\equiv\int\frac{F(\boldsymbol{r}')}{|\boldsymbol{r}-\boldsymbol{r}'|}\mathrm{d}V' \tag{4.2.15}$$

$\Psi(\boldsymbol{r},t)$的纲要图如图 4.2(1)和图 4.2(2)所示.

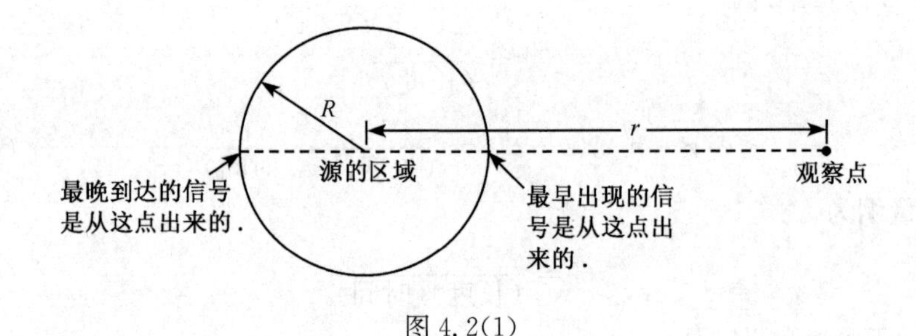

图 4.2(1)

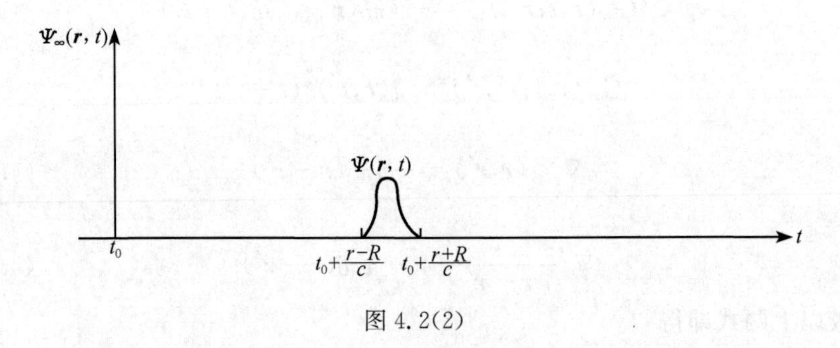

图 4.2(2)

(f)
$$G(\boldsymbol{r},t;\boldsymbol{r}',t)=\frac{1}{|\boldsymbol{r}-\boldsymbol{r}'|}\delta\left(t-t'-\frac{|\boldsymbol{r}-\boldsymbol{r}'|}{c}\right) \tag{4.2.16}$$

4.3 试利用电荷守恒定律验证 $\mathbf{A}$ 和 φ 的推迟势

$$\mathbf{A}(\boldsymbol{r},t)=\frac{\mu_0}{4\pi}\int_{V'}\frac{\boldsymbol{j}(\boldsymbol{r}',t')\mathrm{d}V'}{|\boldsymbol{r}-\boldsymbol{r}'|}$$

$$\varphi(\boldsymbol{r},t)=\frac{1}{4\pi\varepsilon_0}\int_{V'}\frac{\rho(\boldsymbol{r}',t')\mathrm{d}V'}{|\boldsymbol{r}-\boldsymbol{r}'|}$$

满足洛伦兹条件

$$\nabla\cdot\boldsymbol{A}+\frac{1}{c^2}\frac{\partial\varphi}{\partial t}=0$$

【解】 在 $\boldsymbol{A}$ 和 φ 的推迟势中，$\boldsymbol{r}$ 是场点的位矢，$\boldsymbol{r}'$ 是源点的位矢，t' 与 t 之间的关系为

$$t'=t-|\boldsymbol{r}-\boldsymbol{r}'|/c \tag{4.3.1}$$

因为在空间的一个固定点，有 $\frac{\partial}{\partial t}=\frac{\partial}{\partial t'}$，故

$$\frac{\partial\varphi}{\partial t}=\frac{1}{4\pi\varepsilon_0}\int_{V'}\frac{1}{|\boldsymbol{r}-\boldsymbol{r}'|}\frac{\partial}{\partial t'}\rho(\boldsymbol{r}',t')\mathrm{d}V' \tag{4.3.2}$$

而

$$\begin{aligned}\nabla\cdot\boldsymbol{A}&=\frac{\mu_0}{4\pi}\int_{V'}\nabla\cdot\left[\frac{\boldsymbol{j}(\boldsymbol{r}',t')}{|\boldsymbol{r}-\boldsymbol{r}'|}\right]\mathrm{d}V'\\&=\frac{\mu_0}{4\pi}\int_{V'}\boldsymbol{j}\cdot\left(\nabla\frac{1}{|\boldsymbol{r}-\boldsymbol{r}'|}\right)\mathrm{d}V'+\frac{\mu_0}{4\pi}\int_{V'}\frac{1}{|\boldsymbol{r}-\boldsymbol{r}'|}\nabla\cdot\boldsymbol{j}\mathrm{d}V'\end{aligned} \tag{4.3.3}$$

当算符 ∇ 作用于 $|\boldsymbol{r}-\boldsymbol{r}'|$ 的 n 次幂时，可写成

$$\nabla|\boldsymbol{r}-\boldsymbol{r}'|^n=-\nabla'|\boldsymbol{r}-\boldsymbol{r}'|^n \tag{4.3.4}$$

其中 ∇' 只作用于 $\boldsymbol{r}'$. 因为 $\boldsymbol{j}(\boldsymbol{r}',t')$ 中的变量 $t'=t-|\boldsymbol{r}-\boldsymbol{r}'|/c$，其中含有 $\boldsymbol{r}$，故

$$\begin{aligned}\nabla\cdot\boldsymbol{j}&=\frac{\partial\boldsymbol{j}}{\partial t'}\cdot(\nabla t')=-\frac{1}{c}\frac{\partial\boldsymbol{j}}{\partial t'}\cdot(\nabla|\boldsymbol{r}-\boldsymbol{r}'|)\\&=\frac{1}{c}\frac{\partial\boldsymbol{j}}{\partial t'}\cdot(\nabla'|\boldsymbol{r}-\boldsymbol{r}'|)\end{aligned} \tag{4.3.5}$$

另一方面，有

$$\nabla'\cdot\boldsymbol{j}=(\nabla'\cdot\boldsymbol{j})_{t'=\mathrm{const}}-\frac{1}{c}\frac{\partial\boldsymbol{j}}{\partial t'}\cdot(\nabla'|\boldsymbol{r}-\boldsymbol{r}'|) \tag{4.3.6}$$

对比以上两式得

$$\nabla\cdot\boldsymbol{j}=(\nabla'\cdot\boldsymbol{j})_{t'=\mathrm{const}}-\nabla'\cdot\boldsymbol{j} \tag{4.3.7}$$

将此式代入(4.3.3)式得

$$\begin{aligned}\nabla\cdot\boldsymbol{A}=&\frac{\mu_0}{4\pi}\int_{V'}\boldsymbol{j}\cdot\left(\nabla\frac{1}{|\boldsymbol{r}-\boldsymbol{r}'|}\right)\mathrm{d}V'\\&+\frac{\mu_0}{4\pi}\int_{V'}\frac{1}{|\boldsymbol{r}-\boldsymbol{r}'|}[(\nabla'\cdot\boldsymbol{j})_{t=\mathrm{const}}-\nabla'\cdot\boldsymbol{j}]\mathrm{d}V'\\=&-\frac{\mu_0}{4\pi}\int_{V'}\boldsymbol{j}\cdot\left(\nabla'\frac{1}{|\boldsymbol{r}-\boldsymbol{r}'|}\right)\mathrm{d}V'\end{aligned}$$

$$-\frac{\mu_0}{4\pi}\int_{V'}\frac{1}{|\boldsymbol{r}-\boldsymbol{r}'|}\nabla'\cdot\boldsymbol{j}\mathrm{d}V'$$
$$+\frac{\mu_0}{4\pi}\int_{V'}\frac{1}{|\boldsymbol{r}-\boldsymbol{r}'|}(\nabla'\cdot\boldsymbol{j})_{t'=\text{const}}\mathrm{d}V'$$
$$=-\frac{\mu_0}{4\pi}\int_{V'}\nabla'\cdot\left[\frac{\boldsymbol{j}(\boldsymbol{r}',t')}{|\boldsymbol{r}-\boldsymbol{r}'|}\right]\mathrm{d}V'$$
$$+\frac{\mu_0}{4\pi}\int_{V'}\frac{1}{|\boldsymbol{r}-\boldsymbol{r}'|}(\nabla'\cdot\boldsymbol{j})_{t'=\text{const}}\mathrm{d}V' \tag{4.3.8}$$

因

$$\int_{V'}\nabla'\cdot\left[\frac{\boldsymbol{j}(\boldsymbol{r}',t')}{|\boldsymbol{r}-\boldsymbol{r}'|}\right]\mathrm{d}V'=\oint_{S'}\frac{\boldsymbol{j}(\boldsymbol{r}',t')}{|\boldsymbol{r}-\boldsymbol{r}'|}\cdot\mathrm{d}\boldsymbol{S}' \tag{4.3.9}$$

只要把 V' 取得足够大,就可以使 $\boldsymbol{j}(\boldsymbol{r}',t')$ 在 V' 的边界面 S' 上处处为零,结果上式便为零. 于是由(4.3.8)式得

$$\nabla\cdot\boldsymbol{A}=\frac{\mu_0}{4\pi}\int_{V'}\frac{1}{|\boldsymbol{r}-\boldsymbol{r}'|}(\nabla'\cdot\boldsymbol{j})_{t=\text{const}}\mathrm{d}V' \tag{4.3.10}$$

将(4.3.2)式与(4.3.10)式合并,便得

$$\nabla\cdot\boldsymbol{A}+\varepsilon_0\mu_0\frac{\partial\varphi}{\partial t}=\nabla\cdot\boldsymbol{A}+\frac{1}{c^2}\frac{\partial\varphi}{\partial t}$$
$$=\frac{\mu_0}{4\pi}\int_{V'}\frac{1}{|\boldsymbol{r}-\boldsymbol{r}'|}\left[(\nabla'\cdot\boldsymbol{j})_{t'=\text{const}}+\frac{\partial\rho}{\partial t'}\right]\mathrm{d}V' \tag{4.3.11}$$

由电荷守恒定律有

$$(\nabla'\cdot\boldsymbol{j})_{t'=\text{const}}+\frac{\partial\rho}{\partial t'}=0 \tag{4.3.12}$$

式中 t' 是 $\boldsymbol{r}'$ 点的局域时间. 由以上两式得

$$\nabla\cdot\boldsymbol{A}+\frac{1}{c^2}\frac{\partial\varphi}{\partial t}=0 \tag{4.3.13}$$

由此可见,只要电荷守恒定律成立,则推迟势 $\boldsymbol{A}$ 和 φ 就满足洛伦兹条件.

4.4 试证明推迟势 $\varphi(\boldsymbol{r},t)=\frac{1}{4\pi\varepsilon_0}\int_V\frac{\rho\left(\boldsymbol{r},t-\frac{|\boldsymbol{r}-\boldsymbol{r}'|}{c}\right)}{|\boldsymbol{r}-\boldsymbol{r}'|}\mathrm{d}V'$ 满足非齐次波动方程: $\nabla^2\varphi-\frac{1}{c^2}\frac{\partial^2\varphi}{\partial t^2}=-\frac{\rho(\boldsymbol{r},t)}{\varepsilon_0}$.

【证】 由

$$\rho=\rho\left(\boldsymbol{r}',t-\frac{|\boldsymbol{r}-\boldsymbol{r}'|}{c}\right) \tag{4.4.1}$$

令
$$u=t-\frac{|\boldsymbol{r}-\boldsymbol{r}'|}{c} \tag{4.4.2}$$

则
$$\rho=\rho(\boldsymbol{r}',u),\qquad \frac{\partial\rho}{\partial t}=\frac{\partial\rho}{\partial u}\tag{4.4.3}$$

$$\nabla u=-\frac{1}{c}\nabla|\boldsymbol{r}-\boldsymbol{r}'|=-\frac{1}{c}\frac{\boldsymbol{r}-\boldsymbol{r}'}{|\boldsymbol{r}-\boldsymbol{r}'|}\tag{4.4.4}$$

$$\nabla^2u=\nabla\cdot(\nabla u)=-\frac{1}{c}\nabla\cdot\left(\frac{\boldsymbol{r}-\boldsymbol{r}'}{|\boldsymbol{r}-\boldsymbol{r}'|}\right)=-\frac{1}{c}\left[\frac{\nabla\cdot(\boldsymbol{r}-\boldsymbol{r}')}{|\boldsymbol{r}-\boldsymbol{r}'|}+(\boldsymbol{r}-\boldsymbol{r}')\cdot\nabla\frac{1}{|\boldsymbol{r}-\boldsymbol{r}'|}\right]$$

$$=-\frac{1}{c}\left[\frac{3}{|\boldsymbol{r}-\boldsymbol{r}'|}-\frac{(\boldsymbol{r}-\boldsymbol{r}')\cdot(\boldsymbol{r}-\boldsymbol{r}')}{|\boldsymbol{r}-\boldsymbol{r}'|^3}\right]=-\frac{2}{c|\boldsymbol{r}-\boldsymbol{r}'|}\tag{4.4.5}$$

于是

$$\nabla^2\varphi-\frac{1}{c^2}\frac{\partial^2\varphi}{\partial t^2}=\left(\nabla^2-\frac{1}{c^2}\frac{\partial^2}{\partial t^2}\right)\frac{1}{4\pi\varepsilon_0}\int_V\frac{\rho}{|\boldsymbol{r}-\boldsymbol{r}'|}\mathrm{d}V'$$

$$=\frac{1}{4\pi\varepsilon_0}\int_V\left[\nabla^2\left(\frac{\rho}{\boldsymbol{r}-\boldsymbol{r}'}\right)-\frac{1}{c^2}\frac{\partial^2}{\partial t^2}\frac{\rho}{|\boldsymbol{r}-\boldsymbol{r}'|}\right]\mathrm{d}V'$$

$$=\frac{1}{4\pi\varepsilon_0}\int_V\left[\frac{1}{|\boldsymbol{r}-\boldsymbol{r}'|}\nabla^2\rho+2\nabla\rho\cdot\left(\nabla\frac{1}{|\boldsymbol{r}-\boldsymbol{r}'|}\right)\right.$$

$$\left.+\rho\nabla^2\frac{1}{|\boldsymbol{r}-\boldsymbol{r}'|}-\frac{1}{|\boldsymbol{r}-\boldsymbol{r}'|}\frac{1}{c^2}\frac{\partial^2\rho}{\partial t^2}\right]\mathrm{d}V'\tag{4.4.6}$$

根据前面1.4题得出的结果，上式被积函数中的$\nabla^2\rho$可化为

$$\nabla^2\rho=\frac{\partial^2\rho}{\partial u^2}(\nabla u)^2+\frac{\partial\rho}{\partial u}\nabla^2u\tag{4.4.7}$$

将(4.4.3)、(4.4.4)、(4.4.5)三式代入(4.4.7)式得

$$\nabla^2\rho=\frac{\partial^2\rho}{\partial t^2}\left(-\frac{1}{c}\frac{\boldsymbol{r}-\boldsymbol{r}'}{|\boldsymbol{r}-\boldsymbol{r}'|}\right)^2+\frac{\partial\rho}{\partial u}\left(-\frac{2}{c|\boldsymbol{r}-\boldsymbol{r}'|}\right)$$

$$=\frac{1}{c^2}\frac{\partial^2\rho}{\partial t^2}-\frac{2}{c|\boldsymbol{r}-\boldsymbol{r}'|}\frac{\partial\rho}{\partial u}\tag{4.4.8}$$

(4.4.6)式被积函数第二项可化为

$$2\nabla\rho\cdot\left(\nabla\frac{1}{|\boldsymbol{r}-\boldsymbol{r}'|}\right)=2\frac{\partial\rho}{\partial u}\nabla u\cdot\left(\nabla\frac{1}{|\boldsymbol{r}-\boldsymbol{r}'|}\right)$$

$$=2\frac{\partial\rho}{\partial u}\left(-\frac{1}{c}\frac{\boldsymbol{r}-\boldsymbol{r}'}{|\boldsymbol{r}-\boldsymbol{r}'|}\right)\cdot\left(-\frac{\boldsymbol{r}-\boldsymbol{r}'}{|\boldsymbol{r}-\boldsymbol{r}'|^3}\right)$$

$$=\frac{2}{c|\boldsymbol{r}-\boldsymbol{r}'|^2}\frac{\partial\rho}{\partial u}\tag{4.4.9}$$

将(4.4.7)、(4.4.8)、(4.4.9)三式代入(4.4.6)式便得

$$\nabla^2\varphi-\frac{1}{c^2}\frac{\partial^2\varphi}{\partial t^2}=\frac{1}{4\pi\varepsilon_0}\int_V\rho\nabla^2\frac{1}{|\boldsymbol{r}-\boldsymbol{r}'|}\mathrm{d}V'=\frac{1}{4\pi\varepsilon_0}\int_V\rho[-4\pi\delta(\boldsymbol{r}-\boldsymbol{r}')]\mathrm{d}V'$$

$$=-\frac{1}{\varepsilon_0}\int_V\rho\left(\boldsymbol{r}',t-\frac{|\boldsymbol{r}-\boldsymbol{r}'|}{c}\right)\delta(\boldsymbol{r}-\boldsymbol{r}')\mathrm{d}V'=-\frac{\rho(\boldsymbol{r},t)}{\varepsilon_0}\tag{4.4.10}$$

4.5　试由关系式 $t'=t-\frac{|\boldsymbol{r}-\boldsymbol{r}'|}{c}$，$\boldsymbol{v}=\frac{\mathrm{d}\boldsymbol{r}'}{\mathrm{d}t'}$ 和 $\boldsymbol{n}=\frac{\boldsymbol{r}-\boldsymbol{r}'}{|\boldsymbol{r}-\boldsymbol{r}'|}$，证明：(1) $\frac{\partial t'}{\partial t}=\frac{c}{c-\boldsymbol{n}\cdot\boldsymbol{v}}$；(2) $\nabla t'=-\frac{\boldsymbol{n}}{c-\boldsymbol{n}\cdot\boldsymbol{v}}$.

【证】　(1) 对于 t 来说，$t'=t-\frac{|\boldsymbol{r}-\boldsymbol{r}'|}{c}$ 中的 $\boldsymbol{r}$ 是固定场点的位矢，它不随时间变化，是常矢量；而 $\boldsymbol{r}'$ 是运动粒子的位矢，是随时间变化的矢量. 因此，$t'=t-\frac{|\boldsymbol{r}-\boldsymbol{r}'|}{c}$ 既是 t 的显函数，又是 t 的隐函数(通过 $\boldsymbol{r}'$ 的隐函数). 于是

$$
\begin{aligned}
\frac{\partial t'}{\partial t}&=\frac{\partial}{\partial t}\left(t-\frac{|\boldsymbol{r}-\boldsymbol{r}'|}{c}\right)=1-\frac{1}{c}\frac{\partial}{\partial t}\sqrt{r^2-2\boldsymbol{r}\cdot\boldsymbol{r}'+r'^2}\\
&=1-\frac{1}{2c|\boldsymbol{r}-\boldsymbol{r}'|}\left(-2\boldsymbol{r}\cdot\frac{\partial\boldsymbol{r}'}{\partial t}+2\boldsymbol{r}'\cdot\frac{\partial\boldsymbol{r}'}{\partial t}\right)\\
&=1+\frac{(\boldsymbol{r}-\boldsymbol{r}')}{c|\boldsymbol{r}-\boldsymbol{r}'|}\cdot\frac{\partial\boldsymbol{r}'}{\partial t}\\
&=1+\frac{\boldsymbol{n}}{c}\cdot\frac{\mathrm{d}\boldsymbol{r}'}{\mathrm{d}t'}\frac{\partial t'}{\partial t}=1+\frac{\boldsymbol{n}\cdot\boldsymbol{v}}{c}\frac{\partial t'}{\partial t}
\end{aligned}
$$

所以

$$
\frac{\partial t'}{\partial t}=\frac{c}{c-\boldsymbol{n}\cdot\boldsymbol{v}}
$$

(2)

$$
\begin{aligned}
\nabla t'&=\nabla\left(t-\frac{|\boldsymbol{r}-\boldsymbol{r}'|}{c}\right)=-\frac{1}{c}\nabla|\boldsymbol{r}-\boldsymbol{r}'|\\
&=-\frac{1}{c}[\nabla|\boldsymbol{r}-\boldsymbol{r}'|]_{t'=\text{const}}-\frac{1}{c}\left[\frac{\partial|\boldsymbol{r}-\boldsymbol{r}'|}{\partial t'}\right]\nabla t'\\
&=-\frac{1}{c}\frac{\boldsymbol{r}-\boldsymbol{r}'}{|\boldsymbol{r}-\boldsymbol{r}'|}-\frac{1}{c}[-\boldsymbol{n}\cdot\boldsymbol{v}]\nabla t'
\end{aligned}
$$

所以

$$
\left(1-\frac{\boldsymbol{n}\cdot\boldsymbol{v}}{c}\right)\nabla t'=-\frac{1}{c}\frac{\boldsymbol{r}-\boldsymbol{r}'}{|\boldsymbol{r}-\boldsymbol{r}'|}=-\frac{\boldsymbol{n}}{c}
$$

于是得

$$
\nabla t'=-\frac{\boldsymbol{n}}{c-\boldsymbol{n}\cdot\boldsymbol{v}}
$$

4.6　一电偶极子的电偶极矩 $\boldsymbol{p}$ 随时间 t 做简谐振动，即 $\boldsymbol{p}=\boldsymbol{p}_0\cos\omega t$，式中 $\boldsymbol{p}_0$ 为常矢量. 以 $\boldsymbol{p}$ 所在处为原点 O，取球坐标系如图 4.6 所示. (1)试由 $\boldsymbol{p}$ 的推迟式求远区(即 $r\gg\lambda=2\pi c/\omega$ 处)的矢势 $\boldsymbol{A}$；(2)由 $\boldsymbol{A}$ 求辐射场；(3) 求辐射的平均能流密度和总功率.

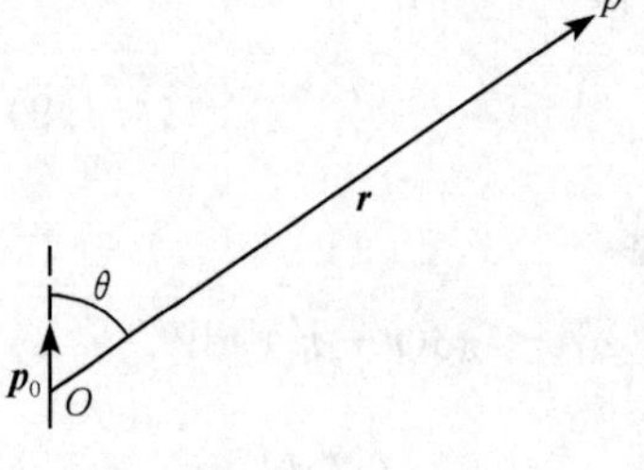

图 4.6

【解】　由电流产生矢势的基本规律计算.

(1) 区域 V 内随时间变化的电流密度 $\boldsymbol{j}(\boldsymbol{r}',t')$ 在 $\boldsymbol{r}$ 处 t 时刻产生的推迟式为

$$\mathbf{A}(\boldsymbol{r},t)=\frac{\mu_0}{4\pi}\int_V\frac{\boldsymbol{j}(\boldsymbol{r}',t')\mathrm{d}V'}{|\boldsymbol{r}-\boldsymbol{r}'|}=\frac{\mu_0}{4\pi}\int_V\frac{\boldsymbol{j}\left(\boldsymbol{r}',t-\frac{|\boldsymbol{r}-\boldsymbol{r}'|}{c}\right)\mathrm{d}V'}{|\boldsymbol{r}-\boldsymbol{r}'|}\tag{4.6.1}$$

对远区来说，$r\gg r'$，故可取近似

$$|\boldsymbol{r}-\boldsymbol{r}'|=r,\qquad r\gg r'\tag{4.6.2}$$

于是得

$$\mathbf{A}(\boldsymbol{r},t)=\frac{\mu_0}{4\pi r}\int_V\boldsymbol{j}(\boldsymbol{r}',t')\mathrm{d}V'=\frac{\mu_0}{4\pi r}\int_V\boldsymbol{j}\left(\boldsymbol{r}',t-\frac{r}{c}\right)\mathrm{d}V'\tag{4.6.3}$$

根据电偶极矩的定义

$$\boldsymbol{p}(t')=\int_V\rho(\boldsymbol{r}',t')\boldsymbol{r}'\mathrm{d}V'\tag{4.6.4}$$

由电荷守恒定律得

$$\begin{aligned}\frac{\mathrm{d}\boldsymbol{p}(t')}{\mathrm{d}t'}&=\int_V\frac{\partial\rho(\boldsymbol{r}',t')}{\partial t'}\boldsymbol{r}'\mathrm{d}V'=-\int_V[\nabla'\cdot\boldsymbol{j}(\boldsymbol{r}',t')]\boldsymbol{r}'\mathrm{d}V'\\&=\int_V\{\boldsymbol{j}(\boldsymbol{r}',t')-\nabla'\cdot[\boldsymbol{j}(\boldsymbol{r}',t')\boldsymbol{r}']\}\mathrm{d}V'\\&=\int_V\boldsymbol{j}(\boldsymbol{r}',t')\mathrm{d}V'\end{aligned}\tag{4.6.5}$$

因

$$\frac{\mathrm{d}\boldsymbol{p}(t')}{\mathrm{d}t'}=\frac{\mathrm{d}}{\mathrm{d}t'}\boldsymbol{p}_0\cos\omega t'=-\omega\boldsymbol{p}_0\sin\omega t'\tag{4.6.6}$$

所以

$$\int_V\boldsymbol{j}(\boldsymbol{r}',t)\mathrm{d}V'=-\omega\boldsymbol{p}_0\sin\omega t'\tag{4.6.7}$$

将(4.6.7)式代入(4.6.3)式得

$$\mathbf{A}(\boldsymbol{r},t)=\frac{\mu_0\omega\boldsymbol{p}_0}{4\pi r}\sin(kr-\omega t)\tag{4.6.8}$$

这就是所要求的矢势，式中

$$k=\frac{\omega}{c}=\frac{2\pi}{\lambda}\tag{4.6.9}$$

是传播常数，λ 是电磁波的波长.

(2) 由(4.6.8)式得辐射场的磁感强度为

$$\boldsymbol{B}=\nabla\times\mathbf{A}=\frac{\mu_0\omega}{4\pi}\nabla\times\left[\frac{\boldsymbol{p}_0}{r}\sin(kr-\omega t)\right]\tag{4.6.10}$$

由于辐射场的 $\boldsymbol{B}$ 只含 $\frac{1}{r}$ 项，故算符 ∇ 对 $\frac{1}{r}$ 的作用可以略去，于是得

$$\begin{aligned}\boldsymbol{B} &= \frac{\mu_0\omega}{4\pi r}\nabla\times[\boldsymbol{p}_0\sin(kr-\omega t)] = \frac{\mu_0\omega}{4\pi}[\nabla\sin(kr-\omega t)]\times\boldsymbol{p}_0 \\ &= \frac{\mu_0\omega k}{4\pi r}\cos(kr-\omega t)\boldsymbol{e}_r\times\boldsymbol{p}_0 \\ &= -\frac{\mu_0\omega^2 p_0}{4\pi c r}\cos(kr-\omega t)\sin\theta\boldsymbol{e}_\phi\end{aligned} \tag{4.6.11}$$

辐射场的电场强度为

$$\boldsymbol{E} = c\boldsymbol{B}\times\boldsymbol{e}_r = -\frac{\mu_0\omega^2 p_0}{4\pi r}\cos(kr-\omega t)\sin\theta\boldsymbol{e}_\theta \tag{4.6.12}$$

(3) 辐射的平均能流密度为

$$\begin{aligned}\overline{\boldsymbol{S}} &= \frac{1}{T}\int_0^T \boldsymbol{E}\times\boldsymbol{H}\mathrm{d}t = \frac{\mu_0\omega^4 p_0^2}{16\pi^2 c r^2 T}\sin^2\theta\boldsymbol{e}_r\int_0^T\cos^2(kr-\omega t)\mathrm{d}t \\ &= \frac{\omega^4 p_0^2}{32\pi^2\varepsilon_0 c^3}\frac{\sin^2\theta}{r^2}\boldsymbol{e}_r\end{aligned} \tag{4.6.13}$$

辐射的总功率为

$$\begin{aligned}P &= \oint_\Sigma \overline{\boldsymbol{S}}\cdot\mathrm{d}\boldsymbol{\Sigma} = \frac{\omega^4 p_0^2}{32\pi^2\varepsilon_0 c^3}\int_0^\pi\int_0^{2\pi}\frac{\sin^2\theta}{r^2}\cdot r^2\sin\theta\mathrm{d}\theta\mathrm{d}\phi \\ &= \frac{\omega^4 p_0^2}{12\pi\varepsilon_0 c^3}\end{aligned} \tag{4.6.14}$$

【别解】 用复数计算.

(1) 求 $\boldsymbol{A}$. 令

$$\boldsymbol{p} = \boldsymbol{p}_0\mathrm{e}^{-\mathrm{i}\omega t} \tag{4.6.15}$$

由前面的(4.6.3)和(4.6.5)两式得

$$\begin{aligned}\boldsymbol{A}(\boldsymbol{r},t) &= \frac{\mu_0}{4\pi r}\int_0\boldsymbol{j}(\boldsymbol{r},t')\mathrm{d}V' = \frac{\mu_0}{4\pi r}\frac{\mathrm{d}\boldsymbol{p}(t')}{\mathrm{d}t'} \\ &= -\frac{\mathrm{i}\mu_0\omega\boldsymbol{p}_0}{4\pi}\frac{\mathrm{e}^{-\mathrm{i}\omega t'}}{r} = -\frac{\mathrm{i}\mu_0\omega\boldsymbol{p}_0}{4\pi}\frac{\mathrm{e}^{-\mathrm{i}\omega\left(t-\frac{r}{c}\right)}}{r} \\ &= -\frac{\mathrm{i}\mu_0\omega\boldsymbol{p}_0}{4\pi}\frac{\mathrm{e}^{\mathrm{i}(kr-\omega t)}}{r}\end{aligned} \tag{4.6.16}$$

取上式的实部即为所求的矢势，结果便是前面的(4.6.8)式.

(2) 求辐射场.

$$\begin{aligned}\boldsymbol{B} &= \nabla\times\boldsymbol{A} = -\frac{\mathrm{i}\mu_0\omega}{4\pi}\nabla\times\left[\frac{\boldsymbol{p}_0\mathrm{e}^{\mathrm{i}(kr-\omega t)}}{r}\right] \\ &= -\frac{\mathrm{i}\mu_0\omega}{4\pi r}\nabla\times[\boldsymbol{p}_0\mathrm{e}^{\mathrm{i}(kr-\omega t)}] = -\frac{\mathrm{i}\mu_0\omega}{4\pi r}[\nabla\mathrm{e}^{\mathrm{i}(kr-\omega t)}]\times\boldsymbol{p}_0\end{aligned}$$

$$= \frac{\mu_0 \omega k}{4\pi} \frac{e^{i(kr-\omega t)}}{r} \boldsymbol{e}_r \times \boldsymbol{p}_0 = -\frac{\mu_0 \omega^2 p_0}{4\pi c} \frac{e^{i(kr-\omega t)}}{r} \sin\theta \boldsymbol{e}_\phi \tag{4.6.17}$$

其实部即为所求的磁感强度,即(4.6.11)式.

$$\boldsymbol{E} = c\boldsymbol{B} \times \boldsymbol{e}_r = -\frac{\mu_0 \omega^2 p_0}{4\pi} \frac{e^{i(kr-\omega t)}}{r} \sin\theta \boldsymbol{e}_\theta \tag{4.6.18}$$

其实部即为所求的电场强度,即(4.6.12)式.

(3) 求辐射的平均能流密度和功率. 辐射的平均能流密度为

$$\begin{aligned}\overline{\boldsymbol{S}} &= \frac{1}{2}\mathrm{Re}(\boldsymbol{E} \times \boldsymbol{H}^*) \\ &= \frac{1}{2}\left[-\frac{\mu_0 \omega^2 p_0}{4\pi} \frac{e^{i(kr-\omega t)}}{r} \sin\theta \boldsymbol{e}_\theta\right] \times \left[-\frac{\omega^2 p_0^*}{4\pi c} \frac{e^{-i(kr-\omega t)}}{r} \sin\theta \boldsymbol{e}_\phi\right] \\ &= \frac{\omega^4 |\boldsymbol{p}_0|^2}{32\pi^2 \varepsilon_0 c^3} \frac{\sin^2\theta}{r^2} \boldsymbol{e}_r \end{aligned}\tag{4.6.19}$$

辐射的总功率计算同(4.6.14)式.

.　　**【别解】** 用公式计算.

如果记得振动电偶极子辐射场的矢势、磁感强度和电场强度的公式,便可以把题给的 $\boldsymbol{p} = \boldsymbol{p}_0 \cos\omega t$ 直接代入这些公式算出结果. 这些公式是

$$\boldsymbol{A}_p(\boldsymbol{r}, t) = \frac{\mu_0}{4\pi r} \dot{\boldsymbol{p}}(t') \tag{4.6.20}$$

$$\boldsymbol{B}_p(\boldsymbol{r}, t) = \frac{\mu_0}{4\pi c r} \ddot{\boldsymbol{p}}(t') \times \boldsymbol{e}_r \tag{4.6.21}$$

$$\boldsymbol{E}_p(\boldsymbol{r}, t) = \frac{\mu_0}{4\pi r} [\ddot{\boldsymbol{p}}(t') \times \boldsymbol{e}_r] \times \boldsymbol{e}_r \tag{4.6.22}$$

式中

$$\dot{\boldsymbol{p}}(t') = \frac{\mathrm{d}}{\mathrm{d}t'} \boldsymbol{p}(t'), \qquad \ddot{\boldsymbol{p}}(t') = \frac{\mathrm{d}^2}{\mathrm{d}t'^2} \boldsymbol{p}(t') \tag{4.6.23}$$

$$t' = t - \frac{r}{c} = t - \frac{k}{\omega} r \tag{4.6.24}$$

于是得

$$\begin{aligned}\boldsymbol{A}_p(\boldsymbol{r}, t) &= \frac{\mu_0}{4\pi r} \frac{\mathrm{d}}{\mathrm{d}t'} \boldsymbol{p}_0 \cos\omega t' = -\frac{\mu_0 \omega \boldsymbol{p}_0}{4\pi r} \sin\omega t' \\ &= \frac{\mu_0 \omega \boldsymbol{p}_0}{4\pi r} \sin(kr - \omega t) \end{aligned}\tag{4.6.25}$$

$$\begin{aligned}\boldsymbol{B}_p(\boldsymbol{r}, t) &= \frac{\mu_0}{4\pi c r} \frac{\mathrm{d}^2 \boldsymbol{p}(t')}{\mathrm{d}t'^2} \times \boldsymbol{e}_r = -\frac{\mu_0 \omega^2}{4\pi c r} \cos\omega t' \boldsymbol{p}_0 \times \boldsymbol{e}_r \\ &= -\frac{\mu_0 \omega^2 p_0}{4\pi c r} \cos(kr - \omega t) \sin\theta \boldsymbol{e}_\phi \end{aligned}\tag{4.6.26}$$

$$\boldsymbol{E}_p(\boldsymbol{r},t)=\frac{\mu_0}{4\pi r}\left[\frac{\mathrm{d}^2\boldsymbol{p}(t')}{\mathrm{d}t'^2}\times\boldsymbol{e}_r\right]\times\boldsymbol{e}_r$$

$$=-\frac{\mu_0\omega^2 p_0}{4\pi r}\cos(kr-\omega t)\sin\theta\boldsymbol{e}_\phi\times\boldsymbol{e}_r$$

$$=-\frac{\mu_0\omega^2 p_0}{4\pi r}\cos(kr-\omega t)\sin\theta\boldsymbol{e}_\theta \tag{4.6.27}$$

至于辐射的平均能流密度 $\overline{\boldsymbol{S}}$ 和功率 P 则可由 $\boldsymbol{E}_p$ 和 $\boldsymbol{B}_p$ 依定义算出，即前面的(4.6.13)式和(4.6.14)式.

【讨论】　若题给 $\boldsymbol{p}=\boldsymbol{p}_0\sin\omega t=p_0\sin\omega t\boldsymbol{e}_z$，则

$$\boldsymbol{A}_p(\boldsymbol{r},t)=\frac{\mu_0}{4\pi r}\dot{\boldsymbol{p}}(t')=\frac{\mu_0\omega p_0}{4\pi r}\cos\omega t'\boldsymbol{e}_z=\frac{\mu_0\omega\boldsymbol{p}_0}{4\pi r}\cos(kr-\omega t) \tag{4.6.28}$$

$$\boldsymbol{B}_p(\boldsymbol{r},t)=\frac{\mu_0}{4\pi cr}\ddot{\boldsymbol{p}}(t')\times\boldsymbol{e}_r=\frac{\mu_0}{4\pi cr}(-\omega^2)\sin\omega t'\boldsymbol{p}_0\times\boldsymbol{e}_r$$

$$=-\frac{\mu_0\omega^2}{4\pi cr}\sin\omega\left(t-\frac{r}{c}\right)\boldsymbol{p}_0\times\boldsymbol{e}_r$$

$$=\frac{\mu_0\omega^2 p_0}{4\pi c}\frac{\sin(kr-\omega t)}{r}\sin\theta\boldsymbol{e}_\phi \tag{4.6.29}$$

$$\boldsymbol{E}_p(\boldsymbol{r},t)=c\boldsymbol{B}\times\boldsymbol{e}_r=\frac{\mu_0\omega^2 p_0}{4\pi}\frac{\sin(kr-\omega t)}{r}\sin\theta\boldsymbol{e}_\theta \tag{4.6.30}$$

或者，在(4.6.25)、(4.6.26)和(4.6.27)三式中，都以 $\omega t-\frac{\pi}{2}$ 代替 ωt，它们就分别化为(4.6.28)、(4.6.29)和(4.6.30)三式.

4.7　一电偶极子位于球坐标系的原点 O，它的电偶极矩为 $\boldsymbol{p}=p_0\cos\omega t\boldsymbol{e}_x$，如图 4.7 所示. 试求它在 $r\gg\lambda=2\pi c/\omega$ 处的 $P(r,\theta,\phi)$ 点产生的辐射场的(1)矢势；(2)磁场强度和电场强度；(3)能流密度以及辐射总功率.

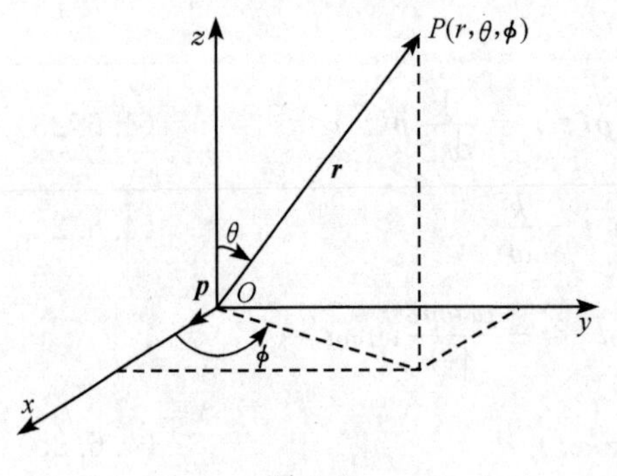

图 4.7

【解】　本题可以用前面4.6题所列的三种方法计算. 在这里，为简单起见，我们只用公式计算. 至于用电流产生矢势的基本规律计算和用复数计算，可参阅 4.6 题.

(1) 矢势

$$\boldsymbol{A}(\boldsymbol{r},t)=\frac{\mu_0}{4\pi r}\frac{\mathrm{d}\boldsymbol{p}(t')}{\mathrm{d}t'}=-\frac{\mu_0\omega p_0}{4\pi r}\sin\omega t'\boldsymbol{e}_x$$

$$=\frac{\mu_0\omega p_0}{4\pi}\frac{\sin(kr-\omega t)}{r}\boldsymbol{e}_x \tag{4.7.1}$$

其中用到了 $\omega t'=\omega\left(t-\frac{r}{c}\right)=-kr+\omega t$. 因

$$\boldsymbol{e}_x=\sin\theta\cos\phi\boldsymbol{e}_r+\cos\theta\cos\phi\boldsymbol{e}_\theta-\sin\phi\boldsymbol{e}_\phi \tag{4.7.2}$$

故用球坐标表示为

$$\boldsymbol{A}(\boldsymbol{r},t)=\frac{\mu_0\omega p_0}{4\pi}\frac{\sin(kr-\omega t)}{r}(\sin\theta\cos\phi\boldsymbol{e}_r+\cos\theta\cos\phi\boldsymbol{e}_\theta-\sin\phi\boldsymbol{e}_\phi) \tag{4.7.3}$$

(2) 磁场和电场

$$\begin{aligned}\boldsymbol{H}(\boldsymbol{r},t)&=\frac{1}{\mu_0}\nabla\times\boldsymbol{A}=\frac{\omega p_0}{4\pi}\nabla\times\left[\frac{\sin(kr-\omega t)}{r}\boldsymbol{e}_x\right]\\&=\frac{\omega p_0}{4\pi r}\nabla\times[\sin(kr-\omega t)\boldsymbol{e}_x]\\&=\frac{\omega p_0}{4\pi r}[\nabla\sin(kr-\omega t)]\times\boldsymbol{e}_x\\&=\frac{\omega p_0 k}{4\pi r}\cos(kr-\omega t)\boldsymbol{e}_r\times\boldsymbol{e}_x\\&=\frac{\omega^2 p_0}{4\pi c}\frac{\cos(kr-\omega t)}{r}(\sin\phi\boldsymbol{e}_\theta+\cos\theta\cos\phi\boldsymbol{e}_\phi)\end{aligned} \tag{4.7.4}$$

$$\begin{aligned}\boldsymbol{E}(\boldsymbol{r},t)&=c\mu_0\boldsymbol{H}\times\boldsymbol{e}_r\\&=\frac{\mu_0\omega^2 p_0}{4\pi}\frac{\cos(kr-\omega t)}{r}(\sin\phi\boldsymbol{e}_\theta+\cos\theta\cos\phi\boldsymbol{e}_\phi)\times\boldsymbol{e}_r\\&=\frac{\mu_0\omega^2 p_0}{4\pi}\frac{\cos(kr-\omega t)}{r}(\cos\theta\cos\phi\boldsymbol{e}_\theta-\sin\phi\boldsymbol{e}_\phi)\end{aligned} \tag{4.7.5}$$

(3) 能流密度和辐射功率

$$\begin{aligned}\boldsymbol{S}(\boldsymbol{r},t)&=\boldsymbol{E}\times\boldsymbol{H}\\&=\frac{\mu_0\omega^4 p_0^2}{16\pi^2 c}\frac{\cos^2(kr-\omega t)}{r^2}(\sin^2\phi+\cos^2\theta\cos^2\phi)\boldsymbol{e}_r\\&=\frac{\omega^4 p_0^2}{16\pi^2\varepsilon_0 c^3}\frac{\cos^2(kr-\omega t)}{r^2}(1-\sin^2\theta\cos^2\phi)\boldsymbol{e}_r\end{aligned} \tag{4.7.6}$$

$$\begin{aligned}P&=\oint_{\boldsymbol{\Sigma}}\bar{\boldsymbol{S}}\cdot\mathrm{d}\boldsymbol{\Sigma}=\oint_{\boldsymbol{\Sigma}}\left(\frac{1}{T}\int_0^T\boldsymbol{S}\mathrm{d}t\right)\cdot\mathrm{d}\boldsymbol{\Sigma}\\&=\frac{\omega^4 p_0^2}{32\pi^2\varepsilon_0 c^3}\oint_{\Sigma}\frac{(1-\sin^2\theta\cos^2\phi)}{r^2}\cdot r^2\sin\theta\mathrm{d}\theta\mathrm{d}\phi\\&=\frac{\omega^4 p_0^2}{32\pi^2\varepsilon_0 c^3}\int_0^\pi\int_0^{2\pi}(1-\sin^2\theta\cos^2\phi)\sin\theta\mathrm{d}\theta\mathrm{d}\phi=\frac{\omega^4 p_0^2}{12\pi\varepsilon_0 c^3}\end{aligned} \tag{4.7.7}$$

【讨论】 磁场强度也可以用公式直接计算

$$\boldsymbol{H}(\boldsymbol{r},t)=\frac{1}{4\pi cr}\frac{\mathrm{d}^2\boldsymbol{p}(t')}{\mathrm{d}t'^2}\times\boldsymbol{e}_r=-\frac{\omega^2 p_0}{4\pi cr}\cos\omega\left(t-\frac{r}{c}\right)\boldsymbol{e}_x\times\boldsymbol{e}_r$$
$$=\frac{\omega^2 p_0}{4\pi c}\frac{\cos(kr-\omega t)}{r}(\sin\phi\boldsymbol{e}_\theta+\cos\theta\cos\phi\boldsymbol{e}_\phi)\tag{4.7.8}$$

4.8 如图 4.8 所示，一振动电偶极子位于 $\boldsymbol{r}'$处，它的电偶极矩为 $\boldsymbol{p}=\boldsymbol{p}_0\mathrm{e}^{-\mathrm{i}\omega t'}$，$\boldsymbol{p}_0$ 是一常矢量. 已知 $r'\ll r$，即对于 $\boldsymbol{r}$ 处的 $P(r,\theta,\phi)$ 点来说，$\boldsymbol{p}$ 在原点 O 附近. 试求这电偶极子在 $r\gg\lambda=\dfrac{2\pi c}{\omega}$处的 $P(r,\theta,\phi)$点所产生的矢势、电磁场和平均能流密度.

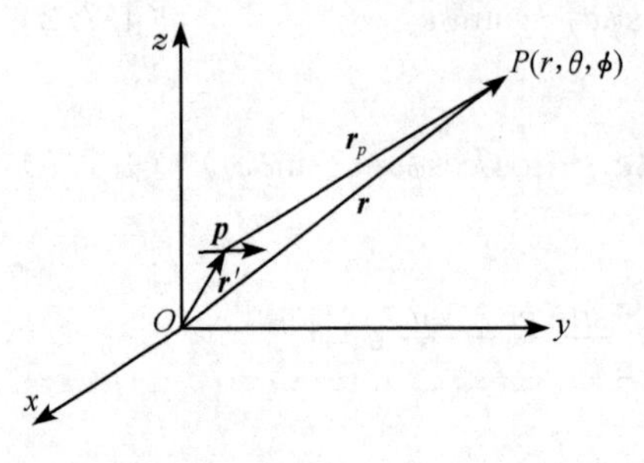

图 4.8

【解】 我们用振动电偶极子产生的推迟势计算. $\boldsymbol{p}$ 在场点 $P(r,\theta,\phi)$产生的推迟势为

$$\mathbf{A}(\boldsymbol{r},t)=\frac{\mu_0}{4\pi r_p}\dot{\boldsymbol{p}}(t')=-\frac{\mathrm{i}\mu_0\omega\boldsymbol{p}_0}{4\pi}\frac{\mathrm{e}^{\mathrm{i}(kr_p-\omega t)}}{r_p}\tag{4.8.1}$$

$\boldsymbol{p}$ 产生的辐射场的磁感强度为

$$\boldsymbol{B}(\boldsymbol{r},t)=\frac{\mu_0}{4\pi cr_p}\ddot{\boldsymbol{p}}(t')\times\boldsymbol{e}_{r_p}=-\frac{\mu_0\omega^2\boldsymbol{p}_0\times\boldsymbol{e}_{r_p}}{4\pi c}\frac{\mathrm{e}^{\mathrm{i}(kr_p-\omega t)}}{r_p}\tag{4.8.2}$$

式中

$$r_p=|\boldsymbol{r}-\boldsymbol{r}'|=\sqrt{r^2-2\boldsymbol{r}\cdot\boldsymbol{r}'+r'^2}$$
$$=r\left(1-2\frac{\boldsymbol{r}\cdot\boldsymbol{r}'}{r^2}+\frac{r'^2}{r^2}\right)^{\frac{1}{2}}\tag{4.8.3}$$

在 $r'\ll r$ 的情况下，可取近似

$$r_p\approx r-\boldsymbol{e}_r\cdot\boldsymbol{r}'\tag{4.8.4}$$
$$\boldsymbol{e}_{r_p}\approx\boldsymbol{e}_r$$

故得所求的矢势为

$$\mathbf{A}(\boldsymbol{r},t)=-\frac{\mathrm{i}\mu_0\omega\boldsymbol{p}_0}{4\pi}\frac{\mathrm{e}^{\mathrm{i}(kr-\omega t)}}{r}\mathrm{e}^{-\mathrm{i}k\boldsymbol{e}_r\cdot\boldsymbol{r}'}\tag{4.8.5}$$

所求的电磁场为

$$\boldsymbol{B}(\boldsymbol{r},t)=-\frac{\mu_0\omega^2}{4\pi c}\frac{\mathrm{e}^{\mathrm{i}(kr-\omega t)}}{r}\mathrm{e}^{-\mathrm{i}k\boldsymbol{e}_r\cdot\boldsymbol{r}'}\boldsymbol{p}_0\times\boldsymbol{e}_r\tag{4.8.6}$$

$$\boldsymbol{E}(\boldsymbol{r},t)=c\boldsymbol{B}(\boldsymbol{r},t)\times\boldsymbol{e}_r$$
$$=-\frac{\mu_0\omega^2}{4\pi}\frac{\mathrm{e}^{\mathrm{i}(kr-\omega t)}}{r}\mathrm{e}^{-\mathrm{i}k\boldsymbol{e}_r\cdot\boldsymbol{r}'}[(\boldsymbol{p}_0\cdot\boldsymbol{e}_r)\boldsymbol{e}_r-\boldsymbol{p}_0]\tag{4.8.7}$$

所求的平均能流密度为

$$\bar{\boldsymbol{S}}=\frac{1}{2}\mathrm{Re}(\boldsymbol{E}\times\boldsymbol{H}^*)$$
$$=\frac{\mu_0\omega^4}{32\pi^2cr^2}[(\boldsymbol{p}_0\cdot\boldsymbol{e}_r)\boldsymbol{e}_r-\boldsymbol{p}_0]\times(\boldsymbol{p}_0\times\boldsymbol{e}_r)$$
$$=\frac{\omega^4}{32\pi^2\varepsilon_0c^3r^2}[p_0^2-(\boldsymbol{p}_0\cdot\boldsymbol{e}_r)^2]\boldsymbol{e}_r \tag{4.8.8}$$

【讨论】 几种特殊情况.

(1) $\boldsymbol{p}$ 平行于 z 轴,即 $\boldsymbol{p}=p_0\mathrm{e}^{-\mathrm{i}\omega t'}\boldsymbol{e}_z$. 这时

$$\boldsymbol{A}(\boldsymbol{r},t)=-\frac{\mathrm{i}\mu_0\omega p_0}{4\pi}\frac{\mathrm{e}^{\mathrm{i}(kr-\omega t)}}{r}\mathrm{e}^{-\mathrm{i}k\boldsymbol{e}_r\cdot\boldsymbol{r}'}\boldsymbol{e}_z \tag{4.8.9}$$

$$\boldsymbol{B}(\boldsymbol{r},t)=-\frac{\mu_0\omega^2p_0}{4\pi c}\frac{\mathrm{e}^{\mathrm{i}(kr-\omega t)}}{r}\mathrm{e}^{-\mathrm{i}k\boldsymbol{e}_r\cdot\boldsymbol{r}'}\sin\theta\boldsymbol{e}_\phi \tag{4.8.10}$$

$$\boldsymbol{E}(\boldsymbol{r},t)=-\frac{\omega^2p_0}{4\pi\varepsilon_0c^2}\frac{\mathrm{e}^{\mathrm{i}(kr-\omega t)}}{r}\mathrm{e}^{-\mathrm{i}k\boldsymbol{e}_r\cdot\boldsymbol{r}'}\sin\theta\boldsymbol{e}_\theta \tag{4.8.11}$$

$$\bar{\boldsymbol{S}}=\frac{\omega^4p_0^2}{32\pi^2\varepsilon_0c^3}\frac{\sin^2\theta}{r^2}\boldsymbol{e}_r \tag{4.8.12}$$

(2) $\boldsymbol{p}$ 平行于 x 轴,即 $\boldsymbol{p}=p_0\mathrm{e}^{-\mathrm{i}\omega t'}\boldsymbol{e}_x$. 这时

$$\boldsymbol{A}(\boldsymbol{r},t)=-\frac{\mathrm{i}\mu_0\omega p_0}{4\pi}\frac{\mathrm{e}^{\mathrm{i}(kr-\omega t)}}{r}\mathrm{e}^{-\mathrm{i}k\boldsymbol{e}_r\cdot\boldsymbol{r}'}\boldsymbol{e}_x \tag{4.8.13}$$

$$\boldsymbol{B}(\boldsymbol{r},t)=\frac{\mu_0\omega^2p_0}{4\pi c}\frac{\mathrm{e}^{\mathrm{i}(kr-\omega t)}}{r}\mathrm{e}^{-\mathrm{i}k\boldsymbol{e}_r\cdot\boldsymbol{r}'}(\sin\phi\boldsymbol{e}_\theta+\cos\theta\cos\phi\boldsymbol{e}_\phi) \tag{4.8.14}$$

$$\boldsymbol{E}(\boldsymbol{r},t)=\frac{\omega^2p_0}{4\pi\varepsilon_0c^2}\frac{\mathrm{e}^{\mathrm{i}(kr-\omega t)}}{r}\mathrm{e}^{-\mathrm{i}k\boldsymbol{e}_r\cdot\boldsymbol{r}'}(\cos\theta\cos\phi\boldsymbol{e}_\theta-\sin\phi\boldsymbol{e}_\phi) \tag{4.8.15}$$

$$\bar{\boldsymbol{S}}=\frac{\omega^4p_0^2}{32\pi^2\varepsilon_0c^3}\frac{1-\sin^2\theta\cos^2\phi}{r^2}\boldsymbol{e}_r \tag{4.8.16}$$

(3) $\boldsymbol{p}$ 平行于 y 轴,即 $\boldsymbol{p}=p_0\mathrm{e}^{-\mathrm{i}\omega t'}\boldsymbol{e}_y$. 这时

$$\boldsymbol{A}(\boldsymbol{r},t)=-\frac{\mathrm{i}\mu_0\omega p_0}{4\pi}\frac{\mathrm{e}^{\mathrm{i}(kr-\omega t)}}{r}\mathrm{e}^{-\mathrm{i}k\boldsymbol{e}_r\cdot\boldsymbol{r}'}\boldsymbol{e}_y \tag{4.8.17}$$

$$\boldsymbol{B}(\boldsymbol{r},t)=\frac{\mu_0\omega^2p_0}{4\pi c}\frac{\mathrm{e}^{\mathrm{i}(kr-\omega t)}}{r}\mathrm{e}^{-\mathrm{i}k\boldsymbol{e}_r\cdot\boldsymbol{r}'}(-\cos\phi\boldsymbol{e}_\theta+\cos\theta\sin\phi\boldsymbol{e}_\phi) \tag{4.8.18}$$

$$\boldsymbol{E}(\boldsymbol{r},t)=\frac{\omega^2p_0}{4\pi\varepsilon_0c^2}\frac{\mathrm{e}^{\mathrm{i}(kr-\omega t)}}{r}\mathrm{e}^{-\mathrm{i}k\boldsymbol{e}_r\cdot\boldsymbol{r}'}(\cos\theta\sin\phi\boldsymbol{e}_\theta+\cos\phi\boldsymbol{e}_\phi) \tag{4.8.19}$$

$$\bar{\boldsymbol{S}}=\frac{\omega^4p_0}{32\pi^2\varepsilon_0c^3}\frac{1-\sin^2\theta\sin^2\phi}{r^2}\boldsymbol{e}_r \tag{4.8.20}$$

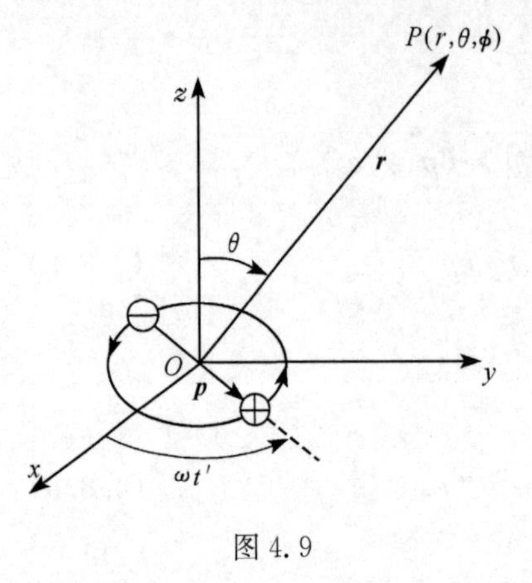

图 4.9

4.9 一电偶极子位于坐标原点 O,并处于 x-y 平面内,其电偶极矩的大小为 p_0;当它以匀角速度 ω 绕 z 轴旋转(如图 4.9 所示)时,求它在 $r\gg\lambda=\dfrac{2\pi c}{\omega}$ 处的任一点 $P(r,\theta,\phi)$ 所产生的辐射场、平均能流密度和辐射总功率.

【解】 如图 4.9 所示,电偶极矩 $\boldsymbol{p}$ 的分量为

$$p_x=p_0\cos\omega t'\boldsymbol{e}_x \tag{4.9.1}$$

$$p_y=p_0\sin\omega t'\boldsymbol{e}_y \tag{4.9.2}$$

$$\boldsymbol{p}=p_0(\cos\omega t'\boldsymbol{e}_x+\sin\omega t'\boldsymbol{e}_y) \tag{4.9.3}$$

它的辐射场的矢势由公式得

$$\begin{aligned}\boldsymbol{A}(\boldsymbol{r},t)&=\frac{\mu_0}{4\pi r}\frac{\mathrm{d}\boldsymbol{p}(t')}{\mathrm{d}t'}\\&=\frac{\mu_0\omega p_0}{4\pi r}(-\sin\omega t'\boldsymbol{e}_x+\cos\omega t'\boldsymbol{e}_y)\\&=\frac{\mu_0\omega p_0}{4\pi r}\left[-\sin\omega\left(t-\frac{r}{c}\right)\boldsymbol{e}_x+\cos\omega\left(t-\frac{r}{c}\right)\boldsymbol{e}_y\right]\\&=\frac{\mu_0\omega p_0}{4\pi r}[\sin(kr-\omega t)\boldsymbol{e}_x+\cos(kr-\omega t)\boldsymbol{e}_y]\end{aligned} \tag{4.9.4}$$

辐射场的磁感强度为

$$\begin{aligned}\boldsymbol{B}(\boldsymbol{r},t)&=\nabla\times\boldsymbol{A}(\boldsymbol{r},t)\\&=\frac{\mu_0\omega p_0}{4\pi}\nabla\times\left[\frac{\sin(kr-\omega t)}{r}\boldsymbol{e}_x+\frac{\cos(kr-\omega t)}{r}\boldsymbol{e}_y\right]\end{aligned}$$

因为辐射场的 $\boldsymbol{B}$ 只含$\dfrac{1}{r}$项,故上式中的算符∇ 对$\dfrac{1}{r}$的作用可以略去. 于是便得

$$\begin{aligned}\boldsymbol{B}(\boldsymbol{r},t)&=\frac{\mu_0\omega p_0}{4\pi r}\nabla\times[\sin(kr-\omega t)\boldsymbol{e}_x+\cos(kr-\omega t)\boldsymbol{e}_y]\\&=\frac{\mu_0\omega^2 p_0}{4\pi cr}[\cos(kr-\omega t)\boldsymbol{e}_r\times\boldsymbol{e}_x-\sin(kr-\omega t)\boldsymbol{e}_r\times\boldsymbol{e}_y]\end{aligned} \tag{4.9.5}$$

其中

$$\begin{aligned}\boldsymbol{e}_r\times\boldsymbol{e}_x&=\boldsymbol{e}_r\times(\sin\theta\cos\phi\boldsymbol{e}_r+\cos\theta\cos\phi\boldsymbol{e}_\theta-\sin\phi\boldsymbol{e}_\phi)\\&=\cos\theta\cos\phi\boldsymbol{e}_\phi+\sin\phi\boldsymbol{e}_\theta\end{aligned} \tag{4.9.6}$$

$$\begin{aligned}\boldsymbol{e}_r\times\boldsymbol{e}_y&=\boldsymbol{e}_r\times(\sin\theta\sin\phi\boldsymbol{e}_r+\cos\theta\sin\phi\boldsymbol{e}_\theta+\cos\phi\boldsymbol{e}_\phi)\\&=\cos\theta\sin\phi\boldsymbol{e}_\phi-\cos\phi\boldsymbol{e}_\theta\end{aligned} \tag{4.9.7}$$

把以上两式代入(4.9.5)式,经过化简,便得

$$\boldsymbol{B}(\boldsymbol{r},t)=\frac{\mu_0\omega^2 p_0}{4\pi cr}[\sin(kr-\omega t+\phi)\boldsymbol{e}_\theta+\cos(kr-\omega t+\phi)\cos\theta\boldsymbol{e}_\phi] \quad (4.9.8)$$

辐射场的电场强度为

$$\begin{aligned}\boldsymbol{E}(\boldsymbol{r},t)&=c\boldsymbol{B}(\boldsymbol{r},t)\times\boldsymbol{e}_r\\&=\frac{\mu_0\omega^2 p_0}{4\pi r}[\cos(kr-\omega t+\phi)\cos\theta\boldsymbol{e}_\theta-\sin(kr-\omega t+\phi)\boldsymbol{e}_\phi]\end{aligned} \quad (4.9.9)$$

平均能流密度为

$$\begin{aligned}\bar{\boldsymbol{S}}&=\frac{1}{T}\int_0^T(\boldsymbol{E}\times\boldsymbol{H})\mathrm{d}t=\frac{\mu_0\omega^4 p_0^2}{16\pi^2 cr^2 T}\int_0^T[\cos^2(kr-\omega t+\phi)\cos^2\theta+\\&\quad\sin^2(kr-\omega t+\phi)]\mathrm{d}t\boldsymbol{e}_r\\&=\frac{\omega^4 p_0^2}{32\pi^2\varepsilon_0 c^3}\frac{1+\cos^2\theta}{r^2}\boldsymbol{e}_r\end{aligned} \quad (4.9.10)$$

辐射的总功率为

$$\begin{aligned}P&=\oint_\Sigma\bar{\boldsymbol{S}}\cdot\mathrm{d}\boldsymbol{\Sigma}=\frac{\omega^4 p_0^2}{32\pi^2\varepsilon_0 c^3}\int_0^\pi\int_0^{2\pi}\frac{1+\cos^2\theta}{r^2}\cdot r^2\sin\theta\mathrm{d}\theta\mathrm{d}\phi\\&=\frac{\omega^4 p_0^2}{6\pi\varepsilon_0 c^3}\end{aligned} \quad (4.9.11)$$

【别解】 用复数计算.用复数表示,这旋转电偶极子的电偶极矩可写作

$$\boldsymbol{p}=p_0(\boldsymbol{e}_x+\mathrm{i}\boldsymbol{e}_y)\mathrm{e}^{-\mathrm{i}\omega t'} \quad (4.9.12)$$

在球坐标系中

$$\boldsymbol{e}_x=\sin\theta\cos\phi\boldsymbol{e}_r+\cos\theta\cos\phi\boldsymbol{e}_\theta-\sin\phi\boldsymbol{e}_\phi \quad (4.9.13)$$

$$\boldsymbol{e}_y=\sin\theta\sin\phi\boldsymbol{e}_r+\cos\theta\sin\phi\boldsymbol{e}_\theta+\cos\phi\boldsymbol{e}_\phi \quad (4.9.14)$$

代入(4.9.12)式便得

$$\boldsymbol{p}=p_0(\sin\theta\boldsymbol{e}_r+\cos\theta\boldsymbol{e}_\theta+\mathrm{i}\boldsymbol{e}_\phi)\mathrm{e}^{\mathrm{i}(\phi-\omega t')} \quad (4.9.15)$$

辐射场的矢势由公式得

$$\begin{aligned}\boldsymbol{A}(\boldsymbol{r},t)&=\frac{\mu_0}{4\pi r}\frac{\mathrm{d}\boldsymbol{p}(t')}{\mathrm{d}t'}\\&=-\frac{\mathrm{i}\mu_0\omega p_0}{4\pi}\frac{\mathrm{e}^{\mathrm{i}(kr-\omega t+\phi)}}{r}(\sin\theta\boldsymbol{e}_r+\cos\theta\boldsymbol{e}_\theta+\mathrm{i}\boldsymbol{e}_\phi)\end{aligned} \quad (4.9.16)$$

辐射场的磁感强度由公式得

$$\begin{aligned}\boldsymbol{B}(\boldsymbol{r},t)&=\frac{\mu_0}{4\pi cr}\frac{\mathrm{d}^2\boldsymbol{p}(t')}{\mathrm{d}t'^2}\times\boldsymbol{e}_r\\&=-\frac{\mu_0\omega^2 p_0}{4\pi cr}\mathrm{e}^{\mathrm{i}(\phi-\omega t')}(\sin\theta\boldsymbol{e}_r+\cos\theta\boldsymbol{e}_\theta+\mathrm{i}\boldsymbol{e}_\phi)\times\boldsymbol{e}_r\\&=-\frac{\mu_0\omega^2 p_0}{4\pi cr}\mathrm{e}^{\mathrm{i}(kr-\omega t+\phi)}(\mathrm{i}\boldsymbol{e}_\theta-\cos\theta\boldsymbol{e}_\phi)\end{aligned} \quad (4.9.17)$$

电场强度为

$$\boldsymbol{E}(\boldsymbol{r},t)=c\boldsymbol{B}(\boldsymbol{r},t)\times\boldsymbol{e}_r=\frac{\mu_0\omega^2 p_0}{4\pi r}\mathrm{e}^{\mathrm{i}(kr-\omega t+\phi)}(\cos\theta\boldsymbol{e}_\theta+\mathrm{i}\boldsymbol{e}_\phi) \tag{4.9.18}$$

(4.9.16)、(4.9.17)和(4.9.18)三式的实部,便分别是前面的(4.9.4)、(4.9.8)和(4.9.9)式,它们分别是所求的辐射场的实际矢势、磁感强度和电场强度.

平均能流密度由(4.9.17)和(4.9.18)两式为

$$\bar{\boldsymbol{S}}=\frac{1}{2}\mathrm{Re}\boldsymbol{E}\times\boldsymbol{H}^*=\frac{\mu_0\omega^4|p_0|^2}{32\pi^2 cr^2}(\cos\theta\boldsymbol{e}_\theta+\mathrm{i}\boldsymbol{e}_\phi)\times(\mathrm{i}\boldsymbol{e}_\theta+\cos\theta\boldsymbol{e}_\phi)$$

$$=\frac{\omega^4|p_0|^2}{32\pi^2\varepsilon_0 c^3}\frac{1+\cos^2\theta}{r^2}\boldsymbol{e}_r \tag{4.9.19}$$

辐射总功率的计算同(4.9.11)式.

4.10 一个线性电四极子,电荷分布如图 4.10(1)所示,其中 2q 位于原点 O,两个 −q 分别位于 z 轴上的 z=a 和 z=−a处. 由于连接电荷之间的导线上有频率为 ω 的交流电,使得所有电荷量都随时间作 $e^{-i\omega t}$的变化,即 $q=q_0e^{-i\omega t}$. 设 $\omega a\ll c$(真空中光速),试求这线性电四极子辐射场的矢势、电磁场和平均能流密度以及辐射总功率.

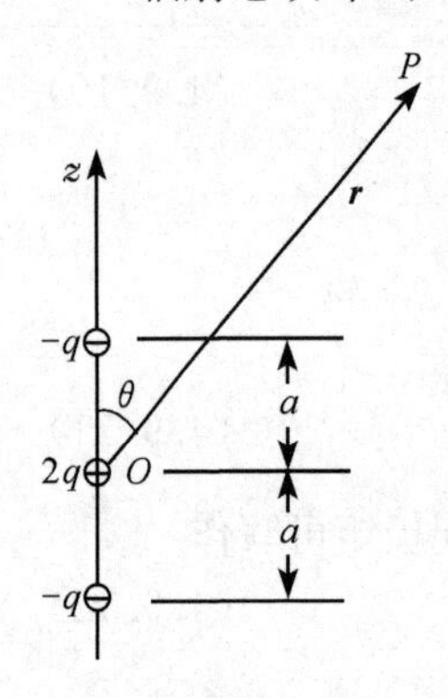

图 4.10(1)

【解】 由电四极矩张量求矢势,再由矢势求电磁场,然后求能流密度和功率.

分立电荷的电四极矩张量 $\boldsymbol{Q}$ 的分量式为

$$Q_{ij}=\sum_n q_n(3x_{ni}x_{nj}-r_n^2\delta_{ij}) \tag{4.10.1}$$

据此求得图 4.10 的线性电四极子的电四极矩张量为

$$\boldsymbol{Q}=2qa^2\begin{pmatrix}1&0&0\\0&1&0\\0&0&-2\end{pmatrix}$$

$$=-4qa^2\left(-\frac{1}{2}\boldsymbol{e}_x\boldsymbol{e}_x-\frac{1}{2}\boldsymbol{e}_y\boldsymbol{e}_y+\boldsymbol{e}_z\boldsymbol{e}_z\right) \tag{4.10.2}$$

根据推迟势的多极展开公式,这电四极矩 $\boldsymbol{Q}$ 的矢势为

$$\boldsymbol{A}(\boldsymbol{r},t)=-\frac{\mu_0\omega^2\mathrm{e}^{ikr}}{24\pi cr}\boldsymbol{e}_r\cdot\boldsymbol{Q}$$

$$=\frac{\mu_0\omega^2 qa^2\mathrm{e}^{ikr}}{6\pi cr}\boldsymbol{e}_r\cdot\left(-\frac{1}{2}\boldsymbol{e}_x\boldsymbol{e}_x-\frac{1}{2}\boldsymbol{e}_y\boldsymbol{e}_y+\boldsymbol{e}_z\boldsymbol{e}_z\right) \tag{4.10.3}$$

因为笛卡儿坐标系与球坐标系的基矢之间的变换关系为

$$\begin{pmatrix}\boldsymbol{e}_x\\\boldsymbol{e}_y\\\boldsymbol{e}_z\end{pmatrix}=\begin{pmatrix}\sin\theta\cos\phi&\cos\theta\cos\phi&-\sin\phi\\\sin\theta\sin\phi&\cos\theta\sin\phi&\cos\phi\\\cos\theta&-\sin\theta&0\end{pmatrix}\begin{pmatrix}\boldsymbol{e}_r\\\boldsymbol{e}_\theta\\\boldsymbol{e}_\phi\end{pmatrix} \tag{4.10.4}$$

故(4.10.3)式中的

$$\boldsymbol{e}_r \cdot \left(-\frac{1}{2}\boldsymbol{e}_x\boldsymbol{e}_x - \frac{1}{2}\boldsymbol{e}_y\boldsymbol{e}_y + \boldsymbol{e}_z\boldsymbol{e}_z\right) = -\frac{1}{2}\sin\theta\cos\phi\boldsymbol{e}_x - \frac{1}{2}\sin\theta\sin\phi\boldsymbol{e}_y + \cos\theta\boldsymbol{e}_z$$

$$= -\frac{1}{2}\sin\theta\cos\phi(\sin\theta\cos\phi\boldsymbol{e}_r + \cos\theta\cos\phi\boldsymbol{e}_\theta - \sin\phi\boldsymbol{e}_\phi)$$

$$-\frac{1}{2}\sin\theta\sin\phi(\sin\theta\sin\phi\boldsymbol{e}_r + \cos\theta\sin\phi\boldsymbol{e}_\theta + \cos\phi\boldsymbol{e}_\phi)$$

$$+\cos\theta(\cos\theta\boldsymbol{e}_r - \sin\theta\boldsymbol{e}_\theta)$$

$$= \frac{1}{2}\left[(3\cos^2\theta - 1)\boldsymbol{e}_r - \left(\frac{3}{2}\sin 2\theta\right)\boldsymbol{e}_\theta\right] \quad (4.10.5)$$

把上式代入(4.10.3)式得

$$\boldsymbol{A}(\boldsymbol{r},t) = \frac{\mu_0\omega^2 qa^2 \mathrm{e}^{\mathrm{i}kr}}{12\pi cr}\left[(3\cos^2\theta - 1)\boldsymbol{e}_r - \left(\frac{3}{2}\sin 2\theta\right)\boldsymbol{e}_\theta\right]$$

$$= \frac{\mu_0\omega^2 q_0 a^2}{12\pi c}\frac{\mathrm{e}^{\mathrm{i}(kr-\omega t)}}{r}\left[(3\cos^2\theta - 1)\boldsymbol{e}_r - \left(\frac{3}{2}\sin 2\theta\right)\boldsymbol{e}_\theta\right] \quad (4.10.6)$$

这便是所求的矢势. 下面由它求电磁场. 因为所求的是辐射场,只需取$\frac{1}{r}$项,故

$$\boldsymbol{B} = \nabla\times\boldsymbol{A} = \mathrm{i}k\boldsymbol{e}_r\times\boldsymbol{A}$$

$$= \frac{\mathrm{i}k\mu_0\omega^2 q_0 a^2}{12\pi c}\frac{\mathrm{e}^{\mathrm{i}(kr-\omega t)}}{r}\left(-\frac{3}{2}\sin 2\theta\right)\boldsymbol{e}_\phi$$

$$= -\frac{\mathrm{i}\mu_0\omega^3 q_0 a^2}{8\pi c^2}\frac{\mathrm{e}^{\mathrm{i}(kr-\omega t)}}{r}\sin 2\theta\boldsymbol{e}_\phi \quad (4.10.7)$$

$$\boldsymbol{E} = \mathrm{i}\frac{c}{k}\nabla\times\boldsymbol{B} = \mathrm{i}\frac{c}{k}(\mathrm{i}k\boldsymbol{e}_r)\times\boldsymbol{B} = -c\boldsymbol{e}_r\times\boldsymbol{B}$$

$$= -\frac{\mathrm{i}\mu_0\omega^3 q_0 a^2}{8\pi c}\frac{\mathrm{e}^{\mathrm{i}(kr-\omega t)}}{r}\sin 2\theta\boldsymbol{e}_\theta \quad (4.10.8)$$

平均辐射能流密度为

$$\bar{\boldsymbol{S}} = \frac{1}{2}\mathrm{Re}(\boldsymbol{E}\times\boldsymbol{H}^*) = \frac{\omega^6(q_0a^2)^2}{128\pi^2\varepsilon_0 c^5}\frac{\sin^2 2\theta}{r^2}\boldsymbol{e}_r \quad (4.10.9)$$

辐射总功率为

$$P = \oint_\Sigma \bar{\boldsymbol{S}}\cdot \mathrm{d}\boldsymbol{\Sigma} = \frac{\omega^6(q_0a^2)^2}{128\pi^2\varepsilon_0 c^5}\int_0^\pi\int_0^{2\pi}\frac{\sin^2 2\theta}{r^2}\cdot r^2\sin\theta\mathrm{d}\theta\mathrm{d}\phi$$

$$= \frac{\omega^6(q_0a^2)^2}{64\pi\varepsilon_0 c^5}\int_0^\pi \sin^2 2\theta\sin\theta\mathrm{d}\theta$$

$$= \frac{\omega^6 q_0^2 a^4}{60\pi\varepsilon_0 c^5} \quad (4.10.10)$$

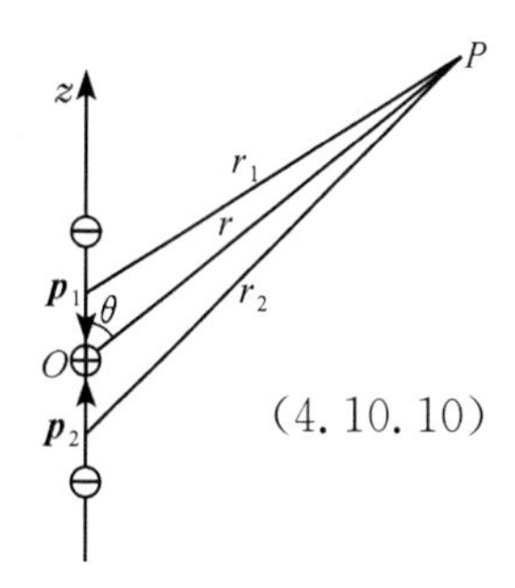

图 4.10(2)

【别解】 由两个振动电偶极子的辐射场叠加计算. 本题可看成是同一直线上两个反向振动的电偶极子,如图

4.10(2)所示，$\boldsymbol{p}_1=-q_0a\mathrm{e}^{-\mathrm{i}\omega t}\boldsymbol{e}_z$ 在 $z=a/2$ 处，$\boldsymbol{p}_2=q_0a\mathrm{e}^{-\mathrm{i}\omega t}\boldsymbol{e}_z$ 在 $z=-a/2$ 处.根据振动电偶极矩产生的推迟势的公式

$$\boldsymbol{A}(\boldsymbol{r},t)=\frac{\mu_0}{4\pi r}\dot{\boldsymbol{p}}(t')=-\frac{\mathrm{i}\mu_0\omega\boldsymbol{p}_0}{4\pi}\frac{\mathrm{e}^{\mathrm{i}(kr-\omega t)}}{r}\tag{4.10.11}$$

这两个电偶极子产生的矢势之和为

$$\boldsymbol{A}(\boldsymbol{r},t)=\frac{\mathrm{i}\mu_0\omega q_0a\mathrm{e}^{-\mathrm{i}\omega t}\boldsymbol{e}_z}{4\pi}\left(\frac{\mathrm{e}^{\mathrm{i}kr_1}}{r_1}-\frac{\mathrm{e}^{\mathrm{i}kr_2}}{r_2}\right)\tag{4.10.12}$$

式中

$$r_1=\sqrt{r^2-ar\cos\theta+\frac{a^2}{4}}\approx r-\frac{1}{2}a\cos\theta\tag{4.10.13}$$

$$r_2=\sqrt{r^2+ar\cos\theta+\frac{a^2}{4}}\approx r+\frac{1}{2}a\cos\theta\tag{4.10.14}$$

把以上两式代入(4.10.12)式便得

$$\begin{aligned}\boldsymbol{A}(\boldsymbol{r},t)&=\frac{\mathrm{i}\mu_0\omega q_0a}{4\pi}\frac{\mathrm{e}^{\mathrm{i}(kr-\omega t)}}{r}\left[\mathrm{e}^{-\mathrm{i}\frac{1}{2}ka\cos\theta}-\mathrm{e}^{\mathrm{i}\frac{1}{2}ka\cos\theta}\right]\boldsymbol{e}_z\\&=\frac{\mu_0\omega q_0a}{2\pi}\frac{\mathrm{e}^{\mathrm{i}(kr-\omega t)}}{r}\sin\left(\frac{1}{2}ka\cos\theta\right)\boldsymbol{e}_z\end{aligned}\tag{4.10.15}$$

因 $a\ll\lambda$，故

$$\sin\left(\frac{1}{2}ka\cos\theta\right)\approx\frac{1}{2}ka\cos\theta\tag{4.10.16}$$

于是得

$$\boldsymbol{A}(\boldsymbol{r},t)=\frac{\mu_0\omega^2q_0a^2}{4\pi c}\frac{\mathrm{e}^{\mathrm{i}(kr-\omega t)}}{r}\cos\theta\boldsymbol{e}_z\tag{4.10.17}$$

辐射场的磁感强度为

$$\boldsymbol{B}(\boldsymbol{r},t)=\nabla\times\boldsymbol{A}=\frac{\mu_0\omega^2q_0a^2}{4\pi c}\nabla\times\left[\frac{\mathrm{e}^{\mathrm{i}(kr-\omega t)}}{r}\cos\theta\boldsymbol{e}_z\right]\tag{4.10.18}$$

由于 $\boldsymbol{B}(\boldsymbol{r},t)$ 只含 $\frac{1}{r}$ 项，而算符 ∇ 作用于 $\frac{1}{r}$ 和 $\cos\theta$ 都产生 $\frac{1}{r^2}$ 项，都可以略去.故得

$$\begin{aligned}\boldsymbol{B}(\boldsymbol{r},t)&=\frac{\mu_0\omega^2q_0a^2}{4\pi c}\frac{\cos\theta}{r}\nabla\times(\mathrm{e}^{\mathrm{i}(kr-\omega t)}\boldsymbol{e}_z)\\&=\frac{\mu_0\omega^2q_0a^2}{4\pi c}\frac{\mathrm{e}^{\mathrm{i}(kr-\omega t)}}{r}\cos\theta(\mathrm{i}k\boldsymbol{e}_r\times\boldsymbol{e}_z)\\&=-\frac{\mathrm{i}\mu_0\omega^3q_0a^2}{8\pi c^2}\frac{\mathrm{e}^{\mathrm{i}(kr-\omega t)}}{r}\sin2\theta\boldsymbol{e}_\phi\end{aligned}\tag{4.10.19}$$

电场强度为

$$\boldsymbol{E}(\boldsymbol{r},t)=c\boldsymbol{B}\times\boldsymbol{e}_r=-\frac{\mathrm{i}\mu_0\omega^3q_0a^2}{8\pi c}\frac{\mathrm{e}^{\mathrm{i}(kr-\omega t)}}{r}\sin2\theta\boldsymbol{e}_\theta\tag{4.10.20}$$

辐射的平均能流密度和总功率的计算同(4.10.9)式和(4.10.10)式.

【讨论】 由电四极矩算出 $\boldsymbol{A}$ 的(4.10.6)式比由两个电偶极子叠加算出 $\boldsymbol{A}$ 的(4.10.17)式,多出一项

$$\Delta\boldsymbol{A}(\boldsymbol{r},t)=-\frac{\mu_0\omega^2q_0a^2}{12\pi c}\frac{\mathrm{e}^{\mathrm{i}(kr-\omega t)}}{r}\boldsymbol{e}_r \tag{4.10.21}$$

由于 $\boldsymbol{B}=\nabla\times\boldsymbol{A}=\mathrm{i}k\boldsymbol{e}_r\times\boldsymbol{A}$,故这一项对辐射场的 $\boldsymbol{B}$ 无贡献. 由 $\boldsymbol{E}=c\boldsymbol{B}\times\boldsymbol{e}_r$ 知它对 $\boldsymbol{E}$ 也无贡献,因而对 $\bar{\boldsymbol{S}}$ 和 P 都没有贡献.

根据规范不变性,对于同一个电磁场,$\boldsymbol{E}$ 和 $\boldsymbol{B}$ 都是唯一的,而 $\boldsymbol{A}$ 和 φ 却可以有多组值.

【别解】 用振动电四极矩辐射场的公式直接计算. 如果记得振动电四极矩辐射场的公式,可以直接用公式算出结果如下:将(4.10.2)式的电四极矩 $\boldsymbol{Q}$ 直接代入矢势的公式得

$$\begin{aligned}\boldsymbol{A}(\boldsymbol{r},t)&=\frac{\mu_0}{24\pi cr}\boldsymbol{e}_r\cdot\frac{\mathrm{d}^2\boldsymbol{Q}(t')}{\mathrm{d}t'^2}\\&=\frac{\mu_0}{24\pi cr}\boldsymbol{e}_r\cdot\frac{\mathrm{d}^2}{\mathrm{d}t'^2}\left[-4q_0\mathrm{e}^{-\mathrm{i}\omega t'}a^2\left(-\frac{1}{2}\boldsymbol{e}_x\boldsymbol{e}_x-\frac{1}{2}\boldsymbol{e}_y\boldsymbol{e}_y+\boldsymbol{e}_z\boldsymbol{e}_z\right)\right]\\&=\frac{\mu_0\omega^2q_0\mathrm{e}^{-\mathrm{i}\omega t'}a^2}{6\pi cr}\boldsymbol{e}_r\cdot\left(-\frac{1}{2}\boldsymbol{e}_x\boldsymbol{e}_x-\frac{1}{2}\boldsymbol{e}_y\boldsymbol{e}_y+\boldsymbol{e}_z\boldsymbol{e}_z\right)\\&=\frac{\mu_0\omega^2q_0a^2}{12\pi c}\frac{\mathrm{e}^{\mathrm{i}(kr-\omega t)}}{r}\left[(3\cos^2\theta-1)\boldsymbol{e}_r-\left(\frac{3}{2}\sin 2\theta\right)\boldsymbol{e}_\theta\right]\end{aligned} \tag{4.10.22}$$

其中利用了(4.10.5)式.

将 $\boldsymbol{Q}$ 直接代入磁感强度的公式得

$$\begin{aligned}\boldsymbol{B}(\boldsymbol{r},t)&=\frac{\mu_0}{24\pi c^2r}\left[\boldsymbol{e}_r\cdot\frac{\mathrm{d}^3\boldsymbol{Q}(t')}{\mathrm{d}t'^3}\right]\times\boldsymbol{e}_r\\&=\frac{\mu_0(-\mathrm{i}\omega)^3}{24\pi c^2r}(-4q_0\mathrm{e}^{-\mathrm{i}\omega t'}a^2)\left[\boldsymbol{e}_r\cdot\left(-\frac{1}{2}\boldsymbol{e}_x\boldsymbol{e}_x-\frac{1}{2}\boldsymbol{e}_y\boldsymbol{e}_y+\boldsymbol{e}_z\boldsymbol{e}_z\right)\right]\times\boldsymbol{e}_r\\&=-\frac{\mathrm{i}\mu_0\omega^3q_0a^2}{8\pi c^2}\frac{\mathrm{e}^{\mathrm{i}(kr-\omega t)}}{r}\sin 2\theta\boldsymbol{e}_\phi\end{aligned} \tag{4.10.23}$$

$$\boldsymbol{E}(\boldsymbol{r},t)=c\boldsymbol{B}\times\boldsymbol{e}_r=-\frac{\mathrm{i}\mu_0\omega^3q_0a^2}{8\pi c}\frac{\mathrm{e}^{\mathrm{i}(kr-\omega t)}}{r}\sin 2\theta\boldsymbol{e}_\theta \tag{4.10.24}$$

辐射的平均能流密度和总功率的计算同(4.10.9)式和(4.10.10)式.

4.11 在 x-y 平面内对称地分布着四个点电荷,形成一个平面电四极子,如图4.11所示;由于连接正负电荷之间的导线上有频率为 ω 的交流电流,使得每个电荷量都随时间作如下变化:$q=q_0\mathrm{e}^{-\mathrm{i}\omega t}$,$-q=-q_0\mathrm{e}^{-\mathrm{i}\omega t}$. 设 ωa 和 ωb 都比 c(真空中光速)小很多,试求这电四极子发出的辐射场的矢势 $\boldsymbol{A}$、磁感强度 $\boldsymbol{B}$ 和电场强度 $\boldsymbol{E}$ 以及平均能流密度 $\bar{\boldsymbol{S}}$ 和辐射的总功率 P.

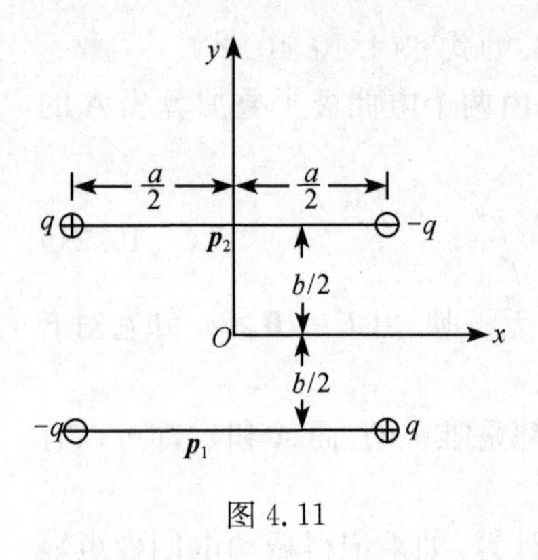

图 4.11

【解法一】 当作两个系统(两个振动电偶极子)分开计算,然后求它们产生的辐射场的叠加.如图 4.11,两个电偶极子分别为

$$\boldsymbol{p}_1 = qa\boldsymbol{e}_x = q_0 a \mathrm{e}^{-\mathrm{i}\omega t'}\boldsymbol{e}_x \tag{4.11.1}$$

$$\boldsymbol{p}_2 = -qa\boldsymbol{e}_x = -q_0 a \mathrm{e}^{-\mathrm{i}\omega t'}\boldsymbol{e}_x \tag{4.11.2}$$

根据振动的电偶极子产生的推迟势公式,$\boldsymbol{p}_1$ 和 $\boldsymbol{p}_2$ 产生的推迟势分别为

$$\boldsymbol{A}_1(\boldsymbol{r},t) = \frac{\mu_0}{4\pi r}\dot{\boldsymbol{p}}_1(t') = -\frac{\mathrm{i}\mu_0\omega q_0 a}{4\pi r}\mathrm{e}^{-\mathrm{i}\left(\omega t - \frac{|\boldsymbol{r}-\boldsymbol{r}_1'|}{c}\right)}\boldsymbol{e}_x$$

$$= -\frac{\mathrm{i}\mu_0\omega q_0 a}{4\pi}\frac{\mathrm{e}^{\mathrm{i}(kr-\omega t)}}{r}\mathrm{e}^{-\mathrm{i}k\boldsymbol{e}_r\cdot\boldsymbol{r}_1'}\boldsymbol{e}_x \tag{4.11.3}$$

$$\boldsymbol{A}_2(\boldsymbol{r},t) = \frac{\mathrm{i}\mu_0\omega q_0 a}{4\pi}\frac{\mathrm{e}^{\mathrm{i}(kr-\omega t)}}{r}\mathrm{e}^{-\mathrm{i}k\boldsymbol{e}_r\cdot\boldsymbol{r}_2'}\boldsymbol{e}_x \tag{4.11.4}$$

整个系统产生的推迟势为

$$\boldsymbol{A}(\boldsymbol{r},t) = \boldsymbol{A}_1(\boldsymbol{r},t) + \boldsymbol{A}_2(\boldsymbol{r},t)$$

$$= \frac{\mathrm{i}\mu_0\omega q_0 a}{4\pi}\frac{\mathrm{e}^{\mathrm{i}(kr-\omega t)}}{r}\left(\mathrm{e}^{-\mathrm{i}k\boldsymbol{e}_r\cdot\boldsymbol{r}_2'} - \mathrm{e}^{-\mathrm{i}k\boldsymbol{e}_r\cdot\boldsymbol{r}_1'}\right)\boldsymbol{e}_x$$

其中(参见图 4.11)

$$\mathrm{e}^{-\mathrm{i}k\boldsymbol{e}_r\cdot\boldsymbol{r}_2'} - \mathrm{e}^{-\mathrm{i}k\boldsymbol{e}_r\cdot\boldsymbol{r}_1'} = \mathrm{e}^{-\mathrm{i}k\boldsymbol{e}_r\cdot\left(\frac{b}{2}\boldsymbol{e}_y\right)} - \mathrm{e}^{-\mathrm{i}k\boldsymbol{e}_r\cdot\left(-\frac{b}{2}\boldsymbol{e}_y\right)}$$

$$= \mathrm{e}^{-\mathrm{i}\frac{1}{2}kb\boldsymbol{e}_r\cdot\boldsymbol{e}_y} - \mathrm{e}^{\mathrm{i}\frac{1}{2}kb\boldsymbol{e}_r\cdot\boldsymbol{e}_y} \approx -\mathrm{i}kb\boldsymbol{e}_r\cdot\boldsymbol{e}_y$$

$$= -\mathrm{i}kb\sin\theta\sin\phi \tag{4.11.5}$$

故得

$$\boldsymbol{A}(\boldsymbol{r},t) = \frac{\mu_0\omega^2 q_0 ab}{4\pi c}\frac{\mathrm{e}^{\mathrm{i}(kr-\omega t)}}{r}\sin\theta\sin\phi\boldsymbol{e}_x \tag{4.11.6}$$

辐射场的磁感强度为

$$\boldsymbol{B}(\boldsymbol{r},t) = \nabla\times\boldsymbol{A}(\boldsymbol{r},t) = \mathrm{i}k\boldsymbol{e}_r\times\boldsymbol{A}(\boldsymbol{r},t)$$

$$= \frac{\mathrm{i}\mu_0\omega^3 q_0 ab}{4\pi c^2}\frac{\mathrm{e}^{\mathrm{i}(kr-\omega t)}}{r}\sin\theta\sin\phi(\sin\phi\boldsymbol{e}_\theta + \cos\theta\cos\phi\boldsymbol{e}_\phi) \tag{4.11.7}$$

电场强度为

$$\boldsymbol{E}(\boldsymbol{r},t) = c\boldsymbol{B}(\boldsymbol{r},t)\times\boldsymbol{e}_r$$

$$= \frac{\mathrm{i}\mu_0\omega^3 q_0 ab}{4\pi c}\frac{\mathrm{e}^{\mathrm{i}(kr-\omega t)}}{r}\sin\theta\sin\phi(\cos\theta\cos\phi\boldsymbol{e}_\theta - \sin\phi\boldsymbol{e}_\phi) \tag{4.11.8}$$

平均能流密度为

$$\bar{\boldsymbol{S}} = \frac{1}{2}\mathrm{Re}\boldsymbol{E}\times\frac{\boldsymbol{B}^*}{\mu_0}$$

$$= \frac{\omega^6 q_0^2 a^2 b^2}{32\pi^2 \varepsilon_0 c^5} \frac{\sin^2\theta \sin^2\phi(1-\sin^2\theta\cos^2\phi)}{r^2} \boldsymbol{e}_r \tag{4.11.9}$$

辐射的总功率为

$$\begin{aligned} P &= \oint_\Sigma \bar{\boldsymbol{S}} \cdot \mathrm{d}\boldsymbol{\Sigma} \\ &= \frac{\omega^6 q_0^2 a^2 b^2}{32\pi^2 \varepsilon_0 c^5} \int_0^\pi \int_0^{2\pi} \frac{\sin^2\theta \sin^2\phi(1-\sin^2\theta\cos^2\phi)}{r^2} r^2 \sin\theta \mathrm{d}\theta \mathrm{d}\phi \\ &= \frac{\omega^6 q_0^2 a^2 b^2}{30\pi\varepsilon_0 c^5} \end{aligned} \tag{4.11.10}$$

【解法二】 当作一个系统(一个振动的平面电四极子),直接计算其辐射场. 根据电四极矩的分量公式

$$Q_{ij} = \sum_{n=1}^{4} (3x_{ni}x_{nj} - r_n^2 \delta_{ij}) q_n \tag{4.11.11}$$

算出这个系统的电四极矩张量为

$$\begin{aligned} \boldsymbol{Q} &= -3q_0 ab \mathrm{e}^{-\mathrm{i}\omega t'} \begin{pmatrix} 0 & 1 & 0 \\ 1 & 0 & 0 \\ 0 & 0 & 0 \end{pmatrix} \\ &= -3q_0 ab \mathrm{e}^{-\mathrm{i}\omega t'} (\boldsymbol{e}_x\boldsymbol{e}_y + \boldsymbol{e}_y\boldsymbol{e}_x) \end{aligned} \tag{4.11.12}$$

它产生的推迟势为

$$\begin{aligned} \boldsymbol{A}_Q(\boldsymbol{r},t) &= \frac{\mu_0}{24\pi cr} \boldsymbol{e}_r \cdot \frac{\mathrm{d}^2 \boldsymbol{Q}(t')}{\mathrm{d}t'^2} = -\frac{\mu_0\omega^2}{24\pi cr} \boldsymbol{e}_r \cdot \boldsymbol{Q}(t') \\ &= \frac{\mu_0\omega^2}{24\pi cr} (3q_0 ab \mathrm{e}^{-\mathrm{i}\omega t'})(\boldsymbol{e}_r \cdot \boldsymbol{e}_x\boldsymbol{e}_y + \boldsymbol{e}_r \cdot \boldsymbol{e}_y\boldsymbol{e}_x) \\ &= \frac{\mu_0\omega^2 q_0 ab}{8\pi c} \frac{\mathrm{e}^{\mathrm{i}(kr-\omega t)}}{r} \sin\theta(\cos\phi \boldsymbol{e}_y + \sin\phi \boldsymbol{e}_x) \\ &= \frac{\mu_0\omega^2 q_0 ab}{8\pi c} \frac{\mathrm{e}^{\mathrm{i}(kr-\omega t)}}{r} \sin\theta[2\sin\theta\sin\phi\cos\phi \boldsymbol{e}_r + \\ &\quad 2\cos\theta\sin\phi\cos\phi \boldsymbol{e}_\theta + (\cos^2\phi - \sin^2\phi)\boldsymbol{e}_\phi] \end{aligned} \tag{4.11.13}$$

这个系统的磁偶极矩为

$$\begin{aligned} \boldsymbol{m} &= \boldsymbol{m}_1 + \boldsymbol{m}_2 \\ &= \frac{1}{2}\int_{-a/2}^{a/2} \boldsymbol{r}_1' \times (I\mathrm{d}x)\boldsymbol{e}_x + \frac{1}{2}\int_{a/2}^{-a/2} \boldsymbol{r}_2' \times (-I\mathrm{d}x)\boldsymbol{e}_x \\ &= \frac{1}{2} abI \boldsymbol{e}_z \end{aligned} \tag{4.11.14}$$

其中

$$I = \frac{\mathrm{d}q}{\mathrm{d}t'} = -\mathrm{i}\omega q_0 \mathrm{e}^{-\mathrm{i}\omega t'} \tag{4.11.15}$$

$$\boldsymbol{m}=-\frac{1}{2}\mathrm{i}\omega q_0 ab\mathrm{e}^{-\mathrm{i}\omega t'}\boldsymbol{e}_z \tag{4.11.16}$$

它产生的推迟势为

$$\begin{aligned}\boldsymbol{A}_m(\boldsymbol{r},t)&=\frac{\mu_0}{4\pi cr}\frac{\mathrm{d}(\boldsymbol{m})(t')}{\mathrm{d}t'}\times\boldsymbol{e}_r\\&=\frac{\mu_0}{4\pi cr}(-\mathrm{i}\omega)\left(-\frac{1}{2}\mathrm{i}\omega q_0 ab\mathrm{e}^{-\mathrm{i}\omega t'}\boldsymbol{e}_z\right)\times\boldsymbol{e}_r\\&=-\frac{\mu_0\omega^2 q_0 ab}{8\pi c}\frac{\mathrm{e}^{\mathrm{i}(kr-\omega t)}}{r}\sin\theta\boldsymbol{e}_\phi\end{aligned} \tag{4.11.17}$$

于是这个系统的推迟势为

$$\begin{aligned}\boldsymbol{A}(\boldsymbol{r},t)&=\boldsymbol{A}_Q(\boldsymbol{r},t)+\boldsymbol{A}_m(\boldsymbol{r},t)\\&=\frac{\mu_0\omega^2 q_0 ab}{4\pi c}\frac{\mathrm{e}^{\mathrm{i}(kr-\omega t)}}{r}\sin\theta(\sin\theta\sin\phi\cos\phi\boldsymbol{e}_r\\&\quad+\cos\theta\sin\phi\cos\phi\boldsymbol{e}_\theta-\sin^2\phi\boldsymbol{e}_\phi)\end{aligned} \tag{4.11.18}$$

辐射场的磁感强度为

$$\begin{aligned}\boldsymbol{B}(\boldsymbol{r},t)&=\nabla\times\boldsymbol{A}(\boldsymbol{r},t)=\mathrm{i}k\boldsymbol{e}_r\times\boldsymbol{A}(\boldsymbol{r},t)\\&=\frac{\mathrm{i}\mu_0\omega^3 q_0 ab}{4\pi c^2}\frac{\mathrm{e}^{\mathrm{i}(kr-\omega t)}}{r}\sin\theta\sin\phi(\sin\phi\boldsymbol{e}_\theta+\cos\theta\cos\phi\boldsymbol{e}_\phi)\end{aligned} \tag{4.11.19}$$

这正是前面的(4.11.7)式.以下 $\boldsymbol{E}(\boldsymbol{r},t)$、$\bar{\boldsymbol{S}}$ 和 P 的计算,分别同前面的(4.11.8)、(4.11.9)和(4.11.10)式.

【讨论】 (1) 由于 ωa 和 ωb 都比 c 小很多,故本题只需算出它的最低一级不为零的近似即可.当作两个系统(两个振动的电偶极子)计算时,只需算出它们的零级近似(电偶极辐射)即可;当作一个系统(一个振动的平面电四极子)计算时,由于它的电偶极矩为零,故需算它的一级近似(电四极辐射和磁偶极辐射).

(2) 请注意:振动的电四极子的辐射不一定等于它的电四极矩的辐射.说明如下:对于振动的电四极子来说,在作为一个系统计算时,由于它的电偶极矩为零,因而要算它的一级近似;一级近似包括两部分,即电四极矩辐射和磁偶极矩辐射.对于线性电四极子来说,由于它的磁偶极矩为零,故只要计算它的电四极矩辐射就够了.但对于平面电四极子来说,由于它的磁偶极矩不为零,故除了电四极矩辐射外,还必须计算它的磁偶极辐射.有些书的作者忽视了这一点,因而犯了错误.

4.12 一电偶极矩为 $\boldsymbol{p}=\boldsymbol{p}_0\mathrm{e}^{-\mathrm{i}\omega t}$ 的振荡电偶极子,到一无穷大理想导体平面的距离为$\frac{a}{2}$,$\boldsymbol{p}_0$ 平行于导体平面.设 $a\ll\lambda=\frac{2\pi c}{\omega}$,试求距离远大于 λ 处的辐射场和平均能流密度.

【解】 根据电像原理,理想导体平面的影响可以用电像偶极子 $\boldsymbol{p}'$代替.$\boldsymbol{p}'$与 $\boldsymbol{p}$

大小相等而方向相反，且在同一平面内，到导体平面的距离也是$\frac{a}{2}$，如图 4.12(1)所示. 所求的辐射场便是 $\boldsymbol{p}$ 和 $\boldsymbol{p}'$这两个电偶极子产生的辐射场的叠加.

选取坐标系如图 4.12(2)，使电像偶极子 $\boldsymbol{p}'$位于坐标原点O，并沿 x 轴的负方向；原电偶极子 $\boldsymbol{p}$ 位于 z 轴上的 $z=a$ 处. 为方便，令 $\boldsymbol{p}_1=\boldsymbol{p}'$，$\boldsymbol{p}_2=\boldsymbol{p}$. 则根据振荡电偶极子产生的辐射场的公式，$\boldsymbol{p}_1$ 产生的辐射场的磁感强度为

$$\begin{aligned}\boldsymbol{B}_1(\boldsymbol{r},t)&=\frac{\mu_0}{4\pi cr}\frac{\mathrm{d}^2\boldsymbol{p}_1(t')}{\mathrm{d}t'^2}\times\boldsymbol{e}_r=\frac{\mu_0}{4\pi cr}\frac{\mathrm{d}^2}{\mathrm{d}t'^2}[p_0\mathrm{e}^{-\mathrm{i}\omega t'}(-\boldsymbol{e}_x)]\times\boldsymbol{e}_r\\&=\frac{\mu_0\omega^2p_0}{4\pi cr}\mathrm{e}^{-\mathrm{i}\omega\left(t-\frac{r}{c}\right)}\boldsymbol{e}_x\times\boldsymbol{e}_r=\frac{\mu_0\omega^2p_0}{4\pi c}\frac{\mathrm{e}^{\mathrm{i}(kr-\omega t)}}{r}\boldsymbol{e}_x\times\boldsymbol{e}_r\end{aligned}\tag{4.12.1}$$

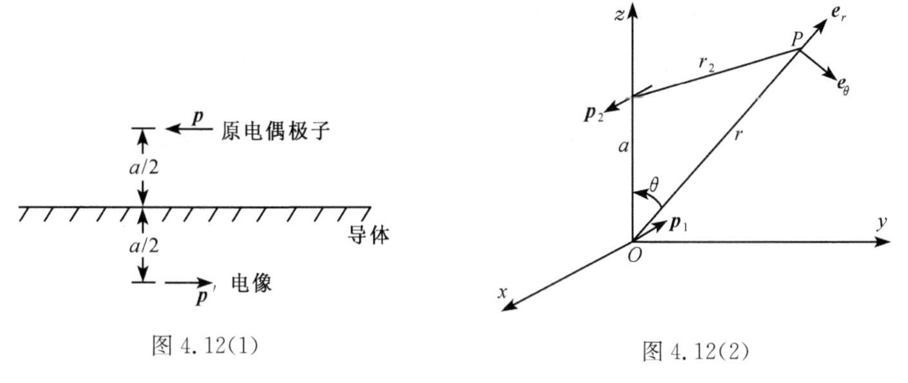

图 4.12(1)　　图 4.12(2)

$\boldsymbol{p}_2$ 产生的辐射场的磁感强度为

$$\boldsymbol{B}_2(\boldsymbol{r},t)=\frac{\mu_0}{4\pi cr_2}\frac{\mathrm{d}^2\boldsymbol{p}_2(t')}{\mathrm{d}t'^2}\times\boldsymbol{e}_{r_2}\tag{4.12.2}$$

因 $r\gg a$，故 $r_2\approx r$，$\boldsymbol{e}_{r2}\approx\boldsymbol{e}_r$. 于是得

$$\boldsymbol{B}_2(\boldsymbol{r},t)=\frac{\mu_0}{4\pi cr}\frac{\mathrm{d}^2\boldsymbol{p}_2(t')}{\mathrm{d}t'^2}\times\boldsymbol{e}_r=\frac{\mu_0}{4\pi cr}\frac{\mathrm{d}^2}{\mathrm{d}t'^2}[p_0\mathrm{e}^{-\mathrm{i}\omega t'}\boldsymbol{e}_x]\times\boldsymbol{e}_r=-\frac{\mu_0\omega^2p_0}{4\pi c}\frac{\mathrm{e}^{-\mathrm{i}\omega t'}}{r}\boldsymbol{e}_x\times\boldsymbol{e}_r\tag{4.12.3}$$

式中

$$\begin{aligned}t'&=t-\frac{|\boldsymbol{r}-\boldsymbol{r}_2'|}{c}=t-\frac{1}{c}\sqrt{r^2-2\boldsymbol{r}\cdot\boldsymbol{r}_2'+\left(\frac{r_2'}{r}\right)^2}\\&\approx t-\frac{1}{c}(r-r_2'\cos\theta)=t-\frac{r}{c}+\frac{1}{c}a\cos\theta\end{aligned}\tag{4.12.4}$$

$$\boldsymbol{B}_2(\boldsymbol{r},t)=-\frac{\mu_0\omega^2p_0}{4\pi c}\frac{\mathrm{e}^{\mathrm{i}(kr-\omega t)}}{r}\mathrm{e}^{-\mathrm{i}ka\cos\theta}\boldsymbol{e}_x\times\boldsymbol{e}_r\tag{4.12.5}$$

于是所求的辐射场的磁感强度便为

$$\boldsymbol{B}(\boldsymbol{r},t)=\boldsymbol{B}_1(\boldsymbol{r},t)+\boldsymbol{B}_2(\boldsymbol{r},t)$$

$$= \frac{\mu_0 \omega^2 p_0}{4\pi c} \frac{e^{i(kr-\omega t)}}{r}[1 - e^{-ika\cos\theta}]\boldsymbol{e}_x \times \boldsymbol{e}_r$$

$$= \frac{\mu_0 \omega^2 p_0}{4\pi c} \frac{e^{i(kr-\omega t)}}{r}[1 - (1 - ika\cos\theta)]\boldsymbol{e}_x \times \boldsymbol{e}_r$$

$$= -\frac{i\mu_0 \omega^3 p_0 a}{4\pi c^2} \frac{e^{i(kr-\omega t)}}{r}\cos\theta(\sin\phi \boldsymbol{e}_\theta + \cos\theta\cos\phi \boldsymbol{e}_\phi) \quad (4.12.6)$$

电场强度为

$$\boldsymbol{E}(\boldsymbol{r},t) = c\boldsymbol{B} \times \boldsymbol{e}_r$$

$$= \frac{i\mu_0 \omega^3 p_0 a}{4\pi c} \frac{e^{i(kr-\omega t)}}{r}\cos\theta(-\cos\theta\cos\phi \boldsymbol{e}_\theta + \sin\phi \boldsymbol{e}_\phi) \quad (4.12.7)$$

由(4.12.6)和(4.12.7)两式得，辐射场的平均能流密度为

$$\bar{\boldsymbol{S}} = \frac{1}{2}\mathrm{Re}(\boldsymbol{E} \times \boldsymbol{H}^*)$$

$$= \frac{1}{2}\mathrm{Re}\left\{\left[\frac{i\mu_0 \omega^3 p_0 a}{4\pi c} \frac{e^{i(kr-\omega t)}}{r}\cos\theta(-\cos\theta\cos\phi \boldsymbol{e}_\theta + \sin\phi \boldsymbol{e}_\phi)\right]\right.$$

$$\left.\times \left[\frac{i\omega^3 p_0^* a}{4\pi c^2} \frac{e^{-i(kr-\omega t)}}{r}\cos\theta(\sin\phi \boldsymbol{e}_\theta + \cos\theta\cos\phi \boldsymbol{e}_\phi)\right]\right\}$$

$$= \frac{\mu_0 \omega^6 |p_0|^2 a^2}{32\pi^2 c^3 r^2}\cos^2\theta(\cos^2\theta\cos^2\phi + \sin^2\phi)\boldsymbol{e}_r$$

$$= \frac{\omega^6 |p_0|^2 a^2}{32\pi^2 \varepsilon_0 c^5} \frac{\cos^2\theta(\cos^2\theta\cos^2\phi + \sin^2\phi)}{r^2}\boldsymbol{e}_r \quad (4.12.8)$$

【别解】 本题也可以用振动的电四极矩和磁偶极矩所产生的辐射场叠加的方法求解. 由图 4.12(2)，根据电四极矩分量的公式

$$Q_{ij} = \sum_{n=1}^{4} q_n (3x_{ni}x_{nj} - r_n^2 \delta_{ij}) \quad (4.12.9)$$

求得电四极矩张量为

$$\boldsymbol{Q} = 3pa\begin{pmatrix} 0 & 0 & 1 \\ 0 & 0 & 0 \\ 1 & 0 & 0 \end{pmatrix} = 3p_0 a e^{-i\omega t'}(\boldsymbol{e}_x \boldsymbol{e}_z + \boldsymbol{e}_z \boldsymbol{e}_x) \quad (4.12.10)$$

略去电四极子中心到 $\boldsymbol{p}_1$ 中心的微小差别，则 $\boldsymbol{Q}$ 在 $\boldsymbol{r}$ 处 t 时刻产生的磁感强度为

$$\boldsymbol{B}_e(\boldsymbol{r},t) = \frac{\mu_0}{24\pi c^2 r} \frac{d^3[\boldsymbol{e}_r \cdot \boldsymbol{Q}(t')]}{dt'^3} \times \boldsymbol{e}_r$$

$$= \frac{3\mu_0 (-i\omega)^3 p_0 a}{24\pi c^2} \frac{e^{-i\omega t'}}{r}[\boldsymbol{e}_r \cdot (\boldsymbol{e}_x \boldsymbol{e}_z + \boldsymbol{e}_z \boldsymbol{e}_x)] \times \boldsymbol{e}_r$$

$$= \frac{i\mu_0 \omega^3 p_0 a}{8\pi c^2} \frac{e^{i(kr-\omega t)}}{r}[\sin\theta\cos\phi \boldsymbol{e}_z + \cos\theta \boldsymbol{e}_x] \times \boldsymbol{e}_r$$

$$=-\frac{\mathrm{i}\mu_0\omega^3 p_0 a}{8\pi c^2}\frac{\mathrm{e}^{\mathrm{i}(kr-\omega t)}}{r}(\cos\theta\sin\phi\boldsymbol{e}_\theta+\cos2\theta\cos\phi\boldsymbol{e}_\phi) \tag{4.12.11}$$

这个系统的磁偶极矩为

$$\boldsymbol{m}=\frac{1}{2}\int\boldsymbol{r}\times I\mathrm{d}\boldsymbol{l}=\frac{1}{2}I\left(\int_{-l/2}^{l/2}z\mathrm{d}x\right)\boldsymbol{e}_y=\frac{1}{2}Ia\int_{-l/2}^{l/2}\mathrm{d}x\boldsymbol{e}_y=\frac{1}{2}Ial\boldsymbol{e}_y \tag{4.12.12}$$

其中

$$Il=\frac{\mathrm{d}q}{\mathrm{d}t'}l=l\frac{\mathrm{d}}{\mathrm{d}t'}(q_0\mathrm{e}^{-\mathrm{i}\omega t'})=-\mathrm{i}\omega q_0 l\mathrm{e}^{-\mathrm{i}\omega t'}=-\mathrm{i}\omega p_0\mathrm{e}^{-\mathrm{i}\omega t'} \tag{4.12.13}$$

所以

$$\boldsymbol{m}=-\frac{1}{2}\mathrm{i}\omega p_0 a\mathrm{e}^{-\mathrm{i}\omega t'}\boldsymbol{e}_y \tag{4.12.14}$$

由这个 $\boldsymbol{m}$ 产生的辐射场的磁感强度为

$$\begin{aligned}\boldsymbol{B}_m(\boldsymbol{r},t)&=\frac{\mu_0}{4\pi c^2 r}\boldsymbol{e}_r\times\left[\boldsymbol{e}_r\times\frac{\mathrm{d}^2\boldsymbol{m}(t')}{\mathrm{d}t'^2}\right]=\frac{\mu_0}{4\pi c^2 r}\boldsymbol{e}_r\times\left[\boldsymbol{e}_r\times\left(\frac{\mathrm{i}\omega^3 p_0 a}{2}\mathrm{e}^{-\mathrm{i}\omega t'}\boldsymbol{e}_y\right)\right]\\&=\frac{\mathrm{i}\mu_0\omega^3 p_0 a}{8\pi c^2}\frac{\mathrm{e}^{\mathrm{i}(kr-\omega t)}}{r}\boldsymbol{e}_r\times(\boldsymbol{e}_r\times\boldsymbol{e}_y)\\&=-\frac{\mathrm{i}\mu_0\omega^3 p_0 a}{8\pi c^2}\frac{\mathrm{e}^{\mathrm{i}(kr-\omega t)}}{r}(\cos\theta\sin\phi\boldsymbol{e}_\theta+\cos\phi\boldsymbol{e}_\phi)\end{aligned} \tag{4.12.15}$$

于是得所求的磁感强度为

$$\begin{aligned}\boldsymbol{B}(\boldsymbol{r},t)&=\boldsymbol{B}_e(\boldsymbol{r},t)+\boldsymbol{B}_m(\boldsymbol{r},t)\\&=-\frac{\mathrm{i}\mu_0\omega^3 p_0 a}{4\pi c^2}\frac{\mathrm{e}^{\mathrm{i}(kr-\omega t)}}{r}(\cos\theta\sin\phi\boldsymbol{e}_\theta+\cos^2\theta\cos\phi\boldsymbol{e}_\phi)\end{aligned} \tag{4.12.16}$$

电场强度为

$$\begin{aligned}\boldsymbol{E}(\boldsymbol{r},t)&=c\boldsymbol{B}(\boldsymbol{r},t)\times\boldsymbol{e}_r\\&=\frac{\mathrm{i}\mu_0\omega^3 p_0 a}{4\pi c}\frac{\mathrm{e}^{\mathrm{i}(kr-\omega t)}}{r}(-\cos^2\theta\cos\phi\boldsymbol{e}_\theta+\cos\theta\sin\phi\boldsymbol{e}_\phi)\end{aligned} \tag{4.12.17}$$

【讨论】（1）本题在一些电动力学书的习题中都有，但给出的答案一般都不正确.《大学物理》1990年第 11 期第 8 页的文章曾对此有过分析.

（2）前面的两种解法，都是把坐标原点放在其中一个电偶极子 $\boldsymbol{p}_1$ 的中心所作的计算. 现在讨论，如果把坐标原点放在 $\boldsymbol{p}_1$ 和 $\boldsymbol{p}_2$ 组成的电四极子的中心 O，如图 4.12(3)所示，则结果如何？为此，计算如下.

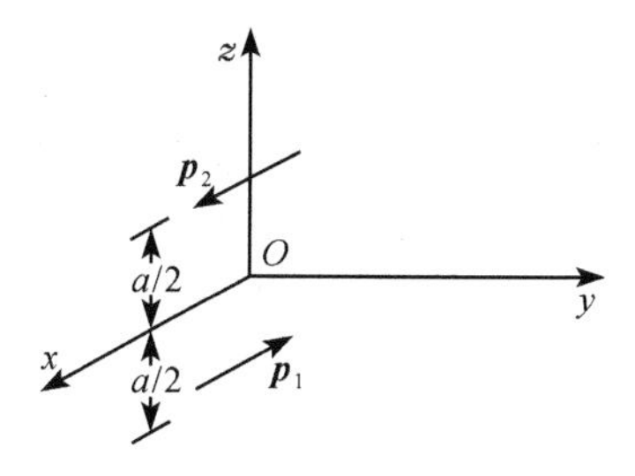

图 4.12(3)

因

$$\boldsymbol{p}_1=-p_0\mathrm{e}^{-\mathrm{i}\omega t'}\boldsymbol{e}_x,\qquad\boldsymbol{p}_2=p_0\mathrm{e}^{-\mathrm{i}\omega t'}\boldsymbol{e}_x \tag{4.12.18}$$

根据振动电偶极矩产生的辐射场的公式，位于 $\boldsymbol{r}'$ 处的振动电偶极矩 $\boldsymbol{p}=p_0\mathrm{e}^{-\mathrm{i}\omega t'}\boldsymbol{e}_x$ 所产生的辐射场的磁感强度为[参见 4.8 题的(4.8.14)式]

$$\boldsymbol{B}(\boldsymbol{r},t)=\frac{\mu_0\omega^2 p_0}{4\pi c}\frac{\mathrm{e}^{\mathrm{i}(kr-\omega t)}}{r}\mathrm{e}^{-\mathrm{i}k\boldsymbol{e}_r\cdot\boldsymbol{r}'}(\sin\phi\boldsymbol{e}_\theta+\cos\theta\cos\phi\boldsymbol{e}_\phi) \qquad (4.12.19)$$

对于 $\boldsymbol{p}_1$ 来说，$\boldsymbol{r}_1'=-\frac{a}{2}\boldsymbol{e}_z$；对于 $\boldsymbol{p}_2$ 来说，$\boldsymbol{r}_2'=\frac{a}{2}\boldsymbol{e}_z$. 故由(4.12.18)和(4.12.19)两式得所求的磁感强度为

$$\begin{aligned}\boldsymbol{B}(\boldsymbol{r},t)&=\boldsymbol{B}_1(\boldsymbol{r},t)+\boldsymbol{B}_2(\boldsymbol{r},t)\\&=\frac{\mu_0\omega^2 p_0}{4\pi c}\frac{\mathrm{e}^{\mathrm{i}(kr-\omega t)}}{r}(\sin\phi\boldsymbol{e}_\theta+\cos\theta\cos\phi\boldsymbol{e}_\phi)\times[\mathrm{e}^{-\mathrm{i}k\frac{1}{2}a\boldsymbol{e}_r\cdot\boldsymbol{e}_z}-\mathrm{e}^{\mathrm{i}k\frac{1}{2}a\boldsymbol{e}_r\cdot\boldsymbol{e}_z}]\end{aligned}$$

其中

$$\mathrm{e}^{-\mathrm{i}k\frac{1}{2}a\boldsymbol{e}_r\cdot\boldsymbol{e}_z}-\mathrm{e}^{\mathrm{i}k\frac{1}{2}a\boldsymbol{e}_r\cdot\boldsymbol{e}_z}\approx-\mathrm{i}ka\cos\theta=-\frac{1}{c}\mathrm{i}\omega a\cos\theta$$

所以

$$\boldsymbol{B}(\boldsymbol{r},t)=-\frac{\mathrm{i}\mu_0\omega^3 p_0 a}{4\pi c^2}\frac{\mathrm{e}^{\mathrm{i}(kr-\omega t)}}{r}(\cos\theta\sin\phi\boldsymbol{e}_\theta+\cos^2\theta\cos\phi\boldsymbol{e}_\phi) \qquad (4.12.20)$$

这个结果与前面的(4.12.6)式和(4.12.16)式都相同. 由此可见，坐标原点在电四极子中心，或在一个电偶极子中心，所得出的辐射场是相同的.

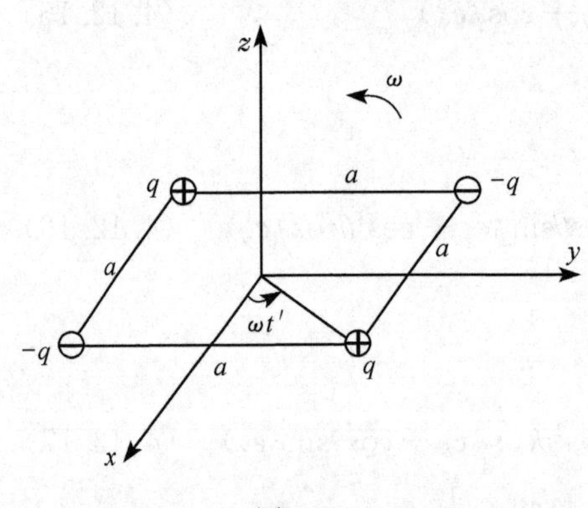

图 4.13

4.13 一平面电四极子由四个点电荷分布在边长为 a 的正方形的四个角上构成，两个对角的电荷量都是 q，另两个对角的电荷量都是 $-q$；这正方形以匀角速度 ω 绕通过正方形中心并与正方形平面垂直的轴旋转，如图 4.13 所示. 试求这个系统的(1)电四极矩；(2)辐射场；(3)辐射的角分布；(4)辐射总功率；(5)辐射的角频率. 在计算辐射时，取长波近似(即 $\lambda=2\pi c/\omega\gg a$).

【解】 (1) 求电四极矩，根据点电荷系统的电四极矩分量的公式

$$Q_{ij}=\sum_n q_n(3x_{ni}x_{nj}-r_n^2\delta_{ij}) \qquad (4.13.1)$$

令 $x_1=x$, $x_2=y$, $x_3=z$，参考图 4.13，由 $r_1^2=r_2^2=r_3^2=r_4^2=a^2/2$，便得

$$\begin{aligned}Q_{11}&=\sum_{n=1}^{4}q_n(3x_n^2-r_n^2)=q(3x_1^2-r_1^2)-q(3x_2^2-r_2^2)+q(3x_3^2-r_3^2)-q(3x_4^2-r_4^2)\\&=3q(x_1^2-x_2^2+x_3^2-x_4^2)\end{aligned}$$

$$=3q\frac{a^2}{2}\left[\cos^2\omega t'-\cos^2\left(\omega t'+\frac{\pi}{2}\right)+\cos^2(\omega t'+\pi)-\cos^2\left(\omega t'+\frac{3\pi}{2}\right)\right]$$
$$=3qa^2\cos 2\omega t' \tag{4.13.2}$$

$$Q_{21}=Q_{12}=\sum_{n=1}^{4}3q_nx_ny_n=3q[x_1y_1-x_2y_2+x_3y_3-x_4y_4]$$
$$=3q\cdot\frac{a^2}{2}\left[\cos\omega t'\sin\omega t'-\cos\left(\omega t'+\frac{\pi}{2}\right)\sin\left(\omega t'+\frac{\pi}{2}\right)\right.$$
$$\left.+\cos(\omega t'+\pi)\sin(\omega t'+\pi)-\cos\left(\omega t'+\frac{3\pi}{2}\right)\sin\left(\omega t'+\frac{3\pi}{2}\right)\right]$$
$$=3qa^2\sin 2\omega t' \tag{4.13.3}$$

$$Q_{22}=\sum_{n=1}^{4}q_n(3y_n^2-r_n^2)=3q[y_1^2-y_2^2+y_3^2-y_4^2]$$
$$=3q\cdot\frac{a^2}{2}\left[\sin^2\omega t'-\sin^2\left(\omega t'+\frac{\pi}{2}\right)+\sin^2(\omega t'+\pi)-\sin^2\left(\omega t'+\frac{3\pi}{2}\right)\right]$$
$$=-3qa^2\cos 2\omega t' \tag{4.13.4}$$

因 $z_n=0$,故

$$Q_{31}=Q_{13}=Q_{23}=Q_{32}=Q_{33}=0 \tag{4.13.5}$$

于是得所求的电四极矩为

$$\boldsymbol{Q}=3qa^2[\cos 2\omega t'\boldsymbol{e}_x\boldsymbol{e}_x+\sin 2\omega t'(\boldsymbol{e}_x\boldsymbol{e}_y+\boldsymbol{e}_y\boldsymbol{e}_x)-\cos 2\omega t'\boldsymbol{e}_y\boldsymbol{e}_y] \tag{4.13.6}$$

(2) 求辐射场. 由于这个系统的电偶极矩和磁偶极矩均为零,故辐射场便是电四极矩 $\boldsymbol{Q}$ 所产生的辐射场. 电四极矩辐射场的公式为

$$\boldsymbol{H}(\boldsymbol{r},t)=\frac{1}{24\pi c^2r}\left[\frac{\mathrm{d}^3}{\mathrm{d}t'^3}(\boldsymbol{e}_r\cdot\boldsymbol{Q})\right]\times\boldsymbol{e}_r \tag{4.13.7}$$

$$E(\boldsymbol{r},t)=\frac{1}{\varepsilon_0c}\boldsymbol{H}(\boldsymbol{r},t)\times\boldsymbol{e}_r \tag{4.13.8}$$

其中

$$\boldsymbol{e}_r\cdot\boldsymbol{Q}=3qa^2[(\boldsymbol{e}_r\cdot\boldsymbol{e}_x)(\cos 2\omega t'\boldsymbol{e}_x+\sin 2\omega t'\boldsymbol{e}_y)+\boldsymbol{e}_r\cdot\boldsymbol{e}_y(\sin 2\omega t'\boldsymbol{e}_x-\cos 2\omega t'\boldsymbol{e}_y)]$$
$$=3qa^2[\sin\theta\cos\phi(\cos 2\omega t'\boldsymbol{e}_x+\sin 2\omega t'\boldsymbol{e}_y)+\sin\theta\sin\phi(\sin 2\omega t'\boldsymbol{e}_x-\cos 2\omega t'\boldsymbol{e}_y)]$$
$$=3qa^2\sin\theta[(\cos 2\omega t'\cos\phi+\sin 2\omega t'\sin\phi)\boldsymbol{e}_x+(\sin 2\omega t'\cos\phi-\cos 2\omega t'\sin\phi)\boldsymbol{e}_y]$$
$$=3qa^2\sin\theta[\cos(2\omega t'-\phi)\boldsymbol{e}_x+\sin(2\omega t'-\phi)\boldsymbol{e}_y] \tag{4.13.9}$$

将笛卡儿坐标系基矢与球坐标系基矢的变换关系

$$\boldsymbol{e}_x=\sin\theta\cos\phi\boldsymbol{e}_r+\cos\theta\cos\phi\boldsymbol{e}_\theta-\sin\phi\boldsymbol{e}_\phi \tag{4.13.10}$$

$$\boldsymbol{e}_y=\sin\theta\sin\phi\boldsymbol{e}_r+\cos\theta\sin\phi\boldsymbol{e}_\theta+\cos\phi\boldsymbol{e}_\phi \tag{4.13.11}$$

代入(4.13.9)式,换成用球坐标系的基矢表示为

$$\boldsymbol{e}_r\cdot\boldsymbol{Q}=3qa^2\sin\theta[\sin\theta\cos 2(\omega t'-\phi)\boldsymbol{e}_r+\cos\theta\cos 2(\omega t'-\phi)\boldsymbol{e}_\theta+\sin 2(\omega t'-\phi)\boldsymbol{e}_\phi] \tag{4.13.12}$$

于是

$$\left[\frac{\mathrm{d}^3}{\mathrm{d}t'^3}(\boldsymbol{e}_r\cdot\boldsymbol{Q})\right]\times\boldsymbol{e}_r=(2\omega)^3 3qa^2\sin\theta[\sin\theta\sin2(\omega t'-\phi)\boldsymbol{e}_r+\cos\theta\sin2(\omega t'-\phi)\boldsymbol{e}_\theta-\cos2(\omega t'-\phi)\boldsymbol{e}_\phi]\times\boldsymbol{e}_r$$
$$=-24q\omega^3a^2\sin\theta[\cos2(\omega t'-\phi)\boldsymbol{e}_\theta+\cos\theta\sin2(\omega t'-\phi)\boldsymbol{e}_\phi]\tag{4.13.13}$$

将(4.13.13)式代入(4.13.7)式便得

$$\boldsymbol{H}(\boldsymbol{r},t)=-\frac{q\omega^3a^2}{\pi c^2 r}\sin\theta[\cos2(\omega t'-\phi)\boldsymbol{e}_\theta+\cos\theta\sin2(\omega t'-\phi)\boldsymbol{e}_\phi]\tag{4.13.14}$$

在长波近似下,因 $\omega a/c\ll1$,这时

$$t'=t-\frac{|\boldsymbol{r}-\boldsymbol{r}'|}{c}\approx t-\frac{r}{c}\tag{4.13.15}$$

$$\omega t'\approx\omega\left(t-\frac{r}{c}\right)=-(kr-\omega t)\tag{4.13.16}$$

于是得辐射场的磁场强度为

$$\boldsymbol{H}(\boldsymbol{r},t)=\frac{q\omega^3a^2}{\pi c^2}\frac{\sin\theta}{r}[-\cos2(kr-\omega t+\phi)\boldsymbol{e}_\theta+\cos\theta\sin2(kr-\omega t+\phi)\boldsymbol{e}_\phi]\tag{4.13.17}$$

电场强度为

$$\boldsymbol{E}(\boldsymbol{r},t)=\frac{1}{\varepsilon_0 c}\boldsymbol{H}(\boldsymbol{r},t)\times\boldsymbol{e}_r$$
$$=\frac{q\omega^3a^2}{\pi\varepsilon_0c^3}\frac{\sin\theta}{r}[\cos\theta\sin2(kr-\omega t+\phi)\boldsymbol{e}_\theta+\cos2(kr-\omega t+\phi)\boldsymbol{e}_\phi]\tag{4.13.18}$$

(3) 求辐射的角分布. 辐射场的能流密度为

$$\boldsymbol{S}=\boldsymbol{E}\times\boldsymbol{H}=\frac{q^2\omega^6a^4}{\pi^2\varepsilon_0c^5}\frac{\sin^2\theta}{r^2}[\cos^2\theta\sin^22(kr-\omega t+\phi)+\cos^22(kr-\omega t+\phi)]\boldsymbol{e}_r\tag{4.13.19}$$

平均能流密度为

$$\bar{\boldsymbol{S}}=\frac{1}{T}\int_0^T\boldsymbol{S}\mathrm{d}t=\frac{q^2\omega^6a^4}{2\pi^2\varepsilon_0c^5}\frac{\sin^2\theta(1+\cos^2\theta)}{r^2}\boldsymbol{e}_r\tag{4.13.20}$$

在 $\boldsymbol{r}=r\boldsymbol{e}_r$ 处,通过面积元 $\mathrm{d}\boldsymbol{A}$ 的辐射功率为

$$\mathrm{d}P=\bar{\boldsymbol{S}}\cdot\mathrm{d}\boldsymbol{A}=\frac{q^2\omega^6a^4}{2\pi^2\varepsilon_0c^5}\sin^2\theta(1+\cos^2\theta)\frac{\boldsymbol{e}_r\cdot\mathrm{d}\boldsymbol{A}}{r^2}\tag{4.13.21}$$

式中

$$\frac{\boldsymbol{e}_r \cdot \mathrm{d}\boldsymbol{A}}{r^2} = \mathrm{d}\Omega \tag{4.13.22}$$

是面积元 d$\boldsymbol{A}$ 对原点(平面电四极子的中心)所张的立体角. 于是便得所求的辐射的角分布为

$$\frac{\mathrm{d}P}{\mathrm{d}\Omega} = \frac{q^2\omega^6 a^4}{2\pi^2\varepsilon_0 c^5}\sin^2\theta(1+\cos^2\theta) \tag{4.13.23}$$

(4) 求总辐射功率.　由(4.13.23)式得所求的辐射总功率为

$$P = \int_0^{4\pi}\frac{\mathrm{d}P}{\mathrm{d}\Omega}\mathrm{d}\Omega = \int_0^{\pi}\int_0^{2\pi}\frac{\mathrm{d}P}{\mathrm{d}\Omega}\sin\theta\mathrm{d}\theta\mathrm{d}\phi = \frac{q^2\omega^6a^4}{2\pi^2\varepsilon_0c^5}\int_0^{\pi}\int_0^{2\pi}\sin^2\theta(1+\cos^2\theta)\sin\theta\mathrm{d}\theta\mathrm{d}\phi$$

$$= \frac{q^2\omega^6a^4}{\pi\varepsilon_0c^5}\int_0^{\pi}\sin^2\theta(1+\cos^2\theta)\sin\theta\mathrm{d}\theta = \frac{8q^2\omega^6a^4}{5\pi\varepsilon_0c^5} \tag{4.13.24}$$

(5) 辐射的角频率. 由(4.13.17)、(4.13.18)两式可见,辐射的角频率为 2ω,是电四极子旋转角速度 ω 的两倍.

【别解】 用复数计算,将电四极矩 $\boldsymbol{Q}$ 的(4.13.6)式用复数表示为

$$\boldsymbol{Q} = 3qa^2\left[\mathrm{e}^{-\mathrm{i}2\omega t'}\boldsymbol{e}_x\boldsymbol{e}_x + \mathrm{e}^{-\mathrm{i}2\omega t'+\mathrm{i}\frac{\pi}{2}}(\boldsymbol{e}_x\boldsymbol{e}_y+\boldsymbol{e}_y\boldsymbol{e}_x) - \mathrm{e}^{-\mathrm{i}2\omega t'}\boldsymbol{e}_y\boldsymbol{e}_y\right] \tag{4.13.25}$$

$$\boldsymbol{e}_r\cdot\ddot{\boldsymbol{Q}} = (-\mathrm{i}2\omega)^2 3qa^2\left[\sin\theta\cos\phi\,\mathrm{e}^{-\mathrm{i}2\omega t'}(\boldsymbol{e}_x+\mathrm{i}\boldsymbol{e}_y) + \sin\theta\sin\phi\,\mathrm{e}^{-\mathrm{i}2\omega t'}(\mathrm{i}\boldsymbol{e}_x - \boldsymbol{e}_y)\right]$$

$$= -12q\omega^2a^2\sin\theta\mathrm{e}^{-\mathrm{i}2\omega t'+\mathrm{i}\phi}(\boldsymbol{e}_x+\mathrm{i}\boldsymbol{e}_y) \tag{4.13.26}$$

由电四极矩辐射场的矢势的公式

$$\boldsymbol{A}(\boldsymbol{r},t) = \frac{\mu_0}{24\pi cr}\boldsymbol{e}_r\cdot\ddot{\boldsymbol{Q}} \tag{4.13.27}$$

和长波条件下的(4.13.16)式得

$$\boldsymbol{A}(\boldsymbol{r},t) = -\frac{\mu_0 q\omega^2a^2}{2\pi c}\frac{\mathrm{e}^{\mathrm{i}(2kr-2\omega t+\phi)}\sin\theta}{r}(\boldsymbol{e}_x+\mathrm{i}\boldsymbol{e}_y) \tag{4.13.28}$$

于是得辐射场的磁场强度为

$$\boldsymbol{H}(\boldsymbol{r},t) = \frac{1}{\mu_0}\nabla\times\boldsymbol{A} = -\frac{q\omega^2a^2}{2\pi c}\nabla\times\left[\frac{\mathrm{e}^{\mathrm{i}(2kr-2\omega t+\phi)}\sin\theta}{r}(\boldsymbol{e}_x+\mathrm{i}\boldsymbol{e}_y)\right] \tag{4.13.29}$$

因算符∇作用于$\frac{1}{r}$和 $\sin\theta$ 都产生$\frac{1}{r^2}$项,而辐射场的 $\boldsymbol{H}$ 仅含$\frac{1}{r}$项,故可略去∇对$\frac{1}{r}$和 $\sin\theta$ 的作用,于是便得

$$\boldsymbol{H}(\boldsymbol{r},t) = -\frac{q\omega^2a^2}{2\pi c}\frac{\sin\theta}{r}\left[\nabla\mathrm{e}^{\mathrm{i}(2kr-2\omega t+\phi)}\right]\times(\boldsymbol{e}_x+\mathrm{i}\boldsymbol{e}_y)$$

$$= -\frac{\mathrm{i}q\omega^3a^2}{\pi c^2}\frac{\mathrm{e}^{\mathrm{i}(2kr-2\omega t+\phi)}\sin\theta}{r}\boldsymbol{e}_r\times(\boldsymbol{e}_x+\mathrm{i}\boldsymbol{e}_y) \tag{4.13.30}$$

其中的叉乘由(4.13.10)式和(4.13.11)式为

$$\boldsymbol{e}_r\times\boldsymbol{e}_x = \boldsymbol{e}_r\times(\sin\theta\cos\phi\boldsymbol{e}_r + \cos\theta\cos\phi\boldsymbol{e}_\theta - \sin\phi\boldsymbol{e}_\phi) = \sin\phi\boldsymbol{e}_\theta + \cos\theta\cos\phi\boldsymbol{e}_\phi \tag{4.13.31}$$

$$\boldsymbol{e}_r\times\boldsymbol{e}_y=\boldsymbol{e}_r\times(\sin\theta\sin\phi\boldsymbol{e}_r+\cos\theta\sin\phi\boldsymbol{e}_\theta+\cos\phi\boldsymbol{e}_\phi)=-\cos\phi\boldsymbol{e}_\theta+\cos\theta\sin\phi\boldsymbol{e}_\phi \tag{4.13.32}$$

代入(4.13.30)式便得所求的磁场强度为

$$\begin{aligned}\boldsymbol{H}(\boldsymbol{r},t)&=-\frac{\mathrm{i}q\omega^3a^2}{\pi c^2}\frac{\mathrm{e}^{\mathrm{i}(2kr-2\omega t+\phi)}\sin\theta}{r}[\sin\phi\boldsymbol{e}_\theta+\cos\theta\cos\phi\boldsymbol{e}_\phi+\mathrm{i}(-\cos\phi\boldsymbol{e}_\theta+\cos\theta\sin\phi\boldsymbol{e}_\phi)]\\&=-\frac{\mathrm{i}q\omega^3a^2}{\pi c^2}\frac{\mathrm{e}^{\mathrm{i}(2kr-2\omega t+\phi)}\sin\theta}{r}[-\mathrm{i}(\cos\phi+\mathrm{i}\sin\phi)\boldsymbol{e}_\theta+\cos\theta(\cos\phi+\mathrm{i}\sin\phi)\boldsymbol{e}_\phi]\\&=-\frac{\mathrm{i}q\omega^3a^2}{\pi c^2}\frac{\mathrm{e}^{\mathrm{i}2(kr-\omega t+\phi)}\sin\theta}{r}(-\mathrm{i}\boldsymbol{e}_\theta+\cos\theta\boldsymbol{e}_\phi)\end{aligned} \tag{4.13.33}$$

电场强度为

$$\begin{aligned}\boldsymbol{E}(\boldsymbol{r},t)&=\frac{1}{\varepsilon_0c}\boldsymbol{H}(\boldsymbol{r},t)\times\boldsymbol{e}_r=-\frac{\mathrm{i}q\omega^3a^2}{\pi\varepsilon_0c^3}\frac{\mathrm{e}^{\mathrm{i}2(kr-\omega t+\phi)}\sin\theta}{r}(-\mathrm{i}\boldsymbol{e}_\theta+\cos\theta\boldsymbol{e}_\phi)\times\boldsymbol{e}_r\\&=-\frac{\mathrm{i}q\omega^3a^2}{\pi\varepsilon_0c^3}\frac{\mathrm{e}^{\mathrm{i}2(kr-\omega t+\phi)}\sin\theta}{r}(\cos\theta\boldsymbol{e}_\theta+\mathrm{i}\boldsymbol{e}_\phi)\end{aligned} \tag{4.13.34}$$

(4.13.33)式的实部即为(4.13.17)式,(4.13.34)式的实部即为(4.13.18)式.

辐射场的平均能流密度为

$$\begin{aligned}\bar{\boldsymbol{S}}&=\frac{1}{2}\mathrm{Re}(\boldsymbol{E}\times\boldsymbol{H}^*)=-\frac{\mathrm{i}q\omega^3a^2}{\pi\varepsilon_0c^3}\left(\frac{\mathrm{i}q\omega^3a^2}{\pi c^2}\right)\frac{\sin^2\theta}{r^2}(\cos\theta\boldsymbol{e}_\theta+\mathrm{i}\boldsymbol{e}_\phi)\times(-\mathrm{i}\boldsymbol{e}_\theta+\cos\theta\boldsymbol{e}_\phi)\\&=\frac{q^2\omega^6a^2}{2\pi^2\varepsilon_0c^5}\frac{\sin^2\theta}{r^2}(1+\cos^2\theta)\boldsymbol{e}_r\end{aligned} \tag{4.13.35}$$

这就是(4.13.20)式.

求辐射的角分布和辐射总功率与前面(4.13.21)式至(4.13.24)式相同.

由(4.13.33)和(4.13.34)两式可见,辐射的角频率为 2ω.

4.14 一长为 $2a$ 的绝缘钢杆,两端分别固定电偶极矩为 $\boldsymbol{p}_1$ 和 $\boldsymbol{p}_2$ 的电偶极子,$\boldsymbol{p}_1$ 和 $\boldsymbol{p}_2$ 都与杆垂直,$\boldsymbol{p}_1$ 与 $\boldsymbol{p}_2$ 逆平行,如图 4.14(1)所示.已知 $\boldsymbol{p}_1$ 与 $\boldsymbol{p}_2$ 大小相等,即 $|\boldsymbol{p}_1|=|\boldsymbol{p}_2|=p$.当这杆以匀角速度 ω 绕过中点 O 的轴(轴与杆垂直并与 $\boldsymbol{p}_1$ 和 $\boldsymbol{p}_2$ 在同一平面内)旋转时,试求这个系统的:(1) 电四极矩 $\boldsymbol{Q}$;(2) 辐射总功率 P.

【解】 (1) 求电四极矩 $\boldsymbol{Q}$. 以 O 为原点,转轴为 z 轴取笛卡儿坐标系如图 4.14(2).设 $p=qd$, $l=\sqrt{a^2+\left(\frac{d}{2}\right)^2}$,则 1 至 4 四个点电荷的坐标依次为

$$x_1=l\sin\alpha\cos\omega t',\quad y_1=l\sin\alpha\sin\omega t',\quad z_1=l\cos\alpha \tag{4.14.1}$$

$$x_2=x_1,\quad y_2=y_1,\quad z_2=-z_1 \tag{4.14.2}$$

$$x_3=-x_1,\quad y_3=-y_1,\quad z_3=z_1 \tag{4.14.3}$$

$$x_4=-x_1,\quad y_4=-y_1,\quad z_4=-z_1 \tag{4.14.4}$$

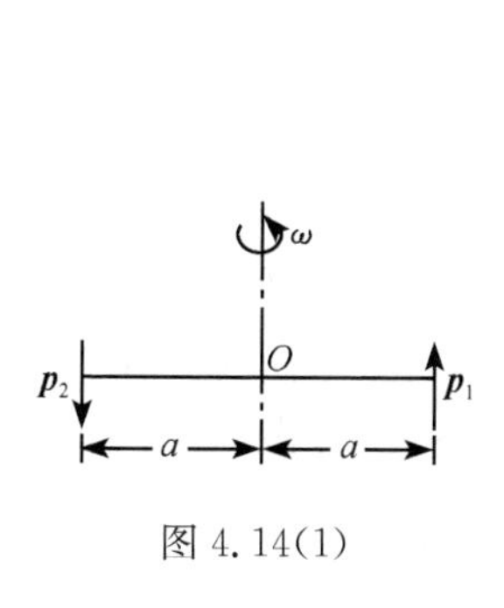

图 4.14(1)

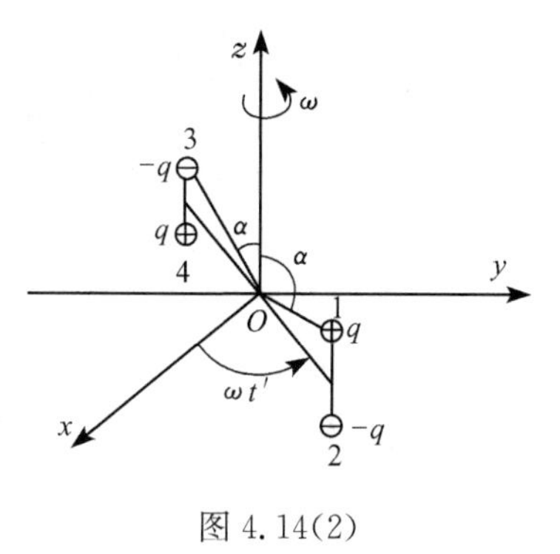

图 4.14(2)

根据电四极矩张量 $\boldsymbol{Q}$ 的分量公式

$$Q_{ij} = \sum_{n}(3x_{ni}x_{nj} - r_n^2\delta_{ij})q_n \tag{4.14.5}$$

得

$$\begin{aligned} Q_{11} &= \sum_{n=1}^{4}(3x_n^2 - r_n^2)q_n \\ &= (3x_1^2 - r_1^2)q + (3x_2^2 - r_2^2)(-q) + (3x_3^2 - r_3^2)(-q) + (3x_4^2 - r_4^2)q \\ &= 3(x_1^2 - x_2^2 - x_3^2 + x_4^2)q = 0 \end{aligned} \tag{4.14.6}$$

$$Q_{22} = \sum_{n=1}^{4}(3y_n^2 - r_n^2)q_n = 3(y_1^2 - y_2^2 - y_3^2 + y_4^2)\ q = 0 \tag{4.14.7}$$

$$Q_{33} = -(Q_{11} + Q_{22}) = 0 \tag{4.14.8}$$

$$Q_{12} = 3\sum_{n=1}^{4}x_n y_n q_n = 3(x_1y_1 - x_2y_2 - x_3y_3 + x_4y_4)q = 0 \tag{4.14.9}$$

$$\begin{aligned} Q_{13} &= 3\sum_{n=1}^{4}x_n z_n q_n = 3(x_1z_1 - x_2z_2 - x_3z_3 + x_4z_4)q \\ &= 12x_1z_1q = 12ql^2\sin\alpha\cos\alpha\cos\omega t' = 6pa\cos\omega t' \end{aligned} \tag{4.14.10}$$

$$\begin{aligned} Q_{23} &= 3\sum_{n=1}^{4}y_n z_n q_n \\ &= 3(y_1z_1 - y_2z_2 - y_3z_3 + y_4z_4)q_n = 12y_1z_1q \\ &= 12ql^2\sin\alpha\cos\alpha\sin\omega t' = 6pa\sin\omega t' \end{aligned} \tag{4.14.11}$$

因 $Q_{21}=Q_{12}$，$Q_{31}=Q_{13}$，$Q_{32}=Q_{23}$，于是得所求的电四极矩为

$$\boldsymbol{Q} = 6pa[\cos\omega t'(\boldsymbol{e}_x\boldsymbol{e}_z + \boldsymbol{e}_z\boldsymbol{e}_x) + \sin\omega t'(\boldsymbol{e}_y\boldsymbol{e}_z + \boldsymbol{e}_z\boldsymbol{e}_y)] \tag{4.14.12}$$

(2) 求辐射总功率 P. 由对称性可知，这个系统的电偶极矩为零，磁偶极矩也为零. 因此，略去高级矩，这个系统的辐射便是电四极矩 $\boldsymbol{Q}$ 的辐射. 下面由电四极矩辐射场的公式

$$\boldsymbol{B}(\boldsymbol{r},t)=\frac{\mu_0}{24\pi c^2 r}\left[\frac{\mathrm{d}^3}{\mathrm{d}t'^3}(\boldsymbol{e}_r\cdot\boldsymbol{Q})\right]\times\boldsymbol{e}_r \tag{4.14.13}$$

$$\boldsymbol{E}(\boldsymbol{r},t)=c\boldsymbol{B}(\boldsymbol{r},t)\times\boldsymbol{e}_r \tag{4.14.14}$$

求辐射场. 由(4.14.12)式有

$$\begin{aligned}\boldsymbol{e}_r\cdot\boldsymbol{Q}&=6pa[\cos\omega t'(\boldsymbol{e}_r\cdot\boldsymbol{e}_x\boldsymbol{e}_z+\boldsymbol{e}_r\cdot\boldsymbol{e}_z\boldsymbol{e}_x)+\sin\omega t'(\boldsymbol{e}_r\cdot\boldsymbol{e}_y\boldsymbol{e}_z+\boldsymbol{e}_r\cdot\boldsymbol{e}_z\boldsymbol{e}_y)]\\&=6pa[\cos\omega t'(\sin\theta\cos\phi\boldsymbol{e}_z+\cos\theta\boldsymbol{e}_x)+\sin\omega t'(\sin\theta\sin\phi\boldsymbol{e}_z+\cos\theta\boldsymbol{e}_y)]\\&=6pa[\cos\theta(\cos\omega t'\boldsymbol{e}_x+\sin\omega t'\boldsymbol{e}_y)+\sin\theta\cos(\omega t'-\phi)\boldsymbol{e}_z]\end{aligned} \tag{4.14.15}$$

$$\frac{\mathrm{d}^3}{\mathrm{d}t'^3}(\boldsymbol{e}_r\cdot\boldsymbol{Q})=6pa\omega^3[\cos\theta(\sin\omega t'\boldsymbol{e}_x-\cos\omega t'\boldsymbol{e}_y)+\sin\theta\sin(\omega t'-\phi)\boldsymbol{e}_z] \tag{4.14.16}$$

于是得

$$\begin{aligned}\boldsymbol{B}(\boldsymbol{r},t)&=\frac{\mu_0}{24\pi c^2 r}\cdot 6pa\omega^3[\cos\theta(\sin\omega t'\boldsymbol{e}_x-\cos\omega t'\boldsymbol{e}_y)+\sin\theta\sin(\omega t'-\phi)\boldsymbol{e}_z]\times\boldsymbol{e}_r\\&=\frac{\mu_0\omega^3 pa}{4\pi c^2 r}[\cos\theta\sin\omega t'(-\cos\theta\cos\phi\boldsymbol{e}_\phi-\sin\phi\boldsymbol{e}_\theta)\\&\quad-\cos\theta\cos\omega t'(-\cos\theta\sin\phi\boldsymbol{e}_\phi+\cos\phi\boldsymbol{e}_\theta)+\sin^2\theta\sin(\omega t'-\phi)\boldsymbol{e}_\phi]\\&=\frac{\mu_0\omega^3 pa}{4\pi c^2 r}[-\cos\theta\cos(\omega t'-\phi)\boldsymbol{e}_\theta+(1-2\cos^2\theta)\sin(\omega t'-\phi)\boldsymbol{e}_\phi]\\&=-\frac{\mu_0\omega^3 pa}{4\pi c^2 r}[\cos\theta\cos(kr-\omega t+\phi)\boldsymbol{e}_\theta+(1-2\cos^2\theta)\sin(kr-\omega t+\phi)\boldsymbol{e}_\phi]\end{aligned} \tag{4.14.17}$$

$$\begin{aligned}\boldsymbol{E}(\boldsymbol{r},t)&=c\boldsymbol{B}(\boldsymbol{r},t)\times\boldsymbol{e}_r\\&=\frac{\mu_0\omega^3 pa}{4\pi cr}[-(1-2\cos^2\theta)\sin(kr-\omega t+\phi)\boldsymbol{e}_\theta+\cos\theta\cos(kr-\omega t+\phi)\boldsymbol{e}_\phi]\end{aligned} \tag{4.14.18}$$

辐射的能流密度为

$$\begin{aligned}\boldsymbol{S}&=\boldsymbol{E}\times\frac{\boldsymbol{B}}{\mu_0}\\&=\frac{\omega^6 p^2 a^2}{16\pi^2\varepsilon_0 c^5 r^2}[(1-2\cos^2\theta)^2\sin^2(kr-\omega t+\phi)+\cos^2\theta\cos^2(kr-\omega t+\phi)]\boldsymbol{e}_r\end{aligned} \tag{4.14.19}$$

$\boldsymbol{S}$ 对时间的平均值为

$$\begin{aligned}\bar{\boldsymbol{S}}&=\frac{1}{T}\int_0^T\boldsymbol{S}\mathrm{d}t\\&=\frac{\omega^6 p^2 a^2\boldsymbol{e}_r}{16\pi^2\varepsilon_0 c^5 r^2 T}\int_0^T[(1-2\cos^2\theta)^2\sin^2(kr-\omega t+\phi)+\cos^2\theta\cos^2(kr-\omega t+\phi)]\mathrm{d}t\end{aligned}$$

$$=\frac{\omega^6 p^2 a^2}{32\pi^2\varepsilon_0 c^5 r^2}(1-3\cos^2\theta+4\cos^4\theta)\boldsymbol{e}_r \tag{4.14.20}$$

辐射总功率为

$$P=\oint_\Sigma \bar{\boldsymbol{S}}\cdot \mathrm{d}\boldsymbol{\Sigma}$$
$$=\frac{\omega^6 p^2 a^2}{32\pi^2\varepsilon_0 c^5}\int_0^\pi (1-3\cos^2\theta+4\cos^4\theta)\cdot 2\pi\sin\theta\mathrm{d}\theta=\frac{\omega^6 p^2 a^2}{10\pi\varepsilon_0 c^5} \tag{4.14.21}$$

4.15 如图 4.15 所示，在 x-y 平面内，有一半径为 a 的导线圆环，其上载有均匀电流 $I=I_0 \mathrm{e}^{-\mathrm{i}\omega t'}$. P 点是距圆环中心 O 为 r 的场点. 试求这圆环电流在 $r\gg\lambda=\frac{2\pi c}{\omega}\gg a$ 处的 P 点产生的推迟势.

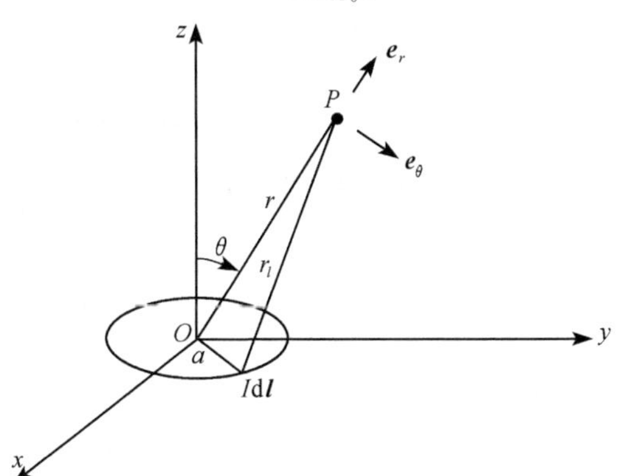

图 4.15

【解】 以圆环中心 O 为原点，圆环轴线为极轴，取球坐标系. 所求的推迟势为

$$\boldsymbol{A}(\boldsymbol{r},t)=\frac{\mu_0}{4\pi}\oint_L \frac{I_0 \mathrm{e}^{-\mathrm{i}\omega t'}}{r_l}\mathrm{d}\boldsymbol{l}$$
$$=\frac{\mu_0 I_0}{4\pi}\oint_L \frac{\mathrm{e}^{-\mathrm{i}\omega\left(t-\frac{r_l}{c}\right)}}{r_l}\mathrm{d}\boldsymbol{l}=\frac{\mu_0 I_0 \mathrm{e}^{-\mathrm{i}\omega t}}{4\pi}\oint_L \frac{\mathrm{e}^{\mathrm{i}kr_l}}{r_l}\mathrm{d}\boldsymbol{l} \tag{4.15.1}$$

因 $r\gg\lambda\gg a$，故 $k(r_l-r)\approx ka\ll 1$. 于是被积函数中的 $\mathrm{e}^{\mathrm{i}kr_l}$ 可展开为

$$\mathrm{e}^{\mathrm{i}kr_l}=\mathrm{e}^{\mathrm{i}kr}\mathrm{e}^{\mathrm{i}k(r_l-r)}\approx \mathrm{e}^{\mathrm{i}kr}[1+\mathrm{i}k(r_l-r)] \tag{4.15.2}$$

积分便为

$$\oint_L \frac{\mathrm{e}^{\mathrm{i}kr_l}}{r_l}\mathrm{d}\boldsymbol{l}=\mathrm{e}^{\mathrm{i}kr}\oint_L\left(\mathrm{i}k+\frac{1-\mathrm{i}kr}{r_l}\right)\mathrm{d}\boldsymbol{l}=\mathrm{e}^{\mathrm{i}kr}(1-\mathrm{i}kr)\oint_L \frac{\mathrm{d}\boldsymbol{l}}{r_l} \tag{4.15.3}$$

所以

$$\boldsymbol{A}(\boldsymbol{r},t)=\mathrm{e}^{\mathrm{i}(kr-\omega t)}(1-\mathrm{i}kr)\left(\frac{\mu_0 I_0}{4\pi}\oint_L \frac{\mathrm{d}\boldsymbol{l}}{r_l}\right) \tag{4.15.4}$$

方括号内的积分正是在恒定电流的情况下，半径为 a 的载有电流 I_0 的圆环所产生的矢势. 其远场为[参见第一章 1.60 题的(1.60.1)式和(1.60.11)式]

$$\frac{\mu_0 I_0}{4\pi}\oint_L \frac{\mathrm{d}\boldsymbol{l}}{r_l}=\frac{\mu_0 I_0 \pi a^2}{4\pi}\frac{\sin\theta}{r^2}\boldsymbol{e}_\phi \tag{4.15.5}$$

代入(4.15.4)式得

$$\boldsymbol{A}(\boldsymbol{r},t)=\mathrm{e}^{\mathrm{i}(kr-\omega t)}(1-\mathrm{i}kr)\frac{\mu_0 I_0 \pi a^2}{4\pi}\frac{\sin\theta}{r^2}\boldsymbol{e}_\phi$$

$$= \frac{\mu_0 I_0 \pi a^2}{4\pi} e^{i(kr-\omega t)} \left(\frac{\sin\theta}{r^2} - \frac{ik\sin\theta}{r} \right) \boldsymbol{e}_\phi \tag{4.15.6}$$

这载流圆环的磁矩 $\boldsymbol{m}$ 的大小为

$$m = I_0 \pi a^2 e^{-i\omega t} \tag{4.15.7}$$

故 $\boldsymbol{A}(\boldsymbol{r},t)$ 可以表示为

$$\boldsymbol{A}(\boldsymbol{r},t) = \frac{\mu_0 m}{4\pi} e^{ikr} \left(\frac{\sin\theta}{r^2} - \frac{ik\sin\theta}{r} \right) \boldsymbol{e}_\phi \tag{4.15.8}$$

当频率很低,即 $\omega \to 0, k = \frac{\omega}{c} \to 0$ 时,上式化为

$$\boldsymbol{A}(\boldsymbol{r},t) \to \boldsymbol{A}(\boldsymbol{r}) = \frac{\mu_0 m}{4\pi} \frac{\sin\theta}{r^2} \boldsymbol{e}_\phi \tag{4.15.9}$$

这正是稳恒情况下磁偶极子的矢势.

当频率很高且 $r \gg \lambda$ 时,(4.15.8)式就化为

$$\boldsymbol{A}(\boldsymbol{r},t) = -\frac{i\mu_0 I_0 k a^2}{4} \frac{e^{i(kr-\omega t)}}{r} \sin\theta \boldsymbol{e}_\phi \tag{4.15.10}$$

或写作

$$\boldsymbol{A}(\boldsymbol{r},t) = \frac{i\mu_0 k}{4\pi} \frac{e^{ikr}}{r} \boldsymbol{e}_r \times \boldsymbol{m} \tag{4.15.11}$$

式中

$$\boldsymbol{m} = m\boldsymbol{e}_z \tag{4.15.12}$$

是这载流圆环的磁矩.

(4.15.10)式或(4.15.11)式就是所求的推迟势.

【别解】 如果记得磁矩 $\boldsymbol{m}(t')$ 产生的推迟势的公式

$$\boldsymbol{A}(\boldsymbol{r},t) = \frac{\mu_0}{4\pi cr} \frac{d\boldsymbol{m}(t')}{dt'} \times \boldsymbol{e}_r \tag{4.15.13}$$

便可直接由这公式计算 $\boldsymbol{A}(\boldsymbol{r},t)$ 如下:

$$\boldsymbol{A}(\boldsymbol{r},t) = \frac{\mu_0}{4\pi cr} \frac{d\boldsymbol{m}(t')}{dt'} \times \boldsymbol{e}_r = \frac{\mu_0}{4\pi cr} \left[\frac{d}{dt'} (\pi a^2 I_0 e^{-i\omega t'} \boldsymbol{e}_z) \right] \times \boldsymbol{e}_r$$

$$= -\frac{i\mu_0 I_0 \omega a^2}{4cr} e^{-i\omega t'} \boldsymbol{e}_z \times \boldsymbol{e}_r = -\frac{i\mu_0 I_0 k a^2}{4} \frac{e^{i(kr-\omega t)}}{r} \sin\theta \boldsymbol{e}_\phi \tag{4.15.14}$$

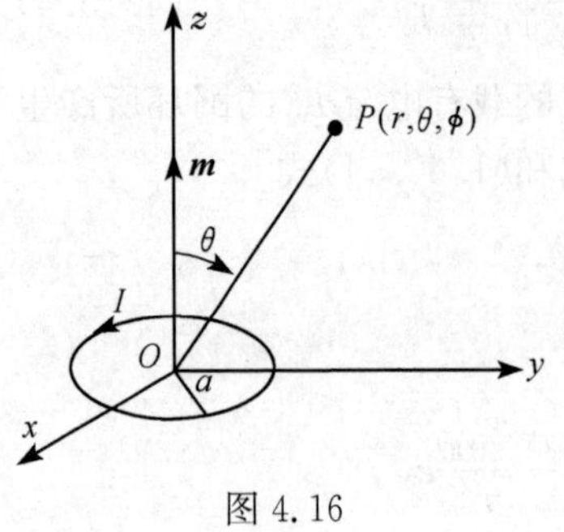

图 4.16

4.16 一半径为 a 的圆环形天线,其上电流强度为 $I = I_0 e^{-i\omega t'}$,式中 I_0 为常量. 已知 $\frac{2\pi c}{\omega} \gg a$,试求远处(即 $r \gg \lambda$ 处)辐射场的 $\boldsymbol{E}$ 和 $\boldsymbol{H}$,并由此求辐射的角分布(单位立体角的辐射功率)和总功率.

【解】 以圆环中心 O 为原点,圆环轴线为极轴,取球坐标系如图 4.16. 根据 4.15 题的(4.15.10)式,这圆电流在远处产生的推迟势为

$$\boldsymbol{A}(\boldsymbol{r},t)=-\frac{\mathrm{i}\mu_0 I_0 ka^2}{4}\frac{\mathrm{e}^{\mathrm{i}(kr-\omega t)}}{r}\sin\theta\boldsymbol{e}_\phi \tag{4.16.1}$$

由此得所求辐射场的磁感强度为

$$\boldsymbol{B}(\boldsymbol{r},t)=\nabla\times\boldsymbol{A}(\boldsymbol{r},t)=-\frac{\mathrm{i}\mu_0 I_0 ka^2}{4}\nabla\times\left[\frac{\mathrm{e}^{\mathrm{i}(kr-\omega t)}}{r}\sin\theta\boldsymbol{e}_\phi\right]$$

因辐射场的 $\boldsymbol{B}$ 只含$\frac{1}{r}$项，而算符∇ 作用于$\frac{1}{r}$和 $\sin\theta$ 结果都产生$\frac{1}{r^2}$，可略去. 故得

$$\begin{aligned}\boldsymbol{B}(\boldsymbol{r},t)&=-\frac{\mathrm{i}\mu_0 I_0 ka^2}{4}\frac{\sin\theta}{r}\nabla\times[\mathrm{e}^{\mathrm{i}(kr-\omega t)}\boldsymbol{e}_\phi]\\&=-\frac{\mathrm{i}\mu_0 I_0 ka^2}{4}\frac{\sin\theta}{r}[\nabla\mathrm{e}^{\mathrm{i}(kr-\omega t)}]\times\boldsymbol{e}_\phi=-\frac{\mu_0 I_0\omega^2 a^2}{4c^2}\frac{\mathrm{e}^{\mathrm{i}(kr-\omega t)}}{r}\sin\theta\boldsymbol{e}_\theta\end{aligned} \tag{4.16.2}$$

所以

$$\boldsymbol{H}(\boldsymbol{r},t)=-\frac{I_0\omega^2 a^2}{4c^2}\frac{\mathrm{e}^{\mathrm{i}(kr-\omega t)}}{r}\sin\theta\boldsymbol{e}_\theta \tag{4.16.3}$$

电场强度为

$$\boldsymbol{E}(\boldsymbol{r},t)=c\boldsymbol{B}(\boldsymbol{r},t)\times\boldsymbol{e}_r=\frac{I_0\omega^2 a^2}{4\varepsilon_0 c^3}\frac{\mathrm{e}^{\mathrm{i}(kr-\omega t)}}{r}\sin\theta\boldsymbol{e}_\phi \tag{4.16.4}$$

辐射的平均能流密度为

$$\bar{\boldsymbol{S}}=\frac{1}{2}\mathrm{Re}(\boldsymbol{E}\times\boldsymbol{H}^*)=\frac{I_0^2\omega^4 a^4}{32\varepsilon_0 c^5}\frac{\sin^2\theta}{r^2}\boldsymbol{e}_r \tag{4.16.5}$$

流过 r 处面积元 $\mathrm{d}\boldsymbol{\Sigma}$ 的功率 $\mathrm{d}P$ 为

$$\mathrm{d}P=\bar{\boldsymbol{S}}\cdot\mathrm{d}\boldsymbol{\Sigma}=|\bar{\boldsymbol{S}}|\mathrm{d}\Sigma_\perp \tag{4.16.6}$$

因为 $\bar{\boldsymbol{S}}$ 沿 $\boldsymbol{e}_r$ 方向，所以 $\mathrm{d}\Sigma_\perp$ 便是 $\mathrm{d}\boldsymbol{\Sigma}$ 在 $\boldsymbol{e}_r$ 方向上的投影，故

$$\mathrm{d}P=|\bar{\boldsymbol{S}}|r^2\mathrm{d}\Omega \tag{4.16.7}$$

因此所求的辐射的角分布便为

$$\frac{\mathrm{d}P}{\mathrm{d}\Omega}=|\bar{\boldsymbol{S}}|r^2=\frac{I_0^2\omega^4 a^4}{32\varepsilon_0 c^5}\sin^2\theta \tag{4.16.8}$$

辐射的总功率为

$$P=\int_{4\pi}\frac{\mathrm{d}P}{\mathrm{d}\Omega}\mathrm{d}\Omega=\frac{I_0^2\omega^4 a^4}{32\varepsilon_0 c^5}\int_0^\pi\int_0^{2\pi}\sin^2\theta\cdot\sin\theta\mathrm{d}\theta\mathrm{d}\phi=\frac{\pi I_0^2\omega^4 a^4}{12\varepsilon_0 c^5} \tag{4.16.9}$$

【别解】 本题不要求矢势，因此，如果记得磁偶极辐射产生的磁感强度的公式或电场强度的公式，就可以直接由这些公式算出 $\boldsymbol{B}(\boldsymbol{r},t)$ 或 $\boldsymbol{E}(\boldsymbol{r},t)$，而不必通过 $\boldsymbol{A}$ 求 $\boldsymbol{B}(\boldsymbol{r},t)$. 如

$$\boldsymbol{B}(\boldsymbol{r},t)=\frac{\mu_0}{4\pi c^2 r}\boldsymbol{e}_r\times\left[\boldsymbol{e}_r\times\frac{\mathrm{d}^2\boldsymbol{m}(t')}{\mathrm{d}t'^2}\right]=\frac{\mu_0}{4\pi c^2 r}\boldsymbol{e}_r\times\left[\boldsymbol{e}_r\times\frac{\mathrm{d}^2}{\mathrm{d}t'^2}(\pi a^2 I_0\mathrm{e}^{-\mathrm{i}\omega t'}\boldsymbol{e}_z)\right]$$

$$=-\frac{\mu_0 I_0\omega^2 a^2}{4c^2}\frac{\mathrm{e}^{\mathrm{i}(kr-\omega t)}}{r}\boldsymbol{e}_r\times(\boldsymbol{e}_r\times\boldsymbol{e}_z)=-\frac{\mu_0 I_0\omega^2 a^2}{4c^2}\frac{\mathrm{e}^{\mathrm{i}(kr-\omega t)}}{r}\sin\theta\boldsymbol{e}_\theta \tag{4.16.10}$$

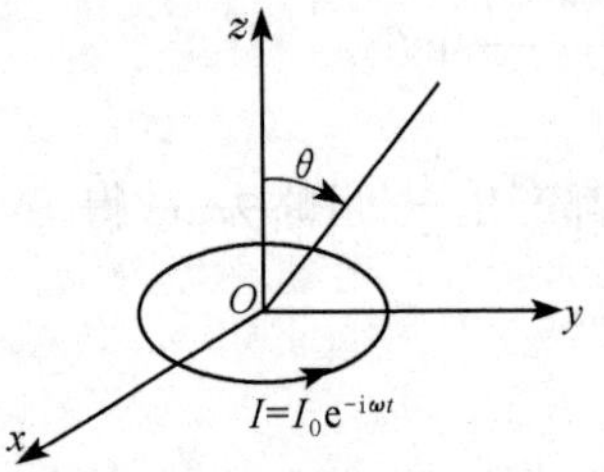

其他如$\boldsymbol{E}(\boldsymbol{r},t)$、$\bar{\boldsymbol{S}}$、$\frac{\mathrm{d}P}{\mathrm{d}\Omega}$和$P$的计算同前面的(4.16.4)至(4.16.9)式.

4.17 半径为一米的圆线圈水平放置,线圈中载有电流 $I=I_0\mathrm{e}^{-\mathrm{i}\omega t'}$, $I_0=100\mathrm{A}$,角频率 $\omega=3.00\times10^7\,\mathrm{Hz}$;在离线圈中心为一千米处的球面上,放置接收器.以线圈中心O为原点,线圈平面为$\theta=\pi/2$,取坐标系如图4.17.试问:(1) 接收器应放在什么位置上,才能接收到最强的电磁辐射?(2) 在$\theta=45°$的方向上,接收器接收到的电磁辐射强度有多大?

图 4.17

【解】 (1) 根据前面4.16题所求出的平均能流密度(4.16.5)式或辐射的角分布(4.16.8)式,知$\theta=\frac{\pi}{2}$处辐射最强,故接收器应放在$\theta=\frac{\pi}{2}$处,即与线圈在同一平面内时,能接收到最强的电磁辐射.

(2) 由4.16题的(4.16.5)式,平均能流密度的大小(即辐射强度)为

$$I_r=|\bar{\boldsymbol{S}}|=\frac{I_0^2\omega^4 a^4}{32\varepsilon_0 c^5}\frac{\sin^2\theta}{r^2} \tag{4.17.1}$$

代入数值得

$$\begin{aligned}I_r&=\frac{100^2\times(3.00\times10^7)^4\times1^4}{32\times8.854\times10^{-12}\times(3\times10^8)^5}\times\left(\frac{\sin45°}{1000}\right)^2\\&=5.88\times10^{-6}(\mathrm{W/m^2})\end{aligned} \tag{4.17.2}$$

4.18 一均匀磁化的永磁球,半径为a,磁化强度为$\boldsymbol{M}$.当它以恒定角速度ω绕通过球心并垂直于$\boldsymbol{M}$的轴旋转时,设$\omega a\ll c$(真空中光速).以球心为原点,转轴为极轴,取球坐标系,试求它的辐射场和平均能流密度.

【解】 本题是旋转磁偶极矩的辐射问题.我们通过它的推迟势$\boldsymbol{A}$求解.取球坐标系如图4.18,则旋转的磁矩可写作

$$\begin{aligned}\boldsymbol{m}&=m_0(\boldsymbol{e}_x+\mathrm{i}\boldsymbol{e}_y)\mathrm{e}^{-\mathrm{i}\omega t'}\\&=\frac{4\pi}{3}a^3 M(\boldsymbol{e}_x+\mathrm{i}\boldsymbol{e}_y)\mathrm{e}^{-\mathrm{i}\omega t'}\end{aligned} \tag{4.18.1}$$

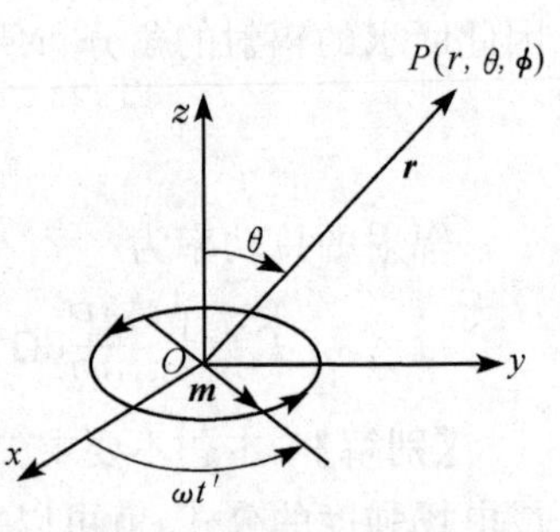

图 4.18

下面化为用球坐标表示

$$\boldsymbol{e}_x=\sin\theta\cos\phi\boldsymbol{e}_r+\cos\theta\cos\phi\boldsymbol{e}_\theta-\sin\phi\boldsymbol{e}_\phi \tag{4.18.2}$$

$$\boldsymbol{e}_y = \sin\theta\sin\phi\boldsymbol{e}_r + \cos\theta\sin\phi\boldsymbol{e}_\theta + \cos\phi\boldsymbol{e}_\phi \tag{4.18.3}$$

$$\boldsymbol{e}_x + \mathrm{i}\boldsymbol{e}_y = (\sin\theta\boldsymbol{e}_r + \cos\theta\boldsymbol{e}_\theta + \mathrm{i}\boldsymbol{e}_\phi)\mathrm{e}^{\mathrm{i}\phi} \tag{4.18.4}$$

于是得

$$\boldsymbol{m} = \frac{4\pi}{3}a^3 M(\sin\theta\boldsymbol{e}_r + \cos\theta\boldsymbol{e}_\theta + \mathrm{i}\boldsymbol{e}_\phi)\mathrm{e}^{\mathrm{i}(\phi-\omega t')} \tag{4.18.5}$$

根据振动的磁矩产生推迟势的公式得

$$\begin{aligned}\boldsymbol{A}(\boldsymbol{r},t) &= \frac{\mu_0}{4\pi cr}\left[\frac{\mathrm{d}}{\mathrm{d}t}\boldsymbol{m}(t')\right]\times\boldsymbol{e}_r \\ &= -\frac{\mathrm{i}\mu_0\omega a^3 M}{3c}\frac{\mathrm{e}^{\mathrm{i}(\phi-\omega t')}}{r}(\sin\theta\boldsymbol{e}_r + \cos\theta\boldsymbol{e}_\theta + \mathrm{i}\boldsymbol{e}_\phi)\times\boldsymbol{e}_r \\ &= \frac{\mathrm{i}\mu_0\omega a^3 M}{3c}\frac{\mathrm{e}^{\mathrm{i}(kr-\omega t+\phi)}}{r}(-\mathrm{i}\boldsymbol{e}_\theta + \cos\theta\boldsymbol{e}_\phi)\end{aligned} \tag{4.18.6}$$

于是所求的辐射场的磁感强度为

$$\begin{aligned}\boldsymbol{B}(\boldsymbol{r},t) &= \nabla\times\boldsymbol{A}(\boldsymbol{r},t) \\ &= \frac{\mathrm{i}\mu_0\omega a^3 M}{3c}\nabla\times\left[\frac{\mathrm{e}^{\mathrm{i}(kr-\omega t+\phi)}}{r}(-\mathrm{i}\boldsymbol{e}_\theta + \cos\theta\boldsymbol{e}_\phi)\right]\end{aligned} \tag{4.18.7}$$

因为辐射场的磁感强度只含$\frac{1}{r}$项，故算符∇作用于$\frac{1}{r}$和$(-\mathrm{i}\boldsymbol{e}_\theta + \cos\theta\boldsymbol{e}_\phi)$所产生的$\frac{1}{r^2}$项均可略去. 因此得

$$\begin{aligned}\boldsymbol{B}(\boldsymbol{r},t) &= \frac{\mathrm{i}\mu_0\omega a^3 M}{3cr}[\nabla\,\mathrm{e}^{\mathrm{i}(kr-\omega t+\phi)}]\times(-\mathrm{i}\boldsymbol{e}_\theta + \cos\theta\boldsymbol{e}_\phi) \\ &= -\frac{\mu_0\omega^2 a^3 M}{3c^2}\frac{\mathrm{e}^{\mathrm{i}(kr-\omega t+\phi)}}{r}\boldsymbol{e}_r\times(-\mathrm{i}\boldsymbol{e}_\theta + \cos\theta\boldsymbol{e}_\phi) \\ &= \frac{\mu_0\omega^2 a^3 M}{3c^2}\frac{\mathrm{e}^{\mathrm{i}(kr-\omega t+\phi)}}{r}(\cos\theta\boldsymbol{e}_\theta + \mathrm{i}\boldsymbol{e}_\phi)\end{aligned} \tag{4.18.8}$$

电场强度为

$$\boldsymbol{E}(\boldsymbol{r},t) = c\boldsymbol{B}(\boldsymbol{r},t)\times\boldsymbol{e}_r = \frac{\omega^2 a^3 M}{3\varepsilon_0 c^3}\frac{\mathrm{e}^{\mathrm{i}(kr-\omega t+\phi)}}{r}(\mathrm{i}\boldsymbol{e}_\theta - \cos\theta\boldsymbol{e}_\phi) \tag{4.18.9}$$

辐射的平均能流密度为

$$\bar{\boldsymbol{S}} = \frac{1}{2}\mathrm{Re}\boldsymbol{E}\times\frac{\boldsymbol{B}^*}{\mu_0} = \frac{\omega^4 a^6 M^2}{18\varepsilon_0 c^5}\frac{1+\cos^2\theta}{r^2}\boldsymbol{e}_r \tag{4.18.10}$$

【别解】 因为本题不要求矢势，因此，如果记得振动磁矩产生辐射场的磁感强度公式，便可直接求$\boldsymbol{B}(\boldsymbol{r},t)$如下：

$$\boldsymbol{B}(\boldsymbol{r},t) = \frac{\mu_0}{4\pi c^2 r}\boldsymbol{e}_r\times\left[\boldsymbol{e}_r\times\frac{\mathrm{d}^2\boldsymbol{m}(t')}{\mathrm{d}t'^2}\right]$$

$$=\frac{\mu_0}{4\pi c^2 r}\boldsymbol{e}_r\times\left[\boldsymbol{e}_r\times(-\mathrm{i}\omega)^2\frac{4\pi}{3}a^3M(\sin\theta\boldsymbol{e}_r+\cos\theta\boldsymbol{e}_\theta+\mathrm{i}\boldsymbol{e}_\phi)\mathrm{e}^{\mathrm{i}(\phi-\omega t')}\right]$$

$$=-\frac{\mu_0\omega^2a^3M}{3c^2}\frac{\mathrm{e}^{\mathrm{i}(kr-\omega t+\phi)}}{r}\boldsymbol{e}_r\times[\boldsymbol{e}_r\times(\sin\theta\boldsymbol{e}_r+\cos\theta\boldsymbol{e}_\theta+\mathrm{i}\boldsymbol{e}_\phi)]$$

$$=\frac{\mu_0\omega^2a^3M}{3c^2}\frac{\mathrm{e}^{\mathrm{i}(kr-\omega t+\phi)}}{r}(\cos\theta\boldsymbol{e}_\theta+\mathrm{i}\boldsymbol{e}_\phi)\tag{4.18.11}$$

下面计算 $\boldsymbol{E}(\boldsymbol{r},t)$和 $\overline{\boldsymbol{S}}$ 分别同(4.18.9)式和(4.18.10)式.

4.19 一磁矩为 $\boldsymbol{m}$ 的磁偶极子位于球坐标系的原点,试求下述两种情况下的辐射电磁场、辐射的角分布(单位立体角的辐射功率)和辐射总功率.(1) $\boldsymbol{m}$ 以匀角速度 ω 绕 z 轴旋转,同时保持与 z 轴的夹角 α 不变[图 4.19(1)];(2) $\boldsymbol{m}$ 以匀角速度 ω 绕 x 轴旋转,同时保持与 x 轴的夹角 α 不变[图 4.19(2)].

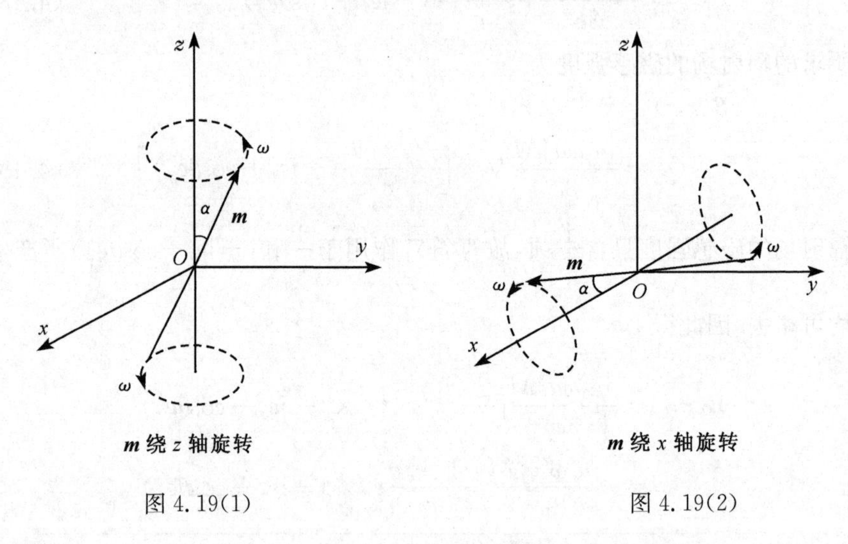

图 4.19(1)　　图 4.19(2)

【解】 (1) 将 $\boldsymbol{m}$ 分解为平行于 z 轴的分量 $\boldsymbol{m}_\parallel$ 和垂直于 z 轴的分量 $\boldsymbol{m}_\perp$,即

$$\boldsymbol{m}=\boldsymbol{m}_\parallel+\boldsymbol{m}_\perp\tag{4.19.1}$$

其中

$$\boldsymbol{m}_\parallel=m\cos\alpha\boldsymbol{e}_z\tag{4.19.2}$$

不随时间变化,对辐射无贡献.而

$$\boldsymbol{m}_\perp=m\sin\alpha(\boldsymbol{e}_x+\mathrm{i}\boldsymbol{e}_y)\mathrm{e}^{-\mathrm{i}\omega t'}\tag{4.19.3}$$

则是一个与前面 4.18 题相同的旋转磁偶极子.因此,只需将 4.18 题的$\frac{4\pi}{3}a^3M$ 换成$m\sin\alpha$,便可得出本题的结果.由 4.18 题的(4.18.9)式和(4.18.8)式得,所求的辐射电磁场为

$$\boldsymbol{E}=\frac{\omega^2m\sin\alpha}{4\pi\varepsilon_0c^3}\frac{\mathrm{e}^{\mathrm{i}(kr-\omega t+\phi)}}{r}(\mathrm{i}\boldsymbol{e}_\theta-\cos\theta\boldsymbol{e}_\phi)\tag{4.19.4}$$

$$\boldsymbol{H}=\frac{\omega^2 m\sin\alpha}{4\pi c^2}\frac{\mathrm{e}^{\mathrm{i}(kr-\omega t+\phi)}}{r}(\cos\theta\boldsymbol{e}_\theta+\mathrm{i}\boldsymbol{e}_\phi) \tag{4.19.5}$$

辐射的平均能流密度为

$$\bar{\boldsymbol{S}}=\frac{1}{2}\mathrm{Re}(\boldsymbol{E}\times\boldsymbol{H}^*)=\frac{\omega^4 m^2\sin^2\alpha}{32\pi^2\varepsilon_0 c^5}\frac{1+\cos^2\theta}{r^2}\boldsymbol{e}_r \tag{4.19.6}$$

通过 $\boldsymbol{r}$ 处面积元 $\mathrm{d}\boldsymbol{A}$ 的辐射功率为

$$\mathrm{d}P=\bar{\boldsymbol{S}}\cdot\mathrm{d}\boldsymbol{A}=\frac{\omega^4 m^2\sin^2\alpha}{32\pi^2\varepsilon_0 c^5}(1+\cos^2\theta)\frac{\boldsymbol{e}_r\cdot\mathrm{d}\boldsymbol{A}}{r^2} \tag{4.19.7}$$

式中

$$\frac{\boldsymbol{e}_r\cdot\mathrm{d}\boldsymbol{A}}{r^2}=\mathrm{d}\Omega \tag{4.19.8}$$

是 $\mathrm{d}\boldsymbol{A}$ 对坐标原点张的立体角. 于是得辐射的角分布为

$$\frac{\mathrm{d}P}{\mathrm{d}\Omega}=\frac{\omega^4 m^2\sin^2\alpha}{32\pi^2\varepsilon_0 c^5}(1+\cos^2\theta) \tag{4.19.9}$$

辐射总功率为

$$\begin{aligned}P&=\int_0^{4\pi}\frac{\mathrm{d}P}{\mathrm{d}\Omega}\mathrm{d}\Omega=\int_0^{\pi}\int_0^{2\pi}\frac{\mathrm{d}P}{\mathrm{d}\Omega}\sin\theta\mathrm{d}\theta\mathrm{d}\phi\\&=\frac{\omega^4 m^2\sin^2\alpha}{16\pi\varepsilon_0 c^5}\int_0^{\pi}(1+\cos^2\theta)\sin\theta\mathrm{d}\theta=\frac{\omega^4 m^2\sin^2\alpha}{6\pi\varepsilon_0 c^5}\end{aligned} \tag{4.19.10}$$

（2）这时

$$\boldsymbol{m}_{\parallel}=m\cos\alpha\boldsymbol{e}_x \tag{4.19.11}$$

不随时间变化，对辐射无贡献. 而

$$\boldsymbol{m}_{\perp}=m\sin\alpha(\boldsymbol{e}_y+\mathrm{i}\boldsymbol{e}_z)\mathrm{e}^{-\mathrm{i}\omega t'} \tag{4.19.12}$$

则是一个磁偶极辐射源. 根据磁偶极辐射的公式，它的辐射场的磁场强度为

$$\begin{aligned}\boldsymbol{H}(\boldsymbol{r},t)&=\frac{1}{4\pi c^2 r}\boldsymbol{e}_r\times\left[\boldsymbol{e}_r\times\frac{\mathrm{d}^2\boldsymbol{m}(t')}{\mathrm{d}t'^2}\right]\\&=\frac{m\sin\alpha}{4\pi c^2 r}\boldsymbol{e}_r\times[\boldsymbol{e}_r\times(-\mathrm{i}\omega)^2(\boldsymbol{e}_y+\mathrm{i}\boldsymbol{e}_z)\mathrm{e}^{-\mathrm{i}\omega t'}]\\&=-\frac{\omega^2 m\sin\alpha}{4\pi c^2}\frac{\mathrm{e}^{\mathrm{i}(kr-\omega t)}}{r}\boldsymbol{e}_r\times[\boldsymbol{e}_r\times(\boldsymbol{e}_y+\mathrm{i}\boldsymbol{e}_z)]\end{aligned} \tag{4.19.13}$$

式中

$$\begin{aligned}\boldsymbol{e}_r\times(\boldsymbol{e}_y+\mathrm{i}\boldsymbol{e}_z)&=\boldsymbol{e}_r\times[\sin\theta\sin\phi\boldsymbol{e}_r+\cos\theta\sin\phi\boldsymbol{e}_\theta+\cos\phi\boldsymbol{e}_\phi+\mathrm{i}(\cos\theta\boldsymbol{e}_r-\sin\theta\boldsymbol{e}_\theta)]\\&=-\cos\phi\boldsymbol{e}_\theta+(\cos\theta\sin\phi-\mathrm{i}\sin\theta)\boldsymbol{e}_\phi\end{aligned} \tag{4.19.14}$$

代入(4.19.13)式得

$$\begin{aligned}\boldsymbol{H}(\boldsymbol{r},t)&=-\frac{\omega^2 m\sin\alpha}{4\pi c^2}\frac{\mathrm{e}^{\mathrm{i}(kr-\omega t)}}{r}\boldsymbol{e}_r\times[-\cos\phi\boldsymbol{e}_\theta+(\cos\theta\sin\phi-\mathrm{i}\sin\theta)\boldsymbol{e}_\phi]\\&=\frac{\omega^2 m\sin\alpha}{4\pi c^2}\frac{\mathrm{e}^{\mathrm{i}(kr-\omega t)}}{r}[(\cos\theta\sin\phi-\mathrm{i}\sin\theta)\boldsymbol{e}_\theta+\cos\phi\boldsymbol{e}_\phi]\end{aligned} \tag{4.19.15}$$

电场强度为

$$\boldsymbol{E}(\boldsymbol{r},t)=\frac{1}{\varepsilon_0 c}\boldsymbol{H}(\boldsymbol{r},t)\times\boldsymbol{e}_r=\frac{\omega^2 m\sin\alpha}{4\pi\varepsilon_0 c^3}\frac{\mathrm{e}^{\mathrm{i}(kr-\omega t)}}{r}[(\cos\theta\sin\phi-\mathrm{i}\sin\theta)\boldsymbol{e}_\theta+\cos\phi\boldsymbol{e}_\phi]\times\boldsymbol{e}_r$$

$$=\frac{\omega^2 m\sin\alpha}{4\pi\varepsilon_0 c^3}\frac{\mathrm{e}^{\mathrm{i}(kr-\omega t)}}{r}[\cos\phi\boldsymbol{e}_\theta+(\mathrm{i}\sin\theta-\cos\theta\sin\phi)\boldsymbol{e}_\phi] \tag{4.19.16}$$

辐射的平均能流密度为

$$\bar{\boldsymbol{S}}=\frac{1}{2}\mathrm{Re}(\boldsymbol{E}\times\boldsymbol{H}^*)$$

$$=\frac{\omega^4 m^2\sin^2\alpha}{32\pi^2\varepsilon_0 c^5 r^2}[\cos\phi\boldsymbol{e}_\theta+(\mathrm{i}\sin\theta-\cos\theta\sin\phi)\boldsymbol{e}_\phi]\times[(\cos\theta\sin\phi+\mathrm{i}\sin\theta)\boldsymbol{e}_\theta+\cos\phi\boldsymbol{e}_\phi]$$

$$=\frac{\omega^4 m^2\sin^2\alpha}{32\pi^2\varepsilon_0 c^5 r^2}(1+\sin^2\theta\cos^2\phi)\boldsymbol{e}_r \tag{4.19.17}$$

通过 $\boldsymbol{r}$ 处面积元 $\mathrm{d}\boldsymbol{A}$ 的辐射功率为

$$\mathrm{d}P=\bar{\boldsymbol{S}}\cdot\mathrm{d}\boldsymbol{A}=\frac{\omega^4 m^2\sin^2\alpha}{32\pi^2\varepsilon_0 c^5}(1+\sin^2\theta\cos^2\phi)\frac{\boldsymbol{e}_r\cdot\mathrm{d}\boldsymbol{A}}{r^2}$$

$$=\frac{\omega^4 m^2\sin^2\alpha}{32\pi^2\varepsilon_0 c^5}(1+\sin^2\theta\cos^2\phi)\mathrm{d}\Omega \tag{4.19.18}$$

于是得辐射的角分布为

$$\frac{\mathrm{d}P}{\mathrm{d}\Omega}=\frac{\omega^4 m^2\sin^2\alpha}{32\pi^2\varepsilon_0 c^5}(1+\sin^2\theta\cos^2\phi) \tag{4.19.19}$$

辐射总功率为

$$P=\int_0^{4\pi}\frac{\mathrm{d}P}{\mathrm{d}\Omega}\mathrm{d}\Omega=\int_0^{\pi}\int_0^{2\pi}\frac{\mathrm{d}P}{\mathrm{d}\Omega}\sin\theta\mathrm{d}\theta\mathrm{d}\phi=\frac{\omega^4 m^2\sin^2\alpha}{32\pi^2\varepsilon_0 c^5}\int_0^{\pi}\int_0^{2\pi}(1+\sin^2\theta\cos^2\phi)\sin\theta\mathrm{d}\theta\mathrm{d}\phi$$

$$=\frac{\omega^4 m^2\sin^2\alpha}{32\pi\varepsilon_0 c^5}\int_0^{\pi}(2+\sin^2\theta)\sin\theta\mathrm{d}\theta=\frac{\omega^4 m^2\sin^2\alpha}{6\pi\varepsilon_0 c^5} \tag{4.19.20}$$

4.20 用细导线作成半径为 a 的圆环，并让导线中载有恒定电流 I_0. 当此环以匀角速度 ω 绕它的一个固定的直径旋转时，在 $\omega a\ll c$(真空中光速)的情况下，试求：(1) 辐射电磁场；(2) 平均能流密度；(3) 辐射总功率.

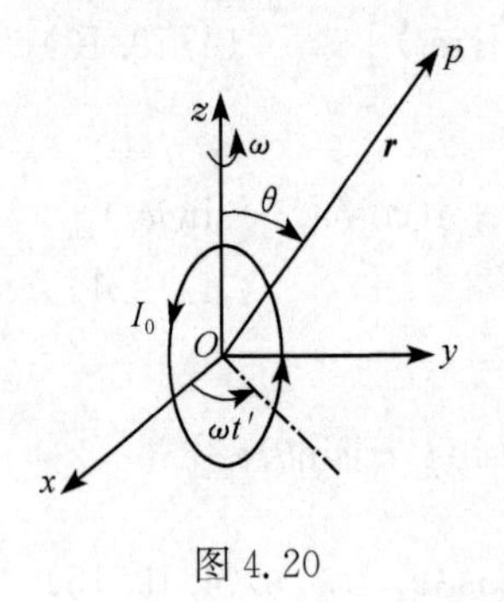

图 4.20

【解】 本题与前面的 4.18 题相同，也是旋转磁偶极矩的辐射问题；所不同的，只有磁矩的大小，4.18 题为 $\frac{4\pi}{3}a^3M$，本题则为 $\pi a^2 I_0$. 因此，以圆环中心 O 为原点，圆环转动的转轴为极轴，取球坐标系如图 4.20，则将 4.18 题各式中的 a^3M 都换成 $\frac{3I_0a^2}{4}$，便得本题的相应各式. 于是，本题的前两问，结果如下：

(1) 辐射电磁场

$$\boldsymbol{B}(\boldsymbol{r},t)=\frac{\mu_0 I_0\omega^2 a^2}{4c^2}\frac{\mathrm{e}^{\mathrm{i}(kr-\omega t+\phi)}}{r}(\cos\theta\boldsymbol{e}_\theta+\mathrm{i}\boldsymbol{e}_\phi) \tag{4.20.1}$$

$$\boldsymbol{E}(\boldsymbol{r},t)=\frac{I_0\omega^2 a^2}{4\varepsilon_0 c^3}\frac{\mathrm{e}^{\mathrm{i}(kr-\omega t+\phi)}}{r}(\mathrm{i}\boldsymbol{e}_\theta-\cos\theta\boldsymbol{e}_\phi) \tag{4.20.2}$$

（2）平均能流密度

$$\bar{\boldsymbol{S}}=\frac{I_0^2\omega^4 a^4}{32\varepsilon_0 c^5}\frac{1+\cos^2\theta}{r^2}\boldsymbol{e}_r \tag{4.20.3}$$

（3）辐射总功率. 本题的第三问由(4.20.3)式得

$$\begin{aligned}P&=\oint_\Sigma\bar{\boldsymbol{S}}\cdot\mathrm{d}\boldsymbol{\Sigma}\\&=\frac{I_0^2\omega^4 a^4}{32\varepsilon_0 c^5}\int_0^\pi\int_0^{2\pi}\frac{1+\cos^2\theta}{r^2}\cdot r^2\sin\theta\mathrm{d}\theta\mathrm{d}\phi\\&=\frac{\pi I_0^2\omega^4 a^4}{6\varepsilon_0 c^5}\end{aligned} \tag{4.20.4}$$

4.21　长为 l 的一段直线上有振荡电流，以它为极轴，它的中点 O 为原点，取球坐标系如图 4.21. 试证明：这电流的辐射场的磁感强度为

$$\boldsymbol{B}=-\frac{\partial A}{\partial r}\sin\theta\boldsymbol{e}_\phi$$

式中 A 是场点的矢势的大小.

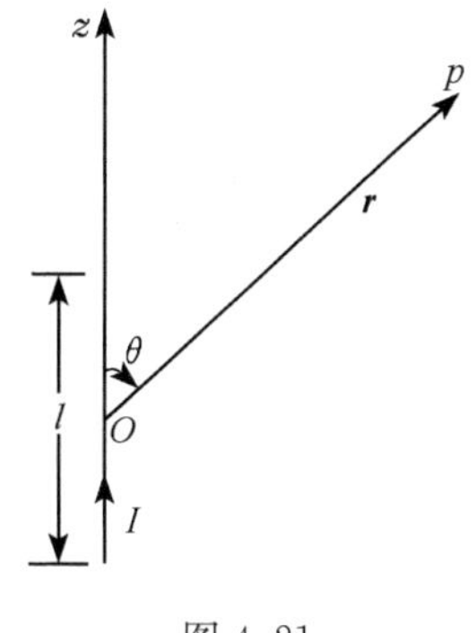

图 4.21

【证】　场点 $\boldsymbol{r}$ 处的矢势为

$$\begin{aligned}\boldsymbol{A}(\boldsymbol{r},t)&=\frac{\mu_0}{4\pi}\int_{-l/2}^{l/2}\frac{(I_0\mathrm{e}^{-\mathrm{i}\omega t'}\boldsymbol{e}_z)\mathrm{d}z}{|\boldsymbol{r}-z\boldsymbol{e}_z|}=\frac{\mu_0 I_0}{4\pi}\int_{-l/2}^{l/2}\frac{\mathrm{e}^{-\mathrm{i}\omega t+\mathrm{i}k|\boldsymbol{r}-z\boldsymbol{e}_z|}\mathrm{d}z}{|\boldsymbol{r}-z\boldsymbol{e}_z|}\boldsymbol{e}_z\\&=\frac{\mu_0 I_0\mathrm{e}^{-\mathrm{i}\omega t}}{4\pi}\int_{-l/2}^{l/2}\frac{\mathrm{e}^{\mathrm{i}k|\boldsymbol{r}-z\boldsymbol{e}_z|}}{|\boldsymbol{r}-z\boldsymbol{e}_z|}\mathrm{d}z\boldsymbol{e}_z\end{aligned} \tag{4.21.1}$$

令

$$A=\frac{\mu_0 I_0\mathrm{e}^{-\mathrm{i}\omega t}}{4\pi}\int_{-l/2}^{l/2}\frac{\mathrm{e}^{\mathrm{i}k|\boldsymbol{r}-z\boldsymbol{e}_z|}}{|\boldsymbol{r}-z\boldsymbol{e}_z|}\mathrm{d}z \tag{4.21.2}$$

因轴对称性，A 仅是 r 和 θ 的函数，而与方位角 ϕ 无关. 于是得

$$\boldsymbol{A}(\boldsymbol{r},t)=A\boldsymbol{e}_z=A(\cos\theta\boldsymbol{e}_r-\sin\theta\boldsymbol{e}_\theta) \tag{4.21.3}$$

辐射场的磁感强度为

$$\begin{aligned}\boldsymbol{B}(\boldsymbol{r},t)&=\nabla\times\boldsymbol{A}(\boldsymbol{r},t)\\&=\frac{1}{r^2\sin\theta}\left[\frac{\partial}{\partial\theta}(r\sin\theta A_\phi)-\frac{\partial}{\partial\phi}(rA_\theta)\right]\boldsymbol{e}_r\\&\quad+\frac{1}{r\sin\theta}\left[\frac{\partial A_r}{\partial\phi}-\frac{\partial}{\partial r}(r\sin\theta A_\phi)\right]\boldsymbol{e}_\theta+\frac{1}{r}\left[\frac{\partial}{\partial r}(rA_\theta)-\frac{\partial A_r}{\partial\theta}\right]\boldsymbol{e}_\phi\end{aligned}$$

$$=\frac{1}{r}\left[\frac{\partial}{\partial r}(rA_\theta)-\frac{\partial A_r}{\partial\theta}\right]\boldsymbol{e}_\phi=\frac{1}{r}\left[\frac{\partial}{\partial r}(-rA\sin\theta)-\frac{\partial}{\partial\theta}(A\cos\theta)\right]\boldsymbol{e}_\phi$$

$$=-\frac{\partial A}{\partial r}\sin\theta\boldsymbol{e}_\phi-\frac{1}{r}\frac{\partial A}{\partial\theta}\cos\theta\boldsymbol{e}_\phi \tag{4.21.4}$$

因 $A\sim\frac{1}{r}$，第二项 $\frac{1}{r}\frac{\partial A}{\partial\theta}\sim\frac{1}{r^2}$，对于辐射场来说，$r$ 很大，故可略去. 于是得

$$\boldsymbol{B}(\boldsymbol{r},t)=-\frac{\partial A}{\partial r}\sin\theta\boldsymbol{e}_\phi \tag{4.21.5}$$

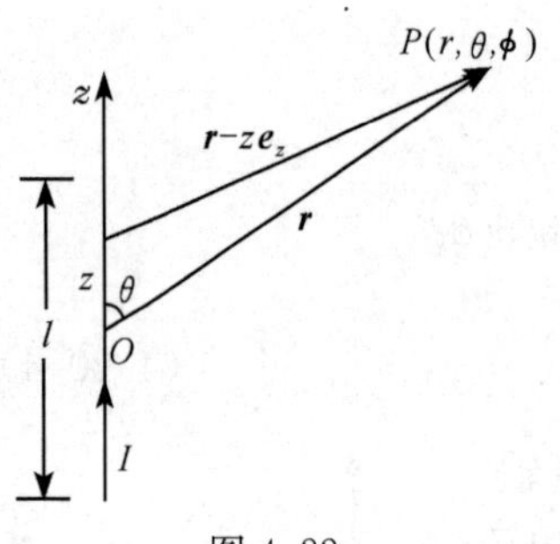

图 4.22

4.22 一电偶极型天线长为 l，所载电流为 $I=I_0\sin\omega t$，已知 $\omega l\ll c$（真空中光速），试求它的：(1) 辐射场的 $\boldsymbol{H}$ 和 $\boldsymbol{E}$；(2) 平均能流密度 $\bar{\boldsymbol{S}}$；(3) 辐射总功率 P 和辐射电阻 R_r，以及 $l=10.0\text{m}$，$I_e=35.0\text{A}$，$f=1.00\text{MHz}$ 时 P 和 R_r 的值.

【解】 (1) 以天线的中点为原点，天线为极轴，取球坐标系. 这天线在 $\boldsymbol{r}$ 处的 $P(r,\theta,\phi)$ 点产生的推迟势为(参见图 4.22)

$$\boldsymbol{A}(\boldsymbol{r},t)=\frac{\mu_0}{4\pi}\int_V\frac{\boldsymbol{j}(\boldsymbol{r}',t')\mathrm{d}V'}{|\boldsymbol{r}-\boldsymbol{r}'|}=\frac{\mu_0}{4\pi}\int_{-l/2}^{l/2}\frac{I_0\sin\omega t'\boldsymbol{e}_z}{|\boldsymbol{r}-z\boldsymbol{e}_z|}\mathrm{d}z$$

$$=\frac{\mu_0 I_0}{4\pi}\int_{-l/2}^{l/2}\frac{\sin\omega\left(t-\frac{|\boldsymbol{r}-z\boldsymbol{e}_z|}{c}\right)\boldsymbol{e}_z}{|\boldsymbol{r}-z\boldsymbol{e}_z|}\mathrm{d}z \tag{4.22.1}$$

因辐射场的 $r\gg l$，故 $|\boldsymbol{r}-z\boldsymbol{e}_z|\approx r$. 于是得

$$\boldsymbol{A}(\boldsymbol{r},t)=\frac{\mu_0 I_0}{4\pi}\frac{\sin\omega\left(t-\frac{r}{c}\right)}{r}\left(\int_{-l/2}^{l/2}\mathrm{d}z\right)\boldsymbol{e}_z=-\frac{\mu_0 I_0 l}{4\pi}\frac{\sin(kr-\omega t)}{r}\boldsymbol{e}_z \tag{4.22.2}$$

由 $\boldsymbol{A}(\boldsymbol{r},t)$ 求辐射场如下：

$$\boldsymbol{B}(\boldsymbol{r},t)=\nabla\times\boldsymbol{A}(\boldsymbol{r},t)=-\frac{\mu_0 I_0 l}{4\pi r}[\nabla\sin(kr-\omega t)]\times\boldsymbol{e}_z$$

$$=-\frac{\mu_0 I_0 lk}{4\pi r}\cos(kr-\omega t)\boldsymbol{e}_r\times\boldsymbol{e}_z=\frac{\mu_0 I_0\omega l}{4\pi c}\frac{\cos(kr-\omega t)}{r}\sin\theta\boldsymbol{e}_\phi \tag{4.22.3}$$

$$\boldsymbol{H}(\boldsymbol{r},t)=\frac{I_0\omega l}{4\pi c}\frac{\cos(kr-\omega t)}{r}\sin\theta\boldsymbol{e}_\phi \tag{4.22.4}$$

$$\boldsymbol{E}(\boldsymbol{r},t)=c\boldsymbol{B}(\boldsymbol{r},t)\times\boldsymbol{e}_r=\frac{I_0\omega l}{4\pi\varepsilon_0 c^2}\frac{\cos(kr-\omega t)}{r}\sin\theta\boldsymbol{e}_\theta \tag{4.22.5}$$

(2) 平均能流密度为

$$\bar{\boldsymbol{S}}=\frac{1}{T}\int_0^T\boldsymbol{E}\times\boldsymbol{H}\mathrm{d}t=\frac{I_0^2\omega^2 l^2}{16\pi^2\varepsilon_0 c^3}\frac{\sin^2\theta}{r^2 T}\int_0^T\cos^2(kr-\omega t)\mathrm{d}t$$

$$= \frac{I_0^2\omega^2 l^2}{32\pi^2\varepsilon_0 c^3}\frac{\sin^2\theta}{r^2}\boldsymbol{e}_r \tag{4.22.6}$$

(3) 辐射总功率为

$$P = \oint_\Sigma \bar{\boldsymbol{S}}\cdot \mathrm{d}\boldsymbol{\Sigma} = \frac{I_0^2\omega^2 l^2}{32\pi^2\varepsilon_0 c^3}\int_0^\pi\int_0^{2\pi}\frac{\sin^2\theta}{r^2}\cdot r^2\sin\theta\mathrm{d}\theta\mathrm{d}\phi = \frac{I_0^2\omega^2 l^2}{12\pi\varepsilon_0 c^3} \tag{4.22.7}$$

辐射电阻依定义为

$$R_r = \frac{P}{I_e^2} = \frac{2P}{I_0^2} = \frac{\omega^2 l^2}{6\pi\varepsilon_0 c^3} \tag{4.22.8}$$

当 $l=10.0\mathrm{m}, I_e=35.0\mathrm{A}, f=1.00\mathrm{MHz}$ 时,它们的值分别为

$$P = \frac{2\times 35.0^2\times(2\pi\times 10^6)^2\times(10.0)^2}{12\pi\times 8.854\times 10^{-12}\times(3\times 10^8)^3} = 1.07(\mathrm{kW}) \tag{4.22.9}$$

$$R_r = \frac{1.07\times 10^3}{35.0^2} = 0.873(\Omega) \tag{4.22.10}$$

【讨论】 得出 $\boldsymbol{A}(\boldsymbol{r},t)$后,由前面 4.21 题的(4.21.5)式求 $\boldsymbol{B}(\boldsymbol{r},t)$较简便.

4.23 一电偶极子型天线长 1.0m,电流的振幅为 5.0A,频率为 1.0MHz. 设电流在这天线上是均匀分布的,试求:(1) 它的电偶极矩的振幅;(2)在它的赤道面两边夹角为±45°范围内(如图 4.23 所示)的辐射功率占总功率的百分比.

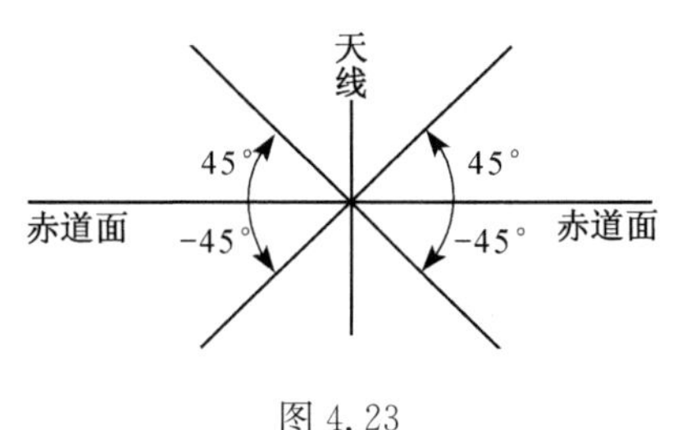

图 4.23

【解】 (1) 辐射波长为

$$\lambda = \frac{3\times 10^8}{1.0\times 10^6} = 300(\mathrm{m}) \gg l = 1.0\mathrm{m}$$

所以这是一个短天线,它的辐射可当作电偶极子的辐射. 因电偶极矩对时间的导数为(参见第一章 1.13 题)

$$\frac{\mathrm{d}\boldsymbol{p}(t')}{\mathrm{d}t'} = \int_V \boldsymbol{j}(\boldsymbol{r}',t')\mathrm{d}V' = \int_l I\mathrm{d}\boldsymbol{l} = I\boldsymbol{l}$$

$$= I_0\cos\omega t'\boldsymbol{l} \tag{4.23.1}$$

$$\boldsymbol{p}(t') = I_0\boldsymbol{l}\int\cos\omega t'\mathrm{d}t' = \frac{I_0\boldsymbol{l}}{\omega}\sin\omega t' \tag{4.23.2}$$

故电偶极矩的振幅为

$$p_0 = \frac{I_0 l}{\omega} = \frac{5.0\times 1.0}{2\pi\times 1.0\times 10^6} = 8.0\times 10^{-7}(\mathrm{C\cdot m}) \tag{4.23.3}$$

(2) 电偶极辐射的平均能流密度为[参见前面 4.6 题的(4.6.13)式]

$$\bar{\boldsymbol{S}} = \frac{\omega^4 p_0^2}{32\pi^2\varepsilon_0 c^3}\frac{\sin^2\theta}{r^2}\boldsymbol{e}_r \tag{4.23.4}$$

辐射总功率为[参见 4.6 题的(4.6.14)式]

$$P=\frac{\omega^4 p_0^2}{12\pi\varepsilon_0 c^3} \tag{4.23.5}$$

赤道面两边夹角为$\pm 45°$范围内的辐射功率为

$$P_{\pm}=\frac{\omega^4 p_0^2}{32\pi^2\varepsilon_0 c^3}\int_{45°}^{135°}\int_0^{2\pi}\frac{\sin^2\theta}{r^2}\cdot r^2\sin\theta \mathrm{d}\theta \mathrm{d}\phi$$

$$=\frac{\omega^4 p_0^2}{16\pi\varepsilon_0 c^3}\int_{45°}^{135°}\sin^3\theta \mathrm{d}\theta=\frac{5\sqrt{2}\omega^4 p_0^2}{96\pi\varepsilon_0 c^3} \tag{4.23.6}$$

$$P_{\pm}/P=\frac{5\sqrt{2}}{8}=88\% \tag{4.23.7}$$

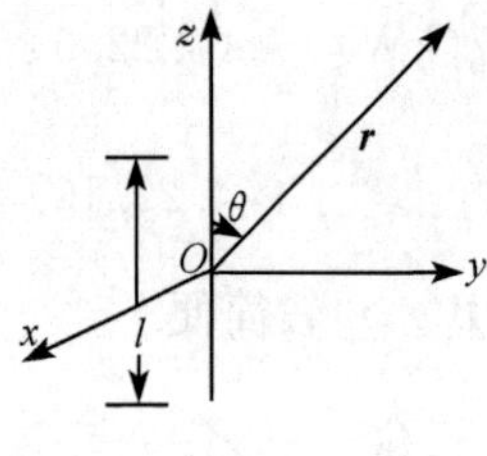

图 4.24

4.24 一天线长为 l，由中心 O 馈电；以 O 为原点，沿天线取 z 轴，如图 4.24 所示. 天线上电流的分布为

$$I=I_0\left(1-2\frac{|z|}{l}\right)\cos\omega t$$

已知 $l\ll\lambda=\dfrac{2\pi c}{\omega}$，试求这天线的辐射总功率 P 和辐射电阻 R_r.

【解】 这天线上的电流在 $\boldsymbol{r}$ 处 t 时刻所产生的辐射场的推迟势为

$$\boldsymbol{A}(\boldsymbol{r},t)=\frac{\mu_0}{4\pi}\int_{-l/2}^{l/2}\frac{I_0\left(1-2\dfrac{|z|}{l}\right)\cos\omega\left(t-\dfrac{|\boldsymbol{r}-z\boldsymbol{e}_z|}{c}\right)\boldsymbol{e}_z}{|\boldsymbol{r}-z\boldsymbol{e}_z|}\mathrm{d}z \tag{4.24.1}$$

因 $z\leqslant l/2\ll r$，故上式可化为

$$\boldsymbol{A}(\boldsymbol{r},t)=\frac{\mu_0 I_0\boldsymbol{e}_z}{4\pi}\frac{\cos(kr-\omega t)}{r}\int_{-l/2}^{l/2}\left(1-2\frac{|z|}{l}\right)\mathrm{d}z$$

$$=\frac{2\mu_0 I_0\boldsymbol{e}_z}{4\pi}\frac{\cos(kr-\omega t)}{r}\int_0^{l/2}\left(1-2\frac{|z|}{l}\right)\mathrm{d}z$$

$$=\frac{\mu_0 I_0 l}{8\pi}\frac{\cos(kr-\omega t)}{r}\boldsymbol{e}_z \tag{4.24.2}$$

辐射场的磁感强度和电场强度分别为

$$\boldsymbol{B}(\boldsymbol{r},t)=\nabla\times\boldsymbol{A}(\boldsymbol{r},t)=\frac{\mu_0 I_0 l}{8\pi r}\frac{\partial\cos(kr-\omega t)}{\partial r}(-\sin\theta)\boldsymbol{e}_\phi$$

$$=\frac{\mu_0 I_0\omega l}{8\pi c}\frac{\sin(kr-\omega t)}{r}\sin\theta\boldsymbol{e}_\phi \tag{4.24.3}$$

$$\boldsymbol{E}(\boldsymbol{r},t)=c\boldsymbol{B}(\boldsymbol{r},t)\times\boldsymbol{e}_r=\frac{\mu_0 I_0\omega l}{8\pi}\frac{\sin(kr-\omega t)}{r}\sin\theta\boldsymbol{e}_\theta \tag{4.24.4}$$

平均能流密度为

$$\overline{\boldsymbol{S}}=\frac{1}{T}\int_0^T\boldsymbol{E}\times\boldsymbol{H}\mathrm{d}t=\frac{I_0^2\omega^2 l^2}{128\pi^2\varepsilon_0 c^3}\frac{\sin^2\theta}{r^2}\boldsymbol{e}_r \tag{4.24.5}$$

于是得所求的辐射总功率为

$$P=\oint_{\Sigma}\bar{\boldsymbol{S}}\cdot\mathrm{d}\boldsymbol{\Sigma}=\frac{I_0^2\omega^2 l^2}{64\pi\varepsilon_0 c^3}\int_0^{\pi}\sin^3\theta\mathrm{d}\theta=\frac{I_0^2\omega^2 l^2}{48\pi\varepsilon_0 c^3} \tag{4.24.6}$$

辐射电阻为

$$R_r=\frac{2P}{I_0^2}=\frac{\omega^2 l^2}{24\pi\varepsilon_0 c^3} \tag{4.24.7}$$

【讨论】 如果不用角频率 ω 而用波长 λ 表示 P 和 R_r，则为

$$P=\frac{\pi}{12}\sqrt{\frac{\mu_0}{\varepsilon_0}}I_0^2\left(\frac{l}{\lambda}\right)^2 \tag{4.24.8}$$

$$R_r=\frac{\pi}{6}\sqrt{\frac{\mu_0}{\varepsilon_0}}\left(\frac{l}{\lambda}\right)^2 \tag{4.24.9}$$

$$Z_0=\sqrt{\frac{\mu_0}{\varepsilon_0}}=376.7\Omega \tag{4.24.10}$$

为真空本性阻抗，故短天线的辐射电阻为

$$R_r=\frac{\pi}{6}Z_0\left(\frac{l}{\lambda}\right)^2=179.3\left(\frac{l}{\lambda}\right)^2 \tag{4.24.11}$$

4.25 半波天线的长度为 $l=\dfrac{\lambda}{2}$，由中心 O 馈电；以 O 为原点，沿天线取 z 轴，如图 4.25 所示. 天线上电流的分布为 $I=I_0\cos kz\cos\omega t$，$|z|\leqslant\dfrac{\lambda}{4}$. 试求它的：(1) 辐射场的矢势和电磁场以及平均能流密度；(2) 辐射总功率和辐射电阻.

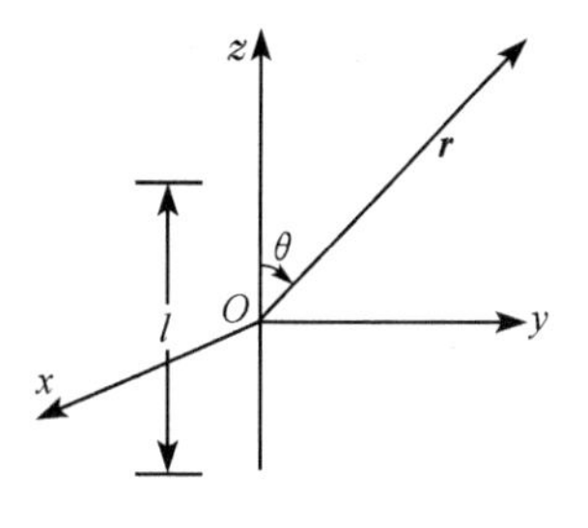

图 4.25

【解】 (1) 辐射场中 $\boldsymbol{r}$ 处 t 时刻的矢势为

$$\boldsymbol{A}(\boldsymbol{r},t)=\frac{\mu_0}{4\pi}\int_{-l/2}^{l/2}\frac{I_0\cos kz\cos\omega\left(t-\dfrac{|\boldsymbol{r}-z\boldsymbol{e}_z|}{c}\right)\boldsymbol{e}_z}{|\boldsymbol{r}-z\boldsymbol{e}_z|}\mathrm{d}z \tag{4.25.1}$$

因辐射场的 $r\gg l$，故上式可化为

$$\begin{aligned}\boldsymbol{A}(\boldsymbol{r},t)&=\frac{\mu_0 I_0\boldsymbol{e}_z}{4\pi r}\int_{-l/2}^{l/2}\cos kz\cos(\omega t-kr+kz\cos\theta)\mathrm{d}z\\&=\frac{\mu_0 I_0\boldsymbol{e}_z}{4\pi}\left[\frac{\cos(kr-\omega t)}{r}\int_{-l/2}^{l/2}\cos kz\cos(kz\cos\theta)\mathrm{d}z+\right.\\&\left.\quad\frac{\sin(kr-\omega t)}{r}\int_{-l/2}^{l/2}\cos kz\sin(kz\cos\theta)\mathrm{d}z\right]\end{aligned} \tag{4.25.2}$$

其中

$$\int_{-l/2}^{l/2}\cos kz\cos(kz\cos\theta)\mathrm{d}z=\left\{\frac{\sin[kz(1+\cos\theta)]}{2k(1+\cos\theta)}+\frac{\sin[kz(1-\cos\theta)]}{2k(1-\cos\theta)}\right\}_{z=-l/2}^{z=l/2}$$

$$=\frac{2\cos\left(\frac{\pi}{2}\cos\theta\right)}{k\sin^2\theta} \tag{4.25.3}$$

$$\int_{-l/2}^{l/2}\cos kz\sin(kz\cos\theta)\mathrm{d}z=-\frac{1}{2}\left\{\frac{\cos[kz(1+\cos\theta)]}{k(1+\cos\theta)}+\frac{\cos[kz(1-\cos\theta)]}{k(1-\cos\theta)}\right\}_{z=-l/2}^{z=l/2}$$

$$=0 \tag{4.25.4}$$

所以

$$\boldsymbol{A}(\boldsymbol{r},t)=\frac{\mu_0 I_0}{2\pi k}\frac{\cos\left(\frac{\pi}{2}\cos\theta\right)\cos(kr-\omega t)}{r\sin^2\theta}\boldsymbol{e}_z \tag{4.25.5}$$

因辐射场的 $\boldsymbol{B}$ 和 $\boldsymbol{E}$ 都只含$\frac{1}{r}$项,故得

$$\boldsymbol{B}(\boldsymbol{r},t)=\nabla\times\boldsymbol{A}(\boldsymbol{r},t)=-\frac{\partial A}{\partial r}\sin\theta\boldsymbol{e}_\phi$$

$$=\frac{\mu_0 I_0}{2\pi}\frac{\sin(kr-\omega t)}{r}\frac{\cos\left(\frac{\pi}{2}\cos\theta\right)}{\sin\theta}\boldsymbol{e}_\phi \tag{4.25.6}$$

$$\boldsymbol{E}(\boldsymbol{r},t)=c\boldsymbol{B}(\boldsymbol{r},t)\times\boldsymbol{e}_r$$

$$=\frac{I_0}{2\pi\varepsilon_0 c}\frac{\sin(kr-\omega t)}{r}\frac{\cos\left(\frac{\pi}{2}\cos\theta\right)}{\sin\theta}\boldsymbol{e}_\theta \tag{4.25.7}$$

平均能流密度为

$$\bar{\boldsymbol{S}}=\frac{1}{T}\int_0^T\boldsymbol{E}\times\boldsymbol{H}\mathrm{d}t=\frac{I_0^2\boldsymbol{e}_r}{4\pi^2\varepsilon_0 c}\frac{\cos^2\left(\frac{\pi}{2}\cos\theta\right)}{r^2\sin^2\theta T}\int_0^T\sin^2(kr-\omega t)\mathrm{d}t$$

$$=\frac{I_0^2}{8\pi^2\varepsilon_0 c}\frac{\cos^2\left(\frac{\pi}{2}\cos\theta\right)}{r^2\sin^2\theta}\boldsymbol{e}_r \tag{4.25.8}$$

(2) 辐射总功率为

$$P=\oint_\Sigma\bar{\boldsymbol{S}}\cdot\mathrm{d}\boldsymbol{\Sigma}=\frac{I_0^2}{8\pi^2\varepsilon_0 c}\int_0^\pi\frac{\cos^2\left(\frac{\pi}{2}\cos\theta\right)}{r^2\sin^2\theta}\cdot 2\pi r^2\sin\theta\mathrm{d}\theta$$

$$=\frac{I_0^2}{4\pi\varepsilon_0 c}\int_0^\pi\frac{\cos^2\left(\frac{\pi}{2}\cos\theta\right)}{\sin\theta}\mathrm{d}\theta \tag{4.25.9}$$

利用换变量的方法,上式中的积分可化成表达式

$$\int_0^\pi\frac{\cos^2\left(\frac{\pi}{2}\cos\theta\right)}{\sin\theta}\mathrm{d}\theta=\frac{1}{2}\sum_{n=1}^{\infty}\frac{(2\pi)^{2(2n-1)}}{2(2n-1)\{[2(2n-1)]!\}}-\frac{1}{2}\sum_{n=1}^{\infty}\frac{(2\pi)^{4n}}{4n[(4n)!]} \tag{4.25.10}$$

这个级数收敛很快，前16项之和为

$$\int_0^{\pi} \frac{\cos^2\left(\frac{\pi}{2}\cos\theta\right)}{\sin\theta} d\theta = 1.2188 \tag{4.25.11}$$

故取四位有效数字时，P 的值为

$$P = 1.2188 \frac{I_0^2}{4\pi\varepsilon_0 c} = 36.54 I_0^2 \tag{4.25.12}$$

辐射电阻为

$$R_r = \frac{2P}{I_0^2} = 73.08\Omega \tag{4.25.13}$$

4.26　整数倍半波天线的长度为 $l=\frac{1}{2}m\lambda$，m 为整数，由中心 O 馈电；以 O 为原点，沿天线取 z 轴，天线上电流的分布为

$$I = I_0 \sin\left(\frac{1}{2}kl - k\,|z|\right)\cos\omega t$$

试求它的辐射场的平均能流密度、辐射总功率和辐射电阻.

【解】　由于 $\frac{1}{2}kl=\frac{1}{2}\frac{2\pi}{\lambda}\cdot\frac{1}{2}m\lambda=\frac{1}{2}m\pi$，故天线上的电流为

$$\begin{aligned} I &= I_0 \sin\left(\frac{1}{2}m\pi - k\,|z|\right)\cos\omega t \\ &= I_0\left(\sin\frac{1}{2}m\pi\cos k\,|z| - \cos\frac{1}{2}m\pi\sin k\,|z|\right)\cos\omega t \end{aligned} \tag{4.26.1}$$

因 m 为奇数时和 m 为偶数时，(4.26.1)式的形式不相同，故分两种情况计算.

(1) m 为奇数，即 $m=1,3,5,\cdots$.

这时(4.26.1)式化为

$$I_1 = I_0 \sin\frac{1}{2}m\pi\cos kz\cos\omega t \tag{4.26.2}$$

I_1 在 $\boldsymbol{r}$ 处 t 时刻产生的推迟式为

$$\begin{aligned} \boldsymbol{A}_1(\boldsymbol{r},t) &= \frac{\mu_0}{4\pi}\int_{-l/2}^{l/2} \frac{I_0 \sin\frac{1}{2}m\pi\cos kz\cos\omega\left(t-\frac{|\boldsymbol{r}-z\boldsymbol{e}_z|}{c}\right)\boldsymbol{e}_z}{|\boldsymbol{r}-z\boldsymbol{e}_z|} dz \\ &= \frac{\mu_0 I_0}{4\pi}\sin\frac{1}{2}m\pi\boldsymbol{e}_z\int_{-l/2}^{l/2} \frac{\cos kz\cos\omega\left(t-\frac{|\boldsymbol{r}-z\boldsymbol{e}_z|}{c}\right)}{|\boldsymbol{r}-z\boldsymbol{e}_z|} dz \end{aligned} \tag{4.26.3}$$

因辐射场的 $r\gg l>|z|$，故上式可化为

$$\boldsymbol{A}_1(\boldsymbol{r},t) = \frac{\mu_0 I_0}{4\pi r}\sin\frac{1}{2}m\pi\boldsymbol{e}_z\int_{-l/2}^{l/2}\cos kz\cos(kr-\omega t-kz\cos\theta)dz \tag{4.26.4}$$

其中积分

$$\int_{-l/2}^{l/2}\cos kz\cos(kr-\omega t-kz\cos\theta)dz$$

$$=\int_{-l/2}^{l/2}\cos kz[\cos(kr-\omega t)\cos(kz\cos\theta)+\sin(kr-\omega t)\sin(kz\cos\theta)]\mathrm{d}z$$

$$=\int_{-l/2}^{l/2}\cos kz\cos(kr-\omega t)\cos(kz\cos\theta)\mathrm{d}z$$

$$=2\cos(kr-\omega t)\left[\frac{\sin kz(1+\cos\theta)}{2k(1+\cos\theta)}+\frac{\sin kz(1-\cos\theta)}{2k(1-\cos\theta)}\right]_{z=0}^{z=l/2}$$

$$=\frac{2\cos(kr-\omega t)}{k\sin^2\theta}\sin\frac{1}{2}m\pi\cos\left(\frac{1}{2}m\pi\cos\theta\right) \tag{4.26.5}$$

所以

$$\boldsymbol{A}_1(\boldsymbol{r},t)=\frac{\mu_0 I_0}{2\pi k}\frac{\cos(kr-\omega t)}{r}\frac{\cos\left(\frac{1}{2}m\pi\cos\theta\right)}{\sin^2\theta}\boldsymbol{e}_z \tag{4.26.6}$$

辐射场的磁感强度为

$$\boldsymbol{B}_1(\boldsymbol{r},t)=\nabla\times\boldsymbol{A}_1(\boldsymbol{r},t)$$

$$=\frac{\mu_0 I_0}{2\pi k}\nabla\times\left[\frac{\cos(kr-\omega t)}{r}\frac{\cos\left(\frac{1}{2}m\pi\cos\theta\right)}{\sin^2\theta}\boldsymbol{e}_z\right] \tag{4.26.7}$$

由于$\boldsymbol{B}_1(\boldsymbol{r},t)$只含$\frac{1}{r}$项，而算符$\nabla$对$\frac{1}{r}$、$\cos\left(\frac{1}{2}m\pi\cos\theta\right)$和$\sin^2\theta$等的作用结果都是$\frac{1}{r^2}$项，可以略去. 故

$$\boldsymbol{B}_1(\boldsymbol{r},t)=\frac{\mu_0 I_0}{2\pi k}\frac{\cos\left(\frac{1}{2}m\pi\cos\theta\right)}{r\sin^2\theta}\nabla\times[\cos(kr-\omega t)\boldsymbol{e}_z]$$

$$=\frac{\mu_0 I_0}{2\pi}\frac{\sin(kr-\omega t)}{r}\frac{\cos\left(\frac{1}{2}m\pi\cos\theta\right)}{\sin\theta}\boldsymbol{e}_\phi \tag{4.26.8}$$

电场强度为

$$\boldsymbol{E}_1(\boldsymbol{r},t)=c\boldsymbol{B}_1(\boldsymbol{r},t)\times\boldsymbol{e}_r$$

$$=\frac{I_0}{2\pi\varepsilon_0 c}\frac{\sin(kr-\omega t)}{r}\frac{\cos\left(\frac{1}{2}m\pi\cos\theta\right)}{\sin\theta}\boldsymbol{e}_\theta \tag{4.26.9}$$

平均能流密度为

$$\bar{\boldsymbol{S}}_1=\frac{1}{T}\int_0^T\boldsymbol{E}_1\times\frac{\boldsymbol{B}_1}{\mu_0}\mathrm{d}t=\frac{I_0^2}{4\pi^2\varepsilon_0 c}\frac{\cos^2\left(\frac{1}{2}m\pi\cos\theta\right)}{r^2\sin^2\theta}\frac{\boldsymbol{e}_r}{T}\int_0^T\sin^2(kr-\omega t)\mathrm{d}t$$

$$=\frac{I_0^2}{8\pi^2\varepsilon_0 c}\frac{\cos^2\left(\frac{1}{2}m\pi\cos\theta\right)}{r^2\sin^2\theta}\boldsymbol{e}_r \tag{4.26.10}$$

辐射总功率为

$$P_1=\oint_{\Sigma}\bar{\boldsymbol{S}}_1\cdot\mathrm{d}\boldsymbol{\Sigma}=\frac{I_0^2}{8\pi^2\varepsilon_0 c}\int_0^{\pi}\frac{\cos^2\left(\frac{1}{2}m\pi\cos\theta\right)}{r^2\sin^2\theta}\cdot 2\pi r^2\sin\theta\mathrm{d}\theta$$

$$=\frac{I_0^2}{4\pi\varepsilon_0 c}\int_0^{\pi}\frac{\cos^2\left(\frac{1}{2}m\pi\cos\theta\right)}{\sin\theta}\mathrm{d}\theta \tag{4.26.11}$$

其中定积分可利用换变量的方法积出如下：

$$D_1=\int_0^{\pi}\frac{\cos^2\left(\frac{1}{2}m\pi\cos\theta\right)}{\sin\theta}\mathrm{d}\theta$$

$$=\frac{1}{2}\sum_{n=1}^{\infty}\left\{\frac{(2m\pi)^{4n-2}}{(4n-2)[(4n-2)!]}-\frac{(2m\pi)^{4n}}{4n[(4n)!]}\right\} \tag{4.26.12}$$

所以

$$P_1=\frac{\mu_0 cD_1 I_0^2}{4\pi} \tag{4.26.13}$$

辐射电阻为

$$R_{r1}=\frac{2P_1}{I_0^2}=\frac{\mu_0 cD_1}{2\pi} \tag{4.26.14}$$

当 $m=1$ 时为半波天线，这时(参见 4.25 题)

$$D_1=1.2188 \tag{4.26.15}$$

取四位有效数字，P_1 和 R_{r1} 的值便分别为

$$P_1=36.54I_0^2 \tag{4.26.16}$$

$$R_{r1}=73.08\Omega \tag{4.26.17}$$

(2) m 为偶数，即 $m=2,4,6,\cdots$.

这时(4.26.1)式化为

$$I_2=-I_0\cos\left(\frac{1}{2}m\pi\right)\sin(k|z|)\cos\omega t \tag{4.26.18}$$

I_2 在 $\boldsymbol{r}$ 处 t 时刻产生的推迟势为

$$\boldsymbol{A}_2(\boldsymbol{r},t)=-\frac{\mu_0 I_0\cos\left(\frac{1}{2}m\pi\right)}{4\pi}\int_{-l/2}^{l/2}\frac{\sin(k|z|)\cos\omega\left(t-\frac{|\boldsymbol{r}-z\boldsymbol{e}_z|}{c}\right)\boldsymbol{e}_z}{|\boldsymbol{r}-z\boldsymbol{e}_z|}\mathrm{d}z$$

$$=-\frac{\mu_0 I_0\cos\left(\frac{1}{2}m\pi\right)\boldsymbol{e}_z}{4\pi r}\int_{-l/2}^{l/2}\sin(k|z|)\cos(kr-\omega t-kz\cos\theta)\mathrm{d}z$$

$$=-\frac{\mu_0 I_0\cos\left(\frac{1}{2}m\pi\right)\boldsymbol{e}_z}{4\pi}\frac{\cos(kr-\omega t)}{r}\int_{-l/2}^{l/2}\sin(k|z|)\cos(kz\cos\theta)\mathrm{d}z$$

$$=-\frac{\mu_0 I_0\cos\left(\frac{1}{2}m\pi\right)\boldsymbol{e}_z}{2\pi}\frac{\cos(kr-\omega t)}{r}\int_0^{l/2}\sin(kz)\cos(kz\cos\theta)\mathrm{d}z$$

$$=\frac{\mu_0 I_0}{2\pi k}\frac{\cos(kr-\omega t)}{r}\frac{\left[\cos\left(\frac{1}{2}m\pi\cos\theta\right)-\cos\left(\frac{1}{2}m\pi\right)\right]}{\sin^2\theta}\boldsymbol{e}_z \tag{4.26.19}$$

辐射场的磁感强度为

$$\boldsymbol{B}_2(\boldsymbol{r},t)=\nabla\times\boldsymbol{A}_2(\boldsymbol{r},t)$$

$$=\frac{\mu_0 I_0}{2\pi k}\frac{\left[\cos\left(\frac{1}{2}m\pi\cos\theta\right)-\cos\left(\frac{1}{2}m\pi\right)\right]}{r\sin^2\theta}[\nabla\cos(kr-\omega t)]\times\boldsymbol{e}_z$$

$$=\frac{\mu_0 I_0}{2\pi}\frac{\sin(kr-\omega t)}{r}\frac{\left[\cos\left(\frac{1}{2}m\pi\cos\theta\right)-\cos\left(\frac{1}{2}m\pi\right)\right]}{\sin\theta}\boldsymbol{e}_\phi \tag{4.26.20}$$

电场强度为

$$\boldsymbol{E}_2(\boldsymbol{r},t)=c\boldsymbol{B}_2(\boldsymbol{r},t)\times\boldsymbol{e}_r$$

$$=\frac{I_0}{2\pi\varepsilon_0 c}\frac{\sin(kr-\omega t)}{r}\frac{\left[\cos\left(\frac{1}{2}m\pi\cos\theta\right)-\cos\left(\frac{1}{2}m\pi\right)\right]}{\sin\theta}\boldsymbol{e}_\theta \tag{4.26.21}$$

平均能流密度为

$$\bar{\boldsymbol{S}}_2=\frac{1}{T}\int_0^T\boldsymbol{E}_2\times\frac{\boldsymbol{B}_2}{\mu_0}\mathrm{d}t$$

$$=\frac{I_0^2}{8\pi^2\varepsilon_0 c}\frac{\left[\cos\left(\frac{1}{2}m\pi\cos\theta\right)-\cos\left(\frac{1}{2}m\pi\right)\right]^2}{r^2\sin^2\theta}\boldsymbol{e}_r \tag{4.26.22}$$

辐射总功率为

$$P_2=\oint_\Sigma\bar{\boldsymbol{S}}_2\cdot\mathrm{d}\boldsymbol{\Sigma}$$

$$=\frac{I_0^2}{8\pi^2\varepsilon_0 c}\int_0^\pi\frac{\left[\cos\left(\frac{1}{2}m\pi\cos\theta\right)-\cos\left(\frac{1}{2}m\pi\right)\right]^2}{r^2\sin^2\theta}\cdot 2\pi r^2\sin\theta\mathrm{d}\theta$$

$$=\frac{I_0^2}{4\pi\varepsilon_0 c}\int_0^\pi\frac{\left[\cos\left(\frac{1}{2}m\pi\cos\theta\right)-\cos\left(\frac{1}{2}m\pi\right)\right]^2}{\sin\theta}\mathrm{d}\theta \tag{4.26.23}$$

其中定积分可利用换变量的方法积出如下：

$$D_2=\int_0^\pi\frac{\left[\cos\left(\frac{1}{2}m\pi\cos\theta\right)-\cos\left(\frac{1}{2}m\pi\right)\right]^2}{\sin\theta}\mathrm{d}\theta$$

$$=2\left\{\frac{(2^{4n-2}-1)(m\pi)^{4n}}{4n[(4n)!]}-\frac{(2^{4n-4}-1)(m\pi)^{4n-2}}{(4n-2)[(4n-2)!]}\right\} \tag{4.26.24}$$

所以

$$P_2 = \frac{\mu_0 c D_2 I_0^2}{4\pi} \tag{4.26.25}$$

辐射电阻为

$$R_{r2} = \frac{2P_2}{I_0^2} = \frac{\mu_0 c D_2}{2\pi} \tag{4.26.26}$$

当 $m=2$ 时为全波天线，这时

$$D_2 = 3.3189 \tag{4.26.27}$$

取四位有效数字，P_2 和 R_{r2} 的值便分别为

$$P_2 = 99.50 I_0^2 \tag{4.26.28}$$

$$R_{r2} = 199.0\Omega \tag{4.26.29}$$

【别解】 用复数计算.天线上的电流用复数表示为

$$I = I_0 \sin\left(\frac{1}{2}kl - k|z|\right)\mathrm{e}^{-\mathrm{i}\omega t} \tag{4.26.30}$$

I 在 $\boldsymbol{r}$ 处 t 时刻产生的推迟势为

$$\boldsymbol{A}_1(\boldsymbol{r},t) = \frac{\mu_0 I_0}{4\pi}\boldsymbol{e}_z\int_{-l/2}^{l/2}\frac{\sin\left(\frac{1}{2}kl - k|z|\right)\mathrm{e}^{-\mathrm{i}\omega\left(t-\frac{|\boldsymbol{r}-z\boldsymbol{e}_z|}{c}\right)}\boldsymbol{e}_z}{|\boldsymbol{r}-z\boldsymbol{e}_z|}\mathrm{d}z \tag{4.26.31}$$

因 $r \gg l > |z|$，故可取近似为

$$\boldsymbol{A}(\boldsymbol{r},t) = \frac{\mu_0 I_0}{4\pi}\frac{\mathrm{e}^{\mathrm{i}(kr-\omega t)}}{r}\boldsymbol{e}_z\int_{-l/2}^{l/2}\sin\left(\frac{1}{2}kl - k|z|\right)\mathrm{e}^{-\mathrm{i}kz\cos\theta}\mathrm{d}z \tag{4.26.32}$$

其中定积分

$$\begin{aligned}
&\int_{-l/2}^{l/2}\sin\left(\frac{1}{2}kl - k|z|\right)\mathrm{e}^{-\mathrm{i}kz\cos\theta}\mathrm{d}z \\
=&\int_{-l/2}^{l/2}\sin\left(\frac{1}{2}kl - k|z|\right)\cos(kz\cos\theta)\mathrm{d}z \\
=&\frac{2}{k\sin^2\theta}\left[\cos\left(\frac{1}{2}kl\cos\theta\right) - \cos\left(\frac{1}{2}kl\right)\right]
\end{aligned} \tag{4.26.33}$$

故得

$$\boldsymbol{A}(\boldsymbol{r},t) = \frac{\mu_0 I_0}{2\pi k}\frac{\mathrm{e}^{\mathrm{i}(kr-\omega t)}}{r}\frac{\cos\left(\frac{1}{2}kl\cos\theta\right) - \cos\left(\frac{1}{2}kl\right)}{\sin^2\theta}\boldsymbol{e}_z \tag{4.26.34}$$

因

$$l = \frac{1}{2}m\lambda,\quad \frac{1}{2}kl = \frac{1}{2}m\pi,\quad m = 1,2,3,\cdots$$

所以

$$\boldsymbol{A}(\boldsymbol{r},t) = \frac{\mu_0 I_0}{2\pi k}\frac{\mathrm{e}^{\mathrm{i}(kr-\omega t)}}{r}\frac{\cos\left(\frac{1}{2}m\pi\cos\theta\right) - \cos\left(\frac{1}{2}m\pi\right)}{\sin^2\theta}\boldsymbol{e}_z \tag{4.26.35}$$

辐射场的磁感强度为

$$\boldsymbol{B}(\boldsymbol{r},t)=\nabla\times\boldsymbol{A}(\boldsymbol{r},t) \tag{4.26.36}$$

由于$\boldsymbol{B}(\boldsymbol{r},t)$只含$\frac{1}{r}$项,而算符$\nabla$对$\frac{1}{r}$和$\theta$的函数作用都产生$\frac{1}{r^2}$项,可以略去.故得

$$\boldsymbol{B}(\boldsymbol{r},t)=\frac{\mu_0 I_0}{2\pi k}\frac{\cos\left(\frac{1}{2}m\pi\cos\theta\right)-\cos\left(\frac{1}{2}m\pi\right)}{r\sin^2\theta}\nabla\times\left[\mathrm{e}^{\mathrm{i}(kr-\omega t)}\boldsymbol{e}_z\right]$$

$$=-\frac{\mathrm{i}\mu_0 I_0}{2\pi}\frac{\mathrm{e}^{\mathrm{i}(kr-\omega t)}}{r}\frac{\cos\left(\frac{1}{2}m\pi\cos\theta\right)-\cos\left(\frac{1}{2}m\pi\right)}{\sin\theta}\boldsymbol{e}_\phi \tag{4.26.37}$$

电场强度为

$$\boldsymbol{E}(\boldsymbol{r},t)=c\boldsymbol{B}(\boldsymbol{r},t)\times\boldsymbol{e}_r$$

$$=-\frac{\mathrm{i}I_0}{2\pi\varepsilon_0 c}\frac{\mathrm{e}^{\mathrm{i}(kr-\omega t)}}{r}\frac{\cos\left(\frac{1}{2}m\pi\cos\theta\right)-\cos\left(\frac{1}{2}m\pi\right)}{\sin\theta}\boldsymbol{e}_\theta \tag{4.26.38}$$

平均能流密度为

$$\bar{\boldsymbol{S}}=\frac{1}{2}\mathrm{Re}\boldsymbol{E}\times\frac{\boldsymbol{B}^*}{\mu_0}$$

$$=\frac{I_0^2}{8\pi^2\varepsilon_0 c}\frac{\left[\cos\left(\frac{1}{2}m\pi\cos\theta\right)-\cos\left(\frac{1}{2}m\pi\right)\right]^2}{r^2\sin^2\theta}\boldsymbol{e}_r \tag{4.26.39}$$

辐射的总功率为

$$P=\oint_\Sigma\bar{\boldsymbol{S}}\cdot\mathrm{d}\boldsymbol{\Sigma}$$

$$=\frac{I_0^2}{4\pi\varepsilon_0 c}\int_0^\pi\frac{\left[\cos\left(\frac{1}{2}m\pi\cos\theta\right)-\cos\left(\frac{1}{2}m\pi\right)\right]^2}{\sin\theta}\mathrm{d}\theta \tag{4.26.40}$$

当m为奇数时,上式便化为前面的(4.26.11)式;当m为偶数时,上式便是前面的(4.26.23)式.由于m为奇数或为偶数时积分值不同,故要分开讨论.相应的结果分别见前面的(4.26.12)式至(4.26.14)式和(4.26.24)式至(4.26.26)式.

4.27 一天线的长度为$l=\frac{1}{2}m\lambda$,λ为波长,m为偶数.这天线由中心馈电,以中心为原点,沿天线取z轴,天线上的电流分布为

$$I=I_0\sin k\left(\frac{l}{2}-z\right)\mathrm{e}^{-\mathrm{i}\omega t'},\qquad z\leqslant l/2$$

试求它的:(1) 辐射场;(2) 辐射功率的角分布.

【解】 (1) 先求天线上电流所产生的推迟势.

$$\boldsymbol{A}(\boldsymbol{r},t)=\frac{\mu_0 I_0}{4\pi}\int_{-l/2}^{l/2}\frac{\sin k\left(\frac{l}{2}-z\right)\mathrm{e}^{-\mathrm{i}\omega\left(t-\frac{|\boldsymbol{r}-z\boldsymbol{e}_z|}{c}\right)}\boldsymbol{e}_z}{|\boldsymbol{r}-z\boldsymbol{e}_z|}\mathrm{d}z \tag{4.27.1}$$

由于辐射场的 $r\gg l>|z|$，故

$$|\boldsymbol{r}-z\boldsymbol{e}_z|=\sqrt{r^2-2zr\cos\theta+z^2}\approx r-z\cos\theta \tag{4.27.2}$$

$$\omega\left(t-\frac{|\boldsymbol{r}-z\boldsymbol{e}_z|}{c}\right)\approx\omega t-kr+kz\cos\theta \tag{4.27.3}$$

在分母中，可取 $|\boldsymbol{r}-z\boldsymbol{e}|\approx r$. 于是得

$$\begin{aligned}\boldsymbol{A}(\boldsymbol{r},t)&=\frac{\mu_0 I_0\boldsymbol{e}_z}{4\pi r}\int_{-l/2}^{l/2}\sin k\left(\frac{l}{2}-z\right)\mathrm{e}^{\mathrm{i}(kr-\omega t-kz\cos\theta)}\mathrm{d}z\\&=\frac{\mu_0 I_0}{4\pi}\frac{\mathrm{e}^{\mathrm{i}(kr-\omega t)}}{r}\boldsymbol{e}_z\int_{-l/2}^{l/2}\mathrm{e}^{-\mathrm{i}kz\cos\theta}\sin k\left(\frac{l}{2}-z\right)\mathrm{d}z\end{aligned} \tag{4.27.4}$$

由于 $l=\frac{1}{2}m\lambda$，m 为偶数，故 $k\frac{l}{2}=\frac{2\pi}{\lambda}\cdot\frac{1}{4}m\lambda=\frac{m}{2}\pi=(\text{整数})\pi$. 所以

$$\sin k\left(\frac{l}{2}-z\right)=-\cos\frac{m}{2}\pi\sin kz \tag{4.27.5}$$

于是得

$$\begin{aligned}\boldsymbol{A}(\boldsymbol{r},t)&=-\frac{\mu_0 I_0}{4\pi}\frac{\mathrm{e}^{\mathrm{i}(kr-\omega t)}\cos\frac{m}{2}\pi}{r}\boldsymbol{e}_z\int_{-l/2}^{l/2}\mathrm{e}^{-\mathrm{i}kz\cos\theta}\sin kz\,\mathrm{d}z\\&=-\frac{\mu_0 I_0}{4\pi}\frac{\mathrm{e}^{\mathrm{i}(kr-\omega t)}\cos\frac{m}{2}\pi}{r}\boldsymbol{e}_z\\&\quad\times\left[\frac{\mathrm{e}^{-\mathrm{i}kz\cos\theta}}{(-\mathrm{i}k\cos\theta)^2+k^2}(-\mathrm{i}k\cos\theta\sin kz-k\cos kz)\right]_{z=-l/2}^{z=l/2}\\&=-\frac{\mathrm{i}\mu_0 I_0}{2\pi k}\frac{\mathrm{e}^{\mathrm{i}(kr-\omega t)}}{r}\frac{\sin\left(\frac{m}{2}\pi\cos\theta\right)}{\sin^2\theta}\boldsymbol{e}_z\end{aligned} \tag{4.27.6}$$

辐射场的磁感强度和电场强度分别为

$$\begin{aligned}\boldsymbol{B}(\boldsymbol{r},t)&=\nabla\times\boldsymbol{A}(\boldsymbol{r},t)=\mathrm{i}k\boldsymbol{e}_r\times\boldsymbol{A}(\boldsymbol{r},t)\\&=-\frac{\mu_0 I_0}{2\pi}\frac{\mathrm{e}^{\mathrm{i}(kr-\omega t)}}{r}\frac{\sin\left(\frac{m}{2}\pi\cos\theta\right)}{\sin\theta}\boldsymbol{e}_\phi\end{aligned} \tag{4.27.7}$$

$$\begin{aligned}\boldsymbol{E}(\boldsymbol{r},t)&=c\boldsymbol{B}(\boldsymbol{r},t)\times\boldsymbol{e}_r\\&=-\frac{I_0}{2\pi\varepsilon_0 c}\frac{\mathrm{e}^{\mathrm{i}(kr-\omega t)}}{r}\frac{\sin\left(\frac{m}{2}\pi\cos\theta\right)}{\sin\theta}\boldsymbol{e}_\theta\end{aligned} \tag{4.27.8}$$

（2）平均能流密度为

$$\bar{S}=\frac{1}{2}\mathrm{Re}\boldsymbol{E}\times\frac{\boldsymbol{B}^*}{\mu_0}=\frac{I_0^2}{8\pi^2\varepsilon_0 c}\frac{\sin^2\left(\frac{m}{2}\pi\cos\theta\right)}{r^2\sin^2\theta}\boldsymbol{e}_r \tag{4.27.9}$$

辐射功率的角分布为

$$\frac{\mathrm{d}P}{\mathrm{d}\Omega}=|\bar{S}|r^2=\frac{I_0^2}{8\pi^2\varepsilon_0 c}\frac{\sin^2\left(\frac{m}{2}\pi\cos\theta\right)}{\sin^2\theta} \tag{4.27.10}$$

式中 $m=2,4,6,\cdots$.

4.28　如图 4.28,在 z 轴上有两个沿着 z 轴排列的相同电流元 $Il=I_0 l\mathrm{e}^{-\mathrm{i}\omega t}$ 构成的组合天线,其间隔为 $d(l\ll d)$. 试求这组合天线在 $r\gg d$ 处所产生的辐射场.

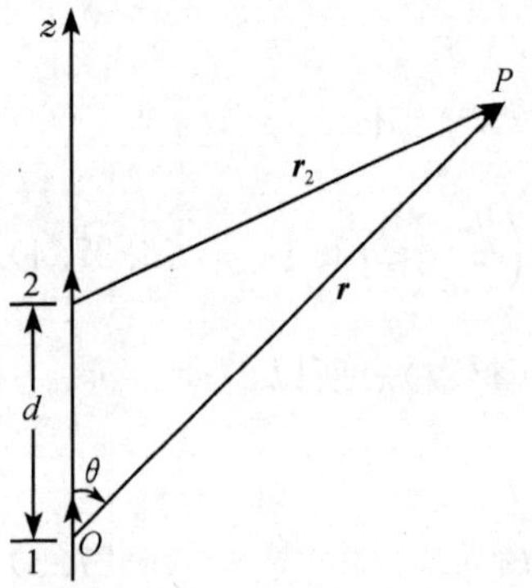

图 4.28

【解】　选电流元 1 位于坐标原点 O,它在 $\boldsymbol{r}$ 处 t 时刻产生的推迟势为

$$\boldsymbol{A}_1(\boldsymbol{r},t)=\frac{\mu_0}{4\pi}\int_{-l/2}^{l/2}\frac{I_0\mathrm{e}^{-\mathrm{i}\omega\left(t-\frac{|\boldsymbol{r}-z\boldsymbol{e}_z|}{c}\right)}\boldsymbol{e}_z}{|\boldsymbol{r}-z\boldsymbol{e}_z|}\mathrm{d}z \tag{4.28.1}$$

因 $l\ll r$,故上式化为

$$\boldsymbol{A}_1(\boldsymbol{r},t)=\frac{\mu_0 I_0 l}{4\pi}\frac{\mathrm{e}^{\mathrm{i}(kr-\omega t)}}{r}\boldsymbol{e}_z \tag{4.28.2}$$

电流元 2 在 $\boldsymbol{r}$ 处 t 时刻产生的推迟势为

$$\boldsymbol{A}_2(\boldsymbol{r},t)=\frac{\mu_0}{2\pi}\int_{d-l/2}^{d+l/2}\frac{I_0\mathrm{e}^{-\mathrm{i}\omega\left(t-\frac{|\boldsymbol{r}-z\boldsymbol{e}_z|}{c}\right)}\boldsymbol{e}_z}{|\boldsymbol{r}-z\boldsymbol{e}_z|}\mathrm{d}z \tag{4.28.3}$$

因 $l\ll d$,故上式化为

$$\boldsymbol{A}_2(\boldsymbol{r},t)=\frac{\mu_0 I_0 l}{4\pi}\frac{\mathrm{e}^{-\mathrm{i}\omega\left(t-\frac{|\boldsymbol{r}-d\boldsymbol{e}_z|}{c}\right)}}{|\boldsymbol{r}-d\boldsymbol{e}_z|}\boldsymbol{e}_z \tag{4.28.4}$$

在这式的分母中,因 $|\boldsymbol{r}-d\boldsymbol{e}_z|$ 仅与距离有关,而 $r\gg d$,故可取粗略的近似 $|\boldsymbol{r}-d\boldsymbol{e}_z|=r$;在分子中,因 $|\boldsymbol{r}-d\boldsymbol{e}_z|$ 与相位有关,这相位在 $\boldsymbol{A}_2(\boldsymbol{r},t)$ 与 $\boldsymbol{A}_1(\boldsymbol{r},t)$ 叠加时要起作用,而题又未给 $d\ll\lambda$ 的条件,故应取较好的近似

$$|\boldsymbol{r}-d\boldsymbol{e}_z|=\sqrt{r^2-2rd\cos\theta+d^2}=r-d\cos\theta \tag{4.28.5}$$

于是得

$$\boldsymbol{A}_2(\boldsymbol{r},t)=\frac{\mu_0 I_0 l}{4\pi}\frac{\mathrm{e}^{\mathrm{i}(kr-\omega t)}}{r}\mathrm{e}^{-\mathrm{i}kd\cos\theta}\boldsymbol{e}_z \tag{4.28.6}$$

这组合天线在 $r\gg d$ 处产生的推迟势为

$$\boldsymbol{A}(\boldsymbol{r},t)=\boldsymbol{A}_1(\boldsymbol{r},t)+\boldsymbol{A}_2(\boldsymbol{r},t)$$

$$= \frac{\mu_0 I_0 l}{4\pi} \frac{e^{i(kr-\omega t)}}{r}(1+e^{-ikd\cos\theta})\boldsymbol{e}_z \tag{4.28.7}$$

由此得所求的辐射场为

$$\boldsymbol{B}(\boldsymbol{r},t) = \nabla\times\boldsymbol{A}(\boldsymbol{r},t) = ik\boldsymbol{e}_r\times\boldsymbol{A}$$

$$= -\frac{i\mu_0 I_0 \omega l}{4\pi c} \frac{e^{i(kr-\omega t)}}{r}(1+e^{-ikd\cos\theta})\sin\theta\boldsymbol{e}_\phi \tag{4.28.8}$$

$$\boldsymbol{E}(\boldsymbol{r},t) = c\boldsymbol{B}(\boldsymbol{r},t)\times\boldsymbol{e}_r$$

$$= -\frac{iI_0\omega l}{4\pi\varepsilon_0 c^2} \frac{e^{i(kr-\omega t)}}{r}(1+e^{-ikd\cos\theta})\sin\theta\boldsymbol{e}_\theta \tag{4.28.9}$$

4.29　真空中一无限大的平面上均匀分布着随时间变化的面电流，面电流密度为 $\boldsymbol{K}(t)$.（1）试求这面电流产生的电磁场；（2）若 $\boldsymbol{K}(t)=\boldsymbol{K}_0\cos\omega t$，则结果如何？

【解】（1）以电流所在的平面为 x-y 平面，取笛卡儿坐标系，使 x 轴平行于 $\boldsymbol{K}(t)$. 由对称性可知：(i)在同一时刻，z=常数的平面内任何一点，电磁场都是相同的. 换句话说，所求的电磁场的 $\boldsymbol{E}$ 和 $\boldsymbol{H}$ 都与 x,y 无关.(ii) $\boldsymbol{E}$ 只有 x 方向的分量，$\boldsymbol{H}$ 只有 y 方向的分量. 于是所求的电磁场可写作

$$\boldsymbol{E} = E(z,t)\boldsymbol{e}_x \tag{4.29.1}$$

$$\boldsymbol{H} = H(z,t)\boldsymbol{e}_y \tag{4.29.2}$$

此外，在 $z=0$ 处，$\boldsymbol{E}$ 和 $\boldsymbol{H}$ 应满足边值关系

$$\boldsymbol{e}_z\times[\boldsymbol{E}(z=0_+,t)-\boldsymbol{E}(z=0_-,t)] = 0 \tag{4.29.3}$$

$$\boldsymbol{e}_z\times[\boldsymbol{H}(z=0_+,t)-\boldsymbol{H}(z=0_-,t)] = \boldsymbol{K}(t) = K(t)\boldsymbol{e}_x \tag{4.29.4}$$

因为只有 $\boldsymbol{K}(t)$是所求电磁场 $\boldsymbol{E}$ 和 $\boldsymbol{H}$ 的源，所以 $\boldsymbol{E}$ 和 $\boldsymbol{H}$ 必定是从这个源辐射出的电磁波. 由于对称性，这电磁波应是平面波，波面与 z 轴垂直. 在 $z>0$ 区域，波往 z 轴方向传播；在 $z<0$ 区域，波往 z 轴的负方向传播. 因此，所求的电磁场的大小可表示为

$$E(z,t) = \begin{cases} E_+\left(t-\dfrac{z}{c}\right), & z>0 \\ E_-\left(t+\dfrac{z}{c}\right), & z<0 \end{cases} \tag{4.29.5}$$

$$H(z,t) = \begin{cases} H_+\left(t-\dfrac{z}{c}\right), & z>0 \\ -H_-\left(t+\dfrac{z}{c}\right), & z<0 \end{cases} \tag{4.29.6}$$

式中 c 是真空中光速. H_- 前的负号是由(4.29.1)、(4.29.2)和(4.29.5)三式，考虑到波往 z 轴的负方向传播得出的.

在 $z=0$ 平面上，(4.29.5)式中的 E 应满足边值关系(4.29.3)式，由此得

$$E_+(t) = E_-(t) \tag{4.29.7}$$

(4.29.6)式中的 H 应满足边值关系(4.29.4)式,由此得

$$H_+(t) + H_-(t) = -K(t) \tag{4.29.8}$$

利用真空中平面电磁波的振幅关系

$$\sqrt{\varepsilon_0}E = \sqrt{\mu_0}H \tag{4.29.9}$$

解得

$$E_-(t) = E_+(t) = -\frac{1}{2}\sqrt{\frac{\mu_0}{\varepsilon_0}}K(t) \tag{4.29.10}$$

$$H_-(t) = H_+(t) = -\frac{1}{2}K(t) \tag{4.29.11}$$

最后便得所求的电磁场如下:

$$\left.\begin{aligned} \boldsymbol{E} &= -\frac{1}{2}\sqrt{\frac{\mu_0}{\varepsilon_0}}K\left(t-\frac{z}{c}\right)\boldsymbol{e}_x \\ \boldsymbol{H} &= -\frac{1}{2}K\left(t-\frac{z}{c}\right)\boldsymbol{e}_y \end{aligned}\right\}, \quad z>0 \tag{4.29.12}$$

$$\left.\begin{aligned} \boldsymbol{E} &= -\frac{1}{2}\sqrt{\frac{\mu_0}{\varepsilon_0}}K\left(t+\frac{z}{c}\right)\boldsymbol{e}_x \\ \boldsymbol{H} &= \frac{1}{2}K\left(t+\frac{z}{c}\right)\boldsymbol{e}_y \end{aligned}\right\}, \quad z<0 \tag{4.29.13}$$

这电磁波的能流密度为

$$\boldsymbol{S} = \boldsymbol{E}\times\boldsymbol{H} = \begin{cases} \dfrac{1}{4}\sqrt{\dfrac{\mu_0}{\varepsilon_0}}K^2\left(t-\dfrac{z}{c}\right)\boldsymbol{e}_z, & z>0 \\ -\dfrac{1}{4}\sqrt{\dfrac{\mu_0}{\varepsilon_0}}K^2\left(t+\dfrac{z}{c}\right)\boldsymbol{e}_z, & z<0 \end{cases} \tag{4.29.14}$$

(2) 若 $\boldsymbol{K}(t)=\boldsymbol{K}_0\cos\omega t=K_0\cos\omega t\boldsymbol{e}_x$,则由以上结果得所求电磁场为

$$\left.\begin{aligned} \boldsymbol{E} &= -\frac{1}{2}\sqrt{\frac{\mu_0}{\varepsilon_0}}K_0\cos\omega\left(t-\frac{z}{c}\right)\boldsymbol{e}_x \\ \boldsymbol{H} &= -\frac{1}{2}K_0\cos\omega\left(t-\frac{z}{c}\right)\boldsymbol{e}_y \end{aligned}\right\}, \quad z>0 \tag{4.29.15}$$

这是沿 z 轴正方向传播的单色平面波.

$$\left.\begin{aligned} \boldsymbol{E} &= -\frac{1}{2}\sqrt{\frac{\mu_0}{\varepsilon_0}}K_0\cos\omega\left(t+\frac{z}{c}\right)\boldsymbol{e}_x \\ \boldsymbol{H} &= \frac{1}{2}K_0\cos\omega\left(t+\frac{z}{c}\right)\boldsymbol{e}_x \end{aligned}\right\}, \quad z<0 \tag{4.29.16}$$

这是沿 z 轴负方向传播的单色平面波.

4.30　一无限大平面上分布着均匀的面电流，面电流密度与时间 t 的关系为

$$K(t)=K_0[\cos(\omega+\Delta\omega)t+\cos(\omega-\Delta\omega)t]$$

式中 K_0、ω 和 $\Delta\omega$ 都是常数，且 $\Delta\omega\ll\omega$. 在这面电流两边，充满了均匀的、无损耗的色散介质；在色散介质中，不同频率的电磁波的传播速度是不同的. 试求：(1)这面电流产生的电磁波的波形，以及相速度 v_p 和群速度 v_g；(2)v_g 与 v_p 的关系.

【解】　(1)由于面电流 $K(t)$ 是两个相近频率($\omega+\Delta\omega$ 和 $\omega-\Delta\omega$)的电流的叠加，故由上题(4.29 题)的结果可知，它所产生的电磁波也是这两个频率的单色平面波的叠加.

单色平面波的频率(角频率)ω、波数(传播常数)k 与相速度 v_p 之间的关系为

$$k=\frac{\omega}{v_p} \tag{4.30.1}$$

在色散介质中，对于不同频率的平面波来说，它们的波数 k 一般是不同的. 今面电流为

$$K(t)=K_0[\cos(\omega+\Delta\omega)t+\cos(\omega-\Delta\omega)t] \tag{4.30.2}$$

它所产生的两个单色平面波的波数由于 $\Delta\omega\ll\omega$，可写成下式：

$$\left.\begin{aligned}k_+&=k(\omega+\Delta\omega)=k+\frac{dk}{d\omega}\Delta\omega\\k_-&=k(\omega-\Delta\omega)=k-\frac{dk}{d\omega}\Delta\omega\end{aligned}\right\} \tag{4.30.3}$$

这里的波数 k 是一个实数量.

取笛卡儿坐标系，使电流所在的平面为 x-y 平面，并使 x 轴沿电流方向. 则由上题(4.29 题)的(4.29.15)式得

$$\left.\begin{aligned}\boldsymbol{E}&=-\frac{1}{2}\sqrt{\frac{\mu_0}{\varepsilon_0}}K_0[\cos(k_+z-\omega_+t)+\cos(k_-z-\omega_-t)]\boldsymbol{e}_x\\\boldsymbol{H}&=-\frac{1}{2}K_0[\cos(k_+z-\omega_+t)+\cos(k_-z-\omega_-t)]\boldsymbol{e}_y\end{aligned}\right\},\quad z>0 \tag{4.30.4}$$

式中

$$\left.\begin{aligned}k_+z-\omega_+t&=\left(k+\frac{dk}{d\omega}\Delta\omega\right)z-(\omega+\Delta\omega)t\\k_-z-\omega_-t&=\left(k-\frac{dk}{d\omega}\Delta\omega\right)z-(\omega-\Delta\omega)t\end{aligned}\right\} \tag{4.30.5}$$

由三角函数公式

$$\cos\alpha+\cos\beta=2\cos\frac{\alpha+\beta}{2}\cos\frac{\alpha-\beta}{2} \tag{4.30.6}$$

得

$$\left.\begin{aligned}\boldsymbol{E}&=-\sqrt{\frac{\mu_0}{\varepsilon_0}}K_0\cos(kz-\omega t)\cos\left[(\Delta\omega)\left(\frac{\mathrm{d}k}{\mathrm{d}\omega}z-t\right)\right]\boldsymbol{e}_x\\ \boldsymbol{H}&=-K_0\cos(kz-\omega t)\cos\left[(\Delta\omega)\left(\frac{\mathrm{d}k}{\mathrm{d}\omega}z-t\right)\right]\boldsymbol{e}_y\end{aligned}\right\},\quad z>0 \tag{4.30.7}$$

上式也表达了电磁波的波形.对于某一时刻 t,$\boldsymbol{E}$ 和 $\boldsymbol{H}$ 的波形如图 4.30 所示.式中第一个因子 $\cos(kz-\omega t)$是一个高频的简谐波,它向前传播的速度(相速度)为

$$v_{\mathrm{p}}=\frac{\omega}{k} \tag{4.30.8}$$

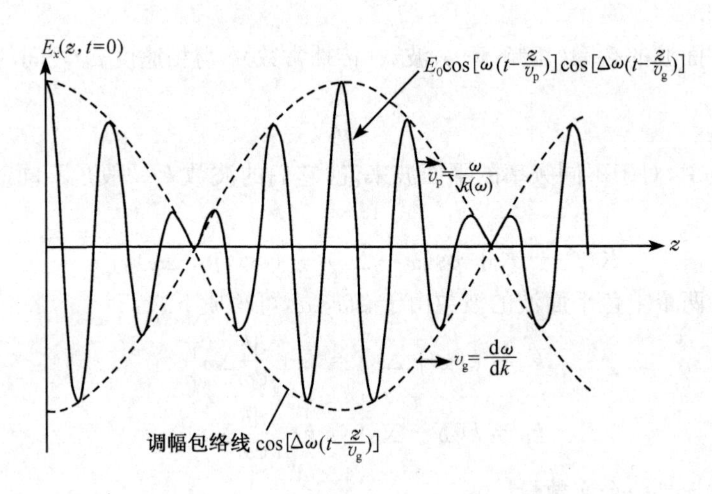

图 4.30

第二个因子 $\cos\left[(\Delta\omega)\left(\frac{\mathrm{d}k}{\mathrm{d}\omega}z-t\right)\right]$是图 4.30 中的调幅包络线(图中虚线),其频率 $\Delta\omega$ 低于包络线内的高频波的频率 ω.这个包络线向前传播的速度 v_{g} 称为群速度. v_{g} 的值可求出如下:令$\frac{\mathrm{d}k}{\mathrm{d}\omega}z-t=C$(常量).对 t 求导,便得

$$v_{\mathrm{g}}=\frac{\mathrm{d}z}{\mathrm{d}t}=\frac{\mathrm{d}\omega}{\mathrm{d}k} \tag{4.30.9}$$

(2) v_{p} 和 v_{g} 的关系.因为 $\omega=kv_{\mathrm{p}}$, $k=\frac{2\pi}{\lambda}$,故

$$v_{\mathrm{g}}=\frac{\mathrm{d}\omega}{\mathrm{d}k}=\frac{\mathrm{d}}{\mathrm{d}k}(kv_{\mathrm{p}})=v_{\mathrm{p}}+k\frac{\mathrm{d}v_{\mathrm{p}}}{\mathrm{d}k}=v_{\mathrm{p}}-\lambda\frac{\mathrm{d}v_{\mathrm{p}}}{\mathrm{d}\lambda} \tag{4.30.10}$$

这便是 v_{g} 与 v_{p} 的关系.

当$\frac{\mathrm{d}v_{\mathrm{p}}}{\mathrm{d}\lambda}>0$ 时,$v_{\mathrm{g}}<v_{\mathrm{p}}$,通常称为正常色散;当$\frac{\mathrm{d}v_{\mathrm{p}}}{\mathrm{d}\lambda}<0$ 时,$v_{\mathrm{g}}>v_{\mathrm{p}}$,则称为反常色散.在真空中,因 $\omega=kc$,这时 $v_{\mathrm{g}}=v_{\mathrm{p}}=c$.即真空中不发生色散.

4.31　带有电荷量 q 的粒子 t'时刻在 $\boldsymbol{r}'$处,以速度 $\boldsymbol{v}$ 和加速度 $\boldsymbol{a}$ 运动;由于有

加速度，它向外发出辐射，辐射场的电场强度和磁场强度分别为

$$\boldsymbol{E}=\frac{q}{4\pi\varepsilon_0 c^2}\frac{\boldsymbol{n}\times\left[\left(\boldsymbol{n}-\frac{\boldsymbol{v}}{c}\right)\times\boldsymbol{a}\right]}{\left(1-\frac{\boldsymbol{v}\cdot\boldsymbol{n}}{c}\right)^3|\boldsymbol{r}-\boldsymbol{r}'|},\qquad \boldsymbol{H}=\sqrt{\frac{\varepsilon_0}{\mu_0}}\boldsymbol{n}\times\boldsymbol{E}$$

式中 $\boldsymbol{r}$ 是场点的位矢，$\boldsymbol{n}$ 是从 $\boldsymbol{r}'$ 到 $\boldsymbol{r}$ 方向上的单位矢量，$\boldsymbol{n}=(\boldsymbol{r}-\boldsymbol{r}')/|\boldsymbol{r}-\boldsymbol{r}'|$. 试证明：$t'$ 时刻 q 在单位立体角内向外辐射的功率（辐射的角分布）为

$$\frac{\mathrm{d}P(t')}{\mathrm{d}\Omega}=\frac{q^2}{16\pi^2\varepsilon_0 c^3}\frac{\left\{\boldsymbol{n}\times\left[\left(\boldsymbol{n}-\frac{\boldsymbol{v}}{c}\right)\times\boldsymbol{a}\right]\right\}^2}{\left(1-\frac{\boldsymbol{v}\cdot\boldsymbol{n}}{c}\right)^5}$$

【证】 辐射场的能流密度为

$$\boldsymbol{S}=\boldsymbol{E}\times\boldsymbol{H}=\boldsymbol{E}\times\left(\sqrt{\frac{\varepsilon_0}{\mu_0}}\boldsymbol{n}\times\boldsymbol{E}\right)=\sqrt{\frac{\varepsilon_0}{\mu_0}}E^2\boldsymbol{n}\tag{4.31.1}$$

由上式得，单位时间内通过垂直于 $\boldsymbol{n}$ 方向（即 $\boldsymbol{r}-\boldsymbol{r}'$ 方向）上单位面积的能量为

$$\boldsymbol{S}\cdot\boldsymbol{n}=\frac{q^2}{16\pi^2\varepsilon_0 c^3}\frac{\left\{\boldsymbol{n}\times\left[\left(\boldsymbol{n}-\frac{\boldsymbol{v}}{c}\right)\times\boldsymbol{a}\right]\right\}^2}{\left(1-\frac{\boldsymbol{v}\cdot\boldsymbol{n}}{c}\right)^6|\boldsymbol{r}-\boldsymbol{r}'|^2}\tag{4.31.2}$$

(4.31.2)式右边的 $\boldsymbol{r}'$、$\boldsymbol{v}$ 和 $\boldsymbol{a}$ 都是 t' 时刻的量，而左边的 $\boldsymbol{S}\cdot\boldsymbol{n}$ 则是 q 在 t' 时刻辐射出的、于 $t=\frac{|\boldsymbol{r}-\boldsymbol{r}'|}{c}+t'$ 时刻在场点 $\boldsymbol{r}$ 测出的、单位时间内通过垂直于 $\boldsymbol{n}$ 方向上单位面积的能量.

在 t 时刻 $\mathrm{d}t$ 时间内，在场点 $\boldsymbol{r}$ 观测到的通过垂直于 $\boldsymbol{n}$ 的单位面积的能量为

$$\boldsymbol{S}\cdot\boldsymbol{n}\mathrm{d}t=\boldsymbol{S}\cdot\boldsymbol{n}\frac{\partial t}{\partial t'}\mathrm{d}t'=\boldsymbol{S}\cdot\boldsymbol{n}\left(1-\frac{\boldsymbol{v}\cdot n}{c}\right)\mathrm{d}t'\tag{4.31.3}$$

这个能量是 q 在 t' 时刻 $\mathrm{d}t'$ 时间内辐射出、并于 t 时刻 $\mathrm{d}t$ 时间内通过垂直于 $\boldsymbol{n}$ 的单位面积的. 故 q 在 t' 时刻在立体角元 $\mathrm{d}\Omega$ 内辐射出的功率为

$$\mathrm{d}P(t')=\boldsymbol{S}\cdot\boldsymbol{n}\left(1-\frac{\boldsymbol{v}\cdot n}{c}\right)|\boldsymbol{r}-\boldsymbol{r}'|^2\mathrm{d}\Omega\tag{4.31.4}$$

于是得：t' 时刻 q 在单位立体角内向外辐射的功率为

$$\frac{\mathrm{d}P(t')}{\mathrm{d}\Omega}=\boldsymbol{S}\cdot\boldsymbol{n}\left(1-\frac{\boldsymbol{v}\cdot n}{c}\right)|\boldsymbol{r}-\boldsymbol{r}'|^2\tag{4.31.5}$$

将(4.31.2)式代入(4.31.5)式便得

$$\frac{\mathrm{d}P(t')}{\mathrm{d}\Omega}=\frac{q^2}{16\pi^2\varepsilon_0 c^3}\frac{\left\{\boldsymbol{n}\times\left[\left(\boldsymbol{n}-\frac{\boldsymbol{v}}{c}\right)\times\boldsymbol{a}\right]\right\}^2}{\left(1-\frac{\boldsymbol{v}\cdot\boldsymbol{n}}{c}\right)^5}\tag{4.31.6}$$

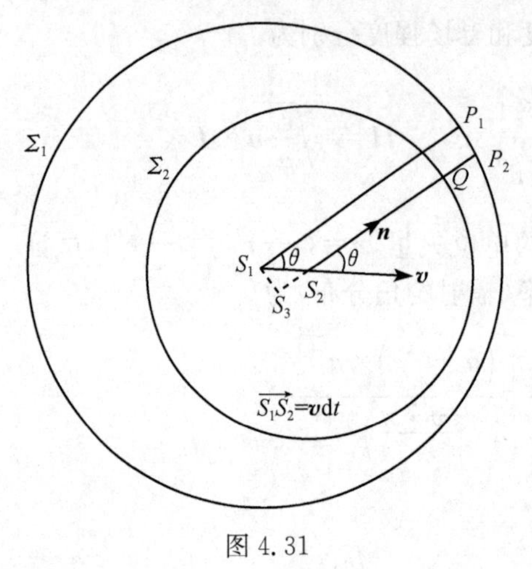

图 4.31

【别证】 如图 4.31 所示，t'时刻 q 在 S_1 处，以速度 $\boldsymbol{v}$ 和加速度 $\boldsymbol{a}$ 运动，同时向外发出球面波的辐射；$t'+\mathrm{d}t'$时刻，q 到达 S_2 处. 此后某一时刻，从 S_1 发出的球面波为Σ_1，从 S_2 发出的球面波为Σ_2，Σ_2的半径为$\overline{S_2Q}=|\boldsymbol{r}-\boldsymbol{r}'|$，$\Sigma_1$的半径为$\overline{S_1P_1}=|\boldsymbol{r}-\boldsymbol{r}'|+c\mathrm{d}t'$. 沿$\Sigma_2$的半径计算，两球面$\Sigma_1$和$\Sigma_2$之间的距离为 $\mathrm{d}|\boldsymbol{r}-\boldsymbol{r}'|$. 由图 4.31 得

$$|\boldsymbol{r}-\boldsymbol{r}'|+c\mathrm{d}t'=\overline{S_1P_1}=\overline{S_3P_2}=\boldsymbol{v}\cdot\boldsymbol{n}\mathrm{d}t'+|\boldsymbol{r}-\boldsymbol{r}'|+\mathrm{d}|\boldsymbol{r}-\boldsymbol{r}'| \tag{4.31.7}$$

由此得

$$\mathrm{d}|\boldsymbol{r}-\boldsymbol{r}'|=c\mathrm{d}t'-\boldsymbol{v}\cdot\boldsymbol{n}\mathrm{d}t'=\left(1-\frac{\boldsymbol{v}\cdot\boldsymbol{n}}{c}\right)c\mathrm{d}t' \tag{4.31.8}$$

球面Σ_1和Σ_2之间辐射场的能量便是 q 在 $\mathrm{d}t'$时间内向外辐射出的能量. 沿$\overrightarrow{S_2P_2}$方向取立体角元

$$\mathrm{d}\Omega=\frac{\mathrm{d}\Sigma_2}{|\boldsymbol{r}-\boldsymbol{r}'|^2} \tag{4.31.9}$$

在此立体角元内两球面Σ_1和Σ_2之间的辐射能量为

$$\begin{aligned}\mathrm{d}W&=w\mathrm{d}V=w\mathrm{d}|\boldsymbol{r}-\boldsymbol{r}'|\,\mathrm{d}\Sigma_2\\&=w\left(1-\frac{\boldsymbol{v}\cdot\boldsymbol{n}}{c}\right)c\mathrm{d}t'\cdot|\boldsymbol{r}-\boldsymbol{r}'|^2\mathrm{d}\Omega\end{aligned} \tag{4.31.10}$$

式中

$$w=\varepsilon_0E^2 \tag{4.31.11}$$

是辐射场的能量密度. 于是得出：t'时刻 q 在单位立体角内向外辐射的功率为

$$\begin{aligned}\frac{\mathrm{d}P(t')}{\mathrm{d}\Omega}&=\frac{\mathrm{d}W}{\mathrm{d}t'\mathrm{d}\Omega}=\varepsilon_0cE^2\left(1-\frac{\boldsymbol{v}\cdot\boldsymbol{n}}{c}\right)|\boldsymbol{r}-\boldsymbol{r}'|^2\\&=\frac{q^2}{16\pi^2\varepsilon_0c^3}\frac{\left\{\boldsymbol{n}\times\left[\left(\boldsymbol{n}-\frac{\boldsymbol{v}}{c}\right)\times\boldsymbol{a}\right]\right\}^2}{\left(1-\frac{\boldsymbol{v}\cdot\boldsymbol{n}}{c}\right)^5}\end{aligned} \tag{4.31.12}$$

4.32 带有电荷量 q 的粒子沿 z 轴做简谐振动，其坐标为 $z(t')=a\cos\omega t'$.

(1) 试证明：单位立体角内的瞬时辐射功率为

$$\frac{\mathrm{d}P(t')}{\mathrm{d}\Omega}=\frac{q^2\omega^4a^2}{16\pi^2\varepsilon_0c^3}\frac{\sin^2\theta\cos^2\omega t'}{\left(1+\frac{\omega a}{c}\cos\theta\sin\omega t'\right)^5}$$

式中 θ 为辐射方向与 z 轴的夹角.

(2) 试证明:单位立体角内对时间平均的辐射功率为

$$\frac{\mathrm{d}P}{\mathrm{d}\Omega}=\frac{q^2\omega^4a^2}{128\pi^2\varepsilon_0c^3}\frac{\left(4+\frac{\omega^2a^2}{c^2}\cos^2\theta\right)\sin^2\theta}{\left(1-\frac{\omega^2a^2}{c^2}\cos^2\theta\right)^{7/2}}$$

(3) 非相论情况和相对论情况的$\frac{\mathrm{d}P}{\mathrm{d}\Omega}$各如何?

【解】 (1) 根据前面 4.31 题,带有电荷量 q 的粒子 t'时刻位于 $\boldsymbol{r}'$处,以速度 $\boldsymbol{v}$ 和加速度 $\boldsymbol{a}$ 运动,在单位立体角内辐射出的功率为

$$\frac{\mathrm{d}P(t')}{\mathrm{d}\Omega}=\frac{q^2}{16\pi^2\varepsilon_0c^3}\frac{\left\{\boldsymbol{n}\times\left[\left(\boldsymbol{n}-\frac{\boldsymbol{v}}{c}\right)\times\boldsymbol{a}\right]\right\}^2}{\left(1-\frac{\boldsymbol{v}\cdot\boldsymbol{n}}{c}\right)^5}\tag{4.32.1}$$

式中 $\boldsymbol{n}$ 是 $\boldsymbol{r}-\boldsymbol{r}'$方向上的单位矢量;$\boldsymbol{r}$ 是场点. 现在,粒子的坐标、速度和加速度分别为

$$\boldsymbol{r}'=z(t')\boldsymbol{e}_z=a\cos\omega t'\boldsymbol{e}_z\tag{4.32.2}$$

$$\boldsymbol{v}=\frac{\mathrm{d}\boldsymbol{r}'}{\mathrm{d}t'}=-\omega a\sin\omega t'\boldsymbol{e}_z\tag{4.32.3}$$

$$\boldsymbol{a}=\frac{\mathrm{d}\boldsymbol{v}}{\mathrm{d}t'}=-\omega^2a\cos\omega t'\boldsymbol{e}_z\tag{4.32.4}$$

由(4.32.3)、(4.32.4)两式得

$$\boldsymbol{v}\times\boldsymbol{a}=0\tag{4.32.5}$$

因

$$\boldsymbol{n}\cdot\boldsymbol{e}_z=\cos\theta\tag{4.32.6}$$

故得

$$\begin{aligned}\left\{\boldsymbol{n}\times\left[\left(\boldsymbol{n}-\frac{\boldsymbol{v}}{c}\right)\times\boldsymbol{a}\right]\right\}^2&=\{\boldsymbol{n}\times[\boldsymbol{n}\times\boldsymbol{a}]\}^2=\{(\boldsymbol{n}\cdot\boldsymbol{a})\boldsymbol{n}-\boldsymbol{a}\}^2\\&=\boldsymbol{a}^2-(\boldsymbol{n}\cdot\boldsymbol{a})^2=(-\omega^2a\cos\omega t'\boldsymbol{e}_z)^2\\&\quad-(-\omega^2a\cos\omega t'\cos\theta)^2\\&=\omega^4a^2\cos^2\omega t'\sin^2\theta\end{aligned}\tag{4.32.7}$$

将(4.32.6)式和(4.32.7)式代入(4.32.1)式即得

$$\frac{\mathrm{d}P(t')}{\mathrm{d}\Omega}=\frac{q^2\omega^4a^2}{16\pi^2\varepsilon_0c^3}\frac{\sin^2\theta\cos^2\omega t'}{\left(1+\frac{\omega a}{c}\cos\theta\sin\omega t'\right)^5}\tag{4.32.8}$$

(2) 由(4.32.8)式得:单位立体角内对时间平均的辐射功率为

$$\frac{\mathrm{d}P}{\mathrm{d}\Omega}=\frac{1}{T}\int_{t'}^{t'+T}\frac{\mathrm{d}P(t')}{\mathrm{d}\Omega}\mathrm{d}t'=\frac{q^2\omega^4a^2\sin^2\theta}{16\pi^2\varepsilon_0c^3T}\int_{t'}^{t'+T}\frac{\cos^2\omega t'\mathrm{d}t'}{\left(1+\frac{\omega a}{c}\cos\theta\sin\omega t'\right)^5} \tag{4.32.9}$$

式中

$$T=\frac{2\pi}{\omega} \tag{4.32.10}$$

是粒子的振动周期.(4.32.9)式中的积分计算起来比较复杂,我们较详细地写出如下:令

$$A=\frac{\omega a}{c}\cos\theta \tag{4.32.11}$$

$$x=\sin\omega t' \tag{4.32.12}$$

则(4.32.9)式中的积分可化为

$$\int_{t'}^{t'+T}\frac{\cos^2\omega t'\mathrm{d}t'}{(1+A\sin\omega t')^5}=\frac{1}{\omega}\int_{\sin\omega t'}^{\sin\omega(t'+T)}\frac{\sqrt{1-x^2}}{(1+Ax)^5}\mathrm{d}x \tag{4.32.13}$$

根据积分公式

$$\begin{aligned}\int\frac{\sqrt{1-x^2}}{(1+Ax)^m}\mathrm{d}x=&-\frac{A}{(m-1)(A^2-1)}\frac{(1-x^2)^{3/2}}{(1+Ax)^{m-1}}\\&-\frac{2m-5}{(m-1)(A^2-1)}\int\frac{\sqrt{1-x^2}}{(1+Ax)^{m-1}}\mathrm{d}x\\&+\frac{m-4}{(m-1)(A^2-1)}\int\frac{\sqrt{1-x^2}}{(1+Ax)^{m-2}}\mathrm{d}x\end{aligned} \tag{4.32.14}$$

在取定积分时,由于

$$\sin\omega(t'+T)=\sin\omega t' \tag{4.32.15}$$

$$\sqrt{1-\sin^2\omega t'}\Big|_{t'}^{t'+T}=0 \tag{4.32.16}$$

故(4.32.14)式等号右边第一项为零,可弃之不顾.于是得

$$\begin{aligned}\int\frac{\sqrt{1-x^2}}{(1+Ax)^5}\mathrm{d}x=&-\frac{5}{4(A^2-1)}\int\frac{\sqrt{1-x^2}}{(1+Ax)^4}\mathrm{d}x+\frac{1}{4(A^2-1)}\int\frac{\sqrt{1-x^2}}{(1+Ax)^3}\mathrm{d}x\\=&-\frac{5}{4(A^2-1)}\left[-\frac{1}{A^2-1}\int\frac{\sqrt{1-x^2}}{(1+Ax)^3}\mathrm{d}x\right]\\&+\frac{1}{4(A^2-1)}\int\frac{\sqrt{1-x^2}}{(1+Ax)^3}\mathrm{d}x\\=&\frac{A^2+4}{4(A^2-1)^2}\int\frac{\sqrt{1-x^2}}{(1+Ax)^3}\mathrm{d}x\\=&\frac{A^2+4}{4(A^2-1)^2}\left[-\frac{1}{2(A^2-1)}\int\frac{\sqrt{1-x^2}}{(1+Ax)^2}\mathrm{d}x\right.\end{aligned}$$

$$-\frac{1}{2(A^2-1)}\int\frac{\sqrt{1-x^2}}{1+Ax}\mathrm{d}x\Bigg]$$

$$=-\frac{A^2+4}{8(A^2-1)^3}\int\frac{\sqrt{1-x^2}}{(1+Ax)^2}\mathrm{d}x-\frac{A^2+4}{8(A^2-1)^3}\int\frac{\sqrt{1-x^2}}{1+Ax}\mathrm{d}x$$

$$=-\frac{A^2+4}{8(A^2-1)^3}\left[\frac{1}{A^2-1}\int\frac{\sqrt{1-x^2}}{1+Ax}\mathrm{d}x-\frac{2}{A^2-1}\int\sqrt{1-x^2}\mathrm{d}x\right]$$

$$-\frac{A^2+4}{8(A^2-1)^3}\int\frac{\sqrt{1-x^2}}{1+Ax}\mathrm{d}x$$

$$=-\frac{A^2(A^2+4)}{8(A^2-1)^4}\int\frac{\sqrt{1-x^2}}{1+Ax}\mathrm{d}x+\frac{A^2+4}{4(A^2-1)^4}\int\sqrt{1-x^2}\mathrm{d}x$$

$$=-\frac{A^2(A^2+4)}{8(A^2-1)^4}\int\frac{\sqrt{1-x^2}}{1+Ax}\mathrm{d}x+\frac{A^2+4}{8(A^2-1)^4}(x\sqrt{1-x^2}+\arcsin x)\tag{4.32.17}$$

(4.32.17)式的最后等号右边第二项的定积分结果为

$$\frac{A^2+4}{8(A^2-1)^4}(\sin\omega t'\cos\omega t'+\omega t')\bigg|_{t'}^{t'+T}=\frac{\pi}{4}\frac{A^2+4}{(A^2-1)^4}\tag{4.32.18}$$

令

$$y=1+Ax\tag{4.32.19}$$

(4.32.17)式的最后等号右边第一项的积分化为

$$\int\frac{\sqrt{1-x^2}}{1+Ax}\mathrm{d}x=\frac{1}{A^2}\int\frac{\sqrt{-y^2+2y+A^2-1}}{y}\mathrm{d}y$$

$$=\frac{1}{A^2}\Bigg[\sqrt{-y^2+2y+A^2-1}+\int\frac{\mathrm{d}y}{\sqrt{-y^2+2y+A^2-1}}$$

$$+(A^2-1)\int\frac{\mathrm{d}y}{y\sqrt{-y^2+2y+A^2-1}}\Bigg]$$

$$=\frac{1}{A^2}\Bigg[\sqrt{-y^2+2y+A^2-1}+\arcsin\left(\frac{y-1}{A}\right)$$

$$+\frac{A^2-1}{\sqrt{1-A^2}}\arcsin\left(\frac{y+A^2-1}{Ay}\right)\Bigg]\tag{4.32.20}$$

还原为对 x 的积分即得

$$\int\frac{\sqrt{1-x^2}}{1+Ax}\mathrm{d}x=\frac{1}{A^2}\left[\sqrt{1-x^2}+\arcsin x+\frac{A^2-1}{\sqrt{1-A^2}}\arcsin\left(\frac{x+A}{1+Ax}\right)\right]\tag{4.32.21}$$

由(4.32.16)式知,(4.32.21)式等号右边第一项的定积分为零,第二项的定积分为

$$\frac{1}{A^2}\omega t'\bigg|_{t'}^{t'+T}=\frac{1}{A^2}\omega T=\frac{2\pi}{A^2}\tag{4.32.22}$$

这个结果乘上积分号前的常数便得

$$-\frac{A^2(A^2+4)}{8(A^2-1)^4}\cdot\frac{2\pi}{A^2}=-\frac{\pi}{4}\,\frac{A^2+4}{(A^2-1)^4} \tag{4.32.23}$$

(4.32.23)式与(4.32.18)式正好抵消，于是最后由(4.32.17)式和(4.32.21)式得出：(4.32.13)式的积分为

$$\begin{aligned}\int_{t'}^{t'+T}\frac{\cos^2\omega t'\mathrm{d}t'}{(1+A\sin\omega t')^5}&=-\frac{A^2(A^2+4)}{8\omega(A^2-1)^4}\cdot\frac{1}{A^2}\cdot\frac{A^2-1}{\sqrt{1-A^2}}\arcsin\left(\frac{\sin\omega t'+A}{1+A\sin\omega t'}\right)\Bigg|_{t'}^{t'+T}\\&=\frac{A^2+4}{8\omega(1-A^2)^{7/2}}\left\{\arcsin\left[\frac{\sin\omega(t'+T)+A}{1+A\sin\omega(t'+T)}\right]\right.\\&\quad\left.-\arcsin\left(\frac{\sin\omega t'+A}{1+A\sin\omega t'}\right)\right\}\\&=\frac{A^2+4}{8\omega(1-A^2)^{7/2}}\cdot 2\pi=\frac{\pi}{4}\,\frac{A^2+4}{\omega(1-A^2)^{7/2}}\end{aligned} \tag{4.32.24}$$

代入(4.32.9)式便得

$$\frac{\mathrm{d}P}{\mathrm{d}\Omega}=\frac{q^2\omega^4a^2\sin^2\theta}{16\pi^2\varepsilon_0c^3T}\cdot\frac{\pi}{4}\frac{A^2+4}{\omega(1-A^2)^{7/2}}=\frac{q^2\omega^4a^2}{128\pi^2\varepsilon_0c^3}\,\frac{\left(4+\frac{\omega^2a^2}{c^2}\cos^2\theta\right)\sin^2\theta}{\left(1-\frac{\omega^2a^2}{c^2}\cos^2\theta\right)^{7/2}} \tag{4.32.25}$$

(3) 对于非相对论情况，$\frac{\omega a}{c}\ll 1$，这时(4.32.25)式化为

$$\frac{\mathrm{d}P}{\mathrm{d}\Omega}=\frac{q^2\omega^4a^2}{32\pi^2\varepsilon_0c^3}\sin^2\theta \tag{4.32.26}$$

对于相对论情况，$\frac{\omega a}{c}\approx 1$，这时(4.32.25)式化为

$$\frac{\mathrm{d}P}{\mathrm{d}\Omega}=\frac{q^2\omega^4a^2}{128\pi^2\varepsilon_0c^3}\,\frac{(4+\cos^2\theta)\sin^2\theta}{\sin^7\theta}=\frac{q^2\omega^4a^2}{128\pi^2\varepsilon_0c^3}\,\frac{4+\cos^2\theta}{\sin^5\theta} \tag{4.32.27}$$

4.33 带有电荷量 q 的粒子 t' 时刻位于 $\boldsymbol{r}'$ 处，以速度 $\boldsymbol{v}$ 和加速度 $\boldsymbol{a}$ 运动，它在 $\boldsymbol{n}$(单位矢量)方向上单位立体角内向外辐射的功率为

$$\frac{\mathrm{d}P(t')}{\mathrm{d}\Omega}=\frac{q^2}{16\pi^2\varepsilon_0c^3}\,\frac{\left\{\boldsymbol{n}\times\left[\left(\boldsymbol{n}-\frac{\boldsymbol{v}}{c}\right)\times\boldsymbol{a}\right]\right\}^2}{\left(1-\frac{\boldsymbol{v}\cdot\boldsymbol{n}}{c}\right)^5}$$

试由此导出：这粒子的辐射总功率为

$$P(t')=\frac{q^2}{6\pi\varepsilon_0c^3}\,\frac{a^2-\left(\frac{\boldsymbol{v}\times\boldsymbol{a}}{c}\right)^2}{\left(1-\frac{v^2}{c^2}\right)^3}$$

【解】 以粒子 q 所在处为原点，速度 $\boldsymbol{v}$ 的方向为 z 轴，并以 $\boldsymbol{v}$ 和 $\boldsymbol{a}$ 构成的平面

为 z-x 平面，取坐标如图 4.33 所示，$\boldsymbol{n}$ 与 $\boldsymbol{v}$ 之间的夹角为 θ，$\boldsymbol{n}$ 的方位角为 ϕ. 于是粒子 q 的辐射总功率为

$$P(t')=\int_0^{4\pi}\frac{\mathrm{d}P(t')}{\mathrm{d}\Omega}\mathrm{d}\Omega=\int_0^{\pi}\int_0^{2\pi}\frac{\mathrm{d}P(t')}{\mathrm{d}\Omega}\sin\theta\mathrm{d}\theta\mathrm{d}\phi$$
$$=\frac{q^2}{16\pi^2\varepsilon_0 c^3}\times\int_0^{\pi}\int_0^{2\pi}\frac{\left\{\boldsymbol{n}\times\left[\left(\boldsymbol{n}-\frac{\boldsymbol{v}}{c}\right)\times\boldsymbol{a}\right]\right\}^2}{\left(1-\frac{\boldsymbol{v}\cdot\boldsymbol{n}}{c}\right)^5}\sin\theta\mathrm{d}\theta\mathrm{d}\phi \tag{4.33.1}$$

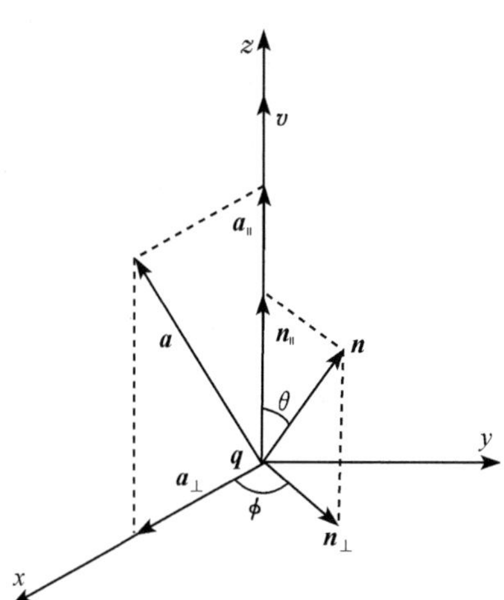

图 4.33

下面的任务就是求(4.33.1)式的积分. 为此，将 $\boldsymbol{a}$ 分解为平行于 $\boldsymbol{v}$ 的 $\boldsymbol{a}_\parallel$ 和垂直于 $\boldsymbol{v}$ 的 $\boldsymbol{a}_\perp$，即

$$\boldsymbol{a}=\boldsymbol{a}_\parallel+\boldsymbol{a}_\perp \tag{4.33.2}$$

于是

$$\boldsymbol{n}\times\left[\left(\boldsymbol{n}-\frac{\boldsymbol{v}}{c}\right)\times\boldsymbol{a}\right]=\boldsymbol{n}\times\left[\left(\boldsymbol{n}-\frac{\boldsymbol{v}}{c}\right)\times\boldsymbol{a}_\parallel\right]+\boldsymbol{n}\times\left[\left(\boldsymbol{n}-\frac{\boldsymbol{v}}{c}\right)\times\boldsymbol{a}_\perp\right] \tag{4.33.3}$$

令

$$\boldsymbol{A}_\parallel=\boldsymbol{n}\times\left[\left(\boldsymbol{n}-\frac{\boldsymbol{v}}{c}\right)\times\boldsymbol{a}_\parallel\right]=\boldsymbol{n}\times(\boldsymbol{n}\times\boldsymbol{a}_\parallel)$$
$$=(\boldsymbol{n}\cdot\boldsymbol{a}_\parallel)\boldsymbol{n}-\boldsymbol{a}_\parallel=a_\parallel\cos\theta\boldsymbol{n}-\boldsymbol{a}_\parallel \tag{4.33.4}$$

$$\boldsymbol{A}_\perp=\boldsymbol{n}\times\left[\left(\boldsymbol{n}-\frac{\boldsymbol{v}}{c}\right)\times\boldsymbol{a}_\perp\right]=(\boldsymbol{n}\cdot\boldsymbol{a}_\perp)\left(\boldsymbol{n}-\frac{\boldsymbol{v}}{c}\right)-\alpha\boldsymbol{a}_\perp \tag{4.33.5}$$

式中

$$\alpha=1-\frac{\boldsymbol{v}\cdot\boldsymbol{n}}{c}=1-\frac{v}{c}\cos\theta \tag{4.33.6}$$

将 $\boldsymbol{n}$ 分解为平行于 $\boldsymbol{v}$ 的 $\boldsymbol{n}_\parallel$ 和垂直于 $\boldsymbol{v}$ 的 $\boldsymbol{n}_\perp$，即

$$\boldsymbol{n}=\boldsymbol{n}_\parallel+\boldsymbol{n}_\perp \tag{4.33.7}$$

则由图 4.33 可见

$$\boldsymbol{n}\cdot\boldsymbol{a}_\perp=(\boldsymbol{n}_\parallel+\boldsymbol{n}_\perp)\cdot\boldsymbol{a}_\perp=\boldsymbol{n}_\perp\cdot\boldsymbol{a}_\perp=n_\perp a_\perp\cos\phi$$
$$=a_\perp\sin\theta\cos\phi \tag{4.33.8}$$

所以

$$\boldsymbol{A}_\perp=a_\perp\sin\theta\cos\phi\left(\boldsymbol{n}-\frac{\boldsymbol{v}}{c}\right)-\alpha\boldsymbol{a}_\perp \tag{4.33.9}$$

于是(4.33.1)式中被积函数的分子为

$$\left\{\boldsymbol{n}\times\left[\left(\boldsymbol{n}-\frac{\boldsymbol{v}}{c}\right)\times\boldsymbol{a}\right]\right\}^2=\{\boldsymbol{A}_\parallel+\boldsymbol{A}_\perp\}^2=A_\parallel^2+2\boldsymbol{A}_\parallel\cdot\boldsymbol{A}_\perp+A_\perp^2 \tag{4.33.10}$$

由(4.33.4)、(4.33.9)两式得

$$A_\parallel^2=[a_\parallel\cos\theta\boldsymbol{n}-\boldsymbol{a}_\parallel]^2=a_\parallel^2\cos^2\theta-2a_\parallel\cos\theta\boldsymbol{n}\cdot\boldsymbol{a}_\parallel+a_\parallel^2$$
$$=a_\parallel^2\cos^2\theta-2a_\parallel^2\cos^2\theta+a_\parallel^2=a_\parallel^2\sin^2\theta \tag{4.33.11}$$

$$\boldsymbol{A}_\parallel\cdot\boldsymbol{A}_\perp=[a_\parallel\cos\theta\boldsymbol{n}-\boldsymbol{a}_\parallel]\cdot\left[a_\perp\sin\theta\cos\phi\left(\boldsymbol{n}-\frac{\boldsymbol{v}}{c}\right)-\alpha\boldsymbol{a}_\perp\right]$$
$$=a_\parallel a_\perp\sin\theta\cos\theta\cos\phi\boldsymbol{n}\cdot\left(\boldsymbol{n}-\frac{\boldsymbol{v}}{c}\right)-a_\parallel\alpha\cos\theta\boldsymbol{n}\cdot\boldsymbol{a}_\perp$$
$$-a_\perp\sin\theta\cos\phi\boldsymbol{a}_\parallel\cdot\left(\boldsymbol{n}-\frac{\boldsymbol{v}}{c}\right)$$
$$=a_\parallel a_\perp\left(\frac{v}{c}-\cos\theta\right)\sin\theta\cos\phi \tag{4.33.12}$$

$$A_\perp^2=\left[a_\perp\sin\theta\cos\phi\left(\boldsymbol{n}-\frac{\boldsymbol{v}}{c}\right)-\alpha\boldsymbol{a}_\perp\right]^2$$
$$=a_\perp^2\sin^2\theta\cos^2\phi\left(\boldsymbol{n}-\frac{\boldsymbol{v}}{c}\right)^2-2\alpha a_\perp\sin\theta\cos\phi\left(\boldsymbol{n}-\frac{\boldsymbol{v}}{c}\right)\cdot\boldsymbol{a}_\perp+\alpha^2a_\perp^2$$
$$=a_\perp^2\left[\left(\frac{v^2}{c^2}-1\right)\sin^2\theta\cos^2\phi+\left(1-\frac{v}{c}\cos\theta\right)^2\right] \tag{4.33.13}$$

将(4.33.11)、(4.33.12)、(4.33.13)三式代入(4.33.10)式，然后再代入(4.33.1)式求积分，便得

$$P(t')=\frac{q^2}{16\pi^2\varepsilon_0c^3}\int_0^\pi\int_0^{2\pi}\frac{A_\parallel^2+2\boldsymbol{A}_\parallel\cdot\boldsymbol{A}_\perp+A_\perp^2}{\alpha^5}\sin\theta\mathrm{d}\theta\mathrm{d}\phi \tag{4.33.14}$$

这个积分包括下列三项：

$$I_1=\int_0^\pi\int_0^{2\pi}\frac{A_\parallel^2}{\alpha^5}\sin\theta\mathrm{d}\theta\mathrm{d}\phi=2\pi a_\parallel^2\int_0^\pi\frac{\sin^3\theta}{\alpha^5}\mathrm{d}\theta \tag{4.33.15}$$

$$I_2=\int_0^\pi\int_0^{2\pi}\frac{\boldsymbol{A}_\parallel\cdot\boldsymbol{A}_\perp}{\alpha^5}\sin\theta\mathrm{d}\theta\mathrm{d}\phi$$
$$=a_\parallel a_\perp\int_0^\pi\int_0^{2\pi}\frac{\left(\frac{v}{c}-\cos\theta\right)\sin^2\theta\cos\phi\mathrm{d}\theta\mathrm{d}\phi}{\alpha^5}$$
$$=a_\parallel a_\perp\int_0^\pi\frac{\left(\frac{v}{c}-\cos\theta\right)\sin^2\theta}{\left(1-\frac{v}{c}\cos\theta\right)^5}\mathrm{d}\theta(\sin\phi)_{\phi=0}^{\phi=2\pi}=0 \tag{4.33.16}$$

$$I_3=\int_0^\pi\int_0^{2\pi}\frac{A_\perp^2}{\alpha^5}\sin\theta\mathrm{d}\theta\mathrm{d}\phi=a_\perp^2\int_0^\pi\int_0^{2\pi}\frac{\left(\frac{v^2}{c^2}-1\right)\sin^2\theta\cos^2\phi+\alpha^2}{\alpha^5}\sin\theta\mathrm{d}\theta\mathrm{d}\phi$$

$$= \pi a_{\perp}^{2}\left(\frac{v^{2}}{c^{2}}-1\right)\int_{0}^{\pi}\frac{\sin^{3}\theta d\theta}{\alpha^{5}}+2\pi a_{\perp}^{2}\int_{0}^{\pi}\frac{\sin\theta d\theta}{\alpha^{3}} \tag{4.33.17}$$

为了计算 I_1 和 I_3 的值，用 α 代替 θ 作变量，由(4.33.6)式有

$$\sin\theta d\theta = \frac{c}{v}d\alpha \tag{4.33.18}$$

$$\sin^{2}\theta = 1-\cos^{2}\theta = 1-\frac{c^{2}}{v^{2}}(1-\alpha)^{2} = \left(1-\frac{c^{2}}{v^{2}}\right)+2\frac{c^{2}}{v^{2}}\alpha-\frac{c^{2}}{v^{2}}\alpha^{2} \tag{4.33.19}$$

所以

$$\begin{aligned}\int_{0}^{\pi}\frac{\sin^{3}\theta d\theta}{\alpha^{5}} &= \int_{1-\frac{v}{c}}^{1+\frac{v}{c}}\left(1-\frac{c^{2}}{v^{2}}+2\frac{c^{2}}{v^{2}}\alpha-\frac{c^{2}}{v^{2}}\alpha^{2}\right)\alpha^{-5}\frac{c}{v}d\alpha \\ &= -\frac{c}{v}\left[\left(1-\frac{c^{2}}{v^{2}}\right)\frac{1}{4\alpha^{4}}+2\frac{c^{2}}{v^{2}}\frac{1}{3\alpha^{3}}-\frac{c^{2}}{v^{2}}\frac{1}{2\alpha^{2}}\right]_{\alpha=1-\frac{v}{c}}^{\alpha=1+\frac{v}{c}} \\ &= \frac{4}{3\left(1-\frac{v^{2}}{c^{2}}\right)^{3}}\end{aligned} \tag{4.33.20}$$

$$\int_{0}^{\pi}\frac{\sin\theta d\theta}{\alpha^{3}} = \frac{c}{v}\int_{1-\frac{v}{c}}^{1+\frac{v}{c}}\frac{d\alpha}{\alpha^{3}} = \frac{c}{v}\left[-\frac{1}{2\alpha^{2}}\right]_{\alpha=1-\frac{v}{c}}^{\alpha=1+\frac{v}{c}} = \frac{2}{\left(1-\frac{v^{2}}{c^{2}}\right)^{2}} \tag{4.33.21}$$

于是得

$$I_{1} = 2\pi a_{\parallel}^{2}\cdot\frac{4}{3\left(1-\frac{v^{2}}{c^{2}}\right)^{3}} = \frac{8\pi}{3}\frac{a_{\parallel}^{2}}{\left(1-\frac{v^{2}}{c^{2}}\right)^{3}} \tag{4.33.22}$$

$$\begin{aligned}I_{3} &= \pi a_{\perp}^{2}\left(\frac{v^{2}}{c^{2}}-1\right)\cdot\frac{4}{3\left(1-\frac{v^{2}}{c^{2}}\right)^{3}}+2\pi a_{\perp}^{2}\cdot\frac{2}{\left(1-\frac{v^{2}}{c^{2}}\right)^{2}} \\ &= \frac{8\pi}{3}\frac{a_{\perp}^{2}}{\left(1-\frac{v^{2}}{c^{2}}\right)^{2}}\end{aligned} \tag{4.33.23}$$

将 I_1、I_2 和 I_3 代入(4.33.14)式便得

$$\begin{aligned}P(t') &= \frac{q^{2}}{16\pi^{2}\varepsilon_{0}c^{3}}\frac{8\pi}{3}\left[\frac{a_{\parallel}^{2}}{\left(1-\frac{v^{2}}{c^{2}}\right)^{3}}+\frac{a_{\perp}^{2}}{\left(1-\frac{v^{2}}{c^{2}}\right)^{2}}\right] \\ &= \frac{q^{2}}{6\pi\varepsilon_{0}c^{3}}\frac{a_{\parallel}^{2}+\left(1-\frac{v^{2}}{c^{2}}\right)a_{\perp}^{2}}{\left(1-\frac{v^{2}}{c^{2}}\right)^{3}}\end{aligned} \tag{4.33.24}$$

其中

$$a_{\parallel}^{2}+\left(1-\frac{v^{2}}{c^{2}}\right)a_{\perp}^{2} = a_{\parallel}^{2}+a_{\perp}^{2}-\frac{v^{2}}{c^{2}}a_{\perp}^{2} = a^{2}-\left(\frac{\boldsymbol{v}\times\boldsymbol{a}}{c}\right)^{2} \tag{4.33.25}$$

于是最后便得所求的辐射总功率为

$$P(t') = \frac{q^2}{6\pi\varepsilon_0 c^3} \frac{a^2 - \left(\dfrac{\boldsymbol{v} \times \boldsymbol{a}}{c}\right)^2}{\left(1 - \dfrac{v^2}{c^2}\right)^3} \tag{4.33.26}$$

【讨论】 导出 $P(t')$表达式(4.33.26)的另一种方法参见 5.60 题的(2).

4.34 设辐射源的辐射总功率为 P(单位为瓦),辐射源到辐射场中一点的位矢为 $\boldsymbol{r}$,距离为 $r=|\boldsymbol{r}|$(单位为米),该点电场强度的方均根值为 E(单位为伏/米).试证明:(1) 若辐射源是振动的电偶极矩 $\boldsymbol{p}$,则 $E=6.7\sqrt{P}\sin\theta/r$,式中 θ 是 $\boldsymbol{r}$ 与 $\boldsymbol{p}$ 的夹角;(2) 若辐射源是半波天线,则 $E=7.0\sqrt{P}\cos\left(\dfrac{\pi}{2}\cos\theta\right)/r\sin\theta$,式中 θ 是 $\boldsymbol{r}$ 与天线的夹角.

【证】 (1) 振动的电偶极矩.根据前面 4.6 题的(4.6.14)式,辐射总功率为

$$P = \frac{\omega^4 \, |p_0|^2}{12\pi\varepsilon_0 c^3} \tag{4.34.1}$$

式中 ω 是振动电偶极矩的角频率,$|p_0|$是电偶极矩的振幅.根据(4.6.13)式,$\boldsymbol{r}$ 点辐射场的平均能流密度的大小为

$$|\bar{\boldsymbol{S}}| = \frac{\omega^4 \, |p_0|^2}{32\pi^2\varepsilon_0 c^3} \frac{\sin^2\theta}{r^2} \tag{4.34.2}$$

由于

$$\bar{\boldsymbol{S}} = \frac{1}{2}\mathrm{Re}(\boldsymbol{E} \times \boldsymbol{H}^*) \tag{4.34.3}$$

所以

$$|\bar{\boldsymbol{S}}| = \frac{1}{2}E_0 H_0^* = \frac{1}{2}E_0\left(\sqrt{\frac{\varepsilon_0}{\mu_0}}E_0\right)^* = \frac{1}{2}\varepsilon_0 c\,|E_0|^2 \tag{4.34.4}$$

式中 E_0 是电场强度的振幅(峰值),它与电场强度的方均根值 E 的关系为

$$E_0 = \sqrt{2}E \tag{4.34.5}$$

于是得

$$|\bar{\boldsymbol{S}}| = \varepsilon_0 c E^2 \tag{4.34.6}$$

由(4.34.1)、(4.34.2)、(4.34.6)三式得

$$\begin{aligned} E &= \sqrt{\frac{\omega^4 \, |p_0|^2}{32\pi^2\varepsilon_0^2 c^4} \frac{\sin^2\theta}{r^2}} = \sqrt{\frac{12\pi\varepsilon_0 c^3 P}{32\pi^2\varepsilon_0^2 c^4}} \frac{\sin\theta}{r} \\ &= \sqrt{\frac{3}{8\pi\varepsilon_0 c}}\sqrt{P}\frac{\sin\theta}{r} = \sqrt{\frac{3}{8\pi \times 8.854 \times 10^{-12} \times 3 \times 10^8}}\sqrt{P}\frac{\sin\theta}{r} \\ &= 6.70\sqrt{P}\frac{\sin\theta}{r} \end{aligned} \tag{4.34.7}$$

(2) 半波天线. 根据前面 4.25 题,辐射总功率为[参见(4.25.12)式]

$$P = 36.54 I_0^2 \tag{4.34.8}$$

式中 I_0 是半波天线电流的峰值. $\boldsymbol{r}$ 点辐射场的平均能流密度 $\bar{\boldsymbol{S}}$ 的大小为[参见(4.25.8)式]

$$|\bar{\boldsymbol{S}}| = \frac{I_0^2}{8\pi^2\varepsilon_0 c} \frac{\cos^2\left(\frac{\pi}{2}\cos\theta\right)}{r^2\sin^2\theta} \tag{4.34.9}$$

将(4.34.8)式代入(4.34.9)式得

$$|\bar{\boldsymbol{S}}| = \frac{P}{36.54 \times 8\pi^2\varepsilon_0 c} \frac{\cos^2\left(\frac{\pi}{2}\cos\theta\right)}{r^2\sin^2\theta} \tag{4.34.10}$$

由(4.34.6)、(4.34.10)两式得

$$E = \sqrt{\frac{|\bar{\boldsymbol{S}}|}{\varepsilon_0 c}} = \frac{1}{\sqrt{36.54 \times 8\pi^2\varepsilon_0^2 c^2}} \sqrt{P} \frac{\cos\left(\frac{\pi}{2}\cos\theta\right)}{r\sin\theta}$$

$$= \frac{10000}{\sqrt{18.27} \times 4\pi \times 8.854 \times 3} \sqrt{P} \frac{\cos\left(\frac{\pi}{2}\cos\theta\right)}{r\sin\theta}$$

$$= 7.0\sqrt{P} \frac{\cos\left(\frac{\pi}{2}\cos\theta\right)}{r\sin\theta} \tag{4.34.11}$$

4.35 带有电荷量 q 的粒子 t' 时刻位于 $\boldsymbol{r}'$ 处,速度为 $\boldsymbol{v} = \frac{\mathrm{d}\boldsymbol{r}'}{\mathrm{d}t'}$,加速度为 $\boldsymbol{a} = \frac{\mathrm{d}^2\boldsymbol{r}'}{\mathrm{d}t'^2}$;在非相对论的情况下(即它的速率 $v \ll c$),它在 $t(>t')$ 时刻的 $\boldsymbol{r}$ 处所产生的辐射场其电场强度为

$$\boldsymbol{E}_a = \frac{q}{4\pi\varepsilon_0 c^2} \frac{(\boldsymbol{r}-\boldsymbol{r}') \times [(\boldsymbol{r}-\boldsymbol{r}') \times \boldsymbol{a}]}{|\boldsymbol{r}-\boldsymbol{r}'|^3}$$

试证明,对于离 q 较远的地方(即略去 $\frac{1}{|\boldsymbol{r}-\boldsymbol{r}'|^2}$ 项),$\boldsymbol{E}_a$ 可写作

$$\boldsymbol{E}_a = \frac{q}{4\pi\varepsilon_0 c^2} \frac{\mathrm{d}^2\boldsymbol{n}}{\mathrm{d}t^2}$$

式中,$\boldsymbol{n} = \frac{\boldsymbol{r}-\boldsymbol{r}'}{|\boldsymbol{r}-\boldsymbol{r}'|}$ 为从 $\boldsymbol{r}'$ 到 $\boldsymbol{r}$ 方向上的单位矢量.

【证】 t 与 t' 的关系为

$$t = t' + \frac{|\boldsymbol{r}-\boldsymbol{r}'|}{c} \tag{4.35.1}$$

$$\frac{\mathrm{d}t}{\mathrm{d}t'} = 1 + \frac{1}{c} \frac{\mathrm{d}|\boldsymbol{r}-\boldsymbol{r}'|}{\mathrm{d}t'} = 1 + \frac{1}{c} \frac{-2\boldsymbol{r}\cdot\boldsymbol{v} + 2\boldsymbol{r}'\cdot\boldsymbol{v}}{2|\boldsymbol{r}-\boldsymbol{r}'|}$$

$$=1-\frac{\boldsymbol{v}\cdot\boldsymbol{n}}{c} \tag{4.35.2}$$

$v \ll c$,故略去$\frac{\boldsymbol{v}\cdot\boldsymbol{n}}{c}$项,即

$$\frac{\mathrm{d}t}{\mathrm{d}t'}=1 \tag{4.35.3}$$

由此得

$$\begin{aligned}\frac{\mathrm{d}\boldsymbol{n}}{\mathrm{d}t}&=\frac{\mathrm{d}\boldsymbol{n}}{\mathrm{d}t'}\frac{\mathrm{d}t'}{\mathrm{d}t}=\frac{\mathrm{d}\boldsymbol{n}}{\mathrm{d}t'}=\frac{\mathrm{d}}{\mathrm{d}t'}\left(\frac{\boldsymbol{r}-\boldsymbol{r}'}{|\boldsymbol{r}-\boldsymbol{r}'|}\right)\\&=\frac{1}{|\boldsymbol{r}-\boldsymbol{r}'|^2}\left[|\boldsymbol{r}-\boldsymbol{r}'|\frac{\mathrm{d}(\boldsymbol{r}-\boldsymbol{r}')}{\mathrm{d}t'}-(\boldsymbol{r}-\boldsymbol{r}')\frac{\mathrm{d}|\boldsymbol{r}-\boldsymbol{r}'|}{\mathrm{d}t'}\right]\\&=\frac{1}{|\boldsymbol{r}-\boldsymbol{r}'|^2}[|\boldsymbol{r}-\boldsymbol{r}'|(-\boldsymbol{v})-(\boldsymbol{r}-\boldsymbol{r}')(-\boldsymbol{v}\cdot\boldsymbol{n})]\\&=\frac{(\boldsymbol{v}\cdot\boldsymbol{n})\boldsymbol{n}-\boldsymbol{v}}{|\boldsymbol{r}-\boldsymbol{r}'|}\end{aligned} \tag{4.35.4}$$

$$\begin{aligned}\frac{\mathrm{d}^2\boldsymbol{n}}{\mathrm{d}t^2}&=\frac{\mathrm{d}^2\boldsymbol{n}}{\mathrm{d}t'^2}=\frac{1}{|\boldsymbol{r}-\boldsymbol{r}'|^2}\left\{|\boldsymbol{r}-\boldsymbol{r}'|\frac{\mathrm{d}}{\mathrm{d}t'}[(\boldsymbol{v}\cdot\boldsymbol{n})\boldsymbol{n}-\boldsymbol{v}]-[(\boldsymbol{v}\cdot\boldsymbol{n})\boldsymbol{n}-\boldsymbol{v}]\frac{\mathrm{d}|\boldsymbol{r}-\boldsymbol{r}'|}{\mathrm{d}t'}\right\}\\&=\frac{1}{|\boldsymbol{r}-\boldsymbol{r}'|^2}\left\{|\boldsymbol{r}-\boldsymbol{r}'|\left[(\boldsymbol{a}\cdot\boldsymbol{n})\boldsymbol{n}+\left(\boldsymbol{v}\cdot\frac{\mathrm{d}\boldsymbol{n}}{\mathrm{d}t'}\right)\boldsymbol{n}\right.\right.\\&\qquad\left.\left.+(\boldsymbol{v}\cdot\boldsymbol{n})\frac{\mathrm{d}\boldsymbol{n}}{\mathrm{d}t'}-\boldsymbol{a}\right]-[(\boldsymbol{v}\cdot\boldsymbol{n})\boldsymbol{n}-\boldsymbol{v}](-\boldsymbol{v}\cdot\boldsymbol{n})\right\}\end{aligned} \tag{4.35.5}$$

略去$\frac{1}{|\boldsymbol{r}-\boldsymbol{r}'|^2}$项,便得

$$\frac{\mathrm{d}^2\boldsymbol{n}}{\mathrm{d}t^2}=\frac{1}{|\boldsymbol{r}-\boldsymbol{r}'|}\{(\boldsymbol{a}\cdot\boldsymbol{n})\boldsymbol{n}-\boldsymbol{a}\}=\frac{\boldsymbol{n}\times(\boldsymbol{n}\times\boldsymbol{a})}{|\boldsymbol{r}-\boldsymbol{r}'|} \tag{4.35.6}$$

于是得证.

4.36 电荷量为 q 的粒子沿直线运动,在时间间隔 τ 内,速度从 v_0(接近 c)逐渐地减小为零.假定在这段时间里加速度是常量,试求:(1) 在这段时间内粒子发出的辐射功率的角分布;(2) 用静止的仪器测出这粒子发出辐射的时间.

【解】 (1) 带电粒子做匀减速运动时发出的辐射称为韧致辐射,本题的辐射便是韧致辐射.因粒子是匀减速运动,故

$$a=-\frac{v_0}{\tau}$$

$$v=v_0-\frac{v_0}{\tau}t' \tag{4.36.1}$$

根据计算,韧致辐射功率的角分布为①

① 例如,参见张之翔等,《电动力学》,气象出版社(1988),第 246 页.

$$\frac{\mathrm{d}^2 W_a}{\mathrm{d}t'\mathrm{d}\Omega}=\frac{q^2 a^2 \sin^2\theta}{16\pi^2\varepsilon_0 c^3\left(1-\frac{v}{c}\cos\theta\right)^5} \tag{4.36.2}$$

式中 θ 是辐射方向 $\boldsymbol{n}$ 与粒子速度 $\boldsymbol{v}$ 之间的夹角. 于是得出，在粒子减速的这段时间内，辐射的角分布便为

$$\int_0^\tau \frac{q^2 v_0^2 \sin^2\theta \mathrm{d}t'}{16\pi^2\varepsilon_0 c^3\tau^2\left(1-\frac{v}{c}\cos\theta\right)^5}=\frac{q^2 v_0^2\sin^2\theta}{16\pi^2\varepsilon_0 c^3\tau^2}\int_0^\tau \frac{\mathrm{d}t'}{\left(1-\frac{v}{c}\cos\theta\right)^5} \tag{4.36.3}$$

其中积分

$$\begin{aligned}\int_0^\tau \frac{\mathrm{d}t'}{\left(1-\frac{v}{c}\cos\theta\right)^5}&=\int_0^\tau \frac{\mathrm{d}t'}{\left(1-\frac{v_0-v_0t'/\tau}{c}\cos\theta\right)^5}\\&=\frac{c\tau}{4v_0\cos\theta}\left[\frac{1}{\left(1-\frac{v_0}{c}\cos\theta\right)^4}-1\right]\end{aligned} \tag{4.36.4}$$

于是得所求的角分布为

$$\int_0^\tau \frac{q^2 v_0^2 \sin^2\theta \mathrm{d}t'}{16\pi^2\varepsilon_0 c^3\tau^2\left(1-\frac{v}{c}\cos\theta\right)^5}=\frac{q^2 v_0\sin^2\theta}{64\pi^2\varepsilon_0 c^2\tau\cos\theta}\left[\frac{1}{\left(1-\frac{v_0}{c}\cos\theta\right)^4}-1\right] \tag{4.36.5}$$

根据题目所给条件，由(4.36.5)式可知，辐射能量强烈地集中在粒子前进的方向上；当 $v_0\approx c$ 时，$\theta\approx 0$. 因此，观测仪器必须放在粒子前方适当远的地方，在 $\theta\approx 0$ 处.

(2) 因为

$$\frac{\partial t}{\partial t'}=1-\frac{\boldsymbol{v}\cdot\boldsymbol{n}}{c}=1-\frac{v}{c}\cos\theta \tag{4.36.6}$$

故所求的时间便为

$$\begin{aligned}\Delta t&=\int_0^\tau\left(1-\frac{v}{c}\cos\theta\right)\mathrm{d}t'=\int_0^\tau\left(1-\frac{v_0-\frac{v_0}{\tau}t'}{c}\cos\theta\right)\mathrm{d}t'\\&=\tau-\int_0^\tau\frac{v_0\tau-v_0t'}{c\tau}\cos\theta\mathrm{d}t'=\tau\left(1-\frac{v_0}{2c}\cos\theta\right)\end{aligned} \tag{4.36.7}$$

这就是用静止仪器测出的粒子发出辐射脉冲的时间. 当 $\theta\approx 0$ 时，$\Delta t\approx\tau\left(1-\frac{v_0}{2c}\right)$.

4.37　一电荷量为 q 的粒子沿 z 轴做简谐振动，其坐标为 $z=a\cos\omega t$. 设它的速率 $v\ll c$(真空中光速)，试求它的辐射场和平均能流密度以及辐射总功率.

【解法一】　用振动电偶极矩的推迟势计算. 依定义，这个带电粒子对原点的电偶极矩为

$$\boldsymbol{p}=qz\boldsymbol{e}_z=qa\cos\omega t'\boldsymbol{e}_z \tag{4.37.1}$$

振动电偶极矩产生的辐射场的矢势为[参见前面4.6题的(4.6.1)～(4.6.8)式]

$$\boldsymbol{A}(\boldsymbol{r},t)=\frac{\mu_0}{4\pi r}\frac{\mathrm{d}\boldsymbol{p}(t')}{\mathrm{d}t'}=-\frac{\mu_0 q\omega a}{4\pi r}\sin\omega t'\boldsymbol{e}_z=\frac{\mu_0 q\omega a}{4\pi}\frac{\sin(kr-\omega t)}{r}\boldsymbol{e}_z \tag{4.37.2}$$

磁感强度为

$$\begin{aligned}\boldsymbol{B}(\boldsymbol{r},t)&=\nabla\times\boldsymbol{A}(\boldsymbol{r},t)=\frac{\mu_0 q\omega a}{4\pi}\nabla\times\left[\frac{\sin(kr-\omega t)}{r}\boldsymbol{e}_z\right]\\&=\frac{\mu_0 q\omega a}{4\pi r}\nabla\times[\sin(kr-\omega t)\boldsymbol{e}_z]=\frac{\mu_0 q\omega a}{4\pi r}[\nabla\sin(kr-\omega t)]\times\boldsymbol{e}_z\\&=-\frac{\mu_0 q\omega^2 a}{4\pi c}\frac{\cos(kr-\omega t)}{r}\sin\theta\boldsymbol{e}_\phi\end{aligned} \tag{4.37.3}$$

电场强度为

$$\boldsymbol{E}(\boldsymbol{r},t)=c\boldsymbol{B}(\boldsymbol{r},t)\times\boldsymbol{e}_r=-\frac{\mu_0 q\omega^2 a}{4\pi}\frac{\cos(kr-\omega t)}{r}\sin\theta\boldsymbol{e}_\theta \tag{4.37.4}$$

平均能流密度为

$$\begin{aligned}\bar{\boldsymbol{S}}&=\frac{1}{T}\int_0^T\boldsymbol{E}\times\boldsymbol{H}\mathrm{d}t=\frac{\mu_0 q^2\omega^4 a^2}{16\pi^2 cT}\frac{\sin^2\theta}{r^2}\boldsymbol{e}_r\int_0^T\cos^2(kr-\omega t)\mathrm{d}t\\&=\frac{q^2\omega^4 a^2}{32\pi^2\varepsilon_0 c^3}\frac{\sin^2\theta}{r^2}\boldsymbol{e}_r\end{aligned} \tag{4.37.5}$$

辐射总功率为

$$P=\oint_\Sigma\bar{\boldsymbol{S}}\cdot\mathrm{d}\boldsymbol{\Sigma}=\frac{q^2\omega^4 a^2}{32\pi^2\varepsilon_0 c^3}\int_0^\pi\frac{\sin^2\theta}{r^2}\cdot 2\pi r^2\sin\theta\mathrm{d}\theta=\frac{q^2\omega^4 a^2}{12\pi\varepsilon_0 c^3} \tag{4.37.6}$$

【讨论】 (1) 如果记得振动电偶极子辐射场的公式

$$\boldsymbol{B}(\boldsymbol{r},t)=\frac{\mu_0}{4\pi cr}\frac{\mathrm{d}^2\boldsymbol{p}(t')}{\mathrm{d}t'^2}\times\boldsymbol{e}_r \tag{4.37.7}$$

便可将(4.37.1)式直接代入求 $\boldsymbol{B}$,而不用求 $\boldsymbol{A}$(因本题并不要求 $\boldsymbol{A}$),再由(4.37.4)式求 $\boldsymbol{E}$;然后按(4.37.5)式求 $\bar{\boldsymbol{S}}$ 即可.

(2) 如果将 $\boldsymbol{p}$ 化成 $\boldsymbol{p}=qa\mathrm{e}^{-\mathrm{i}\omega t'}\boldsymbol{e}_z$,然后用复数计算,则较简便.

【解法二】 用带电粒子加速运动时的辐射公式计算.电荷量为 q 的粒子以速度 $\boldsymbol{v}$ 和加速度 $\boldsymbol{a}$ 运动时,它的辐射场的电场强度为①

$$\boldsymbol{E}_a=\frac{q}{4\pi\varepsilon_0 c^2}\frac{\boldsymbol{n}\times\left[\left(\boldsymbol{n}-\frac{\boldsymbol{v}}{c}\right)\times\boldsymbol{a}\right]}{\alpha^3|\boldsymbol{r}-\boldsymbol{r}'|} \tag{4.37.8}$$

式中

① 参见张之翔等,《电动力学》,气象出版社(1988),第233页.

$$\boldsymbol{n}=\frac{\boldsymbol{r}-\boldsymbol{r}'}{|\boldsymbol{r}-\boldsymbol{r}'|} \tag{4.37.9}$$

是 q 到场点方向上的单位矢量，$\alpha=1-\dfrac{\boldsymbol{v}\cdot\boldsymbol{n}}{c}$；$\boldsymbol{r}'$、$\boldsymbol{v}$ 和 $\boldsymbol{a}$ 都是 t' 时刻的量. 本题 $v\ll c$，故 $\alpha\approx 1$；由于 $r'\ll r$，故 $|\boldsymbol{r}-\boldsymbol{r}'|\approx r$. 于是得

$$\boldsymbol{E}_a=\frac{q}{4\pi\varepsilon_0 c^2}\frac{\boldsymbol{e}_r\times(\boldsymbol{e}_r\times\boldsymbol{a})}{r}=\frac{1}{4\pi\varepsilon_0 c^2 r}[(\boldsymbol{e}_r\cdot\boldsymbol{a})\boldsymbol{e}_r-\boldsymbol{a}] \tag{4.37.10}$$

令

$$\boldsymbol{a}=-\omega^2 a\cos\omega t'\boldsymbol{e}_z=-\omega^2 a\cos(kr-\omega t)\boldsymbol{e}_z \tag{4.37.11}$$

代入(4.37.10)式便得

$$\boldsymbol{E}_a=-\frac{\omega^2 qa}{4\pi\varepsilon_0 c^2}\frac{\cos(kr-\omega t)}{r}\sin\theta\boldsymbol{e}_\theta \tag{4.37.12}$$

这便是前面的(4.37.4)式.

磁场强度为

$$\boldsymbol{H}_a=\sqrt{\frac{\varepsilon_0}{\mu_0}}\boldsymbol{e}_r\times\boldsymbol{E}_a=-\frac{q\omega^2 a}{4\pi c}\frac{\cos(kr-\omega t)}{r}\sin\theta\boldsymbol{e}_\phi \tag{4.37.13}$$

平均能流密度为

$$\begin{aligned}\bar{\boldsymbol{S}}&=\frac{1}{T}\int_0^T\boldsymbol{E}_a\times\boldsymbol{H}_a\mathrm{d}t=\frac{\omega^4 q^2 a^2}{16\pi^2\varepsilon_0 c^3}\frac{\sin^2\theta}{r^2}\frac{1}{T}\boldsymbol{e}_r\int_0^T\cos^2(kr-\omega t)\mathrm{d}t\\&=\frac{\omega^4 q^2 a^2}{32\pi^2\varepsilon_0 c^3}\frac{\sin^2\theta}{r^2}\boldsymbol{e}_r\end{aligned} \tag{4.37.14}$$

辐射总功率的计算同(4.37.6)式.

4.38　一电荷量为 q 的粒子做匀速圆周运动，角速度为 ω，圆的半径为 a，$\omega a\ll c$(真空中光速). 以圆心 O 为原点，圆所在的平面为 x-y 平面，取坐标系如图 4.38(1). (1) 试求 q 的这种运动所产生的辐射场和辐射总功率；(2) 说明辐射波的偏振状态.

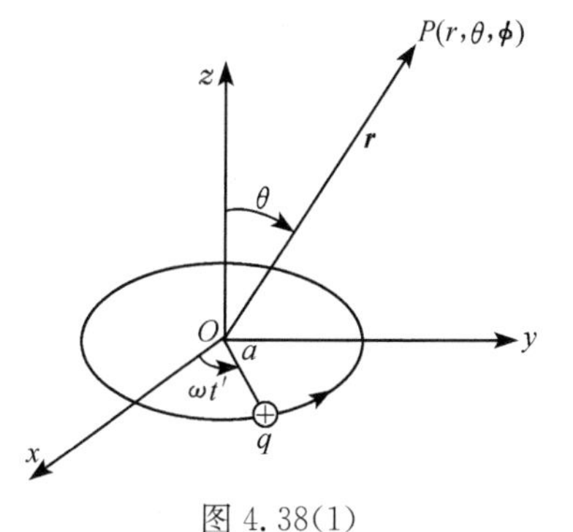

图 4.38(1)

【解法一】　用旋转电偶极矩的方法求解.

(1) q 沿圆周运动时，它对圆心 O 的电偶极矩为

$$\boldsymbol{p}=qa(\cos\omega t'\boldsymbol{e}_x+\sin\omega t'\boldsymbol{e}_y) \tag{4.38.1}$$

它在 $\boldsymbol{r}$ 处的 $P(r,\theta,\phi)$ 点产生的推迟势为

$$\boldsymbol{A}(\boldsymbol{r},t)=\frac{\mu_0}{4\pi r}\frac{\mathrm{d}\boldsymbol{p}(t')}{\mathrm{d}t'}=\frac{\mu_0 q\omega a}{4\pi r}(-\sin\omega t'\boldsymbol{e}_x+\cos\omega t'\boldsymbol{e}_y) \tag{4.38.2}$$

其中

$$t' = t - \frac{|\boldsymbol{r} - \boldsymbol{r}'|}{c} \approx t - \frac{r - \boldsymbol{e}_r \cdot \boldsymbol{r}'}{c} = t - \frac{r}{c} + \frac{\boldsymbol{e}_r \cdot \boldsymbol{r}'}{c} \tag{4.38.3}$$

所以

$$\omega t' = \omega t - kr + \frac{\omega}{c}\boldsymbol{e}_r \cdot \boldsymbol{r}' \approx \omega t - kr \tag{4.38.4}$$

其中$\frac{\omega}{c}\boldsymbol{e}_r \cdot \boldsymbol{r}' \leqslant \frac{\omega a}{c} \ll 1$,故略去. 于是得

$$\boldsymbol{A}(\boldsymbol{r},t) = \frac{\mu_0 q\omega a}{4\pi r}[\sin(kr - \omega t)\boldsymbol{e}_x + \cos(kr - \omega t)\boldsymbol{e}_y] \tag{4.38.5}$$

辐射场的磁感强度为

$$\begin{aligned}\boldsymbol{B}(\boldsymbol{r},t) &= \nabla \times \boldsymbol{A}(\boldsymbol{r},t) \\ &= \frac{\mu_0 q\omega a}{4\pi} \nabla \times \left[\frac{\sin(kr - \omega t)}{r}\boldsymbol{e}_x + \frac{\cos(kr - \omega t)}{r}\boldsymbol{e}_y\right]\end{aligned}$$

因 $\boldsymbol{B}(\boldsymbol{r},t)$只含$\frac{1}{r}$项,故算符$\nabla$对$\frac{1}{r}$的作用可以略去. 于是

$$\begin{aligned}\boldsymbol{B}(\boldsymbol{r},t) &= \frac{\mu_0 q\omega a}{4\pi r}[\nabla \sin(kr - \omega t) \times \boldsymbol{e}_x + \nabla \cos(kr - \omega t) \times \boldsymbol{e}_y] \\ &= \frac{\mu_0 q\omega a}{4\pi r}[\cos(kr - \omega t)k\boldsymbol{e}_r \times \boldsymbol{e}_x - \sin(kr - \omega t)k\boldsymbol{e}_r \times \boldsymbol{e}_y]\end{aligned}$$

因为

$$\left.\begin{aligned}\boldsymbol{e}_r \times \boldsymbol{e}_x &= \cos\theta\cos\phi\boldsymbol{e}_\phi + \sin\phi\boldsymbol{e}_\theta \\ \boldsymbol{e}_r \times \boldsymbol{e}_y &= \cos\theta\sin\phi\boldsymbol{e}_\phi - \cos\phi\boldsymbol{e}_\theta\end{aligned}\right\} \tag{4.38.6}$$

所以

$$\begin{aligned}\boldsymbol{B}(\boldsymbol{r},t) &= \frac{\mu_0 q\omega^2 a}{4\pi cr}[\cos(kr - \omega t)\cos\theta\cos\phi\boldsymbol{e}_\phi + \cos(kr - \omega t)\sin\phi\boldsymbol{e}_\theta \\ &\quad - \sin(kr - \omega t)\cos\theta\sin\phi\boldsymbol{e}_\phi + \sin(kr - \omega t)\cos\phi\boldsymbol{e}_\theta] \\ &= \frac{\mu_0 q\omega^2 a}{4\pi cr}[\sin(kr - \omega t + \phi)\boldsymbol{e}_\theta + \cos(kr - \omega t + \phi)\cos\theta\boldsymbol{e}_\phi]\end{aligned} \tag{4.38.7}$$

电场强度为

$$\begin{aligned}\boldsymbol{E}(\boldsymbol{r},t) &= c\boldsymbol{B}(\boldsymbol{r},t) \times \boldsymbol{e}_r \\ &= \frac{\mu_0 q\omega^2 a}{4\pi r}[\cos(kr - \omega t + \phi)\cos\theta\boldsymbol{e}_\theta - \sin(kr - \omega t + \phi)\boldsymbol{e}_\phi]\end{aligned} \tag{4.38.8}$$

辐射的平均能流密度为

$$\begin{aligned}\bar{\boldsymbol{S}} &= \frac{1}{T}\int_0^T \boldsymbol{E} \times \frac{\boldsymbol{B}}{\mu_0}\mathrm{d}t \\ &= \frac{q^2\omega^4 a^2}{16\pi^2\varepsilon_0 c^3 r^2}\frac{\boldsymbol{e}_r}{T}\int_0^T[\cos^2(kr - \omega t + \phi)\cos^2\theta + \sin^2(kr - \omega t + \phi)]\mathrm{d}t\end{aligned}$$

$$=\frac{q^2\omega^4a^2}{32\pi^2\varepsilon_0c^3}\frac{1+\cos^2\theta}{r^2}\boldsymbol{e}_r \tag{4.38.9}$$

辐射总功率为

$$P=\oint_{\Sigma}\bar{\boldsymbol{S}}\cdot\mathrm{d}\boldsymbol{\Sigma}=\frac{q^2\omega^4a^2}{32\pi^2\varepsilon_0c^3}\int_0^{\pi}\frac{(1+\cos^2\theta)}{r^2}\cdot2\pi r^2\sin\theta\mathrm{d}\theta=\frac{q^2\omega^4a^2}{6\pi\varepsilon_0c^3} \tag{4.38.10}$$

(2) 辐射波的偏振状态. 由(4.38.8)式可见,当 $\cos\theta>0$(即 θ 在 0 到 $\pi/2$ 的范围内)时,$\boldsymbol{E}$ 在 $\boldsymbol{e}_\phi$ 方向上的振动比在 $\boldsymbol{e}_\theta$ 方向上的振动落后 $\pi/2$,所以 $\boldsymbol{E}$ 从 $\boldsymbol{e}_\theta$ 方向转向 $\boldsymbol{e}_\phi$ 方向,即为左旋椭圆偏振波;椭圆的长轴沿 $\boldsymbol{e}_\phi$ 方向,短轴与长轴之比为 $\cos\theta$. 在 $\theta=0$ 方向(即轴线方向)为左旋圆偏振波;而在 $\theta=\pi/2$ 方向(即轨道平面内)则为线偏振波,$\boldsymbol{E}$ 在轨道平面内振动. 当 $\cos\theta<0$(即 θ 在 $\pi/2$ 到 π 的范围内),$\boldsymbol{E}$ 在 $\boldsymbol{e}_\phi$ 方向上的振动比在 $\boldsymbol{e}_\theta$ 方向上的振动超前 $\pi/2$,所以 $\boldsymbol{E}$ 从 $\boldsymbol{e}_\phi$ 方向转向 $\boldsymbol{e}_\theta$ 方向,即为右旋椭圆偏振波;椭圆的长轴沿 $\boldsymbol{e}_\phi$ 方向,短轴与长轴之比为 $|\cos\theta|$. 在 $\theta=\pi$ 方向为右旋圆偏振波;在 $\theta=\pi/2$ 方向则为线偏振波.

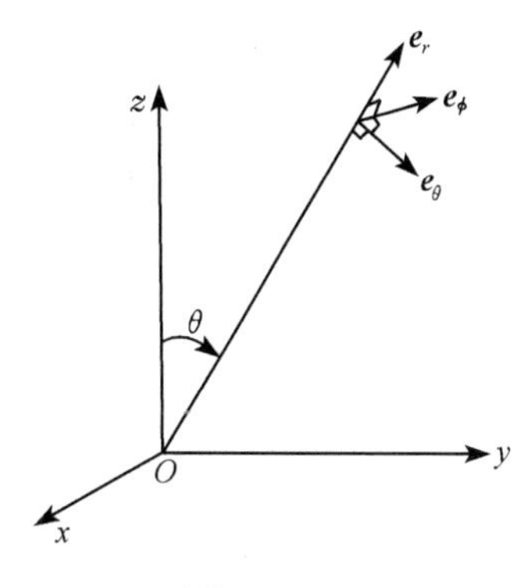

图 4.38(2)

因为在 $\theta<\pi/2$ 处的观察者,看到电荷 q 是左旋圆周运动,他观察到的辐射波是左旋椭圆偏振的;在 $\pi/2<\theta\leqslant\pi$ 处的观察者,看到电荷 q 是右旋圆周运动,他观察到的辐射波是右旋椭圆偏振的. 所以,对任何地方的观察者来说,他所观察到的辐射波 $\boldsymbol{E}$ 矢量的旋转方向,都与电荷的旋转方向相同.

【解法二】 用带电粒子加速运动时的辐射场公式计算.

(1) 电荷量为 q 的粒子以速度 $\boldsymbol{v}$ 和加速度 $\boldsymbol{a}$ 运动时,它的辐射场的电场强度为①

$$\boldsymbol{E}_a(\boldsymbol{r},t)=\frac{q}{4\pi\varepsilon_0c^2}\frac{\boldsymbol{n}\times\left[\left(\boldsymbol{n}-\frac{\boldsymbol{v}}{c}\right)\times\boldsymbol{a}\right]}{\alpha^3\,|\,\boldsymbol{r}-\boldsymbol{r}'\,|} \tag{4.38.11}$$

式中

$$\boldsymbol{n}=\frac{\boldsymbol{r}-\boldsymbol{r}'}{|\,\boldsymbol{r}-\boldsymbol{r}'\,|} \tag{4.38.12}$$

是 q 到场点方向上的单位矢量,$\alpha=1-\frac{\boldsymbol{v}\cdot\boldsymbol{n}}{c}$;$\boldsymbol{r}'$、$\boldsymbol{v}$ 和 $\boldsymbol{a}$ 分别是 t' 时刻 q 的位矢、速度和加速度. 对于辐射场来说,$r\gg r'=a$,故 $|\boldsymbol{r}-\boldsymbol{r}'|\approx r$,$\boldsymbol{n}\approx\boldsymbol{e}_r$;本题 $v=\omega a\ll c$,故 $\alpha\approx1$. 于是得

---

① 参见张之翔等,《电动力学》,气象出版社(1988),第 233 页.

$$\boldsymbol{E}_a(\boldsymbol{r},t)=\frac{q}{4\pi\varepsilon_0 c^2}\frac{\boldsymbol{e}_r\times(\boldsymbol{e}_r\times\boldsymbol{a})}{r} \tag{4.38.13}$$

其中

$$\boldsymbol{a}=-\omega^2\boldsymbol{r}'=-\omega^2 a(\cos\omega t'\boldsymbol{e}_x+\sin\omega t'\boldsymbol{e}_y) \tag{4.38.14}$$

$$\begin{aligned}\boldsymbol{e}_r\times\boldsymbol{a}&=-\omega^2 a(\cos\omega t'\boldsymbol{e}_r\times\boldsymbol{e}_x+\sin\omega t'\boldsymbol{e}_r\times\boldsymbol{e}_y)\\&=-\omega^2 a[\cos\omega t'(\cos\theta\cos\phi\boldsymbol{e}_\phi+\sin\phi\boldsymbol{e}_\theta)+\sin\omega t'(\cos\theta\sin\phi\boldsymbol{e}_\phi-\cos\phi\boldsymbol{e}_\theta)]\end{aligned} \tag{4.38.15}$$

$$\begin{aligned}\boldsymbol{e}_r\times(\boldsymbol{e}_r\times\boldsymbol{a})&=-\omega^2 a[\cos\omega t'(-\cos\theta\cos\phi\boldsymbol{e}_\theta+\sin\phi\boldsymbol{e}_\phi)+\sin\omega t'(-\cos\theta\sin\phi\boldsymbol{e}_\theta-\cos\phi\boldsymbol{e}_\phi)]\\&=\omega^2 a[\cos(\omega t'-\phi)\cos\theta\boldsymbol{e}_\theta+\sin(\omega t'-\phi)\boldsymbol{e}_\phi]\end{aligned} \tag{4.38.16}$$

$$\omega t'=\omega\left(t-\frac{|\boldsymbol{r}-\boldsymbol{r}'|}{c}\right)\approx\omega\left(t-\frac{r}{c}\right)=\omega t-kr \tag{4.38.17}$$

$$\boldsymbol{e}_r\times(\boldsymbol{e}_r\times\boldsymbol{a})=\omega^2 a[\cos(kr-\omega t+\phi)\cos\theta\boldsymbol{e}_\theta-\sin(kr-\omega t+\phi)\boldsymbol{e}_\phi] \tag{4.38.18}$$

代入(4.38.13)式便得辐射场的电场强度为

$$\boldsymbol{E}_a(\boldsymbol{r},t)=\frac{q\omega^2 a}{4\pi\varepsilon_0 c^2 r}[\cos(kr-\omega t+\phi)\cos\theta\boldsymbol{e}_\theta-\sin(kr-\omega t+\phi)\boldsymbol{e}_\phi] \tag{4.38.19}$$

这正是前面的(4.38.8)式.磁场强度为

$$\begin{aligned}\boldsymbol{H}_a(\boldsymbol{r},t)&=\sqrt{\frac{\varepsilon_0}{\mu_0}}\boldsymbol{e}_r\times\boldsymbol{E}_a(\boldsymbol{r},t)\\&=\frac{q\omega^2 a}{4\pi cr}[\sin(kr-\omega t+\phi)\boldsymbol{e}_\theta+\cos(kr-\omega t+\phi)\cos\theta\boldsymbol{e}_\theta]\end{aligned} \tag{4.38.20}$$

辐射的平均能流密度为

$$\begin{aligned}\bar{\boldsymbol{S}}&=\frac{1}{T}\int_0^T\boldsymbol{E}_a\times\boldsymbol{H}_a\mathrm{d}t\\&=\frac{q^2\omega^4 a^2}{16\pi^2\varepsilon_0 c^3}\frac{\boldsymbol{e}_r}{r^2 T}\int_0^T[\sin^2(kr-\omega t+\phi)+\cos^2(kr-\omega t+\phi)\cos^2\theta]\mathrm{d}t\\&=\frac{q^2\omega^4 a^2}{32\pi^2\varepsilon_0 c^3}\frac{1+\cos^2\theta}{r^2}\boldsymbol{e}_r\end{aligned} \tag{4.38.21}$$

辐射总功率的计算同前面的(4.38.10)式.或者,也可按加速运动粒子的辐射总功率的公式①

$$P=\frac{q^2}{6\pi\varepsilon_0 c^3}\frac{\boldsymbol{a}^2-\left(\dfrac{\boldsymbol{v}\times\boldsymbol{a}}{c}\right)^2}{\left(1-\dfrac{v^2}{c^2}\right)^3} \tag{4.38.22}$$

---

① 参见前面4.33题;或张之翔等,《电动力学》,气象出版社(1988),第244页.

计算如下:因 $v \ll c$,故上式分子和分母中的$\frac{v^2}{c^2}$项皆可略去,即

$$P = \frac{q^2 \boldsymbol{a}^2}{6\pi\varepsilon_0 c^3} \tag{4.38.23}$$

由(4.38.14)式得 $\boldsymbol{a}^2 = \omega^4 a^2$,代入上式便得

$$P = \frac{q^2 \omega^4 a^2}{6\pi\varepsilon_0 c^3} \tag{4.38.24}$$

4.39　电荷量都是 q 的两个点电荷,相距为 $2a$,都环绕它们之间连线的中垂线做匀速圆周运动(图 4.39),角速度都是 ω,且 $\omega a \ll c$(真空中光速).(1) 试计算这个系统对原点 O 的电偶极矩和电四极矩以及磁矩;(2) 试求这个系统在 $r \gg a$ 处的辐射场和辐射总功率;(3)如果拿走其中一个电荷,辐射将有何变化?

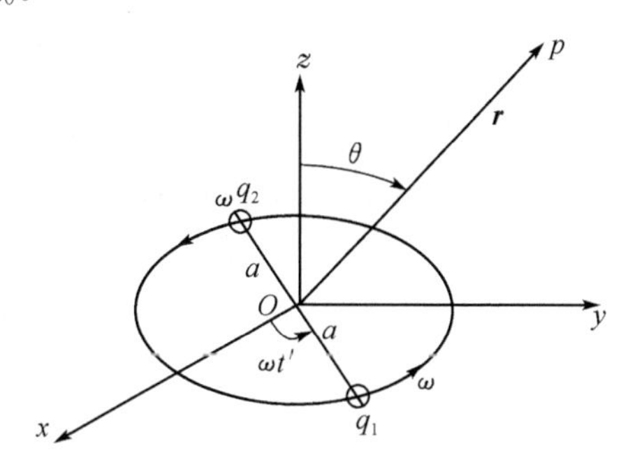

图 4.39

【解】　(1)以两电荷之间连线的中心 O 为原点,它们的转轴为 z 轴,它们所在的平面为 x-y 平面,取坐标系如图 4.39. 根据定义,这个系统对原点 O 的电偶极矩为

$$\boldsymbol{p} = \sum_{n=1}^{2} q_n \boldsymbol{r}_n = q\boldsymbol{r} + q(-\boldsymbol{r}) = 0 \tag{4.39.1}$$

这个系统对原点 O 的电四极矩的分量为

$$\begin{aligned} Q_{11} &= \sum_{n=1}^{2} (3x_n^2 - r_n^2) q_n = 2q(3a^2\cos^2\omega t' - a^2) \\ &= 2qa^2(3\cos^2\omega t' - 1) = qa^2(1 + 3\cos 2\omega t') \end{aligned} \tag{4.39.2}$$

$$\begin{aligned} Q_{22} &= \sum_{n=1}^{2} (3y_n^2 - r_n^2) q_n = 2q(3a^2\sin^2\omega t' - a^2) \\ &= 2qa^2(3\sin^2\omega t' - 1) = qa^2(1 - 3\cos 2\omega t') \end{aligned} \tag{4.39.3}$$

$$Q_{33} = \sum_{n=1}^{2} (3z_n^2 - r_n^2) q_n = -2qa^2 \tag{4.39.4}$$

$$\begin{aligned} Q_{12} = Q_{21} &= \sum_{n=1}^{2} 3x_n y_n q_n = 6qa^2 \sin\omega t' \cos\omega t' \\ &= 3qa^2 \sin 2\omega t' \end{aligned} \tag{4.39.5}$$

$$Q_{13} = Q_{31} = Q_{23} = Q_{32} = 0 \tag{4.39.6}$$

于是所求的电四极矩为

$$\boldsymbol{Q}=qa^2\begin{pmatrix}1+3\cos2\omega t' & 3\sin2\omega t' & 0\\ 3\sin2\omega t' & 1-3\cos2\omega t' & 0\\ 0 & 0 & -2\end{pmatrix}$$

$$=qa^2[(1+3\cos2\omega t')\boldsymbol{e}_x\boldsymbol{e}_x+3\sin2\omega t'(\boldsymbol{e}_x\boldsymbol{e}_y+\boldsymbol{e}_y\boldsymbol{e}_x)+(1-3\cos2\omega t')\boldsymbol{e}_y\boldsymbol{e}_y-2\boldsymbol{e}_z\boldsymbol{e}_z] \tag{4.39.7}$$

这个系统的磁矩为

$$\boldsymbol{m}=I\boldsymbol{S}=\frac{2q}{T}\cdot\pi a^2\boldsymbol{e}_z=qa^2\boldsymbol{\omega} \tag{4.39.8}$$

由于 q、a 和 $\boldsymbol{\omega}$ 都不变,故 $\boldsymbol{m}$ 是常量.

(2) 因系统的电偶极矩为零,故电偶极辐射场为零,即无电偶极辐射. 又因系统的磁矩 $\boldsymbol{m}$ 不随时间变化,故磁偶极辐射场为零,即亦无磁偶极辐射. 所以这个系统的辐射是电四极辐射. 下面我们就由电四极矩所产生的推迟势求辐射场. 电四极矩所产生的推迟势为

$$\boldsymbol{A}(\boldsymbol{r},t)=\frac{\mu_0}{24\pi cr}\boldsymbol{e}_r\cdot\frac{\mathrm{d}^2\boldsymbol{Q}(t')}{\mathrm{d}t'^2}$$

$$=\frac{\mu_0 qa^2(2\omega)^2}{24\pi cr}\boldsymbol{e}_r\cdot\{-3\cos2\omega t'\boldsymbol{e}_x\boldsymbol{e}_x-3\sin2\omega t'(\boldsymbol{e}_x\boldsymbol{e}_y+\boldsymbol{e}_y\boldsymbol{e}_x)+3\cos2\omega t'\boldsymbol{e}_y\boldsymbol{e}_y\}$$

$$=\frac{\mu_0 q\omega^2a^2}{2\pi cr}\{-[\cos2\omega t'\sin\theta\cos\phi+\sin2\omega t'\sin\theta\sin\phi]\boldsymbol{e}_x-[\sin2\omega t'\sin\theta\cos\phi-\cos2\omega t'\sin\theta\sin\phi]\boldsymbol{e}_y\}$$

$$=-\frac{\mu_0 q\omega^2a^2\sin\theta}{2\pi cr}\{\cos(2\omega t'-\phi)\boldsymbol{e}_x+\sin(2\omega t'-\phi)\boldsymbol{e}_y\} \tag{4.39.9}$$

式中

$$\omega t'=\omega\left(t-\frac{|\boldsymbol{r}-\boldsymbol{r}'|}{c}\right)\approx\omega\left(t-\frac{r-\boldsymbol{e}_r\cdot\boldsymbol{r}'}{c}\right) \tag{4.39.10}$$

$$r'=a\ll r$$

$$\omega t'\approx\omega\left(t-\frac{r}{c}\right)=-(kr-\omega t) \tag{4.39.11}$$

代入(4.39.9)式便得

$$\boldsymbol{A}(\boldsymbol{r},t)=-\frac{\mu_0 q\omega^2a^2\sin\theta}{2\pi cr}\{\cos(2kr-2\omega t+\phi)\boldsymbol{e}_x-\sin(2kr-2\omega t+\phi)\boldsymbol{e}_y\} \tag{4.39.12}$$

辐射场的磁感强度为

$$\boldsymbol{B}(\boldsymbol{r},t)=\nabla\times\boldsymbol{A}(\boldsymbol{r},t) \tag{4.39.13}$$

由于算符∇ 作用于$\frac{1}{r}$和 $\sin\theta$ 都产生$\frac{1}{r^2}$项,而 $\boldsymbol{B}$ 仅含$\frac{1}{r}$项,因此可略去∇ 对$\frac{1}{r}$和 $\sin\theta$ 的作用. 于是便得

$$\boldsymbol{B}(\boldsymbol{r},t)=-\frac{\mu_0 q\omega^2 a^2\sin\theta}{2\pi cr}\{[\nabla\cos(2kr-2\omega t+\phi)]\times\boldsymbol{e}_x-[\nabla\sin(2kr-2\omega t+\phi)]\times\boldsymbol{e}_y\}$$

$$=\frac{\mu_0 q\omega^3 a^2\sin\theta}{\pi c^2 r}\{\sin(2kr-2\omega t+\phi)\boldsymbol{e}_r\times\boldsymbol{e}_x+\cos(2kr-2\omega t+\phi)\boldsymbol{e}_r\times\boldsymbol{e}_y\}$$

$$=\frac{\mu_0 q\omega^3 a^2\sin\theta}{\pi c^2 r}\{\sin(2kr-2\omega t+\phi)(\cos\theta\cos\phi\boldsymbol{e}_\phi+\sin\phi\boldsymbol{e}_\theta)$$

$$+\cos(2kr-2\omega t+\phi)(\cos\theta\sin\phi\boldsymbol{e}_\phi-\cos\phi\boldsymbol{e}_\theta)\}$$

$$=\frac{\mu_0 q\omega^3 a^2\sin\theta}{\pi c^2 r}\{-\cos2(kr-\omega t+\phi)\boldsymbol{e}_\theta+\sin2(kr-\omega t+\phi)\cos\theta\boldsymbol{e}_\phi\}\quad(4.39.14)$$

电场强度为

$$\boldsymbol{E}(\boldsymbol{r},t)=c\boldsymbol{B}(\boldsymbol{r},t)\times\boldsymbol{e}_r$$

$$=\frac{\mu_0 q\omega^3 a^2\sin\theta}{\pi cr}\{\sin2(kr-\omega t+\phi)\cos\theta\boldsymbol{e}_\theta+\cos2(kr-\omega t+\phi)\boldsymbol{e}_\phi\}\quad(4.39.15)$$

辐射的能流密度为

$$\boldsymbol{S}=\boldsymbol{E}\times\boldsymbol{H}$$

$$=\frac{\mu_0 q^2\omega^6 a^4\sin^2\theta}{\pi^2 c^3 r^2}[\sin^2 2(kr-\omega t+\phi)\cos^2\theta+\cos^2 2(kr-\omega t+\phi)]\boldsymbol{e}_r\quad(4.39.16)$$

平均能流密度为

$$\bar{\boldsymbol{S}}=\frac{1}{T}\int_0^T\boldsymbol{S}\mathrm{d}t=\frac{q^2\omega^6 a^4}{2\pi^2\varepsilon_0 c^5}\frac{(1+\cos^2\theta)\sin^2\theta}{r^2}\boldsymbol{e}_r\quad(4.39.17)$$

辐射总功率为

$$P=\oint_\Sigma\bar{\boldsymbol{S}}\cdot\mathrm{d}\boldsymbol{\Sigma}=\frac{q^2\omega^6 a^4}{2\pi^2\varepsilon_0 c^5}\int_0^\pi\frac{(1+\cos^2\theta)\sin^2\theta}{r^2}\cdot2\pi r^2\sin\theta\mathrm{d}\theta=\frac{8q^2\omega^6 a^4}{5\pi\varepsilon_0 c^5}\quad(4.39.18)$$

(3) 如果拿走其中一个电荷,则变为前面的 4.38 题,这时的辐射主要就是电偶极辐射(电四极辐射和磁偶极辐射因 $\omega c\ll a$ 而比电偶极辐射小得多,可以略去).辐射的变化有两方面,一方面是辐射总功率的变化. 4.38 题的辐射总功率为

$$P_1=\frac{q^2\omega^4 a^2}{6\pi\varepsilon_0 c^3}\quad(4.39.19)$$

与(4.39.18)式比较得

$$\frac{P_1}{P}=\frac{5}{48}\left(\frac{c}{\omega a}\right)^2\quad(4.39.20)$$

$\omega a\ll c$,故 $P_1\gg P$. 即拿走其中一个电荷后,辐射总功率大为增强. 另一方面是辐射方向性的变化. 本题平均辐射功率的角分布为

$$\frac{\mathrm{d}P}{\mathrm{d}\Omega}=\bar{\boldsymbol{S}}\cdot\boldsymbol{e}_r r^2=\frac{q^2\omega^6 a^4}{2\pi^2\varepsilon_0 c^5}(1+\cos^2\theta)\sin^2\theta\quad(4.39.21)$$

拿走一个电荷后,便成为前面 4.38 题,其平均辐射功率的角分布由(4.38.9)式为

$$\frac{\mathrm{d}P_1}{\mathrm{d}\Omega} = \bar{\boldsymbol{S}}_1 \cdot \boldsymbol{e}_r r^2 = \frac{q^2\omega^4 a^2}{32\pi^2\varepsilon_0 c^3}(1+\cos^2\theta) \tag{4.39.22}$$

两相比较,拿走一个电荷后,平均辐射功率的角分布便少了一个因子 $\sin^2\theta$. 由(4.39.21)式可见,在 $\theta=\frac{\pi}{2}$ 方向上辐射很强,而在 $\theta=0$ 方向上辐射为零;拿走一个电荷后,变成(4.39.22)式,结果在 $\theta=\frac{\pi}{2}$ 方向上辐射最弱,而在 $\theta=0$ 方向上辐射最强.

4.40　两个带电粒子的质量和电荷量分别为 m_1、q_1 和 m_2、q_2,由于 q_1 和 q_2 异号,它们之间的库仑力是吸引力;在这个力的作用下,它们作互相环绕的运动,运动速度都远小于真空中的光速. 设某一时刻,在质心坐标系里,它们的轨道都可当作是圆. 试求这时这个系统的电偶极矩和辐射总功率.

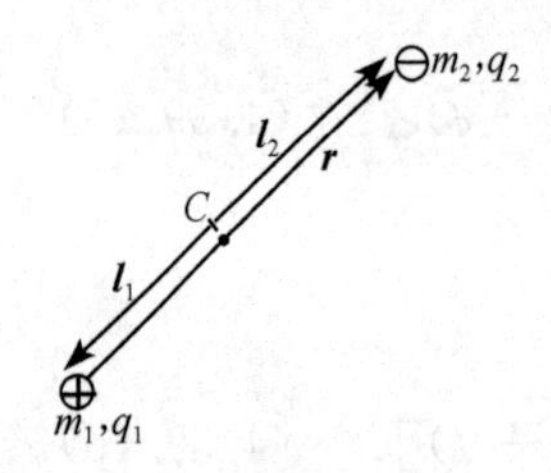

图 4.40

【解】 设 C 为 m_1 和 m_2 的质心,$\boldsymbol{r}$ 为自 m_1 到 m_2 的位置矢量,l_1 和 l_2 分别为 C 到 m_1 和 m_2 的距离,如图 4.40 所示,则有

$$l_1 + l_2 = r \tag{4.40.1}$$

$$m_1 l_1 = m_2 l_2 \tag{4.40.2}$$

解得

$$l_1 = \frac{m_2}{m_1+m_2}r, \quad l_2 = \frac{m_1}{m_1+m_2}r \tag{4.40.3}$$

依定义,这个系统对质心 C 的电偶极矩为

$$\boldsymbol{p} = q_1\boldsymbol{l}_1 + q_2\boldsymbol{l}_2 = q_1\frac{m_2}{m_1+m_2}(-\boldsymbol{r}) + q_2\frac{m_1}{m_1+m_2}\boldsymbol{r} = \frac{m_1q_2 - m_2q_1}{m_1+m_2}\boldsymbol{r} \tag{4.40.4}$$

对于质心系来说,这个电偶极矩是一个旋转的电偶极矩,旋转的角速度 ω 可算出如下:

$$m_1\frac{v_1^2}{l_1} = \frac{q_1q_2}{4\pi\varepsilon_0 r^2} \tag{4.40.5}$$

$$\omega^2 = \left(\frac{v_1}{l_1}\right)^2 = \frac{q_1q_2}{4\pi\varepsilon_0 m_1 l_1 r^2} = \frac{q_1q_2(m_1+m_2)}{4\pi\varepsilon_0 m_1m_2r^3} \tag{4.40.6}$$

因此,这个系统的辐射便是一个旋转电偶极矩的辐射. 根据前面 4.9 题的(4.9.11)式,旋转电偶极矩的辐射总功率为

$$P = \frac{p^2\omega^4}{6\pi\varepsilon_0 c^3} \tag{4.40.7}$$

将(4.40.4)和(4.40.6)两式代入上式便得

$$P = \frac{1}{6\pi\varepsilon_0 c^3}\left(\frac{m_1q_2 - m_2q_1}{m_1+m_2}r\right)^2\left[\frac{q_1q_2(m_1+m_2)}{4\pi\varepsilon_0 m_1m_2r^3}\right]^2 = \frac{q_1^2q_2^2}{96\pi^3\varepsilon_0^3c^3r^4}\left(\frac{q_2}{m_2}-\frac{q_1}{m_1}\right)^2 \tag{4.40.8}$$

第五章　狭义相对论

5.1　当 $\Sigma'(x',y',z')$ 系以匀速 $\boldsymbol{v}=(v,0,0)$ 相对于惯性系 $\Sigma(x,y,z)$ 运动时,它们之间的变换关系称为特殊洛伦兹变换,即

$$x'=\gamma(x-vt),\quad y'=y,\quad z'=z,\quad t'=\gamma\left(t-\frac{v}{c^2}x\right)$$

式中 $\gamma=1/\sqrt{1-\frac{v^2}{c^2}}$. 当 $\Sigma'(x',y',z')$ 以匀速 $\boldsymbol{v}=(v_x,v_y,v_z)$ 相对于惯性系 $\Sigma(x,y,z)$ 运动时,它们之间的变换关系称为普遍洛伦兹变换. 试由特殊洛伦兹变换导出普遍洛伦兹变换.

【解】　由特殊洛伦兹变换得出:从 $\Sigma(x,y,z)$ 系到 $\Sigma'(x',y',z')$ 系的变换中,垂直于 $\boldsymbol{v}$ 的方向上长度不变,而平行于 $\boldsymbol{v}$ 的方向上,长度的变换要乘上因子 γ;时间的变换则为 $t'=\gamma\left(t-\frac{\boldsymbol{v}\cdot\boldsymbol{r}}{c^2}\right)$. 因此,需要把垂直于 $\boldsymbol{v}$ 和平行于 $\boldsymbol{v}$ 的关系分开考虑. 为此,把任意一点 P(图 5.1)的位矢 $\boldsymbol{r}$ 和 $\boldsymbol{r}'$ 都分解成平行于 $\boldsymbol{v}$ 和垂直于 $\boldsymbol{v}$ 的分量

$$\boldsymbol{r}=\boldsymbol{r}_{\parallel}+\boldsymbol{r}_{\perp},\qquad \boldsymbol{r}'=\boldsymbol{r}'_{\parallel}+\boldsymbol{r}'_{\perp}\tag{5.1.1}$$

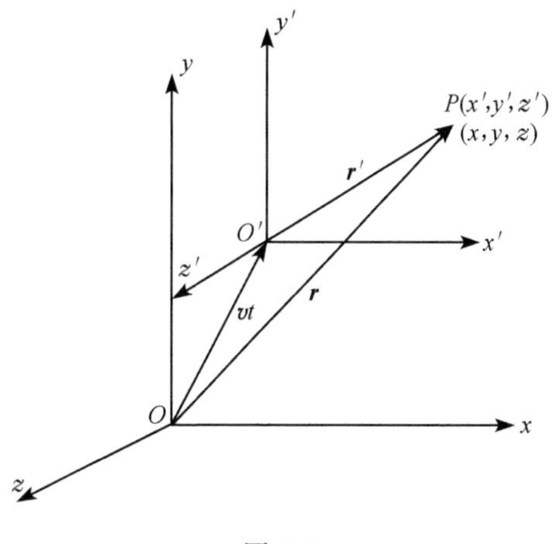

图 5.1

以 $\boldsymbol{e}_v$ 表示 $\boldsymbol{v}$ 方向上的单位矢量,则

$$\boldsymbol{r}_{\parallel}=(\boldsymbol{r}\cdot\boldsymbol{e}_v)\boldsymbol{e}_v=\left(\boldsymbol{r}\cdot\frac{\boldsymbol{v}}{v}\right)\frac{\boldsymbol{v}}{v}=\frac{\boldsymbol{v}\cdot\boldsymbol{r}}{v^2}\boldsymbol{v}\tag{5.1.2}$$

根据上面的结论,便得

$$\boldsymbol{r}'_{\parallel}=\gamma(\boldsymbol{r}_{\parallel}-\boldsymbol{v}t)\tag{5.1.3}$$

$$\boldsymbol{r}'_{\perp}=\boldsymbol{r}_{\perp}\tag{5.1.4}$$

$$t'=\gamma\left(t-\frac{\boldsymbol{v}\cdot\boldsymbol{r}}{c^2}\right)\tag{5.1.5}$$

由(5.1.3)和(5.1.4)两式得

$$\boldsymbol{r}'=\boldsymbol{r}'_{\parallel}+\boldsymbol{r}'_{\perp}=\gamma(\boldsymbol{r}_{\parallel}-\boldsymbol{v}t)+\boldsymbol{r}_{\perp}=\boldsymbol{r}+(\gamma-1)\boldsymbol{r}_{\parallel}-\gamma\boldsymbol{v}t$$

$$=\boldsymbol{r}+(\gamma-1)\frac{\boldsymbol{v}\cdot\boldsymbol{r}}{v^2}\boldsymbol{v}-\gamma\boldsymbol{v}t \tag{5.1.6}$$

(5.1.6)式和(5.1.5)式是矢量形式的变换关系，它们的分量式为

$$x'=\left[1+(\gamma-1)\frac{v_x^2}{v^2}\right]x+(\gamma-1)\frac{v_xv_y}{v^2}y+(\gamma-1)\frac{v_xv_z}{v^2}z-\gamma v_xt \tag{5.1.7}$$

$$y'=(\gamma-1)\frac{v_yv_x}{v^2}x+\left[1+(\gamma-1)\frac{v_y^2}{v^2}\right]y+(\gamma-1)\frac{v_yv_z}{v^2}z-\gamma v_yt \tag{5.1.8}$$

$$z'=(\gamma-1)\frac{v_zv_x}{v^2}x+(\gamma-1)\frac{v_zv_y}{v^2}y+\left[1+(\gamma-1)\frac{v_z^2}{v^2}\right]z-\gamma v_zt \tag{5.1.9}$$

$$t'=-\gamma\frac{v_x}{c^2}x-\gamma\frac{v_y}{c^2}y-\gamma\frac{v_z}{c^2}z+\gamma t \tag{5.1.10}$$

这便是所要求的普遍洛伦兹变换.

【讨论】 (1) 普遍洛伦兹变换的逆变换为

$$\boldsymbol{r}=\boldsymbol{r}'+(\gamma-1)\frac{\boldsymbol{v}\cdot\boldsymbol{r}'}{v^2}\boldsymbol{v}+\gamma\boldsymbol{v}t' \tag{5.1.11}$$

$$t=\gamma\left(t'+\frac{\boldsymbol{v}\cdot\boldsymbol{r}'}{c^2}\right) \tag{5.1.12}$$

这可以由解(5.1.7)至(5.1.10)式得出. 最简单的办法是把(5.1.7)至(5.1.10)式中的 x,y,z,t 分别与 x',y',z',t' 互换，同时把 $\boldsymbol{v}$ 换成 $-\boldsymbol{v}$ 即得.

(2) 若令普遍洛伦兹变换中的 $v_x=v$, $v_y=v_z=0$，便得出特殊洛伦兹变换. 正应如此.

5.2 试证明：沿同一方向的两个相继的洛伦兹变换(速度分别为 v_1 和 v_2)等于一个速度为 $v=(v_1+v_2)/\left(1+\frac{v_1v_2}{c^2}\right)$ 的洛伦兹变换. 这是推导爱因斯坦速度叠加定理的一种方法.

【证】 设 $\Sigma'(x',y',z')$ 系以匀速 $\boldsymbol{v}_1=(v_1,0,0)$ 相对于 $\Sigma(x,y,z)$ 系运动，$\Sigma''(x'',y'',z'')$ 系以匀速 $\boldsymbol{v}_2=(v_2,0,0)$ 相对于 $\Sigma'(x',y',z')$ 系运动，则从 Σ 系到 Σ' 系的洛伦兹变换为

$$x'=\gamma_1(x-v_1t),\quad y'=y,\quad z'=z,\quad t'=\gamma_1\left(t-\frac{v_1}{c^2}x\right) \tag{5.2.1}$$

从 Σ' 系到 Σ'' 系的洛伦兹变换为

$$x''=\gamma_2(x'-v_2t'),\quad y''=y',\quad z''=z',\quad t'=\gamma_2\left(t'-\frac{v_2}{c^2}x'\right) \tag{5.2.2}$$

式中

$$\gamma_1=\frac{1}{\sqrt{1-v_1^2/c^2}},\qquad \gamma_2=\frac{1}{\sqrt{1-v_2^2/c^2}} \tag{5.2.3}$$

于是两个相继的洛伦兹变换为

$$
\begin{aligned}
x'' &= \gamma_2(x' - v_2 t') = \gamma_2\left[\gamma_1(x - v_1 t) - v_2\gamma_1\left(t - \frac{v_1}{c^2}x\right)\right] \\
&= \gamma_2\gamma_1\left[\left(1 + \frac{v_1 v_2}{c^2}\right)x - (v_1 + v_2)t\right] \\
&= \gamma_2\gamma_1\left(1 + \frac{v_1 v_2}{c^2}\right)\left[x - \frac{v_1 + v_2}{1 + \frac{v_1 v_2}{c^2}}t\right]
\end{aligned} \tag{5.2.4}
$$

$$
y'' = y' = y, \qquad z'' = z' = z \tag{5.2.5}
$$

$$
\begin{aligned}
t'' &= \gamma_2\left(t' - \frac{v_2}{c^2}x'\right) = \gamma_2\left[\gamma_1\left(t - \frac{v_1}{c^2}x\right) - \frac{v_2}{c^2}\gamma_1(x - v_1 t)\right] \\
&= \gamma_2\gamma_1\left[\left(1 + \frac{v_1 v_2}{c^2}\right)t - \frac{v_1 + v_2}{c^2}x\right] \\
&= \gamma_2\gamma_1\left(1 + \frac{v_1 v_2}{c^2}\right)\left[t - \frac{v_1 + v_2}{\left(1 + \frac{v_1 v_2}{c^2}\right)c^2}x\right]
\end{aligned} \tag{5.2.6}
$$

因为

$$
\begin{aligned}
\frac{1}{\gamma_2\gamma_1} &= \sqrt{\left(1 - \frac{v_1^2}{c^2}\right)\left(1 - \frac{v_2^2}{c^2}\right)} = \sqrt{1 - \frac{v_1^2}{c^2} - \frac{v_2^2}{c^2} + \frac{v_1^2 v_2^2}{c^4}} \\
&= \sqrt{1 + 2\frac{v_1 v_2}{c^2} + \frac{v_1^2 v_2^2}{c^4} - \frac{v_1^2}{c^2} - \frac{v_2^2}{c^2} - 2\frac{v_1 v_2}{c^2}} \\
&= \sqrt{\left(1 + \frac{v_1 v_2}{c^2}\right)^2 - \frac{1}{c^2}(v_1 + v_2)^2} \\
&= \left(1 + \frac{v_1 v_2}{c^2}\right)\sqrt{1 - \left(\frac{v_1 + v_2}{1 + \frac{v_1 v_2}{c^2}}\right)^2 \frac{1}{c^2}}
\end{aligned} \tag{5.2.7}
$$

故(5.2.4)、(5.2.6)两式中的因子为

$$
\gamma_2\gamma_1\left(1 + \frac{v_1 v_2}{c^2}\right) = \frac{1}{\sqrt{1 - \left(\frac{v_1 + v_2}{1 + \frac{v_1 v_2}{c^2}}\right)^2 \frac{1}{c^2}}} \tag{5.2.8}
$$

令

$$
v = \frac{v_1 + v_2}{1 + \frac{v_1 v_2}{c^2}} \tag{5.2.9}
$$

则(5.2.4)、(5.2.5)、(5.2.6)三式便化为

$$x''=\gamma(x-vt),\quad y''=y,\quad z''=z,\quad t''=\gamma\left(t-\frac{v}{c^2}x\right) \tag{5.2.10}$$

式中

$$\gamma=\frac{1}{\sqrt{1-\frac{v^2}{c^2}}} \tag{5.2.11}$$

这就是从Σ系到Σ''系的一个洛伦兹变换.(5.2.9)式便是爱因斯坦速度叠加定理.

5.3 有两个惯性系$\Sigma(x,y,z)$和$\Sigma'(x',y',z')$,它们的x轴与x'轴重合,y轴与y'轴平行,z轴与z'轴平行;Σ'系以匀速$\boldsymbol{v}=(v,0,0)$相对于Σ系运动,在$t=0$,$t'=0$时刻,这两系的原点O和O'重合.(1) 试证明:Σ系中一个半径为R的球面$x^2+y^2+z^2=R^2$,在Σ'系观测,是一个椭球面;(2) 在$t=0$时刻,从原点O发出的光,在Σ系的t时刻观测,这光的波前是球面$x^2+y^2+z^2=c^2t^2$.试证明,在Σ'系观测,这光的波前也是球面;(3) 在Σ系观测,两个都是球面;而在Σ'系观测,则一个是椭球面,一个是球面.你认为这是否有矛盾?

【解】 (1) 由洛伦兹变换得

$$x^2+y^2+z^2=\gamma^2(x'+vt')^2+y'^2+z'^2=R^2$$

$$\frac{(x'+vt')^2}{1-\frac{v^2}{c^2}}+y'^2+z'^2=R^2 \tag{5.3.1}$$

在Σ'系观测,这是一个以速度v沿x'轴的逆方向运动的扁椭球,它的半轴在y'和z'方向都是R,而在x'方向则是$R\sqrt{1-\frac{v^2}{c^2}}<R$.

(2) 在Σ系中,光的波前为球面$x^2+y^2+z^2=c^2t^2$.由洛伦兹变换得,在Σ'系中为

$$\gamma^2(x'+vt')^2+y'^2+z'^2=c^2\gamma^2\left(t'+\frac{v}{c^2}x'\right)^2$$

$$\gamma^2(x'^2+2vx't'+v^2t'^2)+y'^2+z'^2=\gamma^2\left(c^2t'^2+2vt'x'+\frac{v^2}{c^2}x'^2\right)$$

$$\gamma^2\left(1-\frac{v^2}{c^2}\right)x'^2+y'^2+z'^2=\gamma^2(c^2-v^2)t'^2=\gamma^2\left(1-\frac{v^2}{c^2}\right)c^2t'^2$$

所以

$$x'^2+y'^2+z'^2=c^2t'^2 \tag{5.3.2}$$

即在Σ'系中观测,光的波前也是球面.

(3) 没有矛盾.根据洛伦兹变换,对于同一个空间曲面,如果在Σ系观测是球面,则在Σ'系观测必定是扁椭球面;反过来,如果在Σ'系观测是球面,则在Σ系观测也必定是扁椭球面.

至于同一时刻从一点向各个方向发出的光,其波前在Σ系和Σ'系观测都是球面,那是因为,他们所观测到的,并不是同一个球面. 在Σ系观测,同一时刻t,光所到达的各点是一个球面S;由于$t=\gamma\left(t'+\frac{v}{c^2}x'\right)$,在$\Sigma'$系观测,光并不是同一时刻到达$S$上各点的,所以$S$并不是在$\Sigma'$系观测到的波前. 在$\Sigma'$系观测到的波前,是同一时刻$t'$光所到达的各点所构成的空间曲面$S'$. 在$\Sigma'$系观测,$S'$是球面;而在$\Sigma$系观测,光并不是同一时刻到达$S'$上各点的,所以$S'$也不是在$\Sigma$系观测到的波前.

5.4　设坐标系$S'(x',y',z')$以匀速$\boldsymbol{v}=(v,0,0)$相对于惯性系$S(x,y,z)$运动,在$t=0$和$t'=0$时刻两系的坐标轴重合. 在S'系有一个膨胀球面,其球心固定在S'系的原点O',其半径以匀速u增大,且在$t'=0$时刻其半径为零. 试问在S系观测,它的形状以及中心的位置和速度各如何?

【解】　在S'系观测,在t'时刻,这球面的方程为

$$x'^2+y'^2+z'^2=u^2t'^2 \tag{5.4.1}$$

根据狭义相对论,S'与S系的变换关系为

$$x'=\gamma(x-vt),\quad y'=y,\quad z'=z,\quad t'=\gamma\left(t-\frac{v}{c^2}x\right) \tag{5.4.2}$$

其中

$$\gamma=\frac{1}{\sqrt{1-v^2/c^2}} \tag{5.4.3}$$

因此,在S系观测,根据以上三式,这个膨胀球面的方程为

$$\gamma^2(x-vt)^2+y^2+z^2=u^2\gamma^2\left(t-\frac{v}{c^2}x\right)^2 \tag{5.4.4}$$

经整理,上式便化为

$$\gamma^2\left(1-\frac{u^2v^2}{c^4}\right)\left(x-\frac{1-\dfrac{u^2}{c^2}}{1-\dfrac{u^2v^2}{c^4}}vt\right)^2+y^2+z^2=\frac{1-\dfrac{v^2}{c^2}}{1-\dfrac{u^2v^2}{c^4}}u^2t^2 \tag{5.4.5}$$

这是一个中心在C点的椭球面,C点的坐标为

$$x_C=\frac{1-\dfrac{u^2}{c^2}}{1-\dfrac{u^2v^2}{c^4}}vt,\quad y_C=0,\quad z_C=0 \tag{5.4.6}$$

这椭球面的三个半轴分别为

$$\left.\begin{aligned}&\text{沿 } x \text{ 轴} \quad a_x=\frac{1-\dfrac{v^2}{c^2}}{1-\dfrac{u^2v^2}{c^4}}ut\\&\text{垂直于 } x \text{ 轴} \quad a_y=a_z=\sqrt{\frac{1-\dfrac{v^2}{c^2}}{1-\dfrac{u^2v^2}{c^4}}}ut\end{aligned}\right\} \tag{5.4.7}$$

因坐标系的速度 v 应小于真空中光速 c，即

$$v<c \tag{5.4.8}$$

设球面半径增大的速率为

$$u<c \tag{5.4.9}$$

则有

$$1-\frac{u^2}{c^2}<1-\frac{u^2v^2}{c^4} \tag{5.4.10}$$

于是得

$$\frac{a_x}{a_y}=\frac{a_x}{a_z}=\sqrt{\left(1-\frac{v^2}{c^2}\right)\Big/\left(1-\frac{u^2v^2}{c^4}\right)}<1 \tag{5.4.11}$$

由此我们得出结论：在 S 系观测，是一个膨胀的扁椭球面，运动方向上的半轴 (a_x) 比垂直于运动方向上的半轴 (a_y, a_z) 短，形状像个灯笼，灯笼的轴线为 x 轴 [图 5.4(1)]. 这个膨胀的扁椭球面的中心 C 在 x 轴上，以速度

$$v_C=\left(1-\frac{u^2}{c^2}\right)v\Big/\left(1-\frac{u^2v^2}{c^4}\right) \tag{5.4.12}$$

沿 x 轴运动. 同时它的三个半轴分别以下列速率增大：

$$\left.\begin{aligned}u_x&=\left(1-\frac{v^2}{c^2}\right)u\Big/\left(1-\frac{u^2v^2}{c^4}\right)\\u_y=u_z&=\sqrt{1-\frac{v^2}{c^2}}u\Big/\sqrt{1-\frac{u^2v^2}{c^4}}\end{aligned}\right\} \tag{5.4.13}$$

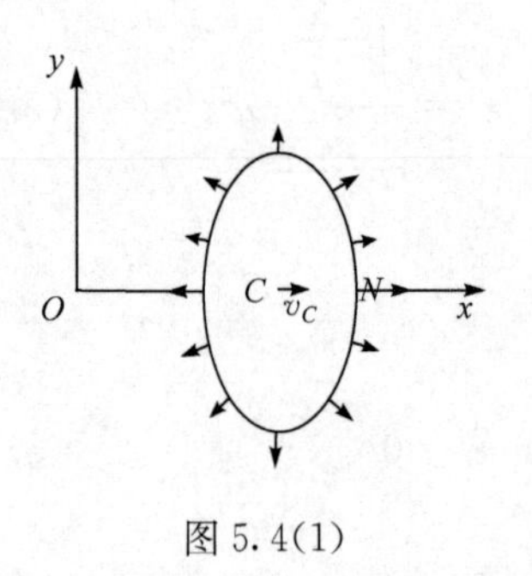

图 5.4(1)

我们再来看这个膨胀椭球面中心的位置和速度. 在 S' 系观测，膨胀球面的中心在原点 O'；在 S 系观测，t 时刻，O' 的位置在 x 轴上

$$x_{O'}=vt \tag{5.4.14}$$

处. 同时，膨胀椭球面的中心 C 则在 x 轴上

$$x_C=\frac{1-\frac{u^2}{c^2}}{1-\frac{u^2v^2}{c^4}}vt \tag{5.4.15}$$

处. 由(5.4.10)式可知

$$x_C<x_{O'} \tag{5.4.16}$$

这个结果表明,在 S 系观测,膨胀椭球面的中心 C 并不在 S' 系的原点 O',而是落后于 O'. 这是因为,S 系和 S' 系没有共同的同时性. 在 S 系所观测到的膨胀椭球面,并不是 S' 系同一时刻的膨胀球面挤扁而成,而是 S' 系不同时刻的膨胀球面上不同纬度部分(以 x 轴为轴线的不同纬度部分)拼凑而成. 所以它的中心 C 就不是 S' 系的膨胀球面的中心了.

再来看膨胀椭球面中心 C 的速度 v_C,由(5.4.12)式知

$$v_C<v \tag{5.4.17}$$

即 C 的速度小于 O' 的速度,而且 u 越大,小得越多. 根据(5.4.12)式,v_C 与 u 的关系如图 5.4(2)所示.

我们看两个极端情况. 一个极端是 $u=0$,这时球面不膨胀. 由(5.4.6)式和(5.4.5)式可以看出,这时只有一个点,C 与 O' 重合,两者速度相同($v_C=v$). 另一个极端是 $u=c$,这时球面以光速 c 膨胀,O' 以匀速 v 沿 x 轴运动,而 C 则不动(因 $v_C=0$). 由(5.4.7)式还可以看出,这时 $a_x=a_y=a_z=ct$,即膨胀的扁椭球面成为以光速 c 膨胀的球面.

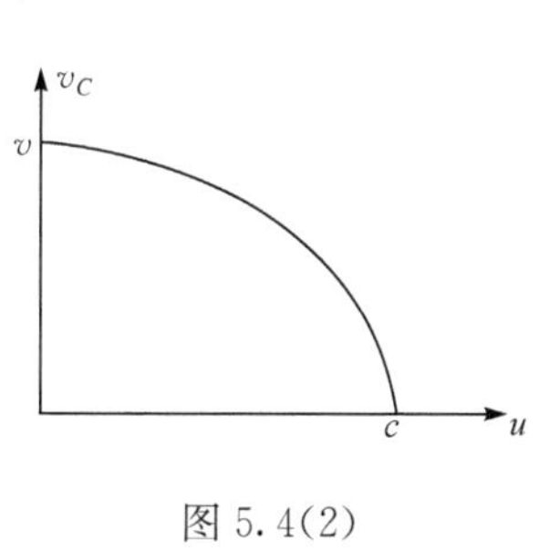

图 5.4(2)

5.5　当火车行驶时,站台上的观测者测出,火车的长度比静止时短了,这就叫做长度收缩. 试分析火车上的观测者如何看待这个问题.

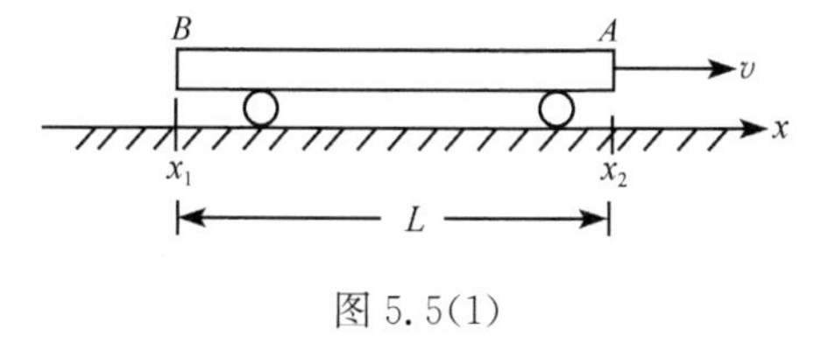

图 5.5(1)

【解】　先说明长度收缩. 火车以速度 v 行驶时,站台上的观测者是这样测量火车长度的[参看图 5.5(1)]:在站台上的同一时刻,划下火车前端 A 在站台上的位置 x_2 和后端 B 在站台上的位置 x_1,然后测量 x_1 和 x_2 间的距离,就是他们测得的运动的火车的长度 L,即

$$L=x_2-x_1 \tag{5.5.1}$$

由洛伦兹变换

$$x'=\gamma(x-vt) \tag{5.5.2}$$

得

$$x'_2 - x'_1 = \gamma[(x_2 - x_1) - v(t_2 - t_1)] \tag{5.5.3}$$

因为 x_2 和 x_1 是在站台上同一时刻测量的,即

$$t_2 = t_1 \tag{5.5.4}$$

故得

$$x'_2 - x'_1 = \gamma(x_2 - x_1) = \gamma L \tag{5.5.5}$$

式中$x'_2 - x'_1$是火车上的观测者测出的火车前端 A 和后端 B 间的距离,它就是火车静止时的长度 L_0,即

$$x'_2 - x'_1 = L_0 \tag{5.5.6}$$

于是得

$$L = L_0/\gamma = \sqrt{1 - \frac{v^2}{c^2}} L_0 < L_0 \tag{5.5.7}$$

这就是长度收缩.

再分析火车上的观测者如何看待这个问题.在火车上的观测者看来,站台上的观测者并不是同时在站台上划下火车前端 A 和后端 B 的位置的.火车上的观测者观测到:站台上的观测者在 t'_2 时刻划下车前端 A 的位置 x_2,在 t'_1 时刻划下车后端 B 的位置 x_1,由洛伦兹变换

$$t' = \gamma\left(t - \frac{v}{c^2}x\right) \tag{5.5.8}$$

有

$$t'_2 - t'_1 = \gamma\left[(t_2 - t_1) - \frac{v}{c^2}(x_2 - x_1)\right] \tag{5.5.9}$$

因$t_2 = t_1$, $x_2 - x_1 = L$,故得

$$t'_2 - t'_1 = -\gamma\frac{v}{c^2}L = -\frac{v}{c^2}L_0 < 0 \tag{5.5.10}$$

这个结果表明:在火车上的观测者看来,站台上的观测者是先(t'_2时刻)划下火车前端 A 的位置 x_2,后(t'_1时刻)划下火车后端 B 的位置 x_1 的,如图 5.5(2)所示.所以火车上的观测者认为,站台上的观测者少测了一段长度,这段长度由(5.5.10)式为

$$\Delta L = v(t'_1 - t'_2) = \frac{v^2}{c^2}L_0 \tag{5.5.11}$$

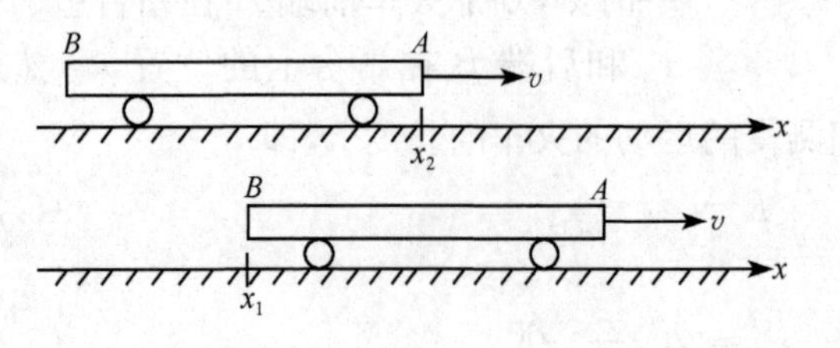

先划下火车前端 A 的位置 x_2

后划下火车后端 B 的位置 x_1

图 5.5(2)

因此，火车上的观测者认为，站台上的观测者测出的不是火车的长度，而是某一长度

$$L^* = L_0 - \Delta L = \left(1-\frac{v^2}{c^2}\right)L_0 < L_0 \tag{5.5.12}$$

火车上的观测者还观测到，站台上平行于火车进行方向的尺缩短了，缩短的因子为 $\sqrt{1-v^2/c^2}$. 于是火车上的观测者推知，站台上的观测者所测出的火车长度为

$$L^* / \sqrt{1-\frac{v^2}{c^2}} = \sqrt{1-\frac{v^2}{c^2}}L_0 \tag{5.5.13}$$

这正是站台上的观测者测得的结果.

5.6　设两事件之间的空间距离为 Δl，时间差为 Δt. 试证明：(1) Δt 在 $\Delta l=0$ 的惯性系中为最短；(2) Δl 在 $\Delta t=0$ 的惯性系中为最短.

【证】　(1) 设在惯性系 Σ 中，这两事件之间的空间距离为 Δl，时间差为 Δt；在惯性系 Σ' 中，这两事件的空间距离为 $\Delta l'$，时间差为 $\Delta t'$，则由间隔不变性得

$$c^2(\Delta t)^2 - (\Delta l)^2 = c^2(\Delta t')^2 - (\Delta l')^2$$

在 $\Delta l=0$ 的惯性系中，有

$$\Delta t = \sqrt{(\Delta t')^2 - \frac{(\Delta l')^2}{c^2}} < \Delta t'$$

所以 Δt 在 $\Delta l=0$ 的惯性系中为最短.

(2) 在 $\Delta t=0$ 的惯性系中，有

$$\Delta l = \sqrt{(\Delta l')^2 - c^2(\Delta t')^2} < \Delta l'$$

所以 Δl 在 $\Delta t=0$ 的惯性系中为最短.

5.7　静止时长度为 l_0 的车厢，以匀速 v 相对于地面运动，车厢内一个小球从车厢的后壁出发，以匀速 u_0 相对于车厢向前运动，如图 5.7 所示. 小球的直径比 l_0 小很多，可略去不计. 试求地面观察者观测到小球从后壁到前壁所需的时间.

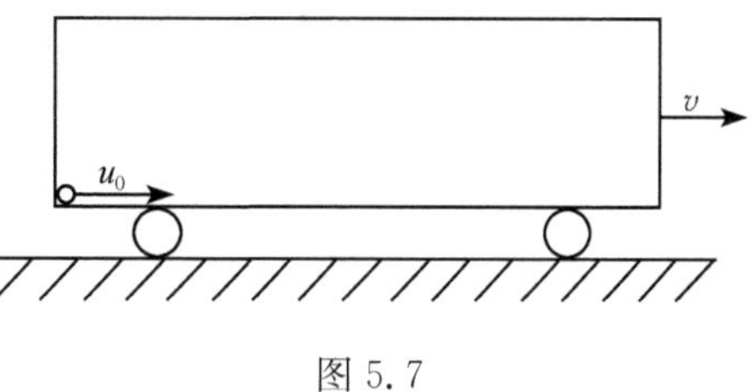

图 5.7

【解】　(1) 错误的解法. 下面的解法是错误的，请你看看，错在哪里？

以地面为 Σ 系，车厢为 Σ' 系，则在 Σ' 系中有：车厢的长度为 l_0，小球的速度为 u_0，故小球从后壁到前壁所需的时间为

$$\Delta t' = \frac{l_0}{u_0} \tag{5.7.1}$$

在 Σ 系中有：车厢的长度为

$$l = l_0\sqrt{1-\frac{v^2}{c^2}} \tag{5.7.2}$$

小球的速度为

$$u=\frac{u_0+v}{1+\frac{u_0 v}{c^2}} \tag{5.7.3}$$

故小球从后壁到前壁所需的时间为

$$\Delta t=\frac{l}{u}=l_0\sqrt{1-\frac{v^2}{c^2}}\,\frac{1+\frac{u_0 v}{c^2}}{u_0+v} \tag{5.7.4}$$

这个结果是错误的.

(2) 正确的解法一.

上面解法的错误在于没有考虑车厢在运动.在Σ系观测,小球以速度u往前运动,车厢以速度v往前运动,所以小球从车厢后壁到前壁所经过的距离就不是车厢的长度l,而是$l+v\Delta t$.由此得

$$\Delta t=\frac{l+v\Delta t}{u} \tag{5.7.5}$$

所以

$$\Delta t=\frac{l}{u-v}=\frac{l_0\sqrt{1-\frac{v^2}{c^2}}}{\frac{u_0+v}{1+\frac{u_0 v}{c^2}}-v}=\frac{l_0\left(1+\frac{u_0 v}{c^2}\right)}{u_0\sqrt{1-\frac{v^2}{c^2}}} \tag{5.7.6}$$

(3) 正确的解法二.

用洛伦兹变换求解.因为

$$\Delta t=\frac{1}{\sqrt{1-\frac{v^2}{c^2}}}\left(\Delta t'+\frac{v}{c^2}\Delta x'\right) \tag{5.7.7}$$

其中$\Delta x'=l_0$,$\Delta t'=\frac{l_0}{u_0}$,故

$$\Delta t=\frac{1}{\sqrt{1-\frac{v^2}{c^2}}}\left(\frac{l_0}{u_0}+\frac{v}{c^2}l_0\right)=\frac{l_0\left(1+\frac{u_0 v}{c^2}\right)}{u_0\sqrt{1-\frac{v^2}{c^2}}} \tag{5.7.8}$$

(4) 正确的解法三.

用间隔不变求解.在Σ'系中,车厢长为l_0,小球速度为u_0,小球从后壁到前壁所需的时间为$\Delta t'=l_0/u_0$.所以间隔为

$$(\Delta s')^2=c^2(\Delta t')^2-(\Delta x')^2=c^2\left(\frac{l_0}{u_0}\right)^2-l_0^2=l_0^2\,\frac{c^2-u_0^2}{u_0^2} \tag{5.7.9}$$

在 Σ 系中，小球速度为

$$u=\frac{u_0+v}{1+\frac{u_0v}{c^2}} \tag{5.7.10}$$

小球从后壁到前壁所需的时间为 Δt，小球运动的距离为

$$\Delta x=u\Delta t=\frac{(u_0+v)\Delta t}{1+\frac{u_0v}{c^2}} \tag{5.7.11}$$

于是间隔为

$$(\Delta s)^2=c^2(\Delta t)^2-(\Delta x)^2=c^2(\Delta t)^2-\left(\frac{u_0+v}{1+\frac{u_0v}{c^2}}\right)^2(\Delta t)^2 \tag{5.7.12}$$

因间隔是不变量，即 $(\Delta s')^2=(\Delta s)^2$. 故得

$$\begin{aligned}
l_0^2\frac{c^2-u_0^2}{u_0^2}&=c^2(\Delta t)^2-\left(\frac{u_0+v}{1+\frac{u_0v}{c^2}}\right)^2(\Delta t)^2\\
&=c^2(\Delta t)^2\left[1-c^2\left(\frac{u_0+v}{c^2+u_0v}\right)^2\right]\\
&=c^2(\Delta t)^2\frac{(c^2-u_0^2)(c^2-v^2)}{(c^2+u_0v)^2}
\end{aligned}$$

$$\Delta t=\frac{l_0}{u_0}\frac{1+\frac{u_0v}{c^2}}{\sqrt{1-\frac{v^2}{c^2}}} \tag{5.7.13}$$

5.8　一直山洞长 1km 整，一列火车静止时，长也是 1km. 当这列火车以 $0.600c$ 的速度行驶时，穿过该山洞. A 是站在地面上的观测者，B 是坐在火车上的观测者. (1) 从车前端进洞到车尾端出洞，A 观测到的时间是多长？B 观测到的时间是多长？(2) 整个列车全在洞内的时间是多长？

【解】　(1) 对地面参考系(A)来说，火车长为

$$l=l_0\sqrt{1-\frac{v^2}{c^2}}=1.000\times\sqrt{1-0.600^2}=0.800(\text{km})$$

火车前端在甲处进洞，火车前端在乙处时车尾端出洞(图 5.8)，故所需时间为

$$\Delta t=\frac{l_0+l}{0.600c}=\frac{(1.000+0.800)\times10^3}{0.600\times3\times10^8}=1.00\times10^{-5}(\text{s})$$

对火车参考系(B)来说，火车长为 l_0，山洞长为 l，从火车前端进洞到火车尾端出洞，所需时间为

$$\Delta t'=\frac{l_0+l}{0.600c}=1.00\times10^{-5}(\text{s})$$

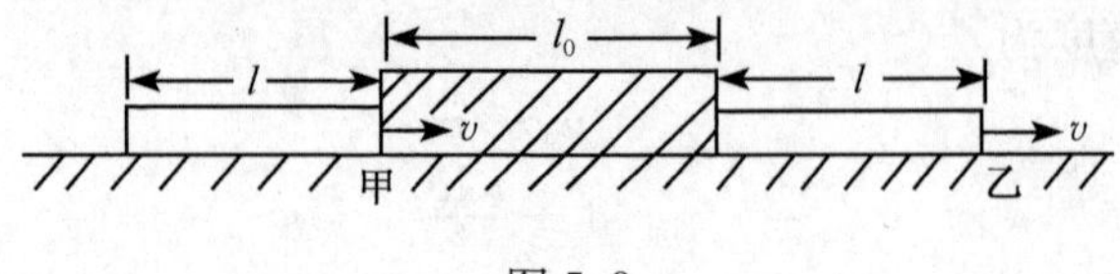

图 5.8

(2) 对地面参考系(A)来说，整个列车全在洞内的时间，即从车尾端进洞到车前端出洞的一段时间，这段时间为

$$\delta t = \frac{l_0 - l}{0.600c} = \frac{(1.000 - 0.800) \times 10^3}{0.600 \times 3 \times 10^8} = 1.11 \times 10^{-6}\,(\mathrm{s})$$

对火车参考系(B)来说，列车比山洞长，因此列车不可能全在山洞内.

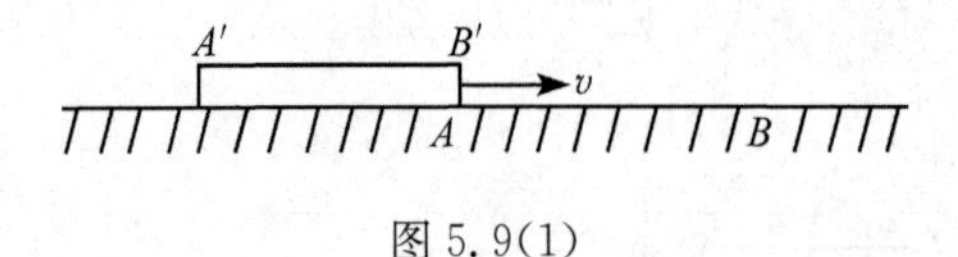

图 5.9(1)

5.9　一列火车在静止时与站台长度相等，都是 $l_0 = 8.64 \times 10^8\,\mathrm{km}$. 在火车前端 B' 和尾端 A' 以及站台起点 A 和终点 B(图 5.9(1))，各装有一个钟；这四个钟结构完全相同，静止时走的快慢也都相同. 当火车以 $v = 2.40 \times 10^5\,\mathrm{km/s}$ 的速度进站，车前端 B' 与站台起点 A 对齐时，车前端的钟 B' 和站台起点的钟 A 都指着十二点整. 问这时车尾端的钟 A' 和站台终点的钟 B 各指着什么时刻？

【解】　对这个问题，直觉往往使人作出下列回答："车前端 B' 与站台起点 A 对齐时，站台起点的钟指着十二点整，表明站台上的时间是十二点整，所以站台终点的钟必定指着十二点整(因为 B 与 A 同步)；又这时车前端的钟 B' 指着十二点整，表明火车上的时间也是十二点整，所以车尾端的钟 A' 也必定指着十二点整(因为 A' 与 B' 同步). 因此，这时 A' 和 B 都指着十二点整."这个回答是错误的. 其错误在于忘记了两个做相对运动的坐标系没有公共的同时性. 所以问题中的"这时"，必须指明是哪个坐标系的时间，才有意义. 固然，火车上和站台上的观测者都承认，车前端 B' 与站台起点 A 对齐时是十二点整；但是，站台上的人观测到，当 B' 与 A 对齐时，站台上的时间是十二点整，A、B' 和 B 三个钟都指着十二点整，可车尾的钟 A' 这时却不是指着十二点整，而是指着某个时刻 $t'_{A'}$. 根据洛伦兹变换，$t'_{A'}$ 为

$$t'_{A'} = t'_{B'} + \frac{1}{\sqrt{1 - v^2/c^2}}\left[t_{A'} - t_{B'} - \frac{v}{c^2}(x_{A'} - x_{B'})\right] \qquad (5.9.1)$$

式中 $t'_{B'} = t_{A'} = t_{B'} = 12$ 时，$\sqrt{1 - \frac{v^2}{c^2}} = \sqrt{1 - \left(\frac{2.40 \times 10^5}{3 \times 10^5}\right)^2} = 0.6$，$x_{A'} - x_{B'} = -l = -l_0\sqrt{1 - \frac{v^2}{c^2}} = -0.6l_0 = -0.6 \times 8.64 \times 10^8\,\mathrm{km}$. 代入数值便得

$$\begin{aligned} t'_{A'} &= 12\text{时} + \frac{1}{0.6}\left[-\frac{2.40 \times 10^5}{(3 \times 10^5)^2} \times (-0.6 \times 8.64 \times 10^8)\right]\text{秒} \\ &= 12\text{时} + 2304\text{秒} = 12\text{时} + 38.4\text{分} = 12\text{时}\,38.4\text{分} \end{aligned} \qquad (5.9.2)$$

这个结果,也可由上面(5.9.1)式的逆变换得出.逆变换为

$$t_{A'}-t_{B'}=\frac{1}{\sqrt{1-\frac{v^2}{c^2}}}\left[t'_{A'}-t'_{B'}+\frac{v}{c^2}(x'_{A'}-x'_{B'})\right] \tag{5.9.3}$$

因$t_{A'}=t_{B'}=12$ 时,故由上式得

$$\begin{aligned}t'_{A'}&=t'_{B'}-\frac{v}{c^2}(x'_{A'}-x'_{B'})=t'_{B'}-\frac{v}{c^2}(-l_0)\\&=t'_{B'}+\frac{v}{c^2}l_0=12\text{ 时}+\frac{2.40\times10^5}{(3\times10^5)^2}\times8.64\times10^8\\&=12\text{ 时}+2304\text{ 秒}=12\text{ 时 }38.4\text{ 分}\end{aligned} \tag{5.9.4}$$

所以,当车前端 B' 与站台起点 A 对齐时,站台上的人观测到:A、B' 和 B 三个钟都指着十二点整,而车尾的钟 A' 却指着12 时38.4 分(快了 38.4 分),如图 5.9(2)的(a)所示.

火车的人观测到,当 B' 与 A 对齐时,火车上的时间是十二点整,A'、B' 和 A 三个钟都指着十二点整,可站台终点的钟 B 这时却不是指着十二点整,而是指着某个时刻 t_B.根据洛伦兹变换,t_B 为

$$\begin{aligned}t_B&=t_A+\frac{1}{\sqrt{1-\frac{v^2}{c^2}}}\left[t'_B-t'_A+\frac{v}{c^2}(x'_B-x'_A)\right]\\&=t_A+\frac{1}{\sqrt{1-\frac{v^2}{c^2}}}\frac{v}{c^2}l_0\sqrt{1-\frac{v^2}{c^2}}=t_A+\frac{v}{c^2}l_0\\&=12\text{ 时}+\frac{2.40\times10^5}{(3\times10^5)^2}\times8.64\times10^8\text{ 秒}\\&=12\text{ 时}+2304\text{ 秒}=12\text{ 时 }38.4\text{ 分}\end{aligned} \tag{5.9.5}$$

这个结果,也可由上式的逆变换得出.

所以,当车前端 B' 与站台起点 A 对齐时,火车上的人观测到:B'、A 和 A' 三个钟都指着十二点整,而站台终点的钟 B 却指着 12 时 38.4 分(快了 38.4 分),如图 5.9(2)的(b)所示.

【讨论】 这个问题告诉我们,在处理有关时空概念的问题时,必须用洛伦兹变换,而不能靠日常生活中的直觉.这是因为,我们日常生活中的直觉所依据的是牛顿力学中的伽利略变换,而不是狭义相对论的洛伦兹变换.

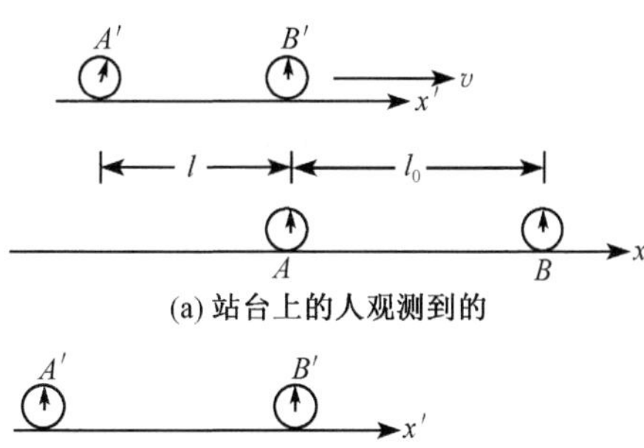

(a) 站台上的人观测到的

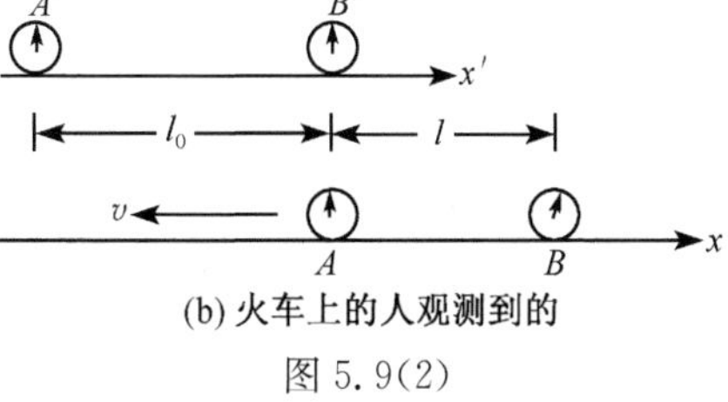

(b) 火车上的人观测到的

图 5.9(2)

5.10 (1) 爱因斯坦在他创立狭义相对论的论文《论运动物体的电动力学》中说,地球赤道上的钟比地球两极的钟走得慢些.假定地球的年龄已有 50 亿年,在地球诞生时便在赤道和两极放有相同的钟,问赤道上的钟现在比两极的钟慢了多少?(2) 我国古代神话说:“洞中方七日,世上已千年.”假定“洞中”是某一宇宙飞船中,“世上”就是地球上.问该宇宙飞船相对于地球的速度是多少?

【解】 (1) 设两极的钟现在所指的时间为 $t=50$ 亿年,则赤道上的钟现在所指的时间为

$$t'=t\sqrt{1-\frac{v^2}{c^2}} \tag{5.10.1}$$

式中 v 是地球自转时赤道上一点的速度大小,其值为

$$v=\frac{2\pi R}{T}=\frac{2\pi\times6400\times10^3}{24\times60\times60}=4.65\times10^2(\mathrm{m/s})\ll c$$

故所求的时间差为

$$\begin{aligned}t-t'&=t\left[1-\sqrt{1-\frac{v^2}{c^2}}\right]=t\left[1-\left(1-\frac{1}{2}\frac{v^2}{c^2}\right)\right]\\&=\frac{1}{2}\left(\frac{v}{c}\right)^2t=\frac{1}{2}\left(\frac{4.65\times10^2}{3\times10^8}\right)^2\times50\times10^8\text{ 年}\\&=6.0\times10^{-3}\text{ 年}=2.2\text{ 天}\end{aligned} \tag{5.10.2}$$

(2) 设所求速度为 v,则根据时间膨胀公式

$$\Delta\tau=\sqrt{1-\frac{v^2}{c^2}}\Delta t \tag{5.10.3}$$

得

$$7=\sqrt{1-\frac{v^2}{c^2}}\times1000\times365$$

$$1-\frac{v^2}{c^2}=\left(\frac{7}{3.65\times10^5}\right)^2=3.678\times10^{-10}$$

$$\left(\frac{c+v}{c}\right)\left(\frac{c-v}{c}\right)=3.678\times10^{-10}$$

因 $v\approx c$,故得

$$\frac{c-v}{c}=\frac{1}{2}\times3.678\times10^{-10}=1.839\times10^{-10} \tag{5.10.4}$$

所以

$$v=(1-1.839\times10^{-10})c \tag{5.10.5}$$

即 v 非常接近光速 c.

5.11 静止 μ 子的平均寿命是 2.2×10^{-6} s. 在实验室中,从高能加速器出来的 μ 子以 $0.60c$(c 为真空中光速)运动.(1) 在实验室中观测,这些 μ 子的平均寿

命是多少？(2) 它们在衰变前飞行的平均距离是多少？(3) 相对于 μ 子静止的观测者观测到它们衰变前飞行的平均距离是多少？

【解】 (1) 在实验中观测，μ 子的平均寿命为

$$\tau = \frac{2.2\times10^{-6}}{\sqrt{1-0.60^2}} = 2.8\times10^{-6}(\mathrm{s})$$

(2) 它们在衰变前飞行的平均距离为

$$l = v\tau = 0.60\times3\times10^8\times2.8\times10^{-6} = 5.0\times10^2(\mathrm{m})$$

(3) 相对于 μ 子静止的观测者观测到，μ 子衰变前飞行的平均距离为

$$l' = 0.60\times3\times10^8\times2.2\times10^{-6} = 4.0\times10^2(\mathrm{m})$$

或

$$l' = 5.0\times10^2\times\sqrt{1-0.60^2} = 4.0\times10^2(\mathrm{m})$$

5.12　一观测者测得在相距为 3.6×10^8m 处发生两个事件，发生的时间相差为 2.0s. 问发生这两个事件的固有时间(原时)间隔是多少？

【解】 在相对于观测者以速度 $v=3.6\times10^8/2.0=1.8\times10^8\mathrm{m/s}$，从先发生的事件处向后发生的事件处运动的参考系里，这两个事件便是在同一地点发生的，它们之间的时间间隔便是固有时间(原时)间隔，即

$$\Delta\tau = \Delta t\sqrt{1-\frac{v^2}{c^2}} = 2\times\sqrt{1-\left(\frac{1.8\times10^8}{3\times10^8}\right)^2} = 1.6(\mathrm{s})$$

【别解】 由间隔不变性有

$$c^2(\Delta t)^2-(\Delta x)^2 = c^2(\Delta t')^2-(\Delta x')^2$$

由于 $\Delta x'=0$ 系的 $\Delta t'$ 为固有时间(原时)间隔，故得

$$\Delta t' = \Delta\tau = \sqrt{(\Delta t)^2-\left(\frac{\Delta x}{c}\right)^2} = \sqrt{2.0^2-\left(\frac{3.6\times10^8}{3\times10^8}\right)^2}$$
$$= 1.6(\mathrm{s})$$

5.13　一宇宙飞船以 $0.60c$(c 为真空中光速)的匀速自地球飞往遥远的星球，它上面和同它联系的地面台站都装有原子钟和无线电收发报机，以便联系. 双方约定，原子钟的时间都从飞船离开地球时算起，飞船上的原子钟在一年后便指令向地球发射一个无线电信号，地面台站收到这个信号后便立即向飞船发射一个无线电信号. 试计算双方观测到的各处发射和收到无线电信号的时刻以及当时飞船与地球间的距离.

【解】 以地球为 Σ 系，飞船为 Σ' 系，它们之间的洛伦兹变换中的相对论因子为

$$\gamma = \frac{1}{\sqrt{1-\frac{v^2}{c^2}}} = \frac{1}{\sqrt{1-0.60^2}} = \frac{1}{0.80}$$

根据洛伦兹变换,双方观测结果如下.

飞船(Σ' 系)观测结果:

飞船发射信号的时刻为$t'_s=1$年,这时它与地球间的距离为

$$l'_s = 1 \times 0.60 = 0.60(\mathrm{l.y.})$$

由于无线电信号以光速 c 传播,而地球以 $0.60c$ 的速度离开飞船,故地面台站收到和发射信号的时刻为

$$t'_E = 1 + \frac{0.60c}{(1-0.60)c} = 1 + 1.5 = 2.5(\text{年})$$

这时它与地球间的距离为

$$l'_E = 2.5 \times 0.60 = 1.5(\mathrm{l.y.})$$

飞船收到信号的时刻为

$$t'_r = 2.5 + \frac{1.5c}{c} = 4.0(\text{年})$$

这时它与地球间的距离为

$$l'_r = 4.0 \times 0.60 = 2.4(\mathrm{l.y.})$$

地面台站(Σ 系)观测结果:

飞船上的原子钟指出飞船飞行了一年,这是在同一地点发生的两个事件之间的时间间隔,是原时(τ).因此,对地球上的时间 t 来说,它们之间的关系为 $t=\gamma\tau$.故地面观测到,飞船发射信号的时刻为

$$t_s = \gamma\tau_s = \frac{1}{0.80} \times 1 = 1.25(\text{年})$$

这时飞船与地球间的距离为

$$l_s = 1.25 \times 0.60 = 0.75(\mathrm{l.y.})$$

地面台站收到和发射信号的时刻为

$$t_E = 1.25 + \frac{0.75c}{c} = 2.0(\text{年})$$

这时飞船与地球间的距离为

$$l_E = 2.0 \times 0.60 = 1.2(\mathrm{l.y.})$$

飞船收到信号的时刻为

$$t_r = 2 + \frac{1.2c}{(1-0.60)c} = 5.0(\mathrm{l.y.})$$

这时飞船与地球间的距离为

$$l_r = 5.0 \times 0.60 = 3.0(\mathrm{l.y.})$$

双方观测结果如下表所示:

	飞船观测结果	地面观测结果
飞船发射信号时刻	$t'_s=1.0$ 年 $l'_s=0.60$ 光年	$t_s=1.25$ 年 $l_s=0.75$ 光年
地面收到和发射信号时刻	$t'_E=2.5$ 年 $l'_E=1.5$ 光年	$t_E=2.0$ 年 $l_E=1.2$ 光年
飞船收到信号时刻	$t'_r=4.0$ 年 $l'_r=2.4$ 光年	$t_r=5.0$ 年 $l_r=3.0$ 光年

5.14　物体 A 以速度 $\boldsymbol{u}=(u,0,0)$ 相对于参考系 Σ' 运动，Σ' 系又以速度 $\boldsymbol{v}=(v,0,0)$ 相对于惯性系 Σ 运动，则 A 相对于 Σ 系的速度为 $\mathbf{V}=(V,0,0)$，其中

$$V=\frac{u+v}{1+\frac{uv}{c^2}}$$

这就是著名的爱因斯坦速度叠加定理. 试证明：当 $u<c$，$v<c$ 时，$V<c$.

【证】　设 $u=ac$，$v=bc$，则当 $0<a<1$ 和 $0<b<1$ 时，便有 $u<c$ 和 $v<c$. 由 a 和 b 的值得

$$(1-a)(1-b)>0$$

$$a+b<1+ab$$

于是得

$$V=\frac{u+v}{1+\frac{uv}{c^2}}=\frac{(a+b)c}{1+ab}<c$$

5.15　有三个宇宙飞船 A、B 和 C，相对于地面来说，A 向东，速度为 $0.5c$（c 为真空中光速）；B 向西，速度为 $0.5c$；C 向西，速度为 $0.8c$. 试问：(1) B 上的宇航员观测，A 和 C 相对于 B 的速度各是多少？(2) C 上的宇航员观测，A 和 B 相对于 C 的速度各是多少？

【解】　(1) 以向东为正，向西为负，由爱因斯坦速度叠加定理得：A 相对于 B 的速度为

$$V_{AB}=\frac{u_A+v}{1+\frac{u_A v}{c^2}}=\frac{0.5c+0.5c}{1+0.5\times0.5}=0.8c$$

C 相对于 B 的速度为

$$V_{CB}=\frac{u_C+v}{1+\frac{u_C v}{c^2}}=\frac{-0.8c+0.5c}{1+(-0.8)\times0.5}=-0.5c$$

(2) A 相对于 C 的速度为

$$V_{\mathrm{AC}}=\frac{u_{\mathrm{A}}+v'}{1+\frac{u_{\mathrm{A}}v'}{c^2}}=\frac{0.5c+0.8c}{1+0.5\times 0.8}=\frac{1.3}{1.4}c\approx 0.93c$$

B 相对于 C 的速度为

$$V_{\mathrm{BC}}=\frac{u_{\mathrm{B}}+v'}{1+\frac{u_{\mathrm{B}}v'}{c^2}}=\frac{-0.5c+0.8c}{1+(-0.5)\times 0.8}=0.5c$$

5.16　两艘宇宙飞船 A 和 B 都在同一直线上向同一方向做匀速飞行，它们相对于地面的速度分别为 v_{A} 和 $v_{\mathrm{B}}(<v_{\mathrm{A}})$，且 B 在 A 的前面. A 发出一个光脉冲，经 B 反射回 A；根据 A 上的原子钟，这光脉冲从 A 发出到返回 A，经历的时间为 Δt_{A}. (1)根据 A 上的原子钟，从 A 收到返回的光脉冲到 A 追上 B，需要多长时间？(2)对地面上和 B 上的观测者来说，光脉冲从 A 发出到返回 A，所经历的时间各是多少？

【解】　(1) 根据爱因斯坦速度叠加定理，B 相对于 A 的速度为

$$v_{\mathrm{BA}}=\frac{v_{\mathrm{B}}-v_{\mathrm{A}}}{1-\frac{v_{\mathrm{B}}v_{\mathrm{A}}}{c^2}}\tag{5.16.1}$$

$v_{\mathrm{B}}<v_{\mathrm{A}}$，故 $v_{\mathrm{BA}}<0$，这表示 B 相对于 A 的速度与它们飞行的方向相反.

A 收到光脉冲时，A、B 间的距离为

$$l=\frac{\Delta t_{\mathrm{A}}}{2}c-\frac{\Delta t_{\mathrm{A}}}{2}|v_{\mathrm{BA}}|=\frac{1}{2}\Delta t_{\mathrm{A}}(c-|v_{\mathrm{BA}}|)\tag{5.16.2}$$

故从 A 收到光脉冲到 A 追上 B，所需时间为

$$\begin{aligned}t_{\mathrm{A}}&=\frac{l}{|v_{\mathrm{BA}}|}=\frac{1}{2}\Delta t_{\mathrm{A}}\left(\frac{c}{|v_{\mathrm{BA}}|}-1\right)=\frac{1}{2}\Delta t_{\mathrm{A}}\left[\frac{c^2-v_{\mathrm{A}}v_{\mathrm{B}}}{c(v_{\mathrm{A}}-v_{\mathrm{B}})}-1\right]\\&=\frac{(c-v_{\mathrm{A}})(c+v_{\mathrm{B}})}{2c(v_{\mathrm{A}}-v_{\mathrm{B}})}\Delta t_{\mathrm{A}}\end{aligned}\tag{5.16.3}$$

(2) 光脉冲从 A 发出到返回 A，对地面观测者来说，所需时间为

$$\Delta t=\frac{\Delta t_{\mathrm{A}}}{\sqrt{1-\frac{v_{\mathrm{A}}^2}{c^2}}}\tag{5.16.4}$$

而对 B 上的观测者来说，则为

$$\Delta t_{\mathrm{B}}=\frac{\Delta t_{\mathrm{A}}}{\sqrt{1-\frac{v_{\mathrm{BA}}^2}{c^2}}}\tag{5.16.5}$$

将(5.16.1)式代入，经过演算得

$$\Delta t_{\mathrm{B}}=\frac{(c^2-v_{\mathrm{A}}v_{\mathrm{B}})\Delta t_{\mathrm{A}}}{\sqrt{(c^2-v_{\mathrm{A}}^2)(c^2-v_{\mathrm{B}}^2)}}\tag{5.16.6}$$

5.17 在惯性系 Σ 中观测到两个宇宙飞船,它们正沿直线向相反的方向运动,轨道平行,相距为 d,如图 5.17(1)所示. 每个飞船的速度均为$\frac{c}{2}$,c 为光速.

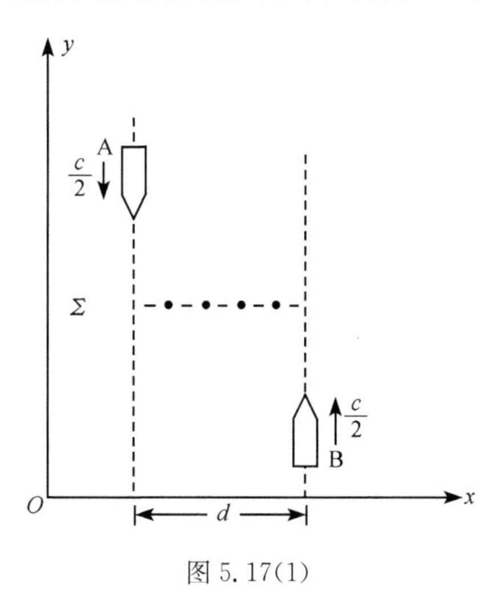

图 5.17(1)

(1) 当两个飞船处于最接近位置(如图 5.17(1)中用点虚线所示)的时刻,飞船 A 以$\frac{3}{4}c$(也是在 Σ 系测量的)发射一个小包. 问从飞船 A 上的观察者来看,为了让飞船 B 接到这个小包,应以什么样的角度瞄准?设飞船 A 上的观察者所用的坐标系其轴均对应地平行于 Σ 系的轴,且运动方向平行于 y 轴(图 5.17(1)).

(2) 在飞船 A 上的观察者看来,小包的速率是多少?[本题系中国赴美物理研究生考试(CUSPEA)1983 年试题.]

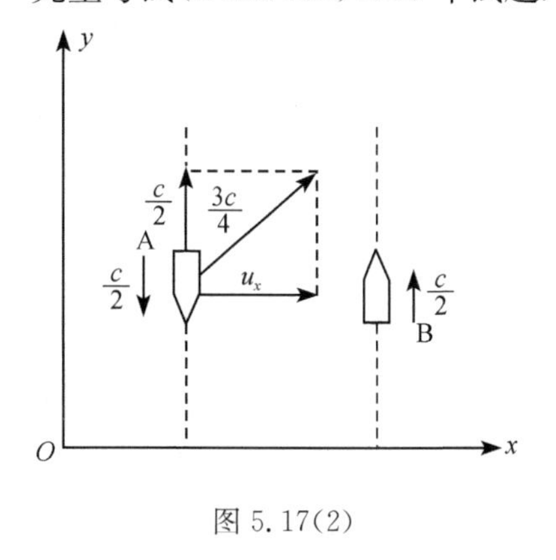

图 5.17(2)

【解】 (1) 首先考虑在惯性系 Σ 中的情形. 显然,发射的小包必须有 $u_y=\frac{c}{2}$,这样才能使得小包在 x 方向飞行 $\Delta x=d$ 时,与飞船 B 有同样的坐标 y[参见图 5.17(2)]. 因此

$$u_x=\sqrt{\left(\frac{3}{4}c\right)^2-\left(\frac{1}{2}c\right)^2}=\frac{\sqrt{5}}{4}c \tag{5.17.1}$$

$$u_y=\frac{1}{2}c \tag{5.17.2}$$

从固定在飞船 A 上的坐标系 Σ′ 来看,小包的速度为 $\boldsymbol{u}'$. 根据狭义相对论的速度合成公式,可以求出速度 $\boldsymbol{u}'$的分量u'_x 和u'_y,即

$$u'_x=\frac{u_x\sqrt{1-\frac{v^2}{c^2}}}{1+\frac{\boldsymbol{u}\cdot\boldsymbol{v}}{c^2}} \tag{5.17.3}$$

$$u'_y=\frac{u_y+v}{1+\frac{\boldsymbol{u}\cdot\boldsymbol{v}}{c^2}} \tag{5.17.4}$$

式中 $\boldsymbol{u}$ 是小包在惯性系 Σ 中的速度,v 是惯性系 Σ 相对于飞船 A 即 Σ′ 系的速度.

于是

$$\boldsymbol{u} = \frac{\sqrt{5}}{4}c\boldsymbol{e}_x + \frac{1}{2}c\boldsymbol{e}_y \tag{5.17.5}$$

$$\boldsymbol{v} = \frac{1}{2}c\boldsymbol{e}_y \tag{5.17.6}$$

$$\boldsymbol{u} \cdot \boldsymbol{v} = \frac{c^2}{4} \tag{5.17.7}$$

$$u'_x = \frac{\frac{\sqrt{5}}{4}c\sqrt{1-\frac{1}{4}}}{1+\frac{1}{4}} = \sqrt{\frac{3}{20}}c \tag{5.17.8}$$

$$u'_y = \frac{\frac{c}{2}+\frac{c}{2}}{1+\frac{1}{4}} = \frac{4}{5}c \tag{5.17.9}$$

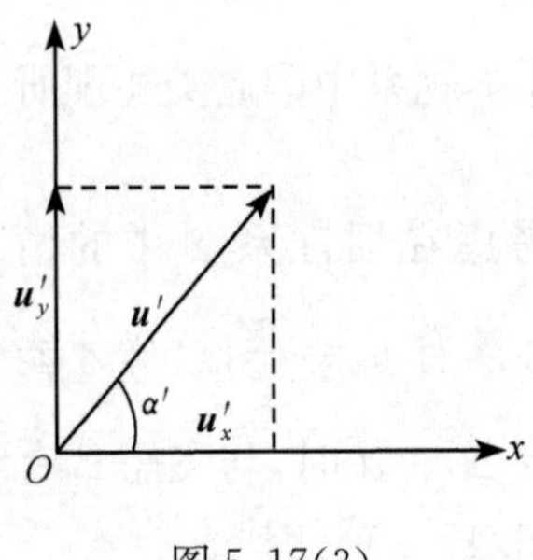

图 5.17(3)

令小包速度 $\boldsymbol{u}'$ 与 x' 轴的夹角为 α'[如图 5.17(3)],则

$$\tan\alpha' = \frac{u'_y}{u'_x} = \frac{8}{\sqrt{15}} \tag{5.17.10}$$

$$\alpha' = \arctan\frac{8}{\sqrt{15}} \tag{5.17.11}$$

(2) 小包在 Σ' 系中的速率[即飞船 A 上的观察者所观测到的速率]为

$$u' = \sqrt{u'^2_x + u'^2_y} = \sqrt{\left(\frac{4}{5}c\right)^2 + \frac{3}{20}c^2} = \frac{\sqrt{79}}{10}c \tag{5.17.12}$$

5.18 在实验室中有一弯曲水管,如图 5.18 所示,管中水流速度为 v,管壁上 G_1 和 G_2 两处是两块玻璃,以便从两个单色光源 S_1 和 S_2 来的光可以通过它们进入水中.已知水的折射率为 n,静止水中的光速为 c/n.(1) 在实验室中观测,光在 A、B 两段流水中的速度各是多少?(2) 在 $v \ll c$ 时,求上述速度的近似值.

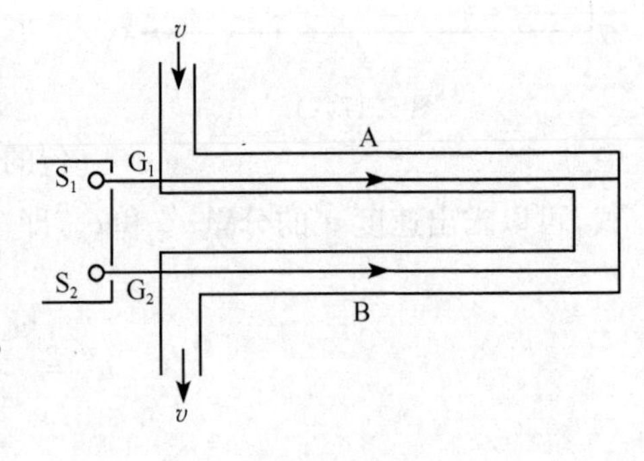

图 5.18

【解】 (1) 根据爱因斯坦速度叠加定理,在实验室中观测,光在 A 段水中的速度为

$$V_A=\frac{\frac{c}{n}+v}{1+\frac{c}{n}\frac{v}{c^2}}=\frac{\frac{c}{n}+v}{1+\frac{v}{nc}}=\frac{c(c+nv)}{nc+v}$$

光在B段水中的速度为

$$V_B=\frac{\frac{c}{n}-v}{1+\frac{c}{n}\frac{(-v)}{c^2}}=\frac{\frac{c}{n}-v}{1-\frac{v}{nc}}=\frac{c(c-nv)}{nc-v}$$

(2) 在 $v\ll c$ 时,可取下面的近似:

$$\frac{1}{1+\frac{v}{nc}}\approx 1-\frac{v}{nc},\qquad \frac{1}{1-\frac{v}{nc}}\approx 1+\frac{v}{nc}$$

于是得

$$V_A\approx\left(\frac{c}{n}+v\right)\left(1-\frac{v}{nc}\right)\approx\frac{c}{n}+\left(1-\frac{1}{n^2}\right)v$$

$$V_B\approx\left(\frac{c}{n}-v\right)\left(1+\frac{v}{nc}\right)=\frac{c}{n}-\left(1-\frac{1}{n^2}\right)v$$

由上述结果可见,$V_A>\frac{c}{n}$, $V_B<\frac{c}{n}$.

5.19　在均匀液体中放有单色光源S和接收器R;在静止的情况下,液体的折射率为 n, S与R间的距离为 l_0. 试求下列三种情况下,在相对于S、R为静止的参考系中观测,光从S到R所需的时间:(1) 液体相对于S、R静止;(2) 液体沿着从S到R的方向以速度 v 流动;(3) 液体沿着垂直于S、R连线的方向以速度 v 流动.

【解】　(1) 所求时间为

$$\Delta t_1=\frac{l_0}{c/n}=\frac{nl_0}{c}\qquad(5.19.1)$$

(2) 以相对于液体静止的参考系为 Σ' 系,光速为 c/n.(注意,在光学中通常所说的介质中的光速为 c/n,都是指相对于介质为静止的观测者所测得的光速.) 以相对于S和R静止的参考系为 Σ 系,并以S、R连线为 x 轴,如图5.19(1)所示. 在 Σ 系中,液体以速度 v 沿 x 轴方向运动,由爱因斯坦速度叠加定理得,沿 x 方向的光速为

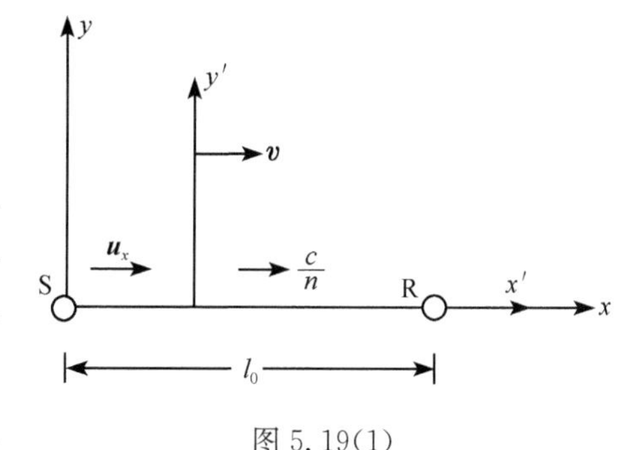

图5.19(1)

$$u_x = \frac{u'_x + v}{1 + \frac{u'_x v}{c^2}} = \frac{\frac{c}{n} + v}{1 + \frac{v}{cn}} \tag{5.19.2}$$

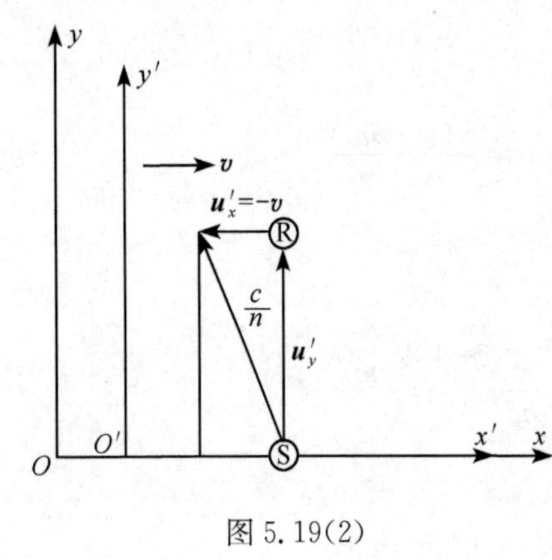

图 5.19(2)

故光从 S 到 R 所需的时间为

$$\Delta t_2 = \frac{l_0}{u_x} = \frac{l_0\left(1 + \frac{v}{nc}\right)}{\frac{c}{n} + v} \tag{5.19.3}$$

由(5.19.1)和(5.19.3)两式知 $\Delta t_2 < \Delta t_1$.

(3) 仍以相对于液体静止的参考系为 Σ' 系，相对于 S 和 R 为静止的参考系为 Σ 系，并使 y 轴平行于 S、R 的连线，如图 5.19(2) 所示. 在 Σ' 系中，S 和 R 的速度为 $-v$，向 x' 轴的负方向；从 S 发出到达 R 的光，其速度为 c/n，这速度在 x'轴方向上的分量u'_x和 y'轴方向上的分量u'_y分别为

$$u'_x = -v, \qquad u'_y = \sqrt{\left(\frac{c}{n}\right)^2 - v^2} \tag{5.19.4}$$

在 Σ 系中，从 S 发出而到达 R 的光，是沿 y 轴到达 R 的. 根据速度变换公式，光在 y 方向上的速度 u_y 为

$$u_y = \frac{u'_y\sqrt{1 - \frac{v^2}{c^2}}}{1 + \frac{u'_x v}{c^2}} = \frac{\sqrt{\left(\frac{c}{n}\right)^2 - v^2}\sqrt{1 - \frac{v^2}{c^2}}}{1 + \frac{(-v)v}{c^2}}$$

$$= \frac{\sqrt{\left(\frac{c}{n}\right)^2 - v^2}}{\sqrt{1 - \frac{v^2}{c^2}}} \tag{5.19.5}$$

故光从 S 到 R 所需的时间为

$$\Delta t_3 = \frac{l_0}{u_y} = \frac{l_0\sqrt{1 - \frac{v^2}{c^2}}}{\sqrt{\left(\frac{c}{n}\right)^2 - v^2}} \tag{5.19.6}$$

Δt_3 也可以由洛伦兹变换直接求出如下：

$$\Delta t_3 = \frac{1}{\sqrt{1 - \frac{v^2}{c^2}}}\left(\Delta t' + \frac{v}{c^2}\Delta x'\right) \tag{5.19.7}$$

式中

$$\Delta t' = \frac{l_0}{u_y'} = \frac{l_0}{\sqrt{\left(\frac{c}{n}\right)^2 - v^2}} \tag{5.19.8}$$

是 Σ' 系观测到的光从 S 到 R 所需的时间. 在这段时间里,R 沿 x'方向移动 $\Delta x' = -v\Delta t'$. 因此得

$$\Delta t_3 = \frac{1}{\sqrt{1-\frac{v^2}{c^2}}}\left[\frac{l_0}{\sqrt{\left(\frac{v}{n}\right)^2 - v^2}} + \frac{v}{c^2}\frac{(-v)l_0}{\sqrt{\left(\frac{c}{n}\right)^2 - v^2}}\right] = \frac{l_0\sqrt{1-\frac{v^2}{c^2}}}{\sqrt{\left(\frac{c}{n}\right)^2 - v^2}} \tag{5.19.9}$$

5.20　$\Sigma'(x', y', z')$系以匀速 $\boldsymbol{v}$ 相对于惯性系 $\Sigma(x, y, z)$运动. 一质点以匀速 $\boldsymbol{u}$ 相对于 Σ 系运动,试求这质点相对于 Σ' 系的速度 $\boldsymbol{u}'$.

【解】　根据 5.1 题得出的 Σ' 系与 Σ 系间的普遍洛伦兹变换

$$\boldsymbol{r}' = \boldsymbol{r} + (\gamma - 1)\frac{\boldsymbol{v}\cdot\boldsymbol{r}}{v^2}\boldsymbol{v} - \gamma\boldsymbol{v}t \tag{5.20.1}$$

$$t' = \gamma\left(t - \frac{\boldsymbol{v}\cdot\boldsymbol{r}}{c^2}\right) \tag{5.20.2}$$

这质点相对于 Σ 系的速度为

$$\boldsymbol{u} = \frac{\mathrm{d}\boldsymbol{r}}{\mathrm{d}t} \tag{5.20.3}$$

相对于 Σ' 系的速度为

$$\boldsymbol{u}' = \frac{\mathrm{d}\boldsymbol{r}'}{\mathrm{d}t'} = \frac{\mathrm{d}\boldsymbol{r} + (\gamma-1)\frac{\boldsymbol{v}\cdot\mathrm{d}\boldsymbol{r}}{v^2}\boldsymbol{v} - \gamma\boldsymbol{v}\mathrm{d}t}{\gamma\left(\mathrm{d}t - \frac{\boldsymbol{v}\cdot\mathrm{d}\boldsymbol{r}}{c^2}\right)}$$

$$= \frac{\boldsymbol{u} + \left[(\gamma-1)\frac{\boldsymbol{v}\cdot\boldsymbol{u}}{v^2} - \gamma\right]\boldsymbol{v}}{\gamma\left(1 - \frac{\boldsymbol{v}\cdot\boldsymbol{u}}{c^2}\right)} \tag{5.20.4}$$

式中

$$\gamma = \frac{1}{\sqrt{1-\frac{v^2}{c^2}}} \tag{5.20.5}$$

这便是 Σ 系与 Σ' 系间的普遍速度变换公式.

【讨论】　(1) 普遍速度变换的逆变换为

$$\boldsymbol{u}=\frac{\boldsymbol{u}'+\left[(\gamma-1)\dfrac{\boldsymbol{v}\cdot\boldsymbol{u}'}{v^2}+\gamma\right]\boldsymbol{v}}{\gamma\left(1+\dfrac{\boldsymbol{v}\cdot\boldsymbol{u}'}{c^2}\right)} \tag{5.20.6}$$

这可以由 5.1 题中普遍洛伦兹变换的逆变换(5.1.11)和(5.1.12)两式求导数得出.最简单的办法是将(5.20.4)式中的 $\boldsymbol{v}$ 换成 $-\boldsymbol{v}$,然后将 $\boldsymbol{u}'$ 和 $\boldsymbol{u}$ 互换即得.

(2) 若令 $\boldsymbol{v}=(v,0,0)$,则由(5.20.4)式得

$$u_x'=\frac{u_x-v}{1-\dfrac{u_xv}{c^2}},\quad u_y'=\frac{u_y}{\gamma\left(1-\dfrac{u_xv}{c^2}\right)},\quad u_z'=\frac{u_z}{\gamma\left(1-\dfrac{u_xv}{c^2}\right)} \tag{5.20.7}$$

(3) 若令 $\boldsymbol{v}=(v,0,0)$,$\boldsymbol{u}'=(u',0,0)$,则由(5.20.6)式得

$$u=\frac{u'+v}{1+\dfrac{u'v}{c^2}} \tag{5.20.8}$$

这便是爱因斯坦速度叠加定理.

5.21 $\Sigma'(x',y',z')$系以匀速 $\boldsymbol{v}$ 相对于惯性系 $\Sigma(x,y,z)$运动.一质点相对于 Σ 系的速度为 $\boldsymbol{u}$,相对于 Σ' 系的速度为 $\boldsymbol{u}'$,试证明下列等式:

$$\sqrt{1-\frac{u'^2}{c^2}}=\frac{\sqrt{\left(1-\dfrac{u^2}{c^2}\right)\left(1-\dfrac{v^2}{c^2}\right)}}{1-\dfrac{\boldsymbol{u}\cdot\boldsymbol{v}}{c^2}}$$

【证】 由前面 5.20 题得出的 Σ 系与 Σ' 系间的普遍速度变换公式(5.20.4)式

$$\boldsymbol{u}'=\frac{\boldsymbol{u}+\left[(\gamma-1)\dfrac{\boldsymbol{v}\cdot\boldsymbol{u}}{v^2}-\gamma\right]\boldsymbol{v}}{\gamma\left(1-\dfrac{\boldsymbol{v}\cdot\boldsymbol{u}}{c^2}\right)} \tag{5.21.1}$$

得

$$u'^2=\boldsymbol{u}'\cdot\boldsymbol{u}'=\frac{\left\{\boldsymbol{u}+\left[(\gamma-1)\dfrac{\boldsymbol{v}\cdot\boldsymbol{u}}{v^2}-\gamma\right]\boldsymbol{v}\right\}^2}{\gamma^2\left(1-\dfrac{\boldsymbol{v}\cdot\boldsymbol{u}}{c^2}\right)^2}$$

$$=\frac{1}{\gamma^2\left(1-\dfrac{\boldsymbol{v}\cdot\boldsymbol{u}}{c^2}\right)^2}\left\{u^2+2\left[(\gamma-1)\frac{\boldsymbol{v}\cdot\boldsymbol{u}}{v^2}-\gamma\right]\boldsymbol{u}\cdot\boldsymbol{v}+\left[(\gamma-1)\frac{\boldsymbol{v}\cdot\boldsymbol{u}}{v^2}-\gamma\right]^2v^2\right\} \tag{5.21.2}$$

其中

$$\left[(\gamma-1)\frac{\boldsymbol{v}\cdot\boldsymbol{u}}{v^2}-\gamma\right]^2=(\gamma-1)^2\left(\frac{\boldsymbol{v}\cdot\boldsymbol{u}}{v^2}\right)^2-2(\gamma-1)\gamma\frac{\boldsymbol{v}\cdot\boldsymbol{u}}{v^2}+\gamma^2$$

故

$$2\left[(\gamma-1)\frac{\boldsymbol{v}\cdot\boldsymbol{u}}{v^2}-\gamma\right]\boldsymbol{u}\cdot\boldsymbol{v}+\left[(\gamma-1)\frac{\boldsymbol{v}\cdot\boldsymbol{u}}{v^2}-\gamma\right]^2v^2$$

$$=2(\gamma-1)\left(\frac{\boldsymbol{u}\cdot\boldsymbol{v}}{v}\right)^2-2\gamma\boldsymbol{u}\cdot\boldsymbol{v}+(\gamma-1)^2\left(\frac{\boldsymbol{u}\cdot\boldsymbol{v}}{v}\right)^2-2\gamma(\gamma-1)\boldsymbol{u}\cdot\boldsymbol{v}+\gamma^2v^2$$

$$=(\gamma^2-1)\left(\frac{\boldsymbol{u}\cdot\boldsymbol{v}}{v}\right)^2-2\gamma^2\boldsymbol{u}\cdot\boldsymbol{v}+\gamma^2v^2$$

$$=\gamma^2\left(\frac{\boldsymbol{u}\cdot\boldsymbol{v}}{c}\right)^2-2\gamma^2\boldsymbol{u}\cdot\boldsymbol{v}+\gamma^2v^2 \tag{5.21.3}$$

代入(5.21.2)式得

$$u'^2=\frac{1}{\gamma^2\left(1-\frac{\boldsymbol{u}\cdot\boldsymbol{v}}{c^2}\right)^2}\left\{u^2+\gamma^2\left(\frac{\boldsymbol{u}\cdot\boldsymbol{v}}{c}\right)^2-2\gamma^2\boldsymbol{u}\cdot\boldsymbol{v}+\gamma^2v^2\right\}$$

于是

$$1-\frac{u'^2}{c^2}=\frac{1}{\gamma^2\left(1-\frac{\boldsymbol{u}\cdot\boldsymbol{v}}{c^2}\right)^2}\left\{\gamma^2\left(1-\frac{\boldsymbol{u}\cdot\boldsymbol{v}}{c^2}\right)^2-\frac{u^2}{c^2}-\gamma^2\frac{1}{c^2}\left(\frac{\boldsymbol{u}\cdot\boldsymbol{v}}{c}\right)^2+2\gamma^2\frac{\boldsymbol{u}\cdot\boldsymbol{v}}{c^2}-\gamma^2\frac{v^2}{c^2}\right\}$$

$$=\frac{1}{\gamma^2\left(1-\frac{\boldsymbol{u}\cdot\boldsymbol{v}}{c^2}\right)^2}\left\{\gamma^2-\frac{u^2}{c^2}-\gamma^2\frac{v^2}{c^2}\right\}$$

$$=\frac{1}{\gamma^2\left(1-\frac{\boldsymbol{u}\cdot\boldsymbol{v}}{c^2}\right)^2}\left\{1-\frac{u^2}{c^2}\right\}=\frac{\left(1-\frac{u^2}{c^2}\right)\left(1-\frac{v^2}{c^2}\right)}{\left(1-\frac{\boldsymbol{u}\cdot\boldsymbol{v}}{c^2}\right)^2} \tag{5.21.4}$$

开方即得

$$\sqrt{1-\frac{u'^2}{c^2}}=\frac{\sqrt{\left(1-\frac{u^2}{c^2}\right)\left(1-\frac{v^2}{c^2}\right)}}{1-\frac{\boldsymbol{u}\cdot\boldsymbol{v}}{c^2}} \tag{5.21.5}$$

【别证】 利用四维速度矢量的变换关系证明. 取$(\boldsymbol{r},\mathrm{i}ct)$为四维矢量,则根据5.1题的(5.1.7)至(5.1.10)四式,得普遍洛伦兹变换的变换矩阵为

$$\boldsymbol{a}=\begin{pmatrix}1+(\gamma-1)\frac{v_x^2}{v^2} & (\gamma-1)\frac{v_xv_y}{v^2} & (\gamma-1)\frac{v_xv_z}{v^2} & \mathrm{i}\gamma\frac{v_x}{c}\\ (\gamma-1)\frac{v_yv_x}{v^2} & 1+(\gamma-1)\frac{v_y^2}{v^2} & (\gamma-1)\frac{v_yv_z}{v^2} & \mathrm{i}\gamma\frac{v_y}{c}\\ (\gamma-1)\frac{v_zv_x}{v^2} & (\gamma-1)\frac{v_z^2v_y^2}{v^2} & 1+(\gamma-1)\frac{v_z^2}{v^2} & \mathrm{i}\gamma\frac{v_z}{c}\\ -\mathrm{i}\gamma\frac{v_x}{c} & -\mathrm{i}\gamma\frac{v_y}{c} & -\mathrm{i}\gamma\frac{v_z}{c} & \gamma\end{pmatrix} \tag{5.21.6}$$

式中

$$\gamma = \frac{1}{\sqrt{1-\frac{v^2}{c^2}}} \tag{5.21.7}$$

在Σ系,质点的四维速度为

$$U_\mu = (\gamma_u \boldsymbol{u}, \gamma_u \mathrm{i}c) \tag{5.21.8}$$

式中

$$\gamma_u = \frac{1}{\sqrt{1-\frac{u^2}{c^2}}} \tag{5.21.9}$$

在Σ′系,质点的四维速度为

$$U'_\mu = (\gamma_{u'} \boldsymbol{u}', \gamma_{u'} \mathrm{i}c) \tag{5.21.10}$$

式中

$$\gamma_{u'} = \frac{1}{\sqrt{1-\frac{u'^2}{c^2}}} \tag{5.21.11}$$

四维速度的变换式为

$$U'_\mu = a_{\mu\nu} U_\nu \tag{5.21.12}$$

式中 $a_{\mu\nu}$ 是(5.21.6)式中 a 的分量.由(5.21.6)至(5.21.12)式得四维速度的第四个分量的变换式为

$$\begin{aligned} U'_4 = \mathrm{i}\,\gamma'_u c &= a_{41}U_1 + a_{42}U_2 + a_{43}U_3 + a_{44}U_4 \\ &= -\mathrm{i}\gamma\frac{v_x}{c}\gamma_u u_x - \mathrm{i}\gamma\frac{v_y}{c}\gamma_u u_y - \mathrm{i}\gamma\frac{v_z}{c}\gamma_u u_z + \gamma\mathrm{i}\gamma_u c \\ &= \mathrm{i}c\gamma\gamma_u\left(-\frac{u_x v_x}{c^2} - \frac{u_y v_y}{c^2} - \frac{u_z v_z}{c^2} + 1\right) \\ &= \mathrm{i}c\gamma\gamma_u\left(1 - \frac{\boldsymbol{u}\cdot\boldsymbol{v}}{c^2}\right) \end{aligned} \tag{5.21.13}$$

由此得

$$\gamma_{u'} = \gamma\gamma_u\left(1 - \frac{\boldsymbol{u}\cdot\boldsymbol{v}}{c^2}\right) \tag{5.21.14}$$

$$\sqrt{1-\frac{u'^2}{c^2}} = \frac{\sqrt{\left(1-\frac{u^2}{c^2}\right)\left(1-\frac{v^2}{c^2}\right)}}{1-\frac{\boldsymbol{u}\cdot\boldsymbol{v}}{c^2}} \tag{5.21.15}$$

5.22　物体 A 相对于地面以速度 $\boldsymbol{u}_A=(u_A,0,0)$ 运动,物体 B 相对于地面以速度 $\boldsymbol{u}_B=(0,u_B,0)$ 运动,如图 5.22 所示.试根据狭义相对论关于速度变换的规律,求:(1) A 相对于 B 的速度 $\boldsymbol{u}_{AB}$;(2) B 相对于 A 的速度 $\boldsymbol{u}_{BA}$.

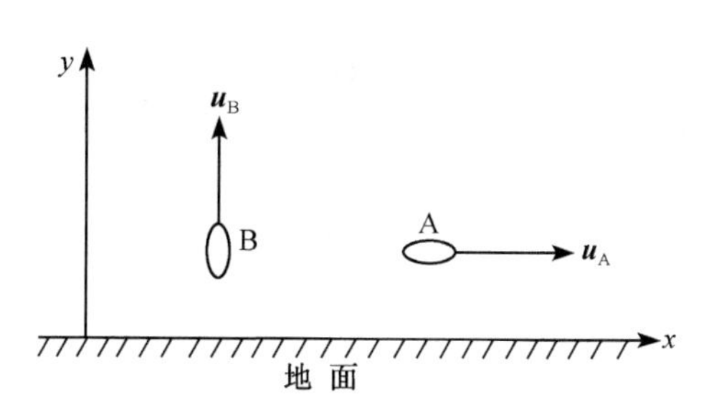

图 5.22

【解】 (1) 求 A 对 B 的速度 $\boldsymbol{u}_{AB}$.

以地面为 Σ' 系,则 A 对 Σ' 系的速度为 $\boldsymbol{u}'_A=(u_A,0,0)$;以 B 为 Σ 系,则地(Σ' 系)对 Σ 系的速度为 $\boldsymbol{v}=(0,-u_B,0)$. 根据狭义相对论的速度变换公式,A 对 Σ 系(B)的速度 $\boldsymbol{u}_{AB}$ 的分量为

$$(u_{AB})_x=\frac{u'_{x'}}{\gamma_B\left(1+\frac{u'_{y'}v}{c^2}\right)}=\frac{\sqrt{1-u_B^2/c^2}\,u_A}{\left(1+\frac{0\cdot v}{c^2}\right)}=u_A\sqrt{1-\frac{u_B^2}{c^2}} \tag{5.22.1}$$

$$(u_{AB})_y=\frac{u'_{y'}+v}{1+\frac{u'_{y'}v}{c^2}}=\frac{0-u_B}{1+\frac{0\cdot v}{c^2}}=-u_B \tag{5.22.2}$$

$$(u_{AB})_z=\frac{u'_{z'}}{\gamma_B\left(1+\frac{u'_{y'}v}{c^2}\right)}=\frac{0}{\gamma_B\left(1+\frac{0\cdot v}{c^2}\right)}=0 \tag{5.22.3}$$

$$\boldsymbol{u}_{AB}=\left(u_A\sqrt{1-\frac{u_B^2}{c^2}},-u_B,0\right) \tag{5.22.4}$$

其大小为

$$u_{AB}=\sqrt{u_A^2\left(1-\frac{u_B^2}{c^2}\right)+(-u_B)^2}=\sqrt{u_A^2+u_B^2-\frac{u_A^2u_B^2}{c^2}} \tag{5.22.5}$$

其方向为

$$\theta_{AB}=\arctan\left(\frac{-u_B}{u_A\sqrt{1-\frac{u_B^2}{c^2}}}\right)=-\arctan\left(\frac{u_B}{u_A\sqrt{1-u_B^2/c^2}}\right) \tag{5.22.6}$$

(2) 求 B 对 A 的速度 $\boldsymbol{u}_{BA}$

以地面为 Σ' 系,则 B 对 Σ' 系的速度为 $\boldsymbol{u}'_B=(0,u_B,0)$;以 A 为 Σ 系,则 Σ' 系(地)对 Σ 系的速度为 $\boldsymbol{v}=(-u_A,0,0)$. 根据狭义相对论的速度变换公式,B 对 Σ 系(A)的速度 $\boldsymbol{u}_{BA}$ 的分量为

$$(u_{BA})_x=\frac{u'_{x'}+v}{1+\frac{u'_{x'}v}{c^2}}=\frac{0-u_A}{1+\frac{0\cdot v}{c^2}}=-u_A \tag{5.22.7}$$

$$(u_{BA})_y=\frac{u'_{y'}}{\gamma_A\left(1+\frac{u'_{x'}v}{c^2}\right)}=\frac{u_B}{\frac{1}{\sqrt{1-u_A^2/c^2}}\left(1+\frac{0\cdot v}{c^2}\right)}=u_B\sqrt{1-\frac{u_A^2}{c^2}} \tag{5.22.8}$$

$$(u_{\mathrm{BA}})_z=\frac{u'_{z'}}{\gamma_{\mathrm{A}}\left(1+\frac{u'_{x'}v}{c^2}\right)}=\frac{0}{\gamma_{\mathrm{A}}\left(1+\frac{0\cdot v}{c^2}\right)}=0 \tag{5.22.9}$$

$$\boldsymbol{u}_{\mathrm{BA}}=\left(-u_{\mathrm{A}},u_{\mathrm{B}}\sqrt{1-\frac{u_{\mathrm{A}}^2}{c^2}},0\right) \tag{5.22.10}$$

其大小为

$$u_{\mathrm{BA}}=\sqrt{(-u_{\mathrm{A}})^2+u_{\mathrm{B}}^2\left(1-\frac{u_{\mathrm{A}}^2}{c^2}\right)}=\sqrt{u_{\mathrm{A}}^2+u_{\mathrm{B}}^2-\frac{u_{\mathrm{A}}^2u_{\mathrm{B}}^2}{c^2}} \tag{5.22.11}$$

其方向为

$$\theta_{\mathrm{BA}}=\arctan\left(\frac{u_{\mathrm{B}}\sqrt{1-u_{\mathrm{A}}^2/c^2}}{-u_{\mathrm{A}}}\right)=-\arctan\left(\frac{u_{\mathrm{B}}}{u_{\mathrm{A}}}\sqrt{1-\frac{u_{\mathrm{A}}^2}{c^2}}\right) \tag{5.22.12}$$

由以上结果可见，$u_{\mathrm{BA}}=u_{\mathrm{AB}}$；但 $\boldsymbol{u}_{\mathrm{BA}}$ 与 $\boldsymbol{u}_{\mathrm{AB}}$ 的方向并不恰好相反.

【别解】 用四维速度矢量的变换式求解.

(1) 求 A 对 B 的速度 $\boldsymbol{u}_{\mathrm{AB}}$.

A 对地面的速度为 $\boldsymbol{u}_{\mathrm{A}}=(u_{\mathrm{A}},0,0)$，故 A 对地面的四维速度矢量为

$$U_\mu=(\gamma_{\mathrm{A}}u_{\mathrm{A}},0,0,\gamma_{\mathrm{A}}\mathrm{i}c) \tag{5.22.13}$$

式中

$$\gamma_{\mathrm{A}}=\left(1-\frac{u_{\mathrm{A}}^2}{c^2}\right)^{-1/2} \tag{5.22.14}$$

以地面为 Σ 系，B 为 Σ' 系，变换关系为

$$x'=x,\quad y'=\gamma_{\mathrm{B}}(y-u_{\mathrm{B}}t),\quad z'=z,\quad t'=\gamma_{\mathrm{B}}\left(t-\frac{v}{c^2}y\right) \tag{5.22.15}$$

式中

$$\gamma_{\mathrm{B}}=\left(1-\frac{u_{\mathrm{B}}^2}{c^2}\right)^{-1/2} \tag{5.22.16}$$

变换矩阵为

$$\boldsymbol{a}=\begin{pmatrix}1&0&0&0\\0&\gamma_{\mathrm{B}}&0&\mathrm{i}\gamma_{\mathrm{B}}\frac{u_{\mathrm{B}}}{c}\\0&0&1&0\\0&-\mathrm{i}\gamma_{\mathrm{B}}\frac{u_{\mathrm{B}}}{c}&0&\gamma_{\mathrm{B}}\end{pmatrix} \tag{5.22.17}$$

从 Σ 系到 Σ' 系，四维速度矢量的变换式为

$$U'_\mu=a_{\mu\nu}U_\nu \tag{5.22.18}$$

其分量式为

$$U_1' = a_{11}U_1 = \gamma_A u_A \tag{5.22.19}$$

$$U_2' = a_{22}U_2 + a_{24}U_4 = a_{24}U_4 = \mathrm{i}\gamma_B \frac{u_B}{c}\gamma_A \mathrm{i}c = -\gamma_A\gamma_B u_B \tag{5.22.20}$$

$$U_3' = a_{33}U_3 = 0 \tag{5.22.21}$$

于是得三维速度的分量为

$$u_1' = \frac{U_1'}{\gamma_{AB}} = \frac{\gamma_A u_A}{\gamma_{AB}} \tag{5.22.22}$$

$$u_2' = \frac{U_2'}{\gamma_{AB}} = -\frac{\gamma_A\gamma_B}{\gamma_{AB}}u_B \tag{5.22.23}$$

$$u_3' = \frac{U_3'}{\gamma_{AB}} = 0 \tag{5.22.24}$$

式中

$$\gamma_{AB} = \left(1 - \frac{u_{AB}^2}{c^2}\right)^{-1/2} \tag{5.22.25}$$

当一质点对 Σ 系的速度为 $\boldsymbol{u}$，对 Σ' 系的速度为 $\boldsymbol{u}'$，而 Σ' 系对 Σ 系的速度为 $\boldsymbol{v}$ 时，有下列关系式(参见前面 5.21 题)：

$$\sqrt{1 - \frac{u'^2}{c^2}} = \frac{\sqrt{\left(1 - \frac{u^2}{c^2}\right)\left(1 - \frac{v^2}{c^2}\right)}}{1 - \frac{\boldsymbol{u}\cdot\boldsymbol{v}}{c^2}} \tag{5.22.26}$$

现在 A 对地(Σ 系)的速度为 $\boldsymbol{u}_A = (u_A, 0, 0)$，对 B($\Sigma'$ 系)的速度为 $\boldsymbol{u}_{AB}$；而 Σ' 系(B)对 Σ 系(地)的速度为 $\boldsymbol{u}_B = (0, u_B, 0)$故由(5.22.26)式得

$$\sqrt{1 - \frac{u_{AB}^2}{c^2}} = \frac{\sqrt{\left(1 - \frac{u_A^2}{c^2}\right)\left(1 - \frac{u_B^2}{c^2}\right)}}{1 - \frac{\boldsymbol{u}_A\cdot\boldsymbol{u}_B}{c^2}} = \sqrt{\left(1 - \frac{u_A^2}{c^2}\right)\left(1 - \frac{u_B^2}{c^2}\right)} \tag{5.22.27}$$

由此式和(5.22.14)、(5.22.16)、(5.22.25)三式得

$$\gamma_{AB} = \gamma_A\gamma_B \tag{5.22.28}$$

代入(5.22.22)至(5.22.24)三式便得

$$u_1' = \frac{u_A}{\gamma_B} = u_A\sqrt{1 - \frac{u_B^2}{c^2}} \tag{5.22.29}$$

$$u_2' = -u_B \tag{5.22.30}$$

$$u_3' = 0 \tag{5.22.31}$$

最后得 A 对 B 的速度为

$$\boldsymbol{u}_{AB} = (u_1', u_2', u_3') = \left(u_A\sqrt{1 - \frac{u_B^2}{c^2}}, -u_B, 0\right) \tag{5.22.32}$$

(2) 求 B 对 A 的速度 $\boldsymbol{u}_{BA}$.

B 对地面的速度为 $\boldsymbol{u}_B=(0,u_B,0)$,故 B 对地面的四维速度矢量为

$$U_\mu=(0,\gamma_B u_B,0,\gamma_B \mathrm{i}c) \tag{5.22.33}$$

式中 γ_B 由(5.22.16)式表示.

以地面为 Σ 系,A 为 Σ' 系,变换关系为

$$x'=\gamma_A(x-u_A t),\quad y'=y,\quad z'=z,\quad t'=\gamma_A\left(t-\frac{u_A}{c^2}x\right) \tag{5.22.34}$$

式中 γ_A 由(5.22.14)式表示.变换矩阵为

$$\boldsymbol{a}=\begin{pmatrix}\gamma_A & 0 & 0 & \mathrm{i}\gamma_A\dfrac{u_A}{c}\\ 0 & 1 & 0 & 0\\ 0 & 0 & 1 & 0\\ -\mathrm{i}\gamma_A\dfrac{u_A}{c} & 0 & 0 & \gamma_A\end{pmatrix} \tag{5.22.35}$$

根据从 Σ 系到 Σ' 系,四维速度的变换关系(5.22.18)式得

$$U_1'=a_{11}U_1+a_{14}U_4=a_{14}U_4=\mathrm{i}\gamma_A\frac{u_A}{c}\gamma_B\mathrm{i}c=-\gamma_A\gamma_B u_A \tag{5.22.36}$$

$$U_2'=a_{22}u_2=\gamma_B u_B \tag{5.22.37}$$

$$U_3'=a_{33}u_3=0 \tag{5.22.38}$$

于是得三维速度的分量为

$$u_1'=\frac{U_1'}{\gamma_{BA}},\quad u_2'=\frac{U_2'}{\gamma_{BA}},\quad u_3'=\frac{U_3'}{\gamma_{BA}} \tag{5.22.39}$$

式中

$$\gamma_{BA}=\sqrt{1-\frac{u_{BA}^2}{c^2}} \tag{5.22.40}$$

现在,B 对地(Σ 系)的速度为 $\boldsymbol{u}_B=(0,u_B,0)$,对 A(Σ' 系)的速度为 $\boldsymbol{u}_{BA}$;而 Σ' 系(A)对 Σ 系(地)的速度为 $\boldsymbol{u}_A=(u_A,0,0)$,故由(5.22.26)式得

$$\sqrt{1-\frac{u_{BA}^2}{c^2}}=\frac{\sqrt{\left(1-\frac{u_B^2}{c^2}\right)\left(1-\frac{u_A^2}{c^2}\right)}}{1-\frac{\boldsymbol{u}_B\cdot\boldsymbol{u}_A}{c^2}}$$

$$=\sqrt{\left(1-\frac{u_B^2}{c^2}\right)\left(1-\frac{u_A^2}{c^2}\right)} \tag{5.22.41}$$

于是得

$$\gamma_{BA}=\gamma_B\gamma_A \tag{5.22.42}$$

由此式和(5.22.36)至(5.22.40)诸式得

$$u_1' = -u_A, \quad u_2' = u_B\sqrt{1-\frac{u_A^2}{c^2}}, \qquad u_3' = 0 \tag{5.22.43}$$

最后得 B 对 A 的速度为

$$\boldsymbol{u}_{BA} = (u_1', u_2', u_3') = \left(-u_A, u_B\sqrt{1-\frac{u_A^2}{c^2}}, 0\right) \tag{5.22.44}$$

5.23　一粒子以速度 $\boldsymbol{v}(t)$ 相对于惯性系 Σ 运动. 设在 t_0 时刻这粒子不改变它的速度方向,只改变它的速度大小,其值为 $a=\left|\frac{\mathrm{d}\boldsymbol{v}(t)}{\mathrm{d}t}\right|_{t=t_0}$. 这时在相对此粒子为瞬时静止的惯性系中观测,此粒子的加速度的大小是多少?

【解】　设相对于粒子瞬时静止的坐标系为 Σ' 系,其 x' 轴沿 $\boldsymbol{v}$ 方向. 根据速度分量的逆变换式

$$u_x = \frac{u_x'+v}{1+\frac{u_x'v}{c^2}}, \quad u_y = \frac{u_y'}{\gamma\left(1+\frac{u_x'v}{c^2}\right)}, \quad u_z = \frac{u_z'}{\gamma\left(1+\frac{u_x'v}{c^2}\right)} \tag{5.23.1}$$

式中

$$\gamma = \left(1-\frac{v^2}{c^2}\right)^{-\frac{1}{2}}, \qquad v = |\boldsymbol{v}(t_0)| \tag{5.23.2}$$

得

$$\mathrm{d}u_x = \frac{1}{\left(1+\frac{u_x'v}{c^2}\right)^2}\left[\left(1+\frac{u_x'v}{c^2}\right)\mathrm{d}u_x' - (u_x'+v)\frac{v}{c^2}\mathrm{d}u_x'\right] \tag{5.23.3}$$

因瞬时静止,$u_x'=0$,故得

$$\mathrm{d}u_x = \mathrm{d}u_x' - \frac{v^2}{c^2}\mathrm{d}u_x' = \left(1-\frac{v^2}{c^2}\right)\mathrm{d}u_x' = \frac{1}{\gamma^2}\mathrm{d}u_x' \tag{5.23.4}$$

于是得加速度 $\boldsymbol{a}$ 的 x 分量为

$$a_x = \frac{\mathrm{d}u_x}{\mathrm{d}t} = \frac{1}{\gamma^2}\frac{\mathrm{d}u_x'}{\mathrm{d}t} = \frac{1}{\gamma^2}\frac{\mathrm{d}u_x'}{\mathrm{d}t'}\frac{\mathrm{d}t'}{\mathrm{d}t} = \frac{1}{\gamma^2}a_x'\frac{\mathrm{d}t'}{\mathrm{d}t} \tag{5.23.5}$$

因

$$t = \gamma\left(t' + \frac{v}{c^2}x'\right) \tag{5.23.6}$$

故

$$\frac{\mathrm{d}t}{\mathrm{d}t'} = \gamma + \gamma\frac{v}{c^2}\frac{\mathrm{d}x'}{\mathrm{d}t'} = \gamma + \frac{v}{c^2}u_x' = \gamma \tag{5.23.7}$$

由以上三式得

$$a_x' = \gamma^3 a_x \tag{5.23.8}$$

由(5.23.1)的第二式有

$$\mathrm{d}u_y = \frac{1}{\gamma\left(1+\frac{u_x'v}{c^2}\right)^2}\left[\left(1+\frac{u_x'v}{c^2}\right)\mathrm{d}u_y' - u_y'\frac{v}{c^2}\mathrm{d}u_x'\right] = \frac{1}{\gamma}\mathrm{d}u_y' \tag{5.23.9}$$

$$a_y=\frac{\mathrm{d}u_y}{\mathrm{d}t}=\frac{1}{\gamma}\frac{\mathrm{d}u'_y}{\mathrm{d}t}=\frac{1}{\gamma}\frac{\mathrm{d}u'_y}{\mathrm{d}t'}\frac{\mathrm{d}t'}{\mathrm{d}t}=\frac{1}{\gamma^2}a'_y \tag{5.23.10}$$

由(5.23.1)的第三式同样可得

$$a_z=\frac{1}{\gamma^2}a'_z \tag{5.23.11}$$

因速度方向不变,故 $a_y=a_z=0$,于是得

$$a'_y=a'_z=0 \tag{5.23.12}$$

最后得所求加速度的大小为

$$a'=a'_x=\gamma^3 a_x=\frac{a}{\left(1-\frac{v^2}{c^2}\right)^{3/2}} \tag{5.23.13}$$

5.24 $\Sigma'(x',y',z')$系以匀速 $\boldsymbol{v}=(v,0,0)$相对于惯性系$\Sigma(x,y,z)$运动. 一质点以速度 $\boldsymbol{u}=(u_x,u_y,u_z)$和加速度 $\boldsymbol{a}=(a_x,a_y,a_z)$相对于$\Sigma(x,y,z)$系运动. 试求该质点相对于$\Sigma'(x',y',z')$系的速度 $\boldsymbol{u}'=(u'_x,u'_y,u'_z)$和加速度 $\boldsymbol{a}'=(a'_x,a'_y,a'_z)$.

【解】 由 $\Sigma(x,y,z)$ 系到 $\Sigma'(x',y',z')$ 系的洛伦兹变换

$$x'=\gamma(x-vt),\quad y'=y,\quad z'=z,\quad t'=\gamma\left(t-\frac{v}{c^2}x\right) \tag{5.24.1}$$

$$\gamma=\frac{1}{\sqrt{1-v^2/c^2}} \tag{5.24.2}$$

和速度的定义得

$$u'_x=\frac{\mathrm{d}x'}{\mathrm{d}t'} \tag{5.24.3}$$

由(5.24.1)式有

$$\mathrm{d}t'=\gamma\left(\mathrm{d}t-\frac{v}{c^2}\mathrm{d}x\right)=\gamma\left(1-\frac{v}{c^2}\frac{\mathrm{d}x}{\mathrm{d}t}\right)\mathrm{d}t=\gamma\left(1-\frac{vu_x}{c^2}\right)\mathrm{d}t \tag{5.24.4}$$

故得

$$u'_x=\frac{1}{\gamma\left(1-\frac{vu_x}{c^2}\right)}\frac{\mathrm{d}x'}{\mathrm{d}t}=\frac{1}{\gamma\left(1-\frac{vu_x}{c^2}\right)}\frac{\mathrm{d}\gamma(x-vt)}{\mathrm{d}t}$$

$$=\frac{1}{\gamma\left(1-\frac{vu_x}{c^2}\right)}\gamma\left(\frac{\mathrm{d}x}{\mathrm{d}t}-v\right)=\frac{u_x-v}{1-\frac{vu_x}{c^2}} \tag{5.24.5}$$

$$u'_y=\frac{\mathrm{d}y'}{\mathrm{d}t'}=\frac{1}{\gamma\left(1-\frac{vu_x}{c^2}\right)}\frac{\mathrm{d}y'}{\mathrm{d}t}=\frac{1}{\gamma\left(1-\frac{vu_x}{c^2}\right)}\frac{\mathrm{d}y}{\mathrm{d}t}=\frac{u_y}{\gamma\left(1-\frac{vu_x}{c^2}\right)} \tag{5.24.6}$$

$$u'_z=\frac{\mathrm{d}z'}{\mathrm{d}t'}=\frac{1}{\gamma\left(1-\frac{vu_x}{c^2}\right)}\frac{\mathrm{d}z'}{\mathrm{d}t}=\frac{1}{\gamma\left(1-\frac{vu_x}{c^2}\right)}\frac{\mathrm{d}z}{\mathrm{d}t}=\frac{u_z}{\gamma\left(1-\frac{vu_x}{c^2}\right)} \tag{5.24.7}$$

由加速度的定义得

$$a_x' = \frac{\mathrm{d}u_x'}{\mathrm{d}t'} = \frac{1}{\gamma\left(1-\frac{vu_x}{c^2}\right)}\frac{\mathrm{d}u_x'}{\mathrm{d}t} = \frac{1}{\gamma\left(1-\frac{vu_x}{c^2}\right)}\frac{\mathrm{d}}{\mathrm{d}t}\frac{u_x - v}{1-\frac{vu_x}{c^2}}$$

$$= \frac{1}{\gamma\left(1-\frac{vu_x}{c^2}\right)^3}\left[\left(1-\frac{vu_x}{c^2}\right)\frac{\mathrm{d}}{\mathrm{d}t}(u_x - v) - (u_x - v)\frac{\mathrm{d}}{\mathrm{d}t}\left(1-\frac{vu_x}{c^2}\right)\right]$$

$$= \frac{1}{\gamma\left(1-\frac{vu_x}{c^2}\right)^3}\left[\left(1-\frac{vu_x}{c^2}\right)a_x + (u_x - v)\frac{va_x}{c^2}\right]$$

$$= \frac{1}{\gamma\left(1-\frac{vu_x}{c^2}\right)^3}\left[a_x - \frac{v^2}{c^2}a_x\right] = \frac{a_x}{\gamma^3\left(1-\frac{vu_x}{c^2}\right)^3} \tag{5.24.8}$$

$$a_y' = \frac{\mathrm{d}u_y'}{\mathrm{d}t'} = \frac{1}{\gamma\left(1-\frac{vu_x}{c^2}\right)}\frac{\mathrm{d}u_y'}{\mathrm{d}t} = \frac{1}{\gamma\left(1-\frac{vu_x}{c^2}\right)}\frac{\mathrm{d}}{\mathrm{d}t}\frac{u_y}{\gamma\left(1-\frac{vu_x}{c^2}\right)}$$

$$= \frac{1}{\gamma^3\left(1-\frac{vu_x}{c^2}\right)^3}\left[\gamma\left(1-\frac{vu_x}{c^2}\right)a_y + u_y\gamma\frac{va_x}{c^2}\right]$$

$$= \frac{1}{\gamma^2\left(1-\frac{vu_x}{c^2}\right)^3}\left[\left(1-\frac{vu_x}{c^2}\right)a_y + \frac{va_xu_y}{c^2}\right]$$

$$= \frac{a_y}{\gamma^2\left(1-\frac{vu_x}{c^2}\right)^2} + \frac{vu_ya_x}{c^2\gamma^2\left(1-\frac{vu_x}{c^2}\right)^3} \tag{5.24.9}$$

$$a_z' = \frac{\mathrm{d}u_z'}{\mathrm{d}t'} = \frac{1}{\gamma\left(1-\frac{vu_x}{c^2}\right)}\frac{\mathrm{d}u_z'}{\mathrm{d}t} = \frac{1}{\gamma\left(1-\frac{vu_x}{c^2}\right)}\frac{\mathrm{d}}{\mathrm{d}t}\frac{u_z}{\gamma\left(1-\frac{vu_x}{c^2}\right)}$$

$$= \frac{1}{\gamma^3\left(1-\frac{vu_x}{c^2}\right)^3}\left[\gamma\left(1-\frac{vu_x}{c^2}\right)a_z + u_z\gamma\frac{va_x}{c^2}\right]$$

$$= \frac{1}{\gamma^2\left(1-\frac{vu_x}{c^2}\right)^3}\left[\left(1-\frac{vu_x}{c^2}\right)a_z + \frac{vu_za_x}{c^2}\right]$$

$$= \frac{a_z}{\gamma^2\left(1-\frac{vu_x}{c^2}\right)^2} + \frac{vu_za_x}{c^2\gamma^2\left(1-\frac{vu_x}{c^2}\right)^3} \tag{5.24.10}$$

【讨论】 (1) 速度和加速度的逆变换式可以按上面的方法由洛伦兹变换的逆变换式推导出来. 也可以由下面的方法得出:将(5.24.5)、(5.24.6)、(5.24.7)三式

中的 u_x, u_y, u_z 分别与相应的u'_x, u'_y, u'_z对换，同时将 v 换成$-v$，便得出速度的逆变换式. 将(5.24.8)、(5.24.9)、(5.24.10)三式中的 $u_x, u_y, u_z, a_x, a_y, a_z$ 分别与相应的$u'_x, u'_y, u'_z, a'_x, a'_y, a'_z$对换，同时将 v 换成$-v$，便得出加速度的逆变换式.

(2) 在牛顿力学中，从$\Sigma(x,y,z)$系到$\Sigma'(x',y',z')$系的变换式为伽利略变换

$$x' = x - vt, \quad y' = y, \quad z' = z, \quad t' = t \tag{5.24.11}$$

由此得出

$$a'_x = \frac{\mathrm{d}^2 x'}{\mathrm{d}t'^2} = \frac{\mathrm{d}^2(x - vt)}{\mathrm{d}t^2} = \frac{\mathrm{d}^2 x}{\mathrm{d}t^2} = a_x \tag{5.24.12}$$

$$a'_y = \frac{\mathrm{d}^2 y'}{\mathrm{d}t'^2} = \frac{\mathrm{d}^2 y'}{\mathrm{d}t^2} = \frac{\mathrm{d}^2 y}{\mathrm{d}t^2} = a_y \tag{5.24.13}$$

$$a'_z = \frac{\mathrm{d}^2 z'}{\mathrm{d}t'^2} = \frac{\mathrm{d}^2 z'}{\mathrm{d}t^2} = \frac{\mathrm{d}^2 z}{\mathrm{d}t^2} = a_z \tag{5.24.14}$$

即

$$\boldsymbol{a}' = \boldsymbol{a} \qquad (\text{在伽利略变换下}) \tag{5.24.15}$$

这个结果表明，在不同的惯性系里，质点的加速度相同；换句话说，在伽利略变换下，加速度是一个不变量. 但在洛伦兹变换下，由(5.24.8)、(5.24.9)、(5.24.10)三式可见

$$\boldsymbol{a}' \neq \boldsymbol{a} \qquad (\text{在洛伦兹变换下}) \tag{5.24.16}$$

这说明，在洛伦兹变换下，加速度就不是一个不变量了. 这时，在不同的惯性系里，加速度的值是不同的.

5.25 坐标系 Σ' 以匀速 $\boldsymbol{v}$ 相对于坐标系 Σ 运动. 一质点以速度 $\boldsymbol{u}'$和加速度 $\boldsymbol{a}'$ 相对于坐标系 Σ' 运动. 试证明：在坐标系 Σ 中，这质点的加速度 $\boldsymbol{a}$ 平行于 $\boldsymbol{v}$ 的分量 $\boldsymbol{a}_\parallel$ 和垂直于 $\boldsymbol{v}$ 的分量 $\boldsymbol{a}_\perp$ 分别为

$$\boldsymbol{a}_\parallel = \frac{\left(1 - \frac{v^2}{c^2}\right)^{3/2}}{\left(1 + \frac{\boldsymbol{v} \cdot \boldsymbol{u}'}{c^2}\right)^3} \boldsymbol{a}'_\parallel, \qquad \boldsymbol{a}_\perp = \frac{1 - \frac{v^2}{c^2}}{\left(1 + \frac{\boldsymbol{v} \cdot \boldsymbol{u}'}{c^2}\right)^3} \left[\boldsymbol{a}'_\perp + \frac{1}{c^2} \boldsymbol{v} \times (\boldsymbol{a}' \times \boldsymbol{u}')\right]$$

【证】 设质点相对于坐标系 Σ 的速度为 $\boldsymbol{u}$，则根据从 Σ' 系到 Σ 系的速度变换公式[参见前面 5.20 题的讨论中(5.20.6)式]得

$$\boldsymbol{u} = \frac{\boldsymbol{u}' + \boldsymbol{v} + (\gamma - 1)\left(\frac{\boldsymbol{v} \cdot \boldsymbol{u}'}{v^2} + 1\right)\boldsymbol{v}}{\gamma\left(1 + \frac{\boldsymbol{v} \cdot \boldsymbol{u}'}{c^2}\right)} \tag{5.25.1}$$

其中

$$\gamma = \frac{1}{\sqrt{1 - \frac{v^2}{c^2}}} \tag{5.25.2}$$

于是得质点相对于 Σ 系的加速度为

$$\boldsymbol{a}=\frac{\mathrm{d}\boldsymbol{u}}{\mathrm{d}t}=\frac{1}{\gamma^2\left(1+\frac{\boldsymbol{v}\cdot\boldsymbol{u}'}{v^2}\right)^2}\left\{\gamma\left(1+\frac{\boldsymbol{v}\cdot\boldsymbol{u}'}{c^2}\right)\left[\frac{\mathrm{d}\boldsymbol{u}'}{\mathrm{d}t}+(\gamma-1)\boldsymbol{v}\cdot\frac{\mathrm{d}\boldsymbol{u}'}{\mathrm{d}t}\frac{\boldsymbol{v}}{v^2}\right]\right.$$

$$\left.-\left[\boldsymbol{u}'+\boldsymbol{v}+(\gamma-1)\left(\frac{\boldsymbol{v}\cdot\boldsymbol{u}'}{v^2}+1\right)\boldsymbol{v}\right]\gamma\left(\frac{\boldsymbol{v}}{c^2}\cdot\frac{\mathrm{d}\boldsymbol{u}'}{\mathrm{d}t}\right)\right\} \tag{5.25.3}$$

由时间的洛伦兹变换式

$$t=\gamma\left(t'+\frac{\boldsymbol{v}\cdot\boldsymbol{r}'}{c^2}\right) \tag{5.25.4}$$

得

$$\mathrm{d}t=\gamma\left(\mathrm{d}t'+\frac{\boldsymbol{v}\cdot\mathrm{d}\boldsymbol{r}'}{c^2}\right)=\gamma\left(1+\frac{\boldsymbol{v}\cdot\boldsymbol{u}'}{c^2}\right)\mathrm{d}t' \tag{5.25.5}$$

于是

$$\frac{\mathrm{d}\boldsymbol{u}'}{\mathrm{d}t}=\frac{1}{\gamma\left(1+\frac{\boldsymbol{v}\cdot\boldsymbol{u}'}{c^2}\right)}\frac{\mathrm{d}\boldsymbol{u}'}{\mathrm{d}t'}=\frac{\boldsymbol{a}'}{\gamma\left(1+\frac{\boldsymbol{v}\cdot\boldsymbol{u}'}{c^2}\right)} \tag{5.25.6}$$

将(5.25.6)式代入(5.25.3)式得

$$\boldsymbol{a}=\frac{1}{\gamma^2\left(1+\frac{\boldsymbol{v}\cdot\boldsymbol{u}'}{c^2}\right)^2}\left\{\gamma\left(1+\frac{\boldsymbol{v}\cdot\boldsymbol{u}'}{c^2}\right)\left[\frac{\boldsymbol{a}'}{\gamma\left(1+\frac{\boldsymbol{v}\cdot\boldsymbol{u}'}{c^2}\right)}+\frac{(\gamma-1)\boldsymbol{v}\cdot\boldsymbol{a}'}{\gamma\left(1+\frac{\boldsymbol{v}\cdot\boldsymbol{u}'}{c^2}\right)}\frac{\boldsymbol{v}}{v^2}\right]\right.$$

$$\left.-\left[\boldsymbol{u}'+\boldsymbol{v}+(\gamma-1)\left(\frac{\boldsymbol{v}\cdot\boldsymbol{u}'}{v^2}+1\right)\boldsymbol{v}\right]\frac{\boldsymbol{v}\cdot\boldsymbol{a}'}{c^2\left(1+\frac{\boldsymbol{v}\cdot\boldsymbol{u}'}{c^2}\right)}\right\}$$

$$=\frac{1}{\gamma^2\left(1+\frac{\boldsymbol{v}\cdot\boldsymbol{u}'}{c^2}\right)^2}\left\{\boldsymbol{a}'+(\gamma-1)\frac{(\boldsymbol{v}\cdot\boldsymbol{a}')\boldsymbol{v}}{v^2}\right.$$

$$\left.-\left[\boldsymbol{u}'+\boldsymbol{v}+(\gamma-1)\left(\frac{\boldsymbol{v}\cdot\boldsymbol{u}'}{v^2}+1\right)\boldsymbol{v}\right]\frac{\boldsymbol{v}\cdot\boldsymbol{a}'}{c^2\left(1+\frac{\boldsymbol{v}\cdot\boldsymbol{u}'}{c^2}\right)}\right\} \tag{5.25.7}$$

设 $\boldsymbol{e}_\parallel=\boldsymbol{v}/v$ 为平行于 $\boldsymbol{v}$ 的单位矢量,则 $\boldsymbol{a}$ 平行于 $\boldsymbol{v}$ 的分量为

$$\boldsymbol{a}_\parallel=(\boldsymbol{a}\cdot\boldsymbol{e}_\parallel)\boldsymbol{e}_\parallel \tag{5.25.8}$$

$\boldsymbol{a}$ 垂直于 $\boldsymbol{v}$ 的分量为

$$\boldsymbol{a}_\perp=\boldsymbol{a}-\boldsymbol{a}_\parallel=\boldsymbol{a}-(\boldsymbol{a}\cdot\boldsymbol{e}_\parallel)\boldsymbol{e}_\parallel=\boldsymbol{e}_\parallel\times(\boldsymbol{a}\times\boldsymbol{e}_\parallel) \tag{5.25.9}$$

以 $\boldsymbol{e}_\parallel$ 点乘(5.25.7)式得

$$\boldsymbol{a}\cdot\boldsymbol{e}_\parallel=\frac{1}{\gamma^2\left(1+\frac{\boldsymbol{v}\cdot\boldsymbol{u}'}{c^2}\right)^2}\left\{\boldsymbol{a}'\cdot\boldsymbol{e}_\parallel+(\gamma-1)(\boldsymbol{a}'\cdot\boldsymbol{e}_\parallel)\right.$$

$$-\left[\boldsymbol{u}'\cdot\boldsymbol{e}_{\parallel}+v+(\gamma-1)\left(\frac{\boldsymbol{u}'\cdot\boldsymbol{e}_{\parallel}}{v}+1\right)v\right]\frac{v}{c^2}\frac{\boldsymbol{a}'\cdot\boldsymbol{e}_{\parallel}}{1+\frac{\boldsymbol{v}\cdot\boldsymbol{u}'}{c^2}}\Bigg\} \tag{5.25.10}$$

其中第三项方括号内为

$$\boldsymbol{u}'\cdot\boldsymbol{e}_{\parallel}+v+(\gamma-1)\left(\frac{\boldsymbol{u}'\cdot\boldsymbol{e}_{\parallel}}{v}+1\right)v=\boldsymbol{u}'\cdot\boldsymbol{e}_{\parallel}+v+(\gamma-1)(\boldsymbol{u}'\cdot\boldsymbol{e}_{\parallel}+v)$$
$$=\gamma(\boldsymbol{u}'\cdot\boldsymbol{e}_{\parallel}+v) \tag{5.25.11}$$

代入(5.25.10)式得

$$\begin{aligned}
\boldsymbol{a}\cdot\boldsymbol{e}_{\parallel}&=\frac{1}{\gamma^2\left(1+\frac{\boldsymbol{v}\cdot\boldsymbol{u}'}{c^2}\right)^2}\left\{\gamma\boldsymbol{a}'\cdot\boldsymbol{e}_{\parallel}-\gamma(\boldsymbol{u}'\cdot\boldsymbol{e}_{\parallel}+v)\frac{v}{c^2}\frac{\boldsymbol{a}'\cdot\boldsymbol{e}_{\parallel}}{1+\frac{\boldsymbol{v}\cdot\boldsymbol{u}'}{c^2}}\right\}\\
&=\frac{1}{\gamma\left(1+\frac{\boldsymbol{v}\cdot\boldsymbol{u}'}{c^2}\right)^2}\left\{\boldsymbol{a}'\cdot\boldsymbol{e}_{\parallel}-(\boldsymbol{u}'\cdot\boldsymbol{e}_{\parallel}+v)\frac{v}{c^2}\frac{\boldsymbol{a}'\cdot\boldsymbol{e}_{\parallel}}{1+\frac{\boldsymbol{v}\cdot\boldsymbol{u}'}{c^2}}\right\}\\
&=\frac{\boldsymbol{a}'\cdot\boldsymbol{e}_{\parallel}}{\gamma\left(1+\frac{\boldsymbol{v}\cdot\boldsymbol{u}'}{c^2}\right)^2}\left\{1-(\boldsymbol{u}'\cdot\boldsymbol{e}_{\parallel}+v)\frac{v}{c^2}\frac{1}{1+\frac{\boldsymbol{v}\cdot\boldsymbol{u}'}{c^2}}\right\}\\
&=\frac{\boldsymbol{a}'\cdot\boldsymbol{e}_{\parallel}}{\gamma\left(1+\frac{\boldsymbol{v}\cdot\boldsymbol{u}'}{c^2}\right)^3}\left\{1+\frac{\boldsymbol{v}\cdot\boldsymbol{u}'}{c^2}-\boldsymbol{u}'\cdot\boldsymbol{e}_{\parallel}\frac{v}{c^2}-\frac{v^2}{c^2}\right\}\\
&=\frac{\left(1-\frac{v^2}{c^2}\right)^{3/2}}{\left(1+\frac{\boldsymbol{v}\cdot\boldsymbol{u}'}{c^2}\right)^3}\boldsymbol{a}'\cdot\boldsymbol{e}_{\parallel}
\end{aligned} \tag{5.25.12}$$

故得

$$\boldsymbol{a}_{\parallel}=(\boldsymbol{a}\cdot\boldsymbol{e}_{\parallel})\boldsymbol{e}_{\parallel}=\frac{\left(1-\frac{v^2}{c^2}\right)^{3/2}}{\left(1+\frac{\boldsymbol{v}\cdot\boldsymbol{u}'}{c^2}\right)^3}\boldsymbol{a}'_{\parallel} \tag{5.25.13}$$

再求 $\boldsymbol{a}_{\perp}$. 由(5.25.7)式得

$$\begin{aligned}
\boldsymbol{a}\times\boldsymbol{e}_{\parallel}&=\frac{1}{\gamma^2\left(1+\frac{\boldsymbol{v}\cdot\boldsymbol{u}'}{c^2}\right)^2}\left\{\boldsymbol{a}'\times\boldsymbol{e}_{\parallel}-\boldsymbol{u}'\times\boldsymbol{e}_{\parallel}\frac{\boldsymbol{v}\cdot\boldsymbol{a}'}{c^2\left(1+\frac{\boldsymbol{v}\cdot\boldsymbol{u}'}{c^2}\right)}\right\}\\
&=\frac{1}{\gamma^2\left(1+\frac{\boldsymbol{v}\cdot\boldsymbol{u}'}{c^2}\right)^3}\left\{\left(1+\frac{\boldsymbol{v}\cdot\boldsymbol{u}'}{c^2}\right)\boldsymbol{a}'\times\boldsymbol{e}_{\parallel}-\frac{1}{c^2}(\boldsymbol{v}\cdot\boldsymbol{a}')(\boldsymbol{u}'\times\boldsymbol{e}_{\parallel})\right\}\\
&=\frac{1}{\gamma^2\left(1+\frac{\boldsymbol{v}\cdot\boldsymbol{u}'}{c^2}\right)^3}\left\{\boldsymbol{a}'\times\boldsymbol{e}_{\parallel}+\frac{1}{c^2}[(\boldsymbol{v}\cdot\boldsymbol{u}')\boldsymbol{a}'-(\boldsymbol{v}\cdot\boldsymbol{a}')\boldsymbol{u}']\times\boldsymbol{e}_{\parallel}\right\}
\end{aligned}$$

$$=\frac{1}{\gamma^2\left(1+\frac{\boldsymbol{v}\cdot\boldsymbol{u}'}{c^2}\right)^3}\left\{\boldsymbol{a}'\times\boldsymbol{e}_{\parallel}+\frac{1}{c^2}[\boldsymbol{v}\times(\boldsymbol{a}'\times\boldsymbol{u}')]\times\boldsymbol{e}_{\parallel}\right\}\tag{5.25.14}$$

根据(5.25.9)式,以 $\boldsymbol{e}_{\parallel}$ 在左边叉乘(5.25.14)式,便得出 $\boldsymbol{a}$ 垂直于 $\boldsymbol{v}$ 的分量 $\boldsymbol{a}_{\perp}$. 这时(5.25.14)式中的两项分别为

$$\boldsymbol{e}_{\parallel}\times(\boldsymbol{a}'\times\boldsymbol{e}_{\parallel})=\boldsymbol{a}'-(\boldsymbol{a}'\cdot\boldsymbol{e}_{\parallel})\boldsymbol{e}_{\parallel}=\boldsymbol{a}'_{\perp}\tag{5.25.15}$$

$$\begin{aligned}\boldsymbol{e}_{\parallel}\times\{[\boldsymbol{v}\times(\boldsymbol{a}'\times\boldsymbol{u}')]\times\boldsymbol{e}_{\parallel}\}&=\boldsymbol{v}\times(\boldsymbol{a}'\times\boldsymbol{u}')-\{[\boldsymbol{v}\times(\boldsymbol{a}'\times\boldsymbol{u}')]\cdot\boldsymbol{e}_{\parallel}\}\boldsymbol{e}_{\parallel}\\&=\boldsymbol{v}\times(\boldsymbol{a}'\times\boldsymbol{u}')\end{aligned}\tag{5.25.16}$$

故得

$$\boldsymbol{a}_{\perp}=\frac{1}{\gamma^2\left(1+\frac{\boldsymbol{v}\cdot\boldsymbol{u}'}{c^2}\right)^3}\left[\boldsymbol{a}'_{\perp}+\frac{1}{c^2}\boldsymbol{v}\times(\boldsymbol{a}'\times\boldsymbol{u}')\right]\tag{5.25.17}$$

5.26　在恒星惯性参考系中看到一宇宙飞船沿着 x 轴运动,在 t 时刻位置为 $x(t)$. 在这个参考系中速度和加速度自然是 $v=\frac{\mathrm{d}x}{\mathrm{d}t}$ 和 $a=\frac{\mathrm{d}^2x}{\mathrm{d}t^2}$. 设想宇宙飞船的运动情况是这样:其中的乘客所测定的加速度是与时间无关的常量. 这个意思就是说,在任何一个时刻,变换到一个惯性系去,宇宙飞船在这个惯性系中是瞬时静止的. 令 g 表示宇宙飞船在这个惯性系中在该时刻的加速度. 现在假定,这样一个时刻接着一个时刻定义的加速度 g 是常量.

给定常量 g. 在恒星参考系中,宇宙飞船从 $x=0$ 处以初速度 $v_i=0$ 开始运动. 问当它的速度达到 v 时,它所走过的距离是多少?

允许相对论性的运动学情况,因此速度同光速相比不必是小量. [本题系中国赴美物理研究生考试(CUSPEA)1982 年试题.]

【解】　设某一时刻飞船(运动坐标系)以速度 V 相对于恒星坐标系运动. 令 x',t' 分别是飞船(运动坐标系)中的空间和时间变量. 则

$$x=\frac{1}{\sqrt{1-\frac{V^2}{c^2}}}(x'+Vt')\tag{5.26.1}$$

$$t=\frac{1}{\sqrt{1-\frac{V^2}{c^2}}}\left(t'+\frac{V}{c^2}x'\right)\tag{5.26.2}$$

令

$$v'=\frac{\mathrm{d}x'}{\mathrm{d}t'},\qquad a'=\frac{\mathrm{d}v'}{\mathrm{d}t'}\tag{5.26.3}$$

则得

$$v=\frac{\mathrm{d}x}{\mathrm{d}t}=\frac{V+v'}{1+\frac{Vv'}{c^2}}\tag{5.26.4}$$

$$a=\frac{\mathrm{d}v}{\mathrm{d}t}=\left(1-\frac{V^2}{c^2}\right)^{3/2}\frac{a'}{\left(1+\frac{Vv'}{c^2}\right)^3} \tag{5.26.5}$$

当 $V=v$(所以 $v'=0$)和 $a'=g=$常量时,便得

$$a=a'\left(1-\frac{V^2}{c^2}\right)^{3/2}=g\left(1-\frac{v^2}{c^2}\right)^{3/2} \tag{5.26.6}$$

于是所求的距离便为

$$x=\int_0^t v\mathrm{d}t=\int_0^v \frac{v}{a}\mathrm{d}v=\frac{1}{g}\int_0^v \frac{v\mathrm{d}v}{\left(1-\frac{v^2}{c^2}\right)^{3/2}}$$

$$=\frac{c^2}{g}\left(\frac{1}{\sqrt{1-\frac{v^2}{c^2}}}-1\right) \tag{5.26.7}$$

对于 $v\ll c$ 来说,$x\to v^2/2g$,便是通常非相对论性的结果.

5.27 特殊洛伦兹变换为

$$x'=\gamma(x-vt),\quad y'=y,\quad z'=z,\quad t'=\gamma\left(t-\frac{v}{c^2}x\right)$$

当取 $x_4=\mathrm{i}ct$ 时,上述变换的变换矩阵为

$$\boldsymbol{a}=\begin{pmatrix}\gamma & 0 & 0 & \mathrm{i}\gamma\frac{v}{c}\\ 0 & 1 & 0 & 0\\ 0 & 0 & 1 & 0\\ -\mathrm{i}\gamma\frac{v}{c} & 0 & 0 & \gamma\end{pmatrix}$$

式中

$$\gamma=\left(1-\frac{v^2}{c^2}\right)^{-1/2}$$

以 $a_{\mu\nu}$ $(\mu,\nu=1,2,3,4)$表示这个矩阵的矩阵元,试证明:$a_{\mu\alpha}a_{\mu\beta}=\delta_{\alpha\beta}$.

【证】 穷举证法.

这些矩阵元的值为

$$\left.\begin{aligned}&a_{11}=a_{44}=\gamma,\quad a_{22}=a_{33}=1,\quad a_{14}=-a_{41}=\mathrm{i}\gamma\frac{v}{c}\\ &a_{12}=a_{13}=a_{21}=a_{23}=a_{24}=a_{31}=a_{32}=a_{34}=a_{42}=a_{43}=0\end{aligned}\right\} \tag{5.27.1}$$

根据爱因斯坦求和惯例

$$a_{\mu\alpha}a_{\mu\beta}=a_{1\alpha}a_{1\beta}+a_{2\alpha}a_{2\beta}+a_{3\alpha}a_{3\beta}+a_{4\alpha}a_{4\beta} \tag{5.27.2}$$

由上式得

$$a_{\mu\alpha}a_{\mu\beta}=a_{\mu\beta}a_{\mu\alpha} \tag{5.27.3}$$

先看 $\alpha\neq\beta$ 的情况：由于 $a_{\mu\nu}$ 当 $\mu\neq\nu$ 时，除 a_{14} 和 a_{41} 外，其余全是零，故由(5.27.2)式得

$$a_{\mu\alpha}a_{\mu\beta}=a_{\mu\beta}a_{\mu\alpha}=0,\qquad \text{当}\ \alpha\neq\beta\ \text{时} \tag{5.27.4}$$

再看 $\alpha=\beta$ 的情况；$\alpha=\beta=1,2,3,4$ 时分别为

$$\begin{aligned} a_{\mu1}a_{\mu1}&=a_{11}a_{11}+a_{21}a_{21}+a_{31}a_{31}+a_{41}a_{41}=\gamma^2+\left(-\mathrm{i}\gamma\frac{v}{c}\right)^2\\ &=\gamma^2-\gamma^2\frac{v^2}{c^2}=\gamma^2\left(1-\frac{v^2}{c^2}\right)=1 \end{aligned} \tag{5.27.5}$$

$$a_{\mu2}a_{\mu2}=a_{12}a_{12}+a_{22}a_{22}+a_{32}a_{32}+a_{42}a_{42}=a_{22}^2=1 \tag{5.27.6}$$

$$a_{\mu3}a_{\mu3}=a_{13}a_{13}+a_{23}a_{23}+a_{33}a_{33}+a_{43}a_{43}=a_{33}^2=1 \tag{5.27.7}$$

$$\begin{aligned} a_{\mu4}a_{\mu4}&=a_{14}a_{14}+a_{24}a_{24}+a_{34}a_{34}+a_{44}a_{44}=\left(\mathrm{i}\gamma\frac{v}{c}\right)^2+\gamma^2\\ &=-\gamma^2\frac{v^2}{c^2}+\gamma^2=\gamma^2\left(1-\frac{v^2}{c^2}\right)=1 \end{aligned} \tag{5.27.8}$$

综合(5.27.4)至(5.27.8)五式，便得

$$a_{\mu\alpha}a_{\mu\beta}=\delta_{\alpha\beta} \tag{5.27.9}$$

【别证】 利用间隔不变性求证.

根据定义，$x'_\mu x'_\mu=x'^2_1+x'^2_2+x'^2_3-c^2t'^2$ 为 $(x'_1,x'_2,x'_3,\mathrm{i}ct')$ 与 $(0,0,0,0)$ 之间的间隔，$x_\mu x_\mu=x_1^2+x_2^2+x_3^2-c^2t^2$ 为 $(x_1,x_2,x_3,\mathrm{i}ct)$ 与 $(0,0,0,0)$ 之间的间隔. 由间隔不变性得

$$x'_\mu x'_\mu=x_\mu x_\mu \tag{5.27.10}$$

因

$$x'_\mu=a_{\mu\nu}x_\nu \tag{5.27.11}$$

所以

$$\begin{aligned} x'_\mu x'_\mu&=a_{\mu\alpha}x_\alpha a_{\mu\beta}x_\beta=a_{\mu\alpha}a_{\mu\beta}x_\alpha x_\beta\\ &=x_\mu x_\mu=x_\alpha x_\alpha \end{aligned} \tag{5.27.12}$$

故得

$$a_{\mu\alpha}a_{\mu\beta}x_\beta=x_\alpha \tag{5.27.13}$$

$$a_{\mu\alpha}a_{\mu\beta}=\delta_{\alpha\beta} \tag{5.27.14}$$

5.28 当 $\Sigma'(x',y',z')$ 系以匀速 $\boldsymbol{v}=(v,0,0)$ 相对于惯性系 $\Sigma(x,y,z)$ 运动时，它们之间的变换为特殊洛伦兹变换

$$x'=\gamma(x-vt),\quad y'=y,\quad z'=z,\quad t'=\gamma\left(t-\frac{v}{c^2}x\right)$$

式中 $\gamma=\left(1-\frac{v^2}{c^2}\right)^{-\frac{1}{2}}$. 试求从 Σ 系的体积元 $\mathrm{d}V=\mathrm{d}x\mathrm{d}y\mathrm{d}z$ 到 Σ' 系的体积元 $\mathrm{d}V'=\mathrm{d}x'\mathrm{d}y'\mathrm{d}z'$ 之间的变换关系.

【解】 取 $x_4=\mathrm{i}ct$，则特殊洛伦兹变换的变换矩阵为

$$\boldsymbol{a}=\begin{pmatrix}\gamma & 0 & 0 & \mathrm{i}\gamma\frac{v}{c}\\ 0 & 1 & 0 & 0\\ 0 & 0 & 1 & 0\\ -\mathrm{i}\gamma\frac{v}{c} & 0 & 0 & \gamma\end{pmatrix} \tag{5.28.1}$$

其行列式为

$$|a|=\begin{vmatrix}\gamma & 0 & 0 & \mathrm{i}\gamma\frac{v}{c}\\ 0 & 1 & 0 & 0\\ 0 & 0 & 1 & 0\\ -\mathrm{i}\gamma\frac{v}{c} & 0 & 0 & \gamma\end{vmatrix}$$

$$=\gamma\begin{vmatrix}1 & 0 & 0\\ 0 & 1 & 0\\ 0 & 0 & \gamma\end{vmatrix}-\mathrm{i}\gamma\frac{v}{c}\begin{vmatrix}0 & 1 & 0\\ 0 & 0 & 1\\ -\mathrm{i}\gamma\frac{v}{c} & 0 & 0\end{vmatrix}=\gamma^2-\gamma^2\frac{v^2}{c^2}$$

$$=\gamma^2\left(1-\frac{v^2}{c^2}\right)=1 \tag{5.28.2}$$

故得

$$\mathrm{d}x'\mathrm{d}y'\mathrm{d}z'\mathrm{d}x_4'=\left|\frac{\partial(x',y',z',x_4')}{\partial(x,y,z,x_4)}\right|\mathrm{d}x\mathrm{d}y\mathrm{d}z\mathrm{d}x_4$$

$$=|a|\,\mathrm{d}x\mathrm{d}y\mathrm{d}z\mathrm{d}x_4=\mathrm{d}x\mathrm{d}y\mathrm{d}z\mathrm{d}x_4 \tag{5.28.3}$$

这个结果表明,四维体积元 $\mathrm{d}x\mathrm{d}y\mathrm{d}z\mathrm{d}x_4$ 是洛伦兹不变量. 由于 $\mathrm{d}x_4=\mathrm{i}c\mathrm{d}t$, $\mathrm{d}x_4'=\mathrm{i}c\mathrm{d}t'$,故有

$$\mathrm{d}x'\mathrm{d}y'\mathrm{d}z'\mathrm{d}t'=\mathrm{d}x\mathrm{d}y\mathrm{d}z\mathrm{d}t \tag{5.28.4}$$

由此得三维体积元的变换式为

$$\mathrm{d}V'=\mathrm{d}x'\mathrm{d}y'\mathrm{d}z'=\frac{\partial t}{\partial t'}\mathrm{d}x\mathrm{d}y\mathrm{d}z \tag{5.28.5}$$

式中

$$\frac{\partial t}{\partial t'}=\left(\frac{\partial t}{\partial t'}\right)_{x=\text{const}}=\frac{1}{\gamma} \tag{5.28.6}$$

$$\mathrm{d}V'=\mathrm{d}x'\mathrm{d}y'\mathrm{d}z'=\frac{1}{\gamma}\mathrm{d}x\mathrm{d}y\mathrm{d}z$$

$$=\sqrt{1-\frac{v^2}{c^2}}\mathrm{d}x\mathrm{d}y\mathrm{d}z=\sqrt{1-\frac{v^2}{c^2}}\mathrm{d}V \tag{5.28.7}$$

这便是所求的体积元变换关系.

【别解】 由特殊洛伦兹变换关系得

$$\mathrm{d}y' = \mathrm{d}y, \quad \mathrm{d}z' = \mathrm{d}z \tag{5.28.8}$$

由于沿 x 方向有长度收缩,故

$$\mathrm{d}x' = \frac{1}{\gamma}\mathrm{d}x = \sqrt{1-\frac{v^2}{c^2}}\mathrm{d}x \tag{5.28.9}$$

$$\mathrm{d}V' = \mathrm{d}x'\mathrm{d}y'\mathrm{d}z' = \sqrt{1-\frac{v^2}{c^2}}\mathrm{d}x\mathrm{d}y\mathrm{d}z = \sqrt{1-\frac{v^2}{c^2}}\mathrm{d}V \tag{5.28.10}$$

5.29 试证明电荷是洛伦兹不变量.

【证】 设 $\Sigma'(x', y', z')$系以匀速 $v=(v, 0, 0)$相对于惯性系 $\Sigma(x, y, z)$ 运动. 同一电荷，在 Σ'系测量为 Q',其密度为 ρ';在 Σ 系测量为 Q,其密度为 ρ,即

$$Q' = \int \rho' \mathrm{d}V' \tag{5.29.1}$$

$$Q = \int \rho \mathrm{d}V \tag{5.29.2}$$

因为电荷密度 ρ 与电流密度 $\boldsymbol{j}$ 构成四维矢量，即

$$\boldsymbol{J} = (\boldsymbol{j}, \mathrm{i}c\rho) \tag{5.29.3}$$

在洛伦兹变换下，其变换关系为

$$J_4' = \mathrm{i}c\rho' = a_{4\nu}J_4 = a_{44}J_4 = \gamma J_4 = \gamma \mathrm{i}c\rho \tag{5.29.4}$$

所以

$$\rho' = \gamma\rho \tag{5.29.5}$$

由上题(5.28 题)有

$$\mathrm{d}V' = \frac{1}{\gamma}\mathrm{d}V \tag{5.29.6}$$

于是得

$$Q' = \int \rho' \mathrm{d}V' = \int (\gamma\rho)\left(\frac{1}{\gamma}\mathrm{d}V\right) = \int \rho \mathrm{d}V = Q \tag{5.29.7}$$

证毕.

【讨论】 在洛伦兹变换下，我们通常所说的三个基本物理量长度、时间和质量都不是不变量，而电荷却是洛伦兹不变量. 这一点颇出人意料.

5.30 试证明:在洛伦兹变换下,(1) $d\mathrm{x}_\mu d\mathrm{x}_\mu$ 是不变式;(2) $\frac{\partial}{\partial \mathrm{x}_\mu}\frac{\partial}{\partial \mathrm{x}_\mu}$是不变算符.

【证】 (1) 洛伦兹变换为

$$x' = \alpha_{\mu\nu}x_\nu \tag{5.30.1}$$

其中变换系数满足(参见 5.27 题)

$$a_{\mu\alpha}a_{\mu\beta}=\delta_{\alpha\beta} \tag{5.30.2}$$

$$\begin{aligned}\mathrm{d}x'_\mu\mathrm{d}x'_\mu&=a_{\mu\alpha}\mathrm{d}x_\alpha a_{\mu\beta}\mathrm{d}x_\beta=a_{\mu\alpha}a_{\mu\beta}\mathrm{d}x_\alpha\mathrm{d}x_\beta=\delta_{\alpha\beta}\mathrm{d}x_\alpha\mathrm{d}x_\beta\\&=\mathrm{d}x_\alpha\mathrm{d}x_\alpha=\mathrm{d}x_\mu\mathrm{d}x_\mu\end{aligned} \tag{5.30.3}$$

所以 $d\mathrm{x}_\mu d\mathrm{x}_\mu$ 是洛伦兹不变式.

(2) 对于 $x_\mu(\mu=1,2,3,4)$的任何可微函数 f,有

$$\begin{aligned}\frac{\partial f}{\partial x'_\mu}&=\frac{\partial f}{\partial x_\nu}\frac{\partial x_\nu}{\partial x'_\mu}=\frac{\partial f}{\partial x_\nu}\frac{\partial}{\partial x'_\mu}(a'_{\nu\alpha}x'_\alpha)=a'_{\nu\alpha}\frac{\partial x'_\alpha}{\partial x'_\mu}\frac{\partial f}{\partial x_\nu}\\&=a'_{\nu\alpha}\delta_{\alpha\mu}\frac{\partial f}{\partial x_\nu}=a'_{\nu\mu}\frac{\partial f}{\partial x_\nu}=a_{\mu\nu}\frac{\partial f}{\partial x_\nu}\end{aligned} \tag{5.30.4}$$

其中用到了变换(5.30.2)中的系数 $a_{\mu\nu}$ 与逆变换 $x_\mu=a'_{\mu\nu}x'_\nu$中的系数$a'_{\nu\mu}$之间的关系

$$a'_{\nu\mu}=a_{\mu\nu} \tag{5.30.5}$$

由(5.30.4)式得算符关系

$$\frac{\partial}{\partial x'_\mu}=a_{\mu\nu}\frac{\partial}{\partial x_\nu} \tag{5.30.6}$$

由此关系得

$$\begin{aligned}\frac{\partial}{\partial x'_\mu}\frac{\partial}{\partial x'_\mu}&=a_{\mu\alpha}\frac{\partial}{\partial x_\alpha}a_{\mu\beta}\frac{\partial}{\partial x_\beta}=a_{\mu\alpha}a_{\mu\beta}\frac{\partial}{\partial x_\alpha}\frac{\partial}{\partial x_\beta}=\delta_{\alpha\beta}\frac{\partial}{\partial x_\alpha}\frac{\partial}{\partial x_\beta}\\&=\frac{\partial}{\partial x_\alpha}\frac{\partial}{\partial x_\alpha}=\frac{\partial}{\partial x_\mu}\frac{\partial}{\partial x_\mu}\end{aligned} \tag{5.30.7}$$

所以$\frac{\partial}{\partial x_\mu}\frac{\partial}{\partial x_\mu}$是洛伦兹不变算符.

【别证】 用具体的洛伦兹变换

$$x'=\gamma(x-vt),\quad y'=y,\quad z'=z,\quad t'=\gamma\left(t-\frac{v}{c^2}x\right) \tag{5.30.8}$$

计算.

(1)
$$\begin{aligned}\mathrm{d}x'_\mu\mathrm{d}x'_\mu&=(\mathrm{d}x')^2+(\mathrm{d}y')^2+(\mathrm{d}z')^2-c^2(\mathrm{d}t')^2\\&=\gamma^2(\mathrm{d}x-v\mathrm{d}t)^2+(\mathrm{d}y)^2+(\mathrm{d}z)^2-c^2\gamma^2\left(\mathrm{d}t-\frac{v}{c^2}\mathrm{d}x\right)^2\\&=\gamma^2\left(1-\frac{v^2}{c^2}\right)(\mathrm{d}x)^2+(\mathrm{d}y)^2+(\mathrm{d}z)^2-\gamma^2\left(1-\frac{v^2}{c^2}\right)(c\mathrm{d}t)^2\\&=(\mathrm{d}x)^2+(\mathrm{d}y)^2+(\mathrm{d}z)^2-c^2(\mathrm{d}t)^2\\&=\mathrm{d}x_\mu\mathrm{d}x_\mu\end{aligned} \tag{5.30.9}$$

(2) 对于 x,y,z,t 的任何可微函数 f,根据求隐函数的偏导数的规则,有

$$\frac{\partial f}{\partial x'}=\frac{\partial f}{\partial x}\frac{\partial x}{\partial x'}+\frac{\partial f}{\partial t}\frac{\partial t}{\partial x'}=\gamma\frac{\partial f}{\partial x}+\gamma\frac{v}{c^2}\frac{\partial f}{\partial t} \tag{5.30.10}$$

$$\frac{\partial f}{\partial y'}=\frac{\partial f}{\partial y}\frac{\partial y}{\partial y'}=\frac{\partial f}{\partial y},\qquad \frac{\partial f}{\partial z'}=\frac{\partial f}{\partial z}\frac{\partial z}{\partial z'}=\frac{\partial f}{\partial z}\tag{5.30.11}$$

$$\frac{\partial f}{\partial t'}=\frac{\partial f}{\partial t}\frac{\partial t}{\partial t'}+\frac{\partial f}{\partial x}\frac{\partial x}{\partial t'}=\gamma\frac{\partial f}{\partial t}+\gamma v\frac{\partial f}{\partial x}\tag{5.30.12}$$

$$\begin{aligned}\frac{\partial^2 f}{\partial x'^2}&=\frac{\partial}{\partial x'}\left(\gamma\frac{\partial f}{\partial x}+\gamma\frac{v}{c^2}\frac{\partial f}{\partial t}\right)=\gamma\frac{\partial^2 f}{\partial x^2}\frac{\partial x}{\partial x'}+\gamma\frac{\partial^2 f}{\partial t\partial x}\frac{\partial t}{\partial x'}\\&\quad+\gamma\frac{v}{c^2}\frac{\partial^2 f}{\partial x\partial t}\frac{\partial x}{\partial x'}+\gamma\frac{v}{c^2}\frac{\partial^2 f}{\partial t^2}\frac{\partial t}{\partial x'}\\&=\gamma^2\frac{\partial^2 f}{\partial x^2}+\gamma^2\frac{v}{c^2}\frac{\partial^2 f}{\partial t\partial x}+\gamma^2\frac{v}{c^2}\frac{\partial^2 f}{\partial x\partial t}+\gamma^2\frac{v^2}{c^4}\frac{\partial^2 f}{\partial t^2}\\&=\gamma^2\left(\frac{\partial^2}{\partial x^2}+2\frac{v}{c^2}\frac{\partial^2}{\partial x\partial t}+\frac{v^2}{c^4}\frac{\partial^2}{\partial t^2}\right)f\end{aligned}\tag{5.30.13}$$

$$\frac{\partial^2 f}{\partial y'^2}=\frac{\partial^2 f}{\partial y^2}\frac{\partial y}{\partial y'}=\frac{\partial^2 f}{\partial y^2},\qquad \frac{\partial^2 f}{\partial z'^2}=\frac{\partial^2 f}{\partial z^2}\frac{\partial z}{\partial z'}=\frac{\partial^2 f}{\partial z^2}\tag{5.30.14}$$

$$\begin{aligned}\frac{\partial^2 f}{\partial t'^2}&=\frac{\partial}{\partial t'}\left(\gamma\frac{\partial f}{\partial t}+\gamma v\frac{\partial f}{\partial x}\right)=\gamma\frac{\partial^2 f}{\partial t^2}\frac{\partial t}{\partial t'}+\gamma\frac{\partial^2 f}{\partial x\partial t}\frac{\partial x}{\partial t'}+\gamma v\frac{\partial^2 f}{\partial t\partial x}\frac{\partial t}{\partial t'}+\gamma v\frac{\partial^2 f}{\partial x^2}\frac{\partial x}{\partial t'}\\&=\gamma^2\frac{\partial^2 f}{\partial t^2}+\gamma^2 v\frac{\partial^2 f}{\partial x\partial t}+\gamma^2 v\frac{\partial^2 f}{\partial t\partial x}+\gamma^2 v^2\frac{\partial^2 f}{\partial x^2}\\&=\gamma^2\left(\frac{\partial^2}{\partial t^2}+2v\frac{\partial^2}{\partial x\partial t}+v^2\frac{\partial^2}{\partial x^2}\right)f\end{aligned}\tag{5.30.15}$$

于是得

$$\begin{aligned}\frac{\partial}{\partial x'_\mu}\frac{\partial}{\partial x'_\mu}&=\frac{\partial^2}{\partial x'^2}+\frac{\partial^2}{\partial y'^2}+\frac{\partial^2}{\partial z'^2}-\frac{1}{c^2}\frac{\partial^2}{\partial t'^2}\\&=\gamma^2\frac{\partial^2}{\partial x^2}+2\gamma^2\frac{v}{c^2}\frac{\partial^2}{\partial x\partial t}+\gamma^2\frac{v^2}{c^4}\frac{\partial^2}{\partial t^2}+\frac{\partial^2}{\partial y^2}+\frac{\partial^2}{\partial z^2}\\&\quad-\frac{1}{c^2}\gamma^2\left(\frac{\partial^2}{\partial t^2}+2v\frac{\partial^2}{\partial x\partial t}+v^2\frac{\partial^2}{\partial x^2}\right)\\&=\gamma^2\left(1-\frac{v^2}{c^2}\right)\frac{\partial^2}{\partial x^2}+\frac{\partial^2}{\partial y^2}+\frac{\partial^2}{\partial z^2}-\frac{1}{c^2}\gamma^2\left(1-\frac{v^2}{c^2}\right)\frac{\partial^2}{\partial t^2}\\&=\frac{\partial^2}{\partial x^2}+\frac{\partial^2}{\partial y^2}+\frac{\partial^2}{\partial z^2}-\frac{1}{c^2}\frac{\partial^2}{\partial t^2}=\frac{\partial}{\partial x_\mu}\frac{\partial}{\partial x_\mu}\end{aligned}\tag{5.30.16}$$

5.31 试证明:波动方程$\nabla^2\varphi-\frac{1}{c^2}\frac{\partial^2\varphi}{\partial t^2}=0$是洛伦兹不变式.

【证】 用四维形式,波动方程可写作

$$\nabla^2\varphi-\frac{1}{c^2}\frac{\partial^2\varphi}{\partial t^2}=\frac{\partial}{\partial x_\mu}\frac{\partial}{\partial x_\mu}\varphi=0\tag{5.31.1}$$

由于$\frac{\partial}{\partial x_\mu}\frac{\partial}{\partial x_\mu}$是洛伦兹不变算符(证明见前面 5.30 题),即

$$\frac{\partial}{\partial x'_\mu}\frac{\partial}{\partial x'_\mu}=\frac{\partial}{\partial x_\mu}\frac{\partial}{\partial x_\mu} \tag{5.31.2}$$

故得

$$\begin{aligned}\nabla^2\varphi-\frac{1}{c^2}\frac{\partial^2\varphi}{\partial t^2}&=\frac{\partial}{\partial x_\mu}\frac{\partial}{\partial x_\mu}\varphi=\frac{\partial}{\partial x'_\mu}\frac{\partial}{\partial x'_\mu}\varphi\\&=\nabla'^2\varphi-\frac{1}{c^2}\frac{\partial^2\varphi}{\partial t'^2}=0\end{aligned} \tag{5.31.3}$$

【别证】 用前面 5.30 题别证方法,用具体的洛伦兹变换,令 $f=\varphi$,即可得出

$$\nabla^2\varphi-\frac{1}{c^2}\frac{\partial^2\varphi}{\partial t^2}=\nabla'^2\varphi-\frac{1}{c^2}\frac{\partial^2\varphi}{\partial t'^2}=0 \tag{5.31.4}$$

5.32 试证明:(1) 两个四维矢量的标积是洛伦兹不变量;(2) 标量 φ 的四维梯度$\left(\frac{\partial\varphi}{\partial x_1},\frac{\partial\varphi}{\partial x_2},\frac{\partial\varphi}{\partial x_3},\frac{\partial\varphi}{\partial x_4}\right)$是四维矢量;(3)四维矢量的散度$\frac{\partial V_\mu}{\partial x_\mu}$是洛伦兹不变量.

【证】 (1)两个四维矢量的标积为 $A_\mu B_\mu$,在洛伦兹变换$x'_\mu=\alpha_{\mu\nu}x_\nu$ 下,有

$$A'_\mu B'_\mu=a_{\mu\alpha}A_\alpha a_{\mu\beta}B_\beta=a_{\mu\alpha}a_{\mu\beta}A_\alpha B_\beta \tag{5.32.1}$$

由前面 5.27 题

$$a_{\mu\alpha}a_{\mu\beta}=\delta_{\alpha\beta} \tag{5.32.2}$$

所以

$$A'_\mu B'_\mu=\delta_{\alpha\beta}A_\alpha B_\beta=A_\alpha B_\alpha=A_\mu B_\mu$$

(2) 标量 φ 的四维梯度的变换式为

$$\frac{\partial\varphi}{\partial x'_\mu}=\frac{\partial\varphi}{\partial x_\nu}\frac{\partial x_\nu}{\partial x'_\mu}=\frac{\partial\varphi}{\partial x_\nu}a_{\mu\nu}=a_{\mu\nu}\frac{\partial\varphi}{\partial x_\nu} \tag{5.32.3}$$

可见它遵守四维矢量的变换规律,所以它是四维矢量.

(3) 四维矢量的散度为$\frac{\partial V_\mu}{\partial x_\mu}$,它的变换式为

$$\begin{aligned}\frac{\partial V'_\mu}{\partial x'_\mu}&=\frac{\partial(a_{\mu\alpha}V_\alpha)}{\partial x_\beta}\frac{\partial x_\beta}{\partial x'_\mu}=a_{\mu\alpha}\frac{\partial V_\alpha}{\partial x_\beta}\frac{\partial(\alpha_{\nu\beta}x'_\nu)}{\partial x'_\mu}\\&=\alpha_{\mu\alpha}a_{\nu\beta}\frac{\partial V_\alpha}{\partial x_\beta}\frac{\partial x'_\nu}{\partial x'_\mu}=a_{\mu\alpha}a_{\nu\beta}\frac{\partial V_\alpha}{\partial x_\beta}\delta_{\mu\nu}=a_{\mu\alpha}a_{\mu\beta}\frac{\partial V_\alpha}{\partial x_\beta}\\&=\delta_{\alpha\beta}\frac{\partial V_\alpha}{\partial x_\beta}=\frac{\partial V_\alpha}{\partial x_\alpha}=\frac{\partial V_\mu}{\partial x_\mu}\end{aligned} \tag{5.32.4}$$

所以它是洛伦兹不变量.

5.33 试证明洛伦兹条件$\nabla\cdot\mathbf{A}+\frac{1}{c^2}\frac{\partial\varphi}{\partial t}$在任何惯性系都成立.

【证】 矢势 $\mathbf{A}$ 和标势 φ 构成四维矢量$\left(\mathbf{A},\frac{\mathrm{i}}{c}\varphi\right)$,它的散度为

$$\frac{\partial A_\mu}{\partial x_\mu}=\frac{\partial A_1}{\partial x_1}+\frac{\partial A_2}{\partial x_2}+\frac{\partial A_3}{\partial x_3}+\frac{\partial A_4}{\partial x_4}=\nabla\cdot\boldsymbol{A}+\frac{\mathrm{i}}{c}\frac{\partial\varphi}{\partial(\mathrm{i}ct)}$$

$$=\nabla\cdot\boldsymbol{A}+\frac{1}{c^2}\frac{\partial\varphi}{\partial t} \tag{5.33.1}$$

所以洛伦兹条件实际上是四维矢量$\left(\boldsymbol{A},\frac{\mathrm{i}}{c}\varphi\right)$的四维散度.因为四维矢量的散度是洛伦兹不变量[证明参见前面 5.32 题的(3)],所以洛伦兹条件也是洛伦兹不变量,故洛伦兹条件在任何惯性系都成立.

5.34 设$\Sigma'(x',y',z')$系以匀速$\boldsymbol{v}=(v,0,0)$相对于惯性系$\Sigma(x,y,z)$运动,在Σ系中某一点发出一束光,构成的立体角元为$\mathrm{d}\Omega=\sin\theta\mathrm{d}\theta\mathrm{d}\varphi$.试求在$\Sigma'$系这束光构成的立体角元$\mathrm{d}\Omega'$.

【解】 如图 5.34 所示,在Σ系,S点发出的光束构成立体角元为

$$\mathrm{d}\Omega=\sin\theta\mathrm{d}\theta\mathrm{d}\phi \tag{5.34.1}$$

由于$\boldsymbol{e}_\phi=\boldsymbol{e}_r\times\boldsymbol{e}_\theta$垂直于$x$轴,即垂直于运动方向,故不受运动影响,所以

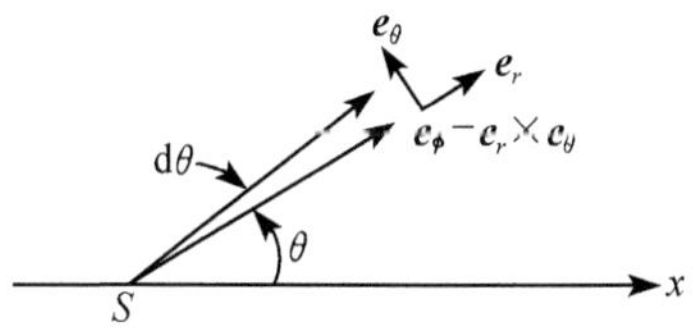

图 5.34

$$\mathrm{d}\phi'=\mathrm{d}\phi \tag{5.34.2}$$

再求θ的变换关系.由四维波矢量$\left(\boldsymbol{k},\frac{\mathrm{i}}{c}\omega\right)$的变换式第一个分量得

$$k_1'=k'\cos\theta'=\frac{\omega'}{c}\cos\theta'=a_{11}k_1+a_{14}k_4$$

$$=\gamma k\cos\theta+\mathrm{i}\gamma\frac{v}{c}k_4=\gamma\frac{\omega}{c}\cos\theta-\gamma\frac{v}{c^2}\omega$$

$$\omega'\cos\theta'=\gamma\omega\left(\cos\theta-\frac{v}{c}\right) \tag{5.34.3}$$

第四个分量

$$k_4'=\mathrm{i}\frac{\omega'}{c}=a_{41}k_1+a_{44}k_4=-\mathrm{i}\gamma\frac{v}{c}k_1+\gamma k_4$$

$$=-\mathrm{i}\gamma\frac{v}{c^2}\omega\cos\theta+\gamma\mathrm{i}\frac{\omega}{c}$$

$$\omega'=\gamma\omega\left(1-\frac{v}{c}\cos\theta\right) \tag{5.34.4}$$

由(5.34.3)和(5.34.4)两式得

$$\cos\theta'=\frac{\cos\theta-\frac{v}{c}}{1-\frac{v}{c}\cos\theta} \tag{5.34.5}$$

对 θ' 求导得

$$-\sin\theta'\mathrm{d}\theta'=\frac{1}{\left(1-\frac{v}{c}\cos\theta\right)^2}\left[\left(1-\frac{v}{c}\cos\theta\right)(-\sin\theta\mathrm{d}\theta)-\left(\cos\theta-\frac{v}{c}\right)\frac{v}{c}\sin\theta\mathrm{d}\theta\right]$$

$$=-\frac{\left(1-\frac{v^2}{c^2}\right)\sin\theta\mathrm{d}\theta}{\left(1-\frac{v}{c}\cos\theta\right)^2} \tag{5.34.6}$$

最后便得所求的立体角元为

$$\mathrm{d}\Omega'=\sin\theta'\mathrm{d}\theta'\mathrm{d}\phi'=\frac{1-\frac{v^2}{c^2}}{\left(1-\frac{v}{c}\cos\theta\right)^2}\sin\theta\mathrm{d}\theta\mathrm{d}\phi \tag{5.34.7}$$

$$\mathrm{d}\Omega'=\frac{1-\frac{v^2}{c^2}}{\left(1-\frac{v}{c}\cos\theta\right)^2}\mathrm{d}\Omega \tag{5.34.8}$$

5.35 频率为 ω 的点光源向外发光，试证明：$\omega^2\mathrm{d}\Omega$ 是洛伦兹不变量，这里 $\mathrm{d}\Omega$ 是以光源为顶点的立体角元.

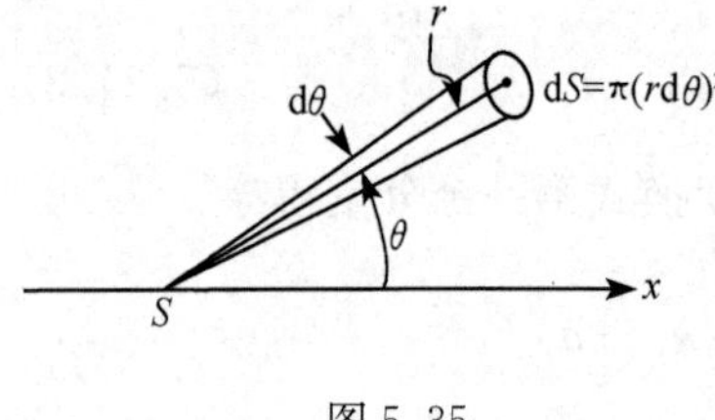

图 5.35

【证】 设频率为 ω 的点光源 S 相对于惯性系 Σ 静止，在与 x 轴夹角为 θ 的方向上，立体角元为(参见图 5.35)

$$\mathrm{d}\Omega=\frac{\mathrm{d}S}{r^2}=\frac{\pi(r\mathrm{d}\theta)^2}{r^2}=\pi(\mathrm{d}\theta)^2 \tag{5.35.1}$$

设 Σ' 系以速度 $\boldsymbol{v}=(v,0,0)$ 相对于 Σ 系运动，在 Σ' 系里观测，该方向与 x' 轴的夹角为 θ'，相应的立体角元为

$$\mathrm{d}\Omega'=\pi(\mathrm{d}\theta')^2 \tag{5.35.2}$$

由以上两式得

$$\frac{\mathrm{d}\Omega'}{\mathrm{d}\Omega}=\left(\frac{\mathrm{d}\theta'}{\mathrm{d}\theta}\right)^2 \tag{5.35.3}$$

前面 5.34 题由四维波矢量 $\left(\boldsymbol{k},\frac{\mathrm{i}}{c}\omega\right)$ 的第一和第四分量的变换式得出，ω 和 θ 的变换关系分别为

$$\omega'=\gamma\omega\left(1-\frac{v}{c}\cos\theta\right) \tag{5.35.4}$$

和

$$\cos\theta' = \frac{\cos\theta - \dfrac{v}{c}}{1 - \dfrac{v}{c}\cos\theta} \tag{5.35.5}$$

$$\sin\theta' = \sqrt{1-\cos^2\theta'} = \frac{\sqrt{1-\dfrac{v^2}{c^2}}\sin\theta}{1-\dfrac{v}{c}\cos\theta} \tag{5.35.6}$$

再由(5.35.5)式得

$$\sin\theta'\mathrm{d}\theta' = \frac{1-\dfrac{v^2}{c^2}}{\left(1-\dfrac{v}{c}\cos\theta\right)^2}\sin\theta\mathrm{d}\theta \tag{5.35.7}$$

由以上两式得

$$\left(\frac{\mathrm{d}\theta'}{\mathrm{d}\theta}\right)^2 = \frac{1-\dfrac{v^2}{c^2}}{\left(1-\dfrac{v}{c}\cos\theta\right)^2} \tag{5.35.8}$$

最后由(5.35.3)、(5.35.4)和(5.35.8)三式得

$$\omega'^2\mathrm{d}\Omega' = \gamma^2\omega^2\left(1-\frac{v}{c}\cos\theta\right)^2\left(\frac{\mathrm{d}\theta'}{\mathrm{d}\theta}\right)^2\mathrm{d}\Omega = \omega^2\mathrm{d}\Omega \tag{5.35.9}$$

【别证】 由(5.35.4)式和前面5.34题的(5.34.8)式得

$$\omega'^2\mathrm{d}\Omega' = \gamma^2\omega^2\left(1-\frac{v}{c}\cos\theta\right)^2\frac{1-\dfrac{v^2}{c^2}}{\left(1-\dfrac{v}{c}\cos\theta\right)^2}\mathrm{d}\Omega = \omega^2\mathrm{d}\Omega \tag{5.35.10}$$

5.36 1728年，英国天文学家布拉德雷发现，由于地球绕太阳公转，星光的视方向与它的真方向略有不同，这种现象称为光行差. 设某恒星同地球的连线与地球速度 $\boldsymbol{v}$ 的方向垂直，试求该星的视方向与真方向之间的夹角 α(图5.36).

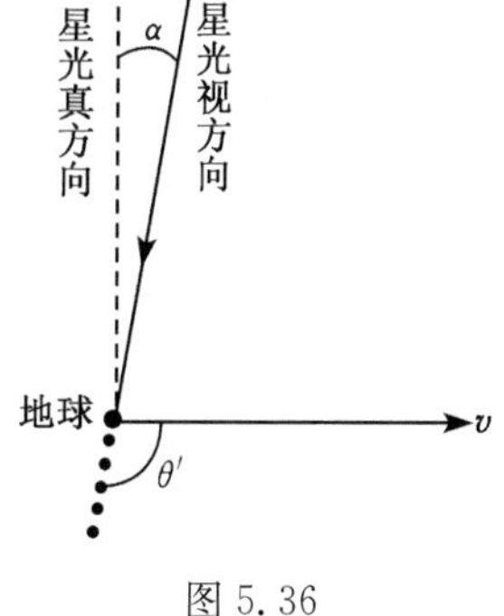

图5.36

【解】 以恒星系为 Σ 系，地球为 Σ' 系，则由四维波矢量$\left(\boldsymbol{k},\frac{\mathrm{i}}{c}\omega\right)$的变换规律得出，星光角度的变换关系为

$$\cos\theta' = \frac{\cos\theta - \dfrac{v}{c}}{1-\dfrac{v}{c}\cos\theta} \tag{5.36.1}$$

式中 θ 和 θ' 分别是星光在 Σ 系和在 Σ' 系中与 $\boldsymbol{v}$ 方向(x 轴方向)的夹角. 因 $\theta=\frac{\pi}{2}$，故由上式得

$$\cos\theta' = -\frac{v}{c} \tag{5.36.2}$$

由图 5.36 可见

$$\alpha = \theta' - \frac{\pi}{2} \tag{5.36.3}$$

$$\tan\alpha = \tan\left(\theta' - \frac{\pi}{2}\right)$$

$$= -\frac{\cos\theta'}{\sqrt{1-\cos^2\theta'}} = \frac{\frac{v}{c}}{\sqrt{1-\frac{v^2}{c^2}}} \tag{5.36.4}$$

由于地球绕太阳公转速度为 $v=30\text{km/s}$，所以

$$\left(\frac{v}{c}\right)^2 = \left(\frac{30\times10^3}{3\times10^8}\right)^2 = 10^{-8} \tag{5.36.5}$$

故足够准确地取

$$\tan\alpha = \frac{v}{c} \tag{5.36.6}$$

于是得 α 的值为

$$\alpha = \arctan\frac{v}{c} = \arctan\frac{30\times10^3}{3\times10^8} \approx 20'' \tag{5.36.7}$$

5.37　在地球上看来，某颗恒星发出波长为 $\lambda=640\text{nm}$ 的红光. 一宇宙飞船正向该星飞去，如图 5.37 所示. 飞船中的宇航员观测到该星发出的是波长为 $\lambda'=480\text{nm}$ 的蓝光. 设该星相对于地球的速度远小于 c(真空中光速)，试求这飞船相对于地球的速度 v 的值.

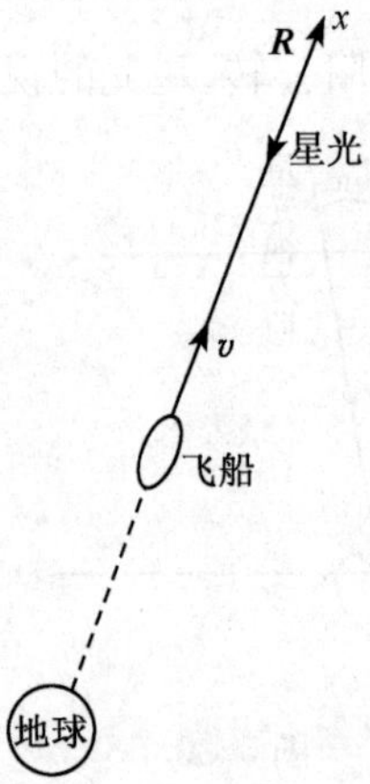

图 5.37

【解】 以地球为 Σ 系，飞船为 Σ' 系，沿飞船到该星方向取 x 轴；在 Σ 系中，飞船的速度为 v. 根据四维波矢量 $\left(\boldsymbol{k}, \frac{\mathrm{i}}{c}\omega\right)$ 的变换关系可以导出[参见前面 5.34 题的(5.34.4)式]

$$\omega' = \gamma\omega\left(1-\frac{v}{c}\cos\theta\right) \tag{5.37.1}$$

这就是狭义相对论的多普勒效应公式，式中 θ 是光波矢量 $\boldsymbol{k}$

与 x 轴的夹角.由图 5.37 可见,$\theta=\pi$,代入上式便得

$$\omega' = \gamma\omega\left(1+\frac{v}{c}\right) \tag{5.37.2}$$

用波长表示,则为

$$\frac{1}{\lambda'} = \frac{1}{\lambda}\gamma\left(1+\frac{v}{c}\right) = \frac{1}{\lambda}\sqrt{\frac{1+\frac{v}{c}}{1-\frac{v}{c}}} \tag{5.37.3}$$

解得

$$\begin{aligned} v &= c\,\frac{\lambda^2-\lambda'^2}{\lambda^2+\lambda'^2} = 3\times10^8\times\frac{640^2-480^2}{640^2+480^2} \\ &= 0.84\times10^8\,\mathrm{m/s} \end{aligned} \tag{5.37.4}$$

5.38 一原子静止时发光的波长为 λ_0,当它以速度 $\boldsymbol{v}$ 相对于 Σ 系运动时,试求在 $\boldsymbol{v}$ 方向上,Σ 系中的静止观察者所观测到的波长 λ.

【解】 以相对于原子为静止的参考系为 Σ' 系,则由 Σ 系到 Σ' 系,光的频率的变换式为[参见前面 5.34 题的(5.34.4)式]

$$\omega' = \omega\gamma\left(1-\frac{v}{c}\cos\theta\right) \tag{5.38.1}$$

式中 $\gamma=\left(1-\frac{v^2}{c^2}\right)^{-\frac{1}{2}}$,$\theta$ 为光的波矢量 $\boldsymbol{k}$ 与速度 $\boldsymbol{v}$ 之间的夹角,如图 5.38 所示.由此式得波长的变换式为

$$\lambda' = \frac{\lambda}{\gamma\left(1-\frac{v}{c}\cos\theta\right)} \tag{5.38.2}$$

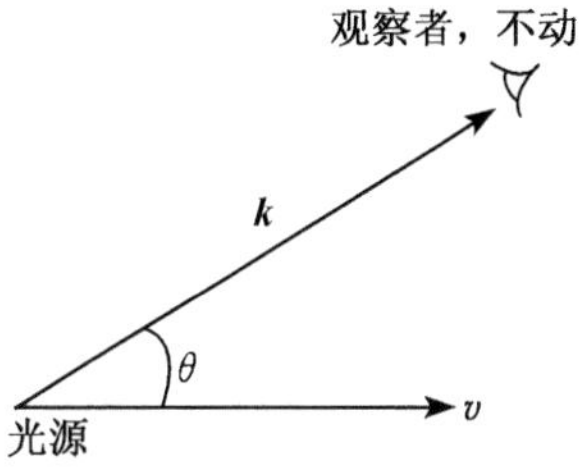

图 5.38

因 Σ' 系相对于光源静止,故 $\lambda'=\lambda_0$,于是在 Σ 系观测到的波长便为

$$\lambda = \lambda_0\gamma\left(1-\frac{v}{c}\cos\theta\right) \tag{5.38.3}$$

在 $\boldsymbol{v}$ 的方向上,$\theta=0$,故所求的波长为

$$\lambda = \lambda_0\gamma\left(1+\frac{v}{c}\right) = \lambda_0\sqrt{\frac{1-\frac{v}{c}}{1+\frac{v}{c}}} < \lambda_0 \tag{5.38.4}$$

在 $\boldsymbol{v}$ 的逆方向上,$\theta=\pi$,这时

$$\lambda = \lambda_0\gamma\left(1+\frac{v}{c}\right) = \lambda_0\sqrt{\frac{1+\frac{v}{c}}{1-\frac{v}{c}}} > \lambda_0 \tag{5.38.5}$$

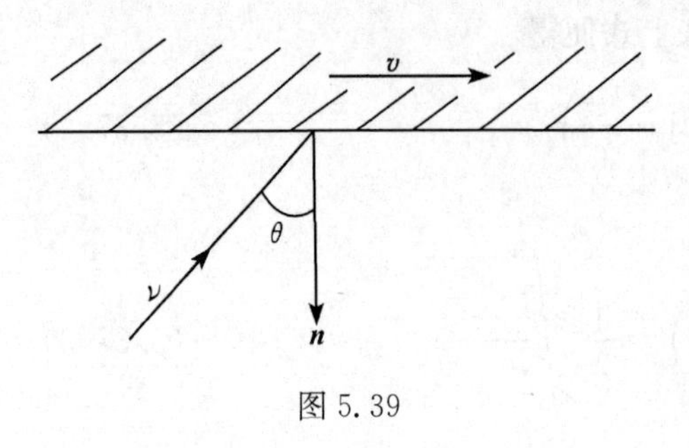

图 5.39

5.39 如图 5.39 所示，一平面镜以匀速 $\boldsymbol{v}$ 运动，$\boldsymbol{v}$ 的方向垂直于平面镜的法线方向 $\boldsymbol{n}$. 频率为 ν 的一束光入射到这平面镜上，入射角为 θ(即入射线和法线之间的夹角).

(1) 求反射光的频率和反射角.(提示:你知道在镜子静止的参考系中如何确定反射光的频率和反射角.)

(2) 假设镜子的速度 $\boldsymbol{v}$ 的方向平行于镜面的法线方向 $\boldsymbol{n}$，求反射光的频率.

[本题系中国赴美物理研究生考试(CUSPEA)1985 年试题.]

【解】 (1) 以观察者所在的参考系为 Σ 系，相对于平面镜静止的参考系为 Σ' 系，光的四维波矢量在 Σ 系为 $\left(\boldsymbol{k},\frac{\mathrm{i}}{c}\omega\right)$，在 Σ' 系为 $\left(\boldsymbol{k}',\frac{\mathrm{i}}{c}\omega'\right)$. 根据从 Σ 系到 Σ' 系的变换关系，入射光波矢量 $\boldsymbol{k}_{\mathrm{i}}$ 的变换关系为

$$k'_{\mathrm{i}\perp}=k_{\mathrm{i}\perp} \tag{5.39.1}$$

$$k'_{\mathrm{i}\parallel}=\gamma\left(k_{\mathrm{i}\parallel}-\frac{v}{c^2}\omega_{\mathrm{i}}\right) \tag{5.39.2}$$

$$\omega'_{\mathrm{i}}=\gamma(\omega_{\mathrm{i}}-vk_{\mathrm{i}\parallel}) \tag{5.39.3}$$

式中下标$\perp$和$\parallel$分别表示 $\boldsymbol{k}_{\mathrm{i}}$ 和$\boldsymbol{k}'_{\mathrm{i}}$ 的垂直于和平行于镜面的分量，$\gamma=\left(1-\frac{v^2}{c^2}\right)^{-\frac{1}{2}}$.

在 Σ' 系中，反射定律成立，故反射光的各分量为

$$k'_{\mathrm{r}\perp}=-k'_{\mathrm{i}\perp} \tag{5.39.4}$$

$$k'_{\mathrm{r}\parallel}=k'_{\mathrm{i}\parallel} \tag{5.39.5}$$

$$\omega'_{\mathrm{r}}=\omega'_{\mathrm{i}} \tag{5.39.6}$$

反射光的波矢量从 Σ' 系到 Σ 系的变换关系为

$$k_{\mathrm{r}\perp}=k'_{\mathrm{r}\perp} \tag{5.39.7}$$

$$k_{\mathrm{r}\parallel}=\gamma\left(k'_{\mathrm{r}\parallel}+\frac{v}{c^2}\omega'_{\mathrm{r}}\right) \tag{5.39.8}$$

$$\omega_{\mathrm{r}}=\gamma(\omega'_{\mathrm{r}}+vk'_{\mathrm{r}\parallel}) \tag{5.39.9}$$

由以上诸式得

$$k_{\mathrm{r}\perp}=k'_{\mathrm{r}\perp}=-k'_{\mathrm{i}\perp}=-k_{\mathrm{i}\perp} \tag{5.39.10}$$

$$\begin{aligned}k_{\mathrm{r}\parallel}&=\gamma\left(k'_{\mathrm{i}\parallel}+\frac{v}{c^2}\omega'_{\mathrm{i}}\right)\\&=\gamma^2\left(k_{\mathrm{i}\parallel}-\frac{v}{c^2}\omega_{\mathrm{i}}\right)+\gamma^2\frac{v}{c^2}(\omega_{\mathrm{i}}-vk_{\mathrm{i}\parallel})\end{aligned}$$

$$= \gamma^2\left(1 - \frac{v^2}{c^2}\right)k_{i\parallel} = k_{i\parallel} \tag{5.39.11}$$

$$\omega_r = \gamma(\omega_i' + vk'_{i\parallel}) = \gamma^2(\omega_i - vk_{i\parallel}) + \gamma^2 v\left(k_{i\parallel} - \frac{v}{c^2}\omega_i\right)$$

$$= \gamma^2\left(1 - \frac{v^2}{c^2}\right)\omega_i = \omega_i \tag{5.39.12}$$

所以

$$\nu_r = \nu \tag{5.39.13}$$

反射角为

$$\theta_r = \arctan\frac{|k_{r\parallel}|}{|k_{r\perp}|} = \arctan\frac{|k_{r\parallel}|}{|k_{r\perp}|} = \arctan(\tan\theta) = \theta \tag{5.39.14}$$

故在 Σ 系观察,反射光的频率 ν_r 等于入射光的频率 ν,反射角 θ_r 等于入射角 θ.

(2) 仍以观察者所在的参考系为 Σ 系,相对于平面镜静止的参考系为 Σ' 系.这时入射光波矢量 $\boldsymbol{k}_i$ 的变换关系为

$$k'_{i\perp} = \gamma\left(k_{i\perp} - \frac{v}{c^2}\omega_i\right) \tag{5.39.15}$$

$$k'_{i\parallel} = k_{i\parallel} \tag{5.39.16}$$

$$\omega_i' = \gamma(\omega_i - vk_{i\perp}) \tag{5.39.17}$$

式中下标⊥和∥仍分别表示垂直于和平行于镜面的分量.

在 Σ' 系中,反射定律成立,故反射光的相应分量为

$$k'_{r\perp} = -k'_{i\perp} \tag{5.39.18}$$

$$k'_{r\parallel} = k'_{i\parallel} \tag{5.39.19}$$

$$\omega_r' = \omega_i' \tag{5.39.20}$$

反射光从 Σ' 系到 Σ 系的变换关系为

$$k_{r\perp} = \gamma\left(k'_{r\perp} + \frac{v}{c^2}\omega_r'\right) \tag{5.39.21}$$

$$k_{r\parallel} = k'_{r\parallel} \tag{5.39.22}$$

$$\omega_r = \gamma(\omega_r' + vk'_{r\perp}) \tag{5.39.23}$$

由以上诸式得

$$\omega_r = \gamma\omega_i' - \gamma vk'_{i\perp} = \gamma^2(\omega_i - vk_{i\perp}) - \gamma^2 v\left(k_{i\perp} - \frac{v}{c^2}\omega_i\right)$$

$$= \gamma^2\left(1 + \frac{v^2}{c^2}\right)\omega_i - 2\gamma^2 vk_{i\perp}$$

$$= \gamma^2\left(1 + \frac{v^2}{c^2}\right)\omega_i - 2\gamma^2 v\left(-\frac{\omega_i}{c}\cos\theta\right)$$

$$= \gamma^2\omega_i\left(1 + 2\frac{v}{c}\cos\theta + \frac{v^2}{c^2}\right) \tag{5.39.24}$$

故得在 Σ 系观察,反射光的频率 ν_r 与入射光的频率 ν 的关系为

$$\nu_r = \nu \frac{1 + 2\frac{v}{c}\cos\theta + \frac{v^2}{c^2}}{1 - \frac{v^2}{c^2}} \tag{5.39.25}$$

【讨论】 平面镜的速度 $\boldsymbol{v}$ 平行于镜面的法线时，反射角 θ_r 可由(5.39.15)至(5.39.24)诸式求出如下：

$$\begin{aligned}
k_{r\perp} &= \frac{\omega_r}{c}\cos\theta_r = \gamma k'_{r\perp} + \gamma\frac{v}{c^2}\omega'_r = \gamma(-k'_{i\perp}) + \gamma\frac{v}{c^2}\omega'_i \\
&= -\gamma^2\left(k_{i\perp} - \frac{v}{c^2}\omega_i\right) + \gamma^2\frac{v}{c^2}(\omega_i - vk_{i\perp}) \\
&= -\gamma^2\left(1 + \frac{v^2}{c^2}\right)k_{i\perp} + 2\gamma^2\frac{v}{c^2}\omega_i \\
&= -\gamma^2\left(1 + \frac{v^2}{c^2}\right)\left(-\frac{\omega_i}{c}\cos\theta\right) + 2\gamma^2\frac{v}{c^2}\omega_i \\
&= \gamma^2\frac{\omega_i}{c}\left[\left(1 + \frac{v^2}{c^2}\right)\cos\theta + 2\frac{v}{c}\right]
\end{aligned} \tag{5.39.26}$$

由(5.39.24)和(5.39.26)两式得

$$\cos\theta_r = \frac{\left(1 + \frac{v^2}{c^2}\right)\cos\theta + 2\frac{v}{c}}{1 + \frac{v^2}{c^2} + 2\frac{v}{c}\cos\theta} \tag{5.39.27}$$

当 $\theta=0$ 时

$$\nu_r = \nu\frac{1 + v/c}{1 - v/c} > \nu \tag{5.39.28}$$

$$\theta_r = \arccos 1 = 0 \tag{5.39.29}$$

5.40 爱因斯坦在他创立狭义相对论的论文《论运动物体的电动力学》中说："设有一个在电磁场里运动的点状单位电荷，则作用在它上面的力等于它所在的地方所存在的电场强度，这个电场强度是我们经过场的变换变到与该电荷相对静止的坐标系所得出的(新的说法)."试以带电粒子在均匀磁场中做圆周运动为例，说明爱因斯坦的观点.

【解】 设在惯性系 Σ 中观察，空间有均匀磁场 $\boldsymbol{B}$，电荷量为 q 的粒子在这磁场中以速度 $\boldsymbol{v}$ 运动时，所受的力为

$$\boldsymbol{F} = q\boldsymbol{v} \times \boldsymbol{B} \tag{5.40.1}$$

取笛卡儿坐标系使 $\boldsymbol{B}$ 平行于 y 轴，即

$$\boldsymbol{B} = (0, B, 0) \tag{5.40.2}$$

q 受 $\boldsymbol{B}$ 的作用在垂直于 $\boldsymbol{B}$ 的平面内做匀速圆周运动. 设在某一时刻，取以匀速 $\boldsymbol{v}$ 相对于 Σ 系运动的惯性系 Σ'，在 Σ' 中，q 便是瞬时静止的；再取 x 轴和 x' 轴重合并

使平行于 $\boldsymbol{v}$，y'轴平行于 y 轴，如图 5.40 所示. 根据电磁场的变换关系，Σ' 系中的电磁场便为

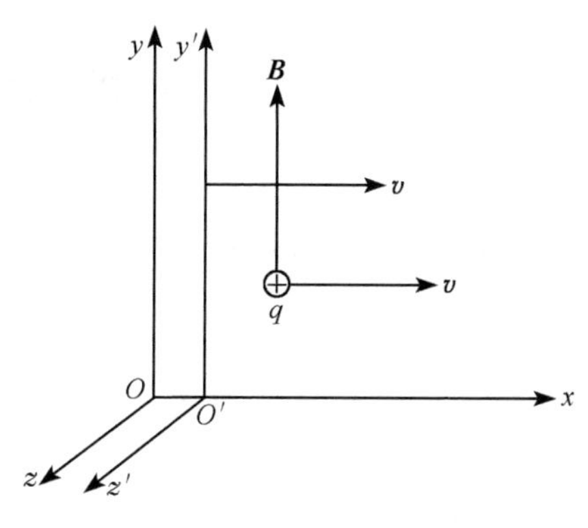

图 5.40

$$E_x' = E_x = 0 \tag{5.40.3}$$

$$E_y' = \gamma(E_y - vB_z) = 0 \tag{5.40.4}$$

$$E_z' = \gamma(E_z + vB_y) = \gamma vB \tag{5.40.5}$$

$$B_x' = B_x = 0 \tag{5.40.6}$$

$$B_y' = \gamma\left(B_y + \frac{v}{c^2}B_z\right) = \gamma B \tag{5.40.7}$$

$$B_z' = \gamma\left(B_z - \frac{v}{c^2}E_y\right) = 0 \tag{5.40.8}$$

即

$$\boldsymbol{E}' = (0, 0, \gamma vB) \tag{5.40.9}$$

$$\boldsymbol{B}' = (0, \gamma B, 0) \tag{5.40.10}$$

这时 q 所受的力为

$$\boldsymbol{F}' = q(\boldsymbol{E}' + \boldsymbol{v}' \times \boldsymbol{B}') \tag{5.40.11}$$

因为在 Σ' 系里，这时 q 是静止的，$\boldsymbol{v}'=0$，故

$$\boldsymbol{F}' = q\boldsymbol{E}' = \gamma qvB\boldsymbol{e}_{z'} \tag{5.40.12}$$

这个结果说明，在相对于 q 静止的参考系中，电荷 q 只受电场 $\boldsymbol{E}'$ 的作用力；作用于单位点电荷上的力等于该处的电场强度 $\boldsymbol{E}'$.

5.41　参考系 $\Sigma'(x', y', z')$ 以匀速 $\boldsymbol{v}=(v, 0, 0)$ 相对于惯性系 $\Sigma(x, y, z)$ 运动. 在 Σ 系观测，空间某区域有静磁场 $\boldsymbol{B}=(B_x, B_y, B_z)$. (1) 求在 Σ' 系观测，该区域内的电磁场；(2) 若该区域内有一电荷量为 q 的粒子相对于 Σ 系静止，求在 Σ' 系观测，这个粒子所受的力.

【解】　(1) 由电磁场的变换关系得

$$E_x' = E_x = 0 \tag{5.41.1}$$

$$E_y' = \gamma(E_y - vB_z) = -\gamma vB_z \tag{5.41.2}$$

$$E_z' = \gamma(E_z + vB_y) = \gamma vB_y \tag{5.41.3}$$

$$B_x' = B_x \tag{5.41.4}$$

$$B_y' = \gamma\left(B_y + \frac{v}{c^2}E_z\right) = \gamma B_y \tag{5.41.5}$$

$$B_z' = \gamma\left(B_z - \frac{v}{c^2}E_y\right) = \gamma B_z \tag{5.41.6}$$

$$\boldsymbol{E}'=(0,-\gamma vB_z,\gamma vB_y) \tag{5.41.7}$$

$$\boldsymbol{B}'=(B_x,\gamma B_y,\gamma B_z) \tag{5.41.8}$$

式中 $\gamma=\left(1-\frac{v^2}{c^2}\right)^{-\frac{1}{2}}$.

(2) 粒子所受的力为

$$\begin{aligned}\boldsymbol{F}'&=q(\boldsymbol{E}'+\boldsymbol{v}'\times\boldsymbol{B}')=q\boldsymbol{E}'+q(-v\boldsymbol{e}_{x'})\times\boldsymbol{B}'\\&=q(-\gamma vB_z\boldsymbol{e}_{y'}+\gamma vB_y\boldsymbol{e}_{z'})-qv\boldsymbol{e}_{x'}\times(B_x\boldsymbol{e}_{x'}+\gamma B_y\boldsymbol{e}_{y'}+\gamma B_z\boldsymbol{e}_{z'})\\&=0\end{aligned} \tag{5.41.9}$$

5.42 试证明:一个静电场经过洛伦兹变换不可能变成纯粹磁场;同样,一个静磁场经过洛伦兹变换不可能变成纯粹电场.

【证】 当参考系 $\Sigma'(x',y',z')$以匀速 $\boldsymbol{v}=(v,0,0)$相对于惯性系 $\Sigma(x,y,z)$运动时,同一个电磁场在 Σ 系和 Σ' 系的分量之间的关系根据洛伦兹变换为

$$E'_x=E_x,\quad E'_y=\gamma(E_y-vB_z),\quad E'_z=\gamma(E_z+vB_y) \tag{5.42.1}$$

$$B'_x=B_x,\quad B'_y=\gamma\left(B_y+\frac{v}{c^2}E_z\right),\quad B'_z=\gamma\left(B_z-\frac{v}{c^2}E_y\right) \tag{5.42.2}$$

式中 $\gamma=\left(1-\frac{v^2}{c^2}\right)^{-\frac{1}{2}}$.

对于静电场来说,$\boldsymbol{E}\neq 0$,即 E_x,E_y,E_z 三个分量至少有一个不为零. 于是由(5.42.1)式得出:$\boldsymbol{E}'\neq 0$,即 $\boldsymbol{E}$ 经过洛伦兹变换后不可能成为 $\boldsymbol{E}'=0$ 的纯粹磁场.

同样,对于静磁场来说,$\boldsymbol{B}\neq 0$,即 B_x,B_y,B_z 三个分量至少有一个不为零. 于是由(5.42.2)式得出:$\boldsymbol{B}'\neq 0$. 即 $\boldsymbol{B}$ 经过洛伦兹变换后不可能成为 $\boldsymbol{B}'=0$ 的纯粹电场.

5.43 在无界空间里传播的单色平面电磁波,它的磁感强度 $\boldsymbol{B}$ 与电场强度 $\boldsymbol{E}$ 垂直. 试证明:在任何惯性系观测,它的磁感强度都与电场强度垂直.

【证】 设在惯性系 $\Sigma(x,y,z)$中,该电磁波的电磁场为 $\boldsymbol{E}=(E_x,E_y,E_z)$,$\boldsymbol{B}=(B_x,B_y,B_z)$;另一惯性系 $\Sigma'(x',y',z')$以匀速 $\boldsymbol{v}=(v,0,0)$相对于 Σ 系运动. 则在 Σ' 系中,电磁场的分量为

$$E'_x=E_x,\quad E'_y=\gamma(E_y-vB_z),\quad E'_z=\gamma(E_z+vB_y) \tag{5.43.1}$$

$$B'_x=B_x,\quad B'_y=\gamma\left(B_y+\frac{v}{c^2}E_z\right),\quad B'_z=\gamma\left(B_z-\frac{v}{c^2}E_y\right) \tag{5.43.2}$$

$$\begin{aligned}\boldsymbol{E}'\cdot\boldsymbol{B}'&=E'_xB'_x+E'_yB'_y+E'_zB'_z\\&=E_xB_x+\gamma(E_y-vB_z)\gamma\left(B_y+\frac{v}{c^2}E_z\right)+\gamma(E_z+vB_y)\gamma\left(B_z-\frac{v}{c^2}E_y\right)\\&=E_xB_x+\gamma^2\left(1-\frac{v^2}{c^2}\right)E_yB_y+\gamma^2\left(1-\frac{v^2}{c^2}\right)E_zB_z\\&=E_xB_x+E_yB_y+E_zB_z\end{aligned}$$

$$= \boldsymbol{E} \cdot \boldsymbol{B} = 0 \tag{5.43.3}$$

即在 Σ' 系中 $\boldsymbol{E}' \perp \boldsymbol{B}'$.

最后指出,虽然上面用的是特殊洛伦兹变换,但因 x 轴的方向(即 $\boldsymbol{v}$ 的方向)可以任意选定,$\boldsymbol{v}$ 的大小也可以任意选定,故不失普遍性.

5.44　能量为 1.0×10^{15} eV 的一个宇宙线质子来到地面,进入 $B=1.0\times10^{-5}$ T的磁场中,它的速度 $\boldsymbol{v}$ 与 $\boldsymbol{B}$ 垂直. 问这质子感受到的电场强度有多大?

【解】　设质子的速度为 $\boldsymbol{v}=v\boldsymbol{e}_x$,磁场的磁感强度为 $\boldsymbol{B}=B\boldsymbol{e}_y$,则由电磁场的变换关系得质子所感受到的电场为

$$E'_x = E_x = 0 \tag{5.44.1}$$

$$E'_y = \gamma(E_y - vB_z) = 0 \tag{5.44.2}$$

$$E'_z = \gamma(E_z + vB_y) = \gamma vB \tag{5.44.3}$$

质子的静能为

$$m_0c^2 = 938\text{MeV} \tag{5.44.4}$$

故

$$\gamma = \frac{1}{\sqrt{1-\dfrac{v^2}{c^2}}} = \frac{mc^2}{m_0c^2} = \frac{1.0\times10^{15}}{938\times10^6} = \frac{10^9}{938} \tag{5.44.5}$$

$$\begin{aligned}\frac{v}{c} &= \sqrt{1-\frac{1}{\gamma^2}} = 1-\frac{1}{2}\frac{1}{\gamma^2} = 1-\frac{1}{2}\times\left(\frac{938}{10^9}\right)^2\\ &= 1-4.4\times10^{-13}\approx 1\end{aligned} \tag{5.44.6}$$

于是得质子所感受到的电场强度为

$$\begin{aligned}E' = E'_z = \gamma vB &= \frac{10^9}{938}\times1\times3\times10^8\times1.0\times10^{-5}\\ &= 3.2\times10^9(\text{V/m})\end{aligned} \tag{5.44.7}$$

5.45　试证明麦克斯韦方程组

$$\nabla\cdot\boldsymbol{D}=\rho,\quad \nabla\times\boldsymbol{E}=-\frac{\partial\boldsymbol{B}}{\partial t},\quad \nabla\cdot\boldsymbol{B}=0,\quad \nabla\times\boldsymbol{H}=\frac{\partial\boldsymbol{D}}{\partial t}+\boldsymbol{j}$$

为洛伦兹不变的方程组,即这组方程经过洛伦兹变换后,得出的仍然是形式相同的方程组.

【证】　先将麦克斯韦方程组写成协变形式.

令

$$F_{\mu\nu} = \frac{\partial A_\nu}{\partial x_\mu} - \frac{\partial A_\mu}{\partial x_\nu} \tag{5.45.1}$$

式中 A_μ 为四维矢势 $\left(\boldsymbol{A}, \dfrac{\mathrm{i}}{c}\varphi\right)$ 的分量,则 $F_{\mu\nu}$ 为一个四维二阶张量 $\boldsymbol{F}$ 的分量,$\boldsymbol{F}$ 称为电磁场张量,它与电磁场的 $\boldsymbol{E}$ 和 $\boldsymbol{B}$ 的关系为

$$\boldsymbol{F}=\begin{pmatrix} 0 & B_3 & -B_2 & -\frac{\mathrm{i}}{c}E_1 \\ -B_3 & 0 & B_1 & -\frac{\mathrm{i}}{c}E_2 \\ B_2 & -B_1 & 0 & -\frac{\mathrm{i}}{c}E_3 \\ \frac{\mathrm{i}}{c}E_1 & \frac{\mathrm{i}}{c}E_2 & \frac{\mathrm{i}}{c}E_3 & 0 \end{pmatrix} \tag{5.45.2}$$

于是麦克斯韦方程组中的两个方程

$$\left.\begin{aligned} \nabla\cdot\boldsymbol{B}&=0 \\ \nabla\times\boldsymbol{E}&=-\frac{\partial\boldsymbol{B}}{\partial t} \end{aligned}\right\} \tag{5.45.3}$$

可以合写成

$$\frac{\partial F_{\mu\nu}}{\partial x_\lambda}+\frac{\partial F_{\nu\lambda}}{\partial x_\mu}+\frac{\partial F_{\lambda\mu}}{\partial x_\nu}=0 \tag{5.45.4}$$

另外两个方程

$$\left.\begin{aligned} \nabla\cdot\boldsymbol{D}&=\rho \\ \nabla\times\boldsymbol{H}&=\frac{\partial\boldsymbol{D}}{\partial t}+\boldsymbol{j} \end{aligned}\right\} \tag{5.45.5}$$

可以合写成

$$\frac{\partial F_{\mu\nu}}{\partial x_\nu}=\mu_0 j_\mu \tag{5.45.6}$$

式中 j_μ 为四维电流密度矢量$(\boldsymbol{j},\mathrm{i}c\rho)$的分量.

(5.45.4)和(5.45.6)便是麦克斯韦方程组的协变形式.

在洛伦兹变换

$$x'_\mu=a_{\mu\nu}x_\nu \tag{5.45.7}$$

下,算符$\frac{\partial}{\partial x_\mu}$的变换关系为[参见前面 5.30 题的(5.30.6)式]

$$\frac{\partial}{\partial x'_\mu}=a_{\mu\nu}\frac{\partial}{\partial x_\nu} \tag{5.45.8}$$

于是在洛伦兹变换下,(5.45.4)式的变换为

$$\begin{aligned} \frac{\partial F'_{\mu\nu}}{\partial x'_\lambda}+\frac{\partial F'_{\nu\lambda}}{\partial x'_\mu}+\frac{\partial F'_{\lambda\mu}}{\partial x'_\nu}&=a_{\lambda\alpha}\frac{\partial}{\partial x_\alpha}(a_{\mu\beta}a_{\nu\gamma}F_{\beta\gamma})+a_{\mu\beta}\frac{\partial}{\partial x_\beta}(a_{\nu\gamma}a_{\lambda\alpha}F_{\gamma\alpha}) \\ &\quad+a_{\nu\gamma}\frac{\partial}{\partial x_\gamma}(a_{\lambda\alpha}a_{\mu\beta}F_{\alpha\beta}) \\ &=a_{\lambda\alpha}a_{\mu\beta}a_{\nu\gamma}\left(\frac{\partial F_{\beta\gamma}}{\partial x_\alpha}+\frac{\partial F_{\gamma\alpha}}{\partial x_\beta}+\frac{\partial F_{\alpha\beta}}{\partial x_\gamma}\right) \end{aligned} \tag{5.45.9}$$

此式左边与右边括号内的形式完全相同.这就证明了,(5.45.4)式在一个惯性系成立,在其他任何惯性系都成立,即(5.45.4)式是洛伦兹不变式.

(5.45.6)式的变换为

$$\frac{\partial F'_{\mu\nu}}{\partial x'_{\nu}}=a_{\nu\beta}\frac{\partial}{\partial x_{\beta}}(a_{\mu\alpha}a_{\nu\gamma}F_{\alpha\gamma})=a_{\nu\beta}a_{\nu\gamma}a_{\mu\alpha}\frac{\partial F_{\alpha\gamma}}{\partial x_{\beta}}$$

$$=a_{\mu\alpha}\frac{\partial F_{\alpha\beta}}{\partial x_{\beta}}=a_{\mu\alpha}(\mu_0 j_{\alpha})=\mu_0 a_{\mu\alpha}j_{\alpha}=\mu_0 j'_{\mu} \tag{5.45.10}$$

可见(5.45.6)式是洛伦兹不变式.

由于麦克斯韦方程组的原始形式[(5.45.3)和(5.45.5)]与协变形式[(5.45.4)和(5.45.6)]是同一方程组的不同形式,故上面证明了协变形式的麦克斯韦方程组是洛伦兹不变的方程组,也就证明了原始形式的麦克斯韦方程组是洛伦兹不变的方程组.

【别证】 仿爱因斯坦在《论运动物体的电动力学》论文中的证法.

设 f 是 x',y',z',t' 的一个具有连续偏导数的函数 $f=f(x',y',z',t')$,则根据从 $\Sigma(x,y,z)$ 系到 $\Sigma'(x',y',z')$ 系的洛伦兹变换

$$x'=\gamma(x-vt),\quad y'=y,\quad z'=z,\quad t'=\gamma\left(t-\frac{v}{c^2}x\right) \tag{5.45.11}$$

x',y',z',t' 又都是 x,y,z,t 的函数,因而 f 是 x,y,z,t 的隐函数.根据隐函数的求导公式和(5.41.11)式得

$$\frac{\partial f}{\partial x}=\frac{\partial f}{\partial x'}\frac{\partial x'}{\partial x}+\frac{\partial f}{\partial t'}\frac{\partial t'}{\partial x}=\gamma\frac{\partial f}{\partial x'}-\gamma\frac{v}{c^2}\frac{\partial f}{\partial t'} \tag{5.45.12}$$

$$\frac{\partial f}{\partial y}=\frac{\partial f}{\partial y'}\frac{\partial y'}{\partial y}=\frac{\partial f}{\partial y'} \tag{5.45.13}$$

$$\frac{\partial f}{\partial z}=\frac{\partial f}{\partial z'}\frac{\partial z'}{\partial z}=\frac{\partial f}{\partial z'} \tag{5.45.14}$$

$$\frac{\partial f}{\partial t}=\frac{\partial f}{\partial t'}\frac{\partial t'}{\partial t}+\frac{\partial f}{\partial x'}\frac{\partial x'}{\partial t}=\gamma\frac{\partial f}{\partial t'}-\gamma v\frac{\partial f}{\partial x'} \tag{5.45.15}$$

下面我们就根据这些公式,来推导麦克斯韦方程组各式的变换关系.麦克斯韦方程组为

$$\nabla\cdot\boldsymbol{D}=\rho \tag{5.45.16}$$

$$\nabla\times\boldsymbol{E}=-\frac{\partial\boldsymbol{B}}{\partial t} \tag{5.45.17}$$

$$\nabla\cdot\boldsymbol{B}=0 \tag{5.45.18}$$

$$\nabla\times\boldsymbol{H}=\frac{\partial\boldsymbol{D}}{\partial t}+\boldsymbol{j} \tag{5.45.19}$$

由(5.45.12)至(5.45.15)诸式得

$$\nabla\cdot\boldsymbol{D}=\frac{\partial D_x}{\partial x}+\frac{\partial D_y}{\partial y}+\frac{\partial D_z}{\partial z}$$

$$=\gamma\frac{\partial D_x}{\partial x'}-\gamma\frac{v}{c^2}\frac{\partial D_x}{\partial t'}+\frac{\partial D_y}{\partial y'}+\frac{\partial D_z}{\partial z'}$$

$$\gamma\frac{\partial D_x}{\partial x'}-\gamma\frac{v}{c^2}\frac{\partial D_x}{\partial t'}+\frac{\partial D_y}{\partial y'}+\frac{\partial D_z}{\partial z'}=\rho \tag{5.45.20}$$

(5.45.17)式的三个分量式依次为

$$\frac{\partial E_z}{\partial y}-\frac{\partial E_y}{\partial z}=\frac{\partial E_z}{\partial y'}-\frac{\partial E_y}{\partial z'}=-\frac{\partial B_x}{\partial t}=-\gamma\frac{\partial B_x}{\partial t'}+\gamma v\frac{\partial B_x}{\partial x'}$$

$$\frac{\partial E_z}{\partial y'}-\frac{\partial E_y}{\partial z'}=-\gamma\frac{\partial B_x}{\partial t'}+\gamma v\frac{\partial B_x}{\partial x'} \tag{5.45.21}$$

$$\frac{\partial E_x}{\partial z}-\frac{\partial E_z}{\partial x}=\frac{\partial E_x}{\partial z'}-\gamma\frac{\partial E_z}{\partial x'}+\gamma\frac{v}{c^2}\frac{\partial E_z}{\partial t'}=-\frac{\partial B_y}{\partial t}=-\gamma\frac{\partial B_y}{\partial t'}+\gamma v\frac{\partial B_y}{\partial x'}$$

$$\frac{\partial E_x}{\partial z'}-\gamma\frac{\partial E_z}{\partial x'}+\gamma\frac{v}{c^2}\frac{\partial E_z}{\partial t'}=-\gamma\frac{\partial B_y}{\partial t'}+\gamma v\frac{\partial B_y}{\partial x'} \tag{5.45.22}$$

$$\frac{\partial E_y}{\partial x}-\frac{\partial E_x}{\partial y}=\gamma\frac{\partial E_y}{\partial x'}-\gamma\frac{v}{c^2}\frac{\partial E_y}{\partial t'}-\frac{\partial E_x}{\partial y'}$$

$$=-\frac{\partial B_z}{\partial t}=-\gamma\frac{\partial B_z}{\partial t'}+\gamma v\frac{\partial B_z}{\partial x'}$$

$$\gamma\frac{\partial E_y}{\partial x'}-\gamma\frac{v}{c^2}\frac{\partial E_y}{\partial t'}-\frac{\partial E_x}{\partial y'}=-\gamma\frac{\partial B_z}{\partial t'}+\gamma v\frac{\partial B_z}{\partial x'} \tag{5.45.23}$$

仿照上面$\nabla\cdot\boldsymbol{D}=\rho$的变换式(5.45.20)得出，$\nabla\cdot\boldsymbol{B}=0$的变换式为

$$\gamma\frac{\partial B_x}{\partial x'}-\gamma\frac{v}{c^2}\frac{\partial B_x}{\partial t'}+\frac{\partial B_y}{\partial y'}+\frac{\partial B_z}{\partial z'}=0 \tag{5.45.24}$$

仿照上面$\nabla\times\boldsymbol{E}=-\frac{\partial\boldsymbol{B}}{\partial t}$的三个分量变换式(5.45.21)、(5.45.22)和(5.45.23)，得$\nabla\times\boldsymbol{H}=\frac{\partial\boldsymbol{D}}{\partial t}+\boldsymbol{j}$的三个分量的变换式依次为

$$\frac{\partial H_z}{\partial y'}-\frac{\partial H_y}{\partial z'}=\gamma\frac{\partial D_x}{\partial t'}-\gamma v\frac{\partial D_x}{\partial x'}+j_x \tag{5.45.25}$$

$$\frac{\partial H_x}{\partial z'}-\gamma\frac{\partial H_z}{\partial x'}+\gamma\frac{v}{c^2}\frac{\partial H_z}{\partial t'}=\gamma\frac{\partial D_y}{\partial t'}-\gamma v\frac{\partial D_y}{\partial x'}+j_y \tag{5.45.26}$$

$$\gamma\frac{\partial H_y}{\partial x'}-\gamma\frac{v}{c^2}\frac{\partial H_y}{\partial t'}-\frac{\partial H_x}{\partial y'}=\gamma\frac{\partial D_z}{\partial t'}-\gamma v\frac{\partial D_z}{\partial x'}+j_z \tag{5.45.27}$$

现在，我们再把这些式子作一些调整．把(5.45.25)式代入(5.45.20)式以消去$\frac{\partial D_x}{\partial t'}$，结果为

$$\frac{\partial D_x}{\partial x'}+\frac{\partial}{\partial y'}\gamma\left(D_y-\frac{v}{c^2}H_z\right)+\frac{\partial}{\partial z'}\gamma\left(D_z+\frac{v}{c^2}H_y\right)=\gamma\left(\rho-\frac{v}{c^2}j_x\right)$$

(5.45.28)

把(5.45.24)式代入(5.45.21)式以消去 $\frac{\partial B_x}{\partial x'}$，得

$$\frac{\partial}{\partial y'}\gamma(E_z+vB_y)-\frac{\partial}{\partial z'}\gamma(E_y-vB_z)=-\frac{\partial B_x}{\partial t'} \tag{5.45.29}$$

(5.45.22)式可化为

$$\frac{\partial E_x}{\partial z'}-\frac{\partial}{\partial x'}\gamma(E_z+vB_y)=-\frac{\partial}{\partial t'}\gamma\left(B_y+\frac{v}{c^2}E_z\right) \tag{5.45.30}$$

(5.45.23)式可化为

$$\frac{\partial}{\partial x'}\gamma(E_y-vB_z)-\frac{\partial E_x}{\partial y'}=-\frac{\partial}{\partial t'}\gamma\left(B_z-\frac{v}{c^2}E_y\right) \tag{5.45.31}$$

把(5.45.21)式代入(5.45.24)式以消去 $\frac{\partial B_x}{\partial t'}$ 得

$$\frac{\partial B_x}{\partial x'}+\frac{\partial}{\partial y'}\gamma\left(B_y+\frac{v}{c^2}E_z\right)+\frac{\partial}{\partial z'}\gamma\left(B_z-\frac{v}{c^2}E_y\right)=0 \tag{5.45.32}$$

把(5.45.20)式代入(5.45.25)式以消去 $\frac{\partial D_x}{\partial x'}$ 得

$$\frac{\partial}{\partial y'}\gamma(H_z-vD_y)-\frac{\partial}{\partial z'}\gamma(H_y+vD_z)=\frac{\partial D_x}{\partial t'}+\gamma(j_x-\rho v) \tag{5.45.33}$$

(5.45.26)式可化为

$$\frac{\partial H_x}{\partial z'}-\frac{\partial}{\partial x'}\gamma(H_z-vD_y)=\frac{\partial}{\partial t'}\gamma\left(D_y-\frac{v}{c^2}H_z\right)+j_y \tag{5.45.34}$$

(5.45.27)式可化为

$$\frac{\partial}{\partial x'}\gamma(H_y+vD_z)-\frac{\partial H_x}{\partial y'}=\frac{\partial}{\partial t'}\gamma\left(D_z+\frac{v}{c^2}H_y\right)+j_z \tag{5.45.35}$$

(5.45.28)至(5.45.35)等八式，就是在 Σ' 系看来，电磁场应遵守的规律. 由这些式子可见，如果电磁场、电流密度和电荷量密度从 Σ 系到 Σ' 系的变换关系为

$$D'_x=D_x,\quad D'_y=\gamma\left(D_y-\frac{v}{c^2}H_z\right),\quad D'_z=\gamma\left(D_z+\frac{v}{c^2}H_y\right) \tag{5.45.36}$$

$$E'_x=E_x,\quad E'_y=\gamma(E_y-vB_z),\quad E'_z=\gamma(E_z+vB_y) \tag{5.45.37}$$

$$B'_x=B_x,\quad B'_y=\gamma\left(B_y+\frac{v}{c^2}E_z\right),\quad B'_z=\gamma\left(B_z-\frac{v}{c^2}E_y\right) \tag{5.45.38}$$

$$H'_x=H_x,\quad H'_y=\gamma(H_y+vD_z),\quad H'_z=\gamma(H_z-vD_y) \tag{5.45.39}$$

$$j'_x=\gamma(j_x-v\rho),\quad j'_y=j_y,\quad j'_z=j_z \tag{5.45.40}$$

$$\rho'=\gamma\left(\rho-\frac{v}{c^2}j_x\right) \tag{5.45.41}$$

则(5.45.28)至(5.45.35)等八式就可以化成

$$\nabla' \cdot \boldsymbol{D}' = \rho' \tag{5.45.42}$$

$$\nabla' \times \boldsymbol{E}' = -\frac{\partial \boldsymbol{B}'}{\partial t'} \tag{5.45.43}$$

$$\nabla' \cdot \boldsymbol{B}' = 0 \tag{5.45.44}$$

$$\nabla' \times \boldsymbol{H}' = \frac{\partial \boldsymbol{D}'}{\partial t'} + \boldsymbol{j}' \tag{5.45.45}$$

式中∇'表示Σ'系的算符. 这四式正是麦克斯韦方程组在Σ'系的形式. 这样就证明了麦克斯韦方程组是洛伦兹不变的方程组.

【讨论】 由以上的证明过程可见,麦克斯韦方程组的四个矢量方程,在洛伦兹变换下,并不是每个方程都是洛伦兹不变式,而是分为两组,一组是

$$\nabla \cdot \boldsymbol{B} = 0 \quad 和 \quad \nabla \times \boldsymbol{E} = -\frac{\partial \boldsymbol{B}}{\partial t}$$

另一组是

$$\nabla \cdot \boldsymbol{D} = \rho \quad 和 \quad \nabla \times \boldsymbol{H} = \frac{\partial \boldsymbol{D}}{\partial t} + \boldsymbol{j}$$

这两组方程的每一组,都是四个标量方程. 在洛伦兹变换下,并不是每个标量方程都是洛伦兹不变式,而是四个方程作为一组,在变换后重新组合,成为四个新方程;这四个新方程在形式上与四个旧方程完全相同. 所以麦克斯韦方程组作为一个整体,是洛伦兹不变式.

5.46 有一半径为R、不带电的磁化导体球,在球内$\boldsymbol{r}$处的磁场为

$$\boldsymbol{B}(\boldsymbol{r}) = A r_{\perp}^2 \, \boldsymbol{e}_z$$

式中A是一个常数,$\boldsymbol{e}_z$是通过球心的单位矢量,$r_{\perp}$是$\boldsymbol{r}$处到$\boldsymbol{e}_z$轴的距离,如图5.46(1)所示.(在笛卡儿坐标系中,单位矢量$\boldsymbol{e}_z$沿z轴方向,球心位于坐标原点,$r_{\perp}^2 = x^2 + y^2$)假设这导体球以角速度Ω绕其z轴旋转(非相对论性的).

(1) 试求这旋转球内的电场(在实验室参考系中观测).

(2) 试求球内的电荷分布(不计算球面电荷).

(3) 如图5.46(2)所示,把一个静止的伏特计的一端接在导体球的极点上,另一端通过电刷接到旋转导体球的赤道上. 试问这伏特计测得的电势差V是多少?[本题系中国赴美物理研究生考试(CUSPEA)1985年试题.]

【解】 (1) 电磁场的变换式为

$$\boldsymbol{E}_{\parallel} = \boldsymbol{E}_{\parallel}', \qquad \boldsymbol{E}_{\perp} = \gamma(\boldsymbol{E}'_{\perp} - \boldsymbol{v} \times \boldsymbol{B}') \tag{5.46.1}$$

式中$\boldsymbol{E}$是在实验室参考系中观测的电场,$\boldsymbol{E}'$和$\boldsymbol{B}'$是在以速度$\boldsymbol{v}$相对于实验室运动的参考系中观测的电场和磁场. 设$\boldsymbol{v}$为球内一点相对于实验室的速度,在非相对论

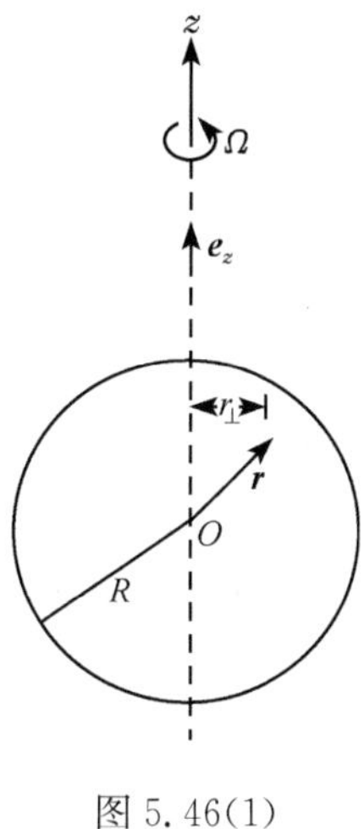

图 5.46(1)

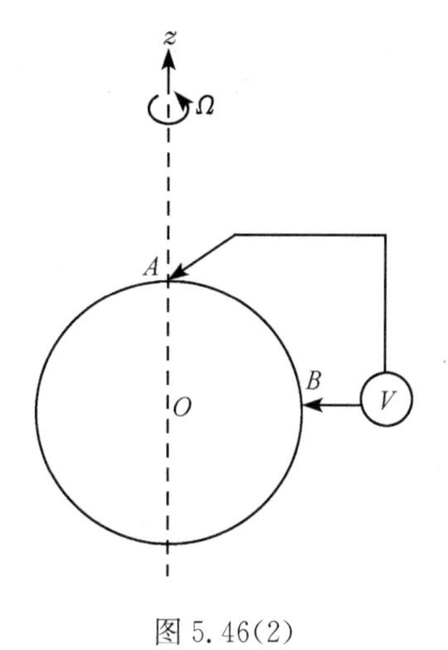

图 5.46(2)

的情况下，$\gamma=\left(1-\frac{v^2}{c^2}\right)^{-\frac{1}{2}}=1$，故

$$\boldsymbol{E}=\boldsymbol{E}'-\boldsymbol{v}\times\boldsymbol{B}' \qquad (5.46.2)$$

题目给定

$$\boldsymbol{E}'=0, \qquad \boldsymbol{B}'=Ar_\perp^2\ \boldsymbol{e}_z \quad (5.46.3)$$

$$\begin{aligned}\boldsymbol{v}=\boldsymbol{\Omega}\times\boldsymbol{r}&=\Omega\boldsymbol{e}_z\times(x\boldsymbol{e}_x+y\boldsymbol{e}_y+z\boldsymbol{e}_z)\\&=\Omega(x\boldsymbol{e}_y-y\boldsymbol{e}_x)\end{aligned} \qquad (5.46.4)$$

参见图 5.46(3)，图中 O 为球心. 于是得所求的电场为

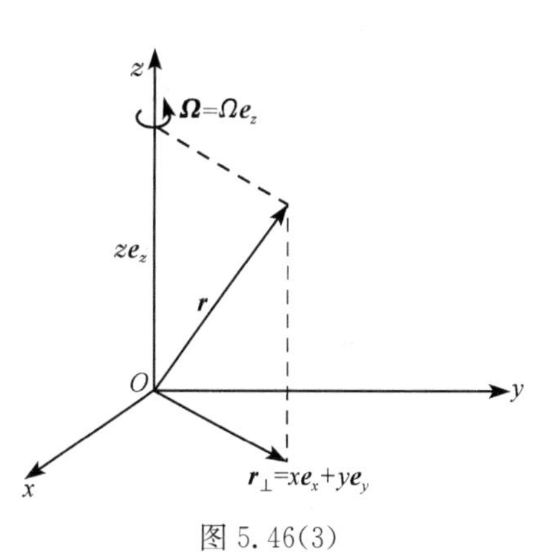

图 5.46(3)

$$\begin{aligned}\boldsymbol{E}&=-\boldsymbol{v}\times\boldsymbol{B}'=-\Omega(x\boldsymbol{e}_y-y\boldsymbol{e}_x)\times(Ar_\perp^2\ \boldsymbol{e}_z)\\&=-A\Omega r_\perp^2\ (x\boldsymbol{e}_x+y\boldsymbol{e}_y)=-A\Omega r_\perp^2\ \boldsymbol{r}_\perp\end{aligned} \qquad (5.46.5)$$

(2) 球内的电荷量密度为

$$\begin{aligned}\rho&=\nabla\cdot\boldsymbol{D}=\nabla\cdot(\varepsilon_0\boldsymbol{E})=-\varepsilon_0A\Omega\nabla\cdot(r_\perp^2\ \boldsymbol{r}_\perp)\\&=-\varepsilon_0A\Omega\nabla\cdot[(x^2+y^2)(x\boldsymbol{e}_x+y\boldsymbol{e}_y)]\\&=-4\varepsilon_0A\Omega r_\perp^2\end{aligned} \qquad (5.46.6)$$

(3) 图 5.46(2)中 A、B 两点的电势差为

$$\begin{aligned}U_{AB}&=\int_A^B\boldsymbol{E}\cdot\mathrm{d}\boldsymbol{l}=-A\Omega\int_A^B r_\perp^2\ \boldsymbol{r}_\perp\cdot\mathrm{d}\boldsymbol{r}_\perp\\&=-A\Omega\int_0^R r_\perp^3\ \mathrm{d}r_\perp=-\frac{1}{4}A\Omega R^4\end{aligned} \qquad (5.46.7)$$

故伏特计测得的电势差为$V = |U_{AB}| = \dfrac{1}{4}A\Omega R^4$.

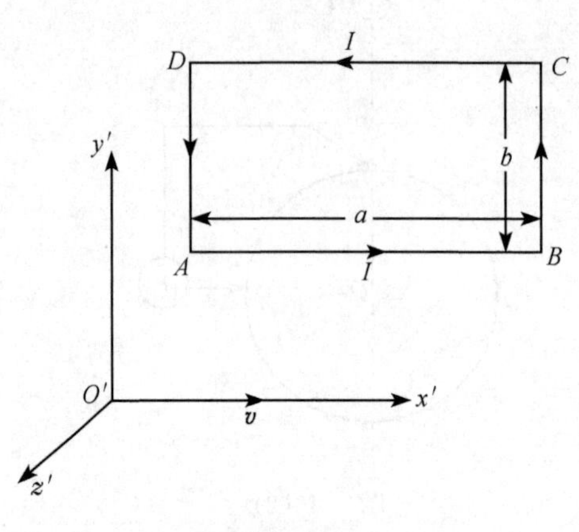

图 5.47

5.47　由细导线构成的边长为 a 和 b 的矩形回路,当它相对于惯性系 Σ 静止时,其中载有电流 I,但并不带电.另有一参考系 Σ' 以速度 $\boldsymbol{v}$ 相对于 Σ 系运动,$\boldsymbol{v}$ 与此回路的一条边 a 平行,如图 5.47 所示.(1)试问在 Σ' 系观测,此矩形回路是否带电?(2)在 Σ 系中,此回路的磁矩为 $\boldsymbol{m} = I\boldsymbol{S} = Iab\boldsymbol{n}$,式中 $\boldsymbol{n}$ 为垂直于纸面并向外的单位矢量;试求在 Σ' 系中此回路的电偶极矩.

【解】　如图 5.47 所示,回路 $ABCD$ 载有电流 I,它相对于 Σ 系静止.参考系 Σ' 以速度 $\boldsymbol{v}$ 相对于 Σ 系运动.

(1) 设导线的横截面积为 πr^2,则导线中的电流密度为 $j = \dfrac{I}{\pi r^2}$.下面由四维电流密度矢量$(\boldsymbol{j}, \mathrm{i}c\rho)$的变换关系

$$j'_1 = \gamma(j_1 - v\rho),\quad j'_2 = j_2,\quad j'_3 = j_3$$

$$j'_4 = \gamma\left(j_4 - \mathrm{i}\frac{v}{c}j_1\right)\quad 即\quad \rho' = \gamma\left(\rho - \frac{v}{c^2}j_1\right) \tag{5.47.1}$$

来分析四条边的带电情况.

AB 边:　$j_1 = j,\quad j_2 = j_3 = 0,\quad \rho = 0$

$$j'_1 = \gamma j,\quad j'_2 = j'_3 = 0,\quad \rho' = -\gamma\frac{v}{c^2}j \tag{5.47.2}$$

BC 边:　$j_1 = 0,\quad j_2 = j,\quad j_3 = 0,\quad \rho = 0$

$$j'_1 = 0,\quad j'_2 = j,\quad j'_3 = 0,\quad \rho' = 0 \tag{5.47.3}$$

CD 边:　$j_1 = -j,\quad j_2 = j_3 = 0,\quad \rho = 0$

$$j'_1 = -\gamma j,\quad j'_2 = j'_3 = 0,\quad \rho' = \gamma\frac{v}{c^2}j \tag{5.47.4}$$

DA 边:　$j_1 = 0,\quad j_2 = -j,\quad j_3 = 0,\quad \rho = 0$

$$j'_1 = 0,\quad j'_2 = -j,\quad j'_3 = 0,\quad \rho' = 0 \tag{5.47.5}$$

由以上结果可见,在 Σ' 系观测,AB 边带负电,CD 边带正电,BC 和 DA 两边都不带电.

(2) 在 Σ' 系观测,此回路的电偶极矩为

$$\boldsymbol{P}' = q'\boldsymbol{l}' = \pi r^2 a'\rho' b'\boldsymbol{e}_{y'} = \pi r^2\frac{a}{\gamma}\gamma\frac{v}{c^2}jb\boldsymbol{e}_{y'}$$

$$= \frac{v}{c^2} abIe_{y'} = \frac{1}{c^2}\boldsymbol{m}\times\boldsymbol{v} \qquad (5.47.6)$$

式中 $\boldsymbol{m}=abI\boldsymbol{e}_z$ 是在 Σ 系观测到的回路的磁矩.

5.48　设一导电介质在静止时服从欧姆定律,即当其中有电流时,电流密度与电场强度成正比,比例系数为电导率 σ. 现在这介质以速度 $\boldsymbol{v}$ 相对于惯性系 Σ 运动,试证明:在 Σ 系中观测,这介质中与欧姆定律相当的关系式为

$$\boldsymbol{j} = \frac{\sigma}{\sqrt{1-\frac{v^2}{c^2}}}\left[\boldsymbol{E}+\boldsymbol{v}\times\boldsymbol{B}-\left(\frac{\boldsymbol{v}}{c}\cdot\boldsymbol{E}\right)\frac{\boldsymbol{v}}{c}\right]+\rho\boldsymbol{v}$$

【证】　取 Σ' 系以匀速 $\boldsymbol{v}$ 相对于 Σ 系运动,则这介质便在 Σ' 系中静止;并使两系的 x 轴和 x' 轴都沿 $\boldsymbol{v}$ 方向. 这样,在 Σ' 系便有

$$\boldsymbol{j}' = \sigma\boldsymbol{E}' \qquad (5.48.1)$$

从 Σ 系到 Σ' 系,变换关系如下:

$$j'_1 = \gamma(j_1 - \rho v) \qquad (5.48.2)$$

$$j'_2 = j_2 \qquad (5.48.3)$$

$$j'_3 = j_3 \qquad (5.48.4)$$

$$E'_1 = E_1 \qquad (5.48.5)$$

$$E'_2 = \gamma(E_2 - vB_3) \qquad (5.48.6)$$

$$E'_3 = \gamma(E_3 + vB_2) \qquad (5.48.7)$$

将(5.48.2)至(5.48.7)式代入(5.48.1)式的三个分量式得

$$\gamma(j_1 - \rho v) = \sigma E_1 \quad 即 \quad j_1 = \frac{\sigma}{\gamma}E_1 + \rho v \qquad (5.48.8)$$

$$j_2 = \sigma\gamma(E_2 - vB_3) \qquad (5.48.9)$$

$$j_3 = \sigma\gamma(E_3 + vB_2) \qquad (5.48.10)$$

综合以上三式得

$$\begin{aligned}
\boldsymbol{j} &= \left(\frac{\sigma}{\gamma}E_1 + \rho v\right)\boldsymbol{e}_1 + \sigma\gamma(E_2 - vB_3)\boldsymbol{e}_2 + \sigma\gamma(E_3 + vB_2)\boldsymbol{e}_3 \\
&= \gamma\sigma\boldsymbol{E} + \left(\frac{1}{\gamma} - \gamma\right)\sigma E_1\boldsymbol{e}_1 + \rho v\boldsymbol{e}_1 - \gamma\sigma v(B_3\boldsymbol{e}_2 - B_2\boldsymbol{e}_3) \\
&= \gamma\sigma\left[\boldsymbol{E} - \left(\frac{\boldsymbol{v}}{c}\cdot\boldsymbol{E}\right)\frac{\boldsymbol{v}}{c} + \boldsymbol{v}\times\boldsymbol{B}\right] + \rho\boldsymbol{v} \\
&= \frac{\sigma}{\sqrt{1-\frac{v^2}{c^2}}}\left[\boldsymbol{E}+\boldsymbol{v}\times\boldsymbol{B}-\left(\frac{\boldsymbol{v}}{c}\cdot\boldsymbol{E}\right)\frac{\boldsymbol{v}}{c}\right]+\rho\boldsymbol{v}
\end{aligned} \qquad (5.48.11)$$

【讨论】　若在 Σ' 系中,电荷量密度 $\rho'=0$,则由变换关系

$$\rho' = \gamma\left(\rho - \frac{v}{c^2}j_1\right) \qquad (5.48.12)$$

得

$$\rho = \frac{v}{c^2} j_1 = \frac{1}{c^2} \boldsymbol{v} \cdot \boldsymbol{j} \tag{5.48.13}$$

于是(5.48.11)式可化为

$$\boldsymbol{j} = \frac{\sigma}{\sqrt{1-\frac{v^2}{c^2}}} \left[\boldsymbol{E} + \boldsymbol{v} \times \boldsymbol{B} - \left(\frac{\boldsymbol{v}}{c} \cdot \boldsymbol{E} \right) \frac{\boldsymbol{v}}{c} \right] + \left(\frac{\boldsymbol{v}}{c} \cdot \boldsymbol{j} \right) \frac{\boldsymbol{v}}{c} \tag{5.48.14}$$

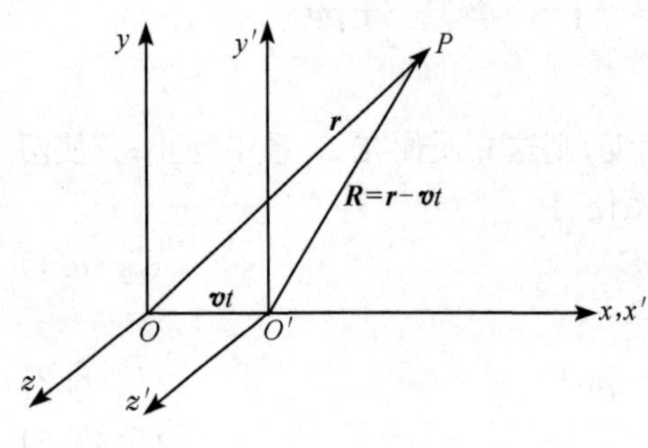

图 5.49(1)

5.49 电荷量为 q 的点电荷以匀速 $\boldsymbol{v}$ 相对于惯性系 Σ 运动，取另一参考系 Σ' 跟随 q 运动，使 q 位于 Σ' 系的原点 O'，沿 q 的运动方向取 x 轴和 x' 轴，y' 轴和 z' 轴分别平行于 y 轴和 z 轴，并使 $t=0$ 和 $t'=0$ 时刻 Σ' 与 Σ 两系的原点重合. 试求在 Σ 系观测到的 q 所产生的电磁场.

【解法一】 利用电磁场的变换求解.

在 Σ' 系，q 静止，故它在 $\boldsymbol{r}'$ 点产生的电磁场为

$$\boldsymbol{E}' = \frac{q}{4\pi\varepsilon_0} \frac{\boldsymbol{r}'}{r'^3} \tag{5.49.1}$$

$$\boldsymbol{B}' = 0 \tag{5.49.2}$$

根据从 Σ' 系到 Σ 系的电磁场变换公式得

$$E_x = E'_x = \frac{q}{4\pi\varepsilon_0} \frac{x'}{r'^3} = \frac{q}{4\pi\varepsilon_0} \frac{\gamma(x-vt)}{r'^3} \tag{5.49.3}$$

$$E_y = \gamma(E'_y + vB'_z) = \gamma E'_y = \frac{\gamma q}{4\pi\varepsilon_0} \frac{y}{r'^3} \tag{5.49.4}$$

$$E_z = \gamma(E'_z - vB'_y) = \gamma E'_z = \frac{\gamma q}{4\pi\varepsilon_0} \frac{z}{r'^3} \tag{5.49.5}$$

$$\boldsymbol{E} = \frac{\gamma q}{4\pi\varepsilon_0} \frac{\boldsymbol{r} - \boldsymbol{v}t}{r'^3} \tag{5.49.6}$$

式中

$$\gamma = \left(1 - \frac{v^2}{c^2}\right)^{-\frac{1}{2}} \tag{5.49.7}$$

$$r'^3 = [x'^2 + y'^2 + z'^2]^{3/2} = [\gamma^2(x-vt)^2 + y^2 + z^2]^{3/2} \tag{5.49.8}$$

$$B_x = B'_x = 0 \tag{5.49.9}$$

$$B_y = \gamma\left(B'_y - \frac{v}{c^2} E'_z\right) = -\gamma \frac{v}{c^2} \frac{q}{4\pi\varepsilon_0} \frac{z}{r'^3} \tag{5.49.10}$$

$$B_z = \gamma\left(B'_z + \frac{v}{c^2}E'_y\right) = \gamma \frac{v}{c^2}\frac{q}{4\pi\varepsilon_0}\frac{y}{r'^3} \tag{5.49.11}$$

$$\boldsymbol{B} = \gamma \frac{v}{c^2}\frac{q}{4\pi\varepsilon_0}\frac{-z\boldsymbol{e}_y + y\boldsymbol{e}_z}{r'^3} = \gamma\frac{q}{4\pi\varepsilon_0 c^2}\frac{\boldsymbol{v}\times\boldsymbol{r}}{r'^3} \tag{5.49.12}$$

于是得出：在 Σ 系中观测，t 时刻 $\boldsymbol{r} = x\boldsymbol{e}_x + y\boldsymbol{e}_y + z\boldsymbol{e}_z$ 处的电磁场为

$$\boldsymbol{E} = \frac{\gamma q}{4\pi\varepsilon_0}\frac{\boldsymbol{r} - \boldsymbol{v}t}{[\gamma^2(x-vt)^2 + y^2 + z^2]^{3/2}} \tag{5.49.13}$$

$$\boldsymbol{B} = \frac{\gamma q}{4\pi\varepsilon_0 c^2}\frac{\boldsymbol{v}\times\boldsymbol{r}}{[\gamma^2(x-vt)^2 + y^2 + z^2]^{3/2}} = \frac{1}{c^2}\boldsymbol{v}\times\boldsymbol{E} \tag{5.49.14}$$

【解法二】 利用四维矢势求解.

Σ' 系的四维矢势为 $A'_\mu = \left(\boldsymbol{A}', \frac{\mathrm{i}}{c}\varphi'\right)$，其中

$$\boldsymbol{A}' = 0 \tag{5.49.15}$$

$$\varphi' = \frac{q}{4\pi\varepsilon_0}\frac{1}{r'} \tag{5.49.16}$$

变换到 Σ 系

$$A_1 = a_{11}A'_1 + a_{41}A'_4 = -\mathrm{i}\gamma\frac{v}{c}\frac{\mathrm{i}}{c}\varphi' = \gamma\frac{v}{c^2}\varphi' \tag{5.49.17}$$

$$A_2 = a_{22}A'_2 = 0 \tag{5.49.18}$$

$$A_3 = a_{33}A'_3 = 0 \tag{5.49.19}$$

$$A_4 = a_{14}A'_1 + a_{44}A'_4 = \gamma\frac{\mathrm{i}}{c}\varphi' \tag{5.49.20}$$

$$\boldsymbol{A} = \gamma\frac{v}{c^2}\frac{q}{4\pi\varepsilon_0}\frac{\boldsymbol{e}_x}{\sqrt{\gamma^2(x-vt)^2 + y^2 + z^2}} \tag{5.49.21}$$

$$\varphi = \frac{\gamma q}{4\pi\varepsilon_0}\frac{1}{\sqrt{\gamma^2(x-vt)^2 + y^2 + z^2}} \tag{5.49.22}$$

于是所求的电场强度为

$$\begin{aligned}
\boldsymbol{E} &= -\nabla\varphi - \frac{\partial\boldsymbol{A}}{\partial t} \\
&= -\frac{\gamma q}{4\pi\varepsilon_0}\nabla\frac{1}{\sqrt{\gamma^2(x-vt)^2 + y^2 + z^2}} \\
&\quad -\gamma\frac{v}{c^2}\frac{q}{4\pi\varepsilon_0}\frac{\partial}{\partial t}\frac{\boldsymbol{e}_x}{\sqrt{\gamma^2(x-vt)^2 + y^2 + z^2}} \\
&= \frac{\gamma q}{4\pi\varepsilon_0}\frac{\boldsymbol{r} - \boldsymbol{v}t}{[\gamma^2(x-vt)^2 + y^2 + z^2]^{3/2}}
\end{aligned} \tag{5.49.23}$$

所求的磁感强度为

$$\boldsymbol{B}=\nabla\times\boldsymbol{A}=\gamma\frac{v}{c^2}\frac{q}{4\pi\varepsilon_0}\nabla\times\left(\frac{\boldsymbol{e}_x}{\sqrt{\gamma^2(x-vt)^2+y^2+z^2}}\right)$$

$$=\frac{\gamma q}{4\pi\varepsilon_0 c^2}\frac{\boldsymbol{v}\times\boldsymbol{r}}{[\gamma^2(x-vt)^2+y^2+z^2]^{3/2}}=\frac{1}{c^2}\boldsymbol{v}\times\boldsymbol{E} \tag{5.49.24}$$

【解法三】 利用推迟势在 Σ 系求解.

以速度 $\boldsymbol{v}$ 运动的带电荷量为 q 的粒子(当作点电荷)所产生的推迟势(Lienard-Wiechert 势)为

$$\varphi(\boldsymbol{r},t)=\frac{q}{4\pi\varepsilon_0}\frac{1}{\alpha\mid\boldsymbol{r}-\boldsymbol{r}'\mid} \tag{5.49.25}$$

$$\boldsymbol{A}(\boldsymbol{r},t)=\frac{q\boldsymbol{v}}{4\pi\varepsilon_0 c^2}\frac{1}{\alpha\mid\boldsymbol{r}-\boldsymbol{r}'\mid} \tag{5.49.26}$$

式中 $\boldsymbol{r}'$ 是 t' 时刻 q 的位矢

$$\alpha\mid\boldsymbol{r}-\boldsymbol{r}'\mid=\mid\boldsymbol{r}-\boldsymbol{r}'\mid-\frac{\boldsymbol{v}\cdot(\boldsymbol{r}-\boldsymbol{r}')}{c} \tag{5.49.27}$$

$$t'=t-\frac{\mid\boldsymbol{r}-\boldsymbol{r}'\mid}{c} \tag{5.49.28}$$

所求的电场强度为

$$\boldsymbol{E}(\boldsymbol{r},t)=-\nabla\varphi(\boldsymbol{r},t)-\frac{\partial\boldsymbol{A}(\boldsymbol{r},t)}{\partial t}$$

$$=\frac{q}{4\pi\varepsilon_0}\frac{1}{(\alpha\mid\boldsymbol{r}-\boldsymbol{r}'\mid)^2}\left[\nabla(\alpha\mid\boldsymbol{r}-\boldsymbol{r}'\mid)+\frac{\boldsymbol{v}}{c^2}\frac{\partial}{\partial t}(\alpha\mid\boldsymbol{r}-\boldsymbol{r}'\mid)\right] \tag{5.49.29}$$

式中

$$\nabla(\alpha\mid\boldsymbol{r}-\boldsymbol{r}'\mid)=[\nabla(\alpha\mid\boldsymbol{r}-\boldsymbol{r}'\mid)]_{t'}+\left[\frac{\partial}{\partial t'}(\alpha\mid\boldsymbol{r}-\boldsymbol{r}'\mid)\right]\nabla t'$$

$$=\frac{\boldsymbol{r}-\boldsymbol{r}'}{\mid\boldsymbol{r}-\boldsymbol{r}'\mid}-\frac{\boldsymbol{v}}{c}+\left[-\frac{\boldsymbol{v}\cdot(\boldsymbol{r}-\boldsymbol{r}')}{\mid\boldsymbol{r}-\boldsymbol{r}'\mid}+\frac{v^2}{c}\right]$$

$$\times\left[-\frac{\boldsymbol{r}-\boldsymbol{r}'}{c\alpha\mid\boldsymbol{r}-\boldsymbol{r}'\mid}\right] \tag{5.49.30}$$

$$\frac{\partial}{\partial t'}(\alpha\mid\boldsymbol{r}-\boldsymbol{r}'\mid)=-\frac{\boldsymbol{v}\cdot(\boldsymbol{r}-\boldsymbol{r}')}{\mid\boldsymbol{r}-\boldsymbol{r}'\mid}+\frac{v^2}{c} \tag{5.49.31}$$

由(5.49.30)和(5.49.31)两式得

$$\nabla(\alpha\mid\boldsymbol{r}-\boldsymbol{r}'\mid)+\frac{\boldsymbol{v}}{c^2}\frac{\partial}{\partial t}(\alpha\mid\boldsymbol{r}-\boldsymbol{r}'\mid)$$

$$=[\nabla(\alpha\mid\boldsymbol{r}-\boldsymbol{r}'\mid)]_{t'}+\left[\frac{\partial}{\partial t'}(\alpha\mid\boldsymbol{r}-\boldsymbol{r}'\mid)\right]\nabla t'+\frac{\boldsymbol{v}}{c^2}\left[\frac{\partial}{\partial t'}(\alpha\mid\boldsymbol{r}-\boldsymbol{r}'\mid)\right]\frac{\partial t'}{\partial t}$$

$$=[\nabla(\alpha\mid\boldsymbol{r}-\boldsymbol{r}'\mid)]_{t'}+\left[\frac{\partial}{\partial t'}(\alpha\mid\boldsymbol{r}-\boldsymbol{r}'\mid)\right]\left[\nabla t'+\frac{\boldsymbol{v}}{c^2}\frac{\partial t'}{\partial t}\right]$$

$$=\frac{1-\frac{v^2}{c^2}}{\alpha\mid \boldsymbol{r}-\boldsymbol{r}'\mid}\left[\boldsymbol{r}-\boldsymbol{r}'-\frac{\mid\boldsymbol{r}-\boldsymbol{r}'\mid}{c}\boldsymbol{v}\right] \tag{5.49.32}$$

代入(5.49.29)式得

$$\boldsymbol{E}(\boldsymbol{r},t)=\frac{q}{4\pi\varepsilon_0}\frac{1-\frac{v^2}{c^2}}{(\alpha\mid\boldsymbol{r}-\boldsymbol{r}'\mid)^3}\left[\boldsymbol{r}-\boldsymbol{r}'-\frac{\mid\boldsymbol{r}-\boldsymbol{r}'\mid}{c}\boldsymbol{v}\right] \tag{5.49.33}$$

式中左边 $\boldsymbol{E}(\boldsymbol{r},t)$ 是 $\boldsymbol{r}$ 处 t 时刻的电场强度，而右边的量则是 t' 时刻的值. 现将它化为 t 时刻的值. t' 时刻，q 的位矢为 $\boldsymbol{r}'=\boldsymbol{v}t'$，它到场点 P 的位矢为 $\boldsymbol{r}-\boldsymbol{r}'=\boldsymbol{r}-\boldsymbol{v}t'$；$t$ 时刻，q 的位矢为 $\boldsymbol{v}t$，它到 P 点的位矢为 $\boldsymbol{r}-\boldsymbol{v}t$. 由图 5.49(2)和图 5.49(3)可见，

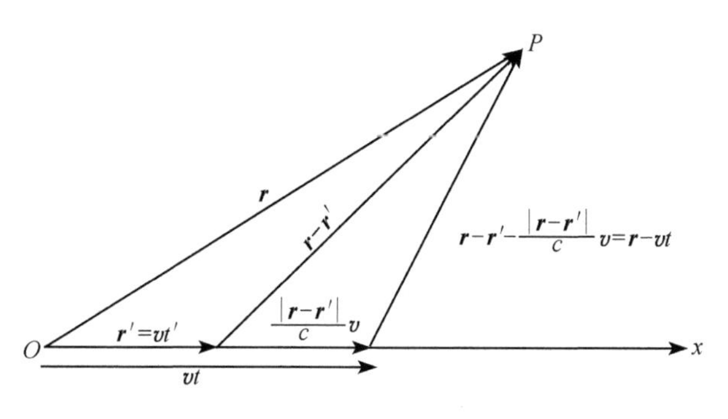

图 5.49(2)

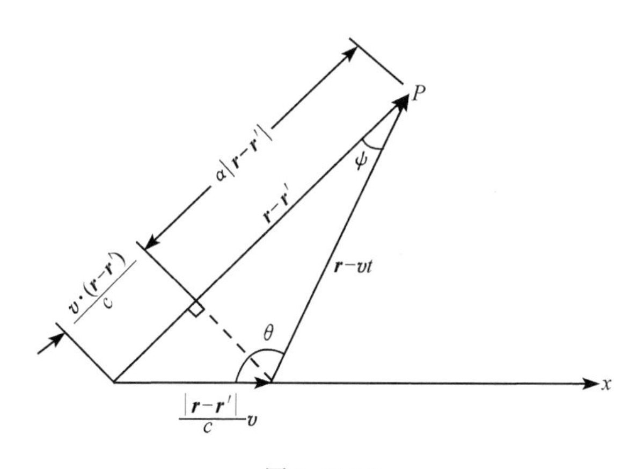

图 5.49(3)

(5.49.33)式右边方括号内为

$$\boldsymbol{r}-\boldsymbol{r}'-\frac{\mid\boldsymbol{r}-\boldsymbol{r}'\mid}{c}\boldsymbol{v}=\boldsymbol{r}-\boldsymbol{v}t \tag{5.49.34}$$

(5.49.33)式右边分母中的 $\alpha\mid\boldsymbol{r}-\boldsymbol{r}'\mid$ 为

$$\begin{aligned}
\alpha|\boldsymbol{r}-\boldsymbol{r}'| &= |\boldsymbol{r}-\boldsymbol{r}'|-\frac{\boldsymbol{v}\cdot(\boldsymbol{r}-\boldsymbol{r}')}{c} \\
&= |\boldsymbol{r}-\boldsymbol{v}t|\cos\psi = |\boldsymbol{r}-\boldsymbol{v}t|\sqrt{1-\sin^2\psi} \\
&= |\boldsymbol{r}-\boldsymbol{v}t|\sqrt{1-\left(\frac{v}{c}\sin\theta\right)^2} = |\boldsymbol{r}-\boldsymbol{v}t|\sqrt{1-\frac{v^2}{c^2}+\frac{v^2}{c^2}\cos^2\theta} \\
&= \sqrt{\left(1-\frac{v^2}{c^2}\right)|\boldsymbol{r}-\boldsymbol{v}t|^2+\frac{v^2}{c^2}|\boldsymbol{r}-\boldsymbol{v}t|^2\cos^2\theta} \\
&= \sqrt{\left(1-\frac{v^2}{c^2}\right)[(x-vt)^2+y^2+z^2]+\frac{v^2}{c^2}(x-vt)^2} \\
&= \sqrt{\left(1-\frac{v^2}{c^2}\right)\left[\frac{(x-vt)^2}{1-\frac{v^2}{c^2}}+y^2+z^2\right]} \\
&= \frac{1}{\gamma}\sqrt{\gamma^2(x-vt)^2+y^2+z^2} \qquad (5.49.35)
\end{aligned}$$

将(5.49.34)和(5.49.35)两式代入(5.49.33)式便得

$$\boldsymbol{E}(\boldsymbol{r},t) = \frac{\gamma q}{4\pi\varepsilon_0}\frac{\boldsymbol{r}-\boldsymbol{v}t}{[\gamma^2(x-vt)^2+y^2+z^2]^{3/2}} \qquad (5.49.36)$$

这便是所求的电场强度. 所求的磁感强度为

$$\begin{aligned}
\boldsymbol{B}(\boldsymbol{r},t) &= \nabla\times\boldsymbol{A}(\boldsymbol{r},t) = \frac{q}{4\pi\varepsilon_0 c^2}\nabla\times\left(\frac{\boldsymbol{v}}{\alpha|\boldsymbol{r}-\boldsymbol{r}'|}\right) \\
&= \frac{q}{4\pi\varepsilon_0 c^2}\left(\nabla\frac{1}{\alpha|\boldsymbol{r}-\boldsymbol{r}'|}\right)\times\boldsymbol{v} \\
&= \frac{q}{4\pi\varepsilon_0 c^2(\alpha|\boldsymbol{r}-\boldsymbol{r}'|)^2}\boldsymbol{v}\times[\nabla(\alpha|\boldsymbol{r}-\boldsymbol{r}'|)] \qquad (5.49.37)
\end{aligned}$$

将(5.49.30)式化为

$$\begin{aligned}
\nabla(\alpha|\boldsymbol{r}-\boldsymbol{r}'|) = \frac{1}{\alpha|\boldsymbol{r}-\boldsymbol{r}'|}\Big[&\left(1-\frac{v^2}{c^2}\right)(\boldsymbol{r}-\boldsymbol{r}') \\
&-\frac{|\boldsymbol{r}-\boldsymbol{r}'|}{c}\boldsymbol{v}+\frac{\boldsymbol{v}\cdot(\boldsymbol{r}-\boldsymbol{r}')}{c^2}\boldsymbol{v}\Big] \qquad (5.49.38)
\end{aligned}$$

代入(5.49.37)式便得

$$\boldsymbol{B}(\boldsymbol{r},t) = \frac{q}{4\pi\varepsilon_0 c^2}\frac{\left(1-\frac{v^2}{c^2}\right)\boldsymbol{v}\times(\boldsymbol{r}-\boldsymbol{r}')}{(\alpha|\boldsymbol{r}-\boldsymbol{r}'|)^3} = \frac{1}{c^2}\boldsymbol{v}\times\boldsymbol{E}(\boldsymbol{r},t) \qquad (5.49.39)$$

【解法四】 直接由运动电荷的自有场公式算出结果. 我们所求的是以速度 $\boldsymbol{v}$ 运动的电荷的自有场(self field),它的公式为①

---

① 例如,参见张之翔等,《电动力学》,气象出版社(1988),第 233～235 页.

$$\boldsymbol{E}_s = \frac{q}{4\pi\varepsilon_0} \frac{1-\frac{v^2}{c^2}}{(\alpha\,|\,\boldsymbol{r}-\boldsymbol{r}'\,|)^3}\boldsymbol{R} \tag{5.49.40}$$

$$\boldsymbol{H}_s = \frac{q}{4\pi} \frac{1-\frac{v^2}{c^2}}{(\alpha\,|\,\boldsymbol{r}-\boldsymbol{r}'\,|)^3}\boldsymbol{v}\times\boldsymbol{R} \tag{5.49.41}$$

式中

$$\boldsymbol{R} = \boldsymbol{r}-\boldsymbol{r}' - \frac{|\,\boldsymbol{r}-\boldsymbol{r}'\,|}{c}\boldsymbol{v} = \boldsymbol{r}-\boldsymbol{v}t \tag{5.49.42}$$

(5.49.40)和(5.49.41)两式中的$\alpha\,|\,\boldsymbol{r}-\boldsymbol{r}'\,|$是$t'$时刻的量，将它化为t时刻的量即为(5.49.35)式.代入上面的(5.49.40)和(5.49.41)两式，即得所求结果为

$$\boldsymbol{E}_s = \frac{\gamma q}{4\pi\varepsilon_0} \frac{\boldsymbol{r}-\boldsymbol{v}t}{[\gamma^2(x-vt)^2+y^2+z^2]^{3/2}} \tag{5.49.43}$$

$$\boldsymbol{H}_s = \frac{\gamma q}{4\pi} \frac{\boldsymbol{v}\times\boldsymbol{r}}{[\gamma^2(x-vt)^2+y^2+z^2]^{3/2}} = \varepsilon_0\boldsymbol{v}\times\boldsymbol{E}_s \tag{5.49.44}$$

5.50　一无限长直导线在惯性系Σ'中静止，这导线上带有均匀电荷，单位长度的电荷量为λ_0.已知Σ'系以匀速$\boldsymbol{v}$相对于Σ系(实验室系)运动，$\boldsymbol{v}$与带电直线平行.(1)试写出Σ'系中的电场强度和磁感强度；(2)在Σ'系中和在Σ系中，与导线有关的电荷量密度和电流密度各是多少？(3)在Σ系中，试由电荷量密度和电流密度直接计算电场强度和磁感强度，并与前面得出的结果比较.

【解】　(1)Σ'系是带电直线在其中静止的参考系.由高斯定理得出，无限长直线电荷λ_0所产生的电场强度为

$$\boldsymbol{E}' = \frac{\lambda_0}{2\pi\varepsilon_0}\frac{\boldsymbol{r}'}{r'^2} \tag{5.50.1}$$

式中$\boldsymbol{r}'$是自带电直线到场点的位矢，$\boldsymbol{r}'\perp\boldsymbol{v}$，$r'=|\boldsymbol{r}'|$.因为只有静止电荷，故无磁场，即磁感强度为

$$\boldsymbol{B}' = 0 \tag{5.50.2}$$

从Σ'系到Σ系，电磁场的变换关系为

$$\boldsymbol{E}_\parallel = \boldsymbol{E}'_\parallel,\qquad \boldsymbol{E}_\perp = \gamma(\boldsymbol{E}'_\perp - \boldsymbol{v}\times\boldsymbol{B}') \tag{5.50.3}$$

$$\boldsymbol{B}_\parallel = \boldsymbol{B}'_\parallel,\qquad \boldsymbol{B}_\perp = \gamma(\boldsymbol{B}'_\perp + \frac{1}{c^2}\boldsymbol{v}\times\boldsymbol{E}') \tag{5.50.4}$$

式中下标$\parallel$和$\perp$分别表示平行于和垂直于$\boldsymbol{v}$的分量

$$\gamma = \frac{1}{\sqrt{1-\frac{v^2}{c^2}}} \tag{5.50.5}$$

于是得Σ系(实验室系)的电磁场为

$$\boldsymbol{E}_\parallel = \boldsymbol{E}'_\parallel = 0 \tag{5.50.6}$$

$$\boldsymbol{E}_{\perp} = \gamma(\boldsymbol{E}'_{\perp} - \boldsymbol{v} \times \boldsymbol{B}') = \gamma \boldsymbol{E}'_{\perp} = \gamma \frac{\lambda_0}{2\pi\varepsilon_0} \frac{\boldsymbol{r}'}{r'^2} = \frac{\gamma\lambda_0}{2\pi\varepsilon_0} \frac{\boldsymbol{r}}{r^2} \tag{5.50.7}$$

$$\boldsymbol{B}_{\parallel} = \boldsymbol{B}'_{\parallel} = 0 \tag{5.50.8}$$

$$\boldsymbol{B}_{\perp} = \gamma\left(\boldsymbol{B}'_{\perp} + \frac{1}{c^2}\boldsymbol{v} \times \boldsymbol{E}'\right) = \frac{\gamma}{c^2}\boldsymbol{v} \times \boldsymbol{E}'$$

$$= \frac{\gamma}{c^2}\boldsymbol{v} \times \left(\frac{\lambda_0}{2\pi\varepsilon_0}\frac{\boldsymbol{r}'}{r'^2}\right) = \frac{\gamma v \lambda_0}{2\pi\varepsilon_0 c^2 r}\boldsymbol{e}_{\phi} \tag{5.50.9}$$

式中 $\boldsymbol{e}_\phi$ 是 $\boldsymbol{v}$ 的右手螺旋方向上的单位矢量.

(2) 在 Σ' 系中,电荷量的线密度为 λ_0,电流密度为 $\boldsymbol{j}' = 0$.

设在 Σ 系中,电荷量的线密度为 λ,电流密度为 $\boldsymbol{j}$,则因($\boldsymbol{j}$,$\mathrm{i}\rho c$) 构成四维矢量,故由洛伦兹变换的逆变换矩阵

$$\boldsymbol{a}' = \begin{pmatrix} \gamma & 0 & 0 & -\mathrm{i}\gamma\frac{v}{c} \\ 0 & 1 & 0 & 0 \\ 0 & 0 & 1 & 0 \\ \mathrm{i}\gamma\frac{v}{c} & 0 & 0 & \gamma \end{pmatrix} \tag{5.50.10}$$

和四维矢量的逆变换式

$$j_\mu = a'_{\mu\nu} j'_\nu \tag{5.50.11}$$

得

$$j_1 = \frac{I}{A} = a'_{1\nu} j'_\nu = a'_{14} j'_4 = a'_{14}(\mathrm{i}\rho' c) = -\mathrm{i}\gamma\frac{v}{c}(\mathrm{i}\rho c)$$

$$= -\mathrm{i}\gamma\frac{v}{c}\left(\mathrm{i}\frac{\lambda_0}{A}c\right) = \gamma v \frac{\lambda_0}{A} \tag{5.50.12}$$

式中 I 为导线中的电流强度,A 为导线的横截面积. 于是得

$$I = \gamma v \lambda_0 \tag{5.50.13}$$

$$j_2 = a'_{2\nu} j'_\nu = 0 \tag{5.50.14}$$

$$j_3 = a'_{3\nu} j'_\nu = 0 \tag{5.50.15}$$

$$j_4 = \mathrm{i}\rho c = \mathrm{i}\frac{\lambda}{A}c = a'_{4\nu} j'_\nu = a'_{44} j'_4 = \gamma(\mathrm{i}\rho c)$$

$$= \gamma\left(\mathrm{i}\frac{\lambda_0}{A}c\right) \tag{5.50.16}$$

所以

$$\lambda = \gamma\lambda_0 \tag{5.50.17}$$

即在 Σ 系中,导线上单位长度的电荷量密度为 $\lambda = \gamma\lambda_0$,导线中有沿 $\boldsymbol{v}$ 方向的电流,其电流强度为 $I = \gamma v \lambda_0$.

(3) 在 Σ 系中,由高斯定理得,线电荷 $\lambda = \gamma\lambda_0$ 产生的电场强度为

$$\boldsymbol{E}=\frac{\lambda}{2\pi\varepsilon_0}\frac{\boldsymbol{r}}{r^2}=\frac{\gamma\lambda_0}{2\pi\varepsilon_0}\frac{\boldsymbol{r}}{r^2} \tag{5.50.18}$$

由安培环路定理得，线电流 $I=\gamma v\lambda_0$ 产生的磁感强度为

$$\boldsymbol{B}=\frac{\mu_0 I}{2\pi r}\boldsymbol{e}_\phi=\frac{\mu_0\gamma v\lambda_0}{2\pi r}\boldsymbol{e}_\phi=\frac{\gamma v\lambda_0}{2\pi\varepsilon_0 c^2 r}\boldsymbol{e}_\phi \tag{5.50.19}$$

将(5.50.18)式与(5.50.7)式比较，(5.50.19)式与(5.50.9)式比较，可见两种方法算出的电场和磁场都相同.

5.51　一无穷大导体平面的电势为零，离这平面为 a 处有一电荷量为 q 的点电荷，以匀速 $\boldsymbol{v}$ 平行于导体平面运动. 设在 $t=0$ 时刻，q 到导体平面最近的点为 O，以 O 为原点，导体平面为 x-y 平面，并平行于 $\boldsymbol{v}$ 的方向取 x 轴. 试求导体外空间里到 q 的距离远大于 a 处的电磁场.

【解】　以题目所给的坐标系为 Σ 系，另取一参考系 Σ' 跟随 q 运动，x' 轴与 x 轴重合，y' 轴和 z' 轴分别与 y 轴和 z 轴平行，并且在 $t=0$，和 $t'=0$ 时刻，两系的原点 O 和 O' 重合. 根据电像法，导体外空间各点的电场等于 q 和它的电像(图 5.51 中的 $-q$) 所产生的电场的叠加. 由于所考虑的是远离 q 的场，故 q 和它的电像便可当作一个电偶极子来处理. 这电偶极子的电偶极矩为

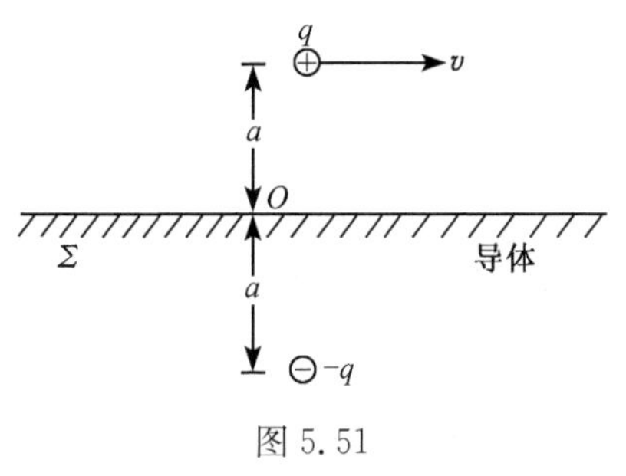

图 5.51

$$\boldsymbol{p}'=2qa\boldsymbol{e}_z \tag{5.51.1}$$

在 Σ' 系，$\boldsymbol{p}'$ 是静止的电偶极矩，它在 $\boldsymbol{r}'$ 处产生的电磁场为

$$\left.\begin{aligned}\boldsymbol{E}'&=\frac{1}{4\pi\varepsilon_0}\frac{3(\boldsymbol{p}'\cdot\boldsymbol{r}')\boldsymbol{r}'-r'^2\boldsymbol{p}'}{r'^5}\\ \boldsymbol{B}'&=0\end{aligned}\right\} \tag{5.51.2}$$

由洛伦兹变换得

$$r'^2=x'^2+y'^2+z'^2=\gamma^2(x-vt)^2+y^2+z^2 \tag{5.51.3}$$

$$\boldsymbol{p}=2qa\boldsymbol{e}_z=\boldsymbol{p}' \tag{5.51.4}$$

根据电磁场的变换关系得 Σ 系的电磁场为

$$E_x=E'_x=\frac{1}{4\pi\varepsilon_0}\frac{3(\boldsymbol{p}'\cdot\boldsymbol{r}')x'}{r'^5}=\frac{3pz'x'}{4\pi\varepsilon_0 r'^5}=\frac{3\gamma pz(x-vt)}{4\pi\varepsilon_0 r'^5} \tag{5.51.5}$$

$$E_y=\gamma E'_y=\gamma\frac{3(\boldsymbol{p}'\cdot\boldsymbol{r}')y'}{4\pi\varepsilon_0 r'^5}=\frac{3\gamma pyz}{4\pi\varepsilon_0 r'^5} \tag{5.51.6}$$

$$E_z=\gamma E'_z=\frac{\gamma}{4\pi\varepsilon_0}\left[\frac{3p'z'^2}{r'^5}-\frac{p'}{r'^3}\right]=\frac{\gamma}{4\pi\varepsilon_0}\left[\frac{3pz^2-r'^2p}{r'^5}\right] \tag{5.51.7}$$

$$B_x = B'_x = 0$$

$$B_y = \gamma\left(B'_y - \frac{v}{c^2}E'_z\right) = -\gamma\frac{v}{c^2}E'_z = -\gamma\frac{v}{4\pi\varepsilon_0 c^2}\left[\frac{3pz^2 - r'^2 p}{r'^5}\right] \tag{5.51.8}$$

$$B_z = \gamma\left(B'_z + \frac{v}{c^2}E'_y\right) = \gamma\frac{v}{c^2}E'_y = \frac{3\gamma vpyz}{4\pi\varepsilon_0 c^2 r'^5} \tag{5.51.9}$$

所以

$$\begin{aligned}\boldsymbol{E} &= \frac{3\gamma pz(x - vt)}{4\pi\varepsilon_0 r'^5}\boldsymbol{e}_x + \frac{3\gamma pyz}{4\pi\varepsilon_0 r'^5}\boldsymbol{e}_y + \frac{\gamma}{4\pi\varepsilon_0}\left[\frac{3pz^2 - r'^2 p}{r'^5}\right]\boldsymbol{e}_z \\ &= \frac{\gamma p}{4\pi\varepsilon_0}\left[\frac{3z(\boldsymbol{r} - \boldsymbol{v}t)}{r'^5} - \frac{\boldsymbol{e}_z}{r'^3}\right] = \frac{\gamma p}{4\pi\varepsilon_0}\left\{\frac{3z(\boldsymbol{r} - \boldsymbol{v}t)}{[\gamma^2(x - vt)^2 + y^2 + z^2]^{5/2}}\right. \\ &\quad \left. - \frac{\boldsymbol{e}_z}{[\gamma^2(x - vt)^2 + y^2 + z^2]^{3/2}}\right\}\end{aligned} \tag{5.51.10}$$

$$\boldsymbol{B} = \frac{1}{c^2}\boldsymbol{v} \times \boldsymbol{E} \tag{5.51.11}$$

5.52　一电荷量为 q_1 的粒子以匀速 $\boldsymbol{v}$ 沿 x 轴运动，此刻正处在原点 O；另一电荷量为 q_2 的粒子，此刻正处在 $\boldsymbol{r}$ 处的 P 点，以速度 $\boldsymbol{u}$ 运动. 如图 5.52 所示. 试求这时 q_1 作用在 q_2 上的力.

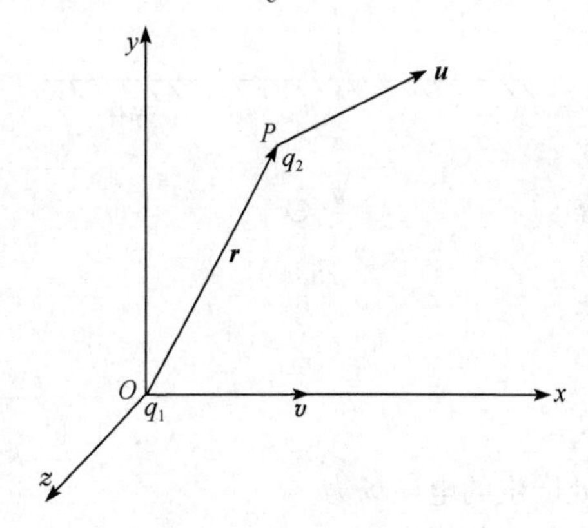

图 5.52

【解】　设题目所给的坐标系为 Σ 系，另取一坐标系 Σ' 跟随 q_1 运动，则在 Σ' 系中，q_1 产生的电场便为静电场，即

$$\left.\begin{aligned}\boldsymbol{E}' &= \frac{q}{4\pi\varepsilon_0}\frac{\boldsymbol{r}'}{r'^3} \\ \boldsymbol{B}' &= 0\end{aligned}\right\} \tag{5.52.1}$$

由狭义相对论的电磁场变换公式，在 Σ 系中，q_1 所产生的电磁场为

$$E_x = E'_x = \frac{q_1}{4\pi\varepsilon_0}\frac{x'}{r'^3} \tag{5.52.2}$$

$$E_y = \gamma(E'_y + vB'_z) = \gamma\frac{q_1}{4\pi\varepsilon_0}\frac{y'}{r'^3} \tag{5.52.3}$$

$$E_z = \gamma(E'_z - vB'_y) = \gamma\frac{q_1}{4\pi\varepsilon_0}\frac{z'}{r'^3} \tag{5.52.4}$$

$$B_x = B'_x = 0 \tag{5.52.5}$$

$$B_y = \gamma\left(B'_y - \frac{v}{c^2}E'_z\right) = -\gamma\frac{v}{c^2}\frac{q_1}{4\pi\varepsilon_0}\frac{z'}{r'^3} \tag{5.52.6}$$

$$B_z = \gamma\left(B'_z + \frac{v}{c^2}E'_y\right) = \gamma\frac{v}{c^2}\frac{q_1}{4\pi\varepsilon_0}\frac{y'}{r'^3} \tag{5.52.7}$$

现在要把以上各式中的 x'、y'、z' 和 r' 都用 Σ 系的坐标来表示. 由题意,以 q_1 经过 Σ 系的原点 O 时为 $t=0$,故由洛伦兹变换得,此时

$$x'=\gamma x,\quad y'=y,\quad z'=z \tag{5.52.8}$$

$$\begin{aligned} r'^2 &= x'^2+y'^2+z'^2=\gamma^2x^2+y^2+z^2=\gamma^2\left(x^2+\frac{y^2+z^2}{\gamma^2}\right) \\ &= \gamma^2\left(\frac{x^2+y^2+z^2}{\gamma^2}+\frac{v^2}{c^2}x^2\right)=\gamma^2\left[\left(1-\frac{v^2}{c^2}\right)r^2+\left(\frac{\boldsymbol{v}\cdot\boldsymbol{r}}{c}\right)^2\right] \end{aligned} \tag{5.52.9}$$

代入(5.52.2)至(5.52.7)等式便得

$$\boldsymbol{E}=\frac{q_1}{4\pi\varepsilon_0}\frac{\left(1-\frac{v^2}{c^2}\right)\boldsymbol{r}}{\left[\left(1-\frac{v^2}{c^2}\right)r^2+\left(\frac{\boldsymbol{v}\cdot\boldsymbol{r}}{c}\right)^2\right]^{\frac{3}{2}}} \tag{5.52.10}$$

$$\boldsymbol{B}=\frac{1}{c^2}\boldsymbol{v}\times\boldsymbol{E} \tag{5.52.11}$$

于是得出,在 Σ 系观测,$t=0$ 时刻,q_1 作用在 q_2 上的力为

$$\begin{aligned} \boldsymbol{F} &= q_2(\boldsymbol{E}+\boldsymbol{u}\times\boldsymbol{B})=q_2\boldsymbol{E}+q_2\boldsymbol{u}\times\left(\frac{1}{c^2}\boldsymbol{v}\times\boldsymbol{E}\right) \\ &= q_2\left(1-\frac{\boldsymbol{u}\cdot\boldsymbol{v}}{c^2}\right)\boldsymbol{E}+q_2(\boldsymbol{u}\cdot\boldsymbol{E})\frac{\boldsymbol{v}}{c^2} \end{aligned} \tag{5.52.12}$$

式中 $\boldsymbol{E}$ 由(5.52.10)式表示.

【讨论】 (5.52.10)式亦可由 5.49 题的(5.49.13)式,或(5.49.23)式,或(5.49.36)式,或(5.49.43)式,令 $t=0$ 得出.

5.53 电荷量分别为 q_1 和 q_2 的两个点电荷,相距为 a,以相同的匀速 $\boldsymbol{v}$ 运动,$\boldsymbol{v}$ 垂直于它们间的连线. 试求它们之间的相互作用力.

【解】 以随 q_1 和 q_2 运动的参考系为 Σ' 系,并平行于 $\boldsymbol{v}$ 取 x' 轴,则在 Σ' 系中观测,q_1 和 q_2 之间的相互作用力即为静电力,亦即 q_1 受 q_2 的作用力为

$$\boldsymbol{F}'=\frac{q_1q_2}{4\pi\varepsilon_0a^2}\boldsymbol{e} \tag{5.53.1}$$

式中 $\boldsymbol{e}$ 为垂直于 $\boldsymbol{v}$ 的单位矢量,方向从 q_2 到 q_1,如图 5.53 所示.

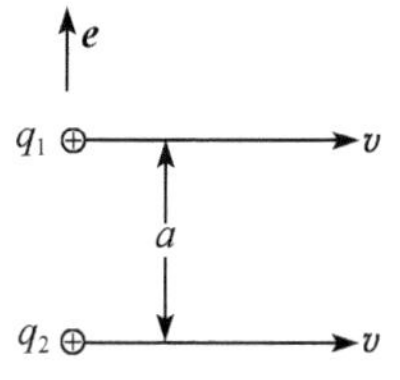

图 5.53

由四维力矢量公式,q_1 受 q_2 作用的四维力矢量为

$$K'_\mu=\left(\boldsymbol{K}',\frac{\mathrm{i}}{c}\boldsymbol{K}'\cdot\boldsymbol{u}'_1\right)=\left(\gamma_1\boldsymbol{F}',\frac{\mathrm{i}}{c}\gamma_1\boldsymbol{F}'\cdot\boldsymbol{u}'_1\right) \tag{5.53.2}$$

式中 $\boldsymbol{u}'_1$ 为 q_1 相对于 Σ' 系的速度,而

$$\gamma_1=\left(1-\frac{u'^2_1}{c^2}\right)^{-1/2} \tag{5.53.3}$$

今 $\boldsymbol{u}'_1=0,\gamma_1=1$，故取 $\boldsymbol{e}=\boldsymbol{e}_y$，便有

$$\boldsymbol{K}'_\mu=(\boldsymbol{F}',0)=\left(0,\frac{q_1q_2}{4\pi\varepsilon_0a^2},0,0\right) \tag{5.53.4}$$

根据四维力矢量的变换关系，由(5.53.4)式得 Σ 系的 K_μ 的四个分量如下：

$$\left.\begin{aligned}K_1&=a_{11}K'_1+a_{41}K'_4=0\\K_2&=a_{22}K'_2=K'_2=\frac{q_1q_2}{4\pi\varepsilon_0a^2}\\K_3&=a_{33}K'_3=0\\K_4&=a_{14}K'_1+a_{44}K'_4=0\end{aligned}\right\} \tag{5.53.5}$$

故所求的力 $\boldsymbol{F}$ 的分量为

$$\left.\begin{aligned}F_x&=\frac{K_1}{\gamma}=0\\F_y&=\frac{K_2}{\gamma}=\frac{1}{\gamma}\frac{q_1q_2}{4\pi\varepsilon_0a^2}=\sqrt{1-\frac{v^2}{c^2}}\frac{q_1q_2}{4\pi\varepsilon_0a^2}\\F_z&=\frac{K_3}{\gamma}=0\end{aligned}\right\} \tag{5.53.6}$$

所以在 Σ 系观测，q_1 和 q_2 都以 $\boldsymbol{v}$ 运动，q_1 受 q_2 的作用力为

$$\boldsymbol{F}=\sqrt{1-\frac{v^2}{c^2}}\frac{q_1q_2}{4\pi\varepsilon_0a^2}\boldsymbol{e} \tag{5.53.7}$$

同样可得，q_2 受 q_1 的作用力为 $-\boldsymbol{F}$.

【别解】 在 Σ' 系中，q_2 在 q_1 处产生的电磁场为

$$\boldsymbol{E}'=\frac{q_2}{4\pi\varepsilon_0a^2}\boldsymbol{e},\quad \boldsymbol{B}'=0 \tag{5.53.8}$$

变换到 Σ 系得

$$\left.\begin{aligned}E_x&=E'_x=0\\E_y&=\gamma E'_y=\gamma\frac{q_2}{4\pi\varepsilon_0a^2}\\E_z&=\gamma E'_z=0\end{aligned}\right\} \tag{5.53.9}$$

$$\left.\begin{aligned}B_x&=B'_x=0\\B_y&=\gamma\left(B'_y-\frac{v}{c^2}E'_z\right)=0\\B_z&=\gamma\left(B'_z+\frac{v}{c^2}E'_y\right)=\gamma\frac{v}{c^2}\frac{q_2}{4\pi\varepsilon_0a^2}\end{aligned}\right\} \tag{5.53.10}$$

所以

$$\boldsymbol{E}=\gamma\frac{q_2}{4\pi\varepsilon_0a^2}\boldsymbol{e} \tag{5.53.11}$$

$$\boldsymbol{B} = \gamma \frac{v}{c^2} \frac{q_2}{4\pi\varepsilon_0 a^2} \boldsymbol{e}_z \tag{5.53.12}$$

故得 q_1 受 q_2 的作用力为

$$\begin{aligned}\boldsymbol{F} &= q_1(\boldsymbol{E} + \boldsymbol{v} \times \boldsymbol{B}) = \gamma \frac{q_1 q_2}{4\pi\varepsilon_0 a^2} \boldsymbol{e} + \gamma \frac{v}{c^2} \frac{q_1 q_2}{4\pi\varepsilon_0 a^2} \boldsymbol{v} \times \boldsymbol{e}_z \\ &= \gamma \frac{q_1 q_2}{4\pi\varepsilon_0 a^2} \boldsymbol{e} - \gamma \frac{v^2}{c^2} \frac{q_1 q_2}{4\pi\varepsilon_0 a^2} \boldsymbol{e} \\ &= \sqrt{1 - \frac{v^2}{c^2}} \frac{q_1 q_2}{4\pi\varepsilon_0 a^2} \boldsymbol{e} \end{aligned} \tag{5.53.13}$$

5.54　一电荷量为 q、静质量为 m_0 的粒子，在磁感强度为 $\boldsymbol{B}$ 的均匀磁场中运动，速度 $\boldsymbol{u}$ 与 $\boldsymbol{B}$ 垂直，轨道是半径为 R 的圆. (1) 试求速度的大小 u 的表达式；(2) 若该粒子是一电子，其 m_0 为 9.11×10^{-31} km，当轨道直径为 0.200m，$B = 3.00 \times 10^{-2}$ T 时，试计算 u 的值以及电子的动能.

【解】 (1) 由牛顿运动定律

$$\begin{aligned}\boldsymbol{F} &= \frac{\mathrm{d}(m\boldsymbol{u})}{\mathrm{d}t} = \frac{\mathrm{d}}{\mathrm{d}t}\left(\frac{m_0 \boldsymbol{u}}{\sqrt{1 - \frac{u^2}{c^2}}}\right) = \frac{m_0}{\sqrt{1 - \frac{u^2}{c^2}}} \frac{\mathrm{d}\boldsymbol{u}}{\mathrm{d}t} - \frac{1}{2} \frac{m_0 \boldsymbol{u}}{\left(1 - \frac{u^2}{c^2}\right)^{3/2}} \\ &\quad \times \frac{\mathrm{d}}{\mathrm{d}t}\left(1 - \frac{u^2}{c^2}\right) = \frac{m_0}{\sqrt{1 - \frac{u^2}{c^2}}} \frac{\mathrm{d}\boldsymbol{u}}{\mathrm{d}t} + \frac{m_0 \boldsymbol{u}}{\left(1 - \frac{u^2}{c^2}\right)^{3/2}} \frac{1}{c^2} \boldsymbol{u} \cdot \frac{\mathrm{d}\boldsymbol{u}}{\mathrm{d}t} \end{aligned} \tag{5.54.1}$$

和题给的

$$\boldsymbol{u} \cdot \frac{\mathrm{d}\boldsymbol{u}}{\mathrm{d}t} = 0 \tag{5.54.2}$$

得

$$\boldsymbol{F} = \frac{m_0}{\sqrt{1 - \frac{u^2}{c^2}}} \frac{\mathrm{d}\boldsymbol{u}}{\mathrm{d}t} = q\boldsymbol{u} \times \boldsymbol{B} \tag{5.54.3}$$

$$\frac{\mathrm{d}\boldsymbol{u}}{\mathrm{d}t} = \frac{u^2}{R} \boldsymbol{e} \tag{5.54.4}$$

式中 $\boldsymbol{e}$ 为 $\boldsymbol{u} \times \boldsymbol{B}$ 方向上的单位矢量. 故得

$$\frac{m_0}{\sqrt{1 - \frac{u^2}{c^2}}} \frac{u^2}{R} = quB \tag{5.54.5}$$

由此式解出 u 得

$$u = \frac{qBR}{m_0 \sqrt{1 + \left(\frac{qBR}{m_0 c}\right)^2}} \tag{5.54.6}$$

(2) u 的值由上式为

$$u=\frac{1.602\times10^{-19}\times3.00\times10^{-2}\times0.100}{9.11\times10^{-31}\left[1+\left(\frac{1.602\times10^{-19}\times3.00\times10^{-2}\times0.100}{9.11\times10^{-31}\times3\times10^{8}}\right)^2\right]^{1/2}}$$

$$=2.61\times10^{8}(\mathrm{m/s}) \tag{5.54.7}$$

电子的动能为

$$T=(m-m_0)c^2=\left(\frac{1}{\sqrt{1-\frac{u^2}{c^2}}}-1\right)m_0c^2$$

$$=\left(\frac{1}{\sqrt{1-\left(\frac{2.61}{3.00}\right)^2}}-1\right)\times9.11\times10^{-31}\times(3\times10^{8})^2$$

$$=8.43\times10^{-14}(\mathrm{J})=0.526(\mathrm{MeV}) \tag{5.54.8}$$

5.55 (1) 试写出带电粒子在电磁场中的相对论性的运动方程;(2) 一电荷量为 q、静质量为 m_0 的粒子从原点出发,在一均匀电场 $\boldsymbol{E}$ 中运动,$\boldsymbol{E}=E\boldsymbol{e}_x$ 沿 x 轴方向,粒子的初速度沿 y 轴方向,试证明此粒子的轨迹为

$$x=\frac{W_0}{qE}\left[\cosh\left(\frac{qEy}{p_0c}\right)-1\right]$$

式中 p_0 是粒子出发时动量的值,$W_0=\sqrt{p_0^2c^2+m_0^2c^4}$ 是它出发时的能量.

【解】 (1)带有电荷量 q 的粒子在电磁场 $\boldsymbol{E}$ 和 $\boldsymbol{B}$ 中的相对论性的运动方程为

$$\frac{\mathrm{d}\boldsymbol{p}}{\mathrm{d}t}=q(\boldsymbol{E}+\boldsymbol{v}\times\boldsymbol{B}) \tag{5.55.1}$$

式中 $\boldsymbol{v}$ 是粒子的速度,$\boldsymbol{p}$ 是粒子的动量

$$\boldsymbol{p}=m\boldsymbol{v}=\frac{m_0\boldsymbol{v}}{\sqrt{1-\frac{v^2}{c^2}}} \tag{5.55.2}$$

(2) 由(5.55.1)式,粒子运动方程的分量式为

$$\frac{\mathrm{d}p_x}{\mathrm{d}t}=qE \tag{5.55.3}$$

$$\frac{\mathrm{d}p_y}{\mathrm{d}t}=0 \tag{5.55.4}$$

$$\frac{\mathrm{d}p_z}{\mathrm{d}t}=0 \tag{5.55.5}$$

由初始条件得

$$p_z=\frac{m_0v_z}{\sqrt{1-\frac{v^2}{c^2}}}=0 \tag{5.55.6}$$

$$p_y = p_0 \tag{5.55.7}$$

$$v_z = 0, \qquad z = 0 \tag{5.55.8}$$

由(5.55.3)式和 $t = 0$ 时 $p_x = 0$ 得

$$p_x = qEt \tag{5.55.9}$$

粒子的能量为

$$\begin{aligned} W &= mc^2 = \sqrt{p^2c^2 + m_0^2c^4} = \sqrt{p_x^2c^2 + p_y^2c^2 + m_0^2c^4} \\ &= \sqrt{p_0^2c^2 + m_0^2c^4 + p_x^2c^2} = \sqrt{W_0^2 + p_x^2c^2} = \sqrt{W_0^2 + q^2E^2c^2t^2} \end{aligned} \tag{5.55.10}$$

$$\frac{\mathrm{d}x}{\mathrm{d}t} = \frac{qE}{m}t = \frac{qEc^2}{W}t = \frac{qEc^2t}{\sqrt{W_0^2 + q^2E^2c^2t^2}} \tag{5.55.11}$$

积分得

$$\begin{aligned} x &= \int_0^t \frac{qEc^2t\mathrm{d}t}{\sqrt{W_0^2 + q^2E^2c^2t^2}} = \frac{1}{qE}\sqrt{W_0^2 + q^2E^2c^2t^2}\Big|_0^t \\ &= \frac{1}{qE}\left[\sqrt{W_0^2 + q^2E^2c^2t^2} - W_0\right] \end{aligned} \tag{5.55.12}$$

又由(5.55.7)式得

$$\frac{\mathrm{d}y}{\mathrm{d}t} = \frac{p_0}{m} = \frac{p_0c^2}{W} = \frac{p_0c^2}{\sqrt{W_0^2 + q^2E^2c^2t^2}} \tag{5.55.13}$$

积分得

$$\begin{aligned} y &= p_0c^2\int_0^t \frac{\mathrm{d}t}{\sqrt{W_0^2 + q^2E^2c^2t^2}} = \frac{p_0c}{qE}\operatorname{arcsinh}\left(\frac{qEc}{W_0}t\right)\Big|_0^t \\ &= \frac{p_0c}{qE}\operatorname{arcsinh}\left(\frac{qEc}{W_0}t\right) \end{aligned} \tag{5.55.14}$$

所以

$$\frac{qEc}{W_0}t = \sinh\left(\frac{qE}{p_0c}y\right) \tag{5.55.15}$$

将(5.55.15)式代入(5.55.12)式得

$$\begin{aligned} x &= \frac{1}{qE}\left[\sqrt{W_0^2 + W_0^2\sinh^2\left(\frac{qE}{p_0c}y\right)} - W_0\right] \\ &= \frac{W_0}{qE}\left[\sqrt{1 + \sinh^2\left(\frac{qE}{p_0c}y\right)} - 1\right] \end{aligned} \tag{5.55.16}$$

因

$$\cosh^2x - \sinh^2x = 1 \tag{5.55.17}$$

故得

$$x = \frac{W_0}{qE}\left[\cosh\left(\frac{qE}{p_0c}y\right) - 1\right] \tag{5.55.18}$$

【讨论】 (1)(5.55.18)式是一种悬链线. 当 $\frac{v}{c}\to 0$ 时,由展开式

$$\cosh x = 1+\frac{x^2}{2!}+\frac{x^4}{4!}+\frac{x^6}{6!}+\cdots \tag{5.55.19}$$

得

$$x=\frac{qE}{2mv_0^2}y^2 \tag{5.55.20}$$

可知其形状是抛物线,式中 v_0 是初速度的值.

(2) 积分(5.55.14)式也可以写成对数形式

$$\begin{aligned} y&=\frac{p_0c}{qE}\int_0^t\frac{\mathrm{d}t}{\sqrt{t^2+\frac{W_0^2}{q^2E^2c^2}}}=\frac{p_0c}{qE}\ln\left[\frac{t+\sqrt{t^2+\frac{W_0^2}{q^2E^2c^2}}}{\frac{W_0}{qEc}}\right]_0^t \\ &=\frac{p_0c}{qE}\ln\left(\frac{qEct+\sqrt{q^2E^2c^2t^2+W_0^2}}{W_0}\right) \end{aligned} \tag{5.55.21}$$

或者写成

$$W_0\mathrm{e}^{\frac{qEy}{p_0c}}=qEct+\sqrt{q^2E^2c^2t^2+W_0^2} \tag{5.55.22}$$

(3) 利用公式

$$\cosh x=\frac{1}{2}(\mathrm{e}^x+\mathrm{e}^{-x}) \tag{5.55.23}$$

(5.55.18)式可以写成

$$x=\frac{W_0}{qE}\left[\frac{1}{2}\left(\mathrm{e}^{\frac{qEy}{p_0c}}+\mathrm{e}^{-\frac{qEy}{p_0c}}\right)-1\right] \tag{5.55.24}$$

5.56 试根据动量、能量守恒定律,证明真空中的自由电子既不能辐射光子,也不能吸收光子.

【证】 假设真空中的自由电子辐射一个光子. 由于是自由电子,可取这样一个惯性系,使辐射前的电子在其中静止. 在这个惯性系中,辐射出的光子的动量为 $\hbar\boldsymbol{k}=\frac{h\nu}{c}\boldsymbol{e}_k$($\boldsymbol{e}_k$ 是光子运动方向上的单位矢量),辐射后电子的动量为 $\boldsymbol{p}$,则由动量守恒定律得

$$\boldsymbol{p}+\hbar\boldsymbol{k}=0 \tag{5.56.1}$$

$$p^2c^2=h^2\nu^2 \tag{5.56.2}$$

由能量守恒定律得

$$\sqrt{(pc)^2+(mc^2)^2}+h\nu=mc^2 \tag{5.56.3}$$

式中 m 是电子的静质量.

由(5.56.2)和(5.56.3)两式得

$$mc^2h\nu=0 \tag{5.56.4}$$

m、c 和 h 都不为零,故得 $\nu=0$. 由此得出

$$h\nu=0 \tag{5.56.5}$$

即辐射出的光子能量为零,亦即真空中的自由电子不辐射光子.

再考虑吸收光子问题. 取吸收前电子在其中静止的惯性系,在这个惯性系中,光子的动量为 $\hbar\boldsymbol{k}$,吸收后电子的动量为 $\boldsymbol{p}$,则由动量守恒定律得

$$\boldsymbol{p}=\hbar\boldsymbol{k} \tag{5.56.6}$$

$$p^2c^2=h^2\nu^2 \tag{5.56.7}$$

由能量守恒定律得

$$\sqrt{(pc)^2+(mc^2)^2}=mc^2+h\nu \tag{5.56.8}$$

由(5.56.7)和(5.56.8)两式得出

$$h\nu=0 \tag{5.56.9}$$

即吸收的光子能量为零,亦即真空中的自由电子不吸收光子.

5.57　一原子核基态的静质量为 M,激发态比基态的能量高 ΔE;已知 $\Delta E\ll Mc^2$,以致 $\left(\dfrac{\Delta E}{Mc^2}\right)^2$ 项可以略去. (1)试求下列两种情况下光子的频率:①该核处在基态且静止时吸收一个光子;②该核处在激发态且静止时辐射一个光子. (2)试论证:处在激发态的静止核所辐射出的光子,不能被处在基态的同类静止核吸收.

【解】　(1)① 设光子被吸前的动量为 $\hbar\boldsymbol{k}_1=\dfrac{h\nu_1}{c}\boldsymbol{e}_k$($\boldsymbol{e}_k$ 是光子运动方向上的单位矢量),光子被吸收后原子核的动量为 $\boldsymbol{p}_1$,则由动量守恒定律得

$$\boldsymbol{p}_1=\hbar\boldsymbol{k}_1 \tag{5.57.1}$$

$$p_1^2c^2=h^2\nu_1^2 \tag{5.57.2}$$

由能量守恒定律得

$$\sqrt{(p_1c)^2+(Mc^2+\Delta E)^2}=h\nu_1+Mc^2 \tag{5.57.3}$$

由以上两式得

$$2Mc^2h\nu_1=\Delta E(2Mc^2+\Delta E) \tag{5.57.4}$$

于是得所求光子的频率为

$$\nu_1=\frac{\Delta E}{h}\left(1+\frac{\Delta E}{2Mc^2}\right) \tag{5.57.5}$$

② 设发射的光子动量为 $\hbar\boldsymbol{k}_2=\dfrac{h\nu_2}{c}\boldsymbol{e}_k$,发射后原子核的动量为 $\boldsymbol{p}_2$,则由动量守恒定律得

$$\boldsymbol{p}_2+\hbar\boldsymbol{k}_2=0 \tag{5.57.6}$$

$$p_2^2c^2=h^2\nu_2^2 \tag{5.57.7}$$

由能量守恒定律得

$$\sqrt{(p_2c)^2+(Mc^2)^2}+h\nu_2=\left(M+\frac{\Delta E}{c^2}\right)c^2 \tag{5.57.8}$$

由以上两式得

$$2(Mc^2+\Delta E)h\nu_2=\Delta E(2Mc^2+\Delta E) \tag{5.57.9}$$

于是得所求光子的频率为

$$\begin{aligned}\nu_2&=\frac{\Delta E}{2h}\frac{2Mc^2+\Delta E}{Mc^2+\Delta E}=\frac{\Delta E}{h}\left(1+\frac{\Delta E}{2Mc^2}\right)\left(1-\frac{\Delta E}{Mc^2}\right)\\&=\frac{\Delta E}{h}\left(1-\frac{\Delta E}{2Mc^2}\right)\end{aligned} \tag{5.57.10}$$

(2) 由上面的结果可见,处在激发态的静止核所辐射出的光子的能量为 $h\nu_2=\Delta E\left(1-\frac{\Delta E}{2Mc^2}\right)$,而处在基态的同类静止核所吸收的光子的能量为 $h\nu_1=\Delta E\left(1+\frac{\Delta E}{2Mc^2}\right)$. 因为 $h\nu_2<h\nu_1$,故 $h\nu_2$ 不能被吸收.

5.58 一个不稳定的原子核的平均寿命为 4.0×10^{-6} s,当它以 $0.60\,c$(c 为真空中光速)的速度相对于实验室运动时发生衰变,放射出一个电子. 电子相对于它的速度大小为 $0.90c$;在跟随它运动的参考系观测,电子速度的方向与它运动的方向垂直. 已知电子的静质量为 m. 试求在实验室中观测到的:(1)它的平均寿命;(2)它衰变前飞行的平均距离;(3)电子的速度;(4)电子的动量和动能.

【解】 (1) 平均寿命为

$$\tau=\frac{4.0\times10^{-6}}{\sqrt{1-0.6^2}}=5.0\times10^{-6}(\text{s})$$

(2) 飞行的平均距离为

$$l=0.60c\times5\times10^{-6}=9.0\times10^2(\text{m})$$

(3) 以实验室为 Σ 系,原子核为 Σ' 系,并取 x 轴平行于原子核的运动方向,则在 Σ' 系,电子的速度为 $\boldsymbol{u}'=(0,0.90c,0)$;在 Σ 系,电子的速度的分量为

$$u_x=\frac{u'_x+v}{1+\frac{u'_xv}{c^2}}=v=0.60c$$

$$u_y=\frac{u'_y}{\gamma\left(1+\frac{u'_xv}{c^2}\right)}=\frac{u'_y}{\gamma}=\sqrt{1-0.60^2}\times0.90c=0.72c$$

$$u_z=\frac{u'_z}{\gamma\left(1+\frac{u'_xv}{c^2}\right)}=0$$

电子速度 $\boldsymbol{u}$ 的大小为

$$u=\sqrt{u_x^2+u_y^2+u_z^2}=\sqrt{(0.60c)^2+(0.72c)^2}=0.94c$$

$\boldsymbol{u}$ 与 x 轴的夹角为

$$\theta = \arctan\frac{u_y}{u_x} = \arctan\frac{0.72}{0.60} = 50^\circ$$

（4）电子动量的大小为

$$p = \frac{mu}{\sqrt{1-\frac{u^2}{c^2}}} = \frac{0.94mc}{\sqrt{1-(0.94)^2}} = 2.8mc$$

电子的动能为

$$T = \left(\frac{m}{\sqrt{1-\frac{u^2}{c^2}}} - m\right)c^2 = \left(\frac{1}{\sqrt{1-(0.94)^2}} - 1\right)mc^2$$
$$= 1.9mc^2$$

5.59　用加速器加速质子，使轰击静止的质子（靶质子），可以产生反质子（$\bar{\mathrm{p}}$），反应式为 $\mathrm{p}+\mathrm{p}\to\mathrm{p}+\mathrm{p}+\mathrm{p}+\bar{\mathrm{p}}$. 试求产生上述反应的被加速质子的最小动能.

【解】　设被加速质子的动量为 $\boldsymbol{p}$，能量为 E，则在实验室参考系中，被加速质子和靶质子所构成的系统在打靶前的四维动量为

$$p_\mu = \left[\boldsymbol{p}, \frac{\mathrm{i}}{c}(E+Mc^2)\right] \tag{5.59.1}$$

式中 M 为质子的静质量.

由上式得，打靶前

$$p_\mu p_\mu = p^2 - \frac{1}{c^2}(E+Mc^2)^2$$
$$= p^2 - \frac{1}{c^2}E^2 - 2ME - M^2c^2 \tag{5.59.2}$$

因为 E 是被加速质子的能量，p 是它的动量的大小，故有

$$p^2 - \frac{E^2}{c^2} = -M^2c^2 \tag{5.59.3}$$

代入(5.59.2)式便得

$$p_\mu p_\mu = -2ME - 2M^2c^2 \tag{5.59.4}$$

打靶后，为方便，改用质心系，这时系统的四维动量为

$$p'_\mu = \frac{\mathrm{i}}{c}(E'_1+E'_2+E'_3+E'_4) \tag{5.59.5}$$

式中 E'_1 至 E'_4 分别代表打靶后三个质子和一个反质子的能量. 出现三个质子是因为产生一个反质子必定也产生一个质子，这是电荷守恒定律所要求的. 因为

$$E'_1+E'_2+E'_3+E'_4 \geqslant 4Mc^2 \tag{5.59.6}$$

故由(5.59.5)和(5.59.6)两式得

$$-p'_\mu p'_\mu c^2 = (E'_1+E'_2+E'_3+E'_4)^2 \geqslant 16M^2c^4 \tag{5.59.7}$$

由于四维矢量的标积是洛伦兹不变量，故

$$p'_{\mu}p'_{\mu} = p_{\mu}p_{\mu} \tag{5.59.8}$$

由(5.59.4)、(5.59.7)和(5.59.8)三式得

$$2ME + 2M^2c^2 \geqslant 16M^2c^2 \tag{5.59.9}$$

$$E \geqslant 7Mc^2 \tag{5.59.10}$$

最后得出，被加速质子的最小动能为

$$T_{\min} = E - Mc^2 = 6Mc^2 \tag{5.59.11}$$

已知 $M = 938\text{MeV}$，故所求 $T_{\min}$ 的值为

$$T_{\min} = 6 \times 938 = 5.63\text{GeV} \tag{5.59.12}$$

5.60　一直线加速器加速质子的能量为 $10^9\,\text{eV/km}$. 被加速的质子轰击一个由质子组成的静止靶子.

(1) 这直线加速器的长度必须等于多少，才使产生质子-反质子对的反应 $\text{p}+\text{p}\rightarrow\text{p}+\text{p}+\text{p}+\bar{\text{p}}$ 成为可能？已知靶子上的质子开始时是静止的.

(2) 在低速情况下，一电荷量为 e、加速度为 $\boldsymbol{a} = \dfrac{\text{d}^2\boldsymbol{x}}{\text{d}t^2}$ 的粒子，在自由空间里辐射的功率近似为

$$P = \frac{1}{4\pi\varepsilon_0}\frac{2}{3}\frac{e^2}{c^3}\frac{\text{d}^2\boldsymbol{x}}{\text{d}t^2}\cdot\frac{\text{d}^2\boldsymbol{x}}{\text{d}t^2}$$

因为 $\text{d}E$ 和 $\text{d}t$ 二者分别是两个四维矢量的第四个分量，所以 $P = -\dfrac{\text{d}E}{\text{d}t}$ 应是洛伦兹变换下的标量. 试利用这个事实得出一个适用于任意速度的 $\dfrac{\text{d}E}{\text{d}t}$ 的表达式.

(虽然在中间步骤里引用四维矢量是方便的，但你的最后结果应该用通常的三维速度和加速度矢量表示.)[本题系中国赴美物理研究生考试(CUSPEA)1986 年试题]

【解】 (1) 设入射质子为 p_1，靶质子为 p_2，则在实验室系中，碰撞前 p_1 和 p_2 的四维动量分别为

$$p_{1\mu} = \left(\boldsymbol{p}, \frac{\text{i}}{c}E\right) \tag{5.60.1}$$

$$p_{2\mu} = (0, \text{i}mc) \tag{5.60.2}$$

其中 $\boldsymbol{p}$ 和 E 分别是 p_1 的动量和能量，m 是质子的静质量. 粒子的能量和动量的关系为

$$E = \sqrt{p^2c^2 + m^2c^4} \tag{5.60.3}$$

碰撞后，在质心系中，当四个质子的动量均为零时，入射粒子所需的能量便为最小. 这时，在实验室系中，四个粒子的动量便都相同，能量也都相同. 设每个粒子的动量为 $\boldsymbol{p}'$，能量为 E'，则其四维动量便为

$$p'_{\mu}=\left(p',\frac{\mathrm{i}}{c}E'\right) \tag{5.60.4}$$

能量为

$$E'=\sqrt{p'^2c^2+m^2c^4} \tag{5.60.5}$$

动量、能量守恒定律要求

$$p_{1\mu}+p_{2\mu}=4p'_{\mu} \tag{5.60.6}$$

系统的四维动量的标积是洛伦兹不变量,故

$$(p_{1\mu}+p_{2\mu})(p_{1\mu}+p_{2\mu})=(4p'_{\mu})(4p'_{\mu}) \tag{5.60.7}$$

$$p_{1\mu}p_{1\mu}+p_{2\mu}p_{2\mu}+2p_{1\mu}p_{2\mu}=16p'_{\mu}p'_{\mu} \tag{5.60.8}$$

$$p_{1\mu}p_{1\mu}=p_{2\mu}p_{2\mu}=-(mc)^2=p'_{\mu}p'_{\mu} \tag{5.60.9}$$

故由以上两式得

$$2p_{1\mu}p_{2\mu}=-14(mc)^2 \tag{5.60.10}$$

将(5.60.1)和(5.60.2)两式代入上式便得

$$-Em=-7(mc)^2$$

所以

$$E=7\,mc^2 \tag{5.60.11}$$

这便是入射质子的阈能.这就是说,入射质子的能量至少应为 $7mc^2$,才能在打靶后产生反质子.

入射质子是被线性加速器加速的,开始加速时它的速度为零,所具有的能量便是它的静能 mc^2 .因此,要使它打靶后产生反质子,加速器必须给予它的能量为

$$6mc^2=6\times938\mathrm{MeV}=5.6\times10^9\mathrm{eV} \tag{5.60.12}$$

所以加速器的长度至少应为

$$\frac{5.6\times10^9\mathrm{eV}}{10^9\mathrm{eV/km}}=5.6\mathrm{km} \tag{5.60.13}$$

(2) 令 $\boldsymbol{x}\cdot\boldsymbol{x}\rightarrow x_{\mu}x_{\mu}$, $t\rightarrow\tau$,则

$$P=-\frac{\mathrm{d}E}{\mathrm{d}t}=\frac{1}{4\pi\varepsilon_0}\frac{2e^2}{3c^3}\frac{\mathrm{d}^2x_{\mu}}{\mathrm{d}\tau^2}\frac{\mathrm{d}^2x_{\mu}}{\mathrm{d}\tau^2} \tag{5.60.14}$$

式中 τ 是原时,是洛伦兹不变量.这样表示的$\frac{\mathrm{d}E}{\mathrm{d}t}$,是两个四维矢量的标积,也就是洛伦兹变换下的标量.下面通过四维动量把它化为用三维速度 $\boldsymbol{v}$ 和加速度 $\boldsymbol{a}$ 表示的式子.因

$$p_{\mu}=\left(\boldsymbol{p},\frac{\mathrm{i}}{c}E\right) \tag{5.60.15}$$

$$\boldsymbol{p}=\gamma m\boldsymbol{v}=\gamma mc\boldsymbol{\beta} \tag{5.60.16}$$

$$p_4=\frac{\mathrm{i}}{c}E=\mathrm{i}\gamma mc \tag{5.60.17}$$

$$\frac{\mathrm{d}}{\mathrm{d}\tau}=\frac{\mathrm{d}t}{\mathrm{d}\tau}\frac{\mathrm{d}}{\mathrm{d}t}=\gamma\frac{\mathrm{d}}{\mathrm{d}t} \tag{5.60.18}$$

故(5.60.14)式可化为

$$\begin{aligned}P&=\frac{1}{4\pi\varepsilon_0}\frac{2e^2}{3c^3m^2}\frac{\mathrm{d}p_\mu}{\mathrm{d}\tau}\frac{\mathrm{d}p_\mu}{\mathrm{d}\tau}=\frac{1}{4\pi\varepsilon_0}\frac{2e^2}{3c^3m^2}\left[\left(\frac{\mathrm{d}\boldsymbol{p}}{\mathrm{d}\tau}\right)^2+\left(\frac{\mathrm{d}p_4}{\mathrm{d}\tau}\right)^2\right]\\&=\frac{1}{4\pi\varepsilon_0}\frac{2e^2}{3c^3m^2}(mc)^2\gamma^2\left\{\left[\frac{\mathrm{d}}{\mathrm{d}t}(\gamma\boldsymbol{\beta})\right]^2-\left(\frac{\mathrm{d}\gamma}{\mathrm{d}t}\right)^2\right\}\\&=\frac{1}{4\pi\varepsilon_0}\frac{2e^2\gamma^2}{3c}[\beta^2\dot{\gamma}^2+\gamma^2\dot{\beta}^2+2(\boldsymbol{\beta}\cdot\dot{\boldsymbol{\beta}})\gamma\dot{\gamma}-\dot{\gamma}^2]\end{aligned} \tag{5.60.19}$$

由于

$$\beta^2-1=-\frac{1}{\gamma^2},\qquad \dot{\gamma}=\gamma^3\boldsymbol{\beta}\cdot\dot{\boldsymbol{\beta}}$$

故(5.60.19)式方括号内可化为

$$\begin{aligned}&\beta^2\dot{\gamma}^2+r^2\dot{\beta}^2+2(\boldsymbol{\beta}\cdot\dot{\boldsymbol{\beta}})\gamma\dot{\gamma}-\dot{\gamma}^2\\&=\gamma^2\dot{\beta}^2+2(\boldsymbol{\beta}\cdot\dot{\boldsymbol{\beta}})\gamma^4(\boldsymbol{\beta}\cdot\dot{\boldsymbol{\beta}})-\frac{1}{\gamma^2}\dot{\gamma}^2\\&=\gamma^2\dot{\beta}^2+2\gamma^4(\boldsymbol{\beta}\cdot\dot{\boldsymbol{\beta}})^2-\frac{1}{\gamma^2}\gamma^6(\boldsymbol{\beta}\cdot\dot{\boldsymbol{\beta}})^2\\&=\gamma^2\dot{\beta}^2+\gamma^4(\boldsymbol{\beta}\cdot\dot{\boldsymbol{\beta}})^2\end{aligned}$$

于是(5.60.19)式便化为

$$P=\frac{1}{4\pi\varepsilon_0}\frac{2e^2}{3c}\gamma^4[\dot{\beta}^2+\gamma^2(\boldsymbol{\beta}\cdot\dot{\boldsymbol{\beta}})^2] \tag{5.60.20}$$

其中

$$\begin{aligned}\dot{\beta}^2+\gamma^2(\boldsymbol{\beta}\cdot\dot{\boldsymbol{\beta}})^2&=\gamma^2\left[\frac{1}{\gamma^2}\dot{\beta}^2+(\boldsymbol{\beta}\cdot\dot{\boldsymbol{\beta}})^2\right]\\&=\gamma^2[(1-\beta^2)\dot{\beta}^2+\beta^2\dot{\beta}^2\cos^2\theta]\\&=\gamma^2[\dot{\beta}^2-\beta^2\dot{\beta}^2(1-\cos^2\theta)]\\&=\gamma^2[\dot{\beta}^2-(\boldsymbol{\beta}\times\dot{\boldsymbol{\beta}})^2]\end{aligned}$$

于是(5.60.20)式可化为

$$P=\frac{1}{4\pi\varepsilon_0}\frac{2e^2}{3c}\gamma^6[\dot{\beta}^2-(\boldsymbol{\beta}\times\dot{\boldsymbol{\beta}})^2]=\frac{1}{4\pi\varepsilon_0}\frac{2e^2}{3c^3}\gamma^6\left[a^2-\frac{1}{c^2}(\boldsymbol{v}\times\boldsymbol{a})^2\right] \tag{5.60.21}$$

最后便得:适合于任意速度的 $\frac{\mathrm{d}E}{\mathrm{d}t}$ 的表达式为 $\frac{\mathrm{d}E}{\mathrm{d}t}=-P$.

5.61　带电粒子做加速运动时向外发出辐射. 试证明:它的辐射功率(单位时间内向外辐射的能量)是洛伦兹不变量.

【证】　取一惯性坐标系 Σ,使这带电粒子在其中瞬时静止,即在 Σ 系中这一时刻它的速度 $\boldsymbol{u}=0$. 设这时它的能量为 E,则它的四维动量为

$$\left(\boldsymbol{p},\frac{\mathrm{i}}{c}E\right)=\left(0,\frac{\mathrm{i}}{c}E\right) \tag{5.61.1}$$

它的辐射功率为

$$P=-\frac{\mathrm{d}E}{\mathrm{d}\tau} \tag{5.61.2}$$

因为它在 Σ 系是瞬时静止的,所以 τ 是原时.

另取任一惯性系 Σ',Σ' 系以匀速 $\boldsymbol{v}=(v,0,0)$ 相对于 Σ 系运动,带电粒子在 Σ' 系的能量为 E',辐射功率为

$$P'=-\frac{\mathrm{d}E'}{\mathrm{d}t'} \tag{5.61.3}$$

由四维动量的变换式得

$$p_4'=\frac{\mathrm{i}}{c}E'=a_{4\nu}p_\nu=a_{41}p_1+a_{44}p_4=a_{44}p_4=\gamma\frac{\mathrm{i}}{c}E \tag{5.61.4}$$

式中

$$\gamma=\frac{1}{\sqrt{1-\frac{v^2}{c^2}}} \tag{5.61.5}$$

于是得

$$E'=\gamma E \tag{5.61.6}$$

所以

$$\mathrm{d}E'=\gamma\mathrm{d}E \tag{5.61.7}$$

又根据洛伦兹变换

$$t'=\gamma\left(t-\frac{v}{c^2}x\right) \tag{5.61.8}$$

得

$$\mathrm{d}t'=\gamma\mathrm{d}\tau \tag{5.61.9}$$

由(5.61.3)、(5.61.7)、(5.61.9)三式得

$$P'=-\frac{\mathrm{d}E'}{\mathrm{d}t'}=-\frac{\gamma\mathrm{d}E}{\gamma\mathrm{d}\tau}=-\frac{\mathrm{d}E}{\mathrm{d}\tau}=P \tag{5.61.10}$$

5.62　一相对论性粒子的静质量为 m_0.(1)试用它的动量 $\boldsymbol{p}$ 表示它的速度 $\boldsymbol{v}$;(2)试用它的能量 E 表示它的速度 $\boldsymbol{v}$ 的大小 v;(3)试用它的动能 T 表示它的动量 $\boldsymbol{p}$ 的大小 p;(4)试用它的动量 $\boldsymbol{p}$ 表示它的动能 T.

【解】　(1)用 $\boldsymbol{p}$ 表示 $\boldsymbol{v}$. 依定义 $\boldsymbol{p}=m\boldsymbol{v}$ 得

$$\boldsymbol{v}=\frac{\boldsymbol{p}}{m} \tag{5.62.1}$$

因

$$E=mc^2=c\sqrt{p^2+m_0^2c^2} \tag{5.62.2}$$

将 m 代入(5.62.1)式即得

$$\boldsymbol{v}=\frac{c\boldsymbol{p}}{\sqrt{p^2+m_0^2c^2}} \tag{5.62.3}$$

(2) 用 E 表示 v . 由

$$E=mc^2=\frac{m_0c^2}{\sqrt{1-\frac{v^2}{c^2}}} \tag{5.62.4}$$

得

$$1-\frac{v^2}{c^2}=\left(\frac{m_0c^2}{E}\right)^2$$

所以

$$v=c\sqrt{1-\left(\frac{m_0c^2}{E}\right)^2} \tag{5.62.5}$$

(3) 用 T 表示 p . 由

$$T=(m-m_0)c^2=E-m_0c^2=c\sqrt{p^2+m_0^2c^2}-m_0c^2 \tag{5.62.6}$$

解得

$$p=\sqrt{\left(\frac{T+m_0c^2}{c}\right)^2-m_0^2c^2}=\frac{1}{c}\sqrt{T(T+2m_0c^2)} \tag{5.62.7}$$

(4) 用 p 表示 T. 由(5.62.6) 式得

$$T=\sqrt{p^2c^2+m_0^2c^4}-m_0c^2 \tag{5.62.8}$$

因 $T>0$,故根号前只能用正号.

利用公式

$$\sqrt{1+x^2}=1+\frac{1}{2}x^2-\frac{1}{8}x^4+\cdots,\qquad x^2<1 \tag{5.62.9}$$

(5.62.8)式可以展开为

$$T=\frac{1}{2}\frac{p^2}{m_0}-\frac{1}{8}\frac{p^4}{m_0^3c^2}+\cdots \tag{5.62.10}$$

5.63 已知质子的静能为 938.3MeV,中子的静能为 939.6MeV. (1)一质子的动能为 200MeV,试求它的速度和动量;(2)一中子的动量为 200MeV/ c ,试求它的动能.

【解】 (1) 质子的动能为

$$T=m_0c^2\left(\frac{1}{\sqrt{1-\frac{v^2}{c^2}}}-1\right) \tag{5.63.1}$$

解得质子的速度为

$$v=\frac{\sqrt{(2m_0c^2+T)T}}{m_0c^2+T}c=\frac{\sqrt{(2\times 938.3+200)\times 200}}{938.3+200}c$$
$$=0.566c=1.70\times 10^8\mathrm{m/s} \tag{5.63.2}$$

质子的动量为

$$p=mv=\frac{m_0c^2+T}{c^2}v$$
$$=\frac{(938.3+200)\times 1.602\times 10^{-13}}{(3\times 10^8)^2}\times 1.70\times 10^8$$
$$=3.44\times 10^{-19}(\mathrm{kg\cdot m/s}) \tag{5.63.3}$$

或者

$$p=mv=\frac{m_0c^2+T}{c}\frac{v}{c}=\frac{938.3+200}{c}\times 0.566$$
$$=6.44\times 10^2(\mathrm{MeV}/c) \tag{5.63.4}$$

(2) 中子的动量为 $200\mathrm{MeV}/c$，即

$$p=mv=200\mathrm{MeV}/c \tag{5.63.5}$$

$$mvc=200\mathrm{MeV} \tag{5.63.6}$$

$$\frac{m_0c^2}{mvc}=\sqrt{1-\frac{v^2}{c^2}}\frac{c}{v}=\sqrt{\frac{c^2}{v^2}-1} \tag{5.63.7}$$

故得

$$\frac{1}{\sqrt{1-\frac{v^2}{c^2}}}=\frac{\sqrt{(m_0c^2)^2+(mvc)^2}}{m_0c^2}=\frac{\sqrt{939.6^2+200^2}}{939.6}=1.0224$$

中子的动能为

$$T=m_0c^2\left(\frac{1}{\sqrt{1-\frac{v^2}{c^2}}}-1\right)=939.6\times(1.0224-1)$$
$$=21.0(\mathrm{MeV}) \tag{5.63.8}$$

5.64　有两个完全相同的物体 A 和 B，每个的静质量都是 m_0，在它们发生对心碰撞后，粘合成一个物体 C；在质心系观测，碰前 A 和 B 的速度大小都是 u. 试求 C 的静质量：(1) 用质心系求解；(2) 用相对于 B 为静止的参考系求解.

【解】　(1)在质心系，因动量守恒，故碰后产生的 C 静止. 由能量守恒得

$$M_0c^2=2mc^2 \tag{5.64.1}$$

式中

$$m=\frac{m_0}{\sqrt{1-\frac{u^2}{c^2}}} \tag{5.64.2}$$

故得 C 的静质量为

$$M_0=\frac{2m_0}{\sqrt{1-\frac{u^2}{c^2}}} \tag{5.64.3}$$

(2) 以质心系为 Σ 系，相对于 B 为静止的参考系为 Σ' 系，则在 Σ' 系中，A 的速度为

$$u'_A=\frac{u-(-u)}{1-\frac{u(-u)}{c^2}}=\frac{2u}{1+\frac{u^2}{c^2}} \tag{5.64.4}$$

C 的速度为

$$U'=\frac{0-(-u)}{1-\frac{0\cdot(-u)}{c^2}}=u \tag{5.64.5}$$

C 的质量为

$$M=\frac{M_0}{\sqrt{1-\frac{U'^2}{c^2}}}=\frac{M_0}{\sqrt{1-\frac{u^2}{c^2}}} \tag{5.64.6}$$

式中 M_0 是所求的 C 的静质量.

在 Σ' 系，动量守恒，故

$$MU'=mu'_A \tag{5.64.7}$$

能量守恒，故

$$Mc^2=m_Ac^2+m_Bc^2=mc^2+m_0c^2 \tag{5.64.8}$$

式中

$$m=\frac{m_0}{\sqrt{1-\frac{u'^2_A}{c^2}}}=\frac{m_0}{\sqrt{1-\frac{1}{c^2}\left(\frac{2u}{1+\frac{u^2}{c^2}}\right)^2}}=m_0\frac{1+\frac{u^2}{c^2}}{1-\frac{u^2}{c^2}} \tag{5.64.9}$$

于是由(5.64.6)式和(5.64.8)式得

$$M_0=(m+m_0)\sqrt{1-\frac{u^2}{c^2}}=m_0\left(1+\frac{1+\frac{u^2}{c^2}}{1-\frac{u^2}{c^2}}\right)\sqrt{1-\frac{u^2}{c^2}}$$

$$=\frac{2m_0}{\sqrt{1-\frac{u^2}{c^2}}} \tag{5.64.10}$$

5.65 有两个完全相同的物体 A 和 B，每个的静质量都是 m_0，B 静止不动，A

以速度 u 与 B 发生对心碰撞，碰后粘成一个物体 C. 试求 C 的静质量.

【解】 设 C 的质量为 M，速度为 U，则由动量守恒得

$$MU = mu \tag{5.65.1}$$

$$\frac{M_0 U}{\sqrt{1-\frac{U^2}{c^2}}} = \frac{m_0 u}{\sqrt{1-\frac{u^2}{c^2}}} \tag{5.65.2}$$

由能量守恒得

$$Mc^2 = mc^2 + m_0 c^2 \tag{5.65.3}$$

$$\frac{M_0}{\sqrt{1-\frac{U^2}{c^2}}} = \frac{m_0}{\sqrt{1-\frac{u^2}{c^2}}} + m_0 \tag{5.65.4}$$

由(5.65.2)和(5.65.4)两式得

$$U = \frac{u}{1+\sqrt{1-\frac{u^2}{c^2}}} \tag{5.65.5}$$

由此得

$$\sqrt{1-\frac{U^2}{c^2}} = \sqrt{\frac{2\sqrt{1-\frac{u^2}{c^2}}}{1+\sqrt{1-\frac{u^2}{c^2}}}} \tag{5.65.6}$$

由(5.65.4)和(5.65.6)两式得 C 的静质量为

$$M_0 = m_0\left(1+\frac{1}{\sqrt{1-\frac{u^2}{c^2}}}\right)\sqrt{1-\frac{U^2}{c^2}} = \sqrt{2}m_0\sqrt{1+\frac{1}{\sqrt{1-\frac{u^2}{c^2}}}} \tag{5.65.7}$$

【讨论】 本题和 5.64 题的结果不同，是因为两题所给的条件不同. 5.64 题中 A 的速度 u 是相对于质心系的，而本题中 A 的速度 u 则是相对于碰前 B 为静止的参考系的.

如果将本题的 u 换成 5.64 题中的 $u'_A = \frac{2u}{1+\frac{u^2}{c^2}}$，则(5.65.7)式中的 $1-\frac{u^2}{c^2}$ 便成为

$$\sqrt{1-\left[\frac{2u}{c\left(1+\frac{u^2}{c^2}\right)}\right]^2} = \frac{1-\frac{u^2}{c^2}}{1+\frac{u^2}{c^2}} \tag{5.65.8}$$

$$1+\frac{1}{\sqrt{1-\left[\frac{2u}{c\left(1+\frac{u^2}{c^2}\right)}\right]^2}} = \frac{2}{1-\frac{u^2}{c^2}} \tag{5.65.9}$$

将以上两式代入(5.65.7)式,便得

$$M_0=\frac{2m_0}{\sqrt{1-\frac{u^2}{c^2}}} \tag{5.65.10}$$

这就是5.64题的结果.

5.66 在实验室系中,静质量为m_1、动量为$\boldsymbol{p}_1$、能量为E_1的粒子撞击静质量为m_2的静止粒子;在质心系中,m_1的动量为$\boldsymbol{p}'_1$,这两个粒子的总能量为E'.试证明:(1)$E'^2=m_1^2c^4+m_2^2c^4+2m_2c^2E_1$;(2)$\boldsymbol{p}'_1=\frac{m_2c^2}{E'}\boldsymbol{p}_1$;(3)描述质心C在实验室系中速度$\boldsymbol{v}_c$的洛伦兹变换参量为$\boldsymbol{\beta}_c=\frac{\boldsymbol{v}_c}{c}=\frac{\boldsymbol{p}_1c}{m_2c^2+E_1}$,$\gamma_c=\frac{m_2c^2+E_1}{E'}$;(4)当趋于非相对论极限时,上面的结果分别化为熟知的表达式

$$E'=m_1c^2+m_2c^2+\frac{m_2}{m_1+m_2}\frac{p_1^2}{2m_1},\ \boldsymbol{p}'_1=\frac{m_2}{m_1+m_2}\boldsymbol{p}_1,\ \boldsymbol{\beta}_c=\frac{\boldsymbol{v}_c}{c}=\frac{\boldsymbol{p}_1}{(m_1+m_2)c}.$$

【证】 (1) 在实验室系,系统(这两个粒子组成的系统)的四维动量为

$$P=\left[\boldsymbol{p}_1+\boldsymbol{p}_2,\frac{\mathrm{i}}{c}(E_1+E_2)\right]=\left[\boldsymbol{p}_1,\frac{\mathrm{i}}{c}(E_1+m_2c^2)\right] \tag{5.66.1}$$

在质心系,系统的四维动量为

$$P'=\left[\boldsymbol{p}'_1+\boldsymbol{p}'_2,\frac{\mathrm{i}}{c}(E'_1+E'_2)\right]=\left[0,\frac{\mathrm{i}}{c}E'\right] \tag{5.66.2}$$

故得

$$P'_\mu P'_\mu=-\frac{E'^2}{c^2}=P_\mu P_\mu=p_1^2-\left(\frac{E_1+m_2c^2}{c}\right)^2 \tag{5.66.3}$$

所以

$$E'^2=(E_1+m_2c^2)^2-p_1^2c^2=E_1^2+m_2^2c^4+2m_2c^2E_1-p_1^2c^2 \tag{5.66.4}$$

因为

$$E_1^2=p_1^2c^2+m_1^2c^4 \tag{5.66.5}$$

故将(5.66.5)式代入(5.66.4)式便得

$$E'^2=m_1^2c^4+m_2^2c^4+2m_2c^2E_1 \tag{5.66.6}$$

(2) 由

$$E'=E'_1+E'_2 \tag{5.66.7}$$

得

$$(E'-E'_1)^2=E'^2-2E'E'_1+E_1'^2=E_2'^2 \tag{5.66.8}$$

因

$$E_1'^2=p_1'^2c^2+m_1^2c^4 \tag{5.66.9}$$

$$E_2'^2=p_2'^2c^2+m_2^2c^4 \tag{5.66.10}$$

$$p'_2 = p'_1 \tag{5.66.11}$$

将(5.66.6)、(5.66.9)、(5.66.10)、(5.66.11)四式代入(5.66.8)式,便得

$$E'E'_1 = m_1^2c^4 + m_2c^2E_1 \tag{5.66.12}$$

平方得

$$E'^2E'^2_1 = (m_1^2c^4)^2 + (m_2c^2E_1)^2 + 2m_1^2c^4m_2c^2E_1 \tag{5.66.13}$$

又由(5.66.6)式和(5.66.9)式有

$$\begin{aligned} E'^2E_1'^2 &= E'^2(p_1'^2c^2 + m_1^2c^4) = E'^2p_1'^2c^2 + E'^2m_1^2c^4 \\ &= E'^2p_1'^2c^2 + (m_1^2c^4)^2 + m_1^2c^4m_2^2c^4 + 2m_1^2c^4m_2c^2E_1 \end{aligned} \tag{5.66.14}$$

由(5.66.13)、(5.66.14)两式得

$$E'^2p_1'^2c^2 = m_2^2c^4(E_1^2 - m_1^2c^4) = m_2^2c^4p_1^2c^2 \tag{5.66.15}$$

其中利用了(5.66.5)式. 于是得

$$p_1' - \frac{m_2c^2}{E'}p_1 \tag{5.66.16}$$

因 $\boldsymbol{p}'_1$ 与 $\boldsymbol{p}_1$ 同方向,故得

$$\boldsymbol{p}_1' = \frac{m_2c^2}{E'}\boldsymbol{p}_1 \tag{5.66.17}$$

(3) 设质心 C 在实验室系中的速度为 $\boldsymbol{v}_c$,则有

$$\boldsymbol{\beta}_c = \frac{\boldsymbol{v}_c}{c} = \frac{(\boldsymbol{p}_1 + \boldsymbol{p}_2)c}{E_1 + E_2} = \frac{\boldsymbol{p}_1c}{E_1 + m_2c^2} \tag{5.66.18}$$

$$\begin{aligned} \gamma_c &= \frac{1}{\sqrt{1-\beta_c^2}} = \frac{1}{\sqrt{1 - \dfrac{p_1^2c^2}{(E_1 + m_2c^2)^2}}} = \frac{E_1 + m_2c^2}{\sqrt{(E_1 + m_2c^2)^2 - p_1^2c^2}} \\ &= \frac{E_1 + m_2c^2}{\sqrt{E_1^2 + 2m_2c^2E_1 + m_2^2c^4 - p_1^2c^2}} = \frac{E_1 + m_2c^2}{\sqrt{m_1^2c^4 + m_2^2c^4 + 2m_2c^2E_1}} \\ &= \frac{E_1 + m_2c^2}{E'} \end{aligned} \tag{5.66.19}$$

(4) 趋于非相对论极限时, $p_1 \ll m_1c$, 由(5.66.5)式得

$$\begin{aligned} E_1 &= \sqrt{p_1^2c^2 + m_1^2c^4} = m_1c^2\sqrt{1 + \left(\frac{p_1}{m_1c}\right)^2} \\ &\approx m_1c^2\left[1 + \frac{1}{2}\left(\frac{p_1}{m_1c}\right)^2\right] \end{aligned} \tag{5.66.20}$$

这时,(5.66.6)式化为

$$\begin{aligned} E'^2 &\approx m_1^2c^4 + m_2^2c^4 + 2m_1c^2m_2c^2 + \frac{m_2}{m_1}p_1^2c^2 \\ &= (m_1c^2 + m_2c^2)^2 + \frac{m_2}{m_1}p_1^2c^2 \end{aligned}$$

$$= (m_1c^2 + m_2c^2)^2\left[1 + \frac{m_2}{m_1}\frac{p_1^2c^2}{(m_1c_1^2 + m_2c_2^2)^2}\right] \tag{5.66.21}$$

于是得

$$E' = (m_1c^2 + m_2c^2)\sqrt{1 + \frac{m_2}{m_1}\frac{p_1^2c^2}{(m_1c^2 + m_2c^2)^2}}$$

$$\approx (m_1c^2 + m_2c^2)\left[1 + \frac{1}{2}\frac{m_2}{m_1}\frac{p_1^2c^2}{(m_1c^2 + m_2c^2)^2}\right]$$

$$= m_1c^2 + m_2c^2 + \frac{m_2}{m_1 + m_2}\frac{p_1^2}{2m_1} \tag{5.66.22}$$

这时,(5.66.17)式可化为

$$\boldsymbol{p}'_1 = \frac{m_2c^2}{E'}\boldsymbol{p}_1 \approx \frac{m_2c^2}{m_1c^2 + m_2c^2}\boldsymbol{p}_1 = \frac{m_2}{m_1 + m_2}\boldsymbol{p}_1 \tag{5.66.23}$$

(5.66.18)式可化为

$$\boldsymbol{\beta}_c = \frac{\boldsymbol{v}_c}{c} = \frac{\boldsymbol{p}_1c}{m_2c^2 + E_1} \approx \frac{\boldsymbol{p}_1c}{m_2c^2 + m_1c^2} = \frac{\boldsymbol{p}_1}{(m_1 + m_2)c} \tag{5.66.24}$$

5.67 一质量为 M 的粒子衰变成质量分别为 m_1 和 m_2 的两个粒子.(1) 试证明:在衰变粒子静止的参考系内,m_1 粒子的能量为

$$E_1 = \frac{(M^2 + m_1^2 - m_2^2)c^2}{2M}$$

m_2 粒子的能量 E_2 可以从上式将 m_1 和 m_2 对换得出.(2) 试证明:在上述参考系内,第 i 个粒子的动能为

$$\mathrm{T}_i = \left(1 - \frac{m_i}{M} - \frac{\Delta M}{2M}\right)(\Delta M)c^2, \qquad i = 1,2$$

式中 $\Delta M = M - m_1 - m_2$ 是过程的质量过剩或 Q 值.(3) $Mc^2 = 139.6\text{MeV}$ 的带电 π 介子衰变成一个质量为 $m_1c^2 = 105.7\text{MeV}$ 的 μ 子和一个质量为 $m_2 = 0$ 的中微子 ν. 试计算:在 π 介子静止的参考系内 μ 子和中微子 ν 的动能.(注:本题中的质量均指静质量.)

【解】 (1) 在 M 静止的参考系内,设 m_1 的动量为 $\boldsymbol{p}_1$,能量为 E_1,m_2 的动量为 $\boldsymbol{p}_2$,能量为 E_2,则由动量守恒定律得

$$\boldsymbol{p}_1 + \boldsymbol{p}_2 = 0 \tag{5.67.1}$$

故有

$$p_1 = |\boldsymbol{p}_1| = |\boldsymbol{p}_2| = p_2 \tag{5.67.2}$$

因四维动量的标积是洛伦兹不变量,故有

$$(\boldsymbol{p}_1 + \boldsymbol{p}_2)^2 - \frac{(E_1 + E_2)^2}{c^2} = -M^2c^2 \tag{5.67.3}$$

由(5.67.1)、(5.67.3)两式得

$$E_1 + E_2 = Mc^2 \tag{5.67.4}$$

又因

$$E_1^2 = p_1^2c^2 + m_1^2c^4 \tag{5.67.5}$$

$$E_2^2 = p_2^2c^2 + m_2^2c^4 \tag{5.67.6}$$

故由(5.67.5)式减去(5.67.6)式，并利用(5.67.2)式得

$$E_1^2 - E_2^2 = (m_1^2 - m_2^2)c^4 \tag{5.67.7}$$

将(5.67.4)、(5.67.7)两式联立，解得

$$E_1 = \frac{(M^2 + m_1^2 - m_2^2)c^2}{2M} \tag{5.67.8}$$

$$E_2 = \frac{(M^2 + m_2^2 - m_1^2)c^2}{2M} \tag{5.67.9}$$

(2) 在上述参考系(即 M 静止的参考系)内，m_1 的动能为

$$\begin{aligned} T_1 &= E_1 - m_1c^2 = \frac{(M^2 + m_1^2 - m_2^2)c^2}{2M} - m_1c^2 \\ &= \frac{(M^2 + m_1^2 - m_2^2 - 2Mm_1)c^2}{2M} = \frac{[(M - m_1)^2 - m_2^2]c^2}{2M} \\ &= \frac{(M - m_1 + m_2)(M - m_1 - m_2)c^2}{2M} = \frac{(M - m_1 + m_2)c^2\Delta M}{2M} \\ &= \frac{(2M - 2m_1 - M + m_1 + m_2)c^2}{2M}\Delta M = \left(1 - \frac{m_1}{M} - \frac{\Delta M}{2M}\right)c^2\Delta M \end{aligned} \tag{5.67.10}$$

m_2 的动能为

$$\begin{aligned} T_2 &= E_2 - m_2c^2 = \frac{(M^2 + m_2^2 - m_1^2)c^2}{2M} - m_2c^2 \\ &= \frac{(M^2 + m_2^2 - m_1^2 - 2Mm_2)c^2}{2M} = \frac{[(M - m_2)^2 - m_1^2]c^2}{2M} \\ &= \frac{(M - m_2 + m_1)(M - m_2 - m_1)c^2}{2M} = \frac{(M - m_2 + m_1)c^2\Delta M}{2M} \\ &= \frac{(2M - 2m_2 - M + m_2 + m_1)c^2}{2M}\Delta M = \left(1 - \frac{m_2}{M} - \frac{\Delta M}{2M}\right)c^2\Delta M \end{aligned} \tag{5.67.11}$$

(3) 在 π 介子静止的参考系内，由(5.67.10)式得 μ 子的动能为

$$\begin{aligned} T_\mu &= \left(1 - \frac{m_\mu}{M} - \frac{\Delta M}{2M}\right)c^2\Delta M = \left(1 - \frac{105.7}{139.6} - \frac{139.6 - 105.7}{2 \times 139.6}\right) \times (139.6 - 105.7) \\ &= 4.12\text{MeV} \end{aligned} \tag{5.67.12}$$

中微子的动能为

$$\begin{aligned} T_\nu &= \left(1 - \frac{m_\nu}{M} - \frac{\Delta M}{2M}\right)c^2\Delta M = \left(1 - \frac{139.6 - 105.7}{2 \times 139.6}\right) \times (139.6 - 105.7) \\ &= 29.8\text{MeV} \end{aligned} \tag{5.67.13}$$

5.68 在云室实验中,观测到产生了一个能量为10GeV的中性Λ粒子,它随即衰变成一个质子和一个负π介子.已知Λ粒子的静质量为$Mc^2=1115\text{MeV}$,寿命为$\tau=2.9\times10^{-10}\text{s}$,质子的静质量为$m_1c^2\approx939\text{MeV}$,π介子的静质量为$m_2c^2\approx140\text{MeV}$.(1)试问Λ粒子衰变前在云室中走过的路程平均是多少?(2)设在质心系(Λ粒子静止的参考系)中,衰变是各向同性的,试问在实验室系中,衰变成的质子和π介子的径迹夹角范围是多少?

【解】 (1)设能量为10 GeV的Λ粒子相对于云室(实验室系)的速度大小为v,则由

$$E=\gamma Mc^2=\frac{Mc^2}{\sqrt{1-\frac{v^2}{c^2}}} \tag{5.68.1}$$

得

$$\gamma=\frac{1}{\sqrt{1-\frac{v^2}{c^2}}}=\frac{E}{Mc^2}=\frac{10\text{GeV}}{1.115\text{GeV}}=8.9686 \tag{5.68.2}$$

$$\frac{v}{c}=\sqrt{1-\left(\frac{Mc^2}{E}\right)^2}=\sqrt{1-\left(\frac{1.115\times10^9}{10\times10^9}\right)^2}=0.9938 \tag{5.68.3}$$

Λ粒子在实验室系中的寿命为

$$t=\gamma\tau=8.9686\times2.9\times10^{-10}=2.6\times10^{-9}(\text{s}) \tag{5.68.4}$$

故衰变前它在云室中走过的路程平均为

$$l=2.6\times10^{-9}\times0.9938\times3\times10^8=0.78(\text{m}) \tag{5.68.5}$$

(2)在质心系中,由于动量守恒,故衰变而成的质子的速度$\boldsymbol{u}'_1$和π介子的速度$\boldsymbol{u}'_2$方向恒相反.由于衰变是各向同性的,$\boldsymbol{u}'_1$与Λ粒子速度$\boldsymbol{v}$的夹角可以取0到π间的任何值.设$\boldsymbol{u}'_1$与$\boldsymbol{v}$的夹角为θ'_1时,在实验室系中质子和π介子径迹的夹角为θ,则当$\theta'_1=0$时,$\theta=0$.当θ'_1从0增大时,θ也从0增大;当θ'_1增大到π时,θ便又减小到0.因此,在θ'_1从0到π间的某个值,必定有一个相应的θ的极大值$\theta_{\max}$.下面就来求$\theta_{\max}$.

在质心系中,质子和π介子的能量分别为[参见前面5.67题的(5.67.8)式和(5.67.9)式]

$$E_1=\frac{(M^2+m_1^2-m_2^2)c^2}{2M}=\frac{1115^2+939^2-140^2}{2\times1115}=944.1(\text{MeV}) \tag{5.68.6}$$

$$E_2=\frac{(M^2+m_2^2-m_1^2)c^2}{2M}=\frac{1115^2+140^2-939^2}{2\times1115}=170.9(\text{MeV}) \tag{5.68.7}$$

由公式

$$E=\frac{mc^2}{\sqrt{1-\frac{u'^2}{c^2}}} \tag{5.68.8}$$

得，质子和 π 介子速度的大小分别为

$$\frac{u'_1}{c}=\sqrt{1-\left(\frac{m_1c^2}{E_1}\right)^2}=\sqrt{1-\left(\frac{939}{944.1}\right)^2}=0.1038 \tag{5.68.9}$$

$$\frac{u'_2}{c}=\sqrt{1-\left(\frac{m_2c^2}{E_2}\right)^2}=\sqrt{1-\left(\frac{140}{170.9}\right)^2}=0.5735 \tag{5.68.10}$$

从质心系到实验室系的速度变换式为

$$u_x=\frac{u'_x+v}{1+\dfrac{u'_xv}{c^2}},\quad u_y=\frac{u'_y}{\gamma\left(1+\dfrac{u'_xv}{c^2}\right)},\quad u_z=\frac{u'_z}{\gamma\left(1+\dfrac{u'_xv}{c^2}\right)}=0 \tag{5.68.11}$$

由此得出，在实验室系中，质子的速度 $\boldsymbol{u}_1$ 和 π 介子的速度 $\boldsymbol{u}_2$ 与 Λ 粒子的速度 $\boldsymbol{v}$ 之间的夹角分别为

$$\theta_1=\arctan\frac{u_{1y}}{u_{1x}}=\arctan\frac{u'_{1y}}{\gamma(u'_{1x}+v)}=\arctan\frac{\sqrt{u'^2_1-u'^2_{1x}}}{\gamma(u'_{1x}+v)} \tag{5.68.12}$$

$$\theta_2=\arctan\frac{u_{2y}}{u_{2x}}=\arctan\frac{u'_{2y}}{\gamma(u'_{2x}+v)}=\arctan\frac{\sqrt{u'^2_2-u'^2_{2x}}}{\gamma(u'_{2x}+v)} \tag{5.68.13}$$

故质子和 π 介子的径迹之间的夹角为

$$\theta=\theta_1+\theta_2=\arctan\frac{\sqrt{u'^2_1-u'^2_{1x}}}{\gamma(u'_{1x}+v)}+\arctan\frac{\sqrt{u'^2_2-u'^2_{2x}}}{\gamma(u'_{2x}+v)} \tag{5.68.14}$$

由(5.68.14)式求 θ 的极大值 $\theta_{2\max}$ 颇非易事. 下面就分别求 θ_1 和 θ_2 的极大值 $\theta_{1\max}$ 和 $\theta_{2\max}$，再确定 $\theta_{\max}$ 的范围. 由(5.68.12)式得

$$\begin{aligned}\frac{d\theta_1}{du'_{1x}}&=\frac{1}{1+\dfrac{u'^2_1-u'^2_{1x}}{\gamma^2(u'_{1x}+v)^2}}\frac{1}{\gamma^2(u'_{1x}+v)^2}\left[\gamma(u'_{1x}+v)\frac{(-u'_{1x})}{\sqrt{u'^2_1-u'^2_{1x}}}-\sqrt{u'^2_1-u'^2_{1x}}\gamma\right]\\&=\frac{1}{\gamma^2(u'_{1x}+v)^2+u'^2-u'^2_{1x}}\frac{\gamma}{\sqrt{u'^2-u'^2_{1x}}}(-vu'_{1x}-u'^2_1)\end{aligned} \tag{5.68.15}$$

由此式可见，当

$$u'_{1x}=-\frac{u'^2_1}{v} \tag{5.68.16}$$

时，$\dfrac{d\theta_1}{du'_{1x}}=0$，$\theta_1$ 有极大值. 将(5.68.16)式代入(5.68.12)式得

$$\begin{aligned}\theta_{1\max}&=\arctan\frac{u'_1}{\gamma\sqrt{v^2-u'^2_1}}=\arctan\frac{0.1038}{8.9686\sqrt{0.9938^2-0.1038^2}}\\&=\arctan 0.01171=0.671^\circ\end{aligned} \tag{5.68.17}$$

同样可得，当

$$u'_{2x}=-\frac{u'^2_2}{v} \tag{5.68.18}$$

时，$\frac{d\theta_2}{du'_{2x}}=0$，$\theta_2$ 有极大值. 将(5.68.18)式代入(5.68.13)式得

$$\theta_{2\max}=\arctan\frac{u'_2}{\gamma\sqrt{v^2-u'^2_2}}=\arctan\frac{0.5735}{8.9686\sqrt{0.9938^2-0.5735^2}}$$

$$=\arctan 0.078789=4.505° \quad (5.68.19)$$

由于 $\theta_{1\max}$ 和 $\theta_{2\max}$ 不是同时出现，故 θ 的极大值 $\theta_{\max}$ 应为

$$\theta_{\max}<\theta_{1\max}+\theta_{2\max}=0.671°+4.505°=5.176° \quad (5.68.20)$$

因 $\theta_{2\max}$ 比 $\theta_{1\max}$ 大不少，故 $\theta_{\max}$ 应离 $\theta_{2\max}$ 不远. 当 $\theta_2=\theta_{2\max}$ 时

$$u'_{1x}=\frac{u'_1}{u'_2}u'_{2x}=\frac{u'_1}{u'_2}\left(-\frac{u'^2_2}{v}\right)=-\frac{u'_1u'_2}{v} \quad (5.68.21)$$

将(5.68.21)式代入(5.68.12)式得：这时 θ_1 的值为

$$\theta_1=\arctan\frac{u'_1\sqrt{v^2-u'^2_2}}{\gamma(v^2-u'_1u'_2)}=\arctan\frac{0.1038\sqrt{0.9938^2-0.5735^2}}{8.9686(0.9938^2-0.1038\times0.5735)}$$

$$=\arctan 0.01012\approx 0.580° \quad (5.68.22)$$

所以这时

$$\theta=\theta_1+\theta_{2\max}=0.580°+4.505°=5.085° \quad (5.68.23)$$

于是知 $\theta_{\max}$ 的值在 5.176° 至 5.085° 之间. 由此得出结论：云室中质子和 π 介子径迹夹角的范围为(取两位有效数字，因题给能量为 10GeV，只有两位有效数字)

$$0\leqslant\theta<5.1° \quad (5.68.24)$$

【讨论】 由(5.68.16)式可见，θ_1 为极大值时，$u'_{1x}<0$，这表明这时 $\boldsymbol{u}'_1$ 与 $\boldsymbol{v}$ 的夹角大于 90°；同样，由(5.68.18)式可见，θ_2 的极大值出现在 $\boldsymbol{u}'_2$ 与 $\boldsymbol{v}$ 的夹角大于 90°处. 这表示，当 $\boldsymbol{u}'_1$ 和 $\boldsymbol{u}'_2$ 都与 $\boldsymbol{v}$ 垂直(即 $u'_{1x}=u'_{2x}=0$)时，θ 不见得出现极大值. 下面用计算来说明.

当 $u'_{1x}=0$ 时，由(5.68.12)式得

$$\theta_1=\arctan\frac{u'_1}{\gamma v}=\arctan\frac{0.1038}{8.9686\times0.9938}=\arctan 0.011646$$

$$=0.667° \quad (5.68.25)$$

当 $u'_{2x}=0$ 时，由(5.68.13)式得

$$\theta_2=\arctan\frac{u'_2}{\gamma v}=\arctan\frac{0.5735}{8.9686\times0.9938}=\arctan 0.064344$$

$$=3.682° \quad (5.68.26)$$

由(5.68.25)、(5.68.26)两式得：这时

$$\theta=\theta_1+\theta_2=0.667°+3.682°=4.349° \quad (5.68.27)$$

这个值比(5.68.23)式的值 5.085°小. 这就证明了，θ 的极大值不出现在 $\boldsymbol{u}'_1$ 和 $\boldsymbol{u}'_2$ 都垂直于 $\boldsymbol{v}$ 的时候.

5.69 一个 π^+ 介子以速度 v 相对于实验室运动，在运动中衰变成一个 μ^+ 子

和一个中微子 ν_μ；在跟随 π^+ 介子运动的参考系中，μ^+ 子的运动方向与 π^+ 介子的运动方向之间的夹角为 θ. 已知 π^+ 介子的静质量为 m_π，μ^+ 子的静质量为 m_μ，中微子 ν_μ 的静质量为零. 试求在实验室测得衰变前后各粒子的能量和动量.

【解】 以实验室系为 Σ 系，π^+ 介子的质心系（即跟随 π^+ 介子运动的参考系）为 Σ' 系，并以 π^+ 介子的运动方向为 x 轴方向. 衰变前，在 Σ 系观测，π^+ 介子的动量和能量分别为

$$p_\pi = \frac{m_\pi v}{\sqrt{1-\dfrac{v^2}{c^2}}} \tag{5.69.1}$$

$$E_\pi = \frac{m_\pi c^2}{\sqrt{1-\dfrac{v^2}{c^2}}} \tag{5.69.2}$$

衰变后，在 Σ' 系观测，设 μ^+ 和 ν_μ 的动量和能量分别为 $\boldsymbol{p}'_\mu, E'_\mu$ 和 $\boldsymbol{p}'_\nu, E'_\nu$，则有

$$p'_{\mu x} = p'_\mu \cos\theta, \quad p'_{\mu y} = p'_\mu \sin\theta, \quad p'_{\mu z} = 0 \tag{5.69.3}$$

$$p'_{\nu x} = -p'_\mu \cos\theta, \quad p'_{\nu y} = -p'_\mu \sin\theta, \quad p'_{\nu z} = 0 \tag{5.69.4}$$

$$E'_\mu = \sqrt{p'^2_\mu c^2 + m_\mu^2 c^4} \tag{5.69.5}$$

$$E'_\nu = \sqrt{p'^2_\nu c^2 + m_\nu^2 c^4} = p'_\nu c \tag{5.69.6}$$

因能量守恒，故有

$$\sqrt{p'^2_\mu c^2 + m_\mu^2 c^4} + p'_\nu c = m_\pi c^2 \tag{5.69.7}$$

因动量守恒，故有

$$\boldsymbol{p}'_\mu + \boldsymbol{p}'_\nu = 0 \tag{5.69.8}$$

$$|\boldsymbol{p}'_\mu| = |\boldsymbol{p}'_\nu| \tag{5.69.9}$$

即

$$p'_\mu = p'_\nu \tag{5.69.10}$$

代入(5.69.7)式解得

$$p'_\mu = p'_\nu = \frac{(m_\pi^2 - m_\mu^2)c}{2m_\pi} \tag{5.69.11}$$

分别代入(5.69.5)和(5.69.6)式解得

$$E'_\mu = \frac{(m_\pi^2 + m_\mu^2)c^2}{2m_\pi} \tag{5.69.12}$$

$$E'_\nu = \frac{(m_\pi^2 - m_\mu^2)c^2}{2m_\pi} \tag{5.69.13}$$

最后变换到 Σ 系，得 μ^+ 和 ν 的动量分别为

$$\begin{aligned} p_{\mu x} &= a'_{11} p'_{\mu x} + a'_{14}\left(\frac{\mathrm{i}}{c}E'_\mu\right) = \gamma p'_\mu \cos\theta + \gamma \frac{v}{c^2}E'_\mu \\ &= \gamma\left[\frac{(m_\pi^2 - m_\mu^2)c}{2m_\pi}\cos\theta + \frac{(m_\pi^2 + m_\mu^2)v}{2m_\pi}\right] \end{aligned} \tag{5.69.14}$$

$$p_{\mu y}=a'_{22}p'_{\mu y}=p'_{\mu y}=p'_{\mu}\sin\theta=\frac{(m_\pi^2-m_\mu^2)c}{2m_\pi}\sin\theta \tag{5.69.15}$$

$$p_{\mu z}=a'_{33}p'_{\mu z}=p'_{\mu z}=0 \tag{5.69.16}$$

$$\begin{aligned}p_{\nu x}&=a'_{11}p'_{\nu x}+a'_{14}\left(\frac{\mathrm{i}}{c}E'_\nu\right)=\gamma p'_{\nu x}+\left(-\mathrm{i}\gamma\frac{v}{c}\right)\left(\frac{\mathrm{i}}{c}E'_\nu\right)\\&=-\gamma p'_\mu\cos\theta+\gamma\frac{v}{c^2}E'_\nu=-\gamma p'_\mu\cos\theta+\gamma\frac{v}{c^2}p'_\mu c\\&=\gamma\left(-\cos\theta+\frac{v}{c}\right)\frac{(m_\pi^2-m_\mu^2)c}{2m_\pi}\end{aligned} \tag{5.69.17}$$

$$p_{\nu y}=a'_{22}p'_{\nu y}=p'_{\nu y}=-p'_\mu\sin\theta=-\frac{(m_\pi^2-m_\mu^2)c}{2m_\pi}\sin\theta \tag{5.69.18}$$

$$p_{\nu z}=a'_{33}p'_{\nu z}=p'_{\nu z}=0 \tag{5.69.19}$$

μ^+ 和 ν 的能量分别为

$$\begin{aligned}E_\mu&=\frac{c}{\mathrm{i}}\left(a'_{41}p'_{\mu x}+a'_{44}\frac{\mathrm{i}}{c}E'_\mu\right)=\gamma vp'_{\mu x}+\gamma E'_\mu\\&=\gamma vp'_\mu\cos\theta+\gamma E'_\mu\\&=\gamma\left[\frac{(m_\pi^2-m_\mu^2)vc}{2m_\pi}\cos\theta+\frac{(m_\pi^2+m_\mu^2)c^2}{2m_\pi}\right]\end{aligned} \tag{5.69.20}$$

$$\begin{aligned}E_\nu&=\frac{c}{\mathrm{i}}\left(a'_{41}p'_{\nu x}+a'_{44}\frac{\mathrm{i}}{c}E'_\nu\right)=\gamma vp'_{\nu x}+\gamma E'_\nu\\&=-\gamma vp'_\mu\cos\theta+\gamma p'_\mu c=\gamma(c-v\cos\theta)\frac{(m_\pi^2-m_\mu^2)c}{2m_\pi}\end{aligned} \tag{5.69.21}$$

5.70 1987 年 2 月，地下两个大探测器同时记录到多个中微子事件的爆丛(burst). 这些事件都发生在几秒时间内，它们被看作是由于能量约为 10MeV 的中微子和反中微子的到达所形成的，这些中微子和反中微子是从我们的银河系边缘一个新的超新星突然坍缩而发出来的.

每个探测器都由深矿井(约 1km 深)中的一个大水容器(约盛纯水 5kt)构成. 水的周围安装有光电倍增管的大列阵，它们能够探测出来自相对论性带电粒子的径迹所发生的切连科夫辐射.

在 10MeV 能量时，同纯水的主要相互作用为(i) $\nu+\mathrm{e}\rightarrow\nu+\mathrm{e}$，和(ii) $\bar{\nu}+\mathrm{p}\rightarrow\mathrm{n}+\mathrm{e}^+$，其中 ν 和 $\bar{\nu}$ 分别是电子中微子和反中微子，p 是质子，$m_\mathrm{p}c^2=938.28\mathrm{MeV}$，n 是中子，$m_\mathrm{n}c^2=939.57\mathrm{MeV}$，e 和 e^+ 分别是电子和正电子，$m_\mathrm{e}c^2=0.51\mathrm{MeV}$.

(1) 对于 10MeV 的中微子，(i)式中出射电子的最大能量是多少？

(2) 在质心系中，上述两个反应的出射带电粒子都具有各向同性的角分布. 在实验室系中，哪个反应的出射带电粒子角分布会显示出入射中微子或反中微子到来的方向？

(3) 据推测，两个探测器中所记录的事件爆丛(burst of events)是来自能量在10MeV到40MeV间的中微子(实际上是电子反中微子). 假定所有这些中微子都是超新星爆发时在同一瞬间发射出来的. 在飞行约十七万光年后到达地球，它们的到达时间相差不过两秒钟. 试用这些数据估算中微子质量的上限. [本题系中国赴美物理研究生考试(CUSPEA)1987年试题.]

【解】 (1) 电子的最大能量出现在电子和中微子的反应是共线的，即它们都在同一直线上运动(参见图5.70，图中 p_ν 和 p_ν' 分别是中微子反应前和反应后的动量，电子反应前静止，反应后动量为 p_e). 由动量守恒有

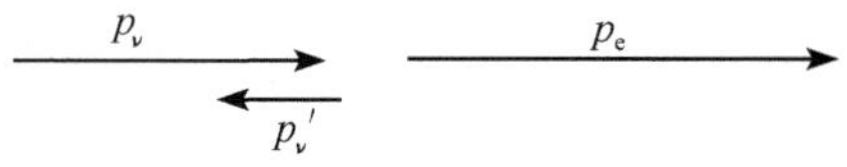

图 5.70

$$p_\nu = p_e - p_\nu' \tag{5.70.1}$$

$$(p_\nu + p_\nu')^2 c^2 = p_e^2 c^2 \tag{5.70.2}$$

由能量守恒有

$$E_\nu + m_e c^2 = E_\nu' + \sqrt{p_e^2 c^2 + m_e^2 c^4} \tag{5.70.3}$$

$$[(p_\nu - p_\nu')c + m_e c^2]^2 = p_e^2 c^2 + m_e^2 c^4 \tag{5.70.4}$$

由(5.70.2)和(5.70.4)两式得

$$2 p_\nu p_\nu' c = (p_\nu - p_\nu') m_e c^2 \tag{5.70.5}$$

式(5.70.5)可化为

$$\frac{1}{E_\nu'} - \frac{1}{E_\nu} = \frac{2}{m_e c^2} \tag{5.70.6}$$

$$E_\nu' = \frac{m_e c^2 E_\nu}{2E_\nu + m_e c^2} = \frac{0.51 \times 10}{2 \times 10 + 0.51} = 0.25(\text{MeV}) \tag{5.70.7}$$

于是得电子的最大能量为

$$E_{\max} = E_\nu + m_e c^2 - E_\nu' = 10 + 0.51 - 0.25 = 10.26(\text{MeV}) \tag{5.70.8}$$

相应的最大动能为

$$T_{\max} = E_{\max} - m_e c^2 = 10.26 - 0.51 = 9.75(\text{MeV}) \tag{5.70.9}$$

(2) 在质心系中，上述两个反应都是各向同性的. 当变换到实验室系中后，它们看起来就很不相同了. 对于反应 $\bar{\nu} + \text{p} \rightarrow \text{n} + \text{e}^+$，由于 $E_{\bar{\nu}} = 10\text{MeV} \ll m_p c^2$，实验室系和质心系几乎重合，因此在实验室系中，这个反应也几乎是各向同性的. 而对于反应 $\nu + \text{e} \rightarrow \nu + \text{e}$ 来说，由于 $E_\nu \gg m_e c^2$，当变换到实验室系时，它的

$$\beta = \frac{v}{c} = \frac{E_\nu}{E_\nu + m_e c^2} \approx 0.95 \tag{5.70.10}$$

故在实验室系中，电子几乎是沿着入射中微子的方向运动. 因此，这个反应就显示出入射中微子的方向.

(3) 速度为 v 的中微子的飞行时间为 $t = \dfrac{D}{v}$，它的动量为 $pc = \sqrt{E^2 - m^2 c^4}$；

由于$mc^2 \ll E$，故

$$pc = E\left(1-\frac{m^2c^4}{E^2}\right)^{1/2} \approx E-\frac{1}{2}\frac{m^2c^4}{E} \tag{5.70.11}$$

$$v=\frac{p}{m}=\frac{pc^2}{E}=c\left[1-\frac{1}{2}\left(\frac{mc^2}{E}\right)^2\right] \tag{5.70.12}$$

故飞行时间之差为

$$\begin{aligned}\Delta t &= \frac{D}{v_1}-\frac{D}{v_2}=\frac{D}{c\left[1-\frac{1}{2}\left(\frac{mc^2}{E_1}\right)^2\right]}-\frac{D}{c\left[1-\frac{1}{2}\left(\frac{mc^2}{E_2}\right)^2\right]}\\ &\approx \frac{D}{c}\left\{\left[1+\frac{1}{2}\left(\frac{mc^2}{E_1}\right)^2\right]-\left[1+\frac{1}{2}\left(\frac{mc^2}{E_2}\right)^2\right]\right\}\\ &= \frac{D}{2c}(mc^2)^2\left(\frac{1}{E_1^2}-\frac{1}{E_2^2}\right)\end{aligned} \tag{5.70.13}$$

今 $\Delta t = 2\text{s}$，$E_1 = 10\text{MeV}$，$E_2 = 40\text{MeV}$，$\frac{D}{c} = 1.7\times 10^5$ 年 $=5.36\times 10^{12}\text{s}$，由(5.70.13)式得

$$mc^2 = \sqrt{\frac{2E_1^2E_2^2\Delta t}{\frac{D}{c}(E_2^2-E_1^2)}} \approx 0.9\times 10^{-5}\text{MeV} = 9\text{eV} \tag{5.70.14}$$

这便是由上述事件定出的中微子质量的上限.

5.71 两个相同的质点，都以速度 $\boldsymbol{v}$ 运动；其中一个受平行于 $\boldsymbol{v}$ 的作用力，加速度的大小为 $a_{\parallel}$；另一个受垂直于 $\boldsymbol{v}$ 的作用力，加速度的大小为 $a_{\perp}$. 设两个力大小相等，试证明 $a_{\perp} = \frac{c^2 a_{\parallel}}{c^2-v^2}$.

【证】 由牛顿运动定律

$$\boldsymbol{F} = \frac{\mathrm{d}}{\mathrm{d}t}\left(\frac{m_0\boldsymbol{v}}{\sqrt{1-\frac{v^2}{c^2}}}\right) \tag{5.71.1}$$

得

$$\begin{aligned}\boldsymbol{F} &= \frac{m_0}{\sqrt{1-\frac{v^2}{c^2}}}\frac{\mathrm{d}\boldsymbol{v}}{\mathrm{d}t}+m_0\boldsymbol{v}\frac{\mathrm{d}}{\mathrm{d}t}\left(\frac{1}{\sqrt{1-\frac{v^2}{c^2}}}\right)\\ &= \frac{m_0}{\sqrt{1-\frac{v^2}{c^2}}}\frac{\mathrm{d}\boldsymbol{v}}{\mathrm{d}t}+m_0\boldsymbol{v}\frac{1}{\left(1-\frac{v^2}{c^2}\right)^{3/2}}\frac{\boldsymbol{v}}{c^2}\cdot\frac{\mathrm{d}\boldsymbol{v}}{\mathrm{d}t}\end{aligned} \tag{5.71.2}$$

当 $\boldsymbol{F}\parallel\boldsymbol{v}$ 时，$\frac{\mathrm{d}\boldsymbol{v}}{\mathrm{d}t}$便平行于$\boldsymbol{v}$，所以 $\boldsymbol{v}\cdot\frac{\mathrm{d}\boldsymbol{v}}{\mathrm{d}t}=va_{\parallel}$. 于是得

$$F_{\parallel} \quad \frac{m_0}{\sqrt{1-\frac{v^2}{c^2}}}a_{\parallel}+\frac{m_0 v^2 a_{\parallel}}{c^2\left(1-\frac{v^2}{c^2}\right)^{3/2}}=\frac{m_0 a_{\parallel}}{\sqrt{1-\frac{v^2}{c^2}}}\frac{c^2}{c^2-v^2} \tag{5.71.3}$$

当 $\boldsymbol{F}\perp\boldsymbol{v}$ 时，$\frac{\mathrm{d}\boldsymbol{v}}{\mathrm{d}t}$便垂直于$\boldsymbol{v}$，所以 $\boldsymbol{v}\cdot\frac{\mathrm{d}\boldsymbol{v}}{\mathrm{d}t}=0$. 于是得

$$F_{\perp}=\frac{m_0}{\sqrt{1-\frac{v^2}{c^2}}}\left|\frac{\mathrm{d}\boldsymbol{v}}{\mathrm{d}t}\right|=\frac{m_0 a_{\perp}}{\sqrt{1-\frac{v^2}{c^2}}} \tag{5.71.4}$$

$F_{\perp}=F_{\parallel}$，故由(5.71.3)和(5.71.4)两式得

$$a_{\perp}=\frac{c^2}{c^2-v^2}a_{\parallel} \tag{5.71.5}$$

5.72　在相对论情形下，带电粒子在电磁场中运动的拉格朗日量为

$$L=-m_0c^2\sqrt{1-\frac{v^2}{c^2}}-e(\varphi-\boldsymbol{v}\cdot\boldsymbol{A})$$

式中 m_0 和 e 分别是带电粒子的静质量和电荷量，v 和 $\boldsymbol{v}$ 分别是它的速率和速度；φ 和 $\boldsymbol{A}$ 分别是电磁场的标势和矢势. 试由变分问题的欧拉-拉格朗日方程导出相对论性的运动方程.

【解】　欧拉-拉格朗日方程为

$$\frac{\mathrm{d}}{\mathrm{d}t}\left(\frac{\partial L}{\partial\dot{q}_i}\right)-\frac{\partial L}{\partial q_i}=0,\qquad i=1,2,3 \tag{5.72.1}$$

或写成矢量形式

$$\frac{\mathrm{d}}{\mathrm{d}t}\nabla_{\dot{q}}L-\nabla_q L=0 \tag{5.72.2}$$

今

$$L=-m_0c^2\sqrt{1-\frac{v^2}{c^2}}-e(\varphi-\boldsymbol{v}\cdot\boldsymbol{A}) \tag{5.72.3}$$

所以

$$\begin{aligned}\nabla_{\dot{q}}L&=-m_0c^2\,\nabla_{\dot{q}}\sqrt{1-\frac{v^2}{c^2}}-e\nabla_{\dot{q}}(\varphi-\boldsymbol{v}\cdot\boldsymbol{A})\\&=\frac{m_0}{\sqrt{1-\frac{v^2}{c^2}}}\boldsymbol{v}+e\boldsymbol{A}=\boldsymbol{p}+e\boldsymbol{A}\end{aligned} \tag{5.72.4}$$

$$\begin{aligned}\nabla_q L&=-e\nabla_q(\varphi-\boldsymbol{v}\cdot\boldsymbol{A})=-e\nabla_q\varphi+e\nabla_q(\boldsymbol{v}\cdot\boldsymbol{A})\\&=e\boldsymbol{E}+e\frac{\partial\boldsymbol{A}}{\partial t}+e\boldsymbol{v}\times(\nabla_q\times\boldsymbol{A})+e(\boldsymbol{v}\cdot\nabla_q)\boldsymbol{A}\end{aligned}$$

$$= e\boldsymbol{E} + e\frac{\partial \boldsymbol{A}}{\partial t} + e\boldsymbol{v}\times\boldsymbol{B} + e(\boldsymbol{v}\cdot\nabla_q)\boldsymbol{A}$$

$$= e\boldsymbol{E} + e\boldsymbol{v}\times\boldsymbol{B} + e\frac{\mathrm{d}\boldsymbol{A}}{\mathrm{d}t} \tag{5.72.5}$$

由(5.72.2)、(5.72.4)和(5.72.5)三式得

$$\frac{\mathrm{d}}{\mathrm{d}t}(\boldsymbol{p}+e\boldsymbol{A}) - \left(e\boldsymbol{E} + e\boldsymbol{v}\times\boldsymbol{B} + e\frac{\mathrm{d}\boldsymbol{A}}{\mathrm{d}t}\right) = 0$$

$$\frac{\mathrm{d}\boldsymbol{p}}{\mathrm{d}t} = e(\boldsymbol{E} + \boldsymbol{v}\times\boldsymbol{B}) \tag{5.72.6}$$

这便是所求的运动方程.

第六章　带电粒子与电磁场的相互作用

6.1　一质量为 m、电荷量为 q 的粒子以速度 v 从一电荷量为 q_1 的静止点电荷旁边飞过，瞄准距离为 a. 假设运动粒子的速度 v 很大(但 $v \ll c$)，以致可以认为基本上不偏离直线运动，而且其速度大小也基本上不变，试计算运动粒子因电磁辐射而损失的能量.

【解】　带电粒子以加速度 $\boldsymbol{a}$ 运动时，其辐射功率为

$$P = \frac{q^2}{6\pi\varepsilon_0 c^3} \frac{(\boldsymbol{a})^2 - \left(\dfrac{\boldsymbol{v} \times \boldsymbol{a}}{c}\right)^2}{\left(1 - \dfrac{v^2}{c^2}\right)^3} \tag{6.1.1}$$

今 $v \ll c$，故粒子由于辐射而引起的能量变化率便为

$$\frac{\mathrm{d}E}{\mathrm{d}t} = -P = -\frac{q^2 \mid \boldsymbol{a} \mid^2}{6\pi\varepsilon_0 c^3} \tag{6.1.2}$$

在距离为 r 处，粒子由于受 q_1 的作用而产生的加速度为

$$\boldsymbol{a} = \frac{\boldsymbol{F}}{m} = \frac{qq_1}{4\pi\varepsilon_0 m r^2}\boldsymbol{e}_r \tag{6.1.3}$$

式中 $\boldsymbol{e}_r$ 是从 q_1 到 q 方向上的单位矢量. 将 $\boldsymbol{a}$ 代入(6.1.2)式得

$$\frac{\mathrm{d}E}{\mathrm{d}t} = -\frac{q^4 q_1^2}{6\pi\varepsilon_0 c^3 (4\pi\varepsilon_0 m)^2} \frac{1}{r^4} = -\frac{2q^4 q_1^2}{3(4\pi\varepsilon_0)^3 c^3 m^2} \frac{1}{r^4} \tag{6.1.4}$$

依题意有(参见图 6.1)

$$r^2 = a^2 + x^2 \tag{6.1.5}$$

$$\frac{\mathrm{d}r}{\mathrm{d}t} = \frac{x}{r}\frac{\mathrm{d}x}{\mathrm{d}t} = \frac{x}{r}v = \frac{v}{r}\sqrt{r^2 - a^2} \tag{6.1.6}$$

又

$$\frac{\mathrm{d}E}{\mathrm{d}t} = \frac{\mathrm{d}E}{\mathrm{d}r}\frac{\mathrm{d}r}{\mathrm{d}t} = \frac{\mathrm{d}E}{\mathrm{d}r}\frac{v}{r}\sqrt{r^2 - a^2} \tag{6.1.7}$$

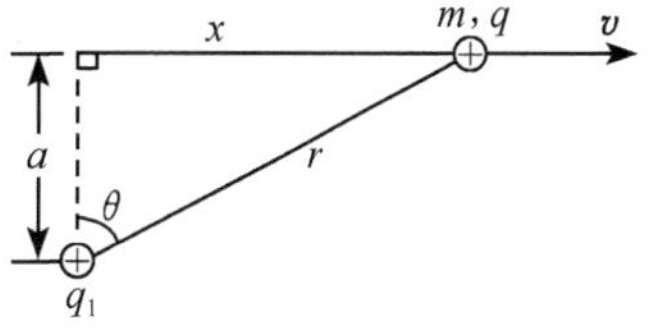

图 6.1

故由(6.1.7)和(6.1.4)两式得

$$\frac{\mathrm{d}E}{\mathrm{d}r} = -\frac{2q^4 q_1^2}{3(4\pi\varepsilon_0)^3 c^3 m^2 v} \frac{1}{r^3 \sqrt{r^2 - a^2}} \tag{6.1.8}$$

积分得

$$\begin{aligned} E_\infty - E_a &= -\frac{2q^4 q_1^2}{3(4\pi\varepsilon_0)^3 c^3 m^2 v}\int_a^\infty \frac{\mathrm{d}r}{r^3 \sqrt{r^2 - a^2}} \\ &= -\frac{2q^4 q_1^2}{3(4\pi\varepsilon_0)^3 c^3 m^2 v}\left[\frac{\sqrt{r^2 - a^2}}{2a^2 r^2} + \frac{1}{2a^3}\arccos\frac{a}{r}\right]_a^\infty \end{aligned}$$

$$=-\frac{\pi q^4 q_1^2}{6(4\pi\varepsilon_0)^3 c^3 m^2 v a^3} \tag{6.1.9}$$

故辐射损失的能量为

$$(\Delta E)_1 = E_a - E_\infty = \frac{\pi q^4 q_1^2}{6(4\pi\varepsilon_0)^3 c^3 a^3 m^2 v} \tag{6.1.10}$$

如果考虑从 $-\infty$ 远来到 ∞ 去，整个飞行过程中的能量损失，则由(6.1.8)式得

$$\begin{aligned}
E_\infty - E_{-\infty} &= -\frac{2q^4 q_1^2}{3(4\pi\varepsilon_0)^3 c^3 m^2 v}\int_{-\infty}^{\infty}\frac{\mathrm{d}r}{r^3\sqrt{r^2-a^2}} \\
&= -\frac{2q^4 q_1^2}{3(4\pi\varepsilon_0)^3 c^3 m^2 v}\left\{\left(\frac{\sqrt{r^2-a^2}}{2a^2 r^2}\right)\Bigg|_{-\infty}^{\infty} + \frac{1}{2a^3}(\arccos\theta)\Bigg|_{-\pi/2}^{\pi/2}\right\} \\
&= -\frac{\pi q^4 q_1^2}{3(4\pi\varepsilon_0)^3 c^3 m^2 v a^3}
\end{aligned} \tag{6.1.11}$$

故整个飞行过程中的能量损失为

$$(\Delta E)_2 = E_{-\infty} - E_\infty = \frac{\pi q^4 q_1^2}{3(4\pi\varepsilon_0)^3 c^3 a^3 m^2 v} \tag{6.1.12}$$

【讨论】 因 q 的速度 $\boldsymbol{v}$ 的大小和方向都可以当作不变，故 q 到 q_1 的距离可写作

$$r = \sqrt{a^2 + v^2 t^2} \tag{6.1.13}$$

这样，(6.1.4)式便可直接对 t 积分，例如

$$(\Delta E)_2 = \frac{2q^4 q_1^2}{3(4\pi\varepsilon_0 c)^3 m^2}\int_{-\infty}^{\infty}\frac{\mathrm{d}t}{(a^2+v^2t^2)^2} \tag{6.1.14}$$

其中积分

$$\begin{aligned}
\int_{-\infty}^{\infty}\frac{\mathrm{d}t}{(a^2+v^2t^2)^2} &= \frac{t}{2a^2(a^2+v^2t^2)}\Bigg|_{-\infty}^{\infty} + \left[\frac{1}{2a^2}\frac{1}{av}\arctan\left(\frac{vt}{a}\right)\right]\Bigg|_{-\infty}^{\infty} \\
&= \frac{\pi}{2a^3 v}
\end{aligned} \tag{6.1.15}$$

所以

$$(\Delta E)_2 = \frac{2q^4 q_1^2}{3(4\pi\varepsilon_0 c)^3 m^2}\frac{\pi}{2a^3 v} = \frac{\pi q^4 q_1^2}{3(4\pi\varepsilon_0 ca)^3 m^2 v} \tag{6.1.16}$$

6.2 根据经典模型，氢原子中的电子因受氢原子核库仑力的作用而环绕核运动，其速度比光速 c 小很多. 设电子的质量为 m，电荷量为 $-e$，氢原子核的电荷量为 e；开始($t=0$)时电子轨道的半径为 a_0；且辐射阻尼力比库仑力小很多. (1) 试求电子因加速度而产生的辐射功率；(2) 假定辐射能量来源于电子的动能和系统的势能，试求电子轨道半径 r 与时间 t 的关系；(3) 已知 $m=9.1\times10^{-31}\mathrm{kg}$，$e=1.6\times10^{-19}\mathrm{C}$，$a_0=5.3\times10^{-11}\mathrm{m}$，试计算电子轨道半径从 a_0 减小到零所需要的时间.

【解】 (1)因氢原子核的质量比电子大很多,故可以认为氢原子核不动,而电子则以速度 $\boldsymbol{v}$ 和加速度 $\boldsymbol{a}$ 环绕氢原子核运动,这时它的辐射功率(单位时间向外辐射的能量)为

$$P=\frac{e^2}{6\pi\varepsilon_0 c^3}\frac{a^2-\frac{1}{c^2}(\boldsymbol{v}\times\boldsymbol{a})^2}{\left(1-\frac{v^2}{c^2}\right)^3} \tag{6.2.1}$$

因 $v\ll c$,故上式可简化为

$$P=\frac{e^2a^2}{6\pi\varepsilon_0 c^3} \tag{6.2.2}$$

式中 a 是 $\boldsymbol{a}$ 的大小.因辐射阻尼力比库仑力小很多,故切向加速度 a_{t} 就比法向加速度 a_{n} 小很多,可以略去,于是

$$\begin{aligned}a^2=a_{\mathrm{n}}^2+a_{\mathrm{t}}^2\approx a_{\mathrm{n}}^2&=\left(\frac{v^2}{r}\right)^2=\left(\frac{e^2}{4\pi\varepsilon_0 mr^2}\right)^2\\&=\frac{e^4}{16\pi^2\varepsilon_0^2m^2r^4}\end{aligned} \tag{6.2.3}$$

故所求的辐射功率为

$$P=\frac{e^6}{96\pi^3\varepsilon_0^3c^3m^2r^4} \tag{6.2.4}$$

(2) 根据能量守恒定律,氢原子辐射出的能量就等于它的能量 E 所减少的值,即

$$P=-\frac{\mathrm{d}E}{\mathrm{d}t} \tag{6.2.5}$$

氢原子的能量为

$$\begin{aligned}E=E_{\mathrm{k}}+E_{\mathrm{p}}&=\frac{1}{2}mv^2+\frac{1}{4\pi\varepsilon_0}\frac{e(-e)}{r}\\&=\frac{1}{2}mv^2-\frac{1}{4\pi\varepsilon_0}\frac{e^2}{r}\end{aligned} \tag{6.2.6}$$

牛顿运动定律为

$$m\frac{v^2}{r}=\frac{1}{4\pi\varepsilon_0}\frac{e^2}{r^2} \tag{6.2.7}$$

所以

$$E=\frac{1}{2}\left(\frac{1}{4\pi\varepsilon_0}\frac{e^2}{r}\right)-\frac{1}{4\pi\varepsilon_0}\frac{e^2}{r}=-\frac{1}{8\pi\varepsilon_0}\frac{e^2}{r} \tag{6.2.8}$$

于是

$$\frac{\mathrm{d}E}{\mathrm{d}t}=\frac{e^2}{8\pi\varepsilon_0 r^2}\frac{\mathrm{d}r}{\mathrm{d}t} \tag{6.2.9}$$

由(6.2.4)、(6.2.5)和(6.2.9)三式得

$$\frac{\mathrm{d}r}{\mathrm{d}t}=-\frac{e^4}{12\pi^2\varepsilon_0^2c^3m^2r^2} \tag{6.2.10}$$

对 t 积分并利用初始条件 $t=0$ 时 $r=a_0$，便得

$$r^3=-\frac{e^4}{4\pi^2\varepsilon_0^2c^3m^2}t+a_0^3 \tag{6.2.11}$$

(3) 由上式得，$r=0$ 时

$$\begin{aligned}t&=\frac{4\pi^2\varepsilon_0^2c^3m^2a_0^3}{e^4}\\&=\frac{4\pi^2\times(8.854\times10^{-12}\times9.1\times10^{-31})^2\times(3\times10^8\times5.3\times10^{-11})^3}{(1.6\times10^{-19})^4}\\&=1.6\times10^{-11}(\mathrm{s})\end{aligned} \tag{6.2.12}$$

这便是电子轨道半径从 a_0 减小到零所需要的时间.

【讨论】 a_0 是基态氢原子的玻尔半径. 上述结果表明，按经典物理学(经典力学和经典电动力学)的规律计算，基态氢原子的寿命仅有 1.6×10^{-11} 秒. 这显然不符合事实. 这就告诉我们，经典物理学的规律不适用于氢原子. 今天我们知道，原子中的电子所遵循的规律是量子力学的规律，只有用量子力学的规律处理原子问题，才能得到正确的结果.

6.3 一个 μ^- 子(其质量 $m_\mu\sim210m_e$，m_e 是电子质量)被一质子俘获，从而在环绕质子的圆轨道上运动. 它的初始半径 R 等于电子环绕质子运动的玻尔半径. 试用经典理论中非相对论性的带电粒子在加速运动时的辐射功率表达式，估计需经过多长时间，μ^- 子才能辐射出足够的能量，从而到达它的基态. [本题系中国赴美物理研究生考试(CUSPEA)1985 年试题.]

【解】 因为

$$F=m_\mu a=m_\mu\frac{v^2}{r}=\frac{1}{4\pi\varepsilon_0}\frac{e^2}{r^2} \tag{6.3.1}$$

所以 μ^- 子的加速度为

$$a=\frac{1}{4\pi\varepsilon_0}\frac{e^2}{m_\mu r^2} \tag{6.3.2}$$

由(6.3.1)式得

$$m_\mu v^2=\frac{1}{4\pi\varepsilon_0}\frac{e^2}{r} \tag{6.3.3}$$

故得运动着的 μ^- 子其总能量为

$$E=\frac{1}{2}m_\mu v^2-\frac{1}{4\pi\varepsilon_0}\frac{e^2}{r}=-\frac{1}{4\pi\varepsilon_0}\frac{e^2}{2r} \tag{6.3.4}$$

在非相对论性情况下，μ^- 做圆周运动时的辐射功率为

$$P=\frac{e^2a^2}{6\pi\varepsilon_0c^3}=\frac{1}{4\pi\varepsilon_0}\frac{2e^2a^2}{3c^3} \tag{6.3.5}$$

由能量守恒得：辐射出去的能量便等于能量的减少，即

$$-\frac{\mathrm{d}E}{\mathrm{d}t}=P \tag{6.3.6}$$

$$-\frac{1}{4\pi\varepsilon_0}\frac{e^2}{2r^2}\frac{\mathrm{d}r}{\mathrm{d}t}=\frac{1}{4\pi\varepsilon_0}\frac{2e^2a^2}{3c^3}=\frac{1}{4\pi\varepsilon_0}\frac{2e^2}{3c^3}\left(\frac{1}{4\pi\varepsilon_0}\frac{e^2}{m_\mu r^2}\right)^2$$

于是得

$$\mathrm{d}t=-\frac{3m_\mu^2c^3}{4e^4}(4\pi\varepsilon_0)^2r^2\mathrm{d}r \tag{6.3.7}$$

积分得

$$\int_0^T\mathrm{d}t=T=-(4\pi\varepsilon_0)^2\frac{3m_\mu^2c^3}{4e^4}\int_R^{r_B}r^2\mathrm{d}r$$

$$=(4\pi\varepsilon_0)^2\frac{m_\mu^2c^3}{4e^4}(R^3-r_B^3) \tag{6.3.8}$$

按题意，μ^- 子的初始半径为

$$R=a_0=\left(\frac{h}{2\pi}\right)^2\frac{4\pi\varepsilon_0}{m_e e^2}=5.29\times10^{-11}\mathrm{m} \tag{6.3.9}$$

r_B 是 μ^- 子绕质子运动的玻尔半径（这时 μ^- 处在基态），其值为

$$r_B=\left(\frac{h}{2\pi}\right)^2\frac{4\pi\varepsilon_0}{m_\mu e^2}=\frac{m_e}{m_\mu}a_0=\frac{1}{210}a_0 \tag{6.3.10}$$

故 $R^3=a_0^3\gg r_B^3$，于是得

$$T\approx\left(\frac{2\pi\varepsilon_0 m_\mu}{e^2}\right)^2(cR)^3$$

$$=\left[\frac{2\pi\times8.854\times10^{-12}\times210\times9.1\times10^{-31}}{(1.6\times10^{-19})^2}\right]^2$$

$$\times(3\times10^8\times5.29\times10^{-11})^3$$

$$=6.9\times10^{-7}(\mathrm{s})$$

6.4　一静质量为 m_0、电荷量为 q 的相对论性粒子，在磁感强度为 $\boldsymbol{B}$ 的均匀磁场中做回旋运动，由于发出辐射，它逐渐失去能量. 设开始（$t=0$）时，它的能量为 E_0，试求它的能量 E、轨道半径 R 以及回旋角频率 ω 与时间 t 的关系.

【解】　它的能量为

$$E=mc^2=\frac{m_0c^2}{\sqrt{1-\frac{v^2}{c^2}}} \tag{6.4.1}$$

它的运动方程为

$$ma = m\frac{v^2}{R} = qvB \tag{6.4.2}$$

它发出辐射的功率为①

$$P = \frac{q^2}{6\pi\varepsilon_0 c^3}\frac{a^2 - \left(\frac{\boldsymbol{v}\times\boldsymbol{a}}{c}\right)^2}{\left(1-\frac{v^2}{c^2}\right)^3} \tag{6.4.3}$$

因回旋运动，故

$$\left(\frac{\boldsymbol{v}\times\boldsymbol{a}}{c}\right)^2 = \frac{v^2}{c^2}a^2 \tag{6.4.4}$$

所以

$$P = \frac{q^2 a^2}{6\pi\varepsilon_0 c^3\left(1-\frac{v^2}{c^2}\right)^2} \tag{6.4.5}$$

它发出辐射的功率就等于它的能量损失率，即

$$\frac{\mathrm{d}E}{\mathrm{d}t} = -P = -\frac{q^2 a^2}{6\pi\varepsilon_0 c^3\left(1-\frac{v^2}{c^2}\right)^2} \tag{6.4.6}$$

由(6.4.1)和(6.4.2)两式得

$$\begin{aligned}\frac{a^2}{\left(1-\frac{v^2}{c^2}\right)^2} &= \frac{q^2B^2v^2}{m^2}\frac{1}{\left(1-\frac{v^2}{c^2}\right)^2} = \frac{q^2B^2E^2v^2}{m_0^4c^4}\\ &= \frac{q^2B^2}{m_0^4c^2}(E^2 - m_0^2c^4)\end{aligned} \tag{6.4.7}$$

所以

$$\frac{\mathrm{d}E}{\mathrm{d}t} = -\frac{q^4B^2}{6\pi\varepsilon_0 m_0^4c^5}(E^2 - m_0^2c^4) \tag{6.4.8}$$

$$\int_{E_0}^{E}\frac{\mathrm{d}E}{E^2 - m_0^2c^4} = -\frac{q^4B^2}{6\pi\varepsilon_0 m_0^4c^5}\int_0^t \mathrm{d}t = -\frac{q^4B^2}{6\pi\varepsilon_0 m_0^4c^5}t \tag{6.4.9}$$

左边积分为

$$\begin{aligned}\int_{E_0}^{E}\frac{\mathrm{d}E}{E^2 - m_0^2c^4} &= -\frac{1}{2m_0c^2}\int_{E_0}^{E}\frac{\mathrm{d}E}{E + m_0c^2} + \frac{1}{2m_0c^2}\int_{E_0}^{E}\frac{\mathrm{d}E}{E - m_0c^2}\\ &= -\frac{1}{2m_0c^2}\ln\frac{E + m_0c^2}{E_0 + m_0c^2} + \frac{1}{2m_0c^2}\ln\frac{E - m_0c^2}{E_0 - m_0c^2}\end{aligned}$$

---

① 参见，例如张之翔等，《电动力学》，气象出版社(1988 年)，第 244 页.

$$=\frac{1}{2m_0c^2}\ln\left(\frac{E-m_0c^2}{E+m_0c^2}\frac{E_0+m_0c^2}{E_0-m_0c^2}\right) \tag{6.4.10}$$

于是得

$$\frac{E-m_0c^2}{E+m_0c^2}=\frac{E_0-m_0c^2}{E_0+m_0c^2}\mathrm{e}^{-\frac{q^4B^2t}{3\pi\varepsilon_0m_0^3c^3}} \tag{6.4.11}$$

解得 E 与 t 的关系为

$$E=m_0c^2\frac{E_0+m_0c^2+(E_0-m_0c^2)\mathrm{e}^{-\frac{q^4B^2t}{3\pi\varepsilon_0m_0^3c^3}}}{E_0+m_0c^2-(E_0-m_0c^2)\mathrm{e}^{-\frac{q^4B^2t}{3\pi\varepsilon_0m_0^3c^3}}} \tag{6.4.12}$$

它的轨道半径 R 由(6.4.2)和(6.4.1)式为

$$R=\frac{mv}{qB}=\frac{E}{qBc^2}v=\frac{E}{qBc^2}\sqrt{c^2-\frac{m_0^2c^6}{E^2}}$$
$$=\frac{1}{qBc}\sqrt{E^2-m_0^2c^4} \tag{6.4.13}$$

回旋角频率 ω 由(6.4.2)式为

$$\omega=\frac{v}{R}=\frac{qB}{m}=\frac{qBc^2}{E} \tag{6.4.14}$$

【讨论】 (1) 由(6.4.12)、(6.4.13)和(6.4.14)式得,开始时($t=0$)

$$E=E_0,\quad R_0=\frac{1}{qBc}\sqrt{E_0^2-m_0^2c^4},\quad \omega_0=\frac{qBc^2}{E_0} \tag{6.4.15}$$

最后($t\to\infty$)

$$E_\infty\to m_0c^2,\quad R_\infty\to 0,\quad \omega_0\to\frac{qB}{m_0} \tag{6.4.16}$$

这个结果表明,粒子最后趋于静止.

(2) 用 γ_0 表示 E.

因

$$E_0=\frac{m_0c^2}{\sqrt{1-\frac{v_0^2}{c^2}}}=\gamma_0m_0c^2 \tag{6.4.17}$$

故

$$\frac{E_0}{m_0c^2}=\gamma_0 \tag{6.4.18}$$

令

$$\eta=\frac{q^4B^2t}{3\pi\varepsilon_0m_0^3c^3} \tag{6.4.19}$$

则(6.4.12)式右边的分式可化为

$$\frac{E_0+m_0c^2+(E_0-m_0c^2)\mathrm{e}^{-\eta}}{E_0+m_0c^2-(E_0-m_0c^2)\mathrm{e}^{-\eta}}=\frac{\gamma_0+1+(\gamma_0-1)\mathrm{e}^{-\eta}}{\gamma_0+1-(\gamma_0-1)\mathrm{e}^{-\eta}}$$

$$=\frac{1+\dfrac{\gamma_0-1}{\gamma_0+1}\mathrm{e}^{-\eta}}{1-\dfrac{\gamma_0-1}{\gamma_0+1}\mathrm{e}^{-\eta}} \tag{6.4.20}$$

于是得

$$E=m_0c^2\,\frac{1+\dfrac{\gamma_0-1}{\gamma_0+1}\mathrm{e}^{-\eta}}{1-\dfrac{\gamma_0-1}{\gamma_0+1}\mathrm{e}^{-\eta}} \tag{6.4.21}$$

(3) 用双曲函数表示 E.

双曲正切的定义为

$$\tanh=\frac{\mathrm{e}^x-\mathrm{e}^{-x}}{\mathrm{e}^x+\mathrm{e}^{-x}} \tag{6.4.22}$$

反双曲正切的定义为

$$\mathrm{arctanh}y=\frac{1}{2}\ln\left(\frac{1+y}{1-y}\right) \tag{6.4.23}$$

由(6.4.23)式得

$$\frac{1-y}{1+y}=\mathrm{e}^{-2\mathrm{arctanh}y} \tag{6.4.24}$$

故(6.4.20)式可化为

$$\frac{E_0+m_0c^2+(E_0-m_0c^2)\mathrm{e}^{-\eta}}{E_0+m_0c^2-(E_0-m_0c^2)\mathrm{e}^{-\eta}}=\frac{1+\gamma_0-(1-\gamma_0)\mathrm{e}^{-\eta}}{1+\gamma_0+(1-\gamma_0)\mathrm{e}^{-\eta}}$$

$$=\frac{1-\mathrm{e}^{-(2\mathrm{arctanh}\gamma_0+\eta)}}{1+\mathrm{e}^{-(2\mathrm{arctanh}\gamma_0+\eta)}}=\frac{\mathrm{e}^{(\mathrm{arctanh}\gamma_0+\eta/2)}-\mathrm{e}^{-(\mathrm{arctanh}\gamma_0+\eta/2)}}{\mathrm{e}^{(\mathrm{arctanh}\gamma_0+\eta/2)}+\mathrm{e}^{-(\mathrm{arctanh}\gamma_0+\eta/2)}}$$

$$=\tanh[\mathrm{arctanh}\gamma_0+\eta/2] \tag{6.4.25}$$

于是得

$$E=m_0c^2\tanh\left[\mathrm{arctanh}\left(\frac{E_0}{m_0c^2}\right)+\frac{q^4B^2t}{6\pi\varepsilon_0m^3c^3}\right] \tag{6.4.26}$$

(6.4.26)式也可利用积分公式

$$\int\frac{\mathrm{d}x}{a^2-x^2}=\frac{1}{a}\mathrm{arctanh}\left(\frac{x}{a}\right) \tag{6.4.27}$$

直接由(6.4.10)式积分得出.

6.5 一电子(静质量为 m,电荷量为 e) 在一个垂直于均匀磁场的平面内运动. 如果由辐射引起的能量损失可以略去,则轨道便是某个半径为 R 的圆. 设 E 是电子的总能量,考虑到相对论运动学,因而 $E\gg mc^2$.

(1) 用上述参数解析地表示出所需的磁感强度 B.

若 $R=30\text{m}$, $E=2.5\times10^9\text{eV}$,试计算 B 的数值. 对于问题的这一部分,你应记得某些普适常数.

(2) 实际上,电子之所以辐射电磁能量,是因为电子被磁场 $\boldsymbol{B}$ 所加速,然而可假定每走一圈的能量损失 ΔE 与 E 相比很小.

试用上述参数解析地表示出比率 $\Delta E/E$,然后由前面给出的 R 和 E 的特定值算出这个比率的数值.[本题系中国赴美物理研究生考试(CUSPEA)1982 年试题.]

【解】 (1)电子的运动方程为

$$\frac{\mathrm{d}\boldsymbol{p}}{\mathrm{d}t}=e\boldsymbol{v}\times\boldsymbol{B} \tag{6.5.1}$$

式中

$$\boldsymbol{p}=m\gamma\boldsymbol{v} \tag{6.5.2}$$

$$\gamma=\frac{1}{\sqrt{1-\frac{v^2}{c^2}}} \tag{6.5.3}$$

因 $|\boldsymbol{v}|$ 是常量,故

$$\left|\frac{\mathrm{d}\boldsymbol{v}}{\mathrm{d}t}\right|=\frac{v^2}{R} \tag{6.5.4}$$

因 v^2 是常量,故由(6.5.1)式得

$$\frac{m}{\sqrt{1-\frac{v^2}{c^2}}}\left|\frac{\mathrm{d}\boldsymbol{v}}{\mathrm{d}t}\right|=evB \tag{6.5.5}$$

将(6.5.4)式代入(6.5.5)式得

$$B=\frac{mv}{\sqrt{1-\frac{v^2}{c^2}}}\frac{1}{eR}=\frac{p}{eR} \tag{6.5.6}$$

$$pc=\sqrt{E^2-m^2c^4} \tag{6.5.7}$$

故由(6.5.6)式得

$$\begin{aligned}B&=\frac{\sqrt{E^2-m^2c^4}}{ceR}\approx\frac{E}{ceR}\\&=0.28\text{T}\end{aligned} \tag{6.5.8}$$

(2)当 $\dot{\boldsymbol{v}}\perp\boldsymbol{v}$ 时,辐射功率为

$$P=\frac{1}{4\pi\varepsilon_0}\frac{2e^2\dot{v}^2}{3c^3}\gamma^4 \tag{6.5.9}$$

将(6.5.4)式代入得

$$P=\frac{1}{4\pi\varepsilon_0}\frac{2e^2c}{3R^2}\left(\frac{v}{c}\right)^4\gamma^4 \tag{6.5.10}$$

因为

$$\gamma = \frac{E}{mc^2} \tag{6.5.11}$$

所以

$$P = \frac{1}{4\pi\varepsilon_0}\frac{2e^2c}{3R^2}\left(\frac{v}{c}\right)^4\left(\frac{E}{mc^2}\right)^4 \tag{6.5.12}$$

在一周内辐射的能量为

$$\Delta E = \frac{2\pi R}{v}P = \frac{1}{4\pi\varepsilon_0}\frac{4\pi e^2}{3R}\left(\frac{v}{c}\right)^3\left(\frac{E}{mc^2}\right)^4 \tag{6.5.13}$$

于是得

$$\frac{\Delta E}{E} = \frac{1}{4\pi\varepsilon_0}\frac{4\pi}{3}\left(\frac{v}{c}\right)^3\left(\frac{e^2}{mc^2R}\right)\left(\frac{E}{mc^2}\right)^3 \tag{6.5.14}$$

因 $E \gg mc^2$,故$\dfrac{v}{c} \approx 1$. 于是上式可化为

$$\begin{aligned}\frac{\Delta E}{E} &= \frac{1}{4\pi\varepsilon_0}\frac{4\pi}{3}\left(\frac{e^2}{mc^2R}\right)\left(\frac{E}{mc^2}\right)^3 \\ &= 9\times10^9\times\frac{4\pi}{3}\times\frac{(1.6\times10^{-19})^2}{9.11\times10^{-31}\times(3\times10^8)^2\times30} \\ &\quad\times\left(\frac{2.5\times10^9\times1.6\times10^{-19}}{9.11\times10^{-31}\times9\times10^{16}}\right)^3 \\ &= 4.6\times10^{-5}\end{aligned} \tag{6.5.15}$$

6.6　当高能带电粒子在介质中运动,其运动速度超过电磁波在该介质内的传播速度时,就发生切连科夫辐射.

(1) 设切连科夫辐射发射的方向与粒子飞行路线之间的夹角为 θ,试导出粒子的速度 $v=\beta c$、介质的折射率 n 和角 θ 之间的关系.

(2) 一个大气压的氢气在 20℃时,折射率为 $n = 1 + 1.35\times10^{-4}$. 为了使一个电子(质量为 $0.511\mathrm{MeV}/c^2$) 穿过这样的氢气而发出切连科夫辐射,问所需的最小动能是多少 MeV?

(3) 充有一个大气压、20℃的氢气的长管和一个能探测光辐射并测量发射角(精确到 $\delta\theta = 10^{-3}$ 弧度)的光学系统装配起来,就构成一个切连科夫辐射粒子探测器. 设有一束动量为 $100\mathrm{GeV}/c$ 的带电粒子穿过这计数器,由于动量已知,所以测量切连科夫角,在效果上就是测量粒子的静质量 m_0. 对于 m_0 接近 $1\mathrm{GeV}/c^2$ 的粒子,在用切连科夫计数器测定 m_0 时,准确到一级小量的相误差 $\delta m_0/m_0$ 是多少?[本题系中国赴美物理研究生考试(CUSPEA)1983 年试题.]

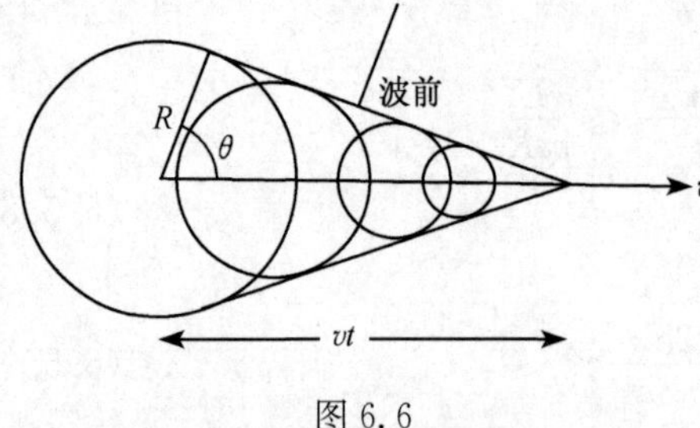

图 6.6

【解】（1）由图 6.6 可见

$$R=\frac{c}{n}t \tag{6.6.1}$$

$$\cos\theta=\frac{R}{vt}=\frac{c}{nv}$$

$$=\frac{1}{\beta n} \tag{6.6.2}$$

（2）如题中指出的，阈值条件（threshold-condition）是

$$v\geqslant\frac{c}{n}\quad 或\quad \beta\geqslant\frac{1}{n} \tag{6.6.3}$$

在阈限处用等号. 粒子的总能量为

$$E=m_0\gamma c^2 \tag{6.6.4}$$

式中

$$\gamma=\frac{1}{\sqrt{1-\frac{v^2}{c^2}}} \tag{6.6.5}$$

在本题条件下，

$$\beta=\frac{1}{n}=\frac{1}{1+1.35\times 10^{-4}}\approx 1-1.35\times 10^{-4} \tag{6.6.6}$$

$$\gamma=\frac{1}{\sqrt{1-\beta^2}}=\frac{1}{\sqrt{(1+\beta)(1-\beta)}}\approx\frac{1}{\sqrt{2\times 1.35\times 10^{-4}}}$$

$$=60.86 \tag{6.6.7}$$

所以总能量为

$$E=T+m_0c^2=60.86m_0c^2 \tag{6.6.8}$$

于是得所求粒子的动能为

$$T=(60.86-1)m_0c^2=59.86m_0c^2$$

$$=31\text{MeV} \tag{6.6.9}$$

（3）由 $\cos\theta=\frac{1}{\beta n}$ 可得

$$-\sin\theta\mathrm{d}\theta=-\frac{1}{n\beta^2}\mathrm{d}\beta$$

$$\mathrm{d}\beta=n\beta^2\sin\theta\mathrm{d}\theta \tag{6.6.10}$$

因为

$$\gamma=\frac{E}{m_0c^2}=\frac{\sqrt{p^2c^2+m_0^2c^4}}{m_0c^2} \tag{6.6.11}$$

而根据题给

$$\frac{m_0c^2}{pc}=\frac{1\text{GeV}}{100\text{GeV}}=0.01 \tag{6.6.12}$$

所以

$$\gamma \approx \frac{p}{m_0 c} \tag{6.6.13}$$

在本题中，p 是固定的，故

$$\mathrm{d}\gamma = \frac{p}{c}\left(-\frac{1}{m_0^2}\mathrm{d}m_0\right) \tag{6.6.14}$$

而

$$\mathrm{d}\gamma = \mathrm{d}\left(\frac{1}{\sqrt{1-\beta^2}}\right) = \frac{1}{2}\frac{2\beta\mathrm{d}\beta}{(1-\beta^2)^{3/2}}$$

所以

$$\beta\mathrm{d}\beta = \frac{\mathrm{d}\gamma}{\gamma^3} \tag{6.6.15}$$

由(6.6.10)、(6.6.14)和(6.6.15)三式得

$$-\frac{p}{c}\frac{\mathrm{d}m_0}{m_0^2}\frac{1}{\gamma^3} = n\beta^3\sin\theta\mathrm{d}\theta$$

根据(6.6.13)式，上式可化为

$$\frac{|\mathrm{d}m_0|}{m_0} = n\gamma^2\beta^3\sin\theta\mathrm{d}\theta \tag{6.6.16}$$

由(6.6.2)式，$n = \frac{1}{\beta\cos\theta}$，代入上式得

$$\frac{|\mathrm{d}m_0|}{m_0} = \beta^2\gamma^2\tan\theta\mathrm{d}\theta \tag{6.6.17}$$

由题给，即由(6.6.12)和(6.6.13)两式有 $\gamma = 100$，所以

$$\beta = \sqrt{1-\frac{1}{\gamma^2}} \approx 1-\frac{1}{2\gamma^2} = 1-0.5\times10^{-4} \tag{6.6.18}$$

代入(6.6.2)式得

$$\begin{aligned}\cos\theta &= \frac{1}{\beta n} = \frac{1}{(1-0.5\times10^{-4})\times(1+1.35\times10^{-4})} \\ &= 1-0.85\times10^{-4}\end{aligned} \tag{6.6.19}$$

由上式可见，θ 很小，故

$$\cos\theta = \sqrt{1-\sin^2\theta} \approx 1-\frac{1}{2}\sin^2\theta \approx 1-\frac{\theta^2}{2} \tag{6.6.20}$$

所以

$$\theta^2 = 2\times0.85\times10^{-4} = 1.7\times10^{-4} \tag{6.6.21}$$

$$\theta = \sqrt{1.7\times10^{-4}} \approx 1.3\times10^{-2}\ \text{弧度} \tag{6.6.22}$$

$$\tan\theta \approx \theta = 1.3\times10^{-2} \tag{6.6.23}$$

于是最后由(6.6.17)式得

$$\frac{|\delta m_0|}{m_0}=(1-0.5\times10^{-4})^2\times100^2\times1.3\times10^{-2}\times10^{-3}$$
$$=0.13 \tag{6.6.24}$$

6.7　在太阳表面附近有一个密度为 $\rho=1.0\times10^3\,\text{kg/m}^3$ 的黑体小球，设太阳作用在它上面的辐射压力等于太阳吸引它的万有引力，试求它的半径. 已知太阳在地球大气表面的辐射强度是 $1.35\,\text{kW/m}^2$，地球到太阳的距离为 $1.5\times10^8\,\text{km}$.

【解】　设太阳表面附近的辐射压强为 P，黑体小球的半径为 r，则它静止的条件为

$$\pi r^2 P=G\frac{mM}{R^2}=\frac{GM}{R^2}\frac{4\pi}{3}r^3\rho \tag{6.7.1}$$

式中 M 和 R 分别为太阳的质量和半径. 由(6.7.1)式得

$$r=\frac{3R^2P}{4GM\rho} \tag{6.7.2}$$

辐射压强 P 与电磁场能量密度 w 的关系为(参见本题解后的附注)

$$P=\frac{1}{3}\overline{w} \tag{6.7.3}$$

w 与坡印亭矢量 $\boldsymbol{S}$ 的关系为

$$\boldsymbol{S}=wc\boldsymbol{n} \tag{6.7.4}$$

设太阳光射到地面时的坡印亭矢量的大小为 S'，地球到太阳的距离为 a，则由能量守恒得

$$4\pi a^2S'=4\pi R^2S \tag{6.7.5}$$

设太阳光在地面处的辐射压强为 P'，则由以上三式得

$$P=\frac{1}{3c}S=\frac{1}{3c}\frac{a^2}{R^2}S' \tag{6.7.6}$$

将上式代入(6.7.2)式得

$$r=\frac{a^2S'}{4GM\rho c} \tag{6.7.7}$$

因地球绕太阳的运动方程为

$$G\frac{mM}{a^2}=m\frac{v^2}{a}=ma\omega^2=ma\left(\frac{2\pi}{T}\right)^2 \tag{6.7.8}$$

式中 T 为地球绕太阳公转的周期. 将上式代入(6.7.7)式，然后代入数值，即得

$$r=\frac{S'T^2}{16\pi^2a\rho c}=\frac{1.35\times10^3\times(365\times24\times60\times60)^2}{16\pi^2\times1.5\times10^8\times10^3\times1.0\times10^3\times3\times10^8}$$
$$=1.9\times10^{-7}(\text{m}) \tag{6.7.9}$$

【附注】　作用在黑体上的辐射压强.

设电磁场的能量密度为 w，能流密度为 $\boldsymbol{S}$，则它的动量密度为

$$\boldsymbol{g}=\frac{1}{c^2}\boldsymbol{S}=\frac{1}{c}w\boldsymbol{n} \tag{6.7.10}$$

式中 c 为真空中光速，$\boldsymbol{n}$ 为电磁波传播方向上的单位矢量. $\boldsymbol{g}$ 对时间的平均值为

$$\bar{\boldsymbol{g}}=\frac{1}{c^2}\bar{\boldsymbol{S}}=\frac{1}{c}\bar{w}\boldsymbol{n} \tag{6.7.11}$$

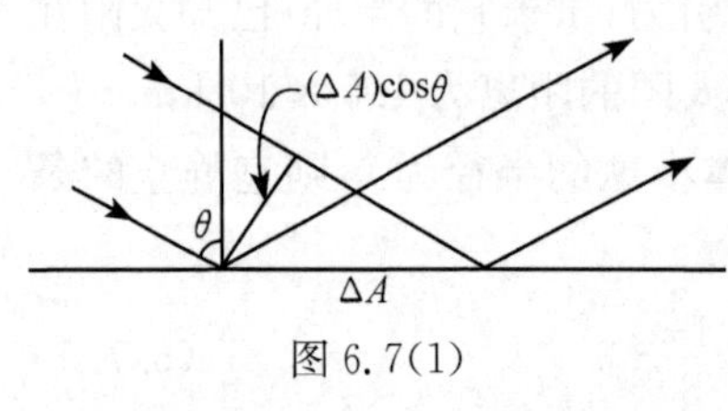

图 6.7(1)

设平面电磁波以入射角 θ 射到物体的表面积元 ΔA 上，这束电磁波的横截面积为 $(\Delta A)\cos\theta$，如图 6.7(1) 所示. 长为 $c\Delta t$、横截面积为 $(\Delta A)\cos\theta$ 的柱体内，电磁场动量的平均值为

$$\overline{\Delta \boldsymbol{p}}=\bar{\boldsymbol{g}}c\Delta t(\Delta A)\cos\theta=\bar{w}\cos\theta\Delta t\Delta A\boldsymbol{n} \tag{6.7.12}$$

这动量在垂直于物体表面法线方向上的分量为

$$(\overline{\Delta p})_n=(\overline{\Delta p})\cos\theta=\bar{w}\cos^2\theta\Delta t\Delta A \tag{6.7.13}$$

对于黑体来说，这动量在 Δt 秒内被物体表面吸收，故由牛顿运动定律得出，作用在黑体表面辐射压强的大小为

$$P=\frac{(\overline{\Delta p})_n}{\Delta t\Delta A}=\bar{w}\cos^2\theta \tag{6.7.14}$$

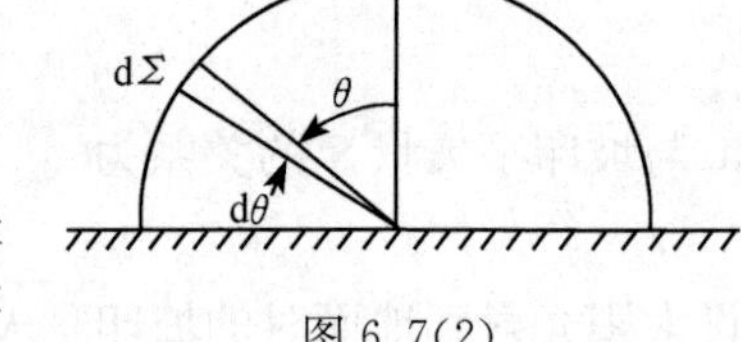

图 6.7(2)

当各个方向都有同样强度的辐射射到黑体表面上时，以 r 为半径作一半球面 Σ，如图 6.7(2)，穿过 Σ 上面积元 $\mathrm{d}\Sigma=r^2\sin\theta\mathrm{d}\theta\mathrm{d}\phi$ 的电磁波束，其平均能量密度为

$$\mathrm{d}\bar{w}=\bar{w}\frac{\mathrm{d}\Sigma}{\Sigma}=\frac{\bar{w}r^2\sin\theta\mathrm{d}\theta\mathrm{d}\phi}{2\pi r^2}=\frac{1}{2\pi}\bar{w}\sin\theta\mathrm{d}\theta\mathrm{d}\phi \tag{6.7.15}$$

这波束产生的辐射压强为

$$\mathrm{d}P=(\mathrm{d}\bar{w})\cos^2\theta=\frac{1}{2\pi}\bar{w}\sin\theta\cos^2\theta\mathrm{d}\theta\mathrm{d}\phi \tag{6.7.16}$$

积分便得作用在黑体表面的辐射压强为

$$P=\frac{1}{2\pi}\bar{w}\int_0^{\pi/2}\int_0^{2\pi}\sin\theta\cos^2\theta\mathrm{d}\theta\mathrm{d}\phi=\frac{1}{3}\bar{w} \tag{6.7.17}$$

6.8 在等离子体内有均匀的恒定磁场 $\boldsymbol{B}$，一圆偏振的单色平面波(角频率为 ω)沿 $\boldsymbol{B}$ 的方向传播. 设电子的质量为 m，电荷量为 e，等离子体内电子的数密度为 N；略去等离子体内的所有碰撞. 试求这时等离子体的折射率.

【解】 取笛卡儿坐标系使 $\boldsymbol{B}$ 平行于 z 轴，如图 6.8 所示，这时磁场便为

$$\boldsymbol{B}=(0,0,B) \tag{6.8.1}$$

圆偏振电磁波的电场为

$$\left.\begin{aligned}\boldsymbol{E}&=\boldsymbol{E}_0\mathrm{e}^{-\mathrm{i}\omega t}\\ \boldsymbol{E}_0&=(E_0,\pm\mathrm{i}E_0,0)\end{aligned}\right\} \tag{6.8.2}$$

其中正号代表左旋，负号代表右旋.

按题意，$\boldsymbol{B}$ 和 $\boldsymbol{E}$ 作用在电子上的力都与 z 轴垂直，因此，电子必定都在垂直于 z 轴的平面内运动；又因 $\boldsymbol{E}$ 以角频率 ω 振动，故电子的位移 $\boldsymbol{r}=(x,y,\mathrm{const.})$ 也必定以 ω 振动，即

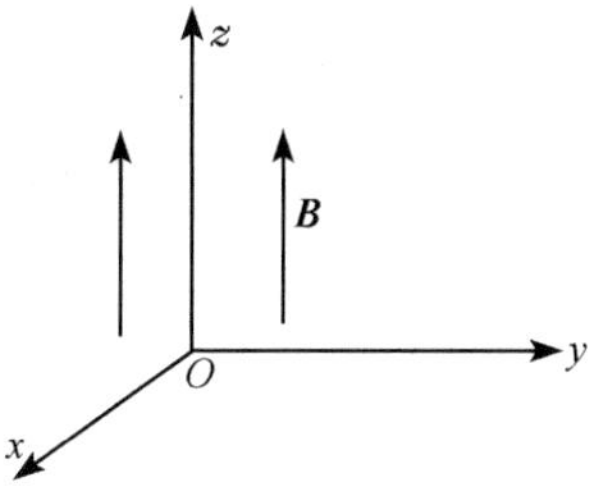

$$\boldsymbol{r}=\boldsymbol{r}_0\mathrm{e}^{-\mathrm{i}\omega t} \tag{6.8.3}$$

图 6.8

电子的运动方程为

$$m\frac{\mathrm{d}^2\boldsymbol{r}}{\mathrm{d}t^2}=e\boldsymbol{E}+e\boldsymbol{v}\times\boldsymbol{B} \tag{6.8.4}$$

将(6.8.1)、(6.8.2)和(6.8.3)三式代入(6.8.4)式得

$$-\omega^2 m\boldsymbol{r}=e\boldsymbol{E}-\mathrm{i}\omega e\boldsymbol{r}\times\boldsymbol{B} \tag{6.8.5}$$

所以

$$-\omega^2 mx=eE_x-\mathrm{i}e\omega By \tag{6.8.6}$$

$$-\omega^2 my=eE_y+\mathrm{i}e\omega Bx \tag{6.8.7}$$

解得

$$x=\frac{\frac{e}{m}}{\omega_\mathrm{c}^2-\omega^2}\left(E_x-\mathrm{i}\frac{\omega_\mathrm{c}}{\omega}E_y\right) \tag{6.8.8}$$

$$y=\frac{\frac{e}{m}}{\omega_\mathrm{c}^2-\omega^2}\left(E_y+\mathrm{i}\frac{\omega_\mathrm{c}}{\omega}E_x\right) \tag{6.8.9}$$

式中

$$\omega_\mathrm{c}=-\frac{eB}{m}=\frac{|e|B}{m} \tag{6.8.10}$$

是等离子体的回旋频率.

等离子体的电极化强度为

$$\boldsymbol{P}=Ne\boldsymbol{r} \tag{6.8.11}$$

$\boldsymbol{P}$ 与 $\boldsymbol{E}$ 的关系为

$$\boldsymbol{P}=(\varepsilon-\varepsilon_0)\boldsymbol{E} \tag{6.8.12}$$

式中

$$\varepsilon=\varepsilon_\mathrm{r}\varepsilon_0 \tag{6.8.13}$$

是等离子体的电容率. 由(6.8.11)和(6.8.12)两式得

$$\boldsymbol{r}=\frac{\varepsilon-\varepsilon_0}{Ne}\boldsymbol{E} \tag{6.8.14}$$

所以

$$x=\frac{\varepsilon-\varepsilon_0}{Ne}E_x \tag{6.8.15}$$

$$y = \frac{\varepsilon - \varepsilon_0}{Ne} E_y \tag{6.8.16}$$

由(6.8.8)和(6.8.15)两式消去 x 得

$$\left(\varepsilon_r - 1 - \frac{\omega_p^2}{\omega_c^2 - \omega^2}\right) E_x = -\mathrm{i} \frac{\omega_p^2 \omega_c}{\omega(\omega_c^2 - \omega^2)} E_y \tag{6.8.17}$$

式中

$$\omega_p = \sqrt{\frac{Ne^2}{m\varepsilon_0}} \tag{6.8.18}$$

是电子的等离子体频率. 由(6.8.9)和(6.8.16)两式消去 y 得

$$\left(\varepsilon_r - 1 - \frac{\omega_p^2}{\omega_c^2 - \omega^2}\right) E_y = \mathrm{i} \frac{\omega_p^2 \omega_c}{\omega(\omega_c^2 - \omega^2)} E_x \tag{6.8.19}$$

由(6.8.17)和(6.8.19)两式得

$$\left(\varepsilon_r - 1 - \frac{\omega_p^2}{\omega_c^2 - \omega^2}\right)^2 = \frac{\omega_p^4 \omega_c^2}{\omega^2 (\omega_c^2 - \omega^2)^2} \tag{6.8.20}$$

所以

$$\varepsilon_r - 1 - \frac{\omega_p^2}{\omega_c^2 - \omega^2} = \pm \frac{\omega_p^2 \omega_c}{\omega(\omega_c^2 - \omega^2)} \tag{6.8.21}$$

分别取正负号便得

$$\varepsilon_{r+} = 1 - \frac{\omega_p^2/\omega^2}{1 - \omega_c/\omega} \tag{6.8.22}$$

$$\varepsilon_{r-} = 1 - \frac{\omega_p^2/\omega^2}{1 + \omega_c/\omega} \tag{6.8.23}$$

最后求得折射率为

$$n_+ = \sqrt{\varepsilon_{r+}} = \left(1 - \frac{\omega_p^2/\omega^2}{1 - \omega_c/\omega}\right)^{1/2} \tag{6.8.24}$$

$$n_- = \sqrt{\varepsilon_{r-}} = \left(1 - \frac{\omega_p^2/\omega^2}{1 + \omega_c/\omega}\right)^{1/2} \tag{6.8.25}$$

下面我们来分析 n_+ 和 n_- 与左右旋的关系. n_+ 是(6.8.21)式右边取正号得出的. 把(6.8.21)式右边取正号代入(6.8.17)式或(6.8.19)式,便得

$$E_y = \mathrm{i} E_x = E_x \mathrm{e}^{\mathrm{i}\frac{\pi}{2}} \tag{6.8.26}$$

由此式和(6.8.2)式得

$$\left.\begin{aligned} E_x &= E_0 \mathrm{e}^{-\mathrm{i}\omega t} \\ E_y &= E_0 \mathrm{e}^{-\mathrm{i}\left(\omega t - \frac{\pi}{2}\right)} \end{aligned}\right\} \tag{6.8.27}$$

这个表达式表明,当电磁波射向观察者时,观察者将看到它的电矢量 $\boldsymbol{E}$ 逆时针方向旋转,所以它是左旋圆偏振波. 于是得出: n_+ 是左旋圆偏振波的折射率. 根据同

样分析可得:n_-是右旋圆偏振波的折射率.

6.9　一平面交界面分开两个半无穷大的介质,一个是真空,另一个是等离子体(电离气体).从真空来的圆偏振的平面电磁波正入射到交界面上,相应地有返回真空的反射波.电磁波的频率为ω.等离子体中有均匀磁场$\boldsymbol{B}$,它的方向沿着入射平面波的方向,如图6.9所示.设等离子体内电子的数密度为N,电子的质量为m,电荷量为e.略去等离子体内的所有碰撞效应,试计算反射系数[①] R(R是反射波与入射波的强度之比)作为圆偏振的入射波频率ω的函数.(答案将与圆偏振的方向有关.)[本题系中国赴美物理研究生考试(CUSPEA)1988年试题.]

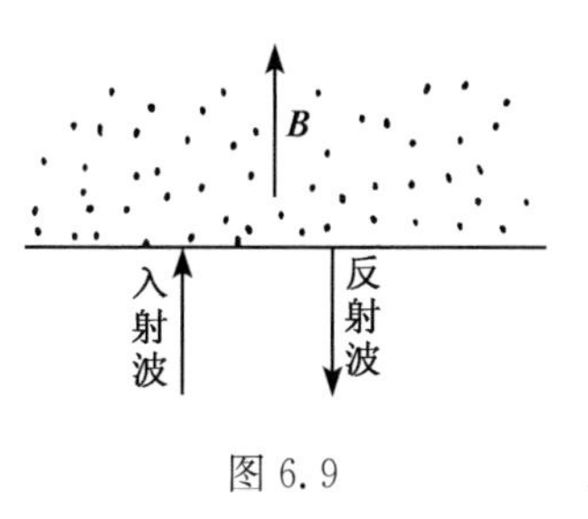

图6.9

【解】　设等离子体的电容率为ε,折射率为n,则由菲涅耳公式得出,正入射时,反射波与入射波的振幅之比为

$$\frac{E'}{E}=\frac{\sqrt{\varepsilon/\varepsilon_0}-1}{\sqrt{\varepsilon/\varepsilon_0}+1}=\frac{n-1}{n+1} \tag{6.9.1}$$

依题意,所求的反射系数为

$$R=\left|\frac{E'}{E}\right|^2=\left|\frac{n-1}{n+1}\right|^2 \tag{6.9.2}$$

下面求n,设等离子体的电导率为σ,则它的电容率为

$$\varepsilon'=\varepsilon_0+\mathrm{i}\,\frac{\sigma}{\omega} \tag{6.9.3}$$

于是它的折射率n满足

$$n^2=\frac{\varepsilon'}{\varepsilon_0}=1+\mathrm{i}\,\frac{\sigma}{\omega\varepsilon_0} \tag{6.9.4}$$

故只需求出σ即可求出折射率n.下面就来求σ.电子的运动方程为

$$m\,\frac{\mathrm{d}\boldsymbol{v}}{\mathrm{d}t}=e\boldsymbol{E}+e\boldsymbol{v}\times\boldsymbol{B} \tag{6.9.5}$$

取笛卡儿坐标系,使z轴平行于$\boldsymbol{B}$,于是外磁场为

$$\boldsymbol{B}=(0,0,B)=B\boldsymbol{e}_z \tag{6.9.6}$$

圆偏振的电磁波的电场为

$$\boldsymbol{E}=E(\boldsymbol{e}_x\pm\mathrm{i}\boldsymbol{e}_y)\mathrm{e}^{-\mathrm{i}\omega t} \tag{6.9.7}$$

式中正号表示左旋圆偏振,负号表示右旋圆偏振.在上列磁场和电场的作用下,等离子体中的电子将在垂直于$\boldsymbol{B}$的平面内运动;因矢量$\boldsymbol{E}$以角频率ω做圆周运动,故电子也将以角频率ω做圆周运动,它的速度可写作$\boldsymbol{v}=v(\boldsymbol{e}_x\pm\mathrm{i}\boldsymbol{e}_y)\mathrm{e}^{-\mathrm{i}\omega t}$.于是由(6.9.5)式得

① 原文为 reflection coefficient.

$$-\mathrm{i}\omega m v(\boldsymbol{e}_x \pm \mathrm{i}\boldsymbol{e}_y) = eE(\boldsymbol{e}_x \pm \mathrm{i}\boldsymbol{e}_y) \pm \mathrm{i}evB(\boldsymbol{e}_x \pm \mathrm{i}\boldsymbol{e}_y)$$

$$v = \mathrm{i}\,\frac{eE/m}{\omega \pm \omega_B} \tag{6.9.8}$$

式中

$$\omega_B = \frac{eB}{m} \tag{6.9.9}$$

由电流密度公式

$$j = Ne\boldsymbol{v} = \sigma\boldsymbol{E} \tag{6.9.10}$$

得

$$\sigma = \mathrm{i}\,\frac{Ne^2}{m}\frac{1}{\omega \pm \omega_B} \tag{6.9.11}$$

代入(6.9.4)式得

$$n_\pm^2 = 1 - \frac{\omega_p^2}{\omega(\omega \pm \omega_B)} \tag{6.9.12}$$

式中 ω_p 是等离子体频,它满足

$$\omega_p^2 = \frac{Ne^2}{m\varepsilon_0} \tag{6.9.13}$$

于是所求的反射系数便为

$$R_\pm = \left|\frac{n_\pm - 1}{n_\pm + 1}\right|^2 \tag{6.9.14}$$

由(6.9.12)式和(6.9.14)式可见:

如果 $\omega_p^2 > \omega(\omega - \omega_B)$,则 $R_- = 1$;

如果 $\omega_p^2 > \omega(\omega + \omega_B)$,则 $R_+ = 1$.

6.10 讨论(圆)频率为 ω 的电磁辐射在电离介质中的传播.采用如下一些近似:(1) 磁场作用于电子的洛伦兹力 $e\,\boldsymbol{v} \times \boldsymbol{B}$ 可以略去;(2)电磁场和原子离子(atomic ions)的相互作用可以完全略去(由于原子离子的大质量);(3)电子与电子间和电子与离子间的相互作用可以略去.设 e、m、n 分别为电子的电荷量、质量和数密度.

(i)试证明,只有在频率 ω 大于某一临界的"等离子"频率 ω_p 的情形下,传播才可能出现,试导出 ω_p 的表达式.

(ii)当 $\omega > \omega_p$ 时,试证明,电磁波的相速度 v_p 大于真空中的光速 c.这会引起麻烦吗?试予以讨论.[本题系中国赴美物理研究生考试(CUSPEA)1982 年试题.]

【证】 麦克斯韦方程组为

$$\nabla \times \boldsymbol{E} = -\frac{\partial \boldsymbol{B}}{\partial t} \tag{6.10.1}$$

$$\nabla \times \boldsymbol{H} = \frac{\partial \boldsymbol{D}}{\partial t} + \boldsymbol{j} \tag{6.10.2}$$

$$\nabla \cdot \boldsymbol{D} = \rho \tag{6.10.3}$$

$$\nabla \cdot \boldsymbol{B} = 0 \tag{6.10.4}$$

在本题中，$\rho = 0$，由(6.10.1)和(6.10.2)两式得

$$\nabla^2 \boldsymbol{E} - \varepsilon_0 \mu_0 \frac{\partial^2 \boldsymbol{E}}{\partial t^2} = \mu_0 \frac{\partial \boldsymbol{j}}{\partial t} \tag{6.10.5}$$

因为所有的量随时间变化的关系都是 $e^{-i\omega t}$，所以

$$\nabla^2 \boldsymbol{E} + \frac{\omega^2}{c^2} \boldsymbol{E} = - i\omega\mu_0 \boldsymbol{j} \tag{6.10.6}$$

式中

$$\boldsymbol{j} = \sigma \boldsymbol{E} \tag{6.10.7}$$

取平面波解

$$\boldsymbol{E} = \boldsymbol{E}_0 e^{i(\boldsymbol{k} \cdot \boldsymbol{r} - \omega t)} \tag{6.10.8}$$

代入(6.10.6)式，便得到色散关系

$$(ik)^2 + \frac{\omega^2}{c^2} = - i\omega\mu_0\sigma$$

即

$$\omega^2 + \frac{i\sigma\omega}{\varepsilon_0} = c^2 k^2 \tag{6.10.9}$$

为了求出 $\sigma = \sigma(\omega)$，利用题目给的条件

$$m \frac{d\boldsymbol{v}}{dt} = e\boldsymbol{E} \tag{6.10.10}$$

和(6.10.8)式得

$$\boldsymbol{v} = \frac{ie}{m\omega} \boldsymbol{E} \tag{6.10.11}$$

所以

$$\boldsymbol{j} = ne\boldsymbol{v} = \frac{ine^2}{m\omega} \boldsymbol{E} \tag{6.10.12}$$

与(6.10.7)式对比便得

$$\sigma = \frac{ine^2}{m\omega} \tag{6.10.13}$$

将 σ 代入(6.10.9)式便得

$$\omega^2 - \omega_p^2 = c^2 k^2 \tag{6.10.14}$$

式中

$$\omega_p = \sqrt{\frac{ne^2}{\varepsilon_0 m}} \tag{6.10.15}$$

称为电子的等离子体频率. 由(6.10.14)式得

$$k=\frac{\sqrt{\omega^2-\omega_p^2}}{c} \tag{6.10.16}$$

(1) 当 $\omega<\omega_p$ 时，k 为虚数，这时电离介质中就不存在传播的电磁波. 因此，只有频率 $\omega>\omega_p$ 的电磁波才能在电离介质中传播.

(2) 当 $\omega>\omega_p$ 时，由色散关系得电磁波的相速度为

$$v_p=\frac{\omega}{k}=\frac{\omega}{\sqrt{\omega^2-\omega_p^2}}c>c \tag{6.10.17}$$

但是，电磁波的能量或信号传播的速度并不是相速度，而是群速度，即

$$v_g=\frac{d\omega}{dk} \tag{6.10.18}$$

由(6.10.14)式得

$$\omega=\sqrt{c^2k^2+\omega_p^2} \tag{6.10.19}$$

由以上两式得

$$v_g=\frac{1}{2}\frac{2c^2k}{\sqrt{c^2k^2+\omega_p^2}}=\frac{c^2k}{\omega}=c\left(\frac{c}{v_p}\right)<c \tag{6.10.20}$$

所以不会引起任何矛盾.

6.11 空间有一射电源发射出一种宽频带的"噪音"脉冲. 由于在星际介质中的色散，这一脉冲到达地球时就变成频率随时间变化的哨声. 如果这一变化率(即频率对于时间的变化率)被测出，并且知道了地球到射电源的距离 d，就可以推导出星际介质中(假定星际介质完全电离) 电子的平均密度 N 来. 试证明这一点. (提示:通过研究一个自由电子对于高频电场的响应特性去推断频率和波数 $2\pi/\lambda$ 之间的关系.)[本题系中国赴美物理研究生考试(CUSPEA)，1981 年试题.]

【证】 因假定星际介质处于完全电离状态，其中正离子质量远大于负离子(电子)的质量，因此，在噪音脉冲产生的高频电场的作用下，电子发生振动，而正离子可假设不动. 电子的运动方程为

$$m\ddot{x}=eE_0e^{-i\omega t} \tag{6.11.1}$$

式中 m 和 e 分别为电子的质量和电荷量，由上式得

$$x=x_0e^{-i\omega t} \tag{6.11.2}$$

电子的振幅为

$$x_0=-\frac{eE_0}{m\omega^2}=-\frac{e/m}{\omega^2}E_0 \tag{6.11.3}$$

设星际介质中单位体积内的电子数为 N，则介质的极化强度为

$$P=Nex=-\frac{Ne^2/m}{\omega^2}E \tag{6.11.4}$$

$$D=\varepsilon_0E+P=\left(\varepsilon_0-\frac{Ne^2/m}{\omega^2}\right)E \tag{6.11.5}$$

故介质的电容率为

$$\varepsilon=\varepsilon_0-\frac{Ne^2}{m}\ \frac{1}{\omega^2} \tag{6.11.6}$$

折射率 n 满足

$$n^2=\frac{\varepsilon}{\varepsilon_0}=1-\frac{\omega_p^2}{\omega^2} \tag{6.11.7}$$

式中

$$\omega_p^2=\frac{Ne^2}{m\varepsilon_0} \tag{6.11.8}$$

由 $k=\frac{\omega}{c}n$，即可求出群速度为

$$v_g=\frac{d\omega}{dk}=\frac{1}{\frac{dk}{d\omega}}=\frac{1}{\frac{n}{c}+\frac{\omega}{c}\frac{dn}{d\omega}} \tag{6.11.9}$$

由(6.11.7)式有

$$\frac{dn}{d\omega}=\frac{\omega_p^2}{\omega^3}\ \frac{1}{n} \tag{6.11.10}$$

代入(6.11.9)式便得

$$v_g=\frac{nc}{n^2+\frac{\omega_p^2}{\omega^2}} \tag{6.11.11}$$

根据(6.11.7)式，上式可化为

$$v_g=nc=c\sqrt{1-\frac{\omega_p^2}{\omega^2}} \tag{6.11.12}$$

最后，脉冲由射电源到地球的时间为

$$t=\frac{d}{v_g}=\frac{d}{c}\frac{1}{\sqrt{1-\frac{\omega_p^2}{\omega^2}}} \tag{6.11.13}$$

由此式得

$$\frac{d\omega}{dt}=-\frac{c}{d}\left(1-\frac{\omega_p^2}{\omega^2}\right)^{3/2}\frac{\omega^3}{\omega_p^2} \tag{6.11.14}$$

这个结果表明：如果 d 和$\frac{d\omega}{dt}$已知，我们就可以定出ω_p，从而由(6.11.8)式就可以推出介质中电子的密度 N 来.

6.12　晴朗的天空为什么是蓝色的？试用下面的简单假设来解释这个问题.

地球上空高层大气的大多数分子在太阳的照射下，离解成单个原子. 原子的简单的经典模型为：原子核是一个电荷量为 e 的点电荷，其周围是半径为 R 的电子

云,电荷量$-e$就均匀分布在这云里. 在没有外电场时,电子云的中心与原子核重合,在太阳光的电场$\boldsymbol{E}=E_0\mathrm{e}^{-\mathrm{i}\omega t}\boldsymbol{e}_z$的作用下,电子云与原子核形成振动的电偶极子,从而散射太阳光,结果使天空看起来是蓝色的.

【解】 设原子核不动,在外电场的作用下,电子云的位移为z,并且$|z|\ll\lambda$(光的波长). 把电子云看作一种谐振子,它的固有频率为ω_0,在太阳光电场$\boldsymbol{E}$的作用下,它的运动方程为(略去阻尼项)

$$\frac{\mathrm{d}^2z}{\mathrm{d}t^2}+\omega_0^2z=-\frac{eE_0}{m}\mathrm{e}^{-\mathrm{i}\omega t} \tag{6.12.1}$$

式中m为电子云的质量. 上式的解为

$$z=-\frac{eE_0}{m}\frac{\mathrm{e}^{-\mathrm{i}\omega t}}{\omega_0^2-\omega^2} \tag{6.12.2}$$

由此而产生的原子的电偶极矩为

$$\boldsymbol{p}=-ez\boldsymbol{e}_z=\frac{e^2E_0}{m}\frac{\mathrm{e}^{-\mathrm{i}\omega t}}{\omega_0^2-\omega^2}\boldsymbol{e}_z \tag{6.12.3}$$

这是一个以频率ω振动的电偶极矩. 振动的电偶极矩要产生辐射,辐射的总功率为[参见前面4.6题的(4.6.14)式]

$$P=\frac{|p_0|^2\omega^4}{12\pi\varepsilon_0c^3}=\frac{e^4|E_0|^2}{12\pi\varepsilon_0m^2c^3}\frac{\omega^4}{(\omega_0^2-\omega^2)^2} \tag{6.12.4}$$

下面先估算固有频率ω_0. 在无外电场时,若电子云相对于原子核产生位移z,则有

$$m\frac{\mathrm{d}^2z}{\mathrm{d}t^2}=-m\omega_0^2z \tag{6.12.5}$$

式中$-m\omega_0^2z$即恢复力,也就是电子云与原子核间的吸引力. 均匀电子云在距中心为z处产生的电场强度为

$$E=-\frac{ez}{4\pi\varepsilon_0R^3},\qquad z<R \tag{6.12.6}$$

故电子云与原子核的相互作用力为

$$F=-\frac{e^2z}{4\pi\varepsilon_0R^3}=-m\omega_0^2z \tag{6.12.7}$$

于是得

$$\omega_0^2=\frac{1}{4\pi\varepsilon_0}\frac{e^2}{mR^3} \tag{6.12.8}$$

为了估算ω_0,先要估算R. 为此,假定电子的质量m全部来源于电子云的自有能量(即静电能). 由(6.12.6)式得出电子云内的电势为

$$\varphi=-\frac{e}{8\pi\varepsilon_0R^3}(3R^2-r^2),\qquad r\leqslant R \tag{6.12.9}$$

故电子云的自有能量便为

$$W=\frac{1}{2}\int\rho\varphi\mathrm{d}V=-\frac{\rho e}{16\pi\varepsilon_0 R^3}\int_0^R(3R^2-r^2)\cdot 4\pi r^2\mathrm{d}r$$
$$=\frac{3e^2}{20\pi\varepsilon_0 R} \tag{6.12.10}$$

根据爱因斯坦的质能关系式

$$W=mc^2 \tag{6.12.11}$$

便得

$$R=\frac{3e^2}{20\pi\varepsilon_0 mc^2}$$
$$=\frac{3\times(1.60\times10^{-19})^2}{20\pi\times8.854\times10^{-12}\times9.11\times10^{-31}\times(3\times10^8)^2}$$
$$=1.7\times10^{-15}(\mathrm{m}) \tag{6.12.12}$$

代入(6.12.8)式得

$$\omega_0=\sqrt{\frac{1}{4\pi\varepsilon_0}\frac{e^2}{mR^3}}$$
$$=\sqrt{9\times10^9\times\frac{(1.60\times10^{-19})^2}{9.11\times10^{-31}\times(1.7\times10^{-15})^3}}$$
$$=2.3\times10^{23}(\mathrm{rad/s}) \tag{6.12.13}$$

由于可见光的频率 $\omega\sim10^{15}\mathrm{rad/s}$，故 $\omega_0\gg\omega$. 所以(6.12.4)式可近似为

$$P=\frac{|E_0|^2e^4\omega^4}{12\pi\varepsilon_0c^3m^2\omega_0^4} \tag{6.12.14}$$

这个结果表明，地球上空高层大气对太阳光的散射，其散射功率与太阳光的频率的四次方(ω^4)成正比. 由于在可见光范围内，太阳光里各种频率的光的强度相差不很大，故在散射光里，频率高(即波长短)的光的强度就大得多. 这就是为什么晴朗的天空呈现蔚蓝色的原因. 乘宇宙飞船在地球大气外看地球，地球也呈现蔚蓝色，同我们在地面上看天空的颜色是一样的，其原因也是地球上高层大气对太阳光的散射，高频散射光的强度大得多.

6.13　平行光入射到自由电子上并使之发生振动，振动的电子便向外发出辐射，这就是使入射光发生散射. 电子质量为 m，电荷量为 $-e$，假定这电荷均匀分布在半径为 $r_e=\frac{e^2}{4\pi\varepsilon_0 mc^2}$(经典电子半径)的球面上. 试证明，自由电子对入射光的有效散射截面为

$$\sigma=\frac{\text{散射功率}}{\text{单位面积入射功率}}=\frac{P}{I_0}=\frac{8\pi}{3}r_e^2$$

【证】　设入射光的电场为

$$\boldsymbol{E}=\boldsymbol{E}_0\mathrm{e}^{-\mathrm{i}\omega t} \tag{6.13.1}$$

则电子的运动方程为

$$m\frac{\mathrm{d}^2\boldsymbol{r}}{\mathrm{d}t^2}=-e\boldsymbol{E}+\frac{e^2}{6\pi\varepsilon_0 c^3}\frac{\mathrm{d}^3\boldsymbol{r}}{\mathrm{d}t^3} \tag{6.13.2}$$

式中$\frac{e^2}{6\pi\varepsilon_0 c^3}\frac{\mathrm{d}^3\boldsymbol{r}}{\mathrm{d}t^3}$是电子发出辐射时的辐射反作用力(辐射阻尼力). 上式的稳态解为

$$\boldsymbol{r}=\frac{e\boldsymbol{E}_0}{m(\omega^2+i\omega\gamma)}\mathrm{e}^{-\mathrm{i}\omega t} \tag{6.13.3}$$

式中

$$\gamma=\frac{e^2\omega^2}{6\pi\varepsilon_0 mc^3} \tag{6.13.4}$$

电子振动的振幅为

$$r_0=\frac{eE_0}{m\omega\sqrt{\omega^2+\gamma^2}} \tag{6.13.5}$$

因

$$\begin{aligned}\frac{\gamma}{\omega}&=\frac{e^2\omega}{6\pi\varepsilon_0 mc^3}\\&=\frac{(1.6\times10^{-19})^2\times2\pi\times10^{14}}{6\pi\times8.9\times10^{-12}\times9.1\times10^{-31}\times(3\times10^8)^3}\\&\approx10^{-9}\ll1\end{aligned}$$

$\gamma\ll\omega$, 故(6.13.5)式中的 γ^2 可以略去. 于是得

$$\boldsymbol{r}=\frac{e\boldsymbol{E}_0}{m\omega^2}\mathrm{e}^{-\mathrm{i}\omega t} \tag{6.13.6}$$

这表明,电子在随光波的电场 $\boldsymbol{E}$ 作简谐振动. 根据振动电荷发出辐射的规律,其辐射的平均能流密度为[参见前面 4.37 题的(4.37.5)式]

$$\begin{aligned}\overline{\boldsymbol{S}}&=\frac{q^2\omega^4a^2}{32\pi^2\varepsilon_0c^3}\frac{\sin^2\alpha}{r^2}\boldsymbol{e}_r=\frac{e^2\omega^4}{32\pi^2\varepsilon_0c^3}\left(\frac{eE_0}{m\omega^2}\right)^2\frac{\sin^2\alpha}{r^2}\boldsymbol{e}_r\\&=\frac{\varepsilon_0cE_0^2}{2}\left(\frac{r_e}{r}\right)^2\sin^2\alpha\,\boldsymbol{e}_r\end{aligned} \tag{6.13.7}$$

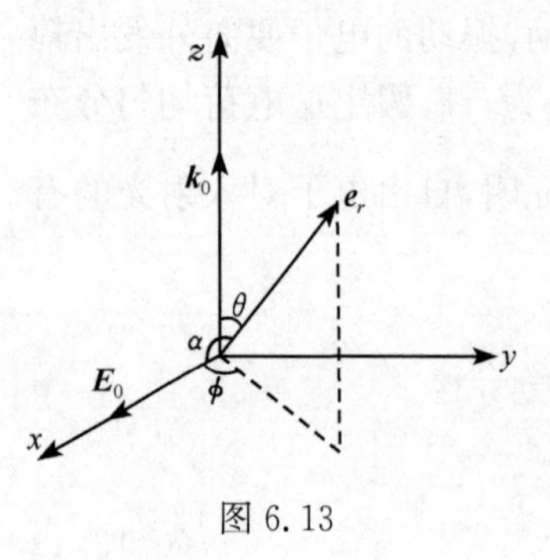

图 6.13

式中 α 是 $\boldsymbol{E}_0$ 与辐射方向 $\boldsymbol{e}_r$ 之间的夹角(图 6.13). 根据定义,散射光的强度为

$$I=|\overline{\boldsymbol{S}}|=\frac{\varepsilon_0cE_0^2}{2}\left(\frac{r_e}{r}\right)^2\sin^2\alpha \tag{6.13.8}$$

入射光的强度为

$$I_0=\frac{1}{2}\varepsilon_0cE_0^2 \tag{6.13.9}$$

所以

$$I = I_0\left(\frac{r_e}{r}\right)^2 \sin^2\alpha \tag{6.13.10}$$

散射的平均功率为

$$\begin{aligned} P &= \oint I \mathrm{d}\Sigma \\ &= \int_0^{\pi}\int_0^{2\pi} I_0\left(\frac{r_e}{r}\right)^2 \sin^2\alpha \cdot r^2 \sin\theta \mathrm{d}\theta \mathrm{d}\phi \\ &= I_0 r_e^2 \int_0^{\pi}\int_0^{2\pi} \sin^2\alpha \sin\theta \mathrm{d}\theta \mathrm{d}\phi \end{aligned} \tag{6.13.11}$$

由图 6.13 可见

$$\cos\alpha = \sin\theta\cos\phi \tag{6.13.12}$$

$$\begin{aligned} \int_0^{\pi}\int_0^{2\pi} \sin^2\alpha \sin\theta \mathrm{d}\theta \mathrm{d}\phi &= \int_0^{\pi}\int_0^{2\pi} (1-\cos^2\alpha)\sin\theta \mathrm{d}\theta \mathrm{d}\phi \\ &= \int_0^{\pi}\int_0^{2\pi} (1\quad \sin^2\theta\cos^2\phi)\sin\theta \mathrm{d}\theta \mathrm{d}\phi = \frac{8\pi}{3} \end{aligned} \tag{6.13.13}$$

于是得

$$P = \frac{8\pi}{3} I_0 r_e^2 \tag{6.13.14}$$

最后得自由电子对入射光的有效散射截面为

$$\sigma = \frac{P}{I_0} = \frac{8\pi}{3} r_e^2 = \frac{8\pi}{3}\left(\frac{1}{4\pi\varepsilon_0}\right)^2\left(\frac{e^2}{mc^2}\right)^2 \tag{6.13.15}$$

6.14　一椭圆偏振的单色平面电磁波的电场强度为

$$\boldsymbol{E} = \boldsymbol{a}\cos(\omega t + \alpha) + \boldsymbol{b}\sin(\omega t + \alpha)$$

式中 $\boldsymbol{a}$ 和 $\boldsymbol{b}$ 是两个互相垂直的常矢量，α 是常数. 这电磁波射到一质量为 m、电荷量为 q 的自由粒子上并被散射. 已知这粒子在电磁波的作用下产生的速度 $v \ll c$. 试求：(1) 散射波的电磁场；(2) 散射波的平均能流密度；(3) 粒子的微分散射截面.

【解】　(1) 因 $v \ll c$，故电磁波作用在带电粒子上的洛伦兹力可以略去，于是粒子的运动方程为

$$m\frac{\mathrm{d}^2 \boldsymbol{r}'}{\mathrm{d}t'^2} = q\boldsymbol{E} = q[\boldsymbol{a}\cos(\omega t' + \alpha) + \boldsymbol{b}\sin(\omega t' + \alpha)] \tag{6.14.1}$$

在 $\boldsymbol{E}$ 的作用下，粒子在原点附近振动，因有加速度便向外发出辐射，这辐射便称为对入射电磁波的散射.

因 $v \ll c$，只需考虑粒子的电偶极辐射. 粒子的电偶极矩为

$$\boldsymbol{p} = q\boldsymbol{r}' \tag{6.14.2}$$

由以上两式得

$$\frac{\mathrm{d}^2 \boldsymbol{p}}{\mathrm{d}t'^2} = q\frac{\mathrm{d}^2 \boldsymbol{r}'}{\mathrm{d}t'^2} = \frac{q^2}{m}\boldsymbol{E} = \frac{q^2}{m}[\boldsymbol{a}\cos(\omega t' + \alpha) + \boldsymbol{b}\sin(\omega t' + \alpha)] \tag{6.14.3}$$

因

$$t' = t - \frac{|\boldsymbol{r} - \boldsymbol{r}'|}{c} \approx t - \frac{r}{c} \qquad (6.14.4)$$

故

$$\omega t' = \omega\left(t - \frac{r}{c}\right) = \omega t - \frac{\omega}{c} r = \omega t - kr \qquad (6.14.5)$$

于是得 $\boldsymbol{r}$ 处 t 时刻散射波的电磁场为

$$\begin{aligned}\boldsymbol{H}(\boldsymbol{r},t) &= \frac{1}{4\pi c r}\frac{\mathrm{d}^2 \boldsymbol{p}(t')}{\mathrm{d}t'^2} \times \boldsymbol{e}_r = \frac{q^2}{4\pi c m r}[\boldsymbol{a}\cos(kr - \omega t - \alpha) \\ &\quad - \boldsymbol{b}\sin(kr - \omega t - \alpha)] \times \boldsymbol{e}_r \\ &= \frac{q^2}{4\pi c m r}[\boldsymbol{a} \times \boldsymbol{e}_r \cos(kr - \omega t - \alpha) - \boldsymbol{b} \times \boldsymbol{e}_r \sin(kr - \omega t - \alpha)] \qquad (6.14.6)\end{aligned}$$

$$\begin{aligned}\boldsymbol{E}(\boldsymbol{r},t) &= \frac{1}{\varepsilon_0 c}\boldsymbol{H}(\boldsymbol{r},t) \times \boldsymbol{e}_r = \frac{q^2}{4\pi\varepsilon_0 c^2 m r}[(\boldsymbol{a} \times \boldsymbol{e}_r) \times \boldsymbol{e}_r \cos(kr - \omega t - \alpha) \\ &\quad - (\boldsymbol{b} \times \boldsymbol{e}_r) \times \boldsymbol{e}_r \sin(kr - \omega t - \alpha)] \\ &= \frac{q^2}{4\pi\varepsilon_0 c^2 m r}\{[(\boldsymbol{a} \cdot \boldsymbol{e}_r)\boldsymbol{e}_r - \boldsymbol{a}]\cos(kr - \omega t - \alpha) - \\ &\quad [(\boldsymbol{b} \cdot \boldsymbol{e}_r)\boldsymbol{e}_r - \boldsymbol{b}]\sin(kr - \omega t - \alpha)\} \qquad (6.14.7)\end{aligned}$$

(2) 由(6.14.6)、(6.14.7)两式得散射波的能流密度为

$$\begin{aligned}\boldsymbol{S} = \boldsymbol{E} \times \boldsymbol{H} &= \frac{q^4}{16\pi^2 \varepsilon_0 c^3 m^2 r^2}\{[(\boldsymbol{a} \cdot \boldsymbol{e}_r)\boldsymbol{e}_r - \boldsymbol{a}]\cos(kr - \omega t - \alpha) \\ &\quad - [(\boldsymbol{b} \cdot \boldsymbol{e}_r)\boldsymbol{e}_r - \boldsymbol{b}]\sin(kr - \omega t - \alpha)\} \times [\boldsymbol{a} \times \boldsymbol{e}_r \cos(kr - \omega t - \alpha) \\ &\quad - \boldsymbol{b} \times \boldsymbol{e}_r \sin(kr - \omega t - \alpha)] \\ &= \frac{q^4}{16\pi^2 \varepsilon_0 c^3 m^2 r^2}\{[a^2 - (\boldsymbol{a} \cdot \boldsymbol{e}_r)^2]\cos^2(kr - \omega t - \alpha)\boldsymbol{e}_r \\ &\quad + [b^2 - (\boldsymbol{b} \cdot \boldsymbol{e}_r)^2]\sin^2(kr - \omega t - \alpha)\boldsymbol{e}_r + \boldsymbol{X}\} \qquad (6.14.8)\end{aligned}$$

式中

$$\begin{aligned}\boldsymbol{X} = &-\{[(\boldsymbol{a} \cdot \boldsymbol{e}_r)\boldsymbol{e}_r - \boldsymbol{a}] \times (\boldsymbol{b} \times \boldsymbol{e}_r) + [(\boldsymbol{b} \cdot \boldsymbol{e}_r)\boldsymbol{e}_r - \boldsymbol{b}] \times (\boldsymbol{a} \times \boldsymbol{e}_r)\} \\ &\times \sin(kr - \omega t - \alpha)\cos(kr - \omega t - \alpha) \qquad (6.14.9)\end{aligned}$$

因

$$\frac{I}{T}\int_0^T \sin^2(kr - \omega t - \alpha)\mathrm{d}t = \frac{I}{T}\int_0^T \cos^2(kr - \omega t - \alpha)\mathrm{d}t = \frac{1}{2} \qquad (6.14.10)$$

$$\frac{I}{T}\int_0^T \sin(kr - \omega t - \alpha)\cos(kr - \omega t - \alpha)\mathrm{d}t = 0 \qquad (6.14.11)$$

故散射波的平均能流密度为

$$\overline{\mathbf{S}}=\frac{I}{T}\int_0^T \mathbf{S}\mathrm{d}t=\frac{q^4}{32\pi^2\varepsilon_0 c^3 m^2 r^2}[a^2-(\boldsymbol{a}\cdot\boldsymbol{e}_r)^2+b^2-(\boldsymbol{b}\cdot\boldsymbol{e}_r)^2]\boldsymbol{e}_r \tag{6.14.12}$$

因

$$a^2-(\boldsymbol{a}\cdot\boldsymbol{e}_r)^2=(\boldsymbol{a}\times\boldsymbol{e}_r)^2 \tag{6.14.13}$$

$$b^2-(\boldsymbol{b}\cdot\boldsymbol{e}_r)^2=(\boldsymbol{b}\times\boldsymbol{e}_r)^2 \tag{6.14.14}$$

故得

$$\overline{\mathbf{S}}=\frac{q^4}{32\pi^2\varepsilon_0 c^3 m^2 r^2}[(\boldsymbol{a}\times\boldsymbol{e}_r)^2+(\boldsymbol{b}\times\boldsymbol{e}_r)^2]\boldsymbol{e}_r \tag{6.14.15}$$

(3) 在 $\boldsymbol{r}$ 处通过面积元 $\mathrm{d}\boldsymbol{A}$ 的散射波的功率为

$$\begin{aligned}\mathrm{d}P=\overline{\mathbf{S}}\cdot\mathrm{d}\boldsymbol{A}&=\frac{q^4}{32\pi^2\varepsilon_0 c^3 m^2}[(\boldsymbol{a}\times\boldsymbol{e}_r)^2+(\boldsymbol{b}\times\boldsymbol{e}_r)^2]\frac{\boldsymbol{e}_r\cdot\mathrm{d}\boldsymbol{A}}{r^2}\\&=\frac{q^4}{32\pi^2\varepsilon_0 c^3 m^2}[(\boldsymbol{a}\times\boldsymbol{e}_r)^2+(\boldsymbol{b}\times\boldsymbol{e}_r)^2]\mathrm{d}\Omega\end{aligned} \tag{6.14.16}$$

式中 $\mathrm{d}\Omega$ 是 $\mathrm{d}\boldsymbol{A}$ 对原点($\boldsymbol{r}=0$)所张的立体角.

入射电磁波的强度为

$$I_0=\frac{1}{2}\varepsilon_0 c\,|\boldsymbol{E}_0|^2=\frac{1}{2}\varepsilon_0 c(a^2+b^2) \tag{6.14.17}$$

依定义,粒子的微分散射截面为

$$\begin{aligned}\frac{\mathrm{d}\sigma}{\mathrm{d}\Omega}=\frac{\mathrm{d}P}{I_0\mathrm{d}\Omega}&=\frac{q^4}{32\pi^2\varepsilon_0 c^3 m^2}[(\boldsymbol{a}\times\boldsymbol{e}_r)^2+(\boldsymbol{b}\times\boldsymbol{e}_r)^2]\cdot\frac{2}{\varepsilon_0 c(a^2+b^2)}\\&=\frac{q^4}{16\pi^2\varepsilon_0^2 c^4 m^2}\frac{(\boldsymbol{a}\times\boldsymbol{e}_r)^2+(\boldsymbol{b}\times\boldsymbol{e}_r)^2}{a^2+b^2}\end{aligned} \tag{6.14.18}$$

6.15　一质量为 m,电荷量为 q 的带电粒子作简谐振动,固有角频率为 ω_0;一电场强度为 $\boldsymbol{E}=\boldsymbol{E}_0\mathrm{e}^{-\mathrm{i}\omega t}$ 的电磁波射到这粒子上,$\boldsymbol{E}_0$ 是常矢量. 设粒子的辐射阻尼力为 $\boldsymbol{f}=-\dfrac{q^2\omega^2}{6\pi\varepsilon_0 c^3}\dfrac{\mathrm{d}\boldsymbol{r}}{\mathrm{d}t}$,粒子的速度 $v\ll c$. 试求它对电磁波的微分散射截面和散射截面.

【解】　因 $v\ll c$,故电磁波作用在粒子上的洛伦兹力可以略去不计,于是粒子的运动方程为

$$m\frac{\mathrm{d}^2\boldsymbol{r}'}{\mathrm{d}t'^2}=-m\omega_0^2\boldsymbol{r}'+q\boldsymbol{E}_0\mathrm{e}^{-\mathrm{i}\omega t'}-\frac{q^2\omega^2}{6\pi\varepsilon_0 c^3}\frac{\mathrm{d}\boldsymbol{r}'}{\mathrm{d}t'} \tag{6.15.1}$$

令

$$\gamma=\frac{q^2\omega^2}{6\pi\varepsilon_0 c^3 m} \tag{6.15.2}$$

则(6.15.1)式可化为

$$\frac{\mathrm{d}^2\boldsymbol{r}'}{\mathrm{d}t'^2}+\gamma\frac{\mathrm{d}\boldsymbol{r}'}{\mathrm{d}t'}+\omega_0^2\boldsymbol{r}'=\frac{q}{m}\boldsymbol{E}_0\mathrm{e}^{-\mathrm{i}\omega t'} \tag{6.15.3}$$

这是一个受迫振动的微分方程,它的通解为

$$\boldsymbol{r}'=\mathrm{e}^{-\frac{\gamma}{2}t'}(c_1\mathrm{e}^{\beta t'}+c_2\mathrm{e}^{-\beta t'})+\frac{q}{m}\frac{\boldsymbol{E}_0}{\sqrt{(\omega_0^2-\omega^2)^2+\gamma^2\omega^2}}\mathrm{e}^{-\mathrm{i}(\omega t'-\delta)} \tag{6.15.4}$$

式中c_1和 c_2 是两个积分常数,另外两个常数是

$$\beta=\sqrt{\frac{\gamma^2}{4}-\omega_0^2} \tag{6.15.5}$$

$$\delta=\arctan\frac{\gamma\omega}{\omega_0^2-\omega^2} \tag{6.15.6}$$

(6.15.4)式右边第一项是(6.15.3)式的辅助解(余函数),因含有 $\mathrm{e}^{-\frac{\gamma}{2}t'}$ 因子,是瞬态解,它只在刚加上电磁波后的瞬间起作用,很快便随时间 t' 趋于零,所以对散射无贡献. (6.15.4)式右边第二项是(6.15.3)式的特解,它随电磁波的频率作简谐振动,是稳态解,它所产生的辐射便是对入射电磁波的散射. 下面便只考虑特解这一部分.

根据前面 4.37 题,带电粒子作简谐振动时,它向外发出的辐射在 $\boldsymbol{r}=r\boldsymbol{e}_r$ 处的平均能流密度为[参见(4.37.5)式]

$$\overline{\boldsymbol{S}}=\frac{q^2\omega^4a^2}{32\pi^2\varepsilon_0c^3}\frac{\sin^2\theta}{r^2}\boldsymbol{e}_r \tag{6.15.7}$$

式中 a 是粒子振动的振幅. 将(6.15.4)式右边第二项的值代入(6.15.7)式,便得散射波的平均能流密度为

$$\overline{\boldsymbol{S}}=\frac{q^4\omega^4}{32\pi^2\varepsilon_0c^3m^2}\frac{E_0^2}{(\omega_0^2-\omega^2)^2+\gamma^2\omega^2}\frac{\sin^2\theta}{r^2}\boldsymbol{e}_r \tag{6.15.8}$$

式中 θ 是 $\boldsymbol{e}_r$ 与入射电磁波的 $\boldsymbol{E}_0$ 之间的夹角.

散射波在 $\boldsymbol{r}$ 处通过面积元 $\mathrm{d}\boldsymbol{A}$ 的功率为

$$\mathrm{d}P=\overline{\boldsymbol{S}}\cdot\mathrm{d}\boldsymbol{A}=\frac{q^4\omega^4E_0^2}{32\pi^2\varepsilon_0c^3m^2}\frac{\sin^2\theta}{(\omega_0^2-\omega^2)^2+\gamma^2\omega^2}\mathrm{d}\Omega \tag{6.15.9}$$

式中

$$\mathrm{d}\Omega=\frac{\boldsymbol{e}_r\cdot\mathrm{d}A}{r^2} \tag{6.15.10}$$

是 $\mathrm{d}\boldsymbol{A}$ 对原点(振子中心)张的立体角. 粒子的微分散射截面定义为

$$\frac{\mathrm{d}\sigma}{\mathrm{d}\Omega}=\frac{\mathrm{d}P}{I_0\mathrm{d}\Omega} \tag{6.15.11}$$

式中 I_0 是入射电磁波的强度,在本题中为

$$I_0=\frac{1}{2}\varepsilon_0cE_0^2 \tag{6.15.12}$$

将(6.15.9)式和 (6.15.12) 式代入(6.15.11)式,便得所求的微分散射截面为

$$\frac{d\sigma}{d\Omega}=\frac{q^4\omega^4}{16\pi^2\varepsilon_0^2c^4m^2}\frac{\sin^2\theta}{(\omega_0^2-\omega^2)^2+\gamma^2\omega^2} \tag{6.15.13}$$

粒子的散射截面为

$$\begin{aligned}\sigma&=\int_0^{4\pi}\frac{d\sigma}{d\Omega}d\Omega=\int_0^{\pi}\int_0^{2\pi}\frac{d\sigma}{d\Omega}\sin\theta d\theta d\phi\\&=\frac{q^4\omega^4}{8\pi\varepsilon_0^2c^4m^2}\frac{1}{(\omega_0^2-\omega^2)^2+\gamma^2\omega^2}\int_0^{\pi}\sin^3\theta d\theta\\&=\frac{8\pi}{3}\left(\frac{q^2}{4\pi\varepsilon_0mc^2}\right)^2\frac{\omega^4}{(\omega_0^2-\omega^2)^2+\gamma^2\omega^2}\end{aligned} \tag{6.15.14}$$

6.16　单色平面电磁波入射到电容率为 ε、磁导率为 μ_0、半径为 a 的均匀介质球上,已知入射波的电场强度为 $\boldsymbol{E}=\boldsymbol{E}_0e^{-i\omega t}$,波长 $\lambda=2\pi c/\omega\gg a$. (1) 试求介质球散射波的平均能流密度;(2)试求单位立体角内散射波的功率以及微分散射截面;(3)若入射波是非偏振的电磁波(即在垂直于入射波进行方向的平面内,$\boldsymbol{E}_0$ 的方向是随机的),试求微分散射截面.

【解】 (1)由于电磁波的波长 $\lambda\gg a$(介质球的半径),故介质球可看做是处在均匀电场中,从而产生均匀极化 . 根据前面 2.15 题的(2.15.22)式,这时介质球的电偶极矩为

$$\boldsymbol{p}=\frac{4\pi\varepsilon_0(\varepsilon-\varepsilon_0)a^3}{\varepsilon+2\varepsilon_0}\boldsymbol{E}=\frac{4\pi\varepsilon_0(\varepsilon-\varepsilon_0)a^3}{\varepsilon+2\varepsilon_0}\boldsymbol{E}_0e^{-i\omega t} \tag{6.16.1}$$

可见这介质球在入射电磁波的作用下,成为一个振动的电偶极子,它振动时发出的辐射就是它对入射电磁波的散射.

根据前面 4.6 题的(4.6.18)式和(4.6.17)式,(6.16.1)的 $\boldsymbol{p}$ 的辐射场为

$$\boldsymbol{E}=-\frac{\mu_0\omega^2p_0}{4\pi}\frac{e^{i(kr-\omega t)}}{r}\sin\theta\boldsymbol{e}_\theta \tag{6.16.2}$$

$$\boldsymbol{H}=-\frac{\omega^2p_0}{4\pi c}\frac{e^{i(kr-\omega t)}}{r}\sin\theta\boldsymbol{e}_\phi \tag{6.16.3}$$

式中

$$p_0=\frac{4\pi\varepsilon_0(\varepsilon-\varepsilon_0)a^3}{\varepsilon+2\varepsilon_0}E_0 \tag{6.16.4}$$

$$k=\frac{\omega}{c}=\frac{2\pi}{\lambda} \tag{6.16.5}$$

θ 是辐射方向 $\boldsymbol{e}_r$ 与 $\boldsymbol{E}_0$ 之间的夹角,$\boldsymbol{e}_\theta$ 和 $\boldsymbol{e}_\phi$ 分别是以 $\boldsymbol{E}_0$ 为极轴的球坐标系的两个基矢.

散射波的平均能流密度为

$$\overline{\boldsymbol{S}}=\frac{1}{2}R_e(\boldsymbol{E}\times\boldsymbol{H}^*)=\frac{\omega^4|p_0|^2}{32\pi^2\varepsilon_0c^3}\frac{\sin^2\theta}{r^2}\boldsymbol{e}_r$$

$$= \frac{\varepsilon_0(\varepsilon-\varepsilon_0)^2\omega^4a^6}{2c^3(\varepsilon+2\varepsilon_0)^2}|E_0|^2\frac{\sin^2\theta}{r^2}\boldsymbol{e}_r \tag{6.16.6}$$

式中 $\boldsymbol{e}_r=\boldsymbol{e}_\theta\times\boldsymbol{e}_\phi$.

(2)散射波通过面积元 d$\boldsymbol{A}$ 的平均功率为

$$\mathrm{d}P=\overline{\boldsymbol{S}}\cdot\mathrm{d}\boldsymbol{A}=\frac{\varepsilon_0(\varepsilon-\varepsilon_0)^2\omega^4a^6}{2c^3(\varepsilon+2\varepsilon_0)^2}|E_0|^2\frac{\sin^2\theta}{r^2}\boldsymbol{e}_r\cdot\mathrm{d}\boldsymbol{A} \tag{6.16.7}$$

因

$$\frac{\boldsymbol{e}_r\cdot\mathrm{d}\boldsymbol{A}}{r^2}=\mathrm{d}\Omega \tag{6.16.8}$$

是 d$\boldsymbol{A}$ 对介质球中心所张的立体角,故得

$$\mathrm{d}P=\frac{\varepsilon_0(\varepsilon-\varepsilon_0)^2\omega^4a^6}{2c^3(\varepsilon+2\varepsilon_0)^2}|E_0|^2\sin^2\theta\mathrm{d}\Omega \tag{6.16.9}$$

于是得单位立体角散射波的功率为

$$\frac{\mathrm{d}P}{\mathrm{d}\Omega}=\frac{\varepsilon_0(\varepsilon-\varepsilon_0)^2\omega^4a^6}{2c^3(\varepsilon+2\varepsilon_0)^2}|E_0|^2\sin^2\theta \tag{6.16.10}$$

微分散射截面的定义为

$$\frac{\mathrm{d}\sigma}{\mathrm{d}\Omega}=\frac{\mathrm{d}P}{I_0\mathrm{d}\Omega} \tag{6.16.11}$$

式中 I_0 是入射波的强度,其值为

$$I_0=\frac{1}{2}c\varepsilon_0|E_0|^2 \tag{6.16.12}$$

将(6.6.10)式、(6.16.12)式代入(6.16.11)式,便得所求的微分散射截面为

$$\frac{\mathrm{d}\sigma}{\mathrm{d}\Omega}=\frac{(\varepsilon-\varepsilon_0)^2\omega^4a^6}{c^4(\varepsilon+2\varepsilon_0)^2}\sin^2\theta \tag{6.16.13}$$

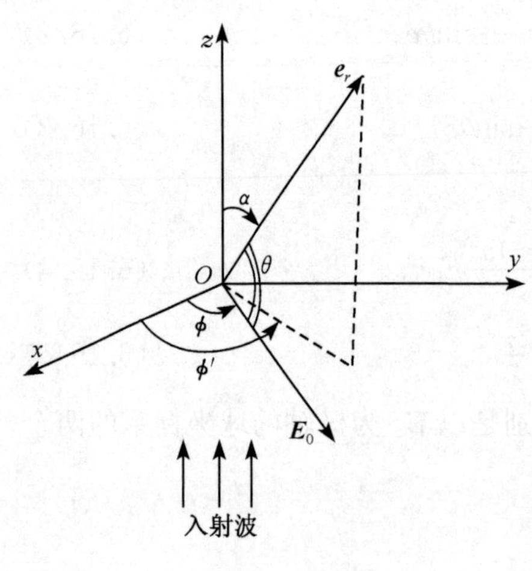

图 6.16

(3) 以介质球心为原点取笛卡儿坐标系,设入射波沿 z 轴方向进行,则 $\boldsymbol{E}_0$ 便平行于 x-y 平面,如图 6.16 所示,当入射波为非偏振波时,$\boldsymbol{E}_0$ 的方位角 ϕ 便是随机的,这时的微分散射截面便要将(6.16.13)式对所有可能的 ϕ 求平均得出,即这时

$$\frac{\mathrm{d}\sigma}{\mathrm{d}\Omega}=\frac{(\varepsilon-\varepsilon_0)^2\omega^4a^6}{c^4(\varepsilon+2\varepsilon_0)^2}\frac{1}{2\pi}\int_0^{2\pi}\sin^2\theta\mathrm{d}\phi \tag{6.16.14}$$

设散射方向 $\boldsymbol{e}_r$ 的方位角为 ϕ',$\boldsymbol{e}_r$ 与 z 轴的夹角为 α,则有[参见本书末数学附录(V.1)式]

$$\cos\theta = \cos\alpha\cos\frac{\pi}{2} + \sin\alpha\sin\frac{\pi}{2}\cos(\phi' - \phi)$$
$$= \sin\alpha\cos(\phi' - \phi) \qquad (6.16.15)$$

于是

$$\sin^2\theta = 1 - \cos^2\theta = 1 - \sin^2\alpha\cos^2(\phi' - \phi) \qquad (6.16.16)$$

将 $\sin^2\theta$ 对 $\boldsymbol{E}_0$ 的方位角 ϕ 求平均,即

$$\frac{1}{2\pi}\int_0^{2\pi}\sin^2\theta\mathrm{d}\phi = \frac{1}{2\pi}\int_0^{2\pi}[1 - \sin^2\alpha\cos^2(\phi' - \phi)]\mathrm{d}\phi$$
$$= 1 - \frac{1}{2\pi}\sin^2\alpha\left[\frac{1}{2}(\phi' - \phi) + \frac{1}{4}\sin 2(\phi' - \phi)\right]_{\phi=0}^{\phi=2\pi}$$
$$= 1 - \frac{1}{2}\sin^2\alpha = \frac{1}{2}(1 + \cos^2\alpha) \qquad (6.16.17)$$

将(6.16.17)式代入(6.16.14)式,便得所求的微分散射截面为

$$\frac{\mathrm{d}\sigma}{\mathrm{d}\Omega} = \frac{(\varepsilon - \varepsilon_0)^2\omega^4 a^6}{2c^4(\varepsilon + 2\varepsilon_0)^2}(1 + \cos^2\alpha) \qquad (6.16.18)$$

【讨论】 (1) 本题所给的条件"磁导率为 μ_0"好像没有用到,但实际上用到了.因为 $\mu = \mu_0$,所以在入射电磁波的作用下,就没有磁偶极矩出现,因而也就不用考虑相应的散射.

(2) 本题如果不加上条件 $\lambda \gg a$,则问题的解就很复杂.有兴趣的读者可参看 J. A. Stratton, *Electromagnetic Theory*(1941), pp. 562～573.

6.17　单色平面电磁波入射到半径为 a 的导体球上,已知电磁波的电场强度为 $\boldsymbol{E} = \boldsymbol{E}_0\mathrm{e}^{-\mathrm{i}\omega t'}$,波长 $\lambda = \frac{2\pi\omega}{c} \gg a$;这电磁波是非偏振的,即 $\boldsymbol{E}_0$ 的方向在垂直于波进行方向的平面内是随机的.试证明:导体球的微分散射截面为

$$\frac{\mathrm{d}\sigma}{\mathrm{d}\Omega} = \left(\frac{\omega^2 a^3}{c^2}\right)^2\left[\frac{5}{8}(1 + \cos^2\theta) - \cos\theta\right]$$

式中 θ 为散射方向与入射波进行方向之间的夹角.

【证】 由于电磁波的波长 $\lambda \gg a$,故导体球可看作是处在均匀的电磁场中;由于交变的外电场,导体球表面上产生电荷,其电偶极矩为[参见前面 2.13 题的(2.13.17)式]

$$\boldsymbol{p} = 4\pi\varepsilon_0 a^3\boldsymbol{E}_0\mathrm{e}^{-\mathrm{i}\omega t'} \qquad (6.17.1)$$

由于交变的外磁场,导体球表面上产生电流,其磁矩为[参见前面 2.72 题的(2.72.16)式,因为当作理想导体,故 $\mu = 0$]

$$\boldsymbol{m} = -2\pi a^3\boldsymbol{H}_0\mathrm{e}^{-\mathrm{i}\omega t'} \qquad (6.17.2)$$

式中

$$\boldsymbol{H}_0 = \varepsilon_0 c\boldsymbol{e}_i \times \boldsymbol{E}_0 \qquad (6.17.3)$$

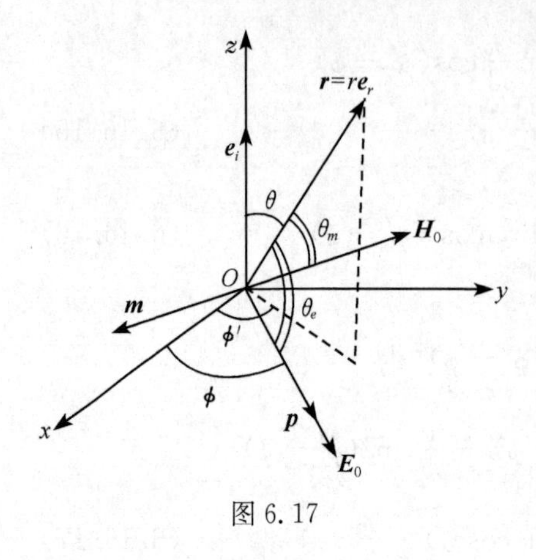

图 6.17

是入射电磁波的磁场强度，e_i 是入射电磁波进行方向上的单位矢量.

振动的电偶极矩 $\boldsymbol{p}$ 和振动的磁矩 $\boldsymbol{m}$ 向外发出的辐射便是导体球对入射电磁波的散射，以导体球的中心为原点，入射电磁波的进行方向 $\boldsymbol{e}_i$ 为 z 轴，取坐标系如图 6.17 所示，则电磁波的 $\boldsymbol{E}_0$ 和 $\boldsymbol{H}_0$ 都平行于 x-y 平面. 考虑 $\boldsymbol{r}=r\boldsymbol{e}_r$ 处的辐射场：$\boldsymbol{p}$ 所产生的辐射场为

$$\boldsymbol{E}_e=\frac{1}{4\pi\varepsilon_0 c^2 r}\boldsymbol{e}_r\times[\boldsymbol{e}_r\times\ddot{\boldsymbol{p}}(t')] \quad (6.17.4)$$

$$\boldsymbol{H}_e=\frac{1}{4\pi cr}\ddot{\boldsymbol{p}}(t')\times\boldsymbol{e}_r \quad (6.17.5)$$

$\boldsymbol{m}$ 所产生的辐射场为

$$\boldsymbol{E}_m=\frac{1}{4\pi\varepsilon_0 c^3 r}\boldsymbol{e}_r\times\ddot{\boldsymbol{m}}(t') \quad (6.17.6)$$

$$\boldsymbol{H}_m=\frac{1}{4\pi c^2 r}\boldsymbol{e}_r\times[\boldsymbol{e}_r\times\ddot{\boldsymbol{m}}(t')] \quad (6.17.7)$$

于是得散射场的电场强度为

$$\begin{aligned}\boldsymbol{E}&=\boldsymbol{E}_e+\boldsymbol{E}_m=\frac{1}{4\pi\varepsilon_0 c^3 r}[c\boldsymbol{e}_r\times(\boldsymbol{e}_r\times\ddot{\boldsymbol{p}})+\boldsymbol{e}_r\times\ddot{\boldsymbol{m}}]\\&=\frac{1}{4\pi\varepsilon_0 c^3 r}[-4\pi\varepsilon_0 c\omega^2 a^3\boldsymbol{e}_r\times(\boldsymbol{e}_r\times\boldsymbol{E}_0\mathrm{e}^{-\mathrm{i}\omega t'})+2\pi\omega^2 a^3\boldsymbol{e}_r\times\boldsymbol{H}_0\mathrm{e}^{-\mathrm{i}\omega t'}]\\&=\frac{\omega^2 a^3}{2c^3 r}\left[-2c\boldsymbol{e}_r\times(\boldsymbol{e}_r\times\boldsymbol{E}_0)+\frac{1}{\varepsilon_0}\boldsymbol{e}_r\times\boldsymbol{H}_0\right]\mathrm{e}^{-\mathrm{i}\omega t'}\end{aligned} \quad (6.17.8)$$

散射场的磁场强度为

$$\begin{aligned}\boldsymbol{H}&=\boldsymbol{H}_e+\boldsymbol{H}_m=\frac{1}{4\pi c^2 r}[c\ddot{\boldsymbol{p}}\times\boldsymbol{e}_r+\boldsymbol{e}_r\times(\boldsymbol{e}_r\times\ddot{\boldsymbol{m}})]\\&=\frac{1}{4\pi c^2 r}[-4\pi\varepsilon_0 c\omega^2 a^3(\boldsymbol{E}_0\mathrm{e}^{-\mathrm{i}\omega t'})\times\boldsymbol{e}_r+2\pi\omega^2 a^3\boldsymbol{e}_r\times(\boldsymbol{e}_r\times\boldsymbol{H}_0)\mathrm{e}^{-\mathrm{i}\omega t'}]\\&=\frac{\omega^2 a^3}{2c^2 r}[-2\varepsilon_0 c\boldsymbol{E}_0\times\boldsymbol{e}_r+\boldsymbol{e}_r\times(\boldsymbol{e}_r\times\boldsymbol{H}_0)]\mathrm{e}^{-\mathrm{i}\omega t'}\end{aligned} \quad (6.17.9)$$

散射场的平均能流密度为

$$\begin{aligned}\overline{\boldsymbol{S}}=\frac{1}{2}Re(\boldsymbol{E}\times\boldsymbol{H}^*)&=\frac{\omega^4 a^6}{8c^5 r^2}\left[-2c\boldsymbol{e}_r\times(\boldsymbol{e}_r\times\boldsymbol{E}_0)+\frac{1}{\varepsilon_0}\boldsymbol{e}_r\times\boldsymbol{H}_0\right]\\&\quad\times[-2c\varepsilon_0\boldsymbol{E}_0^*\times\boldsymbol{e}_r+\boldsymbol{e}_r\times(\boldsymbol{e}_r\times\boldsymbol{H}_0^*)]\end{aligned} \quad (6.17.10)$$

(6.17.10)式中两方括号的叉乘共四项，分别计算如下：两电场项的叉乘为

$$[\boldsymbol{e}_r\times(\boldsymbol{e}_r\times\boldsymbol{E}_0)]\times(\boldsymbol{E}_0^*\times\boldsymbol{e}_r)=[(\boldsymbol{e}_r\cdot\boldsymbol{E}_0)\boldsymbol{e}_r-\boldsymbol{E}_0]\times(\boldsymbol{E}_0^*\times\boldsymbol{e}_r)$$

$$= (\boldsymbol{e}_r \cdot \boldsymbol{E}_0)\boldsymbol{E}_0^* - (\boldsymbol{e}_r \cdot \boldsymbol{E}_0)(\boldsymbol{e}_r \cdot \boldsymbol{E}_0^*)\boldsymbol{e}_r - (\boldsymbol{E}_0 \cdot \boldsymbol{e}_r)\boldsymbol{E}_0^* + |E_0|^2\boldsymbol{e}_r$$

$$= -|E_0|^2\cos^2\theta_e\boldsymbol{e}_r + |E_0|^2\boldsymbol{e}_r = |E_0|^2\sin^2\theta_e\boldsymbol{e}_r \tag{6.17.11}$$

式中 θ_e 是 $\boldsymbol{e}_r$ 与 $\boldsymbol{E}_0$（或 $\boldsymbol{E}_0^*$）的夹角，$|E_0|^2=E_0E_0^*$.

两磁场项的叉乘为

$$(\boldsymbol{e}_r \times \boldsymbol{H}_0) \times [\boldsymbol{e}_r \times (\boldsymbol{e}_r \times \boldsymbol{H}_0^*)] = (\boldsymbol{e}_r \times \boldsymbol{H}_0) \times [(\boldsymbol{e}_r \cdot \boldsymbol{H}_0^*)\boldsymbol{e}_r - \boldsymbol{H}_0^*]$$

$$= (\boldsymbol{e}_r \cdot \boldsymbol{H}_0^*)\boldsymbol{H}_0 - (\boldsymbol{e}_r \cdot \boldsymbol{H}_0^*)(\boldsymbol{e}_r \cdot \boldsymbol{H}_0)\boldsymbol{e}_r - (\boldsymbol{e}_r \cdot \boldsymbol{H}_0^*)\boldsymbol{H}_0 + |H_0|^2\boldsymbol{e}_r$$

$$= -|H_0|^2\cos^2\theta_m\boldsymbol{e}_r + |H_0|^2\boldsymbol{e}_r = |H_0|^2\sin^2\theta_m\boldsymbol{e}_r \tag{6.17.12}$$

式中 θ_m 是 $\boldsymbol{e}_r$ 与 $\boldsymbol{H}_0$（或 $\boldsymbol{H}_0^*$）的夹角，$|H_0|^2=H_0H_0^*$.

电场与磁场的叉乘项为

$$\begin{aligned}
&[\boldsymbol{e}_r \times (\boldsymbol{e}_r \times \boldsymbol{E}_0)] \times [\boldsymbol{e}_r \times (\boldsymbol{e}_r \times \boldsymbol{H}_0^*)] \\
&= [(\boldsymbol{e}_r \cdot \boldsymbol{E}_0)\boldsymbol{e}_r - \boldsymbol{E}_0] \times [(\boldsymbol{e}_r \cdot \boldsymbol{H}_0^*)\boldsymbol{e}_r - \boldsymbol{H}_0^*] \\
&= (\boldsymbol{e}_r \cdot \boldsymbol{E}_0)\boldsymbol{e}_r \times (-\boldsymbol{H}_0^*) - (\boldsymbol{e}_r \cdot \boldsymbol{H}_0^*)\boldsymbol{E}_0 \times \boldsymbol{e}_r + \boldsymbol{E}_0 \times \boldsymbol{H}_0^* \\
&= [(\boldsymbol{e}_r \cdot \boldsymbol{E}_0)\boldsymbol{H}_0^* - (\boldsymbol{e}_r \cdot \boldsymbol{H}_0^*)\boldsymbol{E}_0] \times \boldsymbol{e}_r + \boldsymbol{E}_0 \times \boldsymbol{H}_0^* \\
&= [(\boldsymbol{E}_0 \times \boldsymbol{H}_0^*) \times \boldsymbol{e}_r] \times \boldsymbol{e}_r + \boldsymbol{E}_0 \times \boldsymbol{H}_0^* \\
&= [(\boldsymbol{E}_0 \times \boldsymbol{H}_0^*) \cdot \boldsymbol{e}_r]\boldsymbol{e}_r - \boldsymbol{E}_0 \times \boldsymbol{H}_0^* + \boldsymbol{E}_0 \times \boldsymbol{H}_0^* \\
&= [(\boldsymbol{E}_0 \times \boldsymbol{H}_0^*) \cdot \boldsymbol{e}_r]\boldsymbol{e}_r = E_0H_0^*\boldsymbol{e}_i \cdot \boldsymbol{e}_r\boldsymbol{e}_r = E_0H_0^*\cos\theta\boldsymbol{e}_r
\end{aligned} \tag{6.17.13}$$

式中 θ 是 $\boldsymbol{e}_r$ 与 $\boldsymbol{e}_i$（电磁波进行方向，即图 6 .17 中的 z 轴）的夹角.

磁场与电场的叉乘项为

$$(\boldsymbol{e}_r \times \boldsymbol{H}_0) \times (\boldsymbol{E}_0^* \times \boldsymbol{e}_r) = [\boldsymbol{e}_r \cdot (\boldsymbol{H}_0 \times \boldsymbol{e}_r)]\boldsymbol{E}_0^* - [\boldsymbol{e}_r \cdot (\boldsymbol{H}_0 \times \boldsymbol{E}_0^*)]\boldsymbol{e}_r$$

$$= -[\boldsymbol{e}_r \cdot (\boldsymbol{H}_0 \times \boldsymbol{E}_0^*)]\boldsymbol{e}_r = [\boldsymbol{e}_r \cdot (\boldsymbol{E}_0^* \times \boldsymbol{H}_0)]\boldsymbol{e}_r = E_0^*H_0\cos\theta\boldsymbol{e}_r \tag{6.17.14}$$

将(6.17.11)、(6.17.12)、(6.17.13)、(6.17.14)四式代入(6.17.10)式即得

$$\overline{\boldsymbol{S}} = \frac{\omega^4a^6}{8c^5r^2}\left[4c^2\varepsilon_0\,|E_0|^2\sin^2\theta_e + \frac{1}{\varepsilon_0}\,|H_0|^2\sin^2\theta_m - 2cE_0H_0^*\cos\theta - 2cE_0^*H_0\cos\theta\right]\boldsymbol{e}_r \tag{6.17.15}$$

由(6.17.3)式有

$$H_0 = \varepsilon_0cE_0, \qquad H_0^* = \varepsilon_0cE_0^* \tag{6.17.16}$$

代入(6.17.15)式即得

$$\begin{aligned}
\overline{\boldsymbol{S}} &= \frac{\omega^4a^6}{8c^5r^2} \cdot \varepsilon_0c^2\,|E_0|^2(4\sin^2\theta_e + \sin^2\theta_m - 4\cos\theta)\boldsymbol{e}_r \\
&= \frac{\omega^4a^6}{c^4r^2}I_0\left(\sin^2\theta_e + \frac{1}{4}\sin^2\theta_m - \cos\theta\right)\boldsymbol{e}_r
\end{aligned} \tag{6.17.17}$$

式中 I_0 是入射电磁波的强度，其值为

$$I_0 = \frac{1}{2}\varepsilon_0c\,|E_0|^2 \tag{6.17.18}$$

通过 $\boldsymbol{r}$ 处面积元 $\mathrm{d}\boldsymbol{A}$ 的功率为

$$dP = \bar{\boldsymbol{S}} \cdot d\boldsymbol{A} = \left(\frac{\omega^2 a^3}{c^2}\right)^2 I_0 \left(\sin^2\theta_e + \frac{1}{4}\sin^2\theta_m - \cos\theta\right)\frac{\boldsymbol{e}_r \cdot d\boldsymbol{A}}{r^2} \tag{6.17.19}$$

式中

$$\frac{\boldsymbol{e}_r \cdot d\boldsymbol{A}}{r^2} = d\Omega \tag{6.17.20}$$

是 $d\boldsymbol{A}$ 对导体球心所张的立体角，于是得单位立体角内的散射功率为

$$\frac{dP}{d\Omega} = \left(\frac{\omega^2 a^3}{c^2}\right)^2 I_0 \left(\sin^2\theta_e + \frac{1}{4}\sin^2\theta_m - \cos\theta\right) \tag{6.17.21}$$

对偏振的入射波来说，$\boldsymbol{E}_0$ 的方向是固定的，这时的微分散射截面依定义为

$$\frac{d\sigma}{d\Omega} = \frac{dP}{I_0 d\Omega} = \left(\frac{\omega^2 a^3}{c^2}\right)^2 \left(\sin^2\theta_e + \frac{1}{4}\sin^2\theta_m - \cos\theta\right) \tag{6.17.22}$$

设 $\boldsymbol{E}_0$ 的方位角为 ϕ，$\boldsymbol{e}_r$ 的方位角为 ϕ'，则由本书末数学附录的公式Ⅴ.1和图6.17得

$$\cos\theta_e = \cos\theta\cos\frac{\pi}{2} + \sin\theta\sin\frac{\pi}{2}\cos(\phi' - \phi) = \sin\theta\cos(\phi' - \phi) \tag{6.17.23}$$

$$\cos\theta_m = \cos\theta\cos\frac{\pi}{2} + \sin\theta\sin\frac{\pi}{2}\cos\left(\phi' - \phi - \frac{\pi}{2}\right) = \sin\theta\sin(\phi' - \phi) \tag{6.17.24}$$

将以上两式代入(6.17.22)式即得

$$\begin{aligned}\frac{d\sigma}{d\Omega} &= \left(\frac{\omega^2 a^3}{c^2}\right)^2 \left[1 - \sin^2\theta\cos^2(\phi' - \phi) + \frac{1}{4} - \frac{1}{4}\sin^2\theta\sin^2(\phi' - \phi) - \cos\theta\right] \\ &= \left(\frac{\omega^2 a^2}{c^2}\right)^2 \left[\frac{5}{4} - \frac{3}{4}\sin^2\theta\cos^2(\phi' - \phi) - \frac{1}{4}\sin^2\theta - \cos\theta\right]\end{aligned} \tag{6.17.25}$$

对非偏振的入射波来说，$\boldsymbol{E}_0$ 的方向在垂直于入射方向 $\boldsymbol{e}_i$ 的平面内是随机的，这时的微分散射截面便要对所有可能的 ϕ($\boldsymbol{E}_0$ 的方位角)求平均得出，即

$$\begin{aligned}\frac{d\sigma}{d\Omega} &= \frac{1}{2\pi}\left(\frac{\omega^2 a^3}{c^2}\right)^2 \int_0^{2\pi} \left[\frac{5}{4} - \frac{3}{4}\sin^2\theta\cos^2(\phi' - \phi) - \frac{1}{4}\sin^2\theta - \cos\theta\right] d\phi \\ &= \left(\frac{\omega^2 a^3}{c^2}\right)^2 \left(\frac{5}{4} - \frac{5}{8}\sin^2\theta - \cos\theta\right) \\ &= \left(\frac{\omega^2 a^3}{c^2}\right)^2 \left[\frac{5}{8}(1 + \cos^2\theta) - \cos\theta\right]\end{aligned} \tag{6.17.26}$$

【讨论】 本题如果不加上条件 $\lambda \gg a$，则问题的解就很复杂. 有兴趣的读者可参看 J. D. Jackson, *Classical Electrodynamics*, 3rd ed. (2001), pp. 473～477.

6.18 电场强度为 $\boldsymbol{E}_i = \boldsymbol{E}_0 e^{i(\boldsymbol{k} \cdot \boldsymbol{r} - \omega t)}$ 的平面电磁波正入射到一无穷长的理想导体圆柱面上，$\boldsymbol{E}_0$ 与圆柱的轴线平行，圆柱的半径为 a，试求被这圆柱面散射的电磁波.

【解】 由于 $\boldsymbol{E}_{\mathrm{i}}$ 与圆柱的轴线平行，它在理想导体圆柱面上产生的感应电流也与轴线平行，因此散射波的电场强度 $\boldsymbol{E}_{\mathrm{s}}$ 也与轴线平行，故总电场强度

$$\boldsymbol{E}=\boldsymbol{E}_{\mathrm{i}}+\boldsymbol{E}_{\mathrm{s}} \tag{6.18.1}$$

也与轴线平行.

以圆柱轴线上一点 O 为原点，轴线为 z 轴，取柱坐标系，并使 $\phi=0$ 为入射方向(如图 6.18 所示)，则有

$$\boldsymbol{E}=E\mathrm{e}^{-\mathrm{i}\omega t}\boldsymbol{e}_z=(E_{\mathrm{i}}+E_{\mathrm{s}})\mathrm{e}^{-\mathrm{i}\omega t}\boldsymbol{e}_z \tag{6.18.2}$$

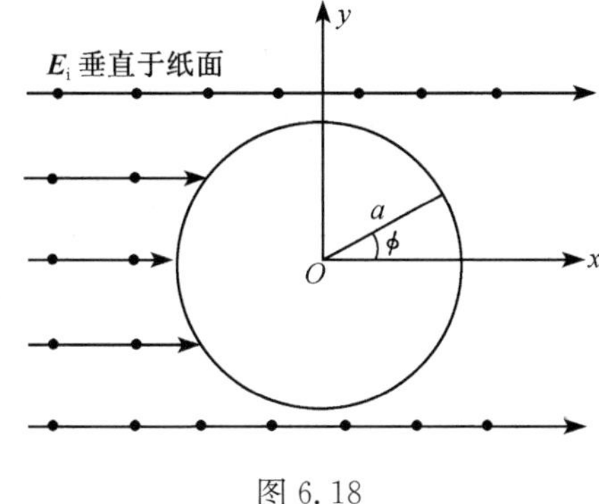

图 6.18

式中 $\boldsymbol{E}_{\mathrm{i}}=\boldsymbol{E}_0\mathrm{e}^{-\mathrm{i}\boldsymbol{k}\cdot\boldsymbol{r}}$，$E_{\mathrm{s}}$ 待求. 由于圆柱是无穷长，故 E_{s} 与 z 无关，即

$$E_{\mathrm{s}}=E_{\mathrm{s}}(r,\phi) \tag{6.18.3}$$

因为 $\boldsymbol{E}$ 满足波动方程

$$\nabla^2\boldsymbol{E}-\frac{1}{c^2}\frac{\partial^2\boldsymbol{E}}{\partial t^2}=0 \tag{6.18.4}$$

故由(6.18.2)式得

$$\nabla^2\boldsymbol{E}+k^2\boldsymbol{E}=0 \tag{6.18.5}$$

这是亥姆霍兹方程，其中

$$k=\frac{\omega}{c} \tag{6.18.6}$$

是传播常数，c 是真空中光速. 由(6.18.2)、(6.18.3)两式可知，散射波的 E_{s} 也满足亥姆霍兹方程，于是得

$$\frac{1}{r}\frac{\partial}{\partial r}\left(r\frac{\partial E_{\mathrm{s}}}{\partial r}\right)+\frac{1}{r^2}\frac{\partial^2 E_{\mathrm{s}}}{\partial\phi^2}+k^2E_{\mathrm{s}}=0 \tag{6.18.7}$$

用分离变数法求解(6.18.7)式，令

$$E_{\mathrm{s}}=R(r)\Phi(\phi) \tag{6.18.8}$$

代入(6.18.7)式，并除以 E_{s}，即得

$$\frac{1}{rR}\frac{\mathrm{d}}{\mathrm{d}r}\left(r\frac{\mathrm{d}R}{\mathrm{d}r}\right)+\frac{1}{r^2\Phi}\frac{\mathrm{d}^2\Phi}{\mathrm{d}\phi^2}+k^2=0 \tag{6.18.9}$$

因为 $\boldsymbol{E}_{\mathrm{s}}$ 应是 ϕ 的以 2π 为周期函数，故令

$$\frac{1}{\Phi}\frac{\mathrm{d}^2\Phi}{\mathrm{d}\phi^2}=-n^2 \tag{6.18.10}$$

解得

$$\Phi=A_n\cos n\phi+B_n\sin n\phi,\qquad n=0,1,2,\cdots \tag{6.18.11}$$

将(6.18.10)式代入(6.18.9)式得

$$\frac{\mathrm{d}^2R}{\mathrm{d}r^2}+\frac{1}{r}\frac{\mathrm{d}R}{\mathrm{d}r}+\left(k^2-\frac{n^2}{r^2}\right)R=0 \tag{6.18.12}$$

这是一个 n 阶贝塞耳方程,它的解中能代表从圆柱面向外传播的波的是第一类汉克耳函数

$$R(r)=\mathrm{H}_n^{(1)}(kr) \tag{6.18.13}$$

$\mathrm{H}_n^{(1)}(x)$也叫做第三类贝塞耳函数,当 $x\to\infty$时,$\mathrm{H}_n^{(1)}(x)\to e^{ix}$,故 $R(r)\mathrm{e}^{-\mathrm{i}\omega t}\to \mathrm{e}^{\mathrm{i}(kr-\omega t)}$,代表从圆柱面向外传播的散射波,于是得(6.18.7)式的散射波的解为

$$E_{\mathrm{s}}=\sum_{n=0}^{\infty}(A_n\cos n\phi+B_n\sin n\phi)\mathrm{H}_n^{(1)}(kr) \tag{6.18.14}$$

下面由边界条件定系数 A_n 和 B_n. 因为圆柱是理想导体,故有

$$E_{\mathrm{i}}+E_{\mathrm{s}}=0,\qquad 当\ r=a\ 时 \tag{6.18.15}$$

所以

$$E_{\mathrm{s}}\,|_{r=a}=-E_{\mathrm{i}}\,|_{r=a}=-E_0\mathrm{e}^{\mathrm{i}ka\cos\phi} \tag{6.18.16}$$

由公式[参见郭敦仁,《数学物理方法》(人民教育出版社,1978),295 页]

$$\mathrm{e}^{\mathrm{i}kr\cos\phi}=\mathrm{J}_0(kr)+2\sum_{n=1}^{\infty}\mathrm{i}^n\mathrm{J}_n(kr)\cos n\phi \tag{6.18.17}$$

得

$$E_{\mathrm{s}}\,|_{r=a}=-E_0\mathrm{e}^{\mathrm{i}ka\cos\phi}=-E_0\mathrm{J}_0(ka)-2E_0\sum_{n=1}^{\infty}\mathrm{i}^n\mathrm{J}_n(ka)\cos n\phi \tag{6.18.18}$$

式中 $\mathrm{J}_n(x)$是 n 阶贝塞耳函数. 比较(6.18.14)和(6.18.18)两式中 $\cos n\phi$ 和 $\sin n\phi$ 的系数,便得

$$A_0=-\frac{E_0\mathrm{J}_0(ka)}{\mathrm{H}_0^{(1)}(ka)},\quad A_n=-\frac{2\mathrm{i}^nE_0\mathrm{J}_n(ka)}{\mathrm{H}_n^{(1)}(ka)},\quad n\geqslant 1 \tag{6.18.19}$$

$$B_n=0 \tag{6.18.20}$$

代入(6.18.14)式得

$$E_{\mathrm{s}}=-\left[\frac{E_0\mathrm{J}_0(ka)}{\mathrm{H}_0^{(1)}(ka)}\mathrm{H}_0^{(1)}(kr)+2E_0\sum_{n=1}^{\infty}\mathrm{i}^n\frac{\mathrm{J}_n(ka)}{\mathrm{H}_n^{(1)}(ka)}\mathrm{H}_n^{(1)}(kr)\cos n\phi\right] \tag{6.18.21}$$

最后得被理想导体圆柱面散射的电磁波的电场强度为

$$\begin{aligned}\boldsymbol{E}_{\mathrm{s}}&=-\left[\frac{\mathrm{J}_0(ka)}{\mathrm{H}_0^{(1)}(ka)}\mathrm{H}_0^{(1)}(kr)+2\sum_{n=1}^{\infty}\mathrm{i}^n\frac{\mathrm{J}_n(ka)}{\mathrm{H}_n^{(1)}(ka)}\mathrm{H}_n^{(1)}(kr)\cos n\phi\right]E_0\mathrm{e}^{-\mathrm{i}\omega t}\boldsymbol{e}_z\\&=\left[\frac{\mathrm{J}_0(ka)}{\mathrm{H}_0^{(1)}(ka)}\mathrm{H}_0^{(1)}(kr)+2\sum_{n=1}^{\infty}\mathrm{i}^n\frac{\mathrm{J}_n(ka)}{\mathrm{H}_n^{(1)}(ka)}\mathrm{H}_n^{(1)}(kr)\cos n\phi\right]E_0\mathrm{e}^{-\mathrm{i}(\omega t-\pi)}\boldsymbol{e}_z\end{aligned} \tag{6.18.22}$$

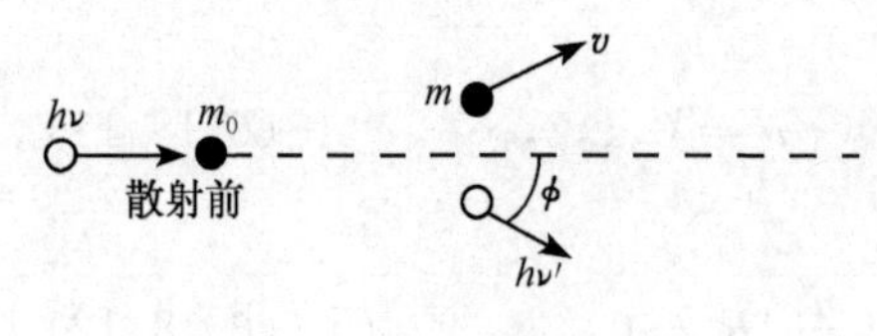

图 6.19

6.19　能量为 1.00MeV 的 γ 射线光子被静止的电子散射,已知电子的静质量为 $m_0=9.11\times10^{-31}$kg,散射角为 ϕ,如图 6.19 所示. 试求:(1)散射光子的波长 λ';(2)散射过程中电子获得能量的最小值 $E_{\min}$ 和最大

值 $E_{\max}$.

【解】 (1)入射光子的能量为 $h\nu=1.00\text{MeV}$，设散射后光子的能量为 $h\nu'$，动量的大小为 $h\nu'/c$；电子的质量为 m，速度为 $\boldsymbol{v}$，则由能量守恒定律得

$$h\nu' + mc^2 = h\nu + m_0c^2 \tag{6.19.1}$$

由动量守恒定律得

$$\frac{h\nu'}{c}\boldsymbol{e}' + m\boldsymbol{v} = \frac{h\nu}{c}\boldsymbol{e} \tag{6.19.2}$$

式中 $\boldsymbol{e}$ 和 $\boldsymbol{e}'$ 分别是散射前后光子进行方向上的单位矢量. 由(6.19.1)式得

$$\begin{aligned} m^2c^4 &= [m_0c^2 + h(\nu-\nu')]^2 \\ &= m_0^2c^4 + 2m_0c^2h(\nu-\nu') + h^2(\nu^2+\nu'^2-2\nu\nu') \end{aligned} \tag{6.19.3}$$

由(6.19.2)式得

$$m^2v^2c^2 = h^2(\nu^2+\nu'^2-2\nu\nu'\cos\phi) \tag{6.19.4}$$

式中 ϕ 是散射角，即 $\boldsymbol{e}'$ 与 $\boldsymbol{e}$ 之间的夹角. 以上两式相减得

$$m^2c^4\left(1-\frac{v^2}{c^2}\right) = m_0^2c^4 + 2m_0c^2h(\nu-\nu') - 2h^2\nu\nu'(1-\cos\phi) \tag{6.19.5}$$

因为

$$m = \frac{m_0}{\sqrt{1-\frac{v^2}{c^2}}} \tag{6.19.6}$$

故得

$$m_0c^2\left(\frac{1}{\nu'}-\frac{1}{\nu}\right) = h(1-\cos\phi) \tag{6.19.7}$$

又因

$$\nu\lambda = c \tag{6.19.8}$$

故得所求的波长为

$$\lambda' = \lambda + \frac{h}{m_0c}(1-\cos\phi) \tag{6.19.9}$$

(2)上式可化为

$$\nu' = \frac{\nu}{1+\frac{h\nu}{m_0c^2}(1-\cos\phi)} \tag{6.19.10}$$

由此式得出：当 $\phi=\pi$ 时

$$\begin{aligned} \varepsilon = \varepsilon_{\min} = h\nu'_{\min} &= \frac{h\nu}{1+\frac{2h\nu}{m_0c^2}} \\ &= \frac{1.00\text{MeV}}{1+\frac{2\times1.00\times10^6\times1.6\times10^{-19}}{9.11\times10^{-31}\times(3\times10^8)^2}} = 0.204\text{MeV} \end{aligned} \tag{6.19.11}$$

当 $\phi=0$ 时

$$\varepsilon=\varepsilon_{\max}=h\nu'_{\max}=h\nu=1.00\text{MeV} \tag{6.19.12}$$

最后得出，散射过程中电子获得能量的最大值为

$$E_{\max}=1.00-\varepsilon_{\min}=1.00-0.204=0.796\text{MeV} \tag{6.19.13}$$

电子获得能量的最小值为

$$E_{\min}=1.00-\varepsilon_{\max}=1.00-1.00=0 \tag{6.19.14}$$

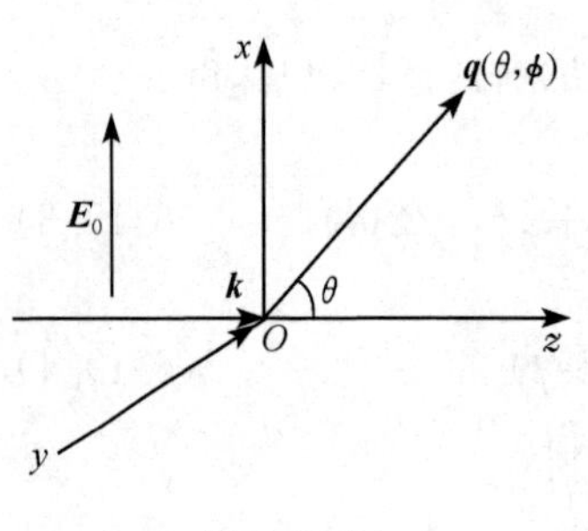

图 6.20(1)

6.20 处于基态的氢原子在线偏振光的作用下发生电离（氢原子的光电效应）. 已知氢原子基态的波函数为 $\Psi_0=(\pi a_0^3)^{-\frac{1}{2}}\mathrm{e}^{-\frac{r}{a_0}}$，电离后的波函数为 $\Psi_q=V^{-\frac{1}{2}}\mathrm{e}^{\mathrm{i}\boldsymbol{q}\cdot\boldsymbol{r}}$，线偏振光的电场为 $\boldsymbol{E}=\boldsymbol{E}_0\mathrm{e}^{\mathrm{i}(\boldsymbol{k}\cdot\boldsymbol{r}-\omega t)}$. 以氢原子核为原点 O 取坐标系如图 6.20(1)，使 z 轴在入射光的波矢量 $\boldsymbol{k}$ 的延长线上，x 轴则平行于光的电场 $\boldsymbol{E}_0$. 电离时，电子沿 $\boldsymbol{q}(\theta,\phi)$ 方向脱离氢原子核的概率与体积积分

$$I=\int\Psi_q^*\boldsymbol{E}\cdot\boldsymbol{r}\Psi_0\mathrm{d}V$$

的模方 $|I|^2$ 成正比. 试计算这个积分的值以及 $|I|^2$ 的值，并说明所得结果的物理意义.

【解】 为了便于计算，我们以氢原子核为原点，以电子脱离氢原子核的方向 $\boldsymbol{q}$ 为 ζ 轴，取坐标系 $\xi\eta\zeta$ 如图 6.20(2) 所示. 在这个坐标系中，积分点的坐标为

$$\boldsymbol{r}=(r,\alpha,\beta) \tag{6.20.1}$$

光波的电矢量为

$$\boldsymbol{E}_0=(E_0,\gamma,\delta) \tag{6.20.2}$$

图 6.20(2)

于是有

$$\boldsymbol{q}\cdot\boldsymbol{r}=qr\cos\alpha \tag{6.20.3}$$

$$\boldsymbol{E}_0\cdot\boldsymbol{r}=E_0r[\cos\gamma\cos\alpha+\sin\gamma\sin\alpha\cos(\delta-\beta)] \tag{6.20.4}$$

把这些表达式代入积分 I，便得

$$I=E_0\mathrm{e}^{-\mathrm{i}\omega t}(\pi a_0^3V)^{-\frac{1}{2}}\int_0^{\infty}\int_0^{\pi}\int_0^{2\pi}[\cos\gamma\cos\alpha+\sin\gamma\sin\alpha\cos(\delta-\beta)]$$

$$\times\exp\left(-\mathrm{i}qr\cos\alpha-\frac{r}{a_0}\right)r^3\sin\alpha\mathrm{d}r\mathrm{d}\alpha\mathrm{d}\beta \tag{6.20.5}$$

其中

$$\int_0^{2\pi} d\beta = 2\pi, \qquad \int_0^{2\pi} \cos(\delta-\beta)d\beta = 0 \tag{6.20.6}$$

故

$$\begin{aligned} I &= E_0 e^{-i\omega t}(\pi a_0^3 V)^{-\frac{1}{2}} \cdot 2\pi\cos\gamma\int_0^{\infty}\int_0^{\pi}\exp\left(-\frac{r}{a_0}-iqr\cos\alpha\right)r^3\sin\alpha\cos\alpha drd\alpha \\ &= E_0 e^{-i\omega t}(\pi a_0^3 V)^{-\frac{1}{2}} \cdot 2\pi\cos\gamma \cdot 6\int_0^{\pi}\left(\frac{1}{a_0}+iqr\cos\alpha\right)^{-4}\sin\alpha\cos\alpha d\alpha \\ &= 12\pi E_0(\pi a_0^3 V)^{-\frac{1}{2}} e^{-i\omega t}\cos\gamma\int_0^{\pi}\left(\frac{1}{a_0}+iq\cos\alpha\right)^{-4}\sin\alpha\cos\alpha d\alpha \end{aligned} \tag{6.20.7}$$

式中对 α 的积分为

$$\int_0^{\pi}\left(\frac{1}{a_0}+iq\cos\alpha\right)^{-4}\sin\alpha\cos\alpha d\alpha = -\frac{8iq}{3a_0}\left(\frac{1}{a_0^2}+q^2\right)^{-3} \tag{6.20.8}$$

于是得所求积分的值为

$$I = -32i\pi\frac{qE_0}{a_0}(\pi a_0^3 V)^{-\frac{1}{2}}\left(\frac{1}{a_0^2}+q^2\right)^{-3}\cos\gamma e^{-i\omega t} \tag{6.20.9}$$

$|I|^2$ 的值为

$$|I|^2 = \frac{1024\pi q^2 E_0^2}{a_0^5 V}\frac{\cos^2\gamma}{\left(\frac{1}{a_0^2}+q^2\right)^6} \tag{6.20.10}$$

上述结果表明,求出的积分只与电子脱离氢原子核的方向 $\boldsymbol{q}$ 和光波电场 $\boldsymbol{E}_0$ 之间的夹角 γ 有关. 由图 6.20(1)和图 6.20(2)可知,γ 与题目所给的角度 θ 和 ϕ 的关系为

$$\begin{aligned} \cos\gamma &= \cos\theta\cos\frac{\pi}{2}+\sin\theta\sin\frac{\pi}{2}\cos(\phi-0) \\ &= \sin\theta\cos\phi \end{aligned} \tag{6.20.11}$$

于是回到图 6.20(1),所求的积分值便为

$$I = -32i\pi\frac{qE_0}{a_0}(\pi a_0 V)^{-\frac{1}{2}}\left(\frac{1}{a_0^2}+q^2\right)^{-3}\sin\theta\cos\phi e^{-i\omega t} \tag{6.20.12}$$

$$|I|^2 = \frac{1024\pi q^2 E_0^2}{a_0^5 V}\frac{\sin^2\theta\cos^2\phi}{\left(\frac{1}{a_0^2}+q^2\right)^6} \tag{6.20.13}$$

这便是题目所要求的结果.

下面说明所得结果的物理意义. 根据题意,电子沿 $\boldsymbol{q}$ 方向脱离氢原子核的概率与 $|I|^2$ 成正比. 由(6.20.13)式可见,当 $\theta=0$ 或 $\phi=\frac{\pi}{2}$ 时,$|I|^2=0$,它的物理意义是:电子不会沿光线进行的方向(即 $\theta=0$)脱离氢原子核,也不会在垂直于光波电场 $\boldsymbol{E}$ 的平面内(即 $\phi=\frac{\pi}{2}$)脱离氢原子核. 当 $\theta=\frac{\pi}{2}$ 和 $\phi=0$ 或 π 时,$|I|^2$ 达到极大值,因光波的电场为 $\boldsymbol{E}=\boldsymbol{E}_0 e^{i(\boldsymbol{k}\cdot\boldsymbol{r}-\omega t)}=E_0 e^{i(\boldsymbol{k}\cdot\boldsymbol{r}-\omega t)}\boldsymbol{e}_x$, $\theta=\frac{\pi}{2}$ 和 $\phi=0$ 或 π 正是电场

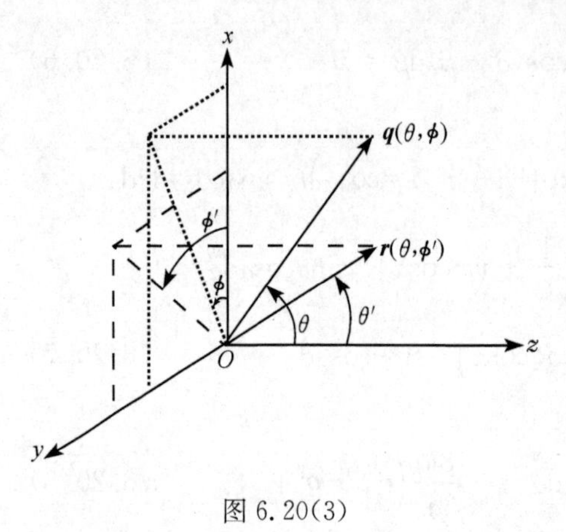

图 6.20(3)

强度 $\boldsymbol{E}$ 的振动方向，它的意义就是：电子在光波电场振动的方向上脱离氢原子核的概率最大.

在光波的电场 $\boldsymbol{E}$ 中，电子所受的力为 $\boldsymbol{f}=-e\boldsymbol{E}$. 因为 $\boldsymbol{E}$ 是振动的，故 $\boldsymbol{f}$ 也是振动的. 所以电子在光波的作用下，在 $\boldsymbol{E}$ 的振动方向上振动，因而在这个方向上脱离氢原子核的可能性最大. 可见上述结果是合理的.

上述结果还表明：电子脱离氢原子核的方向与光线进行的方向无关，而只与光的偏振方向（$\boldsymbol{E}_0$ 的方向）有关. 从电子受力 $\boldsymbol{f}=-e\boldsymbol{E}$ 的观点来看，这是应当如此的.

【讨论】 如果用图 6.20(1)所给的坐标系直接计算，则由图 6.20(3)可见，

$$\boldsymbol{q}\cdot\boldsymbol{r}=qr[\cos\theta\cos\theta'+\sin\theta\sin\theta'\cos(\phi-\phi')] \tag{6.20.14}$$

$$\boldsymbol{E}_0\cdot\boldsymbol{r}=E_0 r\sin\theta'\cos\phi' \tag{6.20.15}$$

$$\mathrm{d}V=r^2\sin\theta'\mathrm{d}r\mathrm{d}\theta'\mathrm{d}\phi' \tag{6.20.16}$$

把这些代入积分 I，便得

$$I=E_0\mathrm{e}^{-\mathrm{i}\omega t}(\pi a_0^3 V)^{-\frac{1}{2}}\int_0^\infty\int_0^\pi\int_0^{2\pi}\exp\{-\mathrm{i}qr[\cos\theta\cos\theta'+\sin\theta\sin\theta'\cos(\phi-\phi')]\}\exp\left(-\frac{r}{a_0}\right)r^3\sin\theta'\mathrm{d}r\mathrm{d}\theta'\mathrm{d}\phi' \tag{6.20.17}$$

这个积分太复杂，不易算出结果，所以我们在前面采用图 6.20(2)所示的坐标系 $\xi\eta\zeta$ 计算.

6.21 在电容率为 $\varepsilon\gg\varepsilon_0$、磁导率为 $\mu=\mu_0$ 的均匀介质中存在均匀的静磁场 $\boldsymbol{B}_0$，考虑平面光波通过这个介质沿 $\boldsymbol{B}_0$ 的方向传播.

(1) 试用简单模型证明，若入射光是线偏振光，则磁场会使偏振面旋转.

(2) 若入射光沿 $\boldsymbol{B}_0$ 的方向传播，偏振面往哪个方向旋转？若入射光逆 $\boldsymbol{B}_0$ 的方向传播，偏振面往哪个方向旋转？

(3) 如果线偏振光正入射到这种介质的平面平行片上，如图 6.21(1)所示，假定片的厚度 d 选择成这样：在 $B_0=0$ 的情况下，考虑多次反射，使透射光的强度为极大. 试估算在 $B_0\neq0$ 的情况下，透射光的偏振面旋转过的角度.［本题系中国赴美物理研究生考试(CUSPEA)1987 年试题.］

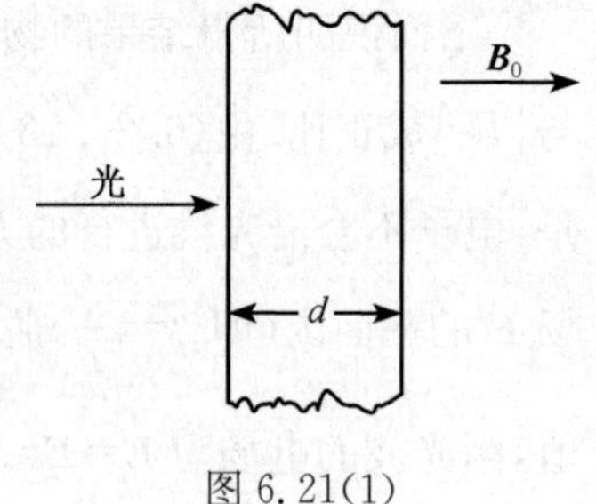

图 6.21(1)

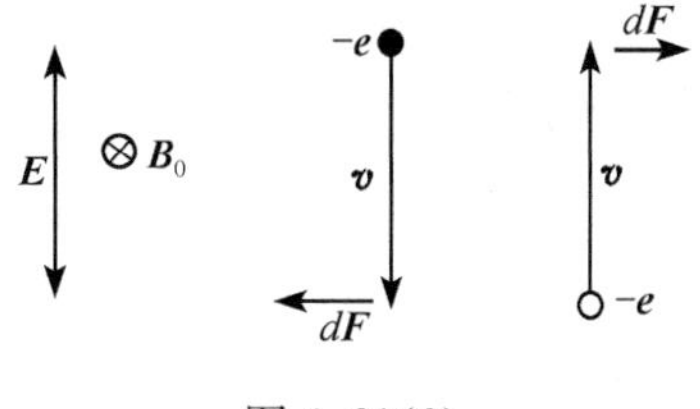

图 6.21(2)

【解】 (1) 显示这种效应(法拉第效应)的最简单模型是,把在(弱)洛伦兹力的作用下的束缚电子看作是由光波电场 $\boldsymbol{E}$ 驱动的线性振子,洛伦兹力使振子的振动面旋转. 这种旋转与波矢量 $\boldsymbol{k}$ 是平行于 $\boldsymbol{B}_0$ 还是逆平行于 $\boldsymbol{B}_0$ 无关. 在图 6.21(2)中,旋转是顺时针方向.

另一种简单模型是,在 $\boldsymbol{B}_0 \neq 0$ 的情况,对于左、右旋圆偏振光,考虑介质的新本征模(new eigenmodes). 束缚电子的共振显示出塞曼分裂 $\pm\mu B$,这里 μ 是轨道磁矩. 对于圆偏振的两个旋转方向来说,折射率是不同的[参见图 6.21(3)]. 把线偏振波表示为旋转方向相反的两个圆偏振波的叠加,我们便得出,在经过距离 d 后,它们的相位差为 $(k_+ d - k_- d)$,因而偏振面旋转的角度为

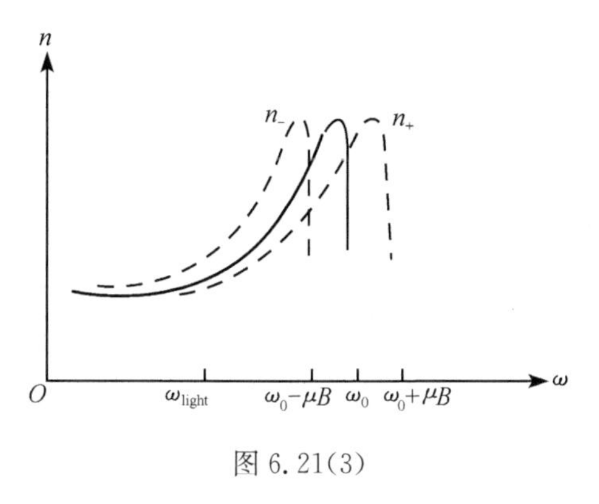

图 6.21(3)

$$\theta_{旋} \approx \frac{1}{2}(k_+ d - k_- d) \tag{6.21.1}$$

更为全面但仍是初等的分析可以在有些书中(例如 Rossi 的 Optics 中 428 页)找到. 先考虑 $\boldsymbol{B}_0 = 0$ 的情况,一个频率为 ω 的圆偏振的驱动场(driving field)$\boldsymbol{E}$. 设电子的质量为 m,电荷量为 $-e$,介质中电子的数密度为 N,则电子的位移 $\boldsymbol{r}$ 应满足下式:

$$-e\boldsymbol{E} - k\boldsymbol{r} = -m\omega^2\boldsymbol{r} \tag{6.21.2}$$

式中 $k = m\omega_0^2$,ω_0 是电子的固有频率. 由上式得

$$\boldsymbol{r} = -\frac{\frac{e}{m}\boldsymbol{E}}{\omega_0^2 - \omega^2} \tag{6.21.3}$$

电偶极矩为

$$\boldsymbol{p} = -e\boldsymbol{r} = \frac{e^2}{m}\frac{E}{\omega_0^2 - \omega^2} \tag{6.21.4}$$

介质的电极化强度为

$$\boldsymbol{P} = N\boldsymbol{p} = \frac{Ne^2}{m}\frac{E}{\omega_0^2 - \omega^2} \tag{6.21.5}$$

电位移为

$$\boldsymbol{D} = \varepsilon\boldsymbol{E} = \varepsilon_0\boldsymbol{E} + \boldsymbol{P} \tag{6.21.6}$$

故得

$$n^2 = \frac{\varepsilon}{\varepsilon_0} = 1 + \frac{Ne^2}{m\varepsilon_0}\frac{1}{\omega_0^2 - \omega^2} \tag{6.21.7}$$

现在考虑$\boldsymbol{B}_0\neq0$. 这时对做圆周运动的电子来说,便增加了一个额外的力,即沿径方向的洛伦兹力. 于是由电子的运动方程得

$$-e\boldsymbol{E}\mp eB\omega\boldsymbol{r}-k\boldsymbol{r}=-m\omega^2\boldsymbol{r} \tag{6.21.8}$$

$$\boldsymbol{r}=-\frac{\dfrac{e}{m}\boldsymbol{E}}{\omega_0^2-\omega^2\pm\dfrac{eB\omega}{m}} \tag{6.21.9}$$

于是得介质的电容率为

$$\varepsilon_\pm=\varepsilon_0+\frac{Ne^2}{m}\frac{1}{\omega_0^2-\omega^2\pm\dfrac{eB\omega}{m}} \tag{6.21.10}$$

所以

$$n_\pm^2=1+\frac{Ne^2}{m\varepsilon_0}\frac{1}{\omega_0^2-\omega^2\pm\dfrac{eB\omega}{m}} \tag{6.21.11}$$

$$\begin{aligned}n_-^2-n_+^2&=\frac{Ne^2}{\varepsilon_0}\left[\frac{1}{m(\omega_0^2-\omega^2)-eB\omega}-\frac{1}{m(\omega_0^2-\omega^2)+eB\omega}\right]\\&=\frac{Ne^2}{\varepsilon_0}\frac{2eB\omega}{m^2(\omega_0^2-\omega^2)^2-e^2B^2\omega^2}\end{aligned} \tag{6.21.12}$$

考虑到$eB\omega\ll m(\omega_0^2-\omega^2)$,上式可化为

$$\begin{aligned}n_-^2-n_+^2&\approx\frac{Ne^2}{\varepsilon_0}\frac{2eB\omega}{m^2(\omega_0^2-\omega^2)^2}=(n^2-1)\frac{2eB\omega}{m(\omega_0^2-\omega^2)}\\&=2(n^2-1)^2\frac{\varepsilon_0B\omega}{Ne}\end{aligned} \tag{6.21.13}$$

$$n_--n_+=\frac{2}{n_-+n_+}(n^2-1)^2\frac{\varepsilon_0B\omega}{Ne}\approx\frac{(n^2-1)^2}{n}\frac{\varepsilon_0B\omega}{Ne} \tag{6.21.14}$$

(2) 上面提到的几种模型都预言,线偏振的入射光不论是沿着$\boldsymbol{B}_0$的方向传播还是逆着$\boldsymbol{B}_0$的方向传播,它的偏振面都将往同一方向旋转. 这个旋转方向就是产生$\boldsymbol{B}$的螺线管的电流方向.

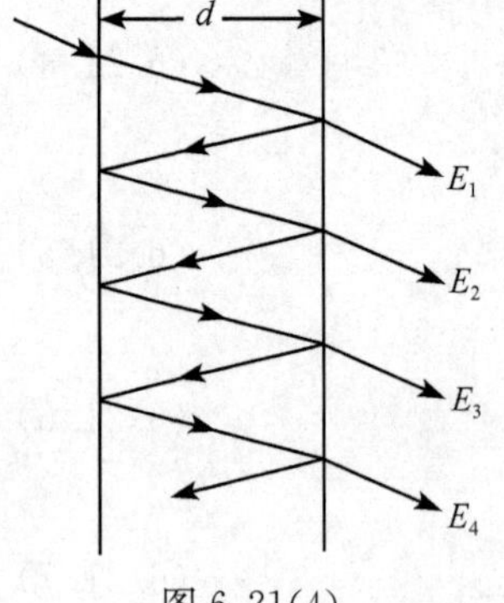

图 6.21(4)

(3) ε与ε_0的差越大,反射系数r就越大. 当$\boldsymbol{B}_0=0$时,透射波的总振幅为[参见图 6.21(4)]

$$\begin{aligned}E_t(B=0)&=E_1+E_2+E_3+\cdots\\&=E_0(1-r)^2\mathrm{e}^{-\mathrm{i}\alpha}(1+r^2\mathrm{e}^{-2\mathrm{i}\alpha}+r^4\mathrm{e}^{-4\mathrm{i}\alpha}+\cdots)\\&=\frac{E_0(1-r)^2\mathrm{e}^{-\mathrm{i}\alpha}}{1-r^2\mathrm{e}^{-2\mathrm{i}\alpha}}\end{aligned} \tag{6.21.15}$$

式中

$$\alpha = kd \tag{6.21.16}$$

透射光的强度为

$$I_t = E_t^* E_t = \frac{(1-r)^4 I_0}{1-2r^2\cos 2\alpha + r^4} \tag{6.21.17}$$

选择厚度 d 使得

$$kd = \pi \tag{6.21.18}$$

这时 $\cos 2\alpha = 1$，透射光的强度 I_t 便达到极大.

再取 $\boldsymbol{B}_0 \neq 0$，这时左、右两个圆偏振光之间便有相位差出现. 设经过距离 d 后，偏振面旋转过的角度为 δ. 若光的进行方向相反，则经过同样距离 d 后，偏振面往同一方向旋转的角度也是 δ. 所以，每经过两次反射后，电场都被转过 2δ 角度. 于是，透过介质片的电场 E_1、E_2、E_3、…的相位都相同，但偏振面转过的角度则分别为 δ、3δ、5δ、…. 因此，透射光的总电场便为

$$\begin{aligned} E &= E_0(1-r)^2 \mathrm{e}^{-\mathrm{i}\delta}(1 + r^2 \mathrm{e}^{-2\mathrm{i}\delta} + r^4 \mathrm{e}^{-4\mathrm{i}\delta} + \cdots) \\ &= \frac{E_0(1-r)^2 \mathrm{e}^{-\mathrm{i}\delta}}{1 - r^2 \mathrm{e}^{-2\mathrm{i}\delta}} \\ &= \frac{E_0(1-r)^2}{1-2r^2\cos 2\delta + r^4}[(1-r^2)\cos\delta - \mathrm{i}(1+r^2)\sin\delta] \end{aligned} \tag{6.21.19}$$

设总电场的偏振面旋转过的角度为 Δ，则由上式得

$$\tan\Delta = \frac{1+r^2}{1-r^2}\tan\delta \tag{6.21.20}$$

Δ 的旋转方向与 δ 的旋转方向相同，即对于磁场 $\boldsymbol{B}$ 的方向来说，是右手螺旋性(right-hand helicity).（在光学里习惯上称为"左旋".）

注意：当 $r=0$ 时，$\Delta=\delta$；当 $r\to 1$ 时，$\Delta \gg \delta$.

6.22　一质量为 m、电荷量为 q 的粒子，处在磁感强度为 $\boldsymbol{B}$ 的均匀静磁场中，当它处在 $\boldsymbol{r}$ 处时，受到的弹性恢复力为 $\boldsymbol{F}_e = -m\omega_0^2\boldsymbol{r}$，这里 ω_0 是它的固有角频率. 设粒子的速度远小于真空中的光速，$\omega_0 \gg \frac{qB}{m}$，并且辐射阻尼力可以略去. 试求这粒子运动方程的解，从而分别说明它沿磁场方向和垂直于磁场方向发出的辐射的频率和偏振状态.

【解】　粒子的运动方程为

$$m\frac{\mathrm{d}^2\boldsymbol{r}}{\mathrm{d}t^2} = -m\omega_0^2\boldsymbol{r} + q\frac{\mathrm{d}\boldsymbol{r}}{\mathrm{d}t}\times\boldsymbol{B} \tag{6.22.1}$$

以粒子的平衡点为原点取笛卡儿坐标系，使 z 轴沿 $\boldsymbol{B}$ 的方向，则上式的三个分量便为

$$\frac{\mathrm{d}^2 x}{\mathrm{d}t^2} + \omega_0^2 x - \frac{qB}{m}\frac{\mathrm{d}y}{\mathrm{d}t} = 0 \tag{6.22.2}$$

$$\frac{\mathrm{d}^2 y}{\mathrm{d}t^2}+\omega_0^2 y+\frac{qB}{m}\frac{\mathrm{d}x}{\mathrm{d}t}=0 \tag{6.22.3}$$

$$\frac{\mathrm{d}^2 z}{\mathrm{d}t^2}+\omega_0^2 z=0 \tag{6.22.4}$$

对于(6.22.2)和(6.22.3)两式,我们求下列形式的解:

$$x=a\mathrm{e}^{-\mathrm{i}\omega t} \tag{6.22.5}$$

$$y=a'\mathrm{e}^{-\mathrm{i}\omega t} \tag{6.22.6}$$

式中a和a'都是任意常数,ω为待定常数,下面先求ω.将(6.22.5)和(6.22.6)两式代入(6.22.2)和(6.22.3)两式得

$$(\omega_0^2-\omega^2)a+\mathrm{i}\frac{qB\omega}{m}a'=0 \tag{6.22.7}$$

$$(\omega_0^2-\omega^2)a'-\mathrm{i}\frac{qB\omega}{m}a=0 \tag{6.22.8}$$

由以上两式得

$$(\omega_0^2-\omega^2)^2=\left(\frac{qB\omega}{m}\right)^2 \tag{6.22.9}$$

$$\omega_0^2-\omega^2=\pm\frac{qB\omega}{m} \tag{6.22.10}$$

$$\omega^2\pm\frac{qB}{m}\omega-\omega_0^2=0 \tag{6.22.11}$$

解得

$$\omega=\mp\frac{qB}{2m}\pm\sqrt{\omega_0^2+\left(\frac{qB}{2m}\right)^2} \tag{6.22.12}$$

因$\omega>0$,故上式根号前只能取正号;又因$\omega_0\gg\frac{qB}{m}$,故上式根号中的$\left(\frac{qB}{2m}\right)^2$项可略去,于是得

$$\omega=\omega_0\mp\frac{qB}{2m} \tag{6.22.13}$$

最后便得所求的角频率为

$$\omega_+=\omega_0+\frac{qB}{2m} \tag{6.22.14}$$

$$\omega_-=\omega_0-\frac{qB}{2m} \tag{6.22.15}$$

再求a'与a的关系.由(6.22.7)式得

$$a=-\frac{\mathrm{i}qB\omega}{m(\omega_0^2-\omega^2)}a' \tag{6.22.16}$$

对于ω_+来说，由(6.22.10)、(6.22.14)和(6.22.16)三式得

$$a' = -\mathrm{i}a \tag{6.22.17}$$

于是得所求的解为

$$x = a\mathrm{e}^{-\mathrm{i}\omega_+ t}, \qquad y = -\mathrm{i}a\mathrm{e}^{-\mathrm{i}\omega_- t} \tag{6.22.18}$$

对于ω_-来说，由(6.22.10)、(6.22.15)和(6.22.16) 三式得 $a' = \mathrm{i}a$. 为了区别不同的解，我们把这时的(即ω_-的)a 和a'换成另外两个常数b 和b'，即对ω_-来说，

$$b' = \mathrm{i}b \tag{6.22.19}$$

于是得所求的解为

$$x = b\mathrm{e}^{-\mathrm{i}\omega_- t}, \qquad y = \mathrm{i}b\mathrm{e}^{-\mathrm{i}\omega_- t} \tag{6.22.20}$$

此外，(6.22.4)式的解为

$$z = c\mathrm{e}^{-\mathrm{i}\omega_0 t} \tag{6.22.21}$$

最后便得(6.22.1)式的通解为

$$\boldsymbol{r}(t) = a(\boldsymbol{e}_x - \mathrm{i}\boldsymbol{e}_y)\mathrm{e}^{-\mathrm{i}\omega_+ t} + b(\boldsymbol{e}_x + \mathrm{i}\boldsymbol{e}_y)\mathrm{e}^{-\mathrm{i}\omega_- t} + c\boldsymbol{e}_z\mathrm{e}^{-\mathrm{i}\omega_0 t} \tag{6.22.22}$$

这个结果表明，带电粒子的运动可以分解成三种不同频率(ω_+、ω_-和ω_0)的简谐振动. 因此，它所发出的辐射便含有三种频率：ω_+、ω_-和ω_0.

下面分析辐射的偏振状态.

(1)沿磁场$\boldsymbol{B}=B\boldsymbol{e}_z$ 进行的辐射. 频率为ω_0的辐射是沿磁场方向(z 轴方向)的简谐振动发出的，根据带电粒子作简谐振动发出辐射的规律[见前面 4.37 题的(4.37.5)式]，沿振动方向(即 z 轴方向)辐射强度为零. 频率为ω_+的辐射由(6.22.22)式可见，是由振动

$$x = a\mathrm{e}^{-\mathrm{i}\omega_+ t}, \qquad y = a\mathrm{e}^{-\mathrm{i}\left(\omega_+ t + \frac{\pi}{2}\right)} \tag{6.22.23}$$

发出的，其中 y 方向的振动比 x 方向的振动超前$\frac{\pi}{2}$，故射入观察者的眼睛时，观察者观察到它是右旋圆偏振的，如图 6.22 所示，频率为ω_-的辐射则是由振动

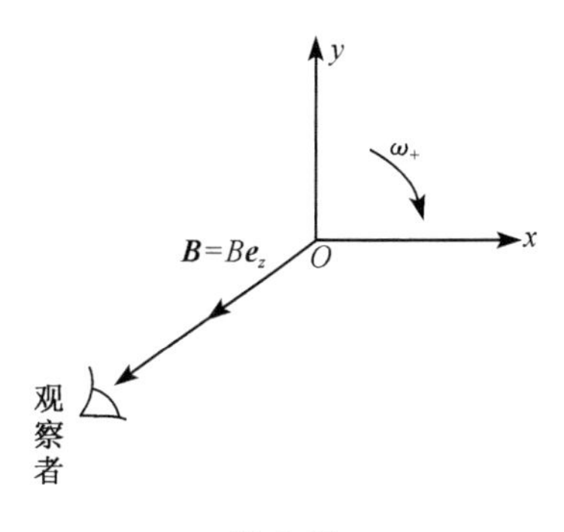

图 6.22

$$x = b\mathrm{e}^{-\mathrm{i}\omega_- t}, \qquad y = b\mathrm{e}^{-\mathrm{i}\left(\omega_- t - \frac{\pi}{2}\right)} \tag{6.22.24}$$

发出的，其中 y 方向的振动比 x 方向的振动落后$\frac{\pi}{2}$，故射入观察者的眼睛时，观察者观察到它是左旋圆偏振的. 结果在$\boldsymbol{B}=B\boldsymbol{e}_z$ 方向上的观察者(即图 6.22 中的观察者)只观察到两种频率的辐射：右旋圆偏振的ω_+和左旋圆偏振的ω_-.

(2) 垂直于磁场$\boldsymbol{B}=B\boldsymbol{e}_z$ 进行(如沿 x 轴进行)的辐射. 这时沿 x 方向振动所发出的辐射强度为零，故只有沿 y 和z 两个方向的振动所发出的辐射. 结果在x 轴方向的观察者，便观察到三种辐射，其频率分别为ω_0、ω_+和ω_-. 其中ω_0是平行于 z

轴的线偏振波，而ω_+和ω_-则都是平行于y轴的线偏振波.

【讨论】 (1) 本题中的带电粒子若是原子中的电子，则本题的内容实际上就是塞曼效应的经典理论. 这时$q=-e$，故

$$\omega_+=\omega_0-\frac{eB}{2m}<\omega_0 \tag{6.22.25}$$

$$\omega_-=\omega_0+\frac{eB}{2m}>\omega_0 \tag{6.22.26}$$

结果沿磁场$\boldsymbol{B}$方向进行的辐射波，$\omega_+(<\omega_0)$是右旋圆偏振的，而$\omega_-(>\omega_0)$则是左旋圆偏振的.

关于塞曼效应的量子理论，参见张之翔，《光的偏振》(1985年高等教育出版社出版)，第四章.

(2)前面的解是利用$\omega_0\gg\frac{qB}{m}$，略去$\left(\frac{qB}{m}\right)^2$项，求$x$和$y$的$e^{-i\omega t}$形式的解. 这样做比较简单. 下面我们不略去$\left(\frac{qB}{m}\right)^2$项，直接求微分方程(6.22.1)式的解.

令$D=\frac{d}{dt}$，$\alpha=\frac{qB}{m}$，则(6.22.1)的两个分量式(6.22.2)和(6.22.3)便为

$$D^2x+\omega_0^2x-\alpha Dy=0 \tag{6.22.27}$$

$$D^2y+\omega_0^2y+\alpha Dx=0 \tag{6.22.28}$$

对t求导得

$$D^3x+\omega_0^2Dx-\alpha D^2y=0 \tag{6.22.29}$$

$$D^3y+\omega_0^2Dy+\alpha D^2x=0 \tag{6.22.30}$$

再对t求导得

$$D^4x+\omega_0^2D^2x-\alpha D^3y=0 \tag{6.22.31}$$

$$D^4y+\omega_0^2D^2y+\alpha D^3x=0 \tag{6.22.32}$$

将(6.22.27)和(6.22.30)两式代入(6.22.31)式消去y，便得

$$D^4x+(2\omega_0^2+\alpha^2)D^2x+\omega_0^4x=0 \tag{6.22.33}$$

特征方程为

$$D^4+(2\omega_0^2+\alpha^2)D^2+\omega_0^4=0 \tag{6.22.34}$$

解得

$$D^2=-\omega_0^2-\frac{\alpha^2}{2}\pm\sqrt{\omega_0^2\alpha^2+\frac{\alpha^4}{4}} \tag{6.22.35}$$

$$D=\sqrt{-\omega_0^2-\frac{\alpha^2}{2}\pm\sqrt{\omega_0^2\alpha^2+\frac{\alpha^4}{4}}} \tag{6.22.36}$$

令

$$D=\sqrt{a}\pm\sqrt{b} \tag{6.22.37}$$

便得

$$a+b=-\omega_0^2-\frac{\alpha^2}{2} \tag{6.22.38}$$

$$ab=\frac{1}{4}\omega_0^2\alpha^2+\frac{\alpha^4}{16} \tag{6.22.39}$$

解得

$$a=-\frac{\alpha^2}{4},\qquad b=-\omega_0^2-\frac{\alpha^2}{4} \tag{6.22.40}$$

$$a=-\omega_0^2-\frac{\alpha^2}{4},\qquad b=-\frac{\alpha^2}{4} \tag{6.22.41}$$

于是得 D 的四个根为

$$D=\pm\mathrm{i}\sqrt{\omega_0^2+\frac{\alpha^2}{4}}\pm\mathrm{i}\frac{\alpha}{2} \tag{6.22.42}$$

由于取实部时，$\mathrm{e}^{\mathrm{i}\left(\sqrt{\omega_0^2+\frac{\alpha^2}{4}}+\frac{\alpha}{2}\right)t}$ 与 $\mathrm{e}^{-\mathrm{i}\left(\sqrt{\omega_0^2+\frac{\alpha^2}{4}}+\frac{\alpha}{2}\right)t}$ 相同，$\mathrm{e}^{\mathrm{i}\left(\sqrt{\omega_0^2+\frac{\alpha^2}{4}}-\frac{\alpha}{2}\right)t}$ 与 $\mathrm{e}^{-\mathrm{i}\left(\sqrt{\omega_0^2+\frac{\alpha^2}{4}}-\frac{\alpha}{2}\right)t}$ 相同，故四个根只要取两个就够了，于是得 x 的解为

$$x=c_1\mathrm{e}^{-\mathrm{i}\left(\sqrt{\omega_0^2+\frac{\alpha^2}{4}}+\frac{\alpha}{2}\right)t}+c_2\mathrm{e}^{-\mathrm{i}\left(\sqrt{\omega_0^2+\frac{\alpha^2}{4}}-\frac{\alpha}{2}\right)t} \tag{6.22.43}$$

式中 c_1 和 c_2 为积分常数.

将(6.22.29)和(6.22.28)两式代入(6.22.32)式消去 x，便得

$$D^4y+(2\omega_0^2+\alpha^2)D^2y+\omega_0^4y=0 \tag{6.22.44}$$

此式与(6.22.33)式相同，故仿上面的解法得

$$y=c_1'\mathrm{e}^{-\mathrm{i}\left(\sqrt{\omega_0^2+\frac{\alpha^2}{4}}+\frac{\alpha}{2}\right)t}+c_2'\mathrm{e}^{-\mathrm{i}\left(\sqrt{\omega_0^2+\frac{\alpha^2}{4}}-\frac{\alpha}{2}\right)t} \tag{6.22.45}$$

式中 c_1' 和 c_2' 为积分常数.

下面求 c_1' 和 c_2' 与 c_1 和 c_2 的关系. 把(6.22.43)和(6.22.45)两式代入(6.22.27)式，然后比较系数，便得

$$c_1'=-\mathrm{i}c_1,\qquad c_2'=\mathrm{i}c_2 \tag{6.22.46}$$

于是(6.22.45)式可写为

$$y=-\mathrm{i}c_1\mathrm{e}^{-\mathrm{i}\left(\sqrt{\omega_0^2+\frac{\alpha^2}{4}}+\frac{\alpha}{2}\right)t}+\mathrm{i}c_2\mathrm{e}^{-\mathrm{i}\left(\sqrt{\omega_0^2+\frac{\alpha^2}{4}}-\frac{\alpha}{2}\right)t} \tag{6.22.47}$$

(6.22.1)式的第三个分量(6.22.4)是简谐振动的微分方程，其解为

$$z=c_3\mathrm{e}^{-\mathrm{i}\omega_0 t} \tag{6.22.48}$$

式中 c_3 是积分常数.

将(6.22.43)、(6.22.47)和(6.22.48)三式合起来，便得(6.22.1)式的解为

$$\boldsymbol{r}=c_1(\boldsymbol{e}_x-\mathrm{i}\boldsymbol{e}_y)\mathrm{e}^{-\mathrm{i}\left(\sqrt{\omega_0^2+\frac{\alpha^2}{4}}+\frac{\alpha}{2}\right)t}$$

$$+c_2(\boldsymbol{e}_x+\mathrm{i}\boldsymbol{e}_y)\mathrm{e}^{-\mathrm{i}\left(\sqrt{\omega_0^2+\frac{\alpha^2}{4}}-\frac{\alpha}{2}\right)t}+c_3\mathrm{e}^{-\mathrm{i}\omega_0 t} \qquad (6.22.49)$$

这个结果与前面的(6.22.22)式相同，只是现在的ω_+和ω_-都保留了$\alpha^2=\left(\frac{qB}{m}\right)^2$项，即现在的$\omega_+$和$\omega_-$分别为

$$\omega_+=\sqrt{\omega_0^2+\frac{\alpha^2}{4}}+\frac{\alpha}{2}=\sqrt{\omega_0^2+\left(\frac{qB}{2m}\right)^2}+\frac{qB}{2m} \qquad (6.22.50)$$

$$\omega_-=\sqrt{\omega_0^2+\frac{\alpha^2}{4}}-\frac{\alpha}{2}=\sqrt{\omega_0^2+\left(\frac{qB}{2m}\right)^2}-\frac{qB}{2m} \qquad (6.22.51)$$

关于辐射的偏振状态，前面的分析仍然可用.

6.23 电磁波在色散介质里传播时，相速度定义为$v_\mathrm{p}=\omega/k$，群速度定义为$v_\mathrm{g}=\frac{\mathrm{d}\omega}{\mathrm{d}k}$，式中$\omega$为电磁波的频率，$k=\frac{2\pi n}{\lambda}$，$n$为介质的折射率，$\lambda$为真空中波长. (1)试用$n$和$\lambda$等表示$v_\mathrm{p}$和$v_\mathrm{g}$；(2)已知某介质的$n=1.00027+1.5\times10^{-18}\lambda^2$，平均波长为550nm的1ns的光脉冲，在这介质中传播10km比在真空中传播同样距离所需的时间长多少？

【解】 (1)以c表示真空中光速，则

$$v_\mathrm{p}=\frac{\omega}{k}=\frac{\omega\lambda}{2\pi n}=\frac{\nu\lambda}{n}=\frac{c}{n} \qquad (6.23.1)$$

$$v_\mathrm{g}=\frac{\mathrm{d}\omega}{\mathrm{d}k}=\frac{\mathrm{d}(kv_\mathrm{p})}{\mathrm{d}k}=v_\mathrm{p}+k\frac{\mathrm{d}v_\mathrm{p}}{\mathrm{d}k} \qquad (6.23.2)$$

将v_g改用λ表示，因

$$k\frac{\mathrm{d}v_\mathrm{p}}{\mathrm{d}k}=k\frac{\mathrm{d}v_\mathrm{p}}{\mathrm{d}\lambda_n}\frac{\mathrm{d}\lambda_n}{\mathrm{d}k},\qquad \lambda_n=\frac{\lambda}{n} \qquad (6.23.3)$$

又

$$k\lambda_n=2\pi \qquad (6.23.4)$$

$$k\frac{\mathrm{d}\lambda_n}{\mathrm{d}k}=-\lambda_n \qquad (6.23.5)$$

于是得

$$v_\mathrm{g}=v_\mathrm{p}-\lambda_n\frac{\mathrm{d}v_\mathrm{p}}{\mathrm{d}\lambda_n}=v_\mathrm{p}-\lambda\frac{\mathrm{d}v_\mathrm{p}}{\mathrm{d}\lambda}$$

$$=v_\mathrm{p}-\lambda c\frac{\mathrm{d}}{\mathrm{d}\lambda}\left(\frac{1}{n}\right)=v_\mathrm{p}+\frac{\lambda c}{n^2}\frac{\mathrm{d}n}{\mathrm{d}\lambda}$$

$$=v_p\left(1+\frac{\lambda}{n}\frac{dn}{d\lambda}\right) \tag{6.23.6}$$

（2）光脉冲在介质中的传播速度是群速度 v_g，介质的折射率为

$$n=1.00027+\frac{1.5\times10^{-18}}{(550\times10^{-9})^2}=1.000275 \tag{6.23.7}$$

群速度为

$$\begin{aligned}v_g&=v_p\left(1+\frac{\lambda}{n}\frac{dn}{d\lambda}\right)=\frac{c}{n}\left(1-\frac{2\times1.5\times10^{-18}}{n\lambda^2}\right)\\&=\frac{c}{1.000275}\left[1-\frac{3\times10^{-18}}{1.000275\times(550\times10^{-9})^2}\right]\\&=\frac{c}{1.000285}\end{aligned} \tag{6.23.8}$$

故所求时间为

$$\begin{aligned}\Delta t&=\frac{l}{v_g}-\frac{l}{c}=2.85\times10^{-4}\frac{l}{c}=2.85\times10^{-4}\times\frac{10\times10^3}{3\times10^8}\\&=9.5\times10^{-9}\text{s}=9.5\text{ns}\end{aligned} \tag{6.23.9}$$

6.24　2.5keV 的 X 射线射到真空中的石墨平面上，已知石墨的密度为 $\rho=2.1\times10^3\text{kg/m}^3$，试求全反射的临界角.

【解】　对于频率为 ν 的 X 射线，物质的折射率为

$$n=1-\frac{NZe^2}{8\pi^2\varepsilon_0 m\nu^2} \tag{6.24.1}$$

式中 N 为单位体积内的原子数，Z 为原子序数，e 和 m 分别为电子的电荷量和质量. 对于石墨来说

$$N=\frac{2.1\times10^3}{12\times10^{-3}}\times6.022\times10^{23}=1.054\times10^{29}/\text{m}^3 \tag{6.24.2}$$

2.5keV 的 X 射线的频率为

$$\nu=\frac{\varepsilon}{h}=\frac{2.5\times10^3\times1.602\times10^{-19}}{6.626\times10^{-34}}=6.044\times10^{17}\text{Hz} \tag{6.24.3}$$

故石墨对这 X 射线的折射率为

$$\begin{aligned}n&=1-\frac{NZe^2}{8\pi^2\varepsilon_0 m\nu^2}\\&=1-\frac{1.054\times10^{29}\times6\times(1.602\times10^{-19})^2}{8\pi^2\times8.854\times10^{-12}\times9.11\times10^{-31}\times(6.044\times10^{17})^2}\\&=1-6.98\times10^{-5}=0.9999\end{aligned} \tag{6.24.4}$$

所求的临界角为

$$\theta_c=\arcsin0.9999=89°11' \tag{6.24.5}$$

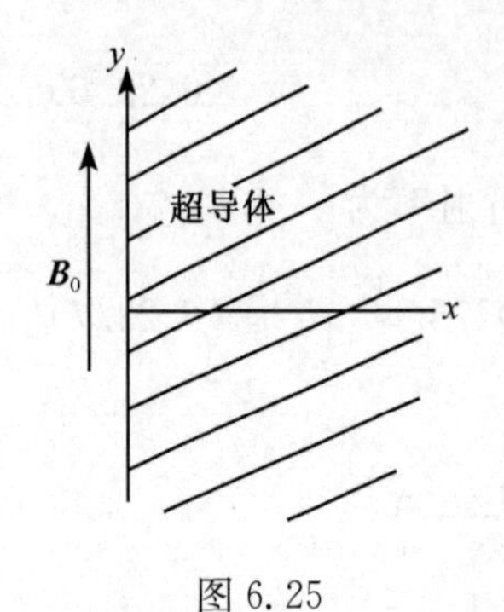

图 6.25

6.25 描述超导体内超导电流密度 j_s 与电磁场关系的伦敦方程为

$$\frac{\partial \boldsymbol{j}_s}{\partial t} = \alpha \boldsymbol{E}, \qquad \nabla \times \boldsymbol{j}_s = -\alpha \boldsymbol{B}$$

式中 $\alpha = \frac{n_s e^2}{m}$，$m$ 和 e 分别是电子的质量和电荷量，n_s 是参加超导电流的电子数密度.(1) 将超导体放在磁感强度为 $\boldsymbol{B}_0$ 的均匀而稳恒的外磁场中，$\boldsymbol{B}_0$ 平行于超导体的表面(平面)，如图 6.25 所示.设超导体的 $\mu = \mu_0$，试求超导体内的磁感强度和超导电流密度;(2)磁场对超导体的穿透深度定义为

$$\lambda = \frac{1}{B_0}\int_0^\infty B \mathrm{d}x$$

试求 λ 的值;(3)已知 $m = 9.11 \times 10^{-31}$ kg，e 的绝对值为 1.60×10^{-19} C，$n_s = 4 \times 10^{28}$ m^{-3}，计算 λ 的数值.

【解】 (1)因为是稳恒情况，故由伦敦第一方程

$$\frac{\partial \boldsymbol{j}_s}{\partial t} = \alpha \boldsymbol{E} \tag{6.25.1}$$

得出，超导体内的电场强度为零.于是由麦克斯韦方程得

$$\nabla \times \boldsymbol{B} = \mu_0 \nabla \times \boldsymbol{H} = \mu_0 \boldsymbol{j}_s \tag{6.25.2}$$

$$\nabla \cdot \boldsymbol{B} = 0 \tag{6.25.3}$$

故由

$$\nabla \times (\nabla \times \boldsymbol{B}) = \nabla(\nabla \cdot \boldsymbol{B}) - \nabla^2 \boldsymbol{B} = -\nabla^2 \boldsymbol{B} \tag{6.25.4}$$

和伦敦第二方程

$$\nabla \times \boldsymbol{j}_s = -\alpha \boldsymbol{B} \tag{6.25.5}$$

得

$$\nabla^2 \boldsymbol{B} = \mu_0 \alpha \boldsymbol{B} \tag{6.25.6}$$

根据图 6.25 和对称性，知超导体内的磁感强度为

$$\boldsymbol{B} = B \boldsymbol{e}_y \tag{6.25.7}$$

于是(6.25.6)式化为

$$\frac{\mathrm{d}^2 B}{\mathrm{d}x^2} = \mu_0 \alpha B \tag{6.25.8}$$

解得

$$B = c_1 \mathrm{e}^{\sqrt{\mu_0 \alpha} x} + c_2 \mathrm{e}^{-\sqrt{\mu_0 \alpha} x} \tag{6.25.9}$$

式中第一项表示，当 $x \to \infty$ 时，$B \to \infty$，不合理，故 $c_1 = 0$.于是得

$$B = B_0 \mathrm{e}^{-\sqrt{\mu_0 \alpha} x} \tag{6.25.10}$$

故所求的磁感强度为

$$\boldsymbol{B}=B_0\mathrm{e}^{-\sqrt{\mu_0\alpha}x}\boldsymbol{e}_y \tag{6.25.11}$$

由(6.25.2)式得所求的超导电流密度为

$$\boldsymbol{j}_s=\frac{1}{\mu_0}\nabla\times\boldsymbol{B}=\frac{1}{\mu_0}\frac{\mathrm{d}B}{\mathrm{d}x}\boldsymbol{e}_z=-\sqrt{\frac{\alpha}{\mu_0}}B_0\mathrm{e}^{-\sqrt{\mu_0\alpha}x}\boldsymbol{e}_z \tag{6.25.12}$$

(2) 穿透深度λ的值为

$$\lambda=\frac{1}{B_0}\int_0^\infty B_0\mathrm{e}^{-\sqrt{\mu_0\alpha}x}\mathrm{d}x=\int_0^\infty \mathrm{e}^{-\sqrt{\mu_0\alpha}x}\mathrm{d}x$$

$$=\frac{1}{\sqrt{\mu_0\alpha}}=\sqrt{\frac{m}{\mu_0 n_s e^2}} \tag{6.25.13}$$

(3) λ的数值为

$$\lambda=\sqrt{\frac{m}{\mu_0 n_s e^2}}=\sqrt{\frac{9.11\times10^{-31}}{4\pi\times10^{-7}\times4\times10^{28}\times(1.602\times10^{-19})^2}}$$

$$=3\times10^{-8}(\mathrm{m}) \tag{6.25.14}$$

6.26　在稳恒情况下,超导体内超导电流密度$\boldsymbol{j}_s$与磁感强度$\boldsymbol{B}$的关系(伦敦第二方程)为

$$\nabla\times\boldsymbol{j}_s=-\frac{n_s e^2}{m}\boldsymbol{B}$$

式中m和e分别是电子的质量和电荷量,n_s是参加超导电流的电子数密度.现有一无穷大的超导平板,厚为$2a$,处在磁感强度为$\boldsymbol{B}_0$的均匀外磁场中,$\boldsymbol{B}_0$与板面平行.取笛卡儿坐标系,使超导平板的中心平面为x-y平面,$\boldsymbol{B}_0$平行于x轴,如图6.26所示.已知超导体的磁导率为μ_0.试求超导平板内的磁感强度$\boldsymbol{B}$和超导电流密度$\boldsymbol{j}_s$.

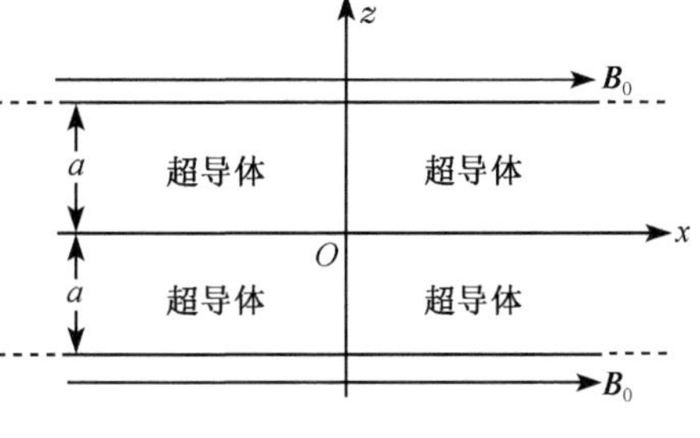

图 6.26

【解】　由麦克斯韦方程得

$$\nabla\times\boldsymbol{B}=\mu_0\nabla\times\boldsymbol{H}=\mu_0\boldsymbol{j}_s \tag{6.26.1}$$

由矢量分析公式

$$\nabla\times(\nabla\times\boldsymbol{B})=\nabla(\nabla\cdot\boldsymbol{B})-\nabla^2\boldsymbol{B}=-\nabla^2\boldsymbol{B} \tag{6.26.2}$$

和伦敦第二方程

$$\nabla\times\boldsymbol{j}_s=-\frac{n_s e^2}{m}\boldsymbol{B} \tag{6.26.3}$$

得

$$\nabla\times(\nabla\times\boldsymbol{B})=\mu_0\nabla\times\boldsymbol{j}_s=-\frac{\mu_0 n_s e^2}{m}\boldsymbol{B} \tag{6.26.4}$$

令

$$\lambda = \sqrt{\frac{m}{\mu_0 n_s e^2}} \tag{6.26.5}$$

由(6.26.2)、(6.26.4)两式得

$$\nabla^2 \boldsymbol{B} = \frac{1}{\lambda^2}\boldsymbol{B} \tag{6.26.6}$$

根据对称性可知,超导平板内的磁感强度 $\boldsymbol{B}$ 的 y 分量和 z 分量均为零,且 $\boldsymbol{B}$ 仅为 z 的函数,即

$$\boldsymbol{B} = B\boldsymbol{e}_x \tag{6.26.7}$$

$$\frac{\partial^2 B}{\partial x^2} = 0, \qquad \frac{\partial^2 B}{\partial y^2} = 0 \tag{6.26.8}$$

于是由(6.26.6)式得

$$\frac{\mathrm{d}^2 B}{\mathrm{d}z^2} = \frac{1}{\lambda^2}B \tag{6.26.9}$$

解得

$$B = c_1 \mathrm{e}^{\frac{z}{\lambda}} + c_2 \mathrm{e}^{-\frac{z}{\lambda}} \tag{6.26.10}$$

式中 c_1 和 c_2 是两个积分常数.由 $\boldsymbol{B}$ 的边值关系

$$z = \pm a \text{ 时}, \qquad B = B_0 \tag{6.26.11}$$

得

$$c_1 = c_2 = \frac{B_0}{\mathrm{e}^{\frac{a}{\lambda}} + \mathrm{e}^{-\frac{a}{\lambda}}} \tag{6.26.12}$$

代入(6.26.10) 式即得超导平板内的磁感强度为

$$\boldsymbol{B} = \frac{\mathrm{e}^{\frac{z}{\lambda}} + \mathrm{e}^{-\frac{z}{\lambda}}}{\mathrm{e}^{\frac{a}{\lambda}} + \mathrm{e}^{-\frac{a}{\lambda}}} B_0 \boldsymbol{e}_x = \frac{\mathrm{e}^{\frac{z}{\lambda}} + \mathrm{e}^{-\frac{z}{\lambda}}}{\mathrm{e}^{\frac{a}{\lambda}} + \mathrm{e}^{-\frac{a}{\lambda}}} \boldsymbol{B}_0, \qquad -a \leqslant z \leqslant a \tag{6.26.13}$$

由(6.26.1)式得,超导平板内超导电流密度为

$$\begin{aligned} \boldsymbol{j}_s &= \frac{1}{\mu_0} \nabla \times \boldsymbol{B} = \frac{1}{\mu_0 (\mathrm{e}^{\frac{a}{\lambda}} + \mathrm{e}^{-\frac{a}{\lambda}})} [\nabla (\mathrm{e}^{\frac{z}{\lambda}} + \mathrm{e}^{-\frac{z}{\lambda}})] \times \boldsymbol{B}_0 \\ &= \frac{\mathrm{e}^{\frac{z}{\lambda}} - \mathrm{e}^{-\frac{z}{\lambda}}}{\mu_0 \lambda (\mathrm{e}^{\frac{a}{\lambda}} + \mathrm{e}^{-\frac{a}{\lambda}})} \boldsymbol{n} \times \boldsymbol{B}_0, \qquad -a \leqslant z \leqslant a \end{aligned} \tag{6.26.14}$$

式中 $\boldsymbol{n} = \boldsymbol{e}_z$ 是超导平板表面外法线方向上的单位矢量.

根据双曲正弦函数和双曲余弦函数的定义

$$\sinh x = \frac{1}{2}(\mathrm{e}^x - \mathrm{e}^{-x}) \tag{6.26.15}$$

$$\cosh x = \frac{1}{2}(\mathrm{e}^x + \mathrm{e}^{-x}) \tag{6.26.16}$$

超导平板内的磁感强度 $\boldsymbol{B}$ 和超导电流密度 $\boldsymbol{j}_s$ 可表示为

$$\boldsymbol{B}=\frac{\cosh\frac{z}{\lambda}}{\cosh\frac{a}{\lambda}}\boldsymbol{B}_0,\qquad -a\leqslant z\leqslant a \tag{6.26.17}$$

$$\boldsymbol{j}_{\mathrm{s}}=\frac{1}{\mu_0\lambda}\frac{\sinh\frac{z}{\lambda}}{\cosh\frac{a}{\lambda}}\boldsymbol{n}\times\boldsymbol{B}_0,\qquad -a\leqslant z\leqslant a \tag{6.26.18}$$

6.27　在稳恒情况下，超导体内的磁感强度 $\boldsymbol{B}$ 与超导电流密度 $\boldsymbol{j}_{\mathrm{s}}$ 之间的关系（伦敦第二方程）为

$$\nabla\times\boldsymbol{j}_{\mathrm{s}}=-\frac{n_{\mathrm{s}}e^2}{m}\boldsymbol{B}$$

式中 m 和 e 分别为电子的质量和电荷量，n_{s} 为参加超导电流的电子数密度. 现有一无穷长的超导体圆柱，横截面的半径为 a，处在磁感强度为 $\boldsymbol{B}_0$ 的均匀外磁场中，$\boldsymbol{B}_0$ 与圆柱的轴线平行. 已知超导体的磁导率为 μ_0. 试求这超导体圆柱内的磁感强度 $\boldsymbol{B}$ 和超导电流密度 $\boldsymbol{j}_{\mathrm{s}}$.

【解】　根据麦克斯韦方程

$$\nabla\times\boldsymbol{B}=\mu_0\nabla\times\boldsymbol{H}=\mu_0\boldsymbol{j}_{\mathrm{s}} \tag{6.27.1}$$

$$\nabla\cdot\boldsymbol{B}=0 \tag{6.27.2}$$

由矢量分析公式

$$\nabla\times(\nabla\times\boldsymbol{B})=\nabla(\nabla\cdot\boldsymbol{B})-\nabla^2\boldsymbol{B} \tag{6.27.3}$$

和伦敦第二方程

$$\nabla\times(\nabla\times\boldsymbol{B})=\mu_0\nabla\times\boldsymbol{j}_{\mathrm{s}}=-\frac{\mu_0 n_{\mathrm{s}}e^2}{m}\boldsymbol{B} \tag{6.27.4}$$

得

$$\nabla^2\boldsymbol{B}=\frac{1}{\lambda^2}\boldsymbol{B} \tag{6.27.5}$$

式中

$$\lambda=\sqrt{\frac{m}{\mu_0 n_{\mathrm{s}}e^2}} \tag{6.27.6}$$

以圆柱轴线上任一点为原点，轴线为 z 轴，取柱坐标系，则有

$$\boldsymbol{B}=B_r\boldsymbol{e}_r+B_\phi\boldsymbol{e}_\phi+B_z\boldsymbol{e}_z \tag{6.27.7}$$

$$\nabla^2\boldsymbol{B}=\left(\nabla^2B_r-\frac{B_r}{r^2}-\frac{2}{r^2}\frac{\partial B_\phi}{\partial r}\right)\boldsymbol{e}_r+\left(\nabla^2B_\phi-\frac{B_\phi}{r^2}+\frac{2}{r^2}\frac{\partial B_r}{\partial\phi}\right)\boldsymbol{e}_\phi+(\nabla^2B_z)\boldsymbol{e}_z \tag{6.27.8}$$

根据对称性可知，在本题中，$B_r=0$，$B_\phi=0$，故

$$\boldsymbol{B}=B_z\boldsymbol{e}_z=B\boldsymbol{e}_z \tag{6.27.9}$$

且 B 与 ϕ 和 z 均无关,即 B 仅是 r 的函数,于是(6.27.8)式化为

$$\nabla^2 \boldsymbol{B} = (\nabla^2 B)\boldsymbol{e}_z = \left[\frac{1}{r}\frac{\mathrm{d}}{\mathrm{d}r}\left(r\frac{\mathrm{d}B}{\mathrm{d}r}\right)\right]\boldsymbol{e}_z = \left(\frac{\mathrm{d}^2 B}{\mathrm{d}r^2} + \frac{1}{r}\frac{\mathrm{d}B}{\mathrm{d}r}\right)\boldsymbol{e}_z \tag{6.27.10}$$

由(6.27.5)、(6.27.9)、(6.27.10)三式得

$$\frac{\mathrm{d}^2 B}{\mathrm{d}r^2} + \frac{1}{r}\frac{\mathrm{d}B}{\mathrm{d}r} - \frac{1}{\lambda^2}B = 0 \tag{6.27.11}$$

这是零阶变型贝塞耳方程,它在 $r=0$ 处有界的解为

$$B = C\mathrm{I}_0\left(\frac{r}{\lambda}\right) \tag{6.27.12}$$

式中 C 是积分常数,$\mathrm{I}_0(x)$ 是零阶变型贝塞耳函数,它的级数表达式为

$$\mathrm{I}_0(x) = \sum_{k=0}^{\infty}\frac{1}{(k!)^2}\left(\frac{x}{2}\right)^{2k} \tag{6.27.13}$$

由 $\boldsymbol{B}$ 的边值关系

$$r = a \text{ 时}, \qquad \boldsymbol{B} = \boldsymbol{B}_0 \tag{6.27.14}$$

得

$$C = \frac{B_0}{\mathrm{I}_0\left(\frac{a}{\lambda}\right)} \tag{6.27.15}$$

于是最后得超导体圆柱内的磁感强度为

$$\boldsymbol{B} = \frac{\mathrm{I}_0\left(\frac{r}{\lambda}\right)}{\mathrm{I}_0\left(\frac{a}{\lambda}\right)}\boldsymbol{B}_0 \tag{6.27.16}$$

超导体圆柱内的超导电流密度为

$$\begin{aligned}\boldsymbol{j}_\mathrm{s} &= \frac{1}{\mu_0}\nabla\times\boldsymbol{B} = \frac{1}{\mu_0\mathrm{I}_0\left(\frac{a}{\lambda}\right)}\nabla\times\left[\mathrm{I}_0\left(\frac{r}{\lambda}\right)\boldsymbol{B}_0\right] \\ &= \frac{1}{\mu_0\mathrm{I}_0\left(\frac{a}{\lambda}\right)}\left[\nabla\mathrm{I}_0\left(\frac{r}{\lambda}\right)\right]\times\boldsymbol{B}_0 = \frac{1}{\mu_0\mathrm{I}_0\left(\frac{a}{\lambda}\right)}\left[\frac{\mathrm{d}}{\mathrm{d}r}\mathrm{I}_0\left(\frac{r}{\lambda}\right)\right]\boldsymbol{e}_r\times\boldsymbol{B}_0\end{aligned} \tag{6.27.17}$$

根据关系式①

$$\frac{\mathrm{d}\mathrm{I}_0(x)}{\mathrm{d}x} = \mathrm{I}_1(x) \tag{6.27.18}$$

式中 $\mathrm{I}_1(x)$ 是一阶变型贝塞耳函数,它的级数表达式为

---

① 参见王竹溪等,《特殊函数概论》,科学出版社(1979),第 476 页.

$$\mathrm{I}_1(x)=\frac{x}{2}\sum_{k=0}^{\infty}\frac{1}{k!(k+1)!}\left(\frac{x}{2}\right)^{2k} \tag{6.27.19}$$

于是得超导体圆柱内的超导电流密度为

$$\boldsymbol{j}_s=\frac{\mathrm{I}_1\left(\frac{r}{\lambda}\right)}{\mu_0\lambda\mathrm{I}_0\left(\frac{a}{\lambda}\right)}\boldsymbol{e}_r\times\boldsymbol{B}_0 \tag{6.27.20}$$

【讨论】 由前面 6.25 题的(6.25.14)式，$\lambda=3\times10^{-8}\mathrm{m}$，很小. 故对于 $a\geqslant 1\mathrm{mm}$ 的超导体圆柱来说，$a/\lambda\gg1$. 由于 $x=0$ 时，$\mathrm{I}_0(0)=1$；$x\to\infty$ 时，$\mathrm{I}_0(x)\to\infty$，故知 $\mathrm{I}_0\left(\frac{a}{\lambda}\right)\gg1$，于是得：$r=0$ 时，

$$\frac{\mathrm{I}_0(0)}{\mathrm{I}_0\left(\frac{a}{\lambda}\right)}\ll1$$

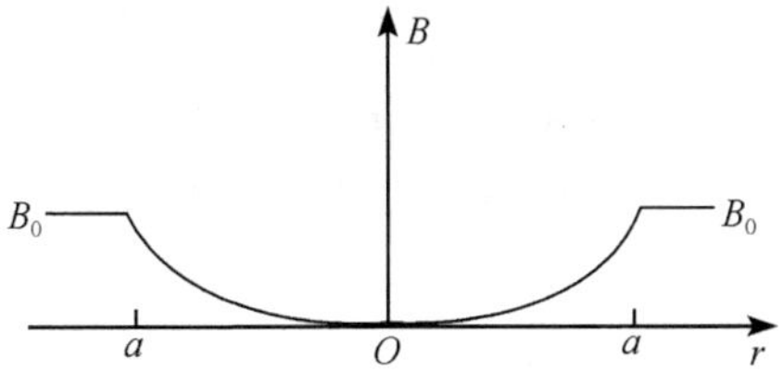

图 6.27

所以在超导体圆柱的轴线上，B 的值很小，B-r 的关系如图 6.27 所示.

数学附录

Ⅰ 矢量的运算公式和定理

一、矢量的三重积

$$\boldsymbol{A}\cdot(\boldsymbol{B}\times\boldsymbol{C})=\boldsymbol{B}\cdot(\boldsymbol{C}\times\boldsymbol{A})=\boldsymbol{C}\cdot(\boldsymbol{A}\times\boldsymbol{B}) \tag{Ⅰ.1}$$

$$\boldsymbol{A}\times(\boldsymbol{B}\times\boldsymbol{C})=(\boldsymbol{A}\cdot\boldsymbol{C})\boldsymbol{B}-(\boldsymbol{A}\cdot\boldsymbol{B})\boldsymbol{C} \tag{Ⅰ.2}$$

$$(\boldsymbol{A}\times\boldsymbol{B})\times\boldsymbol{C}=(\boldsymbol{A}\cdot\boldsymbol{C})\boldsymbol{B}-(\boldsymbol{B}\cdot\boldsymbol{C})\boldsymbol{A} \tag{Ⅰ.3}$$

二、∇ 算符的运算公式

在下列各式中，λ 和 μ 代表常数，φ 和 ψ 代表标量函数，$\boldsymbol{f}$ 和 $\boldsymbol{g}$ 代表矢量函数.

$$\nabla(\lambda\varphi+\mu\psi)=\lambda\nabla\varphi+\mu\nabla\psi \tag{Ⅰ.4}$$

$$\nabla(\varphi\psi)=(\nabla\varphi)\psi+\varphi\nabla\psi \tag{Ⅰ.5}$$

$$\nabla F(\varphi)=F'(\varphi)\nabla\varphi \tag{Ⅰ.6}$$

$$\nabla(\boldsymbol{f}\cdot\boldsymbol{g})=(\boldsymbol{f}\cdot\nabla)\boldsymbol{g}+(\boldsymbol{g}\cdot\nabla)\boldsymbol{f}+\boldsymbol{f}\times(\nabla\times\boldsymbol{g})+\boldsymbol{g}\times(\nabla\times\boldsymbol{f}) \tag{Ⅰ.7}$$

$$\nabla\cdot(\lambda\boldsymbol{f}+\mu\boldsymbol{g})=\lambda\nabla\cdot\boldsymbol{f}+\mu\nabla\cdot\boldsymbol{g} \tag{Ⅰ.8}$$

$$\nabla\cdot(\varphi\boldsymbol{f})=(\nabla\varphi)\cdot\boldsymbol{f}+\varphi\nabla\cdot\boldsymbol{f} \tag{Ⅰ.9}$$

$$\nabla\cdot(\boldsymbol{f}\times\boldsymbol{g})=\boldsymbol{g}\cdot(\nabla\times\boldsymbol{f})-\boldsymbol{f}\cdot(\nabla\times\boldsymbol{g}) \tag{Ⅰ.10}$$

$$\nabla\times(\lambda\boldsymbol{f}+\mu\boldsymbol{g})=\lambda\nabla\times\boldsymbol{f}+\mu\nabla\times\boldsymbol{g} \tag{Ⅰ.11}$$

$$\nabla\times(\varphi\boldsymbol{f})=(\nabla\varphi)\times\boldsymbol{f}+\varphi\nabla\times\boldsymbol{f} \tag{Ⅰ.12}$$

$$\nabla\times(\boldsymbol{f}\times\boldsymbol{g})=\boldsymbol{f}\nabla\cdot\boldsymbol{g}-\boldsymbol{g}\nabla\cdot\boldsymbol{f}+(\boldsymbol{g}\cdot\nabla)\boldsymbol{f}-(\boldsymbol{f}\cdot\nabla)\boldsymbol{g} \tag{Ⅰ.13}$$

三、∇ 算符的二次运算

$$\nabla^2\varphi=\nabla\cdot(\nabla\varphi) \tag{Ⅰ.14}$$

$$\nabla\times(\nabla\times\boldsymbol{f})=\nabla(\nabla\cdot\boldsymbol{f})-\nabla^2\boldsymbol{f} \tag{Ⅰ.15}$$

$$\nabla\times(\nabla\varphi)=0 \tag{Ⅰ.16}$$

$$\nabla\cdot(\nabla\times\boldsymbol{f})=0 \tag{Ⅰ.17}$$

四、∇ 算符作用于位矢 $\boldsymbol{r}$

$$\nabla r=\frac{\boldsymbol{r}}{r} \tag{Ⅰ.18}$$

$$\nabla\cdot\boldsymbol{r}=3 \tag{Ⅰ.19}$$

$$\nabla\times\boldsymbol{r}=0 \tag{Ⅰ.20}$$

$$\nabla f(r)=f'(r)\frac{\boldsymbol{r}}{r} \tag{Ⅰ.21}$$

$$\nabla\frac{1}{r}=-\frac{\boldsymbol{r}}{r^3} \tag{Ⅰ.22}$$

$$\nabla^2\frac{1}{r}=-\nabla\cdot\left(\frac{\boldsymbol{r}}{r^3}\right)=-4\pi\delta(\boldsymbol{r}) \tag{Ⅰ.23}$$

$$\nabla\times\left(\frac{\boldsymbol{r}}{r^3}\right)=0 \tag{Ⅰ.24}$$

$$\nabla\times[f(r)\boldsymbol{r}]=0 \tag{Ⅰ.25}$$

$$\nabla(\boldsymbol{a}\cdot\boldsymbol{r})=(\boldsymbol{a}\cdot\nabla)\boldsymbol{r}=\boldsymbol{a}\qquad(\boldsymbol{a}\text{ 为常矢量}) \tag{Ⅰ.26}$$

$$\nabla \mathrm{e}^{\mathrm{i}(\boldsymbol{a}\cdot\boldsymbol{r})}=\mathrm{i}\mathrm{e}^{\mathrm{i}(\boldsymbol{a}\cdot\boldsymbol{r})}\boldsymbol{a}\qquad(\boldsymbol{a}\text{ 为常矢量}) \tag{Ⅰ.27}$$

五、矢量积分的变换公式

高斯公式

$$\int_V(\nabla\cdot\boldsymbol{f})\mathrm{d}V=\oint_S\boldsymbol{f}\cdot\mathrm{d}\boldsymbol{S} \tag{Ⅰ.28}$$

斯托克斯公式

$$\int_S(\nabla\times\boldsymbol{f})\cdot\mathrm{d}\boldsymbol{S}=\oint_L\boldsymbol{f}\cdot\mathrm{d}\boldsymbol{l} \tag{Ⅰ.29}$$

格林公式

$$\int_V(\varphi\nabla^2\psi-\psi\nabla^2\varphi)\mathrm{d}V=\oint_S(\varphi\nabla\psi-\psi\nabla\varphi)\cdot\mathrm{d}\boldsymbol{S} \tag{Ⅰ.30}$$

格林等式

$$\int_V(\varphi\nabla^2\psi+\nabla\varphi\cdot\nabla\psi)\mathrm{d}V=\oint_S\varphi(\nabla\psi)\cdot\mathrm{d}\boldsymbol{S} \tag{Ⅰ.31}$$

六、矢量场的定理

1. 若矢量场 $\boldsymbol{f}$ 的散度处处为零,则 $\boldsymbol{f}$ 叫做无散场或横场. 这时存在矢量场 $\boldsymbol{A}$,使得 $\boldsymbol{f}=\nabla\times\boldsymbol{A}$.

2. 若矢量场 $\boldsymbol{f}$ 的旋度处处为零,则 $\boldsymbol{f}$ 叫做无旋场或纵场. 这时存在标量场 φ,使得 $\boldsymbol{f}=\nabla\varphi$.

3. 一个矢量场 $\boldsymbol{f}$ 被它的散度、旋度和边界条件唯一地确定.

4. 任何一个矢量场 $\boldsymbol{f}$ 都可分解为无旋场(纵场)$\boldsymbol{f}_1$ 和无散场(横场)$\boldsymbol{f}_2$ 之和,即 $\boldsymbol{f}=\boldsymbol{f}_1+\boldsymbol{f}_2=\nabla\varphi+\nabla\times\boldsymbol{A}$.(亥姆霍兹定理)

Ⅱ 正交坐标系中梯度、散度、旋度以及$\nabla^2\varphi$和$\nabla^2\boldsymbol{A}$的表达式

一、正交曲线坐标系

设 x,y,z 是空间某点在笛卡儿坐标系中的坐标,u_1,u_2,u_3 是该点在正交曲线

坐标系中的坐标.长度元 $\mathrm{d}s$ 的平方表示为

$$\begin{aligned}(\mathrm{d}s)^2 &= (\mathrm{d}x)^2+(\mathrm{d}y)^2+(\mathrm{d}z)^2\\ &= h_1^2(\mathrm{d}u_1)^2+h_2^2(\mathrm{d}u_2)^2+h_3^2(\mathrm{d}u_3)^2\end{aligned} \tag{Ⅱ.1}$$

其中

$$h_i=\sqrt{\left(\frac{\partial x}{\partial u_i}\right)^2+\left(\frac{\partial y}{\partial u_i}\right)^2+\left(\frac{\partial z}{\partial u_i}\right)^2},\qquad i=1,2,3 \tag{Ⅱ.2}$$

叫做标度因子或拉梅系数.

设正交曲线坐标系的基矢为 $\boldsymbol{e}_1,\boldsymbol{e}_2,\boldsymbol{e}_3$;$\varphi(u_1,u_2,u_3)$ 是标量函数,$\mathbf{A}(u_1,u_2,u_3)=A_1\boldsymbol{e}_1+A_2\boldsymbol{e}_2+A_3\boldsymbol{e}_3$ 是矢量函数,则在正交曲线坐标系中,梯度、散度、旋度以及$\nabla^2\varphi$和$\nabla^2\mathbf{A}$ 的表达式分别如下:

$$\nabla\varphi=\frac{1}{h_1}\frac{\partial\varphi}{\partial u_1}\boldsymbol{e}_1+\frac{1}{h_2}\frac{\partial\varphi}{\partial u_2}\boldsymbol{e}_2+\frac{1}{h_3}\frac{\partial\varphi}{\partial u_3}\boldsymbol{e}_3 \tag{Ⅱ.3}$$

$$\nabla\cdot\mathbf{A}=\frac{1}{h_1h_2h_3}\left[\frac{\partial}{\partial u_1}(h_2h_3A_1)+\frac{\partial}{\partial u_2}(h_3h_1A_2)+\frac{\partial}{\partial u_3}(h_1h_2A_3)\right] \tag{Ⅱ.4}$$

$$\begin{aligned}\nabla\times\mathbf{A}=&\frac{1}{h_2h_3}\left[\frac{\partial}{\partial u_2}(h_3A_3)-\frac{\partial}{\partial u_3}(h_2A_2)\right]\boldsymbol{e}_1\\ &+\frac{1}{h_3h_1}\left[\frac{\partial}{\partial u_3}(h_1A_1)-\frac{\partial}{\partial u_1}(h_3A_3)\right]\boldsymbol{e}_2\\ &+\frac{1}{h_1h_2}\left[\frac{\partial}{\partial u_1}(h_2A_2)-\frac{\partial}{\partial u_2}(h_1A_1)\right]\boldsymbol{e}_3\end{aligned} \tag{Ⅱ.5}$$

$$\nabla^2\varphi=\frac{1}{h_1h_2h_3}\left[\frac{\partial}{\partial u_1}\left(\frac{h_2h_3}{h_1}\frac{\partial\varphi}{\partial u_1}\right)+\frac{\partial}{\partial u_2}\left(\frac{h_3h_1}{h_2}\frac{\partial\varphi}{\partial u_2}\right)+\frac{\partial}{\partial u_3}\left(\frac{h_1h_2}{h_3}\frac{\partial\varphi}{\partial u_3}\right)\right] \tag{Ⅱ.6}$$

$$\begin{aligned}\nabla^2\mathbf{A}=&\frac{1}{h_1}\left[\frac{\partial}{\partial u_1}(\nabla\cdot\mathbf{A})\right]\boldsymbol{e}_1+\frac{1}{h_2}\left[\frac{\partial}{\partial u_2}(\nabla\cdot\mathbf{A})\right]\boldsymbol{e}_2\\ &+\frac{1}{h_3}\left[\frac{\partial}{\partial u_3}(\nabla\cdot\mathbf{A})\right]\boldsymbol{e}_3-\frac{1}{h_2h_3}\left\{\frac{\partial}{\partial u_2}\left[\frac{h_3}{h_1h_2}\left(\frac{\partial(h_2A_2)}{\partial u_1}-\frac{\partial(h_1A_1)}{\partial u_2}\right)\right]\right.\\ &\left.-\frac{\partial}{\partial u_3}\left[\frac{h_2}{h_3h_1}\left(\frac{\partial(h_1A_1)}{\partial u_3}-\frac{\partial(h_3A_3)}{\partial u_1}\right)\right]\right\}\boldsymbol{e}_1\\ &-\frac{1}{h_3h_1}\left\{\frac{\partial}{\partial u_3}\left[\frac{h_1}{h_2h_3}\left(\frac{\partial(h_3A_3)}{\partial u_2}-\frac{\partial(h_2A_2)}{\partial u_3}\right)\right]\right.\\ &\left.-\frac{\partial}{\partial u_1}\left[\frac{h_3}{h_1h_2}\left(\frac{\partial(h_2A_2)}{\partial u_1}-\frac{\partial(h_1A_1)}{\partial u_2}\right)\right]\right\}\boldsymbol{e}_2\\ &-\frac{1}{h_1h_2}\left\{\frac{\partial}{\partial u_1}\left[\frac{h_2}{h_3h_1}\left(\frac{\partial(h_1A_1)}{\partial u_3}-\frac{\partial(h_3A_3)}{\partial u_1}\right)\right]\right.\\ &\left.-\frac{\partial}{\partial u_2}\left[\frac{h_1}{h_2h_3}\left(\frac{\partial(h_3A_3)}{\partial u_2}-\frac{\partial(h_2A_2)}{\partial u_3}\right)\right]\right\}\boldsymbol{e}_3\end{aligned} \tag{Ⅱ.7}$$

二、笛卡儿坐标系

$u_1=x,\ u_2=y,\ u_3=z;\ h_1=1,\ h_2=1,\ h_3=1$

$$\nabla\varphi=\frac{\partial\varphi}{\partial x}\boldsymbol{e}_x+\frac{\partial\varphi}{\partial y}\boldsymbol{e}_y+\frac{\partial\varphi}{\partial z}\boldsymbol{e}_z \tag{Ⅱ.8}$$

$$\nabla\cdot\boldsymbol{A}=\frac{\partial A_x}{\partial x}+\frac{\partial A_y}{\partial y}+\frac{\partial A_z}{\partial z} \tag{Ⅱ.9}$$

$$\nabla\times\boldsymbol{A}=\left(\frac{\partial A_z}{\partial y}-\frac{\partial A_y}{\partial z}\right)\boldsymbol{e}_x+\left(\frac{\partial A_x}{\partial z}-\frac{\partial A_z}{\partial x}\right)\boldsymbol{e}_y+\left(\frac{\partial A_y}{\partial x}-\frac{\partial A_x}{\partial y}\right)\boldsymbol{e}_z \tag{Ⅱ.10}$$

$$\nabla^2\varphi=\frac{\partial^2\varphi}{\partial x^2}+\frac{\partial^2\varphi}{\partial y^2}+\frac{\partial^2\varphi}{\partial z^2} \tag{Ⅱ.11}$$

$$\begin{aligned}\nabla^2\boldsymbol{A}=&\left(\frac{\partial^2 A_x}{\partial x^2}+\frac{\partial^2 A_x}{\partial y^2}+\frac{\partial^2 A_x}{\partial z^2}\right)\boldsymbol{e}_x+\left(\frac{\partial^2 A_y}{\partial x^2}+\frac{\partial^2 A_y}{\partial y^2}+\frac{\partial^2 A_y}{\partial z^2}\right)\boldsymbol{e}_y\\&+\left(\frac{\partial^2 A_z}{\partial x^2}+\frac{\partial^2 A_z}{\partial y^2}+\frac{\partial^2 A_z}{\partial z^2}\right)\boldsymbol{e}_z\end{aligned} \tag{Ⅱ.12}$$

三、柱坐标系

$u_1=r,\ u_2=\phi,\ u_3=z;\ h_1=1,\ h_2=r,\ h_3=1$

$$\nabla\varphi=\frac{\partial\varphi}{\partial r}\boldsymbol{e}_r+\frac{1}{r}\frac{\partial\varphi}{\partial\phi}\boldsymbol{e}_\phi+\frac{\partial\varphi}{\partial z}\boldsymbol{e}_z \tag{Ⅱ.13}$$

$$\nabla\cdot\boldsymbol{A}=\frac{1}{r}\frac{\partial(rA_r)}{\partial r}+\frac{1}{r}\frac{\partial A_\phi}{\partial\phi}+\frac{\partial A_z}{\partial z} \tag{Ⅱ.14}$$

$$\begin{aligned}\nabla\times\boldsymbol{A}=&\left(\frac{1}{r}\frac{\partial A_z}{\partial\phi}-\frac{\partial A_\phi}{\partial z}\right)\boldsymbol{e}_r+\left(\frac{\partial A_r}{\partial z}-\frac{\partial A_z}{\partial r}\right)\boldsymbol{e}_\phi\\&+\left[\frac{1}{r}\frac{\partial(rA_\phi)}{\partial r}-\frac{1}{r}\frac{\partial A_r}{\partial\phi}\right]\boldsymbol{e}_z\end{aligned} \tag{Ⅱ.15}$$

$$\nabla^2\varphi=\frac{1}{r}\frac{\partial}{\partial r}\left(r\frac{\partial\varphi}{\partial r}\right)+\frac{1}{r^2}\frac{\partial^2\varphi}{\partial\phi^2}+\frac{\partial^2\varphi}{\partial z^2} \tag{Ⅱ.16}$$

$$\begin{aligned}\nabla^2\boldsymbol{A}=&\left(\nabla^2A_r-\frac{A_r}{r^2}-\frac{2}{r^2}\frac{\partial A_\phi}{\partial\phi}\right)\boldsymbol{e}_r\\&+\left(\nabla^2A_\phi-\frac{A_\phi}{r^2}+\frac{2}{r^2}\frac{\partial A_r}{\partial\phi}\right)\boldsymbol{e}_\phi+(\nabla^2A_z)\boldsymbol{e}_z\end{aligned} \tag{Ⅱ.17}$$

注意：$\nabla^2\boldsymbol{A}\neq(\nabla^2A_r)\boldsymbol{e}_r+(\nabla^2A_\phi)\boldsymbol{e}_\phi+(\nabla^2A_z)\boldsymbol{e}_z$

四、球坐标系

$u_1=r,\ u_2=\theta,\ u_3=\phi;\ h_1=1,\ h_2=r,\ h_3=r\sin\theta$

$$\nabla\varphi=\frac{\partial\varphi}{\partial r}\boldsymbol{e}_r+\frac{1}{r}\frac{\partial\varphi}{\partial\theta}\boldsymbol{e}_\theta+\frac{1}{r\sin\theta}\frac{\partial\varphi}{\partial\phi}\boldsymbol{e}_\phi \tag{Ⅱ.18}$$

$$\nabla\cdot\mathbf{A}=\frac{1}{r^2}\frac{\partial}{\partial r}(r^2A_r)+\frac{1}{r\sin\theta}\frac{\partial}{\partial\theta}(\sin\theta A_\theta)+\frac{1}{r\sin\theta}\frac{\partial A_\phi}{\partial\phi} \tag{Ⅱ.19}$$

$$\nabla\times\mathbf{A}=\frac{1}{r\sin\theta}\left[\frac{\partial}{\partial\theta}(\sin\theta A_\phi)-\frac{\partial A_\theta}{\partial\phi}\right]\boldsymbol{e}_r+\frac{1}{r}\left[\frac{1}{\sin\theta}\frac{\partial A_r}{\partial\phi}-\frac{\partial}{\partial r}(rA_\phi)\right]\boldsymbol{e}_\theta+\frac{1}{r}\left[\frac{\partial}{\partial r}(rA_\theta)-\frac{\partial A_r}{\partial\theta}\right]\boldsymbol{e}_\phi \tag{Ⅱ.20}$$

$$\nabla^2\varphi=\frac{1}{r^2}\frac{\partial}{\partial r}\left(r^2\frac{\partial\varphi}{\partial r}\right)+\frac{1}{r^2\sin\theta}\frac{\partial}{\partial\theta}\left(\sin\theta\frac{\partial\varphi}{\partial\theta}\right)+\frac{1}{r^2\sin^2\theta}\frac{\partial^2\varphi}{\partial\phi^2} \tag{Ⅱ.21}$$

$$\begin{aligned}\nabla^2\mathbf{A}=&\left\{\nabla^2A_r-\frac{2}{r^2\sin\theta}\left[\sin\theta A_r+\frac{\partial}{\partial\theta}(\sin\theta A_\theta)+\frac{\partial A_\phi}{\partial\phi}\right]\right\}\boldsymbol{e}_r\\&+\left\{\nabla^2A_\theta+\frac{2}{r^2\sin\theta}\left(\sin\theta\frac{\partial A_r}{\partial\theta}-\frac{A_\theta}{2\sin\theta}-\frac{\cos\theta}{\sin\theta}\frac{\partial A_\phi}{\partial\phi}\right)\right\}\boldsymbol{e}_\theta\\&+\left\{\nabla^2A_\phi+\frac{2}{r^2\sin\theta}\left(\frac{\partial A_r}{\partial\phi}+\frac{\cos\theta}{\sin\theta}\frac{\partial A_\theta}{\partial\phi}-\frac{A_\phi}{2\sin\theta}\right)\right\}\boldsymbol{e}_\phi\end{aligned} \tag{Ⅱ.22}$$

注意：$\nabla^2\mathbf{A}\neq(\nabla^2A_r)\boldsymbol{e}_r+(\nabla^2A_\theta)\boldsymbol{e}_\theta+(\nabla^2A_\phi)\boldsymbol{e}_\phi$

Ⅲ　三种常用坐标系的基矢偏导数

一、笛卡儿坐标系

三个基矢 $\boldsymbol{e}_x,\boldsymbol{e}_y,\boldsymbol{e}_z$ 都是常矢量，它们的方向都不变，故它们对 x,y,z 的偏导数都是零.

二、柱坐标系

三个基矢 $\boldsymbol{e}_r,\boldsymbol{e}_\phi,\boldsymbol{e}_z$ 中，$\boldsymbol{e}_z$ 是常量，其方向不变；$\boldsymbol{e}_r$ 和 $\boldsymbol{e}_\phi$ 的方向都与 ϕ 有关，而与 r 和 z 都无关.

$$\frac{\partial\boldsymbol{e}_r}{\partial r}=0,\quad\frac{\partial\boldsymbol{e}_r}{\partial\phi}=\boldsymbol{e}_\phi,\quad\frac{\partial\boldsymbol{e}_r}{\partial z}=0 \tag{Ⅲ.1}$$

$$\frac{\partial\boldsymbol{e}_\phi}{\partial r}=0,\quad\frac{\partial\boldsymbol{e}_\phi}{\partial\phi}=-\boldsymbol{e}_r,\quad\frac{\partial\boldsymbol{e}_\phi}{\partial z}=0 \tag{Ⅲ.2}$$

$$\frac{\partial\boldsymbol{e}_z}{\partial r}=0,\quad\frac{\partial\boldsymbol{e}_z}{\partial\phi}=0,\quad\frac{\partial\boldsymbol{e}_z}{\partial z}=0 \tag{Ⅲ.3}$$

三、球坐标系

三个基矢 $\boldsymbol{e}_r,\boldsymbol{e}_\theta,\boldsymbol{e}_\phi$ 的方向都与 r 无关，而与 θ 和 ϕ 有关.

$$\frac{\partial\boldsymbol{e}_r}{\partial r}=0,\quad\frac{\partial\boldsymbol{e}_r}{\partial\theta}=\boldsymbol{e}_\theta,\quad\frac{\partial\boldsymbol{e}_r}{\partial\phi}=\sin\theta\boldsymbol{e}_\phi \tag{Ⅲ.4}$$

$$\frac{\partial \boldsymbol{e}_\theta}{\partial r}=0,\quad \frac{\partial \boldsymbol{e}_\theta}{\partial \theta}=-\boldsymbol{e}_r,\quad \frac{\partial \boldsymbol{e}_\theta}{\partial \phi}=\cos\theta\boldsymbol{e}_\phi \tag{Ⅲ.5}$$

$$\frac{\partial \boldsymbol{e}_\phi}{\partial r}=0,\quad \frac{\partial \boldsymbol{e}_\phi}{\partial \theta}=0,\quad \frac{\partial \boldsymbol{e}_\phi}{\partial \phi}=-\sin\theta\boldsymbol{e}_r-\cos\theta\boldsymbol{e}_\theta \tag{Ⅲ.6}$$

Ⅳ 常用的坐标变换

一、笛卡儿坐标系与柱坐标系的变换

1. 坐标变换

$$\left.\begin{aligned}x&=r\cos\phi\\ y&=r\sin\phi\\ z&=z\end{aligned}\right\} \tag{Ⅳ.1}$$

$$\left.\begin{aligned}r&=\sqrt{x^2+y^2}\\ \phi&=\arctan\left(\frac{y}{x}\right)\\ z&=z\end{aligned}\right\} \tag{Ⅳ.2}$$

2. 基矢变换

$$\left.\begin{aligned}\boldsymbol{e}_x&=\cos\phi\boldsymbol{e}_r-\sin\phi\boldsymbol{e}_\phi\\ \boldsymbol{e}_y&=\sin\phi\boldsymbol{e}_r+\cos\phi\boldsymbol{e}_\phi\\ \boldsymbol{e}_z&=\boldsymbol{e}_z\end{aligned}\right\} \tag{Ⅳ.3}$$

$$\left.\begin{aligned}\boldsymbol{e}_r&=\cos\phi\boldsymbol{e}_x+\sin\phi\boldsymbol{e}_y\\ \boldsymbol{e}_\phi&=-\sin\phi\boldsymbol{e}_x+\cos\phi\boldsymbol{e}_y\\ \boldsymbol{e}_z&=\boldsymbol{e}_z\end{aligned}\right\} \tag{Ⅳ.4}$$

3. 矢量变换

设 $\boldsymbol{A}=A_x\boldsymbol{e}_x+A_y\boldsymbol{e}_y+A_z\boldsymbol{e}_z=A_r\boldsymbol{e}_r+A_\phi\boldsymbol{e}_\phi+A_z\boldsymbol{e}_z$，则

$$\left.\begin{aligned}A_x&=A_r\cos\phi-A_\phi\sin\phi\\ A_y&=A_r\sin\phi+A_\phi\cos\phi\\ A_z&=A_z\end{aligned}\right\} \tag{Ⅳ.5}$$

$$\left.\begin{aligned}A_r&=A_x\cos\phi+A_y\sin\phi\\ A_\phi&=-A_x\sin\phi+A_y\cos\phi\\ A_z&=A_z\end{aligned}\right\} \tag{Ⅳ.6}$$

二、笛卡儿坐标系与球坐标系的变换

1. 坐标变换

$$\left.\begin{aligned}x&=r\sin\theta\cos\phi\\ y&=r\sin\theta\sin\phi\\ z&=r\cos\theta\end{aligned}\right\} \tag{Ⅳ.7}$$

$$\left.\begin{aligned}&r=\sqrt{x^2+y^2+z^2}\\&\theta=\arccos\left(\frac{z}{\sqrt{x^2+y^2+z^2}}\right)\\&\phi=\arctan\left(\frac{y}{x}\right)\end{aligned}\right\}\tag{Ⅳ.8}$$

2. 基矢变换

$$\left.\begin{aligned}&\boldsymbol{e}_x=\sin\theta\cos\phi\boldsymbol{e}_r+\cos\theta\cos\phi\boldsymbol{e}_\theta-\sin\phi\boldsymbol{e}_\phi\\&\boldsymbol{e}_y=\sin\theta\sin\phi\boldsymbol{e}_r+\cos\theta\sin\phi\boldsymbol{e}_\theta+\cos\phi\boldsymbol{e}_\phi\\&\boldsymbol{e}_z=\cos\theta\boldsymbol{e}_r-\sin\theta\boldsymbol{e}_\theta\end{aligned}\right\}\tag{Ⅳ.9}$$

$$\left.\begin{aligned}&\boldsymbol{e}_r=\sin\theta\cos\phi\boldsymbol{e}_x+\sin\theta\sin\phi\boldsymbol{e}_y+\cos\theta\boldsymbol{e}_z\\&\boldsymbol{e}_\theta=\cos\theta\cos\phi\boldsymbol{e}_x+\cos\theta\sin\phi\boldsymbol{e}_y-\sin\theta\boldsymbol{e}_z\\&\boldsymbol{e}_\phi=-\sin\phi\boldsymbol{e}_x+\cos\phi\boldsymbol{e}_y\end{aligned}\right\}\tag{Ⅳ.10}$$

3. 矢量变换

设 $\mathbf{A}=A_x\boldsymbol{e}_x+A_y\boldsymbol{e}_y+A_z\boldsymbol{e}_z=A_r\boldsymbol{e}_r+A_\theta\boldsymbol{e}_\theta+A_\phi\boldsymbol{e}_\phi$，则

$$\left.\begin{aligned}&A_x=A_r\sin\theta\cos\phi+A_\theta\cos\theta\cos\phi-A_\phi\sin\phi\\&A_y=A_r\sin\theta\sin\phi+A_\theta\cos\theta\sin\phi+A_\phi\cos\phi\\&A_z=A_r\cos\theta-A_\theta\sin\theta\end{aligned}\right\}\tag{Ⅳ.11}$$

$$\left.\begin{aligned}&A_r=A_x\sin\theta\cos\phi+A_y\sin\theta\sin\phi+A_z\cos\theta\\&A_\theta=A_x\cos\theta\cos\phi+A_y\cos\theta\sin\phi-A_z\sin\theta\\&A_\phi=-A_x\sin\phi+A_y\cos\phi\end{aligned}\right\}\tag{Ⅳ.12}$$

Ⅴ　球坐标系中两位矢间的夹角

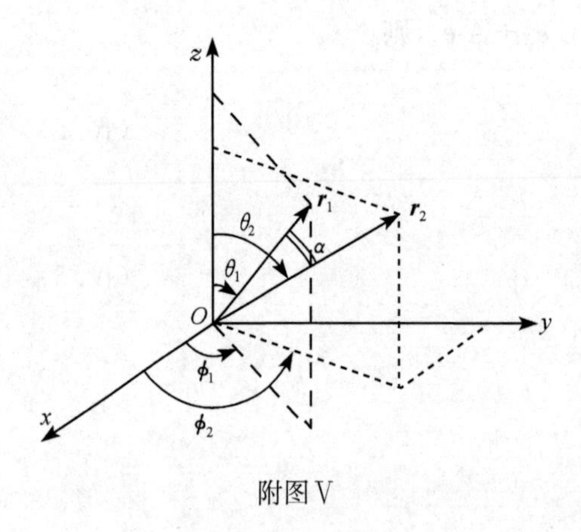

附图Ⅴ

如附图Ⅴ所示，球坐标系中两位矢 $\boldsymbol{r}_1$ 和 $\boldsymbol{r}_2$ 间的夹角 α 由下式决定：

$$\cos\alpha=\cos\theta_1\cos\theta_2+\sin\theta_1\sin\theta_2\cos(\phi_1-\phi_2)\tag{Ⅴ.1}$$

Ⅵ　勒让德多项式

一、勒让德多项式

1. 勒让德多项式是勒让德方程的有界解

勒让德方程

$$\frac{\mathrm{d}}{\mathrm{d}x}\left[(1-x^2)\frac{\mathrm{d}y}{\mathrm{d}x}\right]+\mu y=0\tag{Ⅵ.1}$$

在有界条件下的本征值为$\mu=l(l+1)$,$l=0,1,2,\cdots$,相应的本征函数$P_l(x)$称为勒让德多项式.

2. 勒让德多项式的生成函数

勒让德多项式的生成函数为

$$(1-2xt+t^2)^{-\frac{1}{2}}=\sum_{l=0}^{\infty}P_l(x)t^l \tag{Ⅵ.2}$$

3. 勒让德多项式的罗巨格公式

$$P_l(x)=\frac{1}{2^l\cdot l!}\frac{d^l}{dx^l}(x^2-1)^l \tag{Ⅵ.3}$$

二、勒让德多项式的性质

1. 勒让德多项式的正交性

$$\int_{-1}^{1}P_l(x)p_{l'}(x)dx=\frac{2}{2l+1}\delta_{ll'} \tag{Ⅵ.4}$$

2. 勒让德多项式的对称性

$$P_l(-x)=(-1)^lP_l(x) \tag{Ⅵ.5}$$

3. 勒让德多项式的特殊值

$$P_{2l+1}(0)=0 \tag{Ⅵ.6}$$

$$P_{2l}(0)=(-1)^l\frac{(2l)!}{2^{2l}\cdot(l!)^2} \tag{Ⅵ.7}$$

$$P_l(1)=1 \tag{Ⅵ.8}$$

$$P_l(-1)=(-1)^l \tag{Ⅵ.9}$$

三、前七个勒让德多项式

$$\left.\begin{aligned}&P_0(x)=1,\quad P_1(x)=x\\&P_2(x)=\frac{1}{2}(3x^2-1),\quad P_3(x)=\frac{1}{2}(5x^3-3x)\\&P_4(x)=\frac{1}{8}(35x^4-30x^2+3)\\&P_5(x)=\frac{1}{8}(63x^5-70x^3+15x)\\&P_6(x)=\frac{1}{16}(231x^6-315x^4+105x^2-5)\end{aligned}\right\} \tag{Ⅵ.10}$$

Ⅶ 贝塞耳函数

一、贝塞耳方程

ν阶贝塞耳方程为

$$\frac{\mathrm{d}^2 y}{\mathrm{d}x^2}+\frac{1}{x}\frac{\mathrm{d}y}{\mathrm{d}x}+\left(1-\frac{\nu^2}{x^2}\right)y=0 \tag{Ⅶ.1}$$

它的解叫做贝塞耳函数.

二、三类贝塞耳函数

1. 第一类贝塞耳函数

第一类贝塞耳函数 $\mathrm{J}_\nu(x)$是方程(Ⅶ.1) 的一个解,它的级数表达式为

$$\mathrm{J}_\nu(x)=\sum_{k=0}^{\infty}\frac{(-1)^k}{k!\Gamma(\nu+k+1)}\left(\frac{x}{2}\right)^{2k+\nu} \tag{Ⅶ.2}$$

当 ν 不是整数时,$\mathrm{J}_\nu(x)$和 $\mathrm{J}_{-\nu}(x)$是方程(Ⅶ.1)的两个线性无关解.

2. 第二类贝塞耳函数

第二类贝塞耳函数 $\mathrm{N}_\nu(x)$也叫做诺伊曼函数,其定义为

$$\mathrm{N}_\nu(x)=\frac{\mathrm{J}_\nu(x)\cos\nu\pi-\mathrm{J}_{-\nu}(x)}{\sin\nu\pi} \tag{Ⅶ.3}$$

当 ν 是整数 n 时,$\mathrm{J}_n(x)$和 $\mathrm{N}_n(x)$是方程(Ⅶ.1)的两个线性无关解.

3. 第三类贝塞耳函数

第三类贝塞耳函数 $\mathrm{H}_\nu(x)$也叫做汉克耳函数,其定义为

$$\mathrm{H}_\nu^{(1)}(x)=\mathrm{J}_\nu(x)+\mathrm{i}\mathrm{N}_\nu(x) \tag{Ⅶ.4}$$

$$\mathrm{H}_\nu^{(2)}(x)=\mathrm{J}_\nu(x)-\mathrm{i}\mathrm{N}_\nu(x) \tag{Ⅶ.5}$$

$\mathrm{H}_\nu^{(1)}(x)$ 和 $\mathrm{H}_\nu^{(2)}(x)$分别叫做第一类和第二类汉克耳函数.

$\mathrm{J}_\nu(x)$、$\mathrm{N}_\nu(x)$、$\mathrm{H}_\nu^{(1)}(x)$ 、$\mathrm{H}_\nu^{(2)}(x)$四个函数中任意两个都是方程(Ⅶ.1)的两个线性无关解.

三、变型贝塞耳方程[①]及其解

变型贝塞耳方程为

$$\frac{\mathrm{d}^2 y}{\mathrm{d}x^2}+\frac{1}{x}\frac{\mathrm{d}y}{\mathrm{d}x}-\left(1+\frac{\nu^2}{x^2}\right)y=0 \tag{Ⅶ.6}$$

它的一个解 $\mathrm{I}_\nu(x)$ 叫做第一类变型贝塞耳函数,其级数表达式为

$$\mathrm{I}_\nu(x)=\sum_{k=0}^{\infty}\frac{1}{k!\Gamma(\nu+k+1)}\left(\frac{x}{2}\right)^{2k+\nu} \tag{Ⅶ.7}$$

若 ν 不是整数,则 $\mathrm{I}_\nu(x)$和 $\mathrm{I}_{-\nu}(x)$便是方程(Ⅶ.6)的两个线性无关解.

---

① 变型贝塞耳方程和变型贝塞耳函数有些书上分别称为“修正贝塞耳方程”和“修正贝塞耳函数”,相应的英文为 modified Bessel equation 和 modified Bessel function.

第二类变型贝塞耳函数 $K_\nu(x)$ 定义为

$$K_\nu(x) = \frac{\pi}{2\sin\nu\pi}[I_{-\nu}(x) - I_\nu(x)] \tag{Ⅷ.8}$$

不论 ν 为何值，$I_\nu(x)$ 和 $K_\nu(x)$ 都是方程（Ⅷ.6）的两个线性无关解.

四、贝塞耳函数的渐近展开

1. $x\to 0$ 时

$$J_0(0)=1;\qquad J_n(0)=0,\qquad n\geqslant 1 \tag{Ⅷ.9}$$

$$N_0(x)\sim\frac{2}{\pi}\ln\frac{x}{2};\qquad N_n(x)\sim-\frac{(n-1)!}{\pi}\left(\frac{x}{2}\right)^{-n},\qquad n\geqslant 1 \tag{Ⅷ.10}$$

$$H_0^{(1)}(x)\sim i\,\frac{\pi}{2}\ln\frac{x}{2};\qquad H_n^{(1)}(x)\sim -i\,\frac{(n-1)!}{\pi}\left(\frac{x}{2}\right)^{-n},\qquad n\geqslant 1 \tag{Ⅷ.11}$$

$$H_0^{(2)}(x)\sim -i\,\frac{2}{\pi}\ln\frac{x}{2};\qquad H_n^{(2)}(x)\sim i\,\frac{(n-1)!}{\pi}\left(\frac{x}{2}\right)^{-n},\qquad n\geqslant 1 \tag{Ⅷ.12}$$

$$I_0(0)=1;\qquad I_n(0)=0,\qquad n\geqslant 1 \tag{Ⅷ.13}$$

$$K_0(x)\sim -\ln\frac{x}{2};\qquad K_n(x)\sim\frac{(n-1)!}{2}\left(\frac{x}{2}\right)^{-n},\qquad n\geqslant 1 \tag{Ⅷ.14}$$

2. $x\to\infty$时

$$J_\nu(x)=\sqrt{\frac{2}{\pi x}}\cos\left(x-\frac{\nu\pi}{2}-\frac{\pi}{4}\right)+O(x^{-3/2}) \tag{Ⅷ.15}$$

$$N_\nu(x)=\sqrt{\frac{2}{\pi x}}\sin\left(x-\frac{\nu\pi}{2}-\frac{\pi}{4}\right)+O(x^{-3/2}) \tag{Ⅷ.16}$$

$$H_\nu^{(1)}(x)=\sqrt{\frac{2}{\pi x}}e^{i\left(x-\frac{\nu\pi}{2}-\frac{\pi}{4}\right)}+O(x^{-3/2}) \tag{Ⅷ.17}$$

$$H_\nu^{(2)}(x)=\sqrt{\frac{2}{\pi x}}e^{-i\left(x-\frac{\nu\pi}{2}-\frac{\pi}{4}\right)}+O(x^{-3/2}) \tag{Ⅷ.18}$$

$$I_\nu(x)=\frac{e^x}{\sqrt{2\pi x}}[1+O(x^{-1})] \tag{Ⅷ.19}$$

$$K_\nu(x)=\sqrt{\frac{\pi}{2x}}e^{-x}[1+O(x^{-1})] \tag{Ⅷ.20}$$

五、贝塞耳函数 $J_m(x)$ 及其一阶导数 $J'_m(x')$ 的零点

整数阶贝塞耳函数 $J_m(x)$ 是一个衰减的振荡函数，有无穷多个实数零点，也就是说，$J_m(x)=0$ 有无穷多个实根. 下面两个表分别列出阶数较低的几个贝塞耳函数及其一阶导数的一些较小的根. 由于 $x=0$ 明显地是 $m\geqslant 1$ 的 $J_m(x)=0$ 的根，故不列入表中.

附表 1　贝塞耳函数 $J_m(x)=0$ 的根 x_{mn}

n \ m	0	1	2	3	4	5
1	2.4048	3.8317	5.1356	6.3802	7.5883	8.7715
2	5.5201	7.0156	8.4172	9.7610	11.0647	12.3386
3	8.6537	10.1735	11.6198	13.0152	14.3725	15.7002
4	11.7915	13.3237	14.7960	16.2235	17.6160	18.9801

附表 2　贝塞耳函数一阶导数 $J'_m(x')=0$ 的根 x'_{mn}

n \ m	0	1	2	3	4	5
1	3.8317	1.8412	3.0542	4.2012	5.3176	6.4156
2	7.0156	5.3314	6.7061	8.0152	9.2824	10.5199
3	10.1735	8.5363	9.9695	11.3459	12.6819	13.9872
4	13.3237	11.7060	13.1704	14.5859	15.9641	17.3128

Ⅷ　张量基础知识

一、张量的并矢表示

1. 并矢

两个矢量并列所构成的量叫做并矢，$\boldsymbol{a}$ 和 $\boldsymbol{b}$ 的并矢写作 $\boldsymbol{ab}$. 三维并矢有九个分量，如用笛卡儿坐标表示，则为

$$\begin{aligned}\boldsymbol{ab} &= a_1b_1\boldsymbol{e}_1\boldsymbol{e}_1 + a_1b_2\boldsymbol{e}_1\boldsymbol{e}_2 + a_1b_3\boldsymbol{e}_1\boldsymbol{e}_3 \\ &\quad + a_2b_1\boldsymbol{e}_2\boldsymbol{e}_1 + a_2b_2\boldsymbol{e}_2\boldsymbol{e}_2 + a_2b_3\boldsymbol{e}_2\boldsymbol{e}_3 \\ &\quad + a_3b_1\boldsymbol{e}_3\boldsymbol{e}_1 + a_3b_2\boldsymbol{e}_3\boldsymbol{e}_2 + a_3b_3\boldsymbol{e}_3\boldsymbol{e}_3 \\ &= \sum_{i,j=1}^{3} a_ib_j\boldsymbol{e}_i\boldsymbol{e}_j \end{aligned} \tag{Ⅷ.1}$$

一般地，并矢本身不对易，即

$$\boldsymbol{ab} \neq \boldsymbol{ba} \tag{Ⅷ.2}$$

2. 并矢的点乘

(1) 一次点乘.

$$(\boldsymbol{ab})\cdot(\boldsymbol{cd}) = \boldsymbol{a}(\boldsymbol{b}\cdot\boldsymbol{c})\boldsymbol{d},\ \text{是张量} \tag{Ⅷ.3}$$

$$\boldsymbol{a}\cdot(\boldsymbol{bc}) = (\boldsymbol{a}\cdot\boldsymbol{b})\boldsymbol{c},\ \text{是矢量} \tag{Ⅷ.4}$$

$$(\boldsymbol{ab})\cdot\boldsymbol{c} = \boldsymbol{a}(\boldsymbol{b}\cdot\boldsymbol{c}),\ \text{是矢量} \tag{Ⅷ.5}$$

(2) 二次点乘.

$$(\boldsymbol{ab}):(\boldsymbol{cd}) = (\boldsymbol{b}\cdot\boldsymbol{c})(\boldsymbol{a}\cdot\boldsymbol{d}) \tag{Ⅷ.6}$$

$$(\boldsymbol{cd}):(\boldsymbol{ab}) = (\boldsymbol{a}\cdot\boldsymbol{d})(\boldsymbol{b}\cdot\boldsymbol{c}) \tag{Ⅷ.7}$$

并矢的一次点乘不对易，两次点乘对易.

3. 用并矢表示张量

(1) 零阶张量是一个数.

(2) n 维一阶张量 $\mathbf{A}$ 是一个 n 维矢量，有 n 个分量. 可表示为

$$\mathbf{A}=\sum_{i=1}^{n}A_i\boldsymbol{e}_i \tag{Ⅷ.8}$$

(3) n 维二阶张量 $\mathbf{A}$ 有 n^2 个分量，用并矢表示为

$$\mathbf{A}=\sum_{i,j=1}^{n}A_{ij}\boldsymbol{e}_i\boldsymbol{e}_j \tag{Ⅷ.9}$$

式中 A_{ij} 叫做 $\mathbf{A}$ 的 ij 分量.

若 $A_{ij}=A_{ji}$，则 $\mathbf{A}$ 叫做对称张量；

若 $A_{ij}=-A_{ji}$，则 $\mathbf{A}$ 叫做反对称张量.

4. 张量的点乘

(1) 张量与矢量的点乘

$$\begin{aligned}\boldsymbol{a}\cdot\mathbf{A}&=\Big(\sum_i a_i\boldsymbol{e}_i\Big)\cdot\Big(\sum_{j,k}A_{jk}\boldsymbol{e}_j\boldsymbol{e}_k\Big)\\&=\sum_k\sum_i a_iA_{ik}\boldsymbol{e}_k=\sum_{i,j}a_iA_{ij}\boldsymbol{e}_j\end{aligned} \tag{Ⅷ.10}$$

$$\begin{aligned}\mathbf{A}\cdot\boldsymbol{a}&=\Big(\sum_{j,k}A_{jk}\boldsymbol{e}_j\boldsymbol{e}_k\Big)\cdot\Big(\sum_i a_i\boldsymbol{e}_i\Big)\\&=\sum_{i,j}A_{ij}a_j\boldsymbol{e}_i=\sum_{i,j}A_{ji}a_i\boldsymbol{e}_j\end{aligned} \tag{Ⅷ.11}$$

一般地，张量与矢量的点乘不对易，即

$$\boldsymbol{a}\cdot\mathbf{A}\neq\mathbf{A}\cdot\boldsymbol{a} \tag{Ⅷ.12}$$

只有对称张量，才有

$$\boldsymbol{a}\cdot\mathbf{A}=\mathbf{A}\cdot\boldsymbol{a}\qquad(\mathbf{A}\text{ 为对称张量}) \tag{Ⅷ.13}$$

(2) 张量与张量的点乘

$$\begin{aligned}\mathbf{A}\cdot\mathbf{B}&=\Big(\sum_{i,j}A_{ij}\boldsymbol{e}_i\boldsymbol{e}_j\Big)\cdot\Big(\sum_{k,l}B_{kl}\boldsymbol{e}_k\boldsymbol{e}_l\Big)\\&=\sum_{i,j,k}A_{ij}B_{jk}\boldsymbol{e}_i\boldsymbol{e}_k\end{aligned} \tag{Ⅷ.14}$$

$$\begin{aligned}\mathbf{B}\cdot\mathbf{A}&=\Big(\sum_{k,l}B_{kl}\boldsymbol{e}_k\boldsymbol{e}_l\Big)\cdot\Big(\sum_{i,j}A_{ij}\boldsymbol{e}_i\boldsymbol{e}_j\Big)\\&=\sum_{i,j,k}A_{ij}B_{ki}\boldsymbol{e}_k\boldsymbol{e}_j\end{aligned} \tag{Ⅷ.15}$$

张量与张量的点乘不对易.

(3) 张量的二次点乘

$$\begin{aligned}\mathbf{A}:\mathbf{B}&=\Big(\sum_{i,j}A_{ij}\boldsymbol{e}_i\boldsymbol{e}_j\Big):\Big(\sum_{k,l}B_{kl}\boldsymbol{e}_k\boldsymbol{e}_l\Big)\\&=\sum_{i,j}A_{ij}B_{ji}\end{aligned} \tag{Ⅷ.16}$$

张量的二次点乘对易,即

$$\mathbf{A}:\boldsymbol{B}=\boldsymbol{B}:\mathbf{A} \tag{Ⅷ.17}$$

二、张量的矩阵表示

1. 一阶张量

一阶张量(矢量)用一行或一列的矩阵表示.如

$$\boldsymbol{a}=(a_1,a_2,\cdots,a_n) \tag{Ⅷ.18}$$

或

$$\boldsymbol{a}=\begin{pmatrix} a_1 \\ a_2 \\ \vdots \\ a_n \end{pmatrix} \tag{Ⅷ.19}$$

2. 二阶张量

二阶张量用方阵表示,如三维二阶张量为

$$\mathbf{A}=\begin{pmatrix} A_{11} & A_{12} & A_{13} \\ A_{21} & A_{22} & A_{23} \\ A_{31} & A_{32} & A_{33} \end{pmatrix} \tag{Ⅷ.20}$$

一个 n 维二阶张量可表示为一个 n 行 n 列的方阵,共有 n^2 个分量.

3. 张量的点乘

(1) 张量与矢量的点乘

$$\begin{aligned}\boldsymbol{a}\cdot\mathbf{A}&=(a_1,a_2,a_3)\begin{pmatrix} A_{11} & A_{12} & A_{13} \\ A_{21} & A_{22} & A_{23} \\ A_{31} & A_{32} & A_{33} \end{pmatrix}\\ &=\left(\sum_i a_iA_{i1},\sum_i a_iA_{i2},\sum_i a_iA_{i3}\right)\end{aligned} \tag{Ⅷ.21}$$

$$\begin{aligned}\mathbf{A}\cdot\boldsymbol{a}&=\begin{pmatrix} A_{11} & A_{12} & A_{13} \\ A_{21} & A_{22} & A_{23} \\ A_{31} & A_{32} & A_{33} \end{pmatrix}\begin{pmatrix} a_1 \\ a_2 \\ a_3 \end{pmatrix}\\ &=\begin{pmatrix} \sum_i A_{1i}a_i \\ \sum_i A_{2i}a_i \\ \sum_i A_{3i}a_i \end{pmatrix}\end{aligned} \tag{Ⅷ.22}$$

(2) 张量与张量的点乘

$$\boldsymbol{A}\cdot\boldsymbol{B}=\begin{pmatrix}A_{11} & A_{12} & A_{13}\\ A_{21} & A_{22} & A_{23}\\ A_{31} & A_{32} & A_{33}\end{pmatrix}\begin{pmatrix}B_{11} & B_{12} & B_{13}\\ B_{21} & B_{22} & B_{23}\\ B_{31} & B_{32} & B_{33}\end{pmatrix}$$

$$=\begin{pmatrix}\sum_i A_{1i}B_{i1} & \sum_i A_{1i}B_{i2} & \sum_i A_{1i}B_{i3}\\ \sum_i A_{2i}B_{i1} & \sum_i A_{2i}B_{i2} & \sum_i A_{2i}B_{i3}\\ \sum_i A_{3i}B_{i1} & \sum_i A_{3i}B_{i2} & \sum_i A_{3i}B_{i3}\end{pmatrix} \tag{Ⅷ.23}$$

三、张量的加、减

同维同阶的张量才能相加或相减. 两张量的和或差仍为张量,其分量等于原来两张量的相应分量之和或差. 用并矢表示为

$$\boldsymbol{A}\pm\boldsymbol{B}=\sum_{i,j}A_{ij}\boldsymbol{e}_i\boldsymbol{e}_j\pm\sum_{i,j}B_{ij}\boldsymbol{e}_i\boldsymbol{e}_j=\sum_{i,j}(A_{ij}\pm B_{ij})\boldsymbol{e}_i\boldsymbol{e}_j \tag{Ⅷ.24}$$

用矩阵表示为

$$\boldsymbol{A}\pm\boldsymbol{B}=\begin{pmatrix}A_{11} & A_{12} & A_{13}\\ A_{21} & A_{22} & A_{23}\\ A_{31} & A_{32} & A_{33}\end{pmatrix}\pm\begin{pmatrix}B_{11} & B_{12} & B_{13}\\ B_{21} & B_{22} & B_{23}\\ B_{31} & B_{32} & B_{33}\end{pmatrix}$$

$$=\begin{pmatrix}A_{11}\pm B_{11} & A_{12}\pm B_{12} & A_{13}\pm B_{13}\\ A_{21}\pm B_{21} & A_{22}\pm B_{22} & A_{23}\pm B_{23}\\ A_{31}\pm B_{31} & A_{32}\pm B_{32} & A_{33}\pm B_{33}\end{pmatrix} \tag{Ⅷ.25}$$

四、张量的分解定理

任何张量都可以分解为一个对称张量与一个反对称张量之和. 例如

$$\begin{pmatrix}A_{11} & A_{12} & A_{13}\\ A_{21} & A_{22} & A_{23}\\ A_{31} & A_{32} & A_{33}\end{pmatrix}=\begin{pmatrix}A_{11} & \frac{1}{2}(A_{12}+A_{21}) & \frac{1}{2}(A_{13}+A_{31})\\ \frac{1}{2}(A_{21}+A_{12}) & A_{22} & \frac{1}{2}(A_{23}+A_{32})\\ \frac{1}{2}(A_{31}+A_{13}) & \frac{1}{2}(A_{32}+A_{23}) & A_{33}\end{pmatrix}$$

$$+\begin{pmatrix}0 & \frac{1}{2}(A_{12}-A_{21}) & \frac{1}{2}(A_{13}-A_{31})\\ \frac{1}{2}(A_{21}-A_{12}) & 0 & \frac{1}{2}(A_{23}-A_{32})\\ \frac{1}{2}(A_{31}-A_{13}) & \frac{1}{2}(A_{32}-A_{23}) & 0\end{pmatrix} \tag{Ⅷ.26}$$

五、单位张量

1. 单位张量

若二阶张量的分量满足条件 $A_{ij}=\delta_{ij}$，则该张量便称为单位张量，记作 **I**.

2. 三维二阶单位张量

用并矢表示为

$$\boldsymbol{I}=\sum_{i,j=1}^{3}\delta_{ij}\boldsymbol{e}_i\boldsymbol{e}_j=\boldsymbol{e}_1\boldsymbol{e}_1+\boldsymbol{e}_2\boldsymbol{e}_2+\boldsymbol{e}_3\boldsymbol{e}_3 \tag{Ⅷ.27}$$

用矩阵表示为

$$\boldsymbol{I}=\begin{pmatrix}1&0&0\\0&1&0\\0&0&1\end{pmatrix} \tag{Ⅷ.28}$$

3. 位矢的梯度

在笛卡儿坐标系中，位矢 $\boldsymbol{r}$ 的梯度是单位张量.

$$\nabla\boldsymbol{r}=\boldsymbol{I} \tag{Ⅷ.29}$$

4. 运算性质

$$\boldsymbol{a}\cdot\boldsymbol{I}=\boldsymbol{I}\cdot\boldsymbol{a}=\boldsymbol{a} \tag{Ⅷ.30}$$

$$\mathbf{A}\cdot\boldsymbol{I}=\boldsymbol{I}\cdot\mathbf{A}=\mathbf{A} \tag{Ⅷ.31}$$

$$\mathbf{A}:\boldsymbol{I}=\boldsymbol{I}:\mathbf{A}=\sum_i A_{ii} \tag{Ⅷ.32}$$

六、∇ 算符的作用

1. 矢量的梯度是张量

$$\nabla\boldsymbol{f}=\left(\sum_i\boldsymbol{e}_i\frac{\partial}{\partial x_i}\right)\left(\sum_j f_j\boldsymbol{e}_j\right)=\sum_{i,j}\frac{\partial f_j}{\partial x_i}\boldsymbol{e}_i\boldsymbol{e}_j \tag{Ⅷ.33}$$

2. 张量的散度是矢量

$$\nabla\cdot\mathbf{A}=\left(\sum_i\boldsymbol{e}_i\frac{\partial}{\partial x_i}\right)\cdot\mathbf{A}=\sum_{i,j}\frac{\partial A_{ij}}{\partial x_i}\boldsymbol{e}_j \tag{Ⅷ.34}$$

3. 积分变换(高斯公式)

$$\int_V \mathrm{d}V\nabla\cdot\mathbf{A}=\oint_S\mathrm{d}\boldsymbol{S}\cdot\mathbf{A} \tag{Ⅷ.35}$$

Ⅸ　椭圆积分

一、可积和不可积

1. 可积和不可积

凡是积分结果能用初等函数的有限项表示的，就叫做可积；否则就叫做不可积，如 $\int \frac{e^{ax}}{x}dx$ 就不可积.

2. 可积

(1) 设 $P(x)$ 和 $Q(x)$ 都是 x 的多项式，即具有 $a_n x^n + a_{n-1}x^{n-1} + \cdots + a_1 x + a_0$ 的形式，则 $\int P(x)dx$ 以及 $\int \frac{P(x)}{Q(x)}dx$ 都是可积的.

(2) 设 $R(x,y)$ 为 x、y 的有理函数，即两个多项式之商，如 $R(x)=\frac{P(x)}{Q(x)}$，则 $\int R(x^n, \sqrt{ax+b})dx$ 和 $\int R(x, \sqrt{ax^2+bx+c})dx$ 都是可积的.

二、椭圆积分和超椭圆积分

$\int R(x, \sqrt{ax^3+bx^2+cx+d})dx$ 和 $\int R(x, \sqrt{ax^4+bx^3+cx^2+dx+e})dx$ 都不可积. 这两种积分叫做椭圆积分. 若 R 中的根式里是高于四次的多项式，则积分便叫做超椭圆积分.

三、三个基本椭圆积分

1. 勒让德标准形式

一般椭圆积分都可以用下面三个基本椭圆积分(勒让德标准形式)表示.

第一种椭圆积分

$$F(k,x) = \int_0^x \frac{dx}{\sqrt{(1-x^2)(1-k^2x^2)}} \tag{Ⅸ.1}$$

式中 $k^2<1$，k 叫做模数，下同.

第二种椭圆积分

$$E(k,x) = \int_0^x \sqrt{\frac{1-k^2x^2}{1-x^2}}dx \tag{Ⅸ.2}$$

第三种椭圆积分

$$\Pi(h,k,x) = \int_0^x \frac{dx}{(1+hx^2)\sqrt{(1-x^2)(1-k^2x^2)}} \tag{Ⅸ.3}$$

式中 h 叫做第三种椭圆积分的参数.

2. 用正弦函数表示

令 $x=\sin\phi$，则以上三种椭圆积分可分别化成下列形式：

第一种椭圆积分

$$F(k,\phi) = \int_0^\phi \frac{d\phi}{\sqrt{1-k^2\sin^2\phi}} \tag{Ⅸ.4}$$

第二种椭圆积分

$$\mathrm{E}(k,\phi)=\int_0^{\phi}\sqrt{1-k^2\sin^2\phi}\,\mathrm{d}\phi \tag{Ⅸ.5}$$

第三种椭圆积分

$$\Pi(h,k,\phi)=\int_0^{\phi}\frac{\mathrm{d}\phi}{(1+h\sin^2\phi)\sqrt{1-k^2\sin^2\phi}} \tag{Ⅸ.6}$$

四、全椭圆积分

第一种全椭圆积分

$$\begin{aligned}\mathrm{K}=\mathrm{F}\left(k,\frac{\pi}{2}\right)&=\int_0^{\frac{\pi}{2}}\frac{\mathrm{d}\phi}{\sqrt{1-k^2\sin^2\phi}}\\&=\frac{\pi}{2}\left[1+\left(\frac{1}{2}\right)^2k^2+\left(\frac{1\cdot3}{2\cdot4}\right)^2k^4+\left(\frac{1\cdot3\cdot5}{2\cdot4\cdot6}\right)^2k^6+\cdots\right]\end{aligned} \tag{Ⅸ.7}$$

第二种全椭圆积分

$$\begin{aligned}\mathrm{E}=\mathrm{E}\left(k,\frac{\pi}{2}\right)&=\int_0^{\frac{\pi}{2}}\sqrt{1-k^2\sin^2\phi}\,\mathrm{d}\phi\\&=\frac{\pi}{2}\left[1-\left(\frac{1}{2}\right)^2k^2-\left(\frac{1\cdot3}{2\cdot4}\right)^2\frac{k^4}{3}-\left(\frac{1\cdot3\cdot5}{2\cdot4\cdot6}\right)^2\frac{k^6}{5}-\cdots\right]\end{aligned} \tag{Ⅸ.8}$$

以上两式中 $k^2<1$.

基本物理常数

真空中光速　$c=299\ 792\ 458\mathrm{m\cdot s^{-1}}$

真空电容率　$\varepsilon_0=8.854\ 187\ 817\cdots\times10^{-12}\mathrm{F\cdot m^{-1}}$

真空磁导率　$\mu_0=4\pi\times10^{-7}\mathrm{N\cdot A^{-2}}$

基本电荷量　$e=1.602\ 177\ 33(49)\times10^{-19}\mathrm{C}$

普朗克常量　$h=6.626\ 075\ 5(40)\times10^{-34}\mathrm{J\cdot s}$

玻尔兹曼常量　$k=1.380\ 658(12)\times10^{-23}\mathrm{J\cdot K^{-1}}$

电子静质量　$m=9.109\ 389\ 7(54)\times10^{-31}\mathrm{kg}$

质子静质量　$m_\mathrm{p}=1.672\ 623\ 1(10)\times10^{-27}\mathrm{kg}$

经典电子半径　$r_\mathrm{e}=2.817\ 940\ 92(38)\times10^{-15}\mathrm{m}$

主要参考书目

1 Smythe W R. *Static and Dynamic Electricity*. New York:3rd edition. McGraw-Hill,1969

2 Stratton J A. *Electromagnetic Theory*. New York:McGraw-Hill,1941

3 Jackson J D. *Classical Electrodynamics*, John Wiley & Sons, Inc. , New York, 2nd ed. (1975);3rd ed. (2001).

4 Л. 朗道,E. 栗弗席兹. 场论. 任朗等译. 北京:高等教育出版社,1959

5 Л. Д. 朗道,E. 栗弗席兹. 连续媒质电动力学. 周奇译. 北京:人民教育出版社,上册,1963;下册,1963

6 B. B. 巴蒂金,И. H. 托普蒂金. 电动力学习题集. 汪镇藩等译. 北京:人民教育出版社,1964

7 曹昌祺. 电动力学. 北京:人民教育出版社,1961

8 郭硕鸿. 电动力学. 北京:高等教育出版社,1979.

9 郭硕鸿. 电动力学. 2 版. 北京:高等教育出版社,2003

10 虞福春,郑春开. 电动力学(修订版). 北京:北京大学出版社,2003

11 蔡圣善,朱耘. 经典电动力学. 上海:复旦大学出版社,1985

12 奚定平. J. D. 杰克逊经典电动力学解题指导. 深圳:深圳大学学报编辑部,1988

13 D. H. Menzel. *Fundamental Formulas of Physics*. New York: Dover Publications, Inc, 1960

14 MORSE, P. M. , H. FESHBACH. *Methods of Theoretical Physics*, 2 Pts. , McGraw-Hill, New York(1953).

15 王竹溪,郭敦仁 . 特殊函数概论. 北京:科学出版社,1979

16 郭敦仁. 数学物理方法. 北京:人民教育出版社,1965

17 吴崇试. 数学物理方法. 北京:北京大学出版社,1999

18 张之翔等. 电动力学(提纲、专题、例题与习题). 北京:气象出版社,1988

19 张之翔. 电磁学教学札记. 北京:高等教育出版社,1987

20 张之翔. 电磁学教学参考. 北京:北京大学出版社,2015

21 张之翔. 光的偏振. 北京:高等教育出版社,1985

22 J. D. 杰克逊. 经典电动力学. 上册. 朱培豫译. 北京:人民教育出版社,1978

23 J. D. 杰克逊. 经典电动力学. 下册. 朱培豫译. 北京:人民教育出版社,1980

24 W. R. 斯迈思. 静电学和电动力学. 上册. 戴世强译. 北京:科学出版社,1981

25 W. R. 斯迈思. 静电学和电动力学. 下册. 戴世强译. 北京:科学出版社,1982

26 J. A. 斯特莱顿. 电磁理论. 何国瑜译. 北京:北京航空航天大学出版社,1986

27 J. A. 斯特莱顿. 电磁理论. 方能航译. 北京:科学出版社,1992